TABLE 1.3 Conversion Factors from BG and EE Units to SI Units[a]

	To Convert from	To	Multiply By
Acceleration	ft/s^2	m/s^2	3.048 E − 1
Area	ft^2	m^2	9.290 E − 2
Density	lbm/ft^3	kg/m^3	1.602 E + 1
	$slugs/ft^3$	kg/m^3	5.154 E + 2
Energy	Btu	J	1.055 E + 3
	ft · lb	J	1.356
Force	lb	N	4.448
Length	ft	m	3.048 E − 1
	in.	m	2.540 E − 2
	mile	m	1.609 E + 3
Mass	lbm	kg	4.536 E − 1
	slug	kg	1.459 E + 1
Power	ft · lb/s	W	1.356
	hp	W	7.457 E + 2
Pressure	in. Hg (60 °F)	N/m^2	3.377 E + 3
	lb/ft^2 (psf)	N/m^2	4.788 E + 1
	$lb/in.^2$ (psi)	N/m^2	6.895 E + 3
Specific weight	lb/ft^3	N/m^3	1.571 E + 2
Temperature	°F	°C	$T_C = (5/9)(T_F - 32°)$
	°R	K	5.556 E − 1
Velocity	ft/s	m/s	3.048 E − 1
	mi/hr (mph)	m/s	4.470 E − 1
Viscosity (dynamic)	$lb \cdot s/ft^2$	$N \cdot s/m^2$	4.788 E + 1
Viscosity (kinematic)	ft^2/s	m^2/s	9.290 E − 2
Volume flowrate	ft^3/s	m^3/s	2.832 E − 2
	gal/min (gpm)	m^3/s	6.309 E − 5

[a]For more unit conversions, refer to Appendix D.

TABLE 1.4 Conversion Factors from SI Units to BG and EE Units[a]

	To Convert from	To	Multiply By
Acceleration	m/s^2	ft/s^2	3.281
Area	m^2	ft^2	1.076 E + 1
Density	kg/m^3	lbm/ft^3	6.243 E − 2
	kg/m^3	$slugs/ft^3$	1.940 E − 3
Energy	J	Btu	9.478 E − 4
	J	ft · lb	7.376 E − 1
Force	N	lb	2.248 E − 1
Length	m	ft	3.281
	m	in.	3.937 E + 1
	m	mile	6.214 E − 4
Mass	kg	lbm	2.205
	kg	slug	6.852 E − 2
Power	W	ft · lb/s	7.376 E − 1
	W	hp	1.341 E − 3
Pressure	N/m^2	in. Hg (60 °F)	2.961 E − 4
	N/m^2	lb/ft^2 (psf)	2.089 E − 2
	N/m^2	$lb/in.^2$ (psi)	1.450 E − 4
Specific weight	N/m^3	lb/ft^3	6.366 E − 3
Temperature	°C	°F	$T_F = 1.8\ T_C + 32°$
	K	°R	1.800
Velocity	m/s	ft/s	3.281
	m/s	mi/hr (mph)	2.237
Viscosity (dynamic)	$N \cdot s/m^2$	$lb \cdot s/ft^2$	2.089 E − 2
Viscosity (kinematic)	m^2/s	ft^2/s	1.076 E + 1
Volume flowrate	m^3/s	ft^3/s	3.531 E + 1
	m^3/s	gal/min (gpm)	1.585 E + 4

[a]For more unit conversions, refer to Appendix D.

TABLE 1.5 Approximate Physical Properties of Some Common Liquids (BG Units)

Liquid	Temperature (°F)	Density, ρ (slugs/ft³)	Specific Weight, γ (lb/ft³)	Dynamic Viscosity, μ (lb · s/ft²)	Kinematic Viscosity, ν (ft²/s)	Surface Tension,[a] σ (lb/ft)	Vapor Pressure, p_v [lb/in.² (abs)]	Bulk Modulus,[b] E_v (lb/in.²)
Carbon tetrachloride	68	3.09	99.5	2.00 E − 5	6.47 E − 6	1.84 E − 3	1.9 E + 0	1.91 E + 5
Ethyl alcohol	68	1.53	49.3	2.49 E − 5	1.63 E − 5	1.56 E − 3	8.5 E − 1	1.54 E + 5
Gasoline[c]	60	1.32	42.5	6.5 E − 6	4.9 E − 6	1.5 E − 3	8.0 E + 0	1.9 E + 5
Glycerin	68	2.44	78.6	3.13 E − 2	1.28 E − 2	4.34 E − 3	2.0 E − 6	6.56 E + 5
Mercury	68	26.3	847	3.28 E − 5	1.25 E − 6	3.19 E − 2	2.3 E − 5	4.14 E + 6
SAE 30 oil[c]	60	1.77	57.0	8.0 E − 3	4.5 E − 3	2.5 E − 3	—	2.2 E + 5
Seawater	60	1.99	64.0	2.51 E − 5	1.26 E − 5	5.03 E − 3	2.56 E − 1	3.39 E + 5
Water	60	1.94	62.4	2.34 E − 5	1.21 E − 5	5.03 E − 3	2.56 E − 1	3.12 E + 5

[a]In contact with air.

[b]Isentropic bulk modulus calculated from speed of sound.

[c]Typical values. Properties of petroleum products vary.

TABLE 1.6 Approximate Physical Properties of Some Common Liquids (SI Units)

Liquid	Temperature (°C)	Density, ρ (kg/m³)	Specific Weight, γ (kN/m³)	Dynamic Viscosity, μ (N · s/m²)	Kinematic Viscosity, ν (m²/s)	Surface Tension,[a] σ (N/m)	Vapor Pressure, p_v [N/m² (abs)]	Bulk Modulus,[b] E_v (N/m²)
Carbon tetrachloride	20	1,590	15.6	9.58 E − 4	6.03 E − 7	2.69 E − 2	1.3 E + 4	1.31 E + 9
Ethyl alcohol	20	789	7.74	1.19 E − 3	1.51 E − 6	2.28 E − 2	5.9 E + 3	1.06 E + 9
Gasoline[c]	15.6	680	6.67	3.1 E − 4	4.6 E − 7	2.2 E − 2	5.5 E + 4	1.3 E + 9
Glycerin	20	1,260	12.4	1.50 E + 0	1.19 E − 3	6.33 E − 2	1.4 E − 2	4.52 E + 9
Mercury	20	13,600	133	1.57 E − 3	1.15 E − 7	4.66 E − 1	1.6 E − 1	2.85 E + 10
SAE 30 oil[c]	15.6	912	8.95	3.8 E − 1	4.2 E − 4	3.6 E − 2	—	1.5 E + 9
Seawater	15.6	1,030	10.1	1.20 E − 3	1.17 E − 6	7.34 E − 2	1.77 E + 3	2.34 E + 9
Water	15.6	999	9.80	1.12 E − 3	1.12 E − 6	7.34 E − 2	1.77 E + 3	2.15 E + 9

[a]In contact with air.

[b]Isentropic bulk modulus calculated from speed of sound.

[c]Typical values. Properties of petroleum products vary.

TABLE 1.7 Approximate Physical Properties of Some Common Gases at Standard Atmospheric Pressure (BG Units)

Gas	Temperature (°F)	Density, ρ (slugs/ft³)	Specific Weight, γ (lb/ft³)	Dynamic Viscosity, μ (lb · s/ft²)	Kinematic Viscosity, ν (ft²/s)	Gas Constant,[a] R (ft · lb/slug · °R)	Specific Heat Ratio,[b] k
Air (standard)	59	2.38 E − 3	7.65 E − 2	3.74 E − 7	1.57 E − 4	1.716 E + 3	1.40
Carbon dioxide	68	3.55 E − 3	1.14 E − 1	3.07 E − 7	8.65 E − 5	1.130 E + 3	1.30
Helium	68	3.23 E − 4	1.04 E − 2	4.09 E − 7	1.27 E − 3	1.242 E + 4	1.66
Hydrogen	68	1.63 E − 4	5.25 E − 3	1.85 E − 7	1.13 E − 3	2.466 E + 4	1.41
Methane (natural gas)	68	1.29 E − 3	4.15 E − 2	2.29 E − 7	1.78 E − 4	3.099 E + 3	1.31
Nitrogen	68	2.26 E − 3	7.28 E − 2	3.68 E − 7	1.63 E − 4	1.775 E + 3	1.40
Oxygen	68	2.58 E − 3	8.31 E − 2	4.25 E − 7	1.65 E − 4	1.554 E + 3	1.40

[a]Values of the gas constant are independent of temperature.

[b]Values of the specific heat ratio depend only slightly on temperature.

TABLE 1.8 Approximate Physical Properties of Some Common Gases at Standard Atmospheric Pressure (SI Units)

Gas	Temperature (°C)	Density, ρ (kg/m³)	Specific Weight, γ (N/m³)	Dynamic Viscosity, μ (N · s/m²)	Kinematic Viscosity, ν (m²/s)	Gas Constant,[a] R (J/kg · K)	Specific Heat Ratio,[b] k
Air (standard)	15	1.23 E + 0	1.20 E + 1	1.79 E − 5	1.46 E − 5	2.869 E + 2	1.40
Carbon dioxide	20	1.83 E + 0	1.80 E + 1	1.47 E − 5	8.03 E − 6	1.889 E + 2	1.30
Helium	20	1.66 E − 1	1.63 E + 0	1.94 E − 5	1.15 E − 4	2.077 E + 3	1.66
Hydrogen	20	8.38 E − 2	8.22 E − 1	8.84 E − 6	1.05 E − 4	4.124 E + 3	1.41
Methane (natural gas)	20	6.67 E − 1	6.54 E + 0	1.10 E − 5	1.65 E − 5	5.183 E + 2	1.31
Nitrogen	20	1.16 E + 0	1.14 E + 1	1.76 E − 5	1.52 E − 5	2.968 E + 2	1.40
Oxygen	20	1.33 E + 0	1.30 E + 1	2.04 E − 5	1.53 E − 5	2.598 E + 2	1.40

[a]Values of the gas constant are independent of temperature.

[b]Values of the specific heat ratio depend only slightly on temperature.

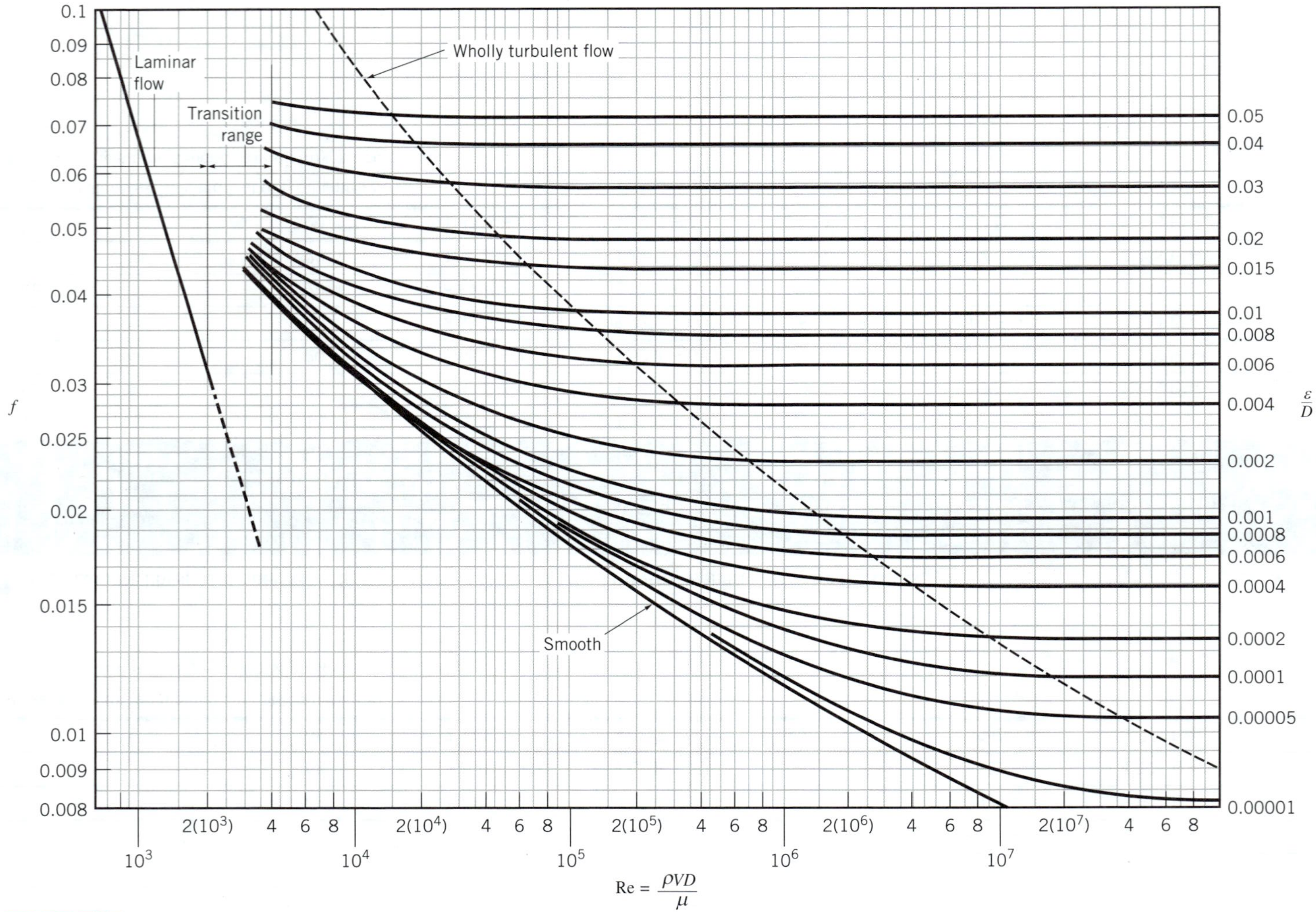

FIGURE 8.13 Friction factor as a function of Reynolds number and relative roughness for round pipes—the Moody chart. (Data from Ref. 6 with permission.)

TABLE 8.1 Equivalent Roughness for New Pipes [Adapted from Moody (Ref. 6) and Colebrook (Ref. 7)]

	Equivalent Roughness, ⊠			Equivalent Roughness, ⊠			Equivalent Roughness, ⊠	
Pipe	**Feet**	**Millimeters**	**Pipe**	**Feet**	**Millimeters**	**Pipe**	**Feet**	**Millimeters**
Riveted steel	0.003–0.03	0.9–9.0	Cast iron	0.00085	0.26	Drawn tubing	0.000005	0.0015
Concrete	0.001–0.01	0.3–3.0	Galvanized iron	0.0005	0.15	Plastic, glass	0.0 (smooth)	0.0 (smooth)
Wood stave	0.0006–0.003	0.18–0.9	Commercial steel or wrought iron	0.00015	0.045			

Young, Munson and Okiishi's

A Brief Introduction to **Fluid Mechanics**

쉽게 배우는

유체역학 제6판

Young, Munson and Okiishi's

A Brief Introduction to Fluid Mechanics

Sixth Edition

by Hochstein | Gerhart

Young, Munson and Okiishi's

A Brief Introduction to

Fluid Mechanics

쉽게 배우는

유체역학 제6판

John I. Hochstein | Andrew L. Gerhart 공저

김재원 | 김동주 | 신상묵 | 윤정환 | 이연원 | 이충엽 | 정희택 옮김

WILEY

도서출판 홍릉

역자소개

김재원 선문대학교 기계공학과 교수

김동주 금오공과대학교 기계공학과 교수

신상묵 부경대학교 조선해양시스템공학과 교수

윤정환 대구대학교 기계공학과 교수

이연원 부경대학교 기계공학부 교수

이충엽 경희대학교 기계공학과 교수

정희택 경상대학교 기계공학부 교수

쉽게 배우는

유체역학 제6판

인 쇄: 2025년 2월 17일 초판 1쇄
발 행: 2025년 2월 28일 초판 1쇄

역 자: 김재원 · 김동주 · 신상묵 · 윤정환 · 이연원 · 이충엽 · 정희택
발행인: 송 준
발행처: 도서출판 홍릉
주 소: 01093 서울시 강북구 인수봉로 50길 10
등 록: 1976년 10월 21일 제5-66호

전 화: 02-999-2274~5, 903-7037
팩 스: 02-905-6729
e-mail: hongpub@hongpub.co.kr
http://www.hongpub.co.kr
ISBN: 979-11-5600-191-1(93550)

정 가: 40,000원

낙장 및 파본은 구입처나 본사에서 교환하여 드립니다.

서문

쉽게 배우는 유체역학 6판은 Munson, Young, Okiishi 등의 저서인「유체역학의 기초」에서 제시된 내용 보다 포괄적인 버전의 요약본이 지속적으로 채택되고 있지만, 그것은 일반적인 대학의 학부 한 학기에서 다룰 수 있는 것보다 훨씬 더 많은 분량을 포함하고 있다는 한계가 있다. 유체역학 학부 과정에서 사용할 수 있는 수많은 유체역학 교재에 대한 고찰을 통해 유체역학 교재는 지난 몇 십 년 동안 점점 더 많은 분량의 내용을 포함하는 책들로 변화하는 확실한 경향이 있다는 것을 보여준다. 이러한 경향은 유체역학에서 지식 기반 내용의 확대와 더 넓은 범위의 주제를 하나로 포함하려는 욕구 때문으로 이해될 수 있다.

이러한 교재 변화의 경향은 불행하게도 이 큰 책들이 유체역학을 처음 접하고 그 이해에 집중하는 과정에서 어려움을 겪을 수 있는 학생들에게 부담이 될 수 있다. 이에 저자들은 유체역학의 기본 원리와 기초 개념을 다루는 짧지만 포괄적이고 간결한 문장 표현을 염두에 두고 현대적 형식의 유체역학 교재가 필요하다고 여기고 있다. 이 축약된 버전의 교재도 여전히 한 학기 강의 분량으로는 매우 광범위하여 유체역학 입문 학생들의 한 학기 교재에 적합하면서 기본 원리를 포함하는 함축적 교재 제작에 우리 저자들은 최대한 노력을 기울였다.

이 6판의 교재는 가독성을 높이기 위해 표준 형식을 채택하면서 이 책의 전통적인 특징을 유지하기 위해 노력하였다. 저자들은 강의 경험을 검토하고 동료나 수강생으로부터의 의견을 반영하여 교재를 향상 시켰다. 이하 문장에서 새로운 내용으로 표시된 부분은 개념과 생각들을 보다 명료하고 보완되어 준비되었다.

이 6판의 새로운 내용

교재 내용의 개선 등을 위한 저자들의 지속적인 노력과 더불어 다음의 사항들이 이 6판에 반영된 새로운 사항이다.

유동 유체의 평형상태 (유체 정역학의 특별한 경우)

새로운 (2.12)절이 추가되었다.

유한 검사체적 해석

새로운 (5.3.5)절이 수강생의 에너지 방정식의 이해를 돕기 위해 추가 되었다.

관로 유동 유량의 측정

새로운 (8.6)절이 여러 유량 측정 방법의 이해를 위해 추가 되었다.

효율적 유로 단면에 관한 내용

새로운 (10.5)절이 추가되어 효율적인 삼각단면, 사다리꼴 단면의 유로 취급이 새로운 예제를 통해 제공되었다.

보충문제

공학적 응용을 기반으로 한 새로운 보충 문제를 추가하여 강사가 선택적으로 수업에 활용할 수 있으며 이 보충문제는 해답과 함께 강사가 활용할 수 있다.

핵심적 특징

도해, 사진 및 동영상

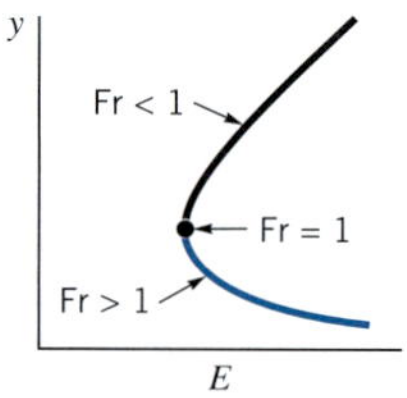

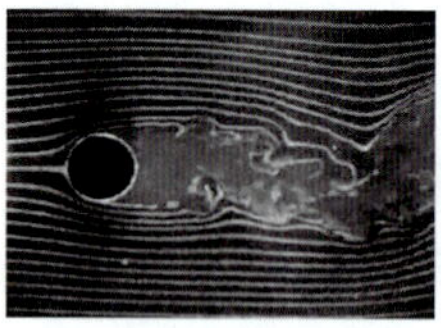

© Stanford University, with permission

유체역학은 가시적인 주제이기에 유동의 특성들을 보여줌으로서 학습이 가능하다. 다행인 점은 이들 가시화 자료가 학습에 접목하기 용이하며 그 접근이나 전달 역시 수월하여 유체역학의 이해에 도움이 된다는 것이다. 따라서 많은 사진과 그림들이 교제에 포함되어 있다. 이들 중 어느 것은 교재의 내용 중에, 어떤 것은 예제의 그림으로, 또 어느 것은 교재의 내용에 인접하여 배치된 그림(선도나 사진 등)으로 제공되어 교재 내용의 명확성을 제고 시킨다. 여러 동영상 제공은 연관된 교재 근처의 동영상 아이콘으로 확인할 수 있으며 제공된 많은 동영상들이 실제 유동 현상을 설명한다. 각 동영상의 설명은 교재의 내용과 구별되어 마련되어 있다. 동영상의 주요 주제는 다수의 과제와 연계되어 준비되어 있다.

예제

Video
V1.9 모세관 액주의 상승

우리의 목적 중 하나는 유체역학을 흥미롭고 유용한 학습 과정으로 소개하는 것이다. 이를 위해, 일상생활과 관련된 유체 현상 예제를 다수 포함시켰다. 예제들은 자세한 해설과 함께 제공되었으며, 공학적 응용을 설명하고 있다. 매개 변수들의 변화에 의한 다양한 해설도 제공되어 수강생들로 하여금 기본 원리의 이해를 체감하게 한다. 많은 예제들은 실제 장비의 그림들을 포함하고 있으며 예제는 주어진 과제, 해결과제, 풀이, 보충설명 등의 단계를 거쳐 문제 해석이 수행되며 그 세부 내용은 예제 1.1 이전에 마련한 예제 사용법에 설명하였다.

광활한 유체의 세계

약 59개의 짧은 주제에 대해 광한한 유체의 세계라는 지면을 마련하여 유체 역학이 우리의 생활에 미치는 중요 사항을 반추하여 제시하였다. 이 주제들의 대부분은 과제와 연계되어 있다.

과제

이 출판본의 50%이상이 유체역학 기본 원리들의 실제적 응용에 초점을 맞춰 준비되었다. 문제들은 다음의 주제로 구별된다.

1. 기본 문제
2. 컴퓨터 활용 문제
3. 토론 문제
4. 자료 탐색 해결 문제
5. 광활한 유체의 세계에 관한 문제
6. 동영상 관련 문제
7. 평생 학습 문제
8. 사용자가 주어진 유동 상황의 사진/이미지를 구하고 이를 설명하는 문제

컴퓨터 활용 문제

수강생이나 강사가 활용할 수 있는 스마트 폰, 프로그래밍 계산기, 개인용 컴퓨터 등의 활용으로 수치 해를 구하는 문제

평생 학습 문제

각 장에는 다양한 유체역학 주제에 대한 추가 정보를 포함한 평생 학습 문제가 제공되고 이 자료에 대한 간략 보고서를 작성하게 된다.

적절한 개념 제시와 문제 해결 역량 개발

서문에서 소개했듯이 본 교재는 유체역학 수강생들의 문제 해결능력이 점진적으로 향상되는 방향으로 설계되었다. 각 원리와 개념은 복잡한 특징이 제공되기 전에 단순하고 이해가 쉬운 상황을 통해 고려되어있다. 강조된 텍스트를 이용하여 구별된 간단 요약이 여러 면에 걸쳐 소개되어 교재의 그 부분에서 강조하고자 하는 내용을 각인시키고자 하였다.

수강생이 "큰 그림"을 볼 수 있도록 각 장에 몇 가지 간략한 해설 요소가 포함되어 있어 그 장의 중심 개념을 인식할 수 있다. 간략한 학습 목표 섹션은 각 장의 시작 부분에 제공된다. 이 목록을 확인하는 것이 학습에 도움이 될 것이다. 제시된 주요 개념을 미리 확인하여 당초의 학습 목표를 돌아보는 것이 학습에 도움이 된다. 추가적인 학습 목표의 강화는 각 장의 끝에 요약하여 제공된다. 이 절에서는 주요 개념과 원칙을 간략하게 요약한다. 학습 목표 및 장의 요약은 수강생이 할 수 있어야 하는 것을 명시하는 "실행 항목"이다. 각 장의 주요 방정식은 핵심 방정식과 함께 포함되어 있다.

단위계

이 책은 질문과 문제 등 전체에 걸쳐 국제단위계 (뉴턴, 킬로그램, 미터, 초)를 사용한다. 하지만 영국의 중력은 시스템(파운드, 슬러그, 피트, 그리고 초), 그리고 때때로 미국 관습 단위로 불리는 영국 공학 단위 (피운드 힘, 피운드 질량, 피드, 초)는 독자들에게 친숙하게 하기 위해 서론 1장에서 논의된다. 종합적 단위계 사이의 변환 계수의 표는 부록 D에서 확인할 수 있다.

주제별 분류

전통적 교과과정에서의 저학년에 유체역학의 입문이 제공된다. 수강생들은 재료역학, 동역학, 정역학을 학습한 상태이다. 선행 학문으로 수학의 미적분학, 기초 벡터 미분학과 미분 방정식이 요구된다.

처음의 4개의 장에서는 중요한 유체의 물성치, 유동 영역,정지 또는 운동 중인 유체에서의 압력변화,유체 정역학,유동의 설명 및 해석 방법 등을 포함하는 유체 운동의 기초적인 측면을 학생들이 이해해야한다. 3장에서 오일러와 라그란지안 관점의 유체 운동학을 통해 두 지점 사이의 밀접한 관계를 보여준다. 4장에서는 베르누이 방정식이 소개되어 유동장에서 유체의 운동이 압력 분포에 영향을 미친다는 점에서 흥미로운 관심을 유발하게 한다. 저자들은 이와 같은 교재 내용이 학생들의 복잡한 문제에 대한 열정을 증가시킨다고 믿는다. 강사는 3장과 4장의 강의 순서를 바꾸어도 된다.

5, 6 및 7장은 유체역학 문제를 풀거나 풀기 시작할 때 일반적으로 사용되어지는 기본 해석법을 자세히 논의한다. 유동현상이 수학적으로 어떻게 표시되는지,언제 어떻게 미소 및 유한 검사체적이 사용되어 지는가를 이해하는데 중점을 둔다. 압력에 관한 유체의 마찰 역시 자세히 다루어질 것이다. 5장은 유체의 에너지와 그 발산을 다룬다 하더라도, 열역학의 선행 이수가 요구 되지는 않는다. 7장은 실험 자료를 정리하거나 실험을 계획할 때 사용되는 차원해석과 상사 특성의 장점에 특화된다.

공학에서의 설계와 해석에서 전산유체역학 (CFD)의 중요성이 증가함에 따라 이와 관련된 부분을 부록A 에 추가하였다 이 부분은 강의 중 생략하여도 무방하다

8장부터 11장까지는 교재에서 학습한 이론의 응용에 관한 기회를 제공한다. 경계층, 층류에서 난류로의 과도 유동, 박리, 난류 모델링 등의 중요 개념이 소개된다. 파이프 유동, 개수로 유동, 유량 계측, 양력과 항력, 유체 기계의 기초 유체 역학 등 실제적인 사항도 제공 된다.

이 교재를 사용하는 수강생은 유체역학의 기본 지식을 얻게 될 것이다. 이 교재는 한 학기에 다룰 수 있는 것보다 더 많은 자료가 포함되어 있기에 강사는 교과 개설 목적에 따라 여러 주제들을 선택하여 활용할 수 있다. 본 도서는 보충 자료가 훌륭히 모아져 제공되어 있으며 풍부한 자료 제공을 위해 다양한 저술과 책 들이 인용되었다.

강의용 보충 자료

보충 문제의 새로운 특징에 추가하여 강사용 교재의 모든 문제에 대한 자세한 해답집이 포함되어 있다. 강의 슬라이드에 사용하기 적합한 텍스트의 유체 현상 비디오 및 그림 미디어가 풍부한 자료를 이용할 수 있다. 유체역학의 기초에 관한 지원 자료는 www.wiley.com을 방문하여 구할 수 있다. 자료는 출판사 페이지의 관련 리소스 링크를 통해 제공된다.

감사의 글

우선 이 훌륭한 도서의 초판과 연속된 출판물의 저술에 관여한 Bruce Munson, Donald Young, Ted Okiishi 에게 감사의 말씀을 전하고 싶다. 우리는 또한 Wiley사의 Don Fowley와 Linda Ratts에게 그들의 지속적인 신뢰와 총괄적 임무에 감사드리며 Steve Gibbs의 과제 문제 제공의 기여와 John Mitchell의 감수, 많은 제안을 보낸 학생과 강사들에게도 감사를 드린다. 우리는 핵심 임무를 수행한 다음의 강사들에게도 감사를 드립니다.

Sarah Wilson
Mohd Ali
Joe Schaefer
Jianhu Nie
Orlando Ayala
Michael Boghosian
Narendra Chaganti Subrahmanya Datta
Prahlad Menon
Gianmarco D'Alessandro

마지막으로 이 교재의 제작 기간 동안 인내와 격려를 보인 가족에게 감사를 드립니다.

여러 해 함께 일한 동료와 학생들이 유체역학의 교육에 관해 많은 것을 우리에게 알려주었고 우리는 독자들의 경험을 교재 저술에 활용해 왔습니다. 여전히 우리는 배워가는 중이며 독자들의 제안과 의견을 환영합니다.

JOHN I. HOCHSTEIN
ANDREW L. GERHART

차례

CHAPTER 1

서론

학습목표

이 장을 학습한 후, 다음을 할 수 있어야 한다.

- 물리양의 차원과 단위에 대해 정확히 사용한다.
- 유체 거동의 해석에서 사용되는 주요 물성에 대해 설명한다.
- 적절한 정보를 이용하여 유체의 물성값을 계산한다.
- 유체의 압축성에 의한 영향을 설명한다.
- 점성, 증기압, 표면장력의 개념을 적용한다.

유체역학은 정지되어 있거나 움직이는 액체와 기체의 거동에 관련된 응용역학으로, 광범위한 분야를 다루는 학문이다. 본 학문은 생물학이나, 제조업, 엔지니어링과 다양한 분야의 현상을 다룬다. 유체는 일상생활의 거의 모든 영역에서 관련을 맺고 있다. 유체는 우리 생활과 직간접으로 관련을 맺고 있다.

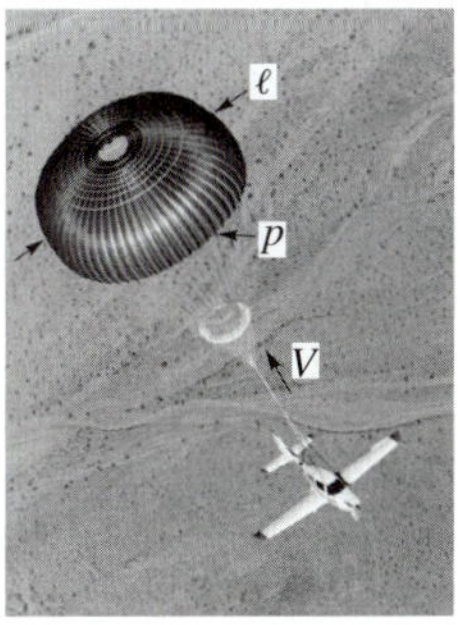

NASA

유체의 유동은 형태와 범위가 매우 넓고 다양하며 이는 여러 변수에 의해 결정된다. 이 중에서 오른쪽 그림의 우주선 회수선에 대한 (1)유동의 물리적 크기, ℓ (2) 유동 속도, V (3) 압력, P에 대한 예를 들어 볼 수 있다. 이 셋은 이 책에서 자세히 다룰 주요한 변수이다. 유체역학에서 만날 변수에 대해 좀더 살펴 보자.

■ 크기, ℓ

모든 유동 현상에는 그 특성을 나타내는 길이가 있다. 집의 상수도관이나 혈관, 기관지와 같이 관 내에 유체가 흐르는 경우에는 관의 직경이 이에 해당된다. 우리가 일상에서 경험하기 힘든 경우도 있다. 예를 들어 알래스카의 송유관은 직경이 1.2 m이고 길이는 1286 km나 되나 나노공학에서 적용되는 튜브는 직경이 10^{-8} m 정도이다. 송유관과 나노튜브의 유동 특성은 서로 다른 특성을 나타낸다. 그림 1.1a에는 길이에 따라 다양한 유동의 예가 도시되어 있다.

■ 속도, V

일기예보를 시청하면 8 km/hr의 미풍에서 160 mph의 태풍, 402.3 km/hr의 돌풍 등 바람의 속도 범위도 넓다는 것을 느낄 수 있다. 이 정도로는 약과다. 지구 표면에서 용암이 움직이는 속도는 2×10^{-8} m/s이나 유성이 대기 속을 진입할 때의 주위의 기류 속도는 3×10^{4} m/s이다. 다양한 유동 속도에 대해서는 그림 1.1b를 참조하길 바란다.

Video
V1.1 聖헬렌스산의 화산 폭발

■ 압력, P

유체에서 압력의 범위는 매우 넓다. 자동차 타이어의 압력은 2.4 bar이고 혈압은 70에서 120이라고 말하는데 이는 대기압인 1 bar 정도이다. 그러나 수격펌프를 구동하려면 689 bar가 필요하고 음파는 1.38×10^{-7} bar의 압력을 발생한다. 이러한 압력 차이는 놀랍지 않나? 그림 1.1c에는 압력에 따라 다양한 유동의 예가 도시되어 있다.

Video
V1.2 대장균의 유영

유체역학의 적용 사례는 다양하다. 유체역학은 매우 중요하고 실용적이다. 이 책으로 공부하는 여러분은 미래의 엔지니어로서 시스템을 설계하고 해석하기 위해서는 유체역학을 잘 이해해야 한다. 본 교재가 입문서로서 유체역학의 기본 원리를 이해하는 발판이 되기를 바란다.

1.1 유체의 제반 특성

유체역학에 관한 첫 번째 의문은, "유체란 무엇인가?" 또는, "고체와 유체의 차이점은 무엇인가?" 일 것이다. 이에 대한 일반적인 답변은, 고체는 단단하고 쉽게 변형되지 않는 반면, 유체는 부드럽고 변형이 용이하다(예를 들어, 공기 속에서는 쉽게 움직일 수 있다)라는 애매한 개념이다. 고체와 유체의 대한 이러한 통상적인 관찰은, 제법 분석적으로 보일지는 모르지만, 과학적이나 기술적인 관점에서는 별로 만족스럽지 못하다. 물질의 분자 구조를 자세히 관찰하면, 강철, 콘크리트 같은 고체는 분자들이 공간에 빽빽이 차 있

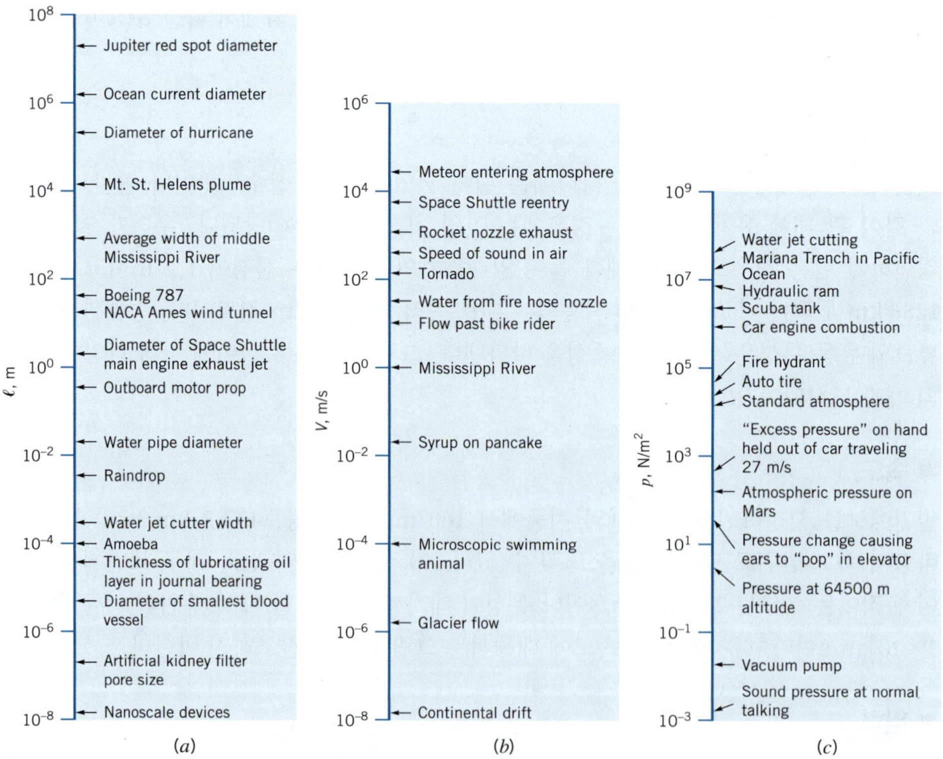

그림 1.1 유체 유동의 다양한 예 (a) 물체의 크기 (b) 유동 속도 (c) 유체 압력

고 분자 간의 결합력이 커서 원 형태를 잘 유지하고 쉽게 변형하지 않는다. 물과 기름과 같은 액체는 분가 간의 간격이 넓고 고체에 비해서 결합력도 작아서 분자들이 좀더 자유롭게 움직일 수 있다. 따라서 액체는 변형이 쉽고(그러나 쉽게 압축되지는 않는다) 용기에 담거나 관 속을 흐르게 할 수 있다. 공기나 산소와 같은 기체는 액체보다 분자 간 간격이 더 크고 더 자유롭게 움직일 수 있으므로 분자 간의 결합력이 아주 미미하다. 따라서 변형이 쉽고(압축도 가능함) 용기의 체적이 아무리 크더라도 다 채울 수 있다.

액체와 기체는 모두 유체이다.

광활한 유체의 세계

공기에 적용된 원리가 물에도 적용될 수 있나?

지난 몇 년 동안 샌프란시스코의 한 회사는 제트기의 날개, 제어 장치, 추진기와 유사한 장치를 장착하는 소형 잠수함을 설계 프로젝트를 수행하였다. 잠수함의 물과 비행기의 공기는 모두 유체이므로 비행기의 'flight'에 적용한 원리를 잠수함의 'flight'에도 적용할 수 있었다. 물론 차이점도 있다. 잠수함은 48 bar를 견뎌야 하지만 비행기는 외부의 압력이 0.24 bar에 불과하다. 그렇지만 최소 항력과 최대 양력을 내는 효능이 좋은 추진기를 설계하는데는 유체역학적 원리는 동일하다.

분자 구조 관점에서 고체와 유체의 차이점을 정성적으로 설명할 수 있지만, 명확히 하기 위해서는, "외부의 하중에 의해 물질이 어떻게 변형하는가?"라는 측면에서 고찰하여야 한다. **유체**란 **임의의 크기로 전단응력을 받을 때 연속적으로 변형하는 물질**이라고 정의된다. 단위면적당 힘인 전단응력은 물체의 표면에 접선방향의 힘이 작용할 때 발생된다. 강철과 같은 고체에 전단응력이 작용하면, 처음에는 (아주 작은) 변형이 생기지만 그 변형이 지속되지는 않는다. 물이나 기름, 공기와 같은 유체는 위에서 언급한 유체의 정의를 만족한다. 즉, 전단응력을 받으면, 변형의 연속성 즉, **유동(flow)**이 유지된다. 슬러리(slurry), 타르(tar), 퍼티(putty), 치약과 같은 물질들은 전단응력이 작으면, 고체의 성격을 나타내지만, 임계값 이상의 응력에서는 유동이 일어나므로 유체와 고체의 구분이 용이하지 않다. 이러한 물질에 대한 학문은 **유변학(rheology)**이라 하는데, 본 교재에서 다루는 고전 유체역학의 범위에서 벗어난다. 이 책에서는 전술한 정의에 포함되는 유체만 다룰 예정이다.

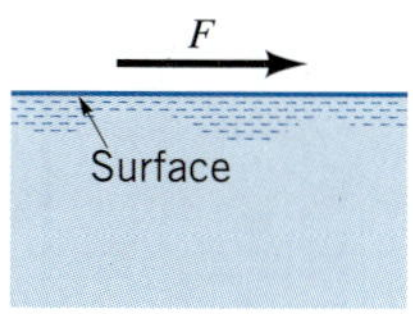

유체의 분자 구조는 유체의 종류를 구분하는데 중요하지만, 각 분자의 거동을 일일이 기술하는 것은 불가능하다. 그 대신, 많은 수의 분자로 구성된 일정 체적의 평균값으로 유체의 거동을 묘사하는 거시적인 기술법을 채택하기로 한다. 예를 들어 특정 지점에서의 유체의 속도란 그 점을 둘러싼 미소 체적 내의 분자들의 평균속도를 의미하다. 이 때 미소 체적에 사용되는 특성 길이는 일반 자연 현상에서는 작은 값이지만 분자 간 거리에 비해면 매우 크다. 표준 상태 조건에서 기체의 평균 거리는 약 10^{-6} mm이고 액체는 약 10^{-7} mm 이다. 이는 1 mm^3에 기체는 10^8개, 액체는 10^{21}개의 분자가 있는 셈이다. 따라서 미소 체적의 평균값으로 유체의 속도를 정하는 것은 타당하다.

압력, 속도 등 주요 유체의 성질은 유체 내부에서 연속적으로 변한다고 가정한다. 즉, 유체를 **연속체(continuum)**로 취급한다. 이러한 개념은 본 교재에서 다루는 모든 경우에 유효하게 적용될 것이다. 고도의 대기층과 같이 기체가 희박한 곳에서는 분자 간의 거리가 멀어서 연속체 개념을 적용할 수 없다.

1.2 차원, 동차성, 단위

유체역학에서는 다양한 성질의 유체 특성을 다루게 되므로, 이러한 특성들을 **정성적(qualitative)**인 측면뿐만 아니라 **정량적(quantitative)**인 측면으로도 표현하는 방법이 필요하다. 정성적인 표현법에서는 길이, 시간, 응력, 속도와 같은 유체 특성의 본질을 기술하고, 그 특성의 수치적 계량은 정량적인 기술로 표시할 수 있다. 정량적인 기술에서는, 수치뿐만 아니라, 표현된 양을 비교하기 위한 기준도 필요하다. 길이의 기준은 meter 또는 foot, 시간인 경우 hour 또는 second, 질량의 경우 slug 또는 kilogram이 기준으로 사용되고 있다. 이와 같은 기준을 **단위(unit)**라 한다. 현재 일반적으로 사용되고 있는 단위계에 대해서는 다음절에 설명할 예정이다. 유체의 성질을 정성적으로 표현하는 **주된 양(primary quantity)**으로는, 길이(L), 시간(T), 질량(M), 온도(Θ)가 사용된다. 이러한 일차적인 양은, 면적($\equiv L^2$), 속도($\equiv LT^{-1}$), 밀도($\equiv ML^{-3}$)와 같은 **이차적인 양(secondary quantity)**을 표현하는데 사용된다. 예를 들어, 속도(V)를

> 길이, 시간, 질량과 같은 기본 물성의 조합으로 유체의 특성을 정성적으로 표현할 수 있다.

$$V \doteq LT^{-1}$$

로 표기하면, 이 식은, "속도의 차원은 길이를 시간으로 나눈 것과 같다"라는 의미를 정성적으로 표현한 것이다. 일차적인 양은 **기본 차원(basic dimension)**이라고도 한다.

유체역학에서는, 길이(L), 시간(T), 질량(M)의 3가지 기본차원만 사용하여도 해결되는 문제가 많다. 힘을 나타내는 기본단위인 F를 사용하여, 길이(L), 시간(T), 힘(F)로 대신 사용하는 경우도 있다. Newton의 법칙에 의하면 힘은 질량 곱하기 가속도이므로, $F \equiv MLT^{-2}$ 또는 $M \equiv FL^{-1}T^2$의 관계가 성립한다. 따라서 이차적인 양에서 M으로 표현되는 항은 위의 관계식을 이용하면 F의 항으로 대치할 수 있다. 예를 들어, 응력(s)은 단위면적당 힘이므로, $s \equiv FL^{-2}$이다. F 대신 M을 사용하면, $s \equiv ML^{-1}T^{-2}$으로 차원이 같은 식으로 표현 할 수 있다. 표 1.1에는 역학에서 많이 사용되는 물리적 양의 차원에 관하여 수록되어 있다.

이론적으로 유도된 방정식은 반드시 차원의 동일성–**동차성(dimensional homogeneity)**이 성립한다. 즉, 좌변과 우변의 각 항은 같은 차원을 가져야 한다. 물리적인 현상을 기술하는 모든 방정식은 차원의 동일성을 만족해야 한다는 것이 기본 전제가 된다. 예를 들어, 일정하게 가속되는 물체의 속도(V)는,

$$V = V_0 + at \tag{1.1}$$

이다. 여기서, V_0는 초기속도, a는 가속도이고, t는 시간 간격이다. 위 식을 차원 관점에서 기술하면,

$$LT^{-1} \doteq LT^{-1} + LT^{-2}T$$

표 1.1 물리적 양과 차원

	FLT System	*MLT* System		*FLT* System	*MLT* System
Acceleration	LT^{-2}	LT^{-2}	Power	FLT^{-1}	ML^2T^{-3}
Angle	$F^0L^0T^0$	$M^0L^0T^0$	Pressure	FL^{-2}	$ML^{-1}T^{-2}$
Angular acceleration	T^{-2}	T^{-2}	Specific heat	$L^2T^{-2}\Theta^{-1}$	$L^2T^{-2}\Theta^{-1}$
Angular velocity	T^{-1}	T^{-1}	Specific weight	FL^{-3}	$ML^{-2}T^{-2}$
Area	L^2	L^2	Strain	$F^0L^0T^0$	$M^0L^0T^0$
Density	$FL^{-4}T^2$	ML^{-3}	Stress	FL^{-2}	$ML^{-1}T^{-2}$
Energy	FL	ML^2T^{-2}	Surface tension	FL^{-1}	MT^{-2}
Force	F	MLT^{-2}	Temperature	Θ	Θ
Frequency	T^{-1}	T^{-1}	Time	T	T
Heat	FL	ML^2T^{-2}	Torque	FL	ML^2T^{-2}
Length	L	L	Velocity	LT^{-1}	LT^{-1}
Mass	$FL^{-1}T^2$	M	Viscosity (dynamic)	$FL^{-2}T$	$ML^{-1}T^{-1}$
Modulus of elasticity	FL^{-2}	$ML^{-1}T^{-2}$	Viscosity (kinematic)	L^2T^{-1}	L^2T^{-1}
Moment of a force	FL	ML^2T^{-2}	Volume	L^3	L^3
Moment of inertia (area)	L^4	L^4	Work	FL	ML^2T^{-2}
Moment of inertia (mass)	FLT^2	ML^2			
Momentum	FT	MLT^{-1}			

이므로, 식(1.1)은 동차성이 성립한다.

방정식에 사용되는 상수 중에는 차원을 가지는 경우가 있다. 자유 낙하하는 물체의 이동 거리(d)는,

$$d = 16.1t^2 \tag{1.2}$$

로 표현된다. 이 식을 차원 해석하면, 상수는 LT^{-2}의 차원을 가져야 동차성이 유지됨을 알 수 있다. 실제로, 식(1.2)는 물리에서 잘 알려진 자유낙하식,

$$d = \frac{gt^2}{2} \tag{1.3}$$

의 특별한 형태이다. 여기서, g는 중력가속도이다. 식(1.3)은 동차성이 성립하며, 단위계에 무관하다. $g = 32.2 \text{ ft/s}^2$이면, 식(1.3)과 식(1.2)는 일치 하므로, 식(1.2)는 길이로 foot, 시간으로 second를 사용하는 단위계에서만 유효하다. 식(1.2)와 같이 특정한 단위계에서만 성립하는 방정식을 **제한적 동차식**(restricted homogeneous equation)이라 하고, 식(1.3)과 같이 어떠한 단위계에서도 성립되는 식을 **일반적 동차식**(general homogeneous equation)이라 한다. 차원에 대한 개념은 **차원해석**(dimensional analysis)라는 강력한 도구의 기본이 되며, 이에 대해서는 7장에서 자세히 다룰 예정이다.

일반적 동차식은 모든 단위계에서 성립한다.

예제 사용법

정역학과 같은 다른 공학적 문제의 해결 방식과 마찬가지로 본서의 예제는 **주어진 사항**, **해결과제**, **풀이**, **보충설명** 등 4가지 단계로 구성된다.

주어진 사항과 **해결과제**에서는, 문제에서 무엇을 묻고 있으며 문제 해결에 도움이 되는 항목이 무엇인지를 정확히 분석하는 과정이다.

풀이 단계에서는 문제 해결에 필요한 방정식을 구성하고 실제로 문제를 푸는 과정이다. 이 과정에서 해법을 설정하고 문제를 해결하는데 도움이 되는 두어 가지 묘책이 있다. 첫 번째로, 문제를 그림으로 표현해 보는 것이다. 적절한 기하학적 형상과 좌표계에 검사체적, 힘, 압력, 속도, 유량 등을 표시한다. 이는 문제를 시각적으로 이해하는데 도움이 된다. 두 번째로, 문제 해결에 적절한 가정을 세우는 것이다. 실제로 공학적 문제를 해결하는 과정에는 가정의 설정이 필수적이다. 가정을 설정함으로써 문제가 단순해지거나 유용한 제약조건을 추가적으로 얻을 수 있다. 본서의 예제에서는 풀이 단계에서 필요한 가정을 언급하였는데 독자들이 실제적인 공학 문제를 해결하는데도 좋은 경험이 될 것이다.

예제의 마지막 부분에는 **보충설명**이 수록되어 있다. 이를 통해 예제의 문제나 해법을 더 잘 이해하고 활용할 수 있다. 예를 들어, 해답은 현실적으로 타당한가? 또는 물리적으로 합당한가? 변수가 바뀐다면 해답은 어떻게 되나? 해에 사용된 단위는 정확한가? 이와 같은 물음에 답함으로써 유체역학의 문제를 해결하는 기술을 발전시킬 수 있다.

예제 1.1 | 제한적 동차식과 일반적 동차식

주어진 사항 저장탱크에 부착된 오리피스를 통해 흘러나오는 액체의 체적유량, Q는 다음과 같은 식으로 표현된다.

$$Q = 0.61\, A\sqrt{2gh}$$

여기서, A는 오리피스의 면적, g는 중력가속도, h는 오리피스와 액체 표면사이의 높이이다.

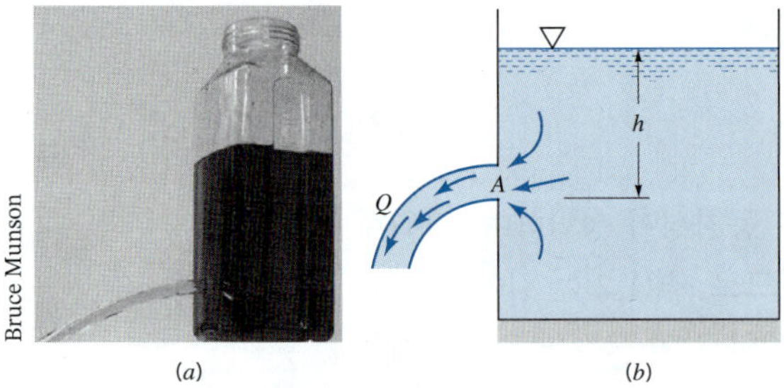

그림 E1.1

해결과제 이 식의 동차성을 검토하라.

풀이 식에 사용된 항의 차원은,

$$Q = \text{체적/시간} \equiv L^3T^{-1}$$

$$A = \text{면적} \equiv L^2$$

$$g = \text{중력가속도} \equiv LT^{-2}$$

$$h = \text{높이} \equiv L$$

각 항을 식에 대입하여, 차원 형태로 표현하면,

$$(L^3T^{-1}) \doteq (0.61)(L^2)(\sqrt{2})(LT^{-2})^{1/2}(L)^{1/2}$$

또는

$$(L^3T^{-1}) \doteq [0.61\sqrt{2}](L^3T^{-1})$$

이다. 이 식은 좌변과 우변의 차원이 L^3T^{-1}로 같으므로 동차성이 유지됨을 알 수 있다. 또한, 숫자 $0.61\sqrt{2}$는 무차원이다.

중력 가속도 g를 표준값인 9.81 m/s^{2}로 대치하여 위 식을 다시 기술하면,

$$Q = 2.7\, A\sqrt{h} \tag{1}$$

이 된다. 식(1)을 차원 형태로 표현하면,

$$L^3T^{-1} \doteq (2.7)(L^{5/2})$$

이 된다. 따라서, 식(1)의 동차성이 유지되려면, 숫자(2.7)가 $L^{1/2}T^{-1}$의 차원을 가져야 한다. 방정식이나 공식의 숫자는 식에서 채택한 단위계의 차원을 따라야 한다. 식(1)의 경우, foot와 second를 기본단위로 사용하면, 숫자(2.7)의 단위는 $m^{1/2}$가 되고, A는 m^2, h는 m의 단위를 사용해야 올바른 Q의 값을 구할 수 있다. 따라서 원래 주어진 식은 단위계와 무관한 **일반적** 동차식이고, 식(1)은 m, second의 단위계에서만 유효한 **제한적** 동차식이다.

보충설명 식에 표현된 항을 차원의 관점에서 검토하는 것은 유용한 방법으로, 실수를 방지하는데 도움이 된다. 앞에서 언급한 바와 같이, 모든 식은 차원적으로 동일해야 물리적으로 올바른 의미를 가질 수 있다. 단위계에 대해서는 다음 절에서 자세히 다루고자 한다.

1.2.1 단위계

여러 가지 물리적인 양을 정성적으로 기술하는 것뿐만 아니라, 정량적으로 표현하는 것도 필요하다. 예를 들어, 이 책의 폭을 측정하여, 10 단위라고 말한다면, 길이의 단위가 정의되지 않는 한, 이 말은 의미가 없다. 길이의 단위를 meter라 하고, 어떤 표준길이로 meter를 정의하면, 길이의 단위계는 결정되고, 따라서 책의 폭에 대한 수치를 줄 수 있다. 길이 뿐만 아니라, 힘, 질량, 시간 및 온도와 같은 기본적인 물리양에 대해서도 각각의 단위가 정립되어야 한다. 현재 여러 가지 단위계가 사용되고 있다. 이 중, 공학에서 널리 통용되고 있는 세 가지 단위계를 소개하면 다음과 같다.

국제표준단위계(International System, SI) 계량에 관해 정밀하고 불변하는 기준을 마련하는 국제적인 기구에서는 1960년에 개최된 제 11차 중량과 계량에 관한 회의에서 국제단위계(International System of Units)를 국가간 표준으로 채택하였다. SI라 명명된 이 단위계는, 현재 많은 국가에서 사용되고 있고, 향후 모든 국가에서 표준 단위계로 채택할 예정이므로, 공학도는 이 단위계에 익숙해야 할 것이다. SI 단위계에서의 기본단위는, 길이는 meter (m), 질량은 kilogram (kg), 시간은 second (s), 온도는 Kelvin (K)이다. (주: 온도를 Kelvin으로 표시할 때, ° 기호를 사용하지 않는다.) Kelvin은 절대온도 단위이며, 상대온도인 섭씨온도(Celsius, ℃) 와의 관계는,

$$K = °C + 273.15$$

이다. 엄밀한 의미에서는 섭씨온도는 SI 단위가 아니지만, 일반적으로 SI 단위계에서 온도를 섭씨온도로 표현하는 경우가 많다.

힘의 단위는 newton (N)이고, Newton의 제2법칙에 의해,

$$1\ N = (1\ kg)(1\ m/s^2)$$

로 정의된다. 즉, 1 kg의 질량을 가진 물체가 1 m/s^2의 가속도로 운동하는데 1 N의 힘이 필요하다. 표준중력은 SI 단위로 9.807 m/s^2 (근사값으로 9.81 m/s^2)이므로, 1 kg의 질량을 가진 물체는 표준중력에서는 약 9.81 N의 무게를 가진다. (주: 무게와 질량은 정성적으로나 정량적으로 다르다.) 일의 SI 단위는 joule (J)이며, 1 N의 힘을 작용하여, 물체를 힘과 같은 방향으로 1 m 이동할 때 행해진 일량을 의미한다. 즉,

역학에서는 무게와 질량의 차이점은 중요하다.

표 1.2 SI 단위계에 사용되는 접두어

Factor by Which Unit Is Multiplied	Prefix	Symbol	Factor by Which Unit Is Multiplied	Prefix	Symbol
10^{15}	peta	P	10^{-2}	centi	c
10^{12}	tera	T	10^{-3}	milli	m
10^{9}	giga	G	10^{-6}	micro	μ
10^{6}	mega	M	10^{-9}	nano	n
10^{3}	kilo	k	10^{-12}	pico	p
10^{2}	hecto	h	10^{-15}	femto	f
10	deka	da	10^{-18}	atto	a
10^{-1}	deci	d			

$$1\ \text{J} = 1\ \text{N} \cdot \text{m}$$

이다. 동력(power)의 단위는 Watt (W)이고, 단위시간당 일량으로,

$$1\ \text{W} = 1\ \text{J/s} = 1\ \text{N} \cdot \text{m/s}$$

으로 정의 된다.

SI 단위계에서는 표 1.2와 같이 배수를 나타내는 접두어가 널리 사용되고 있다. 예를 들어, kN은 kilonewton으로 읽고, 10^3 N을 나타내며, mm는 milimeter로 읽고, 10^{-3} m를 표현한다. centimeter (cm) 는 SI 단위계에서는 길이의 단위로 사용되지 않으며, 대부분의 유체역학 문제에서는 milimeter 또는 meter를 길이의 단위로 표현한다.

영국중력단위계(British Gravitational System, BG) BG 단위계에서는, 길이는 foot (ft), 힘은 pound (lb), 시간은 second (s), 온도는 화씨(Fahrenheit, °F)를 기본 단위로 채택하고 있다. 온도의 경우, 절대온도 단위인 Rankine (°R)을 사용하기도 하며, 상대온도인 화씨온도와의 관계는,

$$°\text{R} = °\text{F} + 459.67$$

이다. 질량의 단위는 slug이고, Newton의 제2법칙 (힘 = 질량 × 가속도)로부터,

$$1\ \text{lb} = (1\ \text{slug})(1\ \text{ft/s}^2)$$

로 정의된다. 이 식은, 1 slug의 질량을 가진 물체에 1 lb의 힘이 가해지면, 1 ft/s^{2}의 가속도로 운동한다는 것을 나타낸다.

무게 (W) 는 물체에 작용하는 중력을 의미하며, 질량이 m인 경우,

$$\mathcal{W} = mg$$

의 관계로 표현된다. BG 단위계로 나타내면,

공학에서는 다음과 같은 3가지 단위계가 널리 사용되고 있다.
영국중력단위계(BG)
영국공학단위계(EE)
국제표준단위계(SI)

$$\mathscr{W}\,(\text{lb}) = m\,(\text{slugs})\,g\,(\text{ft/s}^2)$$

가 된다. 지구의 표준중력은 $g = 32.174\ \text{ft/s}^2$ (근사값으로 32.2 ft/s^2)이므로, 1 slug의 질량을 가진 물체는 표준중력에서는 약 32.2 lb의 무게를 가진다.

광활한 유체의 세계

1 ft의 길이는?

오늘날 미국에서 보편적으로 사용되는 길이 단위는 foot (ft)이지만, 길이의 단위에는 오랜 역사적 전통이 있다. 처음에는 신체의 일부를 길이 단위로 사용하였다. 기원전 3000년경 이집트에서는 팔꿈치에서 가운데 손가락 끝까지의 길이를 1 큐빗으로 표시하였다. 그 이후로 사람의 발 길이를 1 foot로 하는 간단한 방법이 사용되었다. 사람에 따라 발의 길이가 다르므로 그 시대의 현존하는 왕의 발을 기준으로 삼았다. 1791년 프랑스에서는 지구의 자오선(즉, 북극에서 적도까지)의 $\frac{1}{4}\times10^{-7}$을 1 m로 규정하였다. 약간의 논쟁은 있었지만 이 단위는 1799년까지 표준 단위로 사용되었다. 기술의 진보로 1983년 진공 속에서 빛이 1/299,792,458초 동안 진행한 거리를 1 m로 재규정하였다. 이에 따라 1 ft는 0.3048 m로 정의된다. 우리가 사용하고 있는 ft자나 yard자에는 이러한 흥미로운 역사가 숨어 있다.

영국공학단위계(English Engineering System, EE) EE 단위계에서는, 힘과 질량은 독립적으로 정의된다. 따라서 Newton 2법칙을 적용할 때는 주의해야 한다. 질량의 단위는 pound mass(lbm)이고 힘의 단위는 pound (lb 또는 lbf로 표현하기도 함)이다. 길이의 단위는 foot(ft)이고 시간의 단위는 second(s)이다, 절대온도의 단위는 Rankine(°R)이다. 차원이 동일하기 위해서 Newton 2법칙은 다음과 같이 표현된다.

$$\mathbf{F} = \frac{m\mathbf{a}}{g_c} \tag{1.4}$$

여기에서 g_c는 힘과 질량을 동시에 정의하게 해주는 비례상수이다. BG 단위계에서는 힘이 기본 단위이므로 질량의 단위는 $g_c = 1$이 되도록 일관성을 유지해야 한다. SI단위계에서는 질량이 기본 단위이므로 힘의 단위는 $g_c = 1$이 되게 정의된다. 그러나 EE 단위계에서는 힘 1 lb는 질량 1 lbm을 표준 중력 $\approx 32.2\ \text{ft/s}^2$을 가속하는데 필요한 힘으로 정의된다. 따라서 식(1.4)를 정확히 사용하기 위해서는

$$1\ \text{lb} = \frac{(1\ \text{lbm})(32.174\ \text{ft/s}^2)}{g_c}$$

이므로

$$g_c = \frac{(1\ \text{lbm})(32.174\ \text{ft/s}^2)}{(1\ \text{lb})}$$

이어야 한다.

EE 단위계에서의 무게와 질량의 관계는 다음과 같다.

$$\mathscr{W} = \frac{mg}{g_c}$$

여기서 g는 국소 중력 가속도이다. 표준 중력 가속도($g = g_c$) 조건에서는 무게 lb와 질량

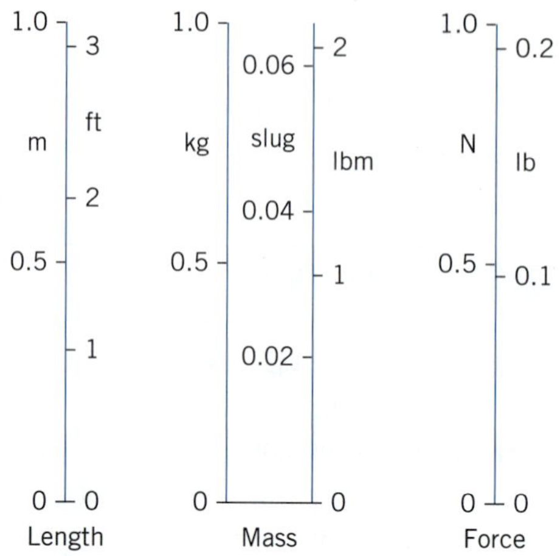

그림 1.2 SI, BG, EE 단위계의 비교

표 1.3 단위환산계수 (BG 단위계 ⇒ SI 단위계)[a]

	To Convert From	To	Multiply by
Acceleration	ft/s^2	m/s^2	3.048 E − 1
Area	ft^2	m^2	9.290 E − 2
Density	lbm/ft^3 $slugs/ft^3$	kg/m^3 kg/m^3	1.602 E + 1 5.154 E + 2
Energy	Btu ft · lb	J J	1.055 E + 3 1.356
Force	lb	N	4.448
Length	ft in. mile	m m m	3.048 E − 1 2.540 E − 2 1.609 E + 3
Mass	lbm slug	kg kg	4.536 E − 1 1.459 E + 1
Power	ft · lb/s hp	W W	1.356 7.457 E + 2
Pressure	in. Hg (60 °F) lb/ft^2 (psf) $lb/in.^2$ (psi)	N/m^2 N/m^2 N/m^2	3.377 E + 3 4.788 E + 1 6.895 E + 3
Specific weight	lb/ft^3	N/m^3	1.571 E + 2
Temperature	°F °R	°C K	$T_C = (5/9)(T_F - 32°)$ 5.556 E − 1
Velocity	ft/s mi/hr (mph)	m/s m/s	3.048 E − 1 4.470 E − 1
Viscosity (dynamic)	$lb \cdot s/ft^2$	$N \cdot s/m^2$	4.788 E + 1
Viscosity (kinematic)	ft^2/s	m^2/s	9.290 E − 2
Volume flowrate	ft^3/s gal/min (gpm)	m^3/s m^3/s	2.832 E − 2 6.309 E − 5

[a] 네 자리 이상의 정확도를 원한다면 부록 E를 참조하시오.

lbm의 수치 값은 같다. 그리고 1 lb의 힘으로는 1 lbm의 질량은 32.174 ft/s² 가속 시키고, 1 slug 질량은 1 ft/s² 가속 시키므로

$$1 \text{ slug} = 32.174 \text{ lbm}$$

가 성립한다.

문제를 풀 때 단위에 세심하게 주의를 기울여야 한다. 단위를 잘못 사용하여 실수를 범하는 경우가 많다. 단위 사용에는 일관성을 유지하는 것이 중요하다. 예를 들면 slugs와 newton(N)을 혼용하지 마라. SI로 시작했으면 SI 단위를 유지하고 BG로 시작하면 BG 단위로 끝내라. 그림 1.2는 SI, BG, EE 단위의 상대적인 크기를 비교한 그림이다.

문제를 풀 때는 SI 단위와 BG 단위를 섞지 말고 하나의 단위계만 일관성 있게 사용해야 한다.

단위 환산에 대해서는 부록 E에 자세히 나와 있다. 많이 사용하는 물리 양에 대한 단위 환산에 대해서는 표 1.3과 표 1.4에 나타나 있다. 숫자는 컴퓨터의 지수 표시 방식으로 표현되어 있다. 예를 들면 5.154E + 2는 5.154×10^2이다. 표 1.4의 가속도(acceleration)의 단위 환산 방법은 m/s^2에 3.281을 곱하면(multiply by) ft/s^2으로 환산된다. 즉, $1\ m/s^2 = 3.281\ ft/s^2$가 성립한다.

표 1.4 단위환산계수 (SI 단위계⇒ BG 단위계) [a]

	To Convert From	To	Multiply by
Acceleration	m/s^2	ft/s^2	3.281
Area	m^2	ft^2	1.076 E + 1
Density	kg/m^3	lbm/ft^3	6.243 E − 2
	kg/m^3	$slugs/ft^3$	1.940 E − 3
Energy	J	Btu	9.478 E − 4
	J	ft · lb	7.376 E − 1
Force	N	lb	2.248 E − 1
Length	m	ft	3.281
	m	in.	3.937 E + 1
	m	mile	6.214 E − 4
Mass	kg	lbm	2.205
	kg	slug	6.852 E − 2
Power	W	ft · lb/s	7.376 E − 1
	W	hp	1.341 E − 3
Pressure	N/m^2	in. Hg (60 °F)	2.961 E − 4
	N/m^2	lb/ft^2 (psf)	2.089 E − 2
	N/m^2	$lb/in.^2$ (psi)	1.450 E − 4
Specific weight	N/m^3	lb/ft^3	6.366 E − 3
Temperature	°C	°F	$T_F = 1.8\ T_C + 32°$
	K	°R	1.800
Velocity	m/s	ft/s	3.281
	m/s	mi/hr (mph)	2.237
Viscosity (dynamic)	$N \cdot s/m^2$	$lb \cdot s/ft^2$	2.089 E 2
Viscosity (kinematic)	m^2/s	ft^2/s	1.076 E + 1
Volume flowrate	m^3/s	ft^3/s	3.531 E + 1
	m^3/s	gal/min (gpm)	1.585 E + 4

[a] 네 자리 이상의 정확도를 원한다면 부록 E를 참조하시오.

예제 1.2 | BG와 SI 단위계

주어진 사항 저 그림 E1.2a의 대형인 로켓 펠컨 헤비의 추진 장치 내 액체 탱크의 질량은 36 kg이다.

해결과제 로켓이 위로 4.6 m/s^2 가속할 때 탱크가 지지대에 주는 힘(N)을 구하라.

그림 E1.2a

풀이 그림 E1.2b에 탱크의 자유물체도가 도시되어 있다. $\mathcal{W}$는 액체를 포함한 탱크의 중량이고 F_f는 탱크 바닥의 반력이다. Newton 2법칙을 적용하면

$$\sum \mathbf{F} = m\mathbf{a}$$

즉,

$$F_f - \mathcal{W} = m\mathbf{a} \qquad (1)$$

이다. 위를 양의 방향으로 두고 $\mathcal{W} = mg$를 식(1)에 대입하면

$$F_f = m(g + a) \qquad (2)$$

가 된다.

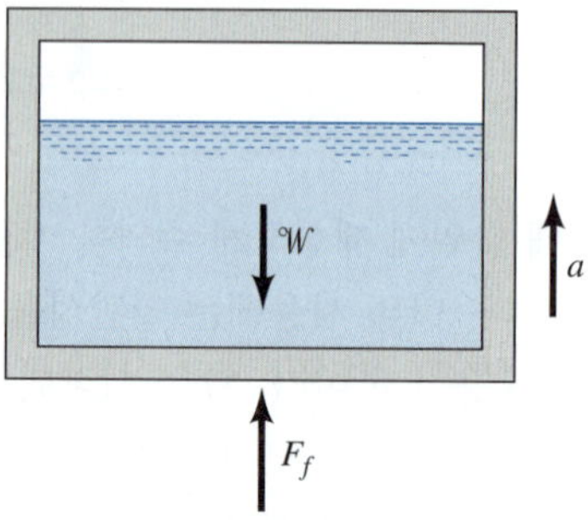

그림 E1.2b

식(2)에 수치를 대입하기 전에 단위계를 경정해야 한다. 문제에서 요구한 힘의 단위는 N이므로 SI 단위계를 사용하자. 수치를 대입하면

$$F_f = 36\ \text{kg}[9.81\ \text{m/s}^2 + 4.6\ \text{m/s}^2$$
$$= 518\ \text{kg} \cdot \text{m/s}^2$$

$1\ \text{N} = 1\ \text{kg} \cdot \text{m/s}^2$이므로

$$F_f = 518\ \text{N} \quad \text{(downward on floor)} \qquad \text{(답)}$$

자유물체도에 표시된 힘은 지지대가 탱크에 가해지는 힘이므로 작용–반작용의 원리로 탱크가 지지대에 가하는 힘의 방향은 아래쪽이다.

보충설명 본 문제를 풀어 보면 단위의 결정이 중요함을 경험할 것이다. 만일 가속도를 15 ft/s^2를 사용하면 힘은 893 N이 되어 답은 72%나 차이가 날 것이다.

광활한 유체의 세계

단위와 우주여행

NASA의 화성기후탐사 인공위성은 화성의 지형과 기후를 연구하기 위해 1998년 12월에 발사되었다. 이 위성은 1999년 9월 23일에 화성의 궤도에 진입할 예정이지만 그 전에 지상과의 교신이 끊어졌다. 원인으로는 위성이 화성 표면에 너무 가까이 접근하여 파괴되었거나 타버린 것으로 추정된다. 지상에서의 통제 실수로 위성이 적정거리인 93 mile을 유지하지 못하고 37 mile로 접근한 것이다. 실수로 단위계를 혼합하였음이 추가로 밝혀졌다. 위성통제 팀 중 한 팀은 SI 단위를, 다른 팀은 BG 단위를 사용하였다. 통일된 단위계를 사용하는 것이 얼마나 중요한지를 값비싼 경험으로 터득한 셈이다.

1.3 유체 거동의 해석

유체역학에 적용되는 기본 법칙은 물리학이나 다른 응용역학에 사용되는 것과 같다. 이러한 법칙 중에는 Newton의 운동법칙과 질량 보존의 법칙, 열역학 1 및 2 법칙 등이 있다. 따라서 강체와 변형 가능한 물체, 즉 고체에 적용되는 역학 원리는 유체에 적용하는 역학과 일반적인 접근 방법에서는 매우 유사하다. 유체역학에서 사용되는 개념 중에서 다른 과목에서 이미 접했던 내용도 많이 있다.

유체역학은 다루는 영역이 넓지만 정지된 상태에서의 유체를 다루는 **유체 정역학(fluid statics)**과 움직이는 유체와 관련된 **유체 동역학(fluid dynamics)**로 크게 두 가지로 나눌 수 있다. 이에 관해서는 앞으로 여러 장(chapter)에 걸쳐서 상세히 다룰 예정이다. 이에 앞서 유체의 거동과 밀접한 관련이 있는 주요한 **물성치(property)**에 관해 정의하고 논의하는 일이 필요하다. 유체의 종류에 따라 특성이 달라진다. 예를 들면 액체는 무겁고 비교적 압축하기 어렵지만, 기체는 액체와 비교하면 상대적으로 가볍고 압축하기 쉽다. 동일한 용기라도 시럽(syrup)은 천천히 흐르지만 물은 빨리 움직인다. 물성치를 사용하면 이러한 차이점을 정량화할 수 있다. 1장의 후반부에서는 유체의 거동을 해석하는데 중요한 역할을 하는 유체의 물성치에 대해서 알아보고자 한다.

1.4 유체의 질량과 중량의 측정

1.4.1 밀도

유체의 밀도는 단위 체적당 질량으로 정의된다.

밀도(density)는 그리스 문자로 ρ(rho)로 표시되고, 단위체적당의 질량으로 정의한다. 밀도는 유체시스템의 질량에 관한 특성을 나타내는데 사용된다. 밀도의 BG 단위는 slugs/ft^3, SI 단위는 kg/m^{3}이고 EE 단위는 l bm/ft^{3}이다.

밀도는 유체의 종류에 따라 매우 다르다. 액체의 경우에는 압력이나 온도에 대한 밀도 변화는 매우 작다. 그림 1.3에 보듯이, 물은 온도의 변화가 커도, 밀도는 별로 변하지 않

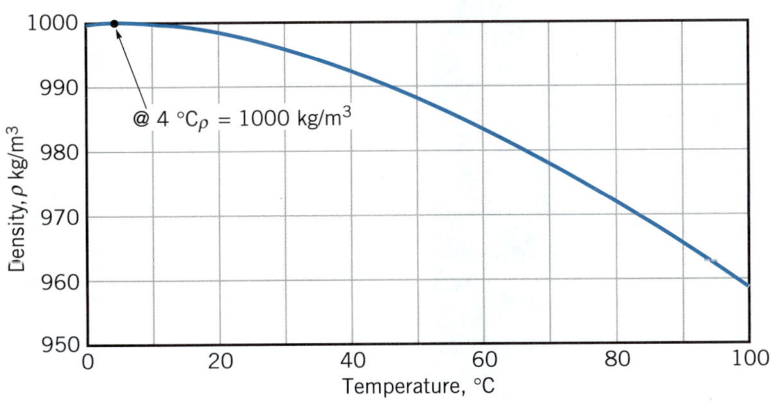

그림 1.3 온도에 따른 물의 밀도 변화

표 1.5 액체의 물성치 (SI 단위)

Liquid	Temperature (°C)	Density, ρ (kg/m^3)	Specific Weight, γ (kN/m^3)	Dynamic Viscosity, μ (N · s/m^2)	Kinematic Viscosity, ν (m^2/s)	Surface Tension,[a] σ (N/m)	Vapor Pressure, p_v [N/m^2 (abs)]	Bulk Modulus,[b] E_v (N/m^2)
Carbon tetrachloride	20	1,590	15.6	9.58 E − 4	6.03 E − 7	2.69 E − 2	1.3 E + 4	1.31 E + 9
Ethyl alcohol	20	789	7.74	1.19 E − 3	1.51 E − 6	2.28 E − 2	5.9 E + 3	1.06 E + 9
Gasoline[c]	15.6	680	6.67	3.1 E − 4	4.6 E − 7	2.2 E − 2	5.5 E + 4	1.3 E + 9
Glycerin	20	1,260	12.4	1.50 E + 0	1.19 E − 3	6.33 E − 2	1.4 E − 2	4.52 E + 9
Mercury	20	13,600	133	1.57 E − 3	1.15 E − 7	4.66 E − 1	1.6 E − 1	2.85 E + 10
SAE 30 oil[c]	15.6	912	8.95	3.8 E − 1	4.2 E − 4	3.6 E − 2	—	1.5 E + 9
Seawater	15.6	1,030	10.1	1.20 E − 3	1.17 E − 6	7.34 E − 2	1.77 E + 3	2.34 E + 9
Water	15.6	999	9.80	1.12 E − 3	1.12 E − 6	7.34 E − 2	1.77 E + 3	2.15 E + 9

[a] 공기와 접하는 경우
[b] 음속으로 계산한 등엔트로피 체적탄성계수
[c] 대표적인 값임. 석유제품에 따라 다름.

표 1.6 액체의 물성치 (BG 단위)

Liquid	Temperature (°F)	Density, ρ (slugs/ft^3)	Specific Weight, γ (lb/ft^3)	Dynamic Viscosity, μ (lb · s/ft^2)	Kinematic Viscosity, ν (ft^2/s)	Surface Tension,[a] σ (lb/ft)	Vapor Pressure, p_v [lb/in.^{2} (abs)]	Bulk Modulus,[b] E_v (lb/in.^{2})
Carbon tetrachloride	68	3.09	99.5	2.00 E − 5	6.47 E − 6	1.84 E − 3	1.9 E + 0	1.91 E + 5
Ethyl alcohol	68	1.53	49.3	2.49 E − 5	1.63 E − 5	1.56 E − 3	8.5 E − 1	1.54 E + 5
Gasoline[c]	60	1.32	42.5	6.5 E − 6	4.9 E − 6	1.5 E − 3	8.0 E + 0	1.9 E + 5
Glycerin	68	2.44	78.6	3.13 E − 2	1.28 E − 2	4.34 E − 3	2.0 E − 6	6.56 E + 5
Mercury	68	26.3	847	3.28 E − 5	1.25 E − 6	3.19 E − 2	2.3 E − 5	4.14 E + 6
SAE 30 oil[c]	60	1.77	57.0	8.0 E − 3	4.5 E − 3	2.5 E − 3	—	2.2 E + 5
Seawater	60	1.99	64.0	2.51 E − 5	1.26 E − 5	5.03 E − 3	2.56 E − 1	3.39 E + 5
Water	60	1.94	62.4	2.34 E − 5	1.21 E − 5	5.03 E − 3	2.56 E − 1	3.12 E + 5

[a] 공기와 접하는 경우
[b] 음속으로 계산한 등엔트로피 체적탄성계수
[c] 대표적인 값임. 석유제품에 따라 다름.

음을 알 수 있다. 표 1.5와 표 1.6에는 일반적으로 사용되는 액체의 밀도값을 볼 수 있다. 60 ℉에서의 물의 밀도는 BG단위로는 1.94 $slugs/ft^3$, 이고, SI단위로는 999 kg/m^3이다. 단위에 따라 숫자가 얼마나 차이가 나는지 알 수 있다. (단위계의 중요성 !) 액체와 달리, 기체의 밀도는 압력과 온도의 영향을 크게 받는다. 이에 대해서는 다음절에서 논의하도록 하겠다.

비체적(specific volume), υ는 단위질량당의 체적으로, 밀도의 역수이다. 즉,

$$\upsilon = \frac{1}{\rho} \tag{1.5}$$

비체적은 유체역학에서는 별로 사용되지 않지만, 열역학적으로는 중요한 물성치이다.

1.4.2 비중량

유체의 **비중량(specific weight)**은 그리스 문자 γ(gamma)로 표시되고, 단위체적당의 무게로 정의한다. 따라서, 비중량과 밀도의 관계는 다음과 같다.

비중량은 단위 체적당 중량이다: 유체의 비중은 특정 온도에서의 물의 밀도와의 비율이다.

$$\gamma = \rho g \tag{1.6}$$

여기서 g는 국소(local) 중력가속도이다. 밀도가 유체의 질량 특성을 나타내듯이, 비중량은 무게 특성을 나타내는데 사용된다. BG 단위로 비중량, γ을 나타내면 lb/ft^3이며, SI 단위로는 N/m^3이다. 표준 중력($g = 32.174\ ft/s^2 = 9.807\ m/s^2$)에서, 60 ℉(또는 15.5 ℃)인 물의 비중량은 62.4 lb/ft^3 (또는 9.80 kN/m^3)이다. 표 1.5와 표 1.6에는 일반적으로 사용되는 액체의 비중량이 나타나 있다. 물에 대한 상세한 자료는 부록 B의 표 B.1과 표 B.2를 참조하라.

1.4.3 비중

유체의 **비중(specific gravity)**은, 기호로 SG로 표기하며, 유체의 밀도와 특정온도에서의 물의 밀도와의 비로 정의한다. 일반적으로, 특정온도는 4 ℃ (또는 39.2 ℉)를 사용하며, 이때의 물의 밀도는 1.94 $slugs/ft^3$ (또는 1000 kg/m^3)이다. 비중을 식으로 표현하면,

$$SG = \frac{\rho}{\rho_{H_2O@4\,°C}} \tag{1.7}$$

이다. 비중은 밀도의 비(ratio)이므로, SG의 값은 단위계와 무관하다.

밀도와 비중량, 비중은 서로 연관되어 있어서, 이 중 하나의 값을 알면, 다른 물성치도 구할 수 있다. 예를 들어 20 ℃에서 수은의 비중은 13.55이므로, 식(1.7)으로부터 수은의 밀도를 구할 수 있다. SI 단위계로는,

$$\rho_{Hg} = (13.55)(1000\ kg/m^3) = 13.6 \times 10^3\ kg/m^3$$

이고, BG 단위계로는,

$$\rho_{Hg} = (13.55)(1.94\ slugs/ft^3) = 26.3\ slugs/ft^3$$

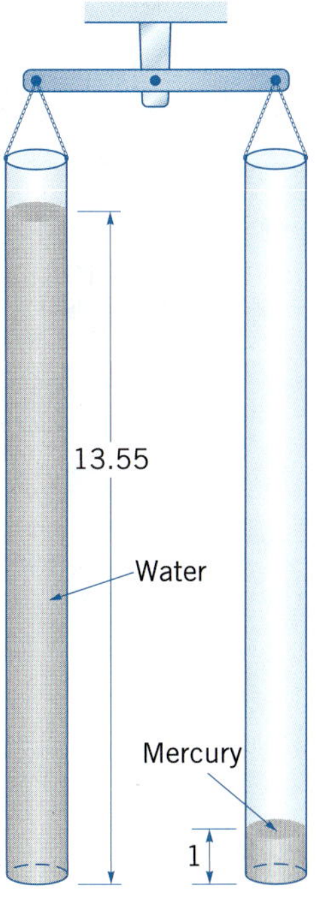

이다. 밀도와 비중량, 비중은 서로 관련이 있으므로 셋 중 하나의 값만 알면 나머지 둘의 값도 구할 수 있다.

1.5 이상기체법칙

기체는 액체에 비해 매우 압축이 잘 된다. 이상기체법칙은 압력, 밀도, 온도와의 관계인 상태방정식으로 열역학에서는 다음과 같이 표현된다.

$$pv = RT$$

이상기체법칙에는 절대 압력과 절대 온도를 사용해야 한다.

여기서, p는 절대 압력, v는 비체적이고 , R은 기체상수이며 T는 절대 온도이다. 유체역학에서는 비체적보다 밀도를 더 많이 사용하므로 위의 상태방정식은 다음과 같이 변형하여 사용한다.

$$p = \rho RT \tag{1.8}$$

실제기체인 경우에도, 액체 상태에 근접하지 않는 보통의 조건에서는 위 식은 기체 거동의 근사적 방정식으로 적합하다고 알려져 있다.

정지해 있는 유체의 압력은, 유체에 잠겨 있는 물체의 표면에 작용하는 단위 면적당의 수직력으로 정의하며 유체 분자로부터 받는 표면의 충격에 의해 발생한다. 압력의 차원은 FL^{-2}이고, BG 단위로는 lb/ft^2 (psf) 또는 lb/in^2 (psi) 이고, SI 단위로는 N/m^{2}로 표현된다. N/m^{2}은 pascal이라 정의하고, 약자로 Pa로 표기하는데, SI 단위계에서는 압력을 pascal로 표현하는 일이 많다. 이상기체의 압력은 반드시 **절대압력(absolute pressure)**으로 표시해야 한다. 절대 압력이란, 완전 진공 상태를 영(zero)으로 가정한 압력을 기준으로 측정된 값으로 정의한다. 표준 해수면에서의 대기압은 국제협약에 의해 14.696 psi(abs) 또는 101.33 kPa(abs)로 정하였다. 대부분의 계산에서는 반올림하여, 14.7 psi 또는 101 kPa의 값을 사용하고 있다. 국소 대기압을 기준으로 측정한 상대적인 압력을 **계기압력(gage pressure)**이라 하는데, 공학에서는 흔히 사용하고 있다. 국소 대기압에 계기압력을 더하면 절대 압력을 얻을 수 있다. 예를 들어, 타이어의 압력이 206.84 kPa이면 표준 대기압의 상태에서는 308.17 kPa이 된다. 압력은 매우 중요한 유체의 특성으로 2장에서 상세히 다룰 예정이다.

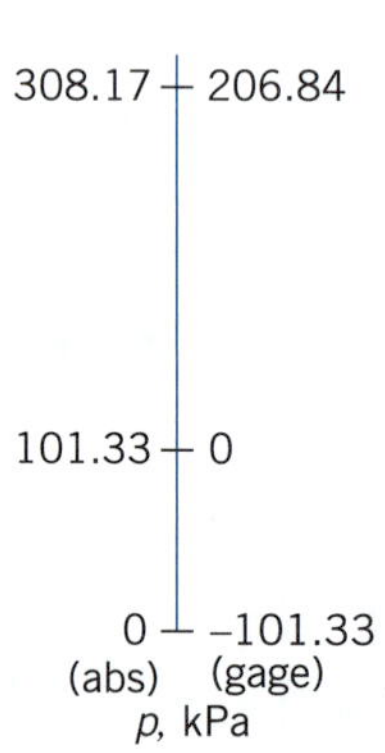

식(1.8)의 기체상수, R은 기체의 종류에 따라 정해지며, 기체의 분자량과 관련이 있다. 널리 사용되는 기체의 기체상수는 표 1.7과 표 1.8에 나타나 있다. 이 표에는 표준 대기압에서의 기체의 밀도와 비중량도 수록되어 있다. 공기에 대한 상세한 자료는 부록 B의 표 B.3과 표 B.4를 참조하라.

예제 1.3 | 이상기체법칙

주어진 사항 그림 E1.3a와 같은 압축공기 탱크의 체적은 0.023 m^3이다. 온도는 21 °C이고 대기압은 101 kPa(abs)이다.

그림 E1.3a

해결과제 탱크 속에 있는 공기의 밀도와 무게를 구하라.

풀이 이상기체법칙, 식(1.8)을 밀도에 관한 식으로 표현하면,

$$\rho = \frac{p}{RT}$$

수치를 대입하면,

$$\rho = \frac{(3.45 \times 15^5\,\text{Pa} + 10^5\,\text{Pa})}{(287\,\text{J/kg·K})[(21+273)\text{K}]} \qquad \text{(답)}$$

$$= 5.27\ \text{kg/m}^3$$

이다. (주 : 압력과 온도는 절대값으로 변환시킴)

공기의 무게는

$$\mathscr{W} = \rho g \times (\text{volume})$$
$$= (5.27\ \text{kg/m}^3)(9.81\ \text{m/s}^2) \qquad \text{(답)}$$
$$= 51.7\ \text{N}$$

이다.

보충설명 압력과 무게의 관계는 그림 E1.3b와 같다. 공기의 무게는 계기압력이 아니라 질내 입력에 비례힘에 주의하라. 즉, 계기압력이 344.74 kPa에서 689.5 kPa로 2배 올리더라도 압력용기의 공기량은 2배가 되지 않는다.

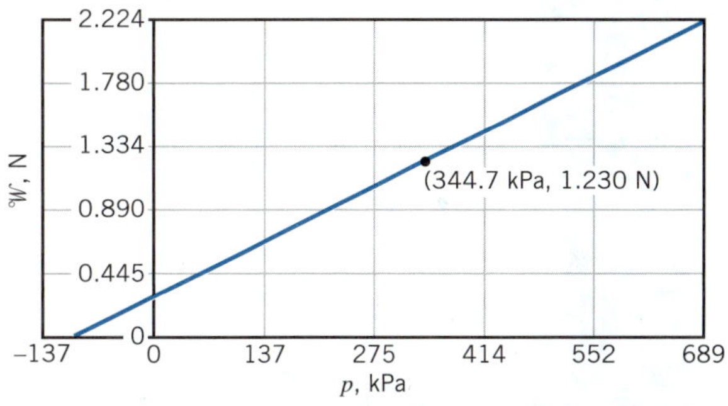

그림 E1.3b

표 1.7 표준 대기압에서의 기체의 물성치 (SI 단위)

Gas	Temperature (°C)	Density, ρ (kg/m^3)	Specific Weight, γ (N/m^3)	Dynamic Viscosity, μ ($N \cdot s/m^2$)	Kinematic Viscosity, ν (m^2/s)	Gas Constant,[a] R ($J/kg \cdot K$)	Specific Heat Ratio,[b] k
Air (standard)	15	1.23 E + 0	1.20 E + 1	1.79 E − 5	1.46 E − 5	2.869 E + 2	1.40
Carbon dioxide	20	1.83 E + 0	1.80 E + 1	1.47 E − 5	8.03 E − 6	1.889 E + 2	1.30
Helium	20	1.66 E − 1	1.63 E + 0	1.94 E − 5	1.15 E − 4	2.077 E + 3	1.66
Hydrogen	20	8.38 E − 2	8.22 E − 1	8.84 E − 6	1.05 E − 4	4.124 E + 3	1.41
Methane (natural gas)	20	6.67 E − 1	6.54 E + 0	1.10 E − 5	1.65 E − 5	5.183 E + 2	1.31
Nitrogen	20	1.16 E + 0	1.14 E + 1	1.76 E − 5	1.52 E − 5	2.968 E + 2	1.40
Oxygen	20	1.33 E + 0	1.30 E + 1	2.04 E − 5	1.53 E − 5	2.598 E + 2	1.40

[a] 기체상수는 온도와 무관함.
[b] 비열비는 온도에 아주 약간 영향을 받음.

표 1.8 표준 대기압에서의 기체의 물성치 (BG 단위)

Gas	Temperature (°F)	Density, ρ ($slugs/ft^3$)	Specific Weight, γ (lb/ft^3)	Dynamic Viscosity, μ ($lb \cdot s/ft^2$)	Kinematic Viscosity, ν (ft^2/s)	Gas Constant,[a] R ($ft \cdot lb/slug \cdot °R$)	Specific Heat Ratio,[b] k
Air (standard)	59	2.38 E − 3	7.65 E − 2	3.74 E − 7	1.57 E − 4	1.716 E + 3	1.40
Carbon dioxide	68	3.55 E − 3	1.14 E − 1	3.07 E − 7	8.65 E − 5	1.130 E + 3	1.30
Helium	68	3.23 E − 4	1.04 E − 2	4.09 E − 7	1.27 E − 3	1.242 E + 4	1.66
Hydrogen	68	1.63 E − 4	5.25 E − 3	1.85 E − 7	1.13 E − 3	2.466 E + 4	1.41
Methane (natural gas)	68	1.29 E − 3	4.15 E − 2	2.29 E − 7	1.78 E − 4	3.099 E + 3	1.31
Nitrogen	68	2.26 E − 3	7.28 E − 2	3.68 E − 7	1.63 E − 4	1.775 E + 3	1.40
Oxygen	68	2.58 E − 3	8.31 E − 2	4.25 E − 7	1.65 E − 4	1.554 E + 3	1.40

[a] 기체상수는 온도와 무관함.
[b] 비열비는 온도에 아주 약간 영향을 받음.

1.6 점성

밀도와 비중량은 유체의 "무거움(heaviness)"의 척도이다. 그러나, 물과 기름의 경우와 같이 밀도는 비슷하지만, 유동 형태는 아주 다른 것으로 보아, 이러한 성질만으로는 유체의 거동을 규정하기에는 부족하다. 유체의 "유동성(fluidicity)"을 기술하기 위해서는 또 다른 물성치가 더 필요하다.

Video
V1.3 점성 유체

그림 1.4a와 같이 폭이 아주 넓은 두 개의 평행 평판 사이에 유체가 놓여 있는 가상적인 실험을 통하여, 유체의 추가적인 성질에 대해 알아보자. 밑판은 단단히 고정되어 있고 윗판은 자유롭게 움직일 수 있다. 강철과 같은 고체라면 물질이 윗판에 고정되어 있으므로 힘 P가 가해지면 윗판은 미소거리 δa로 이동할 것이다. 수직선 AB는 미소각도 $\delta\beta$만큼 회전하여 AB'로 이동한다. 힘 P에 저항하기 위해 평판과 물질의 경계면에는 전단응력(shearing stress)이 윗판의 표면적 A에 발생하여 힘의 평형에 의해 그림 1.4b와 같이 $P = \tau A$가 성립한다. 잘 알다시피, 강철과 같은 탄성체의 경우 미소 각도 $\delta\beta$인 전단변형률(shearing strain)은 전단응력 τ에 비례한다.

Video
V1.4 점착 조건

실제 유체는 움직이는 경우라도 유체를 담고 있는 고체의 경계면에 항상 "고착"한다.

만일 이 물질이 고체가 아니라 유체라면 어떻게 될까? 앞의 경우와는 다른 점을 발견할 수있다. 힘 P가 윗판에 가해지면, 초기의 가속 과정을 거쳐 그림 1.5와 같이 윗판은 속도 U로 계속 움직인다. 이러한 움직임은 유체의 정의와 부합한다. 즉, 전단응력이 가해지면, 유체는 연속적으로 변형한다. 유체의 운동을 좀더 자세히 살펴보면, 윗판과 접하고 있는 유체는 윗판과 같은 속도 U로 움직이고, 고정되어 있는 밑판과 접하고 있는 유체의 속도는 영(zero)임을 알 수 있다. 두 평판 사이의 유체의 속도 변화, 즉, $u = u(y)$는 그림 1.5에 나타난 바와 같이, $u = Uy/b$로 선형적으로 변한다. 본 예제의 경우에 보듯이, 평

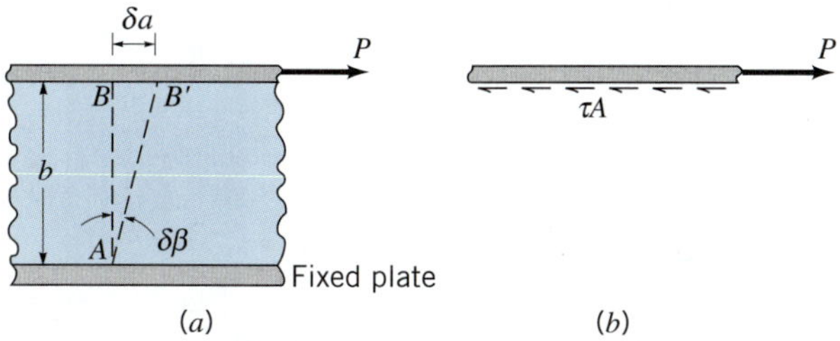

그림 1.4 (a)두 평판 사이에 놓여 있는 물질의 변형 (b)윗판에 작용하는 힘

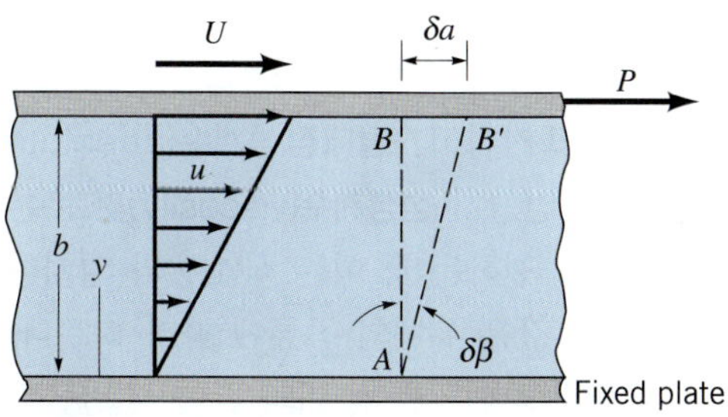

그림 1.5 두 평판 사이에 놓여 있는 유체의 거동

판 사이에서 유체의 속도는, **속도 기울기(velocity gradient)**, du/dy가 존재하고, 이 값은 $du/dy = U/b$로 일정하다. (주: 복잡한 유동 현상에서는 속도 기울기가 항상 일정한 것은 아니다.) 유체가 고체 경계면에 "고착한다(stick)"는 실험적 결과는 유체역학적으로 매우 중요한 사실로, **점착조건(no-slip condition)**이라 한다. 액체든 기체든 모든 유체는 이 조건을 만족한다.

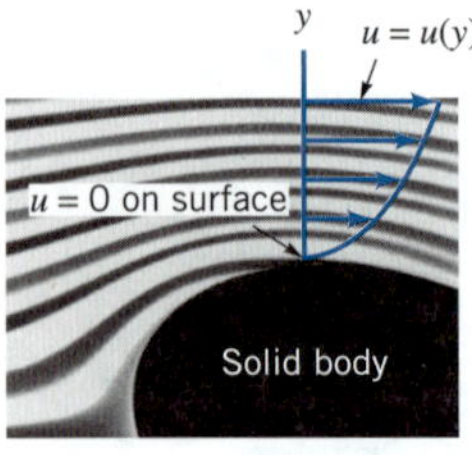

시간이 δt만큼 경과하면 유체 내부의 가상적인 수직선 AB는 $\delta\beta$ 정도 회전하므로

$$\delta\beta \approx \tan\delta\beta = \frac{\delta a}{b}$$

가 성립한다. $\delta a = U\ \delta t$이므로,

$$\delta\beta = \frac{U\,\delta t}{b}$$

가 된다. (주: $\delta\beta$는 힘 P과 관련되는 속도 U의 함수일 뿐만 아니라, 시간과도 관련된다.) $\delta\beta$의 시간당 변화율을 **전단변형률(rate of shearing strain)**, $\dot{\gamma}$라 정의하며, 식으로 표현하면 다음과 같다.

$$\dot{\gamma} = \lim_{\delta t \to 0} \frac{\delta\beta}{\delta t}$$

본 예제의 경우에는

$$\dot{\gamma} = \frac{U}{b} = \frac{du}{dy}$$

가 된다.

이번에는 힘의 크기에 대한 실험을 해 보자. $\tau = P/A$이므로 힘 P의 증가로 전단응력 τ가 커지면 전단변형률 $\dot{\gamma}$도 이에 직접 비례함을 알 수 있다. 이를 수식으로 표현하면,

$$\tau \propto \dot{\gamma}$$

또는,

$$\tau \propto \frac{du}{dy}$$

Video
V1.5 모세관 점도계

이 성립한다. 이 결과로부터, 물이나 기름, 휘발유, 공기와 같은 유체의 경우, 전단응력과 전단변형률(=속도구배)는 다음과 같은 관계로 유도할 수 있다.

$$\tau = \mu \frac{du}{dy} \tag{1.9}$$

식(1.9)의 비례상수를 그리스 문자로 μ(mu)로 표기하고, **절대점성계수(absolute viscosity)**, **역학적 점성계수**(dynamic viscosity) 또는 간단히 **점성계수**(viscosity)라 부른다. τ와 du/dy의 관계는 그림 1.6과 같이 선형적으로 변하는데, 이는 식(1.9)와 일치하며, 그래프의 기울기는 점성계수를 뜻한다. 점성계수 값은 유체의 종류에 따라 다르다. 그림 1.6에서 물에 대한 두 개의 곡선에 보듯이 온도의 영향도 크다. 이와 같이, 전단응력

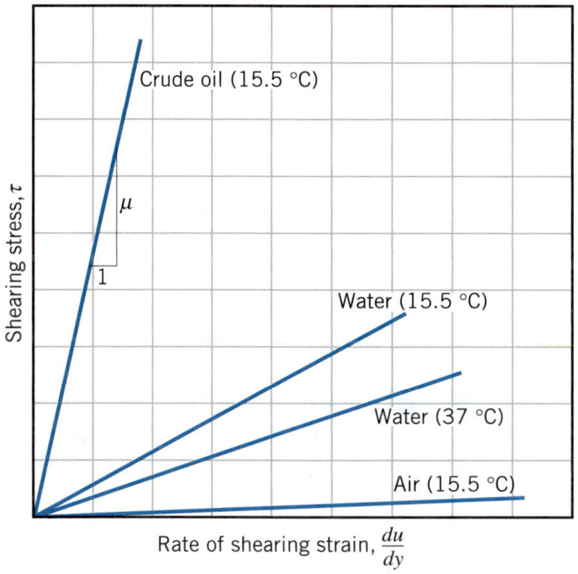

그림 1.6 Newtonian유체의 전단응력과 전단변형률과의 선형적 변화

과 전단변형률(또는 각변형률(rate of angular deformation))이 **선형적(linear)**인 관계를 가지는 유체를 Isacc Newton(1642–1727)의 이름을 따서 Newton유체(Newtonian fluid)라 한다. 액체든 기체든 Newton유체인 경우가 많다. 식(1.9)을 복잡한 유동장에 적용하는 경우에 대해서는 6.8.1절에 다룰 예정이다.

역학적 점성계수는 전단응력과 움직임과의 관계를 나타내는 유체의 성질이다.

광활한 유체의 세계

초(超)점성 유체

타르(tar)가 보트 방수용으로 사용된 후 남은 찌꺼기가 피치(pitch)이다. 상온에서는 고체처럼 보이며 망치로 가격하면 산산히 부셔진다. 하지만 약간 가열하면 쉽게 흐르는 성질이 있어 유체이다. 1927년 Parnell 교수는 소량의 피치를 가열하여 연통 속에 부었다. 이후에 연통에서 아주 천천히 흘러 나와 현재까지도 단 7방울의 피치만 연통 밖으로 흘러 나왔다. 8번째 방울은 아마도 조만간 흘러 나올 것 같다. 사실 연통을 꾸준히 지켜 본 사람이 없는데 실제로 몇 방울이 흘러나왔는지 정확히 알 수는 없다. 이 피치의 점성은 물의 1000억배, 즉 10^{11}배로 추정된다.

전단응력이 전단변형률과 선형적 관계이지 않은 유체를 비 Newton유체(non–Newton fluid)라고 한다. 이에 대한 간단한 예는 그림 1.7에 도시되어 있다. 그래프에서 기울기를 겉보기 **점성계수(apparent viscosity)**라 한다. Newton유체에서는 겉보기 점성계수는 절대 점성계수와 같고 전단변형률에 무관하다.

비Newton 유체에서는 겉보기 점도는 전단률의 함수로 표현된다.

전단희박유체(shaer thinning fluid)는 전단변형률이 증가하면 겉보기 점성계수가 감소한다. 유체의 전단이 클수록 점성은 약해진다. 콜로이드 형태의 현탁액이나 고분자 용액이 이에 해당한다. 예를 들어 라텍스 페인트(latex paint)가 붓에 묻혀 있을 때는 전단변형률이 작아 겉보기 점성계수가 커지므로 붓에서 페인트가 잘 떨어지지 않는다. 그러나

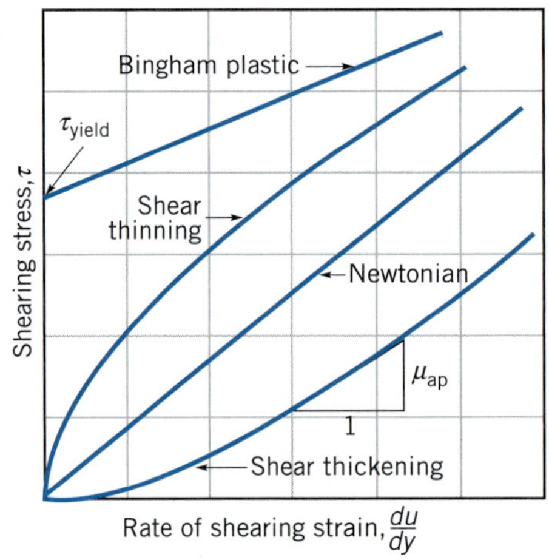

그림 1.7 비 Newtonian유체를 포함하여 여러 유형의 유체에서 전단응력과 전단변형률의 관계

페인트를 벽에 칠하면 벽과 붓 사이에 페인트층이 얇게 형성되어 전단변형률이 커지므로 겉보기 점성계수는 작아지고 페인트는 벽에 부드럽게 흐르게 된다.

비Newton 유체에서는 겉보기 점도와 전단률의 관계가 다양하게 나타난다.

전단농후유체(shear thickening fluid)는 전단변형률이 증가하면 겉보기 점성계수도 증가한다. 즉, 유체의 전단이 커지면 점성도 증가한다. 이에 대한 예로는 옥수수 가루 물, 모래의 혼합물을 들 수 있다. 속도가 빠를수록 모래 혼합물에 섞여 있는 물질을 제거하는 일이 힘들어진다.

그림 1.7에서 **Bingham 플라스틱(Bingham plastic)**은 유체도 아니고 고체도 아니다. 이 물질은 일정 응력 이내에서는 운동이 없지만–즉 유체가 아니다, 이를 벗어나면 유체처럼 움직인다–즉 고체가 아니다. 이에 대한 예로는 치약과 마요네즈를 들 수 있다. 나이프로 식빵에 마요네즈를 묻힐 때 일정 이상의 힘을 주어야만 마요네즈가 빵의 표면에 매끄럽게 도포된다.

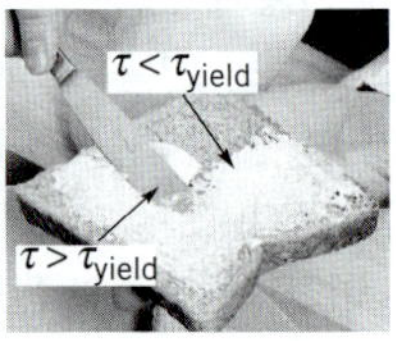

Jan Mika/ Shutterstock.com

식(1.9)에서 점성계수의 차원은 FTL^{-2}임을 쉽게 유도할 수 있다. 따라서 점성계수는 BG 단위로는 $\text{lb} \cdot \text{s/ft}^2$이고, SI 단위로는 $\text{N} \cdot \text{s/m}^2$가 된다. 몇 가지 일반적인 액체와 기체의 점성계수 값은 표 1.5에서 표 1.8에 걸쳐 나와 있다. 이 표에서 보듯이 유체에 따라 점성계수의 차이가 큼을 알 수 있다. 점성계수는 압력에 약간의 영향을 받지만 무시할 정도이다. 그러나 앞에 이미 언급한 적도 있고 그림 1.8에서 알 수 있듯이 점성계수는 온도에 매우 민감하다. 물의 경우에 오도가 15.5 ℃에서 37 ℃로 변하면 밀도는 1% 이내로 감소하지만 점성계수는 40%나 줄어든다.

Video

V1.6 비Newton 유체의 움직임

그림 1.8을 보면 점성계수가 유체의 종류에 따라서 얼마나 다르고 온도에 영향을 받는지 알 수 있다. 온도가 상승하면 기체의 점성계수는 증가하지마 액체는 감소한다. 온도가 점성계수에 미치는 영향이 기체와 액체가 다른 이유는 분자 구조의 차이까지 고려해야 한다. 액체의 분자는 강한 응집력으로 조밀하게 분포되어 있고 서로 인접한 층 사이에 저항하는 힘과 밀접한 관련을 가진다. 온도가 증가하면 이런한 응집력이 약해져서 움직임에 저항하는 힘이 감소하게 된다. 그러나 기체 분자들은 서로 멀리 떨어져 있고 결합력도 무시할 정도로 작다. 이 경우 유체 층 사이에서 상대 운동에 대한 저항은 분자간의 운동량 교환으로 발생한다. 속도가 작은 영역에서 큰 영역으로 또는 그 반대로 불규적인 운동

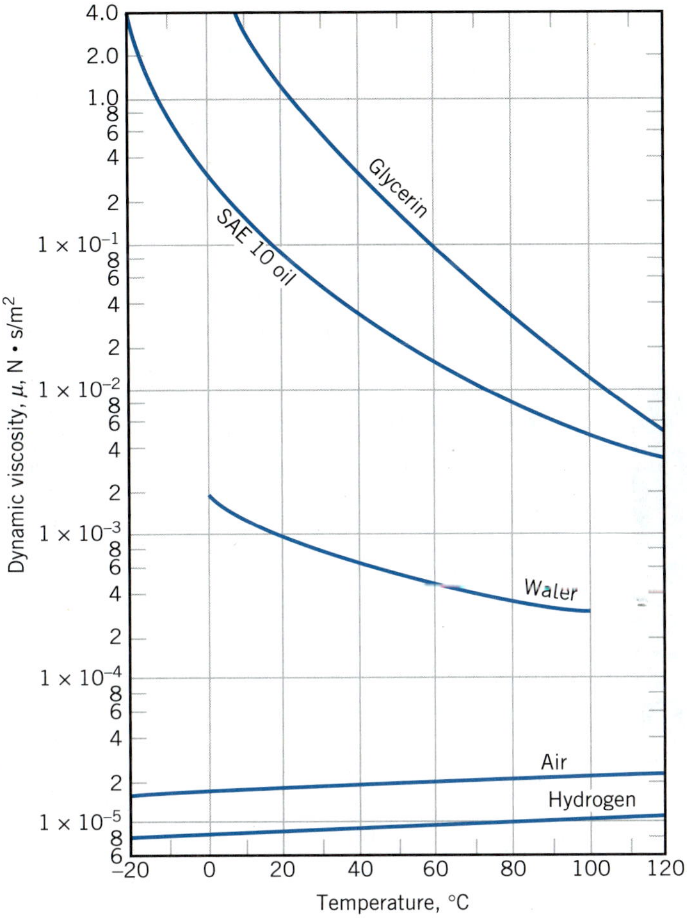

그림 1.8 온도에 따른 절대(역학적) 점성계수의 변화

에 의한 이동으로 운동량이 서로 교환된다. 온도가 상승하면 이러한 운동은 더 활발해져서 결국 점성계수가 증가하게 된다.

점성계수와 온도의 관계는 다음의 두 가지 실험식이 많이 인용된다. 기체의 경우 다음의 Sutherlan 식이 대표적이다.

$$\mu = \frac{CT^{3/2}}{T+S} \tag{1.10}$$

점성계수는 온도에 따라 변한다.

여기서 C와 S는 실험 상수이고 T는 절대 온도이다. 2개의 온도에서 점성계수를 알면 C와 S를 구할 수 있다.

액체의 경우 Andrade 식으로 알려진 다음의 경험식이 널리 알려져 있다.

$$\mu = De^{B/T} \tag{1.11}$$

여기서 D와 B는 실험 상수이고 T는 절대 온도이다. 기체와 마찬가지로 2개의 온도에서 점성계수를 알아야만 2개의 상수를 결정할 수 있다. 점성계수와 온도의 관계에 대해서는 참고문헌(1)에 자세히 나와 있다.

예제 1.4 | 점성계수와 무차원 수

주어진 사항 관을 흐르는 유체의 점성유동에 관한 연구에서 변수의 조합 중 **Reynolds 수**라는 중요한 무차원 변수가 있다. 그림 E1.4와 같이 이 변수는 $\rho VD/\mu$로 정의하고, 기호로 Re로 표시한다. 여기서, ρ는 유체의 밀도, V는 유체의 평균속도, D는 관의 직경, μ는 유체의 점성계수이다. 점성계수가 0.38 N · s/m^{2}이고, 비중이 0.91인 Newton유체가 직경이 25 mm인 관 속을 2.6 m/s의 속도로 흐른다.

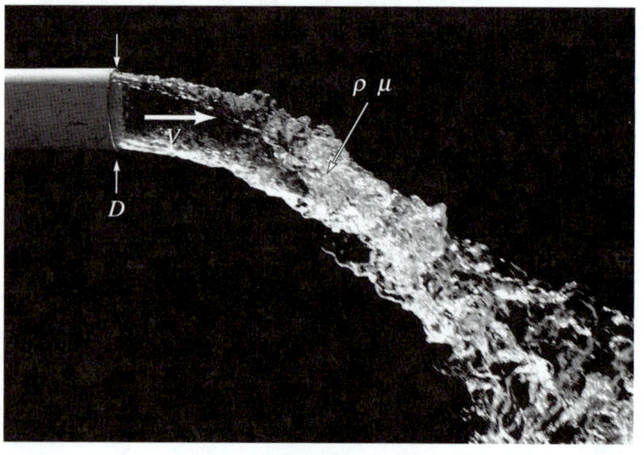

그림 E1.4

해결과제 Reynolds 수를 (a) SI 단위계, (b) BG 단위계로 각각 구하라.

풀이

(a) 비중을 이용하여 유체의 밀도의 밀도를 구하면,

$$\rho = SG\rho_{H_2O@4\,°C} = 0.91(1000\ \text{kg/m}^3) = 910\ \text{kg/m}^3$$

이다. Reynolds 수의 정의로부터,

$$\text{Re} = \frac{\rho VD}{\mu} = \frac{(910\ \text{kg/m}^3)(2.6\ \text{m/s})(25\ \text{mm})(10^{-3}\ \text{m/mm})}{0.38\ \text{N}\cdot\text{s/m}^2}$$
$$= 156\ (\text{kg}\cdot\text{m/s}^2)/\text{N}$$

이다. 1 N = 1 kg · m/s^{2}이므로, Reynolds 수는 무차원이다. 즉,

$$\text{Re} = 156 \qquad \text{(답)}$$

무차원 양을 구성하는 변수들이 일관된 단위 체계를 사용하면, 그 변수로 조합된 무차원 수는 단위계에 무관하다. 본 예제를 BG 단위계로 계산하여 이 사실을 검증해 보자.

(b) 표 1.3의 단위환산계수를 이용하여, Reynolds 수에 나타나는 모든 변수의 값을 SI 단위에서 BG단위로 변환하면,

$$\rho = (910\ \text{kg/m}^3)(1.940\times10^{-3}) = 1.77\ \text{slugs/ft}^3$$
$$V = (2.6\ \text{m/s})(3.281) = 8.53\ \text{ft/s}$$
$$D = (0.025\ \text{m})(3.281) = 8.20\times10^{-2}\ \text{ft}$$
$$\mu = (0.38\ \text{N}\cdot\text{s/m}^2)(2.089\times10^{-2}) = 7.94\times10^{-3}\ \text{lb}\cdot\text{s/ft}^2$$

가 된다. Reynolds 수의 정의와 1 lb = 1 slug · ft/s^{2}의 관계로부터,

$$\text{Re} = \frac{(1.77\ \text{slugs/ft}^3)(8.53\ \text{ft/s})(8.20\times10^{-2}\ \text{ft})}{7.94\times10^{-3}\ \text{lb}\cdot\text{s/ft}^2} \qquad \text{(답)}$$
$$= 156\ (\text{slug}\cdot\text{ft/s}^2)/\text{lb} = 156$$

이다.

보충설명 (a)와 (b)의 결과는 예상한 바와 같이 동일한 Reynolds 수를 보여 준다. 무차원 양은 유체역학에서 중요한 역할을 한다. Reynolds 수와 그 외 다른 중요한 무차원 조합에 대해서는 7장에서 상세히 공부하도록 하자. 동점성계수로 정의된, 점성계수와 밀도의 비, 이 Reynolds 수에서 중요한 역할을 한다는 사실을 기억하라.

예제 1.5 | Newton유체의 전단응력

주어진 사항 그림 E1.5a와 같이 폭이 넓은 두 개의 평행 평판 사이를 흐르는 Newtonain유체의 속도분포는 다음과 같은 식으로 주어진다.

$$u=\frac{3V}{2}\left[1-\left(\frac{y}{h}\right)^2\right]$$

여기서, V는 평균속도이고, 유체의 점성계수는 0.04 N·s/m^{2}이다. $V=0.6$ m/s, $h=0.5$ cm이다.

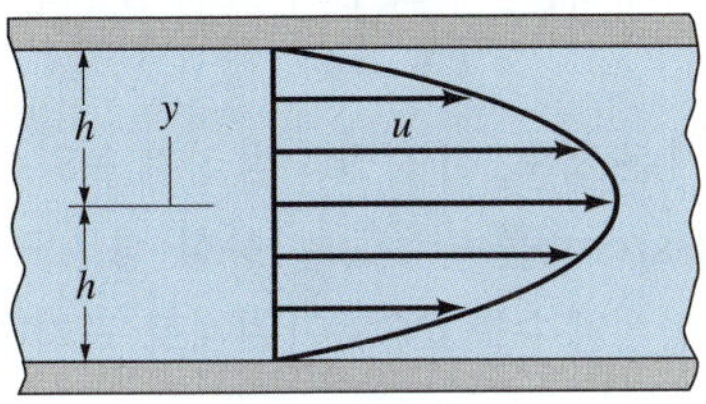

그림 E1.5a

해결과제 (a) 밑판에 작용하는 전단응력, (b) 중심면에 작용하는 전단응력을 각각 구하라.

풀이 이와 같은 평행유동의 전단응력은 식(1.9)로부터 구할 수 있다.

$$\tau=\mu\frac{du}{dy} \tag{1}$$

속도분포에 관한 식, $u=u(y)$가 주어진 경우, 속도기울기 du/dy를 계산하면 모든 지점에서의 전단응력을 구할 수 있다. 주어진 속도분포 식을 이용하면,

$$\frac{du}{dy}=-\frac{3Vy}{h^2} \tag{2}$$

가 된다.

(a) 밑면의 경우, $y=-h$를 식(2)에 대입하면,

$$\tau_{\substack{\text{bottom}\\ \text{wall}}}=\mu\left(\frac{3V}{h}\right)=\frac{(0.04\ \text{kg/m}\cdot\text{s})(3)(2\ \text{m/s})}{(0.5/100\ \text{m})}$$
$$=48\ \text{Pa (in direction of flow)} \qquad \text{(답)}$$

이 된다. 따라서, 밑면에서의 전단응력은,

$$\frac{du}{dy}=\frac{3V}{h}$$

이고, 유동과 같은 방향이다.

밑면에서의 전단응력이 양의 값을 갖는 이유를 생각해 보자. 그림 E1.5b에서 벽면과 고착된 유체는 유동 방향으로 밑판을 끌고 가려는 항력(drag)을 발생시킨다. 이는 그림 1.4와 유사한다. 따라서 밑판의 유체가 발생하는 전단응력은 윗면과 크기와 방향이 같게 된다.

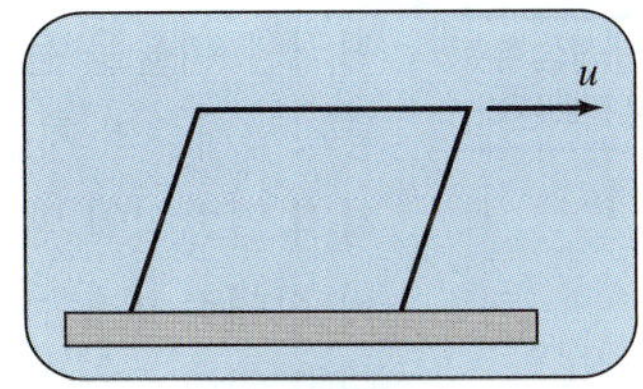

그림 E1.5b

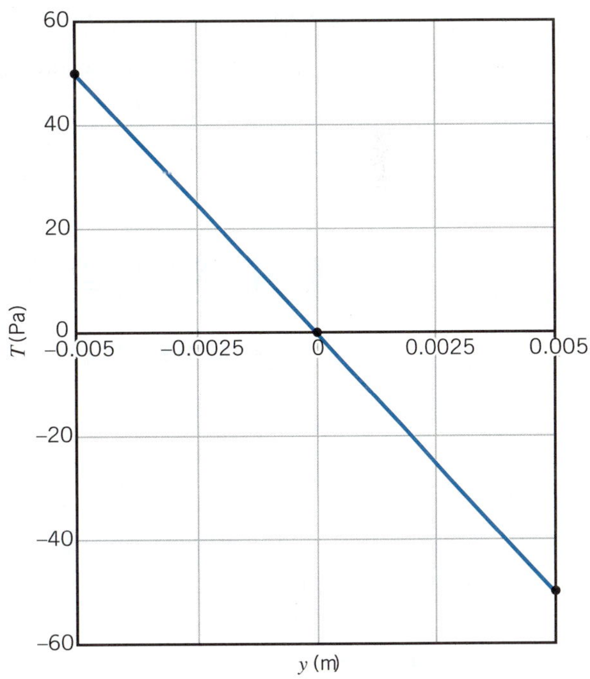

그림 E1.5c

(b) 중심면의 경우, $y=0$이므로,

$$\frac{du}{dy}=0$$

이다. 따라서 중심면에서의 전단응력은,

$$\tau_{\text{midplane}}=0 \qquad \text{(답)}$$

보충설명 중심($y=0$)의 0에서 벽면($y=h$ 또는 $y=-h$)에서의 전단응력을 식(2)를 적용하면 그림 E1.4의 결과를 얻는다. y에 대해 선형적으로 변함을 알 수 있다. 이 결과는 그림 E1.4c에 도시되어 있다. 일반적으로 말하면, 전단응력은 속도분포에 좌우된다고 할 수 있다.

유체의 유동과 관련된 문제에서, 다음과 같이 점성계수가 밀도와 결합한 형태로 나타나는 경우가 많다.

$$\nu = \frac{\mu}{\rho}$$

동점성계수는 절대점성계수와 밀도와의 비로 정의된다.

이러한 비율을 **동점성계수(kinematic viscosity)**라 하고, 그리스 문자 ν(nu)로 표기한다. 동정성계수의 차원은 L^2T^{-1}이며, BG 단위로는 ft^2/s, SI 단위로는 m^2/s가 주어진다. 몇 가지 일반적인 액체와 기체의 동점성계수에 관해서 표 1.4에서 표 1.7에 있다. 물과 공기의 절대점성계수와 동점성계수에 대해서 부록 B의 표 B.1, 표 B.2에 상세한 자료가 수록되어 있다. 온도에 의한 점성계수의 변화에 대해서는, 부록 B의 그림 B.1과 그림 B.2에 그래프로 도시하였다.

본 교재는 BG 단위계와 SI 단위계를 기본으로 하지만, 점성계수의 경우 CGS (centimeter–gram–second)단위계인 dyne · s/cm^2를 단위로 사용한 경우도 있다. 이를 poise라 명명하고, 약자인 P로 표기한다. 동정성계수를 CGS 단위계로 표기하면, cm^2/s가 되는데, 이를 stokes라 명명하고, 약자인 St로 표기한다.

1.7 유체의 압축성

1.7.1 체적탄성계수

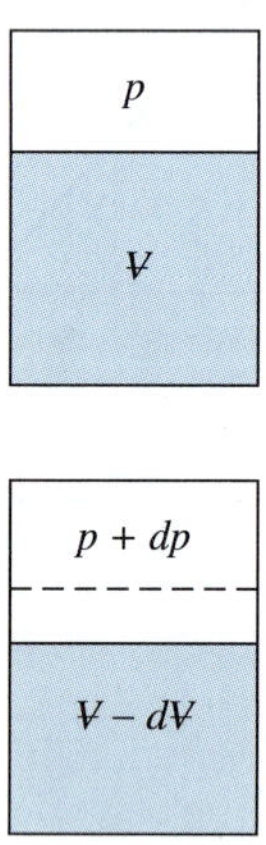

일정한 질량을 가진 유체의 체적(또는 밀도)가 압력의 변화에 따라 얼마나 쉽게 변하는가? 즉, 유체는 어느 정도 압축하는가? 라는 질문에 대한 답변은, 그 유체의 거동을 규명하는데 중요한 관점 중 하나이다. 압축성을 나타내는데 일반적으로 사용되는 유체의 물성치는 **체적탄성계수(bulk modulus, 또는 bulk modulus of elasticity)** E_v로, 다음과 같이 정의된다.

$$E_v = -\frac{dp}{d\mathcal{V}/\mathcal{V}} \tag{1.12}$$

여기서, dp는 체적 $\mathcal{V}$가 $d\mathcal{V}$ 정도 미소 변화하는데 필요한 미소 압력 변화량이다. 압력이 증가하면 체적은 감소하므로 음의 부호로 표현되었다. 질량은 $m = \rho V$로 일정하므로, 부피가 감소하면 밀도는 증가한다. 따라서, 식(1.12)를 밀도에 관해서 표현하면 다음과 같다.

$$E_v = \frac{dp}{d\rho/\rho} \tag{1.13}$$

체적탄성계수의 차원은 FL^{-2}로 압력과 같다. E_v의 BG 단위는 $lb/in.^2$ (psi)이고, SI 단위로는 N/m^2 (Pa)이다. 체적탄성계수가 크다는 말은, 적은 체적 변화에도 큰 압력이 필요하다는 뜻이다. 액체의 E_v 값이 크리라는 예상은 표 1.5와 표 1.6에서 확인 할 수 있다. 예를 들어 대기압과 15.5 ℃에서 물의 체적을 1% 줄이려면 2.5×10^7 Pa의 압력이 필요하다. 이는 액체의 압축성에 대한 전형적인 예이다. 체적을 변화하는데 이렇게 큰 압력이 필요하므로 실제 공학 문제에서는 액체를 비압축성(incompressible)으로 취급한다. 액체는 압축할수록 체적탄성계수가 증가하지만, 주된 관심 영역은 대기압 부근의 체적탄성계수 값이다. 기체의 체적탄성계수를 구할 수 있지만, 압축성을 나타내기 위해 체적탄성계수를 사용하는 경우는 액체와 관련된 것이 대부분이다.

광활한 유체의 세계

물 제트(water jet)는 폭탄이다?

일반적으로 액체는 비압축성 유체이다. 그러나 어떤 상황에서는 액체의 압축성이 장치 작동의 주요 역할을 하는 경우가 있다. 예를 들어 채광 작업에서 물의 압축성을 이용하는 수파 발생기가 개발되어 사용되고 있다. 분말성 폭약에 견줘 손색없이 바위를 분쇄한다. 이 장치는 초고압으로 저장된 물을 10～25 mm 직경의 밸브로 분사하여 발생되는 수파의 에너지를 이용한다. 물은 3000～4000 기압에서는 약 10 내지 15%의 체적이 감소한다. 압력용기에 설치된 밸브를 신속히 열면 물은 팽창하여 제트가 되어 목표 물체에 충격을 주는데 그 파괴력은 일반 폭약에 견줄만 하다. 이러한 물 제트를 광산 작업에 사용하게 되면 화학 성분으로 된 일반 폭발물과 비교할 때 보관 문제, 독성 가스의 환기 등 제반 어려움을 없앨 수 있다.

1.7.2 기체의 압축과 팽창

기체가 압축 또는 팽창할 때, 압력과 밀도의 관계는 과정(process)에 따라 다르다. 온도가 일정한 상태(**등온과정, isothermal process**)에서 기체의 압축 (또는 팽창)이 일어나면, 식(1.8)은

$$\frac{p}{\rho} = \text{constant} \tag{1.14}$$

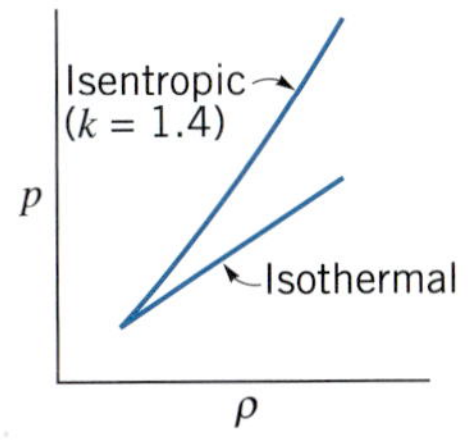

로 된다. 마찰과 주위와의 열교환이 없는 경우(**등엔트로피 과정, isentropic process**)에는,

$$\frac{p}{\rho^k} = \text{constant} \tag{1.15}$$

의 관계가 된다. 여기서, k는 정압비열 c_p와 정적비열 c_v의 비이다. 즉, 비열비 $k = c_p/c_v$이다. 이 두 비열은 기체상수, R과는 $R = c_p - c_v$의 관계를 가진다. 이상기체의 방정식의 경우와 같이, 식(1.11)과 식(1.12)의 압력은 절대압력으로 표현해야 한다. 일반 기체에 대한 비열비 k 값은 표 1.7과 표 1.8에 나와 있다. 온도에 따른 공기의 비열비 변화에 관해서는 부록 B의 표 B.3과 표 B.4를 참조하라.

체적탄성계수는 진행 과정에 따라 값이 변한다.

압력과 밀도의 관계가 주어지면 식(1.14)나 식(1.15)에서 미분 값 $dp/d\rho$를 식(1.13)에 대입하여 기체의 체적 탄성계수를 구할 수 있다. 등온과정이라면

$$E_v = p \tag{1.16}$$

등엔트로피 과정이라면

$$E_v = kp \tag{1.17}$$

의 결과를 유도할 수 있다. 위의 두 경우는 체적 탄성계수가 압력에 직접 비례한다. 압력이 1 bar(abs)이고 비열비가 1.40인 표준 대기 조건에서 등엔트로피 과정에서의 공기의 체적 탄성계수는 1.4 bar이다. 같은 조건에서 물($E_v = 21511$ bar)와 비교하면 공기는 15,000배나 압축성이 크다. 따라서 기체를 다룰 때에는 압축성이 기체의 유동 현상에 미치는 영향에 대해 세심한 주의가 필요하다. 그러나 추후에 논의 하겠지만, 압력의 변화가 작은 경우에는 기체의 유동을 비압축성으로 간주할 수 있다.

예제 1.6 | 기체의 등엔트로피 압축

주어진 사항 그림 E1.5a와 같이 자전거 타이어 공기펌프에 의해 절대압력이 105 Pa인 1 m^3의 공기가 등엔트로피 과정으로 압축하여 0.5 m^3이 되었다.

해결과제 최종 압력은?

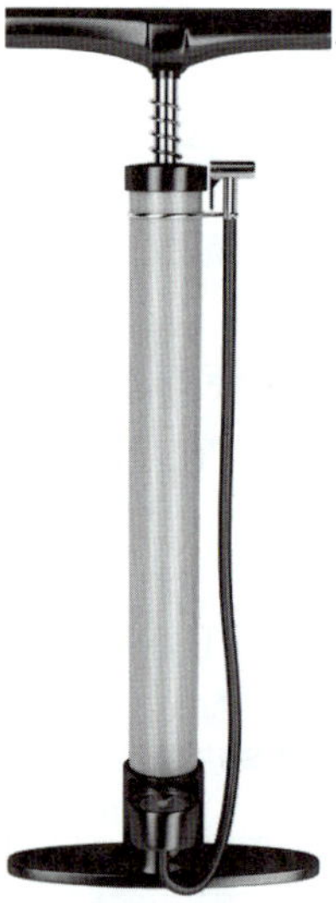

magraphics/123RF

그림 E1.6a

풀이 등엔트로피 과정이므로,

$$\frac{p_i}{\rho_i^k} = \frac{p_f}{\rho_f^k}$$

이다. 여기서 i와 f는 최초 및 최종상태를 나타내는 첨자이다. 윗식을 최종압력, p_f에 관해 표현하면,

$$p_f = \left(\frac{\rho_f}{\rho_i}\right)^k p_i$$

가 된다. 질량은 일정하고, 체적은 반으로 줄었으므로, 밀도는 두 배가 된다. 수치를 대입하여 최종 압력을 구하면,

$$p_f = (2)^{1.40}(10^5 \text{ Pa}) = 2.64 \times 10^5 \text{ Pa (abs)} \qquad \text{(답)}$$

보충설명 초기와 최종의 체적비, V_f/V_i에 따른 최종 압력의 변화는 그림 E1.6b와 같다. 공기는 액체에 비해 쉽게 압축된다고 생각할 수 있지만, 자동차 엔진의 체적비인 $V_f/V_i = 1/8 = 0.125$ 정도의 공기를 압축하기 상당한 압력이 필요하다. 만일 압축 과정이 천천히 이루어지면 등온 과정으로 생각해 볼 수 있다. 이 경우의 체적비와 최종 압력과의 관계를 그림으로 나타내 보고 등엔트로피의 경우와 비교해 보자. 자동차 엔진의 압축 과장에는 어느 유형이 합당한가?

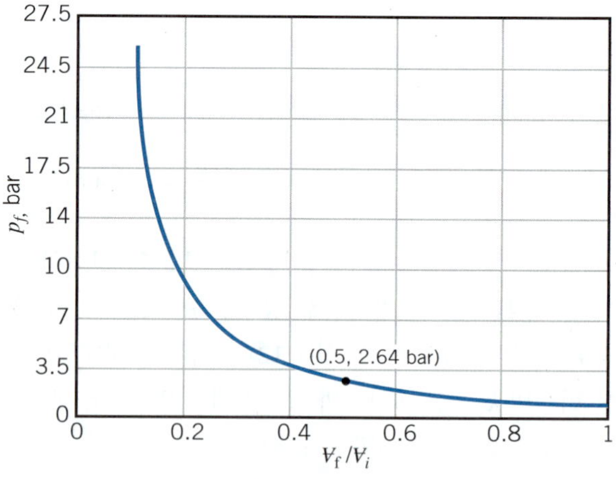

그림 E1.6b

1.7.3 음속

음속이란 미세한 교란이 유체 속에서 전파하는 속도를 지칭한다.

유체의 압축성에서 파생되는 중요한 결과 중에는, "유체 내의 어떤 지점에서 발생한 교란은 한정된 속도로 전파되어 나간다"는 현상이 있다. 예를 들면, 유체가 관 속을 흐를 때, 출구 밸브를 갑자기 닫는 경우, 밸브 닫힘의 영향이 상류에서도 동시에 인지되지 않는다. 밸브 닫힘에 의한 압력의 증가가 상류로 전파되기까지에는 일정한 시간이 걸린다. 이와 유사한 예로, 스피커의 진동판이 진동하여 국부적인 교란을 일으키면, 진동판의 운동에 의해 생기는 작은 압력변화는 일정한 속도로 공기 중으로 전파된다. 이러한 미세한 교란이 전파되는 속도를 **음속(acoustic velocity 또는 speed of sound)**, c라 한다. 음속과 매개체인 유체의 압력과 밀도의 변화와의 관계는 다음과 같은 식으로 기술된다.

$$c = \sqrt{\frac{dp}{d\rho}} \tag{1.18}$$

식(1.13)에서 정의한 체적탄성계수를 도입하면,

$$c = \sqrt{\frac{E_v}{\rho}} \tag{1.19}$$

로 나타낼 수 있다. 교란이 작으므로 열전달 효과를 무시할 수 있다. 따라서, 이 교란의 전파 현상은 등엔트로피 과정으로 간주할 수 있고, 식(1.18)에 사용된 압력과 밀도의 관계에는 등엔트로피 가정을 적용할 수 있다. 기체가 등엔트로피 과정에 있으면, $E_v = kp$의 관계가 성립한다. 이 식을 식(1.17)에 대입하면,

$$c = \sqrt{\frac{kp}{\rho}}$$

Video

V1.7 탄환의 속도

가 성립한다. 이상기체의 방정식을 적용하면,

$$c = \sqrt{kRT} \tag{1.20}$$

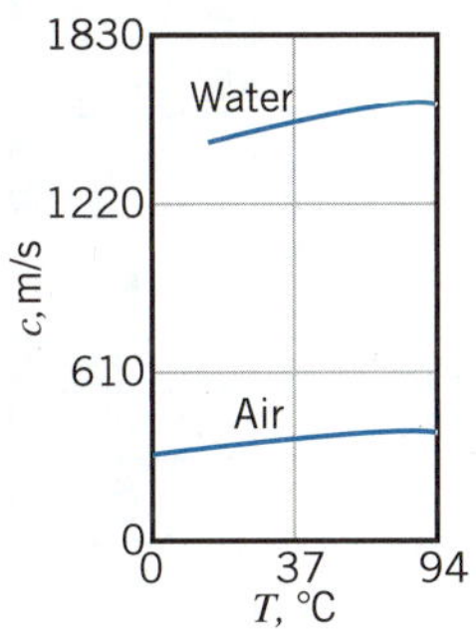

가 된다. 따라서, 이상기체 속에서의 음속은 절대온도의 제곱근에 비례한다. 예를 들면 공기는 $k = 1.40$이고 $R = 287$ J/kg · k이므로 15.6 ℃에서는 음속이 $c = 340$ m/s가 된다. 부록 B의 표 B.3과 표 B.4에는, 공기 중에서의 음속의 값을 온도에 따라 표로 수록되어 있다. 식(1.19)는 액체의 경우에도 유효하며, E_v를 대입하면 액체 속에서의 음속을 계산할 수 있다. 물은 20 ℃인 경우, $E_v = 2.19$ GN/m^{2}이고 $\rho = 998.2$ kg/m^{3}이므로 음속이 $c = 1481$ m/s가 된다. 이 결과에서 음속은 공기보다 물 속에서 훨씬 큼을 알 수 있다. 체적탄성계수가 $E_v = \infty$인 완전 비압축성 유체를 가정해 보면, 그 속에서의 음속은 무한대가 될 것이다. 여러 가지 온도에서 물 속에서의 음속에 대해 알고 싶으면 부록 B의 표 B.1과 표 B.2를 참조하라.

예제 1.7 | 음속과 Mach 수

주어진 사항 제트비행기가 고도 10688 m에서 246 m/s의 속도로 비행하고 있다. 이 때의 대기 온도는 19 ℃이고 비열비는 $k = 1.4$이다.

해결과제 비행기의 속도 V와 주어진 고도에서의 음속 c와의 비를 구하라.

풀이 식(1.20)을 이용하여 음속을 계산하면,

$$c = \sqrt{kRT}$$

$$= \sqrt{(1.40)(287\text{J}/\text{kg}\cdot\text{K})(-19+273)\text{K}}$$

$$= 319 \text{ m/s}$$

이다. 비행기의 속도는 $V = 246$ m/s이므로

속도 비는,

$$\frac{V}{c} = \frac{246}{319} = 0.77 \qquad \text{(답)}$$

가 된다.

보충설명 이 속도비를 **Mach수 (Mach number)**, Ma라 한다. Ma < 1.0이면 이 비행기는 **아음속(subsonic)**으로 비행을 하고 있고, Ma > 1이면 **초음속(supersonic)** 비행을 하고 있다. Mach 수는 고속의 기체 유동에 관한 연구에서는 중요한 무차원 변수로서, 7장과 9장에서 자세히 다루고 있다.

온도를 변화하면서 Mach 수를 구해보면 그림 E1.7과 같은 결과를 얻을 수 있다. 비행 속도가 일정하더라도 온도가 올라가면 음속이 커지므로 Mach 수는 감소하게 된다.

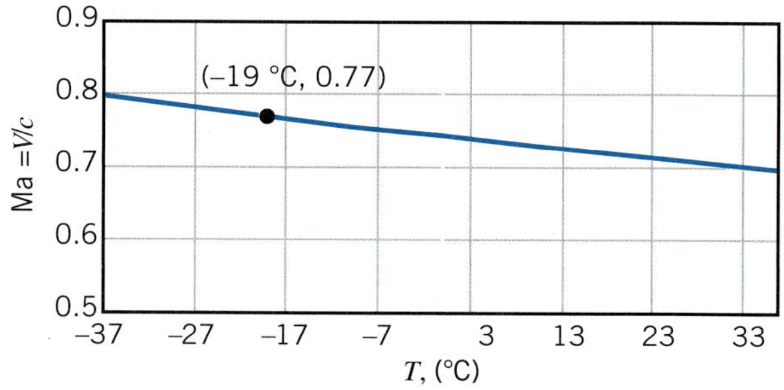

그림 E1.7

1.8 증기압

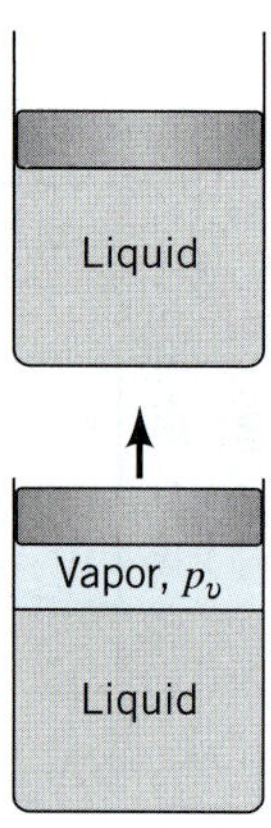

압력이 증기압까지 내려가면 액체는 비등한다.

물이나 휘발유와 같은 액체를 용기에 담아 대기에 방치하면 증발하는 현상을 쉽게 관찰할 수 있다. 표면에 있는 액체의 분자가 분자 간의 응집력을 이겨낼 만큼 큰 운동량을 가지게 되어 대기로 탈출하게 되면, 증발이 일어나다. 용기가 밀폐되고, 용기 속에 액체를 제외한 나머지 공간은 약간의 공기로 채워져 있다고 가정하자. 이 공간의 공기를 제거하여 진공상태로 만들면, 액체의 분자에서 탈출한 증기에 의해 진공상태의 공간은 압력이 증가할 것이다. 액체 표면을 탈출하는 분자의 수와 액체 속으로 들어가는 분자의 수가 같아지는 평형상태에 도달하면, 증기는 포화 되었다고 말하고, 이 때 증기가 액체 표면에 가하는 압력을 **증기압(vapor pressure)**, p_v라 한다. 왼쪽 그림과 같이 실린더는 액체로 가득 차 있고 공기가 스며들지 않게 밀봉되어 있다. 실린더의 윗면을 움직여 내부의 압력이 증기압에 도달하면 윗면과 액체 사이에 증기가 차게 된다.

증기압의 발생은 분자 활동과 밀접한 관계가 있으므로, 액체의 증기압은 온도에 영향을 받는다. 부록 B의 표 B.1과 표 B.2에는 물의 증기압을 온도별로 수록되어 있다. 상온에서의 액체에 대한 증기압은 표 1.5와 표 1.6을 참조하라.

비등(boiling)은 액체 내부에서 증기 기포가 형성되는 현상으로, 액체의 절대압력이 증기압에 도달할 때 시작된다. 예를 들어 부엌은 표준 대기와 유사한 조건이므로 물은 100 ℃

에서 끓는다. 다시 말해 100 ℃ 물의 증기압은 표준 대기압인 1 bar(abs)이다. 에베레스트 산의 정상은 고도가 9144 m인데 물은 69 ℃에서 끓으므로 이 곳의 압력은 압력은 0.3 bar(abs)로 예상할 수 있다. 왼 쪽 그림은 고도와 비등점의 관계를 도시한 것이다. 액체에 작용하는 압력이 일정하면 온도를 올리거나, 온도가 일정하면 압력이 낮추면 비등할 가능성이 커진다.

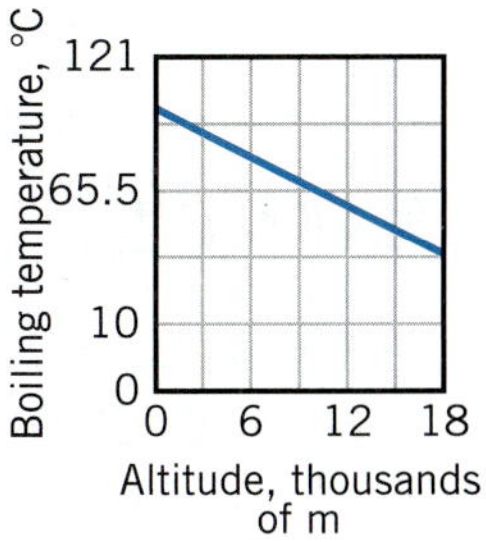

유체역학 관점에서 증기압과 비등에 관심을 가지는 이유는, 액체가 유동하게 되면, 운동에 의해 아주 낮은 압력이 일어날 수 있고, 이 압력이 증기압에 이르면 비등이 일어나는 경우가 많기 때문이다. 예를 들면, 밸브나 펌프와 같이 불규칙적이고 좁은 통로를 액체가 흘러가는 경우에 이런 현상이 나타난다. 유동하는 액체 속에서 발생한 증기 기포는 압력이 높은 쪽으로 휩쓸러 가서, 구조의 손상을 야기할 정도의 큰 강도로 갑자기 붕괴된다. 유동하는 액체 속에서의 증기 기포의 발생과 붕괴를 **공동현상(cavitation)**이라 한다. 이는 중요한 액체의 유동 현상이므로 3장과 7장에서 더 다룰 예정이다.

유체의 유동에서 국부적으로 압력이 증기압에 도달하여 공동현상이 일어날 수 있다.

1.9 표면장력

액체와 기체, 또는 두 개의 섞이지 않는 액체의 접촉면에서는, 액체 표면에 힘이 발생하여, 표면이 유체 덩어리를 에워 싸는 "껍질(skin)"이나 "막(membrane)"처럼 보이게 한다. 이러한 껍질은 실제로는 존재하지 않지만, 이 개념적인 비유는 흔히 관찰할 수 있는 몇 가지 현상을 설명하는데 유용한 표현이다. 예를 들면, 물 표면에 바늘을 살며시 놓으면 물위에 뜨는데, 그 이유는 가상적인 껍질 속에 발생한 장력이 바늘을 지지하기 때문이다. 조그마한 수은 방울을 매끈한 표면에 놓아두면 형상이 공처럼 되는데, 이는 표면의 응집력에 의해 수은의 분자들이 조밀한 형태로 유지되기 때문이다. 새로 왁스칠한 면에 물방울을 두어도 이와 유사한 현상을 볼 수 있다.

Video

V1.8 떠 있는 면도날

표면에서 관찰되는 이러한 다양한 현상은 불균형적인 응집력이 표면에 있는 액체 분자에 작용하기 때문이다. 액체 내부에 있는 분자는 서로 같은 크기로 끌어당기는 분자에 의해 에워싸여 있다. 그러나 표면에 있는 분자는 안쪽 방향으로 작용하는 힘을 받는다. 표면을 따라 발생하는 이러한 불균형적인 힘은 가상적인 껍질 또는 막이 생성된 것처럼 보이게 한다. 액체 표면의 임의의 선에서도 인장력이 표면에 작용한다고 볼 수 있다. 표면의 임의의 선에서의 단위길이 당 작용하는 분자 인력의 강도를 **표면장력(surface tension)**이라 하고, σ(sigma)로 표기한다. 표면장력은 액체의 물성치 중 하나로, 그 크기는, 접하고 있는 액체의 종류와 온도에 영향을 받는다. 표면장력의 차원은 FL^{-1}이고, BG 단위로는 lb/ft, SI 단위로는 N/m를 사용한다. 일반 액체가 공기와 접촉하는 경우에서의 표면장력에 대해 표 1.5와 표 1.6에 나와 있고, 부록 B의 표 B1.1과 표 B1.2를 보면 온도에 따른 물의 표면장력의 변화를 알 수 있다. 온도가 올라 갈수록 표면장력 값은 줄어든다.

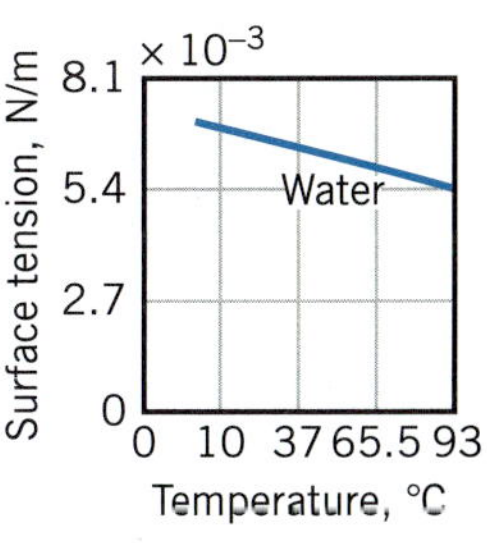

광활한 유체의 세계

물 위에서 걷기

연못이나 강, 호수에서는 물위를 마치 '걷는' 것처럼 보이는 소금쟁이란 곤충을 흔히 볼 수 있다. 소금쟁이의 몸길이는 약 0.4 in.인데 1초에 제 몸의 100배의 거리를 움직일 수 있다. 소금쟁이가 물속으로 가라앉지 않는 것은 '표면장력' 현상으로 알려져 있다. 소금쟁이는 물속을 관통하거나 잠수할 수도 없는데 이와 같이 빠른 속도로 움직일 수 있는 이유는 무엇일까? MIT대학의 수학자와 공학자로 구성된 팀은 유동가시화와 고속촬영기법을 이용하여 소금쟁이의 움직임을 자세히 관찰하였다. 다리가 움직일 때마다 물 표면이 파여서 물에는 와류가 형성되고 이에 의해 소금쟁이는 앞으로 추진하는 힘을 얻는다. MIT팀은 Robostrider란 소금쟁이 로봇을 만들어 이 이유를 자세히 설명하였다. 소금쟁이와 같이 물에서 태어난 생명체를 통해 '표면장력'의 흥미로운 세계를 발견할 수 있다.

액체 방울 내부의 압력은 그림 1.9와 같은 자유물체도를 이용하여 구할 수 있다. 공 모양의 방울을 반으로 자르면 가장자리에 작용하는 표면장력은 $2\pi R\sigma$가 된다. 이 힘은 원형의 단면적 πR^2에 작용한는 내부 압력 p_i와 외부압력 p_e의 차이 Δp와 평형을 이룬다. 즉,

Video
V1.9 모세관 액주의 상승

$$2\pi R\sigma = \Delta p\, \pi R^2$$

식을 다르게 표현하면

$$\Delta p = p_i - p_e = \frac{2\sigma}{R} \tag{1.21}$$

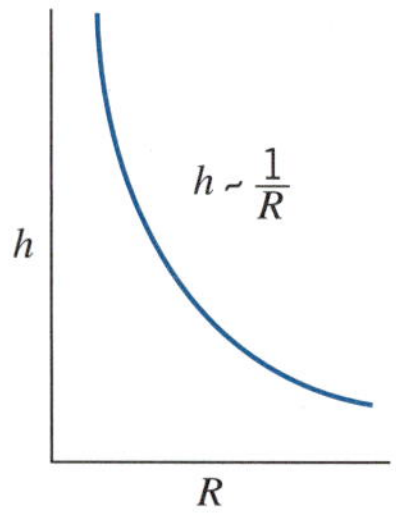

이 결과에서 액체 방울의 내부 압력은 방울을 둘러싼 주위의 압력보다 높다는 사실을 알 수 있다. (온도와 직경이 같으면 물 거품(bubble)의 내부 압력은 물 방울(drop) 내부의 압력과 같다고 할 수 있나?)

모세관에서의 액체의 상승 (또는 하강)은 흔히 볼 수 있는 표면장력과 관련된 현상이다. 끝이 열려 있는 작은 관을 물 속에 넣으면, 그림 1.10a에서 보듯이, 관 속의 수면은 관 밖의 수면보다 높아진다. 이 경우는 액체–기체–고체의 접촉면이 존재하고 있다. 관벽과 액체 분자 간의 부착력은 액체 상호 간의 응집력보다 커서 물 분자를 벽면 위로 끌어올린다. 이런 경우를, 액체가 고체 표면을 **적신다(wet)**라고 한다.

액주 높이 h는, 표면장력 σ, 관의 반경 R, 액체의 비중량 γ, 액체와 관의 **접촉각(angle of contact)** θ에 의해 정해진다. 그림 1.10b의 자유물체도에서, 표면장력에 의한 수직 방향의 힘은 $2\pi R\sigma \cos\theta$이고, 액주의 하중은 $\gamma\pi R^2 h$이다. 이 두 힘은 평행을 이루므로,

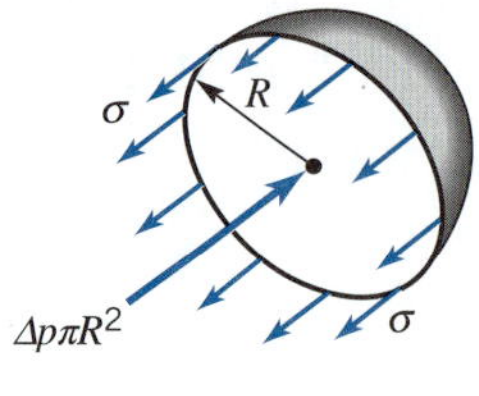

그림 1.9 액체 방울 반쪽에 작용하는 힘

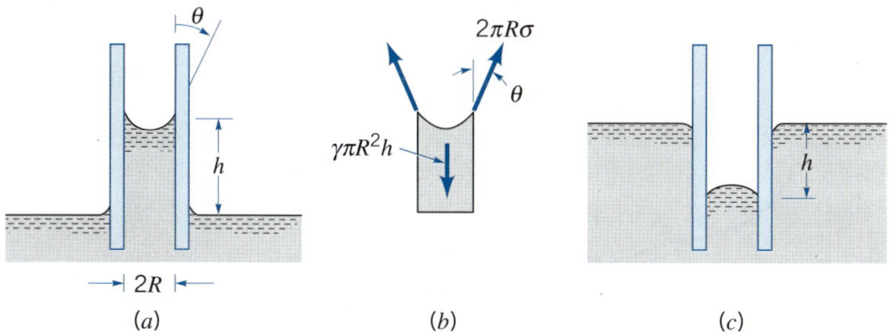

그림 1.10 작은 관에서의 모세관현상 (a)관을 적신 경우의 액주 상승 (b) 액주의 높이를 계산하기 위한 자유물체도 (c)관을 적시지 않은 경우의 액주 하강

$$\gamma \pi R^2 h = 2\pi R \sigma \cos\theta$$

가 성립한다. 액주의 높이에 관한 식으로 표현하면,

$$h = \frac{2\sigma\cos\theta}{\gamma R} \tag{1.22}$$

가 된다. 접촉각은 액체와 벽면의 함수이다. 표면이 깨끗한 유리에 물이 접촉하는 경우이다. 식(1.22)에 보듯이 액주의 높이는 관의 반경에 반비례하므로, 관의 반경이 작을수록 모세관 현상에 의한 액주의 상승을 뚜렷이 볼 수 있다.

액체 분자 간의 응집력과 비교해서 액체와 고체벽면의 부착력이 약하면, 액체는 벽면을 적시지 못하고, 그림 1.10c와 같이 관 속의 액체 수면은 내려 간다. 수은이 유리관과 접촉하는 경우이다. 액체가 관을 적시지 못하는 경우의 접촉각은 90° 이상이다. 예를 들

Video

V1.10 접촉각

미세관에서 액체와 기체의 접촉면에서 표면장력에 의해 모세관현상이 발생한다.

예제 1.8 | 모세관에 의한 액주의 상승

주어진 사항 수직관 속의 액주 높이로 압력을 결정할 수 있다.

해결과제 20 ℃의 물을 깨끗한 관속에 넣고 모세관 현상에 의한 액주의 상승을 1.5 mm 이하로 유지하려고 한다. 관의 직경을 구하라. 단, 모세관현상에 의한 힘은 이 압력과 반대 방향으로 작용한다.

풀이 식(1.22)에서

$$h = \frac{2\sigma\cos\theta}{\gamma R}$$

이므로,

$$R = \frac{2\sigma\cos\theta}{\gamma h}$$

이다. 표 B.2에서 20 ℃ 물의 표면장력은 $\sigma = 0.0728\ \mathrm{N/m}$, $\gamma = 9.789\ \mathrm{kN/m^3}$, 비중량은 $\theta \approx 0°$이다. $h = 1.5\ \mathrm{mm}$를 대입하면,

$$R = \frac{2(0.0728\ \mathrm{N/m})(1)}{(9.789 \times 10^3\ \mathrm{N/m^3})(1.5\ \mathrm{mm})(10^{-3}\ \mathrm{m/mm})} = 0.00991\ \mathrm{m}$$

가 된다. 조건을 만족하는 최소 직경, D는,

$$D = 2R = 0.0198\ \mathrm{m} = 19.8\ \mathrm{mm} \qquad \text{(답)}$$

보충설명 액주관의 높이와 직경 간의 관계를 표시하면 그림 E1.8과 같은 결과를 얻을 수 있다. 모세관에 의한 액주의 상승이 어느 한도 내로 줄어들면 이에 상응하는 관 직경은 급격히 증가한다. 수직관에는 항상 모세관 현상이 어느 정도는 있지만 관의 직경이 충분히 크면 이 현상을 최소화할 수 있다.

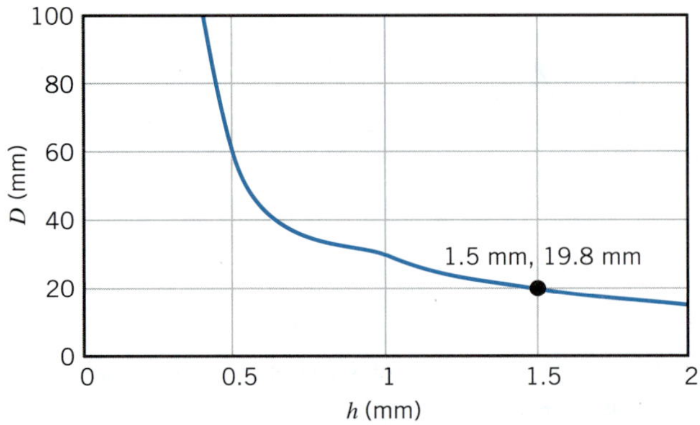

그림 E1.8

photopixel/Shutterstock.com

면, 수은이 깨끗한 유리와 접하는 경우에는 $\theta \approx 130°$이다.

흙이나 다공질 매체를 통과하는 액체의 운동, 박판의 유동, 액체 방울과 거품의 생성, 액체 제트의 분산 등은 표면장력이 영향을 주는 유체역학 문제의 예이다. 액체–기체, 액체–액체, 액체–기체–고체 접촉면과 관련된 표면 현상은 매우 복잡하며, 이에 대해 자세하고 엄밀하게 분석하는 것은 본 교재의 범위를 벗어난다. 대부분의 유체역학 문제에서는 관성, 중력 및 점성에 의한 힘이 표면장력보다 훨씬 크므로, 표면장력을 무시하는 경우가 많다.

광활한 유체의 세계

기름의 유출과 확산

바다에 유조선의 운항이 증가함에 따라 기름의 유출에 의한 확산 방지에 많은 관심이 쏠리고 있다. 1983년 Prince William Sound호의 Exxon Valdez 원유 유출 사고에서 알 수 있듯이 원유 유출에 의한 확산은 심각한 환경 재난을 야기시킨다. 유출된 기름의 확산 속도가 중요한 변수다. 기름은 유출되면 매끄러운 해수면 위를 뜬 상태로 수평 방향으로 확산된다. 부유된 기름의 확산에 영향을 주는 인자로는 유출된 기름의 양, 바람의 방향과 속도, 기름의 물리적 성질(물성, property) 등이다. 표면장력, 비중량, 점성계수 등이 주요 물성이 된다. 기름의 표면 장력이 커거나 비중량이 해수보다 작거나 점성이 크면 더 이상 확산되지 않고 한자리에 조용히 머물 가능성이 많다. 만약 기름 중에서 가벼운 성분이 휘발하게 되면 총 비중량은 감소하여 확산이 진행될 수도 있다.

1.10 유체역학의 역사

유체역학을 본격적으로 공부하기 전에 공학사적으로 중요한 역사에 대해 생각해보는 시간을 가지도록 하자. 모든 기초과학이나 공학과 마찬가지로 유체역학은 아주 오래전에 아지랑이처럼 희미하게 시작되었다. 물론 고대 문명의 시기로 거슬러 올라간다. 창과 화살이 대기 속을 날라 가는 형태나 상수 시설과 관개시설의 개발, 선박의 설계 등 실용적인 필요성과 관련이 되었다. 수학이나 역학에 대한 지식도 없이 단지 시행착오로 발전을 이루었다. 이러한 경험적 지식은 고대 그리스 문명과 로마제국 시대를 통해 더욱 발전되었다. 현대의 유체역학과 관련하여 가장 오래된 기록은 그리스의 수학자이며 발명가인 Archimedes(B.C. 287–212)가 처음으로 밝혀낸 유체정역학과 부력의 원리이다. 정교한 상수도 시스템은 기원전 4세기에서 초기 기독교 시대에 이르기까지 로마인에 의해 개발되어 로마의 엔지니어인 Sextus Julius Frontinus(A.D. 40–103)에 의해 체계적으로 개발되었다. 하지만 이후 1000년 동안은 암흑시대로 묘사되는 중세시대를 거치면서 유체의 거동에 대한 이해는 더 이상 진보하지 못했다.

현대 유체역학에 관한 저서에서 고대 그리스 문명과 로마제국 시대에 관한 일을 언급하는 경우가 종종 있다.

그림 1.11에 나타난 바와 같이, 15세기쯤의 르네상스 시대 초기에는 유체역학을 학문적 관점에서 연구하는 시도가 이어져 왔다. Leonardo da Vinci(1452–1519)는 다양한 유동 현상에 대해 그림이나 글로 묘사하였다. Galileo Galilei(1564–1642)의 작품에는 유체역학을 실험적으로 하는 시도를 처음으로 발견할 수 있다. 초기 르네상스시대를 이어 17,18세기동안에는 유체역학의 역사에서 몇몇 중요한 성과가 나타났다. 이론이나 수학적 관점에서는 Newton, Euler, d'Alembert 등이 주요한 공헌을 하였다. 물론 이 시기에도 실험 분야에서도 발전이 있었지만 불행하게도 실험과 이론은 상호 간에 교류 없이 각자 독자적으로 연구가 진행되었다. 수동역학(Hydrodynamics)은 이론 유체역학으로 이상적이고 마찰이 없는 유체의 거동에 대해 이론적이나 수학적으로 접근할 때 사용되었고, 이와 연관이 있는 수리학(hydraulics)은 실제 유체의 거동, 특히 물과 관련하여 실험적이나 응용되는 경우를 의미하였다. 19세기에는 미분방정식으로 유체의 움직임의 묘사가 가능하여 이론적인 수동역학(hydrodynamics)이나 실험 유체역학인 수리학(hydraulics)은 둘 다 학문적으로 진일보하였다. 특히 수리학(hydraulics)는 좀더 과학적으로 발전하여 이 시기에 얻은 연구 결과는 현재에도 유용하게 사용되고 있다.

20세기 초기에는 이 두 분야가 매우 발달하였고 따로 연구되는 두 분야를 하나로 통합하려는 시도가 이루어졌다. 1904년에 독일인 교수인 Ludwig Prandtl(1875–1953)은 '유체 경계층(boundary layer)'이라는 개념을 도입했는데 이는 이론과 실험으로 양분된 유

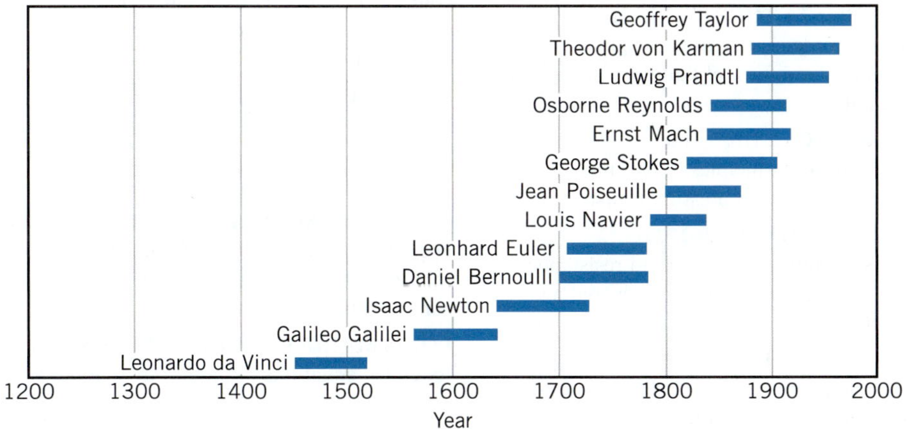

그림 1.11 유체역학의 발전에 공헌한 과학자의 연대기

유체역학의 역사는 화려하고 경이롭다. 이 분야의 선구자들의 업적은 이 책에서 계속 소개될 예정이다.

체역학을 하나로 묶는 첫 번째 시도가 되었다. Prandtl의 이론에 의하면, 얇은 유체 층(경계층)의 존재로 고체 표면 주위의 유체는 마찰의 영향이 크나 이 경계층을 벗어나면 마찰은 유동에 전혀 영향을 주지 않는다. 다소 단순해 보이는 이 개념은 이론 유체역학인 hydrodynamics와 실험 유체역학인 hydraulics 간의 상호 모순을 해결하는 촉매제 역할을 하였고 Prandtl은 현대 유체역학의 시조로 추앙받고 있다.

20세기 초반에 동력에 의한 비행이 처음으로 성공하여 공기역학에 대한 관심이 고조되었다. 비행기 설계에는 유체 흐름의 이해, 바람이 물체에 미치는 영향에 대한 예측 등에 대한 상당한 지식이 요구되므로 공기역학은 20세기의 유체역학의 급격한 발전에 큰 자극제가 되었다.

유체역학을 공부해 보면 이 분야의 많은 선구자의 연구 성과물을 계속해서 만나게 된다. 표 1.9는 유체역학의 발전에 공헌한 과학자와 성과물을 연대별로 정리한 것이다. 물론 본 교재나 표 1.9에 언급된 내용만으로 유체역학의 역사를 전부 설명할 수는 없다. 표 1.9의 인물이나 연구 성과물은 다음 장에서도 개별적으로 언급되겠지만 흥미 삼아 우선 표 1.9를 잠깐 보기를 권한다.

표 1.9 유체역학의 발전에 공헌한 과학의 연대별 목록

Georgios Kollidas/Shutterstock.com

Georgios Kollidas/Shutterstock.com

ARCHIMEDES (287–212 b.c.)
Established elementary principles of buoyancy and flotation.

SEXTUS JULIUS FRONTINUS (a.d. 40–103)
Wrote treatise on Roman methods of water distribution.

LEONARDO da VINCI (1452–1519)
xpressed elementary principle of continuity; observed and sketched many basic flow phenom–ena; suggested designs for hydraulic machinery.

GALILEO GALILEI (1564–1642)
Indirectly stimulated experimental hydraulics; revised Aristotelian concept of vacuum.

EVANGELISTA TORRICELLI (1608–1647)
Related barometric height to weight of atmosphere, and form of liquid jet to trajectory of free fall.

BLAISE PASCAL (1623–1662)
Finally clarified principles of barometer, hydrau–lic press, and pressure transmissibility.

ISAAC NEWTON (1642–1727)
Explored various aspects of fluid resistance—inertial, viscous, and wave; discovered jet contraction.

HENRI de PITOT (1695–1771)
Constructed double–tube device to indicate water velocity through differential head.

DANIEL BERNOULLI (1700–1782)
Experimented and wrote on many phases of fluid motion, coining name "hydrodynamics"; devised manometry technique and adapted primitive energy principle to explain velocity–head indication; proposed jet propulsion.

LEONHARD EULER (1707–1783)
First explained role of pressure in fluid flow; formulated basic equations of motion and contributed to the so–called Bernoulli theorem; introduced concept of cavitation and principle of centrifugal machinery.

JEAN le ROND d'ALEMBERT (1717–1783)
Originated notion of velocity and acceleration components, differential expression of continuity, and paradox of zero resistance to steady nonuniform motion.

ANTOINE CHEZY (1718–1798)
Formulated similarity parameter for predicting flow characteristics of one channel from measurements on another.

GIOVANNI BATTISTA VENTURI (1746–1822)
Performed tests on various forms of mouthpieces—in particular, conical contractions and expansions.

LOUIS MARIE HENRI NAVIER (1785–1836)
Extended equations of motion to include "molecular" forces.

(계속)

표 1.9 유체역학의 발전에 공헌한 과학의 연대별 목록 (계속)

AUGUSTIN LOUIS de CAUCHY (1789–1857)
Contributed to the general field of theoretical hydrodynamics and to the study of wave motion.

GOTTHILF HEINRICH LUDWIG HAGEN (1797–1884)
Conducted original studies of resistance in and transition between laminar and turbulent flow.

JEAN LOUIS POISEUILLE (1799–1869)
Performed meticulous tests on resistance of flow through capillary tubes.

HENRI PHILIBERT GASPARD DARCY (1803–1858)
Performed extensive tests on filtration and pipe resistance; initiated open-channel studies carried out by Bazin.

JULIUS WEISBACH (1806–1871)
Incorporated hydraulics in treatise on engineering mechanics, based on original experiments; noteworthy for flow patterns, nondimensional coefficients, weir, and resistance equations.

WILLIAM FROUDE (1810–1879)
Developed many towing-tank techniques, in particular the conversion of wave and boundary layer resistance from model to prototype scale.

ROBERT MANNING (1816–1897)
Proposed several formulas for open-channel resistance.

GEORGE GABRIEL STOKES (1819–1903)
Derived analytically various flow relationships ranging from wave mechanics to viscous resistance—particularly that for the settling of spheres.

ERNST MACH (1838–1916)
One of the pioneers in the field of supersonic aerodynamics.

OSBORNE REYNOLDS (1842–1912)
Described original experiments in many fields—cavitation, river model similarity, pipe resistance—and devised two parameters for viscous flow; adapted equations of motion of a viscous fluid to mean conditions of turbulent flow.

JOHN WILLIAM STRUTT, LORD RAYLEIGH (1842–1919)
Investigated hydrodynamics of bubble collapse, wave motion, jet instability, laminar flow analogies, and dynamic similarity.

VINCENZ STROUHAL (1850–1922)
Investigated the phenomenon of "singing wires."

EDGAR BUCKINGHAM (1867–1940)
Stimulated interest in the United States in the use of dimensional analysis.

MORITZ WEBER (1871–1951)
Emphasized the use of the principles of similitude in fluid flow studies and formulated a capillarity similarity parameter.

LUDWIG PRANDTL (1875–1953)
Introduced concept of the boundary layer and is generally considered to be the father of present-day fluid mechanics.

LEWIS FERRY MOODY (1880–1953)
Provided many innovations in the field of hydraulic machinery. Proposed a method of correlating pipe resistance data that is widely used.

THEODOR VON KÁRMÁN (1881–1963)
One of the recognized leaders of twentieth century fluid mechanics. Provided major contributions to our understanding of surface resistance, turbulence, and wake phenomena.

PAUL RICHARD HEINRICH BLASIUS (1883 – 1970)
One of Prandtl's students who provided an analytical solution to the boundary layer equations. Also demonstrated that pipe resistance was related to the Reynolds number.

Science History Images/Alamy Stock Photo

Signal Photos/Alamy Stock Photo

The History Collection/Alamy Stock Photo

The History Collection/Alamy Stock Photo

Ludwig Prandtl

(출처) Iowa주립대의 수력학연구소의 허락을 받고 사용하였다.

1장 요약

본 단원에서는 유체역학의 기본 양상에 대해 알아보았다. 유체의 특성을 정량적으로 또는 정성적으로 묘사하는 방법을 고찰하였다. 정량적 표현을 위해서는 단위가 필요한데 본 교재에서는 2가지 단위계를 사용하였다. 영국중력단위계에서는 pound, slug, feet, second를 채택하고, 국제단위계에서는 newton, kilogram, meters, second가 사용된다. 물리양을 정성적으로 나타내기 위해서는 길이(L), 질량(M), 시간(T)을 기본 차원으로 사용된다. 차원의 개념은 방정식의 일반성을 확인하는데 유용하다. 이에 대해서는 7장의 차원 해석법에서 본격적으로 다룰 예정이다.

본 단원에서 정의된 밀도, 비중량, 비중, 점성계수, 체적탄성계수, 음속, 증기압, 표면장력 등은 유체의 중요한 물성값이다. 기체의 압축과 팽창에서 간략히 다룬 이상기체 법칙은 일반 기체의 압력, 온도, 밀도와의 관계를 나타낸다. 본 단원에서 언급된 절대압력과 계기압력의 차이에 대해서는 2장에서 자세히 다룰 예정이다.

1장의 점검 사항이다. 다음의 본 단원을 공부하고 연습문제를 풀어 보았다면 다음의 질문에 대해 답을 말할 수 있어야 한다.

- 아래의 표기된 주요 용어의 의미와 관련된 개념을 정확히 설명해보라. 이 용어는 본문에서 흑색 볼드체로 표기되어 있다.
- 주요한 물리량을 차원으로 나타내어라.
- 방정식이 일반적 동차식인지 제한적 동차식인지 판별해 보자.
- 해석이나 계산에서 단위나 단위계를 올바르게 사용라.
- 밀도, 비중, 비중량 중 둘만 안다면 나머지 하나를 구할 수 있는가?
- 기체상수를 알고 있는 이상기체에 대해 밀도, 압력, 온도 중 둘만 주어진다면 나머지를 알아낼 수 있는가?
- 기체가 압축하거나 팽창할 때 식(1.14)와 식(1.15)를 사용하여 압력과 밀도의 변화를 결정하라.
- 단순한 유동장에서 점성의 개념을 사용하여 전단응력을 산출하라.
- 액체인 경우 식(1.19)을, 기계인 경우 식(1.20)을 사용하여 유체 내의 음속을 계산해 보라.
- 증기압의 개념을 적용하여 액체 속에서 비등이나 공동현상이 나타날지 여부를 확인하라.
- 액체–기체 또는 액체–고체–기체가 접촉하는 경우 고려해야 할 힘의 균형에 대해 표면장력의 개념을 적용해 보라.

주요 방정식

비중량	$\gamma = \rho g$	(1.6)
비중	$SG = \dfrac{\rho}{\rho_{H_2O@4\,°C}}$	(1.7)
이상기체법칙	$p = \rho RT$	(1.8)
Newton유체의 전단응력	$\tau = \mu \dfrac{du}{dy}$	(1.9)
체적탄성계수	$E_v = -\dfrac{dp}{d\forall/\forall}$	(1.12)
이상기체의 음속	$c = \sqrt{kRT}$	(1.20)
모세관의 액주 상승	$h = \dfrac{2\sigma \cos\theta}{\gamma R}$	(1.22)

참고문헌

1. Reid, R. C., Prausnitz, J. M., and Sherwood, T. K., *The Properties of Gases and Liquids*, 3rd Ed., New York: McGraw–Hill, 1977.
2. Rouse, H. and Ince, S., *History of Hydraulics*, Iowa Institute of Hydraulic Research, Iowa City, 1957, New York: Dover, 1963.
3. Tokaty, G. A., *A History and Philosophy of Fluid Mechanics*, Oxfordshire, UK: G. T. Foulis and Co., Ltd., 1971.
4. Rouse, H., *Hydraulics in the United States 1776-1976*, Iowa Institute of Hydraulic Research, Iowa City, Iowa, 1976.
5. Garbrecht, G., ed., *Hydraulics and Hydraulic Research—A Historical Review*, Rotterdam, Netherlands: A. A. Balkema, 1987.
6. Brenner, M. P., Shi, X. D., Eggens, J., and Nagel, S. R., *Physics of Fluids* 7(9): 1995.
7. Shi, X. D., Brenner, M. P., and Nagel, S. R., *Science* 265: 1994.

연습문제 [QUESTIONS AND PROBLEMS]

Ⓒ 프로그램이 가능한 계산기나 컴퓨터의 도움을 받아서 푸는 문제

Ⓞ 창의적인 생각이 필요한 "열려 있는" 문제. 여러 가정을 세우고 데이터를 추가하여 풀어야 한다. 단 하나의 정답이 있는 것은 아니다.

주: 문제에 대한 설명에 필요한 유체 물성치 값이 명시되지 않은 경우, 표 1.4 – 1.8 및 부록의 표에 있는 값을 사용하라.

1.2절 차원, 동차성, 단위

1.2.1 바람의 속도, V, 밀도 ρ, 빌딩의 단면적, A일 때 바람이 빌딩에 주는 힘, F는 $F = C_D \rho V^2 A/2$로 표현된다. 여기서 C_D는 항력계수라는 상수이다. C_D의 차원을 결정하라.

1.2.2 Mach수는 물체의 무차원으로 속도와 음속의 비이다. 절대온도 T에서 비행기가 V의 속도로 공기 속을 날면 Mach수 Ma는,

$$\text{Ma} = \frac{V}{\sqrt{kRT}}$$

로 정의된다. 여기서 k는 무차원 상수이고 R은 기체 상수이다. Ma수가 무차원임을 증명하라.

1.2.3 표 1.1에 있는 다음의 물리양을 FLT차원 또는 MLT차원으로 나타내어라. (a) 체적, (b) 가속도, (c) 질량, (d) 단면의 관성 모멘트, (e) 일

1.2.4 표 1.1에 있는 다음의 물리양을 FLT차원 또는 MLT차원으로 나타내어라. (a) 각속도, (b) 에너지, (c) 단면의 판싱 모멘트, (d) 동력, (e) 압력

1.2.5 표 1.1에 있는 다음의 물리양을 FLT차원 또는 MLT차원으로 나타내어라. (a) 주파수, (b) 응력, (c) 변형률, (d) 토크, (e) 일

1.2.6 u는 속도, x는 길이, t는 시간이다. 다음의 수식을 MLT차원으로 나타내어라. (a) $\partial u/\partial t$ (b) $\partial^2 u/\partial x \partial t$, (c) $\int(\partial u/\partial t)$

1.2.7 표 1.1에 있는 다음의 물리양을 FLT차원 또는 MLT차원으로 나타내어라. (a) 가속도, (b) 응력, (c) 힘의 모멘트, (d) 체적, (e) 일

1.2.8 p는 압력, V는 속도, ρ는 유체의 밀도이다. 다음의 수식을 MLT차원으로 나타내어라. (a) p/ρ (b) $pV\rho$ (c) $p/\rho V^2$

1.2.9 P는 압력, x는 길이이다. 다음의 수식을 FLT차원으로 나타내어라. (a) dP/dx (b) d^3P/dx^3 (c) $\int P\,dx$

1.2.10 V는 속도, l은 길이, ν는 L^2T^{-1}의 차원인 유체 물성이다. 다음 중 무차원으로 조합된 것은? (a) $V\ell\nu$, (b) $V\ell/\nu$, (c) $V^2\nu$, (d) $V/\ell\nu$

1.2.11 질속 유량 $\dot{m}$과 속도 V를 사용하여 운동량 플록스(5장에서 다룰 예정)은 $\dot{m}V$로 정의된다. 질속 유량이 단위 시간당 질량의 단위로 주어지면 운동량 플록스는 힘의 단위로 표현됨을 증명하라.

1.2.12 직경 d (mm), 길이 L (m)인 원형 덕트에 공기가 속

도 V(m/min)로 흐를 때의 마찰압력손실 Δp (mm H_2O)는 다음의 식으로 표현된다.

$$\Delta p = 0.027\left(\frac{L}{d^{1.22}}\right)\left(\frac{V}{V_0}\right)^{1.82}$$

여기서 V_0는 기준 속도로 305 m/min이다. 상수 0.027의 단위를 구하라.

1.2.13 원형 관 속을 저속으로 흐르는 액체의 체적유량은 다음과 같은 공식으로 표현된다.

$$Q = \frac{\pi R^4 \Delta p}{8\mu\ell}$$

여기서, R은 관의 반경이고, Δp는 관의 압력 차이, μ는 차원이 $FL^{-2}T$인 점성계수, ℓ은 관의 길이이다. $\pi/8$의 차원은 무엇인가? 이 식은 일반적 동차식인가? 그 이유를 설명하라.

1.2.14 다음 방정식의 각 항의 단위는 N/m^3임을 보여라. 여기서 u는 속도, x와 y는 길이, p는 압력이고 μ는 절대 점성계수이다.

$$0 = -\frac{\partial p}{\partial x} + \mu\frac{\partial^2 u}{\partial y^2}$$

1.2.15 동맥 속에 형성된 국부적인 방해물을 혈액이 통과하면, 다음 식과 같은 압력차가 발생한다.

$$\Delta p = K_v\frac{\mu V}{D} + K_u\left(\frac{A_0}{A_1} - 1\right)^2 \rho V^2$$

여기서, V는 혈액의 속도, μ는 혈액의 점성계수($FL^{-2}T$), ρ는 혈액의 밀도(ML^{-3}), D는 동맥의 직경, A_0는 방해물이 없는 지점의 동맥의 단면적, A_1는 방해물이 있는 지점의 동맥의 단면적이다. 상수 K_v와 K_u의 차원을 구하라. 이 식은 단위계와 무관하게 사용할 수 있는가?

1.2.16 차원이 FL^{-2}인 체적탄성계수 E_v와 밀도 ρ를 사용하여 유체 속의 음속, c를 $c = (E_v)^a(\rho)^b$로 표현한다고 가정해 보자. 이 식이 차원의 동차성이 성립도록 a와 b의 값을 구하라. 결과는 음속에 관한 표준식인 교재의 식(1.19)와 일치하는가?

1.2.17 길이 B인 댐을 흐르는 체적 유량 Q는 다음과 같은 공식으로 표현된다.

$$Q = 3.09BH^{3/2}$$

여기서 H는 댐 위의 물의 높이이다. Q의 단위는 m^3/s, B와 H의 단위는 m라면 상수 3.09는 무차원인가? 이 식에 m나 s 대신에 다른 단위를 사용해도 되는가?

1.2.18 진주를 샴푸 통으로 떨어뜨리는 광고를 본 적이 있는가? 진주의 직경 D가 아주 작고 샴푸의 점성이 충분히 크면 진주가 받는 항력은 다음과 같은 Stoke 법칙으로 표현된다.

$$\mathscr{D} = 3\pi\mu VD$$

여기서 V는 진주의 속도이고 μ는 샴푸의 점성계수이다. 시의 오른쪽 항은 힘의 단위인지 보여라.

1.2.19 O 공학 잡지에서 제한적 동차식에 관한 기사를 찾아 보라. 인용한 식의 모든 항을 정의하고 식이 왜 제한적인지 설명하라. 인용한 잡지의 제목, 날짜 등을 기록해야 한다.

1.2.20 다음의 물리량을 SI 단위로 나타내어라. (a) 10.2 in./min, (b) 4.81 slugs, (c) 3.02 lb, (d) 73.1 ft/s^2, (e) 0.0234 lb · s/ft^2

1.2.21 다음의 물리량을 SI 단위로 나타내어라. (a) 160 acres, (b) 15 gallons (U.S.), (c) 240 miles, (d) 79.1 hp, (e) 60.3 °F

1.2.22 수로에서 물이 1200 gal/min 흐르고 있다. 이를 다음의 단위로 환산하라. (a) m^3/s, (b) liter/min, (c) ft^3/s

1.2.23 보편기체상수 R_0는 49,700 $ft^2/(s^2 \cdot °R)$이나 8310 $m^2/(s^2 \cdot K)$이다. 이 두 수는 같음을 증명하라.

1.2.24 물리량의 무차원 조합(일반적으로 무차원 변수라 부름)은 유체역학에서 아주 중요하다. 표 1.1에서 물리량을 조합하여 무차원 변수를 5개를 만들어 보라.

1.2.25 유체 유동의 형태 중에는 Froude수(Froude number)가 중요한 무차원 변수로 작용하는 경우가 있다. 속도 V, 중력가속도 g, 길이 l이면, Froude수는 $V/\sqrt{g\ell}$로 정의된다. $V = 10$ ft/s, $g = 32.2$ ft/s^2, $\ell = 2$ ft인 경우의 Froude수를 구하라. 또, SI 단위로 변환하여 계산해 보라. 두 계산 결과의 의미를 설명하라.

1.4절 유체의 질량과 중량의 측정

1.4.1 유체의 질량이나 비중량과 관련된 사진이나 그림을 구해보라. 이를 출력해서 설명도 간략히 적어 보라.

1.4.2 비중이 2인 액체 500 kg이 탱크에 담겨 있다. 액체의 체적을 구하라.

1.4.3 25 ℃인 막대형 버터의 체적은 31.57 mm × 31.75 mm × 118.11 mm이고 질량은 113.4 g이다. 비중량을 구하라.

1.4.4 구름은 수분의 함유로 무게가 수천 N까지 나간다. 이 수분 함유량은 g/m^{3}로 표현한다. 구름의 체적이 1 km^{3}이고 수분 함유량이 0.2 g/m^{3}인 경우 (a) 이 구름의 체적을 mile^{3}로 표현하면? (b) 수분의 무게는 몇 lb인가?

1.4.5 지구에서 300 N인 물체가 있다. 이 물체의 질량(kg)을 계산하라. 이 물체가 중력 가속도가 1.22 m/s^{2}인 행성에서의 무게(N)를 구하라.

1.4.6 제트기 연료의 밀도는 775 kg/m^{3}이다. 비중과 비중량을 계산하라.

1.4.7 자동차 부동액의 밀도는 4 ℃에서 1064 kg/m^{3}이다. 이 부동액은 물과 에틸렌 글리콜의 체적을 50%씩 혼합물이다. 물의 밀도를 1000 kg/m^{3}로 두면 에틸렌 글리콜의 밀도는?

1.4.8 **수력계(hydrometer)**는 액체의 비중을 측정하는 장비이다.(Video V2.8 참조) 어떤 액체의 비중을 수력계로 측정하니 1.15이었다. 이 액체의 밀도와 비중을 SI 단위로 나타내어라.

1.4.9 콜라가 355 ml 담긴 캔 1통의 총 질량은 0.369 kg이고 빈 캔의 무게는 0.153 N이다. 콜라의 비중량, 밀도, 비중을 SI 단위로 나타내고 20 ℃의 물과 비교해 보라.

1.4.10 Ⓒ 온도 범위가 20 ℃ ≤ T ≤ 60 ℃에서 물의 밀도 변화는 아래 표와 같다.

Density (kg/m^3)	998.2	997.1	995.7	994.1	992.2	990.2	988.1
Temperature (°C)	20	25	30	35	40	45	50

이 자료를 이용하여, 주어진 온도범위에서 밀도 값을 예상할 수 있도록 실험식을 $\rho = c_1 + c_2T + c_3T^2$ 형태로 만들어 보자. 실험식과 표의 수치를 비교하라. 그리고 42.1 ℃에서의 물의 밀도를 계산하라.

1.4.11 밀도가 1005 kg/m^{3}인 크림 1컵으로 거품을 내어 3컵의 휩 크림을 만든다. 휩 크림의 비중과 비중량을 구하라.

1.4.12 Ⓞ 대기 중의 빗방울은 폭풍우 속에서는 공기와 물의 혼합물이 된다. 순수 공기에 비해 이 혼합물은 평균 밀도가 얼마나 증가하는지 예상해 보라. 사용된 가정과 계산 과정을 모두 기술할 것.

1.5절 이상기체법칙

1.5.1 질소가 절대압력 400 kPa에서 압축되어 밀도가 4 kg/m^{3}가 되었다. 온도(℃)를 계산하라.

1.5.2 봄날 화성 표면의 온도와 압력은 각각 −50 ℃, 900 Pa이었다. (a) 화성의 대기는 이산화 탄소라 가정하고 밀도를 구하라. (b) 같은 시각 지구의 대기 온도는 18 ℃이고 압력은 101.6 kPa(abs)이다. 지구와 비교해 보자.

1.5.3 소형 자동차의 타이어는 폭 13 cm에 직경이 33cm와 52 cm인 동심원으로 구성된 원통으로 체적은 일정하다고 가정하자. 공기 펌프로 25 ℃, 202 kPa에서 30 ℃, 303 kPa로 압축하였다. 펌프로 타이어에 들어간 공기의 질량을 계산하라. 온도가 0 ℃로 떨어지면 공기의 압력은 어떻게 변하나?

1.5.4 온도는 80 ℃의 공기가 5 kg이 들어 있는 압력 용기에 부착되어 있는 압력계의 측정 압력은 300 kPa이다. 탱크의 체적을 구하라.

1.5.5 공기가 들어 있는 탱크의 재질은 강체이다. 온도가 15.5 ℃에서는 620.5 kPa이다. 온도가 43.3 ℃로 상승하면 압력은 얼마로 변하나?

1.5.6 25 ℃에서 탱크 속에 있는 산소의 밀도는 20 kg/m^{3}이다. 대기압이 97 kPa이면 탱크로 측정한 계기압력은 얼마가 되나?

1.5.7 Ⓒ 절대 압력(Pa(abs)), 온도(℃), 기체 상수(J/Kg · K)가 주어지면 이상 기체의 밀도를 계산하는 프로그램을 작성하라. 헬륨에 대해 온도 0 ℃~200 ℃에서 압력이 50, 150, 200 kPa(abs)에 대한 밀도의 값을 그래프로 나타내 보라.

1.6절 점성

1.6.1 유체의 점성과 관련된 사진이나 그림을 구해보라. 이를 출력해서 설명도 간략히 적어 보라.

1.6.2 물의 유동에서 전단응력이 1.0 N/m^2가 생성되려면 속도 기울기는 얼마가 되어야 하나?

1.6.3 부록 B의 데이터를 이용하여 85 °F에서 글리세린의 절대 점성계수를 구하라. SI와 BG 단위 둘다 표현할 것.

1.6.4 Video 비디오 V1.5와 그림 P1.6.4은 **모세관 점도계(capillary–tube viscometer)**의 한 유형을 보여준다. 먼저 측정할 액체를 오른쪽 눈금선 위까지 넣어 둔다. 그리고 나서 액체가 아래까지 흐르는데 걸리는 시간을 측정한다. 동점성계수 ν (m^2/s)는 $\nu = KR^4t$ 식에서 구할 수 있다. 여기서 K는 상수이고 R은 모세관의 직경(mm)이며 t는 도달 시간(s)이다. 검정 유체를 15 °C의 글리세린을 사용하는데 도달시간은 1430 s(초)이다. 동일한 점도계로 밀도가 970 kg/m^3인 액체를 측정했을 때 도달 시간은 900 s(초)였다. 이 액체의 절대 점수계수는?

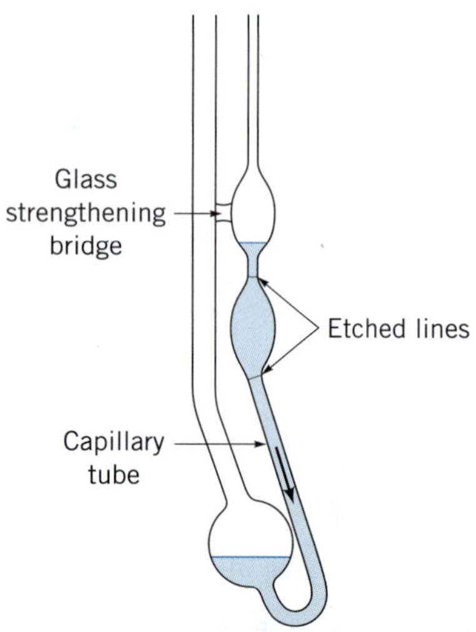

그림 P1.6.4

1.6.5 Video 부드러운 음료수의 점성계수는 비디오 V1.5와 그림 P1.6.4과 같은 모세관 점도계(capillary–tube viscometer)로 측정할 수 있다. 일정한 양의 액체를 이 장치의 모세관에 흘려주면 액체의 동점성계수 ν는 액체가 비이커에 모이는 시간 t에 비례한다. 즉, $\nu = Kt$이다. 일반 콜라와 다이어트 콜라에 대해서 아래 표와 같은 실험 결과를 얻었다. 각 액체의 비중도 표에 기록하였다. 이 실험 데이터에 의하면 일반 콜라의 절대 점성계수 μ는 다이어트 콜라의 몇 %인가?

	Regular pop	Diet pop
t (s)	377.8	300.3
SG	1.044	1.003

1.6.6 어떤 유체의 점성계수는 5×10^{-4} poise이다. SI와 BG 단위로 나타내어라.

1.6.7 액체의 동점성계수와 비중이 각각 3.5×10^{-4} m^2/s와 0.79이다. 절대 점성계수를 SI 단위로 나타내어라.

1.6.8 비중량이 9268 N/m^3이고 역학적 점성계수가 131.6 $N \cdot s/m^2$인 액체의 동점성계수를 구하라.

1.6.9 산소는 20 °C, 150 kPa (abs)에서 동점성계수가 0.104 stokes이다. 이 온도와 압력에서 산소의 역학적 점성계수를 계산하라.

1.6.10 직경이 4 mm인 원형 관 속을 30 °C, 평균속도 3 m/s로 흐르는 물과 공기의 Reynolds 수를 각각 구하라.(예제 1.4 참조) 공기는 표준 대기압으로 가정하라.

1.6.11 직경이 0.05 mm인 원형 관 속을 15.6 °C의 SAE 30 오일이 평균속도 1.5 m/s로 흐르고 있다. Reynolds 수를 각각 구하라.(예제 1.4 참조)

1.6.12 공기는 표준 대기압에서 식(1.10)의 Sutherland 공식의 상수 $C = 1.458 \times 10^{-6}$ $kg/(m \cdot s \cdot K^{1/2})$이고 $S =$ 110.4 K이다. 이 값으루 사용하여 10 °C와 90 °C에서의 점성계수를 구하고 부록 B의 표 B.3과 비교하라.

1.6.13 C 공기에 대해 0, 20, 40, 60, 80, 100 °C에서, 표 B.3의 점성계수를 사용하여 식(1.10)의 Sutherland의 공식에 나오는 상수 C와 S를 구하고 다음 문제인 P.1.6.14의 결과와 비교하라. 힌트 식(1.10)을 다음과 같은 식으로 바꾸어 보라.

$$\frac{T^{3/2}}{\mu} = \left(\frac{1}{C}\right)T + \frac{S}{C}$$

$T^{3/2}/\mu$와 T의 그래프를 그려 보면 C와 S를 구할 수 있다.

1.6.14 C 물에 대해 0, 20, 40, 60, 80, 100 °C에서, 표 B.1의 점성계수를 사용하여 식(1.11)의 Andrade의 공식에 나오는 상수 D와 B를 구하라. 50 °C에서의 점성계수를 구하여 표 B.1과 비교하라. 힌트 식(1.10)을 다음과 같은 식으로 바꾸어 보라.

$$\ln \mu = (B)\frac{1}{T} + \ln D$$

ln μ와 T의 그래프를 그려 보면 B와 D를 구할 수 있다. 비선형 곡선 맞춤 프로그램(nonlinear curve-fitting program)을 사용하면 위 식을 사용하지 않고도 식(1.11)에서 상수를 직접 구할 수 있다.

1.6.15 그림 1.5와 같이 깊이가 2 mm인 평판에서 윗판의 속도가 1 m/s이면 전단응력이 150 Pa 발생하였다. 유체의 점성계수를 SI 단위로 구하라.

1.6.16 깊이가 b인 두 개의 평판이 그림 P1.6.16과 같이 설치돼 있다. 아래판은 고정되어 있고 윗판은 V 속도로 움직인다. 깊이가 cb인 위치에 얇은 판이 추가되어 V_1 속도로 움직인다.$(0 < c < 1)$ V_1 속도는 위와 아래의 점성 전단응력에 의해 결정된다. 위쪽 유체는 아래쪽보다 점성이 2배이다. V_1/V와 c의 관계를 그래프로 나타내어라.

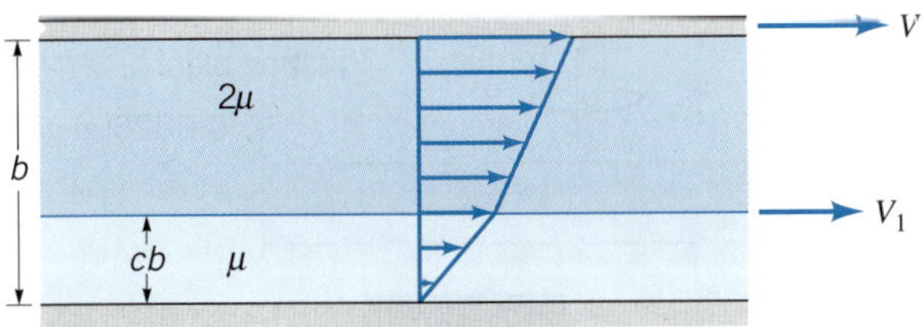

그림 P1.6.16

1.6.17 얇은 판 세 장이 그림 P1.6.17과같이 에틸렌글리콜과 물로 분리되어 있다. 윗 판은 오른쪽으로 2 m/s로 움직인다. 중간 판이 고정되어 있다면 아래 판이 움직이는 속도와 방향을 구하라.

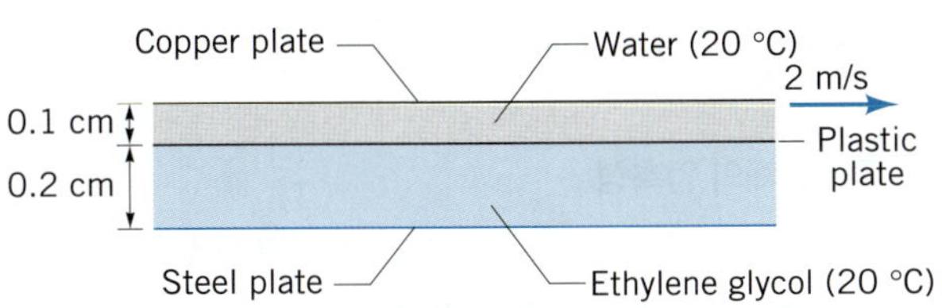

그림 P1.6.17

1.6.18 Video 비디오 V1.6에는 비Newtonian 거동을 하는 유체의 예를 볼 수 있다. 어떤 유체에서 Newtonian 거동과 비Newtonian 거동의 구분은 점성응력과 전단변형률의 관계로 판별한다. 혈액 샘플의 전단응력 τ과 전단변형률 du/dy을 적당한 점도계로 측정하여, 혈액의 점성계수를 결정한다. 혈액은 Newtonian유체인지, 비Newtonian 유체인지의 여부를 아래의 자료를 이용하여 판단하고, 그 이유를 설명하라.

$\tau\,(\mathrm{N/m^2})$	0.04	0.06	0.12	0.18	0.30	0.52	1.12	2.10
$du/dy\,(\mathrm{s^{-1}})$	2.25	4.50	11.25	22.5	45.0	90.0	225	450

1.6.19 그림 P1.6.19와 같은 썰매는 얼음과 썰매끈 사이에 놓여 있는 물의 얇은 경계층 사이를 수평 방향으로 움직인다. 수평으로 5.34 lb의 힘을 주면 썰매는 15.24 m/s로 달린다. 물과 썰매의 접촉면은 0.0074 $\mathrm{m^2}$이고, 물의 점성계수는 $1.67 \times 10^{-3}\ \mathrm{N \cdot s/m^2}$이다. 물의 경계층으로 속도는 선형적으로 분포한다면 그 두께는 얼마인가?

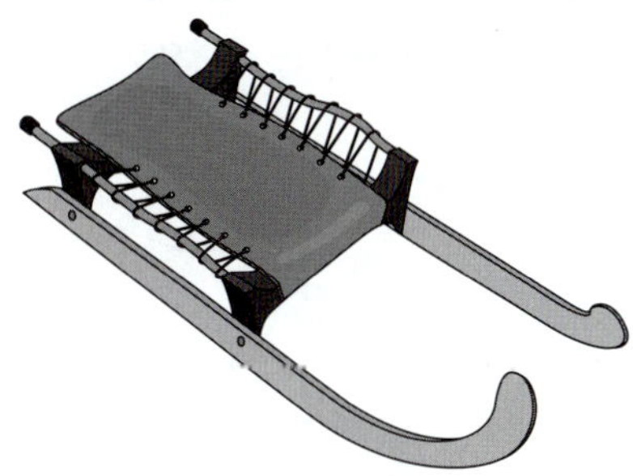

그림 P1.6.19

1.6.20 직경이 25 mm인 축을 그림 P1.6.20과 같이 원통형 베어링에 넣고 잡아 당겼다. 축과 베어링 사이에 틈은 깊이가 0.3 mm이고 동점성계수가 $8.0 \times 10^{-4}\ \mathrm{m^2/s}$, 비중이 0.91인 윤활유로 채워져 있다. 축을 3 m/s의 속도로 당기기 위한 힘 P를 구하라. 틈 사이의 속도 분포는 선형으로 가정할 것.

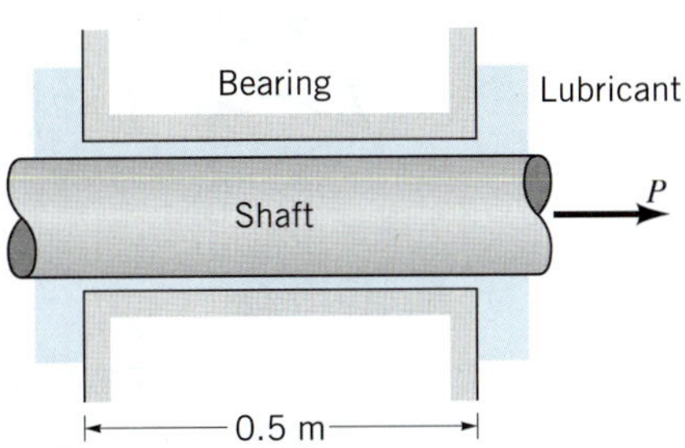

그림 P1.6.20

1.6.21 자동차 정비소의 유압 승강기는 직경이 32.52 mm인 원통 속에 직경 32.5 mm의 램이 들어 있다. 관 사이에는 20 °C의 SAE 30 오일이 들어 있다. 램은 0.10 m/s 속도로 움직인다. 원통의 길이가 3.0 m일 때 램이 받는 마찰력을 계산하라.

1.6.22 수직으로 서 있는 원형관 속을 직경이 0.14 m이

고 길이가 0.24 m인 피스톤이 V의 속도로 아래로 움직인다. 피스톤과 관 사이에는 두께 5.08×10^{-5}이고 점성계수가 0.766 N · s/m^2인 유체가 채워져 있다. 원통의 무게가 2.225 N이라면 속도 V는? 관과 피스톤 사이의 속도 분포는 선형적임.

1.6.23 질량이 10 kg인 물체가 그림 P1.6.23과 같이 경사면을 미끄러져 내려가고 있다. 경사면 사이에는 15.5 ℃의 SAE30 오일의 막이 물체와 0.1 m^2의 접촉면을 형성하고 있다. 물체의 종착 속도(terminal velocity)를 구하라. 막의 두께는 0.1 mm이고 속도 분포는 선형으로 가정하라.

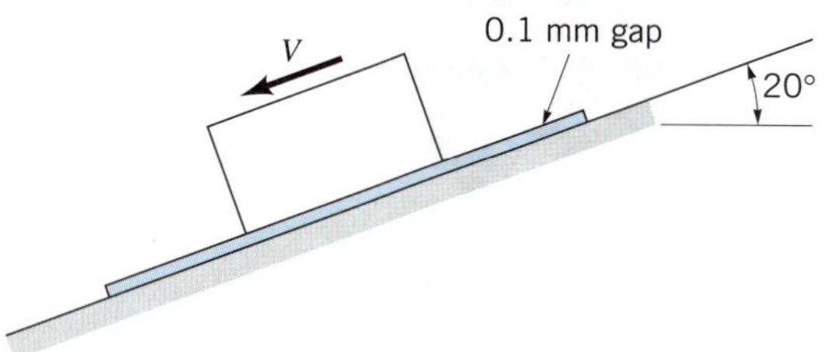

그림 P1.6.23

1.6.24 그림 P1.6.24와 같은 속도 분포로 물이 경사진 평판 위를 흐르고 있다. U = 2 m/s이고 h = 0.1 mm일 때 고정된 평판에 작용하는 전단응력의 크기와 방향을 구하라.

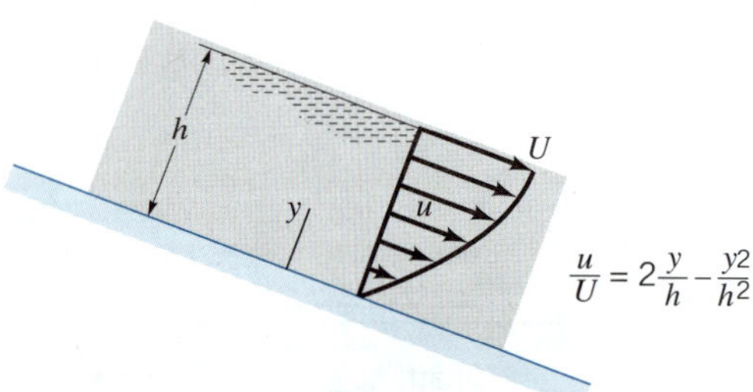

그림 P1.6.24

1.6.25 그림 P1.6.25의 동심원 원통 점도계는 반지름이 3.0cm이고 길이가 10 m이다. 원통과 케이스 사이는 액체가 0.1 cm 깊이로 채워져 있다. 다음의 액체에 대해 회전속도가 30 rpm을 유지하기 위한 추의 무게 W를 계산하라. (a) 물, (b) 휘발유(gasoline), (c) 글리세린

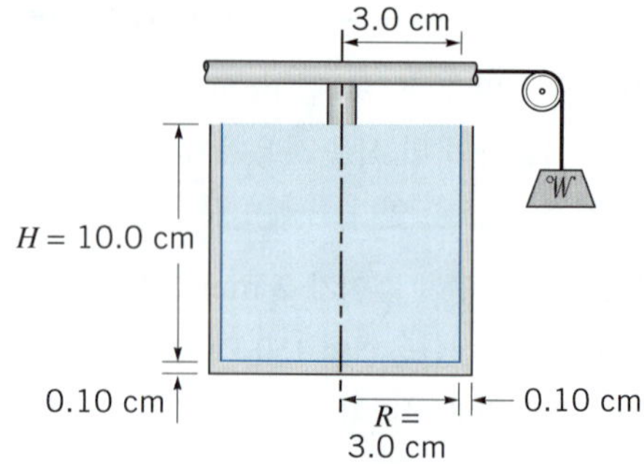

그림 P1.6.25

1.6.26 직경 0.3 m인 원형 판이 그림 P1.6.26과 같이 놓여 있다. 두 개의 판 사이에는 글리세린이 0.0025 m 깊이로 채워져 있고 아래 판은 고정이다. 윗 판이 2 rpm으로 회전하는데 필요한 토크를 구하라. 글리세린의 속도는 선형적으로 분포되고 양 끝 벽에서 발생하는 전단응력은 무시하라.

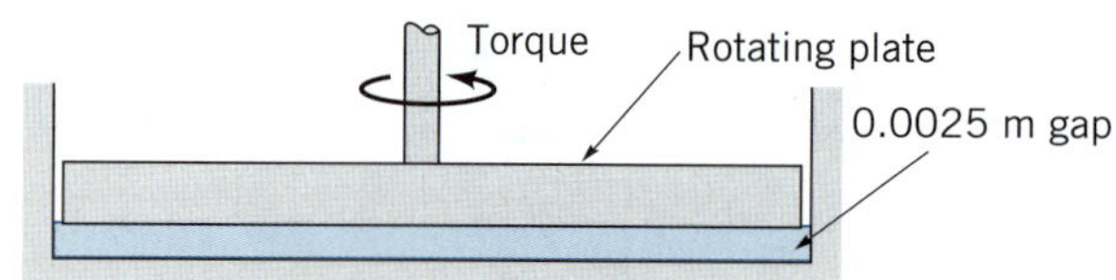

그림 P1.6.26

1.6.27 Ⓒ 자동차의 충격 흡수장치는 표면이 거친 도로에서 발생하는 진동을 없애준다. 도로의 온도가 이 충격 흡수장치에 미치는 영향에 대해 설명해 보라.

1.6.28 37 ℃의 혈액 샘플은 전단변형률 200 s^{-1}에서 전단응력은 0.52 N/m^2이었다. 혈액의 겉보기 점성계수를 구하고 같은 온도의 물과 비교하라.

1.7절 유체의 압축성

1.7.1 유체의 압축성과 관련된 사진이나 그림을 구해보라. 이를 출력해서 설명도 간략히 적어 보라.

1.7.2 음파가 액체 속을 1500 m/s로 전파되고 있다. 액체의 비중은 1.5이다. 이 액체의 체적탄성계수를 구하라.

1.7.3 정육체면의 컨테이너는 4.45 ℃의 물로 채워 밀봉되어 있다. 수온이 37.78 ℃로 가열하면 압력은 얼마나 상승하나? 컨테이너의 체적은 변하지 않고 물의 체적탄성계수는 2068 MPa로 일정하다.

1.7.4 수은의 체적을 1% 줄이는데 필요한 압력은? MPa로 표시할 것.

1.7.5 체적이 1 m^3인 물을 35 MPa로 가압하면 체적은 얼마나 변하나?

1.7.6 온도가 20 ℃에서 다음 각각의 기체 속에서의 음속을 구하여 m/s로 나타내어라. (a) 공기, (b) 헬륨, (c) 천연가스

1.7.7 피스톤으로 연결된 실린더 속에 공기가 들어 있다. 처음의 계기압력 172.3 kPa이다. 가압 후 체적은 처음의 1/3이 되었다. 계기 압력을 산출하라. 등온 압축과정이고 대기압은 101.3 kPa이다.

1.7.8 마찰과 열전달이 없는 등엔트로피 압축과정으로 하여 문제 1.7.7을 반복하라.

1.7.9 30 ℃, 300 kPa의 이산화 탄소가 120 kPa로 등온 팽창한다. 기체의 최종 밀도를 구하라.

1.7.10 20 ℃의 천연가스가 표준대기압인 101.3 kPa(abs)에서 482.6 kPa로 등엔트로피 압축한다. 이 기체의 최종 밀도와 온도를 구하라.

1.7.11 주유소의 압축공기 탱크의 체적은 0.283 m^3이다. 그 속에는 21 ℃, 1034 kPa의 공기가 들어 있다. 체적이 0.0424 m^3인 타이어를 21 ℃에서 308.2 kPa로 채울려고 한다. 몇 개를 채울 수 있나? 탱크의 공기는 재충전되지 않고 온도는 21 ℃로 일정하다.

1.7.12 30 ℃의 산소가 절대 압력으로 300 kPa에서 140 kPa로 등온 팽창한다. 최종 상태에서의 밀도를 구하라.

1.7.13 101 kPa(abs) 등엔트로피 과정에서의 공기의 체적탄성계수와 같은 온도에서의 물의 체적탄성계수를 비교하라.

1.7.14 유체의 밀도 변화가 2% 이내라면 비압축성 유동이라 간주한다. 공기가 흐르는 관 유동에서 입구의 압력이 62 kPa이고 출구의 압력이 59.3 kPa이라면 비압축성 유동이라 할 수 있는가? 단 온도는 일정하다. 표준대기압으로 가정함. 계산 과정을 밝힐 것.

1.7.15 고속 유동에서 중요한 무차원 변수는 V/c로 정의되는 Mach수이다. 여기서 V는 물체의 속력이고 c는 물체 주위에 있는 유체의 음속이다. 온도 10 ℃, 표준대기압에서 발사체가 1287.5 m/s로 비행한다. Mach수를 구하라.

1.7.16 면적이 A에 속도 V로 부는 바람의 동력은

$$\dot{W} = \frac{1}{2}\rho A V^3$$

이다. 여기서 공기 밀도 ρ는 11.78 N/m^3이다. 29 kmph의 바람으로 2983 W의 동력을 받는데 필요한 면적 A는?

1.7.17 그림 P1.7.17와 같이 축소 노즐에 $T_1 = 20$ ℃의 공기가 $V_1 = 15.24$ m/s로 들어간다. 출구에서의 속도 V_2는 다음과 같다.

$$V_2 = \sqrt{V_1^2 + 2c_p(T_1 - T_2)}$$

여기서 $c_p = 1.005$ kJ/kg · K이다. $V_2 = 304.8$ m/s일 때의 온도 T_2를 구하라.

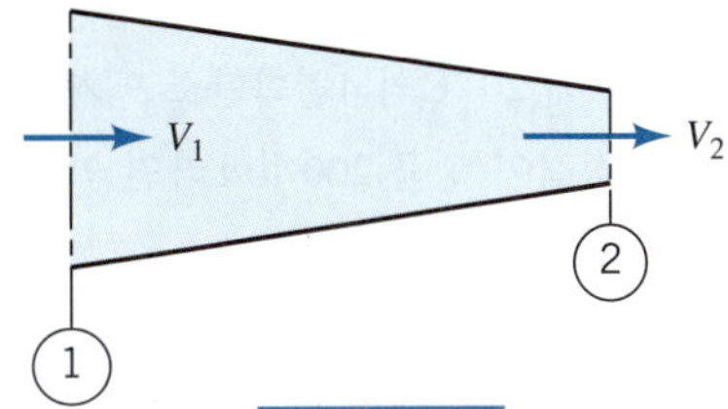

그림 P1.7.17

1.7.18 압력이 3000 기압(304 MPa)로 증가하면 물의 체적은 몇 % 줄어드는가? (1.7.1절에 있는 광활한 유체의 세계 “물 제트는 폭탄이다?” 참조)

1.8절 증기압

1.8.1 등반하여 산에서 식사를 준비하면 물은 100 ℃가 아니라 90 ℃에 끓는 것을 목격하는 경우가 있다. 산의 고도를 예측하라. 데이터가 필요하면 표 B1.과 표 C.1를 참조하라.

1.8.2 유체가 급곡관을 통과하면 곡관 주위의 일부 지점에서는 저압이 발생된다. 유체는 물이고 수온이 71 ℃이면 공동현상이 일어나지 않는 최소 절대압력을 구하라. kPa로 표시할 것.

1.8.3 20 ℃의 에틸 알코올이 밀폐 탱크에 일부만 차 있다. 위면의 공기가 제거되어 에틸 알코올로 채우는데 필요한 최소 압력을 구하라.

1.8.4 20 ℃의 4염화탄소(CCl_4) 액체를 구동하는 펌프의 입구에서 공동현상을 피하기 위한 최소 절대압력을 구하라.

1.8.5 70 ℃의 물이 축소관을 흐르면 압력은 점점 감소한다. 공동현상이 일어나지 않는 최소 절대압력을 구하라. 답을 SI와 BG 각각 단위로 표시할 것.

1.8.6 물은 대기 압력이 얼마가 되면 35 ℃에서 끓는가? 답

을 SI와 BG 각각 단위로 표시할 것.

1.9절 표면장력

1.9.1 유체의 표면장력과 관련된 사진이나 그림을 구해보라. 이를 출력해서 설명도 간략히 적어 보라.

1.9.2 Video 개방된 탱크에 담긴 액체 표면에 직경 2 mm인 관을 넣어 액체가 표면보다 10 mm 상승하였다.(비디오 V1.10 참조) 액체와 관의 접촉가은 0°이고 액테의 비중량은 12×10^4 N/m^{3}이다. 이 액체의 표면장력을 구하라.

1.9.3 분무기에 의해 20 ℃의 4염화탄소 액체 방울이 만들어졌다. 방울의 직경이 평균 200 μm라면 액체의 안과 밖의 압력 차이는?

1.9.4 직경이 12 mm인 물 제트가 수직으로 대기로 분사된다. 표면장력으로 제트 내부는 주위 대기보다 압력이 약간 높다. 압력 차이를 산출하라.

1.9.5 공기와 액체 인접면에 설치한 철선을 끌어 올리는 힘을 측정하여 액체의 표면장력을 구할 수 있다. 직경 4 cm의 원형 철선을 끌어 올리는데 0.015 N이 든다면 표면장력은 얼마인가? 장력 측정계에서 철산의 무게는 제외하여야 하므로 측정시 0점을 맞추어야 한다.

1.9.6 직경이 0.79 mm인 구형의 물방울은 10 ℃에서 안팎의 압력차는 얼마인가?

1.9.7 Video 비디오 V1.8에서 보았듯이, 면도날이 두 개인 경우에는 표면장력으로 물 위를 떠 있을 수 있지만 날이 하나인 경우는 물에 가라앉는다. 표면장력이 작용하는 접촉각 Θ은 그림 P1.9.7과 같다. (a) 면도날의 질량이 0.64×10^{-3} kg, 길이가 206 mm이고 날개가 두 개인 경우, 면도날의 하중과 표면장력이 균형을 이룰 접촉각 Θ를 구하라. (b) 면도날의 질량이 2.61×10^{-3} kg, 길이가 154 mm이고 날개가 한 개이면 가라앉는다. 그 이유를 설명하고 계산 근거를 제시하라.

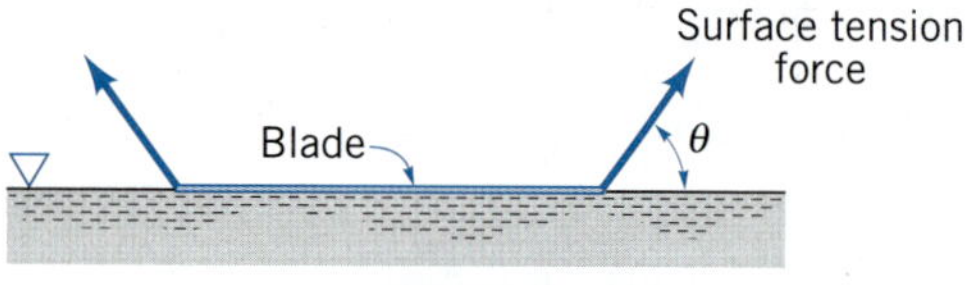

그림 P1.9.7

1.9.8 Explain how sweat soldering of copper pipe works from a fluid mechanics viewpoint.

1.9.9 Video An open, clean glass tube, having a diameter of 3 mm, is inserted vertically into a dish of mercury at 20 ℃ (see Video V1.10).

How far will the column of mercury in the tube be depressed?

1.9.10 Two vertical, parallel, clean glass plates are spaced a distance of 2 mm apart. If the plates are placed in water, how high will the water rise between the plates due to capillary action?

평생학습 문제

1.1 LL 물 속을 흐르는 모래나 몸 속의 혈류는 비Newton 유체의 대표적인 예이다. 화학과 화공 분야가 발전함에 따라 현대 산업 분야에서도 이러한 사례를 많이 접할 수 있다. 관련 정보를 조사하여 보고서로 간략히 작성해 보라.

1.2 LL 근래에 원유를 정제한 부산물인 윤활유와 그리스는는 기계, 모터, 엔진의 구동에 광범위하게 사용되고 있다. 원유 가격이 상승하고 사용 가능성도 점점 줄어들어 석유가 아닌 윤활제의 필요성이 증가하고 있다. 석유 계통이 아니 윤활제에 대해 조사하여 보고서로 간략히 작성해 보라.

1.3 LL 제조 공정에서 나노(nano; $n = 10^{-9}$)공학이나 나노 크기의 물체를 이용하는 경우가 점점 증가할 것이다. 나노공학 분야 중 나노 크기의 유체를 다루는 분야가 있다. 이러한 크기에서는 우리가 일상에서 접하는 경우와 아주 다른 유체의 거동을 접하게 된다. 나노 유체역학에 대한 정보를 조사하여 보고서로 간략히 작성해 보라.

CHAPTER 2

유체 정역학

학습목표

이 장을 학습한 후, 다음을 할 수 있어야 한다.

- 정지된 유체 내 여러 위치에서 압력을 구한다.
- 액주계의 개념을 설명하고 적절한 식들을 적용하여 압력들을 구한다.
- 잠겨 있는 평면이나 곡면에 작용하는 정수력을 계산한다.
- 부력을 계산하고, 떠 있거나 잠겨 있는 물체의 안정성을 검토한다.

이 장에서는 유체가 정지해 있거나 또는 인접한 입자들 사이의 상대운동이 없는 방식으로 움직이는 중요한 문제들을 다룰 것이다. 두 경우 모두 유체 내에 전단응력이 존재하지 않으며, 입자의 표면에 발생하는 유일한 힘들은 압력에 의한 것뿐이다. 따라서 우리의 주된 관심은 압력 및 유체 내의 압력의 변화, 그리고 압력의 변화에 의해서 잠긴 표면에 작용하는 힘을 조사하는 것이다. 전단응력이 존재하지 않는다는 것은 해석을 매우 간략하게 만들어 주며, 이후에 볼 수 있듯이 많은 중요한 실용적인 문제들에서 상대적으로 간단한 해들을 얻게 해 준다.

2.1 한 점에서의 압력

1장에서 간략하게 논의한 것처럼 **압력(pressure)**이라는 용어는 유체 내의 주어진 평면에 작용하는 한 점에서의 단위면적당 수직력을 나타내기 위하여 사용된다. 한 점에서의 압력이 그 점을 통과하는 평면의 방향에 따라서 어떻게 달라질까 하는 의문이 곧바로 생길 것이다. 이 물음에 답하기 위하여 그림 2.1에 보여진 바와 같이, 유체 내에서 어떤 임의의 위치로부터 들어낸 작은 삼각형 쐐기를 보여주는 자유물체도를 살펴보자. 전단응력이 없는 상황을 고려하고 있기 때문에 쐐기에 작용하는 유일한 외력들은 압력과 중력이다. 간략화를 위해서 x 방향의 힘들은 보이지 않았으며, 중력이 음의 z의 방향으로 작용하도록 z축을 수직축으로 잡았다. 우리는 주로 정지한 유체에 관심이 있지만, 가능한 한 해석을 일반화하기 위하여 유체 요소가 가속 운동을 하는 것을 허용할 것이다. 유체가 강체처럼 움직이는 한, 다시 말해서 인접 요소들 사이에 상대운동이 없는 한, 전단응력이 없다는 가정은 여전히 유효할 것이다.

y와 z 방향의 운동방정식(Newton의 제2법칙, $\mathbf{F} = m\mathbf{a}$)은 각각 아래와 같다.

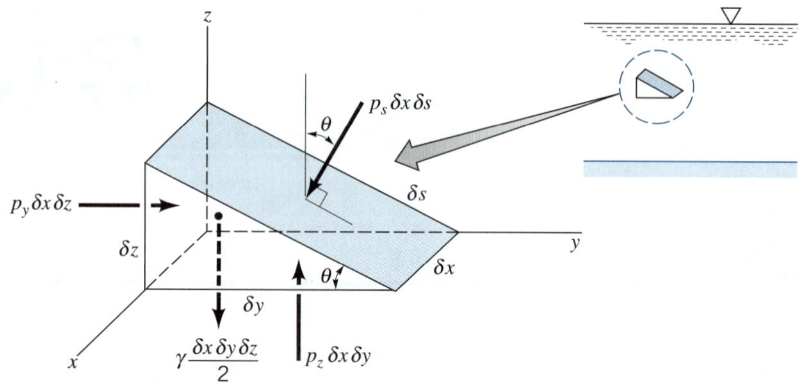

그림 2.1 임의의 웨지 형상의 유체 요소에 작용하는 힘들

$$\sum F_y = p_y \, \delta x \, \delta z - p_s \, \delta x \, \delta s \sin \theta = \rho \frac{\delta x \, \delta y \, \delta z}{2} a_y$$

$$\sum F_z = p_z \, \delta x \, \delta y - p_s \, \delta x \, \delta s \cos \theta - \gamma \frac{\delta x \, \delta y \, \delta z}{2} = \rho \frac{\delta x \, \delta y \, \delta z}{2} a_z$$

여기서 p_s, p_y, p_z는 표면에서의 평균압력들이고, γ와 ρ는 각각 유체의 비중량과 밀도, 그리고 a_y, a_z는 가속도다. 압력에 의한 힘을 얻기 위해서는 압력에 적절한 면적을 곱해야 됨을 유의하라. 기하학에 따라 아래의 식이 얻어진다.

$$\delta y = \delta s \cos \theta \qquad \delta z = \delta s \sin \theta$$

따라서 운동방정식은 다음과 같이 다시 쓸 수 있다.

정지된 유체 내의 한 점에서 압력은 방향에 무관하다.

$$p_y - p_s = \rho a_y \frac{\delta y}{2}$$
$$p_z - p_s = (\rho a_z + \gamma) \frac{\delta z}{2}$$

우리가 실제로는 한 점에서 발생하는 일에 관심이 있기 때문에, 우리는 δx, δy, δz이 0으로 접근하게 극한을 취한다면(각도 θ는 유지한채로), 아래의 식이 얻어진다.

$$p_y = p_s \qquad p_z = p_s$$

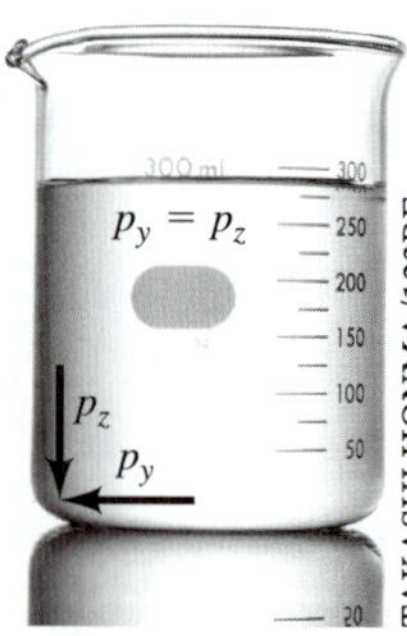

즉 $p_s = p_y = p_z$이다. 각도 θ는 임의로 정해졌으므로, 우리는 **전단응력이 존재하지 않는 한, 정지 상태 또는 움직일 때의 유체 내의 한 점에서 압력은 방향과 무관하다**고 결론지을 수 있다. 이 중요한 결과는 정수력 분야에서 중요한 공헌을 한 프랑스 수학자인 Blaise Pascal(1623−1662)을 기린 이름인 Pascal 법칙(Pascal's law)으로 알려져 있다. 따라서, 옆의 그림에서 보여지는 바와 같이, 비커의 옆면과 바닥이 만나는 부분에서, 옆면의 압력은 바닥의 압력과 같다. 6장에서는 입자들 사이에 상대운동이 존재하는(따라서 전단응력이 발생하는) 움직이는 유체에 대해서, 정지된 유체에서의 압력에 해당하는 한 점에서의 수직응력이 모든 방향으로 반드시 같지만은 않다는 것이 보여질 것이다. 그런 경우에 압력은 그 점에서 서로 직교하는 세 수직응력의 평균으로 정의된다.

2.2 압력장에 대한 기본 방정식

우리는 한 점에서의 압력이 방향에 따라 어떻게 변화하느냐 하는 질문에는 답을 했지만, 바로 똑같이 중요한 물음에 직면하게 된다. 그것은 전단응력이 존재하지 않는 유체 내부의 한 점에서 다른 점으로 이동하면 압력이 어떻게 변할까 하는 것이다. 이 물음에 답하기 위하여 그림 2.2에 나타나 있는 것처럼, 관찰 대상의 유체 내부의 어떤 임의 위치에서 들어낸 작은 직육면체 유체 요소를 고려해 보자. 이 요소에는 두 가지 형태의 힘, 즉 압력에 의한 **표면력들(surface forces)**과 요소의 무게와 동일한 **체적력(body force)**이 작용한다. 자기장에 의한 힘과 같이 다른 가능한 종류의 체적력들은 여기에서 고려되지 않는다.

요소 중심에서의 압력을 p로 나타낸다면, 여러 면에서의 평균 압력은 그림 2.2에 보인 것처럼 p와 그 도함수들로 표현할 수 있다. 우리는 거리가 짧은 곳에서 압력을 근사화 하기 위하여, 실제로는 요소 중심에서 압력에 대한 Taylor 급수 전개를 사용하고 있으며, 또한 δx, δy, δz이 영에 근접함에 따라 사라지는 더 높은 차원의 항들은 무시하고 있다. 간단히 하기 위하여 x방향 표면력들은 보이지 않았다. y방향 표면력의 합력은 아래와 같다.

압력은 유체 입자를 지나면서 변할 수 있다.

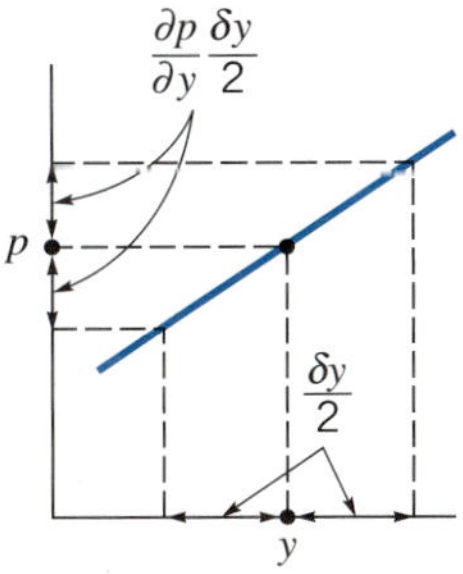

$$\delta F_y = \left(p - \frac{\partial p}{\partial y}\frac{\delta y}{2}\right)\delta x\,\delta z - \left(p + \frac{\partial p}{\partial y}\frac{\delta y}{2}\right)\delta x\,\delta z$$

또는

$$\delta F_y = -\frac{\partial p}{\partial y}\,\delta x\,\delta y\,\delta z$$

이다. 마찬가지로 x와 z방향에 대한 표면력의 합력은 아래와 같다.

$$\delta F_x = -\frac{\partial p}{\partial x}\,\delta x\,\delta y\,\delta z \qquad \delta F_z = -\frac{\partial p}{\partial z}\,\delta x\,\delta y\,\delta z$$

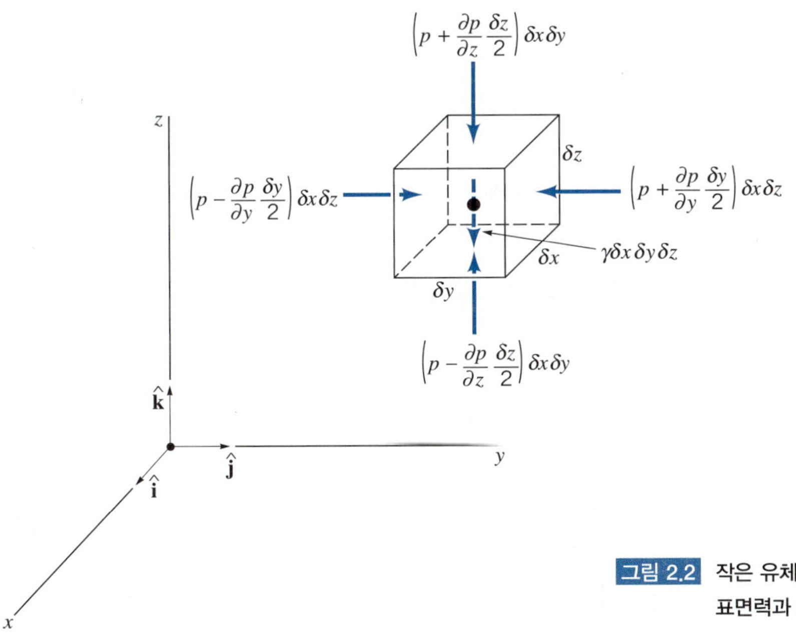

그림 2.2 작은 유체 요소에 작용하는 표면력과 체적력

압력에 의해서 요소에 작용하는 표면력의 합력은 벡터 형식으로

$$\delta \mathbf{F}_s = \delta F_x \hat{\mathbf{i}} + \delta F_y \hat{\mathbf{j}} + \delta F_z \hat{\mathbf{k}}$$

와 같이, 또는

$$\delta \mathbf{F}_s = -\left(\frac{\partial p}{\partial x}\hat{\mathbf{i}} + \frac{\partial p}{\partial y}\hat{\mathbf{j}} + \frac{\partial p}{\partial z}\hat{\mathbf{k}}\right)\delta x\, \delta y\, \delta z \tag{2.1}$$

작은 유체 요소에 작용하는 표면력들의 합력은 전단응력이 존재하지 않는 조건에서 압력 구배에만 좌우된다.

로 표현할 수 있으며, 여기서 $\hat{\mathbf{i}}$, $\hat{\mathbf{j}}$, $\hat{\mathbf{k}}$는 그림 2.2에 보인 좌표축 방향의 단위벡터들이다. 식(2.1)의 괄호 속 항들은 벡터 형식으로 압력 구배(pressure gradient)를 나타내며 아래와 같이 쓸 수 있다.

$$\frac{\partial p}{\partial x}\hat{\mathbf{i}} + \frac{\partial p}{\partial y}\hat{\mathbf{j}} + \frac{\partial p}{\partial z}\hat{\mathbf{k}} = \nabla p$$

여기서

$$\nabla(\ \ ) = \frac{\partial(\ \ )}{\partial x}\hat{\mathbf{i}} + \frac{\partial(\ \ )}{\partial y}\hat{\mathbf{j}} + \frac{\partial(\ \ )}{\partial z}\hat{\mathbf{k}}$$

이고, 기호 ∇는 구배(gradient) 또는 "델" 벡터 연산자다. 따라서 단위체적당 표면력의 합력은

$$\frac{\delta \mathbf{F}_s}{\delta x\, \delta y\, \delta z} = -\nabla p$$

와 같이 표현할 수 있다.

z축이 수직축이므로 요소의 무게는

$$-\delta \mathscr{W} \hat{\mathbf{k}} = -\gamma\, \delta x\, \delta y\, \delta z\, \hat{\mathbf{k}}$$

이다. 여기서 음의 부호는 중력에 의한 힘이 아래 방향(음의 z방향)임을 나타낸다. 뉴턴의 제2법칙을 유체 요소에 적용하면

$$\sum \delta \mathbf{F} = \delta m \mathbf{a}$$

로 표현할 수 있다. 여기서 $\sum \delta \mathbf{F}$는 요소에 작용하는 합력을 나타내고, $\mathbf{a}$는 요소의 가속도이며, δm은 요소의 질량으로서 $\rho\, \delta x\, \delta y\, \delta z$라고 쓸 수 있다. 결과적으로

$$\sum \delta \mathbf{F} = \delta \mathbf{F}_s - \delta \mathscr{W} \hat{\mathbf{k}} = \delta m \mathbf{a}$$

또는

$$-\nabla p\, \delta x\, \delta y\, \delta z - \gamma\, \delta x\, \delta y\, \delta z \hat{\mathbf{k}} = \rho\, \delta x\, \delta y\, \delta z \mathbf{a}$$

가 얻어지고, 따라서

$$-\nabla p - \gamma \hat{\mathbf{k}} = \rho \mathbf{a} \tag{2.2}$$

이다. 식 (2.2)는 전단응력이 없는 유체에 대한 일반적인 운동방정식이다. 식 (2.2)는 정

지한 유체뿐만 아니라 움직이는 유체에도 적용할 수 있지만 주로 정지유체에만 관심을 기울일 것이다.

2.3 정지유체 내의 압력 변화

정지유체에 대해서, $\mathbf{a}=0$이고 식 (2.2)는

$$\nabla p + \gamma\hat{\mathbf{k}} = 0$$

또는 요소별로

$$\frac{\partial p}{\partial x} = 0 \qquad \frac{\partial p}{\partial y} = 0 \qquad \frac{\partial p}{\partial z} = -\gamma \tag{2.3}$$

로 바뀐다. 이 식은 정의된 좌표계에 대해서, 압력이 x나 y의 함수가 아님을 보여준다. 따라서 수평평면($x-y$ 평면에 평행한 임의의 평면)에서 한 점에서 다른 점으로 이동하여도, 압력은 변하지 않는다. p가 z에만 의존하기 때문에, 식(2.3)의 마지막 식은 상미분방정식

정지되어 있는 액체 또는 기체에서, 유체 내 어떤 접에서 수직방향으로 압력 구배는 그 점에서의 유체의 비중량에만 좌우된다.

$$\boxed{\frac{dp}{dz} = -\gamma} \tag{2.4}$$

로 쓸 수 있다.

식 (2.4)는 정지되어 있는 유체에 대한 기본 방정식이며 압력이 높이에 따라 어떻게 변하는지 결정하는 데 사용할 수 있다. 이 식과 옆의 그림은 수직방향 압력구배가 음일 때, 즉 정지된 유체내에서 위로 올라감에 따라 압력이 감소함을 보여준다. γ가 일정할 필요는 없다. 따라서 이 식은 액체처럼 비중량이 일정한 유체는 물론 공기를 비롯한 기체처럼 높이에 따라 비중량이 변하는 유체에도 성립한다. 그러나 식(2.4)의 적분을 수행하려면 비중량이 z에 따라 어떻게 변하는지 지정하는 것이 필요하다.

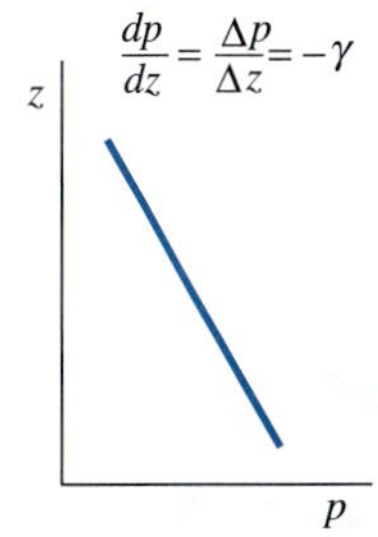

압력은 고도가 감소함에 따라 증가한다.

만약 액체가 흐르고 있다면(즉, $\mathbf{a}=0$인 정지된 상태가 아닐 때), 압력변화는 대체로 식(2.4)에서 주어진 것보다 훨씬 더 복잡하다. 예를 들어, 자동차를 도로에서 운전할 때, 이 자동차 위의 압력분포는 x, y, z에 따라 복잡한 식으로 변한다.

2.3.1 비압축성 유체

비중량이 유체 밀도와 중력가속도의 곱과 같기 때문에($\gamma=\rho g$), γ의 변화는 ρ 또는 g의 변화에 의하여 생겨난다. 대부분의 공학적 응용에서 g의 변화는 무시할 수 있으므로 주된 관심은 유체 밀도의 변화 가능성에 대한 것이다. 일반적으로 일정한 밀도를 갖는 유체를 **비압축성 유체(incompressible fluid)**라고 한다. 액체의 경우 압력이 크게 변할 때에도 밀도 변화는 보통 무시할 정도이므로, 액체를 다룰 때 비중량이 일정하다는 가정은 대체로 좋은 가정이다. 이런 경우에 식(2.4)는

Video

V2.1 자동차 위에서의 압력

$$\int_{p_1}^{p_2} dp = -\gamma \int_{z_1}^{z_2} dz$$

로 바로 적분할 수 있어서

$$p_2 - p_1 = -\gamma (z_2 - z_1)$$

또는

$$p_1 - p_2 = \gamma (z_2 - z_1) \tag{2.5}$$

가 얻어지는데, 여기서 p_1과 p_2는 그림 2.3에 보인 것처럼 수직 높이 z_1과 z_2에서의 압력이다.

식 (2.5)는

$$p_1 - p_2 = \gamma h \tag{2.6}$$

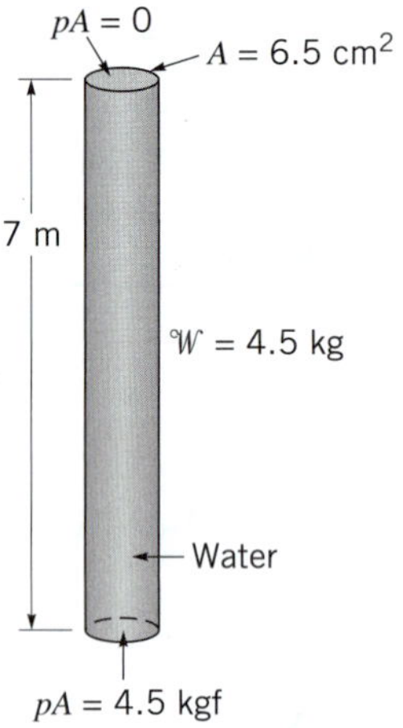

또는

$$p_1 = \gamma h + p_2 \tag{2.7}$$

와 같이 간결한 형태로 쓸 수 있다. 여기서 h는 거리 $z_2 - z_1$인데 이것은 압력이 p_2인 높이에서부터 아래쪽으로 잰 유체의 깊이이다. 이런 형태의 압력분포를 보통 **정수압 분포(hydrostatic distribution)**라고 하며, 식 (2.7)은 정지된 비압축성 유체 내에서 압력이 깊이에 따라 선형적으로 변함을 보여준다. 위쪽에 있는 유체를 "받치기"위해서 압력은 깊이에 따라서 증가해야 한다.

식 (2.6)으로부터

$$h = \frac{p_1 - p_2}{\gamma}$$

이기 때문에 두 점 사이의 압력차는 거리 h에 의하여 지정할 수 있다. 이 경우 h를 **압력 수두(pressure head)**라고 하며, 압력차 $p_1 - p_2$를 일으키는 데 필요한 비중량 γ의 유체 기둥 높이를 의미한다. 예를 들어 69 kPa의 압력차는 압력 수두로 물($\gamma = 9.81\ \text{kN/m}^3$) 7 m 또는 수은($\gamma = 133\ \text{kN/m}^3$) 518 mm로 나타낼 수 있다. 여백의 그림에 나타낸 것처럼 단면적 6.5 cm^{2}인 7 m 높이의 물기둥 무게는 4.5 kg이다.

Video

V2.2 대기압 실증

광활한 유체의 세계

기린의 혈압

기린의 긴 목은 지상 6m 높이에 있는 식물까지 뜯어 먹을 수 있게 해준다. 기린은 머리를 지면 높이로 낮추어 물을 마실 수도 있다. 따라서 기린의 순환계에는 이러한 높이 변화로 인한 현저한 **정수압(hydrostatic pressure)** 영향이 존재한다. 이 높이 변화를 극복하고 머리까지 혈액을 유지하기 위해서, 기린은 심장 높이에서 대략 사람의 두배 반 정도에 해당하는 상대적으로 높은 혈압을 유지해야 한다. 압력이 높은 하지부에서의 혈관 파열을 방지하기 위해서 기린은 전투기 조종사의 내중력복(g-suit)과 정확하게 같은 방식으로 탄성 붕대 역할을 하는, 두꺼운 피부로 된 단단한 덮개로 하지부를 싸고 있다. 이외에도 윗목에 있는 밸브들은 기린이 머리를 지면으로 낮출 때 혈액이 머리로 역류하는 것을 막는다. 기린의 콩팥 속 혈관에는 머리의 움직임에 따라 혈압이 증가하거나 감소할 때 여과율의 큰 변화를 방지하는 특별한 메커니즘이 있는 것으로 생각된다.

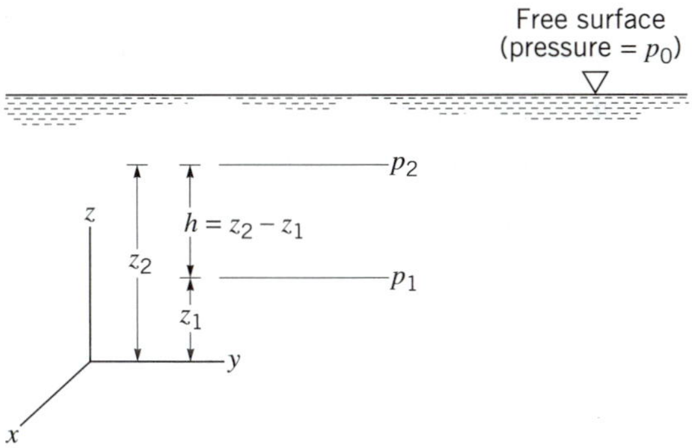

그림 2.3 자유표면이 있는 정지된 유체 내부에서 압력의 변화에 관한 표기법

그림 2.3에 보인 것처럼 액체를 다룰 때에는 흔히 자유표면이라고 부르는 액체-증기 계면이 존재하는데, 이 표면을 기준평면으로 사용하면 편리하다. 기준압력 p_0는 자유표면에 작용하는 압력(종종 대기압이다)에 해당한다. 따라서 식 (2.7)에서 $p_2 = p_0$로 두면 자유표면 아래쪽으로 깊이가 h 인 곳에서의 압력 p는 식

$$p = \gamma h + p_0 \tag{2.8}$$

로 주어진다.

식 (2.7) 또는 식 (2.8)에 의하여 알 수 있듯이, 정지된 균일 비압축성 유체 내의 압력은 어떤 기준 평면에 대한 상대깊이에만 의존하고 유체를 담은 탱크와 그릇의 **크기**나 **형상**에 의한 영향은 받지 않는다. 따라서 그림 2.4에서, 용기들이 매우 불규칙한 모양임에도 불구하고 선 AB 위의 모든 점에서 압력이 같다. AB 위에서 압력의 실제 값은 오로지 깊이 h, 표면압력 p_0, 용기 속 압력의 비중량 γ에만 의존한다.

그림 2.4 임의의 형상을 가진 용기들에서의 유체의 압력

예제 2.1 | 압력-깊이 관계

주어진 사항 매설된 휘발유 저장탱크 내에서 누설 때문에 그림 E2.1에 보인 깊이까지 물이 스며들었다. 휘발유의 비중 $SG = 0.68$이다.

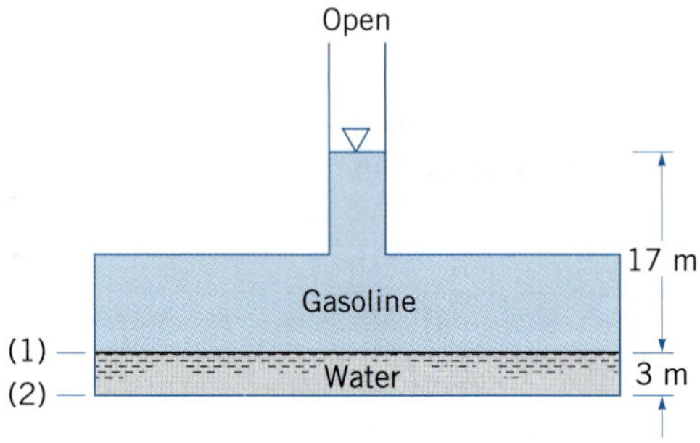

그림 E2.1

해결과제 휘발유-물의 경계면과 탱크 바닥에서의 압력을 구하라. 압력을 kN/m^2 단위와 m 단위의 물의 압력수두로 표현하라.

풀이 정지된 압력을 다루고 있으므로 압력 분포가 정수압 분포다. 따라서 압력변화는 식

$$p = \gamma h + p_0$$

로부터 구할 수 있다. p_0을 휘발유 자유표면에서의 압력이라고 하면 계면에서의 압력은

$$\begin{aligned} p_1 &= (SG)(\gamma_{H_2O})h + p_0 \\ &= (0.68)(9.81\ \text{kN/m}^3)(17\ \text{m}) + p_0 \\ &= 113.4 + p_0\ (\text{kN/m}^2) \end{aligned}$$

이다.

만약 대기압에 대한 압력(계기압력)을 잰다고 하면, $p_0 = 0$이고, 따라서

$$p_1 = 113.4\ \text{kN/m}^2 \quad \text{(답)}$$

$$\frac{p_1}{\gamma_{H_2O}} = \frac{113.4\ \text{kN/m}^2}{9.81\ \text{kN/m}^3} = 11.6\ \text{m} \quad \text{(답)}$$

탱크 바닥에서의 압력을 구하기 위하여 같은 관계식을 적용할 수 있다. 즉,

$$\begin{aligned} p_2 &= \gamma_{H_2O} h_{H_2O} + p_1 \\ &= (9.81\ \text{kN/m}^3)(3\ \text{m}) + 113.4\ \text{kN/m}^2 \quad \text{(답)} \\ &= 123.21\ \text{kN/m}^2 \end{aligned}$$

$$\frac{p_2}{\gamma_{H_2O}} = \frac{123.21\ \text{kN/m}^2}{9.81\ \text{kN/m}^3} = 12.6\ \text{m} \quad \text{(답)}$$

이다.

보충설명 만일 이 압력들을 절대압력으로 표현하려면 국소 대기압(적절한 단위로)을 앞의 결과에 더해 주어야 할 것이다. 계기압력과 절대압력에 대해서는 2.5절에 더 논의하기로 한다.

정지된 유체에서의 압력의 전달은 많은 유압 장치들이 기초하고 있는 원리이다.

시스템에 내에서 특정 높이에서 압력이 같아야 한다는 조건은 항공기와 다른 중장비에서의 유압 제어 뿐 아니라 그림 2.5a의 유압 잭(hydraulic jack), 리프트(lift), 프레스(press)의 작동에 있어 중요하다. 이와 같은 장치들과 시스템들의 기본적인 아이디어는 그림 2.5b에 설명되어 있다. 기름과 같은 액체로 채워진 닫혀진 시스템의 한 쪽 끝에 위치한 피스톤은 시스템 내의 압력을 변화시키는 용도로 사용될 수 있으며, 따라서 가해진 힘 F_1을 두번째 피스톤에 F_2의 힘으로 전달한다. 양 피스톤의 면에 작용하는 압력 p가 같기 때문에(이와 같은 종류의 유압 장치에서 대개 높이 변화의 영향은 미미하다), $F_2 = (A_2/A_1)F_1$이 된다. 피스톤 면적 A_2를 A_1보다 훨씬 크게 만들 수 있으며, 따라서 큰 기계적인 이점(mechanical advantage)이 발생한다. 즉, 작은 피스톤에 가해진 작은 힘은 큰 피스톤에 큰 힘을 발생시키는데 사용될 수 있다. 가해진 힘은 유압 잭과 같은 기계적 장치나, 정비소에서 일반적으로 보이는 유압 리프트에서와 같이 액체 표면에 직접적으로 압축 공기를 가함으로써 수동적으로 발생시킬 수 있다.

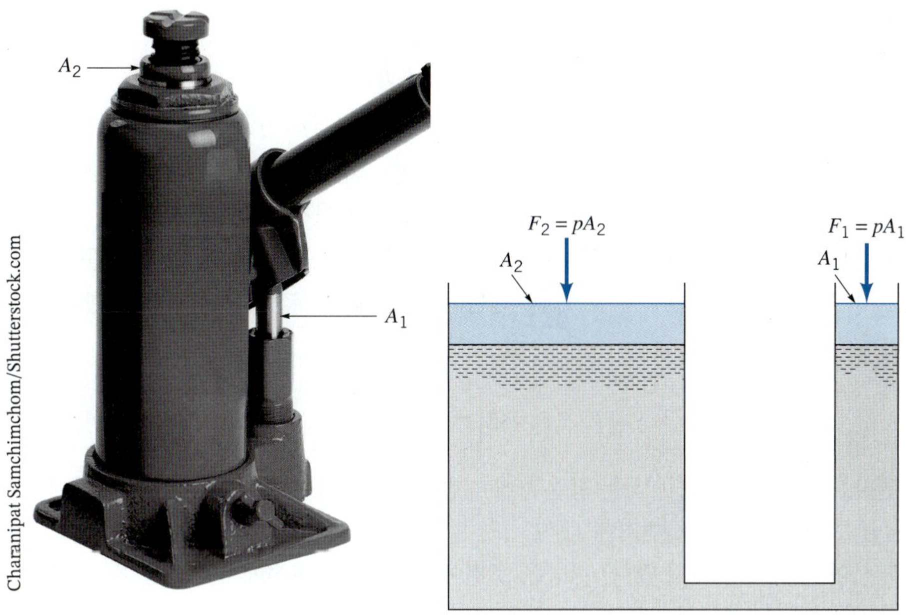

(a) (b)

그림 2.5 (a) 유압 잭, (b) 유체 압력의 전달

2.3.2 압축성 유체

기체의 밀도는 압력과 온도의 약간의 변화에도 현저하게 변할 수 있기 때문에, 공기, 산소, 질소와 같은 기체를 보통 **압축성 유체(compressible fluids)**라고 생각한다. 따라서, 식 (2.4)가 기체 내의 한점에 적용될지라도, 이 식을 적분하기 전에 γ의 변화 가능성을 고려하는 것이 필요하다. 그러나 1장에서 논의한 것처럼 보통 기체의 비중량은 액체의 비중량에 비하여 작다. 예를 들어 해수면에서 15.6 ℃ 공기의 비중량은 11.99 $\mathrm{N/m^3}$이지만 같은 조건에서 물의 비중량은 9.81 $\mathrm{kN/m^3}$이다. 기체의 비중량이 상대적으로 작기 때문에, 식(2.4)에 의하여 수직방향의 압력구배도 상응하여 작고, 수백 미터 거리의 범위라 할지라도 기체에서는 밀도가 본질적으로 일정하게 유지된다. 이것은 탱크, 파이프 등 관련 길이가 크지 않은 곳에서 정지된 기체 내에서 높이 변화가 압력에 미치는 영향을 무시할 수 있음을 뜻한다.

높이 변화가 수 킬로미터 정도로 큰 상황에서는 비중량의 변화에 주의를 기울여야 한다. 1장에서 설명한 것처럼, 이상기체의 상태방정식은

$$p = \rho RT$$

이다. 여기서 p는 절대압력이고, R은 기체상수, 그리고 T는 절대온도다. 이 관계식을 식 (2.4)와 결합하면

$$\frac{dp}{dz} = -\frac{gp}{RT}$$

만약 한 점에서 다른 점으로 움직일 때 비체적이 급격하게 변하는 경우, 압력은 더 이상 깊이에 따라 선형적으로 변하지 않는다.

가 얻어지며, 변수분리를 해 주면,

$$\int_{p_1}^{p_2} \frac{dp}{p} = \ln \frac{p_2}{p_1} = -\frac{g}{R}\int_{z_1}^{z_2} \frac{dz}{T} \tag{2.9}$$

가 된다. 이 식에서 높이가 z_1에서 z_3로 변하는 범위에서 g와 R은 일정하다고 가정한다. 비록 중력 g에 의한 가속도는 높이에 따라 변하지만, 이 변화는 매우 작으며(부록 C의 표들을 보라) g는 보통 관심 높이 범위의 어떤 평균값으로 일정하다고 가정한다.

적분을 마치기 전, 높이에 따른 온도 변화의 특성을 지정해 주어야 한다. 예를 들어 z_1과 z_2사이에서 온도가 일정한 값 T_0를 (**등온(isothermal)** 조건) 갖는다고 가정한다면, 식(2.9)로부터

$$p_2 = p_1 \exp\left[-\frac{g(z_2 - z_1)}{RT_0}\right] \tag{2.10}$$

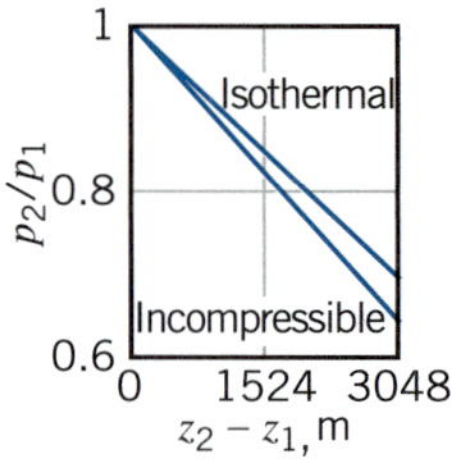

이 된다. 이 식이 우리가 원하는 등온층에 대한 압력–높이 관계식이다. 여백 그림에 보인 것처럼, 3048 m의 고도 변화에 대해서도, 일정 온도(등온) 결과와 일정 밀도(비압축성) 결과 사이의 차이는 크지 않다. 비등온 조건에 대해서도 2.4절에서 논의될 것과 같은 온도–높이 관계식을 안다면 비슷한 과정을 따라갈 수 있다.

예제 2.2 | 비압축성, 등온 압력-깊이 변화

주어진 사항 그림 E2.2에 보여지는 바와 같이, 2010년 세계에서 가장 높은 건물인 부르즈 할리파(Burj Khalifa) 마천루가 아랍에미레이트에서 완성되어 공개되었다. 완성 전까지 비밀이었던, 건물의 최종높이는 828 m이다.

해결과제

(a) 공기가 290 K의 공통된 온도에 있다고 가정하고, 건물의 828 m 꼭대기에서의 압력과 바닥에서의 압력의 비를 추정하라.

(b) (a)에서 계산한 압력과 1기압(abs) $\gamma = 11.99 \text{ N/m}^3$(해수면 조건에서의 공기에 대한 값)을 가진 비압축성 공기로 가정해서 얻어진 압력을 비교하여라.

풀이

(a) 가정한 등온 조건에서, 공기를 압축성 유체로 취급하고 식(2.10)을 적용하여 다음을 얻을 수 있다.

$$\begin{aligned}\frac{p_2}{p_1} &= \exp\left[-\frac{g(z_2 - z_1)}{RT_0}\right] \\ &= \exp\left\{-\frac{(9.81 \text{ m/s}^2)(828 \text{ m})}{(8.314 \text{ J/mol}\cdot\text{K})(290 \text{ K})}\right\} \\ &= 0.0344\end{aligned}$$ (답)

(b) 만약 공기를 비압축성 유체로 취급한다면, 식(2.5)를 적용할 수 있다. 이 경우

$$p_2 = p_1 - \gamma(z_2 - z_1)$$

또는

$$\begin{aligned}\frac{p_2}{p_1} &= 1 - \frac{\gamma(z_2 - z_1)}{p_1} \\ &= 1 - \frac{(11.99 \text{ N/m}^3)(828 \text{ m})}{(101352 \text{ N/m}^2)} = 0.902\end{aligned}$$ (답)

보충설명 두 결과 사이에 차이가 거의 없음을 확인하라. 건물의 바닥과 꼭대기 사이의 압력의 차이가 작기 때문에, 유체 밀도의 변화도 작다. 따라서 압축성 유체 해석과 비압축성 유체 해석은 근본적으로 동일한 결과를 산출한다.

그림 E2.2

이 가장 높은 건물에서 지층에서 꼭대기로 갈때, 두 계산 모두에서 대략적으로 10% 정도 압력이 감소함을 볼 수 있다. 828 m 높이의 공기와 같이 가벼운 유체의 기둥을 지지하는데 매우 큰 압력차는 필요하지 않다. 이 결과는 수백 미터에 달하는 높이 변화에 따라서도 공기 및 다른 기체들의 압력 변화는 매우 작다는 앞에서의 언급을 뒷받침해준다. 따라서 연관된 길이들이 아주 작기 때문에, 기체를 수송하는 수평관이나 또는 기체 저장 탱크 내부에서의 위와 아래 사이의 압력 변화는 무시할 수준이다.

2.4 표준대기

표준 대기는 지구 대기의 평균 조건을 이상화해서 나타낸 것이다.

식(2.9)의 중요한 적용 분야의 하나는 지구 대기 내의 압력변화와 관련된 것이다. 압력이 결정되어야 하는 특정한 조건(온도, 기준압력)에 대하여 특정 범위의 고도에 따른 압력을 측정하는 것이 이상적일 것이다. 그러나 이런 종류의 정보는 얻을 수 없는 것이 보통이다. 따라서 항공기, 미사일, 우주선을 설계하고 표준 조건 아래서 그 성능을 비교 하는 데 사용할 수 있도록 "표준대기"를 지정해 놓았다. 표준대기의 개념은 1920년대에 처음으로 발전되었으며, 이 후로 많은 국내 및 국제 위원회와 조직들이 이와 같은 표준 개발을 추구해 왔다. 현재 인정되고 있는 표준대기는 1962년에 출판되어 1976년에 개정된, 이른바 **미국 표준대기(U.S. standard atmosphere)**를 정의하는 보고서(참고문헌 1과 2 참조)를 토대로 하여 중간 위도, 연중 평균 조건에서의 지구 대기를 이상적으로 나타낸 것이다. 해수면에서 표준대기 조건에 대한 몇 가지 중요한 물성치들을 표 2.1에 나타냈으며, 그림 2.6에서는 미국 표준대기에 따른 온도 분포가 나타나 있다. 이 그림에 보여지듯이, 지구의 표면에 가장 근접한 영역(**대류권(troposphere)**)에서는 고도에 따라 압력은 감소하고, 그 다음 층에서는 본질적으로 일정하며(**성층권(stratosphere)**), 그 다음으로는 다시 증가하기 시작한다. 대기에서 발생하는 일반적인 현상들은 여백의 그림에 보여져 있다.

표 2.1 해수면에서의 미국 표준대기의 물성치들*

물성치	SI 단위
온도 T	288.15 K (15 ℃)
압력 p	101.33 kPa (abs)
밀도 ρ	1.225 kg/m^3
비중량 γ	12.014 N/m^3
점성 μ	1.789×10^{-5} N s/m^2

*해수면에서의 중력가속도 = 9.807 m/s^2

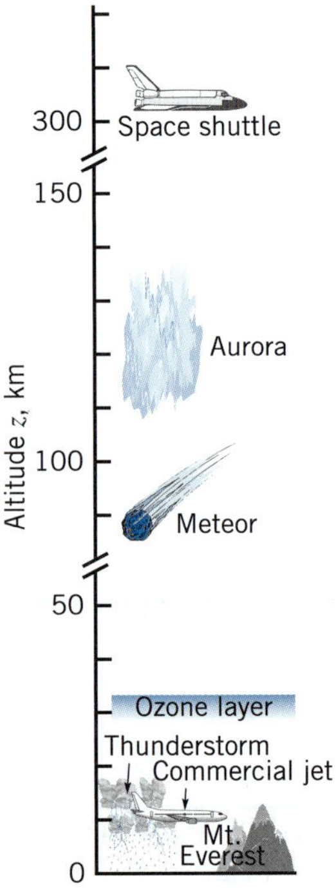

온도의 변화는 일련의 선형적인 부분들로 나타내질 수 있기 때문에, 식 (2.9)를 적분하여 해당되는 압력 변화를 얻는 것이 가능하다. 예를 들어, 11 km (~36,000 ft) 고도에 다다르는 대류권에서, 온도의 변화는 아래의 형태를 가진다.

$$T = T_a - \beta z \tag{2.11}$$

여기에서 T_a는 해수면($z = 0$)에서의 압력이고 β는 감률(고도에 따른 온도의 변화율)이다. 대류권에서의 표면 대기압에서, $\beta = 0.00650$ K/m이다.

식(2.11)과 식(2.9)는 함께 사용하면, 아래의 식을 얻는다.

$$p = p_a\left(1 - \frac{\beta z}{T_a}\right)^{g/R\beta} \tag{2.12}$$

여기서 p_a는 $z = 0$에서의 절대압력이다. 표 2.1에서의 p_a, T_a, g 값과, 기체상수 R = 286.9 J/kg · K을 가지고, 식(2.12)로부터 대류권에서의 압력 변화를 결정할 수 있다. 계산결과는 온도가 −56.5 ℃인 대류권의 바깥쪽 끝에서의 절대 압력은 약 23 kPa임을 보여

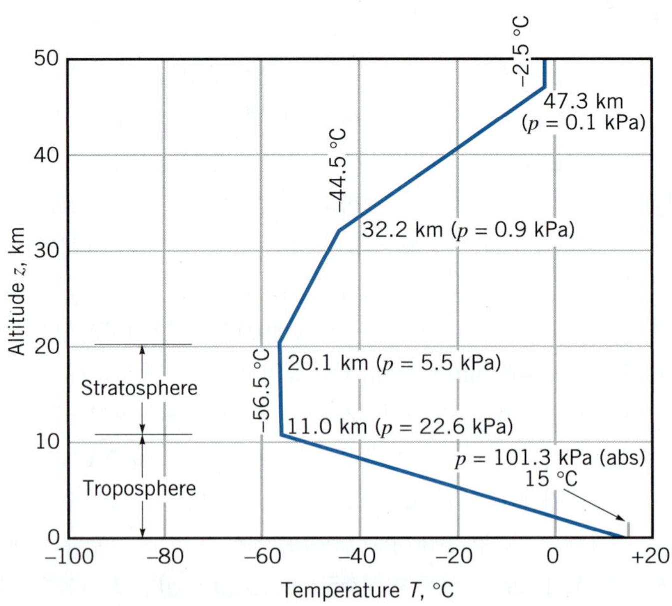

그림 2.6 미국 표준대기에서 고도에 따른 온도의 변화

준다. 현대의 제트여객기들이 대략 이 고도에서 순항한다는 것은 주목할 만하다. 다른 고도에서의 압력은 그림 2.6에 보여져 있으며, 미국표준대기에 대하여 온도, 중력가속도, 압력, 밀도, 점도 값들을 표로 정리한 것은 부록 C의 표 C.1과 C.2에 나와 있다.

2.5 압력 측정

압력은 절대압력이나 계기압력으로 표시된다.

압력은 유체역학을 이해하고 실용적 관심문제를 해결하는데 핵심이기 때문에, 압력 측정을 위해 많은 다른 장치들과 기술들이 개발되어 왔다. 1장에서 간략하게 언급한 것처럼 유체 내의 한 점에서의 압력은 **절대압력(absolute pressure)** 또는 **계기압력(gage pressure)**으로 표시된다. 절대압력은 완전 진공(절대적으로 영인 압력)을 기준으로 측정된다. 반면에 계기압력은 국소 대기압을 기준으로 측정된다. 따라서 계기압력으로 영인 압력은 국소 대기압과 같다. 절대압력은 항상 양이지만 계기압력은 압력이 대기압보다 높은지(양의 값) 또는 대기압보다 낮은지(음의 값)에 따라서 양 또는 음이 될 수 있다. 음의 계기압력은 부압(suction pressure) 또는 진공압력 (vacuum pressure)으로도 부른다. 예를 들어 국소 대기압이 101.3 kPa일 때 69 kPa(abs)는 −31 kPa(gage)로 표현할 수 있고, 달리 31 kPa(부압) 또는 32.3 kPa(진공)이라고 표현할 수도 있다. 그림 2.7에는 계기압력과 절대압력의 개념이 점 1과 2에서의 두개의 일반적인 압력에 대해서 도식적으로 설명되어 있다.

압력 측정에 사용되는 기준과 더불어, 값을 표현하기 위하여 사용되는 단위(unit)도 분명히 중요성을 가진다. 1.5절에서 설명했듯이 압력은 단위면적당 힘이며, SI 단위계의 단위는 N/m^2인데, 이 조합은 파스칼(pascal)이라고 하고 Pa로 적는다($1\ N/m^2 \equiv 1\ Pa$). 앞에서 언급했듯이, 압력은 액체기둥의 높이로도 표현할 수 있다. 이런 경우에 단위는 기둥의 높이(mm, m 등)에 대한 언급과 더불어 기둥에 들어있는 액체(H_2O, Hg 등)를 지정해야 한다. 예컨대 표준 대기압을 760 mmHg(abs)라고 표현할 수 있다. 이 책에서 명확하게 절대압력이라고 지정하지 않은 압력은 계기압력을 나타낸다. 예를 들어서 100 kPa은 계기압력인 반면 100 kPa(abs)은 절대압력을 나타낸다. **압력차(pressure difference)**는 기준과 무관하므로 압력차를 나타내는 경우에 특별한 표기를 할 필요가 없음에 유의하자.

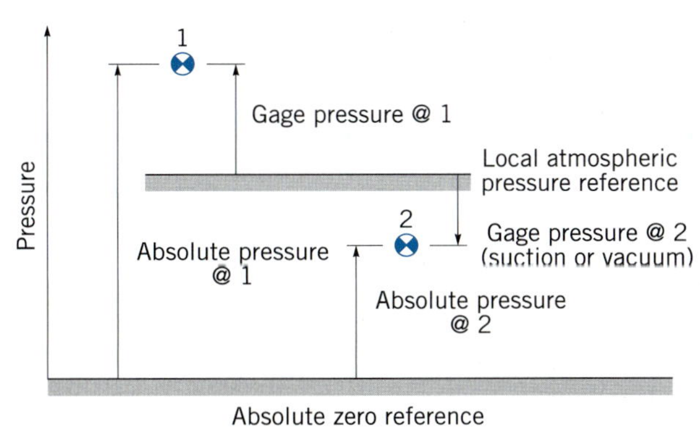

그림 2.7 게이지 압력과 절대압력의 도식적 표현

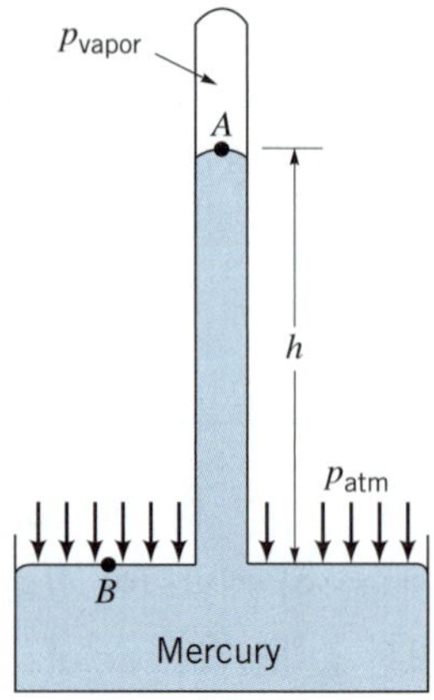

그림 2.8 수은 기압계

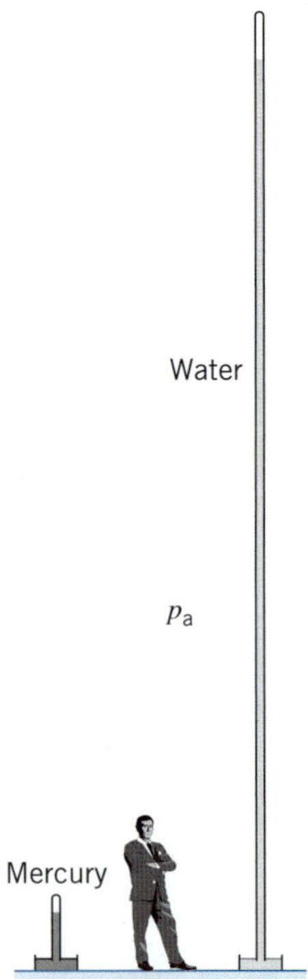

대기압은 보통 수은 **기압계(barometer)**로 측정한다. 그림 2.8에 보인 것처럼 수은 기압계의 가장 간단한 형태는 한쪽은 막히고 열린 쪽은 수은 그릇에 잠겨 있는 유리관으로 되어있다. 처음에 유리관을 (열린 쪽이 위로 가도록) 수은으로 채우고 난 다음, 열린 쪽을 (아래로 하여) 수은 용기 안에 있도록 거꾸로 뒤집는다. 수은 기둥은 그 무게와 (액체기둥 위의 공간에 생기는) 증기압에 의한 힘의 합이 대기압에 의한 힘과 균형을 이루는 평형위치에 도달하게 된다. 따라서

$$p_{atm} = \gamma h + p_{vapor} \tag{2.13}$$

이고, 여기서 γ는 수은의 비중량이다. 대부분의 실제 사용 환경에서 증기압의 기여는 값이 매우 작아서 [기압계 흔히 사용되는 액체인 수은의 경우, 온도 20°C에서 p_{vapor} = 0.159 Pa(abs)이다] 무시할 수 있으므로, $p_{atm} \approx \gamma h$가 된다. 수은의 높이 h를 밀리미터나 인치로 표시하여 대기압을 나타내는 것이 일반적이다. 수은 대신에 물을 사용한다면 100 kPa(abs)의 대기압에 대해서, 기둥 높이가 수은일 때 0.759 m가 아니라 대략적으로 10.36 m 정도가 되어야 만 할 것이다! 이는 여백의 그림에 비례크기로 나타내어져 있다. 수은 기압계의 개념은 오래된 것이며, 대략 1644년에 에반젤리스타 토리첼리(Evangelista Torricelli)가 이 장치를 발명했다고 한다.

예제 2.3 | 기압계 압력

주어진 사항 산의 호수의 평균온도는 10 °C이고 최대 깊이는 50 m이다. 기압계 압력은 600 mm Hg이다.

해결과제 호수의 가장 깊은 곳의 절대 압력(파스칼 단위로)을 구하여라.

풀이 호수 내에서 어떤 깊이 h에서의 압력은 다음 식으로 주어진다.

$$p = \gamma h + p_0$$

p_0는 표면에서의 압력이다. 절대압력을 원하기 때문에, p_0는 일관된 체계의 단위로 표현된 국소적인 기압계 압력이 될 것이다. 즉,

$$\frac{p_{barometric}}{\gamma_{Hg}} = 600 \text{ mm} = 0.6 \text{ m}$$

이고, $\gamma_{\text{Hg}} = 133\ \text{kN/m}^3$에 대해서

$$p_0 = (0.6\ \text{m})(133\ \text{kN/m}^3) = 79.8\ \text{kN/m}^2$$

이다. 표B.1로부터, 10℃에서 $\gamma H_2O = 9.804\ \text{kN/m}^3$이고, 따라서 다음이 얻어진다.

$$\begin{aligned} p &= (9.804\ \text{kN/m}^3)(50\ \text{m}) + 79.8\ \text{kN/m}^2 \\ &= 490.2\ \text{kN/m}^2 + 79.8\ \text{kN/m}^2 \\ &= 570\ \text{kPa (abs)} \end{aligned} \qquad \text{(답)}$$

보충설명 이 간단한 예제는 압력의 계산에 사용되는 단위들에 대한 세심한 주의의 필요성을 보여준다; 즉, 확실하게 일관된 단위 시스템을 사용하고, 압력 수두(m)를 압력(Pa)에 더하지 않도록 주의하라.

광활한 유체의 세계

날씨, 기압계, bar

날씨 조건에 대한 가장 중요한 지표 중 하나는 **대기압**(atmospheric pressure)이다. 일반적으로 떨어지는 압력 또는 낮은 압력은 궂은 날씨를, 올라가는 압력 또는 높은 압력은 좋은 날씨를 가리킨다. 미국의 저녁 TV 일기보도 동안, 대기압은 몇 (보통 대략 30인치) 인치 인지로 나타낸다. 이 값은 사실은 해수면 높이에 맞춰진 수은 기압계의 수은기둥 높이다. 특정 위치에서 실제 대기압을 구하려면, 해수면에 대한 상대고도를 알아야 한다. 기상학자들이 대기압을 나타낼 때 사용하는 또 다른 단위가 bar인데, 1914년에 일기 보도에 처음 사용되었고 105 N/m^2로 정의된다. bar의 정의는 아마도 표준 해수면 압력이 1.0133×10^5 N/m^2, 즉 1 bar보다 약간 높다는 사실과 관련이 있을 것이다. 전형적인 날씨 패턴에서 “해수면에 대응하는” 대기압은 1 bar에 가깝다. 그러나 토네이도나 허리케인 또는 태풍과 관련된 극한의 날씨 조건에서는 극적인 변화가 일어날 수 있다. 지금까지 기록된 가장 낮은 대기압은 1979년 10월 12일 태평양에서 발생한 태풍 팁(Tip)과 연관되어 있었다. 그 값은 0.870 bar (0.655 m Hg)이었다.

2.6 액주계

압력을 측정하는 표준 기법은 수직 튜브 또는 경사진 튜브 내의 액체 기둥을 이용하는 것이다. 이 기법을 바탕으로 하여 압력을 측정하는 장치들을 **액주계(manometer)**라고 한다. 수은 기압계는 액주계의 한 형태의 예지만, 각각의 용도에 따라 가능한 많은 다른 형상들이 있다. 액주계의 세 가지 일반적인 타입으로 피에조미터 튜브(piezometer tube), U자관 액주계(U-tube manometer), 경사관 액주계(inclined-tube manometer)가 있다.

액주계는 압력을 측정하기 위해 수직 또는 기울어진 액체 기둥을 이용한다.

2.6.1 피에조미터 튜브

가장 간단한 타입의 액주계는 그림 2.9에 보인 것처럼 위가 열려있으며 압력을 재고자 하는 용기에 부착되어 있는 수직 튜브로 이루어진다. 여백의 그림은 이 원리를 토대로 작동하는 중요한 장치를 보여주고 있다. 이것은 혈압을 측정하는데 사용되는 전형적인 장비인 혈압계(sphygmomanometer)이다.

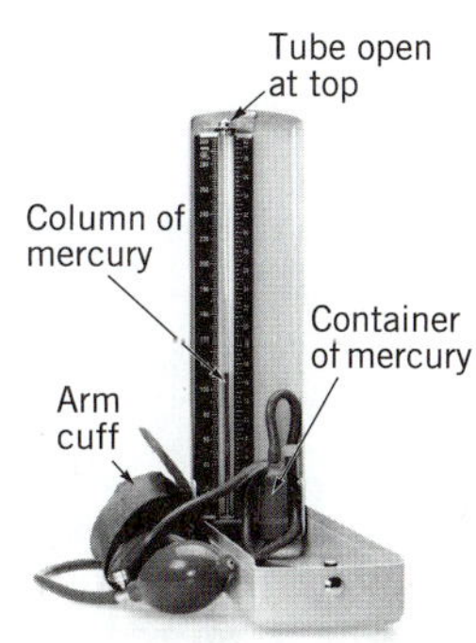

JIANG HONGYAN/Shutterstock.com

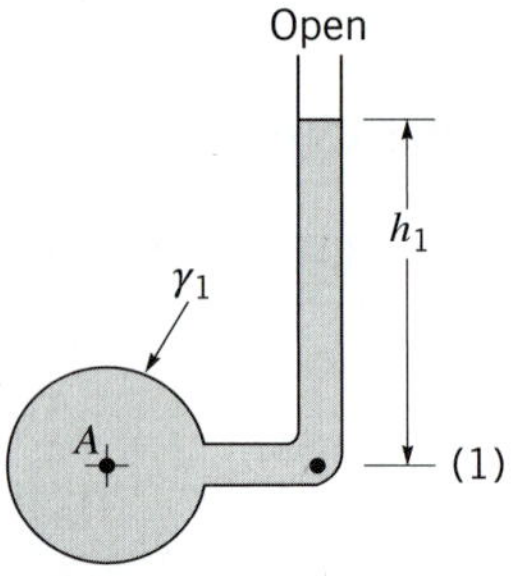

그림 2.9 피에조미터 튜브

액주계에는 정지된 유체기둥이 있기 때문에, 작동 방식을 나타내 주는 기본 식은 식(2.8), 즉,

$$p = \gamma h + p_0$$

이며, 이 식은 기준 압력 p_0, 그리고 p와 p_0 사이의 수직거리 h로 균일 유체 내부의 어떤 높이에서의 압력을 나타낸다. 정지된 유체 내에서는 압력은 깊이가 커지면 증가한다는 걸 기억하자. 이 식을 그림 2.9의 피에조미터 튜브에 적용하면, 다음 관계식으로 h_1을 측정함으로써 압력 p_A를 구할 수 있다.

$$p_A = \gamma_1 h_1$$

여기서 γ_1은 용기 속 액체의 비중량이다. 튜브 위가 열려 있기 때문에 압력 p_0는 영으로 둘 수 있으며(우리는 지금 계기압력을 사용하고 있다.), 높이 h_1은 위쪽 표면에서 점(1)까지 거리다. 용기 내의 점 (1)과 점 A는 높이가 같기 때문에 $p_A = p_1$이다.

비록 피에조미터 튜브가 매우 간단한 압력 측정 장치이기는 하지만, 몇 가지 단점을 가지고 있다. 피에조미터 튜브는 용기 속의 압력이 대기압보다 높으며 (그렇지 않으면 공기가 시스템 내부로 빨려 들어올 것이다), 측정하려는 압력의 크기가 상대적으로 작아서 필요한 기둥 높이가 적당한 경우에만 알맞다. 뿐만 아니라 압력을 측정하고자 하는 용기 속의 유체는 기체가 아닌 액체라야 한다.

2.6.2 U자관 액주계

그림 2.10에서처럼, U자 형상으로 액주계 튜브를 만들 경우, 압력을 측정하는 용기 내의 압력보다 더 높은 비체적을 가진 **계기유체(gage fluid)**를 사용하는 것이 가능해 진다. 계기유체와 U자관을 도입함으로써 추가되는 첫번째의 가장 명확한 기능은 기체 내의 압력을 측정할 수 있다는 것이다. 다시 말하자면, 측정하고자 하는 압력 p_A는 기둥의 높이와 연관되어 있다. 수치 값은 식(2.8)의 반복적인 사용으로 계산될 수 있다. 다음의 일련의 식들은 p_A에서 열려진 끝단까지 액주계에서의 가상의 "도보"를 취하면서 식(2.8)을 반복적으로 적용하여 얻을 수 있다.

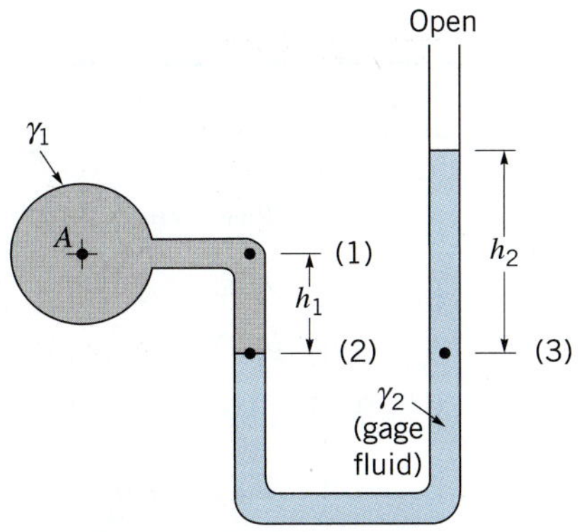

그림 2.10 간단한 U자관 액주계

단계 1: $p_1 = p_A$ (동일한 높이)

단계 2: $p_2 = p_1 + \gamma_1 h_1 = p_A + \gamma_1 h_1$

단계 3: $p_3 = p_2$

단계 4: $p_{atm} = p_3 + \gamma_2(-h_2) = p_A + \gamma_1 h_1 - \gamma_2 h_2$

또는

$$p_A = p_{atm} - \gamma_1 h_1 + \gamma_2 h_2$$

식 (2.8)의 함의들을 상기하면 이 과정은 간단한 **액주계 규칙(manometer rule)**으로 편성할 수 있다.

1. 액주계의 양 끝단에서의 압력을 써라.
2. 만약 깊이가 깊어지는 방향으로 움직일 때는 γh를 더하고, 깊이가 얇아지는 방향으로 움직일 때는 γh를 빼면서 액주계를 따라서 나아가라.
3. 먼 쪽 끝단 또는 가운데 어떤 지점에서 멈춘 후, 국소 위치의 압력에 해당하는 식을 적어라.

만약 액주계의 "번" 쪽에서 액주계 규칙을 적용하기 시작한다면, 구하려는 식은 단일한 작업을 통해 구해진다. 그림 2.10의 액주계에 대해서는

액주계에서 기체의 무게가 아주 작기 때문에 기체의 영향은 대게 무시할 정도이다.

$$p_{atm} + \gamma_2 h_2 - \gamma_1 h_1 = p_A \tag{2.14}$$

이다. 이 결과에 대해서 재빨리 생각해 보면, 두 가지의 유용한 결과들이 드러난다. 첫 번째로, 만약 측정하고자 하는 압력이 기체 안이라면, 즉 $\gamma_2 \gg \gamma_1$, 아주 적절한 근사로 $p_A = p_{atm} + \gamma_2 h_2$이 얻어지면, 이 결과는 피에조미터에서 얻어진 결과와 동일하다. 두번째로, 우리는 압력 측정 장치의 민감도, 즉 분해도와 범위를 조정할 수 있다. 계기유체의 밀도를 증가시키면, 더 큰 압력이 현실적인 측정이 가능해지지만, 분해도는 희생된다. 계기유체의 밀도를 줄이면 압력측정의 실제 범위가 제한이 된다. 가장 일반적인 계기유체로는 물, 수은($SG \approx 13.6$), 그리고 기름($SG \approx 0.8$)이 있다.

Video
V2.3 혈압 측정

예제 2.4 | 간단한 U자형 액주계

주어진 사항 그림 E2.4에 보인 것처럼 밀폐된 탱크에 압축 공기와 기름($SG_{oil} = 0.90$)이 담겨 있다. 보이는 것처럼 수은($SG_{Hg} = 13.6$)을 사용하는 U자관 액주계가 탱크에 연결되어 있다. 기둥높이는 $h_1 = 1$ m, $h_2 = 0.15$ m, $h_3 = 0.25$ m이다.

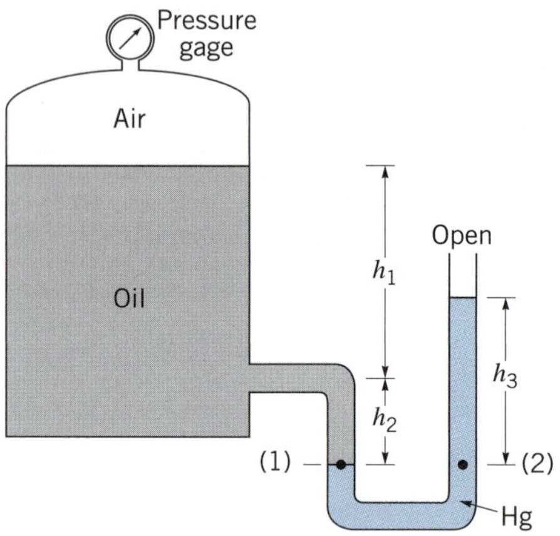

그림 E2.4

해결과제 압력 게이지에 읽히는 압력을 (Pa 단위로) 구하라.

풀이 액주계의 열린 끝단으로부터 시작해서, 액주계 규칙을 적용하면 다음과 같다.

$$p_{atm} + \gamma_{Hg} h_3 - \gamma_{oil} h_2 - \gamma_{oil} h_1 = p_{Air}$$

공기의 밀도가 두 액체의 밀도보다 훨씬 작기때문에, 공기 내부의 압력의 정수력적 변화는 무시되었다. 다르게 언급하지 않을 경우, 관례대로 압력은 게이지 압력이다.

$$p_{Air} = 0 + (SG_{Hg})(\gamma_{H_2O})h_3 + (SG_{oil})(\gamma_{H_2O})(-h_2 - h_1)$$

$$p_{Air} = (9.8 \text{ kN/m}^3)\,[(13.6)\,(0.25 \text{ m}) - (0.9)\,(0.15 + 1 \text{ m})]$$

$$p_{Air} = 23.2 \text{ kN/m}^2 = 23.2 \times 10^3 \text{ Pa} \qquad \text{(답)}$$

보충설명 공기 압력은 액주계 내의 수은의 높이와 기름의 깊이(탱크와 튜브 내 모두)의 함수 인 것에 유의하라. 단순히 액주계 내의 수은만 중요한 것이 아니다.

계기압력을 23.2 kPa로 유지한 상태에서, 액 주계에 기름만 들어있는 것으로 바뀐다고 가정해 보자. 즉 수은을 기름으로 대치한다. 간단한 계산 결과, 이 경우 기름이 채워진 수직 튜브에서의 높이가 원래 높이 $h_3 = 0.25$ m가 아니라 $h_3 = 3.78$ m가 되어야 함을 알 수 있다. 액주계에서 수은과 같이 무거운 유체를 사용할 경우 분명한 이점이 있다.

액주계는 대체로 두 점 사이의 압력차를 측정하는데 사용된다.

U자관 액주계는 또한 두 용기 사이 또는 주어진 시스템의 두 점 사이의 압력차를 측정하는데 널리 사용되고 있다. 그림 2.11에 보이는 것과 같이 용기 A와 B를 연결하고 있는 액주계를 고려해 보자. 액주계 규칙을 적용하면 용기 사이의 압력차에 대한 식을 얻는다. p_B에서 시작해서 식은 다음과 같다.

$$p_B + \gamma_3 h_3 + \gamma_2 h_2 - \gamma_1 h_1 = p_A$$

또는

$$p_A - p_B = \gamma_3 h_3 + \gamma_2 h_2 - \gamma_1 h_1$$

이다. 정확한 해답을 얻는 걸 확실히 하기 위해서, 각 기호들을 문제 정의에서 제공된 정보들로 대체할 때 단위를 조심해서 포함시켜라.

액주계에서 흔히 쓰이는 계기유체, 튜브 재료, 튜브 내경에서는 두 유체 사이의 계면에서 표면 장력에 의한 모세관 현상은 보통 무시할 정도이다(1.9절을 보라). 아주 정확한 측정을 위해서는, 온도에 따라 액체의 밀도가 변하는 것을 보정할 필요가 있을 수도 있다.

예제 2.5 | U자형 액주계

주어진 사항 4장에서 논의하겠지만, 파이프를 통과하는 체적유량 Q는 그림 E2.5a에 예시된 것과 같이 파이프에 설치된 유동 노즐로 구할 수 있다. 노즐은 파이프를 따라서 $p_A - p_B$의 압력강하를 일으키고, 압력강하는 유량과 식 $Q = K\sqrt{p_A - p_B}$의 관계가 있는데, 여기서 K는 파이프와 노즐의 크기에 의존하는 상수다. 압력강하는 종종 예시된 유형의 차압 U자관 액주계로 측정된다.

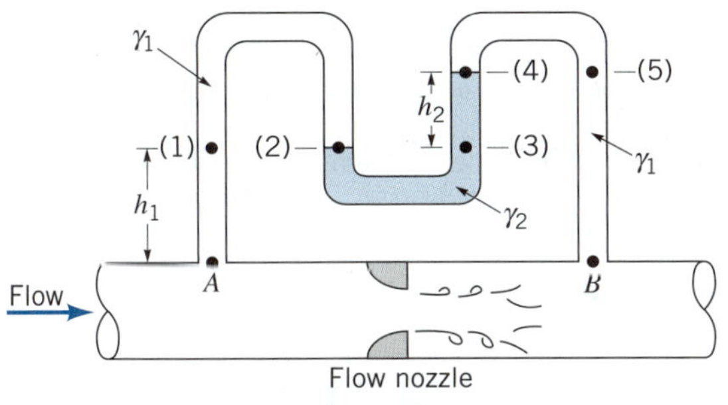

그림 E2.5a

해결과제

(a) $p_A - p_B$에 대한 식을 흐르는 유체의 비중량 γ_1, 계기유체의 비중량 γ_2, 그리고 표시된 높이들을 사용하여 나타내라.

(b) $\gamma_1 = 9.80 \text{ kN/m}^3$, $\gamma_2 = 15.6 \text{ kN/m}^3$, $h_1 = 1.0 \text{ m}$, $h_2 = 0.5 \text{ m}$일 때 압력강하 $p_A - p_B$의 값은 얼마인가?

풀이

(a) 파이프 안의 유체가 움직이고 있음에도 불구하고 액주계 기둥 안의 유체는 정지해 있기 때문에, 액주계 튜브 속에서의 압력변화는 정수압 분포를 따른다. 점 A에서 출발하여, 액주계 규칙을 적용하면

$$p_A - \gamma_1 h_1 - \gamma_2 h_2 + \gamma_1 (h_1 + h_2) = p_B$$

또는

$$p_A - p_B = (\gamma_2 - \gamma_1) h_2 \qquad \text{(답)}$$

이다.

보충설명 유일하게 중요한 액체기둥 높이가 높이차 h_2임을 특별히 언급하고자 한다. 차압 액주계를 파이프 위 쪽 0.5 m나 5.0 m에 놓을 수 있겠지만($h_1 = 0.5$ m 또는 $h_1 = 5.0$ m) h_2의 값은 동일할 것이다.

(b) 주어진 데이터에 대하여 압력강하의 값을 구하면

$$\begin{aligned} p_A - p_B &= (0.5 \text{ m})(15.6 \text{ kN/m}^3 - 9.80 \text{ kN/m}^3) \\ &= 2.90 \text{ kPa} \end{aligned} \qquad \text{(답)}$$

보충설명 비중량 γ_2가 다른 값을 갖는 액주계유체에 대하여 계산을 반복하면 그림 E2.5b에 보인 결과를 얻는다. 액주계 유체가 흐르는 유체와 거의 같은 비중량을 갖는다면 상대적으로 작은 압력차도 측정할 수 있다. 중요한 것은 비중량의 차이 $\gamma_2 - \gamma_1$이다.

따라서, 답을 다시 $h_2 = (p_A - p_B)/(\gamma_2 - \gamma_1)$로 쓰면, 만약 $\gamma_2 - \gamma_1$이 작다면, 비록 $p_A - p_B$이 작을지라도, h_2는 정확한 값을 제공할 만큼 커질 수 있다.

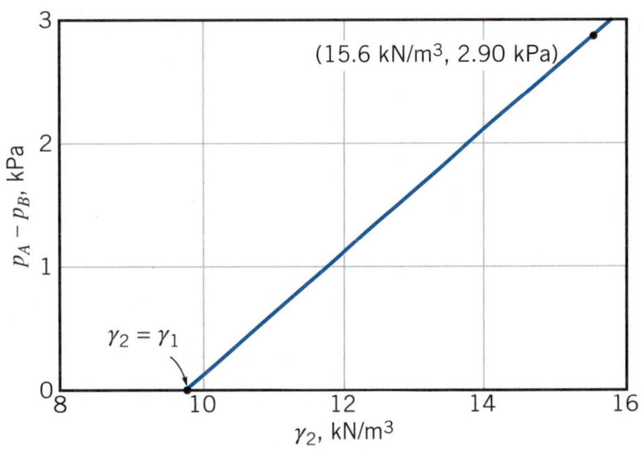

그림 E2.5b

경사관 액주계는 작은 압력 차를 정확하게 측정하는데 사용될 수 있다.

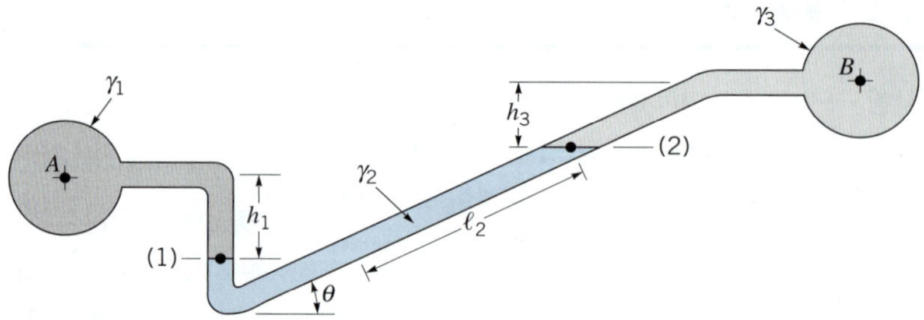

그림 2.12 경사관 액주계

2.6.3 경사관 액주계

작은 압력차를 측정하기 위하여 그림 2.12에 보이는 것과 같은 유형의 액주계가 종종 사용된다. 액주계의 한쪽 다리는 각도 θ로 경사져 있고, 차이눈금 ℓ_2는 경사진 튜브를 따라서 측정된다. 압력의 차이 $p_A - p_B$는

$$p_A + \gamma_1 h_1 - \gamma_2 \ell_2 \sin\theta - \gamma_3 h_3 = p_B$$

또는

$$p_A - p_B = \gamma_2 \ell_2 \sin\theta + \gamma_3 h_3 - \gamma_1 h_1 \tag{2.15}$$

로 표현할 수 있는데, 여기서 점 (1)과 (2)의 압력차는 두 점 사이의 수직 거리에 기인하며, 그것을 $\ell_2 \sin\theta$로 표현할 수 있음에 주목하자. 따라서 상대적으로 작은 각도에 대해서는 압력차가 작더라도 경사관을 따른 차이눈금을 크게 만들 수 있다. 만일 파이프 A와 B에 기체가 들어 있다면

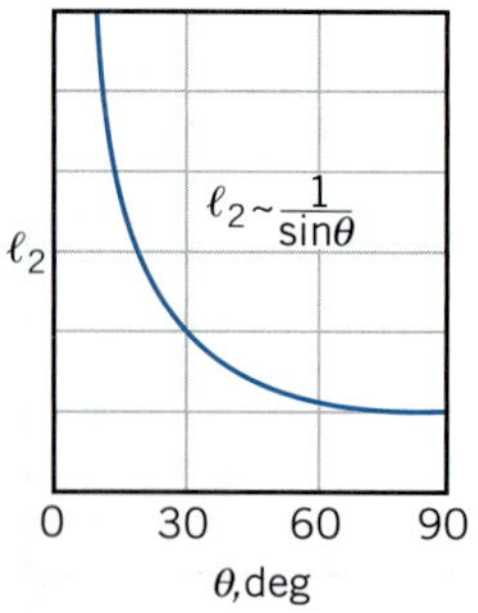

$$p_A - p_B = \gamma_2 \ell_2 \sin\theta$$

또는

$$\ell_2 = \frac{p_A - p_B}{\gamma_2 \sin\theta} \tag{2.16}$$

가 된다. 여기서 기체기둥 h_1과 h_3의 기여는 무시하였다. 식 (2.16)은 (주어진 압력차에 대하여) 경사관 액주계의 차이눈금 ℓ_2를 전통적인 U자관 액주계를 사용하여 얻는 것에 비하여 $1/\sin\theta$배로 키울 수 있음을 보여준다. $\theta \to 0$에 따라 $\sin\theta \to 0$임을 상기하라.

2.7 기계식과 전자식 압력측정 장치

액주계는 간단하고, 가격이 저렴하며, 신뢰성이 있다는 이유로 널리 사용된다. 하지만, 액주계의 측정 범위는 제한적이고, 상대적으로 느리게 반응하며, 계기유체의 손실을 발생시킬지 모르는 환경에는 적합하지 않다. 그리고 자동화된 데이터 수집 시스템과 접속이 쉽지 않다. 이런 몇 가지 문제점들을 극복하기 위하여 많은 유형의 압력 측정 기기가

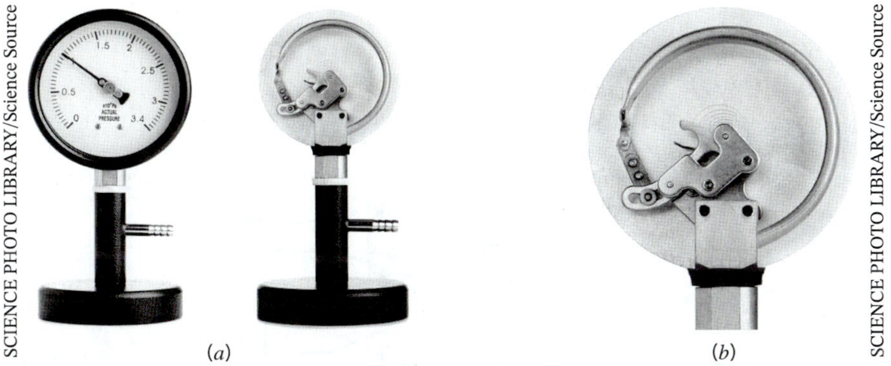

(*a*) (*b*)

그림 2.13 (a) 여러 압력 범위에 사용되는, 액체가 채워진 부르동 압력계. (b) 부르동 압력계의 내부요소들. “C자 모양”의 부르동 튜브가 왼쪽에 보이고, 6.9 × 10^3 kPa 또는 그 이상의 고압용 “감긴 스프링” 부르동 튜브가 오른쪽에 보인다. (사진 제공: 웨이스 기기 (Weiss Instruments, Inc.))

개발되었다. 이들은 대부분 압력이 탄성구조물에 가해지면 구조물이 변형되고, 이 변형량을 압력의 크기와 관련지을 수 있다는 아이디어를 이용한다. 이 종류 중에서 가장 익숙한 장치는 아마도 그림 2.13a에 보인 **부르동 압력계(Bourdon pressure gage)**일 것이다. 이 압력계의 필수적인 기계적 요소는 그림 2.13b에 보인 것과 같이 압력원에 연결되는, 속이 빈 탄성 곡관(부르동 튜브)이다.

부르동 압력계는 압력을 측정하기 위해, 속이 빈 탄성 곡관을 사용한다.

튜브 내부 압력이 올라감에 따라서 튜브는 펴지려고 하며, 변형량이 작기는 하지만 도시한 것처럼 지침의 움직임으로 이어질 수 있다. 튜브의 바깥(대기압)과 튜브 안쪽의 압력차가 튜브의 움직임을 일으키기 때문에, 표시된 압력은 계기압력이 된다. 부르동 압력계는 다이얼 눈금이 psi, psf, 파스칼과 같은 적당한 단위로 압력을 직접 나타낼 수 있도록 보정하여야 한다. 압력계에서 영의 값은 측정된 압력이 국소 대기압과 같음을 나타낸다. 이런 종류의 압력계는 양의 압력은 물론 음의 압력(진공압력)을 측정하는 데에도 사용할 수 있다.

아네로이드(aneroid) 기압계는 대기압을 측정하는데 사용되는 다른 종류의 기계적 게이지이다. 대기압은 절대압력으로 표시되기 때문에, 종래의 부르동 게이지는 이 측정에는 적합하지 않다. 일반적인 아네로이드 기압계는 내부의 절대압력이 거의 영인 속이 빈, 닫힌 탄성 요소를 포함하고 있다. 외부 대기압이 변할 때, 요소는 휘게 되고, 이는 연결된 지침의 움직임으로 이어질 수 있다. 부르동 게이지와 같이 지침은 수은의 밀리미터 또는 인치 높이의 일반적인 단위로 직접 대기압 값을 줄 수 있도록 보정될 수 있다.

Video
V2.4 부르동 게이지

압력측정이 요구되는 많은 응용 분야에서는 압력을 전기적 출력으로 변환해 주는 장치를 가지고 압력을 측정해야 한다. 예를 들면 시간에 따라서 변화하고 있는 압력을 연속적으로 추적 관찰해야 하는 경우도 있다. 이런 유형의 압력측정 장치를 **압력변환기(pressure transducer)**라고 하며 여러 가지 다른 디자인들이 사용된다. 하나의 디자인은 그림 2.14에 도시된 바와 같이 압력 변환기를 만들기 위해서, 간단히 부르동 튜브를 선형가변차 변환기(LVDT)에 연결하는 것이다. LVDT의 중심부는 부르동 튜브의 자유끝단과 연결되어 있다. 압력이 가해질 때, 튜브 끝단의 움직임으로 인해 중심부가 코일을 통해서

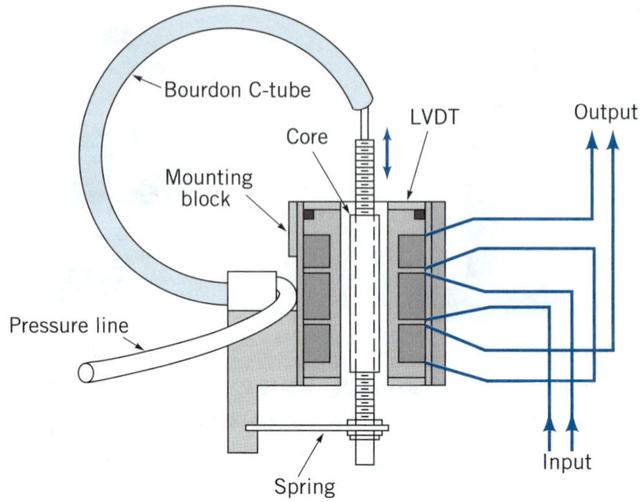

그림 2.14 선형 가변차 변환기와 부르동 튜브를 결합한 압력 변환기 (참고문헌 4)

움직이면서 전압을 발생시킨다. 이 전압은 압력의 선형적인 함수이며, 오실로스코프에 기록되거나 컴퓨터에 저장 또는 처리를 위해서 디지털화될 수 있다.

광활한 유체의 세계

타이어 압력 경고

차량에서 적절한 타이어 공기압은 긴 타이어 수명을 보장하는 것 이상으로 중요하다. 타이어의 낮은 공기압으로 인해 발생하는 차량 전복 사고 같은 사고들을 방지하는데도 대단히 중요하다. 미국 고속도로 교통 안전국은 4개 타이어에 타이어 공기압이 25%이상으로 낮아졌을 때 운전자에게 경고해 줄 수 있는 타이어 압력 감시 시스템과 관련된 규정을 개발하고 있다. 최근에 이 장치들은 새 차량에는 흔한 기능이 되어 가고 있다. 일반적인 타이어압 감시 시스템은 타이어 내부에 장착되며, **압력변환기**(대체로 압전저항 또는 커패시턴스 타입의 변환기)와 이 정보를 차량 내의 전자 제어 유닛에 전달하는 송신기를 포함하고 있다. 타이어압에 대한 정보와 공기압이 낮을 때 주는 경고는 기기 패널에 표시된다. 이 장치들의 작동하는 환경(고온, 저온, 진동), 작은 크기, 요구되는 저비용은 설계 기술자들에게는 도전적인 제약조건 들이다.

시간에 따라 매우 빠르게 변하는 압력을 정확하게 측정할 수 있는 압력변환기를 만드는 것은 상대적으로 복잡하다.

변형 감지 요소로 부르동 튜브를 이용한 압력변환기의 한가지 단점은 정적압력 또는 천천히 변하는(준정적) 압력 측정으로 사용이 제한된다는 것이다. 부로동 튜브의 상대적으로 큰 질량 때문에, 압력의 빠른 변화에 반응할 수 없다. 이 어려움을 극복하기 위하여, 유체와 접촉하고 있는 얇은 탄성 격막(diaphragm) 감지부로 되어 있는 다른 종류의 변환기가 사용된다. 압력이 변하면, 격막은 휘게 되고, 이 휨을 감지하여 전기적 전압으로 변환한다. 이 것을 가능하게 하는 한 방법은 액체와 접촉하고 있지 않은 격막의 표면이나 격막과 연결된 요소에 스트레인 게이지를 위치시키는 것이다. 이 게이지로 격막에 발생한 작은 스트레인을 정확하게 감지할 수 있으며, 압력과 비례하는 출력 전압을 얻을 수 있다. 이런 종류의 변환기는 정압과 동압, 그리고 작은 압력과 큰 압력 모두를 정확하게 측정할 수 있다. 예를 들어, 그림 2.15에 보여진 종류의 스트레인 게이지 압력 변환기는

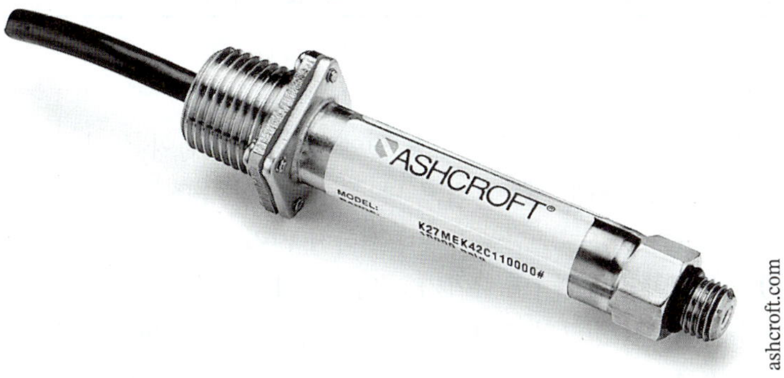

(a)

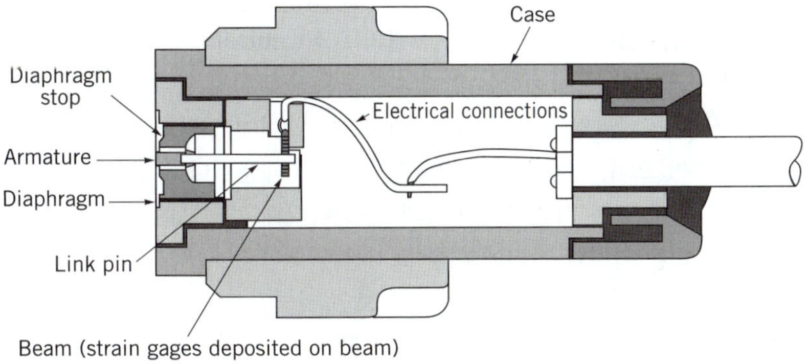

(b)

그림 2.15 (a) 시스템을 연결을 위한 판막 앞의 수나사 피팅과 장치 뒤쪽에 전기적 연결부를 가지고 있는 일반적인 압력변환기의 사진. (b) 일반적인 압력변환기(수나사 연결부는 보여지지 않음)의 구성도. 압력에 의한 격막의 휨은 스트레인 게이지와 관련된 브릿지 회로가 올려져 있는 실리콘 빔으로 측정된다.

약 1Hz의 기본 주파수로 주기적으로 변하는 상대적으로 작은 압력인 동맥 혈압을 측정하는데 사용된다. 변환기는 대체로 압력 카테터(catheter)라고 부르는 액체가 채워진 작은 지름의 관을 통해서 혈관과 연결되어 있다. 비록 스트레인 게이지 종류의 변환기는 매우 우수한 주파수 반응(약 10kHz까지)을 가지게 설계될 수 있지만, 더 높은 주파수 반응을 보이기 위해서는 격막이 더 빳빳해 져야 하기 때문에, 더 높은 주파수에는 낮은 감도를 가지게 된다. 대안으로서 격막을 탄성 요소와 센서 둘 다로 사용될 수 있는 압전 결정체로 만들 수 있다. 압력이 결정체에 가해졌을 때, 결정체의 변형에 의해서 전압이 발생하고, 이 전압은 기해진 압력에 직접적으로 비례한다. 설계에 따라서, 이런 종류의 변환기는 높은 주파수에서 매우 낮은 압력과 높은 압력 (대략 6.9×10^5 kPa 까지) 모두를 측정하는데 사용될 수 있다. 압력변환기에 관한 추가적인 정보는 참고문헌 3,4,5에서 찾아볼 수 있다.

2.8 평면에 작용하는 정수력과 압력 프리즘

2.8.1 정수력

Video

V2.5 후버댐

면이 유체 속에 잠겨 있을 때 유체로 인하여 면에 작용하는 힘이 생겨난다. 이런 힘을 계산하는 것은 저장탱크, 배, 댐, 그리고 다른 수력학적 구조물을 설계하는 데 있어 중요하다. 정지한 유체에서는 전단응력이 존재하지 않기 때문에 힘이 면에 **수직하게(perpendicular)** 작용해야만 한다. 또 유체가 비압축성이면 압력은 깊이에 따라 선형적으로 변한다. 액체가 채워진 탱크의 바닥(그림 2.16a)과 같은 수평면에 대해서는 합력의 크기는 간단히 $F_R = pA$가 되는데, 여기서 p는 바닥에 작용하는 균일한 압력이고 A는 바닥의 면적이다. 그림에 보인 열린 탱크에서 $p = \gamma h$이다. 그림에 나타낸 것처럼 대기압이 바닥의 양쪽 면에 작용한다면 바닥에 작용하는 **합력(resultant force)**은 단지 탱크 안에 있는 액체에 의한 것임을 주목하자. 바닥에서는 압력이 일정하고 균일하게 분포하기 때문에, 합력은 그림 2.16a에 보인 것처럼 면의 도심(centroid)에 작용한다. 그림 2.16b에 보인 것처럼 탱크 끝면에 작용하는 압력의 분포는 균일하지 않다. 탱크 끝에서 정수압에 의한 힘을 구하는 것은 훨씬 더 도전적인데, 이는 압력이 일정하지 않고, 끝단이 직사각형 판이 아닐 수 있으며, 대체로 수직이 아닐 수 있기 때문이다.

정지된 유체에 의해서 평면에 작용하는 합력은 표면에서의 정수압 분포에 의한 것이다.

그림 2.17은 잠겨져 있는 기울어진 평판의 면을 나타내고 있으며, 합력과 힘의 작용선을 결정하는데 필요할 위치와 거리에 대한 표기들을 보여준다. 당분간은 유체 표면이 대기로 노출되어 있다 고 가정하자. 그림 2.17에 보인 것처럼 면이 놓여있는 평면은 자유표면과 0에서 만나고 자유표면과 각도 θ를 이룬다고 하자. 보이는 것처럼 $x-y$ 좌표계는 0이 원점이고 $y = 0$(즉, x축)이 면을 따라가는 방향을 가리키도록 정의한다. 면이 $x-y$ 평면 위에 있다고 하면 임의의 형상을 가질 수 있다. 우리는 면과 접촉하는 액체로 인하여 이 면의 한쪽 편에 작용하는 합력의 방향, 작용점, 크기를 결정하기를 원한다. 주어진 임의의 깊이 h에서 dA(그림 2.17의 미소 면적)에 작용하는 힘은 $dF = \gamma h\, dA$이고 면에 수직하다. 따라서 합력의 크기는 이 미소 힘들(differential force)을 전체 면에 걸쳐서 더함으로써 알아낼 수 있다. 식으로 나타내면

$$F_R = \int_A \gamma h\, dA = \int_A \gamma y \sin\theta\, dA$$

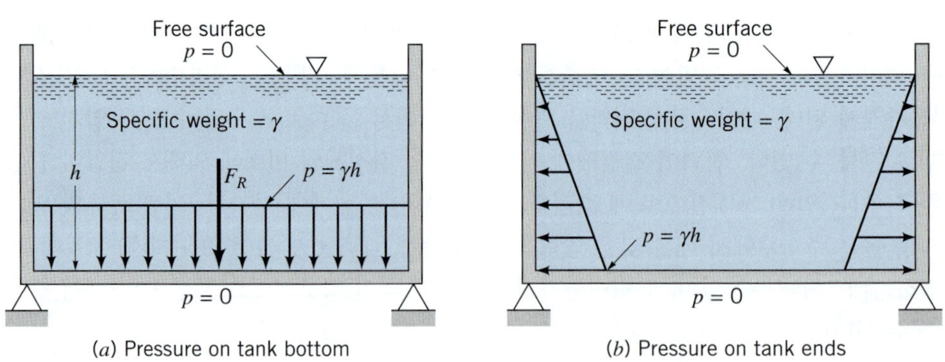

그림 2.16 (a) 열린 탱크의 바닥에 걸리는 압력분포와 정수력. (b) 열린 탱크 끝쪽에서의 압력 분포.

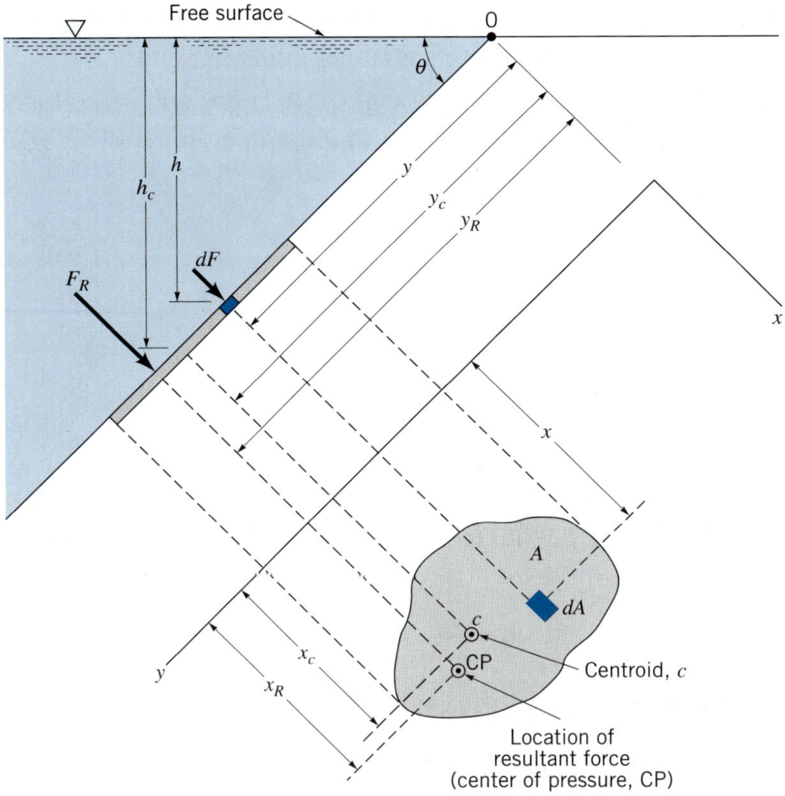

그림 2.17 임의 형상의 기울어진 평면에 작용하는 정수력에 대한 표기법.

이고, 여기서 $h = y \sin\theta$이다. γ와 θ가 일정하므로

$$F_R = \gamma \sin\theta \int_A y\, dA \tag{2.17}$$

유체 힘의 합력은 단지 깊이에만 좌우되고, 면의 도심에 작용하는 압력과 총 면적을 곱한 것과 같다.

이다. 식(2.17)의 적분은 x축에 대한 면적의 **1차 모멘트(first moment of the area)**이기 때문에, 아래처럼 쓸 수 있다.

$$\int_A y\, dA = y_c A$$

여기서 y_c는 0을 통과하는 x축으로부터 측정된, 면 A의 도심의 y좌표다. 따라서 식(2.17)은 따라서 아래와 같이 쓸 수 있다.

$$F_R = \gamma A y_c \sin\theta$$

또는 더 간단하게

$$\boxed{F_R = \gamma h_c A} \tag{2.18}$$

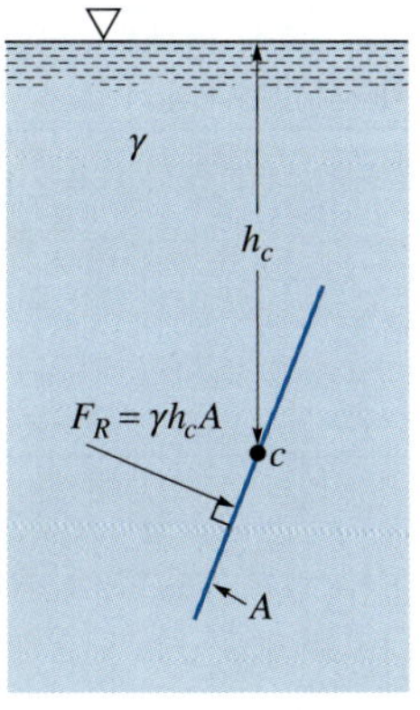

로 쓸 수 있다. 여기서 여백 그림에서 볼 수 있듯이, h_c는 유체 표면에서부터 면의 도심까지 수직거리다. 여백 그림에 표시되어 있듯이 힘은 오직 유체의 비중량과 전체 면적과 표면에서부터 면의 도심까지의 깊이에만 좌우된다. 결과적으로 식(2.18)은 합력의 크기가

면의 도심에서의 압력에 전체 면적을 곱한 것과 같음을 말해준다. F_R을 구하기 위하여 더한 모든 미소 힘이 면에 수직하기 때문에 합력 F_R 역시 면에 수직하여야 한다.

직관적으로는 합력이 면의 도심을 통과할 것 같지만 사실은 그렇지 않다. 합력의 y좌표인 y_R은 x축 주위의 모멘트를 합하여 구할 수 있다. 다시 말하면 합력의 모멘트가 분포된 압력힘의 모멘트와 같아야 하므로

$$F_R y_R = \int_A y\, dF = \int_A \gamma \sin\theta\, y^2\, dA$$

이고, 또 $F_R = \gamma A y_c \sin\theta$이므로

$$y_R = \frac{\int_A y^2\, dA}{y_c A}$$

이다. 분자에 있는 적분은 면을 포함하는 평면과 자유표면이 교차하여 형성되는 축(x축)에 관한 면적의 **2차 모멘트(관성모멘트) (second moment of the area(moment of inertia))** I_x이다. 따라서

$$y_R = \frac{I_x}{y_c A}$$

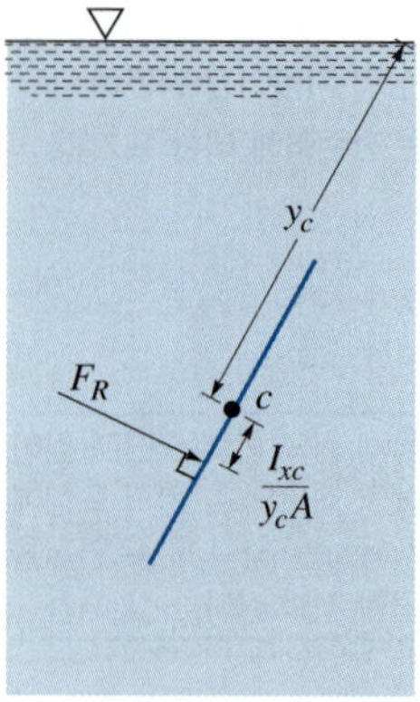

유체 합력은 면적의 도심을 지나지 않는다.

라고 쓸 수 있다. 이제 평행축 정리(parallel axis theorem)를 쓰면 I_x를

$$I_x = I_{xc} + A y_c^2$$

라고 표현할 수 있으며, 여기서 I_{xc}는 면의 도심을 통과하면서 x축과 평행한 축에 관한 면적의 2차 모멘트다. 따라서

$$\boxed{y_R = \frac{I_{xc}}{y_c A} + y_c} \tag{2.19}$$

이다. 그림 2.19과 여백의 그림에서 볼 수 있듯이, 합력은 도심을 지나지 않는다. 수평하지 않은 표면에서는, $I_{xc}/y_c A > 0$이기 때문에 식(2.19)은 합력이 도심을 통과하는 것이 아니라 항상 도심보다 아래쪽(below)에 있음을 명확하게 보여준다.

합력에 대한 x좌표 x_R도 비슷한 방법으로 y축에 관한 모멘트들을 더해서 구할 수 있다. 따라서

$$F_R x_R = \int_A \gamma \sin\theta\, xy\, dA$$

이고, 이로부터

$$x_R = \frac{\int_A xy\, dA}{y_c A} = \frac{I_{xy}}{y_c A}$$

이며, 여기서 I_{xy}는 x와 y의 축에 대한 관성의 곱이다. 다시 평행축 정리[1]를 사용하면, 다

1 면적의 관성의 곱에 관한 평행축 정리는 직교좌표계 ($x-y$ 좌표축) 대한 관성의 곱은, 원 좌표계에 평행하고 면적의 도심을 지나는 수직 좌표계에 대한 관성의 곱에다가 면적에다 면적의 도심에 해당하는 x, y 좌표를 곱한 것을 더한 것과 같다는 것을 상기해 보자. 즉,

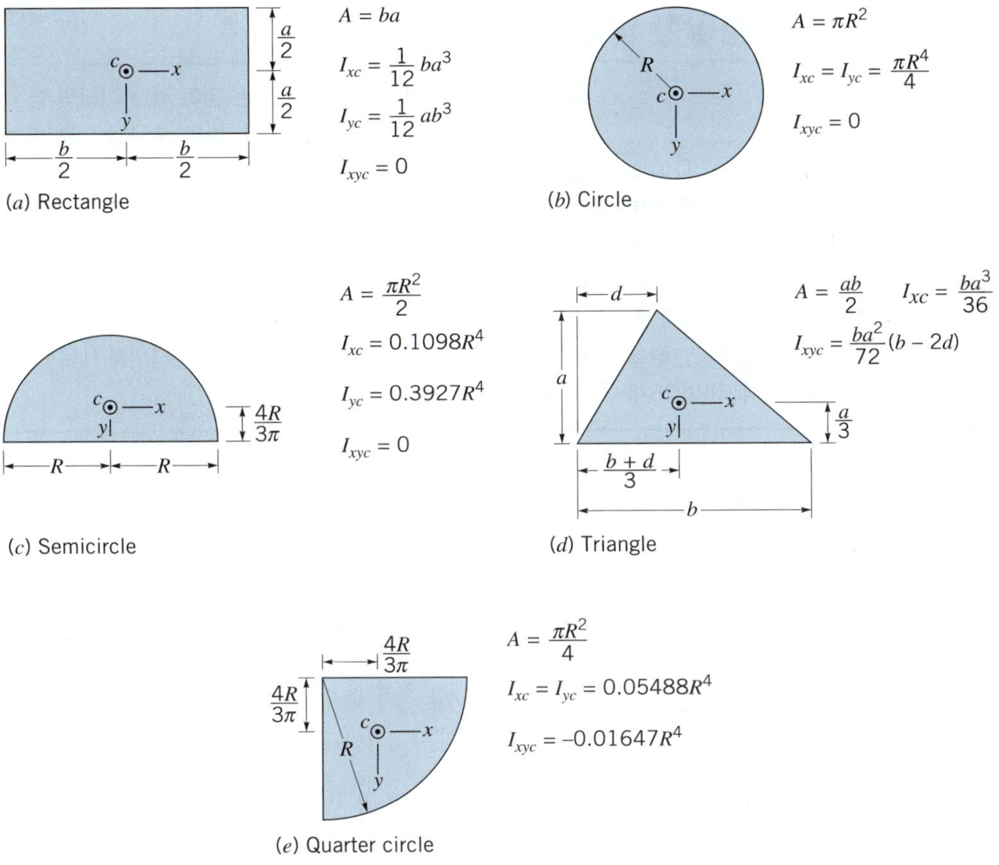

그림 2.18 흔히 볼 수 있는 형상의 기하학적 성질

음을 얻을 수 있다.

$$x_R = \frac{I_{xyc}}{y_c A} + x_c \tag{2.20}$$

여기에서 I_{xyc}는 면의 **도심(centroid)**을 통과하도록 $x-y$ 좌표계를 평행 이동하여 형성되는 직교좌표계에 대한 관성의 곱(product of inertia)이다.

만약 도심을 통과하면서 x나 y축에 평행한 축에 관하여 잠긴 면이 대칭이라면 합력은 선 $x = x_c$ 위에 있어야 하는데, 그 이유는 이 경우에 I_{xyc}가 영이기 때문이다. 합력이 작용하는 점을 압력중심(center of pressure)이라 부른다. 식(2.19)과 식(2.20)에 따르면 y_c가 증가함에 따라 압력중심이 면의 도심에 더 가까워짐을 주목하자. $y_c = h_c/\sin\theta$이기 때문에, 잠긴 깊이 h_c가 증가하든지, 주어진 깊이에 대해서 각도 θ가 감소하도록 면을 회전하면 거리 y_c가 증가할 것 이다. 따라서 여백 그림에 보인 수문의 오른쪽 변에 작용하는 정수력의 작용점이 왼쪽 면에 작용하는 정수력보다 수문의 도심에 더 가깝다. 흔히 볼 수 있는 몇 가지 면들에 대하여 도심 좌표계와 관성모멘트는 그림 2.18에 주어져 있다.

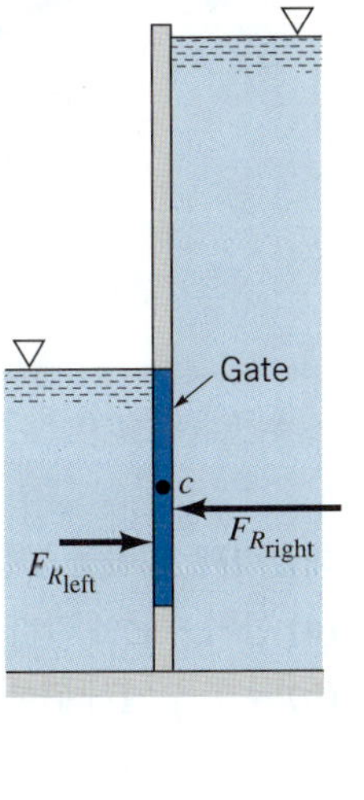

$I_{xy} = I_{xyc} + A x_c y_c$.

광활한 유체의 세계

싼샤댐

중국의 양쯔강에 건설된 삼협댐(싼샤댐,The Three Gorges Dam)은 2012년 7월 마지막 주요 터빈이 작동을 시작함으로써, 세계 최대의 발전소가 되었다. 이 댐은 길이 2309 미터, 높이 185 미터인 중력식(gravity type) 콘크리트 댐이다. 프로젝트의 주요 요소로는 댐, 두 개의 발전소, 운항설비인 배의 갑문과 인양 설비가 있다. 발전소는 용량이 각 700 메가와트인 프란시스 방식 터빈 26개를 가지고 있다. 댐의 중앙부에 있는 길이 483 미터의 방수부(spillway section)에는 23개의 바닥 출구와 22개의 표면 수문이 있다. 최대 방수용량은 초당 102,500 세제곱미터다. 10년이 넘는 공사 끝에 댐의 문이 마침내 닫혔고, 2003년 6월 10일 저수지에는 잠정 수위 135미터까지 물이 채워졌다. 댐의 큰 수심과 방대한 저수 범위 때문에 **정수력(hydrostatic pressure force)**은 엔지니어들이 고려한 주요 요소였다. 정상 저수 수위 175미터까지 채울 때 총 저수용량은 39.3억 세제곱미터다.

예제 2.6 | 원형 평면에 작용하는 정수력

주어진 사항 그림 E2.6a와 같이 지름 4 m인 원형수문이 물($\gamma = 9.8$ kN/m^3)이 담겨진 커다란 저수지의 경사진 벽에 설치되어 있다. 수문을 설치한 축은 수평인 지름과 일치 하고, 축 위의 물 깊이는 10 m이다.

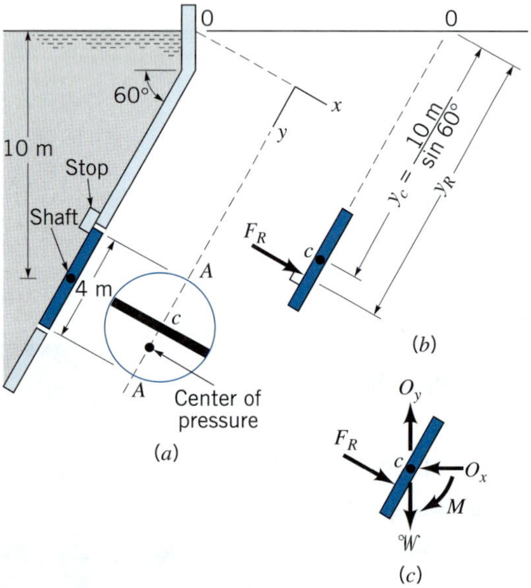

그림 E2.6a–c

해결과제 다음을 구하라.

(a) 물이 수문에 가하는 합력의 크기와 작용점

(b) 수문을 열기 위하여 축에 가해야 하는 모멘트

풀이

(a) 물이 가하는 힘의 크기를 구하기 위하여 식 (2.18), 즉 $F_R = \gamma h_c A$을 적용할 수 있다. 유체 표면으로부터 면의 도심까지의 수직거리가 10 m기 때문에

$$F_R = (9.80 \times 10^3 \text{ N/m}^3)(10 \text{ m})(4\pi \text{ m}^2)$$
$$= 1230 \times 10^3 \text{ N} = 1.23 \text{ MN} \qquad \text{(답)}$$

이 된다.

F_R이 작용하는 점(압력중심)의 위치를 구하기위하여 식(2.19)과 (2.20), 즉,

$$x_R = \frac{I_{xyc}}{y_c A} + x_c \qquad y_R = \frac{I_{xc}}{y_c A} + y_c$$

을 사용한다. 그림에 보이는 좌표계에 대하여 면이 y축에 대해서 대칭이기때문에 $x_R = 0$이고 압력중심이 지름 $A-A$ 위에 있어야 한다.

y_R을 구하기 위하여 그림 2.18의 식

$$I_{xc} = \frac{\pi R^4}{4}$$

과 그림 E2.6b에 있는 y_c를 이용한다. 따라서

$$y_R = \frac{(\pi/4)(2 \text{ m})^4}{(10 \text{ m}/\sin 60°)(4\pi \text{ m}^2)} + \frac{10 \text{ m}}{\sin 60°}$$
$$= 0.0866 \text{ m} + 11.55 \text{ m} = 11.6 \text{ m}$$

이고, 축 아래로 압력중심까지 (수문을 따라) 거리는

$$y_R - y_c = 0.0866 \text{ m} \qquad \text{(답)}$$

이다. 이 해석으로부터, 물에 의하여 수문에 작용하는 힘은 크기가 1.23 MN이며, 축 아래로 지름 A–A를 따라서 거리가 0.0866 m 되는 (수문을 따라서) 점에 작용한다는 결론을 얻는다. 그림 E2.6b에 보인 것처럼 이 힘은 수문에 수직한다.

보충설명 도심까지의 깊이 h_c의 여러 값에 대하여 계산을 반복함으로써 그림 E2.6d에 보인 결과를 얻는다. 깊이가 증가함에 따라서 압력중심과 도심 사이의 거리가 감소함에 주목 하라.

(b) 수문을 열기 위하여 필요한 모멘트는 그림 E2.6c의 자유물체도(free–body diagram)를 이용하여 구할 수 있다. 그림에서 W는 수문의 무게고 O_x와 O_y는 축이 수문에 가하는 수평 반력과 수직 반력이다. 이제 축에 관한 모멘트를 합치면

$$\sum M_c = 0$$

이고, 따라서

$$\begin{aligned} M &= F_R(y_R - y_c) \\ &= (1230 \times 10^3 \text{ N})(0.0866 \text{ m}) \\ &= 1.07 \times 10^5 \text{ N} \cdot \text{m} \qquad \text{(답)} \end{aligned}$$

이다.

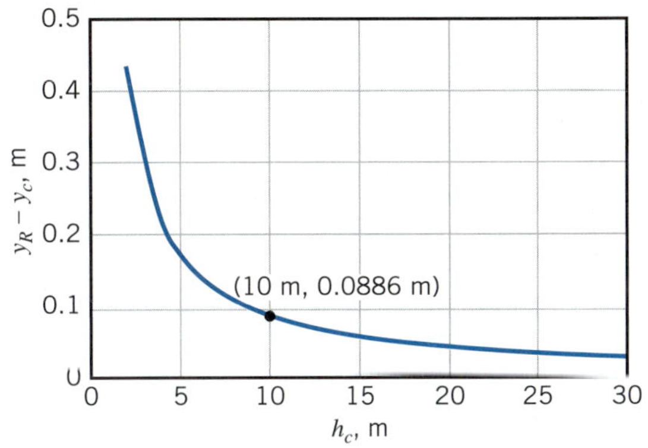

그림 E2.6d

예제 2.7 | 평면 삼각형 표면에 작용하는 정수력

주어진 사항 그림 E2.7a에 보여진 바와 같이, 수조에는 0.3 m의 깊이의 소금물($\gamma = 9.81 \text{ kN/m}^3$)이 있다. 탱크의 한 구석의 손상을 수리하기 위하여, 그림 E2.7b에 나타나 있듯이 삼각형 부분을 새로운 것으로 교체한다.

vojce/Getty Images

그림 E2.7a

해결과제 다음을 구하라.

(a) 이 삼각형 면적에 가해지는 바닷물의 힘의크기

(b) 힘의 위치

풀이

(a) 문제를 풀기 위해 필요한 다양한 거리들은 그림 E2.7c에 나타나 있다. 관심 표면이 수직 평면에 놓여 있기 때문에, $y_c = h_c = 0.27$ m이고 식(2.18)로부터 힘의 크기는

$$\begin{aligned} F_R &= \gamma h_c A \\ &= (9.81 \text{ kN/m}^3)(0.27 \text{ m})[(0.09 \text{ m})^2/2] \\ &= 0.011 \text{ kN} \qquad \text{(답)} \end{aligned}$$

이 된다.

보충설명 이 힘은 탱크 길이에 좌우되지 않음을 주목하라. 만약 탱크가 0.076 m, 7.6 m, 또는 76 km 길이여도 결과는 동일하다.

(b) 식(2.19)로 부터 압력중심 (CP)의 y 좌표는

$$y_R = \frac{I_{xc}}{y_c A} + y_c$$

이고, 식(2.18)로부터

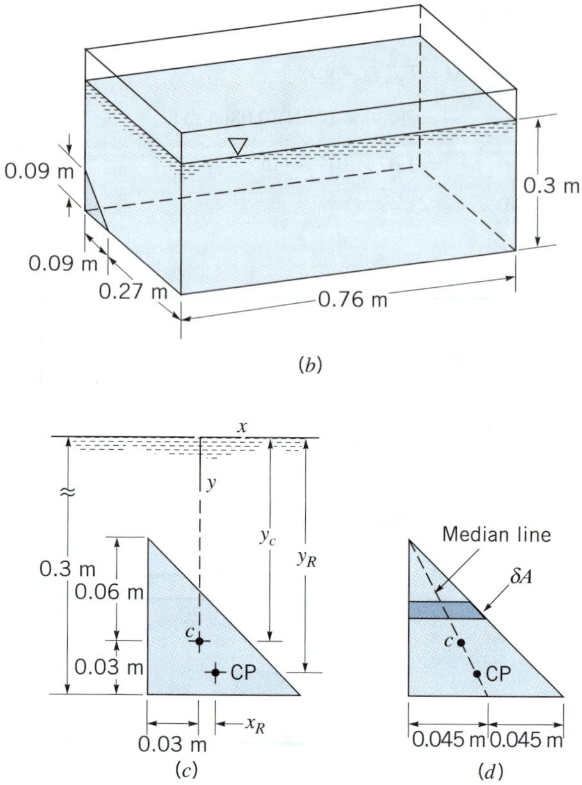

그림 E2.7b-d

$$I_{xc} = \frac{(0.09\text{ m})(0.09\text{ m})^3}{36} = \frac{6.56 \times 10^{-5}}{36}\text{ m}^4$$

$$= 1.82 \times 10^{-6}\text{ m}^4$$

이므로,

$$y_R = \frac{1.82 \times 10^{-6}\text{ m}^4}{(0.27\text{ m})(0.09\text{ m})^2/2} + 0.27\text{ m} \qquad \text{(답)}$$

$$= 0.0016\text{ m} + 0.27\text{ m} = 0.272\text{ m}$$

이 된다.

유사하게, 식(2.20)으로부터

$$x_R = \frac{I_{xyc}}{y_c A} + x_c$$

이며, 그림 2.18로부터

$$I_{xyc} = \frac{(0.09\text{ m})(0.09\text{ m})^2}{72}(0.09\text{ m}) = \frac{0.00073}{72}\text{ m}^4$$

이므로,

$$x_R = \frac{0.00073/72\text{ m}^4}{(0.27\text{ m})(0.09\text{ m})^2/2} + 0 = 0.00267\text{ m} \qquad \text{(답)}$$

보충설명 그러므로 압력중심은 오른쪽으로 0.00267 m, 면적의 도심 아래로 0.0005 m에 있다고 결론을 얻는다. 이 점을 그리면, 그림 E2.7d에 도시된 데로 면적의 중앙선(median line)에 위치한다는 것을 알 수 있다. 총 면적을 면적 δA 의 (그리고 이 작은 면적들 각각에 작용하는 유체 힘은 그것의 중심을 지난다) 많은 작은 직사각형 조각으로 이루어져 있다고 생각할 수 있으므로, 이 모든 평행한 힘들의 합력은 중앙선을 따라 위치해야만 한다.

2.8.2 압력 프리즘

앞의 절에서는 직사각형 평면을 포함한 여러 평면들에서 정수력을 계산하는 방법들을 설명하였다. 많은 경우에 직시각형 평면 체적들로 힘들을 도식적으로 표시하는 것이 중요해지는데, 이는 압력 프리즘을 가지고 행해 질 수 있다. 이를 이해하기 위하여, 비중량이 γ 인 액체를 담고 있는 폭 b 인 탱크의 수직벽을 따라 압력 분포를 살펴보도록 하자. 압력은 깊이에 대하여 선형적으로 변하기 때문에, 그 변화를 그림 2.19a에 보인 것처럼 나타낼 수 있는데, 압력은 윗면에서는 0이고 바닥에서 γh 와 같다. 이 다이어그램으로부터 평균압력이 깊이 $h/2$에서의 압력이고, 따라서 직사각형 면적 $A = bh$ 에 작용하는 합력이

$$F_R = p_{\text{av}} A = \gamma\left(\frac{h}{2}\right) A$$

인 것은 명백하다. 이것은 식(2.18)로부터 얻는 것과 같은 결과다. 그림 2.19a에 보인 압력분포는 수직면에 작용하므로, 그림 2.19b에 보인 것처럼 압력 분포를 3차원적 표현으

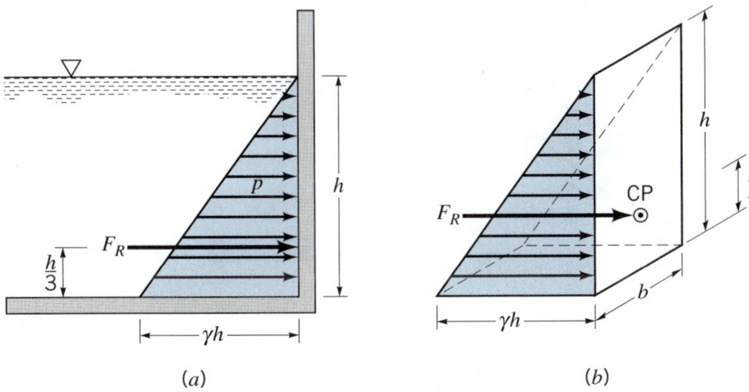

그림 2.19 수직한 직사각형 면에 대한 압력 프리즘

로 나타낼 수 있다. 압력–면적 공간에서 이 "체적"의 밑면은 관심 평면이 되며, 각 점에서의 높이는 압력이 된다. 이 체적을 **압력 프리즘(pressure prism)**이라고 하며, 직사각형 면에 작용하는 합력의 크기가 압력 프리즘의 체적과 같음은 명백하다. 따라서 그림 2.19b의 프리즘에 대하여 유체가 가하는 힘은

$$F_R = \text{volume} = \frac{1}{2}(\gamma h)(bh) = \gamma\left(\frac{h}{2}\right)A$$

이며, 여기서 bh는 직사각형 면 A의 면적이다.

유체힘의 합력의 크기는 압력 프리즘의 체적과 같고, 작용선은 프리즘의 중심을 지나간다.

합력은 압력 프리즘의 **중심(centroid)**을 통과해야 한다. 고려하고 있는 체적의 중심은 (삼각형의 도심이 그 밑변으로부터 $h/3$인 곳에 있기 때문에) 면의 수직 대칭축을 따라서 밑면으로부터 거리 $h/3$인 곳에 있다. 이 결과가 식(2.19)과 식(2.20)로부터 얻어지는 결과와 일치한다는 것은 손쉽게 보일 수 있다.

동일한 도식적 접근법이 그림 2.20a와 같이 유체 표면까지 다다르지 않는 직사각형 평면에 대해서 사용될 수 있다. 이 경우에, 압력 프리즘의 단면적은 사다리꼴이다. 하지만 합력의 크기는 여전히 압력 프리즘의 체적과 같으며, 체적의 중심을 통과한다. 그림

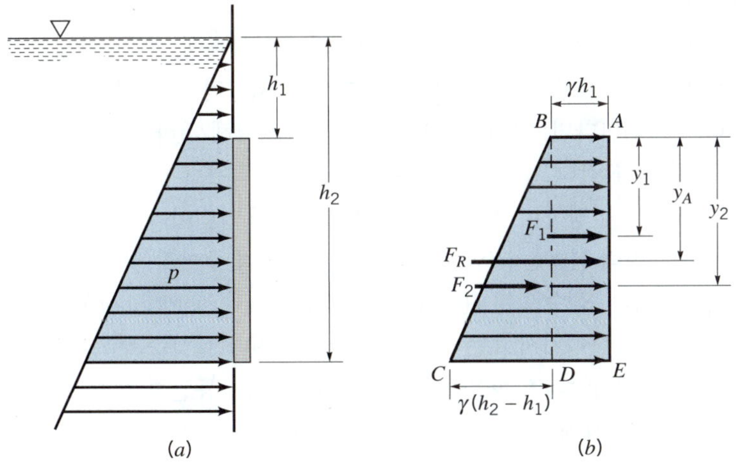

그림 2.20 수직한 직사각형 면에 대한 정수력힘의 도식적 표현

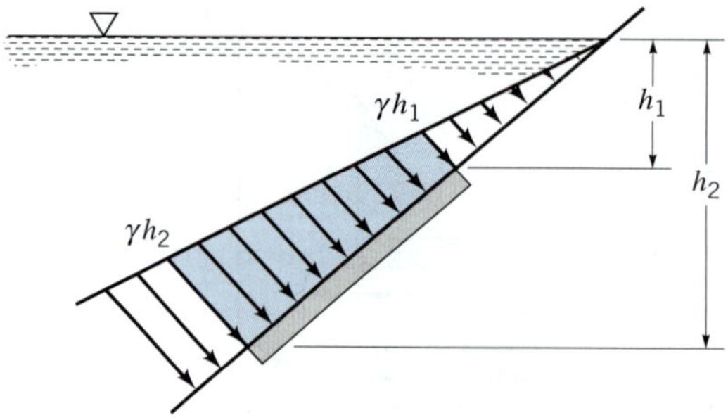

그림 2.21 기울어진 평면을 따라서의 압력 변화

2.20b에 보여진 것과 같이, 압력 프리즘을 $ABDE$와 BCD 두개의 부분으로 나눔으로써 특정한 값들을 얻을 수 있다. 여기서

$$F_R = F_1 + F_2$$

이고, 각 부분들은 직사각형 표면들을 세밀히 살펴보면 쉽게 결정할 수 있다. F_R의 위치는, A를 통과하는 축 같이 어떤 편리한 축을 기준으로 한 모멘트를 더함으로써 결정할 수 있다. 예를 들어,

$$F_R y_A = F_1 y_1 + F_2 y_2$$

이고, 여기서 y_1과 y_2는 세밀히 살펴본 후 결정할 수 있다.

잠긴 면적에 힘을 결정하기 위한 압력 프리즘 개념의 사용은 직사각형 평면에 가장 적합하다.

기울어진 직사격형 평면에 대해서도 압력 프리즘을 그릴 수 있는데, 프리즘의 단면은 그림 2.21에서 보듯이 일반적으로 사다리꼴이다. 기울어진 표면을 따라서 거리를 재는 것이 대체로 편리하지만, 도시하였듯이 발생한 압력은 수직 거리에 좌우한다.

압력 프리즘은 만약 면적이 직시각형이라서 체적과 도심이 쉽게 결정될 수 있을 때 잠긴 평면 면적에 작용하는 힘을 결정하는데 편리하게 사용된다. 그러나 다른 비직사각형 형상에 대해서는 체적과 도심을 구하기 위해 적분이 일반적으로 필요하다. 이와 같은 상황에서는 앞 절에서 개발한 식을 적용하는 것이 더 편리하다. 앞 절에서는 필요한 적분들을 하고 잠긴 어떠한 형상의 평면 면적에도 적용할 수 있는 편리하고 간단한 형태로 결과가 제시되었다.

잠긴 면적에 대한 대기압의 영향은 아직 고려되지 않았는데, 우리는 이 압력이 합력에 어떤 영향을 미칠지 궁금해 할 수 있다. 그림 2.22a에서처럼 만약 평면 수직 벽에서의 압력 분포를 다시 고려한다면, 압력은 표면에서 0부터 시작해서 바닥에서는 γh로 된다. 표면에서의 압력을 0과 같다고 두었기 때문에, 우리는 기준으로 대기압을 사용하고 있으며, 따라서 유체힘을 결정하는 데 사용된 압력은 게이지 압력이다. 만약 대기압을 포함시키기를 원한다면, 압력 분포는 그림 2.22b에 보인 것처럼 주어질 것이다. 이 경우에 벽의 한 쪽에 작용하는 힘은 **정수압 분포(hydrostatic pressure distribution)**의 결과와 대기압이 미치는 영향 $p_{\text{atm}}A$(여기서 A는 면적)으로 이루어진다는 것을 주목해야 한다. 하지만 만약 벽의 한 쪽에 대기압의 영향을 포함시키고자 한다면, 동일한 압력이 바깥쪽 표면(대기에 노출된다는 가정하에)에 작용하는 것을 깨닫게 되는데, 따라서 크기가 동일하고 방향이 반대인 힘들이 그림 2.20에 보이는 것처럼 발생하게 된다. 그러므로, 결론적으로 표

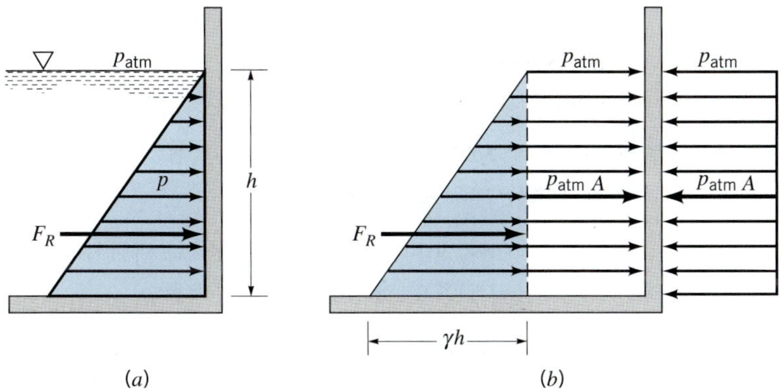

그림 2.22 대기압이 수직한 평면 벽에 작용하는 합력에 미치는 영향

면에 작용하는 유체힘의 합력이 표면과 접촉한 액체의 게이지 압력의 영향이고 대기압은 이 결과에 영향을 미치는 않는다. 이 연구를 한단계 더 나가서, 만약 액체–증기 계면의 압력이 대기압이 아니라고 한다면, 크기와 작용점 모두 게이지 압력으로만 예측한 결과와 다를 것이다. 그림 2.20에 표시하고 설명하였던 것과 거의 동일한 해석이 요구된다.

잠긴 면적에 작용하는 유체힘의 합력은 자유면의 압력에 의해서 영향을 받는다.

예제 2.8 | 압력 프리즘 개념의 사용

주어진 사항 그림 E2.8a에 보인 것처럼 가압 탱크에 기름($SG = 0.9$)이 담겨 있으며, 측면에는 볼트로 조인 0.6 m × 0.6 m의 정사각형 판이 있다. 탱크 꼭대기의 압력계가 50 kPa을 가리키고, 탱크 바깥쪽에는 대기압이 걸린다.

해결과제 부착된 판에 작용하는 합력의 크기와 작용점을 구하라.

풀이 판의 안쪽 면에 작용하는 압력 분포를 그림 E2.8b에 보였다. 판 위의 주어진 점에서의 압력은 기름 표면에서의 공기 압력 p_s와 기름에 의한 압력에 기인하며, 그림에서 보는 것처럼 깊이에 따라 선형적으로 변한다. (면적이 A 인) 판에 작용하는 합력은 압력분포의 직사각형 부분과 삼각형 부분으로 인한 성분 F_1과 F_2에 기인한다. 여기서

$$\begin{aligned} F_1 &= (p_s + \gamma h_1)A \\ &= [50 \times 10^3\ \text{N/m}^2 \\ &\quad + (0.90)(9.81 \times 10^3\ \text{N/m}^3)(2\ \text{m})](0.36\ \text{m}^2) \\ &= 24.4 \times 10^3\ \text{N} \end{aligned}$$

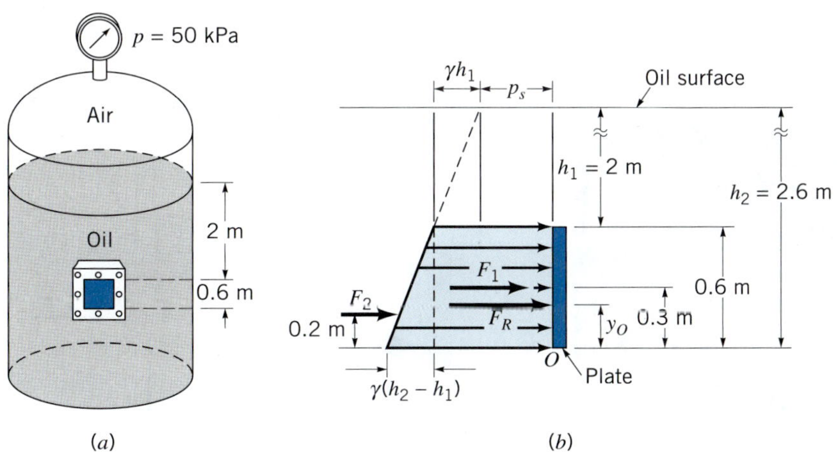

그림 E2.8

그리고

$$F_2 = \gamma\left(\frac{h_2 - h_1}{2}\right)A$$
$$= (0.90)(9.81 \times 10^3 \text{ N/m}^3)\left(\frac{0.6 \text{ m}}{2}\right)(0.36 \text{ m}^2)$$
$$= 0.954 \times 10^3 \text{ N}$$

이다.

그러므로 합력 F_R의 크기는

$$F_R = F_1 + F_2 = 25.4 \times 10^3 \text{ N} = 25.4 \text{ kN} \qquad \text{(답)}$$

이다.

F_R이 작용하는 수직 위치는 점 O를 지나는 축 주위의 모멘트를 합쳐 봄으로써 얻을 수 있기 때문에

$$F_R y_O = F_1(0.3 \text{ m}) + F_2(0.2 \text{ m})$$

또는

$$y_O = \frac{(24.4 \times 10^3 \text{ N})(0.3 \text{ m}) + (0.954 \times 10^3 \text{ N})(0.2 \text{ m})}{25.4 \times 10^3 \text{ N}} \qquad \text{(답)}$$
$$= 0.296 \text{ m}$$

이다. 따라서 힘은 수직 대칭축을 따라서 판의 바닥으로부터 위쪽 0.296 m의 거리에 작용한다.

보충설명 힘을 계산할 때 사용된 공기 압력이 계기압력임에 주의하라. 대기압은 합력(크기 또는 작용점)에 영향을 미치지 않는데, 그 까닭은 대기압이 판의 양쪽면에 작용하면서 효과가 상쇄되기 때문이다.

2.9 곡면에 작용하는 정수력

Feliks Gurevich/Shutterstock.com

Video

V2.6 탄산음료병

잠긴 면에 작용하는 합력의 크기와 작용점에 대하여 2.8절에서 유도한 식들은 평면에만 적용된다. 그러나 (댐, 파이프, 탱크와 관련하여 나타나는 면과 같이) 관심대상인 많은 면들은 평면이 아니다. 옆의 그림에 보여진 음료수 병의 돔 형태의 바닥은 전형적인 곡면 표면의 예를 보여주고 있다. 평면에 대해서 했던 것처럼 유체에 의한 힘의 합력을 적분에 의해서 결정할 수 있지만, 이것은 일반적으로 상당히 지루한 과정이며 간단하고 일반적인 공식을 유도할 수도 없다. 우리는 다른 접근 방법으로서, 고려하고 있는 곡면과 이 면의 수평 및 수직 투영면으로 둘러싸인 유체 체적의 평형을 고려할 것이다.

예를 들어, 그림 2.23a에 보여진 수영장을 고려해 보자. 우리는 그림 2.23b에 보인 BC 부분(종이면에 수직한 방향으로 단위 길이를 갖는)에 작용하는 유체힘의 합력을 알아내

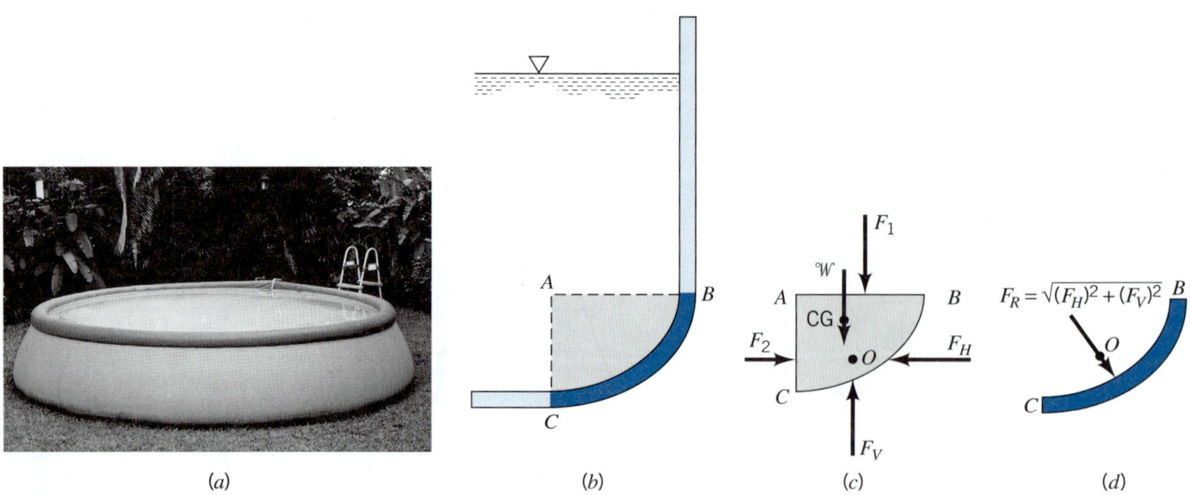

그림 2.23 곡면에 작용하는 정수력

려고 한다. 먼저 이 예에서 고려하고 있는 BC 부분과 수평평면 AB, 수직평면 AC로 둘러싸인 유체체적을 분리한다. 이 체적에 대한 자유물체도를 그림 2.23c에 나타나 있다. 힘 F_1과 F_2의 크기와 작용점은 평면에 대한 관계식으로부터 구할 수 있다. 무게 $\mathscr{W}$는 유체의 비중량과 둘러싸인 체적의 단순 곱이며 체적 내부에 들어있는 유체 질량의 무게중심(CG)에 작용한다. 힘 F_H와 F_V는 탱크가 유체에 가하는 힘의 성분들을 나타낸다.

이 힘 시스템이 평형을 이루기 위해서는, 수평성분 F_H가 F_2와 크기가 같고 같은 선 상에 있어야 하며, 수직성분 F_V는 수직력 F_1과 $\mathscr{W}$의 합력과 크기가 같고 같은 선상에 있어야 한다. 이것은 유체 질량에 작용하는 세 힘(F_2, F_1과 $\mathscr{W}$의 합력, 탱크가 질량에 가하는 합력)이 공점인(concurrent) 힘 시스템을 형성해야 하기 때문이다.

다시 말하면, 정역학의 원리로부터 물체가 평행하지 않은 세 힘에 의해 평형을 유지하고 있을 때,그들은 공점(그들의 작용선이 한 공유점에서 만난다)이고 또 공면(coplanar)이어야 한다. 따라서

$$F_H = F_2$$

$$F_V = F_1 + \mathscr{W}$$

이고, 합력의 크기는 식

$$F_R = \sqrt{(F_H)^2 + (F_V)^2}$$

으로부터 구한다. 합력 F_R은 점 O를 통과하는데, 이 점의 위치는 적절한 축에 관한 모멘트를 합쳐보면 구할 수 있다. 유체가 곡면(curved surface) BC에 가하는 힘의 합력은 그림 2.23c의 자유물체도로부터 얻은 것과 크기가 같고 방향이 반대다. 구하고자 했던 유체 힘은 그림 2.23d에 나타나 있다.

예제 2.9 | 곡면에 작용하는 정수력

주어진 사항 그림 E2.9a에 보인 형태의 지름 1.8 m인 하수도관이 그림 E2.9b에 보인 것처럼 정지된 상태의 물로 반이 차 있다.

해결과제 길이 0.3 m인 관 벽의 곡면부분 BC에 물이 가하는 합력의 크기와 작용선(line of action)을 구하라.

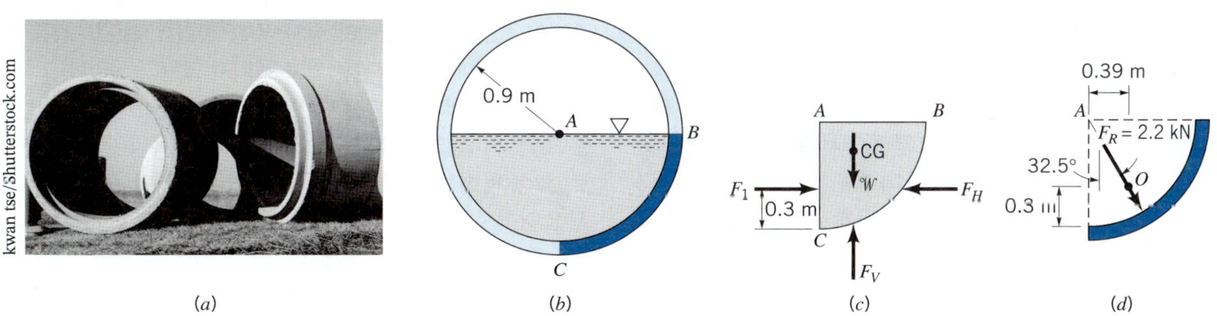

그림 E2.9

풀이 먼저 그림 E2.9c에 보인 것처럼, 곡면 BC, 수평면 AB, 그리고 수직면 AC로 둘러싸인 유체 체적을 분리한다. 이 체적의 길이는 0.3 m다. 체적에 작용하는 힘으로는 수직면 AC에 작용하는 수평력 F_1과 체적내에 포함된 유체의 무게 $\mathscr{W}$, 그리고 관 벽이 유체에 가하는 힘의 수평과 수직 성분 F_H와 F_V가 있다. F_1의 크기는 식

$$F_1 = \gamma h_c A = (9.81\ \text{kN/m}^3)\left(\frac{0.9}{2}\text{m}\right)(0.27\ \text{m}^2) = 1.19\ \text{kN}$$

으로부터 구해지며, 그림에 보인 것처럼 C의 0.3 m 위에 작용한다. $\forall$는 유체 체적이며, 무게 $\mathscr{W} = \gamma\forall$는

$$\mathscr{W} = \gamma\forall = (9.81\ \text{kN/m}^3)\,(0.81\ \pi/4\ \text{m}^2)\,(0.3\ \text{m}) = 1.87\ \text{kN}$$

이고 유체질량의 무게중심을 지나서 작용하는데, 그림 2.18에 의하면 그 작용점은 보여져 있는 바와 같이 AC에서 오른쪽으로 0.382 m에 위치해 있다. 그러므로 평형을 만족하려면 이어야 하며,

$$F_H = F_1 = 1.17\ \text{kN} \qquad F_V = \mathscr{W} = 1.87\ \text{kN}$$

합력의 크기는

$$\begin{aligned} F_R &= \sqrt{(F_H)^2 + (F_V)^2} \\ &= \sqrt{(1.19\ \text{kN})^2 + (1.87\ \text{kN})^2} = 2.22\ \text{kN} \end{aligned} \qquad \text{(답)}$$

이다. 물이 관의 벽에 가하는 힘은 그림 E2.9c에 보인 힘 F_H 및 F_V와 같지만 방향이 반대다. 따라서 관 벽에 가해지는 합력은 그림 E2.6d에 보인 대로다. 이 힘은 그림에 보이는 각도로 점 O를 지난다.

보충설명 얻어진 결과를 살펴 보면 합력의 작용선이 관의 중심을 통과함을 알게 될 것이다. 돌이켜보면, 관의 곡면 위 각 점에서 압력에 의한 요소 힘이 면에 수직하고, 또 각 작용선이 관의 중심을 통과해야 하기 때문에, 이것은 놀라운 결과가 아니다. 그러므로 이 공점인 힘 시스템의 합력 또한 시스템을 구성하는 요소 힘들의 공점 중심을 통과하여야 한다.

동일한 일반적 접근법은 가압된 밀폐 탱크의 곡면에 작용하는 힘을 구하는 데에도 마찬가지로 사용할 수 있다. 만일 이런 탱크에 기체가 담겨 있다면, 기체의 무게는 압력에 의하여 생기는 힘에 비하여 보통 무시할 수준이다. 따라서 고려하고자 하는 곡면의 수평 및 수직 투영면 위에 작용하는 힘들(그림 2.23c에 있는 F_1이나 F_2와 같이)은 단순히 내부 압력과 적절한 투영면적의 곱으로 표현할 수 있다.

광활한 유체의 세계

소형 폭발 압력용기

보일러, 프로판 탱크, 탄산음료 병과 같이 안전하고 경량인 압력 용기를 설계하기 위하여 공학자들이 기울이는 노력 덕분에 우리 일상생활은 더 안전해진다. 적절한 설계가 없다면 그런 용기의 곡면에 작용하는 큰 정수력으로 인해 용기가 폭발하여 재앙을 일으킬 수도 있을 것이다. 반면에 팝콘을 튀기는 통처럼 적절한 조건 하에서 폭발하도록 설계된 소형 압력용기 때문에 세상이 더 친근한 곳이 되기도 한다. 각각의 옥수수 낱알은 물이 스며들지 않는 특별한 틀(압력용기) 속에 소량의 수분을 지니고 있는데, 적절한 온도까지 가열되면 물이 수증기로 바뀌고 속이 폭발해서 뒤집히면서 밖으로 튀어 나오게 만든다. 모든 옥수수 낟알이 잘 폭발하기에 알맞은 성질을 갖는 것은 아니다. 첫째로, 낟알 속의 수분이 13.5%에 근접해야 한다. 수분이 너무 적으면 속을 폭발 시키기에 충분한 수증기가 생기지 않는다. 수분이 너무 많으면 우리가 바라는 가볍고 솜털로 덮인 듯이 부드러운 모양이 아니라 조밀한 구 모양으로 속이 폭발한다. 둘째로, 압력이 형성되려면 낟알에 균열이 생기거나 손상을 입지 않아야 한다.

2.10 부력, 부유, 안정성

2.10.1 Archimedes의 원리

정지된 물체가 유체 속에 완전히 잠겨 있거나 (옆의 그림에 보여진 열기구 같이), 또는 부유하여 부분적으로 잠겨 있을 때, 물체에 작용하는 유체 힘의 합력을 **부력(buoyant force)**이라고 한다. 압력이 깊이에 따라 증가하고 옆의 그림에서 볼 수 있듯이 밑에서 작용하는 압력힘이 위에서 작용하는 압력힘보다 크기 때문에 윗방향 수직력이 생긴다. 이 힘은 곡면에 작용하는 힘들을 위해서 이전 절에서 사용한 것과 유사한 접근방법을 이용하여 결정될 수 있다. 그림 2.24a에 보여져 있듯이 유체 안에 담겨져 있는 부피 $\mathcal{V}$를 가진 임의의 형상의 물체를 고려해 보자. 우리는 물체를 직육면체로 감싸고 그림 2.24b에서 보여지듯이 물체가 제거된 상태의 직육면체의 자유물체도를 그린다. 힘 F_1, F_2, F_3, F_4는 단순히 직육면체의 평면에 가해지는 힘들이고(편의를 위해 x 방향의 힘들은 보이지 않는다), $\mathcal{W}$는 음영 처리된 유체 부피의 무게(직육면체 빼기 물체), 그리고 F_B는 물체가 유체에 가하는 힘이다. F_3, F_4와 같이 수직한 표면에 작용하는 힘들은 모두 같고 서로 상쇄되며, 따라서 고려할 평형방정식은 z 방향에 대한 것으로 다음과 같이 표현될 수 있다.

$$F_B = F_2 - F_1 - \mathcal{W} \tag{2.21}$$

만약 유체의 비중량이 일정하다면

$$F_2 - F_1 = \gamma(h_2 - h_1)A$$

Brandon Bourdages/Shutterstock.com

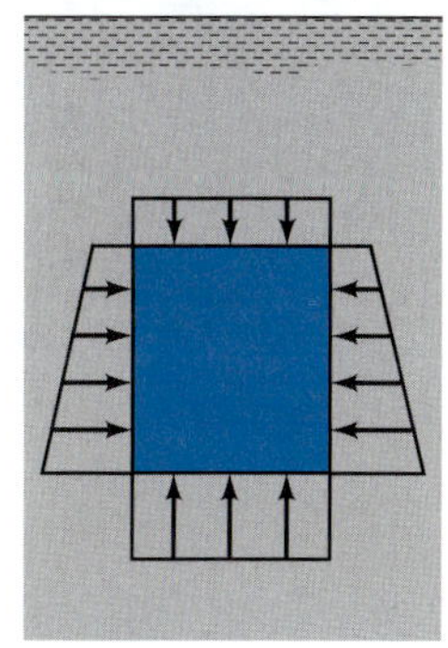

Video
V2.7 데카르트 잠수부

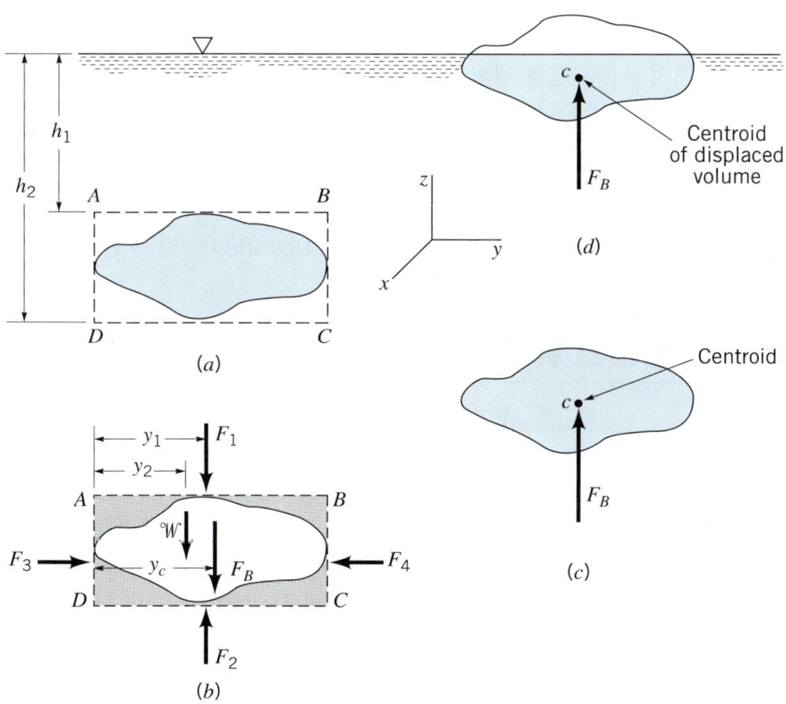

그림 2.24 잠겨져 있는 그리고 부유하고 있는 물체들에 작용하는 부력

이 되고, 여기서 A는 직육면체의 위쪽 (또는 아래쪽) 면의 수평 면적이다. 그리고 식 2.21은 다음과 같이 쓸 수 있다.

$$F_B = \gamma(h_2 - h_1)A - \gamma[(h_2 - h_1)A - \mathcal{V}]$$

간단하게 만들면, 부력에 관한 원하는 식을 다음과 같이 얻는다.

$$\boxed{F_B = \gamma \mathcal{V}} \tag{2.22}$$

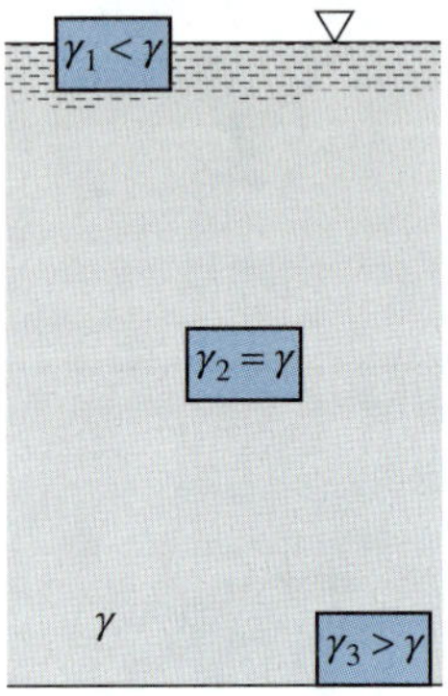

여기서 γ는 유체의 비중량이고 $\mathcal{V}$는 물체의 체적이다. 주변 유체와 비교했을 때 물체의 비중량(또는 밀도)의 영향은 옆의 그림에 나타나 있다. 유체가 물체에 가하는 힘인 부력의 방향은 자유물체도에 보여진 것의 반대이다. 따라서 부력은 물체에 의해서 밀려난 유체의 무게와 동일한 크기를 가지고 있으며 수직으로 윗방향으로 작용한다. 수력학과 연관된 기본적인 관념들을 처음으로 설명한 그리스 기계공이자 수학자인 Archimede(287−212 B.C)를 기리기 위하여, 이 결과는 보통 **Archimedes의 원리(Archimedes' principle)**라고 일컬어 진다.

부력의 작용선의 위치는 그림 2.24b의 자유물체도에 나타나 있듯이 어떤 편리한 축에 대해서 힘들의 모멘트를 합해서 결정할 수 있다. 예를 들어, 점 D 기준으로 종이에 수직인 축에 대해서 모멘트를 더하면,

$$F_B y_c = F_2 y_1 - F_1 y_1 - \mathcal{W} y_2$$

이 얻어지고, 여러 힘들을 대체하면

$$\mathcal{V} y_c = \mathcal{V}_T y_1 - (\mathcal{V}_T - \mathcal{V}) y_2 \tag{2.23}$$

Archimedes의 원리는 부력은 물체에 의해서 밀려난 유체의 무게와 동일한 크기를 가지고 수직윗방향으로 향한다고 말한다.

이 얻어진다. 여기서 $\mathcal{V}_T$는 전체 체적인 $(h_2 - h_1)A$이다. 식2.23의 오른쪽 항은 $x-z$ 면에 대하여 밀려난 부피 $\mathcal{V}$의 1차 모멘트이며, y_c는 부피 $\mathcal{V}$의 도심의 y 좌표이다. 유사한 방식으로, 부력의 x의 좌표는 도심의 x좌표와 일치함을 보일 수 있다. 따라서 우리는 그림 2.24c에서 보여진 바와 같이, 부력은 밀려난 부피의 도심을 통과한다고 결론을 내릴 수 있다. 부력이 작용하는 점은 **부력중심(center of buoyancy)**이라고 한다.

광활한 유체의 세계

콘크리트

카누 고체 콘크리트 블록을 연못이나 호수에 던져 넣으면 명백하게 가라앉는다. 그러나 콘크리트를 카누 모양으로 만든다면 뜨게 만들 수 있다. 물론 카누가 뜨는 이유는 물의 밀려난 체적으로 인한 부력이 발생하기 때문이다. 적절히 설계로 이 수직력이 카누와 승객을 더한 무게와 균형을 이루게 만들 수 있으면 카누가 뜨게 된다. 1988년부터 매년 대학생 팀들을 대상으로 한 전국 콘크리트 카누 경기가 미국 토목 공학회와 마스터 빌더스 사(Master Builders Inc.)로부터 공동 협찬을 받고 있다. 카누는 90%가 콘크리트이어야 하며 토목공학과 학생들이 컴퓨터를 이용하여 설계하는 경우가 많다. 최종 점수는 설계 보고서, 구두 발표, 최종 결과물, 경주, 네 가지 요소에 의해 결정된다. 2011년도에는 캘리포니아 폴리텍 주립 대학 San Luis Obispo 분교가 127 kg, 6 m 길이의 카누로 전국 우승을 차지했다.

그림 2.24d에 나타나 있듯이, 만약 액체 표면 위의 유체의 비중량이 물체가 떠 있는 액체와 비교하여 매우 작다면, 이와 동일한 결과들이 부분적으로 잠겨 있는 부유하고 있는 물체들에게 적용된다. 표면 위의 유체는 대개 공기이므로, 사실상 이 조건은 충족된다.

Video
V2.8 비중계

예제 2.10 | 잠긴 물체에 작용하는 부력

주어진 사항 전문 어부가 입는 형식인 1형 근해용 구명 재킷(개인용 부양 장비)이 그림 E2.10a에 보여져 있다. 이것은 거친, 연안에서 떨어진 바다에서의 생존을 연장하기 위해 고안된 것이다. 미국 해안 경비 규정에 따르면 구명 재킷을 착용한 사람에게 최소 9.98 kgf의 수직 합력을 제공하여야 한다. 부양재로 비중량 0.31 kN/m^{3}인 폼 소재를 사용하는 구명재킷을 고려하자. 나머지 재료(천, 줄, 조임장치 등)의 무게는 1 kg이고 체적은 무시할 수 있다.

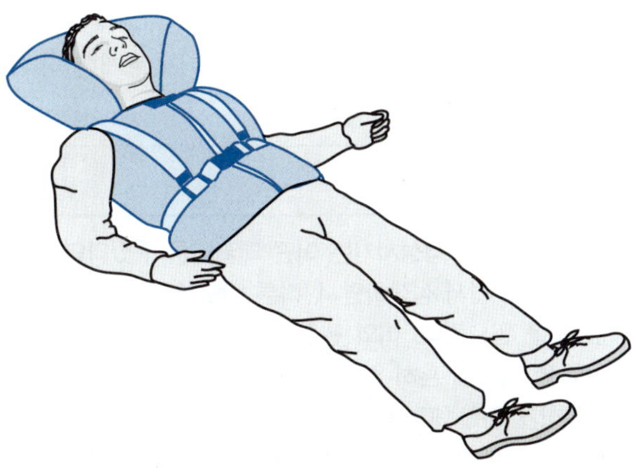

그림 E2.10a

해결과제 이 구명재킷에 필요한 폼의 최소 체적을 구하라.

풀이 구명재킷의 자유물체도가 그림 E2.10b에 보여져 있다. 여기서 F_B는 구명재킷에 작용하는 부력이고, W_F은 폼의 무게, $\mathscr{W}_S = 1$ kgf는 나머지 재료의 무게, $F_U = 9.98$ kgf는 착용한 사람에게 가해져야 하는 힘이다. 평형조건에서

$$F_B = \mathscr{W}_F + \mathscr{W}_S + F_U \tag{1}$$

이어야 하며 식 2.22로 부터

$$F_B = \gamma_{\text{water}} \forall$$

다. 여기서 $\gamma_{\text{water}} = 9.81$ kN/m^{3}는 바닷물의 비중량이고 $\forall$은 폼의 체적이다. 또한, $\mathscr{W}_{\text{foam}} = \gamma_{\text{foam}} \forall$인데 여기서 $\gamma_{\text{foam}} = 0.31$ kN/m^{3}는 폼의 비중량이다.

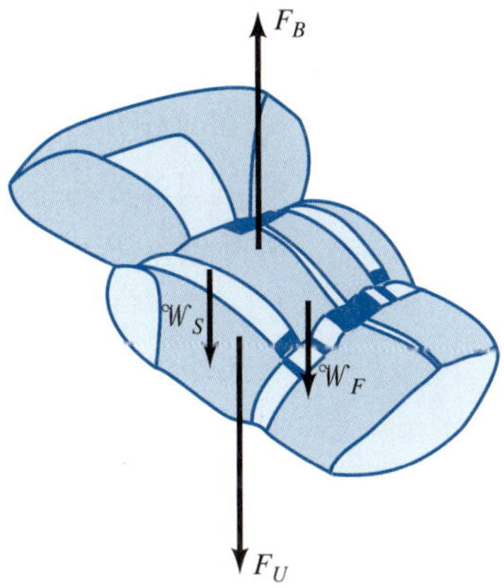

그림 E2.10b

따라서 식 1로부터

$$\gamma_{\text{water}} \forall = \gamma_{\text{foam}} \forall + \mathscr{W}_S + F_U$$

또는

$$\begin{aligned} \forall &= (\mathscr{W}_S + F_U)/(\gamma_{\text{water}} - \gamma_{\text{foam}}) \\ &= (1 \text{ kgf} + 9.98 \text{ kgf})/(9.81 \text{ kN/m}^3 - 0.31 \text{ kN/m}^3) \\ &= (166.8 \text{ N})/(9.81 \text{ kN/m}^3 - 0.31 \text{ kN/m}^3) \\ &= 0.011 \text{ m}^3 \end{aligned} \quad \text{(답)}$$

이 얻어진다.

보충설명 이 예제에서 우리는 불규칙한 형상을 가진 구명재킷에 작용하는 계산하기 복잡한 정수력 대신에 부력을 사용했다. 구명 재킷의 표면에 미치는 압력에 의한 힘의 알짜 효과는 윗방향으로 작용하는 부력과 같다. 부력과 정수압 효과를 함께 계산에 포함시키지 않는다. 둘 중 하나만 사용한다.

구명재킷의 적절히 설계에서 요구되는 부력을 얻기에 필요한 체적을 구하는 것만으로는 충분하지 않다. 규정에 따르면, 1형 구명재킷은 그림 2.10a에 보인 것처럼 물속에서 의식이 없는 사람의 얼굴이 위로 향하는 자세로 돌려줘서

착용자를 보호하도록 설계되어야 한다. 이것은 부유하고 있는 물체의 안정성 개념과 관련된다(2.11.2절 참조). 구명재킷은 또 전문 어부들의 사용을 권장할 수 있게 통상 작업 환경에서 간섭을 최소화 하여야 한다.

Video

V2.9 대기에서의 부력

Video

V2.10 유체 내부에서의 밀도 차이

부력의 영향은 고체 물체와 유체 사이의 상호작용에 한정되어 있지 않다. 밀도 차가 존재하는 한, 부력은 유체만 있는 내부에서도 관측될 수 있다. 그림 2.24c의 음영 처리된 부분이 고체 대신에 유체라고 생각해 보자. 이 유체의 체적은 주변의 유체 내부에 잠겨져 있고, 따라서 이것이 밀어내는(고체와 같이) 유체의 체적에 의한 부력을 가지게 된다. 만약 이 체적이 밀도 ρ_1를 가진 유체를 포함하고 있다면, 무게로 인하여 아래로 작용하는 힘은 $\mathscr{W} = \rho_1 g V$이 된다. 게다가 만약 주변 유체가 동일한 밀도를 가지고 있다면, 밀려난 유체에 의해서 체적에 작용하는 부력은 $F_B = \gamma V = \rho_1 g V$이 될 것이다. 예상한 대로, 이 경우에 체적의 무게는 정확히 체적에 작용하는 부력과 균형을 이루고, 따라서 알짜힘은 존재하지 않는다. 하지만, 만약 체적 내의 유체의 밀도가 ρ_2라면, 균형이 깨지고 체적 내의 밀도(ρ_2)가 주변 유체의 밀도보다 작은 지 또는 큰 지에 따라서 위쪽 방향 또는 아래쪽 방향으로의 알짜힘이 있게 된다. 이 차이는 다른 밀도를 가진 두 개의 다른 유체나 공간상의 밀도 변화를 일으키는 동일한 유체 내의 온도 차이에 의해서 발생할 수 있다. 예를 들어, 불로부터의 연기는 주변 공기보다 가볍기 때문에 (높은 온도로 인하여) 떠오르게 된다.

광활한 유체의 세계

호수의 폭발

1986년에 카메룬 서부 니오스(Nyos) 호수에서 생긴 거대한 이산화탄소(CO_2)의 폭발로 1700명이 넘는 사람과 가축이 죽었다. 폭발은 CO_2를 함유한 온천에서 나온 CO_2가 호수 바닥의 고압수로 스며들어가 쌓인 결과로 발생하였다. CO_2를 많이 함유한 물은 순수한 물보다 무겁고 물체적의 다섯배가 넘는 체적의 CO_2를 함유할 수 있다. 기체가 물에 용해된 상태로 남아 있는 한, 층을 이룬 호수 (즉, 위쪽의 순수한 물과 아래쪽의 CO_2를 함유한 물)는 안정된 상태이다. 그러나 기포 핵을 형성시키는 어떤 메커니즘이 있다면, 기포들은 떠오르면서 성장하면서, 다른 기포들을 형성시키는 연쇄반응을 일으킨다. 이와 관련된 현상은 탄산음료 병을 흔든 후 열었을 때 흔히 일어난다. 기체는 용기로부터 상당히 격렬하게 분출된다. 이런 일련의 현상들이 니오스 호수에 일어났을 때, 떠오르면서 팽창하는 부력을 받는 기포 기둥에 의하여 전체 호수가 뒤집혔다. 이어서 공기보다 무거운 CO_2가 호수를 둘러싸는 길고 깊은 계곡을 통하여 흐르면서 기체 구름 속에 갇힌 사람들과 동물들을 질식시켜 죽게 만들었다. 한 희생자는 호수의 27 km 하류에 있었다.

2.10.2 안정성

잠겨있거나 부유하고 있는 물체와 관련된 또 하나의 재미있고 중요한 문제는 물체의 안정성에 관한 것이다. 여백의 그림에 나타낸 것처럼, 물체의 위치를 바꾸었을 때 평형위치로 돌아가면, 그 물체는 **안정한 평형**(stable equilibrium) 위치에 있다고 말한다. 반대로 위치를 (약간이라도) 바꾸었을 때 새로운 평형위치로 움직이면, 그 물체는 **불안정한 평형**(unstable equilibrium) 위치에 있다고 말한다. 부력중심과 무게중심이 반드시 일치하는 것은 아니기 때문에 잠겨있거나 부유하고 있는 물체에 대해서 안정성을 고려하는 것은

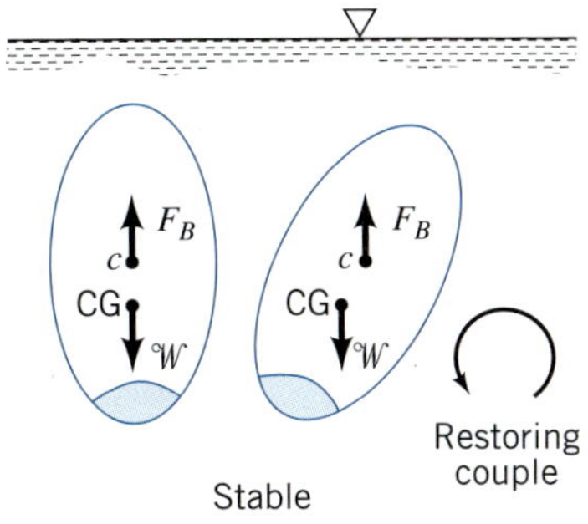

그림 2.25 완전히 잠겨진 물체의 안정성 – 도심 아래에 위치한 무게중심

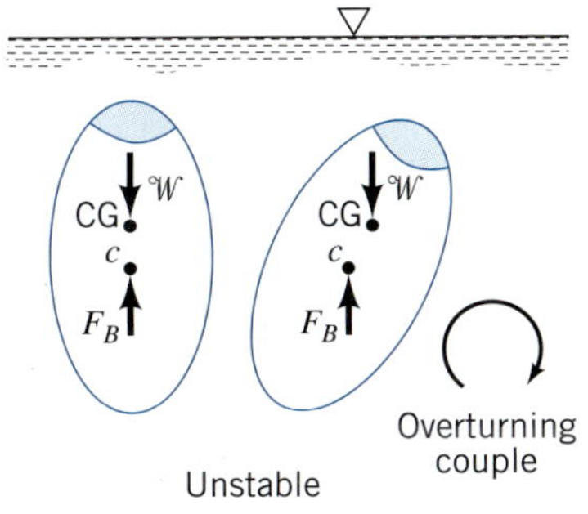

그림 2.26 완전히 잠겨진 물체의 안정성 – 도심 위에 위치한 무게중심

물체의 안정성은 물체가 평형 위치로부터 밀려날 때 무엇이 일어나는지 고려함으로써 결정할 수 있다.

특히 중요하다. 약간 회전을 시켜보면 복원 짝힘이 생겨나든지 아니면 전복 짝힘이 생겨나게 된다. 예를 그림 2.25에 보여진 무게중심이 부력중심보다 아래에 있는 완전히 잠겨있는 물체에 대해서, 평형위치로부터 회전시키면 무게 $\mathcal{W}$와 부력 F_B에 의해 형성되는 복원 짝힘이 생겨나는데, 이것이 물체를 반대로 회전시켜 원래 위치로 돌아가게 한다. 따라서 이런 배치에서 물체는 안정하다. 무게중심이 부력중심보다 아래쪽에 있는 한 이것은 항상 옳다는 사실은 주목할 만한데, 다시 말하면 물체가 작은 회전에 대하여 안정한 평형위치에 놓여 있는 것이다. 그러나 만일 무게중심이 부력중심보다 위쪽에 있다면, 무게와 부력에 의하여 형성되는 짝힘은 물체를 뒤집어서 새로운 평형위치로 옮아가게 만든다. 따라서 부력중심보다 위쪽에 무게중심을 갖는 완전히 잠긴 물체는 불안정한 평형 위치에 있게 된다.

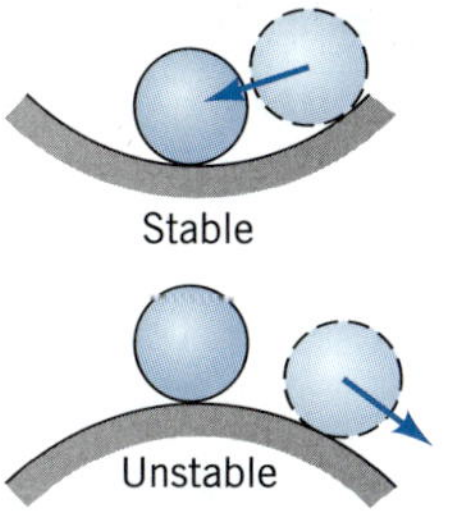

Vitalii Nesterchuk/ 123 RF

iStock.com/ RiverNorth-Photography

Very stable

부유하고 있는 물체에 대해서는 안정성 문제가 더 복잡하다. 왜냐하면 물체가 회전할 때 (밀어낸 체적의 도심인) 부력중심의 위치도 변할 수 있기 때문이다. 그림 2.27에 보인 것처럼, 물속에서 낮은 위치로 운항되는 바지선과 같이, 떠있는 물체의 무게중심이 부력중심보다 위쪽에 위치함에도 불구하고 안정적일 수 있다. 그렇게 될 수 있는 것은 물체가 회전할 때 부력 F_B가 새로 형성된 밀어낸 체적의 무게중심을 통과하게 이동하면서, 도시한 것처럼 무게 $\mathcal{W}$와 함께 물체를 원래 평형위치로 돌아가게 만드는 짝 힘을 형성하기 때문이다. 그러나 그림 2.28에 보여진 상대적으로 키가 크고 날씬한 물체에 대해서는 도시한 것처럼, 작은 회전 변위가 부력과 무게가 전복 짝힘을 형성하게 만들 수 있다.

이와 같은 상대적으로 간단한 보기들로부터도 우리는 부유하는 물체의 안정성 개념

Video

V2.11 떠 있는 정육면체의 안정성

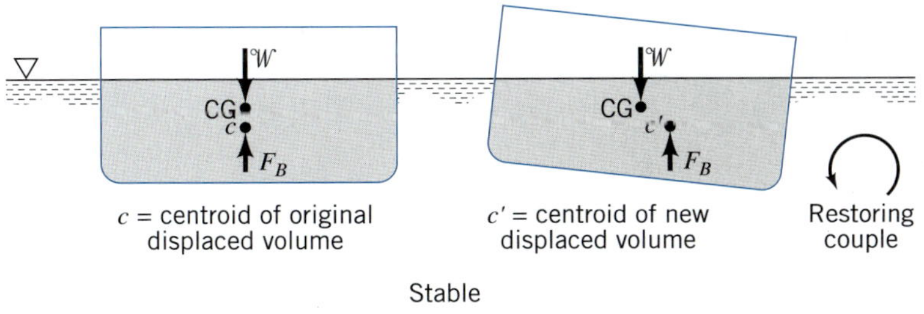

그림 2.27 떠 있는 물체의 안정성 – 안정된 배치

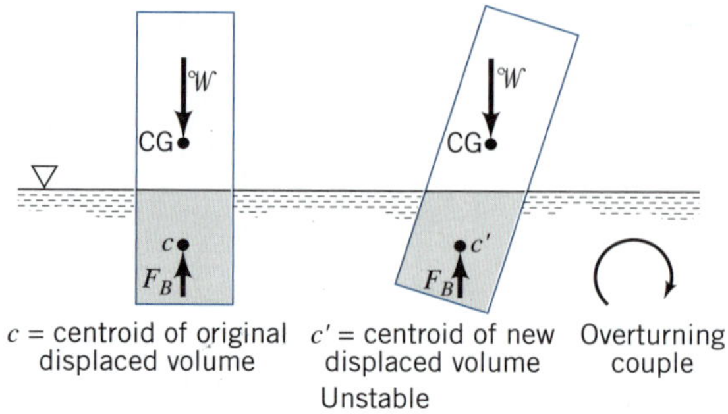

그림 2.28 떠 있는 물체의 안정성 – 불안정한 배치

Video

V2.12 모형 바지선의 안정성

은 이해하기 어렵지 않지만, 특정 부유 물체의 안정성을 결정하는 것은 아주 지루할 수 있음을 보게 된다. 옆의 쪽의 여백 그림에 보여진 상대적으로 좁은 카약과 넓은 집배(houseboat) 모두 안정적이지만, 카약이 집배보다 훨씬 더 쉽게 전복될 것이다. 돌풍이나 조류에 의해 유발되는 다른 형태의 외력을 포함해야 한다면 문제는 더욱 복잡해질 수 있다. 분명히 안정성에 대한 고찰은 배, 잠수함, 조사용 심해잠수정(bathyscaphe) 등의 설계에서 매우 중요하며, 그러한 고찰은 조선공학 연구에서 중요한 역할을 한다(예: 참고문헌 6).

2.11 강체운동을 하는 유체 내의 압력 변화

이 장에서는 주로 정지된 유체에 관심을 기울여왔지만, 일반적인 운동방정식 식 2.2

$$-\nabla p - \gamma\hat{\mathbf{k}} = \rho\mathbf{a}$$

은 전단응력이 존재하지 않는다는 유일한 조건 하에서, 정지유체와 운동하는 유체 양쪽에 대하여 유도되었다.

전단응력이 없는 유체운동을 포함하는 일반적인 부류의 문제는 유체 질량이 강체운동(rigid–body motion)을 겪을 때 일어난다. 예컨대 유체를 담고 있는 용기가 직선경로를 따라서 가속된다면, (초기에 출렁이는 운동이 사라진 후) 유체는 강체 질량처럼 각 입자가 동일한 가속도를 가지고 움직일 것이다. 변형이 없기 때문에, 전단응력이 없으므로 식 2.2가 적용된다. 유사하게, 만약 유체가 고정된 축을 기준으로 회전하는 탱크 안에 담겨 있다면, 유체는 탱크와 함께 강체처럼 단순 회전할 것이며, 다시 식 2.2는 움직이는 유체 내부 및 자유면에서의 압력 분포를 구하는데 적용될 수 있다.

강체 이동이나 회전을 겪는 유체 내에서는 전단 응력들이 존재하지 않는다.

2.12 움직이는 유체의 평형 (유체 정역학의 특수 경우)

움직이는 유체의 평형에 대해서는 6장에서 자세하게 논의할 것이지만, 유체의 정역학 해석의 완전성을 위해서 모멘텀 균형에 관한 뉴턴의 제2법칙으로부터 얻어진 운동방정식을 고려하여 보자. 얻어진 식들은 6장의 식 6.50의 형태로 설명될 식들이다. 비점성 유동에서, 식들은 아래와 같은 오일러 방정식으로 귀결될 것이다.

$$\rho g_x - \frac{\partial p}{\partial x} = \rho\left(\frac{\partial u}{\partial t} + u\frac{\partial u}{\partial x} + \upsilon\frac{\partial u}{\partial y} + w\frac{\partial u}{\partial z}\right) \tag{2.24a}$$

$$\rho g_y - \frac{\partial p}{\partial y} = \rho\left(\frac{\partial \upsilon}{\partial t} + u\frac{\partial \upsilon}{\partial x} + \upsilon\frac{\partial \upsilon}{\partial y} + w\frac{\partial \upsilon}{\partial z}\right) \tag{2.24b}$$

$$\rho g_z - \frac{\partial p}{\partial z} = \rho\left(\frac{\partial w}{\partial t} + u\frac{\partial w}{\partial x} + \upsilon\frac{\partial w}{\partial y} + w\frac{\partial w}{\partial z}\right) \tag{2.24c}$$

정직인 평형조건을 만족시키는 유체에서, 즉, 유체가 정지해 있거나 일정한 속도로 움직이고 있는 경우에, 식 2.24의 각 항의 우변 항은 0이 되고 유체의 정적 평행에 대한 식은 아래 형태로 쓰여질 수 있다.

$$\rho g_x - \frac{\partial p}{\partial x} = 0 \tag{2.25a}$$

$$\rho g_y - \frac{\partial p}{\partial y} = 0 \tag{2.25b}$$

$$\rho g_z - \frac{\partial p}{\partial z} = 0 \tag{2.25c}$$

위의 방정식은 앞의 절 2.3에서 설명한 대로 오직 중력만 있는 조건에서 정지된 유체 내의 압력 변화에 관한 일반적인 식이다.

2장 요약

이 장에서는 정지된 유체 내에서의 압력 변화, 아울러 이런 형태의 압력 변화의 중요한 결과에 대하여 고찰한다. 정지된 비압축성 유체에서는 압력이 깊이에 따라 선형적으로 변함이 보여진다. 이런 형태의 변화는 보통 정수압 분포라고 일컫는다. 정지된 압축성 유체에서는 압력 분포는 일반적으로 정수압 분포가 아니지만 식2.4는 여전히 성립하며, 비중량의 변화에 대한 추가 정보가 주어지면 압력 변화를 구하는데 이 식을 사용할 수 있다. 대기압을 측정하는 기압계에 대한 고찰과 더불어 절대압력과 계기압력의 구분에 대하여 논의한다.

정지된 액체 기둥을 사용하는, 액주계(마노미터)라고 하는 압력측정 장치를 자세히 분석한다. 기계식과 전자식 압력계에 대한 간략한 논의도 포함된다. 정지 유체와 접촉하는 평면에 작용하는 유체 힘의 합력의 크기와 작용점을 구하는 식을 유도한다. 정지 유체와 접촉하는 곡면에 작용하는 유체 힘의 합력의 크기와 작용점을 구하는 일반적인 접근 방법을 기술한다. 잠겨 있거나 떠 있는 물체에 대해서 부력의 개념과 Archimedes의 원리를 살펴본다.

다음 점검 목록이 이 장에 대한 학습을 안내해 줄 것이다. 장 전체 내용과 장의 끝에 있는 연습문제에 대한 학습이 끝나면 여러분은 다음과 같은 것들을 할 수 있어야 한다.

- 아래 나열된 주요 용어들의 의미를 쓰고 각각의 관련된 개념들을 이해한다. 이 용어들은 특히 중요해서 책에 굵은 글자로 적어 놓았다.
- 정지된 비압축성 유체 내부의 여러 위치에서 압력을 계산한다.
- 비중량의 변화가 지정되었을 때, 식 2.4를 사용하여 정지된 압축성 유체 내부의 여러 위치에서 압력을 계산한다.
- 정수압 분포의 개념을 사용하여 여러 가지 형태의 액주계를 이용한 계측자료로부터 압력을 구한다.
- 평면에 작용하는 정수력의 크기, 방향, 작용점을 구한다.
- 곡면에 작용하는 정수력의 크기, 방향, 작용점을 구한다.
- Archimedes의 원리를 사용하여 떠 있거나 잠겨 있는 물체에 작용하는 정수력을 계산한다.

주요 방정식

정지된 유체에서의 압력 구배	$\dfrac{dp}{dz} = -\gamma$	(2.4)
정지된 비압축성 유체에서의 압력 변화	$p_1 = \gamma h + p_2$	(2.7)
평면에 작용하는 정수력	$F_R = \gamma h_c A$	(2.18)
평면에서 정수력이 작용하는 위치	$y_R = \dfrac{I_{xc}}{y_c A} + y_c$ $x_R = \dfrac{I_{xyc}}{y_c A} + x_c$	(2.19) (2.20)
부력	$F_B = \gamma \forall$	(2.22)

참고문헌

1. *The U.S. Standard Atmosphere*, 1962, U.S. Government Printing Office, Washington, DC, 1962.
2. *The U.S. Standard Atmosphere*, 1976, U.S. Government Printing Office, Washington, DC, 1976.
3. Benedict, R. P., *Fundamentals of Temperature, Pressure, and Flow Measurements*, 3rd Ed., Wiley, New York, 1984.
4. Dally, J. W., Riley, W. F., and McConnell, K. G., *Instrumentation for Engineering Measurements*, 2nd Ed., Wiley, New York, 1993.
5. Holman, J. P., *Experimental Methods for Engineers*, 4th Ed., McGraw–Hill, New York, 1983.
6. Comstock, J. P., ed., *Principles of Naval Architecture*, Society of Naval Architects and Marine Engineers, New York, 1967.

연습문제 (QUESTIONS AND PROBLEMS)

Ⓒ 프로그램 가능한 계산기 또는 컴퓨터를 활용해서 풀어야 되는 문제

Ⓞ 비판적 사고를 필요로 하는 열린문제들. 이 문제들에서는 필요한 입력 데이터를 얻기 위해서 다양한 가정들을 필요로 한다. 이 문제들에 유일한 해답은 없다.

주: 문제에서 유체상태량의 값들이 특별히 주어지지 않는다면, 표 1.4 – 1.8과 부록의 표들에 나와 있는 값들을 이용하라.

2.3절 정지유체 내의 압력 변화

2.3.1 정지된 유체에서 깊이에 따른 압력의 증가가 중요한 상황을 보여주는 사진 또는 이미지를 찾아라. 이 사진을 출력하고 관련된 상황을 기술하는 짧은 글을 써라.

2.3.2 바다에서 가장 깊은 곳으로 알려진 장소는 태평양의 마리아나 해구의 챌린저 해연이며, 대략 표면으로부터 11,000 m 깊이다. 바닷물 밀도가 1025 kg/m^{3}로 일정하다고 가정하고 이 깊이에서의 압력을 구하여라.

2.3.3 밀폐된 탱크가 글리세린으로 일부 채워져 있다. 만약 탱크의 공기 압력이 41.5 kPa이고 글리세린의 깊이가 3 m라고 한다면, 탱크 바닥면에서의 kPa 압력은 무엇인가?

2.3.4 Video 혈압은 대체로 최대 압력(수축기 혈압)과 최소압력(확장기 혈압)의 비로 주어진다. 동영상 V2.3에서 볼 수 있듯이, 이런 압력들은 일반적으로 수은 액주계로 측정된다. 압력이 mm Hg단위일 때, 사람에서 이 비의 일반적인 값은 120/70이다. (a) Pascal 단위로 이 압력은 얼마인가? (b) 차량 타이어가 120 mm Hg 팽창된다면, 정상적인 주행에 충분한가?

2.3.5 섞이지 않는 알 수 없는 액체가 열린 기름 탱크 바닥으로 스며들었다. 측정해 보니 이 액체의 깊이는 1.5 m이고 위에 떠 있는 기름(비중량 = 8.5 kN/m^3)의 깊이는 5.0 m이다. 탱크 바닥에 연결된 압력계는 65 kPa를 가리키고 있다. 이 알 수 없는 액체의 비중량은 얼마인가?

2.3.6 10 m 높이의 집의 하관의 바닥이 막혀 있다. 하관이 15.6 ℃의 빗물로 채워져 있을때 바닥에서의 압력을 구하라.

2.3.7 700 mm Hg 와 동일한 압력을 얻기 위해 필요한 SAE 30 기름 기둥 높이는 얼마인가?

2.3.8 바다에서 가장 깊은 곳으로 알려진 장소는 태평양의 마리아나 해구의 챌린저 해연이며, 대략 표면으로부터 11,000 m 깊이다. 밀도가 1030 kg/m^3, 일정한 수온, 그리고 등온 체적 탄성 계수가 2.3×10^9 N/m^{2}일 때, 이 깊이에서의 압력을 구하여라.

2.3.9 잠수함은 밸러스트 탱크에 바닷물($S = 1.03$)를 집어넣음으로써 가라앉는다. 내부 압력(선체에 들어오는 부분)이 잠수함 깊이의 정수압과 같을 때 바닷물이 탱크로 들어오는 것이 멈추기 때문에 들어오는 물의 양은 공기압에 의해 제어된다. 수직한 실린더 반쪽($R = 2.5$ m, $L = 6$ m)을 공압 제어 밸브가 닫히는 게 고장난 밸러스트 탱크라고 생각해 보자. 이 고장은 18 m에서 305 m으로 잠수하는 초기에 발생하였다. 탱크는 초기에는 0.6 m 깊이의 바닷물로 채워져 있었고, 공기의 온도는 4.44 ℃였다. 탱크에서 물의 무게는 배의 자세를 유지하는데 중요하기 때문에, 잠수 중 깊이의 함수로 탱크의 물의 무게를 결정하여라. 탱크의 내부 압력은 바다의 수압과 항상 균형을 이루고 있고, 탱크의 입구 관은 탱크의 바닥에 위치해서 잠수함의 깊이에서 선체와 연결된다고 가정할 수 있다.

2.3.10 화학 공정이 발생해서 탱크 내에서의 액체의 밀도가 아래 식과 같이 변하는 열린 5 m 깊이의 탱크 바닥에서의 압력을 결정하여라.

$$\rho = \rho_{\text{surf}}\sqrt{1 + \sin^2\left(\frac{h}{h_{\text{bot}}}\frac{\pi}{2}\right)}$$

여기서 h는 자유면으로부터의 거리이며, $\rho_{\text{surf}} = 1700$ kg/m^{3}이다.

2.3.11 Ⓒ 정지해 있는 어떤 유체 내에서, 다양한 깊이에서의 비중량을 측정한 결과는 아래와 같다.

h (m)	γ (kg/m^3)
0	1121
3	1217
6	1346
9	1458
12	1554
15	1634
18	1714
21	1762
24	1794
27	1826
30	1842

깊이 $h = 0$은 대기압에서 자유면에 해당된다. 식 2.4를 수치적분해서 해당 위치에서 압력을 결정하고, 깊이(m)에 따른 압력(kPa)을 그래프로 보여라.

2.3.12 O 높이 차이 때문에, 당신 집의 2층에서의 수압은 1층에서보다 낮다. 높은 빌딩에서 이 압력 차이는 허용할 수 없는 정도가 될 수 있다. 매우 높은 빌딩에서 수압 차이가 허용할 수 있는 수준이 되게, 물의 분배 시스템을 설계하는 가능한 방법들을 논의하여라.

2.3.13 C 평상시 조건에서, 대기의 온도는 고도가 증가함에 따라 감소한다. 하지만, 어떤 조건에서는 온도가 역전되어서 공기 온도가 고도에 따라 증가할 수 있다. 산 위에 일련의 온도 측정 장비에서 얻어진 고도–온도 데이터가 표에 나타나 있다. 만약 산 밑에서의 기압계 측정 값이 83.4 kPa이라고 할 때, 산 정상에서의 압력을 수치 적분을 이용하여 결정하여라.

Elevation (m)	Temperature (°C)
1524	10 (base)
1676	12.9
1829	15.7
1951	17
2164	19.4
2255	20.2
2500	21.1
2621	20.8
2804	20
3017	19.5 (top)

2.3.14 종종 어린이들은 빨대로 우유를 마신다. 어린이가 75 mm Hg의 흡입 압력을 만들어 낼 수 있다고 가정하고, 어린이가 우유를 다 비우기 위해 사용할 수 있는 최대 수직 빨대 길이를 결정하여라. 그리고 이 답을 이용하여 어린이가 만들 수 있는 흡입 값의 가정이 합리적인지 결정하여라.

2.3.15 (2.3.1절의 **"기린의 혈압"** 제목의 광활한 유체의 세계 기사를 보라) (a) 그림 P2.3.15에서 보이듯이 기린의 머리가 잎을 먹기 위해 지상에서 6 m 높이에 있다가, 바닥의 물을 먹기 위해 내려올 때, 기린의 머리의 수압의 변화를 결정하여라. 혈액의 비중은 $SG = 1$이라고 가정하여라.

(b) (a)에서 계산한 압력 변화를 사람의 심장에서 일반적인 120 mm 수은압과 비교하여라.

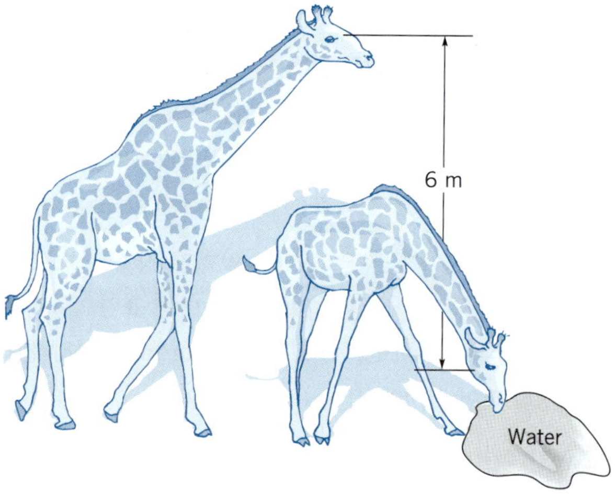

P2.3.15

2.4절 표준 대기

2.4.1 U.S. 표준 대기에서 4 km 고도에서의 대기압은 mm Hg 단위로 얼마인가? (부록 C의 표 C.1을 참고하여라)

2.4.2 콜로라도 덴버는 주의 수도가 해수면으로부터 1609.3 m 높이에 위치하고 있기 때문에 "마일–높이–도시"로 불린다. 표준 대기를 가정하고, 덴버에서의 공기의 압력과 온도는 얼마인가? 온도는 기온저하율 따른다 ($T = T_0 - Bz$).

2.4.3 고도 4.5 km의 산에서 스키를 타고 있는 사람이 해수면에서 걸을 때와 한숨 당 동일한 공기 체적을 빨아들인다고 가정하다. 해수면과 비교하여 이 산의 높이에서 한 숨 당 흡입한 공기의 질량 비를 결정하여라.

2.4.4 콜로라도 주의 덴버 시 근처에 있는 파이크 피크의 고도는 4300 m이다. (a) 식 2.12를 활용하여 이 고도에서

의 압력을 결정하여라. (b) 만약 공기의 밀도가 1.225 kg/m^3으로 일정하다고 가정한다면, 이 고도에서의 압력은 무엇인가? (c) 공기의 15 ℃의 일정한 온도를 가진다고 가정한다면, 이 고도에서의 압력은 얼마인가? 이 세 경우 모두에 대해서 해수면에서의 표면 대기 조건을 가정하여라. (표 2.1)

2.4.5 식 2.12는 온도가 고도에 따라 선형적으로 변하는 영역에 있는 대기조건에서 압력과 고도 사이의 관계를 알려준다. 이 식을 유도하고, 5 부록 C의 표 C.1에 주어진 km 고도에서 압력값을 확인하여라.

2.4.6 미국 표면대기에 대한 그림 2.6에서 볼 수 있듯이, 대류권은 압력이 22.6 kPa (abs)인 11 km 고도까지 이어진다. 성층권이라고 불리는 다음 층에서 온도는 −56.5℃로 일정하다. 15 km 고도에서 이 층의 압력과 밀도를 결정하여라. 계산에서 $g = 9.77\ m/s^2$라 가정하라. 계산결과를 부록 C의 표 C.1에 주어진 값들과 비교하여라.

2.4.7 지금까지 기록된 가장 낮은 해수면 대기압은 수은주 높이 0.655 m이다. 표준 대기에서 이 값과 같은 압력의 얻어지는 고도는 얼마인가?

2.5절 압력의 측정

2.5.1 어떤 날에 워싱턴 기념비 하단의 기압계가 수은주 9.1 m를 가리키고 있다. 기념비 하단으로부터 152.4 m 높이의 전망대로 기압계를 옮긴다면 기압계 값은 얼마일가?

2.5.2 Aneroid 기압계는 고도에 따른 변화를 측정하는데 사용될 수 있다. 만약 한 고도에서 기압계가 0.76 m Hg를 가리킨다고 하면, 기압계가 0.72 m Hg를 가리키는 높이 변화는 m로 얼마인가? 표준 대기를 가정하고, 관심있는 영역의 고도에서 식2.12를 사용할 수 있다고 가정하여라.

2.5.3 Video Bourdon 압력계(비디오 V2.4와 그림 2.13)는 압력을 측정하는 데 일반적으로 사용된다. 이 압력계가 그림 P2.5.3의 밀폐된 물탱크에 부착되었을 때, 측정값은 34.5 kPa이다. 탱크에서 절대 공기 압력은 얼마인가? 101.35 kPa의 표준 대기압을 가정하여라.

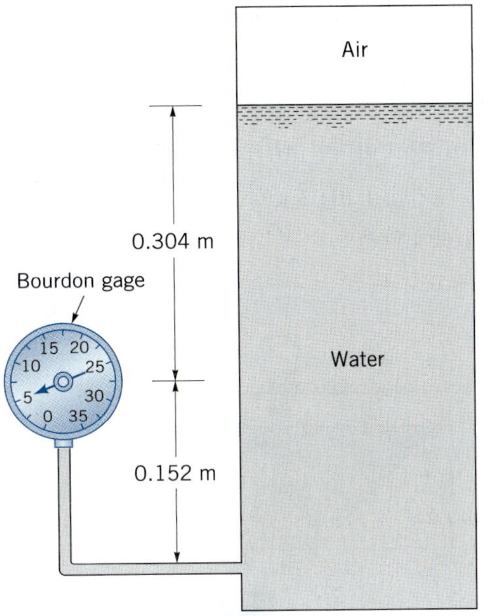

P2.5.3

2.5.4 외부 대기압이 760 mm Hg일 때 공기가 있는 탱크의 외부에 부착된 Bourdon 압력계의 눈금이 530.9 kP를 가리키고 있다. 만약 대기압이 773 mm Hg로 증가한다면 압력계의 값은 얼마인가?

2.6절 액주계

2.6.1 액주계의 사용이 중요한 상황의 사진 또는 이미지를 구하여라. 이 사진을 출력해서 관련된 상황을 설명하는 간단한 문단을 써라.

2.6.2 U자관 액주관이 용광로로 들어가는 천연가스의 압력을 확인하는데 사용되고 있다. 액주계의 한쪽은 가스 입구 선에 부착되어 있고, 대기압에 열려진 다른 쪽의 수위는 762 mm이다. mm H_2O와 Pa 단위로 입구 선에서의 천연가스의 계기 압력은 얼마인가?

2.6.3 0.75 mm Hg 대기압은 psia와 Pa의 단위로 얼마의 대기압에 해당하는가?

2.6.4 101 kPa(abs) 대기압에 대하여, 다음 액체 중 하나를 포함하고 있는 기압계의 유체 기둥의 높이를 결정하여라. (a) 수은, (b) 물, (c) 에틸알코올. 증기압의 영향을 포함해서 높이를 계산하고, 이 결과를 증기압을 무시해서 얻어진 결과와 비교하여라. 이 결과들은 기압계로 수은이 널리 사용되는 이유를 뒷받침해 주는가?

2.6.5 그림 P2.6.5에 밀폐 탱크는 물로 채워져 있으며 1.5 m의 길이를 가지고 있다. 탱크의 압력 게이지는 48.3 kPa를 가리키고 있다. 다음을 결정하여라. (a) 열린 물기둥의 높이 h, (b) 탱크 바닥면 AB에 작용하는 게이지 압력, (c) 만약 국소대기압이 101.3 kPa이라고 할 때 탱크의 위에서의 공기의 절대 압력.

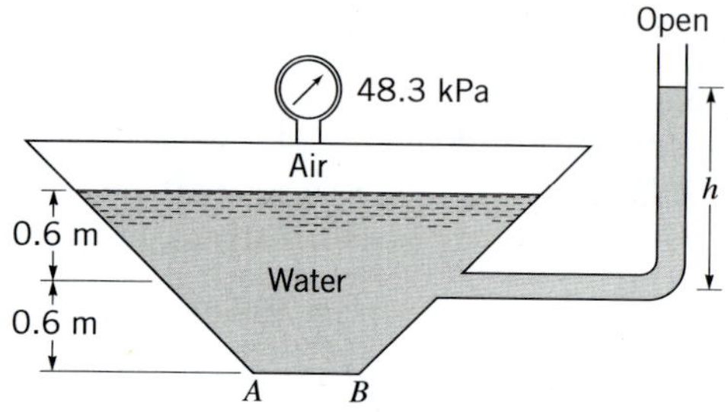

P2.6.5

2.6.6 그림 P2.6.6에 보이듯이, 수은 액주계가 큰 물 저장소에 연결되어 있다. 그림에 표시된 거리 h_w, h_m에 대해서 비 h_w/h_m를 결정하여라.

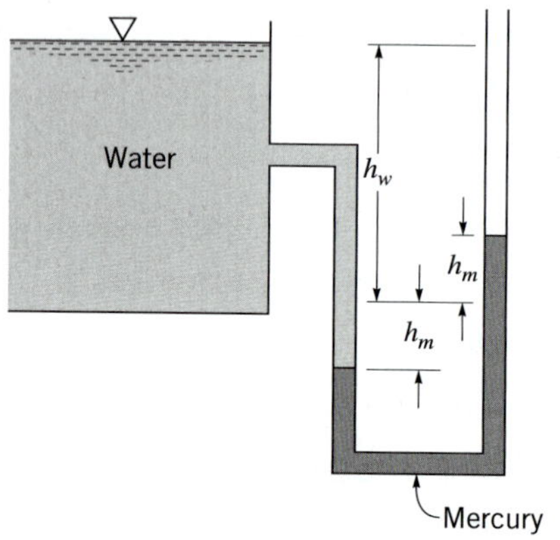

P2.6.6

2.6.7 그림 P2.6.7의 U자액주계는 물과 기름($S = 0.80$) 두 유체를 포함하고 있다. 가해진 압력 차가 없다고 할 때, 자유 수면과 자유 기름면 사이의 높이 차를 결정하여라.

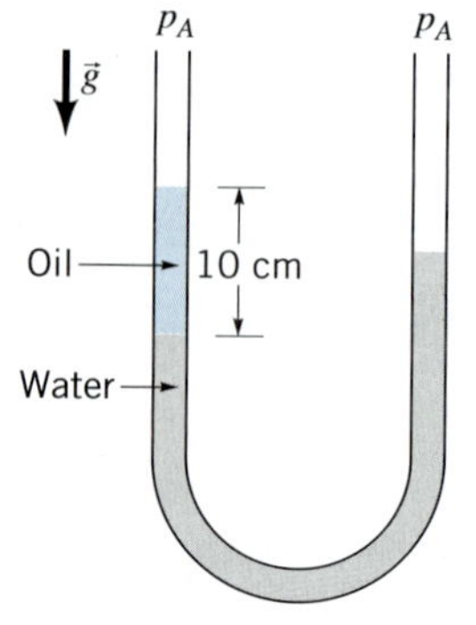

P2.6.7

2.6.8 그림 P2.6.8의 U자 액주계가 공기와 물을 포함하고 있는 밀폐 탱크에 연결되어 있다. 액주계의 닫힌 끝의 공기 압력은 110.3 kP이다. 액주계 높이 차이가 1.2 m일 때 압력 게이지가 나타내는 값을 결정하라. 답을 kPa(abs) 단위로 적어라. 표준 대기 압력을 가정하고 액주계의 공기 기둥의 무게는 무시하여라.

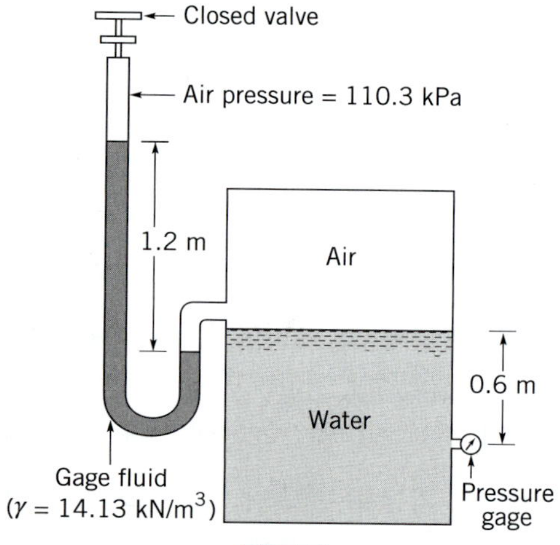

P2.6.8

2.6.9 그림 P2.6.9의 저장용기에 15.6℃의 물과 15.6℃의 공기가 있다. A, B, C 위치에서의 절대 압력을 구하여라.

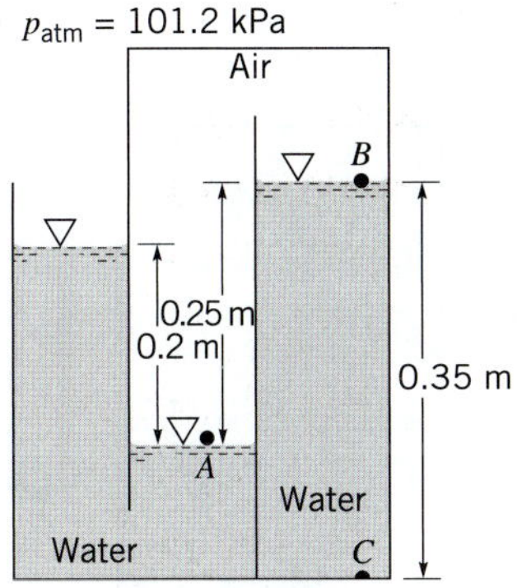

P2.6.9

2.6.10 그림 P2.6.10에서 물로 채워진 반구형 돔을 가진 밀폐 실린더 탱크는 뒤집어 진 파이프와 연결되어 있다. 파이프 위쪽 부분의 액체는 0.8의 비중을 가지고 있고, 나머지 부분은 물로 채워져 있다. A의 게이지 압력 값이 60 kPa일 때, (a) 파이프 B에서의 압력과 (b) 돔의 윗부분(점 C)에서의 압력 수두를 mm Hg 단위로 결정하여라.

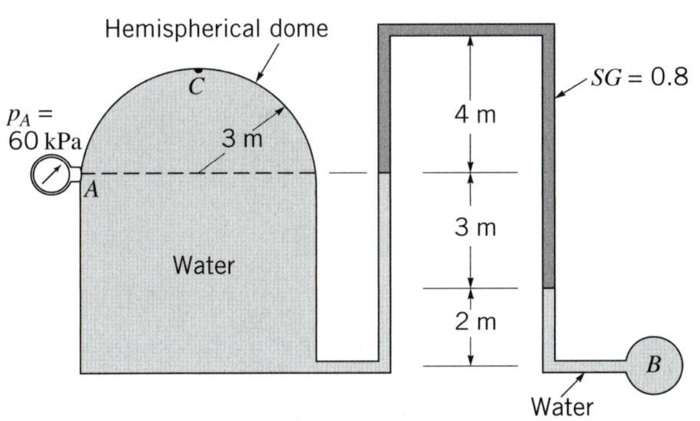

P2.6.10

2.6.11 그림 P2.6.11에서 두 개의 파이프가 액주계로 연결되어 있다. 파이프 사이의 압력차 $p_A - p_B$를 결정하여라.

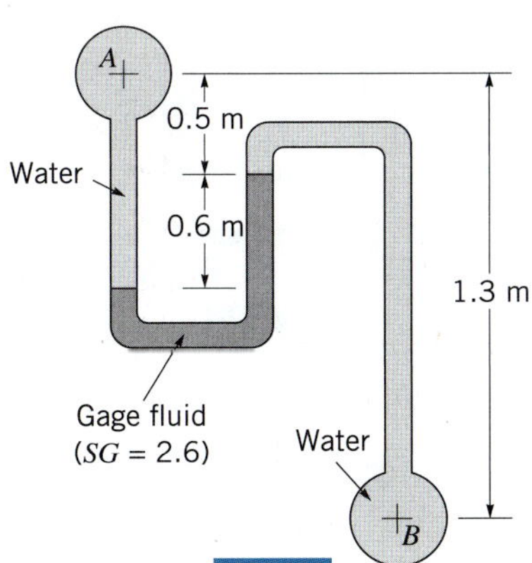

P2.6.11

2.6.12 그림 P2.6.12의 두 개의 동일한 U자 액주계의 눈금 차이를 백분율로 나타내어라. 액주계 90은 90℃의 물을 사용하고, 액주계 30은 30℃ 물을 사용한다. 둘에 동일한 압력 차가 가해 진다. 가해진 압력 차 크기에 따라서 백분율이 변하는가? 두 개의 눈금 사이의 차이는 무시할 수 있는가?

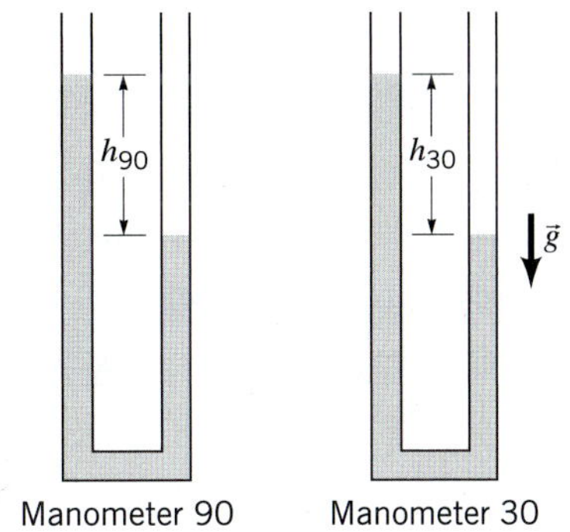

P2.6.12

2.61.13 그림 P2.6.13에서 U자 액주계가 밀폐 탱크에 연결되어 있다. 탱크 내의 공기의 압력은 3.5 kPa이고, 탱크 내의 액체는 기름(ρ_{oil} = 865 kg/m^3)이다. A 점에서의 압력은 13.8 kPa이다. (a) 기름의 깊이 z와 (b) 액주계의 높이차 h를 결정하라.

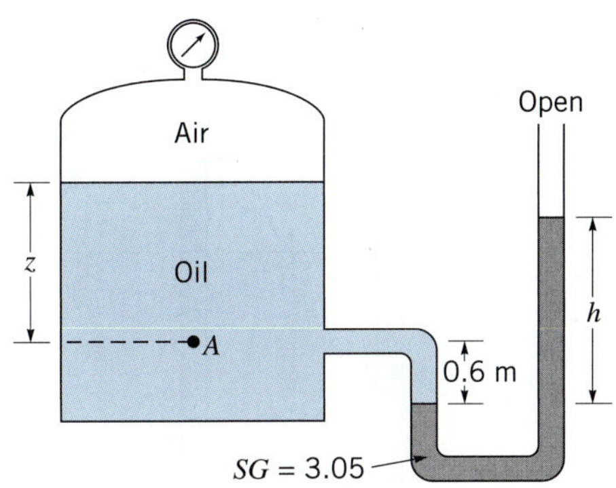

P2.6.13

2.6.14 그림 P2.6.14의 경사관 액주계에서, 파이프 A의 압력은 4.1 kPa이다. 양쪽 파이프 A와 B의 유체는 물이고, 액주계의 계기유체는 2.6의 비중을 가지고 있다. 보여진 높이 차에 해당되는 파이프 B의 압력은 얼마인가?

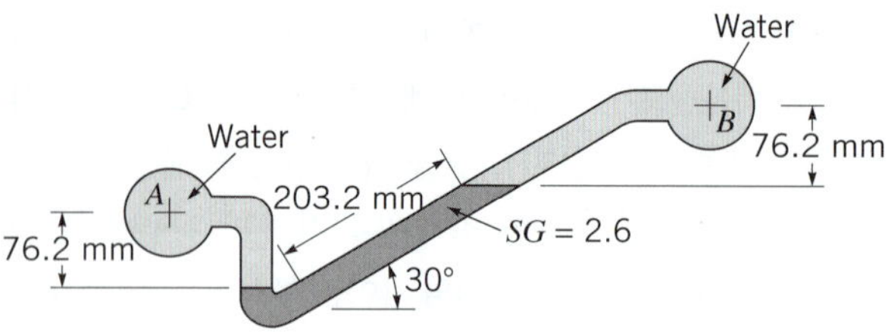

P2.6.14

2.6.15 유량 측정 장치가 물이 흐르는 수평 파이프 내부에 설치되어 있다. U자관 액주계의 양쪽은 76.2 mm 떨어진 압력 탭을 통해서 파이프에 연결되어 있다. 액주계의 계기 유체의 밀도는 1954 kg/m^{3}이다. 압력 탭 사이의 압력 강하가 3.45 kPa일 때에 해당되는 액주계의 눈금 차를 결정하여라.

2.6.16 그림 P2.6.16의 마이크로액주계의 민감도 Sen은 다음과 같이 정의된다.

$$Sen = \frac{H}{p_L - p_R}$$

마이크로마노미터의 정밀도를 밀도 ρ_A, ρ_B로 결정하여라. 어떻게 민감도를 증가시킬 수 있는가?

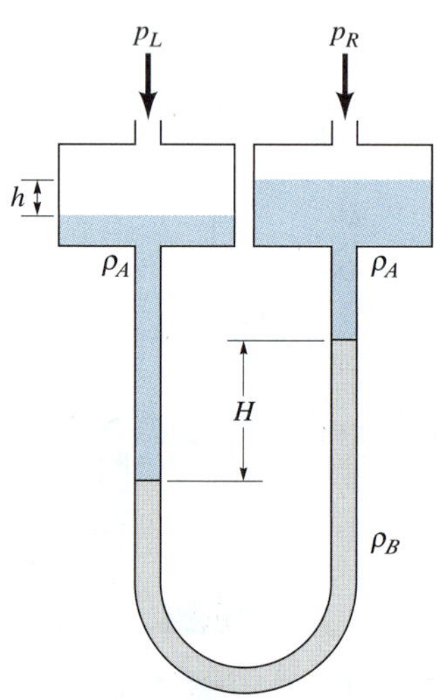

P2.6.16

2.6.17 그림 P2.6.17의 끝단이 반구인 실린더 탱크는 휘발성 액체와 그 증기를 포함하고 있다. 액체의 밀도는 800 kg/m^{3}이고 증기 밀도는 무시할 수준이다. 증기의 압력은 120 kPa(abs)이고 대기압은 101 kPa (abs) 이다. (a) 압력 게이지에 게이지 압력값과 (b) 액주계의 수은 높이 h를 결정하여라.

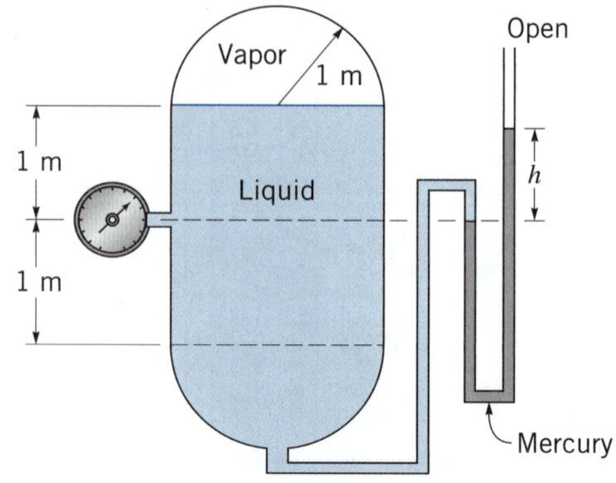

P2.6.17

2.6.18 그림 P2.6.18의 두 개의 열린 탱크에서의 물 사이의 높이 차 Δh를 결정하여라.

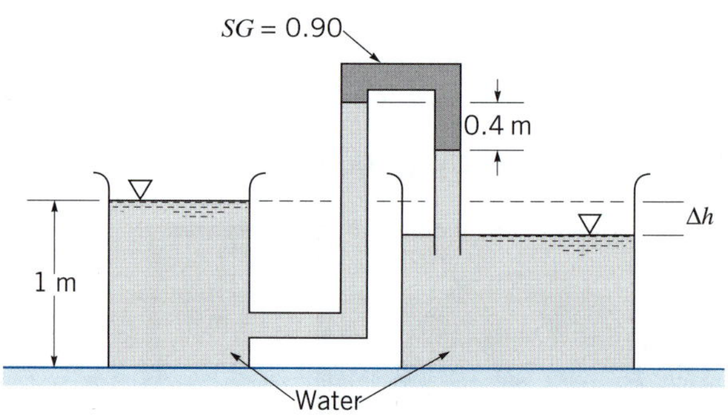

P2.6.18

2.6.19 그림 P2.6.19의 배치에서, 미지의 유체의 비중량의 값은 무엇이 되어야 하는가? 단위를 kg/m^{3}로 적어라.

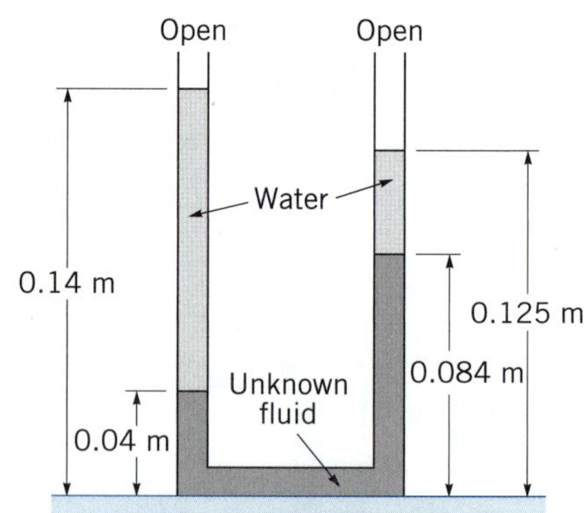

P2.6.19

2.6.20 그림 P2.6.20의 액주계에서 (a) 오른쪽 수평관 또는 (b) 왼쪽 수직관에 기포가 있다. $p_A = p_B$라고 할 때, 두 경우 모두에서 $h_1 - h_2$를 결정하여라.

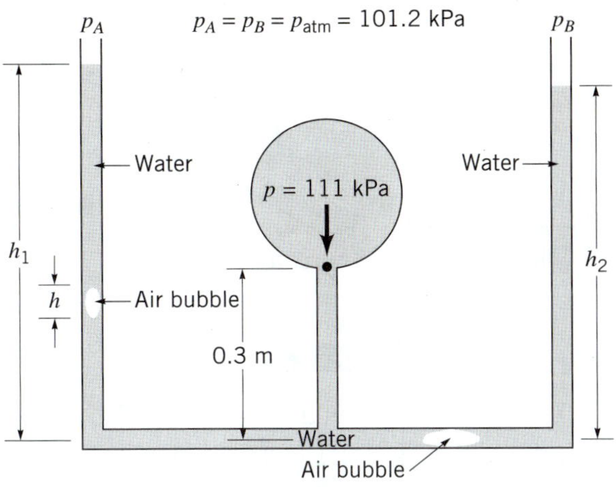

P2.6.20

2.6.21 Ⓒ 그림 P2.6.21의 U자관 수은 액주계의 양 끝은 초기에는 대기에 열려져서 표준 대기압을 가지고 있다. 오른쪽 관 위의 밸브가 열려 있을 때, 밸브 아래의 수은 높이는 h_1이다. 밸브가 닫혀진 후에, 공기압이 오른쪽 관에 가해진다. 액주계와 눈금차와 가해진 계기 압력 p_g 사이의 관계식을 결정하여라. $0 \le p_g \le 300$ kPa의 범위에서 $h_1 = 25$, 50, 75, 100 mm 값들에 대해서 눈금차가 p_g에 대해서 어떻게 변하는지 그래프로 보여라. 갇힌 공기의 온도는 일정하다고 가정하라.

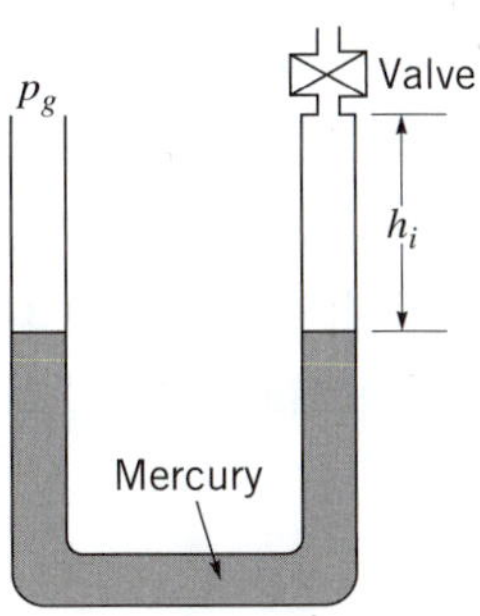

P2.6.21

2.6.22 그림 P2.6.22의 뒤집힌 U자관 액주계는 기름($SG = 0.9$)과 물을 포함하고 있다. 파이프 A와 B사이의 압력차 $p_A - p_B$는 -5 kPa이다. 눈금차 h를 결정하여라.

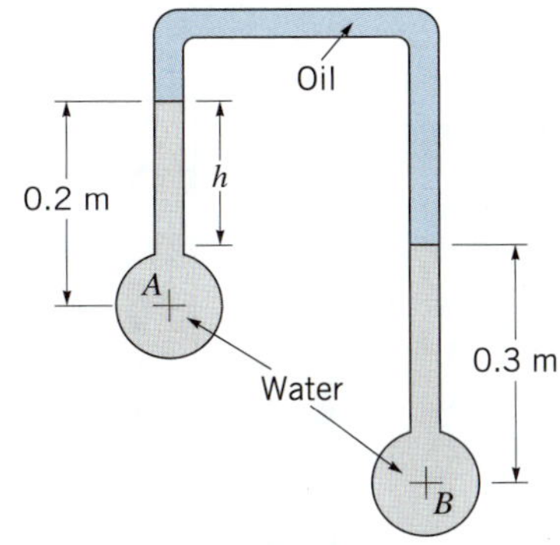

P2.6.22

2.6.23 그림 P2.6.23의 기름($SG = 0.8$)이 들어있는 뒤집힌 U자관 액주계는 두 개의 저장소 사이에 위치하여 있다. 사염화탄소를 포함하고 있는 왼쪽의 저장소는 닫혀져 있으며 55.16 kPa로 가압되어 있다. 오른쪽의 저장소는 물을 포함하고 있으나 대기에 열려 있다. 주어진 자료로, 오른쪽 저장소의 물의 깊이 h을 결정하여라.

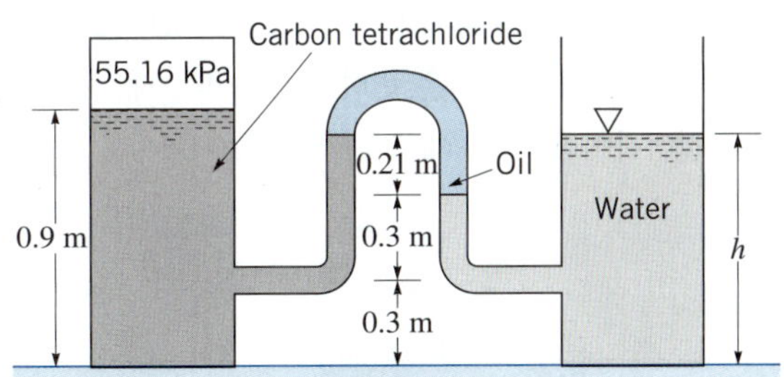

P2.6.23

2.6.24 그림 P2.6.24의 액주계의 민감도 Sen은 다음과 같이 정의될 수 있다.

$$Sen = \frac{h}{p_R - p_L}$$

아래 비중량 S를 가진 세 가지의 계기유체를 이용할 수 있다.

케로신(Kerosene), $S = 0.82$
SAE 10 기름, $S = 0.87$
일반 옥탄 (Normal octane), $S = 0.71$

어떤 유체가 가장 높은 민감도를 주는가? 면적 A_R과 A_L은 액주계 관의 단면적 보다 훨씬 크다($H \ll h$).

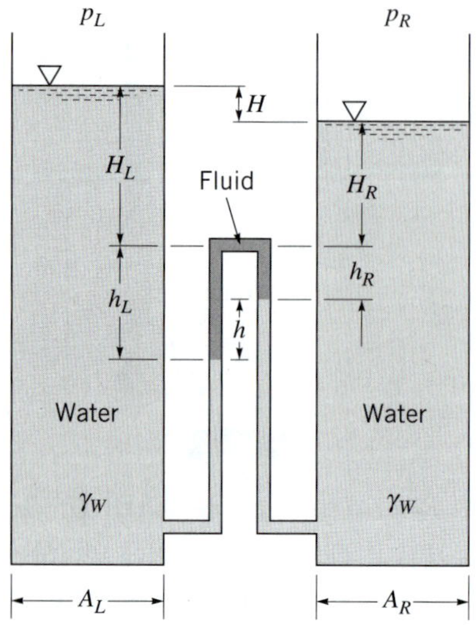

P2.6.24

2.6.25 그림 P2.6.25에서, 파이프 A는 가솔린($SG = 0.7$), 파이프 B는 기름($SG = 0.9$)을 포함하고 있으며, 액주계 유체는 수은이다. 파이프 A에서의 압력이 25 kPa로 줄어들고, 파이프 B에서의 압력은 변하지 않을 때, 새로운 계기 눈금을 결정하여라. 초기 계기 눈금은 0.30 m이다.

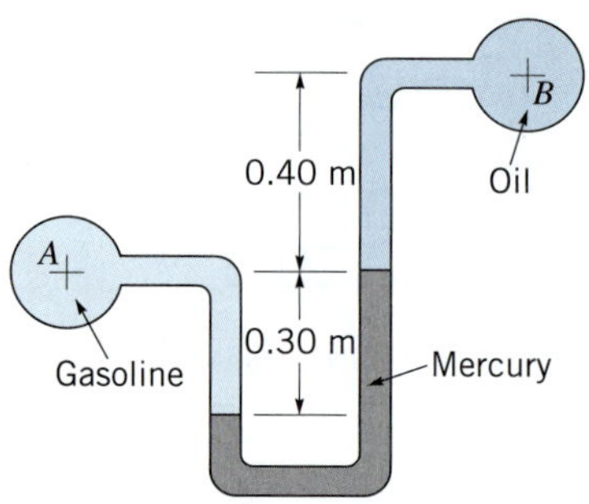

P2.6.25

2.6.26 그림 P2.6.26의 액주계를 고려해 보자. 눈금은 수조 면적 A_1이 무한대라는 가정에 기반하여 정해진다. 하지만 실제로 A_1은 경사관 액주계 내부 단면적 A_2의 50배이다. 이 눈금을 사용할 때 발생하는 백분율 오차(눈금 표시결과에 기초하여)를 구하라.

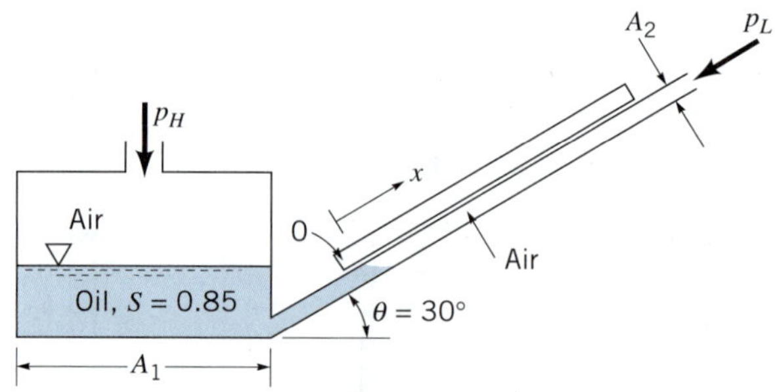

P2.6.26

2.6.27 그림 P2.6.27에 보여진 수조는 경사관 액주계 직경 d의 4배인 직경 D를 가지고 있다. 경사관 액주계 안에 있는 액체의 높이가 $\ell = 0.51$ m 올라갈 때, 수조의 유체면 높이가 낮아지는 정도와 압력차 $p_A - p_B$를 구하라. 각도는 $\theta = 20°$이고, 유체의 비중은 0.85이다.

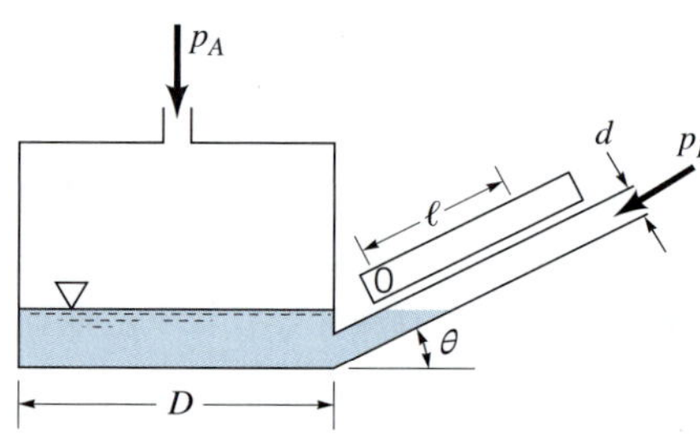

P2.6.27

2.6.28 그림 P2.6.28의 경사관 차압액주계는 사염화탄소를 포함하고 있다. 처음에는 염수가 들어 있는 두 파이프 A와 B 사이의 압력차는 그림에 보인 것과 같이 0이다. 압력차가 690 Pa에서 액주계의 눈금차가 0.3 m(경사관을 따라 측정했을때) 되도록 만들려고 한다. 필요한 경사각 θ을 구하여라.

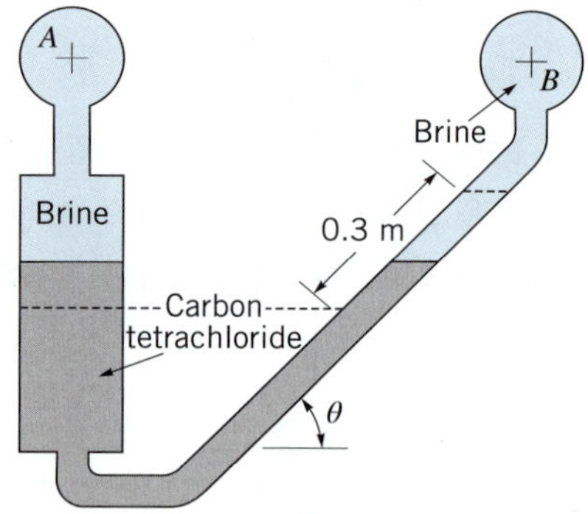

P2.6.28

2.6.29 그림 P2.6.29의 수은 액주계에서 파이프 A의 압력이 10 kPa 감소하고 파이프 B의 압력은 변하지 않을 때, 경사관의 새로운 눈금차를 결정하여라. A 내부의 유체의 비중은 0.9이고 B 내부의 유체는 물이다.

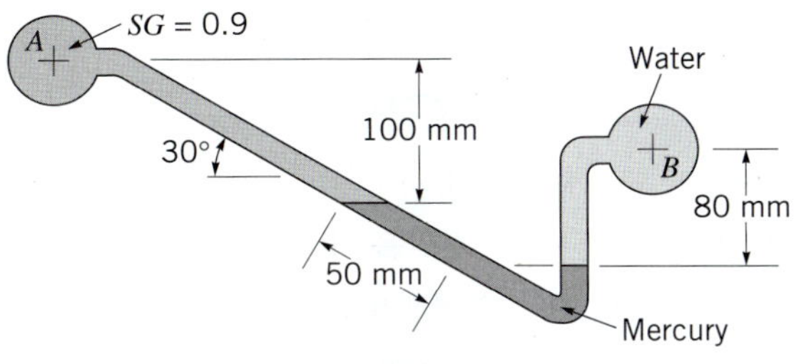

P2.6.29

2.6.30 한 학생이 압축 공기탱크 내부의 공기압을 측정해야 하지만 압력계를 쉽게 구할 수 없다고 하자. 실험실에 이미 있는 재료들을 사용하여, 그녀는 2개의 투명한 0.9 m 길이의 플라스틱관과 유연한 호스, 줄자를 이용하여 U자관 액주계를 만들었다. 쉽게 이용할 수 있는 유일한 액체는 수돗물과 옥수수 시럽인데, 더 높은 밀도($SG = 1.4$)를 가지고 있기 때문에, 옥수수 시럽을 선정하였다. 이 때 측정할 수 있는 최대 공기압은 kPa 단위로 얼마인가?

2.6.31 파이프 B에서 3.5 kPa의 압력 변화가 오른쪽 관의 수은 높이로 25.4 mm변화에 해당된다고 할때, 그림 P2.6.31에서 두 액주계 관의 면적비 A_1/A_2를 결정하여라. 파이프 A의 압력은 변하지 않는다.

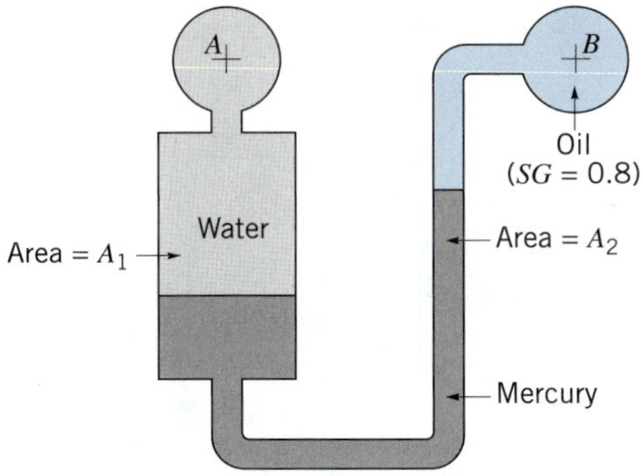

P2.6.31

2.6.32 그림 P2.6.32의 U자 형상의 관은 초기에는 물만 포함하고 있다. 물보다 작은 비중량 γ을 가진 두번째 액체를 섞이지 않게 해서 물 위에 넣었다. 왼쪽과 오른쪽 액체의 높이가 같게 되도록 두 번째 액체의 높이 h를 조절할 수 있는가? 답에 대한 근거를 제시하라.

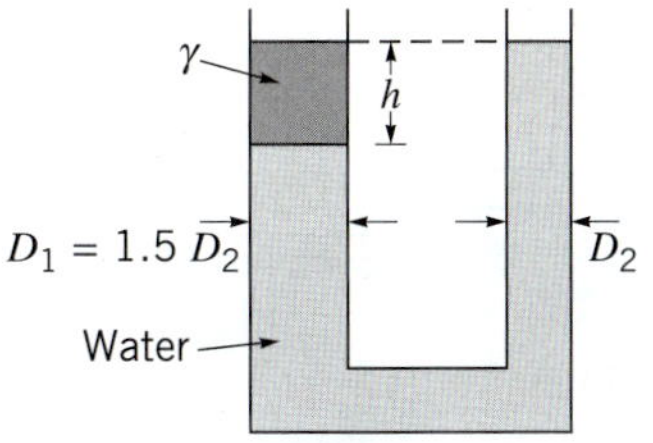

P2.6.32

2.6.33 Ⓒ 그림 P2.6.33에 보이는 바와 같이 속이 빈 뒤집혀진 실린더가 물 속으로 밀어 넣어지고 있다. 실린더 속의 물의 높이 l을 원통 아래쪽 끝의 깊이 d의 함수로 결정하여라. H가 1 m일때, $0 \le d \le H$의 범위에서 이 결과를 그래프로 그려라. 실린더 내부의 공기 온도는 일정하다고 가정한다.

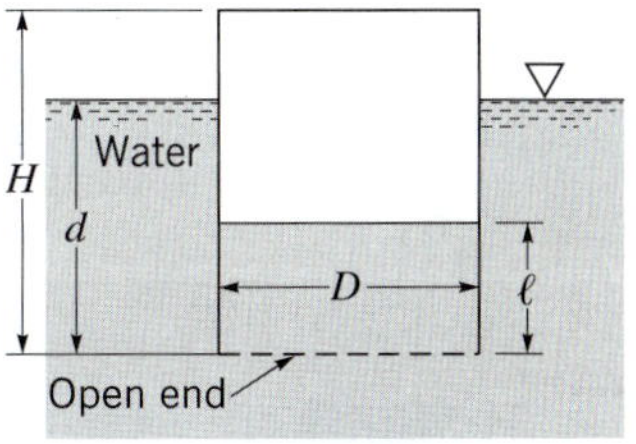

P2.6.33

2.8절 평면에 작용하는 정수력

2.8.1 평면에 작용하는 정수력이 중요한 상황의 사진 또는 이미지를 구하여라. 이 사진을 출력하고 연관된 상황을 설명하는 짧은 단락을 써라.

2.8.2 유압 프레스의 기본 요소들이 그림 P2.8.2에 나타나 있다. 플런저의 면적은 0.00065 m^2이며 힘 F_1이 힘이득비가 8대 1인 지렛대 원리를 통해 플런저에 가해질 수 있다. 만약 큰 피스톤이 0.097 m^2의 면적을 가지고 있다면, 레버에 가해진 133.5 N의 힘으로 얼마의 하중 F_2를 올릴 수 있는가? 정수압의 변화는 무시한다.

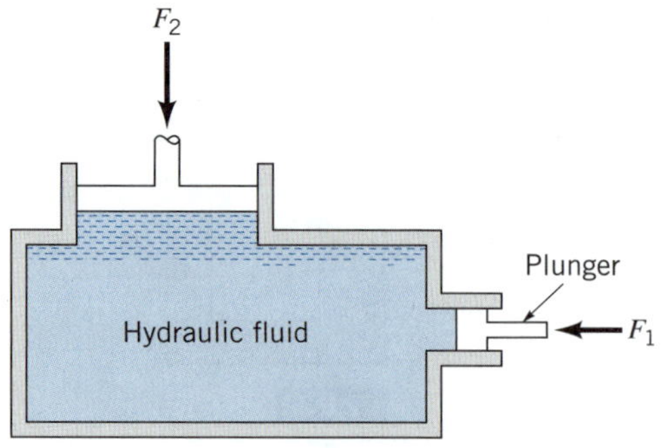

P2.8.2

2.8.3 그림 P2.8.3의 0.1 m의 지름을 가진 유압 실린더는 $F = 192.6$ kN의 힘을 제공해 줄 수 있다고 광고되고 있다. 만약 피스톤의 17.24 MPa 설계 게이지 압력(실린더가 안전하게 작동할 수 있는 최대 압력)을 가지고 있다면, 실린더가 광고된 힘을 안전하게 공급할 수 있는가?

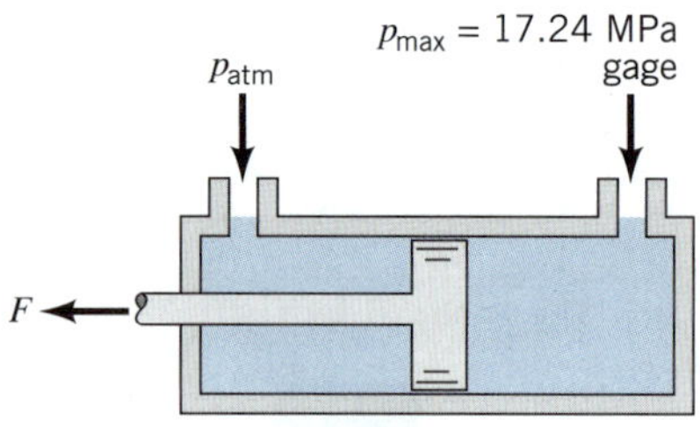

P2.8.3

2.8.4 Video Bourdon 압력계(그림 2.13과 비디오 V2.4를 보라)는 압력을 측정하는데 자주 사용된다. 이런 종류의 압력계를 보정하는 한 가지 방법은 그림 P2.8.4a에 보여진 장치를 사용하는 것이다. 용기는 액체로 채워져 있는데, 한 쪽에는 무게 $\mathscr{W}$의 추가 놓여지고, 다른 한 쪽에는 압력계가 있다. 0.01 m 지름의 구멍을 통해서 액체에 작용하는 무게는 압력계에 전달되는 압력을 생성한다. 여러가지 무게의 추를 가지고 이 장치를 사용하여 그림 P2.8.4b의 눈금 움직임 θ와 압력 변화와의 관계를 결정할 수 있다. 특정 압력계에 대한 데이터가 표에 제시되어 있다. 이 데이터에 대한 그래프를 바탕으로 θ와 압력 p (kPa 단위) 사이의 관계식을 결정하여라.

$\mathscr{W}$ (kg)	0	0.472	0.91	1.46	1.84	2.38	2.86
θ (deg.)	0	20	40	60	80	100	120

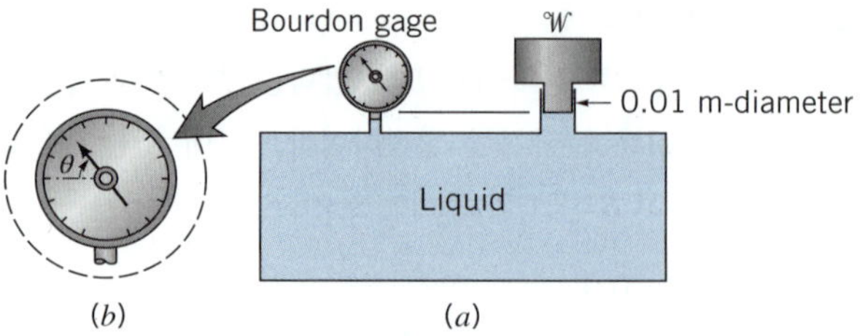

P2.8.4

2.8.5 보틀잭은 평균적인 사람이 9 kg보다 작은 힘으로 1814.4 kg 자동차의 한쪽 끝을 바닥으로부터 완전히 들어 올릴 수 있게 해 준다. 어떻게 9 kg 힘이 수백 또는 수천 kg의 힘으로 변환될 수 있는지 설명하고, 왜 이것이 무로부터 유를 창조할 수 없다는(열역학 1법칙의 다소 완화된 다른 표현) 일반적인 인식을 거스르지 않는지 설명하여라. 힌트: 각 힘에 의해서 행해진 일을 고려하여라.

2.8.6 흡입은 물건들을 들어올려서 새로운 위치로 옮기기 위해 제조 공정에서 흔히 사용된다. 1.2 m, 2.4m 크기의 0.0127 m 두께의 합판은 대략 16.3 kg 무게가 나간다. 만약 기계의 말단장치가 0.127 m의 지름을 가지고 있다고 하면, 합편을 들어올리는데 필요한 흡입 압력을 H_2O 수두로 결정하여라.

2.8.7 그림 P2.8.7에서 0.07 m^2 단면적을 가진 피스톤이 물을 포함하고 있는 실린더 안에 위치하고 있다. 열려진 U자관 액주계가 보여진 바와 같이 실린더와 연결되어 있다. $h_1 = 60$ mm, $h = 100$ mm인 조건에서, 피스톤에 작용하는 힘 P 값은 얼마인가? 실린더의 무게는 무시할 정도이다.

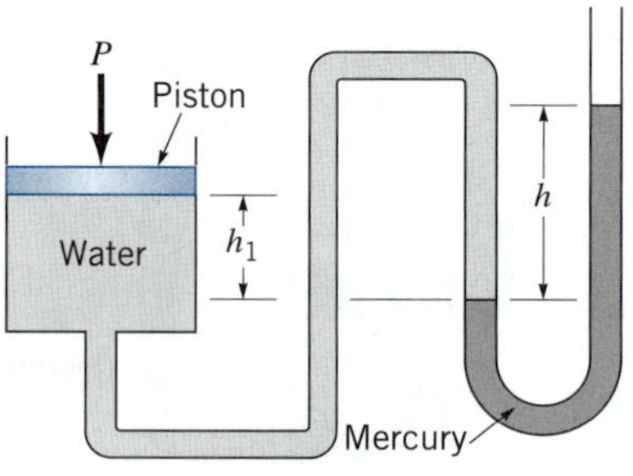

P2.8.7

2.8.8 그림 P2.8.8에서 0.15 m 지름의 피스톤이 0.0127 m 지름의 경사관 액주계와 연결된 실린더 내부에 위치하고 있다. 실린더와 액주계의 유체는 기름(밀도 = 945 kg/m^3)이다. 무게 $\mathscr{W}$의 추가 실린더 위에 놓여질 때, 액주계 관의

유체 높이는 (1)점에서 (2)점으로 올라간다. 추의 무게는 얼마인가? 피스톤의 위치 변화는 무시한다고 가정하라.

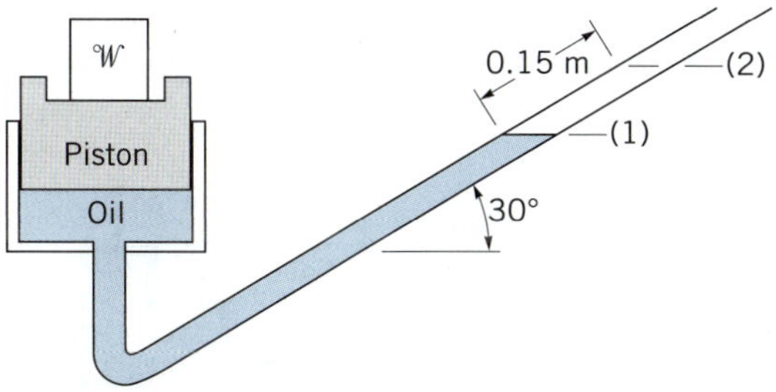

P2.8.8

2.8.9 그림 P2.8.9의 컨테이너는 정사각형 단면을 가지고 있다. 수평면 *ABCD*에서의 수직력을 구하여라.

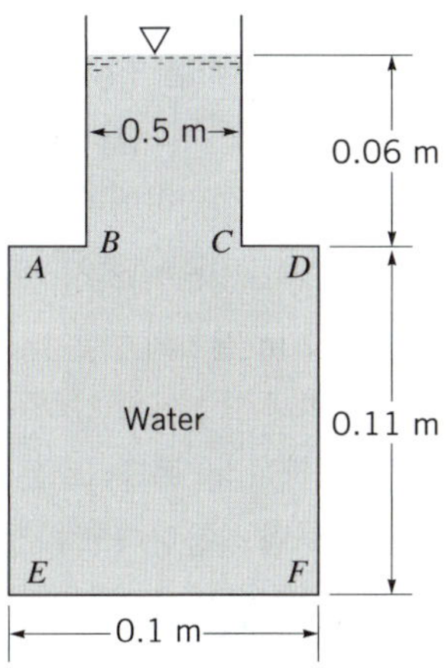

P2.8.9

2.8.10 그림 P2.8.10의 벽을 수직으로 똑바로 유지하기 위해 필요한 무게 𝒲를 결정하여라. 벽의 폭은 10 m이다.

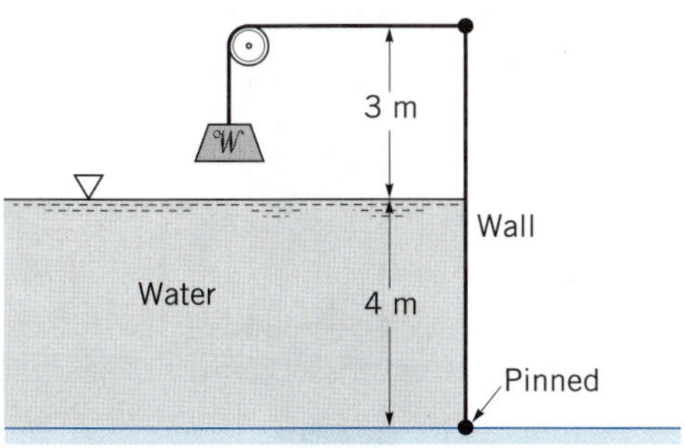

P2.8.10

2.8.11 그림 P2.8.11에서 수문을 닫힌 채로 유지하기 위해 수문의 바닥에 가해져야 하는 힘의 크기와 방향을 결정하여라.

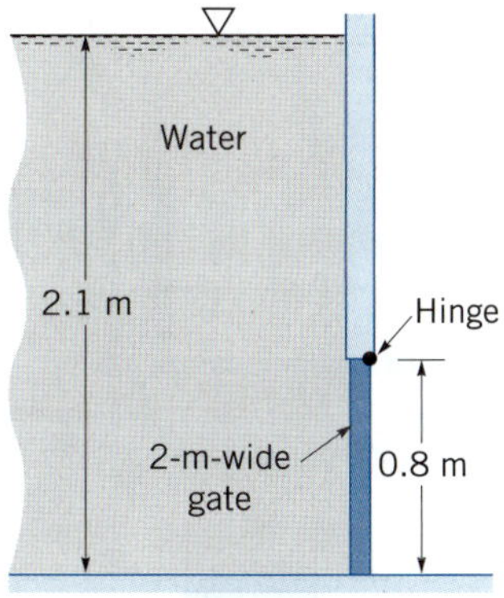

P2.8.11

2.8.12 자동차가 강으로 막 추락하였다. 자동차 문은 대략적으로 0.91 m 폭, 1.02 m 높이의 직사각형 형상이며, 수직면에 경첩으로 연결되어 있다. 자동차 내부의 물의 높이는 문의 높이의 절반이며, 자동차 내부의 공기압은 대기압이다. 만약 힘이 경첩 선으로부터 0.6 m 위치에서 가해진다면 문을 열기 위해 필요한 힘을 계산하여라. 그림 P2.8.12를 보라. (운전자는 탈출하기 위해 창문을 열 경황이 없었다.)

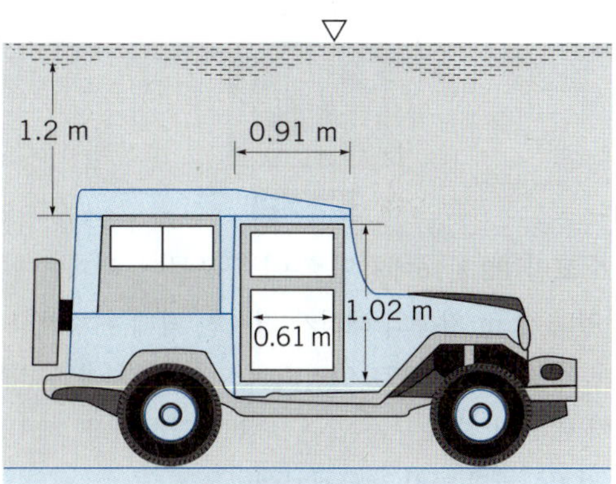

P2.8.12

2.8.13 P2.8.13의 수문을 보자. 수문은 질량이 없고, 폭 *b*(종이면에 수직방향)를 가지고 있다. 수직면에서의 정수압은 경첩 주변으로 시계반대 방향의 모멘트를 만들고, 수평면(또는 아래)의 정수압은 경첩 주변으로 시계방향의 모멘트를 만든다. 시계방향의 순 모멘트가 아래 식과 같음을 보여라.

$$\Sigma u = \rho_w ghb\left(\frac{\ell^2}{2} - \frac{h^2}{6}\right)$$

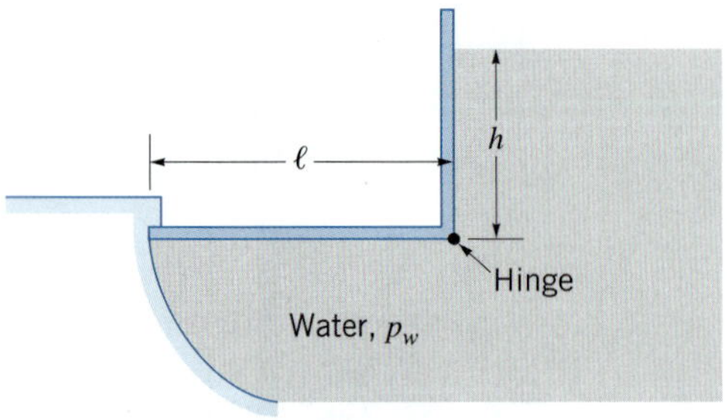

P2.8.13

2.8.14 문제 2.8.13에서 수문은 열릴 것인가?

2.8.15 탱크는 0.15 m 깊이의 물($S = 1.00$)과 그 위에 0.15 m 깊이($S = 0.82$)의 기름을 포함하고 있다. 그림 P2.8.15에서 탱크의 바닥에 작용하는 힘을 구하여라.

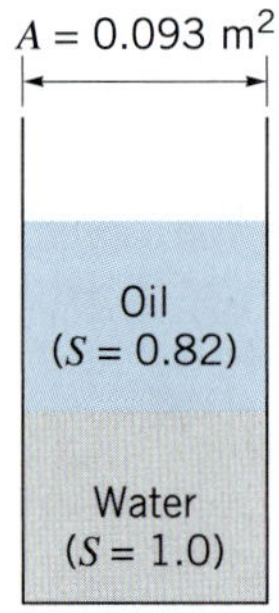

P2.8.15

2.8.16 그림 P2.8.16에서와 같이 구조물이 해저면에 부착되어 있다. 2 m 지름의 해치가 경사진 벽에 위치하고 있으며, 한 쪽 끝이 경첩으로 연결되어 있다. 해치가 열리는 컨테이너 내부의 최소 공기 압력 p_1을 결정하여라. 해치의 무게와 경첩에서의 마찰을 무시하여라.

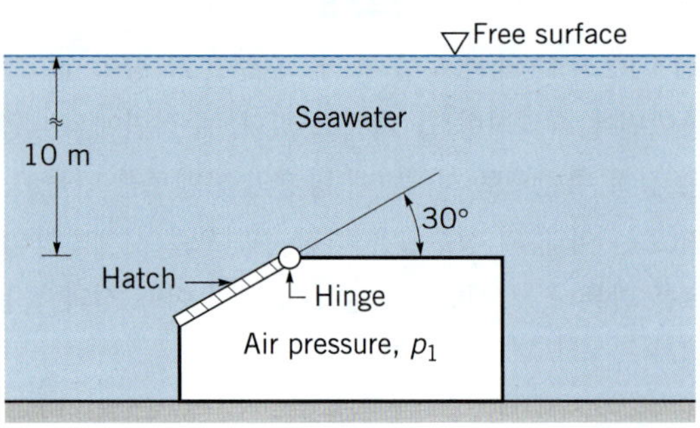

P2.8.16

2.8.17 그림 P2.8.17에서 콘크리트가 일련을 계단을 만들기 위해서 틀에 부어진다. 바닥이 없는 틀이 밑 바닥에서 떨어지는 것을 막기 위해 필요한 모래주머니의 무게를 결정하여라. 틀의 무게는 38.5 kg이고 콘크리트의 밀도는 2402.7 kg/m^{3}이다.

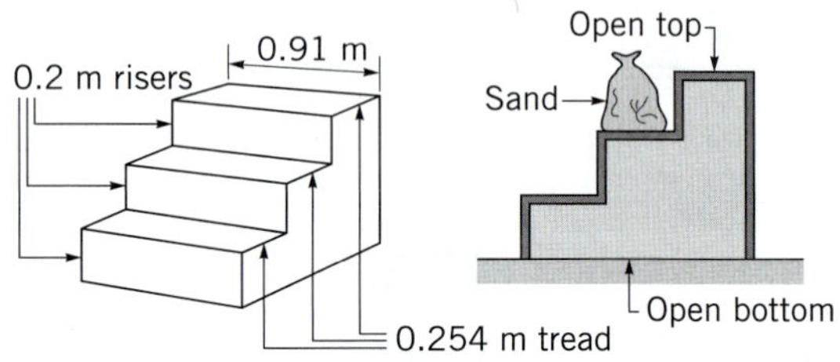

P2.8.17

2.8.18 긴, 수직 벽이 해수와 담수를 분리하고 있다. 만약 해수의 깊이가 7 m라면, 벽에 합력이 0이 되게 하기 위해 필요한 담수의 높이는 얼마인가? 합력이 0일때, 유체력에 의한 모멘트도 0이 되는가? 설명하여라.

2.8.19 그림 P2.8.19은 콘크리트 지하실 벽을 만들기 위해 사용되는 틀이다. 각 1.2 m 길이의 틀은 네 개의 매듭(위에 두개, 아래에 두개)에 의해 고정되어 있다. 위와 아래 매듭에 걸리는 장력을 결정하여라. 콘크리트는 2402.7 kg/m^{3}의 밀도를 가지고 유체처럼 작용한다고 가정하라.

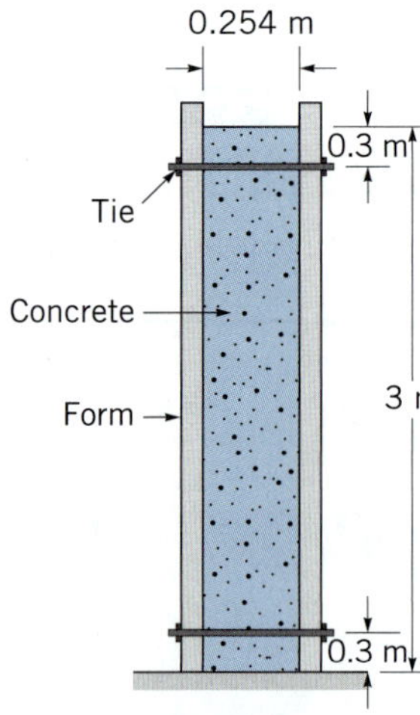

P2.8.19

2.8.20 테이퍼를 가진 높은 벽을 지으면서, 건축가들은 그림 P2.8.20의 목재 틀을 사용하였다. 만약 콘크리트의 비중이 대략 2.5일 때, 목재 틀의 세 측면 (A, B, C) 각각에 작용하는 총 힘을 구하여라 (틀에 두 끝단에 작용하는 저항

힘들은 무시하여라).

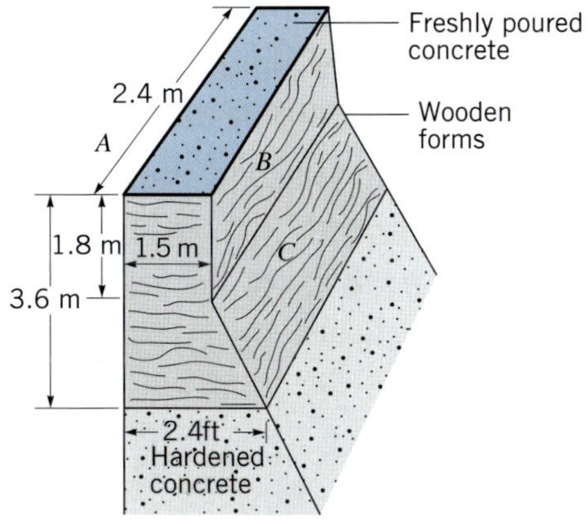

P2.8.20

2.8.21 363 kg 무게의 균일한 1.2 m 폭, 2.4 m 길이의 직사각형 수문이 그림 P2.8.21에서와 같이 신축성 있는 수평 케이블에 의해 지지되고 있다. 물은 점 A에 경첩으로 연결된 수문에 힘을 가한다. 경첩에서의 마찰은 무시했을 때, 케이블에 작용하는 장력을 결정하여라.

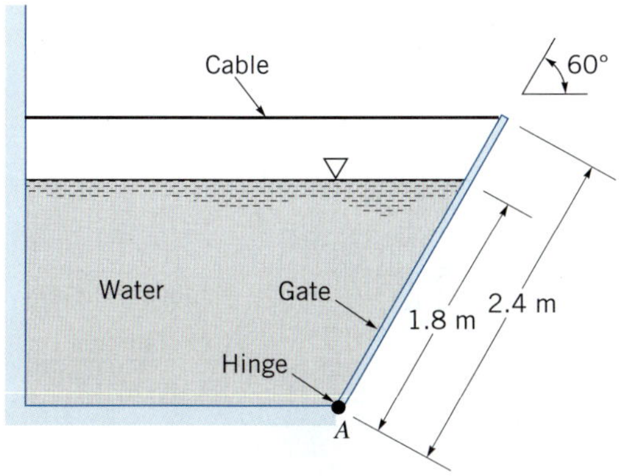

P2.8.21

2.8.22 그림 P2.8.22의 형상을 가지는 수문이 물을 포함하고 있는 열려진 탱크의 수직면에 위치하고 있다. 수문은 수평축 위에 설치되어 있다. (a) 물의 높이가 수문의 제일 위에 위치하고 있을 때, 수문의 축 위 직사각형 부분에 작용하는 유체력의 크기와 축 아래 반원 부분에 작용하는 유체력의 크기를 결정하여라. (b) 동일한 액체 높이에서, 수평축에 해당하는 위치 기준으로 수문의 반원 부분에 작용하는 힘의 모멘트를 결정하여라.

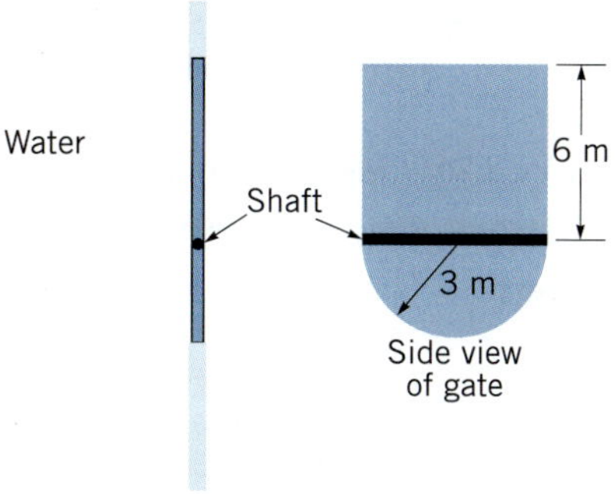

P2.8.22

2.8.23 그림 P2.8.23에서 펌프를 이용하여 큰 탱크로 가압된 물을 공급하고 있다. 짧은 배출관에 부착된 원형판 형상의 밸브는 지름 $A-A$를 기준으로 회전하고, 수압에 대응하여 B의 걸쇠에 의해서 닫힌 상태를 유지하고 있다. 걸쇠에 가해진 힘은 공급 압력 p와 탱크의 높이 h에 무관함을 보여라.

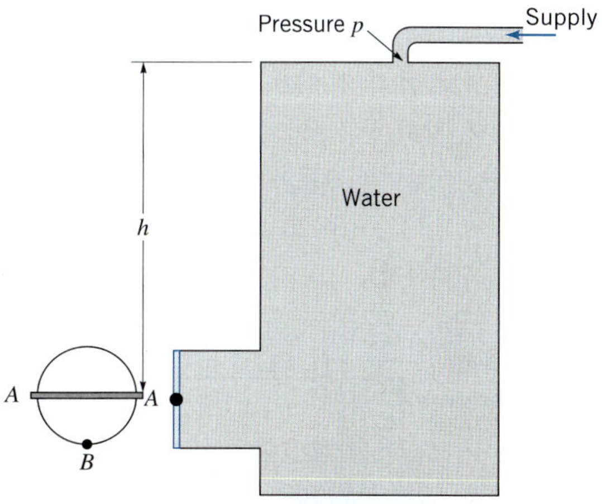

P2.8.23

2.8.24 [O] 공기 분배 시스템은 건물 안과 바깥의 압력차를 유지하기 때문에, 때때로 건물의 외부 문을 여는 것이 어려울 수 있다. 만약 평균적인 사람이 문을 여는 것이 "너무 어렵지 않다"면 이 압력차는 얼마나 클지 추정하여라.

2.8.25 수직축이 단축이며 길이가 $2a$, 수평축이 장축이며 길이가 $2b$인 타원형 면적에 작용하는 압력 중심을 구하여라. 타원면의 중심은 수면 아래 수직 길이 h에 위치해 있다 ($h > a$). 유체 밀도는 일정하다. 만약 유체가 일정한 밀도를 가진 다른 밀도로 교체된다면, 타원면의 압력 중심은 변하겠는가? 만약 수직축이 수평축에 대하여 수직으로부터

각도 α 만큼 기울어 진다면, 타원면의 압력 중심은 변하겠는가?

2.8.26 그림 P2.8.26의 댐은 61 m의 길이이고, 비중이 2.2인 콘크리트로 되어 있다. 순 수평힘의 크기와 작용선의 y 좌표를 구하여라.

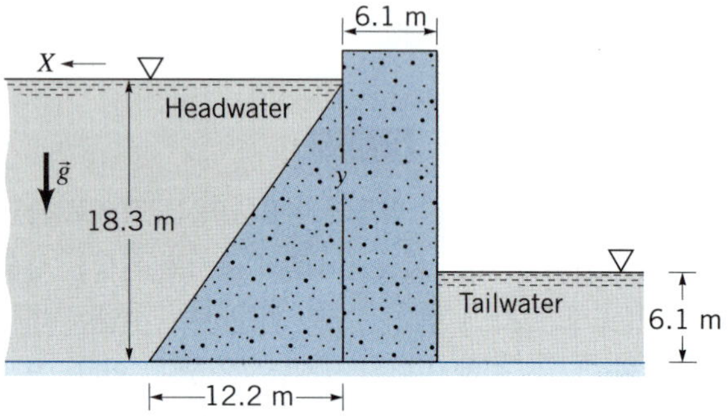

P2.8.26

2.8.27 그림 P2.8.26을 다시 풀되, 물에 의해 댐에 작용하는 수직력의 크기와 작용선의 x 좌표를 구하여라.

2.8.28 그림 P2.8.28은 캘리포니아의 Keswick 중력댐을 나타내고 있다. 댐의 상류수의 수직벽과 하류수의 경사진 벽에 작용하는 정수력의 크기와 위치를 구하여라. 주어진 경사는 바닥면 길이와 높이의 비이다. 댐의 단위 길이로 $b = 0.3$ m을 고려하라.

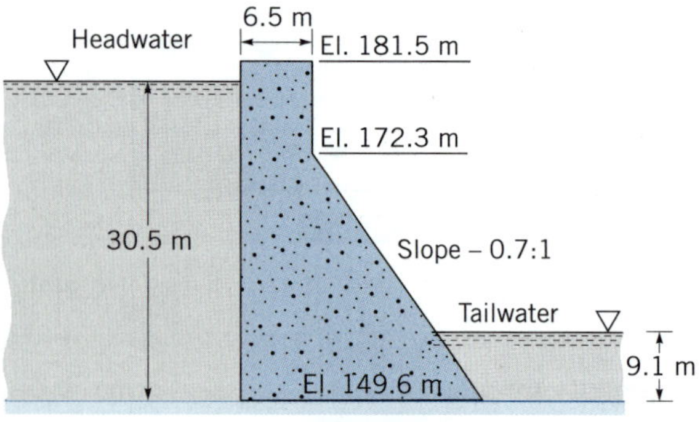

P2.8.28

2.8.29 문제 2.8.28의 Keswick 댐은 콘크리트로 되어 있고 밀도는 2403 kg/m^{3}이다. 정수력과 댐의 무게는 댐의 기저에 수직력을 가한다. 총 수직력의 크기와 위치를 구하여라. 댐의 단위 길이로 $b = 0.3$ m을 고려하라.

2.8.30 문제 2.8.28의 Keswick 댐은 콘크리트로 되어 있고 밀도는 2403 kg/m^{3}이다. 댐의 바닥과 기저 사이의 마찰 계수 μ는 0.65이다. 댐은 하류로 미끄러질 것 같은가? 댐의 단위 길이로 $b = 0.3$ m을 고려하라.

2.8.31 그림 P2.8.31은 오클라호마의 Altus 중력댐을 나타내고 있다. 댐의 상류수 벽과 하류수의 벽에 작용하는 수평, 수직 정수력의 크기와 위치를 구하여라. 주어진 경사는 바닥면 길이와 높이의 비이다. 댐의 단위 길이로 $b = 0.3$ m을 고려하라.

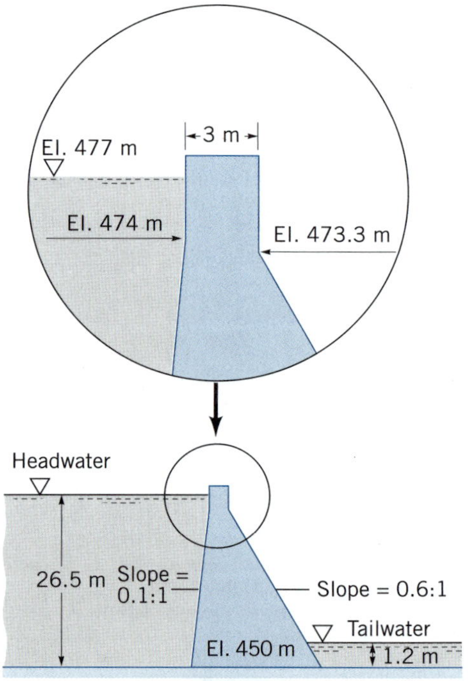

P2.8.31

2.8.32 문제 2.8.31의 Altus 댐은 밀도 2403 kg/m^{3}의 콘크리트로 되어 있다. 댐의 바닥과 기저 사이의 마찰 계수 μ는 0.65이다. 댐은 하류로 미끄러질 것 같은가? 댐의 단위 길이로 $b = 0.3$ m을 고려하라.

2.8.33 그림 P2.8.33의 수문에 작용하는 순 수평력의 크기와 위치를 구하여라. 수문의 폭은 5.0 m이다.

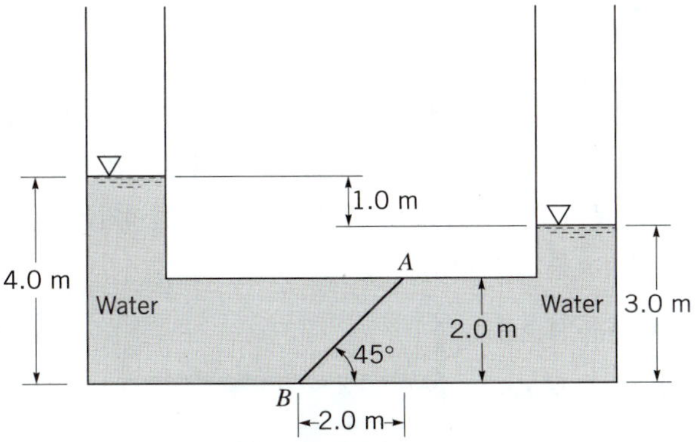

P2.8.33

2.8.34 C 문제 2.8.33의 수문에 작용하는 순 수직력의 크기와 위치를 구하여라.

2.8.35 그림 P2.8.35에서 3 m 폭, 8 m 높이의 직사각형 수문이 물로 채워진 큰 열린 탱크와 연결된 직사각형 통로 끝단에 위치하여 있다. 수문은 바닥에 경첩으로 연결되어 있으며, 수문의 중심에 작용하는 수평력 F_H에 의해서 닫힌 채로 유지되고 있다. F_H의 최대값은 3500 kN이다. (a) 수문이 열리지 않게 유지할 수 있는 수문 중심으로부터 최대 물 깊이 h를 결정하여라. (b) 만약 수문이 위쪽에 경첩으로 연결되어 있다고 하면 해답은 동일한가? 설명하여라.

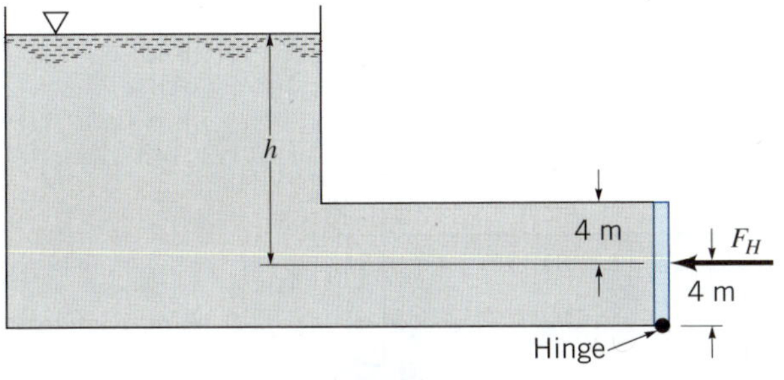

P2.8.35

2.8.36 그림 P2.8.36의 단면적을 가진 수문은 폭이 1.2 m이고, C에 경첩으로 연결되어 있다. 수문의 무게는 8165 kg이며, 질량 중심은 면 BC로부터 오른쪽으로 0.5 m에 위치하여 있다. 물의 수위가 바닥으로부터 0.9 m 높이일때 수문 A 지점에서의 수직 반력을 결정하여라. 모든 접촉면은 매끄럽다.

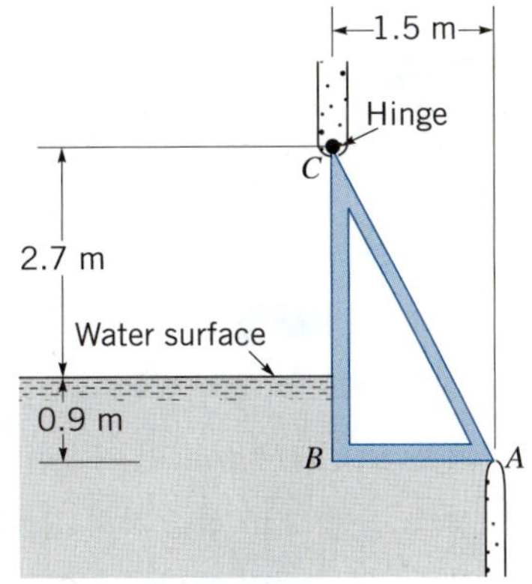

P2.8.36

2.8.37 그림 P2.8.37에서 질량이 없는 1.2 m 폭의 수문이 마찰이 없는 경첩 O를 중심으로 회전한다. 수문은 907 kg의 균형추 $\mathcal{W}$에 의해서 고정되어 있다. 물의 깊이 h를 결정하여라.

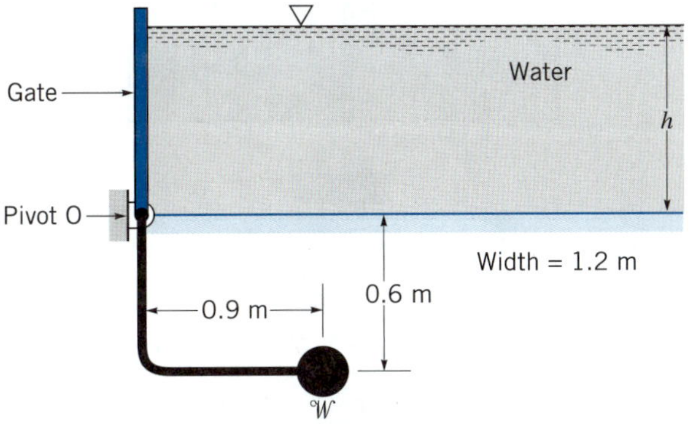

P2.8.37

2.8.38 C 그림 P2.8.38에서 3 m 폭, 1.5 m길이, 90 kg의 균질의 수문이 A 점에서 경첩으로 연결되어 있으며, 3.6 m 길이의 버팀대로 지지되고 있다. 버팀대의 바닥이 오른쪽으로 움직일 때, 수위는 수문의 위쪽 끝에 머물러 있다. 버팀대가 수문에 가하는 힘의 작용선은 버팀대의 방향이다. (a) $0 \leq \theta \leq 90^\circ$범위에서 수문의 각도 θ의 함수로 버팀대가 수문에 가하는 힘의 크기를 그래프로 그려라. (b) 수문의 무게를 무시할 경우에 대해서 계산을 반복하여라. $\theta \rightarrow 0$일 때 결과에 대해서 설명하라.

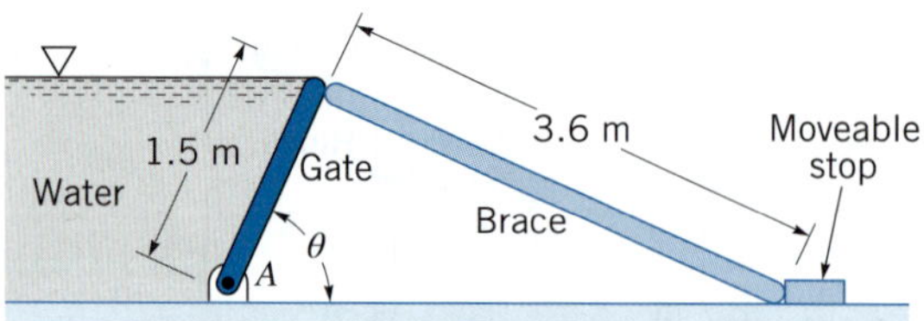

P2.8.38

2.8.39 열린 탱크는 수직 격벽이 있고 그림 P2.8.39에서와 같이 한 쪽에는 밀도 $\rho = 700\ \text{kg/m}^3$인 가솔린이 깊이 4 m로 채워져 있다. 4 m 높이, 2 m 폭을 가지고, 한 끝단이 경첩으로 연결된 직사각형 수문이 격벽에 놓여져 있다. 물을 탱크의 비어 있는 쪽에 천천히 채울 때, 수문이 열릴 때의 깊이 h를 구하여라.

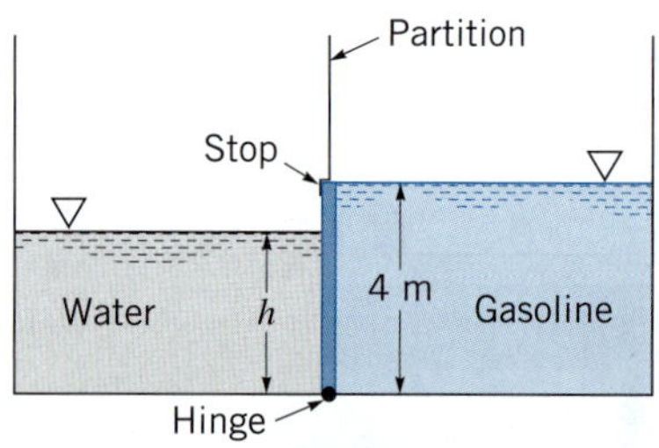

P2.8.39

2.8.40 수평으로 놓여진 2 m 지름의 관이 액체($SG = 1.6$)로 절반 정도 채워진 채로, 양쪽 끝은 수직 평면의 마개로 닫혀져 있다. 액체 면 위의 관의 공기압은 200 kPa이다. 마개의 한 쪽 끝에 작용하는 유체의 의한 합력을 구하고 관의 바닥을 기준으로 이 힘이 작용하는 위치를 찾아라.

2.8.41 그림 P2.8.41에서 1.2 m, 0.9 m 크기의 질량이 없는 직사각형 수문이 물탱크의 끝을 닫기 위해 사용되고 있다. 마찰이 없는 경첩으로부터 l 만큼 떨어진 위치에 부착된 90 kg 무게는 물의 깊이가 0.6 m일 때, 즉 물이 탱크의 반원의 아래 쪽 부분을 채울 때 수문을 간신히 닫은 채로 유지하는데 충분한 정도이다. 만약 물이 더 깊다면, 수문은 열릴 것이다. 거리 ℓ을 결정하여라.

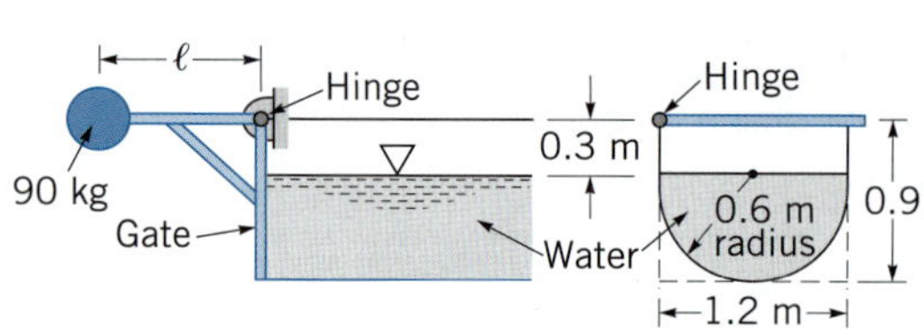

P2.8.41

2.8.42 그림 P2.8.42의 얇은 1.2 m 폭의 무시할 정도의 질량을 가지 직각의 수문은 점 O에서 마찰이 없는 경첩을 기준으로 자유롭게 회전한다. 수문의 수평인 부분은 대기압의 공기를 포함하고 있는 0.3 m 지름의 배수 관을 덮고 있다. 수문이 회전하여 물이 관 안으로 흘러 들어가는 최소 물 깊이 h를 결정하여라.

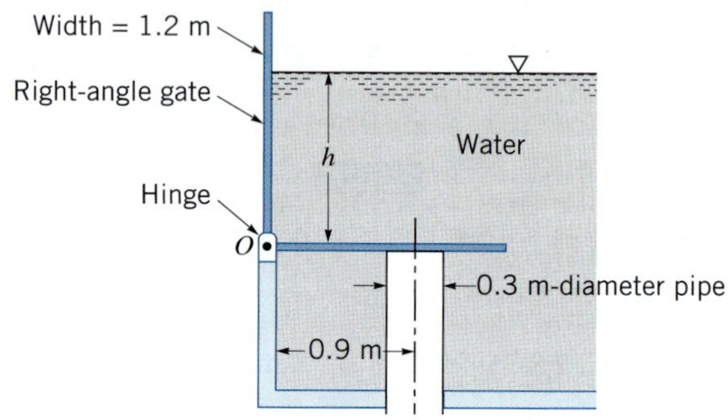

P2.8.42

2.8.43 그림 P2.8.43의 닫힌 용기는 수면에 공기압이 69 kPa인 물을 포함하고 있다. 용기의 한 쪽 면에는 도시한 바와 같이 한 면을 따라서 경첩이 달려 있는 0.15 m 지름의 원형 수문으로 닫혀져 있는 주둥이 부분이 있다. 경첩의 수직 축이 수면 아래로 3 m 위치에 있다. 수문을 닫은 채로 유지하기 위해 경첩에 가해야 하는 최소 토크를 결정하여라. 수문의 무게와 경첩의 마찰은 무시하여라.

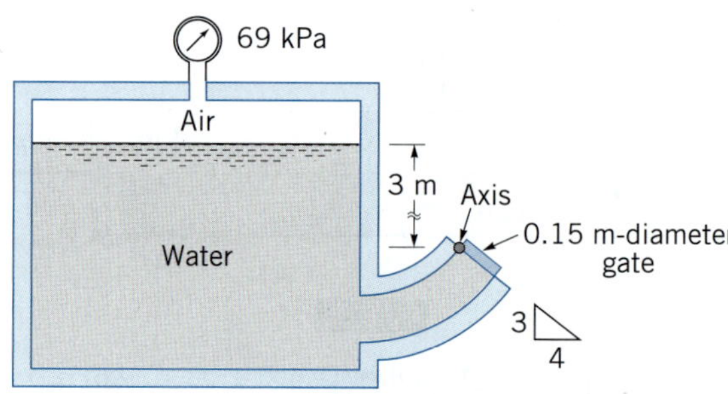

P2.8.43

2.8.44 (절 2.8의 "삼협댐(The Three Gorges Dam)" 제목의 유체의 넓은 세상을 참조) (a) 평균 물의 깊이가 175 m일 때, 2309 m 길이의 삼협댐에 작용하는 수평방향의 정수력을 결정하여라. (b) 지구상의 64억명의 인구가 삼협댐을 수평으로 밀고 있다고 하면, 댐을 제자리에 유지하는데 필요한 충분한 힘을 낼수 있는가? 적절한 계산을 가지고 답에 대한 근거를 제시하여라.

2.9절 곡면에 작용하는 정수력

2.9.1 곡면에 작용하는 정수력이 중요한 사진/이미지를 구하라. 이 사진을 출력하고 상황을 설명하는 간략한 단락을 써라.

2.9.2 0.6 지상 위의 수영장의 면에 0.6 m 지름의 반구의 플렉시 유리 "기포"를 특별한 창문으로 사용하고자 한다. 창문은 수영장의 수직벽에 볼트로 고정되어 있으며, 벽의 0.6 m 지름의 열린부분을 덮으면서 바깥쪽을 향해 있다. 열린 부분의 중심은 표면 아래로 1.2 m에 위치하고 있다. 물이 반구에 가하는 힘의 수평성분, 수직성분을 결정하여라.

2.9.3 그림 P2.9.3a, b의 곡면을 고려해 보자. 두 개의 곡면은 동일하다. 두 면에서의 수직 힘은 비슷한가? 어떻게 다른가?

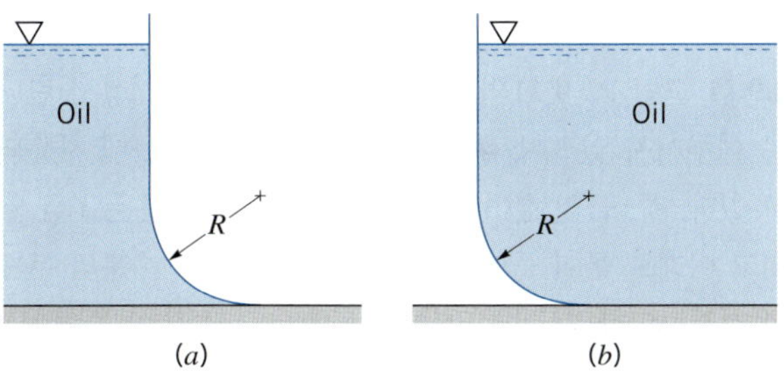

P2.9.3

2.9.4 그림 P2.9.4는 강 아래로 자동차가 이동하는데 이용하는 수중터널의 단면을 보여주고 있다. 터널의 원형 지붕에 작용하는 정수력 합력의 크기와 위치를 결정하여라. 터널의 길이는 6440 m이다.

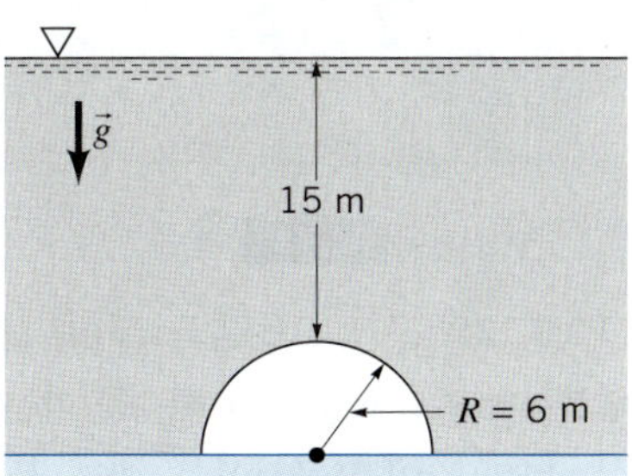

P2.9.4

2.9.5 그림 P2.9.5의 용기는 원형 단면을 가지고 있다. 경사면에서의 수직력을 구하여라. 또한 바닥 EF에 작용하는 순 수직력을 구하여라. 수직력은 용기의 물의 무게와 같은가?

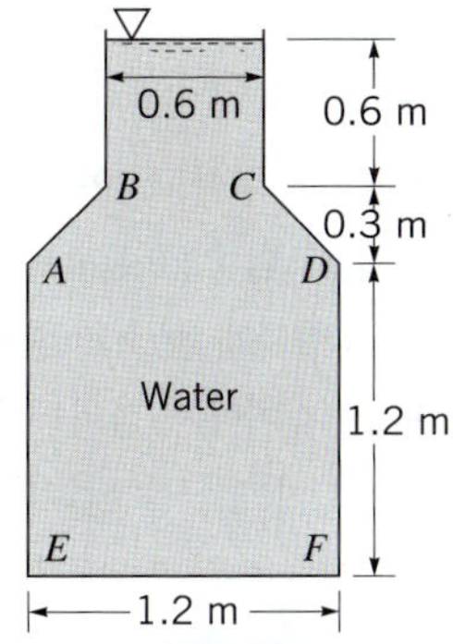

P2.9.5

2.9.6 그림 P2.9.6의 5.5 m 길이의 경량 수문은 1/4 원모양이며, H에 경첩으로 연결되어 있다. 수문을 고정하는데 필요한 수평힘 을 결정하여라. 경첩에서의 마찰과 수문의 무게는 무시하여라.

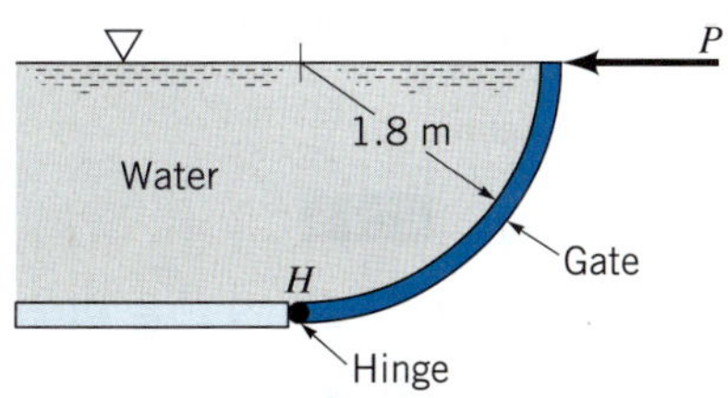

P2.9.6

2.9.7 Video 비디오 V2.6과 그림 P2.9.7의 2 리터의 탄산음료병 꼭대기의 공기압은 275.8 kP이며, 음료의 깊이는 0.25 m이다. 병 바닥은 지름 0.11 m의 불규칙한 형상을 가지고 있다. (a) 만약 병마개의 지름이 0.025 m이라면, 마개를 제자리로 유지하는 데 필요한 축 방향 힘의 크기는 얼마인가? (b) 병의 아래 0.05 m 부분을 실린더 옆면에 고정시키는데 필요한 힘을 결정하여라. 이 계산에서 탄산수의 무게는 무시할 수 있다고 가정하여라. (c) 탄산수의 무개는 바닥으로부터 0.05 m 높이의 압력을 얼마나 증가시키는가? 탄산수는 물과 동일한 비중을 가진다고 가정하여라.

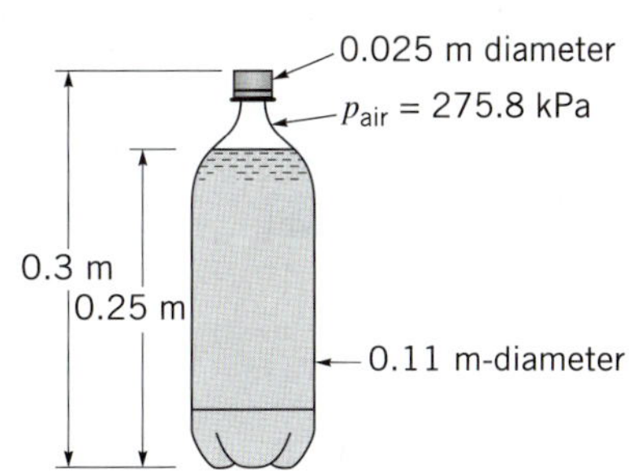

P2.9.7

2.9.8 멕시코만에서 석유를 시추할 때, 어떤 잠수부들은 396 m 깊이에서 일하여만 한다. (a) 해수가 1025 kg/m^{3}의 일정한 밀도를 가진다고 가정하고, 이 깊이에서의 압력을 계산하여라. 잠수부들은 그림 P2.9.8에서처럼 실린더에 보관된 20.6 MPa 압력의 헬륨과 산소의 혼합가스로 호흡한다. (b) 잠수부가 396 m 깊이에서 실린더를 사용하는 동안 용접부가 지탱해야 하는 (마개 끝을 날려버리려고 하는) 힘을 계산하여라. (c) 탱크를 비운 후에, 잠수부는 탱크를 놓아준다. 탱크는 떠오를까, 가라앉을까? 그리고 초기 가속도는 얼마인가?

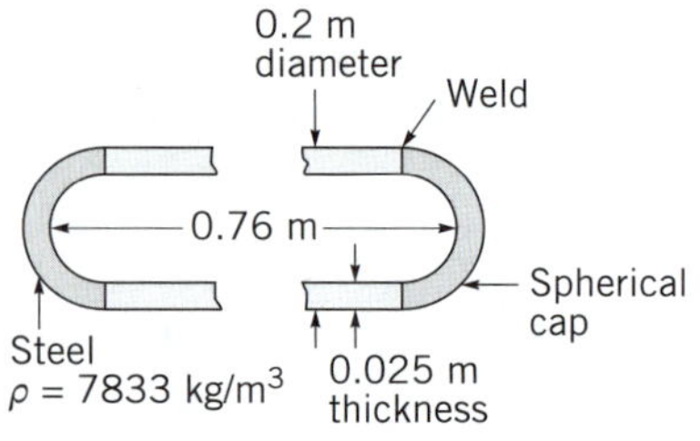

P2.9.8

2.9.9 Video 후버댐(비디오 V2.5 참조)은 미국에서 가장 높은 아치형 중력댐이다. 그림 P2.9.9(a)는 댐의 단면적을 보여준다. 댐이 위치하는 협곡의 벽은 경사가 져 있으며, 그림 P2.9.9(b)의 수직 평면은 댐의 상류에서 대략적으로 댐에 작용하는 물의 단면을 나타낸다. 이 수직 단면을 사용하여 물이 댐에 작용하는 수평방향의 합력을 구하고, 이 힘이 작용하는 위치를 보여라.

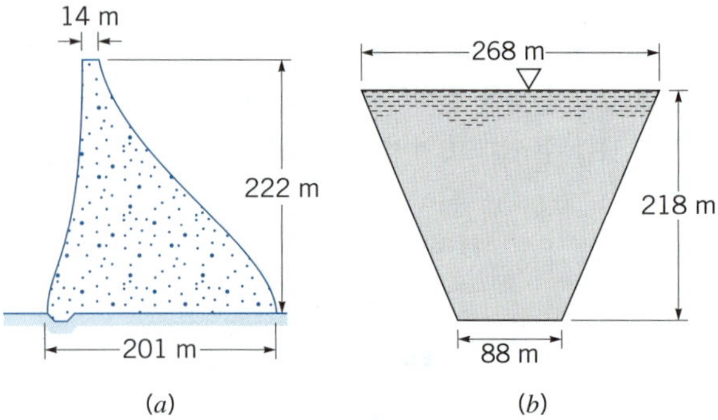

P2.9.9

2.9.10 그림 P2.9.10에서 가압 탱크 바닥의 마개는 원뿔 형상이다. 공기압은 40 kPa이고 탱크의 액체는 27 kN/m^{3}의 비중량을 가지고 있다. 40 kPa의 압력과 액체에 의해서 탱크 내의 원뿔의 곡면에 작용하는 힘의 크기, 방향, 작용점을 결정하여라.

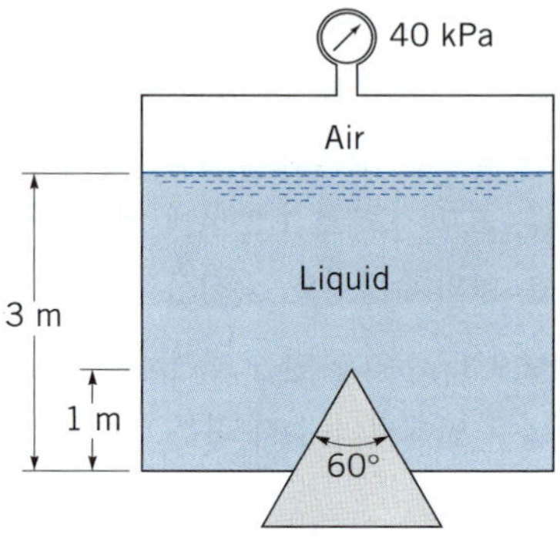

P2.9.10

2.9.11 그림 P2.9.11의 균질한 수문은 1/4의 원형 실린더로 이루어져 있으며, 4m 깊이의 물을 지탱하는데 사용되고 있다. 즉, 물의 깊이가 4 m를 넘어가면, 수문은 조금 열리고 아래로 물이 들어오게 된다. 길이 m 당 수문의 무게를 결정하여라.

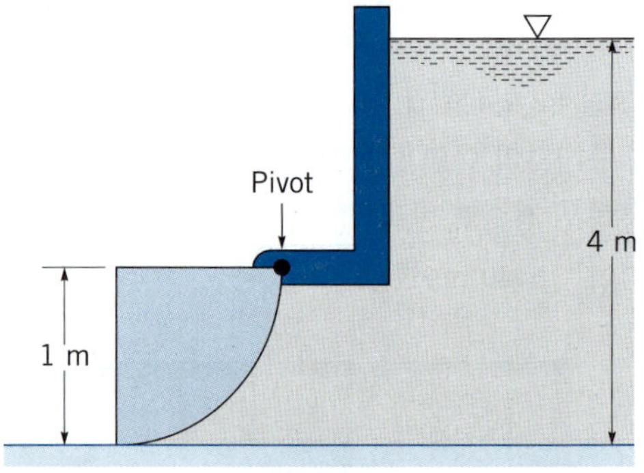

P2.9.11

2.9.12 그림 P2.9.12의 콘크리트(밀도 = 2403 kg/m^3) 방조제는 곡면 형상이며 7.5 m 깊이의 해수를 막는다. 곡면의 형상은 보이는 바와 같이 포물선이다. 아래 끝부분(점 A)을 통과하는 축에 대해서 (단위 길이당) 유체 힘의 모멘트를 구하여라.

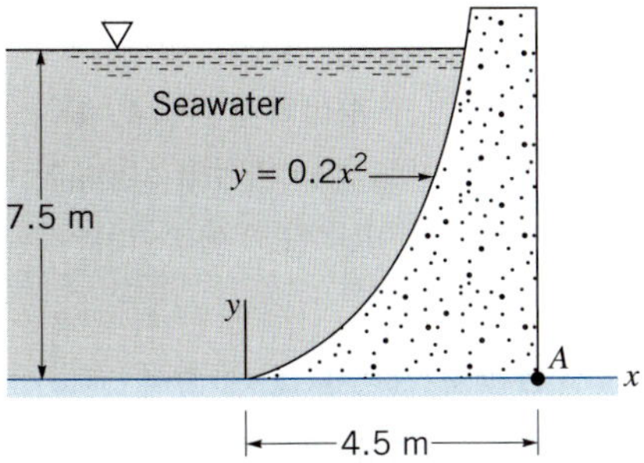

P2.9.12

2.9.13 그림 P2.9.13에서 실린더 절반의 형상을 가진 관람창이 큰 수족관 옆면에 설치되어 있다. 관람창에 작용하는 순 수평방향 힘의 크기, 방향, 위치를 구하여라.

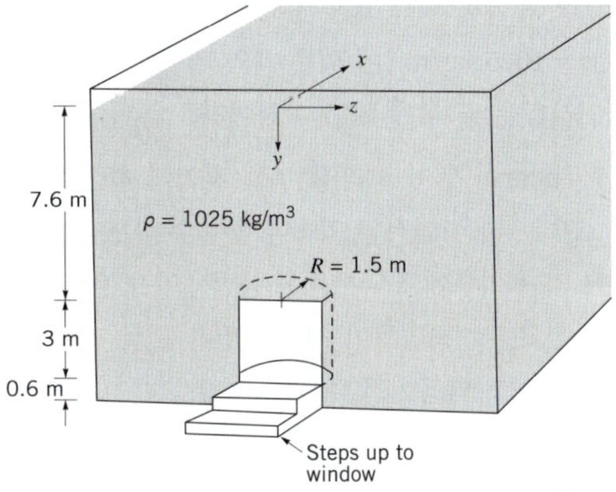

P2.9.13

2.9.14 문제 2.9.13에서 관람창에 작용하는 순 수직방향 힘의 크기, 방향, 위치를 구하여라.

2.9.15 그림 P2.9.15에서 10 m 길이의 통나무가 댐에 막혀서 걸려있다. 지름 D에 대해서 통나무에 작용하는 물의 수평력과 수직력의 크기와 위치를 구하여라. 통나무의 중심은 댐 위쪽 끝의 높이와 같다.

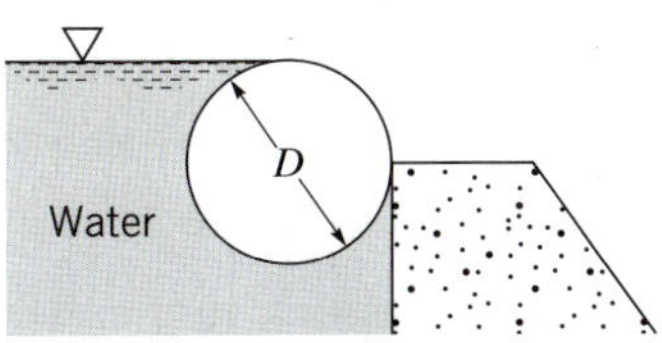

P2.9.15

2.9.16 그림 P2.9.16의 물을 포함하고 있는 열려진 탱크는 수직 면에 반원 형상의 돌출된 부분을 가지고 있다. 물이 돌출부에 가하는 힘의 수평 성분과 수직 성분을 결정하여라. 돌출부 길이 0.3 m에 대하여 계산을 수행하여라.

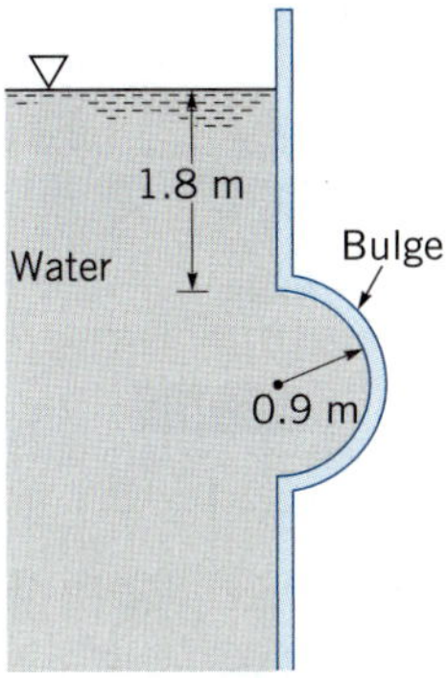

P2.9.16

2.9.17 그림 P2.9.17에서 밀폐 탱크 내부는 물로 채워져 있고, 1.2 m 직경의 반구형 돔을 가지고 있다. U자형 액주계가 탱크에 연결되어 있다. 만약 액주계의 눈금이 2.1 m이고 액주계의 위쪽 끝단의 압력이 86.8 kPa일때, 돔에 가해지는 물의 수직력을 결정하여라.

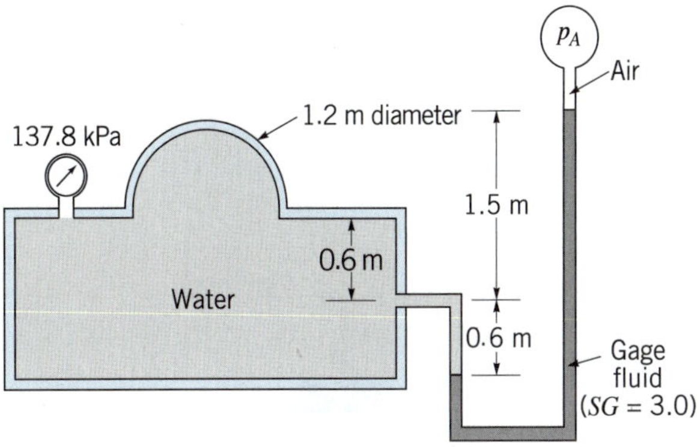

P2.9.17

2.9.18 그림 P2.9.18에서 3 m 지름의 열려진 실린더 형상의 탱크가 물을 포함하고 있으며, 반구형의 바닥을 가지고 있다. 곡면 바닥에 작용하는 물의 힘의 크기, 작용선, 방향을 결정하여라.

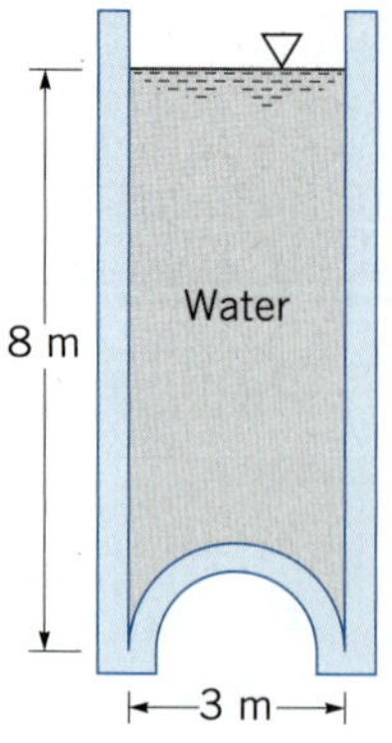

P2.9.18

2.9.19 그림 P2.9.19에서 무시할 수준의 무게를 가진 세 개의 수문이 폭 b의 수로의 물을 막는데 사용되고 있다. 수문 (b)에서 수문이 블록에 가하는 힘은 R이다. 다른 두 수문에서 블록에 가해지는 힘을 R에 대한 식으로 결정하여라.

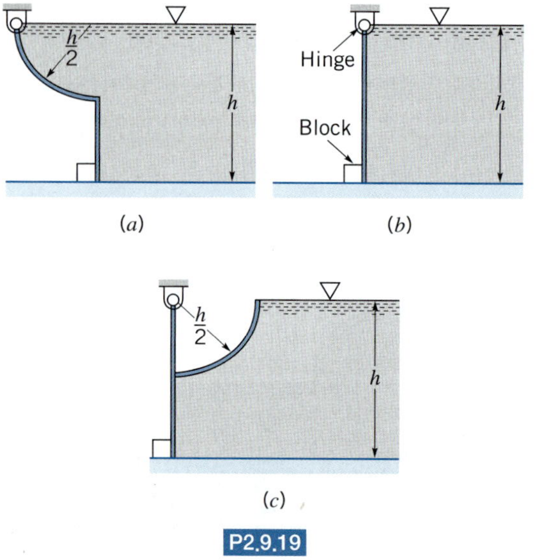

P2.9.19

2.10절 부력, 부유, 안정성

2.10.1 아르키메데스의 원리가 중요한 상황에 대한 사진/이미지를 구하라. 사진을 출력하고 관련된 상황에 대한 짧은 단락을 적어라.

2.10.2 빙산(비중 0.917)이 바다(비중 1.025)에 떠 있다. 물 아래 있는 빙산의 체적은 전체의 몇 퍼센트인가?

2.10.3 1 m 두께의 떠 있는 얼음 조각은 얼음 가운데 227 kg의 북극곰이 있을 때 0.025 m 만큼 가라앉는다. 수면에서 얼음의 면적은 얼마인가? 해수의 비중은 $S = 1.03$이다.

2.10.4 직경이 7.6 m인 구 형상의 풍선이 4.44℃, 137.9 kPa의 헬륨으로 채워져 있다. 4.44℃, 101.3 kPa의 대기 조건에서 풍선이 지탱할 수 있는 힘은 얼마인가? 풍선의 무게는 무시하여라.

2.10.5 단면이 대략적으로 직사각형인 바지선이 곡물을 운반하고 있다. 바지는 8.5 m 폭, 27.5 m 길이를 가지고 있다. 곡물을 내렸을 때, 흘수(잠겨진 깊이)는 1.5 m이며, 곡물을 실었을 때 흘수는 2.1 m이다. (a) 바지선이 곡물을 싣지 않았을 때의 무게와 (b) 곡물의 무게를 결정하여라.

2.10.6 바지선의 폭은 12 m, 길이는 36.5 m이다. 바지선과 하물의 무게는 W로 표시된다. 염분이 없는 강물에서 바닷물($\gamma = 1025$ kg/m^3)에 있을 때와 비교하여 0.076 m 더 깊게 가라앉는다. 무게 W를 구하여라.

2.10.7 Tucurui 댐이 브라질 북쪽 지역에 건설될 때 만들어진 호수는 넓은 면적의 귀중한 활엽수 나무숲을 덮었다. 15년이 지난 이후에도 나무들은 완벽하게 보존되었다는 것이 밝혀졌고, 수중 벌목이 시작되었다. 벌목 과정에서, 나무가 선정되고, 다듬어진 다음, 잘라졌을 때 미사일처럼 표면으로 튀어오르는 것을 방지하기 위해 로프로 고정된다. 일반적인 큰 나무는 아래 지름이 2.5 m이고, 위의 지름이 0.6 m, 높이가 30 m인 잘린 원뿔 형태로 나타내질 수 있다고 가정하자. 완전히 잠겨진 나무가 잘려질 때 로프가 지탱해야 될 수직 합력을 결정하여라. 나무의 비중은 대략적으로 0.6이다.

2.10.8 O 두명의 사람과 캠핑 장비를 운반하는 카누를 띄우기 위해 필요한 최소 물의 깊이를 계산하라. 모든 가정들을 적고 계산과정을 보여라.

2.10.9 Video 비디오 V2.6과 그림 P2.10.9에서 뒤집어진 시험관이 공기로 일부 채워진 채 물이 채워진 플라스틱 청량 음료 병 내부에 떠 있다. 관 내부의 공기의 양을 관이 간신히 떠 있을 정도로 조절하였다. 병의 마개는 단단히 고정되어 있다. 플라스틱 병을 약간 찌그러뜨리면 시험관은 병의 바닥으로 가라앉을 것이다. 이 현상을 설명하여라.

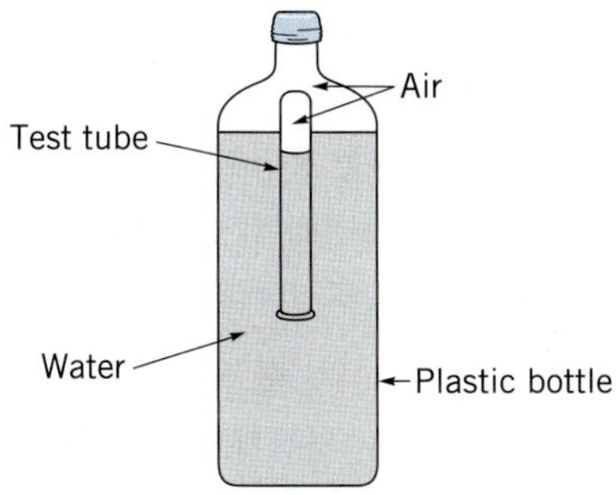

P2.10.9

2.10.10 한 아이의 풍선은 지름이 0.3 m인 구 형상이다. 풍선은 헬륨($\rho = 0.224$ kg/m^3)으로 채워져 있다. 풍선의 재료는 표면적 당 0.04 kg/m^2 무게를 가지고 있다. 만약 아이가 풍선을 놓으며, 표준 대기에서 풍선은 얼마나 높이 떠오르는가? (올라가면서 풍선이 팽창하는 건 무시하여라.)

2.10.11 0.3 m 지름, 0.6 m 길이의 실린더가 비중량이 γ인 액체가 있는 열린 탱크 안에 떠 있다. 그림 P2.10.11에서 U자관 액주계가 탱크에 연결되어 있다. 관 A의 압력이 대기압보다 690 Pa 작을 때, 여러 액체의 높이는 보여진 바 같다. 실린더의 무게를 결정하여라. 실린더의 위쪽 끝은 유체 수면의 높이와 같다.

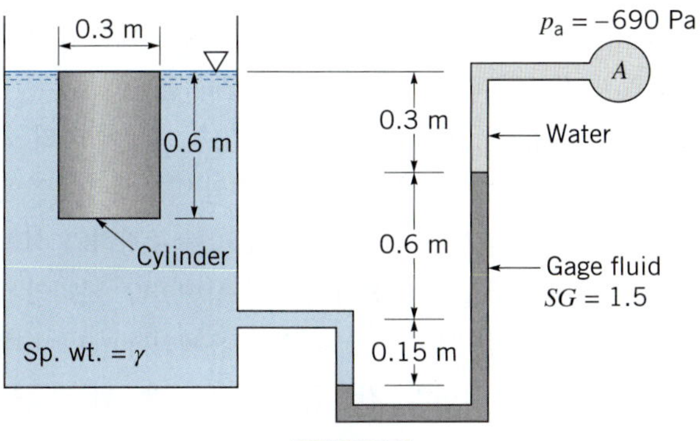

P2.10.11

2.10.12 Ⓒ 그리 정직하지 않은 시민이 먼저 비어 있는 이리듐($S = 22.5$) 잉곳을 만든 다음, 무시할 수준의 무게와 부피를 가진 얇은 금($S = 19.3$)을 입히는 방식으로 가짜 금괴를 제조하는 걸 생각하고 있다. 가짜 금괴의 질량은 45 kg이어야 한다. 심사관이 밀도를 측정하기 위하여 공기와 물에서 무게를 재 본 후 가짜 금괴가 진짜라고 결론을 내릴 수 있게 하려면, 가짜 금괴의 부피와 이리듐 내부의 공기의 부피는 얼마여야 하는가? 납 ($S = 11.35$) 또는 플라티늄 ($S = 21.45$)을 이리듐 대신 사용할 수 있는가? 이것이 좋은 생각인가?

2.10.13 그림 P2.10.13에서 실린더 형상의 고체 소나무($S = 0.50$) 부표에 납($S = 11.3$)으로 된 추가 달려져 있다. 바닷물에서 부표의 평형 위치를 결정하여라(즉, d를 구하라). 이 부표는 안정적인가 불안정한가? 바닷물에서 비중 $S = 1.03$이다.

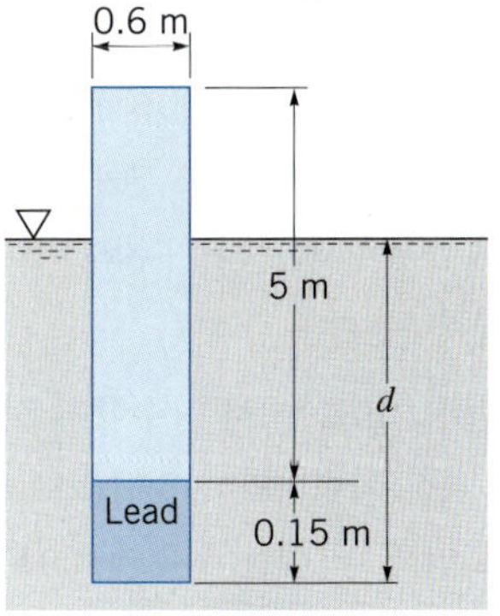

P2.10.13

2.10.14 Video 관 직경이 7.6 mm인 비중계(그림 P2.10.14와 비디오 V2.8 참조)가 물 안에 놓여졌을 때, 관이 수면 밖으로 80 mm 올라간다. 만약 물이 비중 1.10을 가진 액체로 교체될 때, 관은 수면 위로 얼마만큼 올라갈까? 비중계 무게는 0.2 N이다.

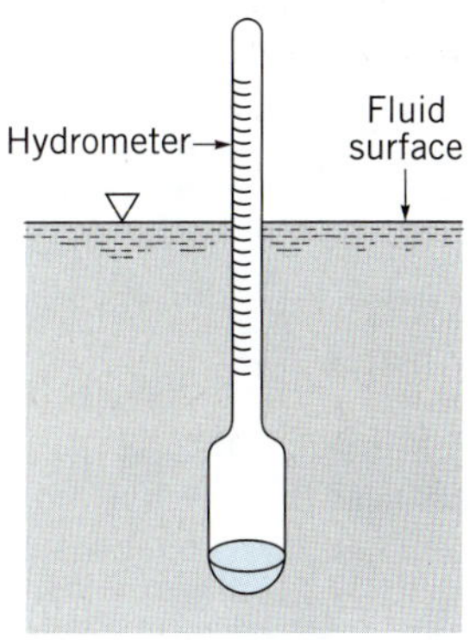

P2.10.14

2.10.15 그림 P2.10.15에서 0.6 m 두께의 나무($SG = 0.6$)로 된 블록이 기름에 잠겨져 있으며, 아래쪽에는 0.6 m 두께의 알루미늄(밀도 = 2691 kg/m^3) 판이 부착되어 있다. 아래 보여진 위치에 블록을 고정하기 위해 필요한 힘을 결정하여라. 점 A 기준으로 힘의 위치를 구하여라.

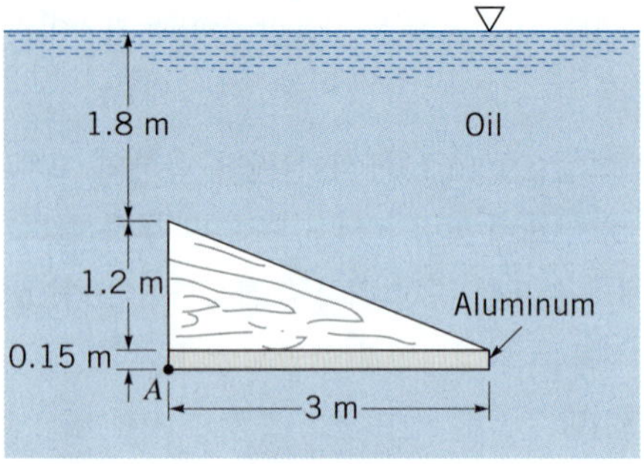

P2.10.15

2.10.16 ("콘크리트 카누" 제목의 유체의 넓은 세상 참고) 654 N의 콘크리트 카누는 동일한 무게를 운반하는 동일한 크기의 169 N의 초경량 케블라 카누와 비교하여 얼마만큼 더 많은 물을 밀어내는가?

2.10.17 Ⓒ 그림 P2.10.27에서 잠수함이 길이 91.5 m, 지름 15.25 m를 가진 실린더와 전망탑으로 모델링된다. 잠수함은 약 30초 안에 떠 있는 위치에서 15.2 m 깊이까지 잠수할 수 있다. 잠수는 블러스터 탱크에 물을 넣어서 이루어진다. 잠수함이 원하는 깊이에 도달하였을 때, 밸러스트 탱크의 물의 일부가 배출되어 잠수함이 "중성 부력"(즉, 떠오르지도 가라앉지도 않는다) 상태가 된다. 설명된 조건에서, 잠수함이 중성 부력 상태에 있을 때, 잠수함의 무게와 밸러스트 탱크에 있어야만 하는 물의 부피 (또는 질량) 을 구하여라. 바닷물의 비중 $S = 1.03$이다.

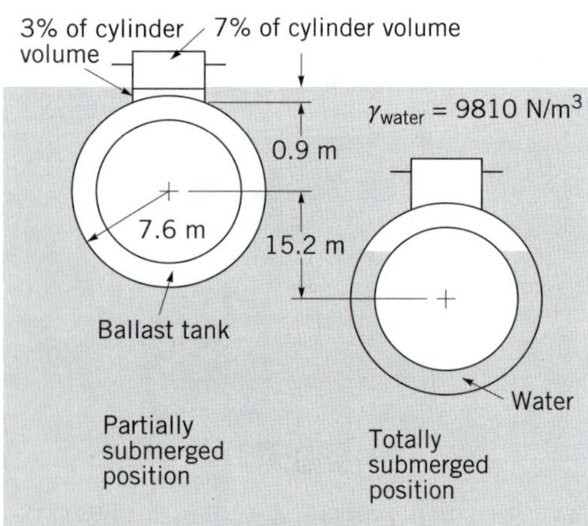

P2.10.17

2.11절 강체운동을 하는 유체 내의 압력 변화

2.11.1 바닥면 면적이 $0.0775\ m^2$인 19 L 실린더 형상의 열린 용기는 글리세린으로 채워져 있으며, 엘리베이터 바닥에 놓여져 있다. (a) 엘리베이터가 위 방향으로의 가속도 $0.9\ m/s^2$를 가지고 있을 때, 용기 바닥의 유체 압력을 결정하여라. (b) 가속 중에 엘리베이터 바닥에 용기가 가하는 합력은 얼마인가? 용기의 무게는 무시할 정도이다.

2.11.2 자동차에 탄 한 아이가 헬륨이 채워진 떠 있는 풍선과 연결된 끈을 잡고 있다. 자동차가 감속하여 멈출 때, 풍선은 뒤쪽으로 기운다. 자동차가 우회전을 할 때, 풍선은 오른쪽으로 기운다. 반면, 자동차가 감속할 때 아이는 앞으로 밀리고 우회전할 때는 왼쪽으로 기운다. 풍선과 아이에 대해서 이와 같이 관찰한 현상들을 설명하여라.

평생 학습 문제들

2.1 LL 댐에 가해지는 순 정수력을 계산하는 건 상대적으로 쉽지만, 적절히, 오래 지속되면서, 가격이 싼 댐을 설계하고 건설하는 것은 반드시 쉽지 만은 않다. 사실, 오래된 댐을 검사해 봤을 때, 조치가 곧 취해지지 않으며 이 중 다수가 붕괴될 위험에 있다는 것이 밝혀졌다. 국내에서 오래된 댐들이 열악한 상태가 얼마나 심각한지에 대한 정보를 획득하여라. 간단한 보고서로 발견한 것을 요약하여라.

2.2 LL 수 년에 걸쳐서, 고품질 1등급 목제에 대한 수요가 급격히 증가하였다. 불행하게도 이런 재목을 공급하는 대부분의 나무들은 이미 벌채되었다. 그러나, 최근에 여러 회사들이 수 해 전에 벌목 호황기 때 호수와 바다에 가라앉았던 많은 고품질의 통나무들에 대한 권리를 주장하기 시작하였다. 이 통나무들은 여전히 우수한 상태이다. 가라앉은 통나무들을 수확할 때 사용할 수 있는 유체역학 개념에 대한 정보들을 획득하여라. 간단한 보고서로 발견한 것들을 요약하여라.

2.3 LL 액체로 채워진 액주계와 Bourdon관 압력계는 아주 오랜 기간 동안 압력을 측정하는 데 주로 사용되어 왔다. 하지만, 많은 현대적인 응용분야에서, 이 검증된 장치들은 충분하지 않다. 예를 들어, 새로운 많은 사용처들은 디지털 형태의 출력을 가지는 작고, 정확하고, 저렴한 압력 변환기를 필요로 한다. 압력 측정에 사용되는 몇몇 새로운 개념들에 대한 정보를 획득하고, 간단한 보고서 형태로 발견한 것들을 요약하여라.

CHAPTER 3

유체운동학

학습목표

이 장을 학습한 후, 다음을 할 수 있어야 한다.

- 유체운동을 해석함에 있어서 Euler 방법과 Lagrange 방법의 차이점을 토론한다.
- 속도장을 근거로 다양한 유동특성을 이해한다.
- 속도장에 주어지는 유선패턴과 가속도장을 결정한다.
- 시스템과 검사체적간의 차이점을 토론한다.
- Reynolds 수송정리와 물질도함수를 적용한다.

Video
V3.1 유맥선

이장에서는 운동을 야기하는데 필요한 실제적인 힘에는 관심을 두지 않고 여러 가지 유체운동의 양상에 대해 논의한다. 즉, 유체운동학 – 유체의 속도 및 가속도, 유체운동의 기술과 가시화에 대해 고려한다.

운동을 생성하는 데 필요한 구체적인 힘들의 해석(**운동의 동역학**)은 다음 장에서 자세히 논의될 것이다. 다양하고 유익한 정보들은 유체운동학에 대한 철저한 이해로 부터 얻을 수 있다. 유체 운동을 설명하고 관찰하는 방법에 대한 이러한 이해는 유체동역학을 이해하기 위한 필수적인 단계이다.

3.1 속도장

유체는 흐른다. 즉, 공간의 한 지점에서 다른 지점으로 시간의 함수로서 분자들의 순 운동(net motion)이 있다는 것을 의미한다. 제1장에서 논의된 바와 같이, 유체의 “입자”는 개별 분자들의 운동에 대한 설명을 시도하는 것이 비현실적일 (특별한 경우를 제외하고) 만큼 매우 많은 분자들을 포함한다. 따라서, 우리는 연속체 가정을 적용하여, 유체는 서로 상호작용하거나, 유체입자들 주위와 상호작용하는 유체입자들로 이루어져 있는 것으로 생각한다. 유체입자는 비록 매우 작으나, 각각의 입자는 수많은 분자를 포함한다. 우리는 개별 분자가 아닌 유체 입자들의 운동의 관점에서 유체의 흐름을 기술한다. 이러한 운동은 유체 입자들의 속도와 가속도의 관점에서 기술되어 질 수 있다.

무한소의 유체입자들은 연속체 가정에 의해 암시되듯이 서로 단단하게 묶여져 있다. 따라서 주어신 시간에 어떤 유체의 물성치(즉 밀도, 압력, 속도, 및 가속도)의 기술은 유체의 위치의 함수로 주어질 수 있다. 이와 같은 유체변수들의 공간좌표의 함수로서 나타내는 것을 **흐름의 장표현(field representation)**이라 부른다. 물론 특정한 장의 표현은 다른 시간에 달라질 수 있다. 따라서 유체유동을 묘사하기 위해서 여러 가지 변수들을 공간좌표의 함수(예로서 x, y, z)뿐만 아니라 시간(t)의 함수로도 결정해야만 한다.

Video

V3.2 속도장

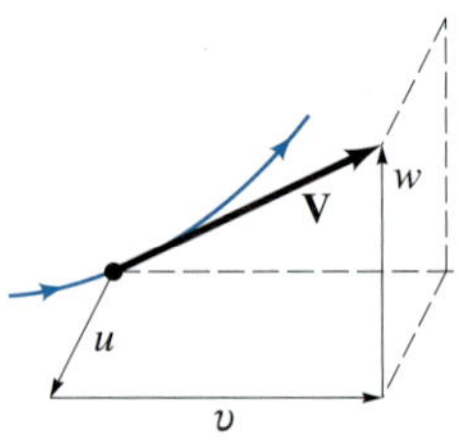

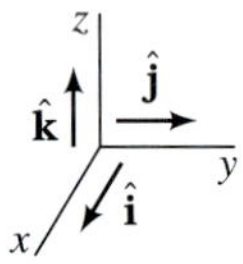

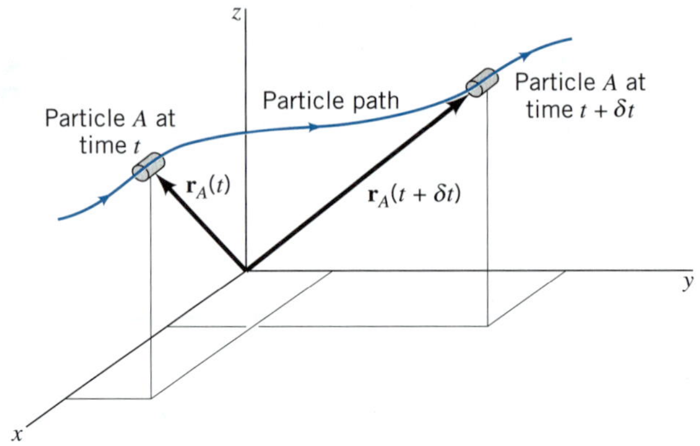

그림 3.1 입자의 위치벡터

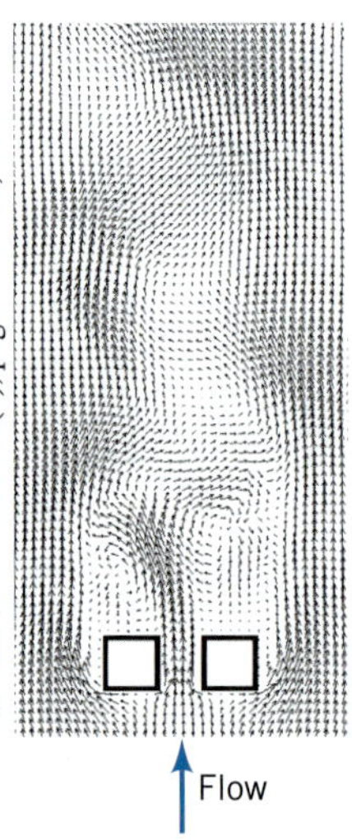

Video

V3.3 실린더–속도 벡터

방안의 온도 T를 완벽하게 명시하기 위해서, 우리는 어떤 시각에서 방안의 (바닥에서 천장까지 그리고 벽에서 벽까지) 온도장, $T = T(x, y, z, t)$을 규정하여야 한다. 인접한 그림에서 보이는 것은 가장 중요한 유체 변수 중 하나인 **속도 벡터**이다.

$$\mathbf{V} = u(x, y, z, t)\hat{\mathbf{i}} + v(x, y, z, t)\hat{\mathbf{j}} + w(x, y, z, t)\hat{\mathbf{k}}$$

여기서 u, v, w는 속도벡터의 x, y, z 성분이다. 정의에 의해 입자의 속도는 그 입자에 대한 위치벡터의 시간적인 변화율이다. 그림 3.1에 설명되어 있듯이, 좌표계에 상대적인 입자 A의 위치는 입자가 움직이면 시간의 함수인 위치벡터 $\mathbf{r}_A$에 의해 주어진다. 이 위치의 시간 변화율이 입자의 속도 $d\mathbf{r}_A/dt = \mathbf{V}_A$가 된다.

모든 입자들의 속도를 기술함으로써, 우리는 속도 벡터, $\mathbf{V} = \mathbf{V}(x, y, z, t)$의 장(field) 에 대한 기술을 할 수 있다. 인접한 그림은 두 개의 사각형 막대를 통과하는 흐름에 대한 특정 순간의 속도장(즉, 속도 벡터)을 보여준다. 이와 같은 그림을 사용하여, 복잡한 흐름에 대한 많은 정성적 및 정량적 정보를 얻을 수 있다.

속도는 벡터이기 때문에 방향과 크기를 모두 가지고 있다. $V = |\mathbf{V}| = (u^2 + v^2 + w^2)^{1/2}$로 표시된 $\mathbf{V}$의 크기는 유체의 속력이다. (V를 속력(speed) 보다 속도(velocity)로 부르는 것은 현실에서는 매우 흔하다. 즉, “유체의 속도는 12 m/s”이다.) 속도는 벡터이기 때문에, 만약 입자가 일정한 속력으로 움직이지만 흐름을 따라 움직이면서 방향이 바뀌면, 가속도가 발생한다.

광활한 유체의 세계

Follow those particles

입자의 흐름에 대한 추적 움직이는 공을 짧은 간격으로 찍은 2개의 사진을 하나로 겹쳐본 다음 두 공들 사이에 화살표를 그려보자. 이 화살표는 대략적인 볼의 속도(거리/시간)를 나타낸다. The particle image velocimeter (PIV)는 주어진 유동의 단면적에 대한 순간적인 속도장을 제공 하기 위하여 위와 같은 방식을 사용한다. 유체의 운동 궤적을 추적하기 위하여 마이크론 크기의 특수한 입자를 관찰하고자 하는 유체에 투입하는데, 그 입자는 유체를 따라 흐르기에 충분할 만큼 작고, 카메라로 촬영하기 위해 필요한 빛을 충분히 반사시킬 만큼 큰 입자를 가진다. 라이트 시트를 거쳐서 레이저 광선을 이 입자에 투영시키면 디지털 카메라는 특수입자의 움직임을 쫓으면서 반사되어 나오는 두 개의 레이저를 포착하고 동일 화상위에 표시한다. 픽셀 단위의 화상데이터를 처리하기 위한 적절한 컴퓨터 소프트웨어를 사용함으로써, 입자의 움직임을 추 적하고 단면적에 대한 유체의 2차원 속도를 구하는 것이 가능하다. 입체적으로 배열한 2대의 카메라를 사용함으로서 3차원 속도를 구하는 것도 가능하다.

예제 3.1 | 속도장 표현

주어진 사항 속도장이 $V = (V_0/\ell)(-x\hat{\mathbf{i}} + y\hat{\mathbf{j}})$에 의해 주어진다. 여기서 V_0 및 ℓ은 상수이다.

해결과제 흐름장의 어떤 위치에서 V_0와 같은 속력인가? $x \geq 0$에서 대표적으로 몇몇 위치에서 유체속도를 나타내는 화살표를 사용하여 속도장을 스케치하라.

풀이 속도의 x, y, z 성분은 $u = -V_0 x/\ell$, $v = V_0 y/\ell$, $w = 0$로 주어진다. 따라서 유체의 속력 V는

$$V = (u^2 + v^2 + w^2)^{1/2} = \frac{V_0}{\ell}(x^2 + y^2)^{1/2} \tag{1}$$

이다. 속력은 그림 E3.1a에서 보여지듯이 원점을 중심으로 반경 $[(x^2 + y^2)^{1/2} = \ell]$의 어떤 위치에서도 $V = V_0$ 이다.

x축에 상대적인 유체속도의 방향은 그림 E3.1b에서 보여지듯이 $\theta = \arctan(v/u)$으로 주어진다. 이런 흐름에 대해

$$\tan\theta = \frac{v}{u} = \frac{V_0 y/\ell}{-V_0 x/\ell} = \frac{y}{-x}$$

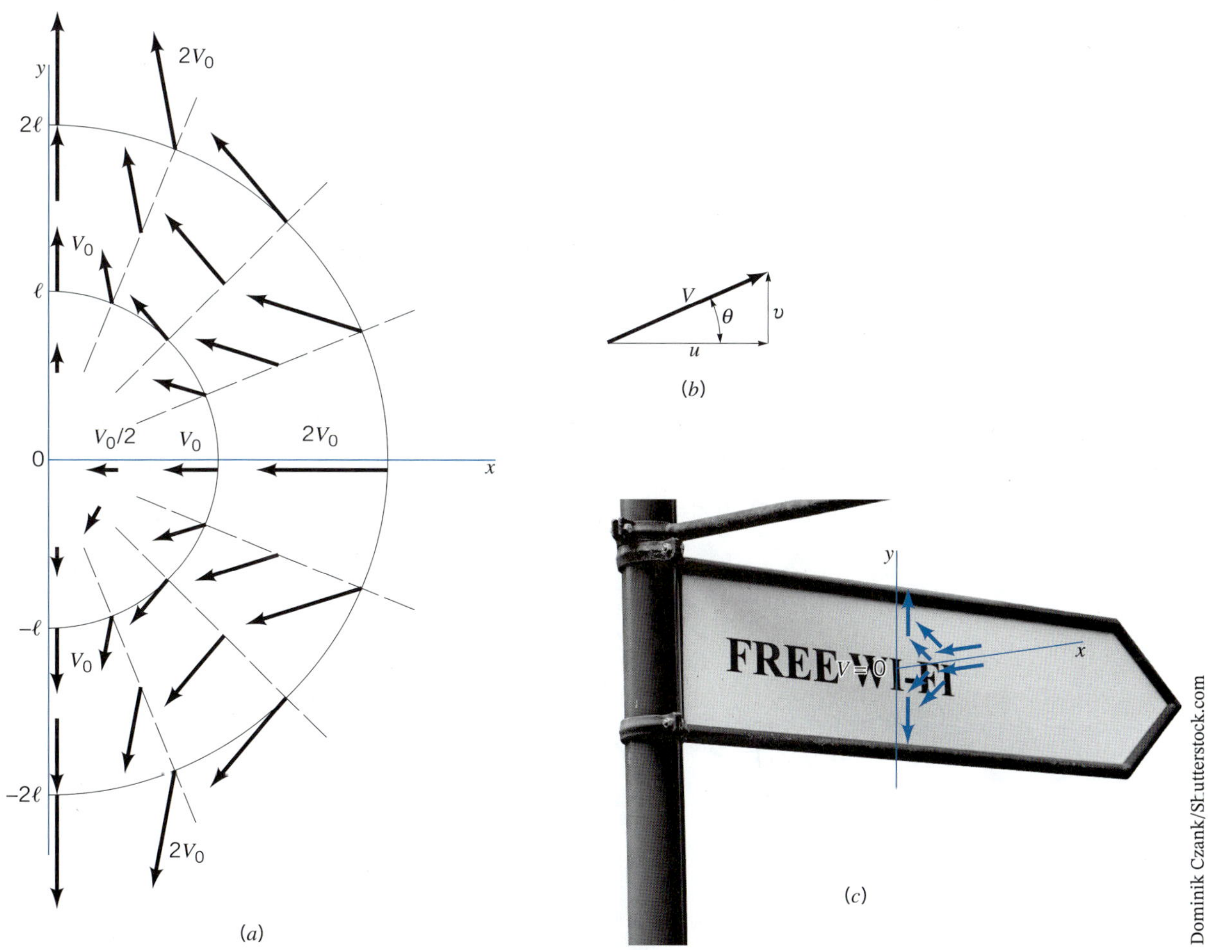

그림 E 3.1

이다. 따라서, x축($y=0$)을 따라, $\tan\,\theta=0$이고 그래서 $\theta=0°$ 혹은 $\theta=180°$임을 안다. 마찬가지로 y축($x=0$)을 따라 $\tan\,\theta=\pm\infty$가 얻어지며, 따라서 $\theta=90°$ 혹은 $\theta=270°$가 된다. 또한 $y=0$에 대해서 $V=(-V_0x/\ell)\hat{\mathbf{i}}$이고 한편, $x=0$일 때, $V=(V_0y/\ell)\hat{\mathbf{j}}$임을 알 수 있으므로 유동($V_0=0$일 때)은 그림 E3.1a에서와 같이 x축을 따라서는 원점을 향해 흐르고, y축을 따라서는 원점에서 나가는 방향으로 흐른다. $x-y$ 평면상의 다른 위치에 대해서는 V와 θ를 구하면, 그림 E3.1에 보이는 바와 같은 속도장을 그릴 수 있다. 예를 들어 $y=x$인 선상에서는 속도가 x축과 45°의 각 을 가지게 된다.

보충설명 원점에서는 $x=y=0$이므로 $V=0$이다. 유체가 정지된 이 점을 정체점이라 부른다. 원점에서 멀리 떨어질수록 유체는 더 빨리 흐른다. (식(1)에서 보여진 바와 같이). 이 속도장을 면밀히 검토하면 유동에 대해 상당한 정보를 얻을 수 있다.

3.1.1 유동의 Eulerian 및 Lagrangian 기술

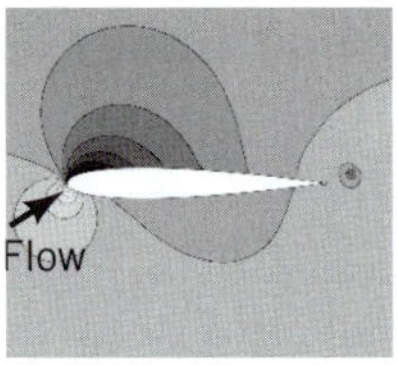

Courtesy of Chris Griffin

유체역학 문제(또는 물리 과학의 다른 분야에서의 문제들)를 해석하는데 있어서 두 가지 일반적인 접근방법이 있다. 첫째 방법은 **Eulerian 방법**이라 불려지며 위에서 도입한 장의 개념을 사용한다. 이 경우, 유체운동은 전적으로 필요한 상태량(압력, 밀도, 속도 등)을 공간과 시간의 함수로 기술함으로써 정해진다. 이 방법으로부터 유체가 공간상의 고정된 점을 흐를 때 그 점에서 일어나는 변화를 조사함으로써 흐름에 대한 정보를 얻는다.

흐름에 대한 전형적인 Eulerian 표현은 영각(angle of attack)을 가진 익형을 지나는 흐름을 나타내는 인접한 그림에서 보여진다. 압력장은 압력의 강도를 나타내는 회색 음영으로 일정한 압력의 선을 보여주는 등고선 선도를 사용하여 표시되어 진다.

두 번째 방법은 **Lagrangian 방법**이라 불려지며, 개개의 유체입자들의 움직임을 추적하며, 이들 입자와 관련된 유체의 물성치가 어떻게 시간의 함수로서 변하는가를 결정하는 것을 포함한다. 즉, 유체입자는 구별되고 그 입자들이 움직임에 따라 유체 물성치가 결정된다.

유체유동 문제를 해석하는 두 방법의 차이는 그림 3.2에 보여지는 것처럼 굴뚝으로부터 방출되는 연기의 예에서 알 수 있다. Eulerian 방법에서는 굴뚝 꼭대기에(점 0) 온도 측정장치를 부착하고 시간함수로서 그 점에서 온도를 기록한다. 다른 시각에 다른 유체입자들이 정지된 장치를 지나간다. 따라서 시간의 함수로서 그 위치 ($x=x_0$, $y=y_0$,

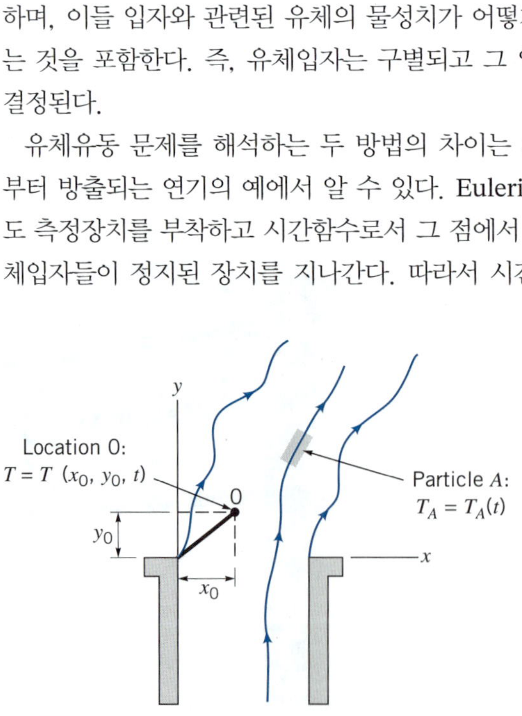

그림 3.2 Euler 및 Lagrange 기술에 의한 유동장 내의 온도변화

$z = z_0$)에 대한 온도 T를 얻을 수 있다. 즉, $T = T(x_0, y_0, z_0, t)$. 여러 위치에 고정된 많은 온도측정용 장치의 사용은 온도장, $T = T(x, y, z, t)$을 제공한다. 만약 입자의 위치가 시간의 함수로 알려지지 않는다면, 시간의 함수로서 특정 입자의 온도는 알려지지 않을 것이다.

Lagrangian 방법에서는 특정한 유체입자(입자 A)에 온도 측정장치를 부착하고 그 유체의 움직임에 따라 그 입자의 온도를 기록한다. 따라서 입자의 온도를 $T_A = T_A(t)$, 시간의 함수로서 얻을 수 있다. 여러 유체입자들과 함께 움직이는 측정장치의 사용은 이 입자들의 온도를 시간의 함수로서 제공한다. 각 입자의 위치가 시간의 함수로 알려지지 않는다면 온도는 위치의 함수로 알려지지 않을 것이다. 만약 Eulerian 형식의 충분한 정보를 이용할 수 있다면, Lagrangian 정보는 Eulerian 데이터로부터 도출될 수 있고, 그 반대의 경우도 마찬가지이다.

Eulerian 방법이나 Lagrangian 방법 중 하나를 사용하여 유동장을 설명할 수 있다.

예제 3.1은 흐름의 Eulerian 기술을 제공한다. Lagrangian 기술은 유체입자가 한 점에서 다른 점으로 흐를 때 각 입자에 대한 시간의 함수로서 속도를 결정해야 한다.

유체역학에서는 실험이나 혹은 해석적 연구에서, 흐름을 기술하기 위하여 Eulerian 방법을 사용하는 것이 일반적으로 보다 쉬운 방법이다. 그러나 Lagrangian 방법이 더 편리한 경우도 있다. 예를 들어, 일부 수치 유체역학의 계산은 개별 유체입자의 움직임(입자들의 적절한 상호작용을 근거로)을 결정하여 Lagrangian 용어로 운동을 설명합니다. 마찬가지로, 일부 실험에서는 개별 유체 입자들은 "태그가 부착"되어 운동 전반에 걸쳐 추적되어 Lagrangian 설명을 제공한다. 해류와 함께 흐르는 장치로부터 얻은 해양학적 측정은 이러한 정보를 제공한다. 마찬가지로 X선 불투명 염료를 사용하여 동맥의 혈류를 추적하고 유체 운동에 대한 Lagrangian 설명을 얻을 수 있다. Lagrangian 설명은 유체 입자가 흐름 경로를 따라 이동하면서 에너지를 얻거나 잃는 유체기계(예:펌프 및 터빈)를 설명하는 데 유용할 수 있다.

Video
V3.4 입자의 흐름 (실험)

Eulerian 기술과 Lagrangian 기술의 차이에 대한 또 다른 예시는 생물학적 예에서 볼 수 있다. 매년 수천 마리의 새들이 그들의 여름과 겨울 서식지 사이를 이동한다. 조류학자들은 다양한 종류의 중요한 정보를 얻기 위해 이러한 이동을 연구한다. 수집된 데이터 중 하나는 새들이 이동 경로의 특정 위치를 통과하는 속도입니다(시간당 새의 숫자). 이 데이터는 비디오 카메라를 고정된 위치에 설치함으로써 획득될 수 있다. 이것은 시간의 함수로서 주어진 위치에서 "유속"이라는 Eulerian 기술에 해당한다. 이 정보를 얻기 위해 개별 조류를 추적할 필요는 없다. 또 다른 유형의 정보는 무선 송신기로 특정 새를 "태그"하고 이동 경로를 따라 이동함으로써 얻어진다. 이것은 주어진 입자의 "위치"를 시간의 함수로 설명하는 Lagrangian 기술에 해당한다.

Video
V3.5 입자의 흐름 (컴퓨터)

3.1.2 1차원, 2차원 및 3차원 유동

일반적으로 유체 흐름은 다소 복잡한 3차원 비정상 현상이다. 즉, $\mathbf{V} = \mathbf{V}(x, y, z, t) = u\hat{\mathbf{i}} + v\hat{\mathbf{j}} + w\hat{\mathbf{k}}$. 그러나, 많은 경우에, 너무 많은 정확도를 희생하지 않고도 문제를 훨씬 쉽게 이해할 수 있는 단순화된 가정을 할 수 있다. 이러한 단순화 중 하나는 실제 유동을

National Physical Laboratory/Crown Copyright/Science Source

그림 3.3 모형익형을 지나는 복잡한 3차원 유동의 가시화

단순한 1차원 또는 2차원 흐름으로 근사하는 것이다.

대부분의 유동장은 실제로 3차원이다.

대부분 유동상황에서 속도장은 실질적으로 세 가지 속도성분(예, u, v 및 w)을 모두 포함한다. 많은 경우 3차원 유동의 특성은 유동이 야기하는 물리적 효과 측면에서 중요하다. 이러한 상황에서는 흐름을 완전한 **3차원 특성**으로 분석할 필요가 있다.

이러한 경우 속도의 성분 중 하나 또는 두 개를 무시하면 실제 유동에서 발생하는 효과를 상당히 잘못 나타낼 수 있다. 비행기 날개를 통과하는 공기의 흐름은 복잡한 3차원 흐름의 예를 제공한다. 이러한 유동의 3차원 구조에 대한 느낌은 모형익형을 통과하는 흐름의 사진인 그림 3.3을 연구하여 얻을 수 있다. 이 흐름은 유동 가시화 기법에 의해 가시화되었다.

Video
V3.6 날개를 지나는 유동

많은 경우, 속도성분의 하나는 다른 두 성분에 비해 어떤 의미에서 상대적으로 작을 수 있다. 이러한 상황에서 보다 작은 성분을 무시하고 **2차원 유동(two-dimensional flow)**으로 가정하는 것은 타당하다. 즉, $V = u\hat{\mathbf{i}} + v\hat{\mathbf{j}}$ 여기서 u, v는 x, y(그리고 가능한 시간, t)의 함수이다.

때때로 속도의 두 성분이 무시될 수 있다고 가정하고 속도장을 **1차원 유동장(one-dimensional flow field)**으로 간주하면 흐름해석을 더욱더 단순화 할 수 있다. 즉, $V = u\hat{\mathbf{i}}$. 책의 나머지 부분에서 예시를 통해 배우겠지만, 비록 매우 적더라도 정말로 1차원적 유동이 있다면, 1차원 유동의 가정이 실제유동의 유용한 모델이 되는 유동장이 많이 있다. 또한 1차원 유동장 가정을 사용하면 완전히 잘못된 결과를 초래하는 유동 상황도 많다.

3.1.3 정상 유동과 비정상 유동

이전 논의에서, 우리는 **정상 유동(steady flow)**은 공간상의 주어진 점에서 속도가 시간에 따라 변하지 않는다고 가정하였다. 즉 $\partial \mathbf{V}/\partial t = 0$이 된다. 실제로 대부분의 경우 모든 유동은 어떤 의미에서 비정상이다. 즉, 속도는 시간에 따라 변한다. 물론 **비정상 유동**은 보통 정상상태 유동보다 분석(그리고 실험적으로 조사)하기가 더 어렵다. 따라서 결과의 유용성을 훼손시키지 않고 정상 유동으로 가정할 수 있는 경우 상당한 단순화가 종종 발생한다. 다양한 유형의 비정상 유동 중에는 비주기적 유동, 주기적 유동, 그리고 정말로 무작위적인 유동이 있다. 이러한 유형 중 하나 이상의 비정상성이 분석에 포함되어야 하는지 여부는 항상 즉각적으로 명확한 것은 아니다.

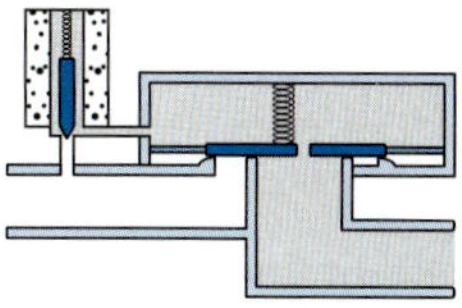

Solenoid off, valve closed

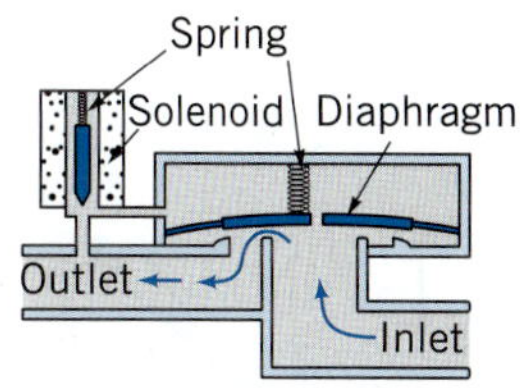

Solenoid on, valve open

물의 유동을 중지시키기 위하여 수도꼭지를 잠글 때 생성되는 유동이 비주기적 비정상 유동은 한 예이다. 일반적으로 이러한 비정상 흐름 과정은 매우 일상적이며, 비정상 효과의 결과로 생성된 힘은 고려할 필요가 없다. 그러나 (인접 그림에 표시된 식기세척기의 전기 작동식 밸브와 같이) 갑자기 물을 끌 경우, 비정상 효과가 중요해질 수 있다 [이러한 조건에서 배관의 큰 소리에 의해 명백해진 "워터 해머" 효과에서 처럼 (참조 1)].

다른 유동에서 비정상적인 효과는 기본적으로 같은 형식으로 몇 번이고 주기적일 수도 있다. 자동차 엔진 실린더 내로의 공기 가솔린 혼합물의 주기적인 주입이 그러한 예이다. 비정상적 효과는 상당히 규칙적이고 반복가능하며, 엔진은 비정상 효과없이 작동할 수 없습니다.

Video
V3.7 유동의 종류

광활한 유체의 세계

새로운 액체 제트펄스 메스

고속도 액체-제트 절단기는 가죽제품, 직소퍼즐, 플라스틱, 세라믹, 금속과 같이 광범위하고 다양한 제품들을 절단하기 위하여 사용되고 있다. 물은 압축공기에 의해 조그만 노즐에서 지속적으로 뿜어져 나오게 되는데, 이때 만들어지는 물은 자르고자 하는 물체의 표면에 높은 압력(정체압)을 발생시키고 이 압력으로 인해 물체가 절단되게 된다. 액체-제트 절단기를 공기 중에서 사용하는 것은 별 문제가 없다. 하지만 외과수술 중에 액체로 이루어진 부분을 건너뛰어 지나가야할 경우가 있는데 이때 분출하고 있는 제트를 어떻게 통제해야 할지 난감해진다. 이에 연구자들은 외과 의사들이 물 속에 잠겨있는 조직 위에서 정밀한 외과수술을 시술할 수 있도록 해주는 새로운 pulsed-jet 절단기를 개발해 왔다. 이 시스템은 정상물 제트보다 **비정상 흐름**을 사용한다. 그 원리는, 노즐 안에 엄청나게 큰 전기 에너지를 방전시켜 미세제트의 온도를 잠깐 동안 거의 10,000℃로 증가시키면 노즐안의 물이 급격히 팽창하여 수증기로 기화되게 되는데 이로 인해 노즐로부터 미세유체 제트가 분출된다는 것이다. 각각의 전기 방전은 어떤 물질에 작은 절단을 만들 수 있을 정도의 단일의 선명한 제트를 만든다.

많은 경우에 유동의 비정상 특징은 무질서하다. 즉, 비정상성에 대한 반복적인 절차 혹은 규칙적인 변화가 없다. 이러한 거동은 난류(turbulent flow)에서 일어나며 층류(laminar flow)에는 존재하지 않는다. 팬케이크 위로의 매우 점성이 높은 시럽의 "부드러운" 유동은 "결정론적"인 층류를 나타낸다. 이는 수도꼭지로부터 그 아래 개수대로의 물의 "불규칙한" 튀김에서 관찰되는 난류와 아주 다르다. 바람의 "불규칙한 "돌풍은 또 다른 불규칙적인 난류이다. 이러한 유형의 유동 간의 차이는 제8장과 제9장에서 상당히 상세하게 검토된다.

정상 혹은 비정상 유동의 정의는 공간의 고정된 지점에서 관찰된 유체 물성치의 거동과 관련이 있다는 것을 이해해야 한다. 정상유동은, 모든 고정된 지점의 모든 유체 물성

Video
V3.8 목성의 붉은 반점

치(속도, 온도, 밀도 등)의 값은 시간에 독립적이다. 그러나 주어진 유체 입자에 대한 이러한 물성치의 값은 입자가 흐르때, 심지어 정상유동에서도 시간에 따라 변할 수 있다. 따라서 자동차의 배기관 출구의 배기관 온도는 몇 시간 동안 일정할 수 있지만, 5분 전에 배관을 떠난 유체 입자의 온도는 유동이 정상상태일지라도 배관을 빠져나왔을 때보다 지금이 낮다.

3.1.4 유동 패턴 : 유선, 유맥선 및 유적선

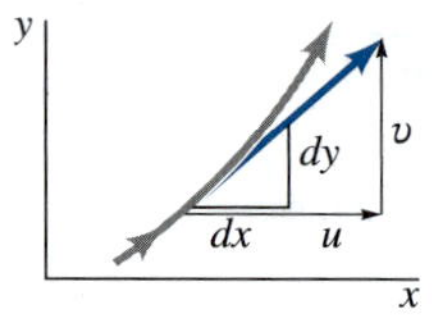

유체 운동은 상당히 복잡할 수 있지만, 유동장의 가시화 및 분석에 도움이 되는 다양한 개념들이 있다. 이를 위해 흐름 분석에서 유선, 유맥선 및 유적선의 사용에 대해 논의한다. 유선은 분석 작업에서 자주 사용되는 반면, 유맥선과 유적선은 실험 작업에서 자주 사용된다.

유선(Streamline)은 모든 곳에서 속도벡터와 접하는 선이다. 만약 유동이 정상이면, 고정된 지점 (속도 방향 포)의 어떤 것도 시간에 따라 변하지 않기 때문에, 유선은 공간에서 고정된 선이다. 비정상상태 유동의 경우, 유선들은 시간에 따라 모양이 변할 수 있다. 유선들은 속도장에 접하는 선을 정의하는 방정식을 적분함으로서 해석적으로 얻어진다. 인접한 그림에 나타난 바와 같이, 이차원 유동의 경우, 유선의 기울기 dy/dx는 속도벡터가 x축과 이루는 각의 접선과 같아야 한다. 또는

Video
V3.9 유선

$$\frac{dy}{dx} = \frac{v}{u} \tag{3.1}$$

이다.

만약 속도장이 x, y (그리고 비정상일 때, t)의 함수로 알려진다면, 이 방정식은 유선의 방정식을 제공하기 위하여 적분되어 질 수 있다.

비정상 유동의 경우 실험실에서 유선을 실험적으로 가시화할 수 있는 쉬운 방법은 없다. 아래에서 논의한 바와 같이, 유동속으로 주입된 염료, 연기 또는 다른 트레이서의 관찰은 유용한 정보를 제공할 수 있지만, 비정상 유동의 경우 반드시 유선들에 대한 정보는 아니다.

예제 3.2 | 주어진 속도장에서의 유선(기존 번역을 사용할 것)

주어진 사항 예제 3.1에서 논의된 2차원 정상유동, $\mathbf{V} = (V_0/\ell)(-x\hat{\mathbf{i}} + y\hat{\mathbf{j}})$을 고려한다.

해결과제 이 흐름에 대한 유선을 구하라.

풀이

$$u = (-V_0/\ell)x \text{ and } v = (V_0/\ell)y \tag{1}$$

이므로 유선은 다음 방정식의 해로서 주어진다.

$$\frac{dy}{dx} = \frac{v}{u} = \frac{(V_0/\ell)y}{-(V_0/\ell)x} = -\frac{y}{x}$$

여기서 변수 분리하여 방정식을 적분하면 다음과 같이 된다.

$$\int \frac{dy}{y} = -\int \frac{dx}{x}$$

또는

$$\ln y = -\ln x + \text{상수}$$

따라서, 유선을 따라

$xy = C$라는 식이 되고, 여기서 C는 상수이다. (답)

상수 C의 다른 값을 사용함으로서, $x-y$면 상에 여러 선들, 즉 유선을 그릴 수 있다. 첫 번째 사분원에 그려지는 유선은 그림 E3.2에 나타나 있다. 이 그림과 그림 E3.1a를 비교함으로서 유선이란 속도장과 접선을 이루는 선들의 집합이라는 사실을 설명할 수 있다.

보충설명 유동은 단지 하나의 유선만으로는 나타낼 수 없다는 것을 유념하자. 예를 들어 $V_0/\ell = 10$을 따르는 흐름에서의 유선은 $V_0/\ell = -10$에서의 유선과 똑같은 형상을 가지고 있지만, 이 두 유동의 방향은 반대이다. 그림 E3.2의 화살표는 흐름의 방향을 나타내고 있는데, 이것은 식(1)에 $V_0/\ell = 10$을 대입했을 때 나오는 $u = 10x$, $v = 10y$에 대하여 일치한다. 이때의 유동은 "아래쪽으로 향하는 방향과 오른쪽으로 향하는 방향"으로 나타난다. $V_0/\ell = -10$에 대한 화살표의 방향은 반대이다. 유동의 방향은 "위쪽으로 향하는 방향과 왼쪽으로 향하는 방향"이다.

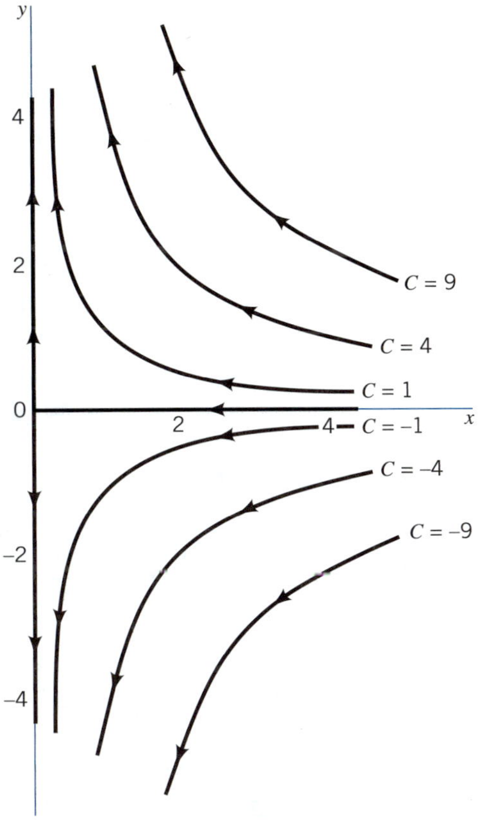

그림 E3.2

유맥선(Streakline)은 어떤 유동에서 한 공통점을 이미 지나온 모든 입자들로 구성된다. 유맥선은 해석적인 도구보다 실험적인 도구이다. 유맥선은 유동장에서 주어진 어떤 위치를 통하여 이미 흘러간 표식된 입자들의 순간적인 사진을 찍음으로써 얻어질 수 있다. 그러한 선은 어떤 주어진 위치에서 표식된 유체(공기 속의 중립적인 부력을 가진 연기 혹은 물 속의 물감)를 연속적으로 주입하여 생성시킬 수 있다(참고문헌 2)(그림 9.1 참조). 정상상태 유동의 경우, 연속적으로 주입된 각 입자는 이전의 입자 뒤에 정확히 따라가서 주입점을 통과하는 유선과 정확히 동일한 정상 유맥선을 형성한다.

비정상 흐름의 경우, 다른 시간에 같은 지점에 주입된 입자들은 동일한 경로를 따를 필요가 없다. 표시된 유체의 순간 사진은 그 순간의 유맥선을 보여주지만, 특정 시간에 주입 지점을 통과하는 유선이나 다른 시간에 동일한 주입 지점을 통과하는 유선과는 반드시 일치하지는 않는다(예 3.3 참조).

안정적인 흐름을 위해 유선형, 유맥선, 경로선은 동일하다.

유동을 가시화하고 설명하는 데 사용되는 세 번째 방법은 유적선을 사용하는 것이다. 유적선(Pathline)은 주어진 유체입자가 한 점에서 다른 점으로 흐를 때 그 입자에 의해 그려진 선이다. 유적선은 유체입자에 표식을 하고 그 움직임을 시간적으로 노출시킨 사진을 찍음으로써 실험실에서 생성되어질 수 있는 Lagrangian 개념이다. 정상 유동의 경우 유적선은 유선과 동일하고, 비정상 유동의 경우 그들은 서로 다르다.

정상 유동의 경우, 표시된 입자가 취하는 경로 (유적선)는 이전에 주입 지점을 통과한 다른 모든 입자에 의해 형성된 선 (유맥선)과 동일할 것이다. 이러한 경우, 이 선들은 속도장에 접해 있다. 따라서 유적선, 유선 그리고 유맥선은 정상 유동에 대해서는 동일하다. 비정상 유동의 경우 이 세 가지 유형의 선들이 동일할 필요는 없다(참고문헌 3). 그림 3.3에서 보여지듯이 유동 속에 연기나 염료를 주입함으로써 가시화된 유선의 사진들을 흔히 본다. 사실 이러한 사진들은 유선이 아니라 유맥선을 보여준다. 그러나 정상 유동에 대해서는 두 선은 동일하다. 다만 용어가 부정확하게 사용되어지고 있다.

광활한 유체의 세계

대양에 걸쳐 있는 에어 브리지

많은 양의 물질이 공기 중의 먼지 입자에 의해 한 장소에서 다른 장소로 운반된다는 것은 오래 전부터 알려져 왔다. 매년 20억 미터 톤(metric ton)의 먼지가 대기 중으로 방출되는 것으로 추정된다. 이 입자들의 대부분은 상당히 빠르게 가라앉지만, 상당한 양이 먼 거리를 이동한다. 과학자들은 이 현상의 모든 영향을 이해하기 시작했다. – 중요한 것은 수송되는 톤수뿐만 아니라 수송되는 물질의 종류이다. 우리 모두가 "먼지"라고 부르는 평범한 불활성 물질 외에도, 매우 다양한 위험 물질과 유기체들이 이러한 문자 그대로의 입자 경로를 따라 운반된다는 것이 이제 알려져 있다. 위성 사진은 사막의 토양과 다른 물질들이 강한 바람을 일으키는 폭풍의 결과로 공기 중의 입자로 변하는 놀라운 속도를 보여준다. 일단 그 작은 입자들이 위로 올라가면, 그것들은 바다를 건너 결국 다른 대륙에 퇴적되어 수천 마일을 여행할 수 있다. 모두의 건강과 안전을 위해, 우리가 바다에 걸쳐 있는 공기 다리(air bridge)에 대해 더 잘 이해하고 또한 그러한 물질 운송의 결과를 이해하는 것이 중요하다.

예제 3.3 | 유선, 유적선 및 유맥선 비교

주어진 사항 그림 E3.3a에 보이는 진동하는 슬릿으로부터 흐르는 물은 $\mathbf{V} = u_0 \sin[\omega(t - y/v_0)]\hat{\mathbf{i}} + v_0\hat{\mathbf{j}}$에 의해 주어지는 속도장을 생성한다. 여기서 u_0, v_0 및 ω는 상수이다. 따라서 속도의 y성분은 상수$(v = v_0)$이고, $y = 0$에서 속도의 x성분은 진동하는 스프링클러 머리의 속도 $[u = u_0 \sin(\omega t) \text{ at } y = 0]$와 일치한다.

해결과제

(a) $t = 0$, $t = \pi/2\omega$일 때 원점을 통과하는 유선을 구하라.

(b) $t = 0$, $t = \pi/2$일 때 원점에 있었던 입자의 유적선을 구하라.

(c) 원점을 지나는 유맥선의 형태에 대해 토론하라.

풀이

(a) $u = u_0 \sin[\omega(t - y/v_0)]$, $v = v_0$이므로 식(3.1)로부터 유선은 다음 식의 해에 의해 주어진다.

$$\frac{dy}{dx} = \frac{v}{u} = \frac{v_0}{u_0 \sin[\omega(t - y/v_0)]}$$

여기서 변수들을 분리할 수 있고 어떤 주어진 시간 t에 대해 방정식을 적분하면 다음 식을 얻는다.

$$u_0 \int \sin\left[\omega\left(t - \frac{y}{v_0}\right)\right] dy = v_0 \int dx$$

또는

$$u_0(v_0/\omega)\cos\left[\omega\left(t - \frac{y}{v_0}\right)\right] = v_0 x + C \qquad (1)$$

여기서 C는 상수이다. $t = 0$일 때, 원점$(x = y = 0)$을 통과하는 유선에 대해 상수 C의 값은 $C = u_0 v_0/\omega$로 식(1)로부터 얻어진다. 그러므로 이 유선에 대한 식은 식(2)와 같다.

$$x = \frac{u_0}{\omega}\left[\cos\left(\frac{\omega y}{v_0}\right) - 1\right] \qquad (2) \quad (\text{답})$$

마찬가지로 $t=\pi/2\omega$ 일 때, 원점을 통과하는 유선에 대해 식(1)에 의해 $C=0$을 얻는다. 따라서 유선에 대한 방정식은 다음과 같다.

$$x=\frac{u_0}{\omega}\cos\left[\omega\left(\frac{\pi}{2\omega}-\frac{y}{v_0}\right)\right]=\frac{u_0}{\omega}\cos\left(\frac{\pi}{2}-\frac{\omega y}{v_0}\right)$$

또는

$$x=\frac{u_0}{\omega}\sin\left(\frac{\omega y}{v_0}\right) \qquad (3) \quad (\text{답})$$

보충설명 그림 E3.3b에 그려진 두 유선은 유동이 비정상이기 때문에 같지 않다. 예를 들면, 원점($x=y=0$)에서 속도는 $t=0$일 때 $\mathbf{V}=v_0\hat{\mathbf{j}}$이고, $t=\pi/2\omega$ 일 때 $\mathbf{V}=u_0\hat{\mathbf{i}}+v_0\hat{\mathbf{j}}$이다. 따라서, 원점을 통과하는 유선의 각은 시각에 따라 변한다. 마찬가지로 전체적인 유선의 형태는 시간의 함수이다.

(b) 한 입자의 유적선(시간의 함수로서의 입자의 위치)은 속도장과 속도의 정의로부터 얻어질 수 있다. $u=dx/dt$, $v=dy/dt$이므로 아래 수식을 얻는다.

$$\frac{dx}{dt}=u_0\sin\left[\omega\left(t-\frac{y}{v_0}\right)\right] \quad \text{and} \quad \frac{dy}{dt}=v_0$$

방정식을 적분할 수 있어(v_0가 상수이기 때문에), 다음과 같은 유적선의 y 좌표를 구할 수 있다.

$$y=v_0t+C_1$$

여기서 C_1은 상수이다. 이와 같이 구한 $y=y(t)$를 사용하면, 유적선에 대한 x 방정식은 다음과 같다.

$$\frac{dx}{dt}=u_0\sin\left[\omega\left(t-\frac{v_0t+C_1}{v_0}\right)\right]=-u_0\sin\left(\frac{C_1\omega}{v_0}\right)$$

이 식은 적분하여, 유적선의 x 성분을 다음과 같이 구한다.

$$x=-\left[u_0\sin\left(\frac{C_1\omega}{v_0}\right)\right]t+C_2$$

여기서 C_2는 상수이다. 시각 $t=0$일 때, 원점($x=y=0$)에 있었던 입자에 대해 식(4), (5)로부터 $C_1=C_2=0$이다. 따라서 유적선은 다음과 같다.

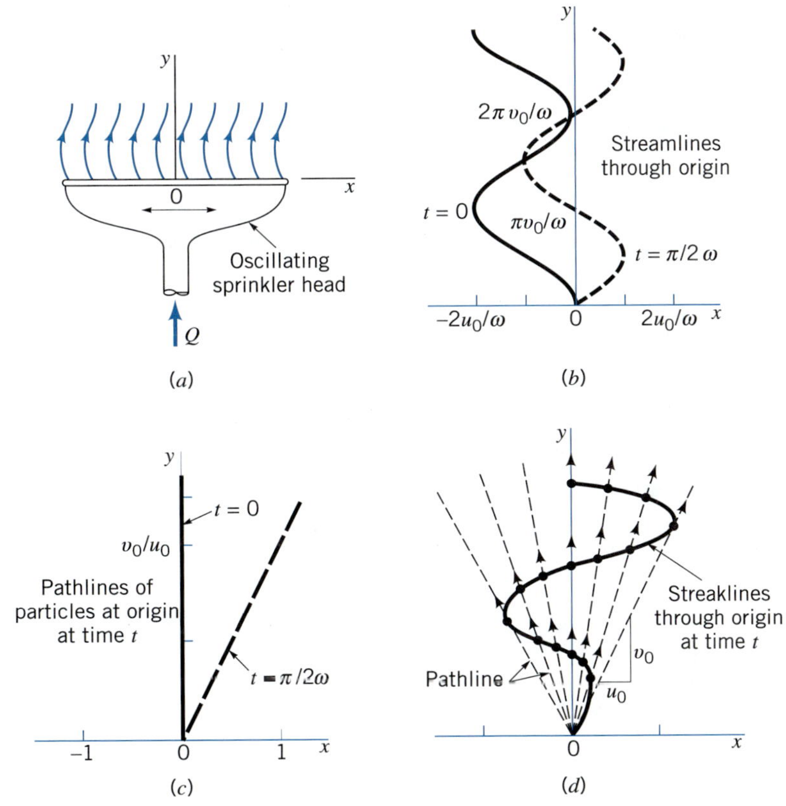

그림 E3.3

$$x = 0 \quad \text{and} \quad y = v_0 t$$

마찬가지로 $t = \pi/2\omega$ 일 때, 원점에 있었던 입자에 대해 식(4), (5)로부터 $C_1 = -\pi v_0/2\omega$ 및 $C_2 = -\pi u_0/2\omega$ 이다. 따라서 이 입자에 대한 유적선은

$$x = u_0\left(t - \frac{\pi}{2\omega}\right) \quad \text{and} \quad y = v_0\left(t - \frac{\pi}{2\omega}\right)$$

이다. $t \geq 0$에 대해 $x(t)$, $y(t)$ 값들의 궤적을 그려 유적선을 그릴 수도 있고, 또는 식(7)에서 t를 소거하여 다음과 같이 구할 수 있다.

$$y = \frac{v_0}{u_0}x$$

보충설명 그림 E3.3c에서 보여주듯이 식(6), (8)에 의해 주어진 유적선은 원점으로부터의 직선이다. 유적선 및 유선은 유동이 비정상이기 때문에 일치하지 않는다.

(c) $t = 0$일 때 원점을 지나는 유맥선은 이 전에(t〈0) 원점을 통과한 입자들의 $t = 0$일 때의 궤적이다. 유맥선의 일반적인 형태는 다음과 같이 보여질 수 있다. 원점을 통과하여 흐르는 각 입자는 일직선으로 흐른다(유적선은 원점에서의 방사선이다). 그 선의 기울기는 그림 E3.3d에서 보여지듯이 $\pm v_0/u_0$ 사이에 놓여진다. 다른 시각에 원점을 통과하는 입자들은 원점으로부터 다른 방사선의 다른 위치에 있게 된다. 그 결과 원점에서 연속적으로 주입된 염료의 유동(유맥선)은 그림 E3.3d에서 보여지는 형태를 가지게 된다. 유맥선은 항상 진동하며 꾸불꾸불한 특성을 가지지만 비정상이기 때문에 시간에 따라 변할 것이다.

보충설명 유사한 유맥선이 노즐 축에 수직한 방향으로 앞뒤로 진동하는 정원호스 노즐로부터의 물의 유동에 의해 주어진다.이 예제에서 유선, 유적선 및 유맥선은 일치하지 않는다. 만약 정상유동이라면 이 모든 선들은 같아질 것이다.

3.2 가속도장

Video

V3.10 유맥선

앞 절에서 설명한 것 처럼, (1) 개별 입자를 따르거나 (Lagrangian 기술) 또는 (2) 공간에 고정된 채로 다른 입자를 관찰함으로써 유체 운동을 설명할 수 있다(Eulerian 기술). 어느 경우든 Newton의 제 2법칙($\mathbf{F} = m\mathbf{a}$)을 적용하기 위하여, 입자 가속도를 설명할 수 있어야만 한다. 자주 사용되지 않는 Lagrangian 방법의 경우 유체의 가속도를 각 입자에 대해 고체동역학에서 사용되어지는 것처럼 $\mathbf{a} = \mathbf{a}(t)$로 기술한다. Eulerian 방법적 기술의 경우, 실제로 어떤 특정한 입자를 추적하지 않고 위치와 시간의 함수로서 가속도장을 기술한다. 이것은 유동을 특정한 입자에 대한 속도보다는 속도장, $\mathbf{V} = \mathbf{V}(x, y, z, t)$의 관점에서 기술하는 것과 유사하다.

가속도는 주어진 입자에 대한 속도 변화의 시간 속도이다.

이 절에서는 속도장이 알려진 경우 가속도장을 얻는 방법에 대해 설명한다. 입자의 가속도는 시간에 대한 속도 변화율이다. 비정상 흐름의 경우 공간의 특정 지점(다른 시간에 다른 입자에 의해 점유됨)에서의 속도는 시간에 따라 변화하여 유체 가속도가 일부 발생할 수 있다. 게다가, 유체 입자는 공간에서 한 지점에서 다른 지점으로 흐를 때 속도가 변하기 때문에 가속을 경험할 수 있다. 예를 들어, 일정한 조건(호스에서 분당 갤런수가 일정함)에서 정원 호스 노즐을 통해 흐르는 물은 호스 내의 상대적으로 낮은 속도에서 노즐 끝에서 상대적으로 높은 속도로 변화하면서 가속을 경험하게 됩니다.

3.2.1 물질도함수

그림 3.4에서 보여지듯이 유적선을 따라 움직이는 유체입자를 고려하자. 일반적으로 입자 A에 대해 $\mathbf{V}_A$로 표시되는 입자의 속도는 그 입자의 위치와 시간의 함수이다.

$$\mathbf{V}_A = \mathbf{V}_A(\mathbf{r}_A, t) = \mathbf{V}_A[x_A(t), y_A(t), z_A(t), t]$$

여기서 $x_A = x_A(t)$, $y_A = y_A(t)$, 그리고 $z_A = z_A(t)$는 움직이는 입자의 위치를 정의한다. 정의에 의하면 입자의 가속도는 그 입자 속도의 시간변화율이다. 속도는 위치와 시간의 함수일 수 있으므로, 입자의 위치 변화뿐만 아니라 시간의 변화에 의해 그 값이 변할 수 있다. 따라서 미분의 연쇄법칙을 사용하여 입자 A의 가속도 $\mathbf{a}_A$를 구하면 다음과 같다.

$$\mathbf{a}_A(t) = \frac{d\mathbf{V}_A}{dt} = \frac{\partial \mathbf{V}_A}{\partial t} + \frac{\partial \mathbf{V}_A}{\partial x}\frac{dx_A}{dt} + \frac{\partial \mathbf{V}_A}{\partial y}\frac{dy_A}{dt} + \frac{\partial \mathbf{V}_A}{\partial z}\frac{dz_A}{dt} \tag{3.2}$$

입자의 속도성분은 $u_A = dx_A/dt$, $v_A = dy_A/dt$ 및 $w_A = dz_A/dt$로 주어진다는 사실을 이용하면, 식(3.2)는 다음 식이 된다.

$$\mathbf{a}_A = \frac{\partial \mathbf{V}_A}{\partial t} + u_A\frac{\partial \mathbf{V}_A}{\partial x} + v_A\frac{\partial \mathbf{V}_A}{\partial y} + w_A\frac{\partial \mathbf{V}_A}{\partial z}$$

위의 사실은 어떤 입자에도 유용하기 때문에 입자의 기호 A를 제거할 수 있으며 따라서 속도장으로부터 가속도장

$$\boxed{\mathbf{a} = \frac{\partial \mathbf{V}}{\partial t} + u\frac{\partial \mathbf{V}}{\partial x} + v\frac{\partial \mathbf{V}}{\partial y} + w\frac{\partial \mathbf{V}}{\partial z}} \tag{3.3}$$

를 구할 수 있다. 이것은 벡터이고 각 스칼라 성분은 다음처럼 나타낼 수 있다.

$$a_x = \frac{\partial u}{\partial t} + u\frac{\partial u}{\partial x} + v\frac{\partial u}{\partial y} + w\frac{\partial u}{\partial z}$$
$$a_y = \frac{\partial v}{\partial t} + u\frac{\partial v}{\partial x} + v\frac{\partial v}{\partial y} + w\frac{\partial v}{\partial z} \tag{3.4}$$

그리고

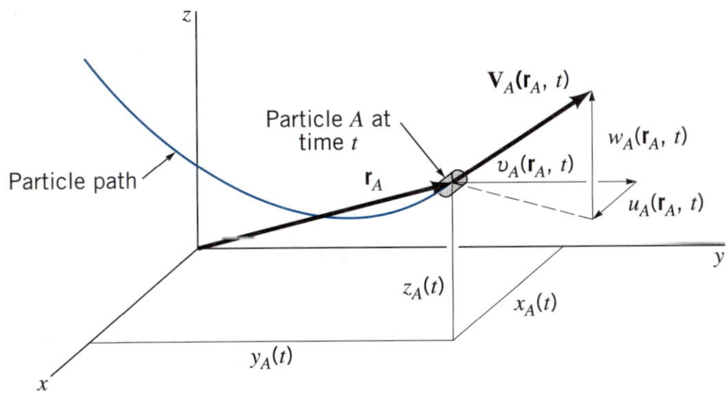

그림 3.4 시간 t인 순간의 입자 A의 속도와 위치

$$a_z = \frac{\partial w}{\partial t} + u\frac{\partial w}{\partial x} + \upsilon\frac{\partial w}{\partial y} + w\frac{\partial w}{\partial z}$$

물질도함수는 주어진 입자의 시간 변화율을 설명하는 데 사용된다.

여기서 a_x, a_y, a_z는 가속도의 x, y, z 성분이다. 위의 결과는 종종 다음과 같이 속기 표기법으로 쓰여진다.

$$\mathbf{a} = \frac{D\mathbf{V}}{Dt}$$

여기서 연산자

$$\frac{D(\;)}{Dt} \equiv \frac{\partial(\;)}{\partial t} + u\frac{\partial(\;)}{\partial x} + \upsilon\frac{\partial(\;)}{\partial y} + w\frac{\partial(\;)}{\partial z} \tag{3.5}$$

를 **물질도함수(material derivative)** 혹은 **실질도함수(substantial derivative)**로 부른다. 왜냐하면 그것은 우리가 물질의 입자(또는 물질)를 따라갈 때 변화율을 제공하기 때문이다. 흔히 사용되는 물질도함수 연산자 간략기호는

$$\frac{D(\;)}{Dt} = \frac{\partial(\;)}{\partial t} + (\mathbf{V}\cdot\nabla)(\;) \tag{3.6}$$

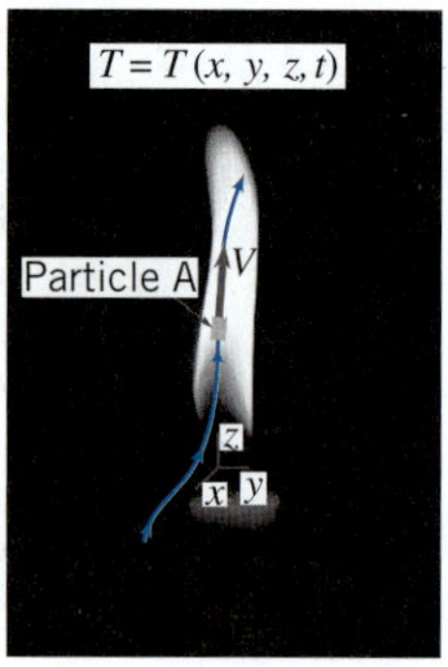

jesadaphorn/Shutterstock.com

이다. 속도벡터 $\mathbf{V}$와 구배연산자, $\nabla(\;) = \partial(\;)/\partial x\hat{\mathbf{i}} + \partial(\;)/\partial y\hat{\mathbf{j}} + \partial(\;)/\partial z\hat{\mathbf{k}}$ (벡터 연산자)의 스칼라 연산은 물질미분의 직교좌표계 표현에 나타나는 공간미분 항들에 대한 편리한 기호를 제공한다. 기호 $\mathbf{V}\cdot\nabla$는 연산자 $\mathbf{V}\cdot\nabla(\;) = u\partial(\;)/\partial x + \upsilon\partial(\;)/\partial y + w\partial(\;)/\partial z$을 나타낸다는 것에 주의하라. (미적분학에서는 구배 연산자 (gradient operator)의 형태가 좌표계마다 다르다는 것을 기억하라.)

물질도함수의 개념은 가속도뿐만 아니라 여러 가지 유체의 매개변수를 포함하는 해석에 있어서 매우 유용하다. 어떤 변수의 물질도함수는 유체를 따라 움직이는 주어진 입자에 대해 그 변수가 변화하는 비율을 의미한다.(Lagrangian 표기) 예를 들어 여백의 그림에서 화염과 같은 주어진 흐름과 관련한 온도장 $T = T(x, y, z, t)$을 고려해 보자.

유체입자(입자 A)가 온도장 속으로 움직일 때 입자의 시간에 대한 온도 변화율을 결정하는 것은 흥미롭다. 만약 속도 $\mathbf{V} = \mathbf{V}(x, y, z, t)$가 알려진다면, 아래 식과 같이 온도의 변화율을 결정하기 위해 연쇄법칙을 적용할 수 있다.

$$\frac{dT_A}{dt} = \frac{\partial T_A}{\partial t} + \frac{\partial T_A}{\partial x}\frac{dx_A}{dt} + \frac{\partial T_A}{\partial y}\frac{dy_A}{dt} + \frac{\partial T_A}{\partial z}\frac{dz_A}{dt}$$

이 수식은 가속도의 결정에서처럼 다음과 같이 표현되고, 물질도함수 연산자 $D(\;)/Dt$가 나타난다.

$$\frac{DT}{Dt} = \frac{\partial T}{\partial t} + u\frac{\partial T}{\partial x} + \upsilon\frac{\partial T}{\partial y} + w\frac{\partial T}{\partial z} = \frac{\partial T}{\partial t} + \mathbf{V}\cdot\nabla T$$

예제 3.4 | 유선을 따른 가속도

주어진 사항 그림 E3.4a에서 보는 바와 같이 비압축성, 비점성 유동이 일정하게 반지름 R인 테니스 공 주위를 흐른다. 유동의 고급해석에 의하면, 유선 $A-B$상에서의 유체속도는 다음과 같이 주어진다.

$$\mathbf{V} = u(x)\hat{\mathbf{i}} = V_0\left(1 + \frac{R^3}{x^3}\right)\hat{\mathbf{i}}$$

여기서, V_0는 구로부터 먼 상류의 속도이다.

해결과제 유체입자가 이 유선을 따라 흐를 때의 가속도를 구하라.

풀이 유선 $A-B$를 따라서는 하나의 속도성분만 $(v = w = 0)$ 있으므로 식(3.3)에서

$$\mathbf{a} = \frac{\partial \mathbf{V}}{\partial t} + u\frac{\partial \mathbf{V}}{\partial x} = \left(\frac{\partial u}{\partial t} + u\frac{\partial u}{\partial x}\right)\hat{\mathbf{i}}$$

또는

$$a_x = \frac{\partial u}{\partial t} + u\frac{\partial u}{\partial x}, \quad a_y = 0, \quad a_z = 0$$

이다.

유동은 정상이기 때문에, 공간상에 주어진 점에서의 속도는 시간에 따라 변하지 않는다. 따라서, $\partial u/\partial t = 0$이다. 유선에 따라 주어진 속도분포를 대입하면 가속도는 다음과 같다.

$$a_x = u\frac{\partial u}{\partial x} = V_0\left(1 + \frac{R^3}{x^3}\right)V_0[R^3(-3x^{-4})]$$

혹은

$$a_x = -3(V_0^2/R)\frac{1 + (R/x)^3}{(x/R)^4} \qquad \text{(답)}$$

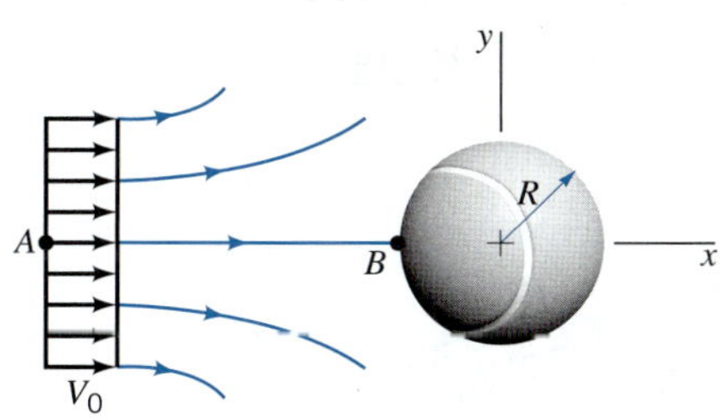

(a)

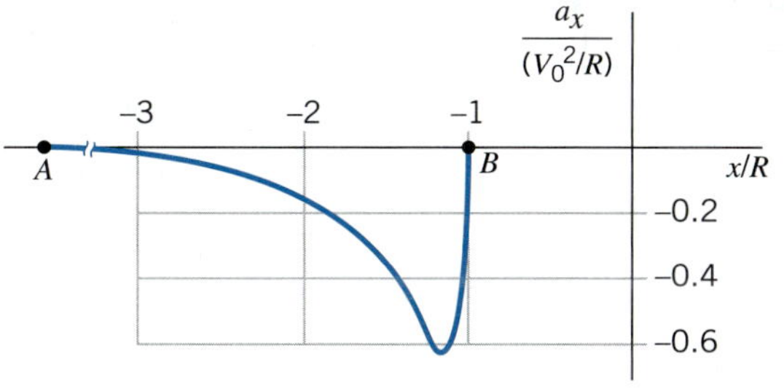

(b)

그림 E3.4

보충설명 유선 $A-B(-\infty \le x \le -R$ 그리고 $y = 0)$를 따라서 가속도는 x성분만 있고 음수(감속)이다. 그러므로 속도는 $x = -\infty$에서의 $\mathbf{V} = V_0\hat{\mathbf{i}}$으로부터 점점 감소되어 $x = -R$인 구의 "앞부분"에서 $\mathbf{V} = 0$인 정체점 속도로 된다. 유선 $A-B$에 따른 가속도 a_x의 변화는 그림 E3.4b에서 보는 바와 같다. 이 결과는 예제 3.1에서 유동방향 가속도 성분 $a_x = V\partial V/\partial s$을 사용하여 얻은 결과와 일치한다. 최대의 감속은 $x = -1.205R$에서 일어나고 그 값은 $a_{x,max} = -0.610V_0^2/R$이다. 이런 최대 감속도는 속도가 빨라질수록, 크기가 작아질수록 증가한다는 것을 유념하자. 아래의 표에서 가리키는 바와 같이, 일반적인 감속도값들 또한 매우 큰 값을 가질 수 있다는 것을 알 수 있다.

예를 들어 날아가는 공의 감속도 값인 $a_{x,max} = -1.243 \times 10^4$ m/s^{2}는 중력에 비해 거의 1500배나 된다. (이것은 공의 감속이 아니라 공에 상대적인 공기의 감속이다.)

Object	V_0 (m/s)	R (m)	$a_{x,max}$ (m/s^2)
Rising weather balloon	0.3	1.22	−0.05
Soccer ball	6.1	0.24	−93
Baseball	27.4	0.037	-1.24×10^4
Tennis ball	30.5	0.032	-1.8×10^4
Golf ball	61	0.021	-1.06×10^5

일반적으로, AB 이외의 유선 위의 유체 입자들에 대해서 가속도의 모든 성분 (a_x, a_y 및 a_z)들은 영이 아니다.

3.2.2 비정상 효과

국소 미분은 흐름의 불안정으로 인한 결과이다.

식(3.5)로 부터 알 수 있듯이 물질미분 공식은 두 가지 형태의 항 즉, 시간미분 $[\partial(\ )/\partial t]$을 포함하는 항 및 공간미분 $[\partial(\ )/\partial x$, $\partial(\ )/\partial y$, 그리고 $\partial(\ )/\partial z]$을 포함하는 항으로 구성된다. 시간 도함수항은 국소 도함수로 표시되어 진다. 그것은 유동의 비정상 효과를 나타낸다. 만약 관련된 매개변수가 가속도이면, $\partial\mathbf{V}/\partial t$에 의해 주어진 부분은 **국소가속도**로 불려진다. 정상 유동에 대하여 시간 도함수는 유동장 전체에서 0이며 $[\partial(\ )/\partial t \equiv 0]$, 국소효과는 사라진다.

Video
V3.11 비정상 흐름

정상 유동이면, 물리적으로 공간 상의 한 점에서 유동 매개변수의 변화는 없다. 그러나 유체입자가 이동함에 따라 이러한 매개변수의 변화가 있을 수 있다. 유동이 비정상일 경우, 어느 위치에서나 변수 값(속도, 온도, 밀도 등)이 시간에 따라 변경될 수 있습니다. 예를 들어, 휘젓지 않은 $(\mathbf{V}=0)$ 커피는 주변으로 열이 전달되기 때문에 시간이 지남에 따라 냉각됩니다. 즉, $DT/Dt = \partial T/\partial t + \mathbf{V}\cdot\nabla T = \partial T/\partial t < 0$. 마찬가지로, 유체의 입자는 흐름의 비정상 효과의 결과로서 0이 아닌 가속도를 가질 수 있다. 그림 3.5와 같이 일정한 직경의 파이프 내 흐름을 고려하자. 흐름은 파이프 전체에서 공간적으로 균일하다고 가정한다. 즉, 파이프 내의 모든 점에서 $\mathbf{V} = V_0(t)\,\hat{\mathbf{i}}$ 이다. 가속도의 값은 V_0가 증가하는지, $\partial V_0/\partial t > 0$인지, $\partial V_0/\partial t < 0$인지 여부에 따라 달라집니다. V_0가 시간에 독립적이지 않는 한($V_0 \equiv$ 상수) 가속도가 발생합니다. 따라서, 가속도장 $\mathbf{a} = \partial V_0/\partial t\,\hat{\mathbf{i}}$는 시간에 따라 달라질 수 있지만 전체 흐름에 걸쳐 균일하다($\partial V_0/\partial t$가 일정할 필요는 없다). 속도의 공간적 변화로 인한 가속도($u\,\partial u/\partial x$, $v\,\partial v/\partial y$ 등)는 $\partial u/\partial x = 0$ 및 $v = w = 0$이므로 이 흐름에 대해 자동으로 사라집니다. 즉,

$$\mathbf{a} = \frac{\partial\mathbf{V}}{\partial t} + u\frac{\partial\mathbf{V}}{\partial x} + v\frac{\partial\mathbf{V}}{\partial y} + w\frac{\partial\mathbf{V}}{\partial z} = \frac{\partial\mathbf{V}}{\partial t} = \frac{\partial V_0}{\partial t}\hat{\mathbf{i}}$$

3.2.3 대류효과

공간미분을 나타내는 물질미분(식(3.5)) 부분을 대류미분이라 부른다. 이것은 변수가 하나의 값을 가지는 공간상의 한 점으로부터 그 값이 다른 공간상의 다른 점으로 움직이는 입자의 운동 때문에 유체입자와 관련된 유체 물성치가 변할 수 있다는 사실을 나타낸다. 예를 들면, 여백의 그림에서 보여지는 것처럼 정원 호스 노즐 입구에서의 물의 속도는 (방향과 속력 둘 다) 출구와 다르다. 입자에 대한 매개변수의 시간변화율에 대한 기여는 흐름이

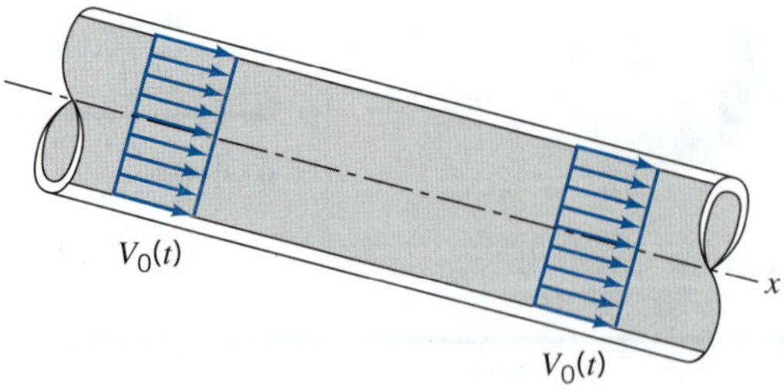

그림 3.5 일정한 직경의 파이프에서 균일하고 불안정한 흐름

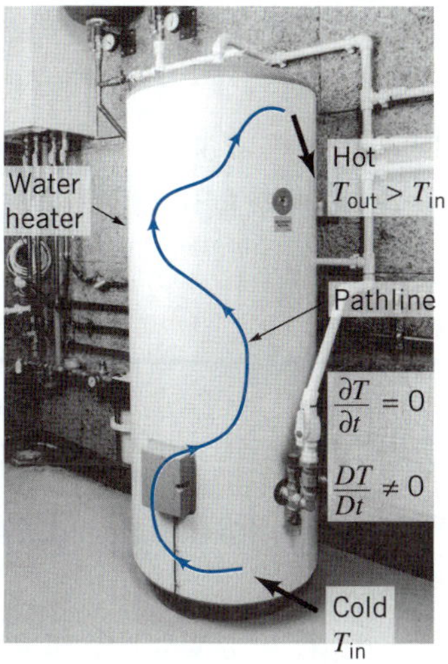

nikkytok/123RF

그림 3.6 온수기의 정상 상태 작동

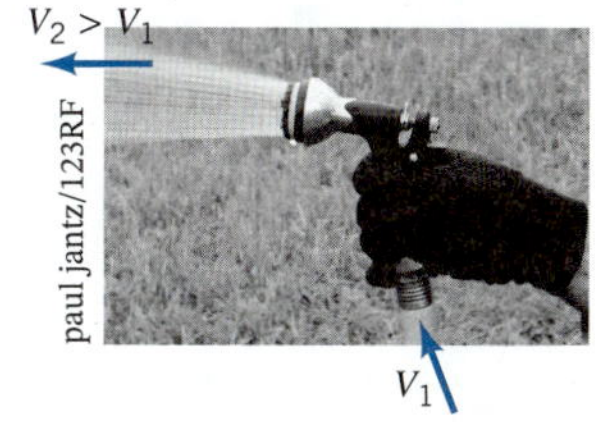

paul jantz/123RF

대류 도함수는 흐름의 공간적 변화의 결과이다.

정상 혹은 비정상과 관계없이 일어날 수 있다. 이러한 사실은 매개 변수값에 있어서 기울기 $[\nabla(\ ) = \partial(\ )/\partial x\hat{\mathbf{i}} + \partial(\ )/\partial y\hat{\mathbf{j}} + \partial(\ )/\partial z\hat{\mathbf{k}}]$가 존재하는 공간을 통한 입자의 대류 혹은 운동에 기인한다. 항 $(\mathbf{V}\cdot\nabla)\mathbf{V}$에 의해 주어지는 가속도 부분을 대류가속도라고 한다.

그림 3.6에 도시된 바와 같이, 물 입자는 온수기를 통과하면서 변화한다. 히터로 들어가는 물은 항상 동일한 차가운 온도이고, 히터에서 나오는 물은 항상 같은 뜨거운 온도이다. 흐름은 정상이다. 그러나 각 물 입자의 온도 T는 가열기를 통과할 때 증가한다. 따라서 $DT/Dt \neq 0$은 온도의 총 도함수에서 대류항 때문이다. 즉, $\partial T/\partial t = 0$이지만, $u\,\partial T/\partial x \neq 0$(여기서 x는 유선을 따라 향함). 왜냐하면 유선을 따라 0이 아닌 온도 구배가 있기 때문이다. 지정된 속도(u)로 일정하지 않은 온도 경로($\partial T/\partial x \neq 0$)를 따라 이동하는 유체입자는 흐름이 정상($\partial T/\partial t = 0$)이라도 $DT/Dt = u\,\partial T/\partial x$의 속도로 시간에 따라 온도가 변화한다. 유체 가속에도 동일한 유형의 프로세스가 적용됩니다.

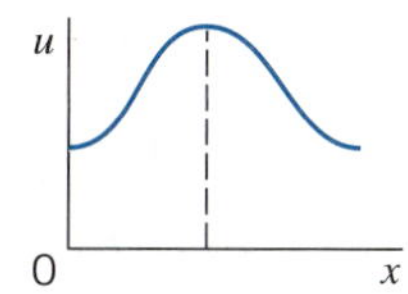

그림 3.7과 같이 면적이 변하는 파이프에서의 유동을 고려하자. 유동은 표시되어져 있는 것처럼 유동방향으로 증가하고 감소하는 속도를 가지는 정상 1차원이다. 유체가 단면(1)에서 단면(2)로 흐를 때, 그 속도는 V_1에서 V_2로 증가한다. 이와 같이 $\partial\mathbf{V}/\partial t = 0$일지라도, 유체입자들은 $a_x = u\,\partial u/\partial x$에 의해 주어지는 가속도를 경험한다. $x_1 < x < x_2$에 대해서, $\partial u/\partial x > 0$이므로 $a_x > 0$이라는 사실을 알 수 있다. 즉, 유체는 가속된다. $x_2 < x < x_3$에 대해서, $\partial u/\partial x < 0$이므로 $a_x < 0$이다. 즉, 유체는 감속된다. 옆에 이러한 가속도와 감속도에 대한 그림이 나와 있다. $V_1 = V_3$일 경우, 가속도는 x_2와 x_1과 x_3과 x_2 사이의 거리가 같지 않더라도 감속도의 양이 정확하게 균형을 이룹니다.

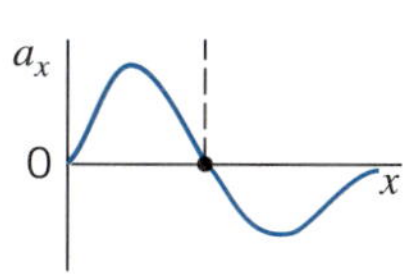

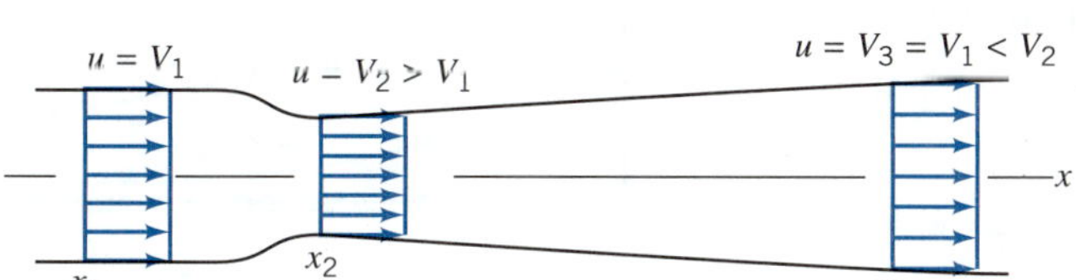

그림 3.7 단면적이 변하는 파이프 내의 균일, 정상 유동

물질 도함수의 개념은 입자가 이동할 때 관련된 매개변수의 시간 변화율을 결정하는 데 사용될 수 있다. 그것의 사용은 유체역학에만 국한되지 않는다. 물질 도함수 개념을 사용하기 위해 필요한 기본 성분은 매개변수 $P = P(x, y, z, t)$의 장 표현(field description)과 입자가 그 장을 통과하는 속도 $V = V(x, y, z, t)$이다.

예제 3.5 | 주어진 속도장으로부터의 가속도

주어진 사항 예제 3.2의 정상, 2차원 유동장이다.

해결과제 이 유동에 대한 가속도장을 구하라.

풀이 일반적으로 가속도는

$$\begin{aligned}\mathbf{a} &= \frac{D\mathbf{V}}{Dt} = \frac{\partial \mathbf{V}}{\partial t} + (\mathbf{V}\cdot\nabla)(\mathbf{V}) \\ &= \frac{\partial \mathbf{V}}{\partial t} + u\frac{\partial \mathbf{V}}{\partial x} + v\frac{\partial \mathbf{V}}{\partial y} + w\frac{\partial \mathbf{V}}{\partial z}\end{aligned} \tag{1}$$

로 주어진다. 여기서 속도는 $\mathbf{V} = (V_0/\ell)(-x\hat{\mathbf{i}} + y\hat{\mathbf{j}})$이므로 $u = -(V_0/\ell)x$ 및 $v = (V_0/\ell)y$이다. 정상 $[\partial(\ )/\partial t = 0]$, 2차원 $[w = 0$ 그리고 $\partial(\ )/\partial z = 0]$ 유동이므로, 식(1)은 다음과 같다.

$$\begin{aligned}\mathbf{a} &= u\frac{\partial \mathbf{V}}{\partial x} + v\frac{\partial \mathbf{V}}{\partial y} \\ &= \left(u\frac{\partial u}{\partial x} + v\frac{\partial u}{\partial y}\right)\hat{\mathbf{i}} + \left(u\frac{\partial v}{\partial x} + v\frac{\partial v}{\partial y}\right)\hat{\mathbf{j}}\end{aligned}$$

따라서, 이 유동에 대한 가속도는 아래와 같이 주어진다.

$$\begin{aligned}\mathbf{a} = &\left[\left(-\frac{V_0}{\ell}\right)(x)\left(-\frac{V_0}{\ell}\right) + \left(\frac{V_0}{\ell}\right)(y)(0)\right]\hat{\mathbf{i}} \\ &+ \left[\left(-\frac{V_0}{\ell}\right)(x)(0) + \left(\frac{V_0}{\ell}\right)(y)\left(\frac{V_0}{\ell}\right)\right]\hat{\mathbf{j}}\end{aligned}$$

또는

$$a_x = \frac{V_0^2 x}{\ell^2}, \quad a_y = \frac{V_0^2 y}{\ell^2}$$

보충설명 유체는 x와 y 두 방향의 가속도를 받고 있다. 정상 유동이므로 국소 가속도는 없다. 즉, 주어진 점에서의 속도는 시간에 대해서는 일정하다. 그러나, 입자가 유적선을 따라 이동함에 따른 속도의 변화인 대류가속도는 존재한다. 속도가 벡터이므로 크기와 방향을 가진다. 이 유동에서는 유체의 속력(크기)과 유동방향이 위치에 따라 변한다(그림 E3.1a를 보라).

이 유동에 대해서, 가속도의 크기는 원점을 중심으로 하는 원호상에서 다음 식에서 보는 바와 같이 일정하다.

$$|\mathbf{a}| = (a_x^2 + a_y^2 + a_z^2)^{1/2} = \left(\frac{V_0}{\ell}\right)^2 (x^2 + y^2)^{1/2} \tag{2}$$

또한, 가속도 벡터는 x축과 각도 θ를 가지며, 그 방향은 다음과 같이 정의된다.

$$\tan\theta = \frac{a_y}{a_x} = \frac{y}{x}$$

이 각은 원점으로부터 임의의 점(x, y)까지의 방사선이 가지는 각과 같다. 따라서, 가속도는 원점으로부터 방사선의 방향을 가지고 크기는 원점으로부터의 거리에 비례한다. 대표적인 가속도 벡터(식(2)로부터)와 속도 벡터(예제 3.1의 결과)는 그림 E3.5의 1상한에서 보이는 바와 같다.

이 결과는 a와 V가 x와 y축을 따르는 경우를 제외하고는 서로 평행하지 않고(유동의 유적선이 곡률이 진 경우는 타당한 결과이다), 원점$(x = y = 0)$에서는 속도와 가속도 모두가 영이다. 미소한 유체입자를 원점에 정확하게 놓으면 그 자리에 계속 정지되어 있을 것이고, 조금이라 도 그 옆으로 놓으면(원점에 더 이상 가까이 갈 수 없을 정도로) 그 입자는 흘러나갈 것이다.

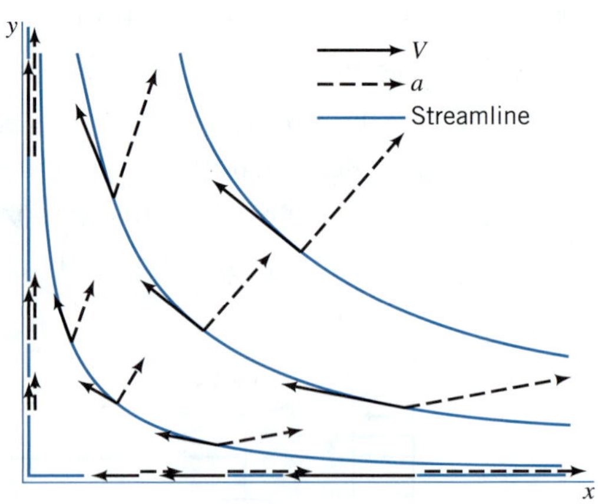

그림 E3.5

예제 3.6 | 물질 도함수

주어진 사항 그림 E3.6a와 같이 길이 l의 2차원 노즐을 통해 유체가 정상적으로 흐른다. 노즐의 모양은

$$y/\ell = \pm 0.5/[1 + (x/\ell)]$$

로 주어진다.

만약 점성 및 중력 효과가 무시할 수 있다면, 속도장은 대략 다음과 같다.

$$u = V_0[1 + x/\ell], \upsilon = -V_0 y/\ell \tag{1}$$

그리고 압력장은,

$$p - p_0 = -(\rho V_0^2/2)[(x^2 + y^2)/\ell^2 + 2x/\ell]$$

이다.

여기서 V_0과 p_0은 원점, $x = y = 0$에서의 속도와 압력이다. 유체속도는 노즐을 통과할 때 증가한다. 예를 들어, 중심선($y = 0$)을 따라 $x = 0$에서 $V = V_0$, $x = \ell$일 때 $V = 2V_0$가 됩니다.

해결과제 x와 y의 함수로, 유체 입자가 노즐을 통해 흐를 때 느끼는 압력의 시간변화율 (time rate of change of pressure)를 결정하시오.

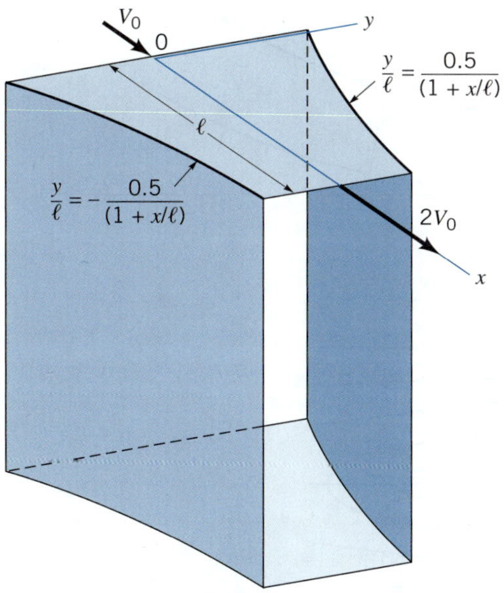

그림 E3.6a

풀이 정상 흐름에서 주어진 고정점에서의 압력의 시간변화율은 0이다. 그러나, 노즐을 통과하는 입자가 느끼는 압력의 시간변화율은 압력의 물질 도함수에 의해 주어지며 0이 아니다. 따라서,

$$\frac{Dp}{Dt} = \frac{\partial p}{\partial t} + u\frac{\partial p}{\partial x} + \upsilon\frac{\partial p}{\partial y} = u\frac{\partial p}{\partial x} + \upsilon\frac{\partial p}{\partial y} \tag{2}$$

여기서 압력 구배의 x 및 y 성분은 다음과 같이 쓸 수 있다.

$$\frac{\partial p}{\partial x} = -\frac{\rho V_0^2}{\ell}\left(\frac{x}{\ell} + 1\right) \tag{3}$$

그리고

$$\frac{\partial p}{\partial y} = -\frac{\rho V_0^2}{\ell}\left(\frac{y}{\ell}\right) \tag{4}$$

그러므로, 식(1), (2), (3) 그리고 (4)를 결합함으로써 다음과 같은 결과를 얻을 수 있다.

$$\frac{Dp}{Dt} = V_0\left(1 + \frac{x}{\ell}\right)\left(-\frac{\rho V_0^2}{\ell}\right)\left(\frac{x}{\ell} + 1\right) + \left(-V_0\frac{y}{\ell}\right)\left(-\frac{\rho V_0^2}{\ell}\right)\left(\frac{y}{\ell}\right)$$

혹은

$$\frac{Dp}{Dt} = -\frac{\rho V_0^3}{\ell}\left[\left(\frac{x}{\ell} + 1\right)^2 - \left(\frac{y}{\ell}\right)^2\right] \tag{5 (답)}$$

보충설명 노즐 내부의 등 압력선들은 흐름의 대표적인 유선들과 함께 그림 E3.6b에 표시되어 있다. 유체의 입자가 유선을 따라 흐를 때 압력이 낮은 영역으로 이동한다는 점에 유의하십시오. 따라서, 흐름은 정상일지라도, 주어진 입자에 대한 압력의 시간 변화율은 음수이다.

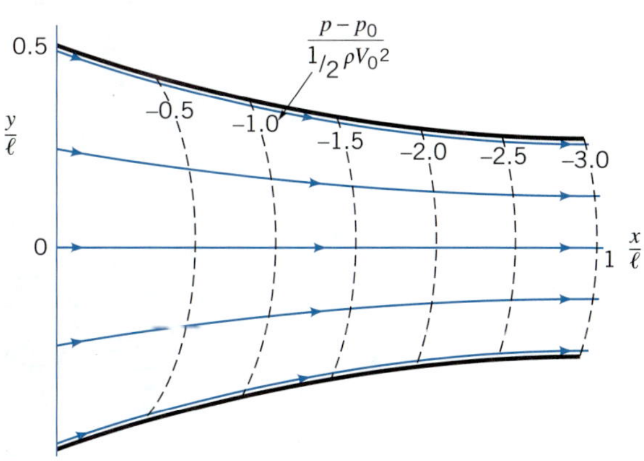

그림 E3.6b

3.2.4 유선좌표

Video
V3.12 좌표 간소화

많은 유동의 경우, 유동의 유선 측면에서 정의된 좌표계를 사용하는 것이 편리하다. 정상 2차원 유동에 대한 예가 그림 3.8에 설명되어져 있다. 이러한 흐름은 일반적인 x, y 데카르트 좌표계(또는 r, θ 극좌표계와 같은 일부 다른 시스템) 또는 유선 좌표로 설명될 수 있다.

유선 좌표계에서는, 유동은 s로 표시된 유선을 따른 하나의 좌표 그리고 n으로 표시된 유선에 직각인 두번째 좌표에 의하여 기술되어 진다. 이 두 방향으로의 단위벡터들은 그림에서 표시되어진 것처럼 $\hat{\mathbf{s}}$ 및 $\hat{\mathbf{n}}$으로 표시된다. 좌표 거리(스칼라)를 유선방향의 단위벡터, $\hat{\mathbf{s}}$와 혼동하지 않도록 주의해야 한다.

따라서 유동평면은 좌표선의 직교 곡선 그물망에 의해 덮여 있다. 어떤 지점에서든 s와 n 방향은 수직이지만 상수 또는 상수 n의 선은 반드시 직선인 것은 아니다. 실제 속도장(즉, 유선)를 알지 못하면 실제로 이 유동망을 구축할 수 없습니다. 많은 상황에서 이러한 정보 부족이 극복할 수 없는 어려움을 초래하지 않도록 적절한 단순화 가정을 할 수 있다. 유선좌표계를 사용하는 주요 이점 중의 하나는 속도가 항상 s방향에 접한다는 사실이다. 즉,

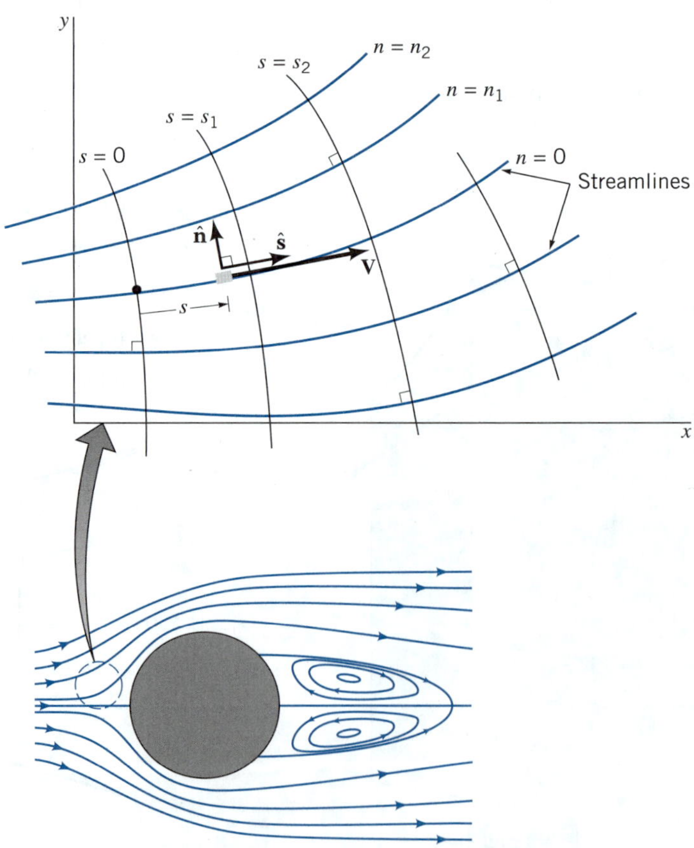

그림 3.8 2차원 유동에 대한 유선 좌표계

$$\mathbf{V} = V\hat{\mathbf{s}}$$

이를 통해 유체 입자 가속도를 설명하고 흐름을 설명하는 방정식을 해결할 때 단순화를 할 수 있다. 정상, 이차원 유동에 대해 가속도는 식(3.7)과 같이 유선방향 및 수직방향 성분들로 결정되어질 수 있다(식(4.1) 참조).

$$\mathbf{a} = V\frac{\partial V}{\partial s}\hat{\mathbf{s}} + \frac{V^2}{\mathcal{R}}\hat{\mathbf{n}} \quad \text{or} \quad a_s = V\frac{\partial V}{\partial s}, \quad a_n = \frac{V^2}{\mathcal{R}} \tag{3.7}$$

첫 번째 항, $a_s = V\,\partial V/\partial s$는 유선을 따르는 대류가속도를 나타내며, 두 번째 항, $a_n = V^2/\mathcal{R}$은 유체운동에 수직한 구심가속도(대류가속도의 한 종류)를 나타낸다. 이러한 성분들은 가속도 벡터를 속도 벡터를 따르는 성분과 수직인 성분으로 분해함으로써 그림E3.5에 기록할 수 있다. 단위 벡터 $\hat{\mathbf{n}}$는 유선에서 곡률 중심 방향으로 향한다는 것에 주의하라. 이러한 형태의 가속도는 아마도 이전에 동역학 혹은 물리학적 고찰에서 익숙할 것이다.

3.3 검사체적 및 시스템

유체의 거동은 적절한 방정식에 의해 근사화된 일련의 기본적인 물리법칙에 의해 지배된다. 질량보존, Newton의 운동법칙 및 열역학법칙들과 같은 법칙들이 유체역학 해석의 기초를 형성한다. 이와 같은 지배법칙들은 시스템 접근방법 및 검사체적 접근방법 을 포함하여 유체에 적용되어질 수 있는 여러 가지 방법이 있다. 정의에 의해 **시스템(system)**은 고정된 동일 물질(항상 같은 원자 혹은 유체입자)의 집합체이다. 시스템은 움직이고 흐르며 주위와 상호작용할 수도 있다. 한편, **검사체적(control volume)**은 유체가 통과하여 흐를 수 있는 공간상의 체적(질량과 독립적인 기하학적 실제)이다.

우리는 흔히 공기가 흐를 때 공기의 주어진 부분(시스템)을 이해함으로써 얻어지는 정보보다 물체를 지나서 흐르는 공기에 의해 팬, 비행기, 자동차에 미치는 힘을 결정하는데 더 관심이 있다. 유사하게, 여백의 그림에서 보여지는 스페이스 셔틀 발사체에 대해서도 우리는 로켓엔진노즐로부터 나오는 배기 플룸의 매우 복잡하고 불규칙적인 경로를 추적하여 얻어지는 정보보다 생산된 추력을 결정하는 것에 더 관심이 있을 수 있다. 이런 경우에 흔히 검사체적 접근방법을 사용한다. 우리는 공간상의 특정한 체적(예로서 팬, 비행기 혹은 자동차와 관련된 공간)을 정하여 그 체적내부 혹은 주위를 흐르는 유체유동을 해석한다.

NASA

검사체적 및 **검사표면**(검사체적의 표면)의 예를 그림 3.9에 나타내고 있다. (a)의 경우 유체는 관속을 흐른다. 고정된 검사표면은 관의 내부표면, 단면(2)의 출구 끝 그리고 (1)에서 단면으로 구성된다. 검사표면의 한 부분은 물리적 표면(파이프)이고, 나머지 부분은 단순히 공간 (파이프를 가로질러) 표면입니다. 유체는 검사표면의 일부를 가로질러 흐르지만 모든 표면을 가로질러 않는다.

다른 검사체적은 그림 3.9b에서 보여지는 제트엔진을 둘러싼 사각형 체적이다. 시각 $t = t_1$에서 엔진내부에 있었던 공기(시스템)는 엔진을 통과하여 흐르며 지시되어져 있는

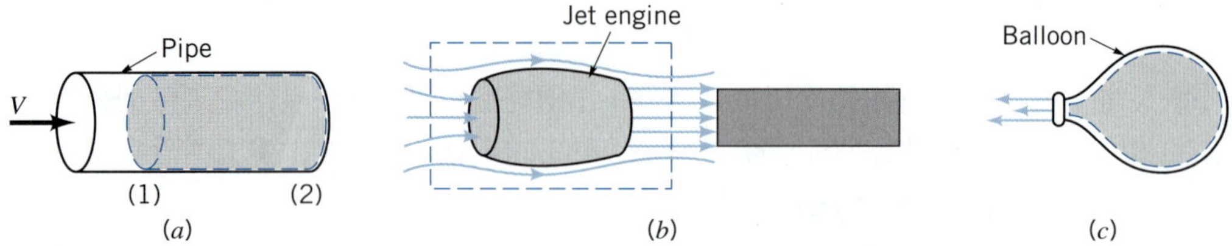

그림 3.9 대표적인 검사체적; (a) 고정된 검사체적 (b) 고정되거나 움직이는 검사체적 (c) 변형하는 검사체적

것처럼 나중시각 $t = t_2$일 때 검사체적 바깥에 있다. 나중시각에 다른 공기(다른 시스템)가 엔진 내부에 있다.

그림 3.9c에서 보여진 팽창하는 기구는 변형하는 검사체적의 예를 제공한다. 시간이 증가함에 따라 검사체적(그 표면은 기구의 내부표면이다)은 크기가 감소한다.

유체의 운동을 지배하는 모든 법칙들은 시스템 접근방법에 의해 그들의 기본적인 형태로 서술된다. 예로서 "시스템의 질량은 일정하다" 혹은 "시스템의 운동량의 시간적 변화율은 시스템에 작용하는 모든 힘들의 합과 동등하다." 이 설명들에서 검사체적이 아니라 시스템이란 단어에 주목하라. 해석하고자 하는 문제에 대해 검사체적 접근법으로서 지배방정식을 이용하기 위해서는 적절한 방법으로 그 법칙들을 바꾸어야만 한다. 끝으로 다음절에서 Reynolds 수송정리를 소개한다.

3.4 Reynolds 수송정리

우리는 때때로 유체의 특정 부분이 이동하면서 어떻게 되는지에 관심이 있다. 종종, 리는 유체가 공간의 특정 물체나 체적과 상호작용할 때, 유체가 어떤 영향을 치는지에 관심을 가진다. 따라서 우리는 시스템의 개념(주어진 유체질량 고려)과 검사체적의 개념(주어진 체적 고려)을 모두 사용하여 유체운동을 기술하는 원리들을 설명해야할 필요가 있다. 이것을 위해 하나의 표현방식에서 다른 방식으로 변환시키는 해석적인 도구를 필요로 한다. **Reynolds 수송정리(Reynolds transport theorem)**는 이 도구를 제공한다.

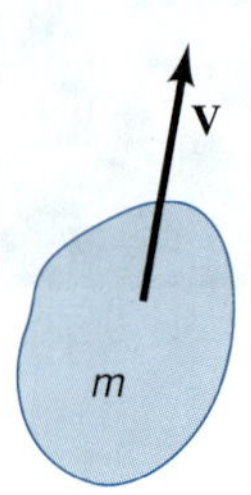

B	$b = B/m$
m	1
$m\mathbf{V}$	$\mathbf{V}$
$\frac{1}{2}mV^2$	$\frac{1}{2}V^2$

모든 물리적 원리는 물리적 매개변수의 관점에서 설명된다. 속도, 가속도, 질량, 온도 및 운동량은 많은 일반적인 매개변수 중 일부에 불과하다. B를 어떤 유체의 매개변수라 하고 b를 단위질량당 그 매개변수의 양이라고 하자. 즉,

$$B = mb$$

여기서 m은 관심을 두고 있는 유체부분의 질량이다. 예를 들면, 그림에서 보여지는 것처럼 만약 $B = m$(질량)이면 $b = 1$이 된다. 즉 단위질량당 질량은 1이다. 만약 $B = mV^2/2$(질량의 운동에너지)이면 $b = V^2/2$(단위질량당 운동에너지)가 된다. 매개변수 B와 b는 스칼라 혹은 벡터가 될 수 있다. 따라서 만약 $\mathbf{B} = m\mathbf{V}$(질량의 운동량)이면 $\mathbf{b} = \mathbf{V}$이다.(단위질량당 운동량은 속도이다).

매개변수 B를 **종량성 성질(extensive property)**, 매개변수 b는 **강도성 성질(intensive property)**이라 부른다. 유체 운동을 지배하는 대부분의 법칙은 유체 시스템의 광범위한 물성치의 시간적 변화율, 즉 시스템의 운동량이 시간에 따라 변하는 속도, 시스템의 질량이 시간에 따라 변하는 속도 등을 포함한다.

검사체적과 시스템 개념의 차이는 미묘하지만 매우 중요하다.

예제 3.7 | 시스템과 검사체적에 대한 시간 변화율

주어진 사항 유체는 그림E3.7a에서 보여진 소화기로 부터 흐른다.

(*a*)

그림 E3.7a

해결과제 B가 질량을 나타내는 경우, dB_{sys}/dt와 dB_{cv}/dt의 차이에 대해 논의하라.

풀이 시스템 질량인 $B = m$으로, $b = 1$과 식(3.8)과 식(3.9)는 다음과 같이 쓸 수 있다.

$$\frac{dB_{sys}}{dt} \equiv \frac{dm_{sys}}{dt} = \frac{d\left(\int_{sys} \rho \, d\forall\right)}{dt}$$

그리고

$$\frac{dB_{cv}}{dt} \equiv \frac{dm_{cv}}{dt} = \frac{d\left(\int_{cv} \rho \, d\forall\right)}{dt}$$

물리적으로, 이것들은 각각 시스템 내의 질량 변화의 시간 속도와 검사체적 내의 질량 변화의 시간 속도를 나타낸다. 우리는 우리의 시스템을 밸브가 열렸을 때 $(t = 0)$ 탱크 내의 유체로 선택하고, 검사체적은 그림에서 보는 바와 같이 탱크 자체입니다. E3.7b 밸브가 개방된 지 얼마 되지 않아 그림에서와 같이 시스템의 일부가 검사체적 밖으로 이동한다. E3.7c 검사체적은 고정된 상태로 유지됩니다. 통합의 한계는 검사체적에 대해 고정된다. 이는 시스템의 시간 함수이다.

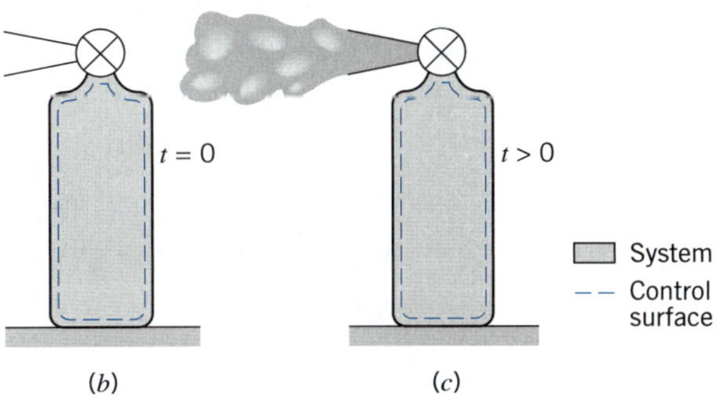

그림 E3.7b–c

분명히 질량이 보존되어야 한다면(유체 운동을 지배하는 기본 법칙 중 하나), 시스템 내 유체의 질량은 일정하기 때문에

$$\frac{d\left(\int_{sys} \rho \, d\forall\right)}{dt} = 0$$

한편, 일부 유체가 탱크 위의 노즐을 통해 제어 용적을 이탈한 것도 마찬가지로 명백하다. 따라서 탱크(검사체적) 내의 질량은 시간이 지남에 따라 감소한다.

$$\frac{d\left(\int_{cv} \rho \, d\forall\right)}{dt} < 0$$

검사체적의 질량이 감소하는 속도의 실제 수치는 노즐을 통해 유체가 흐르는 속도(즉, 노즐의 크기 및 유체의 속도와 밀도)에 따라 달라진다. 분명히 dB_{sys}/dt와 dB_{cv}/dt의 의미는 다르다. 이 예제의 경우 $dB_{cv}/dt < dB_{sys}/dt$ 다른 상황에서는 $dB_{cv}/dt \geq dB_{sys}/dt$가 있을 수 있다.

3.4.1 Reynolds 수송정리의 유도

시스템 개념을 검사체적 개념과 관련시키는 Reynolds 수송정리의 간단한 해석은 그림 3.10a에서 보여지는 면적이 변화하는 덕트 단면의 고정된 검사체적을 통과하는 1차원 유동으로부터 쉽게 얻어질 수 있다. 1차원이 아닌 흐름으로의 확장은 여기에 표시되어진 방법에 따라 쉽게 이루어질 수 있다. 그림에서와 같이 단면 (1)과 (2) 사이의 관 혹은 덕트 내부의 정지된 체적을 검사체적으로 고려한다. 최초시간 t일 때 검사체적을 차지하고 있는 유체를 시스템으로 생각한다. 짧은 시간이 지난 후인 $t+\delta t$에서는 시스템은 오른쪽으로 조금 움직여진다. 시간 t일 때 검사체적의 단면(2) 근방에 있던 유체입자는 그 단면을 지나는 유체의 속도를 V_2라고 할 때, $\delta\ell_2 = V_2 \delta t$의 거리만큼 움직인다. 마찬가지로 단면(1)의 유체는 그 단면을 지나는 유체의 속도를 V_1이라 할때, $\delta\ell_1 = V_1 \delta t$의 거리만큼 움직인다. 여기서 단면 (1)과 (2)를 지나는 유체는 각 단면에 직각으로 흐르고 V_1과 V_2는 각 단면에서 균일한 것으로 생각한다.

이동 시스템은 고정된 검사체적을 통해 흐른다.

그림 3.10c에서 보여지듯이 시간이 t에서 $t+\delta t$로 변하는 동안에 검사체적에서의 유출량은 체적 II로 표시하고, 유입량은 체적 I으로 표시하며 검사체적 자체는 CV로 표시한다. 따라서 시각 t에서의 시스템은 CV부분에 있는 유체로 구성되어 있지만(시각 t일 때 "SYS = CV"), $t+\delta t$일 때는 시스템을 구성하는 유체가 차지하는 체적은 (CV − I) + II이다. 즉, $t+\delta t$일 때는"SYS = CV − I + II"이다. 그러나 검사체적은 항상 CV로 유지되어 있다.

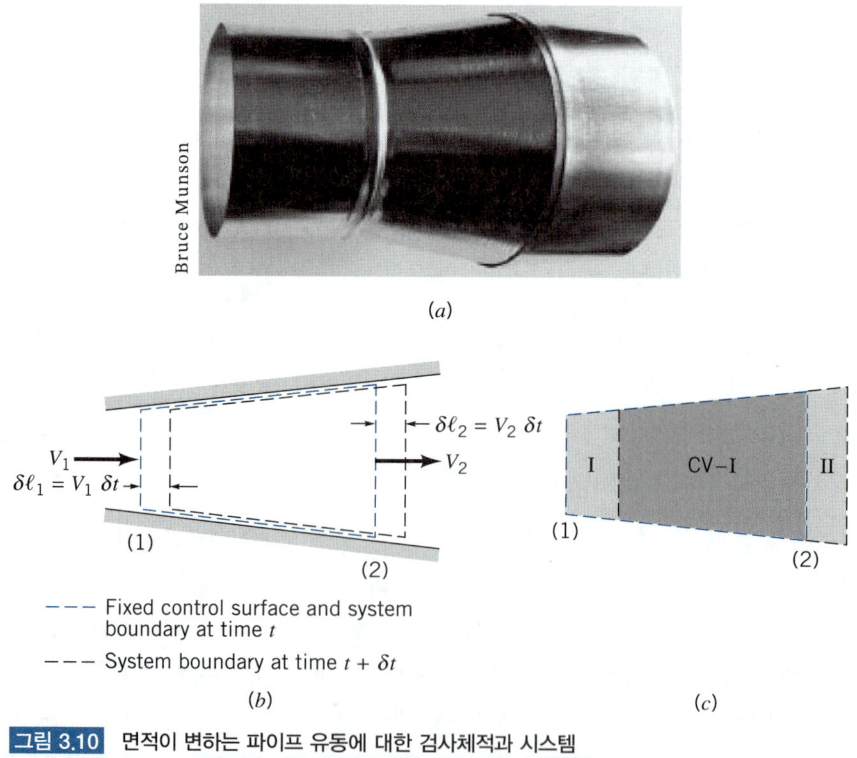

그림 3.10 면적이 변하는 파이프 유동에 대한 검사체적과 시스템

만약 B가 시스템의 종량성 매개변수라면, 시각 t일 때 시스템에 대한 그 변수의 값은 시스템과 검사체적 내부의 유체가 이 때 일치하므로 검사체적에 대한 값 B_{cv}와 동일하다. 즉,

$$B_{sys}(t) = B_{cv}(t)$$

이다. 시각 $t + \delta t$일 때 그 값은

$$B_{sys}(t + \delta t) = B_{cv}(t + \delta t) - B_{I}(t + \delta t) + B_{II}(t + \delta t)$$

이다. 따라서 δt 시간 동안에 시스템에 있어서 δB_{sys}의 변화량을 이 시간간격으로 나누어 주면 다음과 같이 된다.

$$\frac{\delta B_{sys}}{\delta t} = \frac{B_{sys}(t + \delta t) - B_{sys}(t)}{\delta t} = \frac{B_{cv}(t + \delta t) - B_{I}(t + \delta t) + B_{II}(t + \delta t) - B_{sys}(t)}{\delta t}$$

최초의 시각 t에서는 $B_{sys}(t) = B_{cv}(t)$라는 사실을 이용하면, 이 식은 아래와 같이 보기좋게 재정리된다.

시스템 속성의 시간 변화율은 Lagrangian안 개념이다

$$\frac{\delta B_{sys}}{\delta t} = \frac{B_{cv}(t + \delta t) - B_{cv}(t)}{\delta t} - \frac{B_{I}(t + \delta t)}{\delta t} + \frac{B_{II}(t + \delta t)}{\delta t} \tag{3.8}$$

$\delta t \to 0$의 극한적인 경우에 있어서 식(3.8)의 좌변은 시스템에 대한 B의 시간 변화율이 되고, DB_{sys}/Dt로 표시된다. 우리는 시간 변화율을 기술하는 물질 도함수 표기법, $D(\ )/Dt$를 이 용어의 Lagrangian 특성을 강조하기 위하여 사용한다. (어떤 양 P의 물질 도함수, DP/Dt는 특정 유체입자가 이동할 때 그것과 관련된 P의 시간 변화율을 나타낸다는 것을 3.2.1절로부터 상기하라.) 마찬가지로, DB_{sys}/Dt의 양은 시스템(유체의 주어진 부분)이 이동할 때 시스템과 관련된 물성치 B의 시간 변화율을 나타낸다.

$\delta t \to 0$의 극한적인 경우에 있어서 식(4.8)의 우변의 첫째 항은 검사체적내에서의 B의 양에 대한 시간 변화율을 나타내고 있으며 다음과 같다.

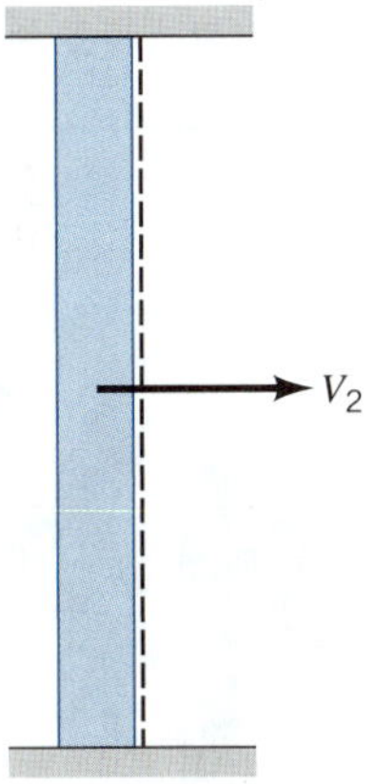

$$\lim_{\delta t \to 0} \frac{B_{cv}(t + \delta t) - B_{cv}(t)}{\delta t} = \frac{\partial B_{cv}}{\partial t} = \frac{\partial \left(\int_{cv} \rho b \, d\forall \right)}{\partial t} \tag{3.9}$$

식(3.8)의 우변 셋째 항은 종량성 매개변수 B의 검사표면을 통한 유출률이 되고, 이는 유출영역인 영역 II내의 B의 양이 단위체적에 대한 양 b에 체적을 곱한 양과 같다는 것으로부터 알 수 있다. 인접한 그림에 나타난 바와 같이, $t = 0$부터 $t = \delta t$까지의 시간 간격 동안, 단면 (2)를 가로질러 흐르는 유체의 체적은 $\delta \forall_{II} = A_2 \delta \ell_2 = A_2(V_2 \delta t)$로 주어진다. 따라서, 유출 영역인 영역 II 내의 B의 양은 단위 체적당 그것의 양, ρb에 체적을 곱한 것이다.

$$B_{II}(t + \delta t) = (\rho_2 b_2)(\delta \forall_{II}) = \rho_2 b_2 A_2 V_2 \delta t$$

여기서 b_2와 ρ_2는 단면 (2)에서의 b와 ρ의 일정한 값이다. 따라서 검사체적으로 부터 나가는 성질의 유출률 $\dot{B}_{out}$는 다음과 같이 된다.

$$\dot{B}_{out} = \lim_{\delta t \to 0} \frac{B_{II}(t + \delta t)}{\delta t} = \rho_2 A_2 V_2 b_2 \tag{3.10}$$

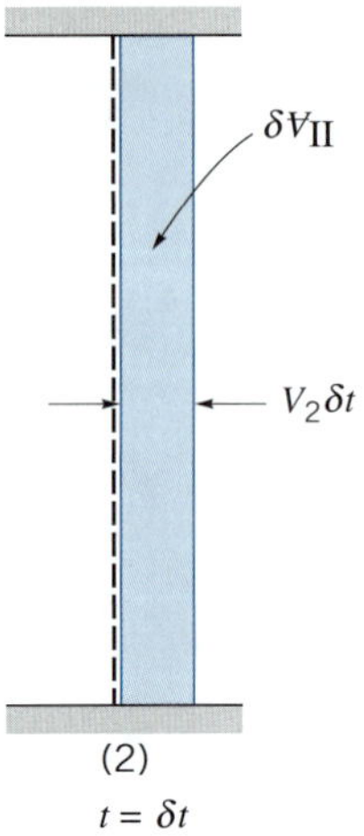

비슷한 방법에 의해, t 동안에 검사체적의 단면 (1)을 가로지르는 B의 유입량은 영역 I에 해당되는 양이고, 단위체적당의 양에 체적 $\delta V\!\!\!/_{\mathrm{I}} = A_1 \delta \ell_1 = A_1(V_1 \delta t)$를 곱한 것이 되므로

$$B_{\mathrm{I}}(t+\delta t) = (\rho_1 b_1)(\delta V\!\!\!/_1) = \rho_1 b_1 A_1 V_1\, \delta t$$

이고, 여기서 b_1과 ρ_1은 단면 (1)에서의 b와 ρ의 일정한 값이다. 따라서 검사체적으로 들어오는 성질 B의 유입률, $\dot{B}_{\mathrm{in}}$은 다음과 같이 된다.

$$\dot{B}_{\mathrm{in}} = \lim_{\delta t \to 0} \frac{B_{\mathrm{I}}(t+\delta t)}{\delta t} = \rho_1 A_1 V_1 b_1 \tag{3.11}$$

식(3.8), (3.9), (3.10) 그리고 (3.11)을 결합하면, 시스템에 대한 B의 변화율과 검사체적에 대한 B의 변화율의 관계가

$$\frac{DB_{\mathrm{sys}}}{Dt} = \frac{\partial B_{\mathrm{cv}}}{\delta t} + \dot{B}_{\mathrm{out}} - \dot{B}_{\mathrm{in}} \tag{3.12}$$

혹은

$$\frac{DB_{\mathrm{sys}}}{Dt} = \frac{\partial B_{\mathrm{cv}}}{\partial t} + \rho_2 A_2 V_2 b_2 - \rho_1 A_1 V_1 b_1 \tag{3.13}$$

에 의해 주어진다는 것을 알게 된다. 이것은 그림 4.8에서 보이는 바와 같은 유동에 대한 제한적인 조건, 즉 입구와 출구를 하나씩 가지고, 단면 (1)과 (2)에서 유체의 성질(밀도, 속도 및 임의의 매개변수 b)이 균일하며, 속도가 각 단면에서 수직으로 흐르는 고정된 검사체적에 대한 Reynolds 수송정리이다. 시스템에서의 B의 변화율(식(3.13)의 좌변)이 검사체적내의 B의 변화율(식(3.13)의 우변의 첫째항)과 반드시 같지는 않다는 것에 주의하라. 그 이유는 검사체적에 있어서의 유입률($b_1\rho_1 V_1 A_1$)과 유출률($b_2\rho_2 V_2 A_2$)이 반드시 같을 필요가 없기 때문이다.

시스템과 관련된 시간 도함수는 검사체적과 다를 수 있다.

방정식 (3.13)은 Reynolds 수송 정리를 간략화한 것이다. 우리는 이제 훨씬 더 일반적인 조건들에 대해 그것을 도출할 것이다. 유체가 흐르는 일반적인 고정 검사체적은 그림 3.11과 같다. 유동장은 (위의 1차원 흐름 고려사항에서와 같이) 매우 단순할 수도 있고, 인접한 그림에서와 같이 인간의 심장을 통과하는 흐름과 같은 상당히 복잡한 비정상 3차원 상황을 포함할 수도 있다. 어떤 경우든 우리는 시스템이 초기 시간 t에 검사체적 내의 유체라고 다시 생각한다. 잠시 후 유체 일부(영역 II)가 검사체적에서 빠져나왔고, 추가 유체(원래 시스템의 일부가 아닌 영역 I)가 검사체적으로 유입되었다.

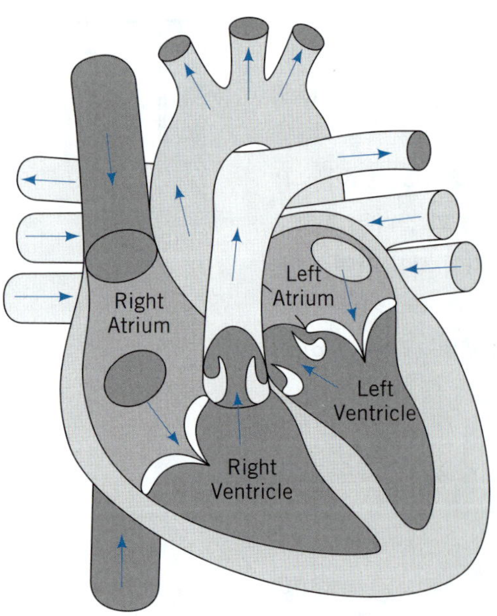

우리는 광범위한 유체 물성치 B를 고려하고 시스템과 관련된 B의 변화율이 언제 검사체적 내에서 B의 변화율과 어떻게 관련이 있는지 확인하려고 한다. 그림 3.10에 표시된 단순화된 검사체적에 대해 수행한 정확한 단계를 반복함으로써, 우리는 식(3.12)가 일반적인 경우에도 유효하다는 것을 알 수 있다. 단, $\dot{B}_{\mathrm{out}}$과 $\dot{B}_{\mathrm{in}}$에 대한 올바른 해석을 제공한다면, 일반적으로 검

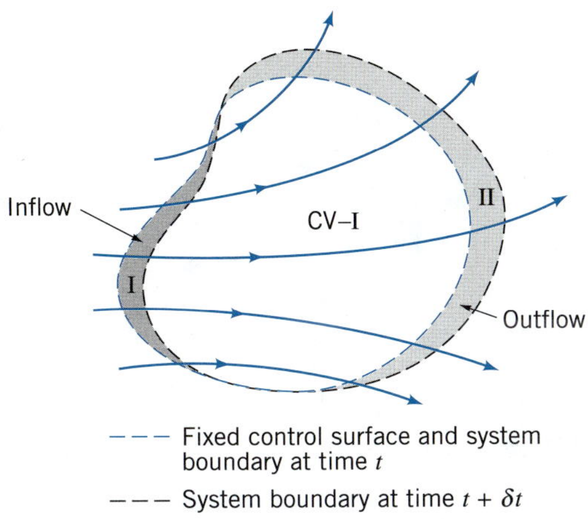

그림 3.11 임의의 고정된 검사체적을 통해 검사체적과 시스템의 흐름을 제어

사체적은 하나 이상의 흡입구와 배출구를 포함할 수 있다. 일반적인 배관 시스템은 그림 3.12와 같이 여러 개의 입구 및 출구를 포함할 수 있다. 이러한 경우, 우리는 적어도 개념적으로 함께 그룹화된 모든 입구($\mathrm{I} = \mathrm{I}_a + \mathrm{I}_b + \mathrm{I}_c + \ldots.$)와 함께 그룹화된 모든 출구($\mathrm{II} = \mathrm{II}_a + \mathrm{II}_b + \mathrm{II}_c + \ldots.$)를 생각한다.

$\dot{B}_{\text{out}}$이라는 용어는 검사체적으로 부터의 물성치 B의 순 유량을 나타낸다. 그 값은 검사표면 분할 영역 II와 검사체적 부분에 크기 δA의 각 극소 면적 요소를 통한 기여의 추가(적분)에서 발생하는 것으로 생각할 수 있다. 이 표면은 CS_{out}으로 표시된다. 그림 3.13에 표시된 바와 같이, 시간 δt에서 각 영역 요소를 통과하는 유체의 부피는 $\delta \forall = \delta n \, \delta A$로 주어집니다, 여기서 $\delta n = \delta \cos \theta$는 작은 체적 요소의 높이(밑면, δA에 대한 법선)이며 θ는 속도 벡터와 표면에 수직인 바깥쪽을 가리키는 $n\theta$ 사이의 각도이다. 따라서 $\theta = V \ \theta t$이므로, 시간 간격 θt에서 면적 요소 θA를 가로질러 운반되는 물성치 B의 양은

$$\delta B = b\rho \, \delta \forall = b\rho (V \cos \theta \, \delta t) \, \delta A$$

$\delta \dot{B}_{\text{out}}$으로 표시된, 작은 면적 요소 δA를 가로질러 검사체적 바깥으로 나가는 B의 속도

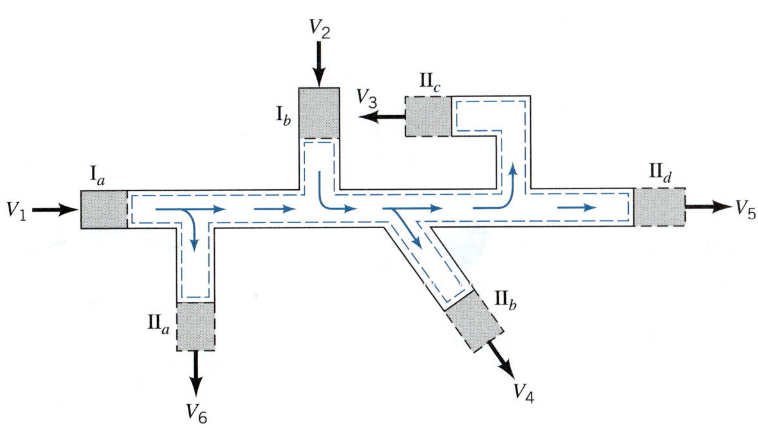

그림 3.12 다중의 입출구를 가진 일반적인 검사체적

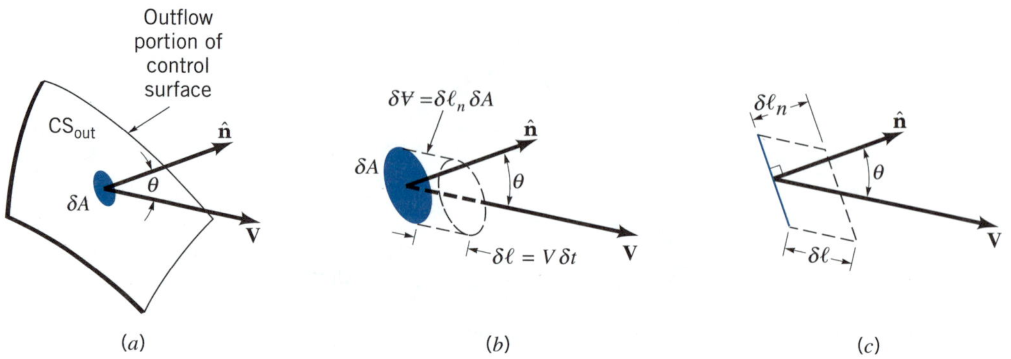

그림 3.13 검사표면의 일반적인 부분을 가로지르는 유출

는 다음과 같다.

$$\delta \dot{B}_{out} = \lim_{\delta t \to 0} \frac{\rho b \, \delta \forall}{\delta t} = \lim_{\delta t \to 0} \frac{(\rho b V \cos\theta \, \delta t) \, \delta A}{\delta t} = \rho b V \cos\theta \, \delta A$$

검사 표면의 전체 유출 부분, CS_{out}에 걸쳐 적분하면 다음과 같이 된다.

$$\dot{B}_{out} = \int_{cs_{out}} d\dot{B}_{out} = \int_{cs_{out}} \rho b V \cos\theta \, dA$$

$V \cos\theta$는 면적 요소 δA에 대한 법선 속도의 성분이다. 스칼라 곱셈의 정의로부터, 이것은 $V \cos\theta = \mathbf{V} \cdot \hat{\mathbf{n}}$로 쓸 수 있다. 따라서 유출 속도의 다른 형태는 다음과 같다.

$$\dot{B}_{out} = \int_{cs_{out}} \rho b \mathbf{V} \cdot \hat{\mathbf{n}} \, dA \tag{3.14}$$

이와 유사하게, 그림 3.14와 같이 검사표면의 유입 부분인 CS를 고려하여 제어체적으로의 B의 유입속도는

$$\dot{B}_{in} = -\int_{cs_{in}} \rho b V \cos\theta \, dA = -\int_{cs_{in}} \rho b \mathbf{V} \cdot \hat{\mathbf{n}} \, dA \tag{3.15}$$

우리는 검사표면에 대한 단위 정규 벡터가 검사체적에서 가리키는 표준 표기법을 사용

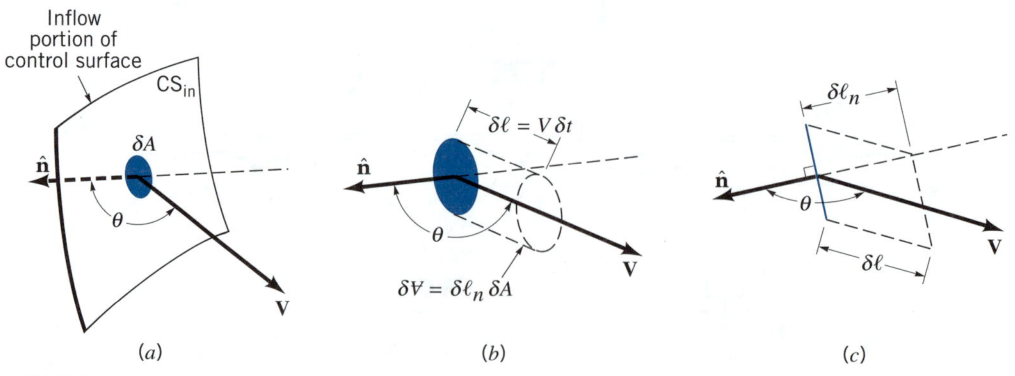

그림 3.14 검사표면의 일반적인 부분을 가로질러 유입

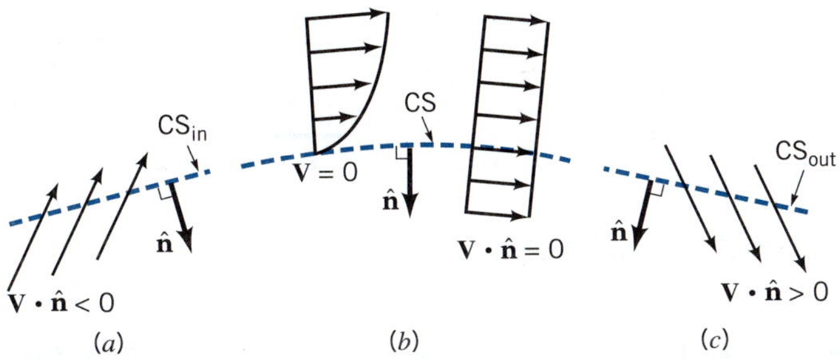

그림 3.15 검사표면의 일부에 가능한 속도 구성: (a) 유입 (b) 표면을 가로지르는 흐름 없음 (c) 유출

한다. 따라서, 그림 3.15에 나타난 바와 같이, 유출 영역의 경우 $-90^\circ < \theta < 90^\circ$($V$의 정상 성분은 양수, $\mathbf{V} \cdot \hat{\mathbf{n}} > 0$)이다. 유입 영역의 경우 $90^\circ < \theta < 270^\circ$($V$의 정상 성분은 음수, $\mathbf{V} \cdot \hat{\mathbf{n}} < 0$). 따라서, $\cos\theta$의 값은 검사표면의 CV_{out} 부분에서는 양수이고 CV_{in} 부분에서는 음수이다. 검사표면의 나머지 부분에서는 유입 또는 유출이 없으므로 $\mathbf{V} \cdot \hat{\mathbf{n}} = V \cos\theta = 0$이 된다. 이러한 부분에서는 $V = 0$(유체가 표면에 달라붙음) 또는 $\cos\theta = 0$(유체가 표면을 가로지르지 않고 표면을 따라 "붙음") 중 하나입니다(그림 3.15 참조). 따라서 전체 검사표면을 가로지르는 매개변수 B의 순 유량 (net flux) 은 다음과 같다.

$$\begin{aligned} \dot{B}_{\text{out}} - \dot{B}_{\text{in}} &= \int_{\text{cs}_{\text{out}}} \rho b \mathbf{V} \cdot \hat{\mathbf{n}}\, dA - \left(- \int_{\text{cs}_{\text{in}}} \rho b \mathbf{V} \cdot \hat{\mathbf{n}}\, dA \right) \\ &= \int_{\text{cs}} \rho b \mathbf{V} \cdot \hat{\mathbf{n}}\, dA \end{aligned} \tag{3.16}$$

여기서 적분은 전체 검사표면에 걸쳐 이루어진다.

식(3.14)와 식(3.18)을 결합함으로써, 우리는 다음을 얻는다.

$$\frac{DB_{\text{sys}}}{Dt} = \frac{\partial B_{\text{cv}}}{\partial t} + \int_{\text{cs}} \rho b \mathbf{V} \cdot \hat{\mathbf{n}}\, dA$$

이것은 $B_{\text{cv}} = \int_{\text{cv}} \rho b\, d\forall$를 사용하여 다음과 같이 약간 다른 형태로 쓸 수 있다.

$$\boxed{\frac{DB_{\text{sys}}}{Dt} = \frac{\partial}{\partial t} \int_{\text{cv}} \rho b\, d\forall + \int_{\text{cs}} \rho b \mathbf{V} \cdot \hat{\mathbf{n}}\, dA} \tag{3.17}$$

방정식 (3.17)은 고정된 비변형 검사체적에 대한 Reynolds 수송 정리의 일반적인 형태이다. 그 해석과 사용에 대해서는 다음 절에서 논의한다.

3.4.2 검사체적의 선택

공간 상의 모든 체적을 검사체적으로 생각할 수 있다. 주어진 유체역하 문제를 쉽게 푸는 것은 종종 검사체적의 선택에 달려 있다. "가장 좋은" 검사체적을 선택하는 기술은 오직 연습에 의해서 만이 발전될 수 있다. "틀린"것은 없지만 다른 것보 다"훨씬 좋은"것은 있을 수 있다.

Video
V3.13 검사체적

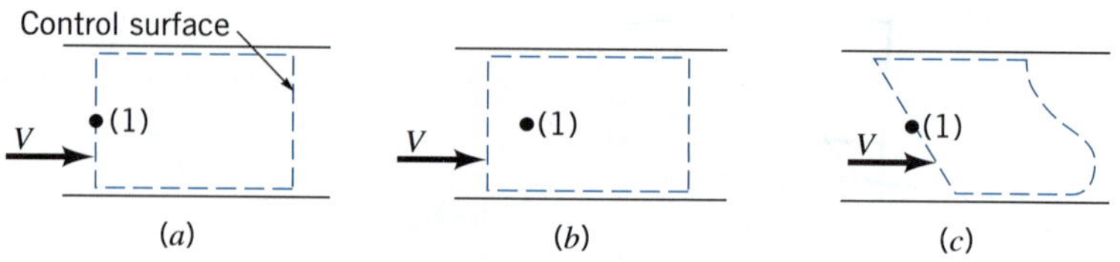

그림 3.16 파이프 유동에서의 여러 가지 검사체적

그림 3.16은 파이프 유동에서 세 가지의 가능한 검사체적을 보인 것이다. 문제가 점(1)에서의 압력을 구하는 것이라면 검사체적 (a)를 선택하는 것이, 점 (1)이 검사 표면에 있게 되므로 (b)를 선택하는 것 보다 더 좋다. 마찬가지로, 검사체적 (a)의 입구와 출구가 유체유동에 직각으로 되어 있으므로 (c)보다 더 좋다. 그러나, 이 중에서 틀린 검사체적은 없다. 단지 (a)가 사용하기에 더 쉽다. 5장에서는 Reynolds 수송정리를 이용하여 시스템 공식들을 검사체적 공식으로 바꾸고, 여러 가지의 검사체적의 사용례에 대한 설명을 통해 적절한 검사체적의 선택을 좀더 명확하게 할 것이다.

3장 요약

이 단원에서 유체의 운동학에 관한 몇가지 기초적인 개념을 살펴보았다. 즉, 이러한 운동을 만드는데 필요로 하는 힘은 고려하지 않고 유체의 운동의 다양한 측면을 살펴보았다. 흐름에서 장표현의 개념과 유동을 표현하기 위한 Euler 및 Lagrange 접근방법을 도입하여 속도장과 가속도장의 개념을 표현하였다.

1차원, 2차원 혹은 3차원의 유동 및 정상, 비정상 유동의 특징이 유선, 유맥선 그리고 유적선의 개념과 함께 소개되어져 있다. 만약 유동이 정상상태라면, 속도장과 접하는 유선은 유맥선 및 유적선과 동일하다. 하지만 비정상 유동에서는 이들은 일치하지 않는다.

유체입자가 이동함에 따라, 유체의 물성치들은 (예를 들어 속도, 밀도, 온도) 변할 것이다. 이러한 물성치들의 변화율은 비정상적인 효과(고정된 위치에서의 시간변화율)와 대류효과(한 곳에서 다른 곳으로 입자의 운동에 의한 시간변화율)를 포함하는 물질도 함수를 이용하여 구할 수 있다.

검사체적과 시스템(system)의 개념이 도입되고, Reynolds 수송정리가 설명되어져 있다. 이러한 개념을 통해서 검사체적(유체의 유동을 통한 고정된 체적)을 이용한 유동의 해석이 가능해졌고, 지배원리가 시스템(유체의 유동하는 부분)을 통해 설명되어진다.

아래의 체크리스트는 이 단원을 학습하기 위한 지침을 제공한다. 여러분이 단원 전체나 단원의 끝부분의 연습문제의 학습을 마쳤을 때 다음의 내용을 숙지할 수 있어야 한다.

- 아래에 표기된 주요용어의 의미와 관련된 개념을 정확히 설명해보라. 이 용어들은 특히 중요하여 교재에 색깔 또는 굵은 글자로 표시되어 있다.
- 흐름의 장 표현의 개념과 유동을 표현하기 위한 Euler 및 Lagrange 기술 사이의 차이점을 이해하라.
- 유선, 유맥선 및 유적선 사이의 차이점을 설명하라.
- 주어진 속도장을 가지는 유동에 대해 유선을 계산하고 그래프로 나타내어라.
- 유체물성치의 시간변화율을 결정하기 위해 비정상 및 대류효과를 포함한 물질 도함수의 개념을 이용하라.
- 주어진 속도장을 가진 유동에 대해 가속도장을 결정하라.
- 시스템과 검사체적의 물성치 및 차이점을 이해하라.
- Reynolds 수송정리에 관한 개념을 물리적, 수학적으로 설명하라.

주요 방정식

유선방정식	$\frac{dy}{dx} = \frac{v}{u}$	(3.1)
가속도	$\mathbf{a} = \frac{\partial \mathbf{V}}{\partial t} + u\frac{\partial \mathbf{V}}{\partial x} + v\frac{\partial \mathbf{V}}{\partial y} + w\frac{\partial \mathbf{V}}{\partial z}$	(3.3)
물질도함수	$\frac{D(\ )}{Dt} = \frac{\partial(\ )}{\partial t} + (\mathbf{V}\cdot\nabla)(\ )$	(3.6)
가속도의 유선방향성분 및 수직방향성분	$a_s = V\frac{\partial V}{\partial s},\quad a_n = \frac{V^2}{\mathcal{R}}$	(3.7)
Reynolds 수송정리 (제한된 형태)	$\frac{DB_{\text{sys}}}{Dt} = \frac{\partial B_{\text{cv}}}{\partial t} + \rho_2 A_2 V_2 b_2 - \rho_1 A_1 V_1 b_1$	(3.13)
Reynolds 수송정리 (일반형)	$\frac{DB_{\text{sys}}}{Dt} = \frac{\partial}{\partial t}\int_{\text{cv}} \rho b\, d\mathcal{V} + \int_{\text{cs}} \rho b \mathbf{V}\cdot\hat{\mathbf{n}}\, dA$	(3.17)

참고문헌

1. Streeter, V. L., and Wylie, E. B., *Fluid Mechanics*, 8th Ed., McGraw-Hill, New York, 1985.
2. Goldstein, R. J., *Fluid Mechanics Measurements*, Hemisphere, New York, 1983.
3. Homsy, G. M., et al., *Multimedia Fluid Mechanics* CD-ROM, 2nd Ed., Cambridge University Press, New York, 2007.

연습문제 (QUESTIONS AND PROBLEMS)

Ⓒ 프로그램 가능한 계산기 또는 컴퓨터를 활용해서 풀어야 되는 문제

Ⓞ 비판적 사고를 필요로 하는 열린문제들. 이 문제들에서는 필요한 입력 데이터를 얻기 위해서 다양한 가정들을 필요로 한다. 이 문제들에 유일한 해답은 없다.

주: 문제에서 유체상태량의 값들이 특별히 주어지지 않는다면, 표 1.4–1.8과 부록의 표들에 나와 있는 값들을 이용하라.

3.1절 속도장

3.1.1 유체가 흐르는 상황에 대한 사진/이미지를 얻습니다. 이 사진을 인쇄하고 몇 개의 선을 그려서 여러분이 생각하는 유선형의 모양을 표현하세요. 이러한 유선 중 하나를 따라 유동하는 유체 입자의 가속도를 설명하기 위해 간단한 단락을 쓰시오.

3.1.2 강의 표면 속도는 여러 위치에서 측정되며 x는 다음과 같이 합리적으로 나타낼 수 있다.

$$V = V_0 + \Delta V(1 - e^{-ax})$$

여기서 V_0, ΔV 및 a는 상수이다. $x=0$일 때 $t=0$일 때 표면을 따라 흐르는 유체 입자의 속도에 대한 라그랑주 설명을 구하라.

3.1.3 유동의 속도장은 $V = 4x^2t\hat{\mathbf{i}} + [6y(t-1) + 4x^2t]\hat{\mathbf{j}}$ m/s로 주어집니다. 여기서 x와 y는 미터 단위이고 t는 초 단위입니다. x축에 있는 유체 입자의 경우 유동의 속도와 방향을 결정하시오.

3.1.4 2차원 속도장은 $u = 2(1+y)$와 $v = 4$로 주어진다. 원점을 통과하는 유선형 방정식을 결정하시오. 그래프에 이 유선형 그림을 그리시오.

3.1.5 유선형들은 방정식에 의해 데카르트 좌표로 주어진다.

$$\psi = U\left(y - \frac{y}{x^2+y^2}\right) \cdot x^2 + y^2 \geq 1$$

$\psi = 0$, ± 0.0625에 대한 유선형 그림을 그리고 이 방정식으로 표현되는 물리적 상황을 설명하시오. 매개변수 U는 1.0 m/s의 업스트림 균일 속도이다.

3.1.6 Video V3.2와 그림 E3.1에서와 같이 유동은 대표 위치에서 속도벡터와 같은 속도장 출력에 의해 가시화 될 수 있다. $\upsilon_r = -10/r$과 $\upsilon_\theta = 10/r$로 주어진 극좌표계에서의 속도장에 대해서 생각해보자. 이 유동은 그림 P3.1.6에서와 같이 sink에 의해 유체 소용돌이에 가깝다. 0°, 30°, 60° 그리고 90°에서 주어진 위치 $r = 1$, 2 그리고 3에서의 속도장을 그려라.

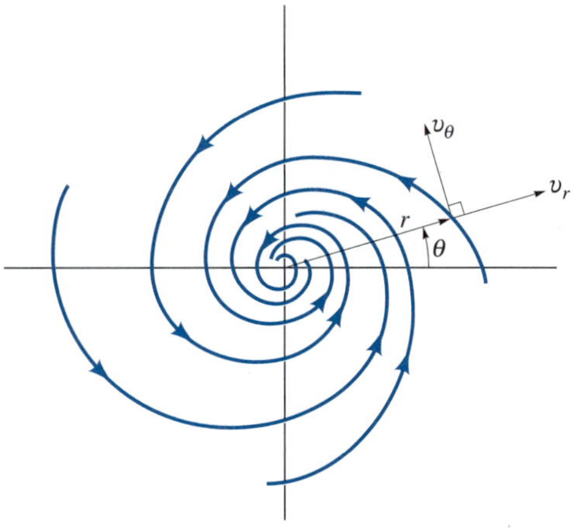

그림 P3.1.6

3.1.7 C 차량이 정지 상태에서 최종 등속 V_f까지 가속하고 경찰관이 고속도로를 따라 다양한 위치 x에서 다음과 같은 속도를 기록합니다.

$x = 0$	$V = 0$ kmph
$x = 100$ m	$V = 34.8$ kmph
$x = 200$ m	$V = 47.6$ kmph
$x = 300$ m	$V = 52.3$ kmph
$x = 400$ m	$V = 54.0$ kmph
$x = 1000$ m	$V = 55.0$ kmph $= V_f$

자동차의 최종 속도 V_f의 함수로서 자동차가 이동한 속도 V에 대한 수학적 오일러 식을 구하고 $V = 0$에서 x if $t = 0$을 구하시오. 힌트 데이터에 지수 적합을 시도합니다.

3.1.8 유동의 속도장이 $u = x + y$, $\upsilon = xy^3 + 16$, $w = 0$로 주어진다. 유동장의 정체점($V = 0$)의 위치를 구하라.

3.1.9 흐름의 속도장은 $u = -V_0 y/(x^2+y^2)^{1/2}$과 $\upsilon = V_0 x/(x^2+y^2)^{1/2}$로 주어지며, 여기서 V_0은 상수이다. 흐름 영역에서 속도가 V_0과 동일한 곳은 어디입니까? 유선형 방정식을 결정하고 이 흐름의 다양한 특성에 대해 논의하시오.

3.1.10 유동의 속도장이 $V = x\hat{\mathbf{i}} + x(x-1)(y+1)\hat{\mathbf{j}}$로 주어지고, 여기서 u와 υ는 m/s이고, x와 y는 m 단위이다. $x = 0$이고 $y = 0$을 지나는 유선을 그려라. 그리고 원점을 지나는 유선과 유맥선을 비교하라.

3.1.11 시간 $t = 0 \sim t = 5$시간 방사능 증기는 $x = -1$ km, $y = 3$ km에 위치한 원자력 발전소 사고에서 방출된다. 다음과 같은 바람 조건이 예상됩니다. $0 < t < 3$ hr일 경우 $V = 10\hat{\mathbf{i}} - 5\hat{\mathbf{j}}$ kmph, $3 < t < 10$ hr일 경우 $V = 15\hat{\mathbf{i}} + 8\hat{\mathbf{j}}$ kmph, $t > 10$ hr일 경우 $V = 5\hat{\mathbf{i}}$ kmph. $t = 3$, 10 및 15시간 동안 예상되는 증기의 줄무늬를 조정하기 위해 그리시오.

3.1.12 속도장의 x와 y 성분은 $u = 4(x^2y)$와 $\upsilon = -4xy^2$로 주어진다. 이 흐름의 유선형 방정식을 결정하고 예 3.3과 비교한다. 이 문제의 흐름은 예 3.3의 흐름과 같습니까? 설명하라.

3.1.13 대기("바람")는 보통 수평의 속도성분을 가지지만, 불균일한 가열에 의한 부력의 영향으로 그림 P3.1.13과 같은 수직방향의 기류가 자주 발생한다. 어떤 지역에서, 속도장이 근사적으로, $0 < y < h$에서는 $u = u_0$, $\upsilon = \upsilon_0(1 - y/h)$이고, $y > h$에서는 $u = u_0$, $\upsilon = 0$가 된다고 가정한다. u_0/υ_0가 각각 0.5, 1 및 2일 때에 대해 원점을 지나는 유선을 그려라.

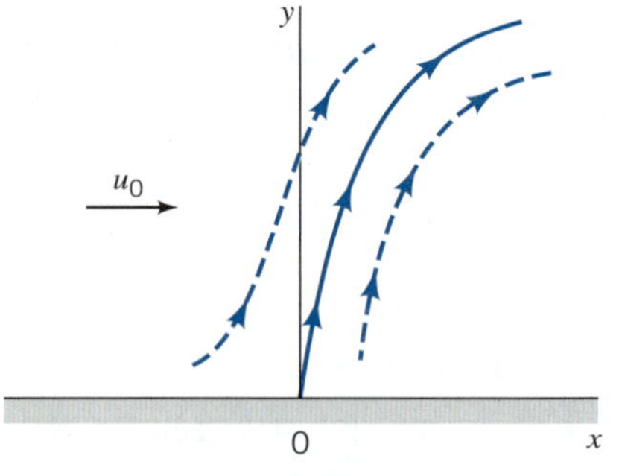

그림 P3.1.13

3.1.14 ⓞ 일정한 유동에서 유선 및 연속선은 동일합니다. 대부분의 불안정한 흐름에서 이것은 사실이 아니다. 그러나 유선 및 연속선이 동일한 불안정한 흐름이 있습니다. 이것이 참인 유동장을 설명하십시오.

3.1.15 토네이도는 극좌표에서 다음과 같은 속도 성분을 가지고 있다.

$$V_r = -\frac{C_1}{r} \qquad \text{and} \qquad V_\theta = -\frac{C_2}{r}$$

공기가 안쪽으로 소용돌이치고 있습니다. 유선형 방정식을 찾아라. r과 θ는 극좌표이다.

3.1.16 (3.1절의 제목이 "Follow those particles"인 Fluid in the News를 보자) 그림 P4.10에 보이는 것처럼, 구체를 통과하여 흐르는 유동에서 내부의 유체입자 4개와 그 입자들의 위치를 표시한 2개의 그림을 하나로 나타내 보았다.

두 그림들 간의 시간간격은 $\Delta t = 0.002$ s이다. 그림에 표시된 입자들의 위치는 표에 나타나 있다. (a) 이들 입자들의 유체 속도를 구하여라. (b) 문제(a)의 결과와 $V = V_0(1 + a^3/x^3)$로 주어지는 이론적인 속도를 비교하기 위한 그래프를 그려라. 여기서 a는 구체의 반지름이고 V_0는 구체로부터 멀어지는 유체속도이다.

Particle	x at $t = 0$ s (m)	x at $t = 0.002$ s (m)
1	−0.500	−0.480
2	−0.250	−0.232
3	−0.140	−0.128
4	−0.120	−0.112

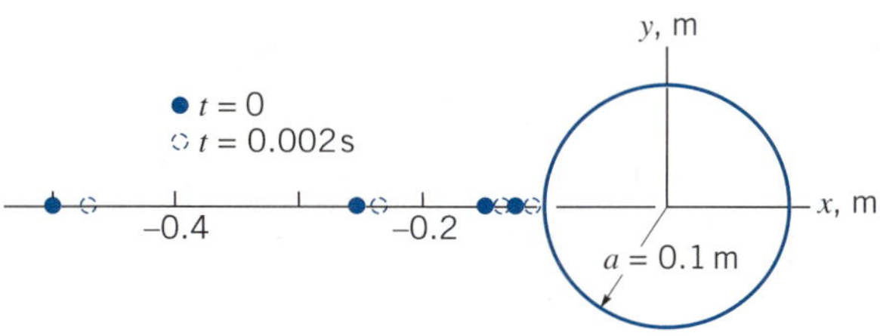

그림 P3.1.16

3.1.17 공기는 일정한 직경의 원형 덕트를 통해 꾸준히 흐른다. 공기는 완벽하게 습하지 않기 때문에 속도 프로파일은 각 흐름 영역에 걸쳐 평평합니다. 그러나 공기가 덕트를 따라 흐를수록 공기 밀도는 감소합니다. 이것은 1차원, 2차원, 3차원 흐름인가요?

3.1.18 그림에서 보듯이, 수렴하는 2차원 채널에는 일정한 밀도의 유체가 흐른다. P3.1.18. 종이와 수직인 폭은 채널 높이에 비해 상당히 크다. z 방향의 속도는 0입니다. 채널 반높이 Y와 유체 x 속도 u는 다음과 같이 주어진다.

$$Y = \frac{Y_0}{1 + x/\ell} \qquad \text{and} \qquad u = u_0\left(1 + \frac{x}{\ell}\right)\left[1 - \left(\frac{y}{Y}\right)^2\right]$$

여기서 x, y, Y, ℓ는 미터 단위이고, u는 m/s 단위이고, $u_0 = 1.0$ m/s이며, $Y_0 = 1.0$ m이다. (a) 이 흐름은 안정적입니까, 불안정합니까? 1차원, 2차원, 3차원 중 어느 쪽입니까? (b) 속도 분포 $u(y)$를 $x/\ell = 0$, 0.5 및 1.0으로 표시하시오. 0, ±0.2, ±0.4, ±0.6, ±0.8 및 ±1.0의 y/Y 값을 사용한다.

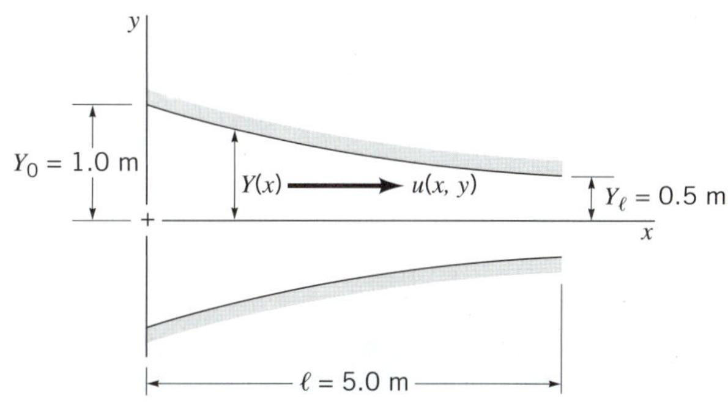

그림 P3.1.18

3.1.19 ⓞ 경로선과 줄무늬는 흐름을 시각화하는 방법을 제공합니다. 또 다른 기술은 유선상에 염료 라인을 즉시 주입하고 시간이 지남에 따라 이 라인이 어떻게 움직이는지 관찰하는 것입니다. 예를 들어, 그림에 표시된 원형 실린더 앞에 주입된 초기 직선 염료 라인을 생각해 보십시오. P3.1.19. 나중에 이 염색선이 어떻게 나타날지 논의하시오. 시간의 함수로써 이 선의 위치를 어떻게 계산할 것인가? 이러한 유형의 선을 시간 표시 막대라고 합니다.

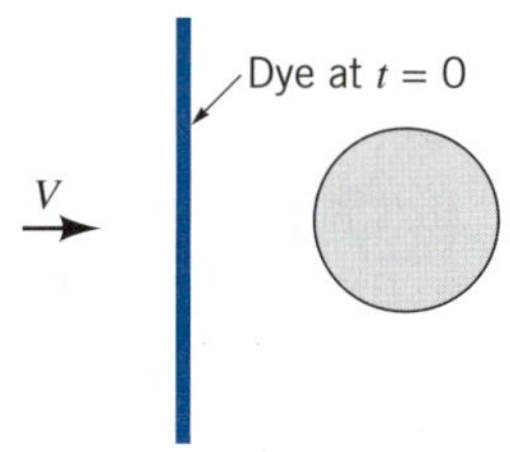

그림 P3.1.19

3.1.20 다음 흐름을 1차원, 2차원 또는 3차원으로 분류하십시오. 각각 몇 가지 유선형을 스케치합니다. (a) 넓은 진입로를 따라 빗물이 흐릅니다. (b) 직진 수평 파이프에서 흐릅니다. (c) 45° 각도로 위쪽으로 기울어진 직진 파이프에서 흐릅니다. (d) 구릉 국가에서 지면을 따라 흐르는 긴 파이프에서 흐릅니다. (f) 비행기 위로 흐릅니다. 높은 전화기를 지나 부는 바람 (g) 원심 펌프의 임펠러에서 흐릅니다.

3.2절 가속도장

3.2.1 2차원 흐름의 u와 v의 속도 성분은 다음과 같이 주어진다.

$$u = ax + \frac{bx}{x^2y^2} \quad \text{and} \quad v = ay + \frac{by}{x^2y^2}$$

여기서 a와 b는 상수이다. 가속도를 계산하시오.

3.2.2 공기는 팬을 통해 일정한 직경 덕트를 통해 공급됩니다. 공기는 습하지 않기 때문에 유체 속도 프로파일은 각 단면에 걸쳐 "평탄"합니다. 팬 시동 중에 시간 t 및 축 위치 x에서 다음과 같은 속도가 측정되었습니다.

	$x=0$	$x=10$ m	$x=20$ m
$t=0$ s	$V=0$ m/s	$V=0$ m/s	$V=0$ m/s
$t=1.0$ s	$V=1.00$ m/s	$V=1.20$ m/s	$V=1.40$ m/s
$t=2.0$ s	$V=1.70$ m/s	$V=1.80$ m/s	$V=1.90$ m/s
$t=3.0$ s	$V=2.10$ m/s	$V=2.15$ m/s	$V=2.20$ m/s

$t=1.0$ 초 및 $x=10$ m에서 국소 가속도, 대류 가속도 및 총 가속도를 계산합니다. 팬이 일정한 공기 유량에 도달한 후 국소 가속도는 얼마입니까?

3.2.3 물은 $\mathbf{V} = (8/t + 5)\hat{\mathbf{j}}$ m/s로 주어진 균일한 속도로 일정한 지름의 파이프를 통해 흐른다. 여기서 t는 초이다. 시간 $t=1$, 2, 10초의 가속도를 결정하시오.

3.2.4 발산관 내 공기의 속도는 도표와 같다. P3.2.4는 $V_1 = 4t$ m/s, $V_2 = 2t$ m/s로 표시되며, 여기서 t는 초 단위입니다. (a) (1)과 (2) 지점에서 국소 가속도를 결정하십시오. (b) 이 두 지점 사이의 평균 대류 가속도는 음수, 0 또는 양수입니까? 설명하라.

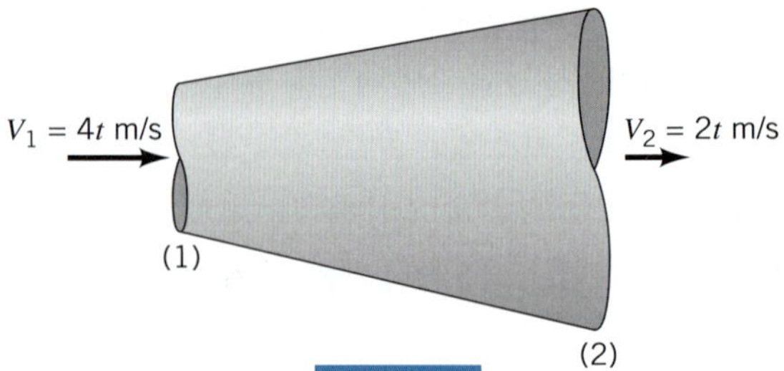

그림 P3.2.4

3.2.5 특정 유동장은 속도 벡터를 갖는다.

$$\mathbf{V} = \frac{-2xyz}{(x^2+y^2)^2}\hat{\mathbf{i}} + \frac{(x^2-y^2)z}{(x^2+y^2)^2}\hat{\mathbf{j}} + \frac{y}{x^2+y^2}\hat{\mathbf{k}}$$

이 유동에 대한 가속도 벡터를 찾으시오.

3.2.6 문제 3.1.18의 유동에 대한 중심선($y=0$)을 따라 가속도의 x 성분인 축을 결정하십시오. 중심선이 아닌 위치에서 가속 벡터를 결정할 수 있습니까? 왜 그런가요? 혹은 왜 그렇지 않은가요?

3.2.7 그림 P3.2.7에서 보는 바와 같이 파이프 안의 물의속도는 $V_1 = 1.0t$ m/s, $V_2 = 2.02$ m/s로 주어진다. 여기에 t의 단위는 초이다. (a) (1)와 (2)지점에서의 가속도를 구하라. (b) 이 두 점사이의 평균 대류 가속도는 마이너스 인가 제로인가 플러스인가? 설명하라.

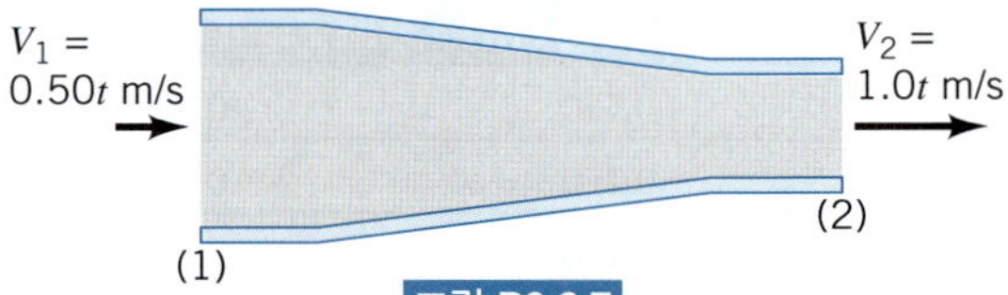

그림 P3.2.7

3.2.8 충격파는 그림 P3.2.8에서와 같이 흐름의 물성치(속도, 밀도, 압력 등)가 상태(1)에서 상태(2)로 변화하는 초음속유동에서 나타나는 매우 얇은 층이다(두께). 만약 $V_1 = 550$ m/s, $V_2 = 215$ m/s, $\ell = 0.0025$ mm이라면, 유동이 충격파를 가로지를때 가스의 평균감속도를 추정하라. 어느 정도 g의 감속이 나타나는가?

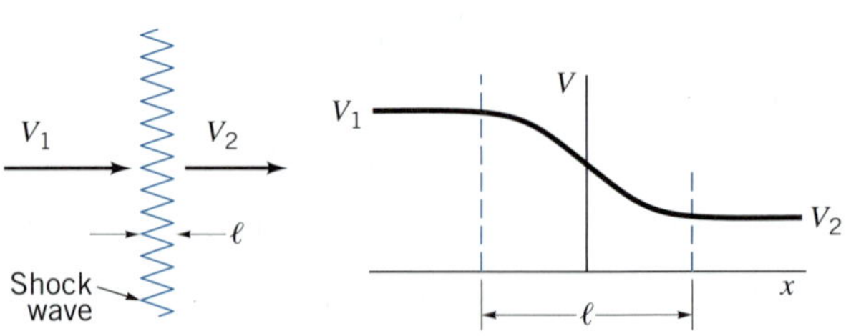

그림 P3.2.8

3.2.9 ⓞ 물이 정원 호스의 노즐을 통과할 때 물의 평균 가속도를 추정합니다. 모든 가정을 나열하고 모든 계산을 표시하여라.

3.2.10 ⓞ 수도꼭지에서 물줄기가 세면대 바닥에 닿는다. 물 입자들이 경험하는 최대 가속도를 추정하시오. 모든 가정을 나열하고 계산을 표시하여라.

3.2.11 밸브가 열리면 도에 도시된 디퓨저를 통해 물이 흐르게 된다. 중심선을 따라 속도가 $\mathbf{V} = u\hat{\mathbf{i}} = V_0(1 - e^{-ct})(1 - x/\ell)\hat{\mathbf{i}}$, u_0, c, ℓ가 상수인 경우, P3.2.11이 되도록 증가 유량에서 P3.2.11. x와 t의 함수로 가속도를 결정한다. $V_0 = 3$ m/s이고 $\ell = 1.5$ m이면, $t = 1$ s에서 x에 대해 가속도를 0으로 만들기 위해 c의 어떤 값($c = 0$ 제외)이 필요한가? 시간이 지남에 따라 유속이 증가한다면 가속도가 0이 될 수 있는 방법을 설명하시오.

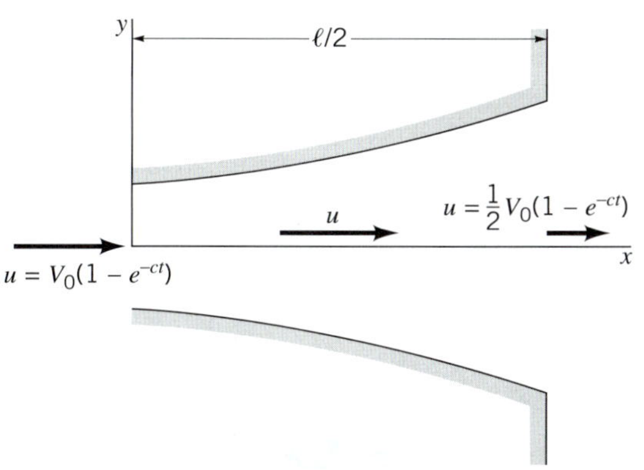

그림 P3.2.11

3.2.12 유체가 $\mathbf{V}(x/t)\hat{\mathbf{i}}$로 x축을 따라 흐른다. x의 단위는 미터이고, t의 단위는 초이다. (a) $t = 3$ s일 때 $0 \le x \le 3$ m에 대해 속력을 그림으로 표시하라. (b) $x = 2.0$ m에서 $2 \le t \le 4$ s 사이의 속력을 그림으로 표시하라. (c) 국소가속도 및 대류 가속도를 구하라. (d) 흐름속에서 어느 유체 입자의 가속도가 0인 것을 보여라. (e) 이러한 비정상흐름에서 입자의 속도가 운동중에 어떻게 일정하게 유지되는가를 물리적으로 설명하라.

3.2.13 일정한 밀도의 유체는 나음과 같이 주어신 영역 A를 갖는 수렴 구간을 흐른다.

$$A = \frac{A_0}{1 + (x/\ell)}$$

여기서 A_0은 $x = 0$의 영역이다. 오일러 형태의 유체의 속도와 가속도를 결정한 다음 라그랑주 형태의 유체 입자의 속도와 가속도를 결정하시오. $t = 0$일 때 속도는 $x = 0$일 때 V_0이다.

3.2.14 Video 그림 P3.2.14와 비디오 V10.11에보이는 바와 같은 개수로에서 유체가 흐를 때 수력도약에의해 유체층의 깊이가 급격하게 변한다. 상대적으로 짧은거리(두께 ℓ)에서 깊이는 z_1에서 z_2로 변하고, 이에 대한 속도는 V_1에서 V_2로 변한다. $V_1 = 5$ m/s, $V_2 = 1$ m/s 및 0.2 m라 하여, 수력 도약을 가로지르는 유동에 있어서의 평균감속도를 구하라. 이 결과의 감속도는 g의 몇 배인가?

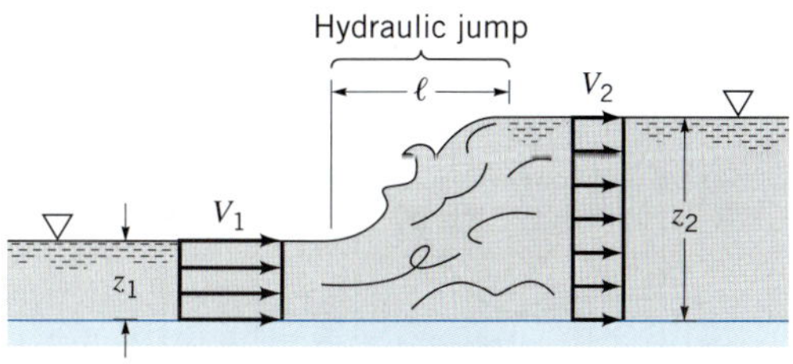

그림 P3.2.14

3.2.15 Video Video V3.9 및 도에 나타난 바와 같이, 정체 유선형상을 따라 흐르는 유체 입자. P3.2.15는 정체점에 가까워질수록 속도가 느려진다. 비디오의 염료 흐름의 측정은 $t = 0$에서 정체점 상류의 거리 $s = 0.18$ m에서 시작하는 입자의 위치가 대략 $s = 0.18e^{-0.5t}$로 주어지는 것을 나타낸다. 여기서 t는 초이고 s는 미터이다. (a) 시간의 함수로서 유체 입자의 속도를 결정하시오, V 입자. (t) 유선을 따라 흐르듯이. (b) 유선을 따라 위치의 함수로서 유체의 속도를 결정하시오, $V = V(s)$. (c) 유선을 따라 유체의 가속도를 위치의 함수로서 결정하시오. $a_s = a_s(s)$로 한다.

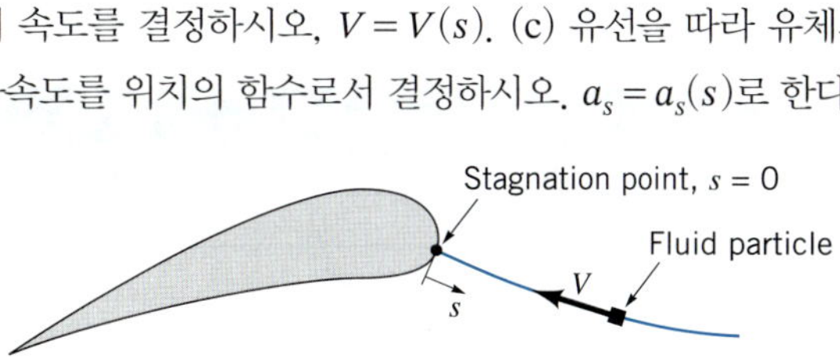

그림 P3.2.15

3.2.16 노즐은 유체를 V_1에서 V_2로 선형적으로 가속하도록 설계되었습니다. 즉, $V = ax + b$이며, 여기서 a와 b는 상수입니다. $x_1 = 0$에서 $V_1 = 10$ m/s, $x_2 = 1$ m에서 $V_2 = 25$ m/s로 흐름이 일정할 경우, (1)과 (2) 지점에서 국소 가속도, 대류 가속도 및 유체의 가속도를 결정한다.

3.2.17 비압축성 유체는 도면에 도시된 수렴 덕트를 통해 흐른다. 입구에서 속도 V_0의 P3.2.17a. 측정 결과 유선형 $A-F$를 따라 덕트 벽 근처 유체의 실제 속도는 그림에서 보는 바와 같습니다. P3.2.17b. s의 함수로 이 유선형 a를 따라 가속도의 성분을 스케치하시오. 결과의 중요한 특성에 대해 논의하시오.

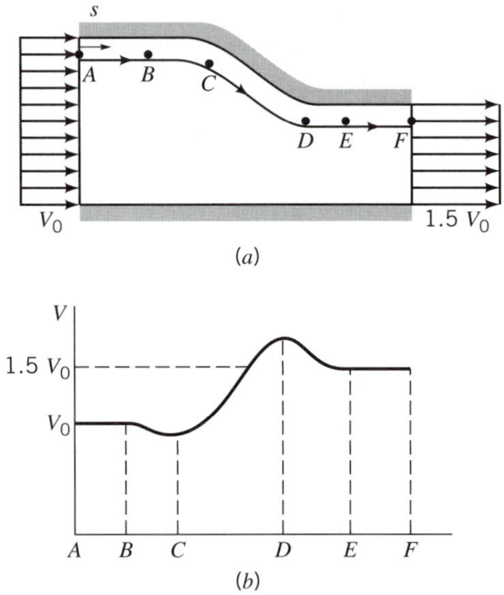

그림 P3.2.17

3.2.18 Ⓒ 공기는 $\mathbf{V} = u(x)\,\hat{\mathbf{i}}$ m/s의 속도로 가변 영역 파이프를 통해 꾸준히 흐르는데, 여기서 $u(x)$의 대략적인 측정값은 표에 제시되어 있다. $0 \le x \le 0.3$ m에 대해 x의 함수로 가속도를 표시합니다. $N = 2, 4, 10$에 대해 유속이 N의 배수로 증가하면(즉, u의 값이 N의 배수로 증가) 가속도를 표시하시오.

x (mm)	u (m/s)	x (mm)	u (m/s)
0	3.0	177.8	6.12
25.4	3.1	203.2	5.3
50.8	4.0	228.6	4.1
76.2	6.1	254	3.6
101.6	8.6	279.4	3.1
127	8.65	304.8	3
152.4	7.86	330.2	3

3.2.19 Ⓒ 그림 P3.2.19에서 보는 바와 같다. 엔진 작동의 주기적 특성과 엔진과의 거리에 따른 감쇠 효과 때문에 자동차 배기관에서 배기 속도는 시간과 거리에 따라 달라진다. 속도가 $V = V_0\,[1 + ae^{-bx}\sin(\omega t)]$에 의해 주어졌다고 가정하고, 여기서 $V_0 = 8$ m/s, $a = 0.05$, $b = 0.2\ \text{m}^{-1}$, $\omega = 50$ rad/s. $x = 0, 1, 2, 3, 4, 5$ m에서 $0 \le t \le \pi/25$ s에 대해 유체 가속도를 계산하고 플롯하시오.

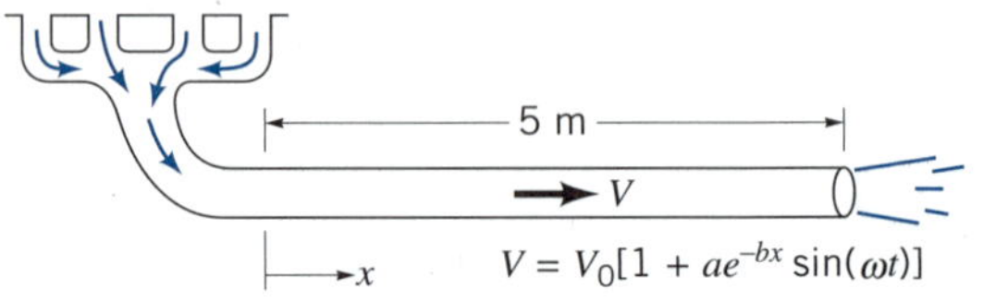

그림 P3.2.19

3.2.20 물은 도에 도시된 댐의 표면을 따라 흘러내린다. P3.2.20. 댐의 표면은 그림과 같이 반지름이 3 m와 6 m인 두 개의 원형 호로 구성되어 있다. 유선형 $A-B$를 따른 물의 속도가 대략 $V = (2gh)^{1/2}$인 경우, 여기서 거리 h는 표시된 대로 유선형 $a_n = a_n(s)$을 따른 거리의 함수로 정상 가속도를 표시하시오.

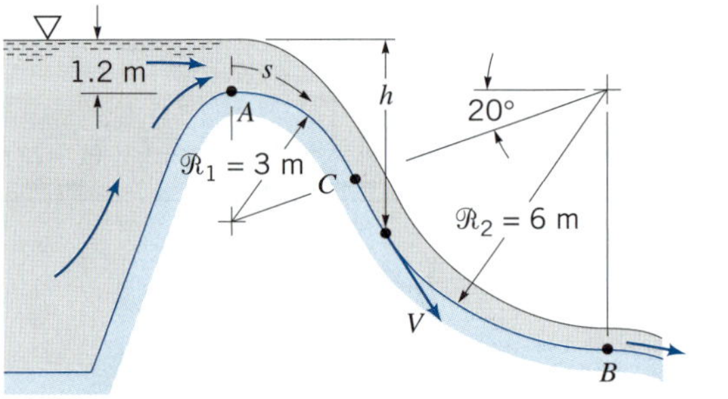

그림 P3.2.20

3.2.21 물은 도표와 같이 속도 V로 댐의 꼭대기 위로 흐른다. P3.2.21. (1) 지점에서 정상 가속도의 크기가 중력 가속도 g와 동일한지 속도를 결정한다.

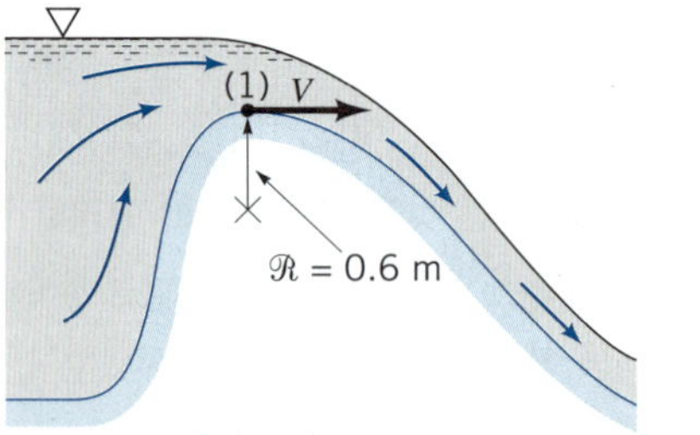

그림 P3.2.21

3.2.22 물은 그림에 도시된 수문 아래로 흐른다. P3.2.22. $V_1 = 3$ m/s일 경우, (1) 지점에서 정상 가속도는 얼마입니까?

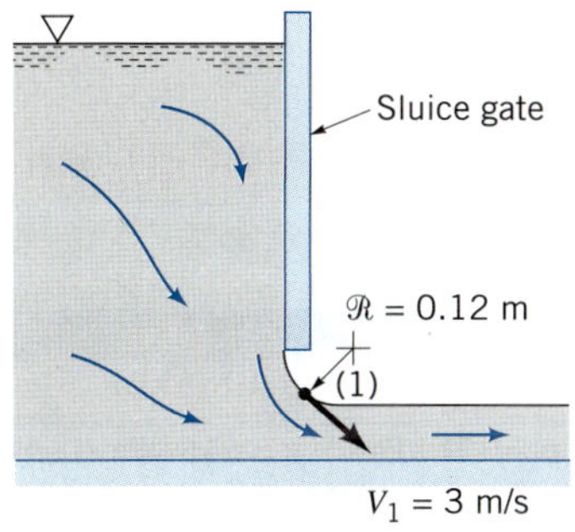

그림 P3.2.22

3.2.23 그림 P3.2.23과 같이 유체가 $V_0 = 40$ m/s 속도로 구를 지나 흐른다. 고급이론을 적용하면 구의 전면부를 따라서 유체의 속도는 $V = \frac{3}{2}V_0 \sin\theta$와 같다. 구의 반경이 a 0.20 m일 때, A 점에서의 유선방향의 가속도 성분 및 수직 방향의 가속도 성분을 구하라.

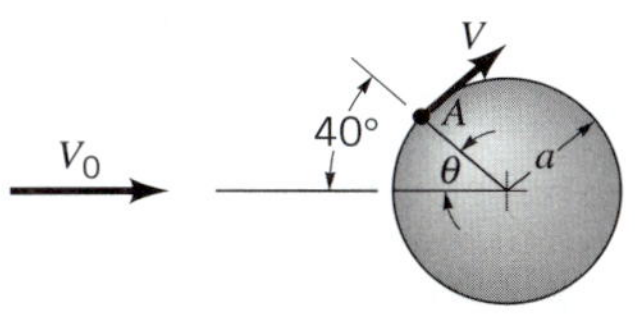

그림 P3.2.23

3.2.24 Video 반경이 r이고 속력이 $V = K/r$인 비행기 날개 끝부분에서 발생하는 소용돌이의 유선 (비디오V3.6)을 생각해 보자. 이때 K는 상수이다. 이때 이 흐름에서 유선 방향의 가속도 a_s와 법선방향의 가속도 a_n를 구하시오.

3.2.25 그림에 나타낸 노즐을 통한 안정적인 흐름을 위한 속도 성분. P3.2.25는 $u = -V_0\, x/\ell$ 및 $v = V_0\,[1 + (y/\ell)]$이며, 여기서 V_0과 ℓ는 상수입니다. (1) 지점에서의 가속도 크기와 (2) 지점에서의 가속도 크기의 비율을 결정하시오.

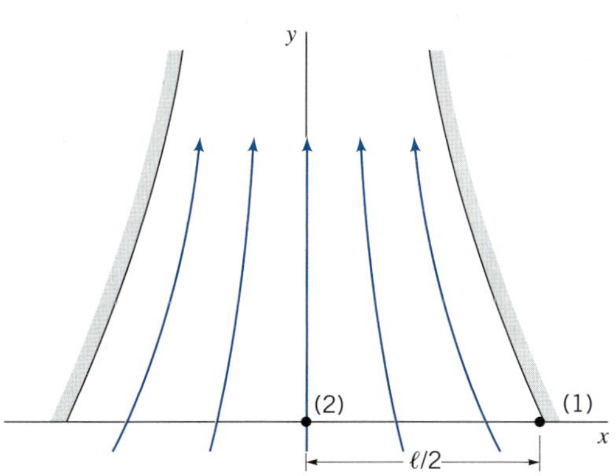

그림 P3.2.25

3.2.26 물은 도에 도시된 곡선 호스를 통해 흐른다. $V = 3t$ m/s의 증가 속도를 가진 P3.2.26. 여기서 t는 초입니다. t = 2초의 경우, (a) 유선형 가속도의 성분, (b) 유선형에 수직인 가속도의 성분, (c) 순가속도(크기와 방향)를 결정하시오.

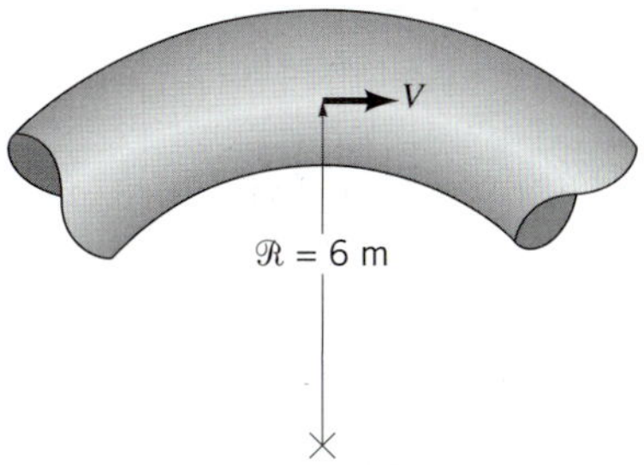

그림 P3.2.26

3.2.27 물은 2차원 수조의 바닥부에 있는 슬릿을 통해 흐른다. P3.2.27. 수조의 대부분에서 흐름은 대략 방사형(O로부터의 광선을 따라)이며 속도는 $V = c/r$이다. 여기서 r은 방사형 좌표이고 c는 상수이다. $r = 0.1$ m일 때 속도가 0.04 m/s이면 A 지점과 B 지점에서 가속도를 결정하시오.

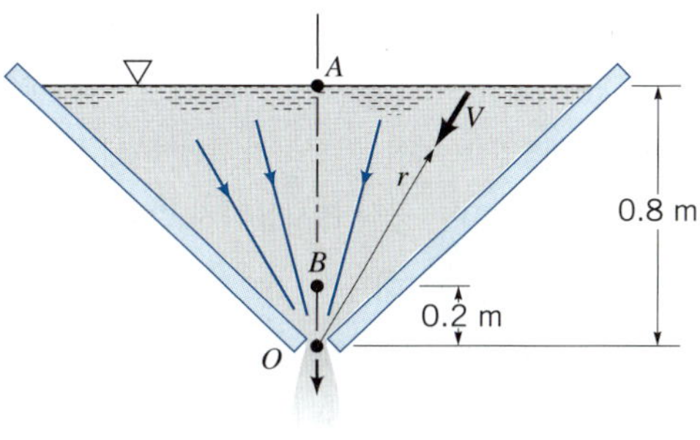

그림 P3.2.27

3.2.28 공기는 도에 도시된 바와 같이 파이프에서 두 개의 평행한 원형 디스크 사이의 영역으로 유입된다. P3.2.28. 디스크 사이의 간격에서의 유체 속도는 $V = V_0R/r$로 근사하며, 여기서 R은 디스크의 반경, r은 방사 좌표, V_0은 디스크의 가장자리에서 유체 속도이다. $V_0 = 1.5$ m/s 및 $R = 0.9$ m인 경우 $r = 0.3$, 0.4 또는 0.9 m의 가속도를 결정한다.

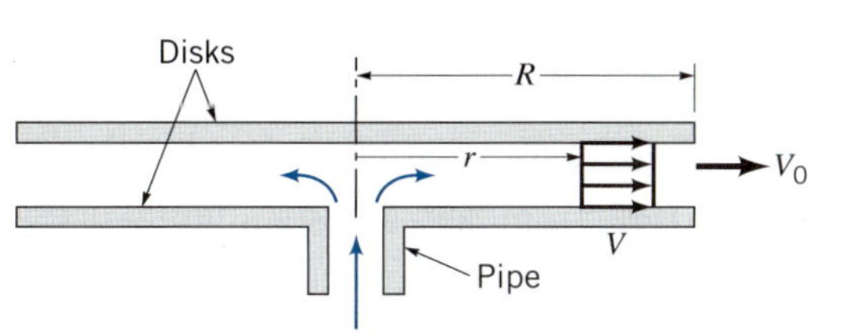

그림 P3.2.28

3.2.29 공기는 그림 P3.2.29에서 보이는 것처럼 원형의 disk와 cone사이에 있는 파이프의 내부에 흐른다. disk와 cone 사이에서 유체속도는 $V = V_0R^2/r^2$에 근사하여 가까워진다. 여기서 R은 disk의 반경, r은 반경좌표, V_0는 disk 가장자리에서의 유체속도이다. $V_0 = 1.5$ m/s, $R = 0.6$ m일 때 $r = 0.2$ m, $r = 0.6$ m에서의 가속도를 구하라.

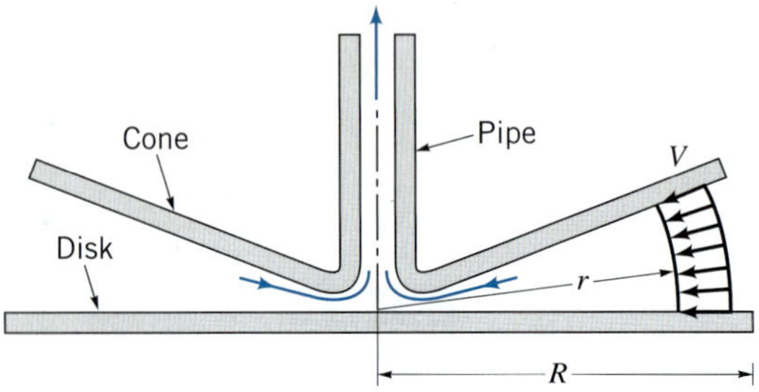

그림 P3.2.29

3.2.1절 물질 도함수

3.2.30 가스는 x축을 따라서 흐르며, 속도는 $V = 15x$ m/s, 압력은 $p = 20x^2$ N/m^{2}이다. 여기서 x의 단위는 미터이다. (a) 고정된 위치인 $x = 1.5$에서의 시간에 따른 압력의 변화율을 구하라. (b) $x = 1.5$지점을 통과하여 흐르는 유체입자의 시간에 따른 압력의 변화율을 구하라. (c) 문제 (a)와 (b)의 답이 다른 이유를 어떠한 공식도 사용하지 말고 설명하라.

3.2.31 배기관의 배기온도가 근사적으로 $T = T_0(1 + ae^{-bx})[1 + c\ \cos(\omega t)]$로 가정되고, $T_0 = 100$ ℃, $a = 3$, $b = 0.03$ m^{-1}, $c = 0.05$이고, 100 rad/s이다. 배기속도가 일정하게 3 m/s라고 하여, $t = 0$일 때의 $x = 0$와 $x = 4$ m에서의 유체입자가 가지는 온도의 시간변화율을 구하라.

3.2.32 한 자전거 타는 사람이 오전 9시에 그녀의 집을 떠나 74킬로미터 떨어진 해변으로 갑니다. 바다에서 불어오는 미풍 때문에, 해변의 온도는 하루 종일 15.6 ℃를 유지합니다. 사이클리스트의 가정에서는 온도가 시간에 따라 선형적으로 상승하여 오전 9시 15.6 ℃에서 오후 1시 26.7 ℃까지 상승한다. 온도는 자전거 타는 사람의 집과 해변 사이의 위치의 함수로 선형적으로 변한다고 가정한다. 자전거 타는 사람이 관찰하는 온도 변화율을 결정하시오:
(a) 오전 10시에 그녀의 집에서 18.5 km 떨어진 마을을 가로질러 18.5 km의 속도로 페달을 밟을 때; (b) 정오에 집에서 55.5 km 떨어진 휴게소에서 점심을 먹을 때; (c) 오후 1시에 열정적으로 해변에 도착하여 37 km의 속도로 페달을 밟을 때.

3.2.33 문제 3.2.2의 공기 흐름에 대해 다음과 같은 압력이 측정되었습니다.

	$x = 0$	$x = 10$ m	$x = 20$ m
$t = 0$ s	$p = 101$ kPa	$p = 101$ kPa	$p = 101$ kPa
$t = 1.0$ s	$p = 121$ kPa	$p = 116$ kPa	$p = 111$ kPa
$t = 2.0$ s	$p = 141$ kPa	$p = 131$ kPa	$p = 121$ kPa
$t = 3.0$ s	$p = 171$ kPa	$p = 151$ kPa	$p = 131$ kPa.

$t = 2.0$초 및 $x = 10$ m에서 압력 $\partial p/\partial t$의 국소 변화율과 압력 $V\ \partial p/\partial x$의 대류 변화율을 구하라.

3.4절 Reynolds 수송정리

3.4.1 유체가 흐르는 상황에 대한 사진/이미지를 얻습니다. 이 사진을 인쇄하고 오일이 흐르는 제어 볼륨을 그립니다. 오일이 이 제어 볼륨으로 유입되거나 유출되는 방법을 설명하는 간단한 단락을 작성하십시오.

3.4.2 Video 수문 게이트의 바로 하류 영역에서는 도에 도시된 바와 같이 물이 역류 영역을 발달시킬 수 있다. P3.4.2 및 비디오 V10.9. 속도 프로파일은 속도 $V_a = 3$ m/s와 $V_b = 0.9$ m/s의 두 가지 균일한 영역으로 구성된 것으로 가정한다. 채널 폭이 6 m인 경우 섹션 (2)의 제어 표면 부분을 가로지르는 물의 순 유량을 결정하시오.

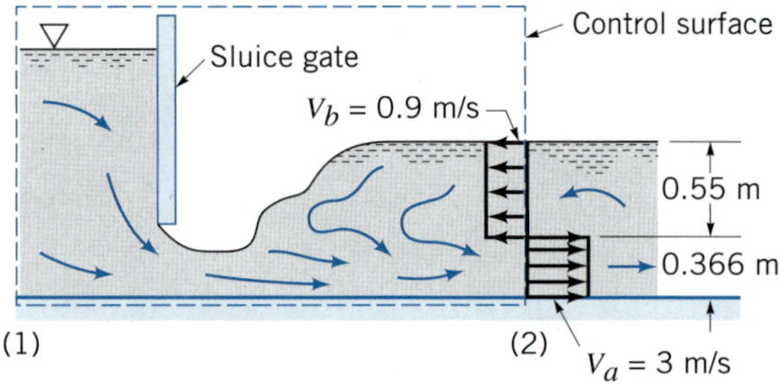

그림 P3.4.2

3.4.3 시간 $t = 0$에서 초기에 비어 있던(완전 진공, $\lambda = 0$) 탱크의 밸브가 열리고 공기가 유입됩니다. 만약 탱크의 부피가 $\forall_0$이고 탱크 내 공기의 밀도가 $\rho = \rho_\infty(1-e^{-bt})$로 증가한다면, 여기서 b는 상수이다.

3.4.4 공기는 그림에서와 같이 10 m/s의 균일한 속도로 팔꿈치로 들어간다. P3.4.4. 팔꿈치 출구에서는 속도 프로파

일이 균일하지 않다. 실제로 분리되거나 역류하는 영역이 있다. 고정 제어 볼륨 $ABCD$는 시간 $t=0$의 시스템과 일치합니다. (a) 시간 $t=0.01$ s의 시스템과 (b) 해당 시간 동안 제어 볼륨으로 들어가고 나온 오일을 나타내는 스케치를 작성하시오.

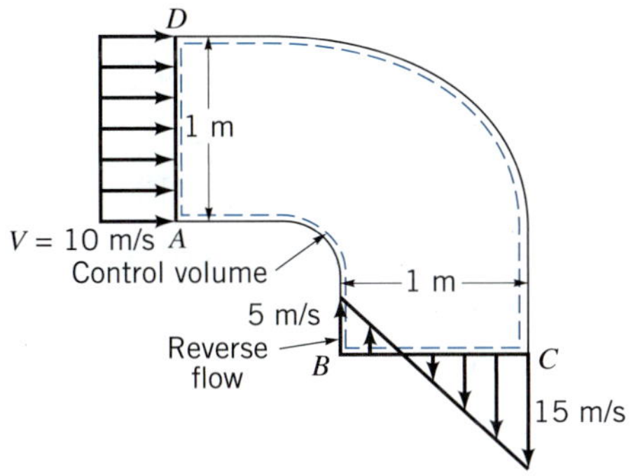

그림 P3.4.4

3.4.5 Video 그림에서 보는 바와 같이 오일 층이 수직 플레이트를 따라 흐른다. P3.4.5 $\mathbf{V}=(V_0/h^2)(2hx-x^2)\,\hat{\mathbf{j}}$, 여기서 V_0과 h는 상수이다. (a) 유체가 플레이트에 달라붙고 층 가장자리($x=h$)의 전단 응력이 0임을 보여준다. (b) AB 표면 전체에 걸친 유량을 결정한다. 플레이트의 너비를 b로 가정한다. (참고: 파이프 내 층류 흐름의 속도 프로파일은 유사한 형상을 갖는다. 비디오 V6.12 참조)

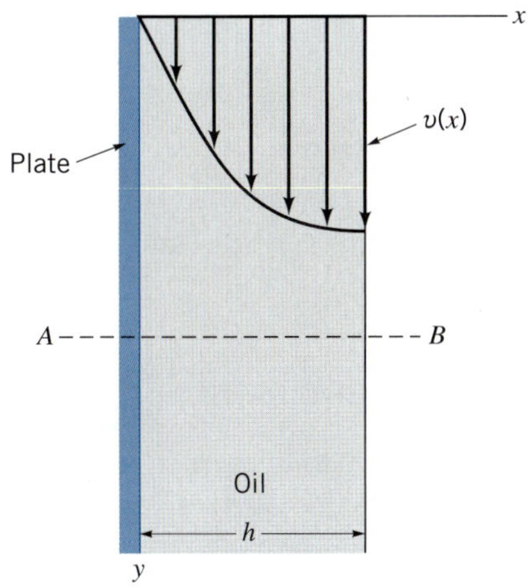

그림 P3.4.5

3.4.6 그림 P3.4.6은 고정된 제어 볼륨을 보여준다. 부피 $\forall_0=0.028$ m^3, 유동면적 $A=0.09$ m^2, 길이 $\ell_0=0.3$ m^2, 위치 x는 제어부피의 중심을 나타내며, 여기서 유체속도 $V_0=0.3$ m/s, 밀도 $\rho_0=927.7$ kg/m^{3}이다. 또한, x 위치에서 유체 밀도는 그렇지 않다. 시간에 따라 국소적으로 변화하지만 450.6 kg/m^{4}의 선형 속도로 축 방향으로 감소합니다. $d\theta/dt$를 평가하려면 시스템 또는 Lagrangian 접근 방식을 사용합니다. 이 결과를 재료 도함수 및 플럭스 항과 비교하시오.

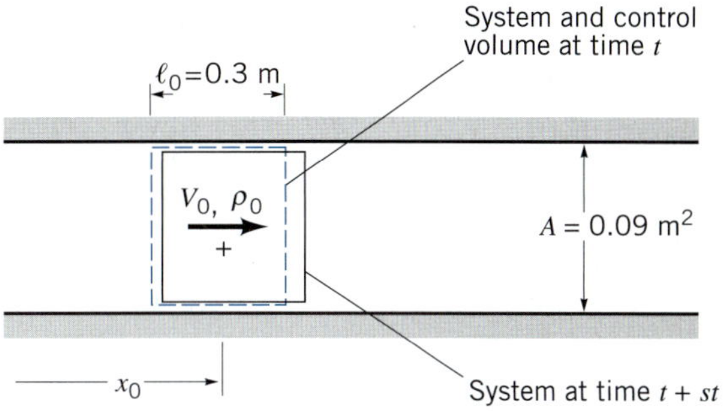

그림 P3.4.6

3.4.7 문제 3.4.6에서 시스템에 대한 $D\forall/Dt$를 찾으시오.

3.4.8 물은 그림에서와 같이 폭 1.5 m, 깊이 0.3 m의 채널로 들어간다. P3.4.8. 입구 건너편의 수속은 채널 중앙 부분에서 1.8 m/s이고 나머지 부분에서는 0.3 m/s이다. 하류의 물은 전체 해협을 가로질러 0.6 m/s의 균일한 속도로 흐른다. 고정 제어 볼륨 $ABCD$는 시간 $t=0$에 있는 시스템과 일치합니다. (a) 시간 $t=0.5$ s에 있는 시스템과 (b) 다음과 같은 액체를 나타내는 스케치를 작성하시오.

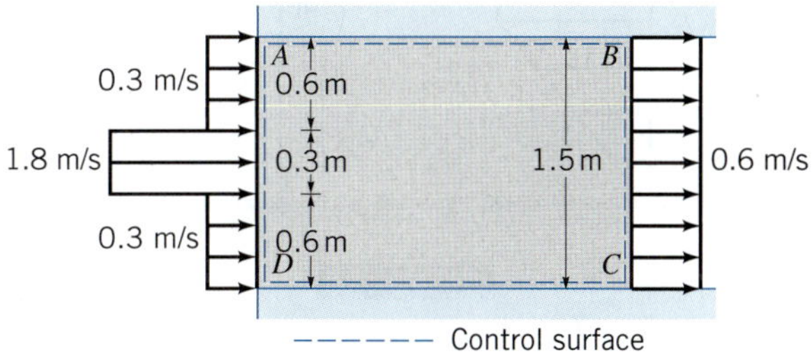

그림 P3.4.8

3.4.9 그림 P3.4.9는 시간 t에서의 시스템 및 고정 제어 볼륨과 δt 이후의 짧은 시간에서의 시스템을 보여준다. 시스템 온도는 시간 t에서 $T=310.9$ K이고 시간 $t+\delta t$에서 $T=312.6$ K입니다. 여기서 $\delta t=0.1$ s입니다. 시스템 질량 m은 29.2 kg이며, 그 중 10%는 $\delta t=0.1$ s로 제어 체적 밖으로 이동한다. 단위 질량 u당 에너지는 $c_v T$이며, 여기

서 $c_v = 1.34 \times 10^5$ J/kg·K이다. 언제든지 시스템의 에너지 U는 $m\tilde{u}$이다. 시스템 또는 라그랑지안 접근 방식을 사용하시오. 시스템의 DU/Dt를 평가한다. 이 결과를 재료 시간 도함수 및 플럭스 항과 함께 평가된 DU/Dt와 비교하시오.

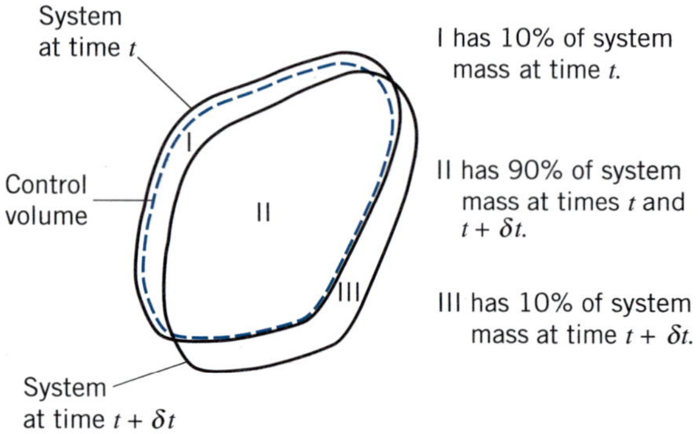

그림 P3.4.9

3.4.10 바람은 그림에서 보듯이 대략적인 속도 프로파일의 필드를 가로질러 분다. P3.4.10. 수직 표면 $A-B$를 가로지르는 운동량 유량(종이까지 단위 깊이)을 결정하려면 속도 매개변수 b를 사용하여 식(3.16)을 사용하라.

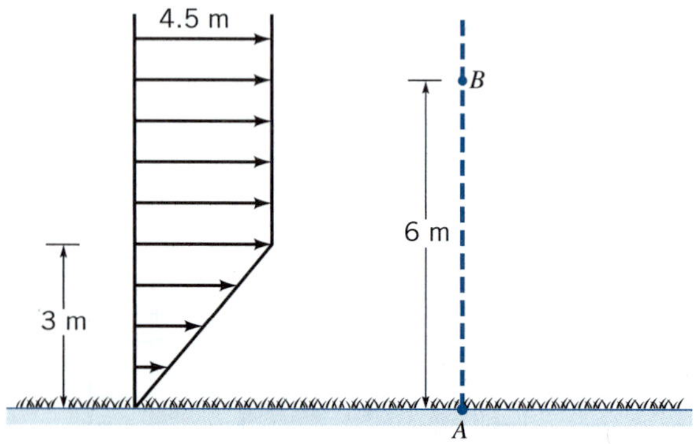

그림 P3.4.10

평생학습 문제

3.1 LL 가장 단순한 흐름에 대해서도 속도, 압력 혹은 온도와 같은 여러 가지 흐름장의 물리량들을 가시적으로 표시하는 것은 쉬운 일이 아니다. 3차원 혹은 비정상 효과를 포함하는 보다 복잡한 흐름에 대해서는 데이터를 가시화하는 것은 매우 어렵다. 그러나, 컴퓨터와 적절한 소프트웨어의 도움으로 주어진 유동의 구조를 보다 효과적으로 설명할 수 있는 훌륭한 방법들이 고안되어지고 있다. 복잡한 흐름의 데이터를 표현하기 위하여 사용되어지는 방법들에 대한 정보를 확보하고 그것을 간단한 보고서로 요약하라.

3.2 LL 수세기 동안 사람들은 흐름 속의 물체나 입자의 움직임을 관찰함으로써 다양한 흐름 분야에 대한 질적, 양적 정보를 얻었다. 예를 들어, 강에서 물살의 속도는 막대기가 특정 거리를 이동하는 데 걸리는 시간을 측정함으로써 근사할 수 있다. 토네이도의 소용돌이치는 움직임은 토네이도 깔때기 안에서 움직이는 파편들을 따라가면서 관찰할 수 있다. 최근에는 속도장을 측정하기 위해 흐름 내에 파종된 레이저와 미세입자를 이용한 다양한 첨단 방법이 개발되고 있다. 이러한 기술로는 레이저 도플러 풍속계(LDA), 입자상 속도계(PIV) 등이 있다. 속도 필드를 측정하기 위한 새로운 레이저 기반 기술에 대한 정보를 얻습니다. 간단한 보고서에 결과를 요약하십시오.

3.3 LL 흐름 시각화는 일반적으로 실험실에서 수행되는 흐름 필드를 직접 관찰하는 것입니다. 이 책의 사진 몇 장(그림 4.1 참조)과 첨부된 영상의 대다수는 흐름 시각화 기법을 이용하여 제작되었다. 비압축성 흐름과 압축성 흐름 모두에 대한 것을 포함하여 흐름 시각화 기법에 대한 몇 가지 연구를 수행합니다. 엔지니어링 문제를 해결하기 위해 흐름 시각화를 사용하는 예를 찾아 보십시오. 당신의 발견에 대한 논문을 준비하세요; 반드시 여러 장의 사진을 첨부하세요.

CHAPTER 4

기초 유체동역학 – Bernoulli 방정식

학습목표

이 장을 학습한 후, 다음을 할 수 있어야 한다.

- Newton의 제2법칙을 유체 유동에 적용하는 방법에 대해 논의한다.
- Bernoulli 방정식의 유도, 사용 및 한계를 설명한다.
- Bernoulli 방정식을 (단독으로 또는 간단한 연속방정식과 결합하여) 사용하여 유동 문제를 푼다.
- 정압, 정체압, 동압 및 전압의 개념을 적용한다.
- 에너지선과 수력기울기선을 사용하여 다양한 유동 특성을 계산한다.

이 장에서는 몇 가지 전형적인 유체운동(유체동역학)을 기초적인 방식으로 살펴본다. 어떤 의미에서 "이상적인(ideal)" 유체 입자의 운동에 적용되는 Newton의 제2법칙($\mathbf{F} = m\mathbf{a}$)의 사용에 대해 좀 자세히 논의할 것이다. 우리는 유명한 Bernoulli 방정식을 유도하고, 그것을 여러 가지 유동에 적용할 것이다. 비록 이 방정식이 유체역학의 가장 오래된 방정식 중 하나이고 식을 유도하는 데 포함된 가정이 많지만, 다양한 유동 상황을 예측하고 이해하고 분석하는 데 효과적으로 사용될 수 있다. 그러나 제한 사항을 적절히 고려하지 않고 이 방정식을 적용하면, 심각한 오류가 발생할 수 있다. 실제로 Bernoulli 방정식은 유체역학에서 가장 많이 사용되고, 또한 가장 많이 남용되는 방정식이라고 할 수 있다.

Bernoulli 방정식은 유체역학에서 가장 많이 사용되고 동시에 가장 많이 오용되는 방정식일 수 있다.

이 장에 포함된 유체역학에 대한 기초적인 접근법을 철저히 이해하면 그 자체로 유용할 것이다. 또한 이는 현재의 제한사항 중 일부가 제거되고 "더욱 정확한" 결과가 제시되는 다음 장의 자료에 대한 좋은 토대를 제공한다.

4.1 Newton의 제2법칙

아주 작은 부피의 유체를 생각하자. 이 유체는 상당한 수의 분자를 포함할 수 있을 만큼 충분히 크며, 이 부피를 유체 입자라고 한다(자세한 설명은 4.1절 참조). 유체 입자가 한 위치에서 다른 위치로 이동할 때, 일반적으로 가속 또는 감속을 경험한다. Newton의 운동 제2법칙에 따르면, 고려 대상인 유체 입자에 작용하는 순 힘(net force)은 질량과 가속도의 곱과 같아야 한다.

$$\mathbf{F} = m\mathbf{a}$$

이 장에서는 마찰 효과를 무시한 채 유체 운동을 고려한다. 흐르는 유체에서 마찰은 전단 응력과 연관되고, 전단 응력은 점도와 관련이 있다. 마찰 없는 유동을 보장하는 가장 간단한 방법은 유체에 점성이 없다고 상상하는 것이다. 우리는 이 가상의 물질을 **비점성 유체**라고 하고, 그 결과로 생기는 유동을 **비점성 유동**이라고 한다.

실제로 비점성 유체는 존재하지 않으며, 이는 모든 유체가 변형률 변위를 받을 때 전단 응력을 지지하기 때문이다. 많은 유동 상황에서 점성 효과는 다른 효과에 비해 상대적으로 작다. 이러한 경우에 대한 첫 번째 근사치로 점성 효과를 무시하는 것이 종종 가능하다. 예를 들어, 흐르는 물에서 발생하는 점성력은 중력이나 압력 차이와 같은 다른 영향으로 인한 힘보다 몇 배 더 작을 수 있다. 그러나 다른 물 유동 상황에서는 점성 효과가 지배적일 수 있다. 마찬가지로 기체의 흐름과 관련된 점성 효과는 어떤 상황에서는 매우 중요하지만 종종 무시할 수 있다.

비점성 유체 유동은 압력과 중력의 영향을 받는다.

비점성(또는 마찰이 없는) 유동을 가정하면, 유체 유동은 압력 힘과 중력에 의해서만 지배되고 유체 입자에 Newton의 제2법칙을 적용하면 다음과 같다.

(입자에 작용하는 순 압력 힘) + (입자에 작용하는 순 중력) =
(입자 질량) × (입자 가속도)

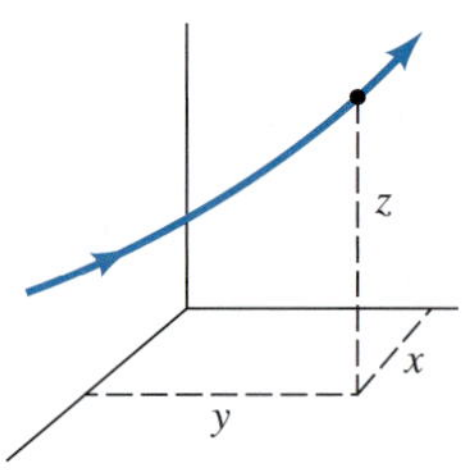

Rectangular

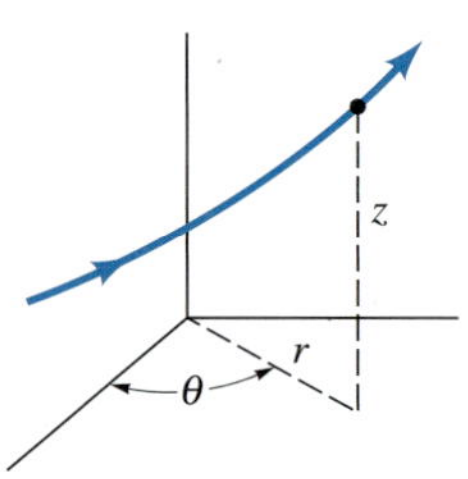

Cylindrical

압력, 중력 및 가속도 사이의 상호작용의 결과는 유체역학에서 수없이 많이 응용된다.

뉴턴의 제2법칙을 유체(또는 다른 물체)에 적용하려면 운동을 설명할 적절한 좌표계를 정의해야 한다. 일반적으로 운동은 3차원적이고 시간에 따라 변하므로, 이를 설명하려면 세 개의 공간 좌표와 시간이 필요하다. 인접한 그림에 표시된 가장 자주 사용되는 직사각형(x, y, z) 및 원통형(r, θ, z) 시스템을 포함하여 사용 가능한 수많은 좌표 시스템이 있다. 일반적으로 특정 유동 형상에 따라 가장 적합한 시스템이 결정된다.

이 장에서는 그림 4.1a에 나타낸 것처럼 $x-z$ 평면에 국한된 유동과 같이 2차원 유동을 고려한다. 우리는 분명히 x 및 z 좌표 방향의 가속도 및 힘 성분을 선택하여 유동을 설명할 수 있다. 그 결과로 얻게 되는 방정식은 직사각형 직교 좌표(Cartesian coordinate)에서 Euler 운동 방정식의 2차원 형태라고 언급된다. 이 접근법은 6장에서 논의될 것이다.

동역학 연구(참고문헌 1)에서와 같이 각 유체 입자의 운동은 속도벡터 $\mathbf{V}$로 기술되는데, 속도는 입자 위치의 시간 변화율로 정의된다. 입자의 속도는 크기(속도, $V = |\mathbf{V}|$)와 방향을 갖는 벡터량이다. 입자가 이리저리 움직일 때 특정 경로를 따르며, 경로의 모양은 입자의 속도에 의해 결정된다. 경로를 따른 입자의 위치는 초기에 입자가 시작된 위치와

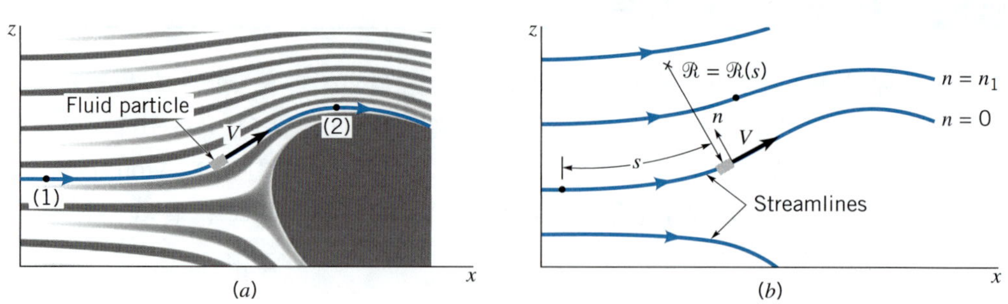

그림 4.1 (a) x–z 평면에서의 유동 (b) 유선 및 법선 좌표 관점에서의 유동

경로를 따른 속도의 함수이다. 만약 유동이 정상(steady)이라면, (즉, 유동장의 주어진 위치에서 시간에 따라 아무것도 변화하지 않는다) 주어진 지점[예: 그림 4.1a의 지점 (1)]을 지나는 연이은 입자들은 동일한 경로를 따를 것이다. 이러한 경우 경로는 $x-z$ 평면의 고정된 선이 된다. 지점 (1)의 양측을 지나는 이웃 입자들은 자체 경로를 따르며, 이 경로는 지점 (1)을 통과하는 입자 경로와 모양이 다를 수 있다. 전체 $x-z$ 평면은 이러한 경로들로 채워진다.

정상 유동의 경우, 각 입자는 자신의 경로를 따라 흐르고, 속도 벡터는 어디에서나 경로에 접한다. 전체 유동장에서 속도 벡터에 접하는 선을 유선(streamline)이라고 한다. 많은 상황에서 그림 4.1b에 나타낸 것처럼 유선을 기반으로 한 "유선" 좌표에서 유동을 설명하는 것이 가장 쉽다. 입자 운동은 어떤 편리한 원점으로부터 유선을 따라 잰 거리 $s = s(t)$와 유선의 국소 곡률반경 $\mathscr{R} = \mathscr{R}(s)$으로 기술된다. 유선을 따른 거리는 $V = ds/dt$에 의해 입자의 속력과 관련이 있고, 곡률반경은 유선의 모양과 관계가 있다. 그림 4.1b에 보인 것처럼 유선을 따른 좌표 s와 더불어 유선에 수직한 좌표 n이 사용될 것이다.

유체 입자는 유선을 따라 가는 방향과 유선에 수직인 방향으로 가속된다.

Video

V4.1 에어포일을 지나가는 유선

유선을 따라 흐르는 입자에 뉴턴의 제2법칙을 적용하려면 유선 좌표로 입자의 가속도를 써야 한다. 정의에 의해서 가속도는 입자 속도의 시간변화율, 즉 $\mathbf{a} = d\mathbf{V}/dt$이다. $x-z$ 평면의 2차원 유동의 경우 가속도는 두 성분을 갖는데, 유선을 따르는 가속도인 유선방향 가속도 a_s와 유선에 수직한 법선방향 가속도 a_n이다.

유선방향 가속도는 두 가지 사실에서 비롯된다. 첫째, 입자의 속도는 한 지점에서 시간에 따라 변할 수 있다, $V(t)$. 여기서 우리는 관심 대상을 정상유동으로 제한하고 있기 때문에 시간에 따른 속도 변화를 무시할 것이다. 둘째, 입자의 속도는 일반적으로 유선을 따라 변한다, $V(s)$. 예를 들어, 그림 4.1a에서 속도는 지점 (1)에서 15.24 m/s이고 지점 (2)에서 30.48 m/s일 수 있다. 따라서, 미분의 연쇄법칙(chain rule)을 사용하면 가속도의 s 성분은 $a_s = dV/dt = (\partial V/\partial s)(ds/dt) = (\partial V/\partial s)V$가 된다. 우리는 속도가 거리의 시간변화율, 즉 $V = ds/dt$라는 사실을 이용하였다. 유선방향 가속도는 유선방향 거리에 따른 속도 변화율 $\partial V/\partial s$와 속도 V의 곱임에 유의하라. $\partial V/\partial s$는 양수, 음수 또는 0이 될 수 있으므로 유선방향 가속도는 양수(가속), 음수(감속) 또는 0(일정한 속도)이 될 수 있다.

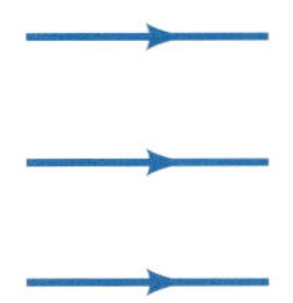
$a_s = a_n = 0$

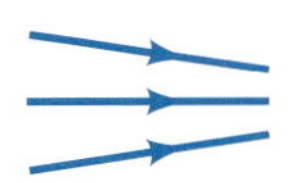
$a_s > 0$

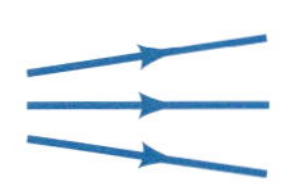
$a_s < 0$

가속도의 수직 성분인 원심 가속도(centrifugal acceleration)는 입자 속도와 경로의 곡률반경으로 표현된다. 따라서, $a_n = V^2/\mathscr{R}$이며, V와 $\mathscr{R}$은 모두 유선을 따라 변할 수 있다. 가속도에 대한 이러한 방정식은 물리학(참고문헌 2) 또는 동역학(참고문헌 1)의 입자 운동 연구에서 친숙해야 한다. 이 주제에 대한 보다 완전한 유도 및 논의는 3장에서 다루었다.

따라서 정상유동에 대한 가속도의 s와 n방향 성분은 다음과 같다.

$$a_s = V\frac{\partial V}{\partial s}, \qquad a_n = \frac{V^2}{\mathscr{R}} \tag{4.1}$$

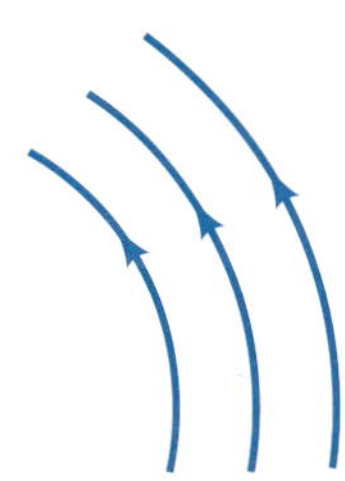
$a_n > 0$

여기서, $\mathscr{R}$은 국소 곡률반경이고, s는 임의의 초기 위치에서 유선을 따라 측정된 거리이다. 일반적으로 (입자 속도가 경로를 따라 변하기 때문에, $\partial V/\partial s \neq 0$) 유선을 따라 가속도가 생길 수 있고, (입자가 직선으로 흐르지 않기 때문에, $\mathscr{R} \neq \infty$) 유선에 수직인 가속도도 생길 수 있다. 다양한 유동 및 이와 관련된 가속도가 인접한 그림에 표시되어 있다.

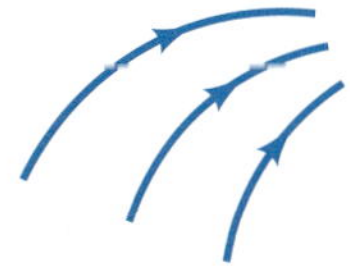
$a_s > 0,\ a_n > 0$

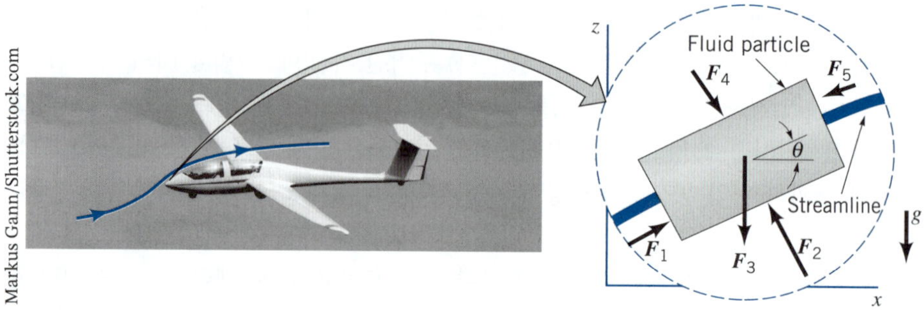

그림 4.2 유동장에서 작은 유체 입자의 분리

주어진 유동을 생성하는 데 필요한 힘을 결정하기 위해(또는 반대로 주어진 힘들에 의해 어떤 유동이 발생하는지 결정하기 위해) 그림 4.2와 같이 작은 유체입자의 자유물체도(free–body diagram)를 고려한다. 관심 있는 입자를 주변 환경에서 제거하고, 입자에 대한 주변 환경의 반응을 적절한 힘 $\boldsymbol{F}_1$, $\boldsymbol{F}_2$ 등으로 나타낸다. 여기서는 중요한 힘이 중력과 압력이라고 가정한다. 점성력 및 표면장력 효과와 같은 다른 힘은 무시할 수 있다고 가정한다. 중력 가속도 g는 일정하며, 수직하게 음의 z 방향으로, 유선의 수직방향에 대해 각도 θ로 작용한다고 가정한다.

4.2 유선 방향의 F = *ma*

그림 4.3의 자유물체도와 같이 그림의 평면에서 크기가 $\delta s \times \delta n$이고 그림에 수직 방향으로 δy인 작은 유체입자를 고려하자. 유선 방향의 단위 벡터와 유선에 수직한 단위 벡터를 각각 $\hat{\mathbf{s}}$와 $\hat{\mathbf{n}}$으로 표기한다. 정상유동의 경우, Newton의 제2법칙의 유선방향 성분, 즉 s 성분은 다음과 같이 쓸 수 있다.

$$\sum \delta F_s = \delta m\, a_s = \delta m\, V \frac{\partial V}{\partial s} = \rho\, \delta \forall\, V \frac{\partial V}{\partial s} \tag{4.2}$$

여기서 $\sum \delta F_s$는 질량이 $\delta m = \rho \delta V$인 입자에 작용하는 모든 힘의 s 성분의 합을 나타내며, $V \partial V / \partial s$는 s 방향의 가속도이다. $\delta \forall = \delta s\, \delta n\, \delta y$는 입자의 체적이다. 식(4.2)는 압축성 유체와 비압축성 유체 모두에 유효하다. 즉, 밀도가 유동장 전체에서 일정할 필요는 없다.

입자에 작용하는 중력(무게)은 $\delta \mathcal{W} = \gamma \delta V$로 쓸 수 있으며, 여기서 $\gamma = \rho g$는 유체의 비중량(N/m³)이다. 따라서, 유선 방향의 무게 힘 성분은 다음과 같다.

$$\delta \mathcal{W}_s = -\delta \mathcal{W} \sin\theta = -\gamma\, \delta \forall \sin\theta$$

만약 유선이 관심 지점에서 수평이면 $\theta = 0$이고, 유선 방향의 가속도에 기여할 수 있는 입자 무게의 해당 방향 성분은 없다.

흐르는 유체에서 압력은 위치에 따라 달라진다.

2장에서 살펴본 바와 같이 유체의 무게 때문에 정지 유체 전체에 걸쳐 압력이 일정하지 않다($\nabla p \neq 0$). 마찬가지로 흐르는 유체에서 압력은 보통 일정하지 않다. 일반적으로 정

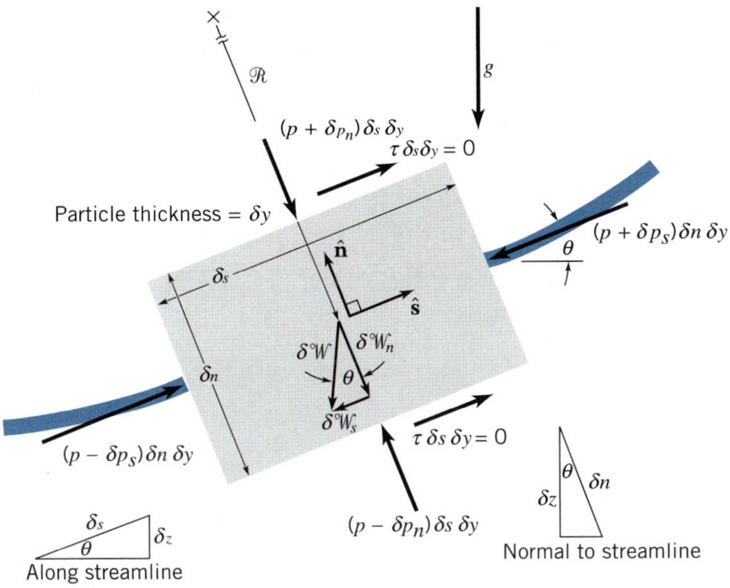

그림 4.3 압력과 중력으로 인한 힘이 중요한 유체 입자의 자유물체도

상유동의 경우, $p = p(s, n)$이다. 그림 4.3에 나타낸 입자 중심에서의 압력을 p로 표시하면, 양 끝의 압력은 δp_s만큼 높거나 낮을 수 있다. 따라서, 유선에 수직인 두 끝 단면에서의 압력은 $p + \delta p_s$ 및 $p - \delta p_s$이다. 입자가 "작기" 때문에, 압력장에 대해 한 항(one-term) 테일러 급수 전개(Taylor series expansion)를 사용하여 다음을 얻을 수 있다.

$$\delta p_s \approx \frac{\partial p}{\partial s}\frac{\delta s}{2}$$

따라서 F_{ps}를 입자에 작용하는 유선방향의 순 압력 힘이라고 하면, 다음과 같다.

입자에 가해지는 순 압력 힘은 압력 구배에 의해 결정된다.

$$\delta F_{ps} = (p - \delta p_s)\,\delta n\,\delta y - (p + \delta p_s)\,\delta n\,\delta y = -2\,\delta p_s\,\delta n\,\delta y$$
$$= -\frac{\partial p}{\partial s}\,\delta s\,\delta n\,\delta y = -\frac{\partial p}{\partial s}\,\delta \forall$$

압력의 실제 수준 p는 중요하지 않음에 유의하라. 순 압력 힘을 생성하는 것은 유체 전체에 걸쳐 압력이 일정하지 않다는 사실이다. 0이 아닌 압력 구배 $\nabla p = \partial p/\partial s\,\hat{\mathbf{s}} + \partial p/\partial n\,\hat{\mathbf{n}}$이 입자에 순 압력 힘을 제공한다. $\tau \delta s\,\delta y$로 표시되는 점성력은 유체가 비점성이므로 0이다.

중력과 압력 힘이 개별적으로 공식화되었으므로 그림 4.3의 입자에 작용하는 유선방향의 순 힘은 다음과 같다.

$$\sum \delta F_s = \delta \mathscr{W}_s + \delta F_{ps} = \left(-\gamma \sin\theta - \frac{\partial p}{\partial s}\right)\delta \forall \tag{4.3}$$

식(4.2)와 (4.3)을 결합하여 정상 비점성 유동에 대한 유선 방향의 운동방정식을 다음과 같이 얻는다.

$$-\gamma \sin\theta - \frac{\partial p}{\partial s} = \rho V \frac{\partial V}{\partial s} = \rho a_s \tag{4.4}$$

방정식의 힘 부분과 가속 부분 모두에 나타나는 입자 체적 δV로 나누었다. 이는 중요한 것이 유체 입자의 질량 자체가 아니라 유체 밀도(단위 부피당 질량)라는 사실을 나타낸다.

식(4.4)를 물리적으로 해석해 보면, 유선을 따른 유체입자의 속도 변화는 압력 구배와 입자 무게의 적절한 조합에 의하여 이루어진다는 것이다. 유체의 정적(static) 상황에서 압력과 중력 사이의 균형은 입자 속도의 변화가 발생하지 않도록 한다. 즉, 식(4.4)의 오른쪽은 0이고, 입자는 정지상태를 유지한다. 흐르는 유체에서 압력 힘과 중력이 반드시 균형을 이루는 것은 아니다. 힘의 불균형은 적절한 가속도를 제공하고, 따라서 입자 운동이 발생한다.

예제 4.1 | 유선을 따른 압력 변화

주어진 사항 그림 E4.1a와 같이 반지름이 a인 축구공(구) 앞에서 수평유선 $A-B$를 따라 흐르는 비점성, 비압축성, 정상유동을 고려하자. 구를 지나는 유동에 대한 고급 이론(advanced theory)에 의하면, 이 유선을 따른 유체 속도는 그림 E3.1b에 나타낸 것처럼 다음과 같다.

$$V = V_0\left(1 + \frac{a^3}{x^3}\right)$$

해결과제 구 앞의 멀리 떨어진 점 A($x_A = -\infty$이고 $V_A = V_0$)에서 구 위의 점 B($x_B = -a$이고 $V_B = 0$)까지 유선을 따른 압력 변화를 구하라.

풀이 유동이 정상(steady)이고 비점성이므로 식(4.4)가 유효하다. 아울러 유선이 수평이기 때문에 $\sin\theta = \sin 0^\circ = 0$이고, 유선 방향의 운동방정식은 다음과 같이 간단해진다.

$$\frac{\partial p}{\partial s} = -\rho V \frac{\partial V}{\partial s} \tag{1}$$

유선을 따라 주어진 속도변화에 대해 가속도항은 다음과 같다.

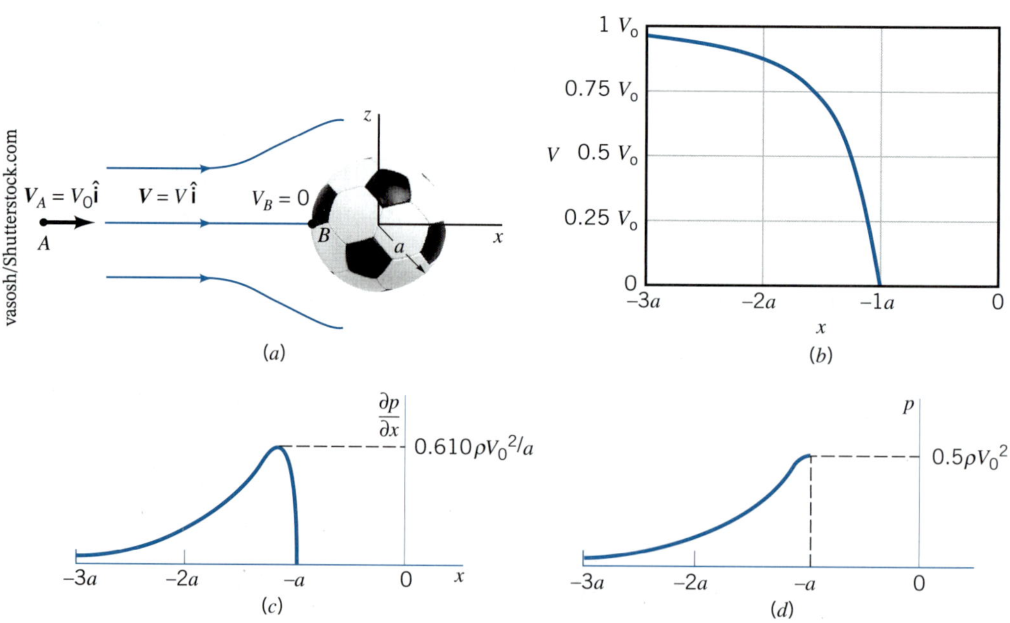

그림 E4.1

$$V\frac{\partial V}{\partial s} = V\frac{\partial V}{\partial x} = V_0\left(1+\frac{a^3}{x^3}\right)\left(-\frac{3V_0a^3}{x^4}\right)$$
$$= -3V_0^2\left(1+\frac{a^3}{x^3}\right)\frac{a^3}{x^4}$$

여기서 두 좌표가 유선 $A-B$를 따라 (추가 상수의 범위 내에서) 동일하기 때문에 s를 x로 대체하였다. 유선을 따라 $V\partial V/\partial s < 0$가 된다. 유체는 구보다 훨씬 앞의 V_0로부터 구의 "코(nose)"($x = -a$)에서 영의 속도까지 감속된다.

따라서, 식(1)에 따르면 주어진 운동을 생성하기 위한 유선을 따른 압력 구배는 다음과 같다.

$$\frac{\partial p}{\partial x} = \frac{3\rho a^3 V_0^2(1+a^3/x^3)}{x^4} \qquad (2)$$

이 변화를 그림 E4.1c에 도시하였다. A 지점에서 B 지점까지 유동방향으로 압력이 증가함($\partial p/\partial x > 0$)을 알 수 있다. 최대 압력 구배($0.610\ \rho V_0^2/a$)는 구의 약간 앞($x = -1.205a$)에서 발생한다. 그림 E4.1b에 나타낸 것처럼 유체 속도를 $V_A = V_0$에서 $V_B = 0$으로 늦추는 것은 압력 구배이다. 유선을 따른 압력분포는 $x = -\infty$에서의 $p = 0$(계기압력)로부터 위치 x에서의 p까지 식(2)를 적분하여 얻을 수 있다. 그림 E3.1d에 그려진 결과는 다음과 같다.

$$p = -\rho V_0^2\left[\left(\frac{a}{x}\right)^3 + \frac{(a/x)^6}{2}\right] \qquad \text{(답)}$$

보충설명 정체점인 B지점에서의 압력은 $V_B = 0$이기 때문에 이 유선을 따라 가장 높은 압력이다($p_B = \rho V_0^2/2$). 9장에서 볼 수 있듯이 구 앞면의 초과한 압력(즉, $p_B > 0$)은 구의 순 항력(net drag force)에 기여한다. 압력 구배와 압력이 유체의 밀도에 정비례하며, 이는 유체 관성이 유체의 질량에 비례한다는 사실을 나타냄에 유의하라.

광활한 유체의 세계

부정확한 빗방울 모양

빗방울이 눈물방울 모양이라는 잘못된 표현은 아이들 책에서부터 날씨 채널의 기상도에 이르기까지 거의 모든 곳에서 발견된다. 빗방울이 전형적인 눈물방울 모양을 갖는 거의 유일한 시간은 빗방울이 창유리를 따라 흘러내릴 때이다. 떨어지는 빗방울의 실제 모양은 빗방울 크기의 함수이며, 빗방울에 작용하는 표면장력과 공기 압력 사이의 균형에 따라 결정된다. 반지름이 0.5 mm 미만인 작은 빗방울은 (빗방울 크기에 반비례하는) 표면장력 효과가 빗방울의 운동으로 인해 (아래쪽에 작용하는) 증가된 압력 $\rho V^2/2$을 압도하기 때문에 구 모양을 갖는다. 크기가 커짐에 따라 빗방울은 더 빨리 떨어지고, 증가된 압력으로 인해 빗방울이 평평해진다. 예를 들어 2 mm 빗방울은 햄버거 빵(bun) 모양으로 납작해진다. 약간 더 큰 빗방울은 실제로 바닥이 오목하다. 반지름이 약 4 mm보다 크면, 바닥의 움푹 들어간 부분이 증가하고 빗방울은 바닥 주위에 고리 모양의 물이 있는 뒤집힌 주머니 형태를 띤다. 이 고리는 결국 더 작은 방울로 쪼개진다.

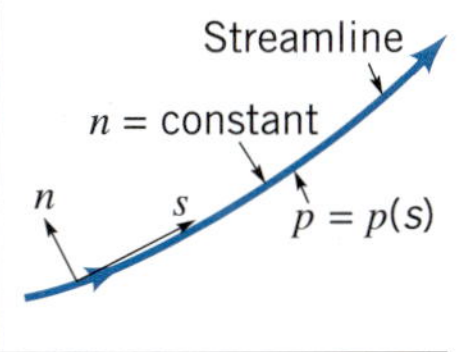

식(4.4)는 재정리하여 다음과 같이 적분할 수 있다. 먼저 그림 4.3에서 유선을 따라 $\sin\theta = dz/ds$임을 알 수 있다. 또한 $VdV/ds = 1/2d(V^2)/ds$라고 쓸 수 있다. 끝으로 유선을 따라서 n의 값은 일정하므로($dn = 0$), $dp = (\partial p/\partial s)ds + (\partial p/\partial n)dn = (\partial p/\partial s)ds$이다. 따라서 인접한 그림에 표시된 것처럼 주어진 유선을 따라 $p(s, n) = p(s)$ 및 $\partial p/\partial s = dp/ds$이다. 이 아이디어를 식(4.4)와 결합하면, 유선을 따라 성립하는 다음의 식을 얻는다.

$$-\gamma\frac{dz}{ds} - \frac{dp}{ds} = \frac{1}{2}\rho\frac{d(V^2)}{ds}$$

이것을 간단히 하면 다음과 같다.

$$dp + \frac{1}{2}\rho d(V^2) + \gamma\, dz = 0 \qquad \text{(유선을 따라서)} \tag{4.5}$$

중력가속도가 일정한 경우, 이 식을 적분하면 다음과 같다.

정상 비압축 유동의 경우, 특정 압력, 속도 및 고도 효과의 합은 유선을 따라 일정하다.

$$\int \frac{dp}{\rho} + \frac{1}{2}V^2 + gz = C \qquad \text{(유선을 따라서)} \tag{4.6}$$

여기서, C는 유선상의 어떤 지점에서의 조건에 의해 결정되는 적분 상수이다.

밀도가 일정하다는 가정(액체 또는 속도가 "너무 높지 않은" 기체에 대해 매우 좋은 가정) 하에 식(4.6)은 정상, 비점성, 비압축성 유동에 대해 다음과 같은 간단한 형태를 띤다.

$$\boxed{p + \frac{1}{2}\rho V^2 + \gamma z = \text{유선을 따라서 일정}} \tag{4.7}$$

Video

V4.2 밸런싱 볼

Video

V4.3 자전거 타는 사람 주위의 유동

이것이 유명한 Bernoulli 방정식(Bernoulli equation)으로 유체역학에서 매우 강력한 도구이다. 1738년 Daniel Bernoulli(1700 – 1782)는 **유체역학(Hydrodynamics)**라는 책을 출판했고, 그 책에 이 유명한 방정식과 동등한 식이 처음 소개되었다. 이 식을 올바르게 사용하기 위해 우리는 유도과정에 사용된 기본 가정들을 기억해야 한다: (1) 점성 효과는 무시할 수 있다고 가정하고, (2) 유동이 정상상태라고 가정하고, (3) 유동이 비압축성이라고 가정하고, (4) 이 방정식은 유선을 따라 적용할 수 있다. 식(4.7)의 유도과정에서 유동이 평면($x-z$ 평면)에서 발생한다고 가정하였다. 일반적으로 이 방정식은 유선을 따라 적용되는 경우, 평면 및 비평면(3차원) 유동 모두에서 유효하다.

우리는 Bernoulli 방정식의 올바른 사용을 설명하기 위해 많은 예를 제공할 것이며, 이 방정식의 유도에 사용된 기본 가정을 위반하면 어떻게 잘못된 결론으로 이어질 수 있는지 보여줄 것이다. 유동에 대한 충분한 정보가 유선 상의 한 위치에서 알려져 있다면, Bernoulli 방정식의 적분 상수를 구할 수 있다.

유동장의 두 지점에서의 유체 속도 V_1과 V_2의 차이는 종종 유체의 적절한 기하학적 제약에 의해 제어할 수 있다. 예를 들어, 정원용 호스 노즐은 호스에 부착된 입구보다 노즐 출구에서 훨씬 더 높은 속도를 제공하도록 설계된다. Bernoulli 방정식에서 알 수 있듯이 호스 내부의 압력은 출구에서의 압력보다 커야 한다(일정한 높이에서 식(4.7)이 유효한 경우, 속도 증가는 압력의 감소를 필요로 한다). 노즐을 통해 물을 가속시키는 것은 바로 이 압력 강하이다. 마찬가지로, 에어포일은 윗면의 유체 속도가 아랫면의 유체 속도보다 (평균적으로) 더 커지도록 설계된다. 따라서 Bernoulli 방정식으로부터 아랫면의 평균 압력은 윗면의 평균 압력보다 크다. 그 결과, 순 상승력인 양력(lift)이 발생한다. 본질적으로 Bernoulli 방정식은 유선을 따라 위치한 지점 사이의 압력, 속도 및 고도의 균형을 나타낸다.

예제 4.2 | Bernoulli 방정식

주어진 사항 그림 E4.2와 같이 고요한 공기 속에서 V_0의 속도로 움직이는 자전거 탄 사람 주위의 공기 유동을 고려한다.

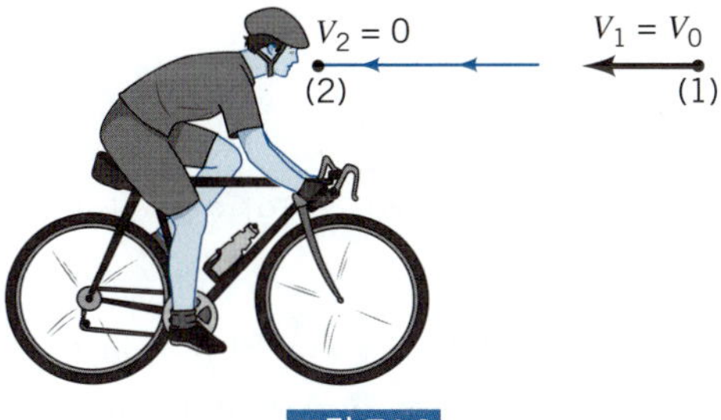

그림 E4.2

해결과제 점 (1)과 (2) 사이의 압력차를 구하라.

풀이 지면에 고정된 좌표계에서 자전거가 지나갈 때 유동은 비정상(unsteady) 상태이다. 그러나 자전거에 고정된 좌표계에서는, 공기가 자전거 탄 사람을 향하여 속도 V_0로 정상상태로 흐르는 것처럼 보인다. Bernoulli 방정식의 사용은 정상 유동으로 제한되므로 자전거에 고정된 좌표계를 선택한다. 만약 Bernoulli 방정식의 가정들(정상, 비압축성, 비점성 유동)이 유효하다면, (1)과 (2)를 지나는 유선을 따라 다음과 같이 식(4.7)을 적용할 수 있다.

$$p_1 + \frac{1}{2}\rho V_1^2 + \gamma z_1 = p_2 + \frac{1}{2}\rho V_2^2 + \gamma z_2$$

(1)은 자유 유동(free stream) 속에 있어 $V_1 = V_0$이고, (2)는 자전거 탄 사람의 코끝에 있다고 간주하며, 또 $z_1 = z_2$이고 $V_2 = 0$으로 가정한다(4.5절에서 논의된 것처럼 둘 다 합리적인 가정임). 따라서, (2)에서의 압력이 (1)에서의 압력보다 다음 양만큼 크다.

$$p_2 - p_1 = \frac{1}{2}\rho V_1^2 = \frac{1}{2}\rho V_0^2 \qquad \text{(답)}$$

보충설명 예제 4.1에서 압력 구배를 적분하여 비슷한 결과를 얻었는데, 유선을 따른 속도 분포 $V(s)$를 알기 때문에 압력 구배를 알 수 있었다. Bernoulli 방정식은 $\mathbf{F} = m\mathbf{a}$를 일반 적분한 것이다. $p_2 - p_1$을 구하기 위해 상세한 속도 분포를 알 필요는 없으며, 단지 (1)과 (2)에서의 "경계조건"만 필요하다. 반면 (1)과 (2) 사이의 지점에서 압력을 구하려면 유선을 따라 해당 지점에서 V의 값을 알아야 한다. 만약 $p_2 - p_1$을 측정한다면, 속도 V_0를 구할 수 있음에 주목하라. 4.5절에서 논의된 바와 같이, 이것이 여러 속도측정 장치의 기반이 되는 원리이다.

만약 자전거 탄 사람이 가속 또는 감속하는 경우, 유동이 비정상(즉, $V_0 \neq$ 일정)이고, 식(4.7)이 정상유동으로 제한되기 때문에 위의 해석은 맞지 않을 것이다.

4.3 유선에 수직한 방향의 F = *m*a

이 절에서는 유선에 수직인 방향(법선 방향)으로 Newton의 제2법칙을 적용할 것이다. 많은 유동에서 유선이 비교적 직선이고 유동이 본질적으로 1차원적이며, 유선을 따른 변화와 비교할 때 유선을 가로지르는(법선 방향의) 매개변수의 변화가 종종 무시될 수 있다. 그러나 많은 다른 상황에서 유선에 수직인 방향으로 $\mathbf{F} = m\mathbf{a}$를 고려하여 귀중한 정보를 얻을 수 있다. 예를 들어, 거의 원형에 가까운 토네이도 유선을 가로질러 Newton의 제2법칙을 적용함으로써 토네이도 중심의 파괴적인 저기압 영역을 설명할 수 있다.

그림 4.3과 인접한 그림의 유체입자에 작용하는 힘의 평형을 다시 고려한다. 그러나 이번에는 법선 방향인 $\hat{\mathbf{n}}$ 성분을 고려한다. 유동이 정상상태이며, 법선방향 가속도가 $a_n = V^2/\mathscr{R}$이라고 가정한다. 여기서 $\mathscr{R}$는 유선의 국소 곡률반경이다. 이 가속도는 입자가 곡선 경로를 따라 이동할 때, 입자 속도의 방향 변화에 의해 생성된다. 법선 방향으로

Video

V4.4 하이드로사이클론(Hydrocyclone) 분리기

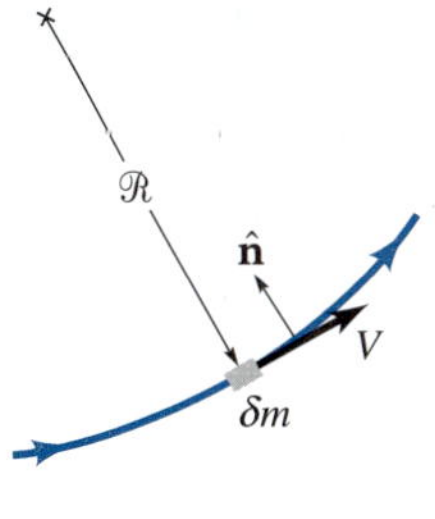

Newton의 제2법칙을 적용하면 다음과 같다.

$$\sum \delta F_n = \frac{\delta m\, V^2}{\mathcal{R}} = \frac{\rho\, \delta \forall\, V^2}{\mathcal{R}} \tag{4.8}$$

여기서 $\sum \delta F_n$은 입자에 작용하는 모든 힘의 n 방향 성분을 더한 것이고, δm은 입자의 질량이다. 중요한 힘은 압력 힘과 중력뿐이라고 다시 가정한다. 무게(중력)의 법선방향 성분은 다음과 같다.

$$\delta \mathcal{W}_n = -\delta \mathcal{W} \cos\theta = -\gamma\, \delta \forall \cos\theta$$

유선에 수직 방향으로 $\mathbf{F} = m\mathbf{a}$를 적용하려면, 힘의 수직방향 성분이 필요하다.

유선이 관심 지점에서 수직인 경우, $\theta = 90°$이고 유동 방향에 수직인 입자 무게의 성분이 없어, 해당 방향으로의 가속에 기여하지 않는다.

입자 중심의 압력이 p이면 입자의 상단과 하단의 값은 $p + \delta p_n$ 및 $p - \delta p_n$이고, 여기서 $\delta p_n \approx (\partial p/\partial n)(\delta n/2)$이다. 따라서 δF_{pn}이 법선방향으로 입자에 가해지는 순 압력 힘이라면, 다음과 같다.

$$\begin{aligned} \delta F_{pn} &= (p - \delta p_n)\, \delta s\, \delta y - (p + \delta p_n)\, \delta s\, \delta y = -2\delta p_n\, \delta s\, \delta y \\ &= -\frac{\partial p}{\partial n}\, \delta s\, \delta n\, \delta y = -\frac{\partial p}{\partial n}\, \delta \forall \end{aligned}$$

Video

V4.5 항공기 날개 끝 와류 (tip vortex)

따라서, 그림 4.3의 입자에 법선방향으로 작용하는 순 힘은 다음과 같다.

$$\sum \delta F_n = \delta \mathcal{W}_n + \delta F_{pn} = \left(-\gamma \cos\theta - \frac{\partial p}{\partial n}\right) \delta \forall \tag{4.9}$$

식(4.8)과 (4.9)를 결합하고 유선에 수직한 선을 따라 $\cos\theta = dz/dn$ (그림 4.3 참조)라는 사실을 사용하면, 법선 방향을 따라 다음과 같은 운동방정식을 얻는다.

$$-\gamma \frac{dz}{dn} - \frac{\partial p}{\partial n} = \frac{\rho V^2}{\mathcal{R}} \tag{4.10a}$$

무게 및/또는 압력으로 인해 유선이 휘어질 수 있다.

식(4.10)의 물리적 의미는 유체입자의 유동 방향의 변화(즉, 곡선 경로, $\mathcal{R} < \infty$)가 유선에 수직한 압력 구배와 입자 무게의 적절한 조합에 의하여 이루어진다는 것이다. 속도나 밀도가 더 크거나 운동의 곡률 반경이 작을수록, 운동을 생성하기 위해 더 큰 힘의 불균형이 필요하다. 예를 들어, 중력이 무시되거나(기체 유동에서 일반적으로 무시되는 것처럼) 유동이 수평 평면에 있는 경우($dz/dn = 0$), 식(4.10)은 다음과 같다.

$$\frac{\partial p}{\partial n} = -\frac{\rho V^2}{\mathcal{R}} \tag{4.10b}$$

Video

V4.6 자유 와류 (free vortex)

이는 곡률 중심에서 멀어짐에 따라 압력이 증가함을 나타낸다($\rho V^2/\mathcal{R}$가 양수이므로 $\partial p/\partial n$은 음수이다. 양의 n 방향은 곡선 유선의 "내부"를 가리킨다). 따라서 토네이도 외부의 압력(일반적으로 대기압)이 토네이도 중심 근처(위험할 정도로 낮은 부분 진공이 흔히 발생할 수 있는 곳)보다 더 크다. 이 압력 차이는 유체 운동의 곡선 유선과 관련된 원심 가속도와 균형을 맞추기 위해 필요하다(6.5.3절의 그림 E6.6a 참조).

예제 4.3 | 유선에 수직한 방향의 압력 변화

주어진 사항 그림 E4.3a와 b는 원형 유선을 갖는 두 유동장을 보여준다. 속도 분포는 다음과 같다.

$$V(r) = (V_0/r_0)r \quad \text{(a)의 경우}$$

와

$$V(r) = \frac{(V_0 r_0)}{r} \quad \text{(b)의 경우}$$

여기서 V_0는 $r = r_0$에서의 속도이다.

해결과제 $r = r_0$에서 $p = p_0$일 때, 각 경우에 대하여 압력 분포 $p = p(r)$을 구하라.

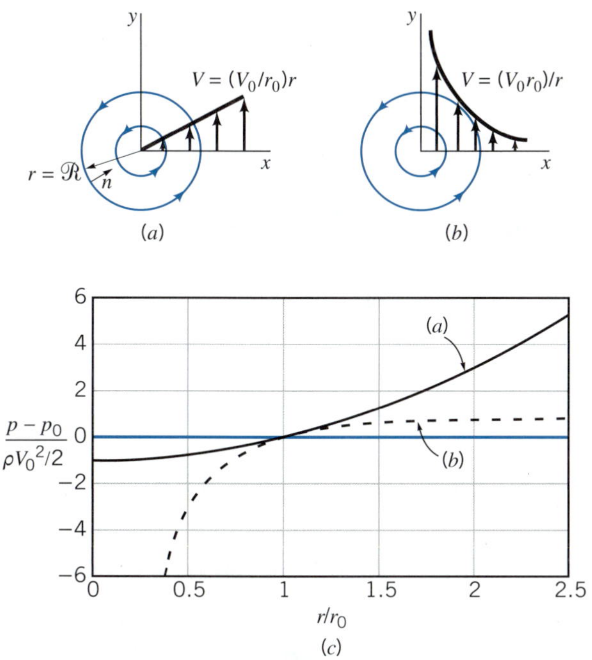

그림 E4.3

풀이 유동이 정상, 비점성, 비압축성이며, 유선이 수평면 $(dz/dn = 0)$ 내에 있다고 가정한다. 유선이 원이고 좌표 n은 반경 좌표의 반대방향을 가리키기 때문에, $\partial/\partial n = -\partial/\partial r$이고 곡률반경은 $\mathscr{R} = r$로 주어진다. 따라서 식 (4.10b)는 다음과 같다.

$$\frac{\partial p}{\partial r} = \frac{\rho V^2}{r}$$

(a)의 경우에 대해 압력구배는 다음과 같다.

$$\frac{\partial p}{\partial r} = \rho(V_0/r_0)^2 r$$

반면, (b)의 경우에 대해 압력구배는 다음과 같다.

$$\frac{\partial p}{\partial r} = \frac{\rho(V_0 r_0)^2}{r^3}$$

두 경우 모두 $\partial p/\partial r > 0$이므로, r이 증가함에 따라서 압력이 증가한다. $r = r_0$에서 알려진 압력 $p = p_0$에서 시작하여, 이 식들을 r에 대해 적분하면 압력 분포를 구할 수 있다. 경우 (a)의 해는 다음과 같다.

$$p - p_0 = (\rho V_0^2/2)[(r/r_0)^2 - 1] \qquad \text{(답)}$$

경우 (b)의 해는 다음과 같다.

$$p - p_0 = (\rho V_0^2/2)[1 - (r_0/r)^2] \qquad \text{(답)}$$

이 압력 분포들은 그림 E4.3c에 나와 있다.

보충설명 (a)와 (b)의 경우에 속도 분포가 다르기 때문에, 원심가속도와 균형을 이루기 위해 필요한 압력 분포가 같지 않다. 사실 (a)의 경우 $r \to \infty$에 따라 압력이 무한정 증가하는 반면, (b)의 경우에는 $r \to \infty$에 따라 압력이 유한한 값으로 접근한다. 그러나 유선 모양은 각 경우에 동일하다. 물리적으로 경우 (a)는 (턴테이블 위의 물통이 "회전(spin up)" 된 후에 얻어지는 것과 같이) 강체 회전을 나타내고, 경우 (b)는 자유 와류(free vortex, 토네이도, 허리케인 또는 배수구의 물 소용돌이, 즉 "욕조 와류(bathtub vortex)"에 대한 근사)를 나타낸다.

압력, 고도, 속도 효과의 합은 유선을 가로질러 일정하다.

식(4.10)에 dn을 곱하고, s가 일정할 때 $\partial p/\partial n = dp/dn$라는 사실을 사용하고, 유선을 가로질러 ($n$ 방향으로) 적분하면 다음을 얻게 된다.

$$\int \frac{dp}{\rho} + \int \frac{V^2}{\mathscr{R}}\,dn + gz = \text{유선을 가로질러 일정} \tag{4.11}$$

표시된 적분을 완료하려면, 밀도가 압력에 따라 어떻게 변하고 유체 속도와 곡률 반경이 n에 따라 어떻게 변하는지 알아야 한다. 비압축성 유동의 경우, 밀도가 일정하고 압력을 포함한 적분은 간단히 p/ρ가 된다. 그러나 식(4.11)의 두 번째 항의 적분은 여전히 남아 있다. $V = V(s,n)$ 및 $\mathscr{R} = \mathscr{R}(s,n)$의 n에 대한 종속성을 모르면, 이 적분을 완료할 수 없다.

따라서, 정상, 비점성, 비압축성 유동에 대해 유선을 가로질러 적용된 Newton의 제2법칙의 최종 형태는 다음과 같다.

$$\boxed{p + \rho \int \frac{V^2}{\mathscr{R}}\,dn + \gamma z = \text{유선을 가로질러 일정}} \tag{4.12}$$

베르누이 방정식과 마찬가지로 이 방정식을 사용할 때, 이 방정식의 도출과 관련된 가정이 위반되지 않도록 주의해야 한다.

4.4 Bernoulli 방정식의 물리적 해석 및 대체 형태

Bernoulli 방정식은 수두라고 불리는 높이 항으로 나타낼 수 있다.

식(4.7)의 각 항을 비중량 γ로 나누면, Bernoulli 방정식을 대체할 수 있는 대등한 식을 얻게 된다.

$$\frac{p}{\gamma} + \frac{V^2}{2g} + z = \text{유선을 따라서 일정}$$

이 식의 각 항은 무게당 에너지($LF/F = L$) 또는 길이(피트, 미터) 단위를 가지며, 특정 유형의 수두를 나타낸다.

직선 유선을 가로지르는 압력 변화는 정수압의 특성을 갖는다.

높이항 z는 입자의 위치 에너지와 관련이 있으며, **높이수두(elevation head)**라고 한다. 압력항 p/γ는 압력수두(pressure head)라고 하며, 압력 p를 만드는 데 필요한 유체기둥의 높이를 나타낸다. 속도항 $V^2/2g$은 **속도수두(velocity head)**이고, 정지 상태로부터 속도 V에 도달하기 위해 유체가 (마찰을 무시하고) 자유낙하 해야 하는 수직거리를 나타낸다. Bernoulli 방정식은 압력수두, 속도수두, 높이수두의 합이 한 유선을 따라 일정함을 말하고 있다. 이 일정한 값을 **전수두(total head)**라고 한다.

유체입자가 곡선 경로를 따라 이동할 때, 곡률 중심을 향한 순 힘이 필요하다. 식(4.12)에 유효한 가정 하에서, 이 힘은 중력 또는 압력 힘이거나 둘의 조합일 수 있다. 많은 경우에 유선은 거의 직선($\mathscr{R} = \infty$)이므로 원심효과를 무시할 수 있고, 유체가 움직이고 있음에도 불구하고 유선을 가로지르는 방향의 압력 변화는 (단지 중력에 의한) 정수압의 특성을 갖는다.

예제 4.4 | 운동에너지, 위치에너지, 압력에너지

주어진 사항 그림 E4.4a와 같이 주사기에서 흘러나오는 물의 유동을 고려하자. 그림 E4.4b에 표시한 것처럼 플런저(plunger)에 가해진 힘 F는 주사기 내부의 점 (1)에서 대기압보다 큰 압력을 생성할 것이다. 물은 바늘(점 (2))에서 상대적으로 높은 속도로 흘러나와 궤적의 꼭대기에 있는 점 (3)까지 올라간다.

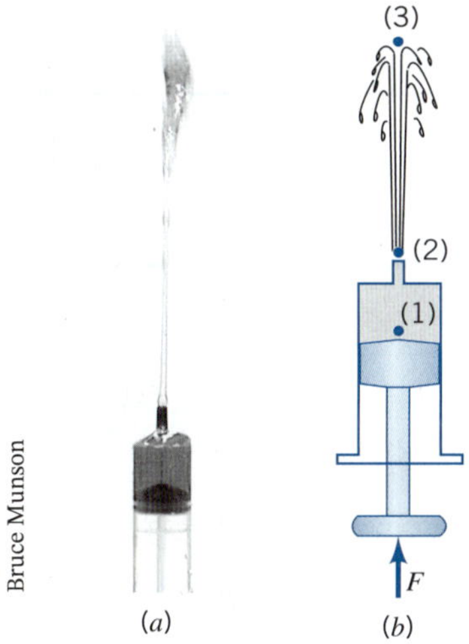

그림 E4.4

해결과제 Bernoulli 방정식을 사용하여 점 (1), (2) 및 (3)에서 유체의 에너지에 대해 논의하라.

	Energy Type		
Point	Kinetic $V^2/2$	Potential gz	Pressure p/ρ
1	Small	Zero	Large
2	Large	Small	Zero
3	Zero	Large	Zero

풀이 만일 Bernoulli 방정식의 가정들(정상, 비점성, 비압축성 유동)이 근사적으로 타당하다면, 유동은 물의 전체 에너지의 분배 측면에서 설명할 수 있다. 식(4.13)에 따르면 세 가지 유형의 에너지(운동, 위치 및 압력) 또는 수두(속도, 높이 및 압력)의 합이 일정하게 유지되어야 한다. 위의 표는 그림에 표시된 세 점에서 각 에너지의 상대적인 크기를 나타낸다.

유체가 한 곳에서 다른 곳으로 흐를 때, 운동은 각 유형의 에너지 크기에 변화를 일으킨다(또는 변화로 인해 발생한다). 이 유동을 고찰하는 다른 방법은 다음과 같다. (1)과 (2) 사이의 압력 구배는 바늘에서 물을 분출하는 가속도를 생성한다. (2)와 (3) 사이에서 입자에 작용하는 중력은 물을 감속시켜서 물이 궤도 꼭대기에서 순간적으로 멈추게 한다.

보충설명 만약 마찰(점성) 효과가 중요하다면, (1)과 (3) 사이에 에너지 손실이 생길 것이고, 주어진 p_1에 대해 물이 그림에 표시된 높이까지 도달할 수 없을 것이다. 이러한 마찰은 바늘 속(8장 파이프유동 참조) 또는 물줄기와 주위공기 사이(9장 외부유동 참조)에서 발생할 수 있다.

압력이 에너지가 아님을 명심하라. 압력은 응력이다. 압력은 한 지점이 아니라 지점 사이에서 일을 한다. 그러나, 압력을 일을 할 수 있는 "잠재력(potential)"으로 생각하는 것이 편리하며, 이는 우리가 중력을 다룰 때와 마찬가지다.

광활한 유체의 세계

사냥용 물 제트로 무장

나뭇잎 위에서 쉬고 있는 곤충을 쏘아서 떨어뜨릴 수 있는 능력으로 알려진 물총고기(archer fish)는 잠수함 물총과 닮았다. 주둥이를 물 밖으로 내밀고 먹이를 향해 고속의 물 제트를 발사하여, 먹이를 물 표면으로 떨어뜨려 먹잇감으로 삼는다. 물총의 총신은 혀를 입천장의 홈에 대고 튜브를 형성하여 만든다. 아가미를 급하게 닫아주면, 물이 튜브를 통해 밀려나와 혀끝을 향하게 된다. 물총고기는 제트가 2 m에서 3 m까지 도달할 수 있을 정도로 큰 압력수두를 아가미 안에서 만들 수 있다. 그러나, 약 1 m까지만 정확하다. 최근의 연구는 물총고기가 먹이가 떨어질 위치를 계산하는 데 매우 능숙하다는 것을 보여주었다. 물총고기는 100 ms(사람에 비해 두 배나 빠른 반응 시간) 이내에 먹이가 물에 부딪힐 지점을 예측하는 데 필요한 모든 정보를 추출한다. 추가적인 시각 단서 없이 물총고기는 그 지점으로 바로 돌진한다.

예제 4.5 | 흐르는 유동의 압력 변화

주어진 사항 그림 E4.5a와 같이 물이 곡선의 물결치는 물미끄럼틀(waterslide)을 흐른다. 이 유동이 근사적으로 비점성, 비압축성, 정상 유동이라고 간주하자. 단면 A에서 B까지의 유선이 직선인 반면, C에서 D까지는 유선이 원형 경로를 따른다.

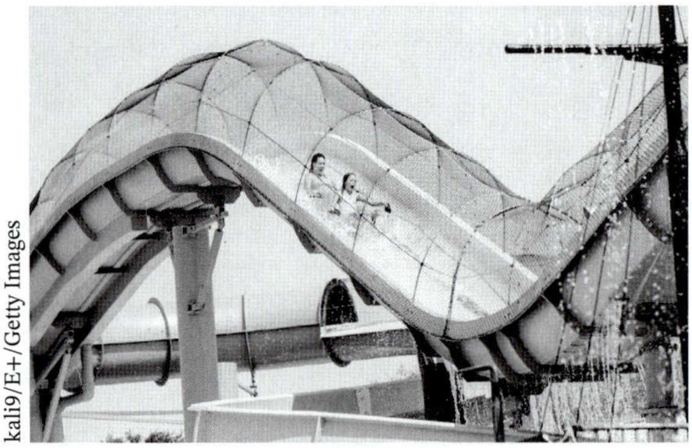

그림 E4.5a

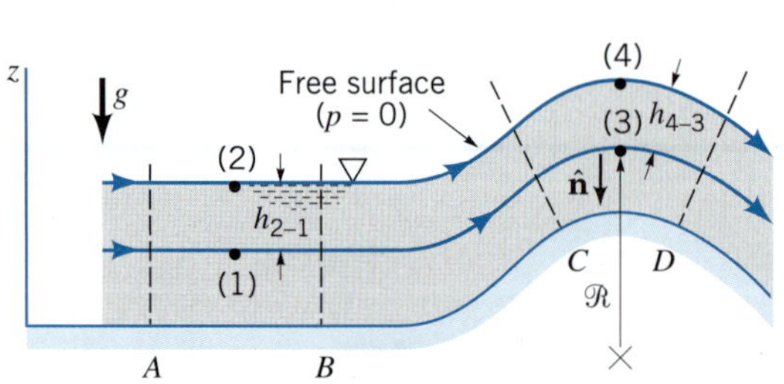

그림 E4.5b

해결과제 (1)과 (2) 지점 및 (3)과 (4) 지점 사이의 압력 변화를 설명하라.

풀이 위의 가정과 A에서 B까지의 구간에서 $\mathscr{R} = \infty$라는 사실 때문에 식(4.12)는 다음과 같다.

$$p + \gamma z = \text{상수}$$

상수는 두 위치에서의 알려진 변수 값, 즉 $p_2 = 0$(계기압력), $z_1 = 0$ 및 $z_2 = h_{2-1}$을 사용하여 구할 수 있다.

$$p_1 = p_2 + \gamma(z_2 - z_1) = p_2 + \gamma h_{2-1} \qquad \text{(답)}$$

유선의 곡률반경이 무한대이므로 수직방향의 압력 변화는 유체가 정지해 있을 때와 같음에 주목하라.

그러나, (3)과 (4) 사이에 식(4.12)를 적용하면($dn = -dz$ 사용) 다음 식을 얻는다.

$$p_4 + \rho \int_{z_3}^{z_4} \frac{V^2}{\mathscr{R}}(-dz) + \gamma z_4 = p_3 + \gamma z_3$$

$p_4 = 0$과 $z_4 - z_3 = h_{4-3}$을 사용하면 이 식은 다음과 같다.

$$p_3 = \gamma h_{4-3} - \rho \int_{z_3}^{z_4} \frac{V^2}{\mathscr{R}}\, dz \qquad \text{(답)}$$

적분을 계산하려면 z에 따른 V와 $\mathscr{R}$의 변화를 알아야 한다. 이에 대한 자세한 정보가 없더라도 적분 값이 양수라는 것에 주목해야 한다. 따라서 (3)에서의 압력은 정수압 γh_{4-3}보다 $\rho \int_{z_3}^{z_4} (V^2/\mathscr{R})\, dz$ 만큼 낮다. 곡선 유선으로 인해 이렇게 낮아진 압력은 곡선 경로 주변의 유체를 가속시키기 위해 필요하다.

보충설명 (1)에서 (2)까지 또는 (3)에서 (4)까지의 유선에 Bernoulli 방정식[식(4.13)]을 적용하지 않았다는 점에 유의하라. 오히려 식(4.12)를 사용했다. 4.8절에서 논의된 바와 같이, (유선을 따라가기보다는) 유선을 가로질러 Bernoulli 방정식을 적용하면 심각한 오류가 발생할 수 있다.

4.5 정압, 정체압, 동압 및 전압

Bernoulli 방정식과 관련된 유용한 개념으로 정체압 및 동압이 있다. 이러한 압력은 (예제 4.2에서와 같이) 유체가 정지함에 따라 흐르는 유체의 운동 에너지가 "압력 상승"으로 변환되어 발생한다. 이 절에서는 이 과정의 다양한 결과를 살펴본다. Bernoulli 방정식, 식(4.7)의 각 항은 단위면적당 힘의 차원(N/m^2)을 갖는다. 첫째 항 p는 유체가 흐를 때 유체의 실제 열역학적 압력(thermodynamic pressure)이다. 그 값을 측정하기 위해 유체와 함께 움직일 수 있으므로, 이 압력은 움직이는 유체에 대해 상대적으로 "정적인(static)" 압력이다. 따라서 이 압력을 일반적으로 **정압(static pressure)**이라고 한다. 정압을 측정하는 또 하나의 방법은, 그림 4.4의 지점 (3)의 위치에 표시된 것처럼 평평한 표면에 구멍을 뚫고 피에조미터 튜브를 고정하는 것이다. 예제 4.5에서 보았듯이 그림 4.4의 지점 (1)에서 흐르는 유체의 압력은 $p_1 = \gamma h_{3-1} + p_3$이며, 마치 유체가 정지한 것과 같다. 2장에서 배운 액주계를 고려하면, 우리는 $p_3 = \gamma h_{4-3}$임을 안다. 따라서, $h_{3-1} + h_{4-3} = h$이므로 $p_1 = \gamma h$가 된다.

Bernoulli 방정식의 각 항은 압력의 한 형태로 해석할 수 있다.

식(4.7)의 셋째 항 γz는 **정수압(hydrostatic pressure)**이라고 하며, 2장에서 논의한 정수력학적 압력 변화와 관련된다. 이 항은 실제 압력은 아니지만, 높이 변화가 있을 때 유체의 위치 에너지 변화로 인해 생길 수 있는 압력의 변화를 나타낸다.

Bernoulli 방정식의 둘째 항 $\rho V^2/2$은 **동압(dynamic pressure)**이라고 한다. 이 항은 그림 4.4에서 볼 수 있는 것처럼, 유동 속에 삽입되어 상류를 가리키는 작은 튜브 끝에서의 압력을 고려함으로써 설명할 수 있다. 초기 과도(transient) 운동이 사라진 후, 그림처럼 액체가 높이 H까지 튜브를 채운다. 그 끝 (2)에서의 유체를 포함하여 튜브 내부의 유체는 움직이지 않는다. 즉, $V_2 = 0$, 또는 지점 (2)가 **정체점(stagnation point)**이 된다.

지점 (1)과 (2) 사이에 Bernoulli 방정식을 적용하고, $V_2 = 0$을 사용하고 $z_1 = z_2$라고 가정하면 다음 식을 얻는다.

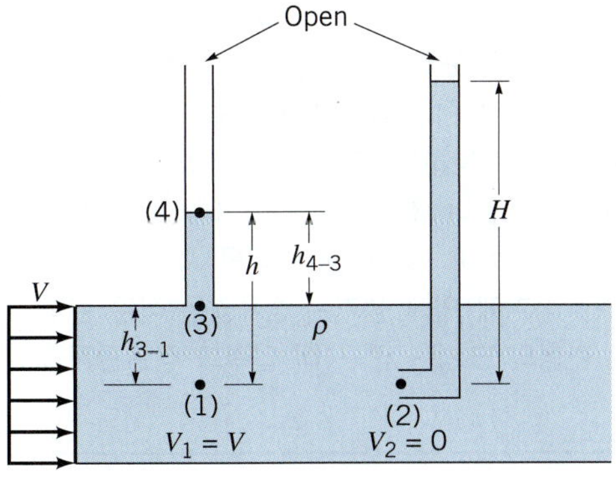

그림 4.4 정압 및 정체압의 측정

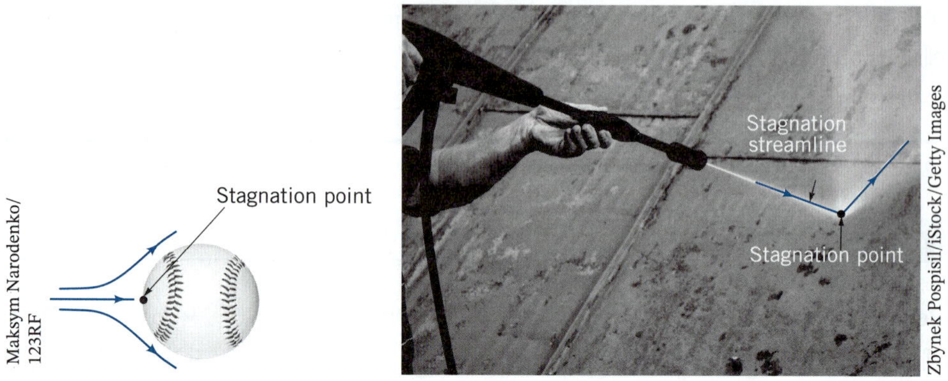

(a) (b)

그림 4.5 정체점

$$p_2 = p_1 + \frac{1}{2}\rho V_1^2$$

Video
V4.7 정체점 유동

따라서, 정체점에서의 압력은 정압 p_1보다 동압 $\rho V_1^2/2$ 만큼 더 크다.

흐르는 유체에 놓인 어떤 정지된 물체에도 정체점이 있음을 알 수 있다. 유체의 일부는 물체 "위로" 흐르고, 일부는 물체 "아래로" 흐른다. 이를 나누는 선(또는 3차원 유동에서는 면)은 **정체유선(stagnation streamline)**이라 불리며, 물체 위 정체점에서 끝난다. (뭉툭한 물체 주위를 흐르는 물에서 염료를 나타내는 그림 4.1 참조) (야구공과 같은) 대칭 비회전 물체의 경우, 그림 4.5a와 같이 정체점이 분명히 물체의 끝이나 앞쪽에 있다. 그림 4.5b와 같이 평평한 면을 향한 물 제트와 같은 다른 유동에서는 표면 위에 정체점이 있다.

높이 효과를 무시하면, **정체압** $p + \rho V^2/2$는 주어진 유선을 따라 얻을 수 있는 최대 압력이다. 이는 모든 운동 에너지가 압력 상승으로 전환되는 것을 나타낸다. 정압, 동압, 정수압의 합을 **전압(total pressure)** p_T라고 한다. Bernoulli 방정식은 전압이 유선을 따라 일정하게 유지됨을 서술하고 있다.

$$p + \frac{1}{2}\rho V^2 + \gamma z = p_T = \text{유선을 따라서 일정} \tag{4.13}$$

광활한 유체의 세계

가압된 눈

우리 눈이 제대로 작동하려면 어느 정도의 내부압력이 필요하며, 정상 범위는 수은주로 10에서 20 mm 사이이다. 압력은 눈으로 들어오고 나가는 유체 사이의 균형에 의하여 정해진다. 만일 압력이 정상 수준보다 높으면, 눈을 떠나는 시신경이 손상되어 녹내장이라 부르는 시야손실로 이어질 수 있다. 안압은 여러 가지 유형의 비침투식 장치로 측정하는데, 이들은 모두 안구에 힘을 가했을 때 생기는 작은 변형을 측정한다. 일부 방법은 눈의 앞쪽과 접촉하는 물리적 검침을 사용하며, 크기를 알고 있는 힘을 가한 후 변형량을 측정한다. 한 비접촉 방법에서는 보정된 공기 "퍼프(puff)"를 눈에 불어넣는 방식을 사용한다. 안구에 불어 넣은 공기에 의해 생기는 정체압은 작은 변형을 일으키며, 변형의 크기는 안구 내 압력과 상관관계를 갖는다.

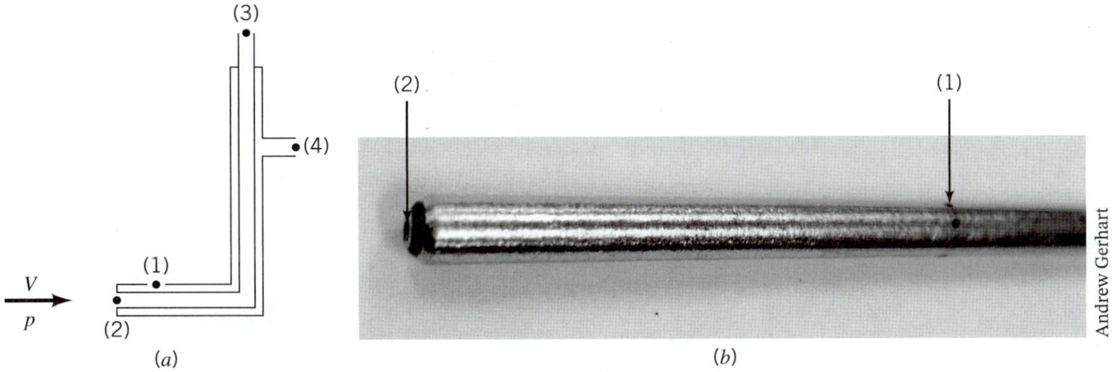

그림 4.6 피토정압튜브

다시 말하지만, 이 방정식의 유도과정에 사용된 가정이 고려하고 있는 유동에 타당한지에 대해 주의해야 한다.

유체의 정압과 정체압 값을 아는 것은 유체 속도를 계산할 수 있다는 것을 의미한다. 이것이 **피토정압튜브(Pitot-static tube)**의 기초가 되는 원리이다[Henri Pitot (1695-1771)]. 그림 4.6에서 볼 수 있듯이 두 개의 동심원 튜브가 두 개의 압력계(또는 차압계)에 연결되어 p_3 및 p_4(또는 압력 차이 $p_3 - p_4$)의 값을 결정할 수 있다. 중앙 튜브의 열린 끝에서는 정체압을 측정한다. 만약에 높이 변화를 무시할 수 있다면, 다음과 같다.

$$p_3 = p + \frac{1}{2}\rho V^2$$

여기서 p와 V는 점 (2)의 상류에서 유체의 압력과 속도이다. 바깥쪽 튜브는 끝에서 적절히 떨어진 위치에 여러 개의 작은 구멍을 뚫어, 정압을 측정할 수 있도록 만든다. (1)과 (4)의 높이 차이를 무시할 수 있다면, 다음과 같다.

$$p_4 = p_1 = p$$

피토정압튜브는 속도를 압력으로 변환하여 유체 속도를 측정한다.

이 두 식을 결합하면, 다음 식을 얻는다.

$$p_3 - p_4 = \frac{1}{2}\rho V^2$$

이 식을 재정렬하면 다음과 같다.

$$V = \sqrt{2(p_3 - p_4)/\rho} \tag{4.14}$$

피토정압튜브의 실제 모양과 크기는 상당히 다양하다. 그림 4.7은 항공기의 대기속도(airspeed)를 결정하는 데 사용되는 전형적인 피토정압튜브를 보여준다(그림 E4.6a 참소).

피토정압튜브는 유체 속도를 측정하는 간단하고 상대적으로 저렴한 방법을 제공한다. 피토정압튜브의 사용은 정압 및 정체압을 측정하는 능력에 달려 있다. 이러한 값을 정확하게 얻기 위해서는 주의가 필요하다. 예를 들어, 정압을 정확히 측정해야 한다.

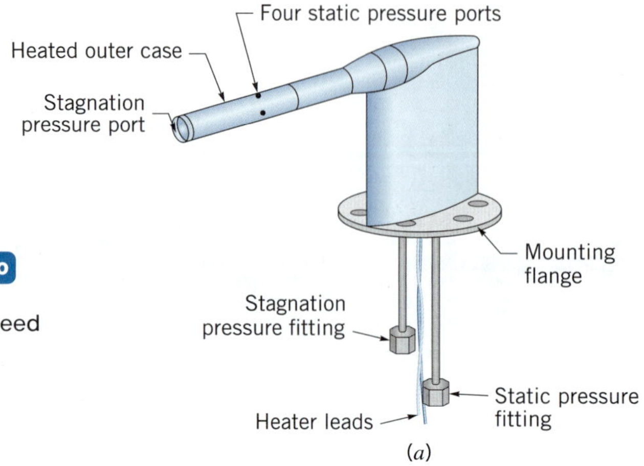

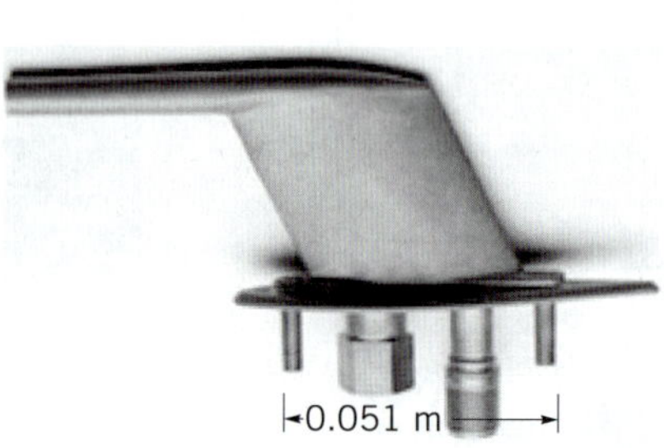

aerospacemanufacturinganddesign

Video
V4.8 Airspeed indicator

그림 4.7 비행기 피토정압튜브. (a) 개략도, (b) 사진

광활한 유체의 세계

곤충 때문에 막히는 피토튜브

비록 피토튜브가 항공기의 대기속도를 측정하는 간단한 장치이지만, 많은 비행기 사고가 피토튜브의 부정확한 계측 때문에 발생했다. 이런 사고의 대부분은 하나 이상의 구멍이 막혀 정확한 압력(속력)을 나타내지 못하기 때문에 생긴다. 이런 일은 흔히 문제를 짧은 시간에 해결해야 하는 이륙 시에 발견된다. 이렇게 막히는 가장 흔한 두 가지 이유는 조종사가 (또는 지상 승무원이) 피토튜브 보호 덮개를 치우는 것을 잊어버렸거나, 곤충들이 튜브 속에 표준 육안검사로는 찾아낼 수 없는 둥지를 지었기 때문이다. 피토튜브 막힘으로 인한 (사망자 수 기준으로) 가장 심각한 사고는 보잉757기가 도미니카 공화국의 Puerto Plata 공항에서 이륙한 직후에 일어났다. 부정확한 대기속도 데이터가 컴퓨터에 자동으로 전달되었고, 자동조종장치(autopilot)가 영각(angle of attack)과 엔진 출력을 바꾸게 하였다. 승무원들은 잘못된 표시 때문에 혼란에 빠졌고, 비행기가 실속(stall)한 후 카리브해로 추락하여 탑승자 전원이 사망하였다.

예제 4.6 | 피토정압튜브

주어진 사항 그림 E4.6a와 같이 비행기가 3048 m 높이의 표준대기에서 322 kph로 비행한다. 이 높이에서 표준 압력은 69706 Pa이다.

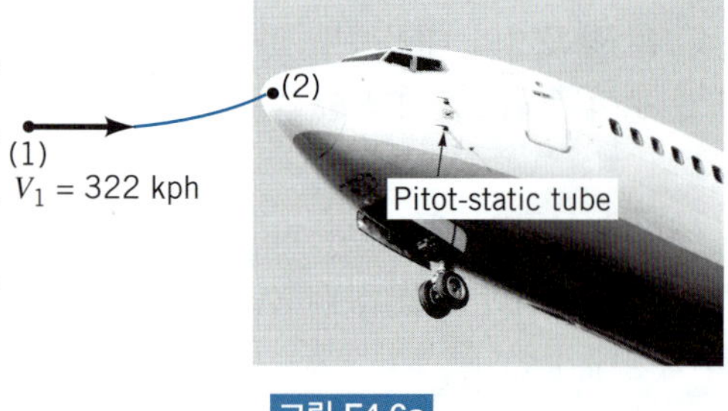

kickers/iStock/Getty Images

그림 E4.6a

해결과제 비행기에서 멀리 떨어진 앞쪽의 점 (1)에서의 압력, 비행기 기수(nose)의 정체점 (2)에서의 압력 및 동체에 설치된 피토정압튜브에 표시되는 압력차를 구하라.

풀이 문제에서 주어진 높이에서 정압은 다음과 같다.

$$p_1 = 69706 \text{ Pa} \qquad \text{(답)}$$

또한, 밀도는 0.905 kg/m^{3}이다.

만일 유동이 정상, 비점성, 비압축성 유동이고 높이 변화를 무시한다면, 식(4.7)은 다음과 같다.

$$p_2 = p_1 + \frac{\rho V_1^2}{2}$$

$$p_2 = p_1 + \frac{\rho V_1^2}{2}$$

$V_1 = 322$ kph $= 89.5$ m/s, $V_2 = 0$(좌표계가 비행기에 고정되어 있기 때문)를 대입하면 p_2를 구할 수 있다.

$$p_2 = 69706 \text{ Pa} + (0.905 \text{ kg/m}^3)(89.5^2 \text{ m}^2/\text{s}^2)/2$$
$$= (69706 + 3265) \text{ Pa} = 7331 \text{ Pa}$$

따라서, 피토정압튜브에 표시되는 압력차는 다음과 같다.

$$p_2 - p_1 = \frac{\rho V_1^2}{2} = 3625 \text{ Pa} \qquad \text{(답)}$$

보충설명 유동이 비압축성이라고, 즉 밀도가 (1)에서 (2)까지 일정하게 유지된다고 가정하였다. 그러나 $\rho = p/RT$이기 때문에 압력(또는 온도)의 변화가 밀도 변화를 일으킬 것이다. 이렇게 상대적으로 느린 속도에서는 절대압력의 비가 거의 1 [즉, $p_1/p_2 = (69.7 \text{ kPa})/(69.7 \text{ kPa} + 3.62 \text{ kPa}) = 0.951$]이기 때문에 밀도 변화를 무시할 수 있다. 그러나, 속도 V_1의 다양한 값에 대해 계산을 반복하면 그림 E4.6b의 결과를 얻게 된다.

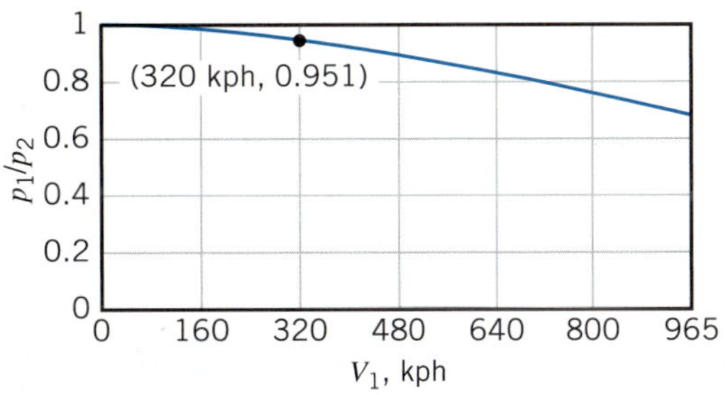

그림 E4.6b

상업용 비행기가 일반적으로 비행하는 805 ~ 965 kph의 속도에서, 압력비는 분명히 밀도 변화가 중요할 정도가 된다. 이런 상황에서는 정확한 결과를 얻기 위하여 압축성 유동의 개념을 사용할 필요가 있다(4.8.1절 및 11장 참조).

4.6 Bernoulli 방정식의 응용

이 절에서는 Bernoulli 방정식의 다양한 적용 사례를 설명하고자 한다. 정상, 비점성, 비압축성 유동에서 유선 상의 임의의 두 점 (1)과 (2) 사이에 Bernoulli 방정식을 다음과 같은 형태로 적용할 수 있다.

$$\boxed{p_1 + \frac{1}{2}\rho V_1^2 + \gamma z_1 = p_2 + \frac{1}{2}\rho V_2^2 + \gamma z_2} \qquad (4.15)$$

당연히 6개의 변수 중 5개를 알면, 나머지 1개를 결정할 수 있다. 많은 경우에 질량 보존과 같은 다른 방정식을 도입할 필요가 있다. 이러한 고려사항은 이 절에서 간략히 설명하고, 5장에서 자세히 논의한다.

jsteck/iStock/Getty Images

4.6.1 자유 제트(free jets)

유체역학에서 가장 오래된 방정식 중 하나는 큰 저장소에서 나오는 액체 유동을 다룬다. 이 유형에 해당하는 유동의 현대적인 사례는 인접한 그림에 표시된 것처럼 커피가 담긴 용기에서 나오는 커피 유동을 포함한다. 이 유형의 유동에 대한 기본 원리는 그림 4.8과 같으며, 직경 d의 액체 제트가 속도 V로 노즐에서 흘러나온다. (노즐은 유체를 가속시키는 장치이다.) 유선 상의 점 (1)과 (2) 사이에 식(4.17)을 적용하면 다음과 같다.

$$\gamma h = \frac{1}{2}\rho V^2$$

Video

V4.9 탱크에서 나오는 유동

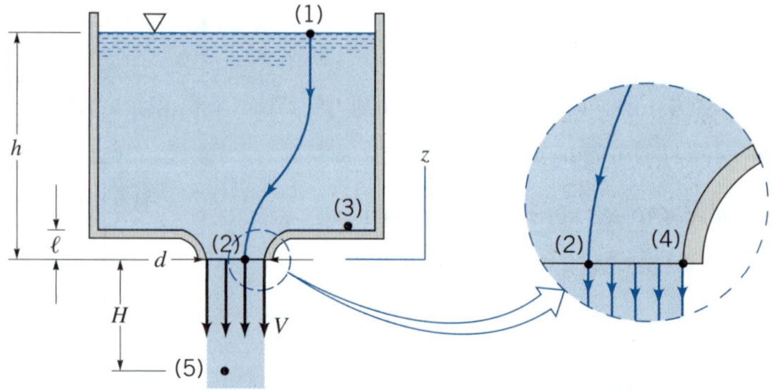

그림 4.8 탱크에서 나오는 수직 유동

$z_1 = h$, $z_2 = 0$이고, 저장소가 크고($V_1 \cong 0$) 대기에 개방되어 있고($p_1 = 0$ 계기압력), 유체가 "자유 제트"($p_2 = 0$)로 흘러나온다는 사실을 이용하였다. 따라서 다음 식을 얻을 수 있다.

$$V = \sqrt{2\frac{\gamma h}{\rho}} = \sqrt{2gh} \tag{4.16}$$

이것은 1643년 이탈리아의 물리학자 Torricelli(1608–1647)가 얻은 결과의 현대판에 해당한다.

비압축성 유체 제트의 출구 압력은 주변 압력과 동일하다.

출구 압력이 주변 압력($p_2 = 0$)과 같다는 사실은 (2)와 (4) 사이의 유선을 가로질러 식 (4.12)로 표현되는 $\mathbf{F} = m\mathbf{a}$를 적용함으로써 알 수 있다. 노즐 끝의 유선이 직선($\mathscr{R} = \infty$)이면, $p_2 = p_4$가 된다. (4)는 대기와 접촉하는 제트 표면에 있기 때문에 $p_4 = 0$이며, 따라서 $p_2 = 0$이 된다. (2)는 노즐 출구 단면의 임의의 점이므로 압력은 이 단면 전체에 걸쳐 대기압이다. 물리적으로 법선(수평) 방향으로 무게나 가속도 성분이 없기 때문에 그 방향으로 압력은 일정하다.

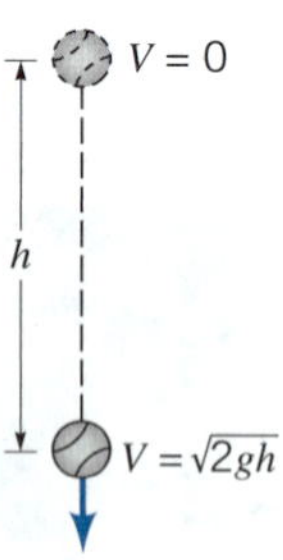

일단 노즐 밖으로 나오면 물줄기는 압력이 0인 자유 제트($p_5 = 0$)로 계속 떨어지고, 식 (4.15)를 지점 (1)과 (5) 사이에 적용하여 알 수 있듯이 속도는 다음 식을 따라 증가한다.

$$V = \sqrt{2g(h + H)}$$

여기서 H는 그림 4.8에 나타낸 것처럼 유체가 노즐 밖에서 낙하한 거리다.

식(4.16)은 $z_4 = 0$, $z_3 = \ell$이라는 사실을 사용하여 점 (3)과 (4) 사이에 Bernoulli 방정식을 적용하여 얻을 수도 있다. 점 (3)은 노즐에서 멀리 떨어져있기 때문에 $V_3 = 0$이고, 정수역학(hydrostatics)에 의하여 $p_3 = \gamma(h - \ell)$이다.

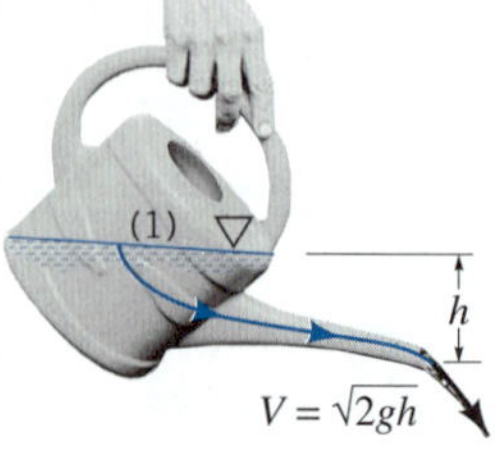

Branislav Cerven/Shutterstock.com

물리학 또는 동역학에서 배우고 인접한 그림에 설명된 것처럼, 진공에서 정지 상태에서 시작해 h만큼 낙하한 물체는 $V = \sqrt{2gh}$의 속도를 얻으며, 이 속도는 인접한 그림의 물통 주둥이에서 빠져나오는 물의 속도와 동일하다. 이는 점성(마찰) 효과를 무시할 수 있는 경우, 입자의 모든 위치 에너지가 운동 에너지로 변환된다는 사실과 일치한다. 수두의 관점에서, 점 (1)의 높이수두는 점 (2)의 속도수두로 변환된다. 그림 4.8의 경우, 압력은 점 (1)과 (2)에서 동일(대기압)함을 상기하라.

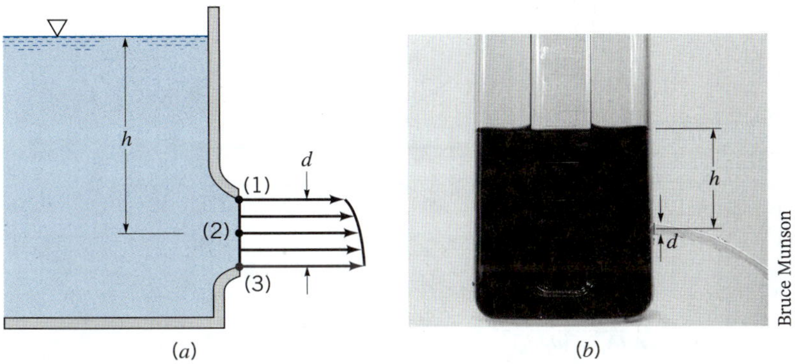

그림 4.9 탱크에서 나오는 수평 유동

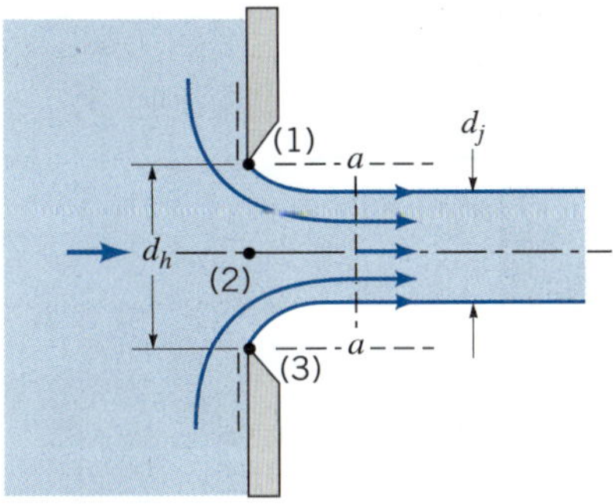

그림 4.10 날카로운 모서리가 있는 오리피스에서 베나 콘트랙타 효과

그림 4.9a의 수평 노즐의 경우, 높이 차이로 인해 중심선에서의 유체 속도 V_2는 상단 속도 V_1보다 약간 크고, 하단 속도 V_3보다 약간 작을 것이다. 일반적으로 그림 4.9b와 같이 $d \ll h$이므로 중심선 속도를 합리적인 "평균 속도"로 안전하게 사용할 수 있다.

만약 출구가 매끄럽고 윤곽이 잘 잡힌 것이 아니라 그림 4.10과 같이 평평한 판이라면, 제트의 직경 d_j는 구멍의 직경 d_h보다 작을 것이다. 베나 콘트랙타(vena contracta) 효과라고 불리는 이 현상은 그림에서 점선으로 표시된 날카로운 90° 모서리를 유체가 돌 수 없기 때문에 발생한다.

출구 평면의 유선이 곡선이기 때문에($\mathscr{R} < \infty$) 유선을 가로지르는 압력은 일정하지 않다. 유체가 "날카로운" 모서리($\mathscr{R} = 0$)를 돌게 하려면, 유선을 가로지르는 무한대의 압력 구배가 필요할 것이다. 가장 높은 압력은 (2)에서 중심선을 따라 발생하고, 가장 낮은 압력 $p_1 = p_3 = 0$은 제트의 가장자리에 위치한다. 따라서 직선 유선과 일정한 압력을 갖는 균일한 속도 가정은 출구 평면에서 유효하지 않다. 그러나 베나 콘트랙타 평면, 즉 단면 a–a에서는 유효하다. 그림 4.10의 노즐 유동에서 논의한 것처럼, 만약 $d_j \ll h$라면 균일한 속도를 가정하는 것이 이 단면에서 유효하다.

베나 콘트랙타 효과는 배출구 형상의 함수이다. 그림 4.11은 몇 가지 전형적인 형상을 실험적으로 얻은 수축 계수(contraction coefficient) $C_c = A_j/A_h$의 대표값과 함께 보여준다. 여기서, A_j와 A_h는 각각 베나 콘트랙타에서 제트의 단면적과 구멍의 단면적이다.

유체 제트의 직경은 종종 유체가 흘러나오는 구멍의 직경보다 작다.

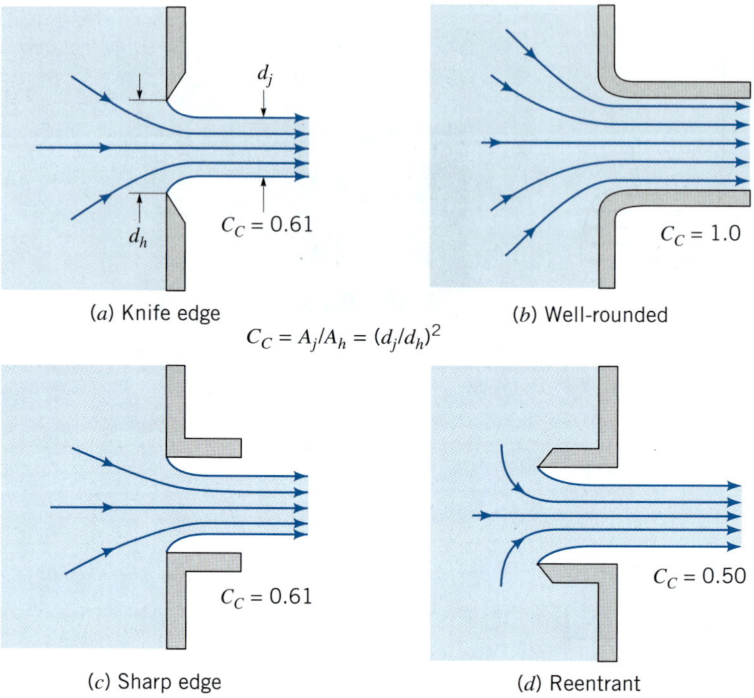

그림 4.11 다양한 원형 출구 형상에 대한 일반적인 유동 패턴 및 수축 계수.
(a) 칼날 모양 (b) 둥근 모양 (c) 날카로운 모양 (d) 안으로 들어간 모양

광활한 유체의 세계

솜사탕, 유리솜, 강철솜

솜사탕과 유리솜(glass wool) 단열재는 전혀 다른 재료로 만들어지고 용도도 전혀 다르지만, 비슷한 공정으로 만들어진다. 1897년에 발명된 솜사탕은 설탕섬유로 이루어져 있다. 1938년에 발명된 유리솜은 유리섬유로 구성되어 있다. 솜사탕 기계에서 설탕이 녹은 다음 원심력에 의해 회전하는 "그릇(bowl)"에 설치된 수많은 작은 오리피스를 통해 흐른다. 액체 설탕의 가느다란 흐름은 나오자마자 매우 빠르게 식어 고체 실이 되어, 막대기나 원뿔 위에 모인다. 유리솜 단열재를 만드는 것은 약간 더 복잡하지만 기본 공정은 비슷하다. 액체 유리가 작은 오리피스로 유입된 후, 매우 미세한 유리 흐름으로 나오면서 빠르게 응고한다. 그 결과로 얻어지는 서로 얽힌 유연한 섬유인 유리솜은 효과적인 단열재를 형성하는데, 이는 섬유 사이의 작은 공기 "공동(cavities)"이 공기의 운동을 방해하기 때문이다. 강철솜(steel wool)은 솜사탕이나 유리솜과 비슷해 보이지만, 전혀 다른 공정으로 만들어진다. 고체 강선들을 홈이 있는 특수 절단 날 위로 끌어당겨, 길고 가는 강철 실들을 벗겨내고 엉킨 강철솜을 형성한다.

4.6.2 갇힌 유동

연속방정식에 따르면 질량은 생성되거나 파괴될 수 없다.

많은 경우에 유체가 장치 내부에 물리적으로 구속되어 있어, 위의 자유제트 예에서 했던 것처럼 유체의 압력을 미리 규정할 수 없다. 유동 면적이 단면마다 다르기 때문에 유속이 변하는 가변 직경의 노즐 및 파이프가 이 경우에 포함된다. 이런 상황에서는 Bernoulli 방정식과 더불어 질량보존의 개념(연속방정식)을 사용할 필요가 있다. 이 방정식의 완전

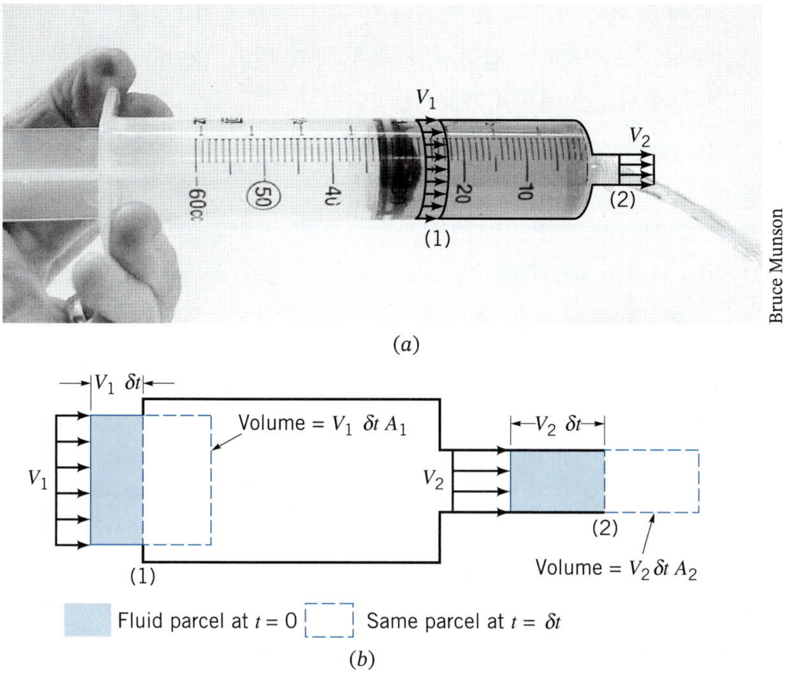

그림 4.12 (a) 주사기를 흐르는 유동 (b) 체적으로 들어오고 나가는 정상 유동

한 유도 및 사용은 3장과 5장에서 자세히 논의한다. 이 장의 필요에 의해 다음의 직관적 주장에서 얻은 단순화된 형태의 연속 방정식을 사용할 수 있다. 그림 4.12a와 같이 하나의 입구와 하나의 출구가 있는 (주사기와 같은) 고정된 공간을 흐르는 유체를 고려하자. 만약 유동이 정상유동이라서 공간 내부에 유체가 추가적으로 축적되지 않는다면, 유체가 공간으로 흘러 들어오는 속도(rate)와 공간에서 흘러 나가는 속도가 같아야 한다(그렇지 않으면 질량이 보존되지 않을 것이다).

출구에서 나오는 질량유량(mass flowrate) $\dot{m}$ (kg/s)은 $\dot{m} = \rho Q$로 주어지며, 여기서 $Q\,(\text{m}^3/\text{s})$는 **체적유량(volume flowrate)**이다. 그림 4.12b와 같이 출구면적이 A이고 유체가 평균속도 V로 이 면을 가로질러 (면에 수직하게) 흐르면, 시간 간격 δt 동안 이 면을 통과한 유체의 체적은 길이가 $V\delta t$이고 단면적이 A인 공간의 체적인 $VA\delta t$와 같다. 따라서, 체적유량(단위시간당 체적)은 $Q = VA$이고, 질량유량은 $\dot{m} = \rho VA$이다. 질량이 보존되려면 유입률이 유출률과 같아야 한다. 입구를 (1), 출구를 (2)로 표시하면 $\dot{m}_1 = \dot{m}_2$가 된다. 따라서 질량이 보존되려면, 다음 식이 성립되어야 한다.

$$\rho_1 A_1 V_1 = \rho_2 A_2 V_2$$

만약 밀도가 일정하게 유지된다면, $\rho_1 = \rho_2$이고 위 식은 비압축성 1차원 유동에 대한 연속방정식(continuity equation)이 된다.

$$\boxed{A_1 V_1 = A_2 V_2,\ \text{또는}\ Q_1 = Q_2} \tag{4.17}$$

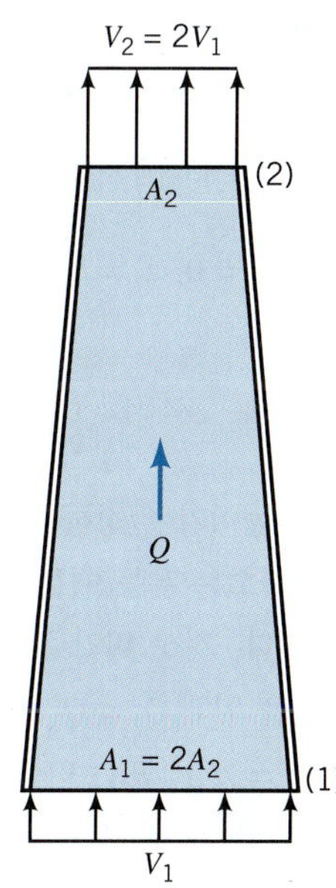

예를 들어, 인접한 그림에 표시된 출구 유동 면적이 입구 유동 면적의 1/2 크기인 경우, $V_2 = A_1V_1/A_2 = 2V_1$이므로 출구 속도는 입구 속도의 두 배가 된다. Bernoulli 방정식과 유량 방정식(연속 방정식)의 사용은 예제 4.7에서 설명한다.

예제 4.7 | 중력에 의해 탱크에서 나오는 유동

주어진 사항 그림 E4.7a 및 b와 같이 직경 $D = 0.4$ m인 냉각기에서 직경 $d = 0.02$ m인 청량음료 줄기가 정상상태로 흘러나온다.

해결과제 냉각기 안의 음료 높이가 $h = 0.4$ m로 일정하게 유지되는 경우, 병에서 냉각기로 유입되는 유량 Q를 구하라.

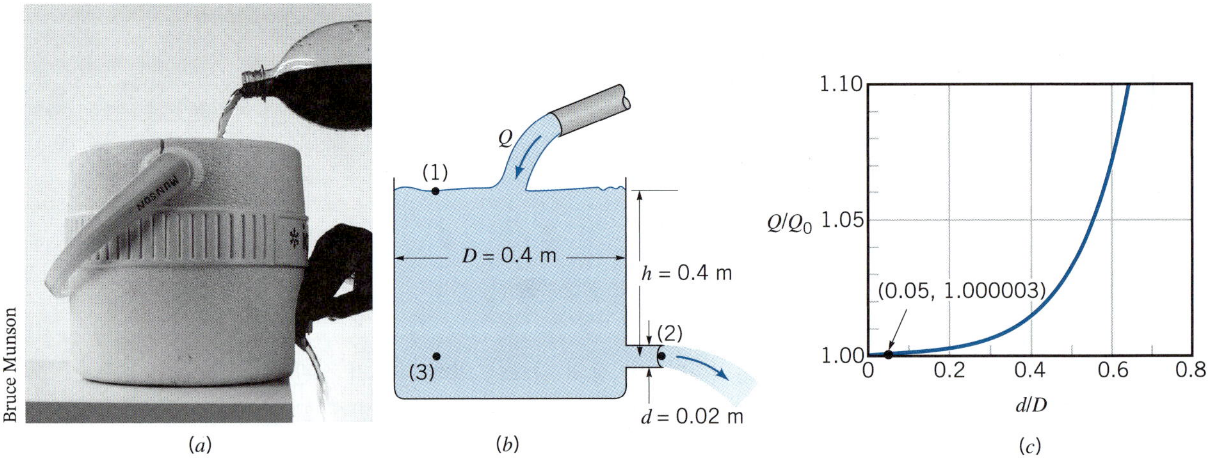

그림 E4.7

풀이 정상, 비점성, 비압축성 유동에 대해 점 (1)과 (2) 사이에 Bernoulli 방정식을 적용하면 다음과 같다.

$$p_1 + \frac{1}{2}\rho V_1^2 + \gamma z_1 = p_2 + \frac{1}{2}\rho V_2^2 + \gamma z_2 \tag{1}$$

$p_1 = p_2 = 0$, $z_1 = h$, $z_2 = 0$이라고 가정하면, 식(1)은 다음과 같다.

$$\frac{1}{2}V_1^2 + gh = \frac{1}{2}V_2^2 \tag{2}$$

음료 높이가 일정하게 유지되지만($h =$ 일정), 냉각기에서 흘러나오는 유동 때문에 단면 (1)을 통과하는 평균속도 V_1이 있다. 정상 비압축성 유동에 대한 식(4.17)로부터 질량 보존을 위해 $Q_1 = Q_2$가 되어야 하며, $Q = AV$이다. 따라서 $A_1V_1 = A_2V_2$ 또는 다음 식이 된다.

$$\frac{\pi}{4}D^2V_1 = \frac{\pi}{4}d^2V_2$$

따라서,

$$V_1 = \left(\frac{d}{D}\right)^2 V_2 \tag{3}$$

식(1)과 (3)을 결합하여 다음 결과를 얻을 수 있다.

$$V_2 = \sqrt{\frac{2gh}{1-(d/D)^4}} = \sqrt{\frac{2(9.81\ \text{m/s}^2)(0.4\ \text{m})}{1-(0.02\ \text{m}/0.4\ \text{m})^4}} = 2.8\ \text{m/s}$$

따라서,

$$Q = A_1V_1 = A_2V_2 = \frac{\pi}{4}(0.02\ \text{m})^2(2.8\ \text{m/s}) = 8.79 \times 10^{-4}\ \text{m}^3/\text{s} \quad \text{(답)}$$

보충설명 이 예제에서 탱크에 있는 물의 운동 에너지를 무시하지 않았다($V_1 \neq 0$). 만약 탱크 직경이 제트 직경에 비해 충분히 크다면($D \gg d$), 식(3)에 의해 $V_1 \ll V_2$이며 $V_1 \approx 0$라는 가정이 타당함을 알 수 있다. 이 가정과 관련된 오차는 $V_1 \neq 0$을 가정하고 얻은 유량(Q로 표시)과 $V_1 = 0$을 가정하고 얻은 유량(Q_0로 표시)의 비율을 계산해 봄으로써 알 수

있다. 이 비율은 다음과 같이 쓸 수 있으며,

$$\frac{Q}{Q_0}=\frac{V_2}{V_2|_{D=\infty}}=\frac{\sqrt{2gh/[1-(d/D)^4]}}{\sqrt{2gh}}=\frac{1}{\sqrt{1-(d/D)^4}}$$

그림 E4.7c에 그려져 있다. $0 < d/D < 0.4$이면 $1 < Q/Q_0 \leq 1.01$이 되고, $V_1 = 0$으로 가정함에 따른 오차는 1% 미만이다. $d/D = 0.02\text{ m}/0.4\text{ m} = 0.05$인 이 예제의 경우, $Q/Q_0 = 1.000003$이다. 따라서 $V_1 = 0$으로 가정하는 것은 종종 합리적이다. $V_1 \approx 0$을 관찰하는 또 다른 방법은 Q와 A_1을 사용하여 냉각기 안의 유체 표면의 속도를 계산하는 것이다. 결과는 $V_1 \approx 0.001$ m/s이다.

이 문제는 각각 자유표면과 파이프 출구에 위치한 점 (1)과 (2)를 이용하여 풀었다. (이 점들에서 대부분의 정보를 알기 때문에) 이것이 편리하지만, 다른 점들을 선택해도 같은 결과를 얻을 수 있다. 예를 들어, 그림 E4.7b에 표시된 점 (2)와 (3)을 고려하자. 탱크 출구에서 충분히 먼 (3)에서 $V_3 = 0$, $z_3 = z_2 = 0$이다. 또한, 출구에서 충분히 먼 곳에서 압력은 정수압 분포를 가지므로 $p_3 = \gamma h$이다. (3)과 (2) 사이에 Bernoulli 방정식을 적용하고 이 정보를 사용하면, (1)과 (2) 사이에 적용해서 얻은 것과 정확히 같은 결과를 얻을 수 있다. 유일한 차이는 높이수두 $z_1 = h$가 (3)에서의 압력수두 $p_3/\gamma = h$로 바뀌었다는 것이다.

압력 변화가 종종 운동에너지의 변화를 수반한다는 사실을 예제 4.8에서 보여준다.

예제 4.8 | 압력에 의해 탱크에서 나오는 유동

주어진 사항 그림 E4.8과 같이 공기가 탱크에서 직경이 $D = 0.06$ m인 호스를 통해 정상상태로 흐르고, 직경이 $d = 0.02$ m인 노즐을 통해 대기로 배출된다. 탱크 속의 압력이 6.0 kPa(gage)로 일정하게 유지되고, 대기 조건은 표준 온도와 표준 압력이다.

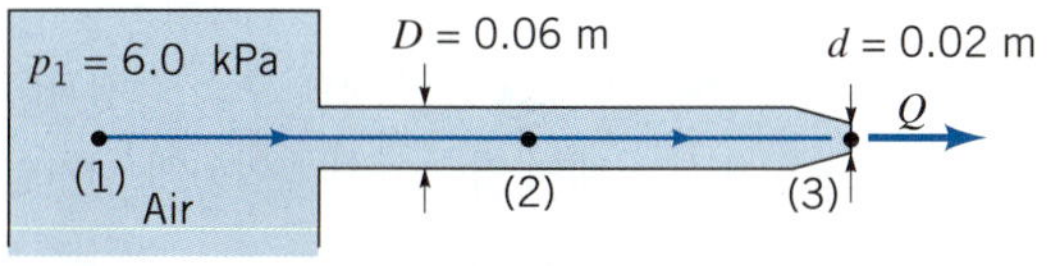

그림 E4.8a

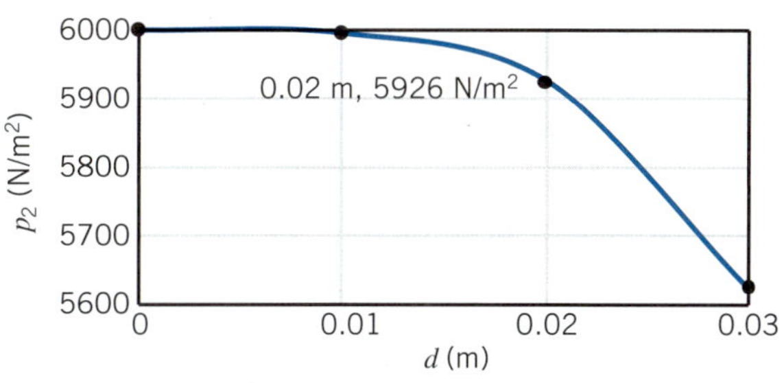

그림 E4.8b

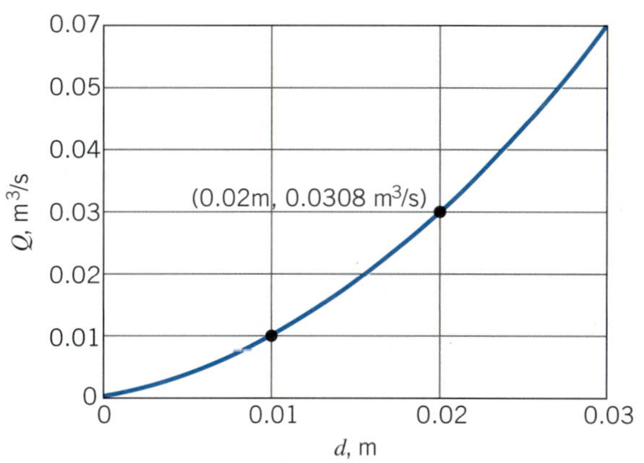

그림 E4.8c

해결과제 (a) 유량과 (b) 호스 속에서의 압력을 구하라.

풀이

(a) 유동이 정상, 비점성, 비압축성 유동이라고 가정하면, (1)에서 (2)를 거쳐 (3)까지 유선을 따라 Bernoulli 방정식을 적용할 수 있다.

$$p_1+\frac{1}{2}\rho V_1^2+\gamma z_1=p_2+\frac{1}{2}\rho V_2^2+\gamma z_2$$
$$=p_3+\frac{1}{2}\rho V_3^2+\gamma z_3$$

$z_1 = z_2 = z_3$(수평 호스), $V_1 = 0$(대형 탱크), $p_3 = 0$(자유 제트)를 가정하면, 위의 식은 다음과 같이 정리된다.

$$V_3 = \sqrt{\frac{2p_1}{\rho}}$$

$$p_2 = p_1 - \frac{1}{2}\rho V_2^2 \qquad (1)$$

탱크 속의 공기 밀도는 표준 절대압력 및 절대온도를 사용하여 이상기체법칙으로부터 구할 수 있다.

$$\rho = \frac{p_1}{RT_1} = \frac{(6.0 + 101)\ \text{kN/m}^2 \times 10^3\ \text{N/kN}}{(286.9\ \text{N}\cdot\text{m/kg}\cdot\text{K})(15 + 273)\ \text{K}} = 1.25\ \text{kg/m}^3$$

따라서, 다음과 같이 해를 구할 수 있다.

$$V_3 = \sqrt{\frac{2(6.0 \times 10^3\ \text{N/m}^2)}{1.25\ \text{kg/m}^3}} = 98.0\ \text{m/s}$$

$$Q = A_3V_3 = \frac{\pi}{4}d^2V_3 = \frac{\pi}{4}(0.02\ \text{m})^2(98.0\ \text{m/s}) = 0.0308\ \text{m}^3/\text{s} \qquad \text{(답)}$$

보충설명 V_3의 값이 노즐의 "형상(shape)"과 무관하게 오로지 p_1의 값(과 Bernoulli 방정식에 포함된 가정)에 의해 정해짐에 주목하라. 탱크 내부의 압력 수두 $p_1/\gamma = (6.0\ \text{kPa})/(9.81\ \text{m/s}^2)(1.25\ \text{kg/m}^3) = 489$ m는 출구에서 속도 수두 $V_2^2/2g = (98.0\ \text{m/s})^2/(2 \times 9.81\ \text{m/s}^2) = 489$ m로 전환된다. Bernoulli 방정식에서는 계기압력을 사용했지만 ($p_3 = 0$), 밀도를 계산할 때 이상기체법칙에서는 절대압력을 사용해야 한다.

(b) 호스 내부의 압력은 식(1)과 연속방정식[식(4.17)]으로부터 다음과 같이 구할 수 있다.

$$A_2V_2 = A_3V_3$$

따라서, 속도는 다음과 같고,

$$V_2 = A_3V_3/A_2 = \left(\frac{d}{D}\right)^2 V_3 = \left(\frac{0.02\ \text{m}}{0.06\ \text{m}}\right)^2 (98\ \text{m/s}) = 10.98\ \text{m/s}$$

식(1)로부터 압력을 구하면 다음과 같다.

$$p_2 = 6.0 \times 10^3\ \text{N/m}^2 - \frac{1}{2}(1.25\ \text{kg/m}^3)(10.89\ \text{m/s})^2 = (6000 - 74.1)\ \text{N/m}^2 = 5926\ \text{N/m}^2 \qquad \text{(답)}$$

보충설명 점성 효과가 없을 때, 호스 전체에서 압력이 일정하며 p_2와 같다. 물리적으로 보면, 압력이 p_1에서 p_2 및 p_3로 감소함으로써 공기가 가속되고, 운동에너지는 탱크 속 0에서 호스 내의 중간 값으로, 또 최종적으로 노즐 출구에서 최대값으로 증가한다. 노즐 출구의 공기 속도가 호스에서의 속도의 9배이므로, 대부분의 압력강하는 노즐을 지나면서 발생한다. ($p_1 = 6000\ \text{N/m}^2$, $p_2 = 5926\ \text{N/m}^2$, $p_3 = 0$)

(1)에서 (3)까지의 압력 변화가 그다지 크지 않기 때문에 (즉, 절대압력으로 $(p_1 - p_3)/p_1 = 6.0/101 = 0.06$], 이상기체법칙에 따라 밀도 변화 역시 크지 않다. 따라서, 비압축성 가정은 이 문제에서 타당하다. 만일 탱크 압력이 상당히 더 높거나 점성 효과가 중요하다면, Bernoulli 방정식을 이 상황에 적용하는 것이 맞지 않을 것이다.

다양한 노즐 직경 d에 대해 계산을 반복하면, 그림 E4.8b 및 E4.8c의 결과를 얻게 된다. 노즐이 크게 열릴수록(즉, 더 큰 d) 유량이 증가한다. 만약 노즐 직경이 호스 직경과 같으면($d = 0.06$ m), 호스 전체의 압력이 대기압(0의 계기압력)이 된다.

광활한 유체의 세계

첨단기술(Hi-tech) 흡입기

흡입기(inhaler)라는 용어는 흔히 천식이나 기관지염 치료를 연상시킨다. 호흡기 질환을 치료하는 것 이상을 할 수 있는 흡입장치 제품군의 개발 작업이 진행 중이다. 이 장치들은 허파를 통해 혈류에 도달하도록 약물을 뿌려줌으로써 당뇨병과 기타 질환의 환자들에게 약물을 전달할 수 있게 한다. 개념은 허파의 작은 자루인 허파꽈리로 침투할 수 있도록 충분히 미세한 분무 액적을 만드는 것이고, 허파꽈리에서 혈액과 외부 세계의 교류가 일어난다. 이것은 액체를 미크론 크기의 액적으로 분리되게 하는 매우 미세한 구멍의 배열을 갖는 레이저 가공 노즐을 사용함으로써 실현된다. 장치는 손에 꼭 맞고, 적층 플라스틱 블리스터(blister) 속에 밀봉된 약물 용액과 노즐을 포함한 일회용

스트립을 채용한다. 전기로 작동되는 피스톤은 저장소에서 노즐 배열(array)을 통해 액체를 호흡기 계통으로 보내준다. 약을 복용하기 위해 환자는 장치를 통해 호흡하고, 흡입기의 차압변환기는 환자의 호흡이 약을 받아들이기에 가장 좋은 상태에 도달했을 때를 감지한다. 그 시점에 피스톤이 자동으로 작동된다.

많은 상황에서 운동에너지, 압력 및 중력의 결합된 효과가 중요하다. 예제 4.9는 그런 예를 보여준다.

예제 4.9 | 단면적이 변하는 파이프 내 유동

주어진 사항 그림 E4.9와 같이 물이 파이프 수축부를 통해 흐른다. (1)과 (2)에서의 정압은 비중 SG가 1보다 작은 기름이 들어있는 역U자관 액주계로 측정한다.

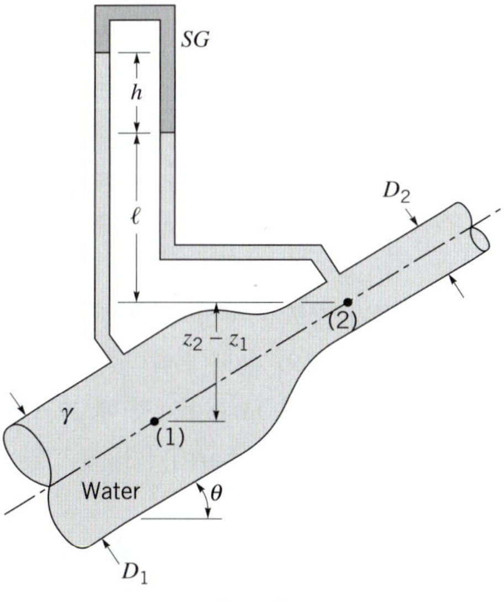

그림 E4.9

해결과제 액주계 높이차 h를 구하라.

풀이 정상, 비점성, 비압축성 유동을 가정하면 Bernoulli 방정식은 다음과 같이 쓸 수 있다.

$$p_1 + \frac{1}{2}\rho V_1^2 + \gamma z_1 = p_2 + \frac{1}{2}\rho V_2^2 + \gamma z_2$$

두 단면에서 속도분포가 균일하고 유체가 비압축성이라고 가정하면, 연속방정식[식(4.17)]은 V_1과 V_2 사이의 두 번째 관계식을 제공한다.

$$Q = A_1V_1 = A_2V_2$$

이 두 식을 결합하면 다음을 얻게 된다.

$$p_1 - p_2 = \gamma(z_2 - z_1) + \frac{1}{2}\rho V_2^2[1 - (A_2/A_1)^2] \tag{1}$$

이 압력차는 액주계에 의해 측정되며, 2장에서 개발한 압력–깊이 관계(즉, 액주계 규칙)를 사용하여 구할 수 있다.

$$p_1 - \gamma(z_2 - z_1) - \gamma\ell - \gamma h + SG\gamma h + \gamma\ell = p_2$$

또는

$$p_1 - p_2 = \gamma(z_2 - z_1) + (1 - SG)\gamma h \tag{2}$$

2장에서 논의했던 것처럼 액주계 유체가 물이 아니기 때문에, 이 압력차는 단지 $\gamma(z_1 - z_2)$도 아니고 $\gamma(h + z_1 - z_2)$도 아니다.

식(1)과 (2)를 결합하면, 다음과 같이 원하는 결과를 얻을 수 있다.

$$(1 - SG)\gamma h = \frac{1}{2}\rho V_2^2\left[1 - \left(\frac{A_2}{A_1}\right)^2\right]$$

$V_2 = Q/A_2$이기 때문에 다음과 같이 정리할 수 있다.

$$h = (Q/A_2)^2 \frac{1 - (A_2/A_1)^2}{2g(1 - SG)} \tag{답}$$

보충설명 Bernoulli 방정식에서 높이 항의 변화가 액주계 식의 높이 항과 정확하게 상쇄되기 때문에, 높이차 $z_1 - z_2$는 필요하지 않다. 그러나 압력차 $p_1 - p_2$는 식(1)의 높이차 $z_1 - z_2$ 때문에 각도 θ에 따라 달라진다. 따라서 주어진 유량에 대해 압력계로 측정한 $p_1 - p_2$는 θ에 따라 변하지만, 액주계 높이차 h는 θ와 무관하다.

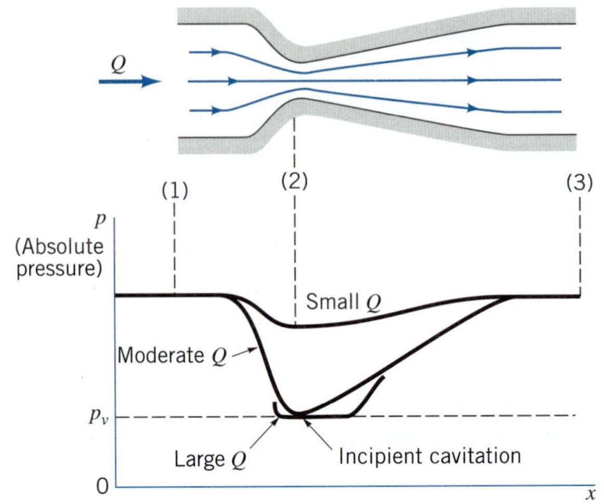

그림 4.13 가변 면적 파이프의 압력 변화 및 캐비테이션

Video
V4.10 벤투리 채널

일반적으로 속도의 증가는 압력의 감소를 동반한다. 예를 들어, 비행기 날개의 윗면 위로 흐르는 공기의 속도는 평균적으로 아랫면 아래로 흐르는 속도보다 빠르다. 따라서 순압력은 상단보다 하단에서 더 크며, 그 결과 날개는 양력을 발생시킨다.

만약 속도의 차이가 상당하다면, 압력의 차이 역시 상당할 수 있다. 액체 유동의 경우, 이로 인해 액체 압력이 증기압까지 낮아져 액체가 "끓는", 잠재적으로 위험한 상황인 **캐비테이션(cavitation)**을 일으킬 수도 있다.

캐비테이션은 압력이 증기압으로 낮아질 때 발생한다.

1장에서 논의한 것처럼 증기압 p_v는 액체에서 증기 기포가 형성되는 압력이며, 액체가 끓기 시작하는 압력이다. 분명히 이 압력은 액체의 종류와 온도에 따라 달라진다. 예를 들어, 표준 대기압 1 bar에서 100 ℃에서 끓는 물은 압력이 0.035 bar일 때 27 ℃에서 끓는다. 즉, 27 ℃에서 $p_v = 0.0305$ bar이고 100 ℃에서 $p_v = 1$ bar이다(표 B.1 및 B.2 참조).

흐르는 액체에서 캐비테이션을 일으키는 한 가지 방법을 Bernoulli 방정식에서 알 수 있다. 만약 유체 속도가 증가하면 (예를 들어 그림 4.13처럼 유동 면적이 감소하여), 압력은 감소한다. (수축부를 지나면서 유체를 가속시키는 데 필요한) 이 압력 감소는 액체의 압력이 증기압까지 낮아질 정도로 충분히 클 수 있다. 캐비테이션의 간단한 예를 일반 정원용 호스로 시연할 수 있다. 호스가 "구부러진(kinked)" 경우, 그림 4.13과 유사한 방식으로 유동 영역의 제한이 발생한다. 이 제한된 영역을 통과하는 물의 속도는 상대적으로 클 것이다. 충분한 양의 제한이 있으면, 흐르는 물의 소리가 변하여 명확히 "쉭쉭" 소리(hissing sound)가 난다. 이 소리는 캐비테이션의 결과이다.

캐비테이션은 장비에 손상을 줄 수 있다.

이러한 상황에서 비등이 발생하면(온도가 높을 필요는 없음), 증기 기포가 형성되고 유체가 더 높은 압력 영역(더 낮은 속도)으로 이동함에 따라 기포가 붕괴된다. 이 과정은 기포 근처에서 매우 큰 압력 천이를 유발하는 동적 효과(내파)를 생성할 수 있으며, 690 MPa에 달하는 압력이 발생하는 것으로 알려져 있다. 기포가 물리적 경계 근처에서 붕괴되면, 일정 기간 동안 캐비테이션 영역 근처의 표면에 손상을 줄 수 있다. 오래된 프로

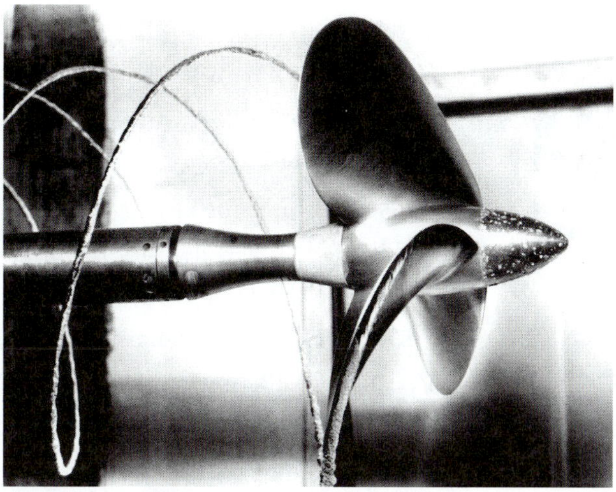

그림 4.14 프로펠러에서 발생하는 팁 캐비테이션

펠러나 펌프 임펠러의 금속 표면에서 구덩이나 구멍을 발견하는 것은 흔한 일이다. 그림 4.14는 프로펠러의 팁 캐비테이션을 보여준다. 이 경우 프로펠러의 고속 회전으로 인해 프로펠러에 그에 상응하는 낮은 압력이 발생했다. 분명히 캐비테이션에 의한 손상을 제거하려면 적절한 설계와 장비 사용이 필요하다.

예제 4.10 | 사이펀(Siphon)과 캐비테이션

주어진 사항 그림 E4.10a와 같이 튜브의 끝 (3)이 용기 내 자유표면 (1)보다 아래에 있고, 튜브의 최대 높이 (2)가 "너무 높지 않으면," 사이펀으로 액체가 용기에서 흘러나올 수 있다. 그림 E4.10b와 같이 대형 탱크에서 직경이 일정한 호스를 통해 사이펀으로 흘러나오는 16 ℃의 물을 고려하자. 사이펀의 끝은 탱크 바닥보다 1.5 m 아래에 있으며, 대기압은 1 bar이다.

해결과제 캐비테이션이 발생하지 않고 물이 사이펀으로 흘러내릴 수 있는 언덕의 최대높이 H를 구하라.

풀이 유동이 정상, 비점성, 비압축성 유동이라면, 다음과 같이 (1)에서 (2) 및 (3)까지 유선을 따라 Bernoulli 방정식을 적용할 수 있다.

$$p_1 + \frac{1}{2}\rho V_1^2 + \gamma z_1 = p_2 + \frac{1}{2}\rho V_2^2 + \gamma z_2 = p_3 + \frac{1}{2}\rho V_3^2 + \gamma z_3 \quad (1)$$

탱크 바닥을 기준면으로 하면 $z_1 = 4.6$ m, $z_2 = H$, $z_3 = -1.5$ m이다. 또한 $V_1 = 0$(대형 탱크), $p_1 = 0$(열린 탱크), $p_3 = 0$(자유 제트)이고, 연속방정식으로부터 $A_2V_2 = A_3V_3$이다. 호스의 직경이 일정하므로 $V_2 = V_3$이다. 따라서 호스 안에서 유체의 속도는 식(1)로부터 구할 수 있다.

$$V_3 = \sqrt{2g(z_1 - z_3)} = \sqrt{2(9.8\ \text{m/s}^2)[4.6 - (-1.5)]\ \text{m}} = 10.94\ \text{m/s} = V_2$$

점 (1)과 (2) 사이에 식(1)을 사용하면, 언덕 꼭대기에서의 압력 p_2를 구할 수 있다.

$$p_2 = p_1 + \frac{1}{2}\rho V_1^2 + \gamma z_1 - \frac{1}{2}\rho V_2^2 - \gamma z_2 = \gamma(z_1 - z_2) - \frac{1}{2}\rho V_2^2 \quad (2)$$

표 B.1로부터 16 ℃에서 물의 증기압은 1.765 kPa이다. 따라서, 캐비테이션이 시작될 때 시스템의 최저 압력은 $p = 1.765$ kPa이다. 식(2)와 그림 E4.10b를 주의 깊게 살펴보면, 이 최저 압력이 언덕 꼭대기에서 발생한다는 것을 알 수 있다. 점 (1)에서 계기압력을 사용했기 때문에($p_1 = 0$), 점 (2)에서도 계기압력을 사용해야 한다. 따라서 $p_2 = 1.765 - 101 = -99.235$ kPa이고, 식(2)는 다음과 같다.

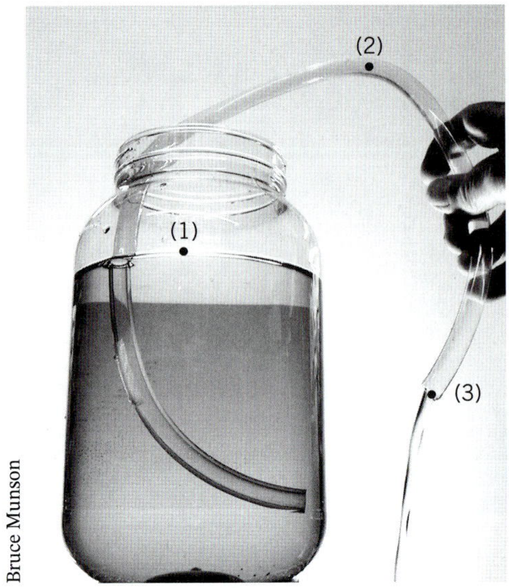

그림 E4.10a

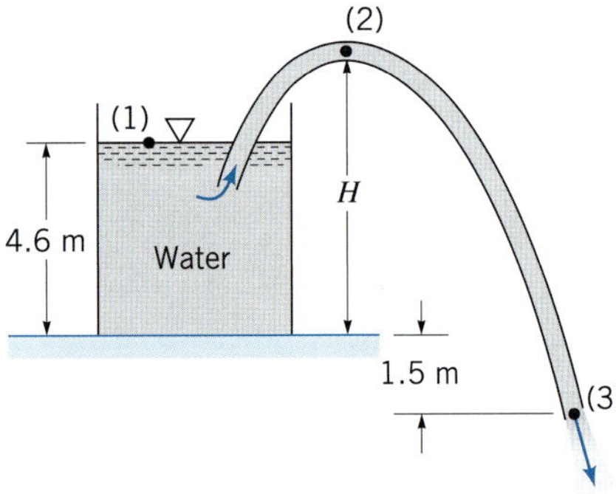

그림 E4.10b

$$(-99.235 \text{ kPa}) = (9810 \text{ N/m}^3)(4.6 - H) \text{ m} - \frac{1}{2}(1000 \text{ kg/m}^3)(10.94 \text{ m})^2$$

즉,

$$H = 8.6 \text{ m} \qquad \text{(답)}$$

H 값이 더 클 경우, 점 (2)에서 증기 기포가 형성되고 사이펀이 멈출 수 있다.

보충설명 전체적으로 절대압력을 사용했더라도(p_2 = 1.765 kPa 및 p_1 = 101 kPa) 같은 결과를 얻을 수 있었음에 주목하라. 점 (3)의 높이를 낮출수록 유량이 더 커지고, 허용되는 H의 값은 더 작아진다.

또한 (2)와 (3) 사이에 Bernoulli 방정식을 사용하고 $V_2 = V_3$임을 고려하여 동일한 H 값을 얻을 수도 있었다. 이 경우에는 (1)과 (3) 사이에 Bernoulli 방정식을 사용하여 V_2를 결정할 필요가 없었을 것이다.

위의 결과는 (만약 점성 효과가 중요하지 않다면) 호스의 직경이나 길이와 무관하다. 호스(또는 파이프)는 호스 내부와 외부의 큰 압력차(진공)로 인해 호스가 찌그러지지 않도록 적절한 설계가 필요하다.

표 1.5에 나열된 유체 물성치를 사용하여 다양한 유체에 대하여 계산을 반복하면, 그림 E4.10c의 결과를 얻게 된다. H의 값은 유체의 비중량 γ와 증기압 p_v의 함수이다.

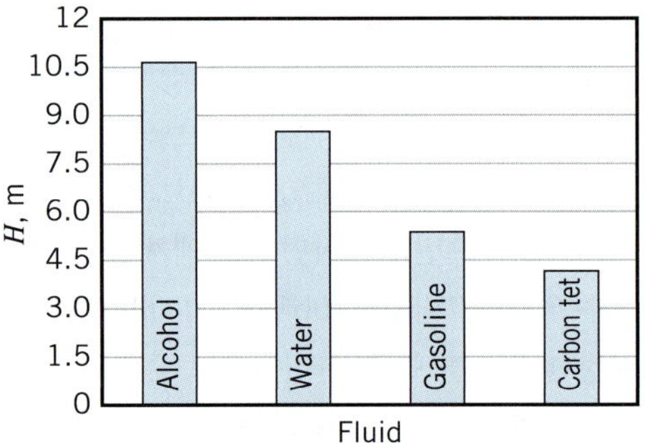

그림 E4.10c

4.6.3 유량 측정

Bernoulli 방정식과 관련된 원리를 이용한 다양한 유형의 장치가 유체 속도와 유량을 측정하기 위해 개발되었다.

파이프를 통과하는 유량을 측정하는 효과적인 방법은, 그림 4.15와 같이 파이프 내부에 일종의 장애물을 설치하고, 저속 고압의 상류 단면 (1)과 고속 저압의 하류 단면 (2)의 압력차를 측정하는 것이다. 흔히 사용되는 세 가지 유형의 유량계(flowmeter)는 도시된 것처럼 **오리피스 유량계(orifice meter)**, **노즐 유량계(nozzle meter)**, **벤투리 유량계(Venturi meter)**이다. 각각의 작동은 속도가 증가하면 압력이 감소한다는 동일한 물리적 원리를

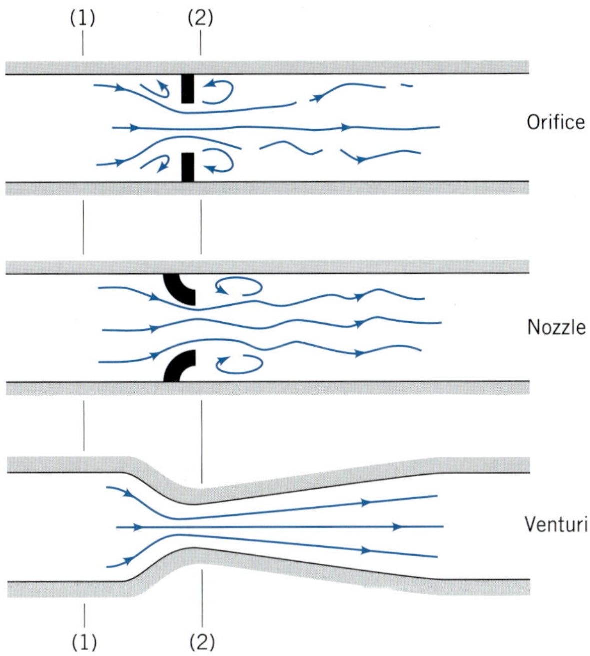

그림 4.15 파이프 내 유량을 측정하는 일반적인 장치

기반으로 한다. 이 장치들의 차이는 길이, 비용, 정확도 및 실제 작동이 이상적인 유동 가정을 얼마나 잘 준수하는지의 문제이다.

점 (1)과 (2) 사이에서 유동이 수평($z_1 = z_2$)이고, 정상, 비점성, 비압축성 유동이라고 가정하면, Bernoulli 방정식은 다음과 같다.

$$p_1 + \frac{1}{2}\rho V_1^2 = p_2 + \frac{1}{2}\rho V_2^2$$

(비수평 유동의 효과는 베르누이 방정식에 높이 변화 $z_1 - z_2$를 포함하여 쉽게 통합할 수 있다.)

속도분포가 단면 (1)과 (2)에서 균일하다고 가정하면, 연속방정식[식(4.17)]은 다음과 같이 쓸 수 있다.

$$Q = A_1V_1 = A_2V_2$$

여기서 A_2는 단면 (2)에서의 작은 면적이다($A_2 < A_1$). 이 두 식을 결합하면, 다음과 같이 이론적인 유량이 얻어진다.

유량은 유량계 압력 차이의 제곱근에 따라 달라진다.

$$Q = A_2\sqrt{\frac{2(p_1 - p_2)}{\rho[1 - (A_2/A_1)^2]}} \qquad (4.18)$$

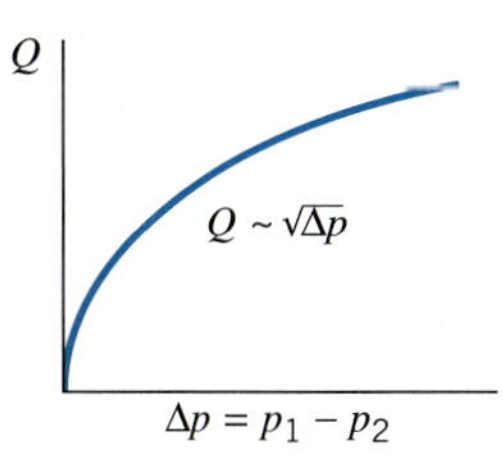

따라서 인접한 그림에 나타낸 것처럼 주어진 형상(A_1 및 A_2)에 대해 압력 차이 $p_1 - p_2$를 측정하면 유량을 구할 수 있다. "실제 세계"와 식(4.18)의 유도과정에 사용된 가정 사이의 여러 차이 때문에, 실제 측정된 유량 Q_{actual}은 이론적인 결과보다 작을 것이다. 이 차이는 8장에서 논의한 바와 같이, 매우 일관성 있으며 형상에 따라 작게는 1~2%, 크

게는 40%까지 될 수 있다. 이상적인 유량과 실제 유량의 차이의 상당 부분은 4.6.1절에서 논의된 베나 콘트랙타 효과 때문이다.

예제 4.11 | 벤투리 유량계

주어진 사항 그림 E4.11a와 같이 등유($SG = 0.85$)가 벤투리 유량계를 통해 0.001과 0.01 m^3/s 사이의 유량으로 흐른다.

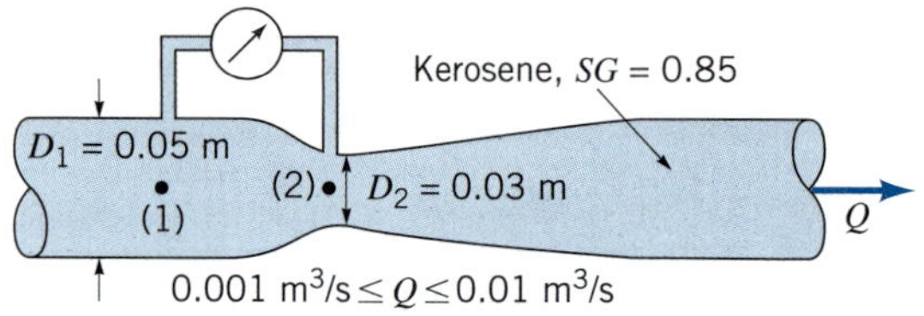

그림 E4.11a

해결과제 이러한 유량을 측정하기 위해 필요한 압력차 $p_1 - p_2$의 범위를 구하라.

풀이 유동이 정상, 비점성, 비압축성 유동이라고 가정하면, 유량과 압력의 관계는 식(4.18)에 의해 주어진다. 이것을 다시 정리하면 다음과 같다.

$$p_1 - p_2 = \frac{Q^2\rho[1-(A_2/A_1)^2]}{2A_2^2}$$

흐르는 유체의 밀도는 아래와 같고,

$$\rho = SG\,\rho_{H_2O} = 0.85(1000\ \mathrm{kg/m^3}) = 850\ \mathrm{kg/m^3}$$

면적비는 다음과 같다.

$$A_2/A_1 = (D_2/D_1)^2 = (0.03\ \mathrm{m}/0.05\ \mathrm{m})^2 = 0.6$$

가장 작은 유량에 대한 압력차를 구하면 다음과 같다.

$$\begin{aligned} p_1 - p_2 &= (0.001\ \mathrm{m^3/s})^2(850\ \mathrm{kg/m^3})\frac{(1-0.6^2)}{2[(\pi/4)(0.03\ \mathrm{m})^2]^2} \\ &= 544\ \mathrm{N/m^2} = 0.544\ \mathrm{kPa} \end{aligned}$$

마찬가지로, 가장 큰 유량에 대한 압력차를 구하면 다음과 같다.

$$\begin{aligned} p_1 - p_2 &= (0.01)^2(850)\frac{(1-0.6^2)}{2[(\pi/4)(0.03)^2]^2} \\ &= 0.544 \times 10^5\ \mathrm{N/m^2} = 54.4\ \mathrm{kPa} \end{aligned}$$

따라서 최종 답은 다음과 같다.

$$0.544\ \mathrm{kPa} \le p_1 - p_2 \le 54.4\ \mathrm{kPa} \qquad \text{(답)}$$

보충설명 이 값들은 비점성, 정상, 비압축성 조건에 대한 압력차를 나타낸다. 여기에 제시된 이상적인 결과는 오리피스 유량계, 노즐 유량계 및 벤투리 유량계와 같은 특정 유량계의 형상과 무관하다(그림 4.15 참조).

식(4.18)로부터 유량이 압력차의 제곱근에 따라 변함을 알 수 있다. 따라서 수치 결과와 그림 E4.11b에 나타낸 것처럼, 유량이 10배 증가하려면 압력차가 100배 증가해야 한다. 이러한 비선형 관계는 광범위한 값에 걸쳐 유량을 측정할 때 어려움을 야기할 수 있다. 이러한 측정에는 광범위한 작동범위를 갖는 압력 변환기(transducer)가 필요하다. 한 가지 대안은 두 개의 유량계를 병렬로 사용하는 것인데, 하나는 큰 유량 범위용이고 다른 하나는 작은 유량 범위용이다.

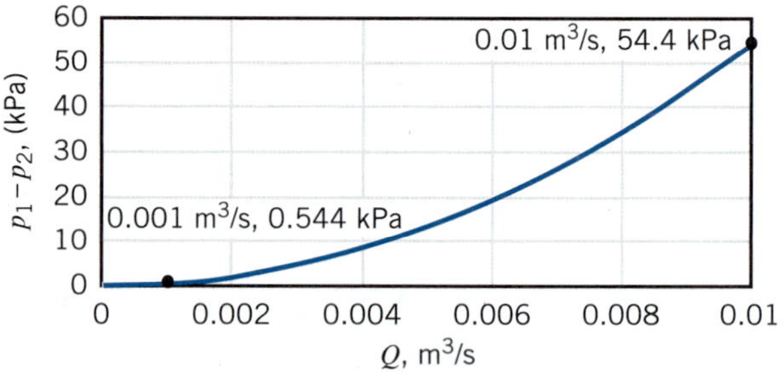

그림 E4.11b

Bernoulli 방정식을 기반으로 한 다른 유량계들은 용수로 및 관개 도랑과 같은 개수로(open channel)에서 유량을 측정하는 데 사용된다. 그림 4.16a와 같은 수문(sluice gate)이 개수로의 유량을 조절하고 측정하는 데 종종 사용된다. 그림 4.16b에 표시된 것처럼 유량 Q는 상류의 수심 z_1, 수문 폭 b 및 수문 개방 높이 a의 함수이다. 점 (1)과 (2) 사이

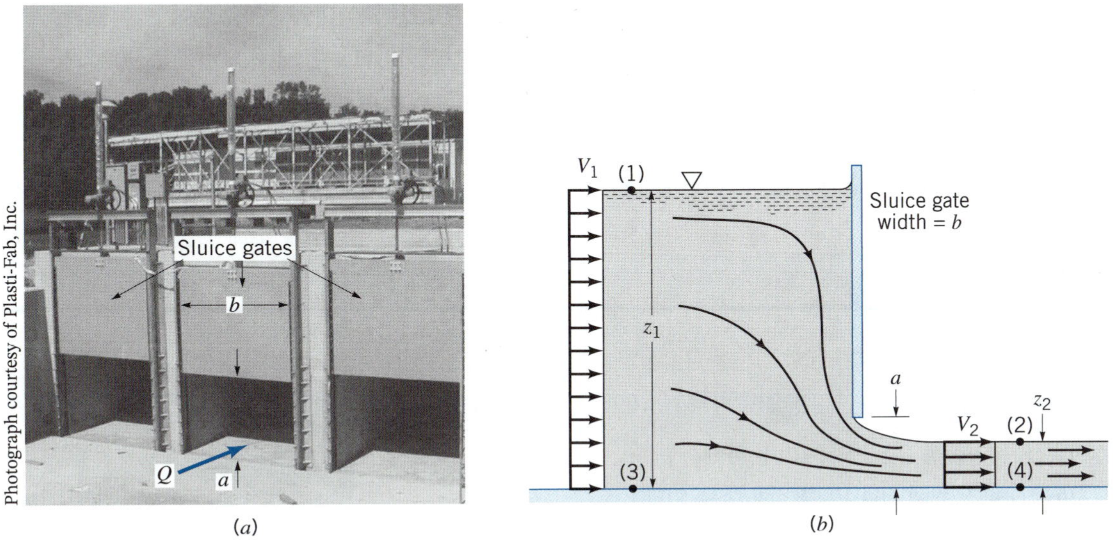

그림 4.16 수문 형상

에 Bernoulli 방정식과 연속 방정식을 적용하면, 실제 유량에 대한 좋은 근사값을 구할 수 있다. 속도분포가 수문에서 충분히 먼 상류와 하류에서 균일하다고 가정한다.

따라서, 자유표면 위에 있는 점 (1)과 (2) 사이에 Bernoulli 방정식을 적용하면 다음과 같다.

$$p_1 + \frac{1}{2}\rho V_1^2 + \gamma z_1 = p_2 + \frac{1}{2}\rho V_2^2 + \gamma z_2$$

수문의 폭이 수로의 폭과 동일하다면, $A_1 = bz_1$, $A_2 = bz_2$이고, 연속방정식은 다음과 같다.

$$Q = A_1V_1 = bV_1z_1 = A_2V_2 = bV_2z_2$$

$p_1 = p_2 = 0$이라는 사실과 함께 두 식을 결합하여 유량을 구하면 다음과 같다.

수문 아래의 유량은 수문 양쪽의 수심에 따라 달라진다.

$$Q = z_2 b\sqrt{\frac{2g(z_1 - z_2)}{1 - (z_2/z_1)^2}} \tag{4.19}$$

$z_1 \gg z_2$의 한계 내에서 이 결과는 다음과 같이 간단해진다.

$$Q = z_2 b\sqrt{2gz_1}$$

이 결과는 깊이비 z_1/z_2가 크면 수문 상류 유체의 운동 에너지를 무시할 수 있고, 유체가 $z_1 - z_2 \approx z_1$의 거리만큼 내려온 후 유체 속도는 대략 $V_2 = \sqrt{2gz_1}$라는 사실을 나타낸다.

식(4.19)의 결과는 점 (3)과 (4) 사이에 Bernoulli 방정식을 적용하고, 점 (3)과 (4) 사이의 유선이 직선이므로 $p_3 = \gamma z_1$ 및 $p_4 = \gamma z_2$라는 사실을 이용하여 얻을 수도 있다. 이 풀이 과정에서는 (1)과 (2)에서의 위치 에너지가 아니라 (3)과 (4)에서의 압력이 식에 기여하고 있다.

식(4.19)의 결과를 얻기 위해 수문 개방 높이 a가 아니라 하류 깊이 z_2를 사용하였다. 오리피스 유동과 관련하여 논의한 것처럼(그림 4.11), 유체는 날카로운 90° 모서리를 돌 수 없다. 베나 콘트랙타로 인한 수축계수 $C_c = z_2/a$는 1보다 작다. 일반적으로 C_c는 $0 < a/z_1 < 0.2$의 깊이비 범위에서 약 0.61이다(자세한 내용은 10.6.4절 참조). a/z_1 값이 더 커지면, C_c 값이 급격히 증가한다.

예제 4.12 | 수문

주어진 사항 그림 E4.12a와 같이 물이 수문 아래로 흐른다.

해결과제 수로의 단위 폭 당 대략적인 유량을 구하라.

풀이 정상, 비점성, 비압축성 유동이라는 가정 하에서 단위 폭 당 유량 Q/b를 구하기 위해 식(4.19)를 적용할 수 있다.

$$\frac{Q}{b} = z_2\sqrt{\frac{2g(z_1 - z_2)}{1 - (z_2/z_1)^2}}$$

이 경우 $z_1 = 2.5$ m이고 $a = 0.4$ m이므로 비율 $a/z_1 = 0.16 < 0.20$이고 수축계수가 대략 $C_c = 0.61$이라고 가정할 수 있다. 따라서 $z_2 = C_c a = 0.61 \times 0.4\text{ m} = 0.244$ m이고, 유량은 다음과 같다.

$$\frac{Q}{b} = (0.244\text{ m})\sqrt{\frac{2(9.81\text{ m/s}^2)(2.5\text{ m} - 0.244\text{ m})}{1 - (0.244\text{ m}/2.5\text{ m})^2}} \qquad \text{(답)}$$
$$= 1.63\text{ m}^2\text{/s}$$

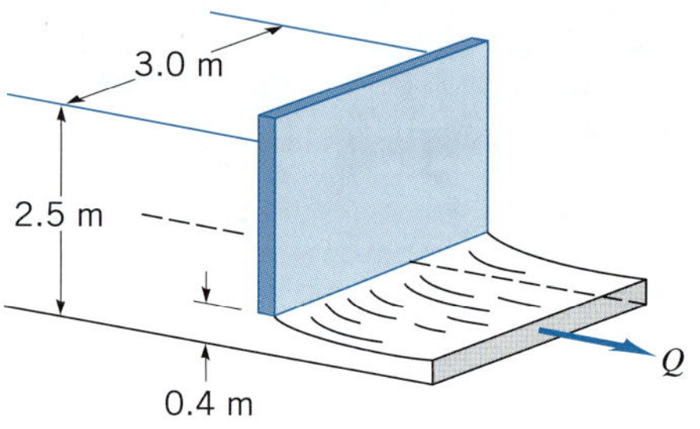

그림 E4.12a

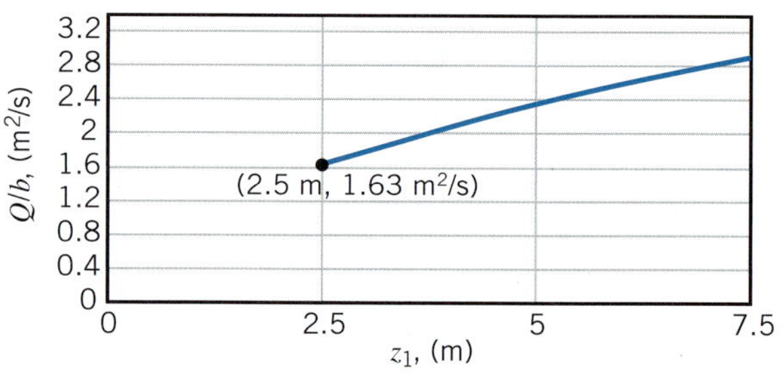

그림 E4.12b

보충설명 만약 $z_1 \gg z_2$인 경우를 고려하여 상류 유체의 운동에너지를 무시하면, 유량은 다음과 같다.

$$\frac{Q}{b} = z_2\sqrt{2gz_1} = 0.244\text{ m}\sqrt{2(9.81\text{ m/s}^2)(2.5\text{ m})}$$
$$= 1.71\text{ m}^2\text{/s}$$

이 경우 깊이비가 상당히 크기 때문에($z_1/z_2 = 2.5/0.244 = 10.2$), V_1을 포함한 유량과 포함하지 않은 유량의 차이는 그다지 크지 않다. 따라서 수문 하류에 비해 상류의 운동에너지를 무시하는 것이 보통 합리적이다.

다양한 유동 깊이 z_1에 대해 계산을 반복하여 그림 E4.12b와 같은 결과를 얻을 수 있다. 유량이 유동 깊이에 정비례하지 않음에 주목하라. 따라서 예를 들어, 홍수 조건에서 상류 깊이가 $z_1 = 2.5$ m에서 $z_1 = 5$ m로 두 배가 되면, 수로의 단위 폭 당 유량이 두 배가 되지 않고 1.63 m^2/s에서 2.36 m^2/s로 증가할 뿐이다.

개수로에서 유동을 측정하는 데 사용되는 또 다른 장치는 위어(weir)이다. 전형적인 직사각형의 칼날위어(sharp-crested weir)는 그림 4.17과 같다. 이러한 장치의 경우, 위어판 정상 위를 흐르는 액체 유량은 위어 높이 P_w, 수로 폭 b 및 위어 정상 위 물의 수두 H에 따라 달라진다. 실제 유동이 상당히 복잡하더라도 베르누이 방정식을 적용하면, 이러한 상황에서 예상되는 유량의 근사치를 간단히 얻을 수 있다.

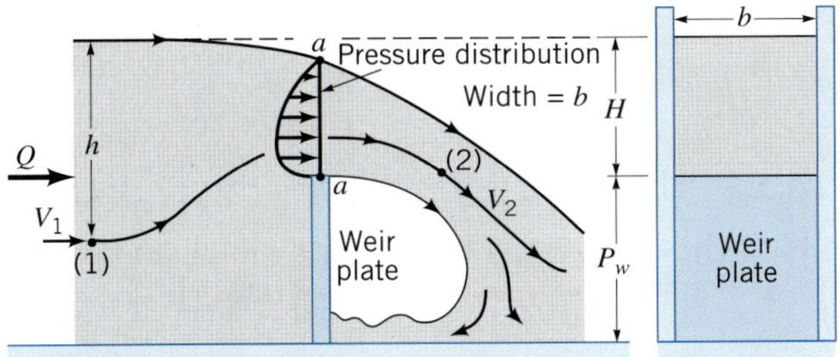

그림 4.17 직사각형의 칼날위어 형상

지점 (1)과 (2) 사이에서 압력장과 중력장은 유체를 속도 V_1에서 속도 V_2로 가속시킨다. (1)에서 압력은 $p_1 = \gamma h$인 반면, (2)에서 압력은 대기압이므로 $p_2 = 0$이다. 위어 판의 정상 바로 위에 있는 곡선 유선을 가로질러(단면 $a-a$), 압력은 꼭대기면의 대기압에서 유체 흐름 내의 최대값으로 변한 다음, 바닥면에서 다시 대기압으로 변한다. 이 분포는 그림 4.17에 표시되어 있다. 이러한 압력 분포는 유선 곡률 및 중력과 결합하여 이 단면에 걸쳐 다소 불균일한 속도분포를 생성한다. 이 속도 분포는 실험이나 고급 이론을 통해 구할 수 있습니다.

지금은 매우 간단한 접근법을 취하고, 위어 유동이 자유 유선을 갖는 오리피스 유형의 유동과 많은 면에서 유사하다고 가정할 것이다. 이 경우 위어 꼭대기 위를 가로지르는 평균 속도가 $\sqrt{2gH}$에 비례하고, 이 직사각형 위어의 유동 면적은 Hb에 비례할 것으로 예상된다. 따라서 다음과 같다.

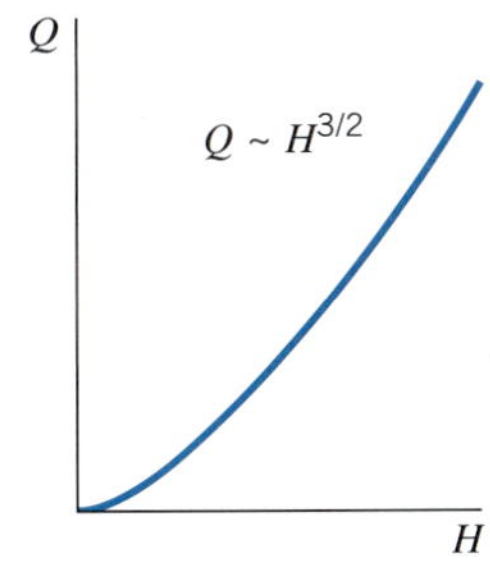

$$Q = C_1 Hb\sqrt{2gH} = C_1 b\sqrt{2g}H^{3/2}$$

여기서, C_1은 결정해야 할 상수이다.

Bernoulli 방정식의 간단한 사용은 위어를 지나는 상대적으로 복잡한 유동을 분석하는 방법을 제공했다. Q의 H에 대한 함수 의존성은 정확히 얻어졌지만(인접한 그림에 표시된 것처럼 $Q \sim H^{3/2}$), 계수 C_1의 값은 알 수 없다. 더 발전된 분석으로도 그 값을 정확하게 예측할 수 없다. 10장에서 논의된 바와 같이, C_1 값을 결정하기 위해 실험이 사용된다.

예제 4.13 | 위어

주어진 사항 그림 E4.13과 같이 물이 삼각형 위어 위를 흐른다.

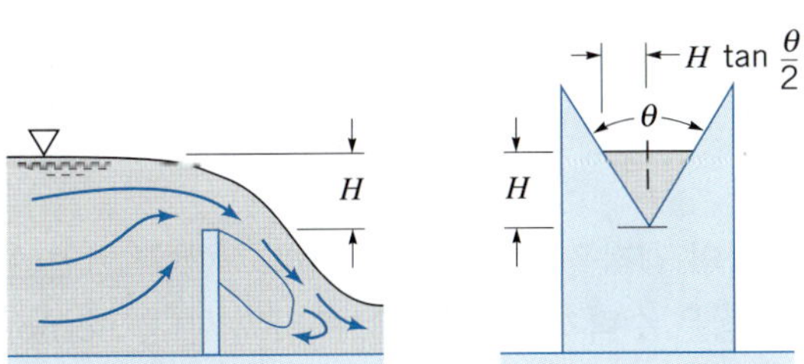

그림 E4.13

해결과제 Bernoulli 방정식을 이용한 간단한 분석에 기초하여 깊이 H에 대한 유량의 의존성을 결정하라. 만약 $H = H_0$일 때 유량이 Q_0이면, 깊이가 $H = 3H_0$으로 증가할 때 유량을 추정하라.

풀이 유동이 정상, 비점성, 비압축성이라는 가정 하에 식 (4.16)으로부터 위어 판의 삼각형 노치(notch) 위를 흐르는 유체의 평균속도가 $\sqrt{2gH}$에 비례한다고 가정하는 것이 타당하다. 또한, 깊이 H에 대한 유동 면적은 $H[H \tan(\theta/2)]$

이다. 이 두 아이디어를 조합하면 다음과 같다.

$$Q = AV = H^2 \tan\frac{\theta}{2}(C_2\sqrt{2gH}) = C_2 \tan\frac{\theta}{2}\sqrt{2g}\,H^{5/2}$$

여기서, C_2는 실험적으로 결정해야 하는 미지의 상수이다.

따라서, 깊이를 (H_0에서 $3H_0$로) 3배 증가시키면, 유량이 다음 비율로 증가한다.

$$\frac{Q_{3H_0}}{Q_{H_0}} = \frac{C_2 \tan(\theta/2)\sqrt{2g}(3H_0)^{5/2}}{C_2 \tan(\theta/2)\sqrt{2g}(H_0)^{5/2}} = 15.6 \quad \text{(답)}$$

보충설명 삼각형 위어의 경우 유량이 $H^{5/2}$에 비례하는 반면, 위에서 논의한 사각형 위어의 경우에는 $H^{3/2}$에 비례한다. 삼각형 위어는 광범위한 유량에서 정확하게 사용할 수 있다.

4.7 에너지선과 수력기울기선

수력기울기선과 에너지선은 Bernoulli 방정식의 그래픽 형태이다.

4.4절에서 논의한 바와 같이 Bernoulli 방정식은 비점성, 비압축성, 정상 유동에 대한 에너지의 분할을 나타내는 에너지 방정식의 한 형태로 간주할 수 있다. 유체가 한 지점에서 다른 지점으로 흐를 때, 유체의 다양한 에너지의 합은 일정하게 유지된다. **수력기울기선(Hydraulic grade line: HGL)**과 **에너지선(Energy line: EL)**이라는 개념을 사용하여 Bernoulli 방정식을 유용하게 해석할 수 있다. 이러한 아이디어는 유동의 기하학적 해석을 나타내며, 종종 관련된 기본 과정을 더 잘 파악하는 데 효과적으로 사용될 수 있다.

정상, 비점성, 비압축성 유동의 경우, 총 에너지는 유선을 따라 일정하게 유지된다. 식(4.7)의 각 항을 비중량 $\gamma = \rho g$로 나누어 "수두(head)"의 개념을 도입하면, Bernoulli 방정식은 다음 형식으로 표현된다.

$$\frac{p}{\gamma} + \frac{V^2}{2g} + z = \text{유선을 따라서 일정} = H \tag{4.20}$$

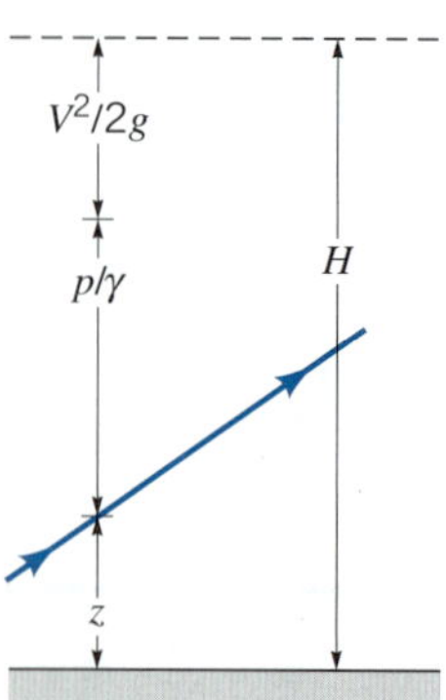

이 방정식의 각 항은 길이 단위(피트 또는 미터)를 가지며, 특정 유형의 수두를 나타낸다. Bernoulli 방정식은 압력수두, 속도수두 및 높이수두의 합이 유선을 따라 일정하다는 것을 나타낸다. 이 일정한 상수를 전수두(total head) H라고 하며, 인접한 그림에 나타내었다.

에너지선은 유체가 얻을 수 있는 전수두를 나타내는 선이다. 그림 4.18과 같이 에너지선의 높이는 피토튜브로 정체압을 측정함으로써 구할 수 있다. (피토튜브는 정체압을 측정하는 피토정압튜브의 일부이다. 4.5절 참조) 피토튜브 끝의 정체점에서 유동의 전수두(또는 총 에너지)를 측정한다. 반면 그림과 같이 피에조미터 튜브에 연결된 정압 탭은 압력수두와 높이수두의 합 $p/\gamma + z$을 측정한다. 이 합을 보통 피에조미터수두(piezometric head)라고 한다. 정압 탭은 속도수두를 측정하지 않는다.

식(4.20)에 따르면, (베르누이 방정식의 가정이 유효하면) 전수두는 유선을 따라 일정하게 유지된다. 따라서 그림과 같이 유동 내 다른 위치에 있는 피토튜브에서 동일한 전수두가 측정될 것이다. 그러나 높이수두, 속도수두 및 압력수두는 유선을 따라 개별적으로 변할 수 있다.

Bernoulli 방정식의 가정에 따르면 에너지선은 수평이다.

일련의 피토튜브에 의해 제공되는 높이의 궤적을 에너지선 EL이라고 한다. 일련의 피에조미터 탭에 의해 제공되는 높이의 궤적은 수력기울기선 HGL이라고 한다. Bernoulli 방정식의 가정 하에서 에너지선은 수평이다. 만약 유체 속도가 유선을 따라 변하면, 수

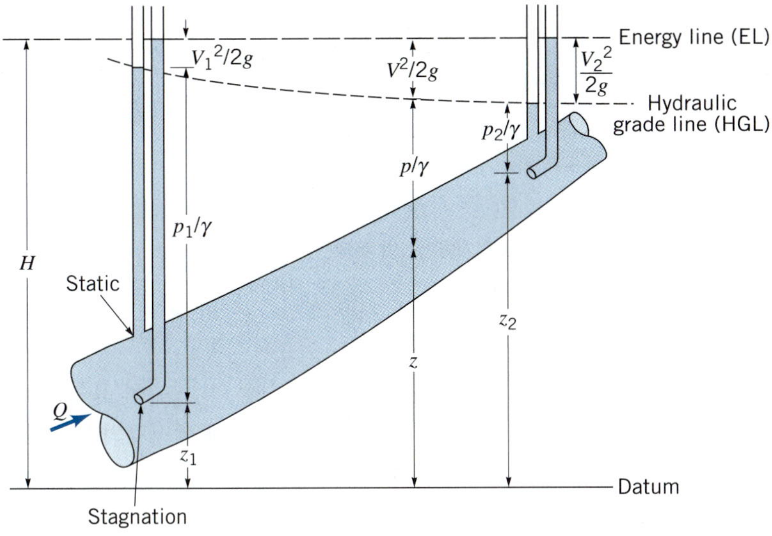

그림 4.18 에너지선과 수력기울기선의 표현

력기울기선은 수평이 되지 않는다. (파이프 유동에서 종종 그렇듯이) 점성 효과가 중요한 경우, 유체가 유선을 따라 흐를 때 유용한 에너지의 손실로 인해 전수두가 일정하게 유지되지 않는다. 이는 에너지선이 더 이상 수평이 아님을 의미한다. 이러한 점성 효과는 5장과 8장에서 논의된다.

그림 4.19는 대형 탱크에서 흘러나오는 유동에 대해 에너지선과 수력기울기선을 보여준다. 유동이 정상, 비압축성, 비점성 유동인 경우, (탱크 안의 유체 속도와 표면에서의 압력이 0이기 때문에) 에너지선은 수평이고 탱크 안에 있는 액체의 높이와 같다. 수력기울기선은 속도수두 $V^2/2g$의 거리만큼 에너지선 아래에 놓여있다. 따라서 파이프 직경의 변화로 인한 유체 속도의 변화는 수력기울기선의 높이 변화를 초래한다. 파이프 출구에서 압력 수두가 0(계기)이므로 파이프의 높이와 수력기울기선이 일치한다.

그림 4.20과 같이 파이프에서 수력기울기선까지의 거리는 파이프 내부의 압력을 나타낸다. 만약 파이프가 수력기울기선 아래에 있으면, 파이프 내부의 압력은 양이다(대기압보다 높다). 만약 파이프가 수력기울기선 위에 있으면, 파이프 내부의 압력은 음이다(대기압보다 낮다). 따라서 파이프라인의 축척도와 수력기울기선을 사용하여 파이프 내부의

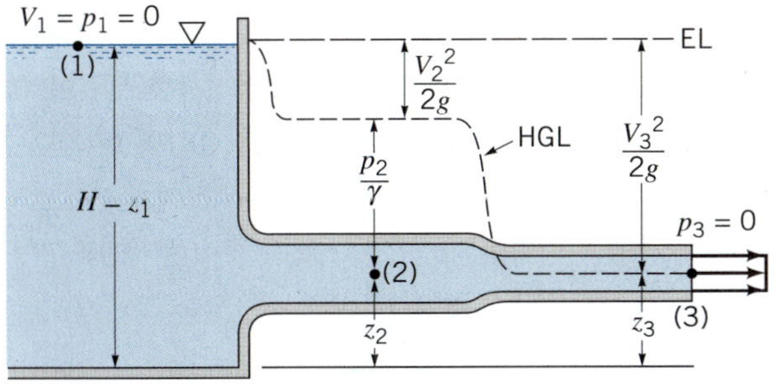

그림 4.19 탱크에서 나오는 유동에 대한 에너지선과 수력기울기선

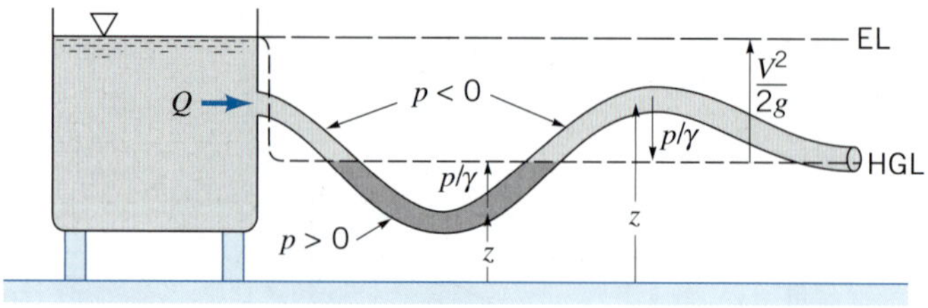

그림 4.20 에너지선과 수력기울기선의 사용

수력기울선 아래(위)를 흐르는 유동의 경우, 압력이 양수(음수)이다.

양압 또는 음압 영역을 쉽게 나타낼 수 있다.

수력기울기선과 에너지선에 대한 이 절의 논의는 비점성, 비압축성 유동과 관련된 이상적인 상황으로 제한된다. 또 다른 제한 사항은 유동장 내에 에너지의 "소스(sources)" 또는 "싱크(sinks)", 즉 관련된 펌프나 터빈이 없다는 것이다. 이러한 장치로 인한 에너지선 및 수력기울기선 개념의 변경은 5장과 8장에서 논의된다.

예제 4.14 | 에너지선과 수력기울기선

주어진 사항 그림 E4.14와 같이 직경이 일정한 호스를 통해 탱크의 물이 사이펀에 의해 흘러나온다. 그림에 나타낸 것처럼 호스의 지점 (1)에 작은 구멍이 발견되었다.

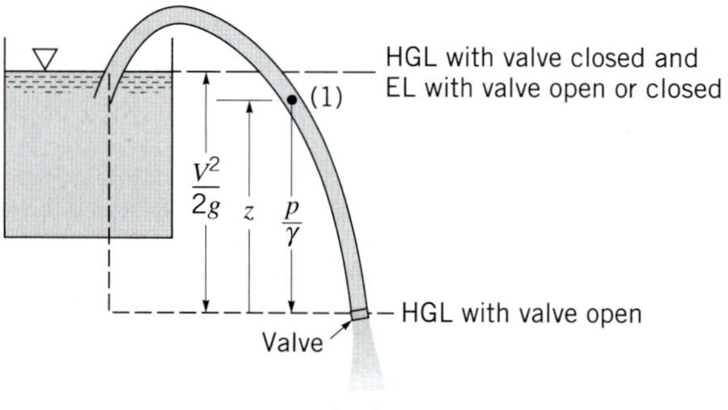

그림 E4.14

해결과제 사이펀이 사용될 때, 물이 호스에서 새어 나가거나, 아니면 공기가 호스 안으로 새어 들어와 사이펀이 오작동할 수 있겠는가?

풀이 호스에서 공기가 새어 들어올 것인지 물이 새어 나갈 것인지는, 호스 내부 (1)에서의 압력이 대기압보다 낮은지 아니면 높은지에 달려 있다. 어느 쪽이 발생할지는 다음과 같이 에너지선과 수력기울기선 개념을 이용하여 쉽게 결정할 수 있다. 정상, 비압축성, 비점성 유동을 가정하면, 전수두가 일정하고 따라서 에너지선이 수평이다.

호스 직경이 일정하기 때문에 연속방정식($AV =$ 일정)에 따라 호스 안의 물 속도가 어디서나 일정하다. 따라서 그림 E4.14와 같이 수력기울기선은 일정한 거리 $V^2/2g$만큼 에너지선 아래에 있다. 호스 끝에서 압력이 대기압이기 때문에, 수력기울기선은 호스 출구 끝과 같은 높이에 있다. 수력기울기선 위에 있는 호스 내부 임의의 점에서 유체는 대기압보다 압력이 낮다.

따라서 공기는 지점 (1)의 구멍을 통해
호스 안으로 새어 들어온다. (답)

보충설명 실제로 점성 효과가 매우 중요할 수 있기 때문에, 이 간단한 분석(수평 에너지선)이 옳지 않을 수 있다. 그러나 만약 호스가 "직경이 너무 작지 않고", "너무 길지 않고", 유체가 "점성이 너무 높지 않고", 유량이 "너무 크지 않으면", 위의 결과가 매우 정확할 수 있다. 만약 이런 가정 중 하나라도 완화되면, 더 상세한 분석이 요구된다(8장 참조). 만일 호스 끝이 닫혀서 유량이 0이면, 수력기울기선은 에너지선과 일치하고(모든 곳에서 $V^2/2g = 0$), (1)에서의 압력이 대기압보다 높을 것이며, (1)의 구멍을 통해 물이 새어 나갈 것이다.

4.8 Bernoulli 방정식의 사용에 대한 제약

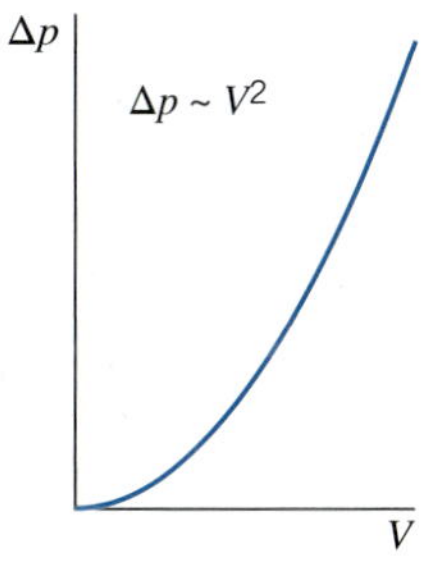

주요 가정 중의 하나는 유체가 비압축성이라는 것이다. 이 가정은 대부분의 액체 유동에 대해서 합리적이지만, 기체에 대해서는 경우에 따라 상당한 오차를 초래할 수 있다.

앞 절에서 밀도가 일정하게 유지된다면, 정체압이 정압보다 $V^2/2g$ 만큼 크다는 것을 알았다. 만약 이 동압이 정압에 비해 그다지 크지 않다면, 두 점 사이의 밀도 변화도 그다지 크지 않고 유동이 비압축성이라고 볼 수 있다. 그러나 인접 그림에 나타낸 것처럼 동압이 V^2으로 변하기 때문에, 유체가 비압축성이라는 가정과 관련된 오차는 유체 속도의 제곱에 따라 증가한다.

"경험법칙(rule of thumb)"에 따르면, 마하(Mach) 수가 약 0.3보다 작으면 완전기체(perfect gas)의 유동을 비압축성으로 간주할 수 있다. 마하 수 $Ma = V/c$는 유체의 음속 c에 대한 유체 속도 V의 비율을 나타낸다. 표준 공기($T_1 = 15\,^\circ\text{C}$, $c_1 = \sqrt{KRT_1} = 340.5$ m/s),)에서 이 속도는 $V_1 = c_1\text{Ma}_1 = 0.3$ (340.5 m/s) = 102 m/s = 367 km/hr에 해당한다. 더 높은 속도에서는 압축성이 중요해질 수 있다.

Bernoulli 방정식[식(4.7)]의 또 다른 제약은 유동이 정상상태라는 가정이다. 이러한 유동의 경우, 주어진 유선에서 속도가 유선을 따른 위치 s만의 함수이다. 즉, 유선을 따라서 $V = V(s)$가 된다. 비정상 유동의 경우에는 속도가 시간의 함수도 되기 때문에, 유선을 따라 $V = V(s, t)$가 된다. 따라서 유선 방향의 가속도를 구하기 위해 속도의 시간미분을 취하면, 정상유동에서 성립하는 $a_s = V\partial V/\partial s$가 아니라 $a_s = \partial V/\partial t + V\partial V/\partial s$를 얻는다. 정상 유동에서 가속도는 입자의 위치 변화에 따른 속도 변화($V\partial V/\partial s$ 항)에 기인한 반면, 비정상 유동에서는 고정된 위치에서 시간에 따른 속도 변화($\partial V/\partial t$ 항)에 기인한 추가적인 가속도가 있다. 이러한 효과는 3장에 자세히 설명되어 있다. 비정상 항 $\partial V/\partial t$을 포함하면 추가적인 가정을 하지 않는 한, 운동방정식을(Bernoulli 방정식을 얻기 위해 했던 것처럼) 쉽게 적분할 수 없다.

Bernoulli 방정식의 또 다른 제약은 유동이 비점성이고 전단응력을 무시할 수 있다는 것이다. 4.4절에서 논의한 것처럼 Bernoulli 방정식은 사실상 유선을 따라 Newton의 제2법칙을 한번 적분한 것이다. 이 일반 적분은 점성 또는 전단 효과가 없어서 고려하고 있는 유체 시스템이 보존(conservative) 시스템이 되기 때문에 가능했다. 시스템의 총 에너지는 일정하게 유지된다. 만약 점성 및/또는 전단 효과가 중요하다면, 시스템은 비보존적(소산적)이고 유용한 에너지의 손실이 발생한다. 이러한 경우에는 더 상세한 분석이 필요하며, 해당 자료는 5장에 제시되어 있다.

Bernoulli 방정식 사용에 대한 마지막 기본 제약은 방정식을 적용하는 두 점 사이의 시스템 내부에 기계장치(펌프 또는 터빈)가 없어야 한다는 것이다. 이러한 장치는 반드시 비정상 유동을 유발하거나 유선을 방해한다(참고문헌 3). 펌프와 터빈이 있는 유동의 분석은 5장과 11장에서 다룬다.

4장 요약

이 장에서는 비점성, 비압축성 유체의 정상 유동에 대해 여러 측면을 논의하였다. 중요한 힘이 압력과 중력(무게)에 의한 힘뿐이고 점성 효과는 무시할 수 있다고 가정할 수 있는 유동에 Newton의 제2법칙 $\mathbf{F} = m\mathbf{a}$를 적용하였다. 그 결과 흔히 사용되는 Bernoulli 방정식이 얻어졌는데, 이 식은 유선을 따른 압력, 높이 및 속도의 변화 사이의 간단한 관계식을 제공한다. 이 식과 비슷하지만 덜 사용되는, 유선에 수직한 방향으로 이 변수들의 변화를 설명하는 식도 얻었다.

정압, 동압, 전압 및 이들과 관련된 수두와 함께 정체점 및 정체압에 대한 개념을 소개하였다.

Bernoulli 방정식의 적용 사례를 몇 가지 다루었다. 유체 속도를 측정하기 위한 피토정압튜브의 사용, 탱크에서 자유 제트로 흘러나오는 액체 유동과 같은 몇몇 유동 상황에서는 해석을 위해 Bernoulli 방정식 하나로 충분하다. 튜브 및 유량계 속의 갇힌 유동과 같은 다른 경우에는, Bernoulli 방정식과 더불어 유체가 흘러가면서 질량이 보존된다는 사실을 서술하는 연속방정식을 같이 사용할 필요가 있다.

다음의 점검목록은 이 장에 대한 학습 지침을 제공한다. 이 장 전체의 학습이 끝났을 때 다음을 할 수 있어야 한다.

- 나열된 용어들의 의미를 쓰고 각각의 관련 개념을 이해한다. 이 용어들은 특히 중요해서 본문에 굵은 검정색 글자로 적어 놓았다.
- Bernoulli 방정식의 압력, 높이, 속도 항의 기원과 이들이 Newton의 운동 제2법칙과 어떻게 관련되는지를 설명한다.
- 피토정압튜브, 자유제트 유동, 갇힌 유동, 유량계를 포함한 간단한 유동 상황에 Bernoulli 방정식을 적용한다.
- Bernoulli 방정식과 함께 질량보존의 개념(연속방정식)을 사용하여 간단한 유동 문제를 푼다.
- 정상, 비점성, 비압축성 유동에 대해 유선을 가로질러 Newton의 제2법칙을 적용한다.
- 압력수두, 높이수두, 속도수두 및 전수두의 개념을 사용하여 다양한 유동 문제를 푼다.
- 정압, 정체압, 동압 및 전압의 개념을 설명하고 사용한다.
- 에너지선과 수력기울기선의 개념을 사용하여 다양한 유동 문제를 푼다.

주요 방정식

유선방향 및 법선방향 가속도	$a_s = V\dfrac{\partial V}{\partial s}, \qquad a_n = \dfrac{V^2}{\mathcal{R}}$	(4.1)
정상 비점성 유동에서 유선 방향의 힘 평형	$\displaystyle\int \frac{dp}{\rho} + \frac{1}{2}V^2 + gz = C$ (유선을 따라서)	(4.6)
Bernoulii 방정식	$p + \frac{1}{2}\rho V^2 + \gamma z =$ 유선을 따라서 일정	(4.7)
중력이 없는 비점성 유동에서 유선에 수직한 방향의 압력구배	$\dfrac{\partial p}{\partial n} = -\dfrac{\rho V^2}{\mathcal{R}}$	(4.10b)
정상 비점성 비압축성 유동에서 유선에 수직한 방향의 힘 평형	$p + \rho\displaystyle\int \frac{V^2}{\mathcal{R}}\,dn + \gamma z =$ 유선을 가로질러 일정	(4.12)
피토정압튜브의 속도 측정	$V = \sqrt{2(p_3 - p_4)/\rho}$	(4.14)
자유 제트	$V = \sqrt{2\dfrac{\gamma h}{\rho}} = \sqrt{2gh}$	(4.16)

연속 방정식	$A_1V_1 = A_2V_2$, 또는 $Q_1 = Q_2$	(4.17)
(이상적인) 유량계 방정식	$Q = A_2\sqrt{\dfrac{2(p_1 - p_2)}{\rho[1 - (A_2/A_1)^2]}}$	(4.18)
(이상적인) 수문 방정식	$Q = z_2 b\sqrt{\dfrac{2g(z_1 - z_2)}{1 - (z_2/z_1)^2}}$	(4.19)
전수두	$\dfrac{p}{\gamma} + \dfrac{V^2}{2g} + z =$ 유선을 따라서 일정 $= H$	(4.20)

참고문헌

1. Riley, W. F., and Sturges, L. D., *Engineering Mechanics: Dynamics*, 2nd Ed., Wiley, New York, 1996.
2. Tipler, P. A., *Physics*, Worth, New York, 1982.
3. Panton, R. L., *Incompressible Flow*, Wiley, New York, 1984.
4. Dean, R. C., "On the Necessity of Unsteady Flow in Fluid Machines," *ASME Journal of Basic Engineering* 81D: 24–28, March 1959.

연습문제 (QUESTIONS AND PROBLEMS)

Ⓒ 프로그래밍이 가능한 계산기 또는 컴퓨터를 사용하여 풀 수 있는 문제

Ⓞ 비판적 사고가 필요한 개방형 문제. 이러한 문제는 필요한 입력 데이터를 제공하기 위해 다양한 가정이 필요하다. 이러한 문제에 대한 고유한 답은 없다.

주: 문제에 대한 설명에 필요한 유체 물성치 값이 명시되지 않은 경우, 표 1.4–1.8 및 부록의 표에 있는 값을 사용하라.

4.2절 유선 방향의 $\mathbf{F} = ma$

4.2.1 Bernoulli 방정식을 사용하여 분석할 수 있는 상황의 사진이나 이미지를 준비하라. 이 사진을 인쇄하고 그 상황을 묘사하는 설명문을 간략하게 쓰라.

4.2.2 공기가 정상상태에서 유선을 따라 점 (1)에서 점 (2)까지 점성효과 없이 흐른다. 다음 조건들이 측정되었다: 점 (1)에서 $z_1 = 2$ m, $p_1 = 0$ kPa, 점 (2)에서 $z_2 = 10$ m, $p_2 = 20$ N/m^2, $V_2 = 0$ m/s. 점 (1)에서의 속도를 구하라.

4.2.3 그림 P4.2.3과 같이 면적이 변하는 수평 파이프에 물이 정상상태로 흐른다. 중심선에서 속도는 $V = 3(1 + x)\hat{\mathbf{i}}$ m/s로 주어지며, x의 단위는 feet이다. 점성효과는 무시한다. (a) 이 유동을 일으키는 데 필요한 압력 구배 $\partial p/\partial x$를 (x의 함수로) 구하라. (b) 단면 (1)에서 압력이 345 kPa일 때, 단면 (2)에서의 압력을 (i) (a)에서 구한 압력 구배를 적분하여, (ii) Bernoulli 방정식을 사용하여 구하라.

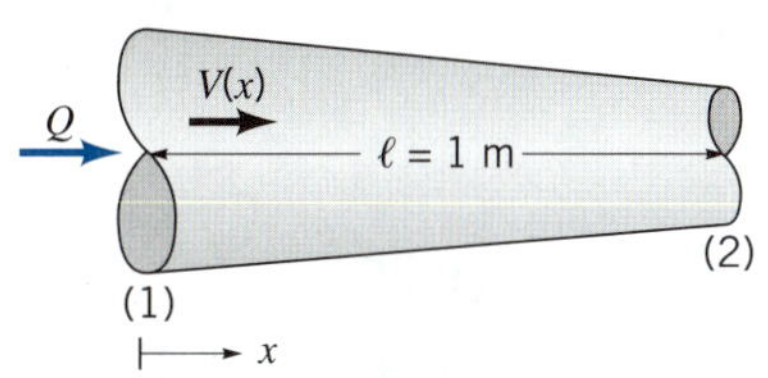

그림 P4.2.3

4.2.4 수평 파이프 안에서 물을 60 m/s^{2}으로 가속시키기 위해 필요한 유선방향의 압력 구배 dp/ds는 얼마인가?

4.2.5 주어진 위치에서 대기 속도는 40 m/s이고 유선방향의 압력 구배는 200 N/m^{3}이다. 유선을 따라 0.5 m 떨어진 지점에서의 대기 속도를 구하라.

4.2.6 수직 파이프 안에서 물을 위로 12 m/s^{2}으로 가속시키기 위해 필요한 유선방향의 압력 구배 dp/ds는 얼마인가? 만약 유동이 아래 방향이라면 답은 얼마인가?

4.2.7 Bernoulli 방정식은 중력 가속도가 일정한 정상, 비점성, 비압축성 유동에서 성립한다. 높이에 따라 중력 가속도가 $g = g_0 - cz$로 변하는 행성에서의 유동을 고려하자. 여기서 g_0 및 c는 상수다. 유선을 따라서 "$\mathbf{F} = m\mathbf{a}$"를 적분하여 이 유동에 알맞은 Bernoulli 방정식을 유도하라.

4.2.8 그림 P4.2.8과 같이 비압축성 유체가 원통을 지나서 정상상태로 흐른다. 분리유선($-\infty \le x \le -a$)에서의 유체 속도는 $V = V_0(1 - a^2/x^2)$으로 알려져 있으며, 여기서 a는 원통의 반지름이고 V_0는 상류 속도다. (a) 이 유선을 따라서 압력 구배를 구하라. (b) 상류 압력을 p_0라고 할 때, 압력 구배를 적분하여 $-\infty \le x \le -a$에 대한 압력 $p(x)$를 구하라. (c) (b)의 결과로부터 정체점($x = -a$)에서의 압력이 Bernoulli 방정식을 통해 예상되는 $p_0 + \rho V_0^2/2$가 됨을 보여라.

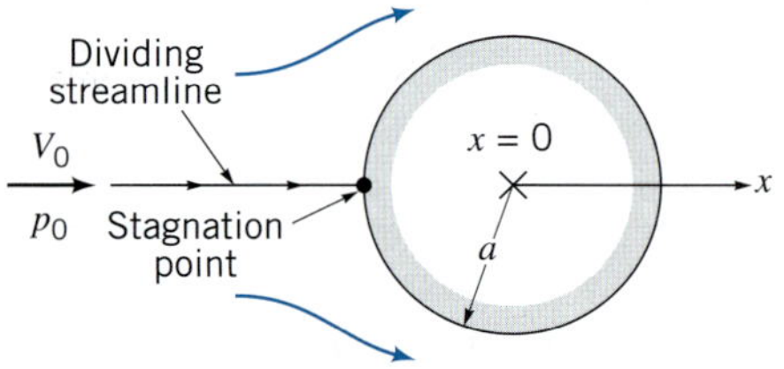

그림 P4.2.8

4.2.9 일정한 체적탄성계수를 갖는 압축성 액체를 고려하라. 유선을 따라서 "$\mathbf{F} = m\mathbf{a}$"를 적분하여 이 유동에 알맞은 Bernoulli 방정식을 유도하라. 이때, 정상, 비점성 유동으로 가정하라.

4.3절 유선에 수직한 방향의 $\mathbf{F} = m\mathbf{a}$

4.3.1 Bernoulli 방정식을 사용하여 분석할 수 있는 상황의 사진이나 이미지를 준비하라. 이 사진을 인쇄하고 그 상황을 묘사하는 설명문을 간략하게 쓰라.

4.3.2 공기가 반지름 6 m인 수평 곡선 유선을 따라 33.5 m/s의 속도로 흐른다. 유선에 수직한 방향의 압력 구배를 구하라.

4.3.3 그림 P4.3.3과 같이 물이 수직 2차원 곡관부에서 원형 유선을 따라 일정한 속도로 흐른다. 지점 (1)에서의 압력이 50 kPa이라고 할 때, 지점 (2)와 (3)에서의 압력을 구하라. 표시된 것처럼, 속도분포가 균일하다고 가정하라.

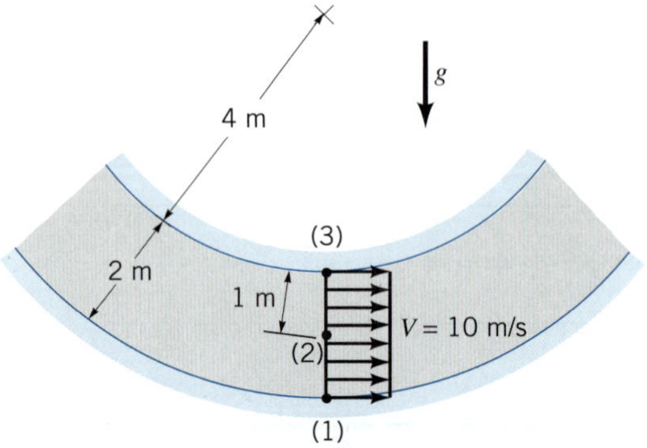

그림 P4.3.3

4.3.4 Ⓒ 그림 P4.3.4와 같이 물이 수직 2차원 곡관부에서 원형 유선을 따라 흐른다. 지점 (1)에서의 압력은 $p_1 = 172.3$ kPa로 측정되고, 단면 $a-a$를 지나는 물의 속도는 표에 제시된 것과 같다. 수로의 단면 $a-a$에서의 압력 [$0 \le z \le 0.6$ m에서 $p = p(z)$]을 계산하고, 그림으로 나타내라.

z (m)	V (m/s)
0	0
0.06	2.4
0.12	4.4
0.18	6
0.24	5.94
0.3	4.75
0.36	2.5
0.42	1.9
0.48	1.1
0.54	0.6
0.6	0

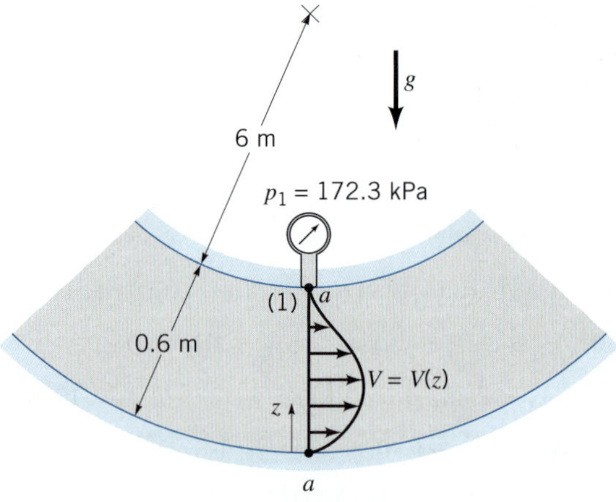

그림 P4.3.4

4.3.5 Video 비디오 V4.6 및 그림 P4.3.5와 같이 용기 속의 물과 토네이도 속의 공기가 반지름이 r인 수평 원형 유선을 따라 속도 V로 흐른다. 다음 상황에 알맞은 반경방향의 압력 구배 $\partial p/\partial r$을 구하라. (a) 유체가 물이고 $r = 75$ mm, $V = 0.25$ m/s인 경우 (b) 유체가 공기이고 $r = 90$ m, $V = 90$ m/s인 경우.

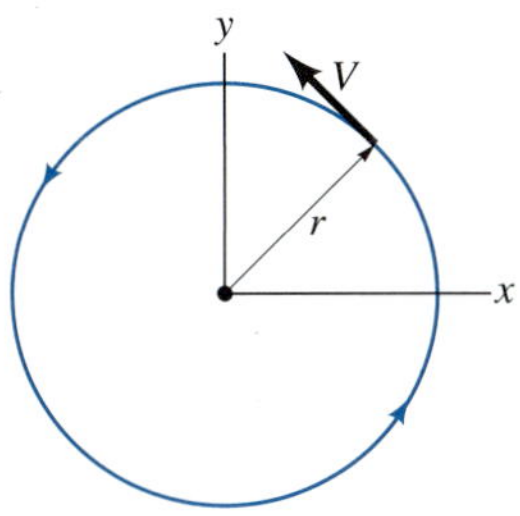

그림 P4.3.5

4.3.6 공기가 자동차 후드 위로 자연스럽게 흘러 앞 유리를 지나 위로 올라간다. 그러나 공기 중의 벌레는 공기와 같은 경로를 따라가지 못하고 앞 유리에 부딪친다. 왜 그렇게 되는지 설명하라.

4.5절 정압, 정체압, 동압 및 전압

4.5.1 정체압의 개념이 중요해지는 상황에 대한 사진이나 이미지를 준비하라. 이 사진을 인쇄하고 관련된 상황을 묘사하는 설명문을 간략하게 쓰라.

4.5.2 흐르는 공기 속 수평 유선 위의 한 점에서 정압이 −13.7 kPa(즉, 진공압력)이고 속도가 45 m/s이다. 이 유선의 정체점에서의 압력을 구하라.

4.5.3 O (국제우주정거장과 같이) 무중력인 환경에서 물방울의 모양은 그림 P4.5.3a와 같은 구형을 띤다. 만화에서 빗방울의 모양은 일반적으로 그림 P4.5.3b와 같이 그려진다. 실제 빗방울의 모양은 그림 P4.5.3c와 거의 비슷하다. 이러한 모양들로 묘사되는 이유에 대해 토의하라.

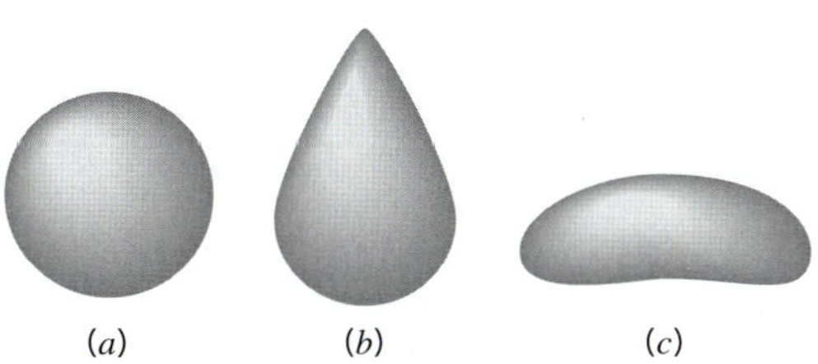

그림 P4.5.3

4.5.4 비행기가 표준 대기 1524 m의 고도에서 900 m/s의 속도로 비행할 때, 날개 위의 한 지점에서 비행기에 대한 공기의 상대속도가 122 m/s이다. (a) 그 지점에서 날개에 생기는 흡입 압력은 얼마인가? (b) 날개 앞쪽 가장자리(정체점)에서의 압력은 얼마인가?

4.5.5 그림 P4.5.5와 같이 에어포일 위로 공기가 흐른다. 점 A, B, C 및 D에서 센서로 측정한 압력이 제공된다. 점 A, B, C 및 D 바로 위의 공기 속도를 구하라. 공기의 밀도는 1.03 kg/m^{3}이다.

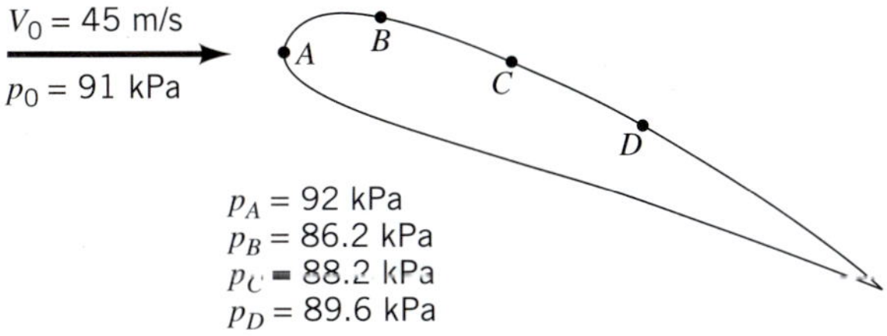

그림 P4.5.5

4.5.6 어떤 동물들은 유체역학 책을 읽지 않고도 베르누이 효과를 이용할 줄 안다. 예를 들어, 그림 P4.5.6과 같이 전형적인 프레리독(prairie dog)의 굴은 두 개의 입구, 즉 평평한 앞문과 둔덕이 있는 뒷문이 있다. 바람이 V_0의 속도로 앞문을 가로질러 불 때, 뒷문을 지나는 평균 속도는 둔덕으로 인해 V_0보다 크다. 뒷문을 지나는 공기 속도가 1.07 V_0라고 가정하자. 바람의 속도가 6 m/s일 때, 얼마만한 압력 차 $p_1 - p_2$가 생겨 굴 내부에 신선한 기류가 생기겠는가?

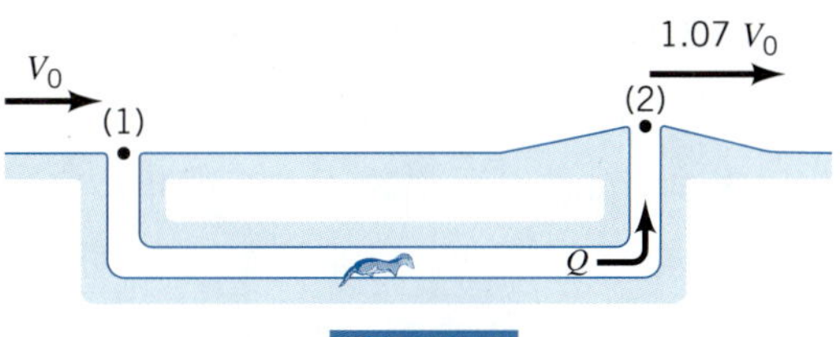

그림 P4.5.6

4.5.7 O 주유소의 공기 호스에서 나오는 공기 흐름 속에 손을 놓았을 때, 손에 가해지는 압력을 예측하라. 모든 가정을 나열하고 계산 과정을 보여라. 경고: 위험하기 때문에 실제로 이 실험을 하지는 마라.

4.5.8 자동차 운전자가 표준 대기 조건에 있는 정지된 공기 속을 운전하는 동안 IndyCar에서 손을 뗀다. (a) 안전을

위해 정비 차선에서 제한 속도는 27 m/s다. 이 속도에서 손에 가해지는 최대 압력은 얼마인가? (b) 경주 트랙으로 돌아가 IndyCar를 100 m/s로 운전할 때 최대 압력은 얼마인가? (c) 직선 도로에서 IndyCar는 105 m/s를 초과하는 속도에 도달한다. 이 속도에서 (a) 및 (b)에 사용한 풀이 방법이 타당한지 설명하라.

4.5.9 최대 1500 m의 고도에서 최대 30 m/s의 비행기 속도를 측정하기 위한 기름($SG = 0.75$) 액주계의 최소 높이는 얼마인가? 그림 P4.5.9와 같이 액주계는 피토정압관에 연결되어 있다.

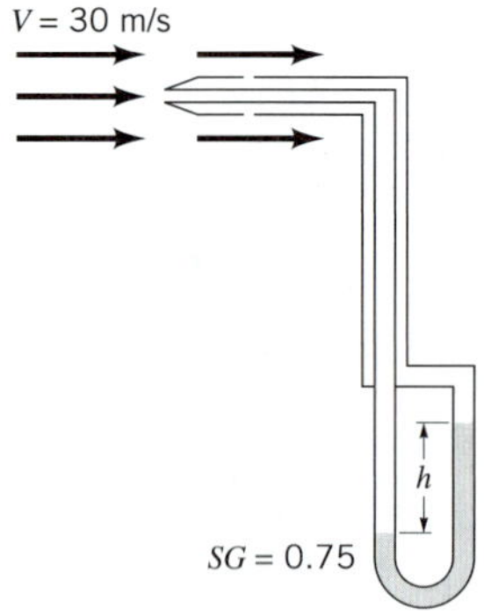

그림 P4.5.9

4.5.10 피토정압관이 파이프에 흐르는 헬륨의 속도를 측정하는 데에 사용된다. 온도와 압력이 각각 277.6 K와 170 kPa일 때, 피토정압관에 연결된 수압계로 측정된 값은 0.5 m이다. 이때의 헬륨 속도를 구하라. 유동을 비압축성으로 간주하는 것이 타당한가? 이에 대해 설명하라.

4.5.11 부르동형(Bourdon–type) 압력계가 비행기 날개의 앞쪽 가장자리에 부착된 피토관의 압력을 측정하는 데에 사용된다. 이 압력계는 표준 해수면 조건에서 m/s 단위로 읽히도록 보정된다. 고도 3048 m에서 비행할 때 대기 속도계에 67 m/s가 표시된다면, 실제 대기 속도는 얼마인가?

4.5.12 [O] 허리케인 강도의 바람이 집의 측면에 가하는 힘의 크기를 예측하라. 모든 가정을 나열하고 모든 계산 과정을 보여라.

4.5.13 집을 지나는 20 m/s의 바람이 지붕 위로 흐르면서 속도가 빨라진다. 상승효과를 무시할 수 있는 경우, (a) 집을 향해 불어오는 자유 유동의 압력이 101.2 kPa일 때, 속도가 30 m/s인 지붕 위 지점에서의 압력을 구하라. 이 효과는 지붕을 아래로 누르는 경향이 있는가, 아니면 지붕을 들어 올리는 경향이 있는가? (b) 창문이 정체점이라고 가정하고, 바람을 마주하는 창문에 가해지는 압력을 구하라.

4.5.14 (4.5절, 광활한 유체의 세계 기사 “가압된 눈” 참조) 수은주 10 mm에 해당하는 정체압이 생기게 하는 공기 속도를 구하라.

4.6.1절 자유 제트

4.6.1 개방된 대형 수조 바닥의 구멍을 통해 물이 10 m/s의 속도로 흐른다. 수조 내 물 깊이를 구하라. 점성효과는 무시할 수 있다.

4.6.2 [O] 지상 높이에서 5층 건물 옥상의 불에 물을 쏘기 위해 펌프 트럭에 필요한 압력을 구하라. 모든 가정을 나열하고 모든 계산 과정을 보여라.

4.6.3 그림 P4.6.3에서 용기가 수면 위 대기압의 공기를 담고 있다. 용기에서 흘러나오는 물의 속도가 7 m/s일 때, 수위(h)를 구하라.

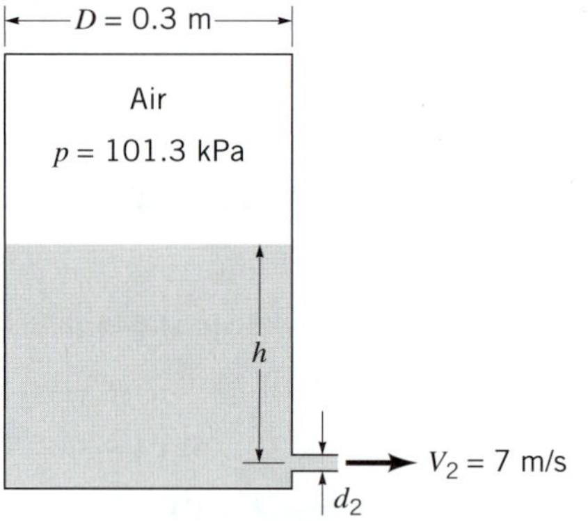

그림 P4.6.3

4.6.4 그림 P4.6.4에서 건물 1층의 수도꼭지에서 최대 6 m/s의 속도로 물이 흐른다. 정상상태, 비점성 유동일 때, 지하 수도꼭지와 2층(각 층의 높이는 3.5m라고 가정) 수도꼭지에서 나오는 최대 유속을 구하라.

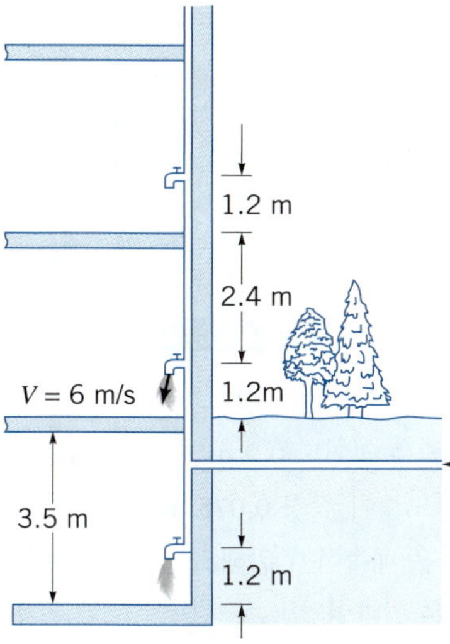

그림 P4.6.4

4.6.5 위험한 물질이 있는 실험실은 주위 압력보다 약간 낮은 압력으로 유지되어, 오염 물질이 문 주변의 틈을 통해 누출되지 않고 배기 시스템을 통해 걸러질 수 있다. 이러한 방의 압력이 주변 방의 압력보다 2.5 mm의 수압만큼 낮다면, 개구부를 통해 방으로 들어오는 공기 속도는 얼마인가? 점성효과를 무시할 수 있다고 가정하라.

4.6.6 (O) 그림 P4.6.6의 "슈퍼소커(supersoaker)" 물총이 수평 방향으로 9.14 mm 이상을 쏠 수 있다. 이를 달성하기 위해 공간 내 필요한 최소 압력 p_1을 구하라. 모든 가정을 나열하고 계산 과정을 보여라.

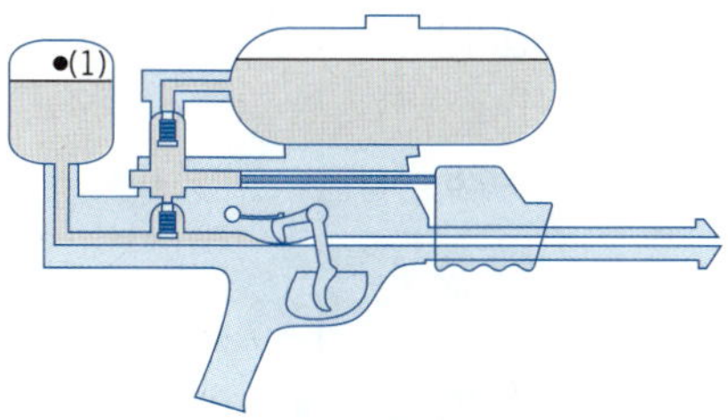

그림 P4.6.6

4.6.7 그림 P4.6.7과 같이 두 탱크에서 나오는 물줄기가 서로 충돌한다. 점성효과를 무시할 수 있고, 점 A가 정체점이라고 할 때, 높이 h를 구하라.

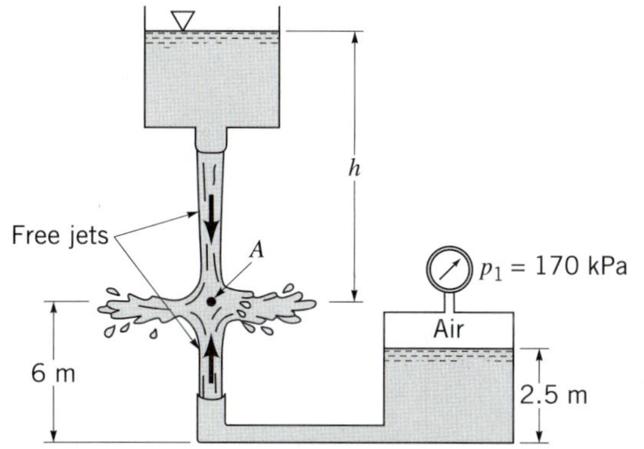

그림 P4.6.7

4.6.8 그림 P4.6.8과 같이 주석 깡통에 여러 개의 구멍을 뚫었다. 물이 구멍에서 나올 때 속도 변화를 올바르게 나타내는 그림은 어느 것인가? 그 선택이 타당함을 입증하라.

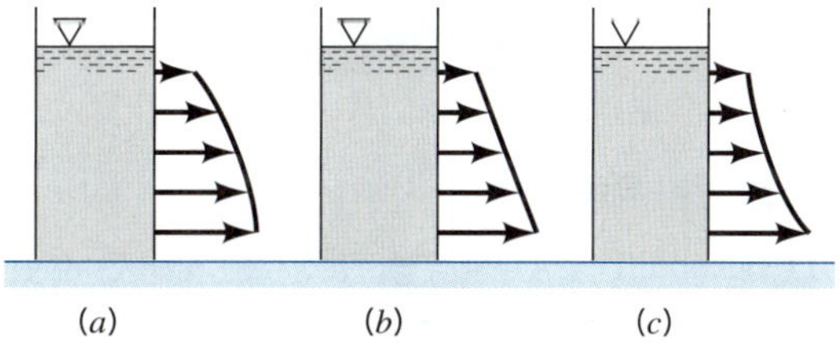

그림 P4.6.8

4.6.9 그림 P4.6.9와 같이, 물이 가압 용기에서 직경 0.15 m의 파이프를 통해 흐르고, 직경 0.05 m의 노즐에서 빠져나와 노즐 위로 6 m 상승한다. 유동이 정상상태, 무마찰, 비압축성일 때, 용기 내부의 압력을 구하라.

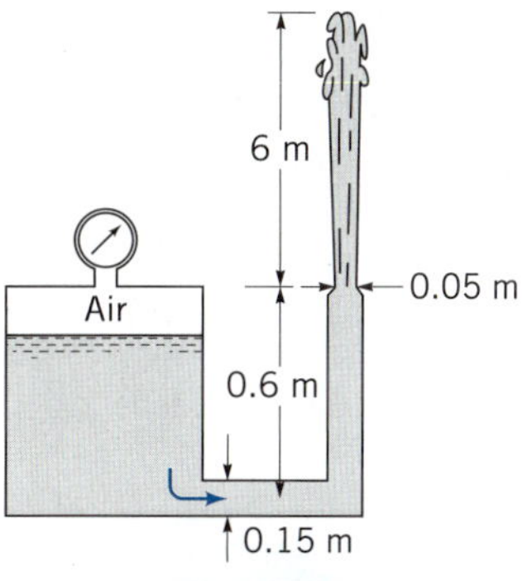

그림 P4.6.9

4.6.10 그림 P4.6.10에서 피스톤이 21.1℃ 물을 4 m/s로 출구 밖으로 밀어내고 있다. 측정된 출구 압력은 $p_e = 275$ kPa이다. 피스톤 직경이 $D_p = 0.075$ m인 경우, 피스톤에 가해지는 힘을 구하라.

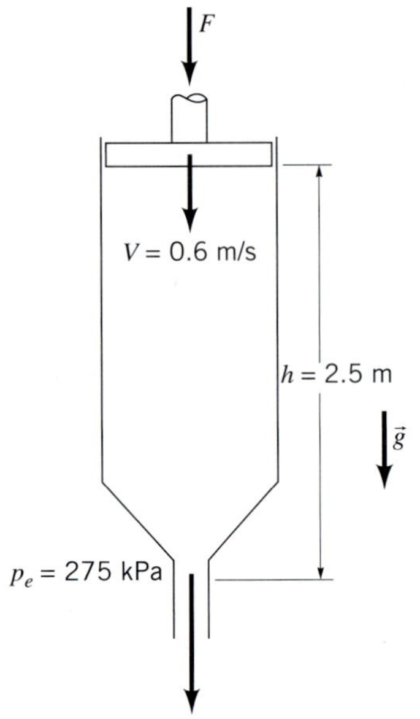

그림 P4.6.10

4.6.2절 갇힌 유동

4.6.11 Bernoulli 방정식과 연속 방정식이 중요한 갇힌 유동과 관련된 상황에 대한 사진이나 이미지를 준비하라. 이 사진을 인쇄하고 그 상황을 묘사하는 설명문을 간략하게 쓰라.

4.6.12 공기가 직경 0.1 m인 수평 파이프에 정상상태로 흘러 직경 0.075 m인 노즐을 통해 대기로 빠져나간다. 노즐 출구에서 속도는 45 m/s이다. 점성효과를 무시할 수 있는 경우, 파이프 내부의 압력을 구하라.

4.6.13 그림 P4.6.13은 수족관에서 물을 사이펀으로 옮기는 데 사용되는 튜브를 보여준다. 제시된 조건에서 물이 수족관에서 흘러나오는 속도를 구하라. 직경이 큰 단면이 있어 이점이 있는가? 물의 흐름은 비점성 유동이다.

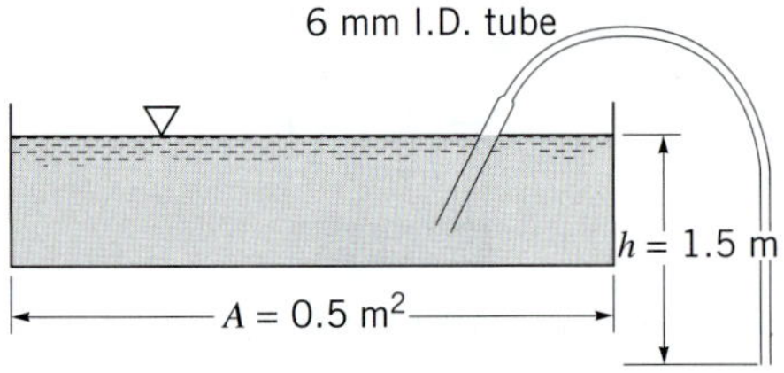

그림 P4.6.13

4.6.14 그림 P4.6.14에서 파이프 확장부의 단면 (1)과 (2)에서의 압력은 각각 388 kPa 및 401 kPa이다. 파이프에 흐르는 휘발유의 무게 유량(weight flowrate)을 구하라.

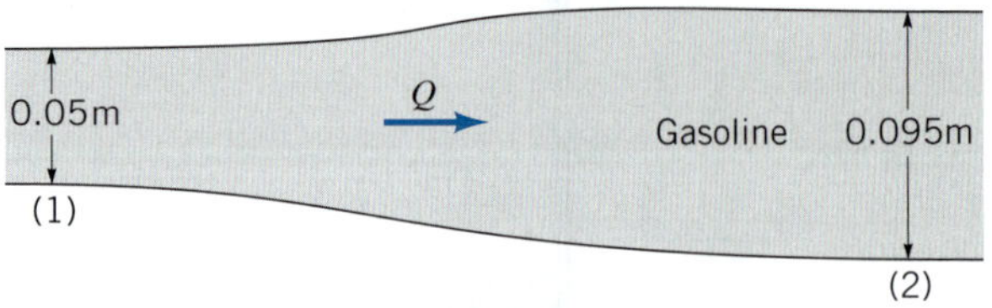

그림 P4.6.14

4.6.15 직경이 0.03 m인 소방호스 노즐이 있다. 소방 법규에 따르면 노즐은 적어도 0.9 m^3/min의 유량을 배출할 수 있어야 한다. 노즐이 직경 0.075 m의 호스에 연결되어 있다면, 이 유량을 배출하기 위해 노즐 직전 상류에서 유지해야 하는 압력은 얼마인가?

4.6.16 Video 비디오 V8.15 및 그림 P4.6.16과 같이 직경이 0.02 m인 출구에서 흘러나온 물이 출구 위로 0.07 m 상승한다. 유량을 구하라.

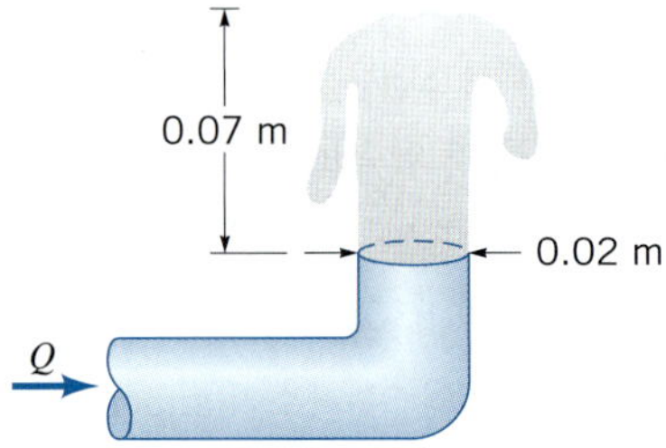

그림 P4.6.16

4.6.17 소방호스 노즐의 출구에서 속도가 48 kmph이다. 물이 도달할 수 있는 최대 높이는 얼마인가?

4.6.18 그림 P4.6.18에서 기름($SG = 0.8$)이 용기에서 흘러나오는 속도는 얼마인가?

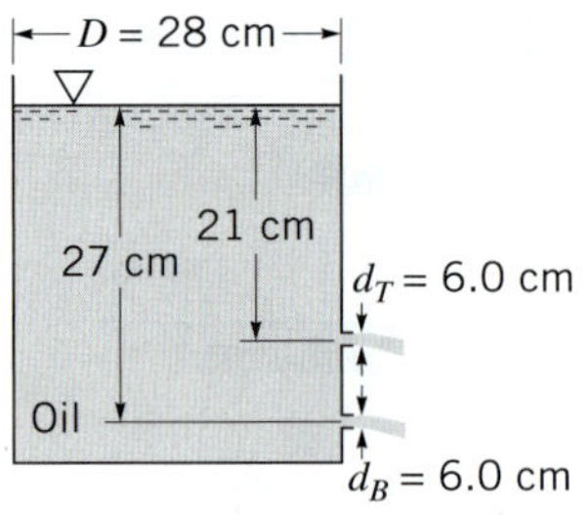

그림 P4.6.18

4.6.19 그림 P4.6.19에서 정상상태 조건일 때 용기 B의 수위 h_B를 구하라.

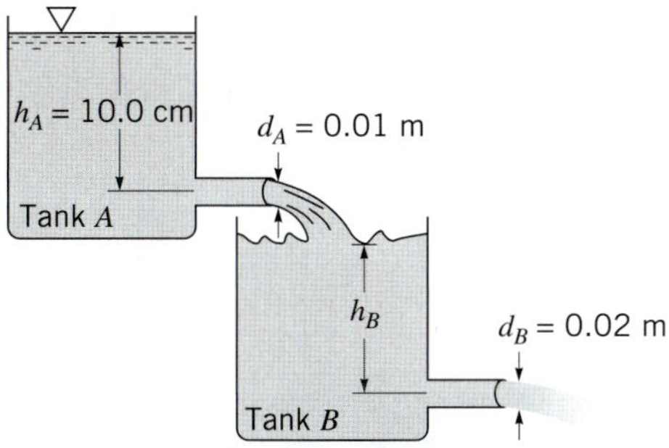

그림 P4.6.19

4.6.20 그림 P4.6.20의 파이프에서 점 A의 압력과 평균 속도는 각각 110 kPa와 1.2 m/s이다. 높이 h와 점 B에서의 압력 및 평균 속도를 구하라. 유체는 직경이 0.025 m인 배출 파이프를 채우고 있다.

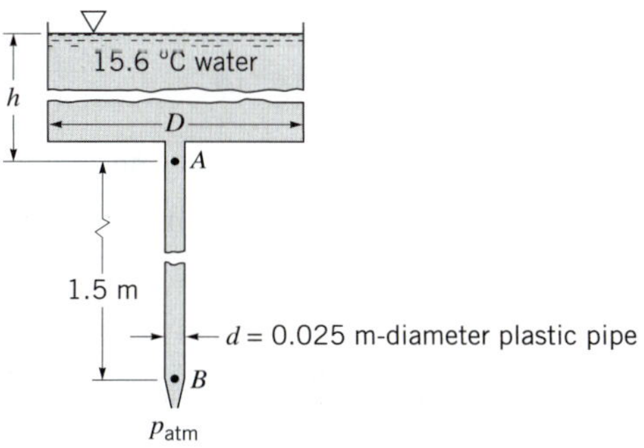

그림 P4.6.20

4.6.21 그림 P4.6.21과 같이 자동차 시험용 풍동 속으로 공기가 빨려 들어간다. (a) 시험 구간에서의 속도가 97 kmph일 때, 액주계 높이 h를 구하라. 액주계 속의 물 위로 0.025 m의 기름 기둥이 있음에 주의하라. (b) 자동차 앞부분의 정체압과 시험부 압력의 차이를 구하라.

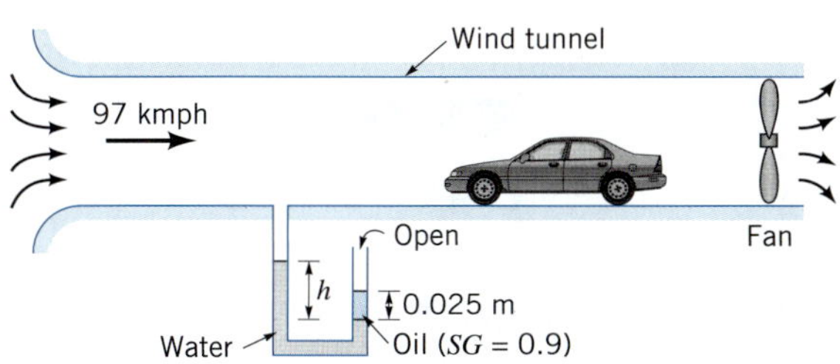

그림 P4.6.21

4.6.22 그림 P4.6.22는 원심 팬을 시험하기 위한 덕트를 보여준다. 공기는 대기에서 끌려 들어온다(p_{atm} = 101.3 kPa, T_{atm} = 21.1 °C). 입구 용기는 1.2 m × 0.6 m이다. 단면 (1)에서 덕트의 단면은 정사각형(0.76 m × 0.76 m)이다. 단면 (2)에서 덕트는 직경이 0.9 m인 원형이다. 입구 용기의 수압계 측정값은 물의 −0.05 m 정압에 해당한다. 팬으로 들어가는 공기의 체적 유량과 단면 (1)과 (2)에서 평균 유속을 구하라. 일정한 밀도를 가정하라.

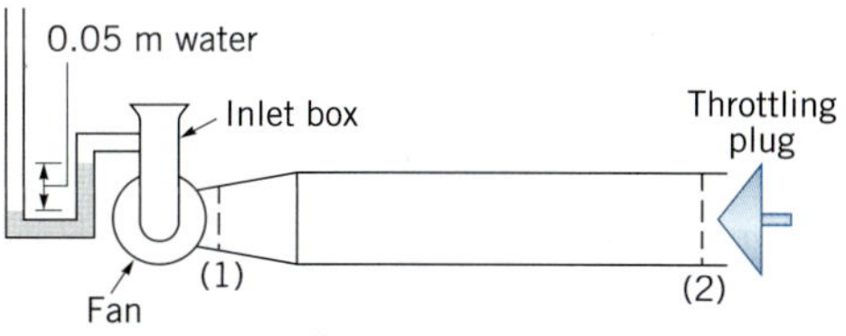

그림 P4.6.22

4.6.23 천연가스(메탄)는 직경이 0.076 m인 가스 본관에서 직경이 0.025 m인 파이프를 통해 2.8 m^3/hr의 유량으로 용광로 버너로 흐른다. 직경이 0.025 m인 파이프에서의 압력이 대기압보다 0.15 m의 수압만큼 더 높을 때, 가스 본관의 압력을 구하라. 점성효과를 무시하라.

4.6.24 그림 P4.6.24와 같이 공기가 두 개의 평행한 원형판 사이에서 반경 방향의 안쪽으로 흐른다. 외부 반경 R_o = 5.0 cm에서 압력은 대기압이다. 공기 밀도가 일정하고 공기 유동이 비점성이며, 체적 유량이 4.0 ℓ/s이고 판 사이 간격이 h = 0.125 cm인 경우, 내부 반경 R_i = 0.5 cm에서의 압력을 구하라.

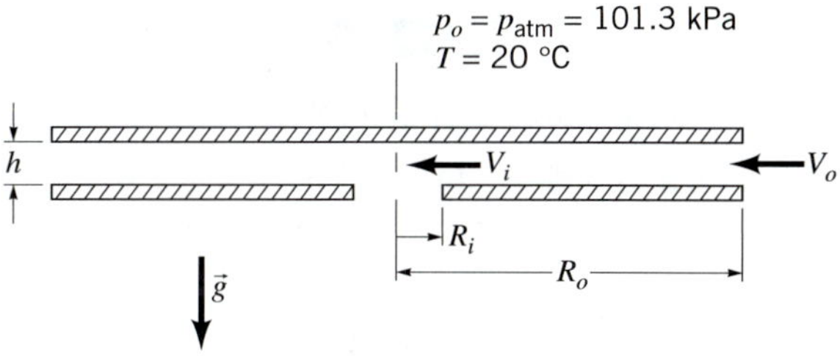

그림 P4.6.24

4.6.25 반경 방향의 바깥쪽으로 흐르는 공기에 대해 문제 4.6.24를 반복하라.

4.6.26 그림 P4.6.26에서 노즐 출구 O에서 물의 질량 유량을 구하고, 물줄기가 상승할 수 있는 최대 높이를 구하라. 물의 밀도는 980 kg/m^3이고, 유동은 비점성이다.

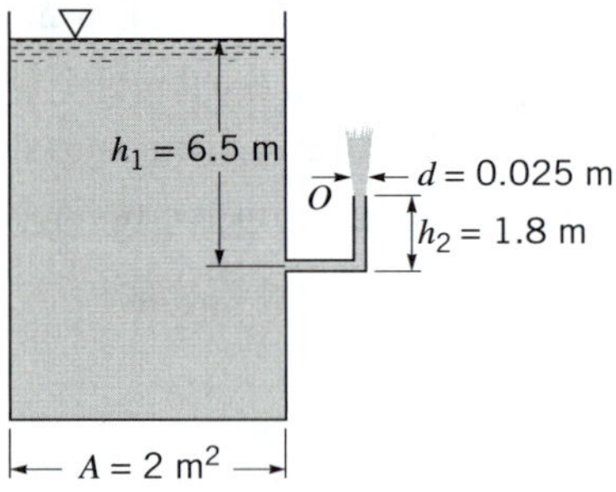

그림 P4.6.26

4.6.27 그림 P4.6.27과 같이 물(마찰이 없고 비압축성이라고 가정)이 큰 용기에서 직경이 일정한 수직 파이프를 통해 정상상태로 빠져나간다. 용기 속 공기는 100 kN/m^2로 가압된다. (a) 물이 상승하는 높이 h, (b) 파이프 내부의 물 속도, (c) 파이프의 수평 부분에서의 압력을 구하라.

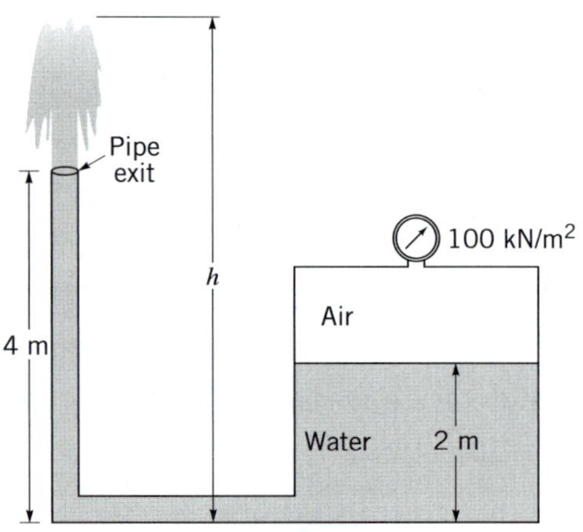

그림 P4.6.27

4.6.28 그림 P4.6.28과 같이 물(비점성, 비압축성 유체로 가정)이 대형 탱크에서 3 m/s의 속도로 정상상태로 흐른다. 탱크 내 물 위에 떠 있는 가벼운 액체(비중량 γ = 7854 N/m^3)의 깊이를 구하라.

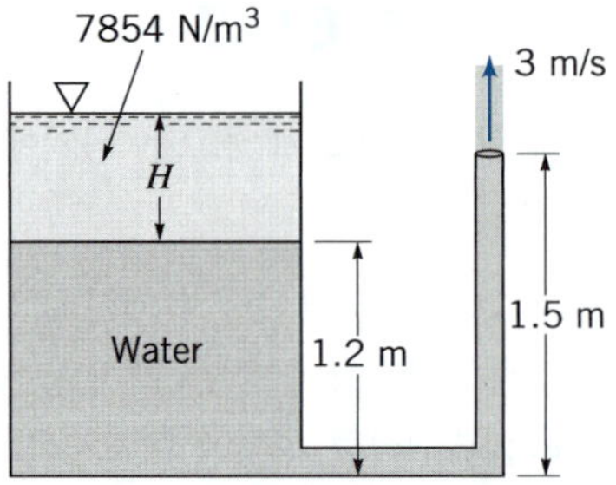

그림 P4.6.28

4.6.29 그림 P4.6.29와 같이 파이프 수축부를 통하여 물이 흐른다. 액주계 높이차가 0.2 m일 때, 유량을 작은 파이프의 직경 D의 함수로 구하라.

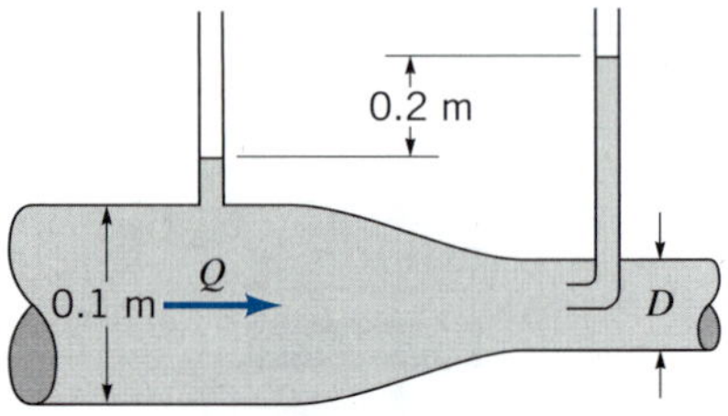

그림 P4.6.29

4.6.30 사염화탄소가 직경이 변하는 파이프 속을 흐르며, 점성 효과를 무시할 수 있다. 파이프의 A 지점에서 압력과 속도가 각각 138 kPa와 9 m/s이며, B 지점에서의 압력과 속도는 158.5 kPa와 4.25 m/s이다. 어느 지점이 더 높이 있으며, 얼마나 더 높은 곳에 있는가?

4.6.31 Ⓒ 그림 P4.6.31과 같이 물이 20 mm 직경의 파이프에서 유량 Q로 흐른다. $0 \le h \le 1$ m, $0 \le Q \le 0.004$ m^3/s 범위에서 물줄기의 직경 d를 수도꼭지 아래 방향의 거리에 대한 함수로 도시하여라. h와 Q가 매우 작다는 것에 유의하며, $d = d(h)$를 계산하기 위해 사용된 1차원 가정의 타당성에 대해 논의하라.

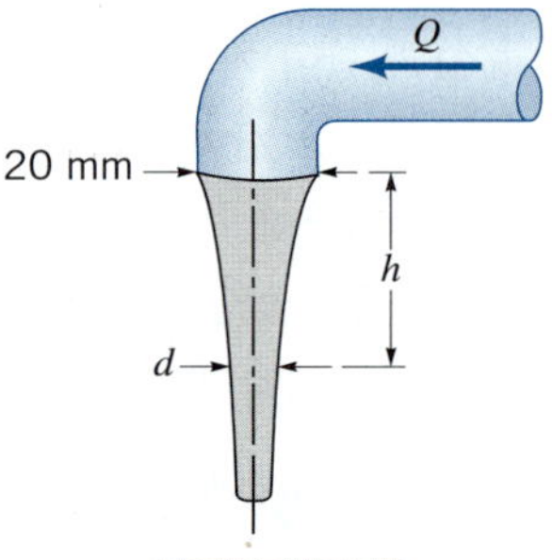

그림 P4.6.31

4.6.32 수직 위로 향하는 액체 흐름이 단면적이 A_0인 노즐을 일정한 속도 V_0로 통과한다. 속도 V와 단면적 A를 수직 위치 z의 함수로 구하라.

4.6.33 물이 200 kPa의 압력과 12 m/s의 속도로 펌프를 통과한 후, 디퓨저에 유입되어 압력이 250 kPa로 증가한다. 디퓨저의 입구 면적에 대한 출구 면적의 비율을 구하라.

4.6.34 그림 P4.6.34와 같이 물이 일정한 유량 Q로 단면적이 변하는 파이프를 통해 위쪽으로 흐른다. 점성 효과

를 무시할 수 있고, 파이프 내부의 압력이 일정할 때 (즉, $p(z) = p_1$), 파이프의 직경 $D(z)$을 D_1에 대한 함수 형태로 구하라.

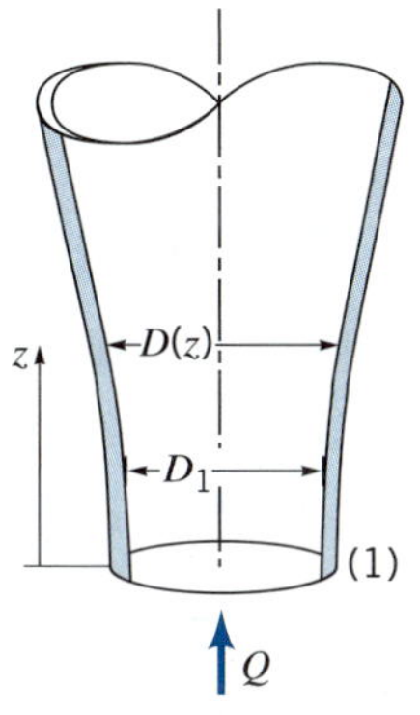

그림 P4.6.34

4.6.35 수도꼭지에서 나오는 원형 단면의 물줄기가 50 cm를 내려오는 동안 직경이 20 mm에서 10 mm로 줄어든다. 유량을 구하라.

4.6.36 그림 P4.6.36와 같이 탱크에서 물이 사이펀에 의해 흘러나온다. 물 기압계에 나타난 높이는 9 m이다. 캐비테이션이 발생하지 않게 하는 h의 최대값을 구하라. 기압계의 닫힌 끝에서 증기의 압력이 증기압과 같음에 주의하라.

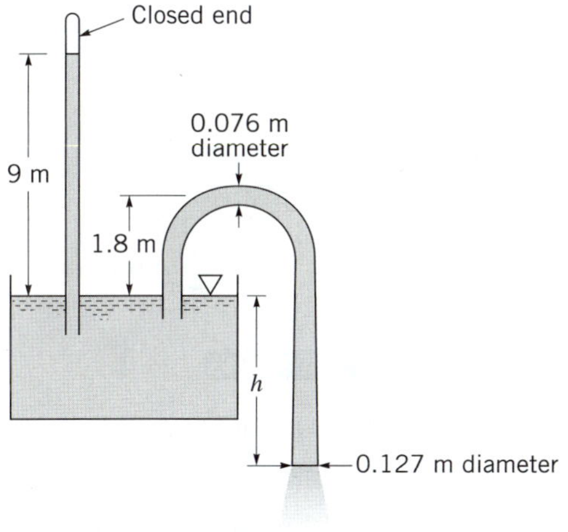

그림 P4.6.36

4.6.37 그림 P4.6.37과 같이 사이펀을 통해 용기에서 물이 흘러나온다. 유량과 정체점 A의 압력을 구하라.

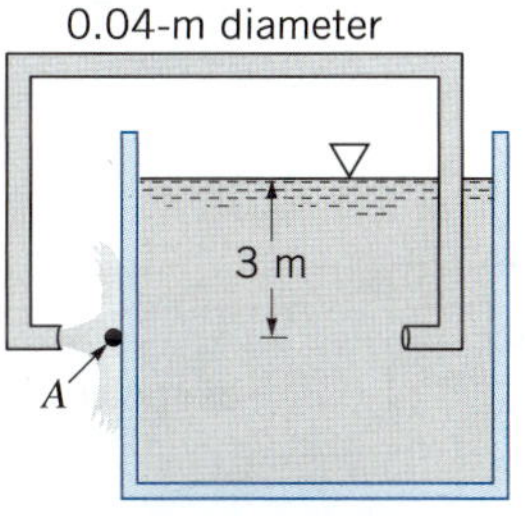

그림 P4.6.37

4.6.38 그림 P4.6.38과 같이 사이펀을 통해 용기에서 물이 흘러나온다. 직경 0.025 m의 노즐이 튜브의 끝에 설치되어 있다. 점성 효과를 무시할 수 있을 때, 용기에서 나오는 물의 유량과 점 (1), (2), (3)에서의 압력을 구하라.

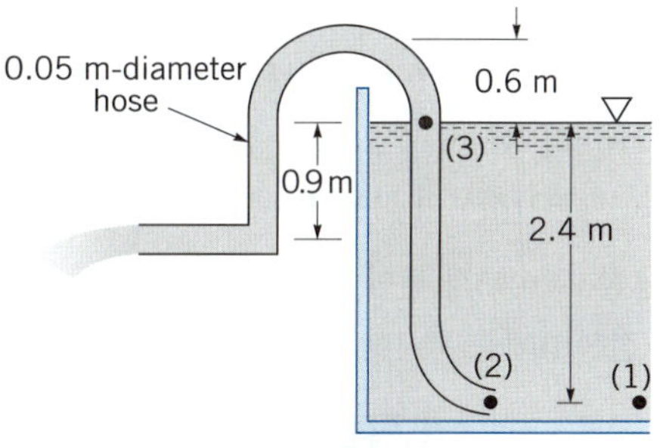

그림 P4.6.38

4.6.39 튜브 끝에 노즐이 없는 경우에 대해 문제 4.6.38을 다시 풀어라.

4.6.40 그림 P4.6.40과 같이 물이 자유 제트로 파이프를 빠져나가 출구면 위로 높이 h까지 올라간다. 유동은 정상상태, 비압축성이고, 마찰이 없다. (a) 높이 h를 구하라. (b) 단면 (1)에서 속도와 압력을 구하라.

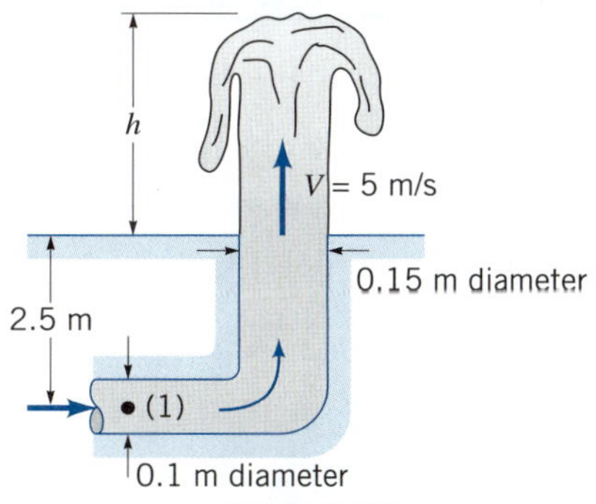

그림 P4.6.40

4.6.41 그림 P4.6.41과 같이 물이 폐쇄된 대형 용기에서 정상상태로 흐른다. 수은 액주계의 높이차가 0.025 m이며 점성 효과는 무시할 수 있다. (a) 체적 유량을 구하라. (b) 용기 안의 수면 위 공기 압력을 구하라.

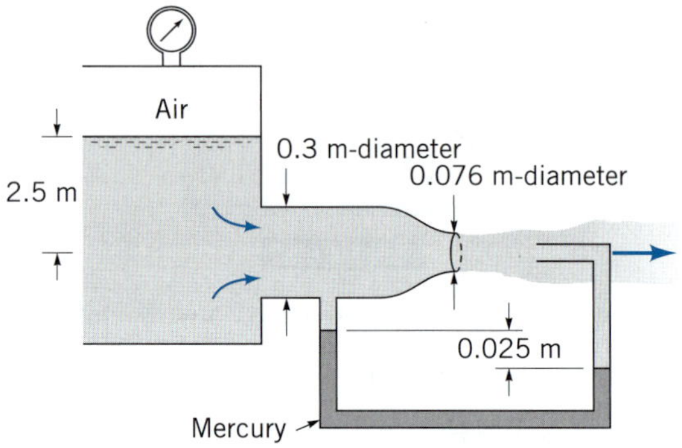

그림 P4.6.41

4.6.42 압력과 온도가 각각 138 kPa(계기압력)과 58.9 ℃인 이산화탄소가 0.076 m 파이프에서 0.038 m 파이프로 $0.0425\ m^3/s$의 유량으로 흐른다. 점성 효과를 무시하고 비압축성 조건을 가정하여 작은 파이프에서의 압력을 구하라.

4.6.43 그림 P4.6.43과 같이 비중이 0.83인 기름이 파이프에 흐른다. 점성 효과를 무시할 수 있을 때, 유량은 얼마인가?

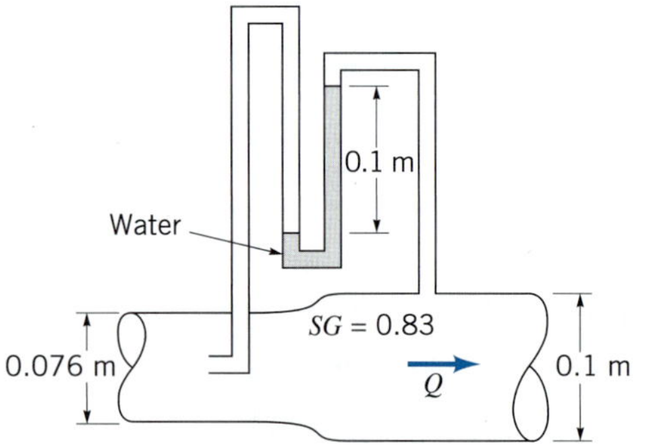

그림 P4.6.43

4.6.44 그림 P4.6.44와 같이 단면적이 변하는 파이프 내부를 물이 정상상태로 흐르며, 점성효과를 무시할 수 있다. 유량이 $0.4\ m^3/s$이고 액주계의 유체 밀도가 $500\ kg/m^3$일 때, 액주계의 높이차 H를 구하라.

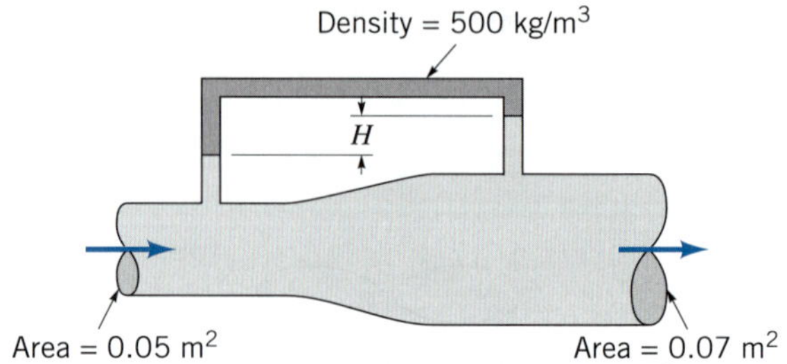

그림 P4.6.44

4.6.45 그림 P4.6.45와 같이 액주계 유체의 비중이 1.07이다. 유동이 비점성, 비압축성이고 흐르는 유체가 표준 조건의 (a) 물, (b) 가솔린, (c) 공기일 때, 체적유량 Q를 구하라.

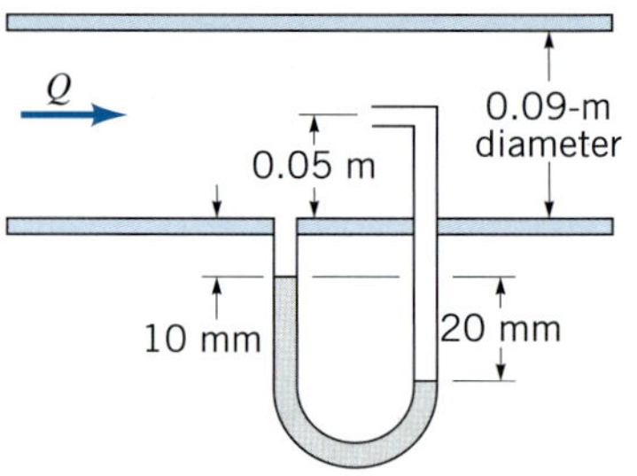

그림 P4.6.45

4.6.46 그림 P4.6.46과 같이 물이 파이프에 정상상태로 흐르며, 점성효과를 무시할 수 있다. 얇은 벽으로 된 직경 0.1 m 튜브 내부의 압력이 대기압보다 69 kPa 미만이 되면, 튜브가 파괴된다고 알려져 있다. 튜브가 파괴되지 않는 h의 최대값을 구하라.

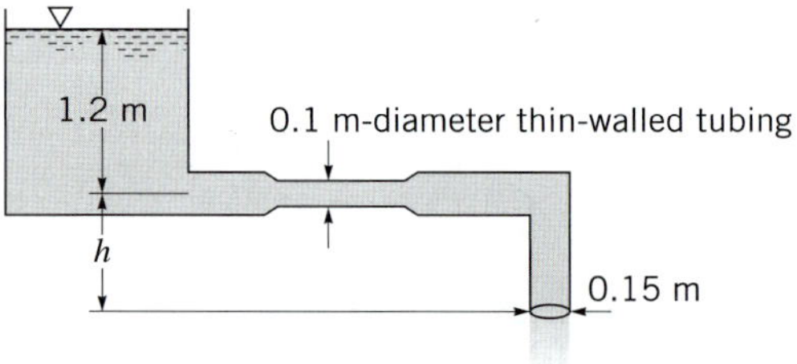

그림 P4.6.46

4.6.47 온도 20 ℃, 압력 200 kPa(절대압력)의 헬륨이 직경 0.30 m의 수평 파이프를 0.30 kg/s의 속도로 흐른다. 파이프의 직경이 0.25 m로 감소할 때, 두 단면 사이의 압력차를 구하라. 비압축성, 비점성 유동을 가정하라.

4.6.48 물을 호수에서 0.2 m 파이프를 통해 $0.28\ m^3/s$의 유량으로 퍼올린다. 점성 효과를 무시할 수 있을 때, 호수 위 1.8 m 높이에 위치한 흡입 파이프(호수와 펌프 사이의

파이프) 내부의 압력을 구하라.

4.6.49 그림 P4.6.49와 같이 공기가 작은 개방형 풍동으로 흡입된다. 대기압은 98.7 kPa(절대압력)이고 온도는 27 ℃이다. 점성 효과를 무시할 수 있을 때, 비행기 앞쪽 정체점에서의 압력을 구하라. 또한, 시험 구간에서 공기 속도가 50 m/s일 때, 풍동의 시험 구간 내부 정압 탭에 연결된 액주계의 높이차 h를 구하라.

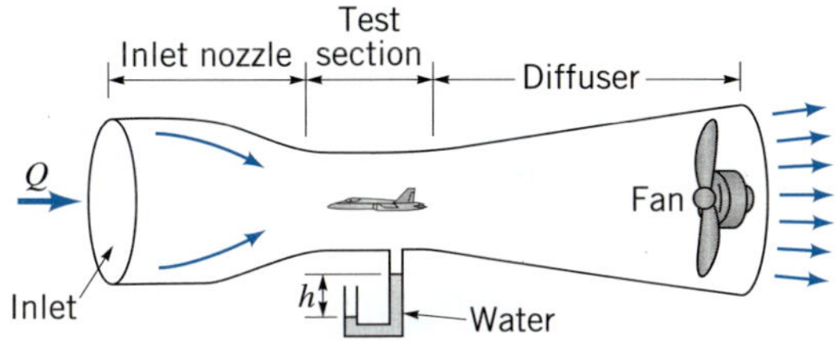

그림 P4.6.49

4.6.50 그림 P4.6.50의 장치를 통해 공기가 흐른다. 유량이 충분히 크면, 수축부의 압력이 낮아져 물을 튜브 안으로 끌어올릴 수 있다. 물을 구간 (2)로 끌어올리기 위해 필요한 유량 Q 및 구간 (1)에서의 압력을 구하라. 압축성 및 점성 효과는 무시한다.

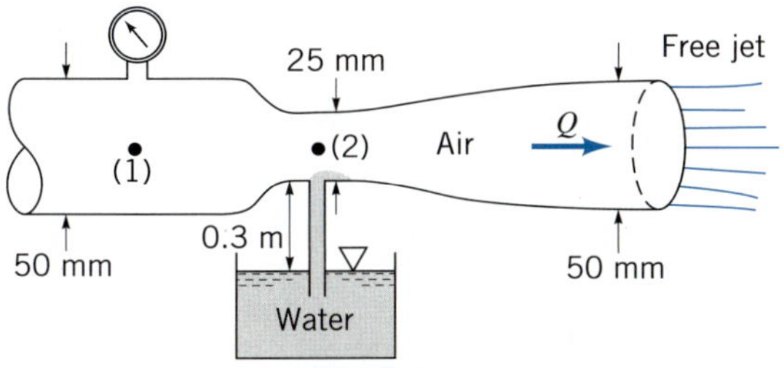

그림 P4.6.50

4.6.51 그림 P4.6.51과 같이 큰 개방형 수조에서 물이 정상 상태로 흘러나온다. 점성 효과를 무시할 수 있을 때, (a) 유량 Q 및 (b) 액주계 높이차 h를 구하라.

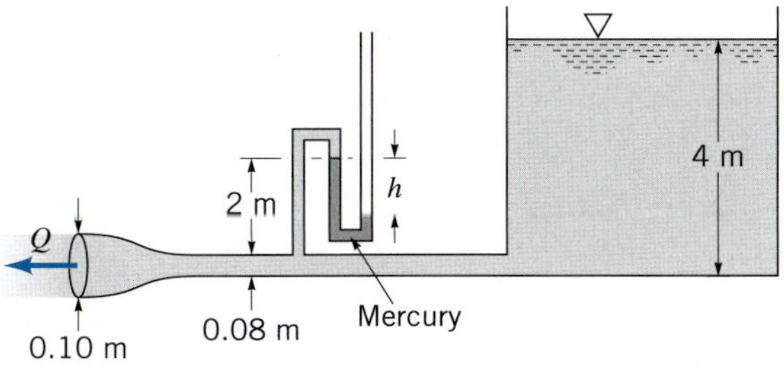

그림 P4.6.51

4.6.52 수도꼭지에서 나오는 물이 0.45 kg의 유리잔(부피 = 0.0005 m^3)을 20초 안에 채운다. 수도꼭지에서 나오는 물 제트의 직경이 0.015 m일 때, 물 제트가 수도꼭지 아래 0.35 m에 위치한 유리잔의 수면에 부딪힐 때의 제트 직경을 구하라.

4.6.53 그림 P4.6.53의 노즐에는 물로 된 2개의 액주계가 설치되어 구간 1과 2에서의 정압을 보여준다. 직경 D_1과 D_2는 각각 0.2 m와 0.05 m이다. 공기가 노즐을 통해 흐르고, 공기와 물의 온도는 15.6 ℃이다. 공기의 체적 유량을 구하라. 밀도가 일정한 비점성 유동을 가정하고, 높이 변화는 무시한다.

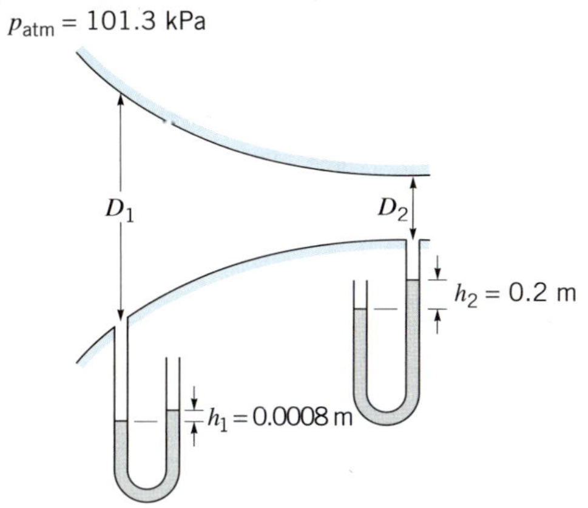

그림 P4.6.53

4.6.54 (Video) 그림 P4.6.54 및 비디오 V4.10과 같이, 폭이 일정한 축소–확대 직사각형 채널을 통하여 공기가 정상 상태로 흐른다. 출구에서의 채널 높이와 출구 속도는 각각 H_0와 V_0다. 채널 벽을 따라 정압 탭에 연결된 튜브 속으로 물이 빨려 올라가는 거리 d가 채널을 따른 거리에 따라 선형 관계가 되도록 채널 형상이 설계된다. 즉, $d = (d_{max}/L)x$인데, L은 채널 길이이고, d_{max}는 (채널 높이가 최소가 되는 $x = L$에서의) 물의 최대 깊이다. x와 다른 주요 변수들의 함수로 높이 $H(x)$를 구하라.

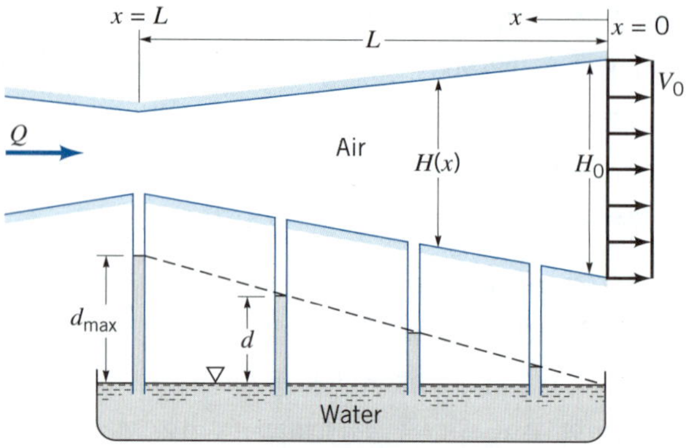

그림 P4.6.54

4.6.55 Ⓒ 그림 P4.6.55와 같이 큰 용기에서 단면적의 크기가 변하는 파이프를 통해 물이 흐른다. 파이프의 면적은 $A = A_0[1 - x(1 - x/\ell)/2\ell T]$이고, A_0는 파이프의 시작 지점($x = 0$) 및 끝 지점($x = l$)의 면적이다. 수심이 $h = 1$, 4, 10, 25 m인 경우에 대해 파이프 내부의 압력을 파이프를 따른 거리의 함수 형태로 그래프를 그려라.

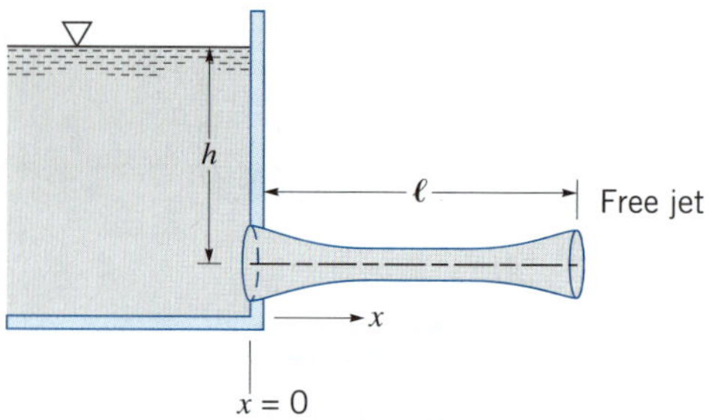

그림 P4.6.55

4.6.56 점성 효과를 무시할 수 있고 용기가 클 때, 그림 P4.6.56의 용기에서 흐르는 유량을 구하라.

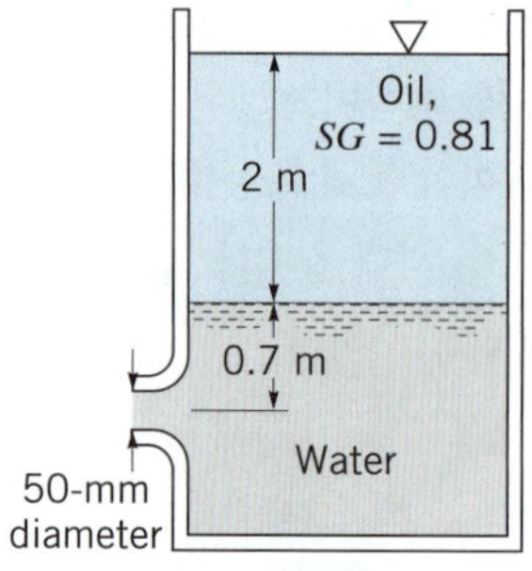

그림 P4.6.56

4.6.57 그림 P4.6.57과 같이 파이프에서 물이 정상상태로 거의 손실 없이 아래로 흐른다. 유량을 구하라.

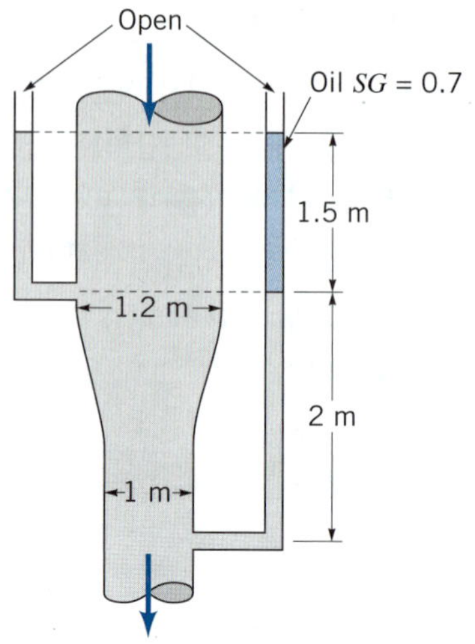

그림 P4.6.57

4.6.58 그림 P4.6.58과 같이 큰 개방형 용기에서 물이 정상상태로 흘러 직경 0.076 m의 파이프를 통해 대기 중으로 배출된다. A와 B에서 압력 게이지가 동일한 압력을 나타내는 경우, 파이프의 좁아진 부분 A에서 직경 d를 구하라.

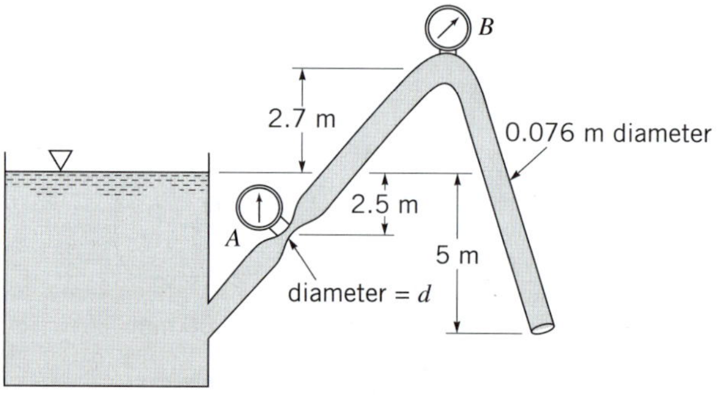

그림 P4.6.58

4.6.59 그림 P4.6.59와 같이 큰 용기에서 물이 흐른다. 대기압이 100 kPa이고 증기압은 11 kPa이다. 점성 효과를 무시할 수 있을 때, 캐비테이션이 시작되는 높이 h는 얼마인가? 캐비테이션을 피하기 위해 D_1 값을 늘려야 하는가 아니면 줄여야 하는가? 캐비테이션을 피하기 위해 D_2 값을 늘려야 하는가 아니면 줄여야 하는가? 설명하라.

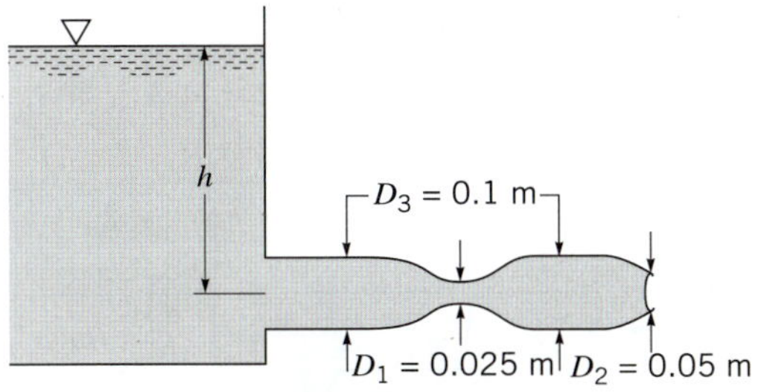

그림 P4.6.59

4.6.60 Video 그림 P4.6.60 및 Video V5.1과 같이 물이 0.0075 m^3/min의 유량으로 싱크대에 흘러 들어간다. 배수구가 닫히면 물은 결국 싱크대 가장자리가 아닌 오버플로 배수구(overflow drain holes)를 통하여 흐른다. 싱크대에서 물이 흘러넘치지 않게 하려면, 직경 0.01 m의 배수구가 몇 개 필요한가? 점성 효과는 무시하라.

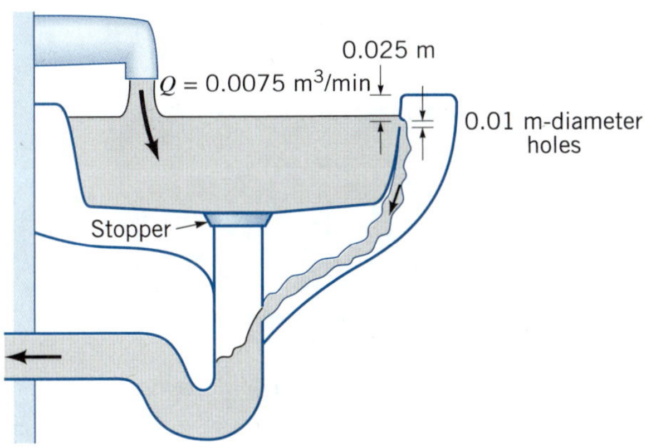

그림 P4.6.60

4.6.61 그림 P4.6.61의 용기에서 0.0025 m^3/s의 유량이 흐르기 위해 필요한 압력 p_1은 얼마인가?

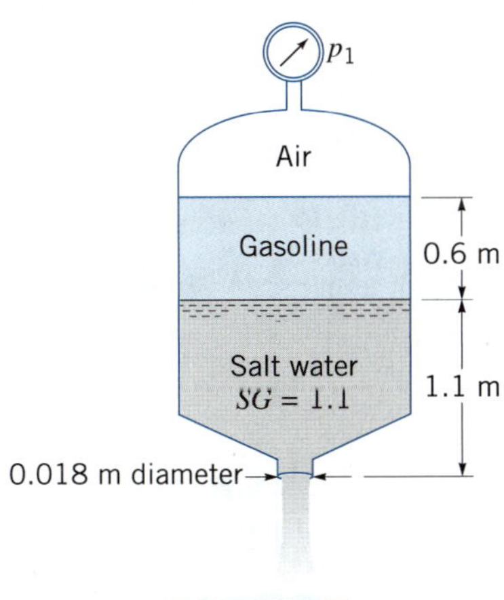

그림 P4.6.61

4.6.62 그림 P4.6.62와 같이 용기의 환기구가 닫히고, 유량을 증가시키기 위해 용기의 압력을 증가시킨다. 환기구가 열려 있을 때 유량의 2배를 만들기 위해 필요한 p_1은 얼마인가?

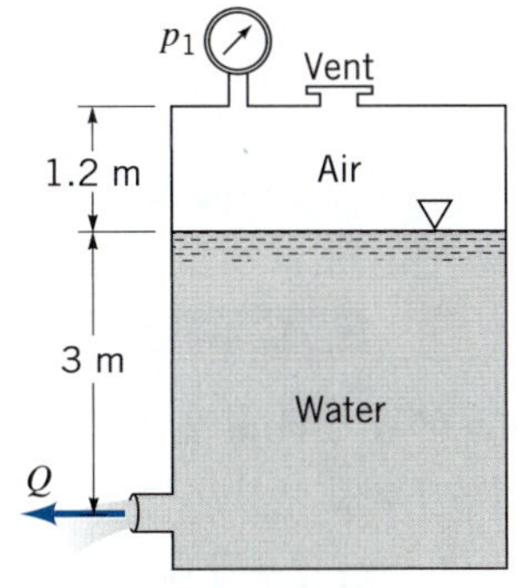

그림 P4.6.62

4.6.63 배수 펌프(sump pump)가 1765 Pa의 압력에서 기화하는 15.6°C의 물에 잠겨 있다. 펌프 입구의 내경이 0.0525 m이고 수면 아래 5 m에 위치한다. 캐비테이션(기화)이 발생하기 전에 가능한 최대 유량을 구하라.

4.6.64 그림 P4.6.64와 같이 물이 큰 용기에서 사이펀에 의해 흘러나와 0.05 m 직경의 튜브를 통해 대기 중으로 배출된다. 튜브의 끝이 용기 바닥에서 0.9 m 아래에 있고 점성 효과는 무시할 수 있다. (a) 용기에서 나오는 물의 체적 유량을 구하라. (b) 캐비테이션이 발생하지 않고 물이 흘러나올 수 있는 최대 높이 H를 구하라. 대기압은 101.3 kPa이고 수증기의 압력은 1.792 kPa이다.

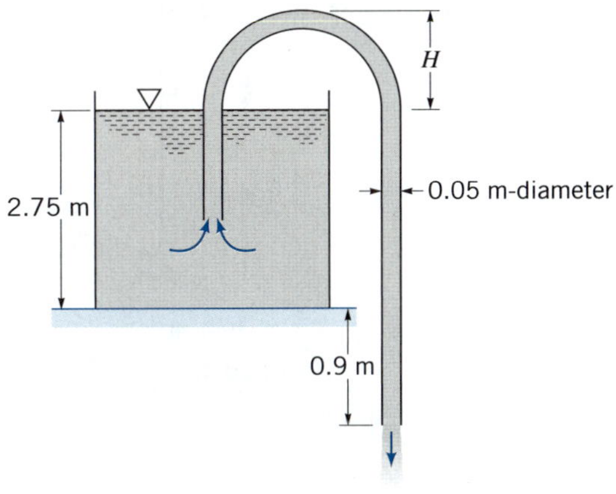

그림 P4.6.64

4.6.65 그림 P4.6.65와 같은 시스템에서 물이 흐른다. 마찰

이 없는 유동을 가정한다. (a) 용기에서 4.87 m의 높이를 유지하기 위해 입구에서 공급해야 할 물의 유량 Q를 구하라. (b) 정압 튜브에서 물의 높이 h를 피트 단위로 구하라.

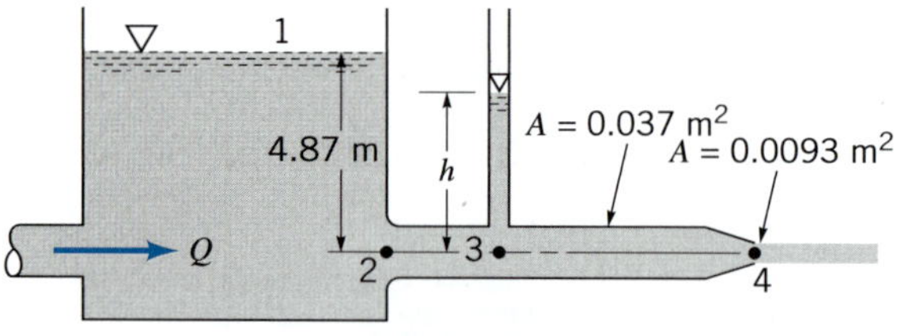

그림 P4.6.65

4.6.66 그림 P4.6.66과 같이 물이 파이프에서 정상상태로 흐르고 있고, 점성 효과를 무시할 수 있다. 열린 수직 튜브의 A로 물이 흐르지 않는 경우에 대해 최대 유량을 구하라.

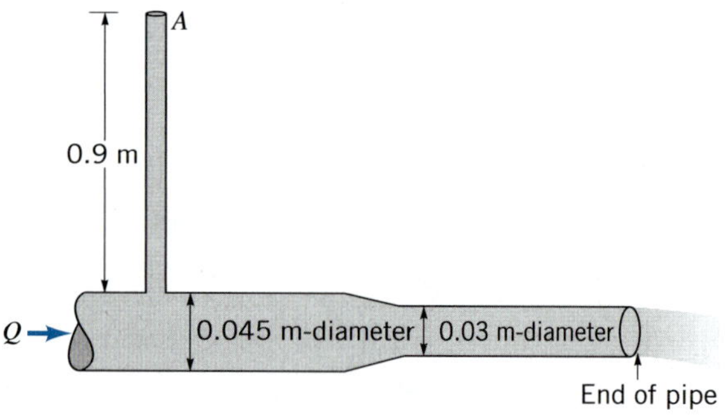

그림 P4.6.66

4.6.67 그림 P4.6.67과 같이 JP–4 연료($SG = 0.77$)가 벤투리 유량계를 지나 0.15 m 파이프에서 4.57 m/s의 속도로 흐른다. 점성효과를 무시할 수 있을 때, 벤투리 유량계의 목에 연결된 개방 튜브에서 연료의 높이 h를 구하라.

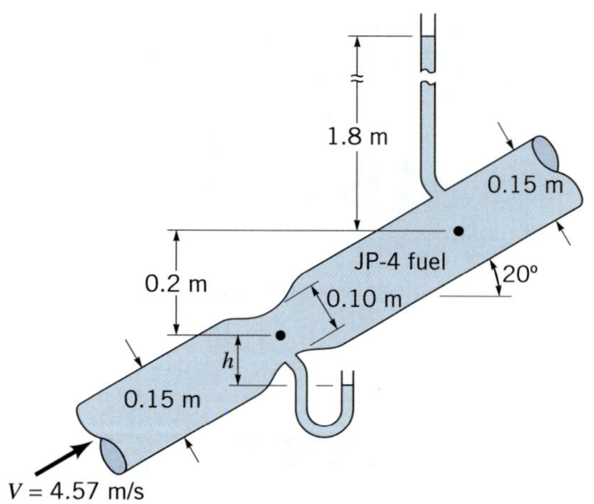

그림 P4.6.67

4.6.68 그림 P4.6.68과 같이 물이 정상상태로 흐르고 있다. 물을 비점성, 비압축성 유체로 간주하고, h를 구하라.

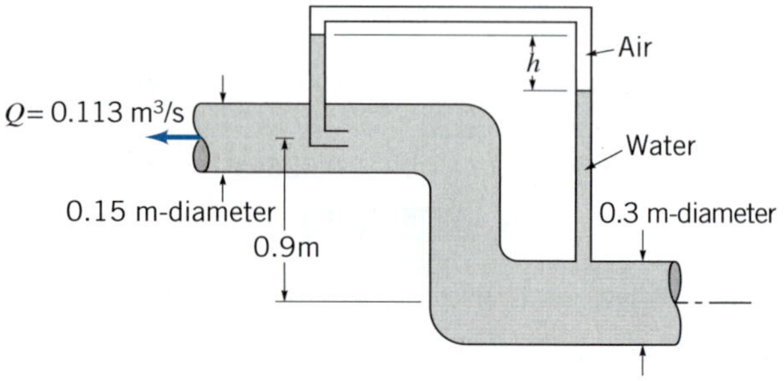

그림 P4.6.68

4.6.69 그림 P4.6.69와 같이 오리피스의 수축 계수가 $C_c = 0.63$일 때, 오리피스를 통과하는 유량을 구하라.

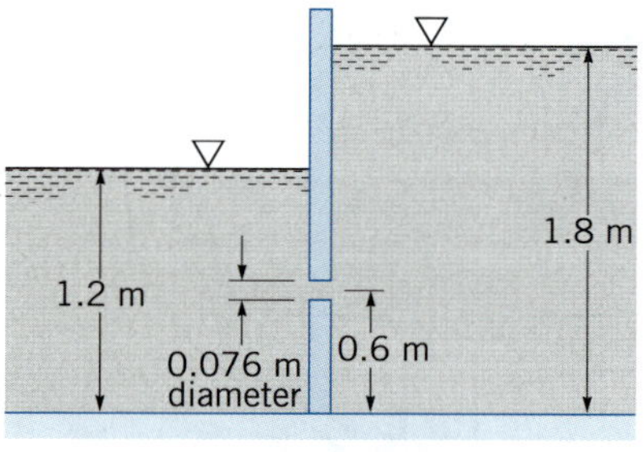

그림 P4.6.69

4.6.70 그림 P4.6.70과 같이 물시계(clepsydra)는 큰 유리 용기에서 떨어지는 물의 수위로 시간을 측정하는 고대 장치이다. 이 장치의 물은 바닥에 있는 작은 구멍을 통해 천천히 빠져나간다. 배수구의 직경이 1.5 mm일 때, 수위가 5 cm/hr의 일정한 속도로 낮아지는데 필요한 원형 단면 용기의 대략적인 형상 $R(z)$를 구하라. 시계에 물을 다시 채우지 않고 24시간 동안 시간을 측정할 수 있는 용기의 크기(h, R_0)는 얼마인가?

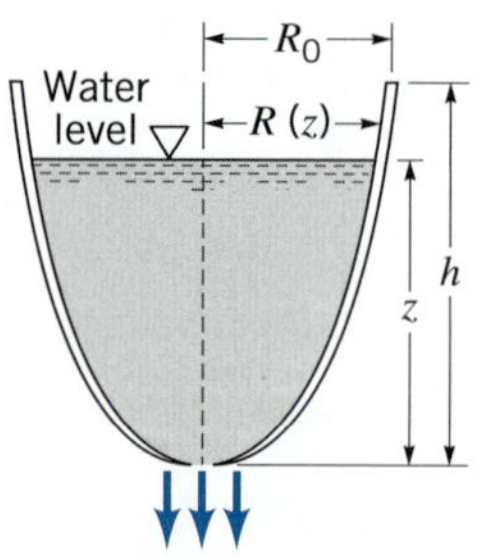

그림 P4.6.70

4.6.71 그림 P4.6.71과 같이 두 판자로 만든 삼각형 단면의 긴 물통이 있다. 두 판자가 만나는 곳에 2.5 mm의 틈이 있다. 처음 수심이 0.6 m라고 하면, 수심이 0.3 m로 줄어드는데 걸리는 시간은 얼마인가?

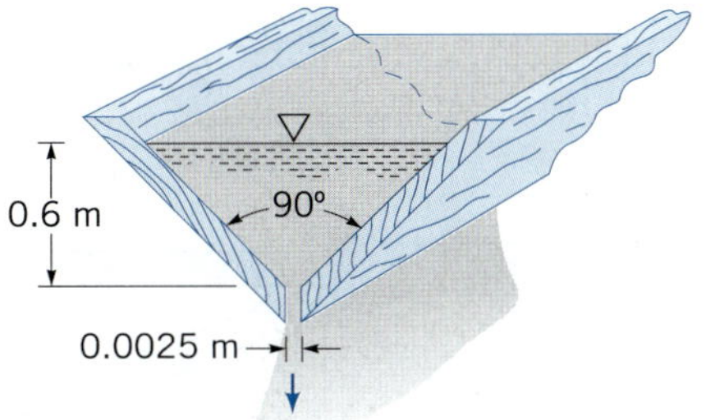

그림 P4.6.71

4.6.72 Video 그림 P4.6.72(비디오 V4.9 참조)와 같이 3 개의 구멍이 있는 직경 0.1 m의 팝 용기에서 (물과 동일한 물성치를 갖는) 팝이 흘러나온다. 각 유체 줄기(fluid stream)의 직경은 0.004 m이고, 구멍 사이의 거리는 0.05 m이다. 점성 효과를 무시하고 준정상 상태를 가정할 때, 가장 위쪽의 구멍에서 팝이 배수를 멈추는 시간을 구하라. $t = 0$일 때, 팝의 표면이 맨 위 구멍보다 0.05 m 위에 있다고 가정하라. 비디오에서 측정한 시간과 결과를 비교하라.

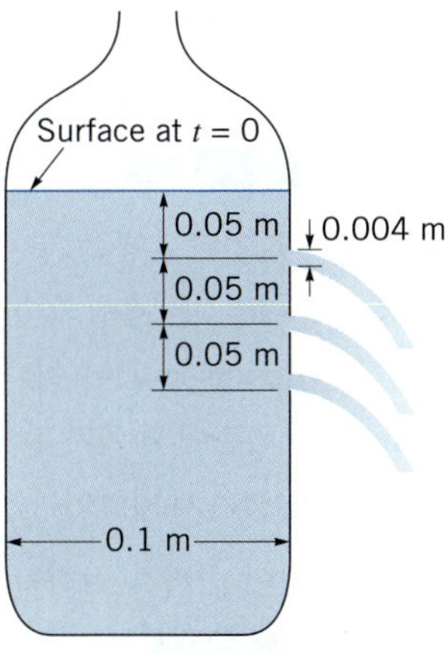

그림 P4.6.72

4.6.73 C 지름이 D인 구형 용기의 바닥에 지름이 d인 배수구가 있다. 용기 상단의 통풍구로 인해 용기 내의 액체 표면에서 대기압이 유지된다. 유동은 준정상 상태로 비점성이며, 용기는 처음에 물로 가득 차 있다. 수심을 시간에 대한 함수 $h = h(t)$로 구하고, $d = 0.0254$ m일 때 용기의 지름이 0.3, 1.5, 3, 6 m인 경우에 대해 $h(t)$의 그래프를 그려라.

4.6.74 O 그림 P4.6.74와 같이 정지되어 있는 보트의 바닥에 작은 구멍이 생겼다. 보트가 가라앉는데 걸리는 시간을 구하라. 모든 가정을 나열하고 계산 과정을 모두 보여라.

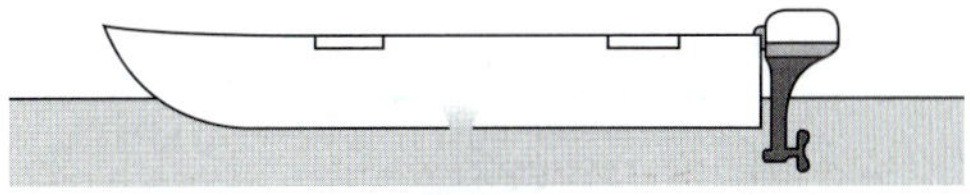

그림 P4.6.74

4.6.75 배수 마개를 당기면, 크고 개방된 원통형 용기 바닥의 구멍에서 물이 흘러나온다. 점성 효과를 무시할 수 있고 유동이 준정상 상태라고 가정할 때, 용기의 처음 절반을 비우는 것보다 전체 용기를 비우는 데 4.41배 더 오래 걸린다는 것을 보여라. 왜 그런지 설명하라.

4.6.76 한밤중에 누군가 휘발유 용기에서 휘발유 56.78 L를 사이펀을 이용해 훔쳤다. 용기는 폭 0.3 m × 길이 0.6 m × 높이 0.45 m이며, 도둑이 왔을 때 용기는 가득 차 있었다. 사이펀 튜브의 내경이 0.013 m인 경우, 용기에서 56.78 L를 뽑아내는데 필요한 최소 시간을 구하라. 임의의 순간에 정상상태 방정식이 사이펀 튜브의 휘발유 속도를 예측하는 데 적합하다고 가정한다. 또한 용기 외부에 있는 사이펀 튜브 끝이 탱크 바닥과 같은 높이에 있고, 휘발유는 비점성이라고 가정한다.

4.6.77 C 그림 P4.6.77과 같이 연못의 표면적 A가 표에 보인 것처럼 물의 깊이 h에 따라 변한다. 시간 $t = 0$에서 밸브가 열리고, 연못의 물이 지름 D인 파이프를 통하여 빠져나온다. 점성효과를 무시하고 준정상 상태를 가정할 때, 파이프 지름 D가 0.15, 0.3, 0.45, 0.6, 0.75, 0.9 m인 경우에 대하여 밸브가 열린 시점($t = 0$)부터 연못이 마를 때까지 물의 깊이를 시간의 함수로 그려라. $t = 0$일 때 $h = 5.4$ m로 가정하라.

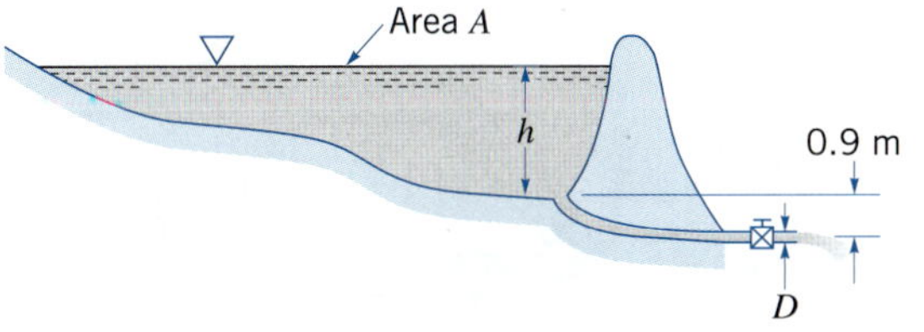

그림 P4.6.77

4.6.78 그림 P4.6.78과 같이 물이 수평 분기관을 통해 흐른다. 이때, 지점 (3)에서의 압력을 구하라.

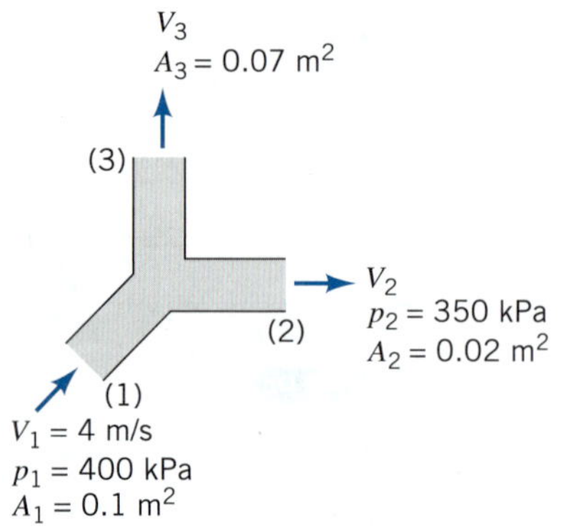

그림 P4.6.78

4.6.79 그림 P4.6.79와 같이 Y자형 부품("wye" fitting)이 이 수평면에 놓여 있다. 이 부품은 입구 유동을 동일한 두 개로 나눈다. 지점 1에서 물의 속도는 3.66 m/s이고 압력은 138 kPa이다. 지점 2와 지점 3에서 수압을 계산하라. 유동은 비점성이고 수온은 15.6 ℃라고 가정하라.

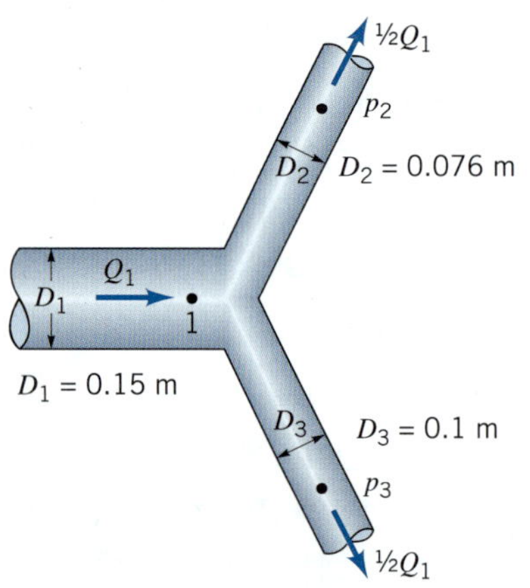

그림 P4.6.79

4.6.80 그림 P4.6.80과 같이 물이 분기관을 흐른다. 점성 효과를 무시할 수 있을 때, 지점 (2)에서의 압력과 지점 (3)에서의 압력을 구하라.

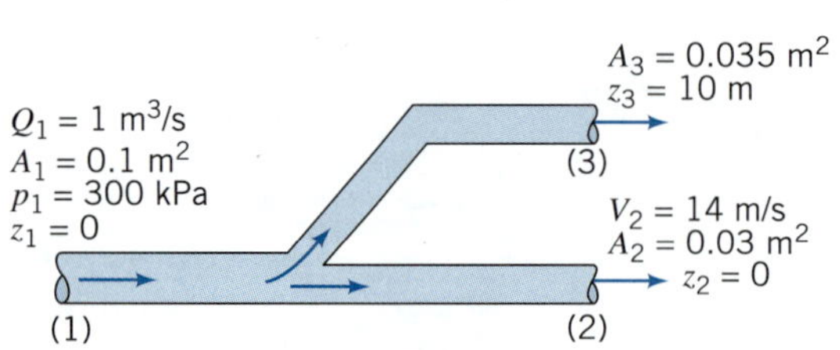

그림 P4.6.80

4.6.81 그림 P.4.6.81과 같이 물이 0.283 m^3/s의 유량으로 수평 분기관을 흐른다. 점성 효과를 무시할 수 있을 때, 지점 (2)에서 물의 속도, 지점 (3)에서 압력 및 지점 (4)에서 유량을 구하라.

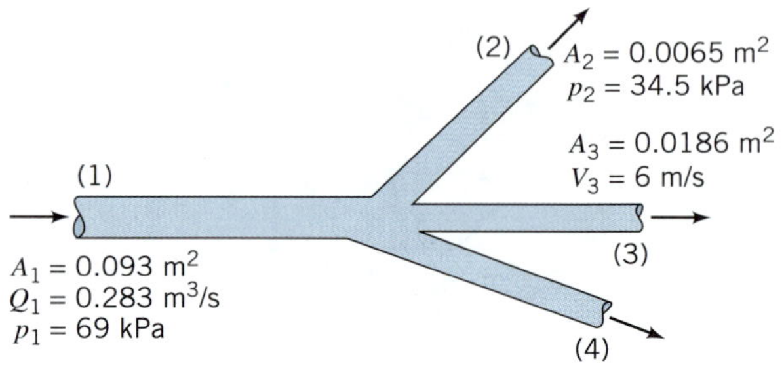

그림 P4.6.81

4.6.82 그림 P4.6.82와 같이 물이 대형 용기에서 큰 파이프를 통해 나온 후 두 개의 작은 파이프로 갈라진다. 점성 효과를 무시할 수 있을 때, 용기에서 나오는 유량과 지점 (1)에서의 압력을 구하라.

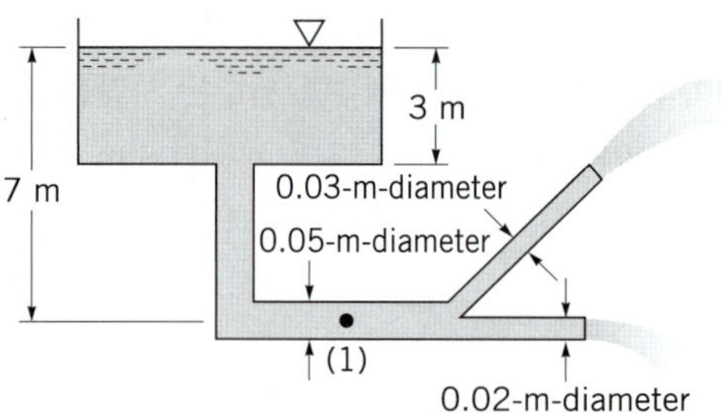

그림 P4.6.82

4.6.83 집의 측면을 따라 설치된 홈통은 폭이 0.15 m, 길이가 12.2 m이다. 폭우가 내릴 때, 홈통의 물 깊이는 0.025 m이다. 홈통에는 하관(downspout)이 하나만 있고, 하관의 직경은 0.076 m이다. 하관에 들어가는 물의 속도는 얼마인가? 하관 입구에서 압력은 대기압이다.

4.6.84 그림 P4.6.84와 같이 공기가 직경이 0.01 m인 9개의 구멍을 통해 야외용 조리 그릴로 유입되며, 공기는 비압축성 및 비점성으로 가정한다. 올바른 조리 조건을 유지하기 위해 그릴에 39.3 L/min의 유량이 필요할 때, 구멍 근처의 그릴 내부 압력을 구하라.

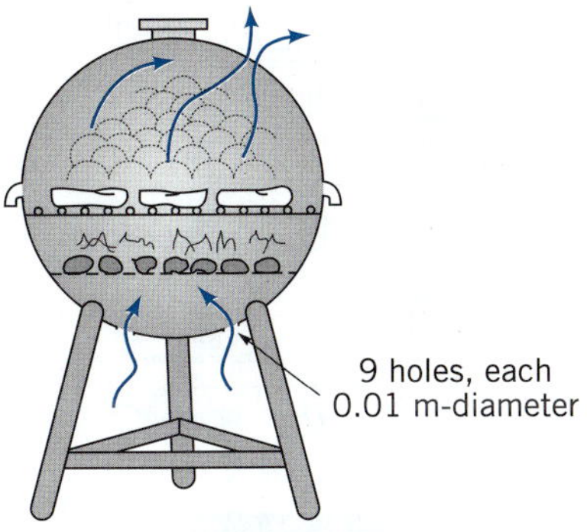

그림 P4.6.84

4.6.85 공기쿠션 차량은 그림 P4.6.85와 같이 차량 주변의 스커트(skirt)로 만들어진 챔버(chamber)에 공기를 밀어 넣음으로써 지지된다. 공기는 스커트 하단과 지면(또는 물) 사이의 0.076 m의 틈을 통해 빠져 나간다. 차량은 무게가 44.5 kN이고, 기본적인 모양이 9 m × 20 m인 직사각형이라고 가정한다. 챔버의 체적이 충분히 크므로 방안에서 공기의 운동에너지는 무시할 수 있다. 차량을 지지하는 데 필요한 유량 Q를 구하라. 만일 지면 틈새가 0.05 m로 줄어들면, 얼마의 유량이 필요한가? 차량 무게가 22.25 kN으로 줄고 지면 틈새가 0.076 m로 유지된다면, 얼마의 유량이 필요한가?

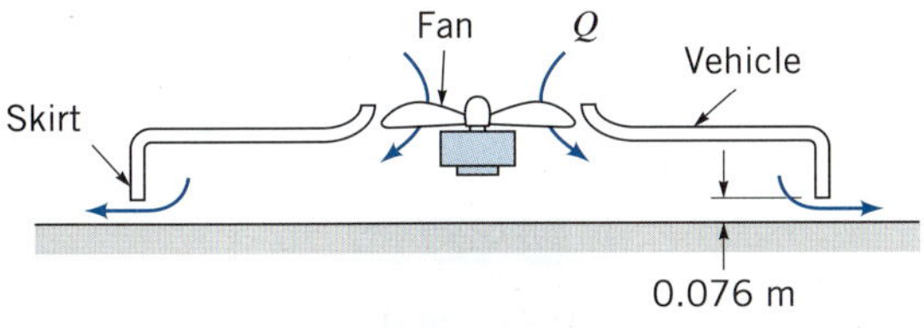

그림 P4.6.85

4.6.86 그림 P4.6.86과 같이 물이 파이프에서 자유 제트로 흘러나온 후 원형 평판에 부딪친다. 그림에 나타낸 유동의 형상은 축대칭이다. 유량과 액주계 수치 H를 구하라.

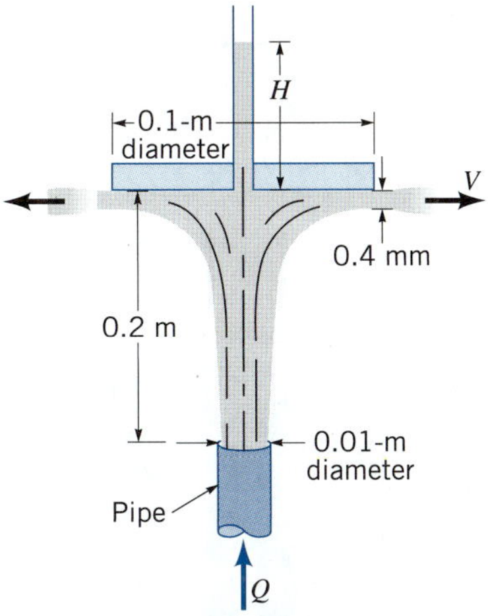

그림 P4.6.86

4.6.87 그림 P4.6.87과 같이 원뿔형 플러그가 파이프에서 나온 공기 유동을 조절하는 데 사용된다. 공기는 0.02 m의 균일한 두께로 원뿔 가장자리를 떠난다. 점성효과를 무시할 수 있고 유량이 0.50 m^3/s일 때, 파이프 내부의 압력을 구하라.

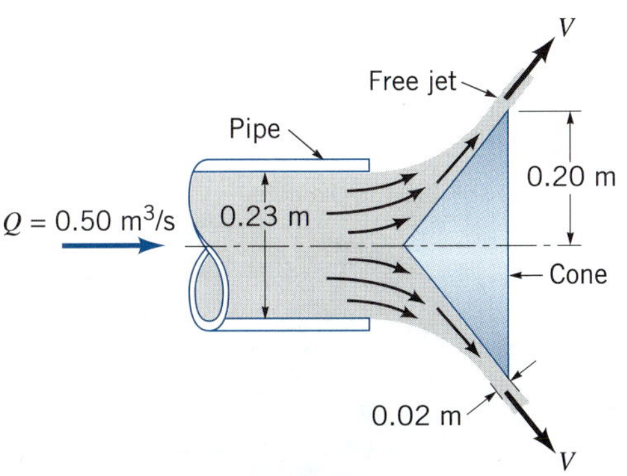

그림 P4.6.87

4.6.88 그림 P4.6.88과 같이 두 개의 높은 타워가 있다. 10 ℃의 공기가 V_0 = 30 km/hr의 속도로 두 타워를 향해 불고 있다. 두 타워가 10 m 떨어져 있고, 두 타워에 접근하는 공기 유동의 절반이 두 타워 사이를 통과할 때, 두 타워 사이의 최소 공기 압력을 구하라. 일정한 공기 밀도, 비점성 유동 및 정상상태를 가정한다. 대기압은 101 kPa이다.

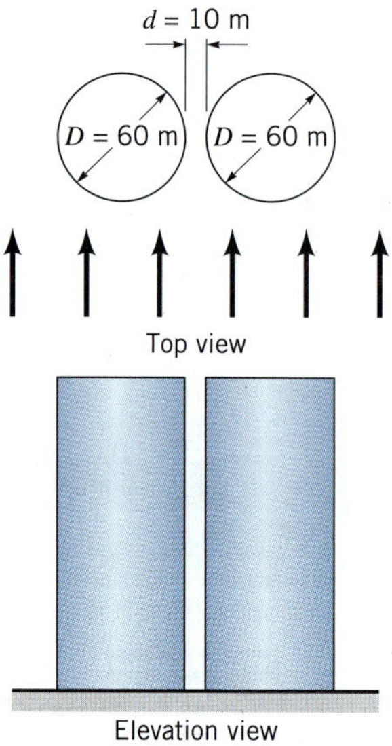

그림 P4.6.88

4.6.89 그림 P4.6.89와 같이 물이 정상상태로 노즐에서 나와 큰 용기로 흐른다. 그 후 물은 직경 d의 제트로 용기에서 나간다. 용기의 수위가 일정하게 유지되는 경우, d 값을 구하라. 점성 효과는 무시할 수 있다.

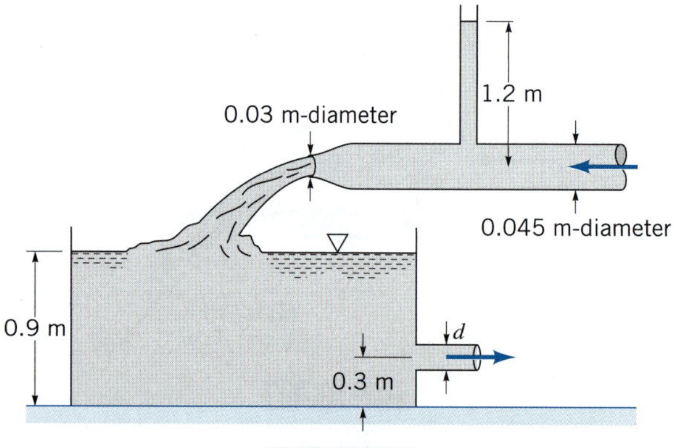

그림 P4.6.89

4.6.90 그림 P4.6.90과 같이 실패(spool) 꼭대기에 작은 카드를 올려놓는다. 실패 중앙에 있는 구멍으로 공기를 불어넣어서 카드를 실패에서 떼어내는 것은 불가능하다. 공기를 더 강하게 불어 넣으면, 카드가 더 강하게 실패에 "달라붙는다." 사실, 실패가 뒤집힌 상태에서도 공기를 충분히 불어넣으면 카드가 실패에서 떨어지지 않게 유지하는 것이 가능하다. (주의: 카드가 실패에서 미끄러지는 것을 방지하기 위해 압정을 사용해야 할 수도 있다.) 이 현상을 설명하라.

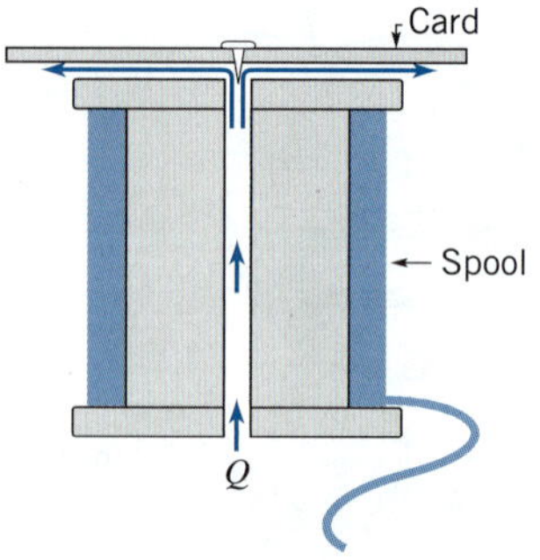

그림 P4.6.90

4.6.91 관찰 결과에 따르면 그림 P4.6.91a의 깔때기에서 탁구공을 불어내는 것은 불가능하다. 사실 그림 P4.6.91b의 뒤집힌 깔때기 안으로 공기를 불어넣어 탁구공을 깔때기 안에 보관할 수 있다. 깔때기에 공기를 세게 불어넣으면 넣을수록, 공은 깔때기 안에 더욱 세게 보관된다. 이 실험을 직접 해보고 이 현상을 설명하라.

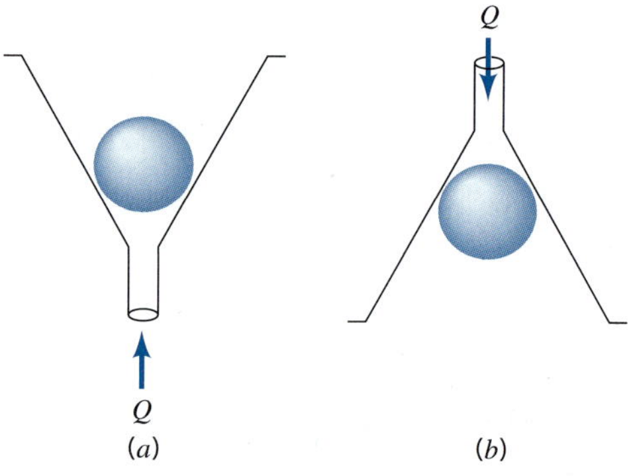

그림 P4.6.91

4.6.92 그림 P4.6.92와 같이 경사로 아래로 물이 흐르며, 점성 효과는 무시할 수 있다. 지점 (1)과 (2)에서 유동은 균일하다. 주어진 조건에 대해 Bernoulli 및 연속 방정식을 사용하여 하류 깊이 h_2에 대한 세 가지 해가 얻어짐을 보여라. 하지만, 이 해들 중 두 개만이 현실적임을 보이고, 그 값을 구하라.

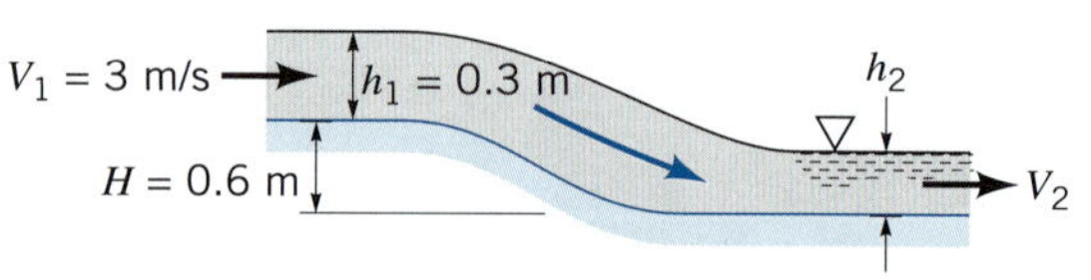

그림 P4.6.92

4.6.93 그림 P4.6.93과 같이 폭 2.0 m의 직사각형 수로에 물이 흐르며, 상류 깊이는 70 mm이다. 수로 바닥이 10

mm 상승한 지점을 지나면서 수면이 40 mm 올라간다. 점성효과를 무시할 수 있다면, 유량은 얼마인가?

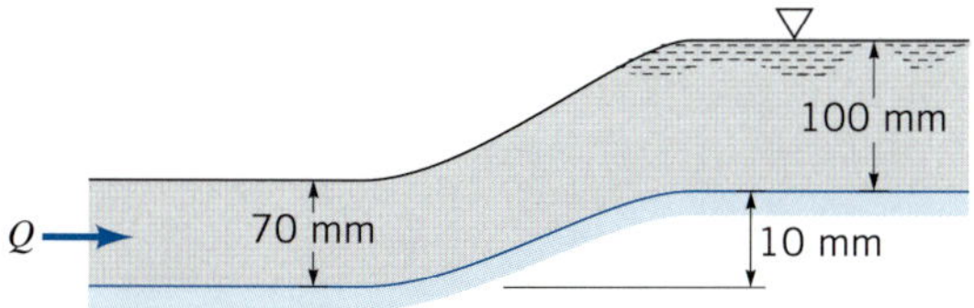

그림 P4.6.93

4.6.3절 유량 측정

4.6.94 몇 가지 유형의 유량계와 관련된 상황의 사진이나 이미지를 준비하라. 사진을 인쇄하고 그 상황을 묘사하는 설명문을 간략하게 쓰라.

4.6.95 최소 지름이 0.075 m인 벤투리 유량계를 이용하여 지름이 0.1 m인 파이프를 흐르는 물의 유량을 측정한다. 유량이 0.014 m^3/s이고 점성효과를 무시할 수 있을 때, 유량계에 부착된 압력계에 나타나는 압력차를 구하라.

4.6.96 이상적인 조건들을 가정하고, 그림 P4.6.96의 벤투리 유량계를 지나는 유량을 구하라.

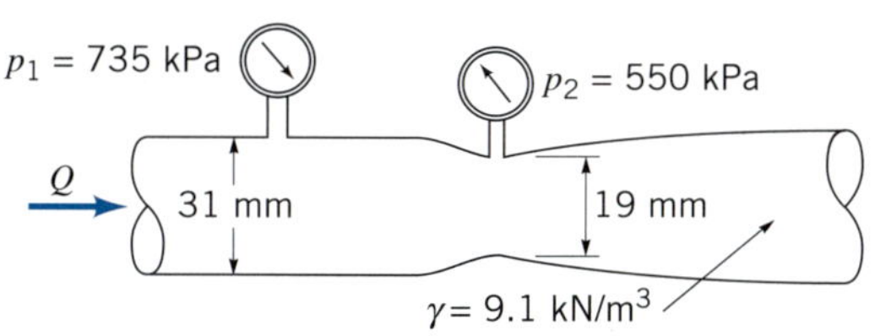

그림 P4.6.96

4.6.97 $p_1 = 275$ kPa(abs), 대기압이 101 kPa(abs), 증기압이 3.6 kPa(abs)일 때, 문제 4.6.98의 벤투리관을 통과하는 얼마의 유량에서 캐비테이션이 시작될까?

4.6.98 이상적인 조건에서 그림 P4.6.98의 오리피스 유량계를 흐르는 해수의 유량이 115 ℓ/min이고 $p_1 - p_2 = 16.34$ kPa이기 위해 필요한 오리피스 구멍의 직경 d는 얼마인가? 수축 계수는 0.63으로 가정한다.

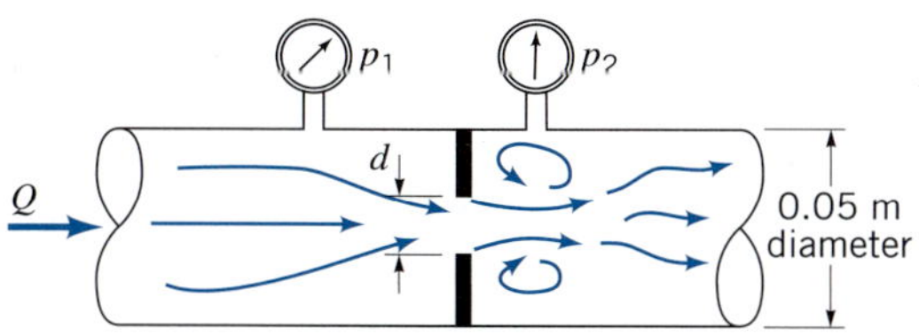

그림 P4.6.98

4.6.99 Video 그림 P4.6.99와 같이 채널의 유량을 측정하기 위해 사다리꼴 단면의 둑(weir)을 사용한다(비디오 V10.13 참조). $H = \ell/2$일 때 유량이 Q_0라고 하면, $H = \ell$일 때 예상되는 유량은 얼마인가?

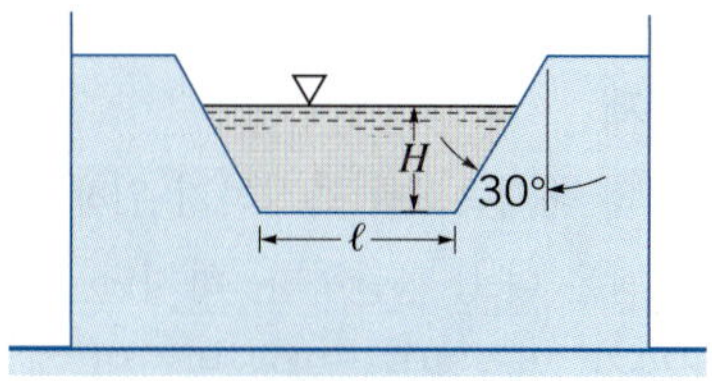

그림 P4.6.99

4.6.100 수로의 유량은 그림 P4.6.100과 같은 벤투리 플륨(Venturi flume)이라고 불리는 장치를 사용하여 종종 결정한다. 이 장치는 단순히 수로 바닥의 돌기(bump)로 구성되어 있다. 표시된 조건에서 수면이 0.07 m 내려간다면, 수로의 폭당 유량이 얼마인가? 속도는 균일하고 점성효과는 무시할 수 있다고 가정한다.

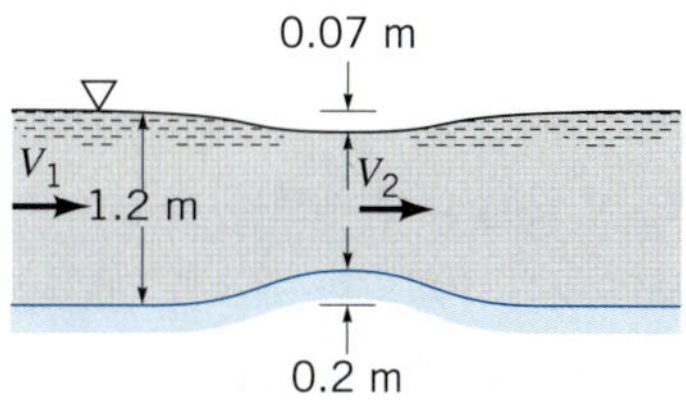

그림 P4.6.100

4.6.101 그림 P4.6.101과 같이 경사진 수문 아래로 물이 흐른다. 수문의 폭이 2.5 m일 때, 유량을 구하라.

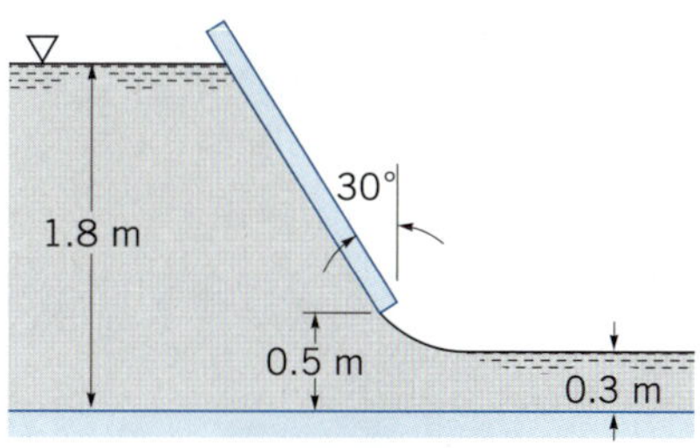

그림 P4.6.101

4.7절 에너지선과 수력기울기선

4.7.1 지름이 0.15 m인 수직 파이프에 물이 0.2 m^3/s의 유량으로 흐르고 있으며, 높이 25 m에서 압력이 200 kPa이다. 높이 20 m와 55 m에서 속도수두와 압력수두를 구하라.

4.7.2 문제 4.6.59의 유동에 대해 에너지선과 수력기울기선을 그려라.

4.7.3 문제 4.6.46의 유동에 대해 에너지선과 수력기울기선을 그려라.

■ 평생학습 문제

4.1 LL 비행기의 대기속도를 측정하기 위해 피토정압관을 사용한다는 개념은 다소 간단하다. 하지만, 믿을 수 있고, 정확하고, 비싸지 않은 피토정압관 방식의 대기 속도계를 설계하고 제작하는 것이 반드시 간단한 것은 아니다. 최신 피토정압관의 설계와 제작에 대한 정보를 조사하라. 조사한 내용을 간단한 보고서로 정리하라.

4.2 LL 파이프 내 유량을 정확하게 측정하기 위해 오리피스, 노즐 및 벤투리 유량계가 오랫동안 사용되어 왔다. 하지만, 최근 유량을 측정하기 위해 몇 가지 새로운 개념이 제안되거나 사용되었다. 파이프 유량을 구하기 위한 새로운 방법들에 대하여 조사하라. 조사한 내용을 간단한 보고서로 정리하라.

4.3 LL 초고압의 얇은 액체 제트를 사용하여 가죽부터 강철 및 그 이상의 것까지 다양한 재료를 절단할 수 있다. 액체 제트 절단을 위하여 제안된 새로운 방법과 기술에 대한 정보를 얻고, 이것들이 여러 제조 공정을 어떻게 바꾸게 될지를 조사하라. 조사한 내용을 간단한 보고서로 정리하라.

CHAPTER 5

유한 검사체적 해석

학습목표

이 장을 학습한 후, 다음을 할 수 있어야 합니다.

- 유체역학 문제를 해결하기 위해 적절한 유한 검사체적을 선택할 수 있습니다.
- 질량 및 에너지 보존 법칙과 뉴턴 제2법칙을 유한 검사체적에 적용하여 중요한 결과를 얻을 수 있습니다.
- 유동에서의 속도 변화와 에너지 전달이 힘과 토크와 어떻게 관련 되는지 설명할 수 있습니다.
- 유선을 따르는 유동에 대해 베르누이 방정식과 기계 에너지 방정식 중 어떤 것을 선택할 지 결정할 수 있습니다.

유체역학에서 많은 실제 문제는 공간 내의 유한 검사체적에 자연의 기본 법칙을 적용하여 해결할 수 있습니다. 예를 들어, 터보제트 엔진을 테스트하는 동안 정지 상태로 유지하기 위해 필요한 최대 고정 힘을 추정할 수 있습니다. 또는 배를 전진 및 후진으로 움직이도록 프로펠러를 설계할 수 있습니다. 또는 수 천 킬로미터 떨어진 다른 위치로 천연가스를 운반하는 데 필요한 동력을 결정할 수 있습니다.

많은 유체역학 문제는 유한 검사체적 해석을 사용하여 해결할 수 있습니다.

유한 검사체적 해석의 기초는 물리학의 몇 가지 기본 법칙, 즉 질량보존 법칙, 뉴턴의 제2법칙, 열역학 법칙에 기반합니다. 실용성을 위해 몇 가지 단순화된 근사치가 사용되지만, 이 분석 방법으로 얻는 공학적 해답은 다양한 사례를 통해 증명되었습니다.

문제 해결을 위해 검사체적을 잘 정의하는 것이 필요하며, 어떤 가정을 적용할지 결정하는 것 또한 매우 중요한 일입니다. 기본 법칙을 검사체적에 적용하여 얻는 공식은 물리적으로 해석하기 쉽고 사용하기 어렵지 않습니다.

5.1 질량보존 – 연속 방정식

5.1.1 연속 방정식의 유도

시스템은 변경되지 않는 내용물의 집합으로 정의되며, 시스템에 대한 **질량보존** 원리는 다음과 같습니다.

$$\text{시스템 질량의 시간 변화율} = 0$$

혹은

시스템 내의 질량은 시간에 따라 변하지 않습니다.

$$\frac{DM_{\text{sys}}}{Dt} = 0 \tag{5.1}$$

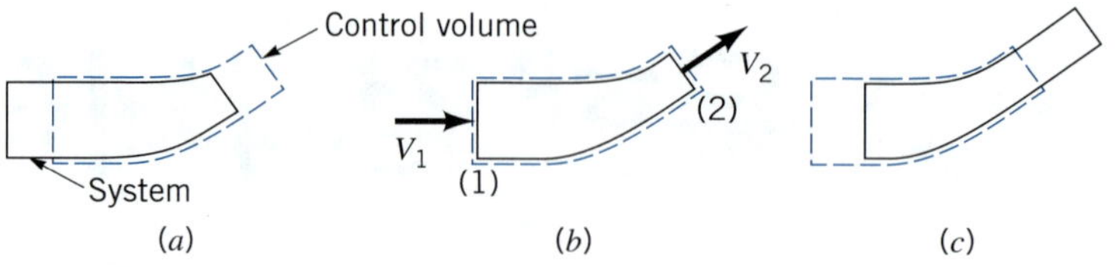

그림 5.1 세 순간에서의 시스템 및 검사체적. (a) 시간 $t-\delta t$에서의 시스템 및 검사체적. (b) 시간 t에서의 시스템 및 검사체적, 일치 조건. (c) 시간 $t+\delta t$에서의 시스템 및 검사체적.

여기서 시스템 질량 M_{sys}는 보다 일반적으로 다음과 같이 표현됩니다.

$$M_{\text{sys}} = \int_{\text{sys}} \rho \, d\PVsymbol \tag{5.2}$$

여기서 적분영역은 시스템의 체적이며, 시스템 질량이 시스템 구성물의 밀도와 체적을 곱한 값들을 모두 합한 값임을 나타냅니다.

그림 5.1는 시스템과 어떤 순간 그 시스템과 완전히 일치하는 비변형 고정 검사체적을 보여주고 있습니다. 레이놀즈 수송정리(식 3.19)에 $B = m$(질량), $b = 1$를 대입하면 다음과 같습니다.

$$\frac{D}{Dt}\int_{\text{sys}} \rho \, d\PVsymbol = \frac{\partial}{\partial t}\int_{\text{cv}} \rho \, d\PVsymbol + \int_{\text{cs}} \rho \mathbf{V} \cdot \hat{\mathbf{n}} \, dA \tag{5.3}$$

또는

시스템 질량의 시간 변화율	=	일치하는 검사체적 내용물 질량의 변화율	+	검사표면을 통한 질량유량

식(5.3)에서 시스템 질량의 시간 변화율을 검사체적의 두 물리량으로 표현합니다. 일치하는 검사체적 내용물 질량의 변화율

$$\frac{\partial}{\partial t}\int_{\text{cv}} \rho \, d\PVsymbol$$

검사표면을 통한 질량유량

$$\int_{\text{cs}} \rho \mathbf{V} \cdot \hat{\mathbf{n}} \, dA$$

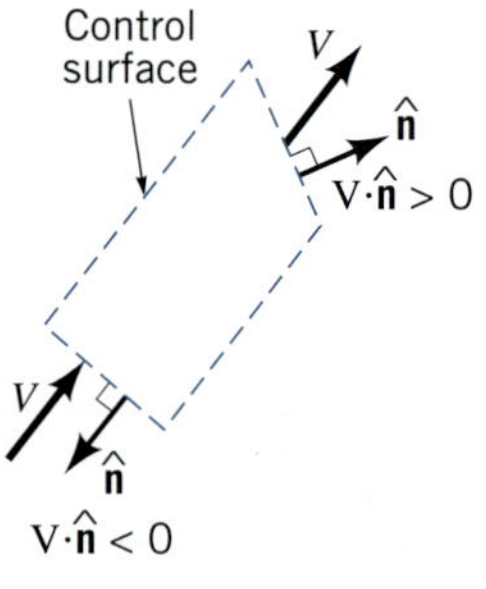

정상유동에서는, 밀도를 포함한 모든 필드 속성은 시간에 따라 일정하며, 검사체적 내부 질량 변화율은 0입니다. 즉,

$$\frac{\partial}{\partial t}\int_{\text{cv}} \rho \, d\PVsymbol = 0$$

$\mathbf{V} \cdot \hat{\mathbf{n}}$는 속도벡터 $\mathbf{V}$와 검사표면에 수직인 법선벡터 $\hat{\mathbf{n}}$의 내적을 나타냅니다. 따라서 $\mathbf{V} \cdot \hat{\mathbf{n}} \, dA$는 dA를 통해 흐르는 체적유량, $\rho \mathbf{V} \cdot \hat{\mathbf{n}} \, dA$는 dA를 통해 흐르는 질량유량을 나타냅니다. 내적 $\mathbf{V} \cdot \hat{\mathbf{n}}$의 부호는 검사체적에서의 나갈 때 "+", 검사체적으로의 들어올 때 "−"입니다. 모든 미분량 $\rho \mathbf{V} \cdot \hat{\mathbf{n}} \, dA$를 검사표면 전체에 대해 적분하면

$$\int_{cs} \rho \mathbf{V} \cdot \hat{\mathbf{n}}\, dA$$

결과적으로 검사표면을 통한 질량유량은

$$\int_{cs} \rho \mathbf{V} \cdot \hat{\mathbf{n}}\, dA = \sum \dot{m}_{\text{out}} - \sum \dot{m}_{\text{in}} \tag{5.4}$$

질량유량 $\dot{m}$의 단위는 (kg/s)이며, 식(5.4)의 적분이 양수이면 질량유량은 검사체적에서 외부로 음수이면 질량유량은 검사체적 내부로 향합니다.

검사체적에 대한 질량보존 방정식은 **연속 방정식(continuity equation)**이라고도 불리며, 비변형 고정 검사체적에 대한 질량보존의 방정식은 식(5.1), 식(5.2) 및 식(5.3)을 이용하여 다음과 같이 표현할 수 있습니다.

연속 방정식은 질량보존 방정식입니다.

$$\boxed{\frac{\partial}{\partial t}\int_{cv} \rho\, d\forall + \int_{cs} \rho \mathbf{V} \cdot \hat{\mathbf{n}}\, dA = 0} \tag{5.5}$$

식(5.5)에서 시스템의 질량은 보존되기 때문에 우변은 0이며, 검사체적 내용물 질량의 변화율과 검사표면을 통한 질량유량의 합 또한 0이 됩니다. 동일한 결과를 검사체적으로 유입 혹은 유출되는 질량유량과 검사체적 내부 질량 증가율 및 감소율을 이용하여 얻을 수 있습니다(4.6.2 장 참조).

검사표면을 통과하는 **질량유량**은 다음과 같이 표현할 수 있습니다.

질량유량은 밀도와 체적유량의 곱과 같습니다.

$$\dot{m} = \int_A \rho \mathbf{V} \cdot \hat{\mathbf{n}}\, dA$$

밀도 ρ와 속도 V의 평균값을 사용하면,

$$\boxed{\dot{m} = \rho V A = \rho Q} \tag{5.6}$$

여기서 Q는 체적유량입니다. 압축성 유동에서는 일반적으로 유동 단면에서 밀도가 균일하게 분포된 것으로 가정하는 경우가 많습니다. 식(5.6)을 사용할 때 적합한 유체의 속도는 단면에 수직인 속도성분의 평균값입니다. 평균속도는 다음의 식으로 계산할 수 있습니다.

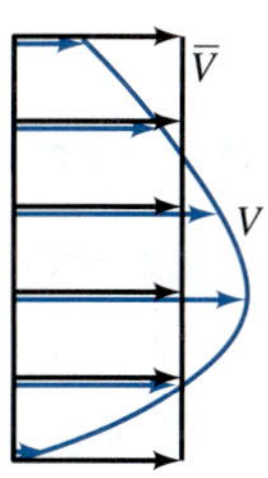

$$\boxed{\overline{V} = \frac{\int_A \rho \mathbf{V} \cdot \hat{\mathbf{n}}\, dA}{\rho A}} \tag{5.7}$$

속도 $\mathbf{V}$가 단면에서 균일하게 분포된 경우(일차원 유동)는 다음과 같이 나타낼 수 있습니다.

$$\overline{V} = \frac{\int_A \rho \mathbf{V} \cdot \hat{\mathbf{n}}\, dA}{\rho A} = V \tag{5.8}$$

Video
V5.1 싱크 유동

균일 유동(일차원 유동)에서는 바(bar)표시가 필요하지 않습니다. 반면 불균일 유동에서 바(bar)표시는 평균 속도를 의미합니다.

5.1.2 비변형 고정 검사체적

많은 유체역학 문제에서 적절한 가정은 비변형 고정 검사체적입니다. 예제 5.1에서 5.5는 비변형 고정 검사체적에서의 연속 방정식(식 5.5)을 적용하여 해결할 수 있습니다.

예제 5.1 | 질량보존 - 정상, 비압축성 유동

주어진 사항 밀폐된 공간에서 작업하는 근로자에게 큰 위험 요소는 호흡 가능한 공기의 소비와 이산화탄소와 같은 다른 가스로의 대체입니다. 이를 방지하기 위해 밀폐된 공간은 환기가 필요합니다. 공기 교환 속도에 대한 표준은 없지만, 공기를 3분마다 완전히 교체하는 것이 효과적인 환기를 제공한다고 산업계에서 받아들여지고 있습니다.

한 근로자가 높이 3.1 m, 밑변이 1.9 m × 1.9 m인 작은 직사각형 탱크에서 유지 보수를 수행하고 있습니다. 신선한 공기는 지름 0.20 m의 호스를 통해 들어가고, 지름 0.10 m의 포트로 탱크 벽을 통해 나갑니다. 유동은 정상 상태이며 비압축성이라고 가정합니다.

해결과제

(a) 이 탱크에 필요한 교환 속도(m^3/min)를 구하십시오.

(b) 이 교환 속도에서 탱크에 들어오고 나가는 공기의 속도를 구하십시오.

풀이

(a) 탱크의 체적, $\forall$, 기반으로 필요한 교환 속도는 다음과 같습니다.

$$\forall = (3.1\text{ m})(1.9\text{ m})(1.9\text{ m}) = 11.2\text{ m}^3$$

따라서, 11.2 m^3의 공기가 한 번의 완전한 공기 교환을 제공하는 데 필요합니다. 문제에서 설명한 대로, 효과적인 환기를 제공하기 위해서는 이를 3분마다 수행해야 합니다.

따라서, 필요한 유량, Q는

$$Q = \frac{11.2\text{ m}^3}{3\text{ min}} = 3.73\text{ m}^3/\text{min} \qquad \text{(답)}$$

(b) 연속 방정식(식 5.5)을 사용하여 유입구와 유출구의 속도를 계산할 수 있습니다. 따라서,

$$\frac{\partial}{\partial t}\int_{cv} \rho\, dV + \sum \rho_{out} V_{out} A_{out} - \sum \rho_{in} V_{in} A_{in} = 0 \qquad (1)$$

탱크내부를 검사체적으로 선정하고, 탱크 호스의 단면적을 A_{in}, 벽면 포트의 단면적을 A_{out}으로 설정하였습니다. 정상유동을 가정하면

$$\frac{\partial}{\partial t}\int_{cv} \rho\, dV = 0$$

그리고 비압축성 유동을 가정하면

$$\rho_{out} = \rho_{in}$$

식(1)은 다음과 같이 정리됩니다.

$$V_{out} A_{out} - V_{in} A_{in} = 0$$

또는

$$V_{out} A_{out} = V_{in} A_{in} = Q \qquad (2)$$

V_{out}과 V_{in}을 구하는 식으로 재배열할 수 있습니다.

$$V_{out} = \frac{Q}{A_{out}} = \frac{3.73\text{ m}^3/\text{min}}{\left(\frac{\pi}{4}\right)\left(0.10\text{ m}\right)^2} = 475.15\text{ m/min}$$
$$= 7.9\text{ m/s}$$

$$V_{in} = \frac{Q}{A_{in}} = \frac{3.73\text{ m}^3/\text{min}}{\left(\frac{\pi}{4}\right)\left(0.20\text{ m}\right)^2} = 118.8\text{ m/min}$$
$$= 1.98\text{ m/s} \qquad \text{(답)}$$

보충설명 이 예제에서는 유동이 정상 상태이고 비압축성이라고 가정함으로써 문제가 얼마나 단순화되는지 명확히 알 수 있습니다. 엔지니어들은 이러한 가정을 언제 적용할 수 있는지 이해하는 것이 중요합니다. 또한, 유출구/유입구의

속도가 유량 및 유출구/유입구의 기하학과 직접적으로 관련된다는 것을 알 수 있습니다. 예를 들어, 유출구를 통한 공기의 속도가 너무 많은 먼지를 일으키는 경우, 유출구의 직경을 늘려 속도를 줄일 수 있습니다. 속도와 직경 간의 관계는 그림 E5.1에 나와 있습니다. 예상대로, 속도는 직경의 제곱에 반비례합니다.

공기 교환율에 대한 규정은 없으나, 매 3분마다 공기를 교환하는 것을 표준으로 하고 있다. 그러나 산업체와 회사들의 작업 특성에 따라 고유한 안전예방대책을 수립하는 것이 매우 중요합니다.

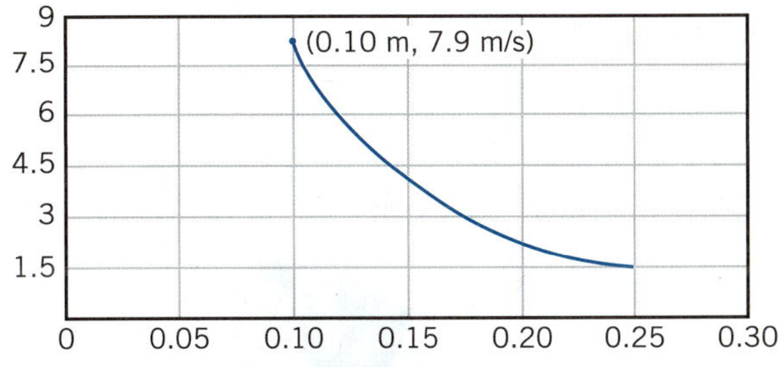

그림 E5.1

예제 5.2 | 질량보존 - 정상, 압축성 유동

주어진 사항 공기가 0.10 m 내부 직경의 파이프의 긴 직선 부분의 두 단면 사이를 정상 상태로 흐르고 있으며, 각 단면의 온도와 압력이 균일하게 분포되어 있습니다. 단면 (2)에서의 평균 공기 속도는 305 m/s입니다.

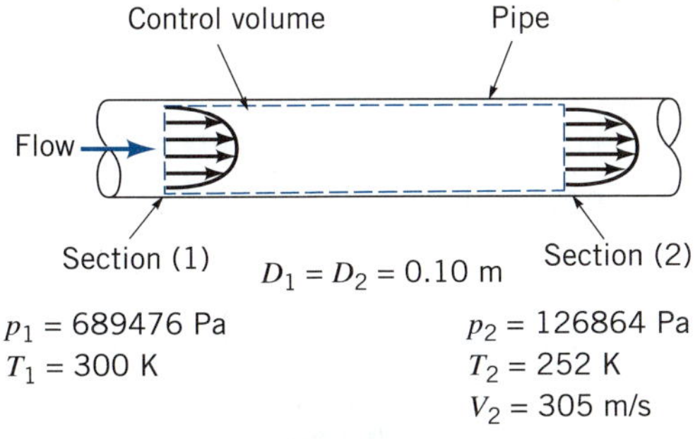

그림 E5.2

해결과제 단면 (1)에서의 평균 공기 속도를 계산하십시오.

풀이 평균 유체 속도는 해당 단면의 질량유량을 해당 단면의 평균 유체 밀도와 단면 면적으로 나눈 값입니다.

연속 방정식(식 5.5)을 이 검사체적에 적용하면

$$\frac{\partial}{\partial t}\int_{cv} \rho \, d\forall + \int_{cs} \rho \mathbf{V} \cdot \hat{\mathbf{n}} \, dA = 0$$

0 (유동이 정상 상태임)

이 검사체적 내부질량 변화율은 유동이 정상 상태이므로 0입니다. 검사표면 적분은 단면 (1)과 (2)에서의 질량유량을 포함하므로, 식(5.4)에서

$$\int_{cs} \rho \mathbf{V} \cdot \hat{\mathbf{n}} \, dA = \dot{m}_2 - \dot{m}_1 = 0$$

또는

$$\dot{m}_1 = \dot{m}_2 \tag{1}$$

그리고 식(1), 식(5.6), 식(5.7)에서

$$\rho_1 A_1 \overline{V}_1 = \rho_2 A_2 \overline{V}_2 \tag{2}$$

또는 $A_1 = A_2$이므로

$$\overline{V}_1 = \frac{\rho_2}{\rho_1} \overline{V}_2 \tag{3}$$

이 예제의 압력과 온도에서 공기는 이상 기체처럼 행동합니다. 이상 기체 상태 방정식(식 1.8)은

$$\rho = \frac{p}{RT} \tag{4}$$

따라서 식(3)과 식(4)를 결합하여

$$\overline{V}_1 = \frac{p_2 T_1 \overline{V}_2}{p_1 T_2}$$

$$= \frac{(126864 \text{ Pa})(300 \text{ K})(305 \text{ m/s})}{(689476 \text{ Pa})(252 \text{ K})} = 66.81 \text{ m/s} \quad \text{(답)}$$

보충설명 이 예제를 통해 연속 방정식(식 5.5)이 압축성 유동뿐만 아니라 비압축성 유동에도 유효하다는 것을 알 수 있습니다. 또한, 평균 속도 개념을 사용하여 비균일 속도 분포를 처리할 수 있습니다. 유체가 압축성인 경우 파이프 유동에서 평균 속도의 큰 변화가 발생할 수 있습니다.

예제 5.3 질량보존 - 두 유체

주어진 사항 제습기의 내부 구조가 그림 E5.3a에 나와 있습니다. 습공기(건조 공기와 수증기의 혼합물)는 시간당 0.28 m^3의 비율로 제습기에 들어갑니다. 액체 상태의 물은 시간당 0.0014 m^3의 비율로 제습기에서 배출됩니다.

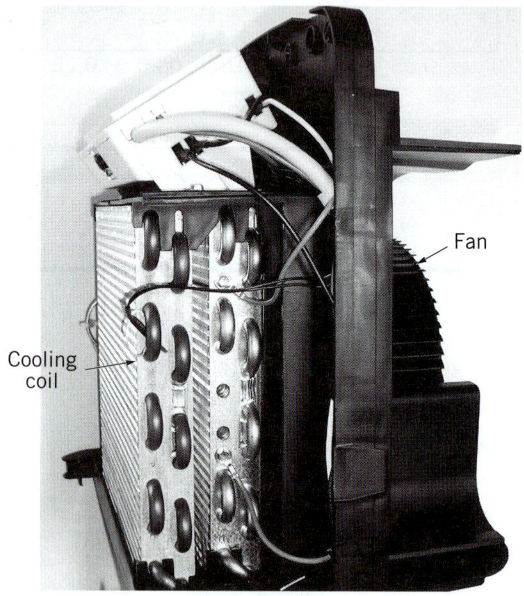

Bruce Munson

그림 E5.3a

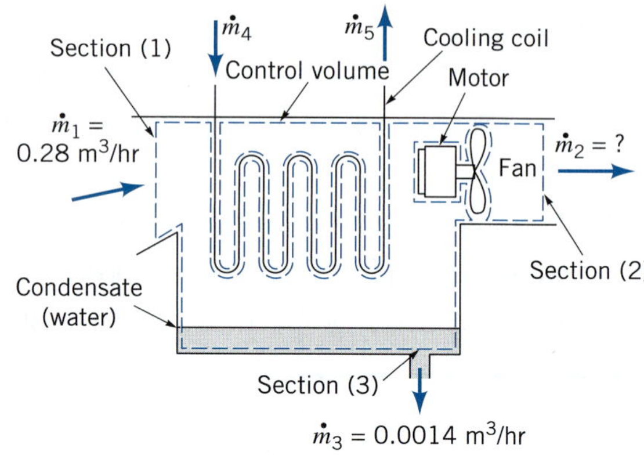

그림 E5.3b

해결과제 제습기를 떠나는 건조 공기와 수증기의 질량유량을 구하십시오.

풀이 제습기 내부의 검사체적과 제습기에서 배출되는 응축수 질량 변화율을 기준으로 식(5.4)와 식(5.5)를 적용하여 구할 수 있습니다.

팬과 모터, 그리고 응축기 코일는 검사체적에 포함되지 않습니다.

팬 날개 주위 유동은 주기적인 특징을 가지고 있으므로, 정상유동으로 가정할 수 있으며, 검사체적 내부 질량 변화율은 0으로 가정하였습니다.

$$\int_{cs} \rho \mathbf{V} \cdot \hat{\mathbf{n}}\, dA = -\dot{m}_1 + \dot{m}_2 + \dot{m}_3 = 0$$

또는

$$\dot{m}_2 = \dot{m}_1 - \dot{m}_3 = 0.28\ \text{m}^3/\text{hr} - 0.0014\ \text{m}^3/\text{hr} = 0.278\ \text{m}^3/\text{hr} \quad \text{(답)}$$

보충설명 검사체적 내에 여러 유동이 있는 경우에도 연속방정식을 사용하여 동일한 답을 얻을 수 있습니다.

$$\dot{m}_2 = \dot{m}_1 - \dot{m}_3 + \dot{m}_4 - \dot{m}_5 \quad (1)$$

$\dot{m}_4$는 검사체적으로 들어가는 냉각 유체의 질량유량이며, $\dot{m}_5$는 냉각 코일을 통해 검사체적을 나가는 유량입니다. 코일을 통한 유동이 정상 상태이므로, $\dot{m}_4 = \dot{m}_5$이며 식(1)은 원래 검사체적과 동일한 답을 제공합니다.

예제 5.4 질량보존 - 비균일 속도 프로파일

주어진 사항 그림 E5.4a에 나와 있는 반경 R을 가진 직선 파이프에서 비압축성, 층류 유동이 발생합니다. 단면 (1)에서 속도는 일정한 값 U를 가집니다. 단면 (2)에서 속도 분포는 축대칭 포물선 형태이며, 파이프 벽에서 속도가 0이고 중앙에서 최대값 u_{max}입니다.

해결과제

(a) U와 u_{max}는 어떻게 관련되어 있습니까?

(b) 단면 (2)에서의 평균 속도 $\overline{V}_2$와 u_{max}는 어떻게 관련되어 있습니까?

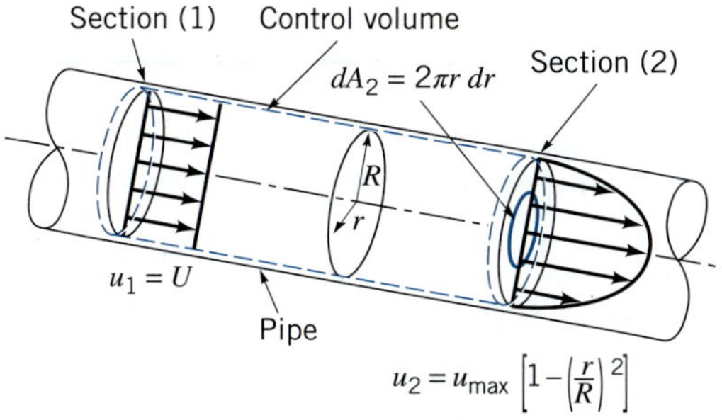

그림 E5.4a

풀이

(a) 그림 E5.4a에 점선으로 표시된 적절한 검사체적을 사용합니다. 이 검사체적에 식(5.5)를 적용하면 0 (유동이 정상)을 얻습니다.

$$\frac{\partial}{\partial t}\int_{cv} \rho\, d\forall + \int_{cs} \rho \mathbf{V}\cdot\hat{\mathbf{n}}\, dA = 0 \qquad (1)$$

(첫째 항: 0 (정상유동으로 가정))

입구 단면 (1)에서 속도는 균일하여 $V_1 = U$입니다.

$$\int_{(1)} \rho \mathbf{V}\cdot\hat{\mathbf{n}}\, dA = -\rho_1 A_1 U \qquad (2)$$

출구인 단면 (2)에서 유량은 그림 E5.4b에 표시된 작은 면적 $dA_2 = 2\pi r\, dr$의 유량의 합으로 표현됩니다. 단면 (2)를 통한 질량유량은 다음과 같습니다.

$$\int_{(2)} \rho \mathbf{V}\cdot\hat{\mathbf{n}}\, dA = \rho_2 \int_0^R u_2 2\pi r\, dr \qquad (3)$$

식(1), (2), (3)을 결합하여,

$$\rho_2 \int_0^R u_2 2\pi r\, dr - \rho_1 A_1 U = 0 \qquad (4)$$

비압축성으로 가정하면, 식(2)와 식(4)에서

$$2\pi u_{max} \int_0^R \left[1 - \left(\frac{r}{R}\right)^2\right] r\, dr - A_1 U = 0 \qquad (5)$$

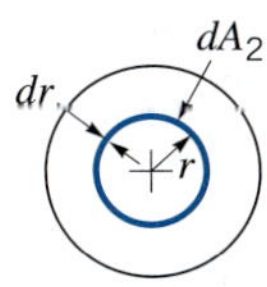

그림 E5.4b

식(5)를 적분하면

$$2\pi u_{max}\left(\frac{r^2}{2} - \frac{r^4}{4R^2}\right)_0^R - \pi R^2 U = 0$$

또는

$$u_{max} = 2U \qquad \text{(답)}$$

(b) 이 유동은 비압축성이며 면적은 일정하기 때문에, 검사체적의 모든 단면에서의 평균 속도는 U입니다. 따라서 단면 (2)에서의 평균 속도는 최대 속도 u_{max}의 절반입니다.

$$\overline{V}_2 = \frac{u_{max}}{2} \qquad \text{(답)}$$

보충설명 u_{max}와 평균 속도 $\overline{V}_2$ 사이의 관계는 속도 분포에 따라 결정됩니다. 이 관계는 속도의 크기에 의존하지 않습니다. 포물선 속도 분포에 포함된 면적은 균일한 속도 분포에 포함된 면적과 같습니다. 그림 E5.4c에 나타나 속도 분포가 다른 모양 (포물선이 아닌 경우)인 경우 평균 속도가 반드시 최대 속도의 절반이 되지 않을 수 있습니다.

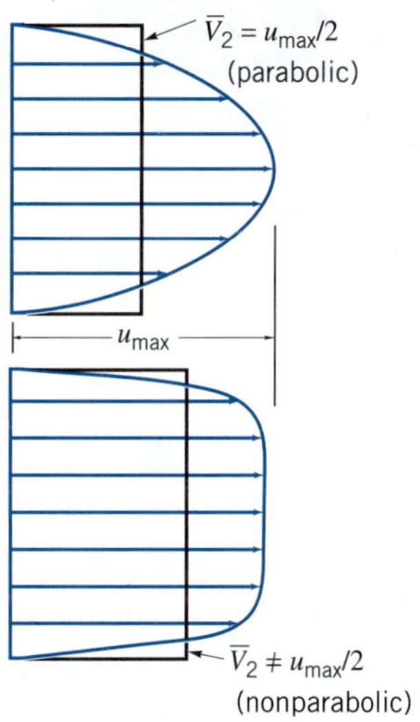

그림 E5.4c

예제 5.5 질량보존 - 비정상유동

주어진 사항 그림 E5.5a에 나와 있는 유형의 트렌치에서 건설 근로자들이 새로운 수도관을 설치하고 있습니다. 트렌치는 길이가 3.0 m, 너비가 1.5 m, 깊이가 2.4 m입니다. 교차로 근처에 있기 때문에 차량 배기가스에서 나오는 이산화탄소가 2.8 m^3/min의 속도로 트렌치에 들어옵니다. 이산화탄소는 공기보다 밀도가 높기 때문에 트렌치 바닥으로 침전되어 근로자들이 호흡하는 데 필요한 공기를 대체할 것입니다. 공기와 이산화탄소 사이에는 혼합이 거의 없다고 가정합니다.

그림 E5.5a

해결과제

(a) 어떤 순간의 트렌치 내 이산화탄소의 깊이 변화율, $\partial h/\partial t$를 분당 미터로 추정하십시오.

(b) 이산화탄소 수위가 1.8 m에 도달하는 데 걸리는 시간, $t_h = 1.8$을 계산하십시오.

풀이

(a) 그림 E5.5b에 점선으로 표시된 고정, 비변형 검사체적을 사용합니다. 이 검사체적은 트렌치에 축적된 이산화탄소, 거리에서 트렌치로 흐르는 이산화탄소 및 공기를 포함합니다. 이 검사체적에 식(5.5)와 식(5.6)을 적용하면 다음과 같은 결과를 얻습니다.

$$\frac{\partial}{\partial t}\int_{\substack{\text{air}\\ \text{volume}}} \rho_{\text{air}}\, d\mathcal{V}_{\text{air}} + \frac{\partial}{\partial t}\int_{\substack{\text{co}_2\\ \text{volume}}} \rho_{\text{co}_2}\, d\mathcal{V}_{\text{co}_2} - \dot{m}_{\text{co}_2} + \dot{m}_{\text{air}} = 0 \tag{1}$$

여기서 $\dot{m}_{\text{co}_2}$와 $\dot{m}_{\text{air}}$는 검사체적으로 들어오는 이산화탄소 및 공기의 질량유량입니다.

미소 체적, $d\mathcal{V}$에 포함된 유체의 질량 $dm = \rho\, d\mathcal{V}$입니다. 따라서 식(1)의 두 적분은 검사체적의 공기 및 이산화탄소의 총량을 나타내며, 첫 두 항의 합은 검사체적 내 질량의 변화율입니다. 공기 질량의 시간 변화율과 이산화탄소 질량의 시간 변화율은 각각 0이 아닙니다. 그러나 검사체적 내 공기의 질량 변화율은 검사체적을 통해 나가는 공기의 질량유량과 같아야 합니다. 따라서 공기에만 식(5.5)와 식(5.6)을 적용하면 다음과 같은 결과를 얻습니다.

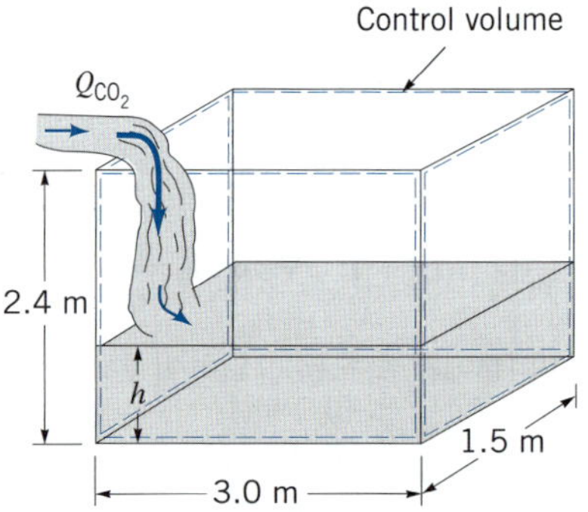

그림 E5.5b

$$\frac{\partial}{\partial t}\int_{\substack{\text{air}\\ \text{volume}}} \rho_{\text{air}}\, d\mathcal{V}_{\text{air}} + \dot{m}_{\text{air}} = 0$$

이산화탄소에만 적용하면,

$$\frac{\partial}{\partial t}\int_{\substack{\text{co}_2\\ \text{volume}}} \rho_{\text{co}_2}\, d\mathcal{V}_{\text{co}_2} = \dot{m}_{\text{co}_2} \tag{2}$$

$$\int_{\substack{\text{co}_2\\ \text{volume}}} \rho_{\text{co}_2}\, d\mathcal{V}_{\text{co}_2} = \rho_{\text{co}_2}[h(3.0\text{ m})(1.5\text{ m})] \tag{3}$$

식(2)와 (3)을 결합하면,

$$\rho_{\text{co}_2}(4.5\text{ m}^2)\frac{\partial h}{\partial t} = \dot{m}_{\text{co}_2}$$

$\dot{m} = \rho Q$를 입력하면

$$\frac{\partial h}{\partial t} = \frac{Q_{\text{co}_2}}{4.5\text{ m}^2}$$

따라서,

$$\frac{\partial h}{\partial t} = \frac{2.8\text{ m}^3/\text{min}}{4.5\text{ m}^2} = 0.622\text{ m/min} \qquad \text{(답)}$$

(b) 이산화탄소가 깊이 $h = 1.8$ m에 도달하는 데 걸리는 시간을 계산하려면, 이산화탄소가 도달해야 할 높이를 깊이의 시간 변화율로 나누면 됩니다.

$$t_{h=1.8} = \frac{1.8\ \text{m}}{0.622\ (\text{m/min})} = 2.89\ \text{min} \qquad \text{(답)}$$

보충설명 이 예제에서 트렌치의 제한된 공간 내의 공기가 이산화탄소로 치환될 때까지 시간이 오래 걸리지 않습니다. 또한 근로자들이 산소가 부족한 것을 느끼기 시작할 때까지는 위험한 공간에서 벗어날 수 없을 수도 있습니다. (b)의 답은 유량 Q에 시간 t를 곱한 누적 체적 $\forall$를 식으로 표현하면 쉽게 얻을 수 있습니다. 이 예에서는 트렌치 내 1.8 m 깊이에 도달하는 이산화탄소의 체적은 $\forall = 1.5\ \text{m} \times 3.0\ \text{m} \times 1.8\ \text{m} = 8.1\ \text{m}^3$입니다. 따라서, $Q = 2.8\ \text{m}^3/\text{min}$의 유량을 사용하여 $t_{h=18} = 8.1\ \text{m}^3/2.8\ \text{m}^3/\text{min} = 2.89$ 분이라는 결과와 일치합니다.

앞의 예제들은 비변형 고정 검사체적에 대한 질량보존 방정식 원리를 적용한 결과를 보여줍니다. 정상유동에서는, 검사체적 내용물 질량의 시간 변화율

$$\frac{\partial}{\partial t}\int_{\text{cv}} \rho\, d\forall$$

는 0이며, 따라서 검사표면을 통한 순(net) 질량유량 $\dot{m}$ 또한 0입니다.

> 정상유동에서는 유입 질량유량과 유출 질량유량이 동일합니다.

$$\sum \dot{m}_{\text{out}} - \sum \dot{m}_{\text{in}} = 0 \qquad (5.9)$$

비압축성 정상유동인 경우, 검사표면을 통한 순(net) 체적유량 Q 또한 0입니다.

$$\sum Q_{\text{out}} - \sum Q_{\text{in}} = 0 \qquad (5.10)$$

Video
V5.2 진공청소기 필터

비정상유동에서는, 검사체적 내부 질량의 시간 변화율이 0이 아니며 중요한 변수가 될 수 있습니다. 반면 비정상유동이지만 주기유동의 경우 시간 평균할 경우 검사체적 내부의 질량이 일정하기 때문에 정상유동으로 간주할 수 있습니다.

Video
V5.3 수축 유동

$$\frac{\partial}{\partial t}\int_{\text{cv}} \rho\, dV$$

값이 "+"인 경우, 검사체적 내부 질량이 증가합니다. "−"인 경우, 검사체적 내부질량이 감소합니다.

검사표면에서 속도 V가 균일한 경우,

$$\dot{m} = \rho A V$$

검사표면에서 속도가 불균일한 경우 평균 속도 $\overline{V}$를 사용하여 다음과 같이 표현할 수 있습니다.

$$\dot{m} = \rho A \overline{V} \qquad (5.11)$$

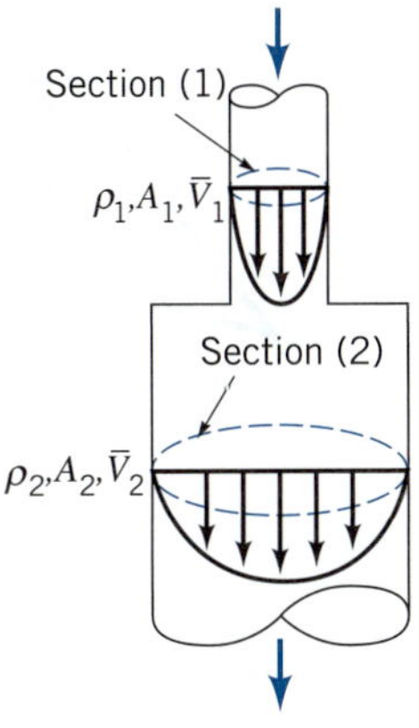

그림과 같이 하나의 유입구와 하나의 유출구를 가진 정상유동에서는

$$\dot{m} = \rho_1 A_1 \overline{V}_1 = \rho_2 A_2 \overline{V}_2 \qquad (5.12)$$

비압축성 유동의 경우,

$$Q = A_1\bar{V}_1 = A_2\bar{V}_2 \tag{5.13}$$

여러 개의 유입구, 유출구가 있는 경우

$$\sum \dot{m}_{\text{in}} = \sum \dot{m}_{\text{out}}$$

광활한 유체의 세계

"친환경" 6 lpf 기준

화장실은 가정용 물 사용의 약 40%를 차지합니다. 물을 절약하기 위한 새로운 기준은 1회 배수당 6 리터(lpf)의 물을 사용하는 것입니다. 오래된 화장실은 최대 26 lpf까지 사용하며, 1980년 이후 제조된 화장실은 14 lpf를 사용합니다. 1인당 1일 4회씩 26 lpf 화장실을 사용하는 전형적인 3.2인 가정은 매년 123,785 리터의 물을 사용합니다. 반면에 13 lpf 화장실을 사용하면 사용량이 62,080 리터로 줄어듭니다. 명백히, 새로운 6 lpf 화장실은 더 많은 물을 절약할 것입니다. 그러나 이렇게 적은 양의 물로 적절히 배수되는 화장실을 설계하는 것은 간단하지 않습니다. 오늘날에는 두 가지 기본 유형이 사용됩니다. 중력으로 구동되는 화장실과 압력으로 구동되는 화장실입니다. 중력 화장실(현재 대부분 사용 중인 유형)은 운전주기가 상당히 깁니다. 물이 중력의 작용으로 흐르기 시작하고, 소용돌이 유동은 사이펀 작용을 초기화하여 배출 지점까지 물을 채웁니다. 최신 압력 지원 모델에서는 유속이 높지만, 사이클 시간이 짧고 사용되는 물의 양이 비교적 적습니다.

5.1.3 비변형 이동 검사체적

일부 문제는 이동 검사체적을 사용하여 쉽게 해결할 수 있습니다.

비변형 이동 검사체적을 사용해야 할 때가 있습니다. 예를 들어 비행 중인 항공기의 가스 터빈 엔진을 포함하는 검사체적, 바다에서 항해 중인 선박의 연기배출, 그리고 자동차의 연료 탱크가 지나가는 경우가 그 예입니다.

이동 검사체적을 사용할 때, 이동 검사체적에 대한 유체 속도 혹은 상대속도(relative velocity)는 매우 중요한 변수입니다. 상대 속도 $\mathbf{W}$는 검사체적과 함께 이동하는 관찰자가 본 유체의 속도입니다. 검사체적 속도 $\mathbf{V}_{cv}$는 고정 좌표계에서 본 검사체적의 속도입니다. 절대 속도 $\mathbf{V}$는 고정 좌표계에서 본 유체의 속도입니다. 이러한 속도들은 그림과 같이 서로 다음과 같은 벡터 방정식으로 표현할 수 있습니다.

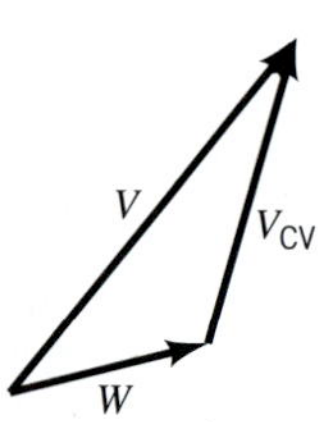

$$\mathbf{V} = \mathbf{W} + \mathbf{V}_{cv} \tag{5.14}$$

시스템과 일치되는 비변형 이동 검사체적에 대한 레이놀즈 전달 정리는 다음과 같습니다.

$$\frac{DM_{\text{sys}}}{Dt} = \frac{\partial}{\partial t}\int_{\text{cv}} \rho \, d\forall + \int_{\text{cs}} \rho \mathbf{W} \cdot \hat{\mathbf{n}} \, dA \tag{5.15}$$

식(5.1)과 식(5.15)에서 비변형 이동 검사체적에 대한 질량보존 방정식은 다음과 같습니다.

$$\boxed{\frac{\partial}{\partial t}\int_{\text{cv}} \rho \, d\forall + \int_{\text{cs}} \rho \mathbf{W} \cdot \hat{\mathbf{n}} \, dA = 0} \tag{5.16}$$

식(5.16)의 적용 사례는 예제 5.6과 5.7에서 볼 수 있습니다.

비변형 이동 검사체적을 사용할 때, 비변형 고정 검사체적에서 사용한 내적(inner product)규칙은 동일하게 적용됩니다. 또한, 정상유동에서는 이동 검사체적 내부 질량의 시간 변화율은 0입니다. 검사체적 기준 속도(상대 속도)를 연속 방정식에서 사용해야 합니다.

예제 5.6 | 질량보존 - 이동 검사체적과 압축성 유동

주어진 사항 비행기가 그림 E5.6a에 나와 있는 것처럼 971 km/hr의 속도로 전진합니다. 제트 엔진의 전면 흡입 면적은 0.80 m^2이고, 입구 공기 밀도는 0.736 kg/m^3입니다. 정지된 관측자에게 제트 엔진 배기가스가 엔진에서 1050 km/hr의 속도로 분사되는 것으로 보입니다. 엔진 배기 면적은 0.558 m^2이며, 배기가스 밀도는 0.515 kg/m^3입니다.

해결과제 엔진으로 유입되는 연료의 질량유량을 kg/hr로 추정하십시오.

풀이 비행기와 함께 움직이는 이동 검사체적은 엔진과 그 내용물을 둘러싸고 있으며, 관련된 모든 유체를 포함합니다. 이 검사체적에 식(5.16)을 적용하면 다음과 같은 결과를 얻습니다.

0 (정상유동으로 가정)

$$\frac{\partial}{\partial t}\int_{\text{cv}} \rho \, d\forall + \int_{\text{cs}} \rho \mathbf{W} \cdot \hat{\mathbf{n}} \, dA = 0 \tag{1}$$

일차원 유동을 가정하면, 식(1)의 표면 적분에서 다음과 같은 결과를 얻습니다.

$$-\dot{m}_{\substack{\text{fuel}\\\text{in}}} - \rho_1 A_1 W_1 + \rho_2 A_2 W_2 = 0$$

혹은

$$\dot{m}_{\substack{\text{fuel}\\\text{in}}} = \rho_2 A_2 W_2 - \rho_1 A_1 W_1 \tag{2}$$

비행기 속도와 공기의 상대 유입속도 W_1가 같다고 가정할 수 있습니다. 또한 상대 배기속도 W_2는 이동 검사체적에 대해 측정되어야 합니다. 고정된 관측자는 배기가스가 엔진에서 1050 km/hr의 속도로 멀어지는 것을 확인했으므로, 식(5.14)를 사용하여 배기가스의 속도 W_2는 다음과 같이 결정됩니다.

$$V_2 = W_2 + V_{\text{plane}}$$

혹은

$$W_2 = V_2 - V_{\text{plane}} = 1050 \text{ km/hr} - (-971 \text{ km/hr}) = 2021 \text{ km/hr}$$

그리고 식(2)에서,

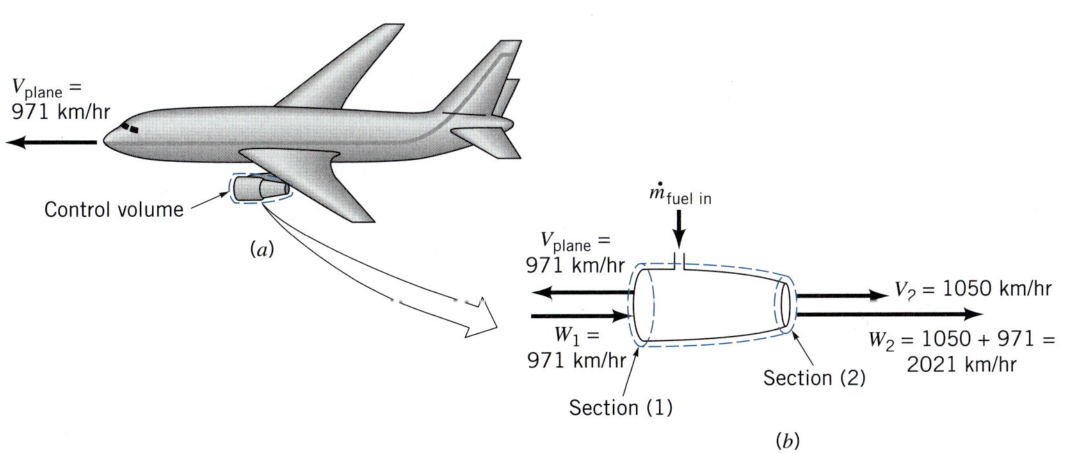

그림 E5.6a

$$\dot{m}_{\substack{\text{fuel}\\\text{in}}} = \left(0.515\,\frac{\text{kg}}{\text{m}^3}\right)(0.558\text{ m}^2)\left(2021\,\frac{\text{km}}{\text{hr}}\right)\left(1000\,\frac{\text{m}}{\text{km}}\right) - \left(0.736\,\frac{\text{kg}}{\text{m}^3}\right)(0.80\text{ m}^2)\left(971\,\frac{\text{km}}{\text{hr}}\right)\left(1000\,\frac{\text{m}}{\text{km}}\right)$$

$$\dot{m}_{\substack{\text{fuel}\\\text{in}}} = 9100\,\frac{\text{kg}}{\text{hr}} \qquad \text{(답)}$$

보충설명 연료 유량은 거의 같은 숫자의 차이로 얻어졌음에 유의하십시오. $\dot{m}_{\text{fuel}}$을 상대적으로 정확하게 얻기 위해서는 매우 정확한 W_2와 W_1 값이 필요합니다.

예제 5.7 | 질량보존 - 상대 속도

주어진 사항 물이 회전하는 잔디용 스프링클러의 베이스를 통해 1000 ml/s의 일정한 속도로 들어갑니다. 그림 E5.7에 스케치된 것처럼 각각의 두 노즐의 출구 면적은 30 mm^2입니다.

해결과제 노즐에서 나가는 물의 상대 속도를 결정하십시오.

(a) 분수기 헤드가 정지 상태인 경우

(b) 분수기 헤드가 600 rpm으로 회전하는 경우

(c) 분수기 헤드가 0에서 600 rpm으로 가속하는 경우

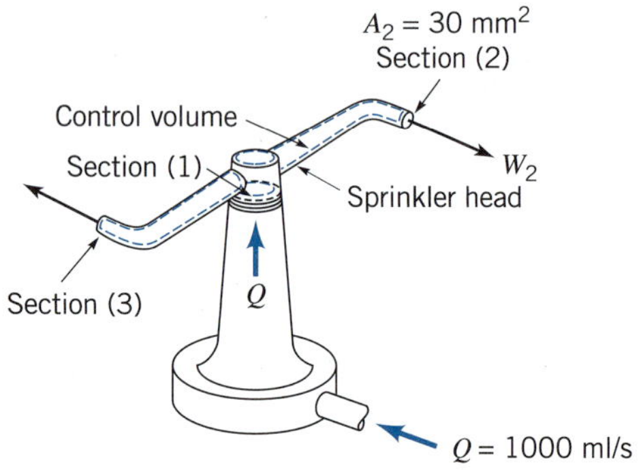

그림 E5.7

풀이

(a) 스프링클러 헤드의 물을 포함하는 회전 검사체적을 설정합니다. 이 검사체적은 형태가 변하지 않지만 헤드와 함께 회전합니다. 검사체적에 식(5.16)을 적용하면

0 (정상, 비압축성 유동으로 가정)

$$\frac{\partial}{\partial t}\int_{\text{cv}} \rho\, d\forall + \int_{\text{cs}} \rho \mathbf{W}\cdot\hat{\mathbf{n}}\, dA = 0$$

혹은

$$\sum \rho_{\text{out}} A_{\text{out}} W_{\text{out}} - \sum \rho_{\text{in}} A_{\text{in}} W_{\text{in}} = 0 \qquad (1)$$

유동은 정상유동이고 검사체적은 물로 채워져 있기 때문에 검사체적 질량의 시간 변화율은 0입니다. 베이스에서의 유입이 하나이고, 두 노즐에서 유출되므로, 식(1)은 다음과 같습니다.

$$\rho_2 A_2 W_2 + \rho_3 A_3 W_3 - \rho_1 A_1 W_1 = 0 \qquad (2)$$

비압축성 유동을 가정하여 $\rho_1 = \rho_2 = \rho_3$인 경우, 식(2)는 다음과 같습니다.

$$A_2 W_2 + A_3 W_3 - A_1 W_1 = 0$$

여기서 $Q = A_1 W_1$, $A_2 = A_3$이고, $W_2 = W_3$라고 가정하면,

$$W_2 = \frac{Q}{2A_2}$$

혹은

$$W_2 = \frac{\left(1000\,\frac{\text{ml}}{\text{s}}\right)\left(\frac{1\text{ liter}}{1000\text{ ml}}\right)\left(\frac{1\text{ m}^3}{1000\text{ liter}}\right)}{2(30\text{ mm}^2)\left(\frac{1\text{ m}}{1000\text{ mm}}\right)^2}$$

$$= 16.7\text{ m/s} \qquad \text{(답)}$$

(b) 및 **(c)** W_2의 값은 스프링클러 헤드의 회전 속도와는 독립적이며, 노즐에서 나오는 물의 평균 속도를 나타냅니다.

보충설명 정지 상태에서 본 각 노즐에서 방출되는 물의 속도(V2)는 스프링클러 헤드의 회전 속도에 따라 변동될 것입니다. 식(5.14)에서,

$$V_2 = W_2 - U$$

여기서 $U = \omega R$은 노즐의 회전 속도이고, ω와 R은 각속도와 헤드의 반지름을 의미합니다.

5.2 뉴턴 제2법칙 - 선형운동량 및 각운동량 방정식

5.2.1 선형운동량 방정식 유도

시스템에 대한 뉴턴 제2법칙은 다음과 같습니다.

Video
V5.4 굴뚝 연기의 운동량

시스템 선형운동량 변화율 = 시스템에 작용하는 외부 힘의 합

미소 입자의 선형운동량은 질량 $\rho\, d\forall$와 속도 $\mathbf{V}$의 곱입니다. 따라서 시스템의 운동량은 $\int_{\text{sys}} \mathbf{V}\rho\, d\forall$이고 뉴턴 제2법칙은 다음과 같습니다.

$$\frac{D}{Dt}\int_{\text{sys}} \mathbf{V}\rho\, d\forall = \sum \mathbf{F}_{\text{sys}} \qquad (5.17)$$

위의 관계를 만족하는 좌표계를 **관성(inertial)좌표계**라고 하며, 고정 좌표계와 등속 좌표계는 가속도가 0이기 때문에 관성좌표계입니다. 시스템과 검사체적이 일치하는 순간, 시스템에 작용하는 힘과 검사체적 내부에 작용하는 힘은 동일합니다. 즉,

유체에 작용하는 힘은 유체 속도의 크기와 방향을 변경할 수 있습니다.

$$\sum \mathbf{F}_{\text{sys}} = \sum \mathbf{F}_{\substack{\text{contents of the}\\ \text{coincident control volume}}} \qquad (5.18)$$

또한, 시스템과 일치하는 고정 비변형 검사체적에 대한 힘과 함께 레이놀즈 전달 정리(식 3.19에서 b가 속도(즉, 단위 질량당 운동량)로 설정되고 B_{sys}가 시스템 운동량인 경우)를 통해 다음 결론을 내릴 수 있습니다.

$$\frac{D}{Dt}\int_{\text{sys}} \mathbf{V}\rho\, d\forall = \frac{\partial}{\partial t}\int_{\text{cv}} \mathbf{V}\rho\, d\forall + \int_{\text{cs}} \mathbf{V}\rho\mathbf{V}\cdot\hat{\mathbf{n}}\, dA \qquad (5.19)$$

Video
V5.5 선박 추진

또는

시스템 선형운동량 변화율 = 검사체적 내부 선형운동량 변화율 + 검사표면을 통한 선형운동량 유량

식(5.19)는 시스템 선형운동량 변화율이 두 검사체적 관련 물리량(검사체적 내용물 선형운동량 변화율 및 검사표면을 통한 선형운동량 유량)의 합으로 표현된다는 것을 나타냅니다. 검사표면을 통해 검사체적으로 질량이 이동할 때 선형운동량 또한 함께 들어오거나 나갑니다. 따라서 선형운동량의 유동은 질량유동과 유사합니다.

식(5.17)~식(5.19)를 이용하여 비변형 고정 검사체적에 대한 뉴턴 제2법칙을 유도하면 다음과 같습니다.

$$\boxed{\frac{\partial}{\partial t}\int_{\text{cv}} \mathbf{V}\rho\, d\forall + \int_{\text{cs}} \mathbf{V}\rho\mathbf{V}\cdot\hat{\mathbf{n}}\, dA = \sum \mathbf{F}_{\substack{\text{contents of the}\\ \text{control volume}}}} \qquad (5.20)$$

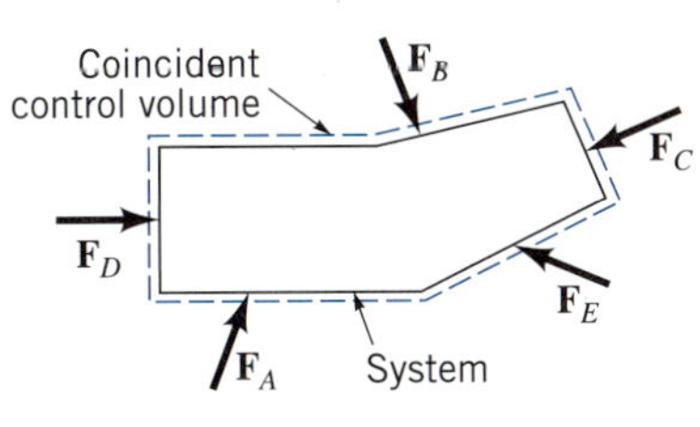

그림 5.2 시스템 및 시스템에 일치하는 검사체적에 작용하는 외력

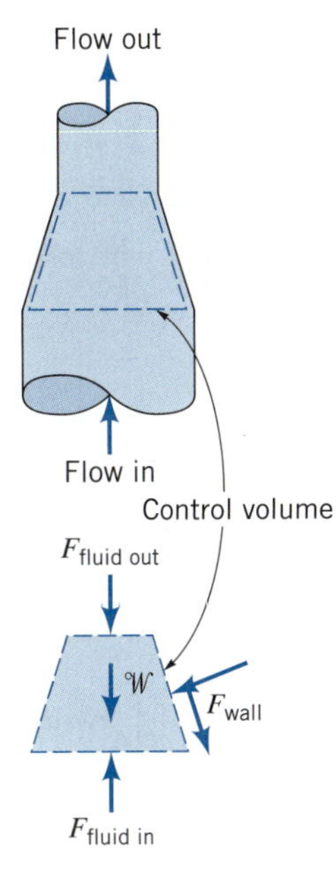

선형운동량 방정식의 적용에서 우선 비변형 고정 검사체적을 먼저 다룹니다. 그 다음, 비변형 이동 검사체적에 관하여 논의할 예정입니다. 마지막으로 비관성 검사체적을 고려할 예정입니다.

식(5.20)에 포함된 힘들은 검사체적 내용물에 작용하는 체적력과 표면력입니다. 그림에 표시된 것처럼, 체적력은 중력입니다. 표면력은 검사체적 외부에서 접하고 있는 검사체적 내용물에 작용합니다. 예를 들어, 유체와 접촉한 벽은 검사체적 내부 유체에 반작용의 힘을 가할 수 있습니다. 또한, 검사체적 외부의 유체는 일반적으로 유동이 발생하는 검사표면 개방면을 통해 검사체적 내부 유체에 압력을 가할 수 있습니다. 잠긴 물체는 표면력으로 인해 유체의 움직임에 저항할 수 있습니다.

5.2.2 선형운동량 방정식의 응용

Video

V5.6 물 제트로 인한 힘

관성 검사체적에 대한 선형운동량 방정식은 벡터 방정식입니다(식 5.20). 공학적인 응용에서는 주로 벡터 방정식 성분들을 직교 좌표계를 따라 분해합니다. 직사각 좌표계(x, y, z) 또는 원통 좌표계(r, θ, z)를 일반적으로 사용합니다. 먼저 정상 상태, 비압축성 유동 예제를 살펴보겠습니다.

예제 5.8 | 선형운동량 - 유동 방향 변경

주어진 사항 그림 E5.8a에 표시된 대로, 유속 $V_1 = 3.1\,\text{m/s}$인 수평의 물 제트가 노즐에서 나와 베인에 충돌하여 각도 θ를 통해 방향이 변경됩니다. 비슷한 상황이 비디오 V5.6에도 나와 있습니다.

해결과제 중력과 점성 효과를 무시하고 베인을 고정시키기 위해 필요한 고정 힘을 결정합니다.

풀이 베인과 물을 포함하는 검사체적을 선택하고 고정 검사체적에 선형운동량 방정식을 적용합니다. 검사표면을 통해 유체가 흐르는 유일한 부분은 단면 (1)과 단면 (2)입니다. 식(5.20)의 x 및 z 성분은 다음과 같이 됩니다.

$$\frac{\partial}{\partial t}\overbrace{\int_{\text{cv}} u\rho\, d\forall}^{0\ (\text{정상유동으로 가정})} + \int_{\text{cs}} u\rho \mathbf{V}\cdot\hat{\mathbf{n}}\, dA = \sum F_x$$

그리고

$$\frac{\partial}{\partial t}\overbrace{\int_{\text{cv}} w\rho\, d\forall}^{0\ (\text{정상유동으로 가정})} + \int_{\text{cs}} w\rho \mathbf{V}\cdot\hat{\mathbf{n}}\, dA = \sum F_z$$

혹은

$$u_2\rho A_2 V_2 - u_1\rho A_1 V_1 = \sum F_x \qquad (1)$$

및

$$w_2\rho A_2 V_2 - w_1\rho A_1 V_1 = \sum F_z \qquad (2)$$

여기서 $\mathbf{V} = u\hat{\mathbf{i}} + w\hat{\mathbf{k}}$이고, ΣF_x와 ΣF_z는 검사체적에 작용하는 x 및 z 성분의 힘의 합입니다. 유동 상황과 좌표 체계에 따라 속도 u와 w와 각 성분은 양수, 음수 또는 영이 될 수 있습니다. 이 예에서 유속은 입구와 출구에서 모두 양 방향입니다.

물은 대기 압력에서 검사체적에 들어가고 나옵니다. 전체 검사체적 주변에는 대기 압력이 있으며 검사체적 표면에 대한 순 압력 힘은 0입니다. 물과 베인의 무게를 무시하면 검사체적 내용물에 적용되는 힘은 수평 및 수직 성분의 고정 힘 F_{Ax}와 F_{Az}뿐입니다.

중력과 점성 효과를 무시하고 $p_1 = p_2$이므로 $V_1 = V_2 = 3.1\ \text{m/s}$입니다. 따라서 단면 (1)에서 $u_1 = V_1$, $w_1 = 0$이고, 단면 (2)에서 $u_2 = V_1 \cos\theta$, $w_2 = V_1 \sin\theta$입니다.

식(1)과 (2)는 다음과 같이 작성될 수 있습니다.

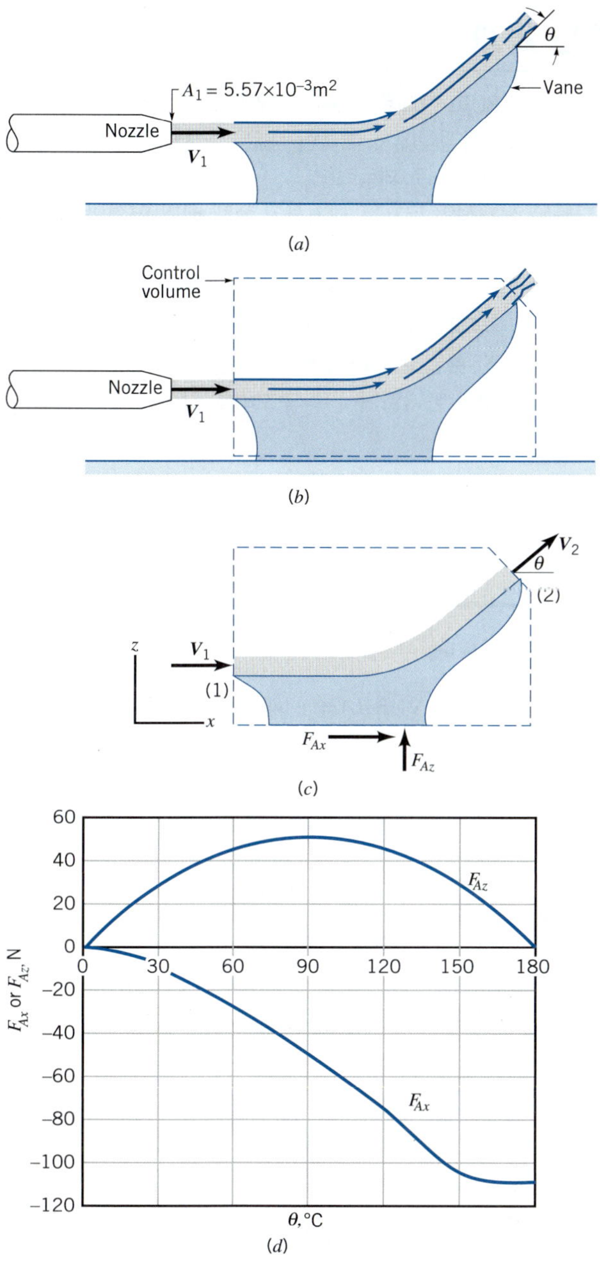

그림 E5.8

$$V_1 \cos\theta\, \rho A_2 V_1 - V_1 \rho A_1 V_1 = F_{Ax} \tag{3}$$

그리고

$$V_1 \sin\theta\, \rho A_2 V_1 - 0 \rho A_1 V_1 = F_{Az} \tag{4}$$

비압축성 유동 조건에서는 $A_1V_1 = A_2V_2$ 또는 $A_1 = A_2$입니다. 따라서,

$$F_{Ax} = -\rho A_1 V_1^2 + \rho A_1 V_1^2 \cos\theta = -\rho A_1 V_1^2 (1 - \cos\theta) \tag{5}$$

및

$$F_{Az} = \rho A_1 V_1^2 \sin\theta \tag{6}$$

주어진 데이터로부터 다음을 얻습니다.

$$\begin{aligned} F_{Ax} &= -(1000\ \text{kg/m}^3)(5.57\times10^{-3}\ \text{m}^2)(3.1\ \text{m/s})^2(1-\cos\theta) \\ &= -53.52(1-\cos\theta)\ \text{N} \end{aligned}$$

그리고

$$\begin{aligned} F_{Az} &= (1000\ \text{kg/m}^3)(5.57\times10^{-3}\ \text{m}^2)(3.1\ \text{m/s})^2 \sin\theta \\ &= 53.52 \sin\theta\ \text{N} \end{aligned} \tag{답}$$

보충설명 $\theta = 0$일 때 F_{Ax}는 0입니다. 비점성 유체는 베인을 따라 미끄러지며 어떤 힘도 가하지 않습니다. $\theta = 90°$이면 $F_{Ax} = -53.52$ N 및 $F_{Az} = 53.52$ N입니다. 물의 유동 방향을 수평에서 수직으로 변경하기 위해 베인을 왼쪽(F_{Ax}가 음수)으로 밀어 올리는 힘이 필요합니다. $\theta = 180°$이면 물 제트는 자신에게 돌아갑니다. 이 경우 수직 힘이 필요하지 않습니다($F_{Az} = 0$), 그러나 수평 힘($F_{Ax} = -107.1$ N)은 $\theta = 90°$일 때 필요한 것의 두 배입니다. 이 수평 유체 운동량 변화는 수평 힘만 필요합니다.

주의할 점은 주어진 예제에서 힘 F_{Ax}와 F_{Az}(식(5) 및 (6))가 질량유량 $\dot{m} = \rho A_1 V_1$을 통해 표현될 수 있다는 것입니다.

$$F_{Ax} = -\dot{m} V_1 (1 - \cos\theta)$$

및

$$F_{Az} = \dot{m} V_1 \sin\theta$$

이 예에서 유동에 힘을 가하면 방향만 변경됩니다.

광활한 유체의 세계

연기가 흐르는 곳

상업용 여객기의 바퀴 제동장치는 고속도로 차량과 매우 유사합니다. 사실, 대부분의 새 차량에 장착된 안티락(ABS) 브레이크는 처음에 비행기에서 사용하기 위해 개발되었습니다. 그러나 착륙 시 주요 제동 힘은 바퀴 제동장치가 아니라 엔진에서 이루어집니다. 착륙 시, 엔진 커버의 한 부분이 뒤로 움직이고 차단 장치 문이 아래로 내려가면 엔진 유동이 캐스캐이드라 불리는 허니콤구조로 유도됩니다. 캐스케이드는 고속 엔진 배기가스의 방향을 거의 180도 반대로 전환하여 앞쪽으로 흐르게 만듭니다. 운동량 방정식에서 예측한 대로, 이 시스템을 통과하는 배기는 매우 큰 제동력(역추력)을 발생시킵니다. 설계자들은 잠재적인 문제를 제거하기 위해 배기 연기의 유동 패턴을 알아야 합니다. 예를 들어, 뜨거운 배기 연기는 반복적인 가열 및 냉각으로 인해 피로파괴를 일으킬 수 있는 항공기 부품에서 멀리 유지되어야 합니다. 또한, 배기 연기는 엔진 흡입구로 다시 들어가서는 안 되며, 엔진 앞부분에 먼지를 불어넣거나 수직 꼬리를 감싸지 않아야 합니다.

예제 5.9 | 선형운동량 - 무게, 압력 및 속도 변화

주어진 사항 그림 E5.9a와 같이 물이 실험실 세면대 수도꼭지 끝에 부착된 노즐을 통해 0.6 리터/초의 유속으로 흐릅니다. 노즐의 입구 및 출구 지름은 각각 16 mm 및 5 mm이며, 노즐 축은 수직입니다. 노즐의 질량은 0.1 kg입니다. 단면 (1)에서의 압력은 464 kPa입니다.

해결과제 노즐을 고정하기 위해 필요한 고정 힘을 결정합니다.

풀이 고정 힘은 수도꼭지와 노즐 나사산 사이의 반응 힘입니다. 이 힘을 평가하기 위해 노즐 전체와 노즐 내 물을 포함하는 검사체적을 선택합니다. 이 검사체적에 작용하는 모든 수직 힘을 그림 E5.9b에 표시하였습니다. 대기 압력의 작용은 모든 방향에서 상쇄되며 표시되지 않습니다. 계기 압력 힘은 수직 방향에서 상쇄되지 않으며 표시됩니다. 검사체적에 대한 식(5.20)의 z 방향 성분을 적용하면 다음과 같습니다.

$$\frac{\partial}{\partial t}\int_{\text{cv}} w\rho\, d\forall + \int_{\text{cs}} w\rho \mathbf{V}\cdot\hat{\mathbf{n}}\, dA = F_A - \mathcal{W}_n - p_1A_1 - \mathcal{W}_w + p_2A_2 \qquad (1)$$

(첫째 항: 0 (정상유동으로 가정))

여기서 w는 유체 속도의 z 방향 성분이고, 다양한 매개변수를 그림에 표시하였습니다.

양수 방향은 윗방향을 의미합니다. 식(1)에서, $\mathbf{V}\cdot\mathbf{n}$은 검사체적에서의 유체 유동이 "밖으로"일 때 "+"이고 "안으로"일 때 "−"입니다. 이 예제에서는

$$\mathbf{V}\cdot\hat{\mathbf{n}}\, dA = \pm |w|\, dA \qquad (2)$$

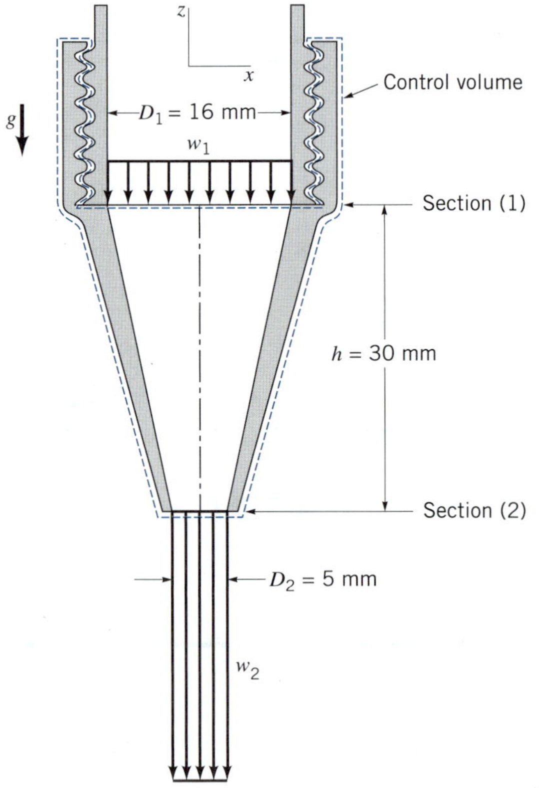

그림 E5.9a

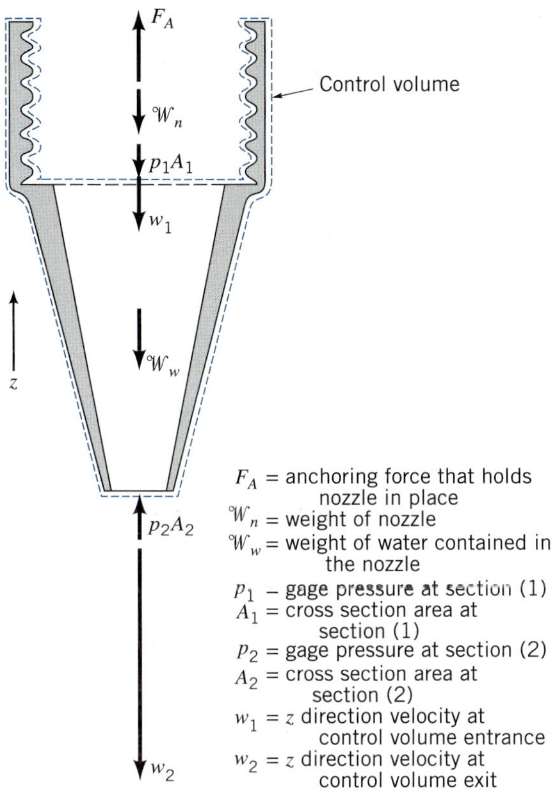

그림 E5.9b

유체 속도 w_1 및 w_2의 크기가 각각 일정하다고 가정합니다. 또한, 이 유동은 비압축성이므로 유체 밀도 ρ는 일정합니다.

$$\begin{aligned}(-\dot{m}_1)(-w_1) + \dot{m}_2(-w_2) \\ = F_A - \mathcal{W}_n - p_1A_1 - \mathcal{W}_w + p_2A_2\end{aligned} \tag{3}$$

여기서 $-w_1$ 및 $-w_2$는 두 속도가 아래 방향이기 때문에 사용됩니다. 또한, $-\dot{m}_1$은 검사체적으로 유동이 진행하기 때문에 사용됩니다. 마찬가지로, $+\dot{m}_2$는 검사체적에서 유동이 나오기 때문에 사용됩니다. 식(3)으로부터,

$$F_A = \dot{m}_1w_1 - \dot{m}_2w_2 + \mathcal{W}_n + p_1A_1 + \mathcal{W}_w - p_2A_2 \tag{4}$$

질량보존 방정식(식 5.12)에서 다음을 얻습니다.

$$\dot{m}_1 = \dot{m}_2 = \dot{m} \tag{5}$$

식(4)와 결합하면 다음과 같습니다

$$F_A = \dot{m}(w_1 - w_2) + \mathcal{W}_n + p_1A_1 + \mathcal{W}_w - p_2A_2 \tag{6}$$

노즐 무게 $\mathcal{W}_n$, 노즐 내 물 무게 $\mathcal{W}_w$ 및 단면 (1)의 계기 압력 힘 p_1A_1은 모두 고정 힘을 증가시키고, 단면 (2)의 계기 압력 힘 p_2A_2는 고정 힘을 줄입니다. 수직 운동량 유동의 변화 $\dot{m}(w_1-w_2)$는 이 경우 고정 힘을 줄입니다.

식(5.6)에서 다음을 얻습니다.

$$\begin{aligned}\dot{m} &= \rho w_1A_1 = \rho Q \\ &= (999\ \text{kg/m}^3)(0.6\ \text{liter/s})(10^{-3}\ \text{m}^3/\text{liter}) \\ &= 0.599\ \text{kg/s}\end{aligned} \tag{7}$$

혹은

$$\begin{aligned}w_1 &= \frac{Q}{A_1} = \frac{Q}{\pi(D_1^2/4)} \\ &= \frac{(0.6\ \text{liter/s})(10^{-3}\ \text{m}^3/\text{liter})}{\pi(16\ \text{mm})^2/4(1000^2\ \text{mm}^2/\text{m}^2)} = 2.98\ \text{m/s}\end{aligned} \tag{8}$$

또한

$$\begin{aligned}w_2 &= \frac{Q}{A_2} = \frac{Q}{\pi(D_2^2/4)} \\ &= \frac{(0.6\ \text{liter/s})(10^{-3}\ \text{m}^3/\text{liter})}{\pi(5\ \text{mm})^2/4(1000^2\ \text{mm}^2/\text{m}^2)} = 30.6\ \text{m/s}\end{aligned} \tag{9}$$

노즐의 무게 $\mathcal{W}_n$은 노즐 질량 m_n에서 얻을 수 있습니다.

$$\mathcal{W}_n = m_ng = (0.1\ \text{kg})(9.81\ \text{m/s}^2) = 0.981\ \text{N} \tag{10}$$

물의 무게 $\mathcal{W}_w$는 물 밀도 ρ와 높이 h의 체적 $\forall_w$에서 얻을 수 있습니다. 즉,

$$\mathcal{W}_w = \rho\forall_w g$$

여기서

$$\begin{aligned}\forall_w &= \frac{1}{12}\pi h(D_1^2 + D_2^2 + D_1D_2) \\ &= \frac{1}{12}\pi\frac{(30\ \text{mm})}{(1000\ \text{mm/m})} \\ &\quad\times\left[\frac{(16\ \text{mm})^2 + (5\ \text{mm})^2 + (16\ \text{mm})(5\ \text{mm})}{(1000^2\ \text{mm}^2/\text{m}^2)}\right] \\ &= 2.84 \times 10^{-6}\ \text{m}^3\end{aligned}$$

따라서

$$\begin{aligned}\mathcal{W}_w &= (999\ \text{kg/m}^3)(2.84 \times 10^{-6}\ \text{m}^3)(9.81\ \text{m/s}^2) \\ &= 0.0278\ \text{N}\end{aligned} \tag{11}$$

단면 (2)에서의 계기 압력 p_2는 4.6.1 절에서 설명한대로 대기압입니다. 식(11)을 사용하여 고정 힘 F_A를 결정할 수 있습니다.

$$\begin{aligned}F_A &= (0.599\ \text{kg/s})(2.98\ \text{m/s} - 30.6\ \text{m/s}) + 0.981\ \text{N} \\ &\quad + (464\ \text{kPa})(1000\ \text{Pa/kPa})\frac{\pi(16\ \text{mm})^2}{4(1000^2\ \text{mm}^2/\text{m}^2)} \\ &\quad + 0.0278\ \text{N} - 0\end{aligned}$$

또는

$$F_A = -16.5\text{ N} + 0.981\text{ N} + 93.3\text{ N} + 0.0278\text{ N} = 77.8\text{ N} \quad \text{(답)}$$

고정 힘 F_A가 양수이므로 z 방향으로 상승하는 힘이 작용합니다. 노즐이 충분히 견고하게 고정되지 않으면 파이프에서 노즐이 떨어질 수 있습니다.

보충설명 문제를 해결할 수 있는 검사체적은 유일하지 않습니다. 그림 E5.9c와 E5.9d에 다른 두 검사체적을 나타내었습니다. 하나는 노즐만 포함하고 다른 하나는 노즐 내 물만 포함합니다. 새로운 힘 R_z는 물과 노즐 벽 사이의 상호작용을 나타내며, 순 압력 및 점성 힘을 포함합니다.

그림 E5.9c의 검사체적에 식(5.20)을 적용하면 다음과 같습니다.

$$F_A = \mathcal{W}_n + R_z - p_{\text{atm}}(A_1 - A_2) \tag{12}$$

$p_{\text{atm}}(A_1 - A_2)$는 노즐의 외부 표면에 작용하는 대기 압력으로, 이 표면의 투영은 노즐 축에 수직인 평면에 의해 결정됩니다. 곡면(노즐 외부 표면과 같은)의 압력 힘은 압력과 노즐 축에 수직인 평면에 투영된 면적의 곱으로 계산됩니다. 투영 면적은 $A_1 - A_2$입니다. 대기 압력의 노즐 내부 영역에 대한 효과는 이미 R_z에 포함되어 있습니다.

그림 E5.9d의 검사체적에 대해,

$$R_z = \dot{m}(w_1 - w_2) + \mathcal{W}_w + (p_1 + p_{\text{atm}})A_1 - (p_2 - p_{\text{atm}})A_2 \tag{13}$$

여기서 p_1 및 p_2는 계기 압력입니다. 식(13)에서 $A_1 \neq A_2$이므로 R_z의 값은 p_{atm}의 값에 따라 달라집니다. 즉, 올바른 R_z 값을 얻기 위해 절대 압력을 사용해야 합니다. 식(13)은 유체에 작용하는 힘이 속도와 선형운동량을 변화시키는 것을 나타냅니다.

식(12)와 (13)을 결합하면 F_A에 대해 식(6)과 동일한 결과를 얻습니다.

$$F_A = \dot{m}(w_1 - w_2) + \mathcal{W}_n + p_1 A_1 + W_w - p_2 A_2$$

유체와 노즐 벽 사이의 힘 R_z가 p_{atm}의 함수이지만 고정 힘 F_A는 아닙니다. 즉, 그림 E5.9b에 표시된 원래 검사체적을 사용하여 F_A를 계산할 때 계기 압력을 올바르게 사용한 것입니다.

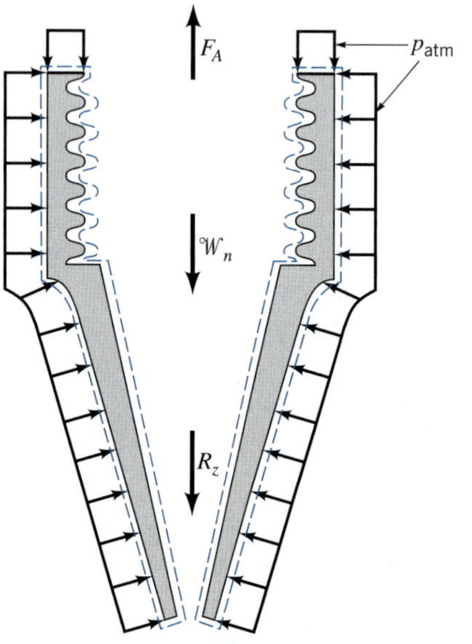

그림 E5.9c

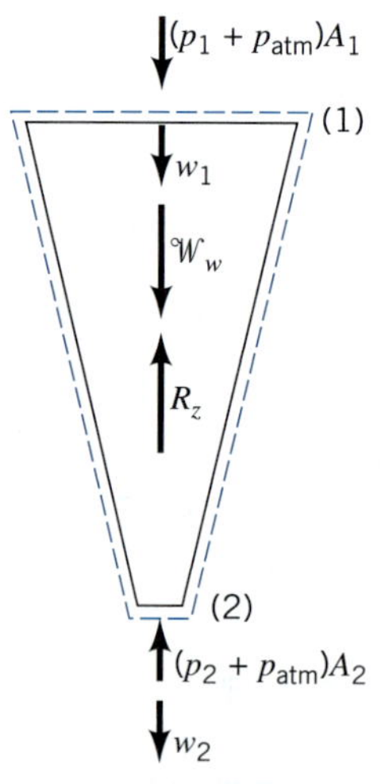

그림 E5.9d

선형운동량 방정식(식 5.20)의 적용과 관련한 중요 사항은 다음과 같습니다.

1. 균일유동의 경우, 검사표면에서 적분 계산을 쉽게 할 수 있습니다. 즉, 일차원 유동은 비균일 속도 분포를 가진 유동에 비해 쉽게 계산할 수 있습니다.
2. 선형운동량은 방향성을 가집니다. 최대 3개의 직교 좌표 성분을 가질 수 있으며, 각 성분은 방향에 따라 양수 혹은 음수 값을 가질 수 있습니다. 예제 5.9에서는 z방향 선형운동량 만을 고려하였습니다.
3. 검사체적으로 유입되는 선형운동량 유동은 음수인 $\mathbf{V}\cdot\hat{\mathbf{n}}$을 포함합니다. 검사체적에서 유출되는 선형운동량 유동은 양수인 $\mathbf{V}\cdot\hat{\mathbf{n}}$ 곱을 포함합니다. 선형운동량 유동 부호는 속도 방향 및 $\mathbf{V}\cdot\hat{\mathbf{n}}$ 곱 (유출+, 유입−)에 따라 달라집니다. 예제 5.9에서는 선형운동량 유동이 단면 (1)에서 양수, 단면 (2)에서 음수이었습니다.
4. 정상유동에서는 검사체적 내부 선형운동량 변화율 $(\partial/\partial t \int_{cv} \mathbf{V}\rho \, d\forall)$은 0입니다. 이 교재에서는 정상유동을 주로 다룹니다.
5. 검사표면의 개방면이 유동방향과 수직인 경우, 외부 유체가 검사체적 내의 유체에 가하는 압력으로 인한 표면력이 발생합니다. 예를 들어, 검사체적에서 초음속 유동이 대기로 나오면 출구면에서 대기 압력이 지배적입니다. 예제 5.9에서 출구 유동 압력을 대기압으로 설정했습니다.
6. 검사표면에 작용하는 대기압에 의한 힘을 고려해야하는 경우도 있습니다. 예제 5.9에서 노즐과 유체 사이의 힘과 반작용힘을 계산할 때 대기압을 고려하였습니다. 지지력을 계산할 때는 검사표면에 대한 대기 압력에 의한 힘은 서로 상쇄되며, 계기압을 사용하였습니다.
7. 외부 힘은 대수적 부호를 가집니다. 힘이 좌표의 양의 방향으로 작용하면 양수이고, 반대 방향으로 작용하면 음수입니다.
8. 선형운동량 방정식에서 검사체적 내용물에 작용하는 외부 힘만을 고려합니다(식 5.20). 검사체적에 유체만 포함된 경우, 유체와 접촉한 표면 사이의 반작용 힘도 식에 포함해야 합니다. 검사체적 내에 유체와 접촉한 젖은 표면은 외부가 아닌 내부 힘이므로 선형운동량 방정식(식 5.20)에 나타나지 않습니다. 그러나 젖은 표면을 고정하는 데 필요한 지지력은 외부 힘이므로 방정식(식 5.20)에 반드시 포함되어야 합니다.
9. 물체를 고정하는 데 필요한 힘은 일반적으로 검사표면에 작용하는 표면 압력 혹은 전단력, 검사체적에 포함된 유체의 선형운동량 유량 변화, 그리고 검사체적에 포함된 물체의 무게에 의해 발생합니다. 예제 5.9에서 노즐을 고정하는 데 필요한 힘은 주로 압력 힘과 노즐 내부 유체 가속에 따른 선형운동량 유량 변화에 기인합니다. 검사체적 내부 물과 노즐 무게는 지지력에 큰 영향을 미치지 못합니다.

Video

V5.7 공기 제트 운동량 플럭스

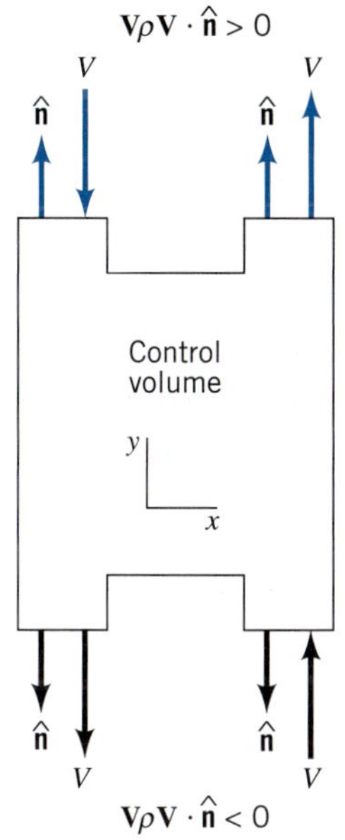

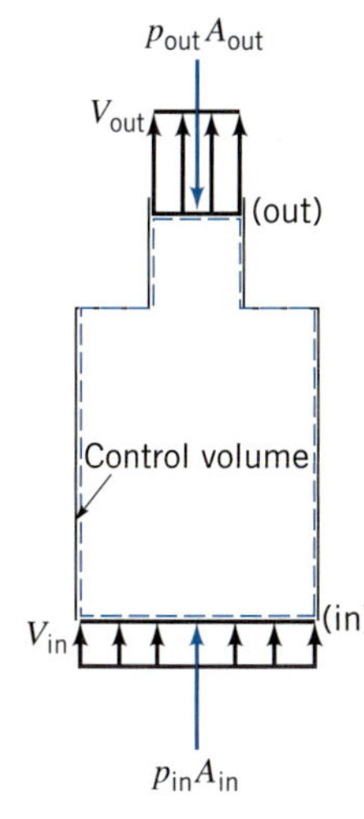

검사체적 다이어그램은 자유물체 다이어그램과 유사합니다.

광활한 유체의 세계

모터 서핑 보드

전직 프로 서퍼 밥 몽고메리는 자신의 모터 서핑 보드(제트 보드)를 설계하기 시작했을 때 여러 공학적 도전 과제가 있음을 발견했습니다. 이 아이디어는 사람들이 바다 근처에 살건, 멀건 상관없이 누구나 서핑을 즐길 수 있도록 하는 것입니다. 탑승자는 서프보드처럼 장치 위에 서 있고 몸을 움직여서 조향합니다. 소형 33.57 kW 엔진과 펌프는 서핑 보드 선체에 맞게 설계되었습니다. 추력은 유속 변화에 따른 선형운동량 변화에 따라 생성됩니다. 물이 엔진으로 들어가는 것을 방지하기 위한 체크 밸브를 포함하여 선박 설계와 관련된 유체역학 문제는 부력, 양력, 항력, 추진력 및 선체 안정성 등입니다.

예제 5.10 | 선형운동량 - 압력 및 유동 방향 변경

주어진 사항 그림 E5.10a에 나와 있는 대로, 물이 수평으로 흐르는 180° 파이프 벤드를 통과합니다. 그림 E5.10b에 설명된 것처럼 유동 단면적은 벤드를 통해 $9.3\times10^{-3}\mathrm{m}^2$로 일정합니다. 벤드 전역에서의 유속 크기는 축 방향이며, 15.2 m/s입니다. 벤드 입구 및 출구의 절대 압력은 각각 206,843 Pa와 165,474 Pa입니다.($p_{\mathrm{atm}} = 101,353$ Pa 사용)

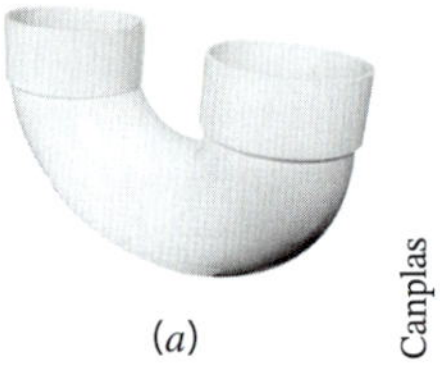

(a)

그림 E5.10

해결과제 파이프 벤드를 고정하기 위해 필요한 수평 고정 힘을 계산합니다.

풀이 파이프 벤드를 고정하기 위해 필요한 고정 힘의 성분을 결정하기 위해, 그림 E5.10c의 점선으로 표시된 벤드와 벤드 내의 물을 포함하는 검사체적을 정의합니다. 이 검사체적에 작용하는 모든 수평 정상 및 접선력은 그림 E5.10c에 나타내었습니다. 물의 무게는 수직 방향(음수 z 방향)이며, 고정 힘의 x 및 y 성분에 기여하지 않습니다. 유체와 파이프 벤드에 가해지는 모든 수평 정상 및 접선 힘은 F_{Ax}와 F_{Ay} 두 결과 성분으로 분해되고 합산됩니다. 대기 외의 압력에 노출된 유일한 검사표면 부분은 표면에 수직 성분이 없는 입구 및 출구 평면입니다. 따라서 선형운동량 방정식의 x 성분은 다음과 같이 표현될 수 있습니다.

$$\int_{\mathrm{cs}} u\rho\mathbf{V}\cdot\hat{\mathbf{n}}\,dA = F_{Ax} \tag{1}$$

여기서 F_{Ax}는 검사체적 내 물과 파이프 벤드로 구성된 질량에 작용하는 힘입니다. 단면 (1) 및 (2)에서 유동이 y 방향으로 흐르므로, $u=0$입니다. 검사체적에 x 방향 운동량 유동이 없습니다. 식(1)에서

$$F_{Ax} = 0 \tag{답}$$

식(5.22)에 따라

$$\int_{\mathrm{cs}} v\rho\mathbf{V}\cdot\hat{\mathbf{n}}\,dA = F_{Ay} + p_1A_1 + p_2A_2 \tag{2}$$

일차원 유동으로 가정하면 식(2)는 다음과 같이 됩니다.

$$(+v_1)(-\dot{m}_1) + (-v_2)(+\dot{m}_2) = F_{Ay} + p_1A_1 + p_2A_2 \tag{3}$$

y 방향의 속도 구성 요소는 단면 (1)에서 양의 값이지만, 단면 (2)에서는 음의 값입니다. 또한, 질량유량은 단면 (1)에서 음의 값(유입)이고, 단면 (2)에서는 양의 값(유출)입니다. 연속 방정식(식 5.12)에 따라

$$\dot{m} = \dot{m}_1 = \dot{m}_2 \tag{4}$$

식(3)은 다음과 같이 쓸 수 있습니다.

$$-\dot{m}(v_1 + v_2) = F_{Ay} + p_1A_1 + p_2A_2 \tag{5}$$

식(5)를 F_{Ay}에 대해 풀면 다음과 같습니다.

$$F_{Ay} = -\dot{m}(v_1 + v_2) - p_1A_1 - p_2A_2 \tag{6}$$

우리는 식(5.6)에 따라 질량유량 $\dot{m}$을 계산할 수 있습니다.

$$\dot{m} = \rho_1A_1v_1 = (1000\ \mathrm{kg/m^3})(9.3\times10^{-3}\ \mathrm{m^2})(15.2\ \mathrm{m/s})$$
$$= 141.36\ \mathrm{kg/s}$$

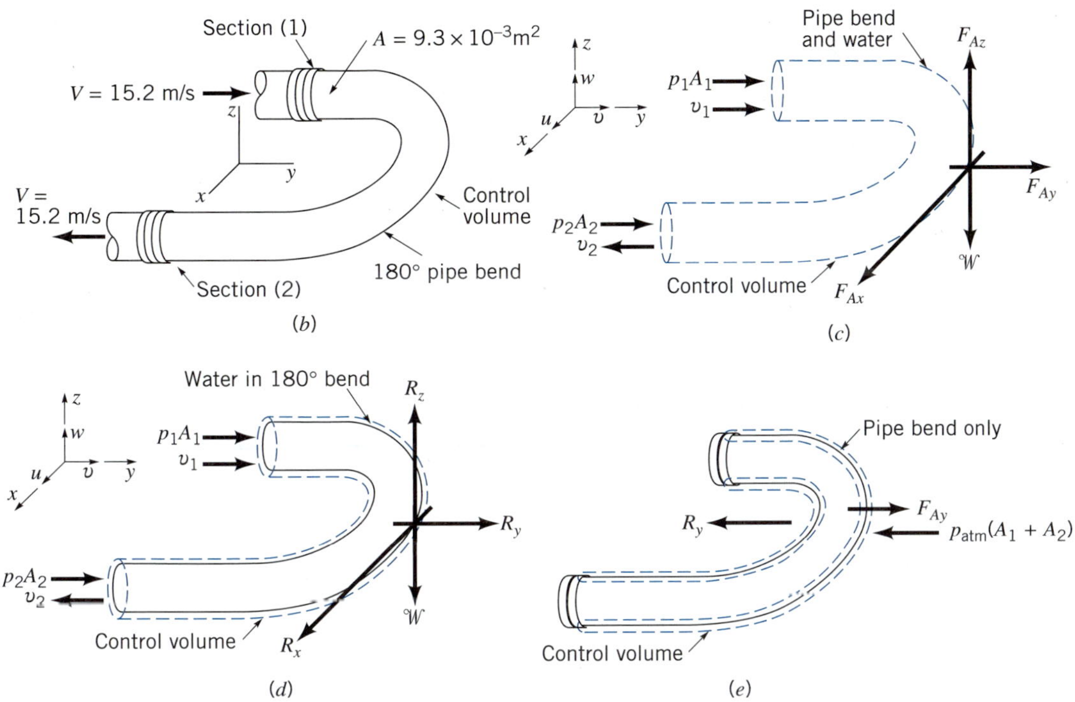

그림 E5.10

고정 힘 F_{Ay}를 결정하기 위해, 대기 압력의 효과가 상쇄되므로 p_1 및 p_2의 계기 압력을 적용하는 것이 적절합니다. 식(6)에서

$$F_{Ay} = -(141.36\text{ kg/s})(15.2\text{ m/s} + 15.2\text{ m/s}) - (206843\text{ Pa} - 101353\text{ Pa})(9.3\times10^{-3}\text{ m}^2) - (165474\text{ Pa} - 101353\text{ Pa})(9.3\times10^{-3}\text{ m}^2)$$

$$F_{Ay} = -4297\text{ N} - 981\text{ N} - 596\text{ N} = -5874\text{ N} \quad \text{(답)}$$

F_{Ay}의 음의 부호는 음의 y 방향으로 힘이 작용함을 의미합니다.

보충설명 예제 5.9와 마찬가지로 파이프 벤드의 고정 힘은 대기 압력과 무관합니다. 그러나 벤드가 내부 유체에 작용하는 힘 R_y는 대기 압력에 의존합니다. 벤드 내부의 유체만을 포함하는 검사체적을 사용하여 이를 확인할 수 있습니다(그림 E5.10d). 이 상황에 대한 선형운동량 방정식의 적용은 다음과 같습니다.

$$R_y = -\dot{m}(v_1 + v_2) - p_1A_1 - p_2A_2$$

여기서 p_1 및 p_2는 절대 압력이며, 유체와 파이프 벽 사이의 힘 R_y는 완전한 압력 효과(즉, 절대 압력)입니다. 유체에 가해지는 힘이 그 속도 방향을 변경시키는 것을 볼 수 있습니다.

$$R_y = -(141.36\text{ kg/s})(15.2\text{ m/s} + 15.2\text{ m/s}) - (206843\text{ Pa})(9.3\times10^{-3}\text{ m}^2) - (165474\text{ Pa})(9.3\times10^{-3}\text{ m}^2) = -7760\text{ N} \tag{7}$$

파이프 벤드만을 포함하는 검사체적을 사용하여 F_{Ay}, 벤드를 고정하기 위한 y 방향의 고정 힘 성분을 결정할 수 있습니다. 이 검사체적에 적용된 선형운동량 방정식의 y 성분은 다음과 같습니다.

$$F_{Ay} = R_y + p_{\text{atm}}(A_1 + A_2) \tag{8}$$

여기서 R_y는 식(7)에 따라 주어집니다. $p_{\text{atm}}(A_1+A_2)$ 용어는 검사체적의 외부 부분에 대한 순 압력 힘을 나타냅니다. 파이프 벤드 내부의 압력 힘은 R_y에 의해 설명됩니다. 식(7) 및 (8)을 결합하여 다음을 얻습니다.

$$F_{Ay} = -7760\text{ N} + 101353\text{ Pa}(9.3\times10^{-3}\text{ m}^2 + 9.3\times10^{-3}\text{ m}^2) = -5874\text{ N}$$

이는 그림 E5.10c의 검사체적을 사용하여 얻은 초기 답변과 일치합니다.

선형운동량 방정식(식 5.20)의 사용을 더 잘 보여주기 위해, 일차원 유동 예제를 더 살펴보겠습니다.

Video

V5.8 소방 호스

예제 5.8과 예제 5.10에서 유체에 작용하는 힘은 유동 방향의 변화만을 초래했습니다. 예제 5.8에서는 베인을 사용하여 유동을 제어하였으며, 예제 5.10에서는 파이프 벤드로 힘을 가했습니다. 예제 5.9에서 유체에 작용하는 힘은 속도 크기의 변화만을 초래했습니다. 이 힘은 축소 노즐과 관련이 있습니다. 베인이나 도관을 고정하는 데 필요한 지지력은 베인이나 파이프, 유체를 포함한 검사체적을 선정하여 계산할 수 있습니다. 혹은 베인이나 파이프만을 포함하는 검사체적이나 유체만을 포함하는 검사체적을 사용할 수도 있습니다.

예제 5.11 | 선형운동량 - 압력, 속도 변화 및 마찰

주어진 사항 그림 E5.11에 나와 있는 대로, 직경 0.10 m의 긴 직선 파이프의 두 교차 단면 사이에서 정상유동의 공기가 흐릅니다. 단면 (2)에서 평균 공기 속도가 305 m/s인 경우, 예제 5.2에서 단면 (1)에서의 평균 공기 속도가 66.81 m/s임을 계산했습니다. 단면 (1)과 (2)에서 균일한 속도 분포를 가정합니다.

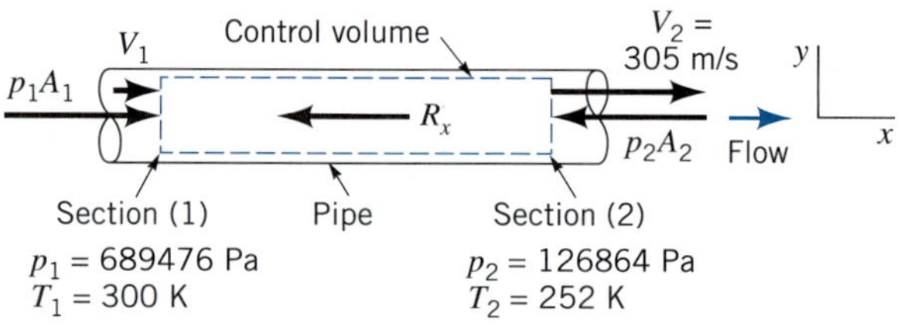

그림 E5.11

해결과제 단면 (1)과 (2) 사이에서 공기에 의해 파이프 벽에 작용하는 마찰 힘을 결정합니다.

풀이 이 문제에 적합한 검사체적은 예제 5.2와 동일합니다. 단면 (1)과 (2) 사이의 공기에 작용하는 힘들은 그림 E5.11에 표시되어 있습니다. 공기의 무게는 무시할 수 있으며, 파이프 벽과 흐르는 공기 사이의 반작용 힘 R_x는 마찰력입니다. 이 검사체적에 선형운동량 방정식의 축 방향 성분을 적용하면 다음과 같습니다.

$$\int_{\text{cs}} u\rho \mathbf{V}\cdot\hat{\mathbf{n}}\,dA = -R_x + p_1A_1 - p_2A_2 \qquad (1)$$

여기서 양의 x 방향은 오른쪽을 가리킵니다. 또한 균일한 속도 분포(일차원 유동)에 대해서는 식(1)은 다음과 같이 됩니다.

$$(+u_1)(-\dot{m}_1) + (+u_2)(+\dot{m}_2) = -R_x + p_1A_1 - p_2A_2 \qquad (2)$$

질량보존 법칙 (식 5.12)에서 다음을 얻습니다.

$$\dot{m} = \dot{m}_1 = \dot{m}_2 \qquad (3)$$

따라서 식(2)는 다음과 같이 됩니다.

$$\dot{m}(u_2 - u_1) = -R_x + A_2(p_1 - p_2) \qquad (4)$$

식(4)를 R_x에 대해 푸는 것으로 우리는 다음을 얻습니다.

$$R_x = A_2(p_1 - p_2) - \dot{m}(u_2 - u_1) \qquad (5)$$

상태 방정식은 다음과 같습니다.

$$\rho_2 = \frac{p_2}{RT_2} \qquad (6)$$

A_2는 다음과 같습니다.

$$A_2 = \pi D_2^2/4 \qquad (7)$$

따라서 식(3), (6) 및 (7)에서 다음을 얻습니다.

$$\dot{m} = \left(\frac{p_2}{RT_2}\right)\left(\frac{\pi D_2^2}{4}\right)u_2$$

여기서 $R = 287$ J/kg K를 사용합니다.

$$\dot{m} = \frac{126864\,\text{Pa}}{[287\,\text{J/kg}\cdot\text{K}](252\,\text{K})} \times \frac{\pi(0.10\ \text{m})^2}{4}\ 305\ \text{m/s} = 4.20\ \text{kg/s} \qquad (8)$$

따라서 식(5)와 (8)에서 다음을 얻습니다.

$$R_x = \frac{\pi(0.10\ \text{m})^2}{4}(689476\ \text{Pa} - 126864\ \text{Pa})$$
$$-4.20\ \text{kg/s}\,(305\ \text{m/s} - 66.81\ \text{m/s})$$
$$= 4419\ \text{N} - 1000\ \text{N}$$

따라서 식(5)와 (8)에서 다음을 얻습니다.

$$R_x = \frac{\pi(0.10\text{ m})^2}{4}\left(689476\text{ Pa} - 126864\text{ Pa}\right)$$
$$-4.20\text{ kg/s }(305\text{ m/s} - 66.81\text{ m/s})$$
$$= 4419\text{ N} - 1000\text{ N}$$

$$R_x = 3419\text{ N} \qquad \text{(답)}$$

보충설명 만약 비압축성 유동이었다면, 압력 차에 의한 힘은 유동을 저항하는 마찰 힘과 같았을 것입니다. 유동은 가속되지 않았을 것입니다. 그러나 압축성 유동에서는 밀도가 압력이 감소함에 따라 감소하기 때문에 유동이 가속되어야 합니다. 따라서 압축성 유동에서는 적용된 압력 차에 의한 힘은 유동을 가속시키고 저항하는 마찰 힘을 극복하는 데 충분해야 합니다.

예제 5.12 | 선형운동량 - 무게, 압력, 마찰 및 비균일 속도 분포

주어진 사항 그림 E5.12에 같이 예제 5.4의 파이프 유동이 수직으로 상승합니다.

해결과제 단면 (1)에서 단면 (2) 사이에서 발생하는 유체 압력 감소를 계산하시오.

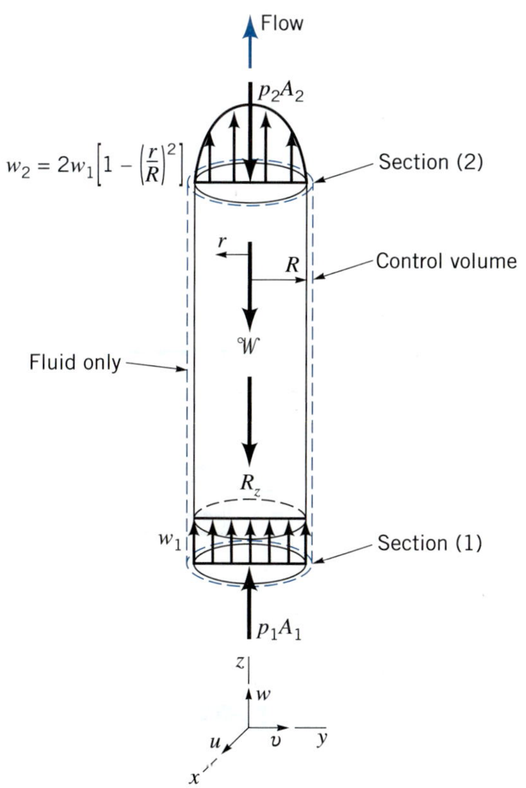

그림 E5.12

풀이 단면 (1)에서 단면 (2) 사이의 유체만 포함하는 검사체적을 선택합니다. 이 검사체적 내의 유체에 작용하는 힘들은 그림 E5.12에 표시되어 있습니다. 이 검사체적의 유체에 선형운동량 방정식을 적용하면

$$\int_{\text{cs}} w\rho \mathbf{V}\cdot\hat{\mathbf{n}}\, dA = p_1A_1 - R_z - \mathcal{W} - p_2A_2 \qquad (1)$$

여기서 R_z는 파이프 벽이 유체에 가한 힘입니다. 단면 (1)에서 균일 유동이며, 단면 (2)에서 포물선 속도분포를 가지는 것으로 가정하였습니다.

$$(+w_1)(-\dot{m}_1) + \int_{A_2}(+w_2)\rho(+w_2\, dA_2) = p_1A_1 - R_z - \mathcal{W} - p_2A_2 \qquad (2)$$

양의 방향은 위쪽을 가리킵니다. 단면 (2)에서의 표면 적분은 속도 분포를 사용하여 다음과 같이 계산됩니다.

$$\int_{A_2} w_2\rho w_2\, dA_2 = \rho\int_0^R w_2^2\, 2\pi r\, dr = 2\pi\rho\int_0^R (2w_1)^2\left[1-\left(\frac{r}{R}\right)^2\right]^2 r\, dr$$

또는

$$\int_{A_2} w_2\rho w_2\, dA_2 = 4\pi\rho w_1^2\frac{R^2}{3} \qquad (3)$$

식(2)와 (3)을 조합하여

$$-w_1^2\rho\pi R^2 + \frac{4}{3}w_1^2\rho\pi R^2 = p_1A_1 - R_z - \mathcal{W} - p_2A_2 \qquad (4)$$

식(2)와 (3)을 결합하여 $p_1 - p_2$를 계산하면,

$$p_1 - p_2 = \frac{\rho w_1^2}{3} + \frac{R_z}{A_1} + \frac{\mathcal{W}}{A_1} \qquad \text{(답)}$$

보충설명 단면 (1)과 단면 (2) 사이의 압력 감소는 다음 이유로 발생합니다.

1. 균일한 속도 분포에서 포물선 속도 분포로 이동함에 따른 두 단면 사이의 운동량 유동 변화, $\rho w_1^2/3$
2. 파이프 벽 마찰, R_z
3. 물의 무게

만약 두 단면에서 속도 분포가 완전히 동일한 포물선이었다면, 각 단면에서의 운동량 유동은 동일했을 것입니다. 이를 "완전 발달" 유동이라고 합니다. 그럼에도 불구하고, 압력 감소, $p_1 - p_2$는 파이프 벽 마찰과 물의 무게에 의해 발생했을 것입니다. 또한, 완전 발달 상태에서 물의 무게 효과가 무시 가능한 경우(예: 액체의 수평 유동 또는 모든 방향의 기체 유동) 두 단면 사이의 압력 감소, $p_1 - p_2$는 파이프 벽 마찰만으로 인한 것입니다.

비균일 유동에서 운동량 플럭스는 평균 속도와 운동량 계수를 사용하여 계산할 수 있습니다.

예제 5.12에서 (1)과 (2)에서의 평균 속도는 동일합니다. 그러나 선형 운동량 플럭스는 동일하지 않습니다. 만약 동일하다면, 식(4)의 좌변은 0이 됩니다. 비균일 유동에서 운동량 플럭스는 평균 속도 $\overline{V}$와 **운동량 계수** β로 표시할 수 있습니다.

$$\beta = \frac{\int w\rho \mathbf{V}\cdot\hat{\mathbf{n}}\, dA}{\rho \overline{V}^2 A}$$

따라서 운동량 플럭스는 다음과 같이 표현될 수 있습니다.

$$\int_{\text{cs}} w\rho\mathbf{V}\cdot\hat{\mathbf{n}}\, dA = -\beta_1 w_1^2 \rho\pi R^2 + \beta_2 w_1^2 \rho \pi R^2$$

층류 파이프 유동은 $\beta = 4/3$이고, 난류 파이프 유동은 $\beta \approx 1.02$입니다. 균일 유동의 경우 $\beta = 1$입니다.

예제 5.13 | 선형운동량 - 추력

주어진 사항 정지 추력 스탠드를 제트 엔진을 테스트하기 위해 설계할 예정입니다. 다음과 같은 전형적인 시험 조건이 알려져 있습니다. 흡입 공기 속도 = 200 m/s, 배출 가스 속도 = 500 m/s, 흡입 단면적 = 1 m^2, 흡입 정적 압력 = −22.5 kPa = 78.5 kPa (절대); 흡입 온도 = 268 K, 배출 압력 = 0 kPa = 101 kPa (절대).

해결과제 엔진을 고정하기 위해 필요한 힘을 결정하십시오.

풀이 그림 E5.13의 점선으로 표시된 원통형 검사체적을 선택합니다. 축 방향에 작용하는 외부 힘도 표시됩니다. 이 검사체적 운동량 방정식(식 5.20)을 적용하면 다음과 같습니다.

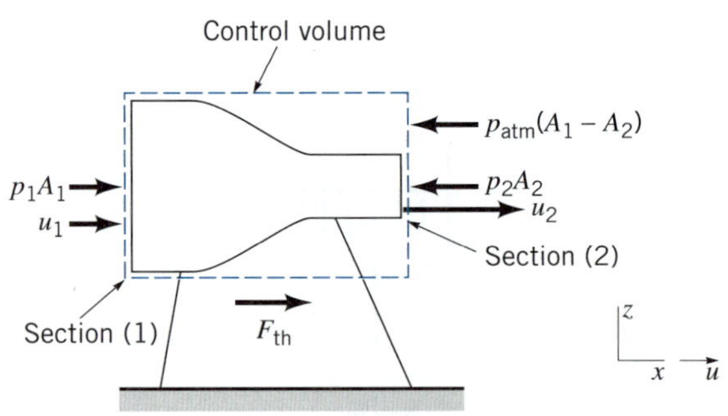

그림 E5.13

$$\int_{\text{cs}} u\rho\mathbf{V}\cdot\hat{\mathbf{n}}\, dA = p_1A_1 + F_{\text{th}} - p_2A_2 - p_{\text{atm}}(A_1 - A_2) \qquad (1)$$

여기서 압력은 절대압입니다. 따라서 일차원 유동에서 식(1)은 다음과 같이 됩니다.

$$(+u_1)(-\dot{m}_1) + (+u_2)(+\dot{m}_2) = (p_1 - p_{atm})A_1 - (p_2 - p_{atm})A_2 + F_{th} \qquad (2)$$

양의 방향은 오른쪽을 가리킵니다. 질량보존 방정식(식 5.12)로부터

$$\dot{m} = \dot{m}_1 = \rho_1 A_1 u_1 = \dot{m}_2 = \rho_2 A_2 u_2 \qquad (3)$$

식(2)와 (3)을 결합하고 계기압을 사용하여,

$$\dot{m}(u_2 - u_1) = p_1 A_1 - p_2 A_2 + F_{th} \qquad (4)$$

추력, F_{th}를 계산하기 위해 식(4)를 풀면,

$$F_{th} = -p_1 A_1 + p_2 A_2 + \dot{m}(u_2 - u_1) \qquad (5)$$

이상 기체 상태 방정식에서

$$\rho_1 = \frac{p_1}{RT_1} = \frac{(78.5\ \text{kPa})(1000\ \text{Pa/kPa})[1(\text{N/m}^2)/\text{Pa}]}{(286.9\ \text{J/kg}\cdot\text{K})(268\ \text{K})(1\ \text{N}\cdot\text{m/J})} = 1.02\ \text{kg/m}^3$$

따라서,

$$\dot{m} = \rho_1 A_1 u_1 = (1.02\ \text{kg/m}^3)(1\ \text{m}^2)(200\ \text{m/s}) = 204\ \text{kg/s} \qquad (6)$$

식(5)와 (6)을 결합하고 $p_2 = 0$를 대입하면

$$F_{th} = -(1\ \text{m}^2)(-22.5\ \text{kPa})(1000\ \text{Pa/kPa})[1(\text{N/m}^2)/\text{Pa}] + (204\ \text{kg/s})(500\ \text{m/s} - 200\ \text{m/s})[1\ \text{N/(kg}\cdot\text{m/s}^2)]$$

$$F_{th} = 22{,}500\ \text{N} + 61{,}200\ \text{N} = 83{,}700\ \text{N} \qquad \text{(답)}$$

보충설명 추력 스탠드가 엔진에 가하는 힘은 오른쪽으로 향합니다. 반대로, 엔진은 추력 스탠드를 왼쪽으로 밀어냅니다.

광활한 유체의 세계

뱃머리 추진체(bow thrusters)

과거에는 대형 선박이 정박할 때와 같이 정밀한 조정이 필요할 때 예인선을 사용했습니다. 그러나 요즘에는 대부분의 대형 선박이 보우 스러스터를 장착하여 좁은 공간에서 항해할 수 있게 되었습니다. 이 장치들은 선박의 선수축 혹은 후수축에 직각으로 장착되어 선박의 한 측에서 물을 흡수하여 반대편으로 배출합니다. 제트의 선형 운동량 플럭스는 선박이 좌우로 방향을 잡도록 도와줍니다. 회전축때로는 두 번째 장치가 배 뒷부분에 장착됩니다. 처음에는 선박의 뱃머리에 사용되었지만, 이 유용한 조정 장치는 현재는 해양 석유 서비스 선박, 어선 및 대형 해양 선박에서 인기를 끌고 있습니다. 이들은 석유 시추 플랫폼, 선박, 하역 플랫폼, 어망 및 선착장 항해를 가능하게 하며, 우리는 수문, 좁은 수로 및 다리를 통해 천천히 움직일 때 미세하게 방향을 조절합니다.

예제 5.14 | 선형운동량 - 비균일 압력

주어진 사항 그림 E5.14a 수로 게이트의 폐쇄 위치와 개방 위치가 그림 E5.14b와 E5.14c에 표시되어 있습니다.

해결과제 게이트를 고정하는 데 필요한 고정 힘이 게이트가 폐쇄된 경우와 개방된 경우 어느 쪽이 더 큰가요?

풀이 이 질문에 대한 답은 게이트가 폐쇄된 경우와 개방된 각각의 경우 검사체적을 비교함으로써 얻을 수 있습니다. 그림 E5.14b와 E5.14c에 사용된 검사체적을 점선으로 표시하였습니다.

Kat72/Shutterstock.com

(a)

그림 E5.14a

게이트가 폐쇄된 경우, 검사체적에 작용하는 수평 힘은 그림 E5.14d에서 나와 있습니다. 이 검사체적에 운동량 방정식(식 5.20)을 적용하면

$$\int_{\text{cs}} u\rho \overset{0\ (\text{no flow})}{\cancel{\mathbf{V}}} \cdot \hat{\mathbf{n}}\, dA = \frac{1}{2}\gamma H^2 b - R_x \tag{1}$$

식(1)에서 게이트가 물에 의해 받는 힘(즉, 게이트를 고정하는 데 필요한 힘)은 다음과 같습니다.

$$R_x = \frac{1}{2}\gamma H^2 b \tag{2}$$

이는 물에 의해 게이트에 가해지는 수력 힘의 크기와 같습니다.

게이트가 개방된 경우, 검사체적에 작용하는 수평 힘은 그림 E5.14e에 나와 있습니다. 이 검사체적에 운동량 방정식(식 5.20)을 적용하면

$$\int_{\text{cs}} u\rho \mathbf{V} \cdot \hat{\mathbf{n}}\, dA = \frac{1}{2}\gamma H^2 b - R_x - \frac{1}{2}\gamma h^2 b - F_f \tag{3}$$

단면 (1)과 (2) 사이에서 물이 직선적이고 수평적인 유선을 따른다고 가정하면 깊이 방향으로 증가합니다. 압력 분포는 자유 표면에서는 0이고 따라서 단면 (1)과 (2)에서의 압력 힘은 각각 $\gamma H^2 b/2$와 $\gamma h^2 b/2$입니다. 수로 바닥과 물 사이의 마찰 힘은 Ff로 표시됩니다. 식(3)의 표면 적분은 검사표면을 통해 유동이 발생하는 곳에서만 0이 아닙니다.

균일한 속도 분포를 가정하면,

$$\int_{\text{cs}} u\rho \mathbf{V} \cdot \hat{\mathbf{n}}\, dA = (u_1)\rho(-u_1)Hb + (+u_2)\rho(+u_2)hb \tag{4}$$

식(3)과 (4)는 다음과 같이 결합됩니다.

$$-\rho u_1^2 Hb + \rho u_2^2 hb = \frac{1}{2}\gamma H^2 b - R_x - \frac{1}{2}\gamma h^2 b - F_f \tag{5}$$

만약 $H \gg h$이면, 상류 속도 u_1은 u_2보다 훨씬 작기 때문에 검사표면 적분에 대한 들어오는 운동량은 무시할 수 있으며, 식(5)에서 다음과 같은 결과를 얻을 수 있습니다.

$$R_x = \frac{1}{2}\gamma H^2 b - \frac{1}{2}\gamma h^2 b - F_f - \rho u_2^2 hb \tag{6}$$

연속 방정식을 사용하여, $\dot{m} = \rho bHu_1 = \rho bhu_2$, 식(6)은 다음과 같이 쓸 수 있습니다.

$$R_x = \frac{1}{2}\gamma H^2 b - \frac{1}{2}\gamma h^2 b - F_f - \dot{m}(u_2 - u_1) \tag{7}$$

따라서, $u_2 > u_1$인 경우, R_x는 게이트가 개방된 경우가 폐쇄된 경우보다 작습니다. (답)

보충설명 게이트에 작용하는 고정 힘이 더 작다는 사실은 물리적 추론으로부터 알 수 있습니다. 게이트가 폐쇄되면 모든 수압이 게이트에 작용합니다. 게이트가 개방되면 일부 수압이 물을 밀어내는 데 사용됩니다.

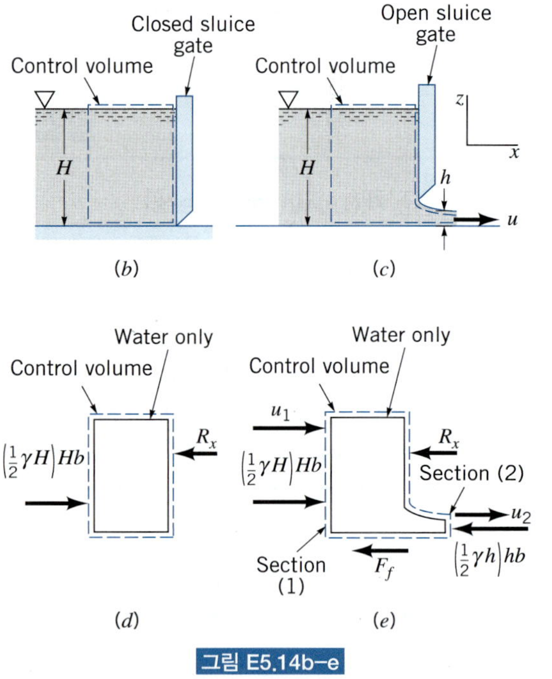

그림 E5.14b-e

선형운동량 방정식을 이동 검사체적에 대해 적용할 수 있습니다.

지금까지 고려된 모든 선형운동량 예제는 가속도가 0이었기 때문에 관성 좌표계를 사용했습니다. 시스템과 특정 시점에서 일치하는 관성 검사체적에 대한 레이놀즈 수송 정리(식 3.23)는 다음과 같습니다.

$$\frac{D}{Dt}\int_{\text{sys}} \mathbf{V}\rho\, d\forall = \frac{\partial}{\partial t}\int_{\text{cv}} \mathbf{V}\rho\, d\forall + \int_{\text{cs}} \mathbf{V}\rho \mathbf{W} \cdot \hat{\mathbf{n}}\, dA \tag{5.21}$$

여기서 **W**는 상대 속도입니다. 식(5.21)을 식(5.17) 및 식(5.18)과 결합하면 다음과 같습니다.

Video

V5.9 해파리

$$\frac{\partial}{\partial t}\int_{\text{cv}} \mathbf{V}\rho\, d\text{\char"2C6D} + \int_{\text{cs}} \mathbf{V}\rho\mathbf{W}\cdot\hat{\mathbf{n}}\, dA = \sum \mathbf{F}_{\substack{\text{contents of the}\\ \text{control volume}}} \tag{5.22}$$

절대속도, 상대속도 및 검사체적 속도 사이의 관계식(식 5.14)을 대입하면

$$\frac{\partial}{\partial t}\int_{\text{cv}} (\mathbf{W}+\mathbf{V}_{\text{cv}})\rho\, d\text{\char"2C6D} + \int_{\text{cs}} (\mathbf{W}+\mathbf{V}_{\text{cv}})\rho\mathbf{W}\cdot\hat{\mathbf{n}}\, dA = \sum \mathbf{F}_{\substack{\text{contents of the}\\ \text{control volume}}} \tag{5.23}$$

일정한 검사체적 속도 $\mathbf{V}_{\text{cv}}$ 및 검사체적 기준 정상유동을 가정하면,

Video

V5.10 물 위에서 달리기

$$\frac{\partial}{\partial t}\int_{\text{cv}} (\mathbf{W}+\mathbf{V}_{\text{cv}})\rho\, dV = 0 \tag{5.24}$$

또한 비변형 관성 검사체적에 대해,

$$\int_{\text{cs}} (\mathbf{W}+\mathbf{V}_{\text{cv}})\rho\mathbf{W}\cdot\hat{\mathbf{n}}\, dA = \int_{\text{cs}} \mathbf{W}\rho\mathbf{W}\cdot\hat{\mathbf{n}}\, dA + \mathbf{V}_{\text{cv}}\int_{\text{cs}} \rho\mathbf{W}\cdot\hat{\mathbf{n}}\, dA \tag{5.25}$$

정상유동에 대한 식(5.15)는 다음과 같습니다.

$$\int_{\text{cs}} \rho\mathbf{W}\cdot\hat{\mathbf{n}}\, dA = 0 \tag{5.26}$$

식(5.23)~식(5.26)을 결합하면, 비변형 관성 이동 검사체적에 대한 선형운동량 방정식은 다음과 같습니다.

$$\boxed{\int_{\text{cs}} \mathbf{W}\rho\mathbf{W}\cdot\hat{\mathbf{n}}\, dA = \sum \mathbf{F}_{\substack{\text{contents of the}\\ \text{control volume}}}} \tag{5.27}$$

이동 검사체적에 적용되는 선형운동량 방정식은 상대 속도를 포함합니다.

예제 5.15는 식(5.27)의 사용 예를 보여줍니다.

예제 5.15 | 선형운동량 - 이동 검사체적

주어진 사항 바퀴 위에 있는 날개가 일정 속도 $\mathbf{V}_0$로 움직이는 동안, 노즐 출구 속도가 $\mathbf{V}_1$인 물 유선이 날개에 의해 45도 방향으로 변경됩니다. 물의 속도는 31 m/s이며, 날개는 오른쪽으로 6 m/s의 일정 속도로 이동합니다.

해결과제 물이 날개 표면에 가하는 힘 **R**의 크기와 방향을 결정합니다.

풀이 물이 날개에 가하는 힘 **R**의 크기와 방향을 결정하기 위해 그림 E5.15b에 나와 있는 이동 검사체적에 식(5.27)을 적용합니다. 이 검사체적에 작용하는 힘들은 그림 E5.15c에 표시되어 있습니다. 주변 압력이 대기압이므로 모든 압력 힘이 서로 상쇄됩니다. x 방향 성분은 다음과 같습니다.

$$\int_{\text{cs}} W_x\, \rho\mathbf{W}\cdot\hat{\mathbf{n}}\, dA = -R_x$$

혹은

$$(+W_1)(-\dot{m}_1) + (+W_2\cos 45°)(+\dot{m}_2) = -R_x \tag{1}$$

여기서

$$\dot{m}_1 = \rho_1 W_1 A_1 \qquad \text{and} \qquad \dot{m}_2 = \rho_2 W_2 A_2$$

수직 또는 z 방향 성분은 다음과 같습니다.

$$\int_{\text{cs}} W_z\, \rho\mathbf{W}\cdot\hat{\mathbf{n}}\, dA = R_z - \mathcal{W}_w$$

혹은

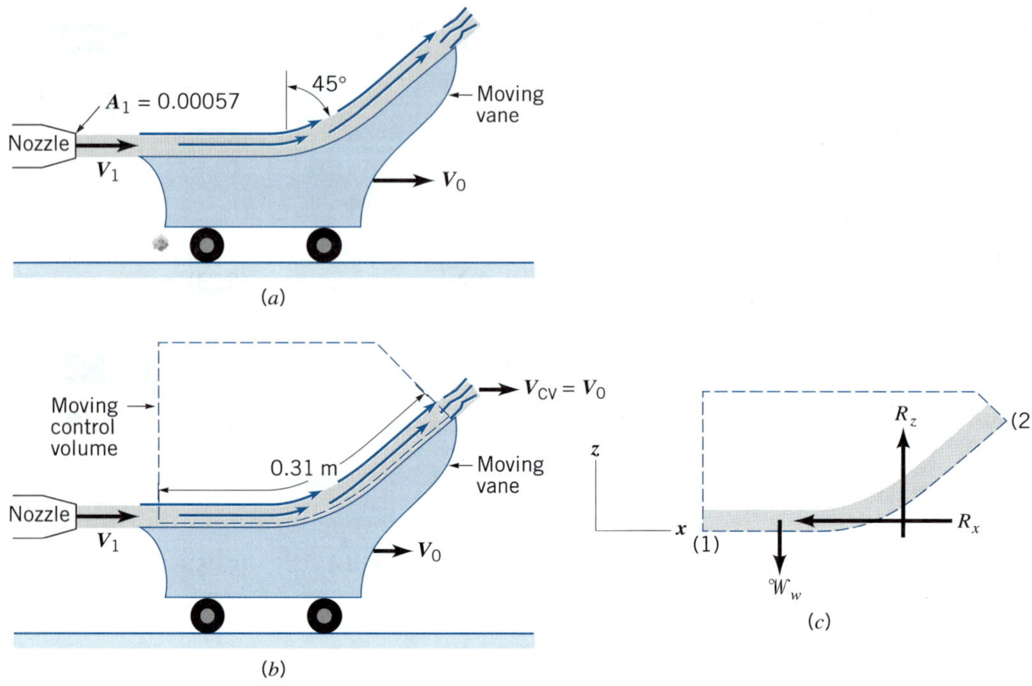

그림 E5.15

$$(+W_2 \sin 45°)(+\dot{m}_2) = R_z - \mathscr{W}_w \quad (2)$$

마찰이 없고, 고도 변화를 무시하면 베르누이 방정식(식 4.7)에서 물의 상대 속도는 일정합니다.

$$W_1 = W_2$$

$$W_1 = V_1 - V_0 = 31 \text{ m/s} - 6 \text{ m/s} = 25 \text{ m/s} = W_2$$

물의 밀도는 일정하므로,

$$\rho_1 = \rho_2 = 1000 \text{ kg/m}^3$$

이동 검사체적에 대한 질량보존 법칙 (식 5.16)을 적용하면 다음과 같습니다.

$$\dot{m}_1 = \rho_1 W_1 A_1 = \rho_2 W_2 A_2 = \dot{m}_2$$

이를 결합하여 다음과 같은 결과를 얻습니다.

$$R_x = \rho W_1^2 A_1 (1 - \cos 45°)$$

또는

$$R_x = (1000 \text{ kg/m}^3)(25 \text{ m/s})^2(0.00057 \text{ m}^2)(1 - \cos 45°) = 104.3 \text{ N}$$

또한,

$$R_z = \rho W_1^2 (\sin 45°) A_1 + \mathscr{W}_w$$

여기서

$$\mathscr{W}_w = \rho g A_1 \ell$$

따라서,

$$R_z = (1000 \text{ kg/m}^3)(25 \text{ m/s})^2(\sin 45°)(0.00057 \text{ m}^2) + (1000 \times 9.81 \text{ N/m}^3)(0.00057 \text{ m}^2 \times 0.31 \text{ m}) = 252 \text{ N} + 1.73 \text{ N} = 253.73 \text{ N}$$

구성 요소를 결합하면,

$$R = \sqrt{R_x^2 + R_z^2} = \sqrt{(104.3 \text{ N})^2 + (253.73 \text{ N})^2} = 274.3 \text{ N}$$

R가 x 방향에서의 각도 α는 다음과 같습니다.

$$\alpha = \tan^{-1} \frac{R_z}{R_x} = \tan^{-1} \frac{253.73}{104.3} = 67.6°$$

날개에 작용하는 물의 힘은 크기는 같지만 방향이 반대이며, x 방향에서 67.6°의 각도로 오른쪽 아래로 향합니다. 이 힘의 크기는 268 N입니다. (답)

보충설명 날개에 작용하는 유체의 x 방향 힘인 $R_x = 102$ N은 날개가 6 m/s의 일정 속도로 x 방향으로 움직이는 것과 관련이 있습니다. 날개가 가속되지 않기 때문에 이 x 방향 힘은 바퀴 마찰력이나 동등한 저항 힘에 의해 상쇄됩니다. 물 유선이 생성하는 동력은 힘과 속도의 곱입니다.

$$\begin{aligned}\dot{W} &= R_x V_0 \\ &= (102\text{ N})(6\text{ m/s}) \\ &= 612\text{ W}\end{aligned}$$

이전 예제에서부터 유체에 작용하는 힘은 다음 중 하나 이상의 결과를 초래할 수 있습니다.

Video

V5.11 물 노즐에서 발생하는 추력

1. 방향을 변경합니다.
2. 속도를 증가 또는 감소시킵니다.
3. 속도 분포를 변경합니다.
4. 위의 모든 사항 중 일부 혹은 모두를 수행합니다.
5. 위의 어느 것도 수행하지 않습니다.

위의 첫 네 가지 결과 중 하나 이상을 달성하기위해서는 유체에 순(net) 힘이 작용해야하며, 이는 모두 유체 운동량의 변화를 나타냅니다. 다섯 번째 경우는 힘의 합이 0이 되어 힘이 균형을 이룹니다.

이 책에서 고려되는 전형적인 힘은 다음과 같습니다.

(a) 압력
(b) 마찰력
(c) 중력

베인, 채널 또는 파이프 등은 유체에 힘을 가해 유체가 움직이거나, 유체의 반작용에 의해 고체 경계가 움직일 수 있습니다. 이 경우, 동력(power) 또한 고체에서 유체(예: 펌프, 압축기) 혹은 유체에서 고체(예: 터빈, 돛)로 전달됩니다.

검사체적 선택은 매우 중요합니다. 고정력을 계산할 때는 검사체적에 유체와 지지대를 포함하는 것이 유리하며, 유체와 고체 사이의 힘을 계산할 때는 검사체적에 유체만 포함하는 것이 좋습니다.

5.2.3 각운동량 방정식의 유도

많은 공학 문제에서 축을 중심으로 한 힘의 모멘트(토크)는 매우 중요합니다. 뉴턴 제 2법칙은 힘과 선형운동량 유동 사이의 관계를 나타냅니다. 선형운동량 방정식은 토크를 포함한 문제를 해결하는 데도 사용될 수 있습니다. 그러나 관성 좌표계의 원점에 대해 각 유체 입자의 선형운동량 및 힘의 모멘트를 계산하여, 검사체적에 대한 토크 및 각운동량 유동과의 관계를 도출할 수 있습니다.

유체 입자에 대한 뉴턴 제 2법칙은 다음과 같습니다.

각운동량 방정식은 뉴턴 제 2법칙으로부터 유도됩니다.

$$\frac{D}{Dt}(\mathbf{V}\rho\,\delta\forall) = \delta\mathbf{F}_{\text{particle}} \tag{5.28}$$

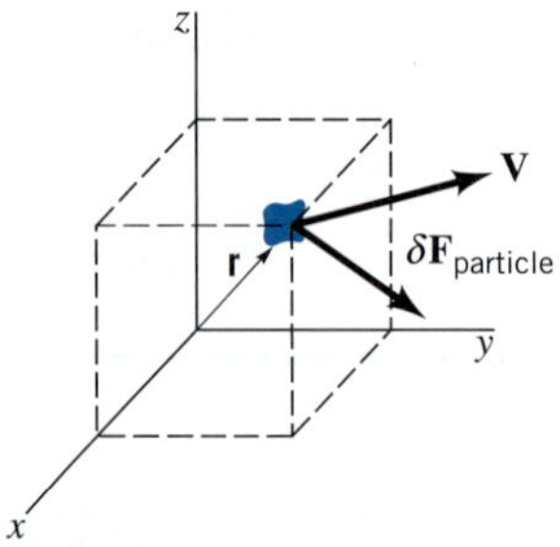

그림 5.3 관성 좌표계

$\mathbf{V}$는 관성 좌표계에서 입자 속도, ρ는 입자 밀도, $\delta\mathcal{V}$는 무한히 작은 입자 체적이고, $\delta\mathbf{F}$입자는 입자에 작용하는 무한히 작은 외부 힘입니다. 식(5.28)의 좌우 변을 관성 좌표계 원점을 중심으로 모멘트를 계산하면

$$\mathbf{r}\times\frac{D}{Dt}(\mathbf{V}\rho\,\delta\mathcal{V})=\mathbf{r}\times\delta\mathbf{F}_{\text{particle}} \tag{5.29}$$

여기서 $\mathbf{r}$은 유체 입자에서 원점까지의 위치 벡터입니다 (그림 5.3).

$$\frac{D}{Dt}[(\mathbf{r}\times\mathbf{V})\rho\,\delta\mathcal{V}]=\frac{D\mathbf{r}}{Dt}\times\mathbf{V}\rho\,\delta\mathcal{V}+\mathbf{r}\times\frac{D(\mathbf{V}\rho\,\delta\mathcal{V})}{Dt} \tag{5.30}$$

및

$$\frac{D\mathbf{r}}{Dt}=\mathbf{V} \tag{5.31}$$

그러므로

$$\mathbf{V}\times\mathbf{V}=0 \tag{5.32}$$

식(5.29)~식(5.32)를 결합하면

$$\frac{D}{Dt}[(\mathbf{r}\times\mathbf{V})\rho\,\delta\mathcal{V}]=\mathbf{r}\times\delta\mathbf{F}_{\text{particle}} \tag{5.33}$$

식(5.33)은 시스템의 각 입자에 대해 유효합니다. 유체 입자의 모음인 시스템에 대해 식(5.33)의 좌우변의 적분값을 계산하면

$$\int_{\text{sys}}\frac{D}{Dt}[(\mathbf{r}\times\mathbf{V})\rho\,d\mathcal{V}]=\sum(\mathbf{r}\times\mathbf{F})_{\text{sys}} \tag{5.34}$$

여기서

$$\sum\mathbf{r}\times\delta\mathbf{F}_{\text{particle}}=\sum(\mathbf{r}\times\mathbf{F})_{\text{sys}} \tag{5.35}$$

결과적으로

$$\frac{D}{Dt}\int_{\text{sys}}(\mathbf{r}\times\mathbf{V})\rho\,d\mathcal{V}=\int_{\text{sys}}\frac{D}{Dt}[(\mathbf{r}\times\mathbf{V})\rho\,d\mathcal{V}] \tag{5.36}$$

미분과 적분 순서를 변경해도 결과에 영향을 미치지 않습니다.(물질 미분, $D(\ )/Dt$는 주

어진 시스템을 따라 계산한 시간 미분을 나타냅니다.) 따라서 식(5.34) 및 식(5.36)에서

$$\frac{D}{Dt}\int_{\text{sys}} (\mathbf{r}\times\mathbf{V})\rho\, d\forall = \sum(\mathbf{r}\times\mathbf{F})_{\text{sys}} \tag{5.37}$$

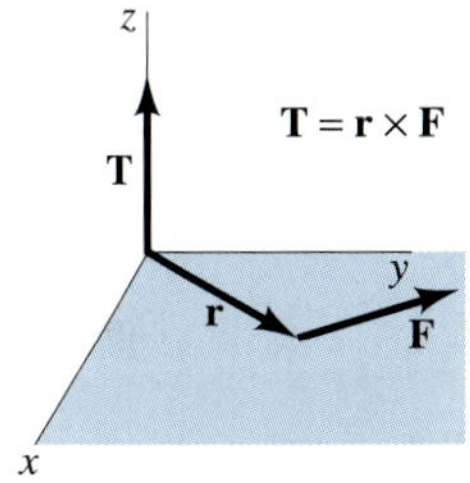

또는

시스템 각운동량 변화율 = 시스템 내부 각운동량 변화율 + 검사표면에서의 각운동량의 순 유량

검사체적이 시스템과 일치할 때, 시스템에 작용하는 토크와 검사체적에 작용하는 토크는 동일합니다.

$$\sum(\mathbf{r}\times\mathbf{F})_{\text{sys}} = \sum(\mathbf{r}\times\mathbf{F})_{\text{cv}} \tag{5.38}$$

또한, 시스템 및 비변형 고정 검사체적에 대한 레이놀즈 수송 정리(식 3.19)는 다음과 같습니다.

$$\frac{D}{Dt}\int_{\text{sys}} (\mathbf{r}\times\mathbf{V})\rho\, dV = \frac{\partial}{\partial t}\int_{\text{cv}} (\mathbf{r}\times\mathbf{V})\rho\, d\forall + \int_{\text{cs}} (\mathbf{r}\times\mathbf{V})\rho\mathbf{V}\cdot\hat{\mathbf{n}}\, dA \tag{5.39}$$

또는

시스템의 각운동량 변화율 = 검사체적 내부 각운동량의 변화율 + 각운동량의 전달량

고정 비변형 검사체적의 경우, 식(5.37)~식(5.39)를 결합하여 각운동량 방정식을 얻습니다.

$$\boxed{\frac{\partial}{\partial t}\int_{\text{cv}} (\mathbf{r}\times\mathbf{V})\rho\, d\forall + \int_{\text{cs}} (\mathbf{r}\times\mathbf{V})\rho\mathbf{V}\cdot\hat{\mathbf{n}}\, dA = \sum(\mathbf{r}\times\mathbf{F})_{\substack{\text{contents of the}\\ \text{control volume}}}} \tag{5.40}$$

시스템의 각운동량 변화율은 외부에서 시스템에 가한 토크와 같습니다.

축을 중심으로 회전하는 유체 기계 문제들은 각운동량 방정식(식 5.40)을 이용하여 해결할 수 있습니다. 이 기계의 예로는 회전식 스프링클러, 선풍기, 잔디 깎는 기계 날, 풍력 터빈, 터보 차저 및 가스 터빈 등이 있습니다.

5.2.4 각운동량 방정식의 적용

식(5.40)을 몇 가지 방법으로 단순화하여 사용합니다.

1. 균일유동(일차원유동)으로 가정합니다.
2. 정상유동으로 가정합니다. 그러므로

$$\frac{\partial}{\partial t}\int_{\text{cv}} (\mathbf{r}\times\mathbf{V})\rho\, d\forall = 0$$

3. 식(5.40)의 회전축 성분만을 사용합니다.

그림 5.4의 회전하는 스프링클러를 고려하면, 스프링클러를 통해 유체의 유동 방향과 크기가 달라지기 때문에, 물이 스프링클러에 토크를 가해 표시된 방향으로 회전하게 됩니다. 각운동량 방정식(식 5.40)을 적용할 때, 그림 5.4에 나타낸 비변형 고정 검사체적을

축에 대한 유체의 각운동량 변화는 축 주변의 토크와 회전을 일으킬 수 있습니다.

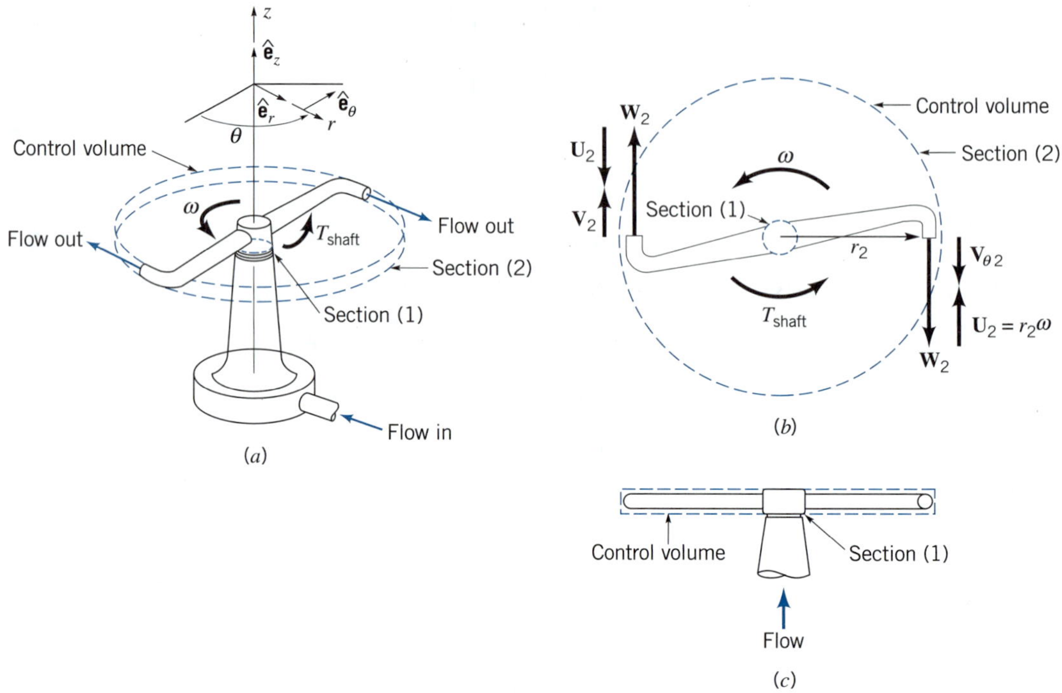

그림 5.4 (a) 회전하는 스프링클러. (b) 회전하는 스프링클러, 평면도. (c) 회전하는 스프링클러, 측면도.

사용합니다. 디스크 모양 검사체적은 스프링클러 헤드와 물의 일부를 포함합니다. 검사표면은 스프링클러 헤드의 고체 부분을 통과하며 축 토크를 계산할 수 있도록 설정합니다. 스프링클러 헤드가 회전할 때, 검사체적 내의 유동은 주기적이고 불안정하지만, 평균적으로 정상유동으로 가정할 수 있습니다.

식(5.40)의 각운동량 유량 항의 피적분함수

$$\int_{cs} (\mathbf{r} \times \mathbf{V})\rho \mathbf{V} \cdot \hat{\mathbf{n}}\, dA$$

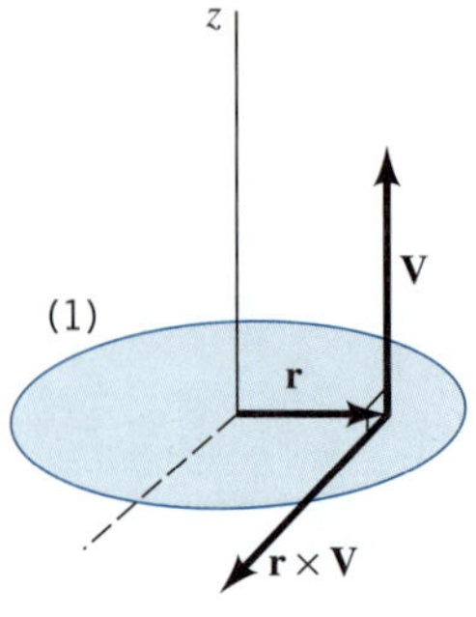

는 유체가 검사표면을 통과할 때만 0이 아닐 수 있습니다. 검사표면 이외의 곳에서는 $\mathbf{V} \cdot \hat{\mathbf{n}} = 0$이기 때문에 이 항은 모두 0입니다. 물은 스프링클러 줄기 단면 (1)을 통해 축 방향으로 검사체적으로 들어옵니다. 회전축에서의 $\mathbf{r} \times \mathbf{V}$ 성분은 0입니다. 그림과 같이 $\mathbf{r} \times \mathbf{V}$ 벡터가 단면 (1)에 있으며 회전축과 수직이기 때문입니다. 단면 (1)에서는 축 방향 각운동량 유동이 없습니다. 물은 단면 (2)의 두 노즐을 통해 검사체적에서 나갑니다. 나가는 유동의 $\mathbf{r} \times \mathbf{V}$ 축 성분의 크기는 $r_2 V_{\theta 2}$입니다. 여기서 r_2는 회전축에서 노즐 중심선까지의 반지름이며, $V_{\theta 2}$는 고정된 비변형 검사체적에 부착된 좌표계에서 관찰된 접선방향 속도 성분의 값입니다. 고정된 검사표면에 대한 유체 속도는 절대 속도 $\mathbf{V}$입니다. 노즐 출구 유동의 속도는 노즐로부터 본 상대 속도 $\mathbf{W}$이며, 절대속도 $\mathbf{V}$, 상대속도 $\mathbf{W}$는 다음 벡터 관계가 성립합니다.

$$\mathbf{V} = \mathbf{W} + \mathbf{U} \tag{5.41}$$

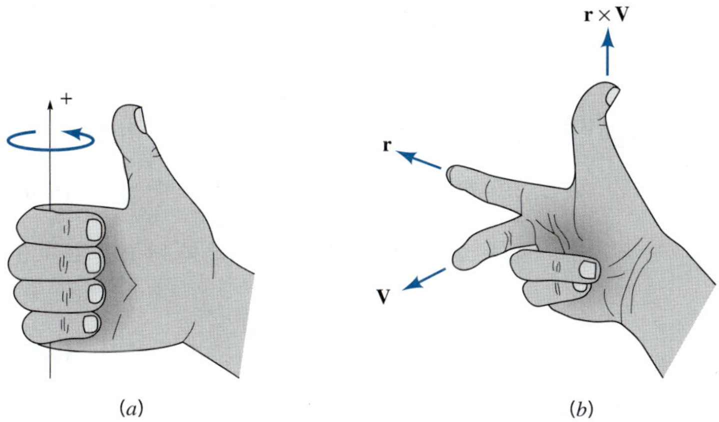

그림 5.5 오른손 법칙

여기서 **U**는 고정된 검사표면을 기준으로한 노즐의 속도입니다.

식(5.40)의 운동량 유동 항에 포함된 벡터의 외적 및 내적은 다음과 같습니다.

$$\int_{\text{cs}} (\mathbf{r} \times \mathbf{V})\rho \mathbf{V} \cdot \hat{\mathbf{n}}\, dA$$

Video

V5.12 회전하는 잔디 스프링클러

r × **V**의 부호는 오른손 법칙을 사용하여 결정합니다.

각 운동량 유동 항의 외적과 내적은 각각 양수 또는 음수 값을 가질 수 있습니다. 검사체적으로 유입되는 경우, $\mathbf{V}\cdot\hat{\mathbf{n}}$은 음수이며, 유출 시 $\mathbf{V}\cdot\hat{\mathbf{n}}$은 양수입니다. $\mathbf{r}\times\mathbf{V}$의 방향은 오른손 법칙을 사용하여 확인할 수 있습니다. 그림 5.5에 설명된 것처럼, $\mathbf{r}\times\mathbf{V}$의 축 성분의 방향도 r축 방향과 절대 속도의 접선 성분 $V_\theta \hat{\mathbf{e}}_\theta$의 외적 방향을 확인함으로써 유추될 수 있습니다. 그러므로 그림 5.4 스프링클러에서

$$\left[\int_{\text{cs}} (\mathbf{r} \times \mathbf{V})\rho \mathbf{V} \cdot \hat{\mathbf{n}}\, dA\right]_{\text{axial}} = (-r_2 V_{\theta 2})(+\dot{m}) \tag{5.42}$$

질량보존 법칙에 따라 $\dot{m}$은 두 노즐을 통해 유출된 총 질량유량입니다. 예제 5.7과 같이, 회전여부와 관계 없이 질량유량은 동일합니다. $\mathbf{r}\times\mathbf{V}$ 벡터의 축 성분의 부호는 다음과 같은 방법으로 쉽게 기억할 수 있습니다. 만약 $\mathbf{V}_\theta$와 **U**가 같은 방향에 있다면 +를 사용하고, $\mathbf{V}_\theta$와 **U**가 반대 방향에 있다면 −를 사용합니다.

각운동량 방정식(식 5.40)의 토크 항 $[\Sigma(\mathbf{r}\times\mathbf{F})]$을 분석하여, 그림 5.4의 스프링클러에 작용하는 토크는 다음과 같습니다.

$$\sum \left[(\mathbf{r} \times \mathbf{F})_{\substack{\text{contents of the}\\ \text{control volume}}}\right]_{\text{axial}} = \mathbf{T}_{\text{shaft}} \tag{5.43}$$

식(5.43)에서 T_{shaft}는 양의 수, 즉 회전 방향과 같은 방향으로 토크를 가정했음을 의미합니다.

각운동량 방정식(식 5.40)의 축성분은 다음과 같습니다.

$$-r_2 V_{\theta 2}\dot{m} = T_{\text{shaft}} \tag{5.44}$$

식(5.44)에서 T_{shaft}가 음수로 계산되는 것은 스프링클러 회전을 저항하는 축 토크를 의미합니다. 모든 터빈 장치에서 T_{shaft} 음수이며, 회전에 저항합니다.

축 동력, $\dot{W}_{shaft}$는 **축 토크** T_{shaft}와 축의 회전 속도 ω의 곱으로 계산합니다. 식(5.44)에서

동력은 각속도와 토크를 곱한 값과 같습니다.

$$\dot{W}_{shaft} = T_{shaft}\,\omega = -r_2 V_{\theta 2} \dot{m}\,\omega \tag{5.45}$$

스프링클러 노즐의 속도 $U = r_2\omega$이므로, 식(5.45)를 다음과 같이 표현할 수 있습니다.

$$\dot{W}_{shaft} = -U_2 V_{\theta 2} \dot{m} \tag{5.46}$$

단위 질량 당 축일인 w_{shaft}는 $\dot{W}_{shaft}/\dot{m}$으로, 식(5.46)을 질량유량 $\dot{m}$으로 나누어 얻을 수 있습니다.

$$w_{shaft} = -U_2 V_{\theta 2} \tag{5.47}$$

Video
V5.13 충격식 잔디 스프링클러

식(5.45), 식(5.46) 및 식(5.47)에서 음의 축일은 검사체적 외부로의 일을 의미하며, 유체가 로터 및 축에 한 일을 의미합니다.

스프링클러 예제와 관련된 원리는 대부분 단순화된 유체기계 유동을 다루기 위해 확장할 수 있습니다.

예제 5.16은 각운동량 방정식의 축 성분(식 5.44)을 어떻게 사용할 수 있는지 더 자세히 설명합니다.

예제 5.16 | 각운동량 - 토크

주어진 사항 스프링클러에 1000 ml/s의 일정 유량으로 물이 유입됩니다. 각 노즐의 출구 면적은 30 mm^2이며, 각 노즐에서 나오는 유동은 접선 방향입니다. 회전축에서 각 노즐의 중심선까지의 반경은 200 mm입니다.

해결과제

(a) 정원 스프링클러 헤드를 고정하기 위해 필요한 저항 토크를 결정합니다.

(b) 정원 스프링클러가 500 rpm의 일정 속도로 회전할 때 발생하는 저항 토크를 결정합니다.

(c) 저항 토크가 적용되지 않은 상태에서 스프링클러의 속도를 결정합니다.

풀이 그림 5.4에 나와 있는 고정 비변형 검사체적을 사용할 수 있습니다. 그림 E5.16a와 같이, 축 방향 토크는 T_{shaft}입니다.

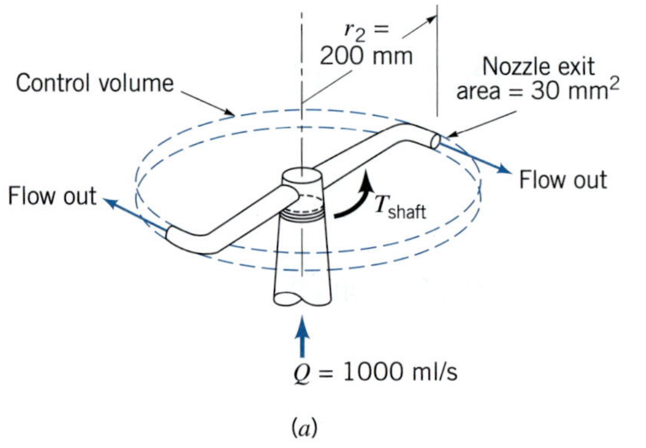

그림 E5.16a

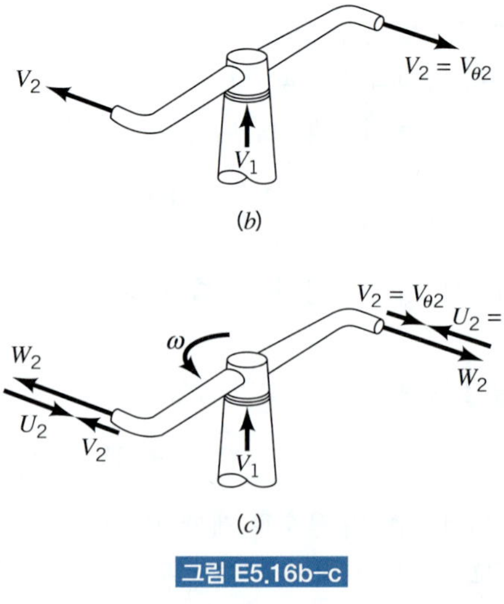

그림 E5.16b–c

(a) 스프링클러 헤드가 고정될 때, 검사체적을 통해 흐르는 유체의 속도는 그림 E5.16b에 표시되어 있습니다. 식(5.44)는 이 검사체적에 적용됩니다. 따라서,

$$T_{\text{shaft}} = -r_2 V_{\theta 2}\dot{m} \tag{1}$$

비변형 고정 검사체적에서 출구 유동이 접선 방향인 경우,

$$V_{\theta 2} = V_2 \tag{2}$$

식(1)과 (2)는 다음과 같습니다.

$$T_{\text{shaft}} = -r_2 V_2 \dot{m} \tag{3}$$

예제 5.7에서 $V_2 = 16.7$ m/s입니다. 따라서 식(3)과 함께

$$\dot{m} = Q\rho = \frac{(1000 \text{ ml/s})(10^{-3} \text{ m}^3/\text{liter})(999 \text{ kg/m}^3)}{(1000 \text{ ml/liter})}$$
$$= 0.999 \text{ kg/s}$$

$$T_{\text{shaft}} = -\frac{(200 \text{ mm})(16.7 \text{ m/s})(0.999 \text{ kg/s})[1(\text{N/kg})/(\text{m/s}^2)]}{(1000 \text{ mm/m})}$$

또는

$$T_{\text{shaft}} = -3.34 \text{ N} \cdot \text{m} \qquad \text{(답)}$$

(b) 스프링클러가 500 rpm의 일정 속도로 회전할 때, 검사체적 내의 유동장은 비정상적이지만 주기적입니다. 따라서, 정상유동으로 가정할 수 있습니다. 검사체적 입출구 속도는 그림 E5.16c에 표시되어 있습니다. 각 노즐에서 나오는 유체의 절대 속도 V_2는 식(5.41)에서 다음과 같습니다.

$$V_2 = W_2 - U_2 \tag{4}$$

여기서

$$W_2 = 16.7 \text{ m/s}$$

예제 5.7에서 결정된 것과 같습니다. 노즐의 속도 U_2는 다음에서 얻을 수 있습니다.

$$U_2 = r_2\omega \tag{5}$$

각운동량 방정식(식 5.44)의 축 방향 성분을 적용하면

$$V_2 = 16.7 \text{ m/s} - r_2\omega$$
$$= 16.7 \text{ m/s} - \frac{(200 \text{ mm})(500 \text{ rev/min})(2\pi \text{ rad/rev})}{(1000 \text{ mm/m})(60 \text{ s/min})}$$

또는

$$V_2 = 16.7 \text{ m/s} - 10.5 \text{ m/s} = 6.2 \text{ m/s}$$

따라서, $\dot{m} = 0.999$ kg/s와 식(3)을 사용하여 다음을 얻을 수 있습니다.

$$T_{\text{shaft}} = -\frac{(200 \text{ mm})(6.2 \text{ m/s})0.999 \text{ kg/s}[1(\text{N/kg})/(\text{m/s}^2)]}{(1000 \text{ mm/m})}$$

또는

$$T_{\text{shaft}} = -1.24 \text{ N} \cdot \text{m} \qquad \text{(답)}$$

보충설명 스프링클러 헤드가 회전할 때 저항 토크는 스프링클러 고정 저항 토크보다 훨씬 작습니다.

(c) 스프링클러 헤드에 저항 토크가 적용되지 않을 때, 최대 회전 속도가 발생합니다. 식(3), (4) 및 (5)를 적용하면 다음과 같습니다.

$$T_{\text{shaft}} = -r_2(W_2 - r_2\omega)\dot{m} \tag{6}$$

저항 토크가 없는 경우,

$$0 = -r_2(W_2 - r_2\omega)\dot{m}$$

따라서,

$$\omega = \frac{W_2}{r_2} \tag{7}$$

예제 5.4에서 노즐 출구 상대 속도 W_2는 질량 유량 $\dot{m}$에 비례하며 회전 속도 ω와 무관합니다. 따라서 식(7)을 사용하여 다음을 얻습니다.

$$\omega = \frac{W_2}{r_2} = \frac{(16.7 \text{ m/s})(1000 \text{ mm/m})}{(200 \text{ mm})} = 83.5 \text{ rad/s}$$

또는

$$\omega = \frac{(83.5 \text{ rad/s})(60 \text{ s/min})}{2\pi \text{ rad/rev}} = 797 \text{ rpm} \qquad \text{(답)}$$

이 상태에서 ($T_{\text{shaft}} = 0$), 물은 검사체적에서 각운동량이 없이 들어오고 나갑니다.

보충설명 흐르는 유체의 방향을 강제로 바꾸는 경우, 스프링클러를 사용하여 회전 운동이 발생하고 넓은 범위에 물을 유용하게 뿌릴 수 있습니다.

각 속도 ω의 다양한 값에 대해 계산을 반복하여, 그림 E5.16d에 표시된 결과를 얻을 수 있습니다. 회전 저항 토크가 로터를 고정하는 데 필요한 토크보다 작음을 볼 수 있습니다. 저항 토크가 없어도, 로터의 최대 속도는 유한합니다.

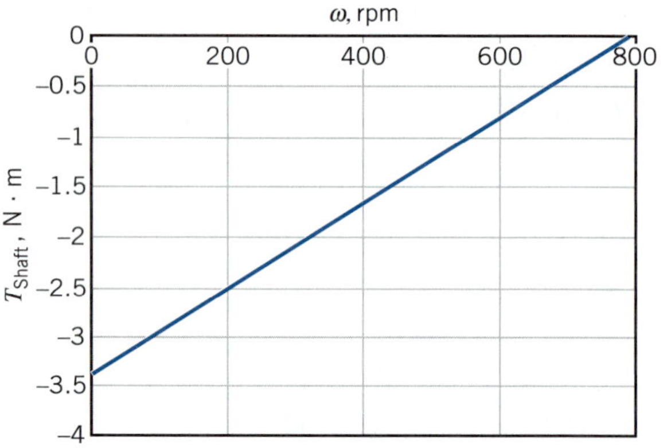

그림 E5.16d

각운동량 방정식(식 5.40)이 일반적인 일차원 유동에 적용될 때,

$$T_{\text{shaft}} = (-\dot{m}_{\text{in}})(\pm r_{\text{in}} V_{\theta\text{in}}) + \dot{m}_{\text{out}}(\pm r_{\text{out}} V_{\theta\text{out}}) \tag{5.48}$$

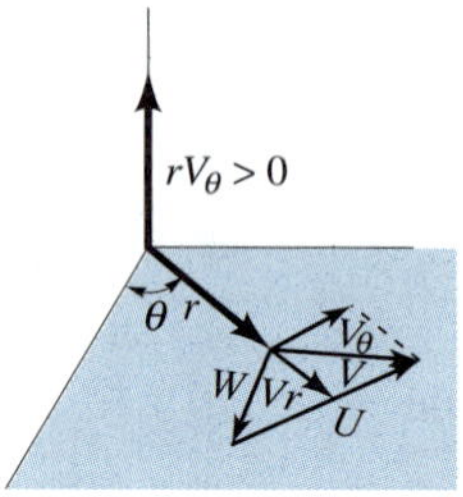

를 구할 수 있습니다. 그림 5.4 스프링클러와 같은 분석 방법을 적용하면, 검사체적으로 유입되는 경우 질량유량 $\dot{m}_{\text{in}}$ "−"를 사용하고, 검사체적부터 유출되는 경우 질량유량 $\dot{m}_{\text{out}}$는 "+"를 사용합니다. 이는 $\mathbf{V}\cdot\hat{\mathbf{n}}$에 관련된 내적의 부호를 고려하기 위해서입니다. $(\mathbf{r}\times\mathbf{V})_{\text{axial}}$의 방향에 따라 rV_θ 곱셈의 부호를 결정하는 간단한 방법은 V_θ와 날개 속도 U의 방향을 비교하는 것입니다. V_θ와 U가 같은 방향에 있으면 rV_θ은 양수입니다. V_θ와 U가 반대 방향에 있으면 rV_θ은 음수입니다. 축 토크의 부호는 T_{shaft}가 회전축을 따라 ω와 같은 방향에 있으면 "+"를 사용하고, 그렇지 않으면 "−"를 사용합니다.

축 동력 $\dot{W}_{\text{shaft}}$는 축 토크 T_{shaft}는 다음의 관계가 있습니다.

$$\dot{W}_{\text{shaft}} = T_{\text{shaft}}\omega \tag{5.49}$$

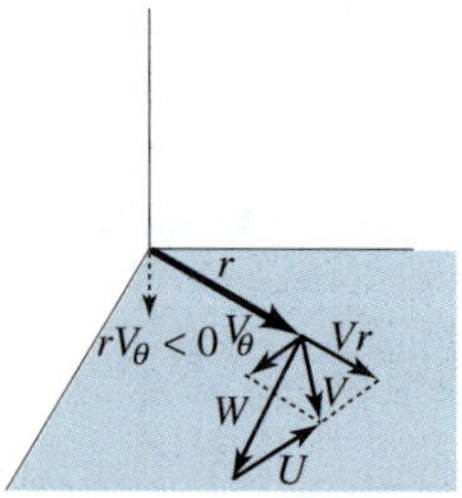

축의 회전 방향과 축 토크의 방향이 같을 때, 동력은 유체로 전달되고, 반대 방향일 때 동력은 유체에서부터 나오게 됩니다.

식(5.48)과 식(5.49)를 사용하면

$$\dot{W}_{\text{shaft}} = (-\dot{m}_{\text{in}})(\pm r_{\text{in}}\omega V_{\theta\text{in}}) + \dot{m}_{\text{out}}(\pm r_{\text{out}}\omega V_{\theta\text{out}}) \tag{5.50}$$

$r\omega = U$이므로,

$$\dot{W}_{\text{shaft}} = (-\dot{m}_{\text{in}})(\pm U_{\text{in}} V_{\theta\text{in}}) + \dot{m}_{\text{out}}(\pm U_{\text{out}} V_{\theta\text{out}}) \tag{5.51}$$

U와 V_θ가 같은 방향에 있을 때 UV_θ 곱에 "+"를 사용하고, U와 V_θ가 반대 방향에 있을 때 "−"를 사용합니다. 식(5.51)을 얻기 위해 $+T_{\text{shaft}}$를 사용했기 때문에, $\dot{W}_{\text{shaft}}$가 양수일 때는 동력이 유체로 들어가게 되고 (예를 들어 펌프), $\dot{W}_{\text{shaft}}$가 음수일 때는 동력이 유체로부터 나가게 됩니다.

단위 질량당 축일 w_{shaft}는 축 동력 $\dot{W}_{\text{shaft}}$를 질량유량 $\dot{m}$으로 나누어서 얻을 수 있습니다. 질량보존 법칙에 의해,

$$\dot{m} = \dot{m}_{in} = \dot{m}_{out}$$

식(5.51)로 부터

$$\boxed{w_{shaft} = -(\pm U_{in} V_{\theta in}) + (\pm U_{out} V_{\theta out})} \qquad (5.52)$$

예제 5.17에서 식(5.48), 식(5.51) 및 식(5.52)의 적용례를 확인할 수 있습니다. 식(5.48), 식(5.51) 및 식(5.52)의 적용 사례는 11장에 포함되어 있습니다.

예제 5.17 | 각운동량-동력

주어진 사항 공기 팬은 외경이 0.30 m이고 내경이 0.25 m인 로터를 가지고 있습니다. 입구부터 출구까지 각 날개의 높이는 0.025 m로 일정합니다. 유량은 6.5 m^3/min이며, 정상유동으로 가정합니다. 공기의 절대 속도 $\mathbf{V}_1$은 날개 입구에서 방사형입니다. 날개 배출 각도는 접선 방향으로부터 30°입니다. 로터는 일정 속도 1725 rpm으로 회전합니다.

해결과제 공기 팬 구동에 필요한 동력을 추정합니다.

풀이 그림 E5.17a에 점선으로 표시된 회전하는 날개와 날개 행 내의 유체를 포함하는 고정 비변형 검사체적을 선택합니다. 이 체적 내의 유동은 주기적이지만 평균적으로 안정적입니다. 유일한 토크는 구동 축 토크 T_{shaft}입니다. 이 토크는 모터에 의해 제공됩니다. 들어오는 유동과 나가는 유동을 균일유동으로 가정합니다. 공기 팬을 구동하는 데 필요한 동력을 계산하기 위해 식(5.51)을 그림 E5.17의 검

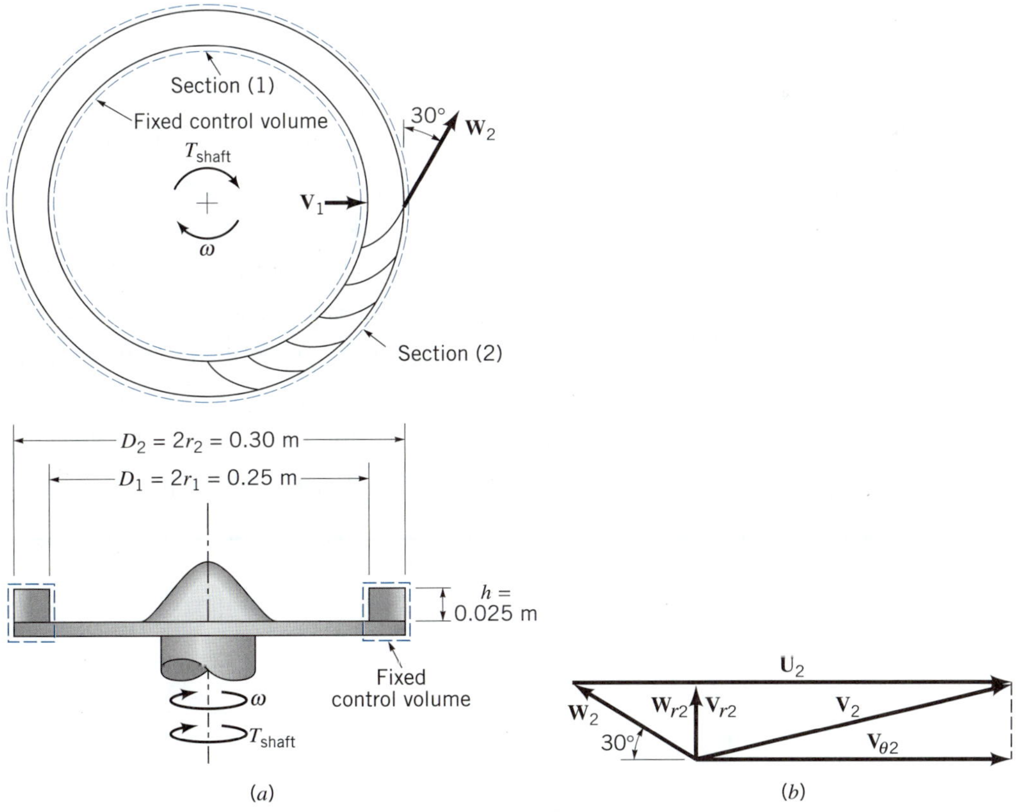

그림 E5.17a

사체적에 적용하면 다음과 같습니다.

$$\dot{W}_{\text{shaft}} = -\dot{m}_1(\pm U_1 V_{\theta 1}) + \dot{m}_2(\pm U_2 V_{\theta 2}) \quad (1)$$

(첫 항: 0 ($\mathbf{V}_1$ is radial))

식1에서 공기 팬의 동력을 계산하기 위해 질량유량 $\dot{m}$, 로터 출구 날개 속도 U_2 및 날개 출구의 유체 접선 속도 $V_{\theta 2}$ 값을 필요로 합니다. 질량유량 $\dot{m}$은 식(5.6)에서 쉽게 얻을 수 있습니다.

$$\dot{m} = \rho Q = \frac{(1000\,\text{kg/m}^3)(6.5\,\text{m}^3/\text{min})}{(60\,\text{s/min})} = 108\ \text{kg/s} \quad (2)$$

로터 출구 날개 속도 U_2는 다음과 같습니다.

$$U_2 = r_2\omega = \frac{(0.15\ \text{m})(1725\ \text{rpm})(2\pi\ \text{rad/rev})}{(60\ \text{s/min})} = 27\ \text{m/s} \quad (3)$$

날개 출구에서 유체의 접선 속도 $V_{\theta 2}$를 결정하기 위해 식(5.41)을 사용합니다.

$$\mathbf{V}_2 = \mathbf{W}_2 + \mathbf{U}_2 \quad (4)$$

식(4)의 벡터 합은 그림 E5.17b의 "속도 삼각형" 형식으로 표시됩니다. 그림 E5.17b에서 보듯이,

$$V_{\theta 2} = U_2 - W_2 \cos 30° \quad (5)$$

$V_{\theta 2}$를 해결하기 위해 식(5)를 사용하려면 U_2 값 외에 W_2 값을 필요로 합니다. W_2를 계산하는 방법은 다음과 같습니다.

$$W_2 \sin 30° = V_{r2} \quad (6)$$

여기서 V_{r2}는 $\mathbf{W}_2$ 또는 $\mathbf{V}_2$의 방사 성분입니다. 식(5.6)을 사용하여 얻습니다.

$$\dot{m} = \rho A_2 V_{r2} \quad (7)$$

배출구 면적은 다음과 같습니다.

$$A_2 = 2\pi r_2 h \quad (8)$$

식(7)과 (8)을 결합하면 다음과 같습니다.

$$\dot{m} = \rho 2\pi r_2 h V_{r2} \quad (9)$$

식(6)과 (9)를 결합하면 다음과 같습니다.

$$W_2 = \frac{\dot{m}}{\rho 2\pi r_2 h \sin 30°} = \frac{\rho Q}{\rho 2\pi r_2 h \sin 30°} = \frac{Q}{2\pi r_2 h \sin 30°} \quad (10)$$

식(10)에 값들을 대입하면 다음과 같습니다.

$$W_2 = \frac{6.5\text{m}^3/\text{min}}{(60\ \text{s/min})2\pi(0.15\ \text{m})(0.025\ \text{m}\sin 30°)} = 9.2\ \text{m/s}$$

이 값을 식(5)에 사용하여 다음을 얻습니다.

$$V_{\theta 2} = U_2 - W_2 \cos 30° = 27\ \text{m/s} - (9.2\ \text{m/s})(0.866) = 19\ \text{m/s}$$

식(1)을 사용하여 다음을 얻을 수 있습니다.

$$\dot{W}_{\text{shaft}} = \dot{m} U_2 V_{\theta 2} = (108\ \text{kg/s})(27\ \text{m/s})(19\ \text{m/s})$$

$$\dot{W}_{\text{shaft}} = 55.4\ \text{kW} \quad \text{(답)}$$

보충설명 U_2와 $V_{\theta 2}$가 같은 방향에 있기 때문에 " + "가 $U_2V_{\theta 2}$ 곱에 사용되었습니다. 이 결과, 55.4 kW는 지정된 유동을 생성하기 위해 수행해야 할 일의 속도입니다. 이 이론적으로는 모든 동력이 유동하는 공기에 사용될 것입니다. 그러나 "손실" 때문에 유용한 효과(예: 이동 및 압력 상승)를 발생시키는 동력만 일부입니다. 유효한 효과는 팬 날개와 유체 사이의 에너지 전달 효율에 따라 달라집니다. 또한, 축 베어링에서의 마찰 및 기타 기계적 저항을 극복하기 위해 추가 동력이 필요할 수 있습니다.

5.3 열역학 제1법칙 - 에너지 방정식

5.3.1 에너지 방정식 유도

시스템에 대한 열역학 제1법칙을 다음과 같이 표현할 수 있습니다.

시스템 에너지 변화율 = 열-전달율 + 일률

기호로 나타내면 다음과 같습니다.

$$\frac{D}{Dt}\int_{\text{sys}} e\rho \, d\mathcal{V} = \left(\sum \dot{Q}_{\text{in}} - \sum \dot{Q}_{\text{out}}\right)_{\text{sys}} + \left(\sum \dot{W}_{\text{in}} - \sum \dot{W}_{\text{out}}\right)_{\text{sys}}$$

또는

열역학 제1법칙은 에너지 보존 법칙입니다.

$$\frac{D}{Dt}\int_{\text{sys}} e\rho \, d\mathcal{V} = \left(\dot{Q}_{\underset{\text{in}}{\text{net}}} + W_{\underset{\text{in}}{\text{net}}}\right)_{\text{sys}} \tag{5.53}$$

시스템 내부 단위 질량당 총 저장 에너지 e는 단위 질량당 내부 에너지 $\check{u}$, 단위 질량당 운동 에너지 $V^2/2$ 및 단위 질량당 위치 에너지 gz로 구성됩니다.

$$e = \check{u} + \frac{V^2}{2} + gz \tag{5.54}$$

이 식에서는 분자 구조에 저장된 화학 에너지와 원자 구조에 저장된 핵 에너지 변화는 고려하지 않습니다. 시스템으로의 열 전달율은 $\dot{Q}_{\text{net in}}$으로 표시되며, 시스템에 대한 일 (동력)은 $\dot{W}_{\text{net in}}$으로 표시됩니다. 시스템으로의 열전달에 양의 (+) 값을 할당하고 시스템에 대한 일을 양의 (+) 값으로 할당합니다. 시스템 밖으로 나가는 열전달 및 시스템에 의해 수행되는 일에는 음의 (–) 값을 할당합니다. 주의할 점은 일의 경우 반대의 부호가 종종 사용됩니다. 사용 중인 부호 관례에 대한 불확실성이 있다면, 단순히 일의 영향을 살펴보면 됩니다. 시스템에 대한 수행된 일은 시스템의 에너지를 증가시킵니다.

식(5.53)은 관성 및 비관성 시스템에 모두 유효합니다. 시스템과 이와 한 순간 일치하는 검사체적에서는

$$\left(\dot{Q}_{\underset{\text{in}}{\text{net}}} + \dot{W}_{\underset{\text{in}}{\text{net}}}\right)_{\text{sys}} = \left(\dot{Q}_{\underset{\text{in}}{\text{net}}} + \dot{W}_{\underset{\text{in}}{\text{net}}}\right)_{\substack{\text{coincident}\\ \text{control volume}}} \tag{5.55}$$

식(3.19)에서 $b = e$를 대입하며, 시스템과 일치하는 비변형 고정 검사체적에 대해 다음과 같이 유도 됩니다.

$$\frac{D}{Dt}\int_{\text{sys}} e\rho \, d\mathcal{V} = \frac{\partial}{\partial t}\int_{\text{cv}} e\rho \, d\mathcal{V} + \int_{\text{cs}} e\rho \mathbf{V} \cdot \hat{\mathbf{n}} \, dA \tag{5.56}$$

또는

시스템 내부 에너지 증가율	=	검사체적 내부 에너지 증가율	+	검사표면을 통해 외부로 전달되는 에너지 전달율

식(5.53), 식(5.55) 및 식(5.56)을 결합하여 검사체적에서의 열역학 제1법칙 공식을 얻습니다.

에너지 방정식은 에너지와 열전달률, 일률과의 관계를 나타냅니다.

$$\frac{\partial}{\partial t}\int_{cv} e\rho\, d\forall + \int_{cs} e\rho\mathbf{V}\cdot\hat{\mathbf{n}}\, dA = \left(\dot{Q}_{\substack{net\\in}} + \dot{W}_{\substack{net\\in}}\right)_{cv} \tag{5.57}$$

검사체적 내부의 단위 질량당 총 저장 에너지 e는 검사체적 내부로 들어오고 나가거나 내부에 존재하는 유체 입자들과 관련됩니다.

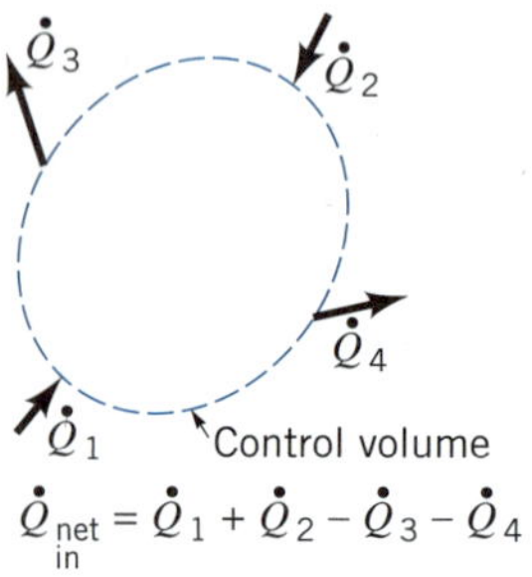

열전달율 $\dot{Q}$는 검사체적 내부와 주변 사이에서 온도 차에 의해 발생하는 모든 에너지 교환 방식을 나타냅니다. 따라서 복사, 전도 및 대류가 가능합니다. 그림과 같이 검사체적으로의 열전달은 양수로 간주되며, 검사체적에서의 열전달은 음수입니다. 많은 공학 응용에서는 열전달율 $\dot{Q}$는 0입니다. 순 열전달율 $\dot{Q}_{net\,in}$은 $\Sigma\dot{Q}_{in} - \Sigma\dot{Q}_{out} = 0$일 때도 0이 될 수 있습니다.

일률 $\dot{W}$도 마찬가지입니다. 검사체적을 향해 주변에서 수행되는 경우 양수입니다.

검사체적의 내용물과 회전축 사이에서 일이 전달되는 것은 흔합니다. 터빈, 팬 및 프로펠러와 같은 회전 장치에서 회전축은 검사표면을 통해 일을 전달합니다. 피스톤-실린더를 사용하는 내연기관 엔진 및 압축기와 같은 장치에서도 회전 축이 사용됩니다. 일은 힘과 관련된 변위의 내적입니다. 축 동력 $\dot{W}_{shaft}$는 회전을 일으키는 축 토크 T_{shaft}와 축의 각 속도 ω 사이의 관계로 정의됩니다.

$$\dot{W}_{shaft} = T_{shaft}\omega$$

검사표면이 회전축을 포함하면, 축 토크는 검사표면에서 축에 의해 전달됩니다. 더 많은 축을 다루는 문제를 고려할 수 있도록 다음 표기법을 사용합니다.

$$\dot{W}_{\substack{shaft\\net\,in}} = \sum\dot{W}_{\substack{shaft\\in}} - \sum\dot{W}_{\substack{shaft\\out}} \tag{5.58}$$

검사표면에서 유체 수직응력에 의한 힘의 상호작용도 발생할 수 있습니다. 그림 5.6에 나타낸 파이프 유동 및 검사체적에서 유체 수직응력 σ는 모든 방향에서 유체 압력 p의 반대입니다.

$$\sigma = -p \tag{5.59}$$

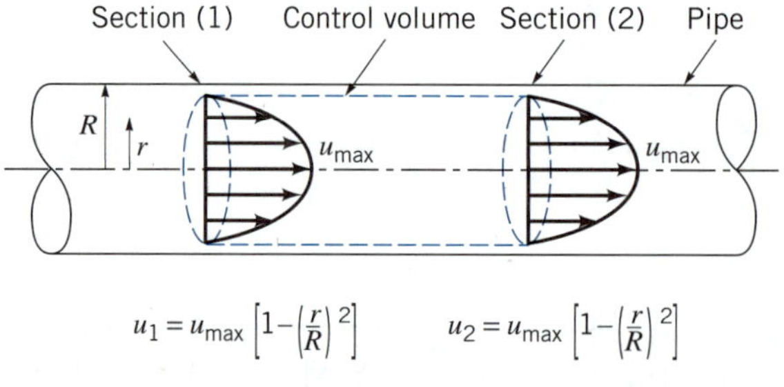

그림 5.6 완전 발달 파이프 유동

이 관계는 많은 공학 문제에 대해 매우 정확하게 사용될 수 있습니다(6장 참조).

그림과 같이 힘 **F**와 속도 **V**에서 파생된 동력 $\dot{W}$은 내적 $\mathbf{F}\cdot\mathbf{V}$로 주어집니다. 따라서 유체 입자에 작용하는 수직력 $\delta\mathbf{F}_{\text{normal stress}}$와 속도 **V**의 내적을 이용하여 유체 입자에 대한 수직력에 의한 일률 $\delta\dot{W}_{\text{normal stress}}$를 다음과 같이 계산할 수 있습니다.

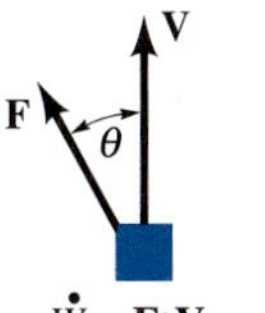

$\dot{W} = \mathbf{F}\bullet\mathbf{V}$
$= FV\cos\theta$

$$\delta\dot{W}_{\text{normal stress}} = \delta\mathbf{F}_{\text{normal stress}}\cdot\mathbf{V}$$

수직력을 수직응력과 면적으로 표현하면

$$\delta\dot{W}_{\text{normal stress}} = \sigma\hat{\mathbf{n}}\,\delta A\cdot\mathbf{V} = -p\hat{\mathbf{n}}\,\delta A\cdot\mathbf{V} = -p\mathbf{V}\cdot\hat{\mathbf{n}}\,\delta A$$

그림 5.6 검사표면의 모든 입자를 고려하면,

$$\dot{W}_{\substack{\text{normal}\\\text{stress}}} = \int_{\text{cs}}\sigma\mathbf{V}\cdot\hat{\mathbf{n}}\,dA = \int_{\text{cs}} -p\mathbf{V}\cdot\hat{\mathbf{n}}\,dA \tag{5.60}$$

식(5.60)에서 압력 적분으로 나타낸 일은 **유동 일(flow work)**이라고도 합니다. 이는 검사체적으로 들어오는 액체 입자에 의해 시스템에 수행된 일(+)과 검사체적에서 나가는 입자에 의해 수변에 수행한 일(−)의 합입니다.

파이프 내부 표면에 있는 입자에 대한 $\dot{W}_{\text{normal stress}}$의 값은 $\mathbf{V}\cdot\hat{\mathbf{n}}$이 0이기 때문에 0입니다. 따라서 $\dot{W}_{\text{normal stress}}$는 유체가 검사체적으로 들어오고 나가는 곳에서만 0이 아닐 수 있습니다. 단순 파이프 유동만 고려되었지만, 식(5.60)은 매우 일반적이며, 이 예에서 사용된 검사체적는 다른 사례의 일반적인 모델로 사용될 수 있습니다.

일 상호 작용은 종종 회전축, 수직응력 및 전단응력과 관련이 있습니다.

검사표면에서 전단응력에 인해 일 전달이 발생할 수도 있습니다. 회전축 일은 축 재료에서의 전단응력에 의해 전달됩니다. 유체 입자에 대해 전단력 일률, $\delta\dot{W}_{\text{tangential stress}}$는 전단력 $\delta\mathbf{F}_{\text{tangential stress}}$와 유체 입자 속도 **V**의 내적으로 평가될 수 있습니다.

$$\delta\dot{W}_{\text{tangential stress}} = \delta\mathbf{F}_{\text{tangential stress}}\cdot\mathbf{V}$$

검사체적에서, 파이프 내부 표면 전체에서 유체 입자 속도는 어디에서나 0입니다. 따라서 검사표면의 해당 부분에서 전단력 일률은 0입니다. 또한 검사체적에서 유체 입자 속도에 수직인 검사표면을 선택하면 전단력이 속도에 수직이기 때문에 그 부분에서 전단력 일률 또한 0입니다. 이는 오른쪽 그림에 설명되어 있습니다. 따라서 일반적으로 그림 5.6과 같은 검사체적을 선택하고 전단력 일률을 무시할 수 있습니다.

식(5.57), 식(5.58) 및 식(5.60)을 결합하여 검사체적에 대한 열역학 제1법칙을 표현할 수 있습니다.

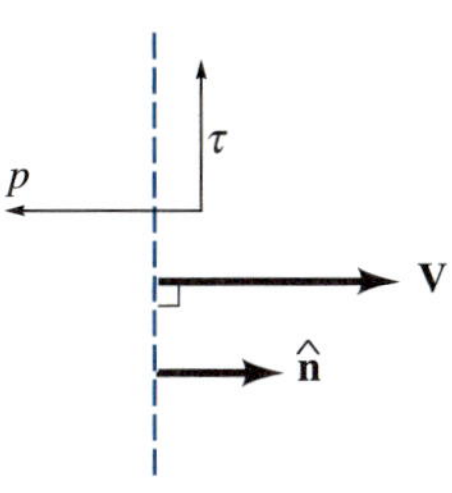

$\delta\dot{W}_{\text{tangential stress}} = 0$

$$\frac{\partial}{\partial t}\int_{\text{cv}} e\rho\,d\forall + \int_{\text{cs}} e\rho\mathbf{V}\cdot\hat{\mathbf{n}}\,dA = \dot{Q}_{\substack{\text{net}\\\text{in}}} + \dot{W}_{\substack{\text{shaft}\\\text{net in}}} - \int_{\text{cs}}\rho\mathbf{V}\cdot\hat{\mathbf{n}}\,dA \tag{5.61}$$

압력 적분 내부에 ρ를 곱하고 나누어 저장된 에너지를 식(5.54)에서 대체하여 **에너지 방정식**을 얻습니다.

$$\boxed{\frac{\partial}{\partial t}\int_{\text{cv}} e\rho\,d\forall + \int_{\text{cs}}\left(\check{u} + \frac{p}{\rho} + \frac{V^2}{2} + gz\right)\rho\mathbf{V}\cdot\hat{\mathbf{n}}\,dA = \dot{Q}_{\substack{\text{net}\\\text{in}}} + \dot{W}_{\substack{\text{shaft}\\\text{net in}}}} \tag{5.62}$$

5.3.2 에너지 방정식의 적용

식(5.62)에서 $\partial/\partial t \int_{cv} e\rho\, d\forall$ 항은 검사체적 내부 에너지 e의 시간 변화율을 나타냅니다. 이 항은 유동이 안정적일 때 0입니다. 또한 유동이 평균적으로 안정적일 때(주기적일 때)에도 이 항은 0입니다.

에너지 방정식에서 p/ρ 용어는 저장된 에너지가 아닌 유동 일을 나타냅니다.

식(5.62)에서

$$\int_{cs}\left(\check{u}+\frac{p}{\rho}+\frac{V^2}{2}+gz\right)\rho\mathbf{V}\cdot\hat{\mathbf{n}}\,dA$$

의 적분항은 유체가 검사표면을 통과할 때에만 0이 아닐 수 있습니다($\mathbf{V}\cdot\hat{\mathbf{n}}\neq 0$). 그렇지 않으면 $\mathbf{V}\cdot\hat{\mathbf{n}}$이 0이고 적분 항은 검사표면의 해당 부분에서 0입니다. 괄호 안의 속성들인 $\check{u}$, p/ρ, $V^2/2$, gz가 모든 검사표면에서 균일하게 분포되어 있다고 가정하면, 적분은 간단해지며 다음과 같은 결과를 제공합니다.

$$\int_{cs}\left(\check{u}+\frac{p}{\rho}+\frac{V^2}{2}+gz\right)\rho\mathbf{V}\cdot\hat{\mathbf{n}}\,dA=\sum_{\substack{\text{flow}\\\text{out}}}\left(\check{u}+\frac{p}{\rho}+\frac{V^2}{2}+gz\right)\dot{m}-\sum_{\substack{\text{flow}\\\text{in}}}\left(\check{u}+\frac{p}{\rho}+\frac{V^2}{2}+gz\right)\dot{m} \tag{5.63}$$

또한, 입출구가 각각 하나인 경우

$$\int_{cs}\left(\check{u}+\frac{p}{\rho}+\frac{V^2}{2}+gz\right)\rho\mathbf{V}\cdot\hat{\mathbf{n}}\,dA=\left(\check{u}+\frac{p}{\rho}+\frac{V^2}{2}+gz\right)_{\text{out}}\dot{m}_{\text{out}}-\left(\check{u}+\frac{p}{\rho}+\frac{V^2}{2}+gz\right)_{\text{in}}\dot{m}_{\text{in}} \tag{5.64}$$

와 같습니다. 무한히 작은 지름의 유관(stream tube)에서 균일 유동이 발생합니다(그림 5.7 참조). 이러한 유관 유동은 입자가 경로선을 따라 안정적으로 흐르는 경우를 대표합니다. 실제 조건에서 비균일성을 무시하여 유동을 이상화할 수 있으며, 이를 일차원 유동이라고 합니다. 속도 및 기타 유동 변수의 비균일 분포의 효과에 대한 자세한 내용은 5.3.4절 및 8, 9, 10장에서 다룹니다.

만약 축 일이 포함되어 있다면, 유동은 국소적으로는 불안정합니다. 축 일이 포함된 모든 유체 장비의 유동은 그 장비 내에서 불안정합니다. 예를 들어, 팬의 회전하는 날개 근처의 고정된 위치에서 속도와 압력은 날개 경과로 인해 불안정합니다. 그러나 기계의 상

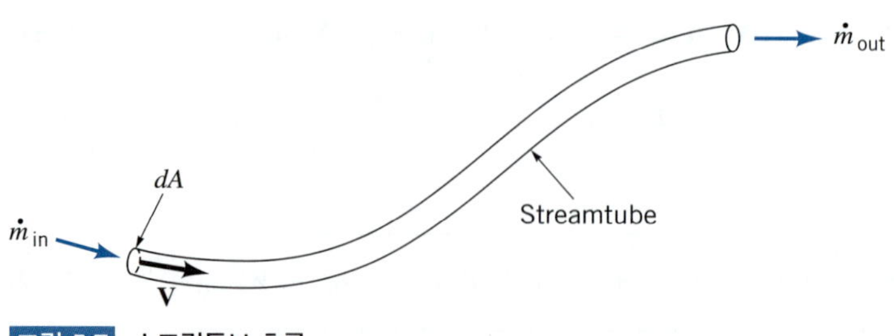

그림 5.7 스트림튜브 흐름

류와 하류에서는 유동이 안정할 수 있습니다. 대부분의 경우, 축 일은 주기적 또는 순환적인 방식으로 불안정한 유동과 관련이 있습니다. 일차원, 단일 입출구, 정상유동 가정을 이용하여 그림의 헤어드라이어와 같은 유동을 다음의 식으로 나타낼 수 있습니다.

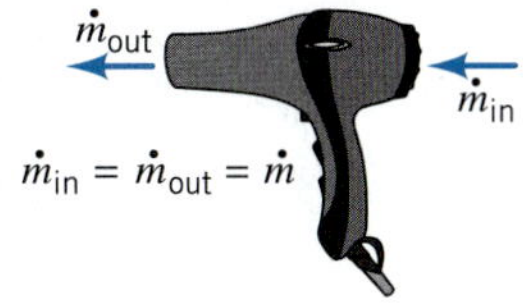

$$\dot{m}\left[\check{u}_{out} - \check{u}_{in} + \left(\frac{p}{\rho}\right)_{out} - \left(\frac{p}{\rho}\right)_{in} + \frac{V_{out}^2 - V_{in}^2}{2} + g(z_{out} - z_{in})\right] = \dot{Q}_{\substack{net\\in}} + \dot{W}_{\substack{shaft\\net\ in}} \tag{5.65}$$

식(5.65)를 정상유동 일차원 에너지 방정식으로 부릅니다. 식(5.65)는 비압축성 및 압축성 유동에 대해 유효합니다.

$$\check{h} = \check{u} + \frac{p}{\rho} \tag{5.66}$$

엔탈피를 이용하여, 식(5.65)를 다음과 같이 표현할 수 있습니다.

에너지 방정식은 때로는 엔탈피로 표현할 수 있습니다.

$$\dot{m}\left[\check{h}_{out} - \check{h}_{in} + \frac{V_{out}^2 - V_{in}^2}{2} + g(z_{out} - z_{in})\right] = \dot{Q}_{\substack{net\\in}} + \dot{W}_{\substack{shaft\\net\ in}} \tag{5.67}$$

식(5.67)은 압축성 유동 문제를 해결하는 데 자주 사용됩니다. 예제 5.18 및 5.19는 식(5.65)와 식(5.67)을 사용하는 방법을 설명합니다.

예제 5.18 | 에너지-펌프 동력

주어진 사항 펌프는 분당 1.14 m^3의 물을 고정된 속도로 공급합니다. 그림 E5.18과 같이 펌프 입구 파이프 직경이 0.09 m이고, 압력은 124106 Pa입니다. 펌프 출구 파이프 직경이 0.03 m, 압력은 413686 Pa입니다. 펌프를 통한 물의 내부 에너지 변화는 28.34 m/s입니다. 펌핑 과정은 단열 과정으로 가정할 수 있습니다.

해결과제 펌프가 필요로 하는 동력을 결정하시오.

풀이 펌프의 입구와 출구 사이에 포함된 물을 검사체적에 포함하여 식(5.65)를 적용하면 다음과 같습니다.

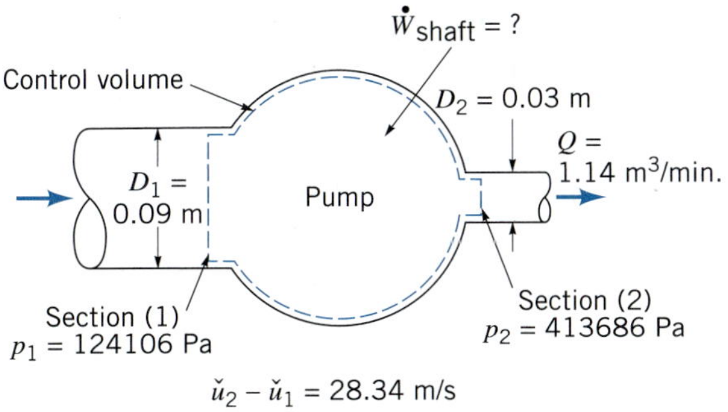

그림 E5.18

$$\dot{m}\left[\check{u}_2 - \check{u}_1 + \left(\frac{p}{\rho}\right)_2 - \left(\frac{p}{\rho}\right)_1 + \frac{V_2^2 - V_1^2}{2} + g(z_2 - z_1)\right]$$

0 (no elevation change)

$$= \dot{Q}_{\substack{net\\in}} + \dot{W}_{\substack{shaft\\net\ in}} \tag{1}$$

0 (adiabatic flow)

질량유량 $\dot{m}$, 유속 V_1 및 유속 V_2은 식(5.6)에서

$$\dot{m} = \rho Q = \frac{(1000\,kg/m^3)(1.14\,m^3/min)}{(60\,s/min)}$$
$$= 19\ kg/s \tag{2}$$

또한 식(5.6)에서 V_1을 구할 수 있습니다.

$$V = \frac{Q}{A} = \frac{Q}{\pi D^2/4}$$

$$V_1 = \frac{Q}{A_1} = \frac{(1.14\,m^3/min)4}{(60\,s/min)\pi(0.09\,m)^2}$$
$$= 3\ m/s \tag{3}$$

그리고 V_2는 동일한 방법으로

$$V_2 = \frac{Q}{A_2} = \frac{(1.14\ \text{m}^3/\text{min})4}{(60\ \text{s/min})\pi(0.03\ \text{m})^2} \qquad (4)$$
$$= 27\ \text{m/s}$$

식(1), 식(2), 식(3) 및 문제 설명에서 주어진 값들을 대입하면 다음과 같이 얻을 수 있습니다.

$$\dot{W}_{\substack{\text{shaft}\\ \text{net in}}} = (19\ \text{kg/s})(28.34\ \text{m/s}) + \frac{413686\ \text{Pa}}{(1000\ \text{kg/m}^3)} - \frac{124106\ \text{Pa}}{(1000\ \text{kg/m}^3)} + \frac{(27\text{m/s})-(3\text{m/s})^2}{2} \qquad \text{(답)}$$
$$= 13\ \text{kW}$$

보충설명 총 13 kW 중에서 내부 에너지 변화는 8.54 kW, 압력 상승은 5.5 kW, 운동 에너지 증가는 6.84 kW를 차지합니다.

실제 펌프는 베어링 및 축 밀봉에서의 기계적 마찰 손실로 인해 13 kW보다 약간 더 많은 동력이 필요합니다. 압력 상승, 운동 에너지 증가 및 위치 상승을 합산한 것을 때때로 수 마력이라고 합니다.

예제 5.19 | 에너지-단위 질량유량 당 터빈 동력

주어진 사항 전기를 생산하기 위해 사용되는 증기 터빈이 그림 E5.19a에 표시되어 있습니다. 증기는 속도 30 m/s와 엔탈피 $\check{h}_1$, 3348 kJ/kg로 터빈으로 유입되고 속도 60 m/s와 엔탈피 2550 kJ/kg로 유출됩니다. 유동은 단열과정이며 높이 변화는 무시할 만큼 작습니다.

해결과제 단위 질량의 증기 통과로 인한 일 출력을 결정합니다.

풀이 그림 E5.19b과 같이 터빈 입구에서 출구까지의 증기를 포함하는 검사체적을 사용합니다. 식(5.67)을 적용하면 다음과 같습니다.

그림 E5.19a

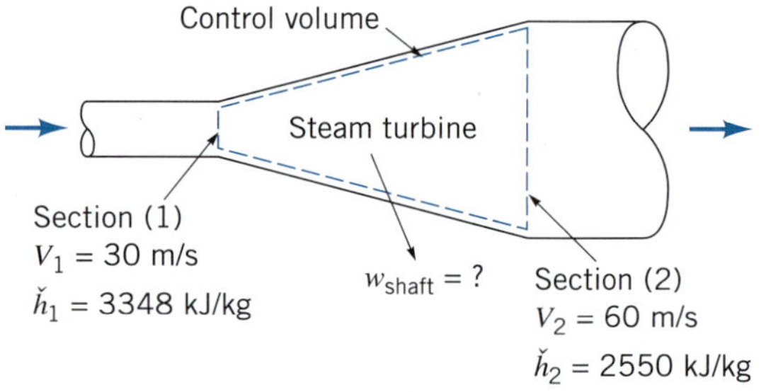

그림 E5.19b

0 (elevation change is negligible)
0 (adiabatic flow)

$$\dot{m}\left[\check{h}_2 - \check{h}_1 + \frac{V_2^2 - V_1^2}{2} + g(z_2 - z_1)\right] = \dot{Q}_{\substack{\text{net}\\ \text{in}}} + \dot{W}_{\substack{\text{shaft}\\ \text{net in}}} \qquad (1)$$

단위 질량당 축일, $w_{\text{shaft net in}}$은 식(1)을 질량유량 $\dot{m}$으로 나누어 구할 수 있습니다.

$$w_{\substack{\text{shaft}\\ \text{net in}}} = \frac{\dot{W}_{\substack{\text{shaft}\\ \text{net in}}}}{\dot{m}} = \check{h}_2 - \check{h}_1 + \frac{V_2^2 - V_1^2}{2} \qquad (2)$$

여기서 $w_{\text{shaft net out}} = -w_{\text{shaft net in}}$임을 고려하면,

$$w_{\substack{\text{shaft}\\ \text{net out}}} = \check{h}_1 - \check{h}_2 + \frac{V_1^2 - V_2^2}{2}$$

또는

$$w_{\substack{\text{shaft}\\ \text{net out}}} = 3348\ \text{kJ/kg} - 2550\ \text{kJ/kg} + \frac{[(30\ \text{m/s})^2 - (60\ \text{m/s})^2][1\ \text{J/(N}\cdot\text{m)}]}{2[1(\text{kg}\cdot\text{m})/(\text{N}\cdot\text{s}^2)](1000\ \text{J/kJ})}$$

$$w_{\substack{\text{shaft}\\ \text{net out}}} = 3348\ \text{kJ/kg} - 2550\ \text{kJ/kg} - 1.35\ \text{kJ/kg} = 797\ \text{kJ/kg} \qquad \text{(답)}$$

보충설명 특정 예제에서는 엔탈피 차이에 비해 운동 에너지의 변화가 작습니다. 증기 유동이 포함된 응용에서 종종 이러한 상황이 발생합니다. 동력 출력 $\dot{W}_{\text{shaft}}$를 결정하려면 질량유량 $\dot{m}$을 알아야 합니다. 입구와 출구의 엔탈피가 문제 명시에서 주어지지 않았다면, 증기 표나 적절한 소프트웨어를 통해 다른 증기의 열역학 상태 정보를 얻을 수 있습니다.

정상유동, 일차원유동, 단일 입출구에서는 축 일을 0으로 설정하여 에너지 방정식을 다음과 같이 만들 수 있습니다.

$$\dot{m}\left[\check{u}_{\text{out}} - \check{u}_{\text{in}} + \left(\frac{p}{\rho}\right)_{\text{out}} - \left(\frac{p}{\rho}\right)_{\text{in}} + \frac{V_{\text{out}}^2 - V_{\text{in}}^2}{2} + g(z_{\text{out}} - z_{\text{in}})\right] = \dot{Q}_{\substack{\text{net}\\ \text{in}}} \tag{5.68}$$

식(5.68)을 **일차원, 정상유동 에너지 방정식**이라고 부릅니다. 이 방정식은 비압축성 및 압축성 유동에 대해 유효합니다. 압축성 유동의 경우, enthalpy가 일차원, 정상유동 에너지 방정식에서 가장 자주 사용됩니다.

Video
V5.14 펠튼 휠 터빈

$$\dot{m}\left[\check{h}_{\text{out}} - \check{h}_{\text{in}} + \frac{V_{\text{out}}^2 - V_{\text{in}}^2}{2} + g(z_{\text{out}} - z_{\text{in}})\right] = \dot{Q}_{\substack{\text{net}\\ \text{in}}} \tag{5.69}$$

식(5.68)의 응용 사례는 예제 5.20에서 설명됩니다.

예제 5.20 | 에너지-온도 변화

주어진 사항 그림 E5.20a에 나와 있는 128m의 폭포는 큰 수원에서 다른 수원으로 정상 유동합니다.

해결과제 이 유동과 관련된 온도 변화를 결정합니다.

풀이 그림 E5.20b에 나와 있는 것처럼 거의 움직이지 않는 상단 수원의 표면에서 하단 수원의 표면까지의 유선으로 구성된 검사체적을 고려합니다. 온도 변화는 물의 내부 에너지 변화 $\check{u}_2 - \check{u}_1$와 관련이 있습니다.

$$T_2 - T_1 = \frac{\check{u}_2 - \check{u}_1}{\check{c}} \tag{1}$$

검사체적에 식(5.68)을 적용하면 다음과 같습니다.

$$\dot{m}\left[\check{u}_2 - \check{u}_1 + \left(\frac{p}{\rho}\right)_2 - \left(\frac{p}{\rho}\right)_1 + \frac{V_2^2 - V_1^2}{2} + g(z_2 - z_1)\right] = \dot{Q}_{\substack{\text{net}\\ \text{in}}} \tag{2}$$

단열조건을 가정하면, $\dot{Q}_{\text{net in}} = 0$입니다. 또한, 유동이 비압축성이며($\rho_1 = \rho_2$) 단면 (1)과 (2)의 압력을 대기압으로 가정합니다($p_1 = p_2$).

$$\left(\frac{p}{\rho}\right)_1 = \left(\frac{p}{\rho}\right)_2 \tag{3}$$

또한,

$$V_1 = V_2 = 0 \tag{4}$$

따라서 식(1)~(4)는 다음과 같이 나타낼 수 있습니다.

$$T_2 - T_1 = \frac{g(z_1 - z_2)}{\check{c}}$$

따라서

그림 E5.20a

$$\check{c} = 4.2\ \text{J/kg} \cdot \text{K}$$

$$T_1 - T_2 = \frac{(9.81\ \text{m/s}^2)(128\ \text{m})}{(4.2\ \text{J/kg·K})}$$

$$= 300\ \text{K}$$

보충설명 작은 온도 상승을 유발하기 위해서 상당한 위치 에너지 변화가 필요하다는 점에 유의하세요.

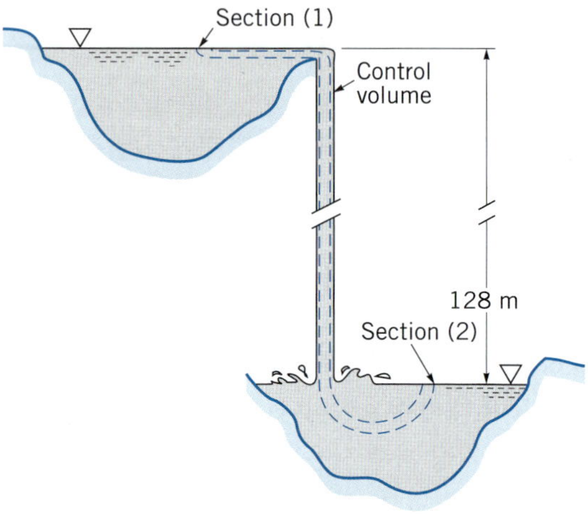

그림 E5.20b

비압축성 유동 문제를 해결하는 데 가장 많이 사용되는 에너지 방정식 형태를 5.3.3절에서 다룹니다.

5.3.3 기계 에너지 방정식과 베르누이 방정식

식(5.65)와 식(5.68)의 유일한 차이점은 순 축동력 $\dot{W}_{\text{shaft net in}}$이 0이라는 점입니다. 또한 비압축성인 경우 ($\rho_{\text{out}} = \rho_{\text{in}} = \rho$), 식(5.68)에서 다음을 얻습니다.

$$\dot{m}\left[\check{u}_{\text{out}} - \check{u}_{\text{in}} + \frac{p_{\text{out}}}{\rho} - \frac{p_{\text{in}}}{\rho} + \frac{V_{\text{out}}^2 - V_{\text{in}}^2}{2} + g(z_{\text{out}} - z_{\text{in}})\right] = \dot{Q}_{\substack{\text{net}\\ \text{in}}} \tag{5.70}$$

식(5.70)을 질량유량 $\dot{m}$으로 나누고 항목을 재배열하면 다음과 같습니다.

$$\frac{p_{\text{out}}}{\rho} + \frac{V_{\text{out}}^2}{2} + gz_{\text{out}} = \frac{p_{\text{in}}}{\rho} + \frac{V_{\text{in}}^2}{2} + gz_{\text{in}} - \left(\check{u}_{\text{out}} - \check{u}_{\text{in}} - q_{\substack{\text{net}\\ \text{in}}}\right) \tag{5.71}$$

여기서

$$q_{\substack{\text{net}\\ \text{in}}} = \frac{\dot{Q}_{\text{net in}}}{\dot{m}}$$

은 단위 질량당 열전달율을 나타냅니다. 식(5.71)은 단일 유선에서의 일차원, 정상유동,

비압축성 유동에 적용할 수 있습니다.

마찰이 없다고 가정할 경우, 베르누이 방정식 식(4.17)도 유선에서 일어나는 현상을 설명하는 데 사용할 수 있습니다.

$$p_{\text{out}} + \frac{\rho V_{\text{out}}^2}{2} + \gamma z_{\text{out}} = p_{\text{in}} + \frac{\rho V_{\text{in}}^2}{2} + \gamma z_{\text{in}} \tag{5.72}$$

식(5.72)를 밀도 ρ로 나누면 다음과 같습니다.

$$\frac{p_{\text{out}}}{\rho} + \frac{V_{\text{out}}^2}{2} + g z_{\text{out}} = \frac{p_{\text{in}}}{\rho} + \frac{V_{\text{in}}^2}{2} + g z_{\text{in}} \tag{5.73}$$

식(5.73)은 에너지 형태의 베르누이 방정식입니다. 이 방정식은 뉴턴의 제2법칙에서 유도되었으므로 식(5.71)과 식(5.73)은 서로 독립적으로 참입니다.

식(5.71)과 식(5.73)을 비교해 보면, 마찰이 없을 때 다음과 같은 결론에 도달합니다.

$$\check{u}_{\text{out}} - \check{u}_{\text{in}} - q_{\underset{\text{in}}{\text{net}}} = 0 \tag{5.74}$$

정상유동, 비압축성 유동에서 마찰이 있는 경우, 다음의 관계가 성립합니다.

$$\check{u}_{\text{out}} - \check{u}_{\text{in}} - q_{\underset{\text{in}}{\text{net}}} > 0 \tag{5.75}$$

식(5.71)과 식(5.73)에서 변수의 조합

$$\frac{p}{\rho} + \frac{V^2}{2} + gz$$

을 유용한 에너지로 간주할 수 있습니다. 이 에너지는 완전히 일을 생성하는 데 사용될 수 있기 때문에 유용합니다. 이러한 유형의 에너지는 때로 가용 에너지라고도 불립니다. 식(5.71)과 식(5.73)에서 비압축성 유동에서 마찰로 인해 발생하는 가용 에너지의 손실은 $\check{u}_{\text{out}} - \check{u}_{\text{in}} - q_{\text{net in}}$입니다. 방정식 형태로는 다음과 같습니다.

$$\check{u}_{\text{out}} - \check{u}_{\text{in}} - q_{\underset{\text{in}}{\text{net}}} = \text{loss} \tag{5.76}$$

식(5.71)을 손실로 표현하는 것이 편리할 때도 있습니다.

$$\frac{p_{\text{out}}}{\rho} + \frac{V_{\text{out}}^2}{2} + g z_{\text{out}} = \frac{p_{\text{in}}}{\rho} + \frac{V_{\text{in}}^2}{2} + g z_{\text{in}} - \text{loss} \tag{5.77}$$

식(5.77)의 응용 예는 예제 5.21에서 설명됩니다.

예제 5.21 | 에너지-가용에너지 손실 효과

주어진 사항 방에서 공기가 두 가지 다른 배출구를 통해 외부로 흐르고 있습니다. 벽에 구멍이 뚫린 원통형 홀(지름 120mm)과 동일한 지름의 원통형 홀이지만 둥근 입구가 있는 경우입니다. 방의 압력은 대기 압력보다 1.0 kPa 높게 유지됩니다. 두 배출구 모두 대기 중으로 배출됩니다. 예제에서는 방에서 배출구 출구까지의 유동과 관련된 가능한 에너지 손실이 설명되어 있습니다. 원통형 배출구를 통한 유동과 관련된 가능한 에너지 손실은 $0.5V_2^2/2$이고, 둥근 입구 배출구를 통한 유동과 관련된 가능한 에너지 손실은 $0.05V_2^2/2$입니다. 여기서 V_2는 공기의 균일하게 분포된 출구 속도입니다.

해결과제 두 가지 다른 배출구 구성에 관련된 체적유량을 비교합니다.

풀이 그림 E5.21a에 나와 있는 각 배출구를 위한 검사체적을 사용합니다. 두 배출구 모두에 대해 식(5.77)을 적용하면 다음과 같습니다.

$$\frac{p_2}{\rho}+\frac{V_2^2}{2}+gz_2=\frac{p_1}{\rho}+\frac{V_1^2}{2}+gz_1-{}_1\text{loss}_2 \quad (1)$$

(위: 0 (no elevation change), 아래: $0\,(V_1 \approx 0)$)

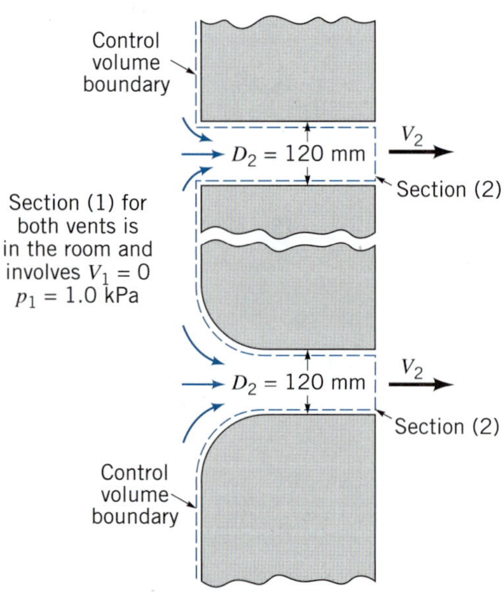

그림 E5.21a

여기서 ${}_1\text{loss}_2$는 단면 (1)과 (2) 사이의 손실입니다. V_2에 대해 식(1)을 해결하면 다음과 같습니다.

$$V_2=\sqrt{2\left[\left(\frac{p_1-p_2}{\rho}\right)-{}_1\text{loss}_2\right]} \quad (2)$$

$${}_1\text{loss}_2=K_L\frac{V_2^2}{2} \quad (3)$$

K_L이 손실 계수임을 감안할 때(두 배출구 구성에 대해 $K_L = 0.5$ 및 0.05), 식(2)와 (3)을 결합하여 다음과 같이 얻을 수 있습니다.

$$V_2=\sqrt{2\left[\left(\frac{p_1-p_2}{\rho}\right)-K_L\frac{V_2^2}{2}\right]} \quad (4)$$

식(4)를 V_2에 대해 해결하면 다음과 같습니다.

$$V_2=\sqrt{\frac{p_1-p_2}{\rho[(1+K_L)/2]}} \quad (5)$$

따라서 체적유량 Q에 대해 다음을 얻습니다.

$$Q=A_2V_2=\frac{\pi D_2^2}{4}\sqrt{\frac{p_1-p_2}{\rho[(1+K_L)/2]}} \quad (6)$$

둥근 입구 원통형 배출구의 경우, 식(6)은 다음과 같습니다.

$$Q=\frac{\pi(120\text{ mm})^2}{4(1000\text{ mm/m})^2}\times\sqrt{\frac{(1.0\text{ kPa})(1000\text{ Pa/kPa})[1(\text{N/m}^2)/(\text{Pa})]}{(1.23\text{ kg/m}^3)[(1+0.05)/2][1(\text{N}\cdot\text{s}^2)/(\text{kg}\cdot\text{m})]}}$$

$$Q = 0.445\text{ m}^3/\text{s} \quad \text{(답)}$$

원통형 배출구의 경우, 식(6)은 다음과 같습니다.

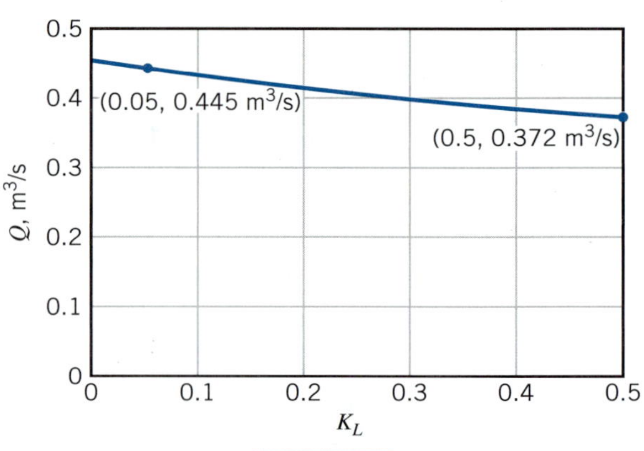

그림 E5.21b

$$Q = \frac{\pi(120 \text{ mm})^2}{4(1000 \text{ mm/m})^2} \times \sqrt{\frac{(1.0 \text{ kPa})(1000 \text{ Pa/kPa})[1(\text{N/m}^2)/(\text{Pa})]}{(1.23 \text{ kg/m}^3)[(1+0.5)/2][1(\text{N}\cdot\text{s}^2)/(\text{kg}\cdot\text{m})]}}$$

$$Q = 0.372 \text{ m}^3/\text{s} \qquad \text{(답)}$$

보충설명 손실 계수 K_L의 다양한 값에 대해 반복적으로 계산을 수행하면 그림 E5.21b에 나타난 결과를 얻을 수 있습니다. 둥근 입구 배출구는 원통형 배출구보다 더 많은 공기 통과를 허용합니다. 왜냐하면 둥근 입구 배출구 손실이 원통형 배출구보다 적기 때문입니다. 이 유동에서 압력 차이 $(p_1 - p_2)$는 두 가지 목적을 가집니다. (1) 유동과 관련된 손실 극복 및 (2) 출구에서의 운동 에너지 생성. 손실이 없어도($p_1 - p_2 = 0$, 즉 $K_L = 0$), 배출구를 통해 유체를 가속시키기 위해 압력 차이가 필요합니다.

많은 유체역학 문제는 일차원 비압축성 정상유동과 마찰 및 축 일이 포함된 것입니다. 이 범주에는 펌프, 블로워, 선풍기 및 터빈을 통한 유동이 포함됩니다. 이러한 유형의 유동에 대해 식(5.65)를 다음과 같이 나타낼 수 있습니다.

$$\dot{m}\left[\check{u}_{\text{out}} - \check{u}_{\text{in}} + \frac{p_{\text{out}}}{\rho} - \frac{p_{\text{in}}}{\rho} + \frac{V_{\text{out}}^2 - V_{\text{in}}^2}{2} + g(z_{\text{out}} - z_{\text{in}})\right] = \dot{Q}_{\substack{\text{net}\\\text{in}}} + \dot{W}_{\substack{\text{shaft}\\\text{net in}}} \tag{5.78}$$

식(5.78)을 질량유량으로 나누고 단위 질량당 일을 사용하여, 다음과 같은 결과를 얻습니다.

$$\frac{p_{\text{out}}}{\rho} + \frac{V_{\text{out}}^2}{2} + gz_{\text{out}} = \frac{p_{\text{in}}}{\rho} + \frac{V_{\text{in}}^2}{2} + gz_{\text{in}} + w_{\substack{\text{shaft}\\\text{net in}}} - \left(\check{u}_{\text{out}} - \check{u}_{\text{in}} - q_{\substack{\text{net}\\\text{in}}}\right) \tag{5.79}$$

비압축성인 경우, 식(5.76)에서 $\check{u}_{\text{out}} - \check{u}_{\text{in}} - q_{\text{net in}}$은 가용한 에너지의 손실을 나타내며, 식(5.79)는 다음과 같이 표현될 수 있습니다.

$$\boxed{\frac{p_{\text{out}}}{\rho} + \frac{V_{\text{out}}^2}{2} + gz_{\text{out}} = \frac{p_{\text{in}}}{\rho} + \frac{V_{\text{in}}^2}{2} + gz_{\text{in}} + w_{\substack{\text{shaft}\\\text{net in}}} - \text{loss}} \tag{5.80}$$

이는 비압축성 유동 문제에 자주 사용되는 정상 유동을 위한 에너지 방정식의 형태입니다. 때때로 **기계 에너지 방정식** 또는 **확장된 베르누이 방정식**이라고도 합니다. 식(5.80)은 단위 질량당 에너지를 포함하며, $\text{N}\cdot\text{m/kg} = \text{m}^2/\text{s}^2$의 단위를 가집니다.

Video
V5.15 에너지 전달

예를 들어 펌프를 사용하여 검사체적에 축 일을 수행할 때, 손실이 클수록 동일한 사용 에너지 상승에 대해 더 많은 축 일이 필요합니다. 검사체적 내용물이 축 일을 수행할 때에는 손실이 클수록 동일한 가용 에너지 감소 조건에서 낮은 축동력을 얻을 수 있습니다. 다음 예제들은 왜 유체 시스템에서 손실을 가능한 한 줄여야 하는지를 설명합니다.

예제 5.22 | 에너지-선풍기 일 및 효율성

주어진 사항 모터에 의해 구동되는 축류 선풍기는 팬 날개에 0.4 kW의 동력을 공급하며, 0.6 m 직경의 축류 공기 유동을 생성하여 12 m/s의 속도로 흐릅니다. 팬의 상류 속도는 무시할 만큼 낮습니다.

해결과제 유체 운동과 위치 에너지 상승에 필요한 일의 양을 결정하십시오. 이 선풍기의 공기동력학 효율을 추정하십시오.

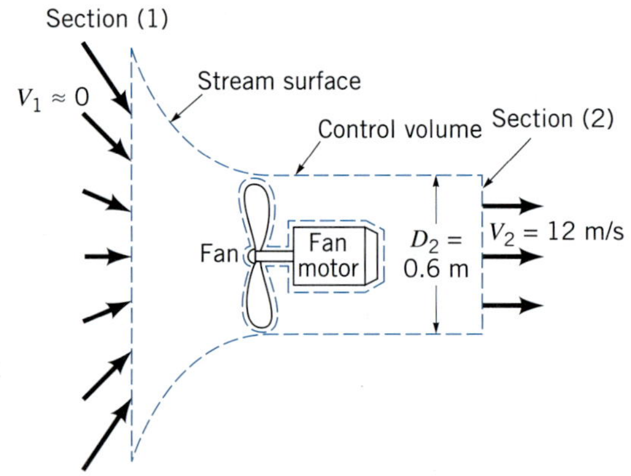

그림 E5.22

풀이 그림 E5.22에 나와 있는 비변형 고정 검사체적을 선택합니다. 이 검사체적에 식(5.80)을 적용하면 다음과 같습니다.

$$w_{\substack{\text{shaft}\\ \text{net in}}} - \text{loss} = \left(\frac{\overset{0\ (\text{atmospheric pressures cancel})}{p_2}}{\rho} + \frac{V_2^2}{2} + gz_2\right) - \left(\frac{p_1}{\rho} + \frac{\overset{0\ (V_1 \approx 0)}{V_1^2}}{2} + \underset{0\ (\text{no elevation change})}{gz_1}\right) \quad (1)$$

여기서 $w_{\text{shaft net in}}$ − loss는 공기가 받은 일의 양입니다. 식(1)은 다음과 같습니다.

$$w_{\substack{\text{shaft}\\ \text{net in}}} - \text{loss} = \frac{V_2^2}{2} = \frac{(12\ \text{m/s})^2}{2[1(\text{kg}\cdot\text{m})/(\text{N}\cdot\text{s}^2)]}$$
$$= 72.0\ \text{N}\cdot\text{m/kg} \quad (2)\ (답)$$

효율성 η의 합리적인 추정값은 식(2)를 팬 날개에 공급된 일의 양으로 나눈 비율입니다.

$$\eta = \frac{w_{\substack{\text{shaft}\\ \text{net in}}} - \text{loss}}{w_{\substack{\text{shaft}\\ \text{net in}}}} \quad (3)$$

효율을 계산하기 위해 팬 날개에 공급된 일과 관련된 $w_{\text{shaft net in}}$의 값을 필요로 합니다.

$$w_{\substack{\text{shaft}\\ \text{net in}}} = \frac{\dot{W}_{\substack{\text{shaft}\\ \text{net in}}}}{\dot{m}} \quad (4)$$

여기서 질량유량 $\dot{m}$을 고려합니다(식 5.6에서),

$$\dot{m} = \rho AV = \rho\frac{\pi D_2^2}{4}V_2 \quad (5)$$

밀도 ρ로는 1.23 kg/m³ (표준 공기)를 사용하므로, 식(4)와 (5)에서 우리는 다음을 얻습니다.

$$w_{\substack{\text{shaft}\\ \text{net in}}} = \frac{\dot{W}_{\substack{\text{shaft}\\ \text{net in}}}}{(\rho\pi D_2^2/4)\,V_2}$$
$$= \frac{(0.4\ \text{kW})[1000\ (\text{Nm})/(\text{skW})]}{(1.23\ \text{kg/m}^3)[(\pi)(0.6\ \text{m})^2/4](12\ \text{m/s})}$$

$$w_{\substack{\text{shaft}\\ \text{net in}}} = 95.8\ \text{N}\cdot\text{m/kg} \quad (6)$$

식(2), (3) 및 (6)에서 다음을 얻습니다.

$$\eta = \frac{72.0\ \text{N}\cdot\text{m/kg}}{95.8\ \text{N}\cdot\text{m/kg}} = 0.752 \quad (답)$$

보충설명 공기에 공급된 동력의 75%만이 유용한 효과로 이어지며, 따라서 축 동력의 25%가 공기 마찰에 손실됩니다. 모터에 입력된 동력은 모터의 전기 손실과 베어링의 기계적 마찰 때문에 0.4 kW보다 더 많을 것입니다.

광활한 유체의 세계

공기 커튼

공기 커튼은 긴 직사각형 노즐을 통해 공기를 불어 넣어 고속의 공기 시트, 즉 "공기 커튼"을 생성하여 만들어집니다. 이 공기 커튼은 일반적으로 문이나 개구부 위에 배치되어 기존의 문을 대체합니다. 공기 커튼은 전용 냉각 공간으로 따뜻한 공기가 침투하는 것을 방지하거나, 먼지와 다른 오염물질이 청정 환경으로 들어오는 것을 막거나, 직장에서 곤충을 막으면서도 사람들이 출입할 수 있도록 하는 등의 용도로 사용될 수 있습니다. 기존의 문에 비해 단점은 공기 커튼을 작동시키기 위한 추가 동력 요구사항이 있다는 점이지만, 다양한 산업 응용 분야에서는 그 장점이 단점을 능가할 수 있습니다. 현재의 공기 커튼 디자인에 대한 새로운 응용 분야도 계속 개발되고 있습니다. 예를 들어, 도로 터널 화재 안전 수단으로서 공기 커튼의 사용이 현재 조사되고 있습니다. 이러한 응용에서는 공기 커튼이 터널 일부를 고립시켜 화재가 발생한 구역을 격리하고 연기와 연기가 터널 전체로 침투하지 않도록 하는 역할을 합니다.

단위 질량당 에너지를 포함하는 식(5.80)을 유체 밀도 ρ로 곱하면 다음과 같은 결과를 얻습니다.

$$p_{\text{out}} + \frac{\rho V_{\text{out}}^2}{2} + \gamma z_{\text{out}} = p_{\text{in}} + \frac{\rho V_{\text{in}}^2}{2} + \gamma z_{\text{in}} + \rho w_{\substack{\text{shaft}\\\text{net in}}} - \rho(\text{loss}) \tag{5.81}$$

여기서 $\gamma = \rho g$는 유체의 비중량입니다. 식(5.81)은 **단위 체적당 에너지**를 포함하며, 관련 단위는 압력 단위와 동일합니다($\text{N}\cdot\text{m/m}^3 = \text{N/m}^2$).

Video V5.16 수처리 시설 폭기기

식(5.80)을 중력 가속도 g로 나누면 다음과 같은 결과를 얻습니다.

$$\boxed{\frac{p_{\text{out}}}{\gamma} + \frac{V_{\text{out}}^2}{2g} + z_{\text{out}} = \frac{p_{\text{in}}}{\gamma} + \frac{V_{\text{in}}^2}{2g} + z_{\text{in}} + h_s - h_L} \tag{5.82}$$

여기서

$$h_s = w_{\text{shaft net in}}/g = \frac{\dot{W}_{\substack{\text{shaft}\\\text{net in}}}}{\dot{m}g} = \frac{\dot{W}_{\substack{\text{shaft}\\\text{net in}}}}{\gamma Q} \tag{5.83}$$

는 **축 일 수두**이며 h_L는 **수두 손실**이라고 합니다. 식(5.82)는 단위 중량당 에너지를 포함하며($\text{N}\cdot\text{m/N} = \text{m}$), 이는 길이의 단위를 사용하여 측정합니다. 검사체적에 터빈이 있으면 h_s는 음수입니다. 검사체적에 펌프가 있으면 h_s는 양수입니다.

총 수두 H를 다음과 같이 정의할 수 있습니다.

$$H = \frac{p}{\gamma} + \frac{V^2}{2g} + z$$

식(5.82)를 다음과 같이 표현할 수 있습니다.

$$H_{\text{out}} = H_{\text{in}} + h_s - h_L$$

h_s는 펌프의 경우 양수이고 터빈의 경우 음수입니다. H_{in}과 비교한 H_{out}의 중요한 가능한 값들이 그림 5.8에 나와 있습니다. h_L(수두 손실)은 이상적인 경우가 아니면 항상 H_{out} 값을 줄입니다. 또한 h_L은 유체에서 추출할 수 있는 축 일의 양을 감소시킵니다. $h_L = 0$일

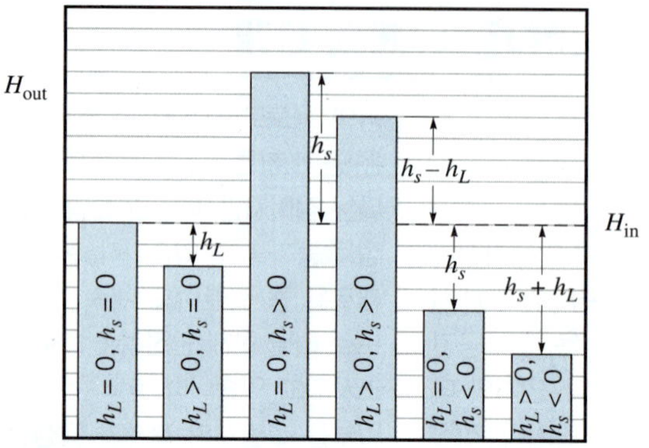

그림 5.8 유동에서의 총 수두 변화

때, 축 일 수두 h_s와 총 수두의 변화는 동일합니다. 이 수두 변화는 때때로 이상적인 수두 변화라고 불립니다. 해당 이상적인 축 일 수두는 원하는 효과를 달성하기 위해 필요한 최소한의 수두입니다. 일 출력의 경우, 그것은 가능한 최대치입니다. 설계자들은 일반적으로 손실을 최소화하려고 노력합니다.

예제 5.23 | 에너지-손실수두와 동력 손실

주어진 사항 그림 E5.23a에 나와 있는 펌프는 하부 호수에서 상부 호수로 물을 펌핑하는 과정에서 물에 7.5 kW의 에너지를 추가합니다. 호수 표면 간의 고도 차이는 9 m이고, 손실수두는 4.6 m입니다.

해결과제

(a) 유량을 결정하십시오.

(b) 이 유동과 관련된 동력 손실을 결정하십시오.

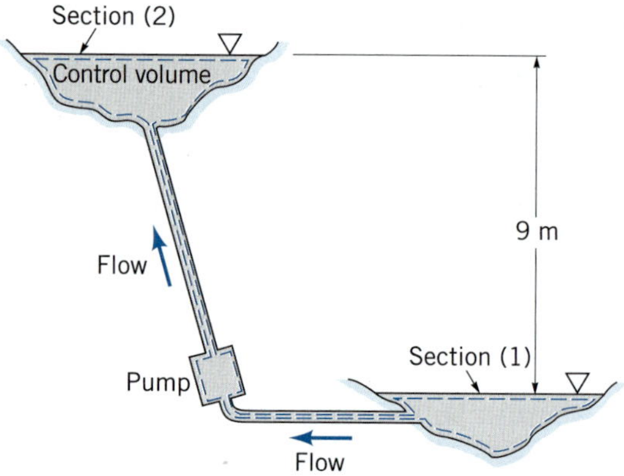

그림 E5.23a

풀이

(a) 이 유동에 대한 에너지 방정식(식 5.82)은 다음과 같습니다.

$$\frac{p_2}{\gamma} + \frac{V_2^2}{2g} + z_2 = \frac{p_1}{\gamma} + \frac{V_1^2}{2g} + z_1 + h_s - h_L \tag{1}$$

여기서 점 2와 점 1(식 5.82에서 "out"과 "in"에 해당)은 호수 표면에 위치합니다. 따라서 $p_2 = p_1 = 0$이고, $V_2 = V_1 = 0$이므로 식(1)은 다음과 같이 됩니다.

$$h_s = h_L + z_2 - z_1 \tag{2}$$

여기서 $z_2 = 9$ m, $z_1 = 0$, 그리고 $h_L = 4.6$ m입니다. 펌프 수두는 식(5.83)에서 다음과 같이 얻어집니다.

$$\begin{aligned} h_s &= \dot{W}_{\text{shaft net in}}/\gamma Q \\ &= (7.5 \times 10^3 \text{ W})/(1000 \times 9.81 \text{ N/m}^3)\, Q \\ &= (0.76 \text{ m}^4/\text{s})/Q \end{aligned}$$

여기서 Q가 m^3/s일 때 h_s는 m입니다. 따라서 식(2)에서,

$$0.76/Q = 4.6 \text{ m} + 9 \text{ m}$$

혹은

$$Q = 0.05 \text{ m}^3/\text{s} \qquad \text{(답)}$$

(b) 마찰로 인한 손실은 식(5.83)에서 다음과 같이 얻을 수 있습니다.

$$\dot{W}_{\text{loss}} = \gamma Q h_L = (9810\ \text{N/m}^3)(0.05\ \text{m}^3/\text{s})(4.6\ \text{m}) = 2.26\ \text{kW} \qquad \text{(답)}$$

보충설명 펌프가 물에 추가하는 7.5 kW에서 2.26 kW를 빼면, 이는 물을 하부에서 상부 호수로 올리기 위해 사용됩니다. 이 에너지는 "손실"되지 않지만 위치 에너지로 저장됩니다. 손실수두 h_L을 변화시켜가며 반복적으로 계산을 하면, 그림 E5.23b에 나타난 결과를 얻을 수 있습니다. 손실수두가 증가할수록 유동은 감소하는데, 이는 펌프에서 공급된 7.5 kW가 마찰에 의해 손실되어 상단 고도로 유체를 올리는 데 사용할 수 없기 때문입니다.

이 예에서 펌프의 목적은 물을 올리는 것 (9 m 수두)과 손실수두를 극복하는 것 (4.6 m 수두)이며, 물의 압력이나 속도를 변화시키지 않습니다.

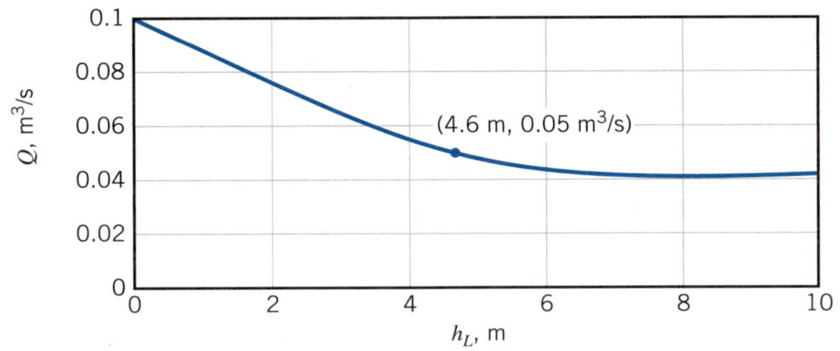

그림 E5.23b

광활한 유체의 세계

스마트 쇼크

차량 쇼크 업소버는 부드럽고 조절 가능한 주행을 제공하기 위해 사용되는 감쇠기입니다. 요철을 넘어갈 때 타이어와 차체 사이의 상대적인 움직임이 쇼크의 피스톤을 움직여 점성 유체를 작은 구멍이나 채널을 통해 강제로 통과시킵니다. 이 유체의 점성은 수두 손실을 일으켜 에너지를 분산시키고 수직 운동을 감쇠합니다. 현재 쇼크 업소버는 고정된 점성의 유체를 사용합니다. 그러나 최근에는 수백만 개의 작은 철 구슬이 포함된 합성 오일을 사용하는 기술이 개발되었습니다. 이 작은 구슬들은 쇼크 피스톤에 있는 전기 코일에 의해 생성된 자기장에 반응하여 유체의 점성을 변경시킵니다. 이는 거의 감쇠가 없는 상태에서 거의 순간적으로 고체 상태로 변할 수 있습니다. 컴퓨터는 주어진 조건(즉, 바퀴 속도, 차량 속도, 핸들 각도, 측면 가속도, 제동 작용, 온도 등)에 맞는 적절한 점성을 선택하기 위해 코일에 전류를 조절합니다. 이러한 조정의 목표는 차량이 어떠한 도로 상황에서도 타이어가 포장 도로와 최대한 접촉하면서 차량이 부드럽고 균형 있게 유지되도록 최적으로 조율된 쇼크를 제공하는 것입니다.

5.3.4 비균일 유동에 대한 에너지 방정식의 적용

5.3.2 및 5.3.3절에서 논의한 에너지 방정식들은 검사표면에서 유속이 균일한 일차원 유동에 적용됩니다.

만약 검사표면에서의 속도 분포가 균일하지 않다면, 검사체적에 대한 에너지 방정식인 식(5.62)의 적분에 특별한 주의가 필요합니다.

$$\int_{cs} \frac{V^2}{2} \rho \mathbf{V} \cdot \hat{\mathbf{n}}\, dA$$

하나의 유동이 검사체적을 들어오고 나가는 경우, 다음과 같은 관계를 정의할 수 있습니다.

운동 에너지 계수는 비균일 유동을 설명하기 위해 사용됩니다.

$$\int_{cs} \frac{V^2}{2} \rho \mathbf{V} \cdot \hat{\mathbf{n}}\, dA = \dot{m}\left(\frac{\alpha_{out}\overline{V}_{out}^2}{2} - \frac{\alpha_{in}\overline{V}_{in}^2}{2} \right)$$

여기서 α는 **운동 에너지 계수**이고 $\overline{V}$는 식(5.7)에서 정의된 평균 속도입니다. 따라서 다음과 같은 결과를 얻을 수 있습니다.

$$\frac{\dot{m}\alpha\overline{V}^2}{2} = \int_A \frac{V^2}{2} \rho \mathbf{V} \cdot \hat{\mathbf{n}}\, dA$$

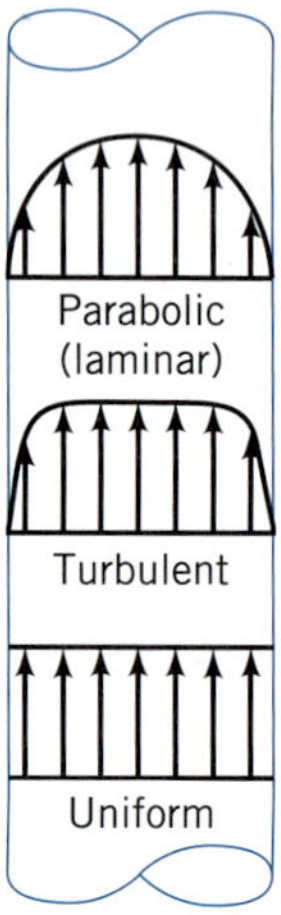

검사표면의 면적 A를 통해 유동하는 경우,

$$\alpha = \frac{\int_A (V^2/2) \rho \mathbf{V} \cdot \hat{\mathbf{n}}\, dA}{\dot{m}\overline{V}^2/2} \tag{5.84}$$

입니다. 모든 속도 분포에서 $\alpha \geq 1$이며, $\alpha = 1$은 균일 유동에 해당합니다. 파이프 유동에 대한 일반적인 속도 분포 예시가 그림에 나와 있습니다. 비균일한 유동을 고려한 단일 입출구, 비압축성, 정상 유동의 단위 질량당 에너지 방식은

$$\boxed{\frac{p_{out}}{\rho} + \frac{\alpha_{out}\overline{V}_{out}^2}{2} + gz_{out} = \frac{p_{in}}{\rho} + \frac{\alpha_{in}\overline{V}_{in}^2}{2} + gz_{in} + w_{\substack{shaft \\ net\ in}} - \text{loss}} \tag{5.85}$$

와 같이 기술됩니다. 단위 체적당 에너지 방정식은 다음과 같이 나타낼 수 있습니다.

$$p_{out} + \frac{\rho\alpha_{out}\overline{V}_{out}^2}{2} + \gamma z_{out} = p_{in} + \frac{\rho\alpha_{in}\overline{V}_{in}^2}{2} + \gamma z_{in} + \rho w_{\substack{shaft \\ net\ in}} - \rho(\text{loss}) \tag{5.86}$$

단위 비중량당 에너지 방정식 혹은 수두에 대한 식은

$$\boxed{\frac{p_{out}}{\gamma} + \frac{\alpha_{out}\overline{V}_{out}^2}{2g} + z_{out} = \frac{p_{in}}{\gamma} + \frac{\alpha_{in}\overline{V}_{in}^2}{2g} + z_{in} + \frac{w_{\substack{shaft \\ net\ in}}}{g} - h_L} \tag{5.87}$$

입니다. 난류 유동에서는 α는 거의 1에 가깝기 때문에 에너지 방정식에서 α의 사용을 무시할 수 있습니다. 예시 5.24 및 5.25는 운동 에너지 계수의 사용 예를 보여줍니다.

5.3.5 에너지 방정식의 형태 비교

3장에서 베르누이 방정식은 뉴턴 제2법칙에서 유도되었지만, 이 방정식의 가정 (정상유동, 비압축성, 비점성 유동 유선을 따르는)은 단위질량당 에너지 관례식(식 5.73)으로 표현할 수 있게 합니다. 실제로 일차원 유선에 에너지 방정식을 적용할 때, 세 가지 에너지 방정식 형태를 갖게 됩니다.

일반 에너지 방정식(식 5.65):

$$\dot{m}\left[\check{u}_{out} - \check{u}_{in} + \left(\frac{p}{\rho}\right)_{out} - \left(\frac{p}{\rho}\right)_{in} + \frac{V_{out}^2 - V_{in}^2}{2} + g(z_{out} - z_{in})\right] = \dot{Q}_{\substack{net\\in}} + \dot{W}_{\substack{shaft\\net\ in}}$$

예제 5.24 | 에너지-비균일 속도 분포의 영향

주어진 사항 그림 E5.24에 나와 있는 소형 송풍기는 공기를 분당 0.1 kg의 질량유량으로 운송합니다. 송풍기 입구 파이프 지름은 60 mm이며, 포물선 속도분포로 인해 운동 에너지 계수 α_1은 2.0입니다. 송풍기 출구 파이프 지름은 30 mm이고, 난류유동이며 운동 에너지 계수 α_2는 1.08입니다. 선풍기를 통과하는 동안 정압이 0.1 kPa 상승하고, 송풍기 모터는 0.14 W의 동력을 소비합니다.

해결과제

(a) 균일한 속도 분포를 가정한 경우와

(b) 실제 속도 분포를 고려한 경우의 손실 값을 비교하십시오.

풀이

식(5.85)를 그림 E5.24에 표시된 검사체적에 적용하면

$$\frac{p_2}{\rho} + \frac{\alpha_2\overline{V}_2^2}{2} + \overbrace{gz_2 = \frac{p_1}{\rho} + \frac{\alpha_1\overline{V}_1^2}{2} + gz_1}^{0\ \text{(change in } gz \text{ is negligible)}} - \text{loss} + w_{\substack{shaft\\net\ in}} \tag{1}$$

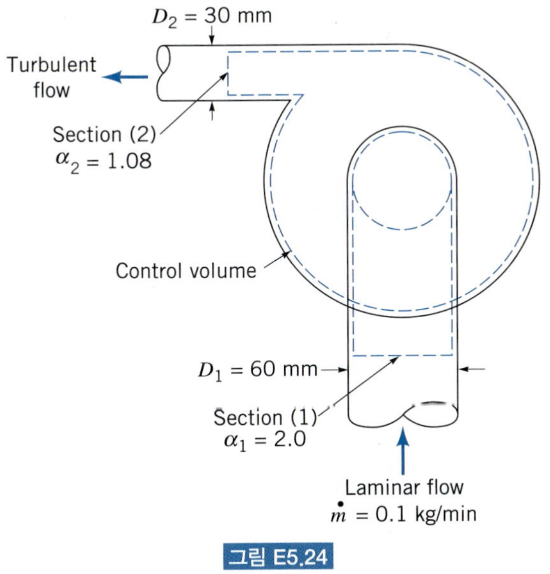

그림 E5.24

손실은

$$\text{loss} = w_{\substack{shaft\\net\ in}} - \left(\frac{p_2 - p_1}{\rho}\right) + \frac{\alpha_1\overline{V}_1^2}{2} - \frac{\alpha_2\overline{V}_2^2}{2} \tag{2}$$

축 일 $w_{\text{shaft net in}}$은

$$w_{\substack{shaft\\net\ in}} = \frac{\text{power to fan motor}}{\dot{m}}$$

혹은

$$w_{\substack{shaft\\net\ in}} = \frac{(0.14\text{ W})[(1\text{ N}\cdot\text{m/s})/\text{W}]}{0.1\text{ kg/min}}(60\text{ s/min}) = 84.0\text{ N}\cdot\text{m/kg} \tag{3}$$

식(5.11)을 사용하여 단면 (1)의 평균 속도 $\overline{V}_1$는

$$\overline{V}_1 = \frac{\dot{m}}{\rho A_1} = \frac{\dot{m}}{\rho(\pi D_1^2/4)} = \frac{(0.1\text{ kg/min})(1\text{ min/60 s})(1000\text{ mm/m})^2}{(1.23\text{ kg/m}^3)[\pi(60\text{ mm})^2/4]} = 0.479\text{ m/s} \tag{4}$$

단면 (2)의 평균 속도 $\overline{V}_2$는

$$\overline{V}_2 = \frac{(0.1\text{ kg/min})(1\text{ min/60 s})(1000\text{ mm/m})^2}{(1.23\text{ kg/m}^3)[\pi(30\text{ mm})^2/4]} = 1.92\text{ m/s} \tag{5}$$

(a) 균일 속도 분포($\alpha_1 = \alpha_2 = 1.0$)의 경우, 식(2)는 다음과 같습니다.

$$\text{loss} = w_{\substack{shaft\\net\ in}} - \left(\frac{p_2 - p_1}{\rho}\right) + \frac{\overline{V}_1^2}{2} - \frac{\overline{V}_2^2}{2} \tag{6}$$

식(3)～(6)으로부터

$$\text{loss} = 84.0\frac{\text{N}\cdot\text{m}}{\text{kg}} - \frac{(0.1\text{ kPa})(1000\text{ Pa/kPa})(1\text{ N/m}^2/\text{Pa})}{1.23\text{ kg/m}^3} + \frac{(0.479\text{ m/s})^2}{2[1(\text{kg}\cdot\text{m})/(\text{N}\cdot\text{s}^2)]} - \frac{(1.92\text{ m/s})^2}{2[1(\text{kg}\cdot\text{m})/(\text{N}\cdot\text{s}^2)]}$$

혹은

$$\begin{aligned}\text{loss} &= 84.0\ \text{N}\cdot\text{m/kg} - 81.3\ \text{N}\cdot\text{m/kg} \\ &\quad + 0.115\ \text{N}\cdot\text{m/kg} - 1.84\ \text{N}\cdot\text{m/kg} \\ &= 0.975\ \text{N}\cdot\text{m/kg} \qquad (\text{답})\end{aligned}$$

(b) 실제 속도 분포($\alpha_1 = 2$, $\alpha_2 = 1.08$)의 경우, 식(1)은 다음과 같습니다.

$$\text{loss} = w_{\substack{\text{shaft}\\ \text{net in}}} - \left(\frac{p_2 - p_1}{\rho}\right) + \alpha_1 \frac{\overline{V}_1^2}{2} - \alpha_2 \frac{\overline{V}_2^2}{2} \tag{7}$$

축 일 및 식(7)은 다음과 같습니다.

$$\text{loss} = 84\ \text{N}\cdot\text{m/kg} - \frac{(0.1\ \text{kPa})(1000\ \text{Pa/kPa})(1\ \text{N/m}^2/\text{Pa})}{1.23\ \text{kg/m}^3} + \frac{2(0.479\ \text{m/s})^2}{2[1(\text{kg}\cdot\text{m})/(\text{N}\cdot\text{s}^2)]} - \frac{1.08(1.92\ \text{m/s})^2}{2[1(\text{kg}\cdot\text{m})/(\text{N}\cdot\text{s}^2)]}$$

혹은

$$\begin{aligned}\text{loss} &= 84.0\ \text{N}\cdot\text{m/kg} - 81.3\ \text{N}\cdot\text{m/kg} \\ &\quad + 0.230\ \text{N}\cdot\text{m/kg} - 1.99\ \text{N}\cdot\text{m/kg} \\ &= 0.940\ \text{N}\cdot\text{m/kg} \qquad (\text{답})\end{aligned}$$

보충설명 균일 속도 분포와 실제 속도 분포를 가정한 손실 차이는 $w_{\text{shaft net in}}$과 비교하여 크지 않습니다.

예제 5.25 | 에너지-비균일 속도 분포의 영향

주어진 사항 예제 5.12의 유동을 고려하십시오.

해결과제 식(5.85)를 적용하여 (1)단과 (2)단 사이에 발생하는 유체 압력 강하에 대한 식을 유도합니다. 현재 얻은 압력 강하 방정식을 예제 5.14의 결과와 비교하여 (1)단과 (2)단 사이의 손실에 대한 식을 얻습니다.

풀이 예제 5.12의 유동에 식(5.85)를 적용하면(그림 E5.12 참조) 다음과 같습니다.

$$\frac{p_2}{\rho} + \frac{\alpha_2 \overline{w}_2^2}{2} + gz_2 = \frac{p_1}{\rho} + \frac{\alpha_1 \overline{w}_1^2}{2} + gz_1 - \text{loss} + \underbrace{w_{\substack{\text{shaft}\\ \text{net in}}}}_{0\ (\text{no shaft work})} \tag{1}$$

식(1)을 압력 강하인 $p_1 - p_2$에 대해 풉니다.

$$p_1 - p_2 = \rho\left[\frac{\alpha_2 \overline{w}_2^2}{2} - \frac{\alpha_1 \overline{w}_1^2}{2} + g(z_2 - z_1) + \text{loss}\right] \tag{2}$$

단면 (1)에서의 유체 속도 w_1은 단면적 A_1 전체에 균일하게 분포되므로, 운동 에너지 계수 α_1은 1.0입니다. 단면 (2)에서의 운동 에너지 계수 α_2는 예제 5.12에서 주어진 속도 분포를 이용하여 결정합니다. 식(5.84)를 사용하여

$$\alpha_2 = \frac{\int_{A_2} \rho w_2^3\, dA_2}{\dot{m}\overline{w}_2^2} \tag{3}$$

포물선형 속도 분포 방정식을 식(3)에 대입하여,

$$\alpha_2 = \frac{\rho \int_0^R (2w_1)^3 [1 - (r/R)^2]^3 2\pi r\, dr}{(\rho A_2 \overline{w}_2)\overline{w}_2^2}$$

질량보존 법칙에 따라, $A_1 = A_2$

$$w_1 = \overline{w}_2 \tag{4}$$

식(4)를 식(3)에 대입하여,

$$\alpha_2 = \frac{\rho 8 \overline{w}_2^3 2\pi \int_0^R [1 - (r/R)^2]^3 r\, dr}{\rho \pi R^2 \overline{w}_2^3}$$

혹은

$$\begin{aligned}\alpha_2 &= \frac{16}{R^2}\int_0^R [1 - 3(r/R)^2 + 3(r/R)^4 - (r/R)^6] r\, dr \\ &= 2\end{aligned} \tag{5}$$

이제 식(2)와 식(5)를 결합하여 다음의 결과를 얻습니다.

$$p_1 - p_2 = \rho\left[\frac{2.0\overline{w}_2^2}{2} - \frac{1.0\overline{w}_1^2}{2} + g(z_2 - z_1) + \text{loss}\right] \tag{6}$$

질량보존 법칙에 따라 $\overline{w}_2 = \overline{w}_1 = \overline{w}$이므로 식(6)은 다음과 같이 됩니다.

$$p_1 - p_2 = \frac{\rho \overline{w}^2}{2} + \rho g(z_2 - z_1) + \rho(\text{loss}) \tag{7}$$

고도 변화와 관련된 항, $\rho g(z_2 - z_1)$,는 (1)단과 (2)단 사이의 단면적 단위 물의 무게, $\mathcal{W}/A$와 같습니다.

$$\rho g(z_2 - z_1) = \frac{\mathscr{W}}{A} \tag{8}$$

따라서 식(7)과 식(8)을 결합하면 다음과 같습니다.

$$p_1 - p_2 = \frac{\rho \overline{w}^2}{2} + \frac{\mathscr{W}}{A} + \rho(\text{loss}) \tag{9}$$

(1)단과 (2)단 사이의 압력 강하는 다음과 같은 요소들에 의해 발생합니다.

1. 균일 속도 분포에서 포물선형 속도 분포로의 전환에 따른 운동 에너지 변화
2. 물의 무게
3. 점성 손실

압력 강하에 대한 식(9)를 예제 5.12에서 얻은 결과와 비교하면,

$$\frac{\rho \overline{w}^2}{2} + \frac{\mathscr{W}}{A} + \rho(\text{loss}) = \frac{\rho \overline{w}^2}{3} + \frac{R_z}{A} + \frac{\mathscr{W}}{A} \tag{10}$$

혹은

$$\text{loss} = \frac{R_z}{\rho A} - \frac{\overline{w}^2}{6} \qquad \text{(답)}$$

보충설명 파이프 벽 마찰력의 일부인 R_z는 가용 에너지 손실을 초래했지만, 이 마찰의 일부는 속도 분포 변경으로 이어졌습니다.

기계 에너지 방정식(식 5.80):

$$\left(\frac{p_{\text{out}}}{\rho}\right) + \left(\frac{V_{\text{out}}^2}{2}\right) + gz_{\text{out}} = \left(\frac{p_{\text{in}}}{\rho}\right) + \left(\frac{V_{\text{in}}^2}{2}\right) + gz_{\text{in}} + w_{\substack{\text{shaft}\\ \text{net in}}} - \text{loss}$$

베르누이 방정식(식 5.73):

$$\left(\frac{p_{\text{out}}}{\rho}\right) + \left(\frac{V_{\text{out}}^2}{2}\right) + gz_{\text{out}} = \left(\frac{p_{\text{in}}}{\rho}\right) + \left(\frac{V_{\text{in}}^2}{2}\right) + gz_{\text{in}}$$

실제 유동을 정확하게 나타내는 가장 간단한 방정식을 선택해야 합니다. 각 방정식의 가정과 제한 때문에 특정 방정식이 다른 것들과 일관성이 없을 수도 있고, 사실상 동일할 수도 있습니다.

표 5.1에서는 이러한 방정식에 대한 가정, 제한 및 조건을 요약합니다. 우선 파이프에서의 유동이 압축성이 있다고 가정해 보겠습니다. 기계 에너지 방정식이나 베르누이 방정식을 사용할 수 없으며, 일반 에너지 방정식이 유일한 선택지입니다. 다음으로, 비압축성 유동이지만 전단 응력이 있는 경우를 가정해 보겠습니다. 베르누이 방정식은 적용할

표 5.1 Assumptions and conditions for the general, mechanical, and Bernoulli equations

	General Energy	Mechanical Energy	Bernoulli
Steady/unsteady	Steady only	Steady only	Steady only
Compressibility	Compressible or incompressible	Incompressible	Incompressible
Friction	Allowed	Allowed	None
Heat transfer	Allowed	Allowed	Usually none, but allowed
Shaft work	Allowed	Allowed	None

수 없지만, 일반 에너지 방정식과 기계 에너지 방정식은 적용할 수 있습니다. 유동이 비압축성이라면 $\rho_{out} = \rho_{in}$이 되어 식(5.76)에서부터,

$$\check{u}_{out} - \check{u}_{in} - q_{\substack{net\\in}} = \text{loss}$$

일반 에너지 방정식과 기계 에너지 방정식은 사실상 동일합니다. 기계 에너지 방정식은 일반적으로 하나의 양 (손실)이 세 개($\check{u}_{out}$, $\check{u}_{in}$, q_{netin})을 대체하기 때문에 더 단순합니다.

마지막으로, 유동이 압축성이 없고 마찰 및 일이 없는 경우를 가정해 보겠습니다. 다음 표 5.1을 확인하면 다른 두 방정식도 유효합니다. 그러나 마찰이 없다면

$$\text{손실} = 0\text{이고} \quad \check{u}_{out} - \check{u}_{in} = q_{\substack{net\\in}}$$

$W_{shaft\ net\ in} = 0$이므로 일반 에너지 방정식과 기계 에너지 방정식은 자동으로 베르누이 방정식으로 축소됩니다.

에너지 방정식의 적절한 형태를 선택하는 데 중요한 점은 유체의 압축성입니다. 액체는 일반적으로 압축성이 없는 것처럼 가정합니다. 때로는 기체를 비압축성으로 가정할 수 있습니다. 비압축성 유체 모델의 선택은 특정 유동 상황뿐만 아니라 유체에도 달려 있습니다. 압축성을 결정할 때 고려해야 할 두 가지 기준이 있습니다.

비압축성 유동에 대한 첫 번째 기준은 유동장에서 가장 큰 밀도 변화가 무시할 만큼 작은지 여부입니다. 4.8장은 밀도와 압력 사이의 결합을 고려하며, 마하 수(Mach number)가 0.3 미만이면 밀도 변화를 무시할 수 있다고 제안합니다.

비압축성 유동 모델의 또 다른 기준은 기계 에너지의 크기입니다. 압축성이 중요할 경우, 기계적 및 열적 에너지가 비슷한 크기일 수 있으며, 일반 에너지 방정식을 사용해야 합니다. 반면, 한 형태의 에너지가 우세할 수 있습니다. 공기가 50 m/s로 흐를 때, $V^2/2$는 1250 m^2/s^2입니다. 공기 온도가 20°C인 경우 내부 에너지 $\check{u}$는 대략 210,000 m^2/s^2이므로 비율 $V^2/2\check{u} \approx 0.006$은 매우 작습니다. 따라서 공기를 비압축성으로 처리할 수 있습니다. 그러나 150 m/s에서는 압축성이 중요할 수 있습니다.

표 5.1의 정보는 압축성, 마찰, 열전달 및 일에 대해 검사체적, 질량 유동 평균, 혹은 유선 형태의 에너지 방정식에 적용될 수 있습니다. 이러한 각 방정식은 특정한 제한과 조건이 있으며 유효할 때만 사용해야 합니다. 예를 들어, 특정 단면 평면에서 유체 속도와 압력이 균일하지 않다면, 유선 형태의 방정식 대신 질량 평균 검사체적 형태의 방정식이 더 적합할 것입니다.

에너지 방정식을 혼용해서는 안 됩니다. 동일한 유동 영역에서 베르누이 방정식과 유한 검사체적 일반 에너지 방정식을 동시에 사용할 수 없습니다. 둘 중 하나는 독립적인 정보를 제공하지 않을 것이거나 하나는 유효하지 않을 것입니다. 유동선 및 질량 평균 형태의 방정식은 동일하며 그렇지 않으면 모순됩니다. 유한 검사체적 및 질량 평균 형태는 상호 보완적이기 때문에 다른 방법으로 얻을 수 있습니다. 요약하면

특정 유동 영역에는 하나의 에너지 방정식 형태만 사용해야 합니다.

5장 요약

이 장에서는 유동을 질량보존 법칙, 뉴턴 제2법칙, 열역학 제1법칙을 검사체적에 적용하여 분석합니다. 레이놀즈 전달 정리는 기본적인 시스템 기준 법칙을 해당 검사체적 공식으로 변환하는 데 사용됩니다.

연속 방정식은 질량이 보존된다는 사실을 나타내며, 이는 정상유동이나 비정상 유동, 비압축성 또는 압축성의 어떤 유동에도 적용될 수 있는 형태로 얻어집니다. 간소화된 연속 방정식 형태는 검사체적 내부에서 유체가 들어오고 나가는 곳, 그리고 내부에서의 축적 또는 감소를 추적하는 데 도움을 줍니다.

선형운동량 방정식은 유체가 검사체적을 통과하는 경우에 적용되는 뉴턴 제2법칙의 형태로 얻어지며, 유동하는 유체의 선형운동량 변화에서 유래하는 순 운동량을 해결하는 데 사용됩니다.

각운동량방정식은 토크와 각운동량 변화와의 관계를 포함하며, 터빈 및 펌프와 관련된 일 문제를 해결하는 데 사용됩니다.

열역학 제1법칙에서 얻은 안정 상태 에너지 방정식은 여러 형태로 기록됩니다. 첫 번째 형태(식 5.65 또는 식 5.67)는 동력 용어를 포함합니다. 두 번째 형태(식 5.80 또는 식 5.82)는 기계 에너지 방정식 또는 확장 베르누이 방정식으로 불리며, 이는 베르누이 방정식과는 다른 응용에 사용됩니다. 이 방정식은 유동 내 마찰에 의한 에너지 손실을 설명하는 추가 항과 펌프나 터빈의 일을 고려하는 항을 포함합니다.

다음 체크리스트는 이 장의 학습 가이드를 제공합니다. 전체 장을 공부한 후에는 다음을 할 수 있어야 합니다.

- 볼드로 표시된 각 용어의 의미를 설명하고 관련 개념을 이해할 수 있습니다.
- 주어진 문제에 대한 적절한 검사체적을 선택하고 정확하게 라벨이 붙은 검사체적 다이어그램을 그릴 수 있습니다.
- 연속 방정식과 검사체적을 사용하여 질량 또는 체적유량을 해결할 수 있습니다.
- 선형운동량 방정식과 검사체적을 사용하여, 필요한 경우 연속 방정식과 함께, 선형운동량 변화와 관련된 힘을 해결할 수 있습니다.
- 각운동량 방정식을 사용하여, 토크와 관련된 일 및 각운동량 변화를 해결할 수 있습니다.
- 에너지 방정식을 그 적절한 형태 중 하나를 사용하여, 마찰 손실(수두 손실)과 펌프에 의한 에너지 투입 또는 터빈에 의한 추출과 관련된 문제를 해결할 수 있습니다.
- 선형운동량 방정식에서 운동량 계수(momentum coefficient)와 에너지 방정식에서 운동량 계수(kinetic energy coefficient)를 사용하여 비균일 유동을 설명할 수 있습니다.

주요 방정식

질량보존	$\frac{\partial}{\partial t}\int_{\text{cv}} \rho \, dV\!\!\!/ + \int_{\text{cs}} \rho \mathbf{V} \cdot \hat{\mathbf{n}} \, dA = 0$	(5.5)
질량유량	$\dot{m} = \rho Q = \rho A V$	(5.6)
평균속도	$\overline{V} = \dfrac{\int_A \rho \mathbf{V} \cdot \hat{\mathbf{n}} \, dA}{\rho A}$	(5.7)
정상유동 질량보존	$\sum \dot{m}_{\text{out}} - \sum \dot{m}_{\text{in}} = 0$	(5.9)
이동 검사체적 질량보존	$\frac{\partial}{\partial t}\int_{\text{cv}} \rho \, dV\!\!\!/ + \int_{\text{cs}} \rho \mathbf{W} \cdot \hat{\mathbf{n}} \, dA = 0$	(5.16)
선형운동량 변화와 관련 힘	$\frac{\partial}{\partial t}\int_{\text{cv}} \mathbf{V}\rho \, dV\!\!\!/ + \int_{\text{cs}} \mathbf{V}\rho \mathbf{V} \cdot \hat{\mathbf{n}} \, dA = \sum \mathbf{F}_{\substack{\text{contents of the} \\ \text{control volume}}}$	(5.20)

이동 검사체적 선형운동량 변화와 관련 힘	$\int_{cs} \mathbf{W}\rho\mathbf{W}\cdot\hat{\mathbf{n}}\,dA = \sum \mathbf{F}_{\text{contents of the control volume}}$	(5.27)
절대속도 및 상대속도의 벡터 합	$\mathbf{V} = \mathbf{W} + \mathbf{U}$	(5.41)
힘으로부터의 축 토크	$\sum\left[(\mathbf{r}\times\mathbf{F})_{\text{contents of the control volume}}\right]_{\text{axial}} = \mathbf{T}_{\text{shaft}}$	(5.43)
각운동량 변화와 관련 축 토크	$T_{\text{shaft}} = (-\dot{m}_{\text{in}})(\pm r_{\text{in}}V_{\theta\text{in}}) + \dot{m}_{\text{out}}(\pm r_{\text{out}}V_{\theta\text{out}})$	(5.48)
각운동량 변화에 따른 축 동력	$\dot{W}_{\text{shaft}} = (-\dot{m}_{\text{in}})(\pm U_{\text{in}}V_{\theta\text{in}}) + \dot{m}_{\text{out}}(\pm U_{\text{out}}V_{\theta\text{out}})$	(5.51)
열역학 제1법칙 (에너지 보존)	$\frac{\partial}{\partial t}\int_{cv} e\rho\, d\forall + \int_{cs}\left(\check{u} + \frac{p}{\rho} + \frac{V^2}{2} + gz\right)\rho\mathbf{V}\cdot\hat{\mathbf{n}}\,dA = \dot{Q}_{\text{net in}} + \dot{W}_{\text{shaft net in}}$	(5.62)
열역학 제1법칙 정상유동 (간소화된 형태)	$\dot{m}\left[\check{h}_{\text{out}} - \check{h}_{\text{in}} + \frac{V_{\text{out}}^2 - V_{\text{in}}^2}{2} + g(z_{\text{out}} - z_{\text{in}})\right] = \dot{Q}_{\text{net in}} + \dot{W}_{\text{shaft net in}}$	(5.67)
기계 에너지 방정식 (비압축성 유동)	$\frac{p_{\text{out}}}{\rho} + \frac{V_{\text{out}}^2}{2} + gz_{\text{out}} = \frac{p_{\text{in}}}{\rho} + \frac{V_{\text{in}}^2}{2} + gz_{\text{in}} + w_{\text{shaft net in}} - \text{loss}$	(5.80)

참고문헌

1. Eck, B., *Technische Stromungslehre*, Springer-Verlag, Berlin, Germany, 1957.
2. Dean, R. C., "On the Necessity of Unsteady Flow in Fluid Machines," *ASME Journal of Basic Engineering* 81D; 24-28, March 1959.
3. Moran, M. J., Shapiro, H. N., Boettner, D. D., and Bailey, M. B., *Fundamentals of Engineering Thermodynamics*, 9th Ed., Wiley, New York, 2018.

연습문제 [QUESTIONS AND PROBLEMS]

ⓒ 프로그래밍이 가능한 계산기 또는 컴퓨터를 사용하여 풀 수 있는 문제

ⓞ 비판적 사고가 필요한 개방형 문제. 이러한 문제는 필요한 입력 데이터를 제공하기 위해 다양한 가정이 필요하다. 이러한 문제에 대한 고유한 답은 없다.

주: 문제에 대한 설명에 필요한 유체 물성치 값이 명시되지 않은 경우, 표 1.4-1.8 및 부록의 표에 있는 값을 사용하라.

5.1.1절 연속 방정식의 유도

5.1.1 장에서는 고정된 검사체적을 통해 안정적이거나 불안정한 비압축성 유동에 대한 연속 방정식을 얻기 위해 Reynolds 정리(식 3.17)를 사용합니다.

$$\int_{cv} \mathbf{V}\cdot\hat{\mathbf{n}}\,dA = 0$$

5.1.2 비압축성 유체가 $x-y$ 평면에서 수평으로 흐르며 다음과 같은 속도를 가질 때,

$$u = 30\left(1 - e^{-4\frac{y}{h}}\right)\ \text{m/s}, v = 0$$

y와 h는 미터 단위이며 h는 상수입니다. $y = 0$에서 $y = h$까지의 유동 부분의 평균 속도를 결정하십시오.

5.1.2절 비변형 고정-균일 속도 분포

5.1.3 수평 배관 시스템을 통해 물이 안정적으로 흐릅니다. 그림 P5.1.3에 표시된 바와 같이, 단면 (1)에서 속도는 균일하고, 단면 (2)에서 질량유량은 146 kg/s이며, 단면 (3)에서 속도는 균일하지 않습니다. (a) 파이프에 포함된 물의

시스템에서 $\frac{D}{Dt}\int_{\text{sys}} \rho \, dV\!\!\!\!-$의 값을 결정하십시오. (b) 단면 (2)에서 평균 속도를 결정하십시오. (c) 가능하다면, 단면 (3) 위의 $\int_{(3)} \rho \mathbf{V} \cdot \hat{\mathbf{n}} \, dA$의 적분 값을 결정하십시오. 불가능한 경우, 그 적분을 계산하기 위해 필요한 추가 정보를 설명하십시오.

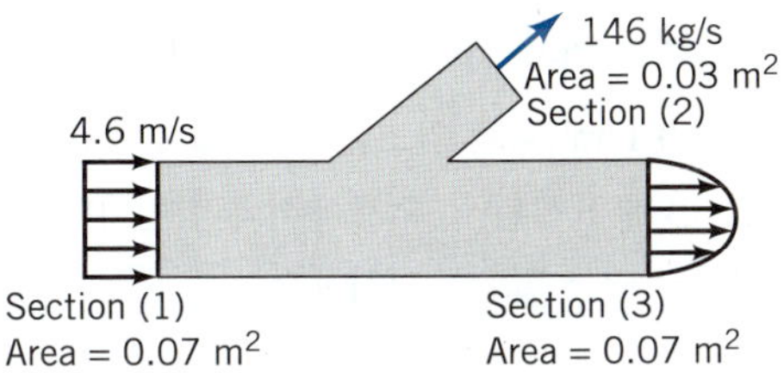

그림 P5.1.3

5.1.4 그림 P5.1.4에 표시된 것처럼 얇고 가까이 배치된 블레이드를 통해 물이 나가며, 출구 주위의 전체 둘레에서 속도가 $V = 3$ m/s입니다. 입구 파이프를 통한 질량유량을 구하세요.

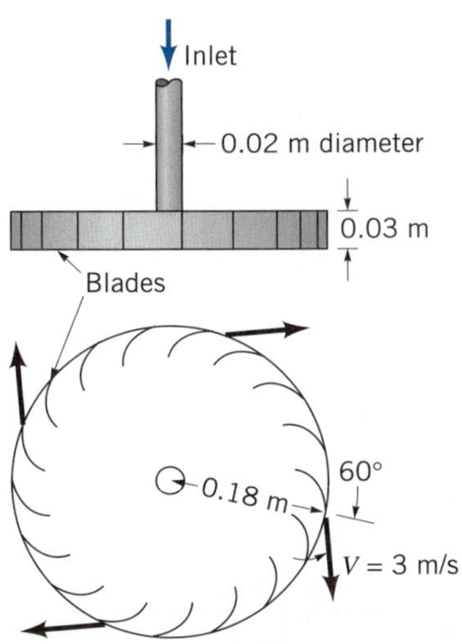

그림 P5.1.4

5.1.5 [O] 주행 중인 자동차가 고속도로에서 휘발유를 사용하는 속도를 리터/시간 단위로 추정하세요. 이 유량에서 340 g 소다 용기를 비우는 데 얼마나 걸리는지 계산하세요. 모든 가정을 나열하고 계산을 보여주세요.

5.1.6 그림 P5.1.6에 표시된 펌프는 노즐을 통해 0.04 m^3/s의 안정적인 유량을 생성합니다. 노즐 출구 직경 D_2를 구하세요. 출구 속도가 $V_2 = 30$ m/s가 되어야 합니다.

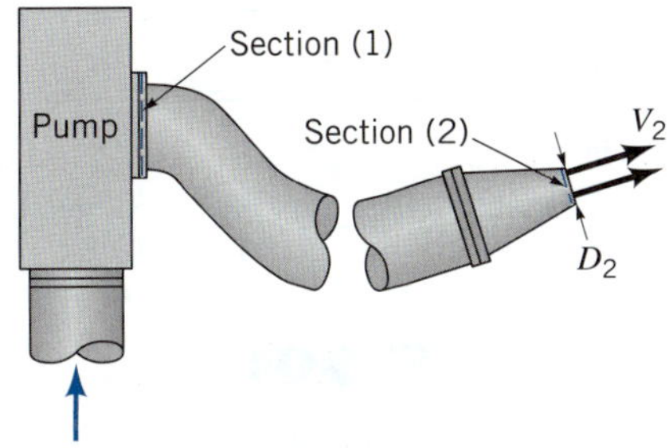

그림 P5.1.6

5.1.7 그림 P5.1.7에 표시된 유체의 축 방향 속도는 덕트의 각 환형 영역에서 측정된 평균 속도입니다. 흐르는 유체의 체적유량을 구하세요.

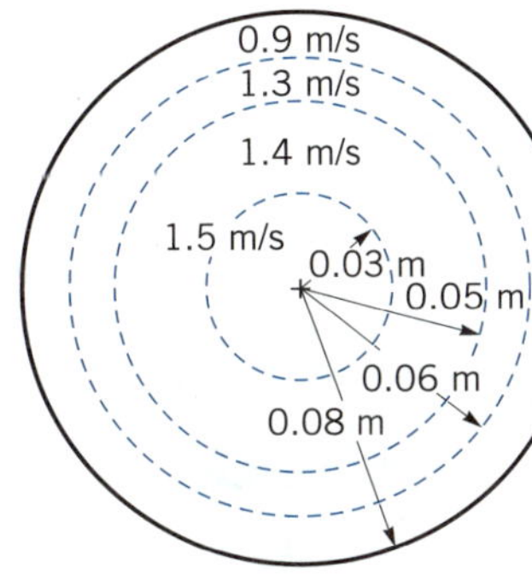

그림 P5.1.7

5.1.8 인체 순환 시스템은 대동맥(가장 큰 것)에서 모세혈관(가장 작은 것)에 이르는 복잡한 분기 파이프 네트워크로 구성되어 있습니다. 이 혈관들의 평균 반지름과 수는 표에 나와 있습니다. 혈액이 대동맥에서 모세혈관으로 이동하면서 평균 혈액 속도가 증가하는지, 감소하는지 또는 일정한지 결정하세요.

Vessel	Average Radius (mm)	Number
Aorta	12.5	1
Arteries	2.0	159
Arterioles	0.03	1.4×10^7
Capillaries	0.006	3.9×10^9

5.1.9 공기가 지름 0.1 m의 긴 직선 파이프의 두 단면 사이를 안정적으로 흐릅니다. 각 단면에서의 정적 온도와 압력이 그림 P5.1.9에 표시되어 있습니다. 단면 (1)에서 평균 공기 속도가 205 m/s일 때, 단면 (2)에서 평균 공기 속도를 구하세요.

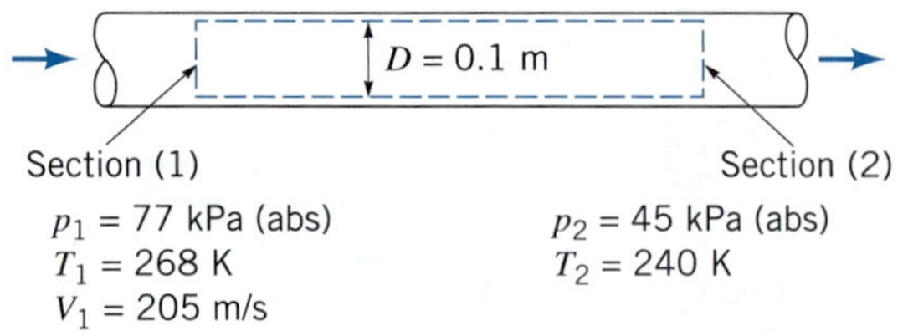

그림 P5.1.9

5.1.10 Video 그림 P5.1.10에 표시된 것처럼 수문 아래에 위치한 수력 도약이 있습니다. 수력 도약 상류에서는 하천의 깊이가 0.18 m이고 평균 하천 속도가 5.5 m/s입니다. 수력 도약 바로 하류에서는 평균 하천 속도가 1.04 m/s입니다. 하류에서 하천의 깊이 h를 계산하세요.

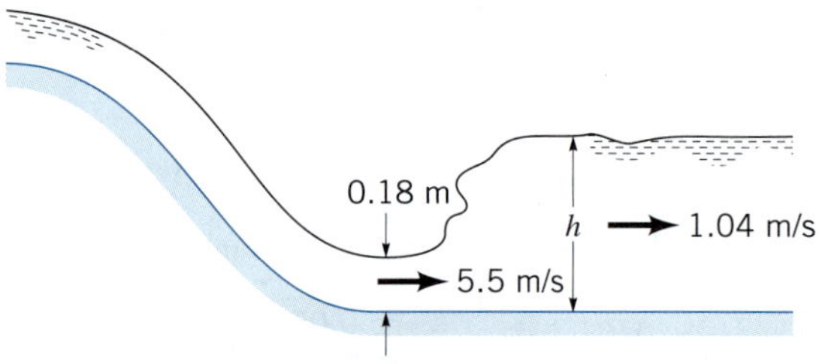

그림 P5.1.10

5.1.11 여성이 작은 펌프로 꾸준히 수족관을 비우고 있습니다. 물은 지름 0.30 m의 원통형 양동이에 펌핑되고 있으며, 깊이는 분당 0.1 m씩 증가하고 있습니다. 수족관의 치수가 0.6 m(너비)×0.9 m(길이)×0.45 m(높이)일 때, 수족관 물 높이가 떨어지는 속도를 구하세요.

5.1.12 그림 P5.1.12에 표시된 증발 냉각탑은 43 ℃에서 27 ℃로 물을 냉각하는 데 사용됩니다. 물은 시간당 32 kg의 비율로 타워에 들어갑니다. 건조 공기(수증기 없음)는 시간당 19 kg의 비율로 타워에 들어갑니다.

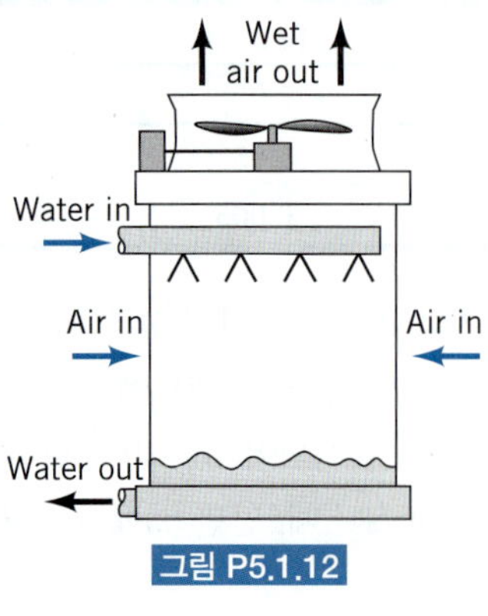

그림 P5.1.12

타워에서 나오는 습한 공기의 유량이 시간당 20 kg일 때, 물 증발 속도와 냉각수 유량을 시간당 kg 단위로 구하세요.

5.1.13 순항 조건에서 공기는 시간당 29 kg의 비율로 제트 엔진으로 유입됩니다. 연료는 시간당 0.27 kg의 비율로 엔진으로 들어갑니다. 배기가스의 평균 속도는 엔진에 대해 457 m/s입니다. 엔진 배기구의 유효 단면적이 0.33 m^2일 때, 배기가스의 밀도를 kg/m^3 단위로 추정하세요.

5.1.14 물이 0.1 m^3/s로, 알코올($SG = 0.8$)이 0.3 m^3/s로 그림 P5.1.14에 표시된 y-덕트에서 혼합됩니다. 물과 알코올 혼합물의 평균 밀도를 구하세요.

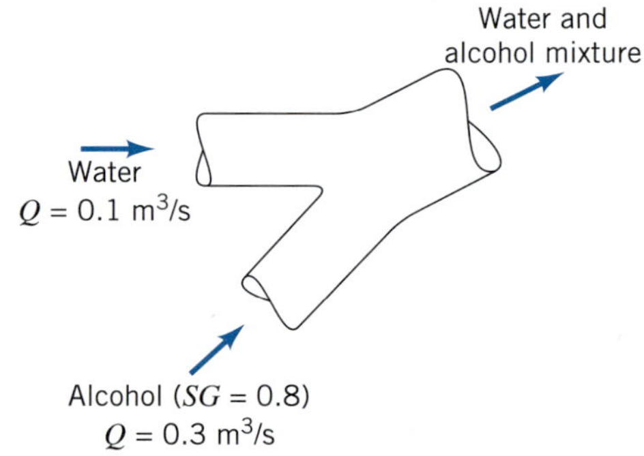

그림 P5.1.14

5.1.15 그림 P5.1.15에 표시된 소용돌이 튜브에서 공기가 절대압 200 kPa 및 280 K로 들어옵니다. 뜨거운 공기는 절대압 120 kPa 및 320 K로, 차가운 공기는 절대압 100 kPa 및 220 m/s로 나갑니다. 뜨거운 공기의 질량유량($\dot{m}_H$)은 차가운 공기의 질량유량($\dot{m}_C$)과 같습니다. 동일한 출구 속도에 대해 뜨거운 공기 출구 면적 대 차가운 공기 출구 면적의 비율을 구하세요.

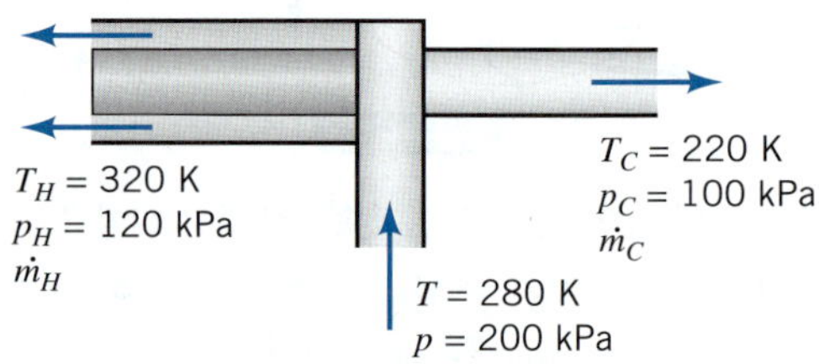

그림 P5.1.15

5.1.2절 비변형 고정 검사체적–비균일 속도 분포

5.1.16 물 제트 펌프(그림 P5.1.16 참조)는 단면적 0.01 m^2의 제트와 30 m/s의 제트 속도를 포함합니다. 제트는 인

접한 물로 둘러싸여 있습니다. 제트 및 인접한 유동과 관련된 전체 단면적은 0.075 m^2입니다. 이 두 유동은 단면적 0.075 m^2를 통해 평균 속도 6 m/s로 완전히 혼합되어 펌프에서 나옵니다. 펌핑 속도(즉, 인접한 유체의 유량)를 리터/초 단위로 구하세요.

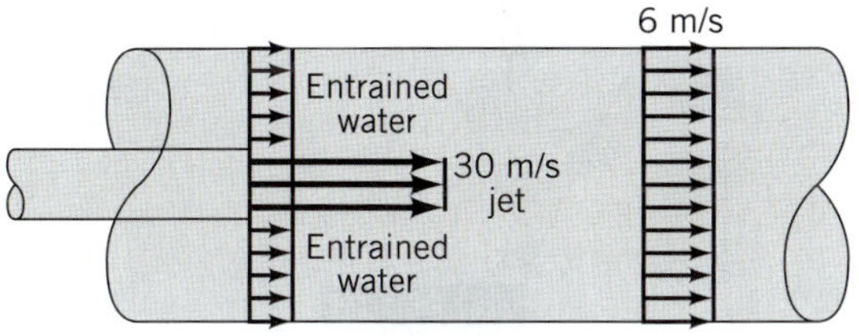

그림 P5.1.16

5.1.17 두 강이 합류하여 그림 P5.1.17에 표시된 것처럼 더 큰 강을 형성합니다. 합류 지점 하류의 위치에서(두 유동이 완전히 합류되기 전) 비균일 속도 분포가 표시되어 있으며 깊이는 1.8 m입니다. V 값을 구하세요.

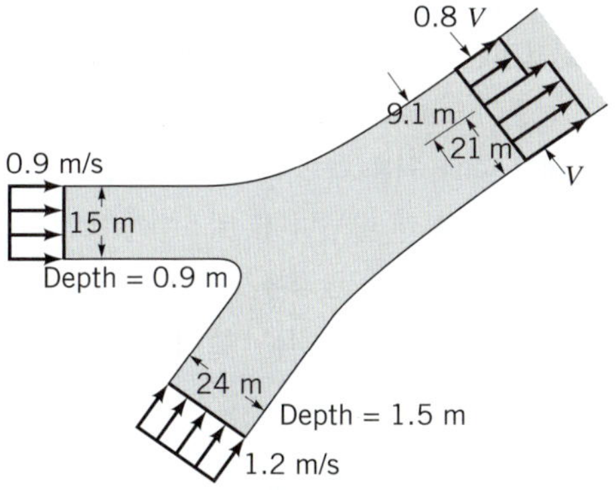

그림 P5.1.17

5.1.18 Video 비디오 V5.2에 표시된 진공청소기에는 여러 유형의 부속품을 사용할 수 있습니다. 그림 P5.1.18에 두 가지 부속품–노즐과 브러시가 표시되어 있습니다. 유량은 0.03 m^3/s입니다. (a) 노즐 입구를 통한 평균 속도 V_n을 구하세요. (b) 공기가 그림에 표시된 것처럼 브러시의 길이를 따라 선형으로 0에서 V_b까지 변하는 속도 분포로 브러시 부속품 주변에서 방사형 방향으로 들어간다고 가정합니다. V_b 값을 구하세요.

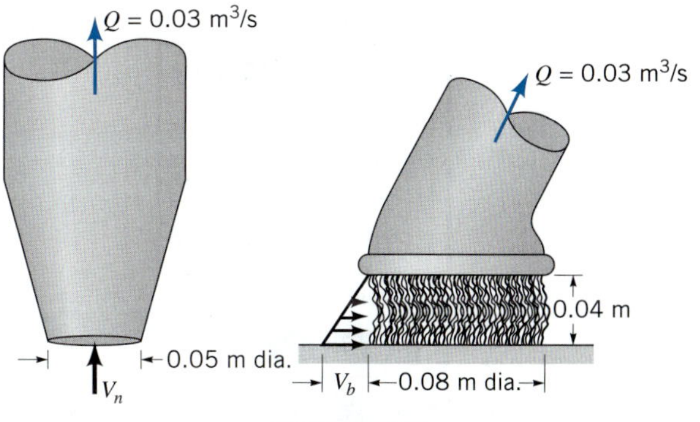

그림 P5.1.18

5.1.19 적절한 난류 파이프 유동 속도 분포는 다음과 같습니다.

$$\mathbf{V} = u_c\left(\frac{R-r}{R}\right)^{1/n}\hat{\mathbf{i}}$$

여기서 u_c = 중심선 속도, r = 국부 반경, R = 파이프 반경, $\hat{\mathbf{i}}$ = 파이프 중심선에 따른 단위 벡터입니다. 다음에 대해 평균 속도 u와 중심선 속도 u_c의 비율을 구하세요. (a) $n = 4$, (b) $n = 6$, (c) $n = 8$, (d) $n = 10$. 다양한 속도 분포를 비교하세요.

5.1.20 그림 P5.1.20에 표시된 것처럼 0.9 m 너비의 채널 입구에서 속도 분포는 V의 속도로 균일합니다. 하류에서는 속도 분포는 $u = 4y - 2y^2$입니다. 여기서 u는 m/s 단위이고 y는 m 단위입니다. V 값을 구하세요.

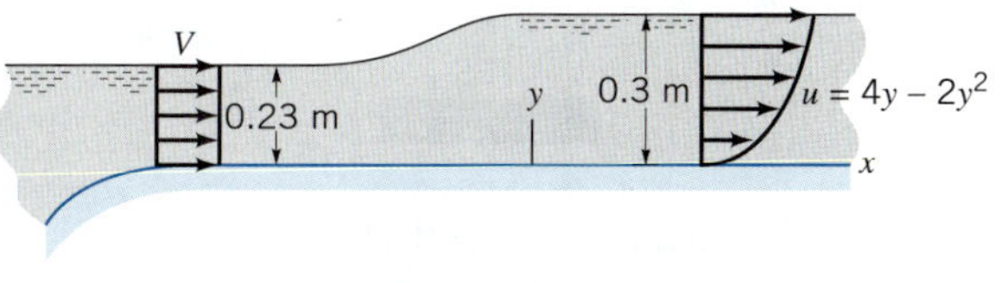

그림 P5.1.20

5.1.21 직사각형 덕트의 단면적은 그림 P5.1.21에 표시된 것처럼 16개의 동일한 직사각형 영역으로 나뉩니다. 각 작은 영역에서 측정된 축 방향 유체 속도는 그림에 나와 있습니다. 체적유량과 평균 축 방향 속도를 추정하세요.

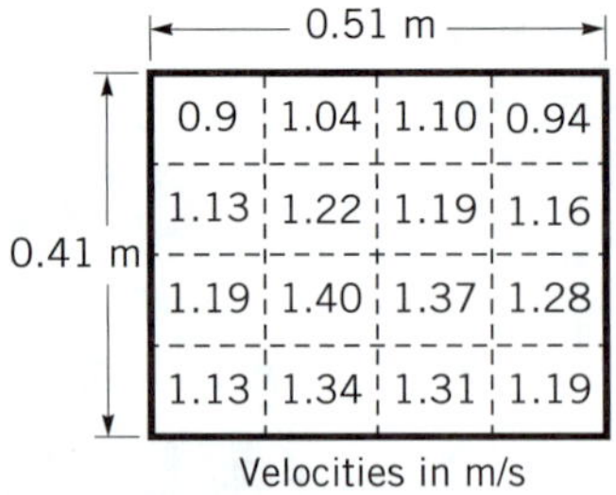

그림 P5.1.21

5.1.22 그림 P5.1.22에 표시된 스러스트 베어링을 윤활하기 위한 오일이 반경 방향으로 베어링 표면 사이의 공간으로 흐릅니다. 오일은 속도

$$u = U_0\left[1 - \left(\frac{r}{R}\right)^2\right]$$

로 원형 입구 파이프를 통해 들어갑니다. 여기서 $R = 1.5$ mm입니다. 오일의 비중은 $S = 0.86$이며, 입구 파이프를 통해 0.006 kg/s의 비율로 흐릅니다. 입구 파이프의 평균 속도 V_1, 출구(평면 2)에서의 평균 속도 V_2 및 오일 입구 파이프에서의 최대 속도 U_0을 계산하세요. 반경 방향 유동을 가정하세요.

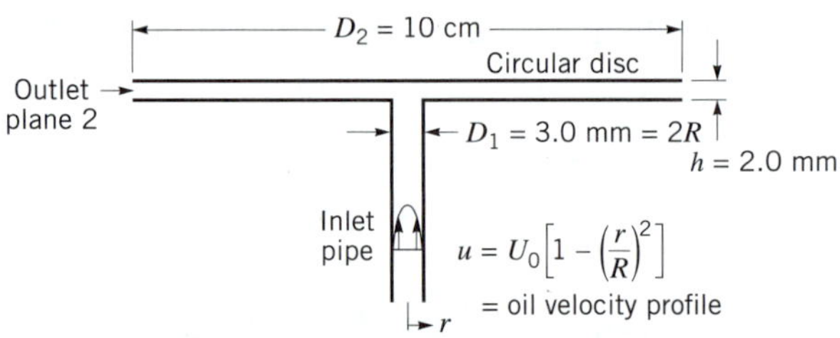

그림 P5.1.22

5.1.2절 비변형 고정 검사체적–비정상유동

5.1.23 그림 P5.1.23에 표시된 압축기에 공기가 표준 조건에서 0.28 m^3/s의 비율로 들어옵니다. 공기는 밀도 1.80 kg/m^3 및 213 m/s의 균일한 속도로 0.03 m 지름의 파이프를 통해 탱크에서 나갑니다. (a) 탱크 내 공기의 질량이 증가하거나 감소하는 속도(kg/s)를 구하세요. (b) 탱크 내 공기 밀도의 평균 시간 변화율을 구하세요.

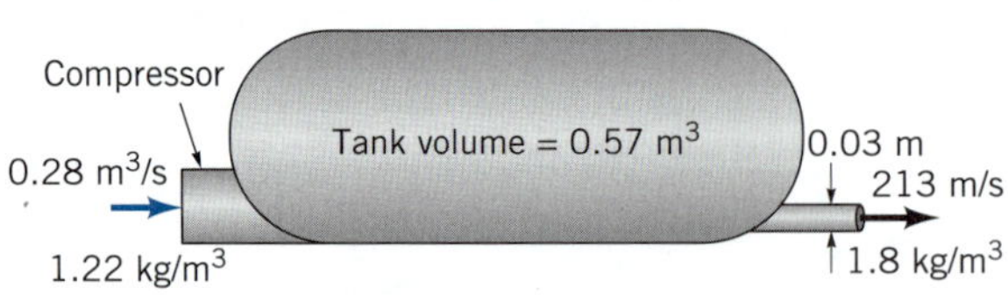

그림 P5.1.23

5.1.24 그림 P5.1.24에 표시된 원뿔형 용기에 물을 채우는 데 걸리는 시간을 추정하세요. 높이는 1.5 m이고 상단 너비는 1.5 m입니다. 채우는 속도는 0.08 m^3/분입니다.

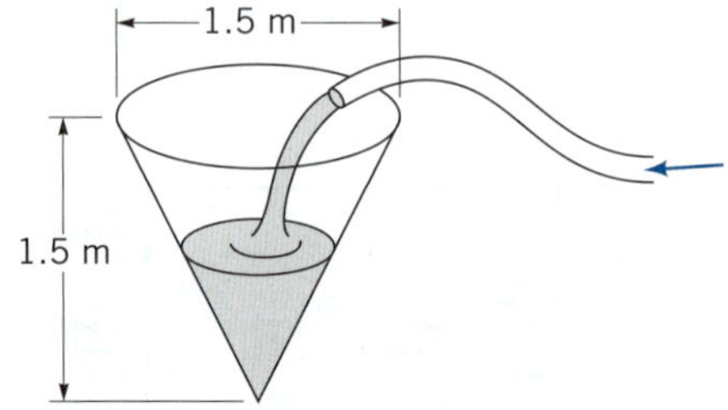

그림 P5.1.24

5.1.3절 비변형 이동 검사체적

5.1.25 [O] 고속도로를 주행하는 자동차의 라디에이터를 통과하는 공기 유량을 추정하기 위해 사용할 검사체적을 설명하세요. 그 공기의 속도를 어떻게 추정할지 설명하세요.

5.1.26 그림 P5.1.26에 표시된 것처럼 물 제트가 10 m/s의 속도로 고정된 노즐을 떠납니다. 제트 직경은 10 cm입니다. 30° 원뿔이 5 m/s의 속도로 물 제트에 밀려 들어갑니다. 물은 제트 축과 원뿔 축이 완벽하게 정렬되어 있어 물이 원뿔에 의해 고르게 나뉩니다. 베르누이 방정식에 따르면 제트 경계에서 압력이 일정하기 때문에 물의 상대 속도는 일정합니다. 원뿔 밑면에 도달할 때 물 유동의 두께를 구하세요.

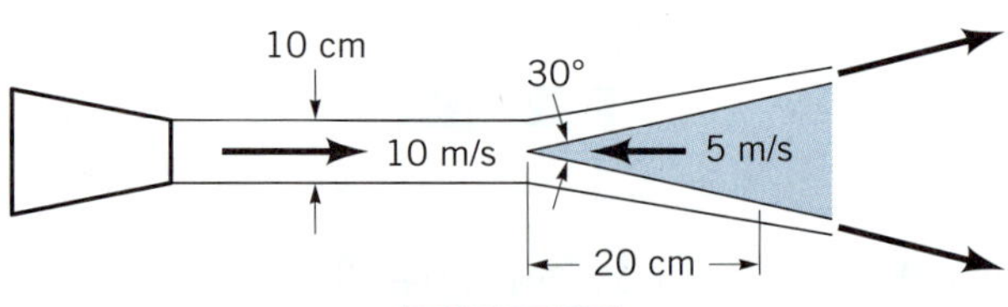

그림 P5.1.26

5.2.1절 선형운동량 방정식의 유도

5.2.1 그림 P5.2.1에 표시된 상자를 정지시키기 위해 필요한 힘의 성분 F_x와 F_y를 구하세요. 유체는 기름이며 비중은 0.85입니다. 중력 효과를 무시하세요. 대기압이 상자 전체에 작용합니다. 정상유동 조건이 유지됩니다.

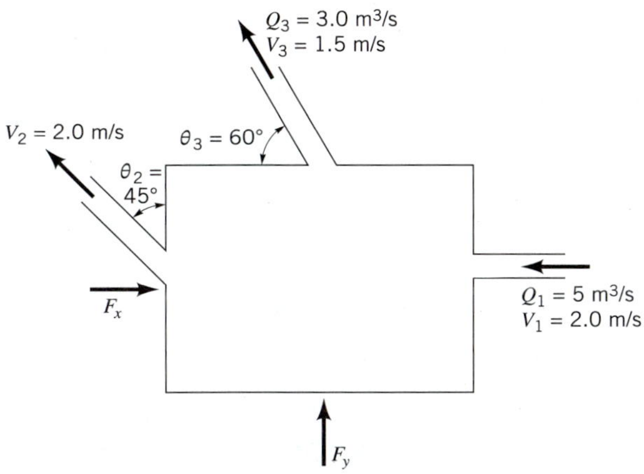

그림 P5.2.1

5.2.2절 선형운동량 방정식의 적용

5.2.2 [O] 야구 선수가 공을 잡을 때 글러브에 가해지는 공의 힘이 그림 P5.2.2에 시간의 함수로 표시되어 있습니다. 이 상황이 물 제트가 베인에 의해 굴절될 때 발생하는 힘과 어떻게 유사한지 설명하세요. 참고: 야구공이 빠르게 연속적으로 잡히는 상황을 고려하세요.

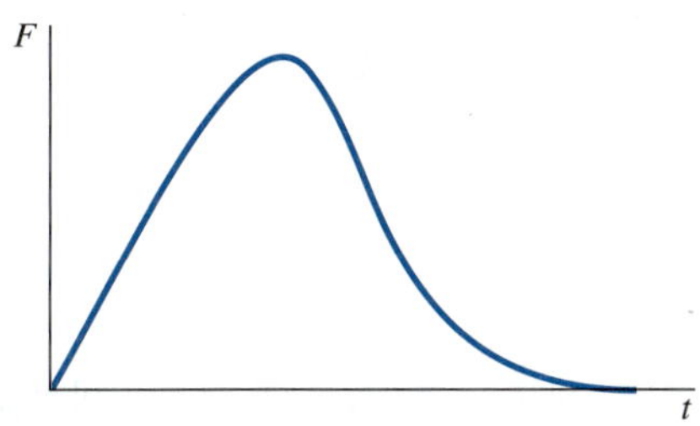

그림 P5.2.2

5.2.3 그림 P5.2.3에 표시된 노즐을 정지 상태로 유지하기 위해 필요한 수평 및 수직 힘을 구하세요. 흐르는 유체는 10 ℃의 액체 물입니다. $A_1 = 1.0\ \text{m}^2$, $A_2 = 0.25\ \text{m}^2$, $V_1 = 20\ \text{m/s}$, $p_2 = p_{\text{atm}}$, $p_1 = p_{\text{atm}} + 30\ \text{kPa}$. 중력을 무시하세요.

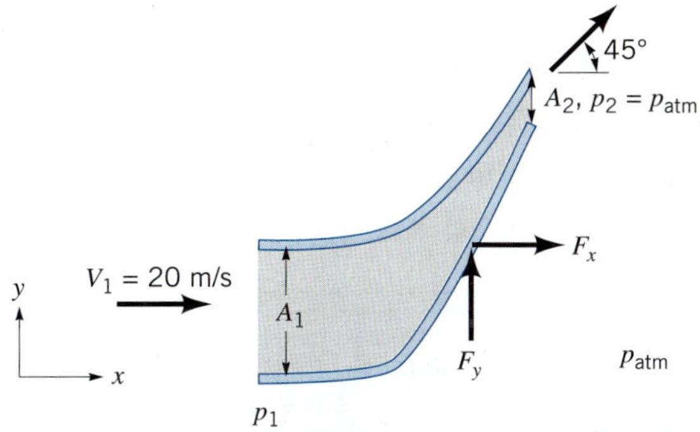

그림 P5.2.3

5.2.4 물이 수평 굽이를 통해 흐르고 대기 중으로 배출되며, 그림 P5.2.4에 표시되어 있습니다. 압력 게이지가 68948 Pa를 읽을 때 수평면에서 굽이를 고정시키기 위해 필요한 x–방향의 앵커링 힘, F_{Ax}이 그림에 표시되어 있습니다. 굽이를 고정시키기 위해 필요한 y–방향의 앵커링 힘, F_{Ay}와 굽이를 통과하는 유량을 구하세요. 마찰은 없는 것으로 가정하시오.

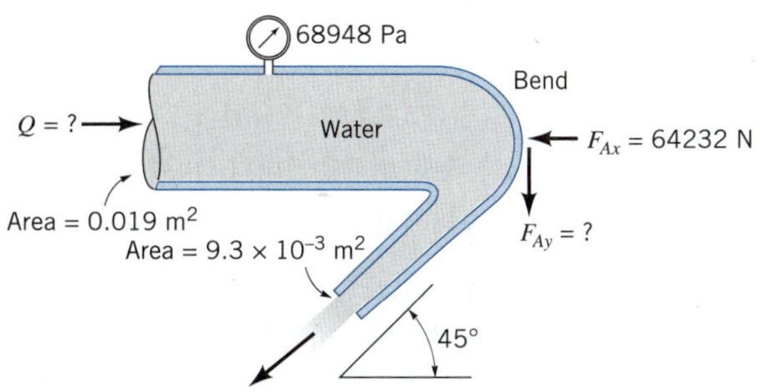

그림 P5.2.4

5.2.5 그림 P5.2.5에 표시된 판을 정지 상태로 유지하기 위해 필요한 힘, F의 크기를 구하세요.

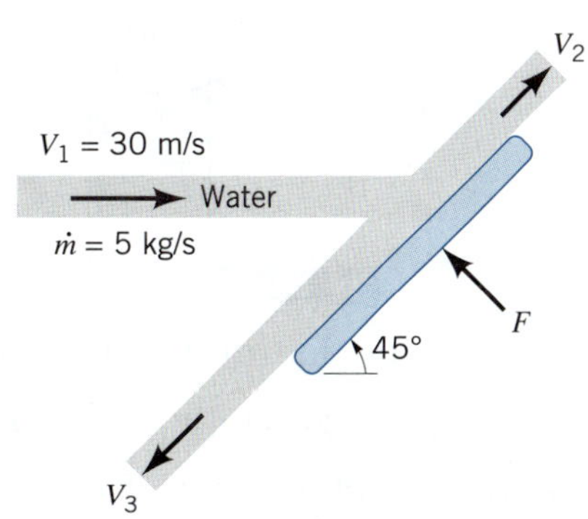

그림 P5.2.5

5.2.6 물이 그림 P5.2.6에 스케치된 수평 원형 단면 갑작스러운 수축 노즐에 들어갑니다. 단면 (1)에서는 속도 7.6 m/s와 압력 517125 Pa입니다. 물은 단면 (2)에서 대기 중으로 배출되며 속도는 30 m/s입니다. 수축을 고정시키기 위해 필요한 축 방향 앵커링 힘의 성분을 구하세요.

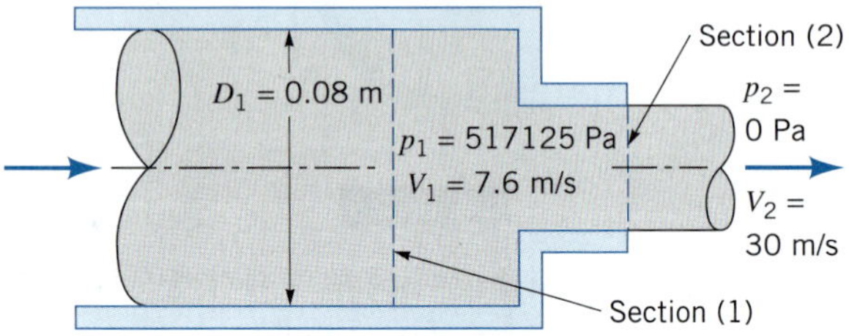

그림 P5.2.6

5.2.7 O 닭을 싣고 있는 트럭이 건너야 할 다리에 너무 무거운 상태입니다. 빈 트럭은 중량 제한 내에 있지만 닭이 있으면 초과합니다. 트럭 측면을 두드려 닭이 트럭 주변을 날아다니게 하면 안전하게 다리를 건널 수 있다고 제안됩니다. 동의합니까? 설명하세요.

5.2.8 Video 배기가스(표준 공기의 성질을 가졌다고 가정)가 비디오 V5.4와 그림 P5.2.8에 표시된 1.22 m 직경의 굴뚝에서 1.82 m/s의 속도로 배출됩니다. 바람 때문에 배출 후 몇 직경 다운스트림에서 배기가스는 바람의 속도 4.6 m/s로 수평 방향으로 흐릅니다. 불어오는 바람이 배기가스에 가하는 수평 힘의 성분을 구하세요.

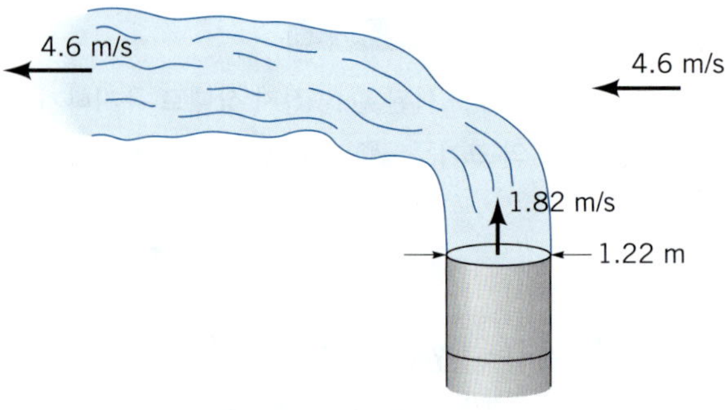

그림 P5.2.8

5.2.9 그림 P5.2.9에 표시된 벤투리로 공기가 들어갑니다. 공기는 $T_1 = 300$ K, $p_1 = 303$ kPa, $V_1 = 0.5$ m/s에서 들어갑니다. 공기는 $T_2 = 220$ K 및 $p_2 = 101$ kPa에서 나갑니다; $A_1 = 0.6\ m^2$, $A_2 = 1.0\ m^2$입니다. 벤투리를 정지 상태로 유지하기 위해 필요한 수평 힘을 계산하세요.

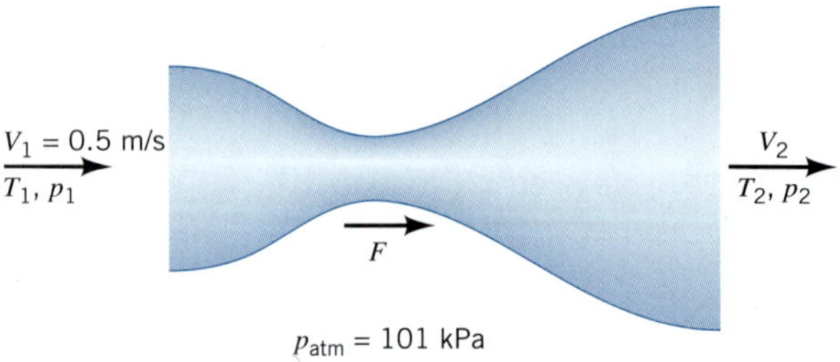

그림 P5.2.9

5.2.10 물이 카트에 장착된 탱크에서 그림 P5.2.10에 표시된 대로 흐릅니다. 물 제트가 탱크의 노즐을 떠난 후 떨어져 다른 카트에 부착된 베인을 타격합니다. 카트의 바퀴는 마찰이 없고, 유체는 비점성입니다. (a) 탱크에서 물이 나가는 속도 V_1와 카트에서 물이 나가는 속도 V_2를 구하세요. (b) 로프 A의 장력을 구하세요. (c) 로프 B의 장력을 구하세요.

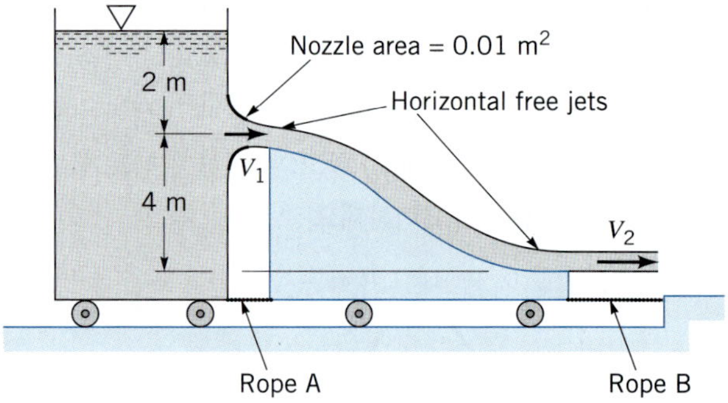

그림 P5.2.10

5.2.11 그림 P5.2.11에 표시된 수평 엘보와 노즐 조합을 고정시키기 위해 필요한 앵커링 힘의 크기와 방향을 결정하세요. 대기압은 100 kPa(abs)입니다. 단면 (1)에서 게이지 압력은 100 kPa입니다. 단면 (2)에서 물은 대기 중으로 배출됩니다.

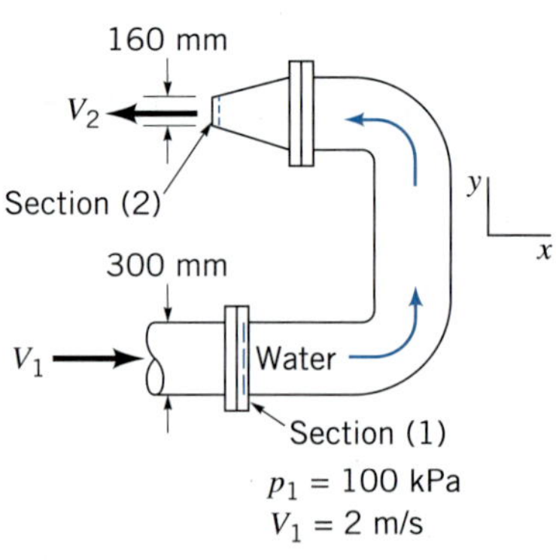

그림 P5.2.11

5.2.12 그림 P5.2.12에 측면 파이프 피팅이 표시되어 있습니다. 이 피팅의 주 라인 직경은 0.10 m입니다. 측면 직경은 0.08 m이고, 측면 각도는 45°입니다; 16 ℃ 물이 측면으로 흐릅니다. 측정 결과, 점 1에서의 압력은 234,430 Pa, 점 2에서의 압력은 241,325 Pa, 점 3에서의 압력은 230,983 Pa, 점 2에서의 유량은 0.03 m^3/s입니다. 측면 피팅을 고정시키기 위해 필요한 수평 및 수직 힘 성분 (F_x와 F_y)을 구하세요. 중력은 무시하세요. $Q_1 = 0.05\ m^3/s$입니다.

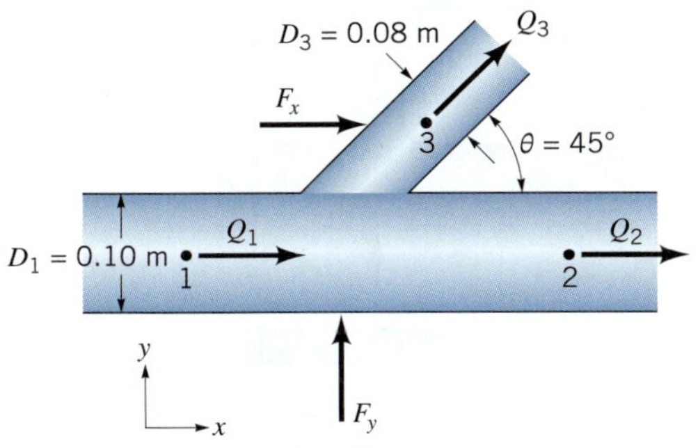

그림 P5.2.12

5.2.13 물이 고정된 베인 사이를 안정적으로 흐릅니다. 그림 P5.2.13에 표시되어 있습니다. 베인에 가해지는 물의 x 및 y 성분의 힘을 구하세요. 전체 유량은 100 m^3/s이고, 압력 $p_1 = 150$ kPa, 압력 $p_2 = 101$ kPaa입니다.

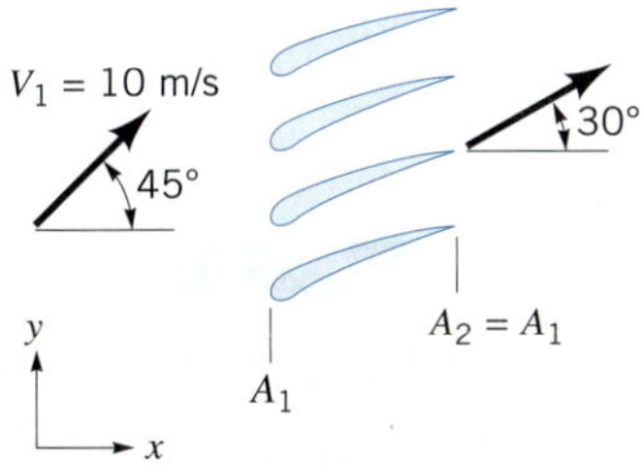

그림 P5.2.13

5.2.14 그림 P5.2.14에 표시된 유압 준설기는 강 바닥에서 모래를 준설하는 데 사용됩니다. 보트를 정지 상태로 유지하기 위해 필요한 프로펠러의 추력을 추정하세요. 모래/물 혼합물의 비중이 $SG = 1.4$라고 가정하세요.

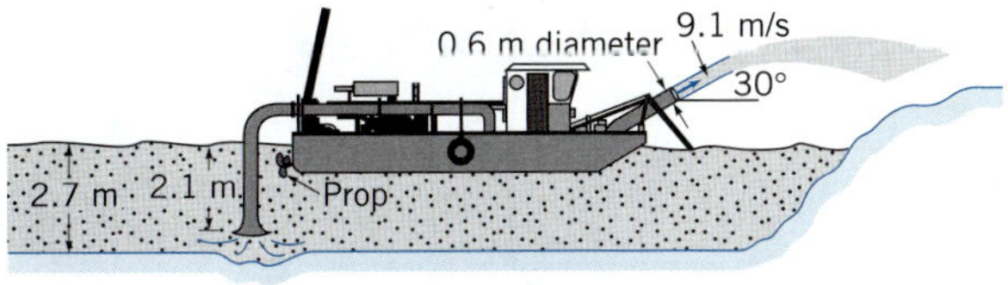

그림 P5.2.14

5.2.15 특정 제트 엔진을 테스트하기 위해 설계할 정적 추력대를 위한 일반적인 테스트 조건을 알고 있습니다.

흡입 공기 속도 = 흡입 공기 속도 = 213 m/s

배기가스 속도 = 500 m/s

흡입 단면적 = 0.93 m^2

흡입 정압 = 78603 Pa

흡입 정온 = 267 K

배기가스 압력 = 0 Pa

설계할 명목상 추력을 추정하세요.

5.2.16 물의 수직 제트가 9 m/s의 속도로 노즐을 떠나고, 직경은 15 mm입니다. 그림 P5.2.16에 표시된 대로 1.3 kg의 질량을 가진 판을 떠받칩니다. 수직 거리 h를 구하세요.

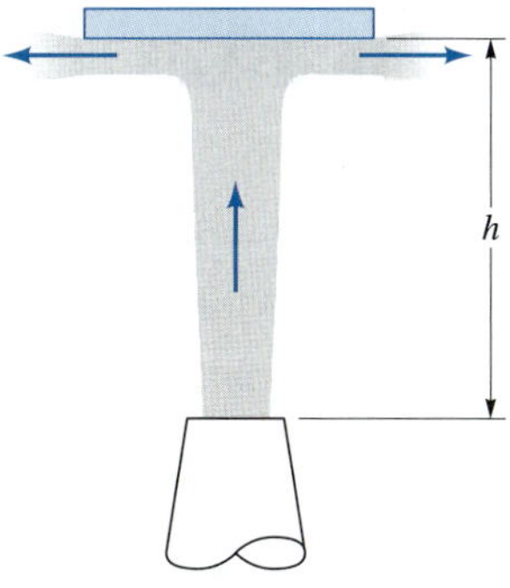

그림 P5.2.16

5.2.17 수평 원형 단면 공기 제트가 그림 P5.2.17에 표시된 원뿔형 편향기에 닿습니다. 원뿔을 고정시키기 위해 필요한 수평 앵커링 힘은 22 N입니다. 노즐 유량을 m^3/s 단위로 추정하세요. 공기 속도의 크기는 일정하게 유지됩니다.

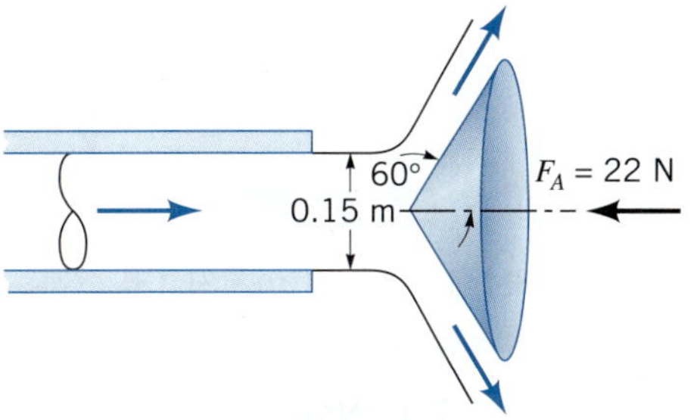

그림 P5.2.17

5.2.18 제트 펌프는 그림 P5.2.18에 표시된 대로 더 빠른 유동을 더 느린 유동에 주입함으로써 작동합니다. 단면 2에서의 속도 분포가 균일하다고 가정하고 손실을 무시하고, 압력 증가 $p_2 - p_1$을 구하세요. 유체는 5 ℃의 물이라고 가정하세요.

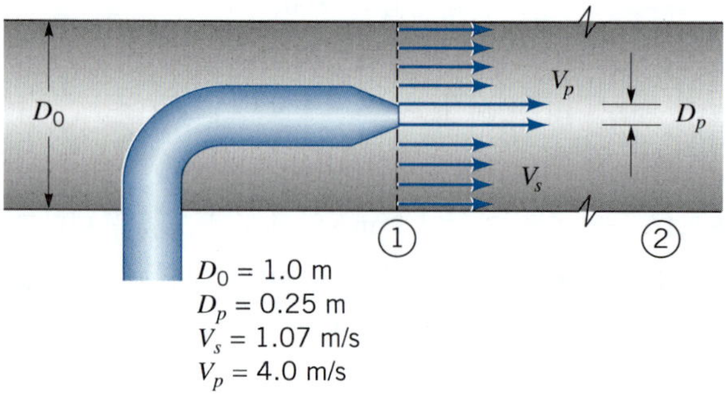

그림 P5.2.18

5.2.19 공기가 노즐에서 대기 중으로 방출되어 수직 판에 부딪칩니다. 그림 P5.2.19에 표시된 대로 판을 고정시키기 위해 필요한 수평 힘은 12 N입니다. 압력 게이지의 판독값을 구하세요. 유동이 비압축성이고 마찰이 없다고 가정하세요.

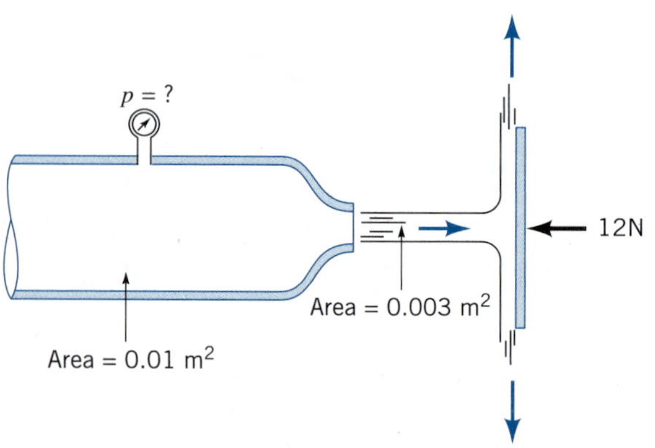

그림 P5.2.19

5.2.20 물이 큰 탱크에서 접시로 안정적으로 흐릅니다. 그림 P5.2.20에 표시되어 있습니다. (a) 표시된 순간 탱크와 탱크 안의 물의 무게가 W_1 N이라면, 탱크를 지지하는 케이블의 장력 T_1을 구하세요. (b) 일정한 순간 탱크와 탱크 안의 물의 무게가 W_2 N이라면, 탱크를 지지하는 케이블의 장력 T_2을 구하세요. (c) 최종 장력 T_2가 처음 장력 T_1보다 큰지 설명하세요.

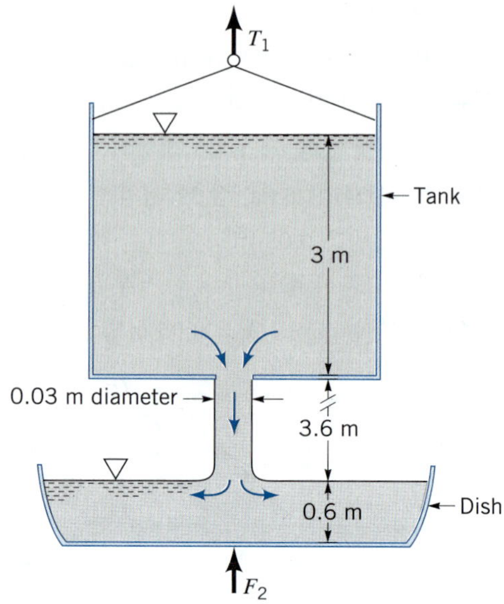

그림 P5.2.20

5.2.21 강력한 제트가 직각 벤에 부딪혀 벤을 고정시키기 위해 필요한 수평 힘을 구하세요. 유체는 15 ℃의 물이고, 벤의 직경은 0.4 m이며, 제트 속도는 20 m/s입니다.

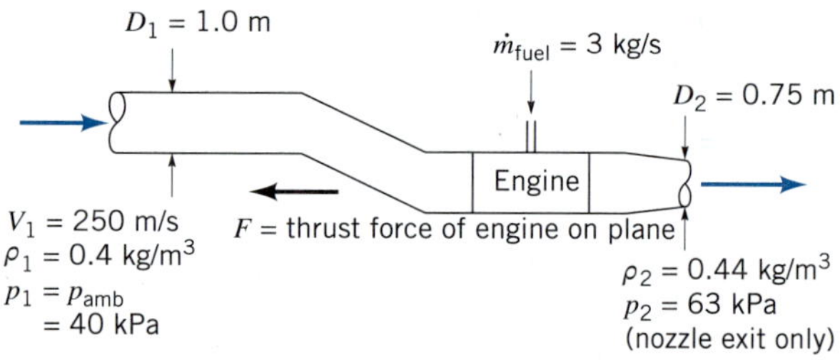

그림 P5.2.21

5.2.22 그림 P5.2.22에 표시된 판은 종이와 수직으로 0.5 m의 너비를 가지고 있습니다. 판을 똑바로 유지하기 위해 필요한 물 제트의 속도를 계산하세요.

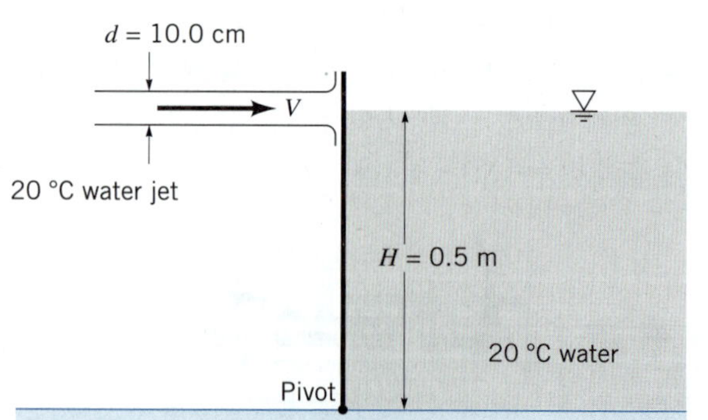

그림 P5.2.22

5.2.23 두 개의 동일한 크기와 속도의 물 제트가 서로 충돌하여 그림 P5.2.23에 표시된 대로 결합됩니다. 결합된 제트의 속도 V와 방향 θ를 구하세요. 중력은 무시합니다.

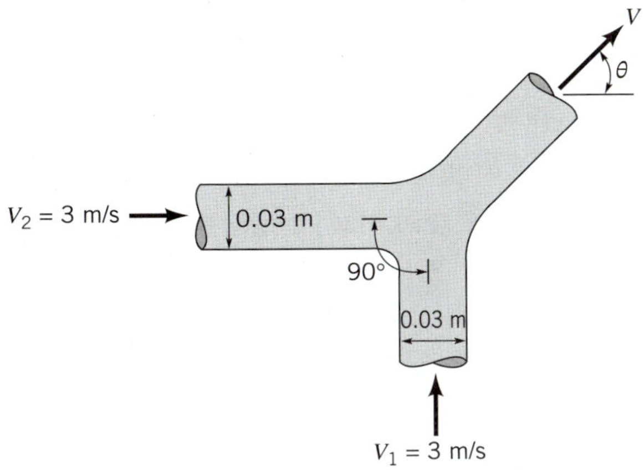

그림 P5.2.23

5.2.24 그림 P5.2.24에 나타난 대로 석탄이 호퍼에서 컨베이어 벨트로 일정한 속도 0.70 m^3/s로 떨어집니다. 석탄의 비중은 1.12에서 1.50 사이입니다. 벨트의 속도는 4.6 m/s이며 적재 길이는 1.5 m/s입니다. 컨베이어 벨트의 구동 풀리를 회전시키기 위해 필요한 토크를 추정하세요. 구동 풀리의 직경은 0.60 m입니다. 벨트와 다른 롤러 사이에 마찰이 없다고 가정합니다.

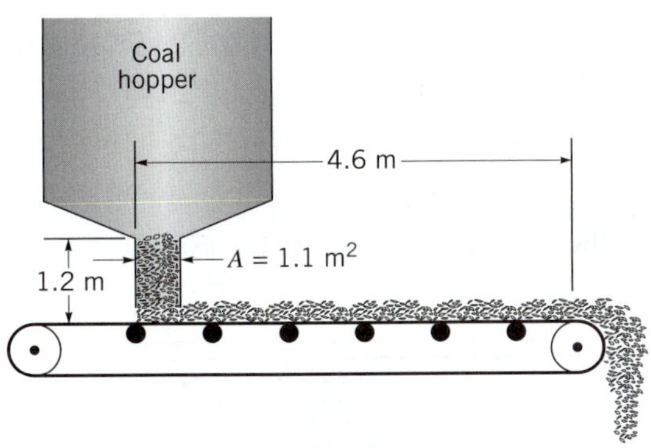

그림 P5.2.24

5.2.25 그림 P5.2.25에 표시된 수문을 제자리에 고정시키기 위해 필요한 수평 앵커링 힘의 크기를 구하세요. 이 결과를 수문이 닫혀 있고 상류의 물 깊이가 3 m인 경우에 필요한 수평 앵커링 힘의 크기와 비교하세요.

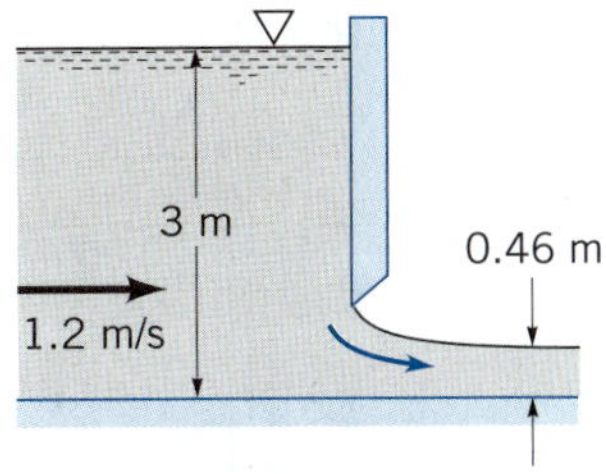

그림 P5.2.25

5.2.26 그림 P5.2.26에 표시된 대로 물이 마찰 없는 바퀴에 장착된 탱크로 들어가고 나갑니다. 탱크가 움직이지 않도록 유지하기 위해 필요한 직경 D를 구하세요. 여기서 $F = 0$입니다.

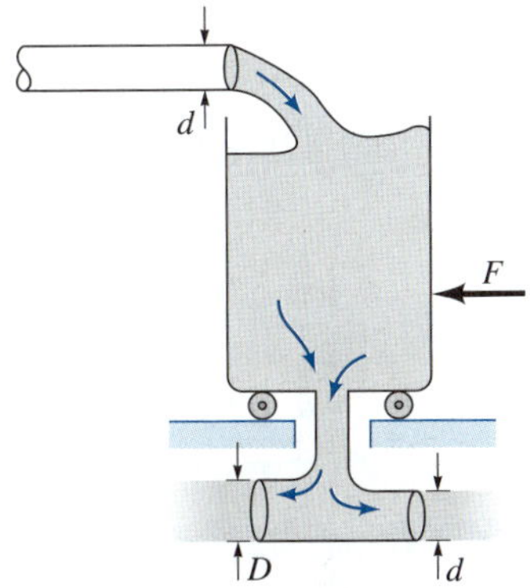

그림 P5.2.26

5.2.27 그림 P5.2.27에 표시된 로켓은 수평력 F_x와 수직력 F_z에 의해 고정되어 있습니다. 배기가스의 속도와 압력은 노즐 출구에서 각각 1540 m/s와 137900 Pa이며, 단면적은 0.04 m^2입니다. 배기 질량유량은 9.5 kg/s로 일정합니다. 억제력 F_x의 값을 구하세요. 배기 유동이 본질적으로 수평이라고 가정합니다.

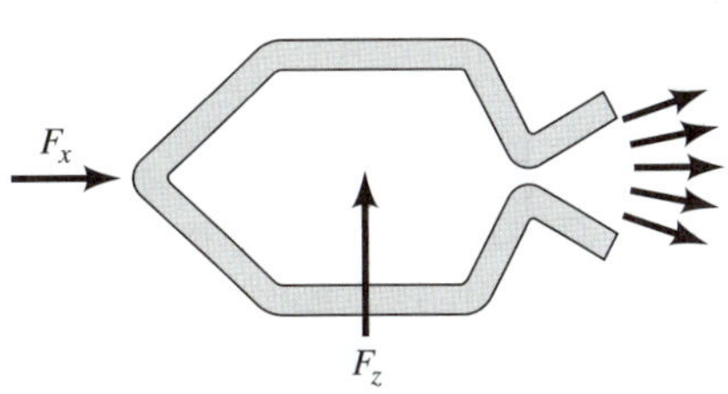

그림 P5.2.27

5.2.28 직경 0.05 m의 노즐에서 공기가 방출되어 그림 P5.2.28에 표시된 곡면 베인에 부딪힙니다. 수은 U자형 마노미터에 연결된 정체관이 자유 공기 제트에 위치해 있습니다. 공기 제트가 베인에 가하는 수평력의 성분을 구하세

요. 공기의 무게와 모든 마찰을 무시합니다.

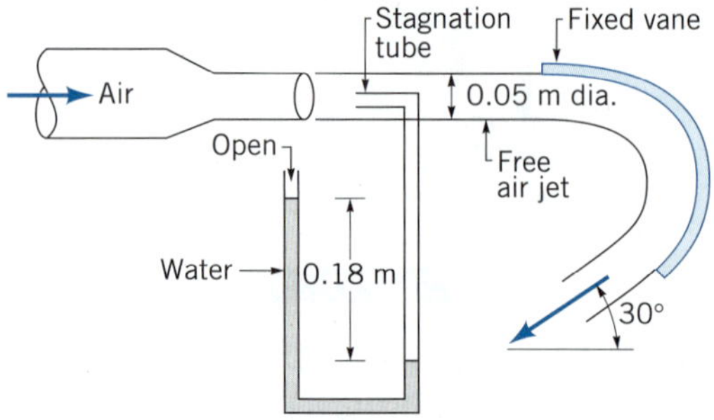

그림 P5.2.28

5.2.29 물은 그림 P5.2.29에 표시된 대로 180°로 반지름 방향으로 분사됩니다. 제트 시트는 수평면에 있습니다. 노즐 출구에서 제트 속도가 6.1 m/s일 때, 노즐을 제자리에 고정하기 위해 필요한 결과적인 수평 앵커링 힘의 방향과 크기를 구하세요.

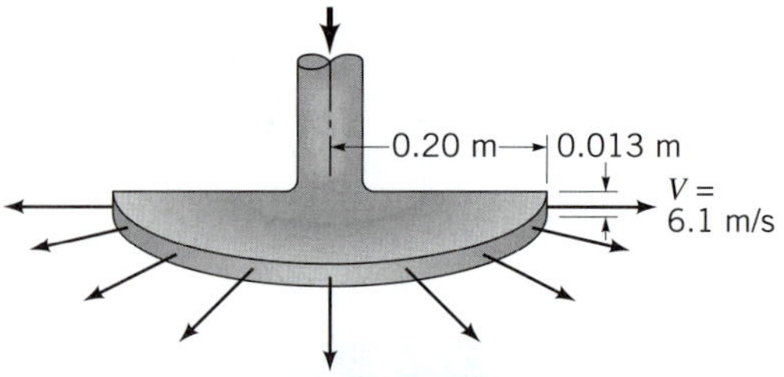

그림 P5.2.29

5.2.30 그림 P5.2.30에 표시된 장치에서 일정한 두께 ($h = 0.01$ m)의 물 시트가 흘러 나옵니다. 물은 입구 파이프를 통해 수직으로 들어가고 0.2 m 길이의 슬릿을 따라 0에서 10 m/s까지 선형으로 변하는 속도로 수평으로 나옵니다. 이 장치를 고정하기 위해 필요한 y 성분의 앵커링 힘을 구하세요.

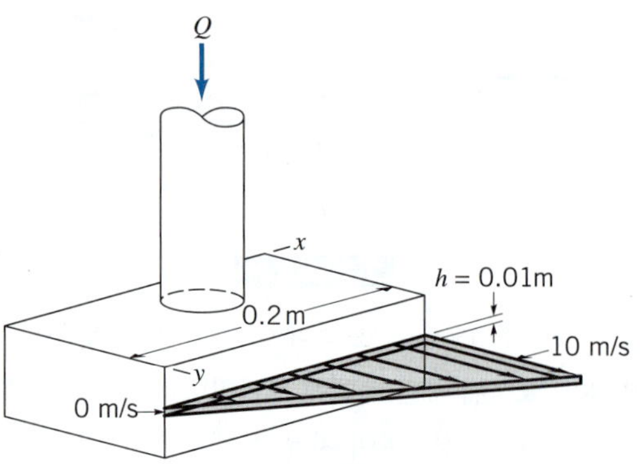

그림 P5.2.30

5.2.31 그림 P5.2.31에 표시된 대로 물체에 대한 항력을 측정하기 위한 풍동 시험의 결과가 요약되어 있습니다. 상류 [단면 (1)] 속도는 30 m/s로 균일합니다. 정압은 $p_1 = p_2 = 101357$ Pa입니다. 하류 속도 분포는 중심선에 대해 대칭적이며 다음과 같이 주어집니다.

$$u = 100 - 30\left(1 - \frac{|y|}{3}\right) \qquad |y| \le 0.92 \text{ m}$$
$$u = 100 \qquad |y| > 0.92 \text{ m}$$

여기서 u는 속도 (m/s)이고 y는 중심선의 양쪽 거리 (피트)입니다. 물체의 형상이 종이와 수직 방향으로 변하지 않는다고 가정합니다. 스케치 평면에 수직인 단위 길이당 물체가 공기에 가하는 항력 (x 방향의 반응력)을 계산하세요.

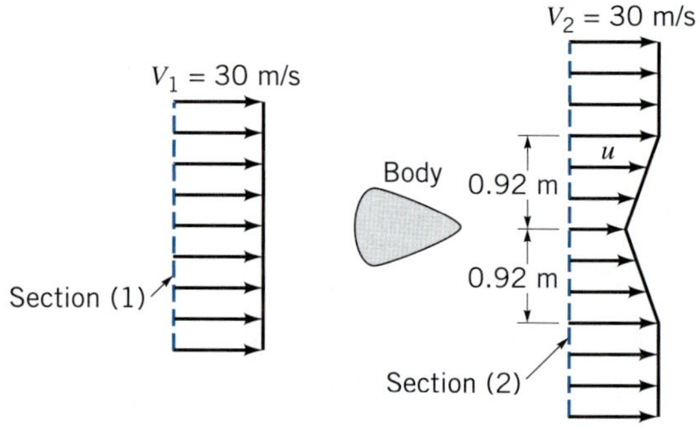

그림 P5.2.31

5.2.32 변동 메시 스크린이 그림 P5.2.32에 표시된 대로 0.61 m 직경의 원형 단면 덕트를 통과하는 공기 유동에 선형 및 축대칭 속도 분포를 생성합니다. 스크린 상류와 하류의 정압은 각각 1379 Pa와 1034 Pa로 유동 단면적 전체에 균일하게 분포됩니다. 덕트 벽이 흐르는 공기에 가하는 힘을 무시하고, 스크린 항력력을 계산하세요.

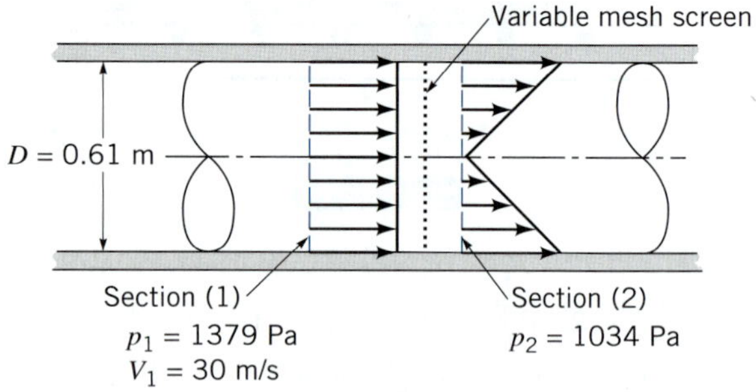

그림 P5.2.32

5.2.33 그림 P5.2.33에 표시된 일정 직경의 수평 파이프에서 비정상유동을 고려합니다. 속도는 파이프 전체에 걸쳐 균일하지만 시간의 함수입니다. $\mathbf{V} = u(t)\hat{\mathbf{i}}$. 비정상 운동량 방정식의 x 성분을 사용하여 압력 차 $p_1 - p_2$를 구하세요. 이 결과가 $F_x = ma_x$와 어떻게 관련이 있는지 논의하세요.

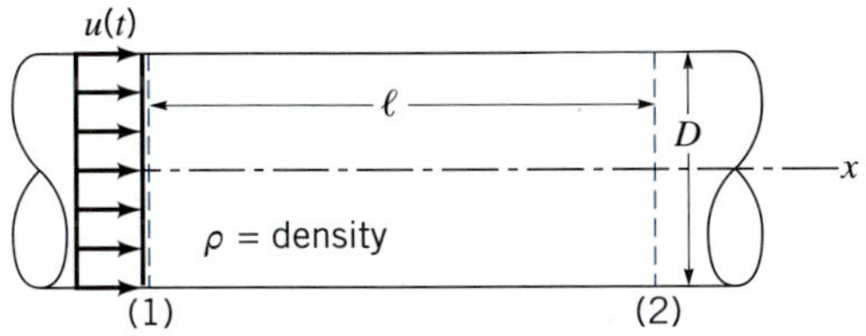

그림 P5.2.33

5.2.34 완전히 발달된 난류 파이프 유동에서 축 방향 속도 분포는 다음과 같습니다.

$$u = u_c\left[1 - \left(\frac{r}{R}\right)\right]^{1/7}$$

그림 P5.2.34에 표시된 대로입니다. 평균 속도 $\bar{u}$로 계산된 축 방향 운동량 유량과 비균일 속도 분포를 고려하여 계산된 축 방향 운동량 유량을 비교하세요.

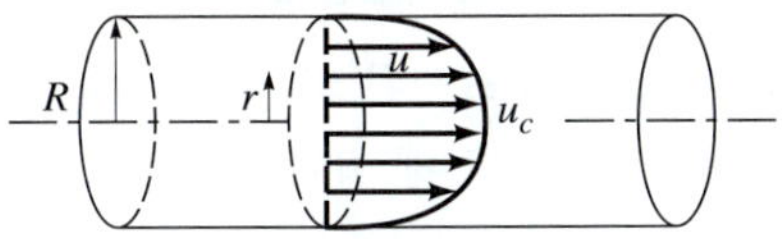

그림 P5.2.34

5.2.35 정원 호스로 물을 분사하여 차에 묻은 먼지를 씻어 냅니다. 물이 차에 가하는 힘을 추정하세요. 모든 가정을 나열하고 계산을 보여주세요.

5.2.36 Video 펠튼 휠 베인이 그림 P5.2.36과 비디오 V5.6에 표시된 대로 수평 원형 단면의 물 제트를 대칭적으로 방향을 바꿉니다. 제트는 노즐을 30 m/s의 속도로 떠납니다. 베인을 고정시키기 위해 필요한 x 방향 앵커링 힘을 구하세요 (a) 베인을 고정시키고 (b) 베인의 속도를 오른쪽으로 3 m/s로 제한하는 경우. 유체 속도의 크기는 베인 표면을 따라 일정하게 유지됩니다.

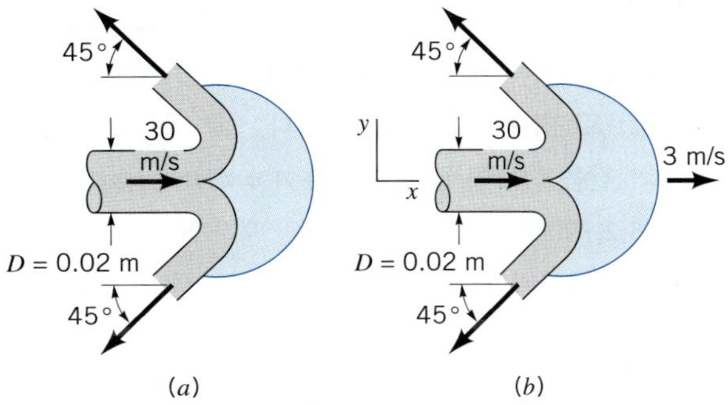

그림 P5.2.36

5.2.37 Video 비디오 V9.18과 그림 P5.2.37에 표시된 제트 스키를 추진하기 위해 발생하는 추력은 차량을 통해 펌핑된 물이 고속 물 제트로 배출되는 결과입니다. 그림에 표시된 조건에서 1335 N의 추력을 생성하기 위해 필요한 유량을 구하세요. 입구와 출구 제트가 자유 제트라고 가정합니다.

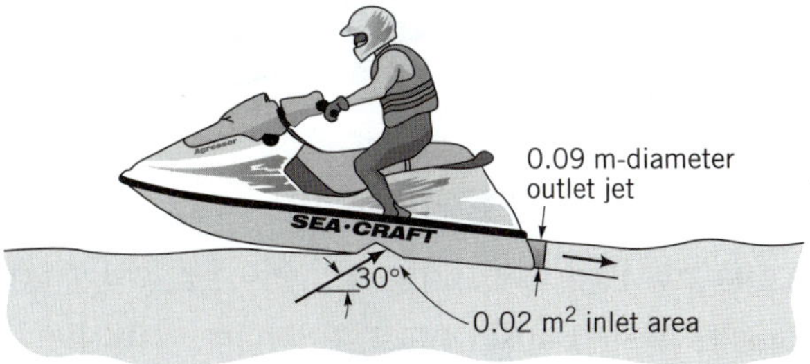

그림 P5.2.37

5.2.38 추력 벡터 검사는 군용 전투기의 기동성을 크게 향상시킬 수 있는 기술입니다. 이는 그림 P5.2.38에 표시된 대로 배기가스를 굴절시키기 위해 제트 엔진 출구에 베인을 사용하는 것으로 구성됩니다. (a) 그림에 표시된 조건에서 항공기의 질량 중심 (cg)을 기준으로 하는 피칭 모멘트 (항공기의 코를 위로 회전시키는 모멘트)를 구하세요. (b) 배기가스가 중심선과 평행할 때의 정상 비행과 비교하여 표시된 경우 추력이 얼마나 감소하는지 계산하세요.

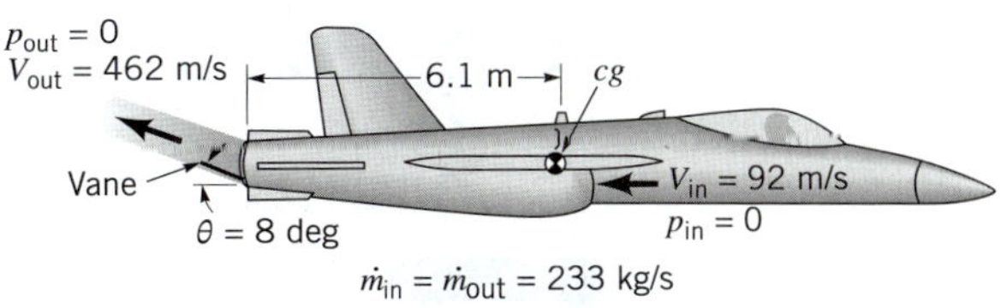

그림 P5.2.38

5.2.39 그림 P5.2.39a에 표시된 로켓의 배기가스는 x축에 평행한 일정한 속도로 노즐을 떠납니다. 가스는 노즐에서 자유 제트로 방출된다고 가정합니다. (a) 생성된 추력이 ρAV^2와 같음을 보이세요, 여기서 $A = \pi D^2/4$입니다. (b) 그림 P5.2.39b에 표시된 로켓 노즐의 배기가스도 일정하지만, x축을 따라가 아닌 점 0에서 나오는 광선을 따라 방향이 지정됩니다. 이 로켓의 추력을 구하세요.

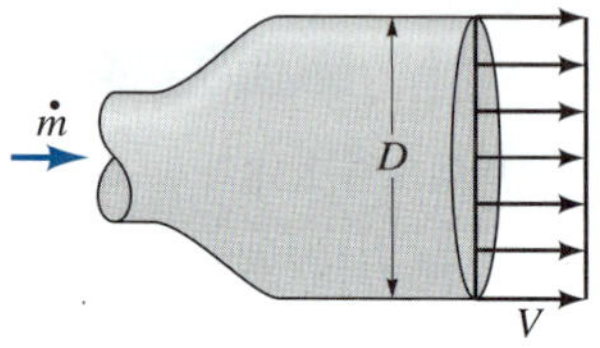

(a)

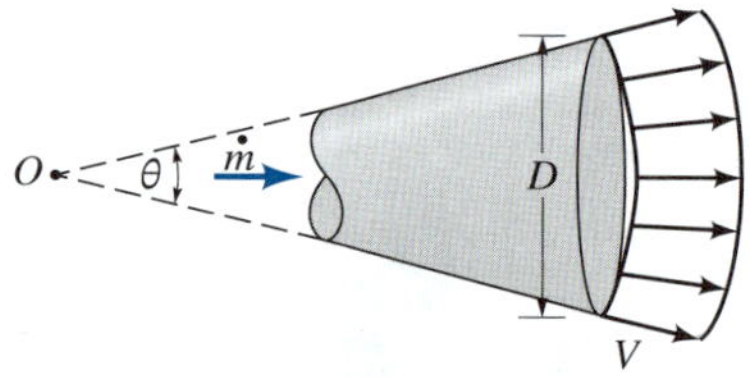

(b)

그림 P5.2.39

5.2.40 그림 P5.2.40에 표시된 제트 엔진으로 공기가 131 kg/s의 속도로 91 m/s의 속도로 유입됩니다. 착륙 시 엔진 배기가스는 표시된 방향으로 274 m/s의 속도로 역추진 메커니즘을 통해 배출됩니다. 엔진이 비행기에 적용하는 역추진력을 구하십시오. 유입 및 배출 압력은 대기압과 같다고 가정하고, 연료의 유량은 엔진을 통과하는 공기의 유량에 비해 무시할 수 있다고 가정합니다.

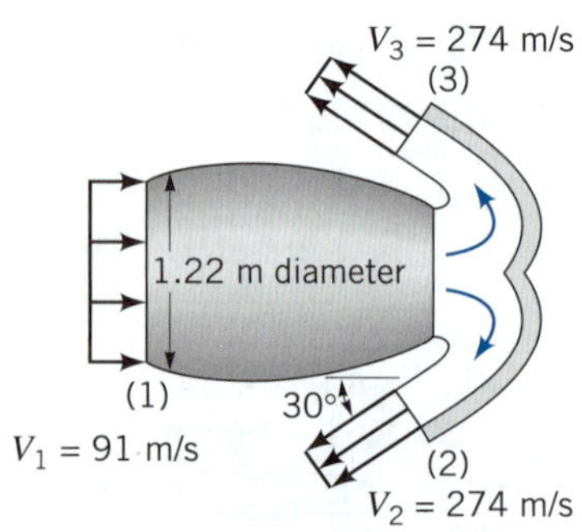

그림 P5.2.40

5.2.41 그림 P5.2.41은 액체 제트의 유동을 검사하는 데 사용되는 날카로운 가장자리의 스플리터 플레이트를 보여줍니다. 유체 밀도 ρ, H_1, W, V 및 플레이트 삽입 h의 함수로서 스플리터 플레이트에 대한 제트의 편향 각도 θ와 힘 F에 대한 표현식을 작성하십시오. 이 힘 F는 플레이트와 평행한 성분이 없습니다. 제트 유동이 비점성이고, 제트 폭 W가 일정하게 유지되며, $H_2/H_3 = H'_2/H'_3 = h/(H_1 - h)$이고, 유체 밀도가 일정하다고 가정합니다.

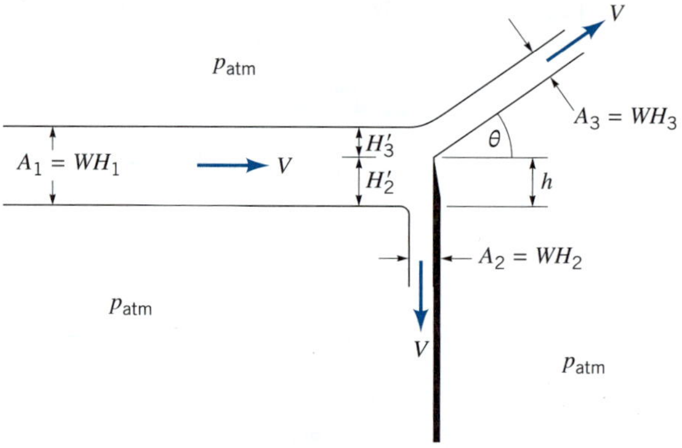

그림 P5.2.41

5.2.42 그림 P5.2.42에 표시된 모터가 장착된 서프보드를 추진하는 추력은 보드를 통해 펌프된 물이 고속 0.07 m 지름의 제트로 배출된 결과입니다. 추력이 1335 N이 되도록 하려면 배출되는 제트의 유량과 속도를 구하십시오. 펌프에 유입되는 물의 운동량은 무시합니다.

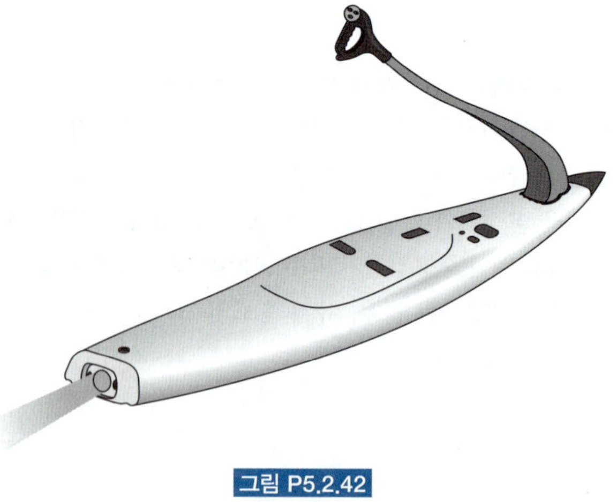

그림 P5.2.42

5.2.43 그림 P5.2.43에 표시된 보트의 선수 스러스터는 보트를 회전시키는 데 사용됩니다. 스러스터는 1 m 지름의 물 제트를 10 m/s의 속도로 생성합니다. 스러스터가 생성하는 힘을 구하십시오. 유입 및 배출 압력이 0이고, 스러스터에 유입되는 물의 모멘텀이 무시할 수 있다고 가정합니다.

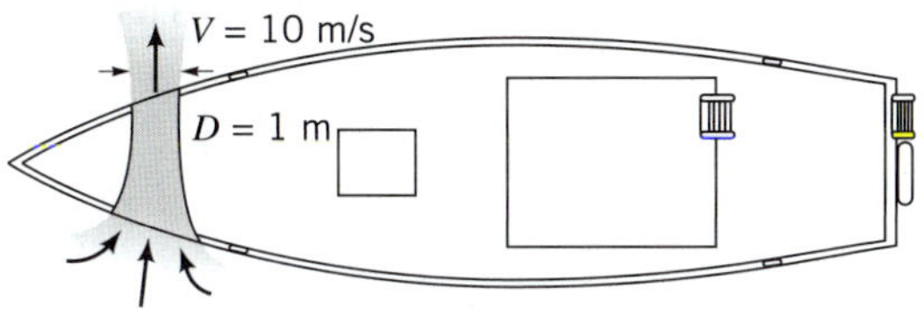

그림 P5.2.43

5.2.44 물은 2차원 개방 채널에서 흐르며, 그림 P5.2.44와 같이 기울어진 플레이트에 의해 전환됩니다. 단면 (1)에서 속도가 3 m/s일 때, 플레이트를 제자리에 고정하기 위해 필요한 수평 힘 (단위 폭당)은 얼마입니까? 단면 (1)에서 압력 분포는 정수압이며, 단면 (2)에서 유체는 자유 제트로 작용합니다. 마찰은 무시합니다.

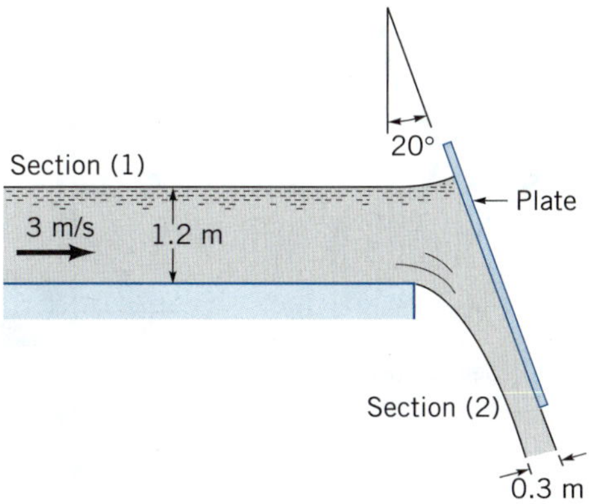

그림 P5.2.44

5.2.45 파이프의 밸브를 갑자기 닫으면 큰 압력 급증이 발생할 수 있습니다. 예를 들어, 식기세척기의 전기 작동 차단 밸브가 빨리 닫히면 식기세척기에 물을 공급하는 파이프가 이 큰 압력 맥동 때문에 덜컹거리거나 "탕" 소리를 낼 수 있습니다. 이 "수격" 현상의 물리적 메커니즘을 설명하십시오. 이 현상은 어떻게 분석할 수 있습니까?

5.2.46 트럭에 장착된 제설기가 그림 P5.2.46과 같이 무거운 젖은 눈을 통해 3.6 m의 경로를 청소합니다. 눈의 깊이는 2.4 m이며, 밀도는 160 kg/m^{3}입니다. 트럭은 48 km/h의 속도로 이동합니다. 눈은 진행 방향에서 45° 및 수평 위 45° 각도로 제설기에서 배출됩니다. 제설기를 밀기 위해 필요한 힘을 추정하십시오.

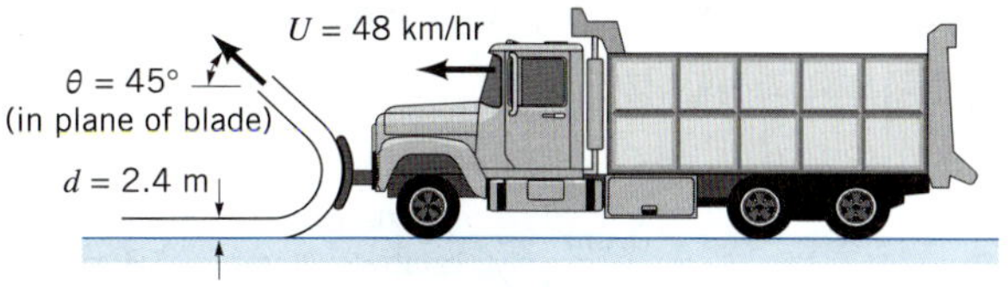

그림 P5.2.46

5.2.3절 각운동량 방정식의 유도

5.2.47 그림 P5.2.47과 같이 비압축성 유체가 블로어를 통해 외부로 흐릅니다. 관련 샤프트 토크 T_{shaft}는 다음 관계식을 사용하여 추정됩니다.

$$T_{\text{shaft}} = \dot{m} r_2 V_{\theta 2}$$

여기서 $\dot{m}$ = 블로어를 통과하는 질량유량, r_2 = 블로어의 외부 반지름, $V_{\theta 2}$ = 블로어를 떠나는 절대 유체 속도의 접선 성분입니다. 이 공식이 유효하게 되는 유동 조건을 명시하십시오.

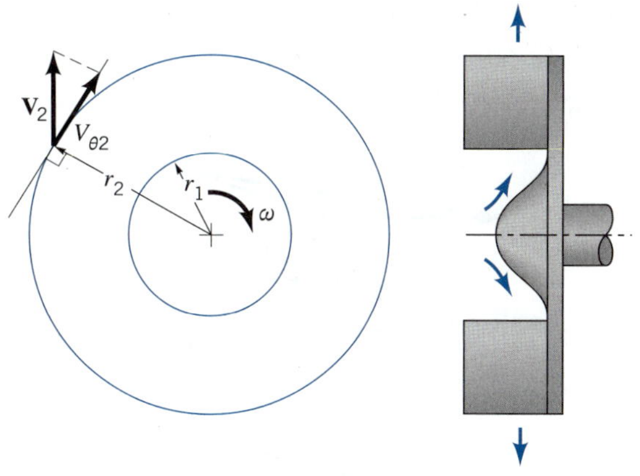

그림 P5.2.47

5.2.4절 각운동량 방정식의 적용

5.2.48 (Video) 비디오 V5.12와 그림 P5.2.48에 표시된 회전자로 5리터/s의 물이 회전축을 따라 유입됩니다. 상대 속도에 수직인 세 개의 노즐 출구 각각의 단면적은 18 mm²입니다. 회전자를 고정하는 데 필요한 저항 토크의 크기는 얼마입니까? 저항 토크가 0으로 감소할 경우, 회전자는 (a) $\theta = 0°$, (b) $\theta = 30°$, (c) $\theta = 60°$일 때 얼마나 빨리 안정적으로 회전합니까?

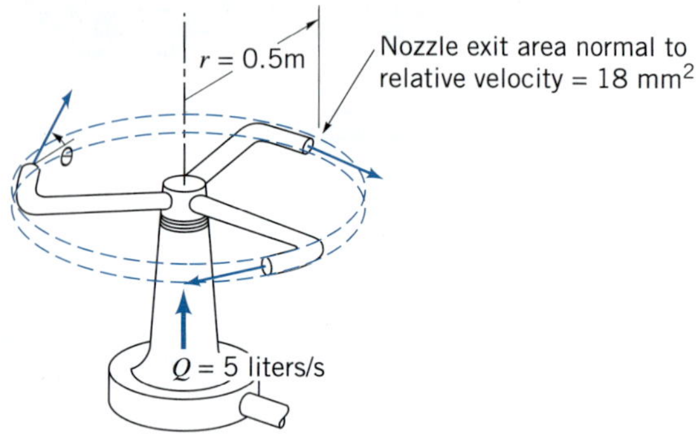

그림 P5.2.48

5.2.49 그림 P5.2.49에 표시된 수력 터빈은 10 ℃의 물이 36.4 m³/s의 유량으로 유입되며, 입구 반경 $R_1 = 1.0$ m, 출구 반경 $R_2 = 0.50$ m, 블레이드 깊이 (종이 수직) $h = 0.50$ m, 회전 속도 $N = 360$ rpm; $V_1 = 50$ m/s, $V_2 = 30$ m/s, $\alpha_1 = 13.4°$, $\alpha_2 = 40°$입니다. 유체가 로터에 전달하는 동력, 입구 상대 속도 W_1, 및 입구에서 반지름과 W_1이 이루는 방향을 계산하십시오.

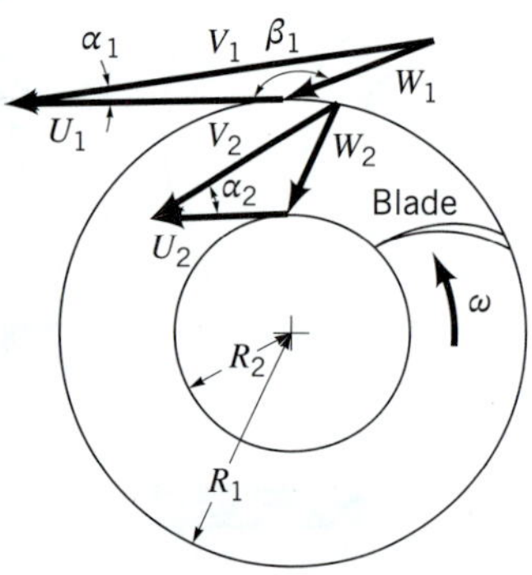

그림 P5.2.49

5.2.50 그림 P5.2.50에 표시된 펌프를 30 Hz에서 구동하고 20 ℃의 물을 3.0 m³/min의 유량으로 전달하기 위해 필요한 토크를 계산하십시오.

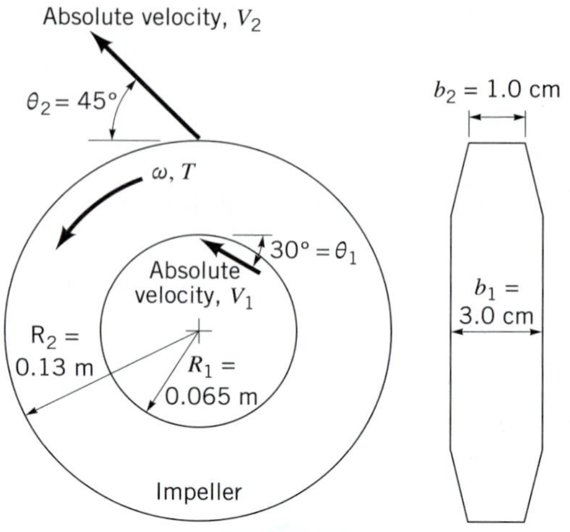

그림 P5.2.50

5.2.51 그림 P5.2.51에 표시된 내향 유동 방사형 터빈에는 60°의 노즐 각도 α_1과 6 m/s의 입구 로터 팁 속도 U1이 있습니다. 로터 입구와 출구 직경의 비율은 1.8입니다. 단면 (2)에서 로터를 떠나는 절대 속도는 12 m/s의 크기로 방사형입니다. 이 터빈을 통과하는 유체의 단위 질량당 에너지 전달을 (a) 공기, (b) 물인 경우에 대해 결정하십시오.

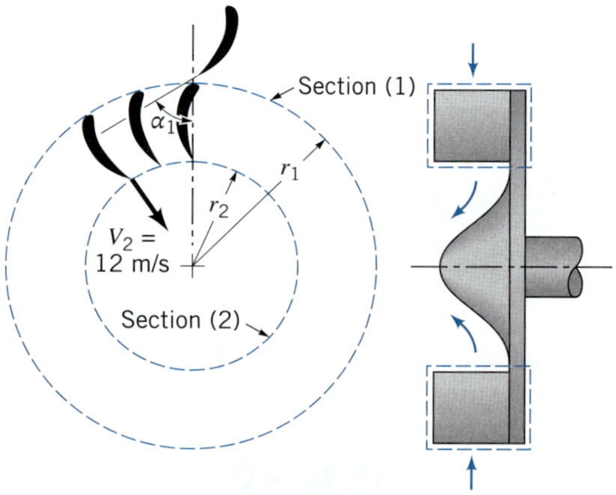

그림 P5.2.51

5.3.1절 에너지 방정식의 유도

5.3.1 축동력과 흐르는 유체와 관련된 다른 종류의 일을 구별하십시오.

5.3.2 비압축성 유체가 0.20−m−직경의 파이프를 따라 3 m/s의 균일한 속도로 흐릅니다. 파이프의 상류 및 하류 구간 사이의 압력 강하가 20 kPa일 때, 유체의 정상 응력으로 인해 유체에 전달되는 동력을 구하십시오.

5.3.2절 에너지 방정식의 적용 – 축동력 없음

5.3.3 기름 ($SG = 0.9$)이 그림 P5.3.3에 표시된 대로 수직 파이프 수축을 통해 아래로 흐릅니다. 수은 마노미터 판독 값, h가 100 mm인 경우, 마찰 없는 유동의 체적유량을 구하십시오. 실제 유량은 마찰 없는 값보다 큰 지, 작은 지 설명하십시오.

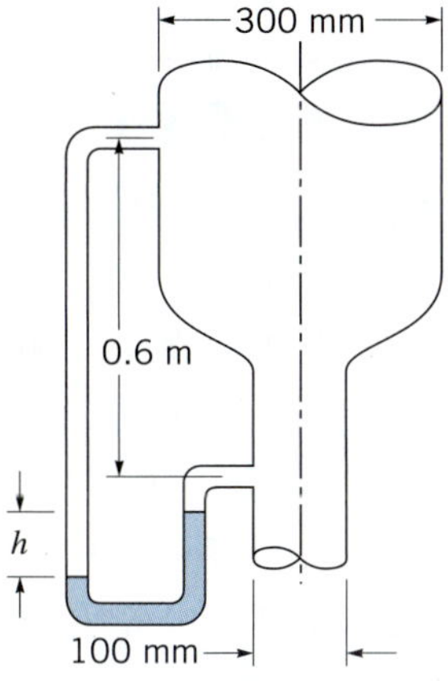

그림 P5.3.3

5.3.4 비압축성 액체가 그림 P5.3.4에 표시된 대로 파이프를 따라 안정적으로 흐릅니다. 유동 방향과 파이프의 6−m 길이에 대한 수두 손실을 구하십시오.

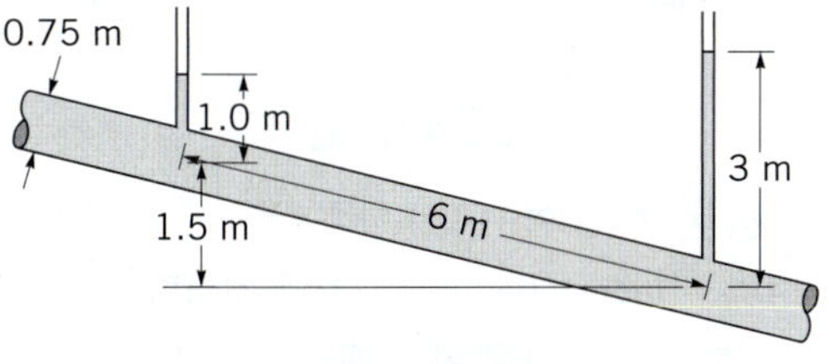

그림 P5.3.4

5.3.5 그림 P5.3.5는 밸브의 손실 계수 K를 평가하기 위한 시험 장치를 보여줍니다. 밸브에서의 기계적 에너지 손실은 다음 식으로 모델링됩니다.

$$gh_L = K\left(\frac{V^2}{2}\right)$$

여기서 gh_L는 기계적 에너지 손실을 의미하며, V는 밸브에 들어가는 유체의 유속입니다. 특정 시험에서 압력 게이지는 40 kPa를 나타내고, 1.5 m^{3}의 수조가 2분 55초 만에 가득 찹니다. 20 ℃ 물의 손실 계수를 계산하십시오.

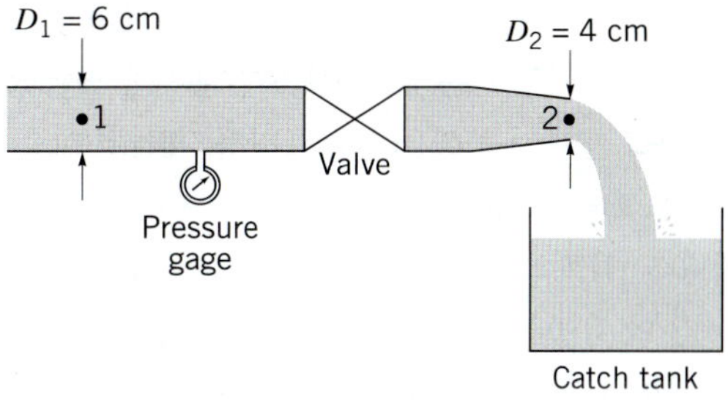

그림 P5.3.5

5.3.6 자동차 엔진은 배기 매니폴드와 엔진 블록의 접합부에서 배압이 최소화될 때 최적으로 작동합니다. 배기 매니폴드, 배관 및 머플러에서의 손실 감소가 어떻게 배압을 줄이는지 설명하십시오. 배기 시스템의 손실을 어떻게 줄일 수 있습니까? 배기 시스템 손실 최소화를 주로 제한하는 것은 무엇입니까?

5.3.7 [O] 유량 및 압력 상승 정보를 바탕으로 인간 심장의 출력 동력을 추정하십시오.

5.3.8 물은 그림 P5.3.8에 표시된 탱크에서 펌프로 펌핑됩니다. 손실 수두는 $1.2V^2/2g$로 알려져 있습니다. 여기서 V는 파이프의 평균 유속입니다. 펌프 제조업체에 따르면 펌프 수두와 유량 간의 관계는 다음과 같습니다. $h_p = 20 - 2000Q^2$. 여기서 h_p는 미터 단위, Q는 m^3/s 단위입니다. 유량 Q를 결정하십시오.

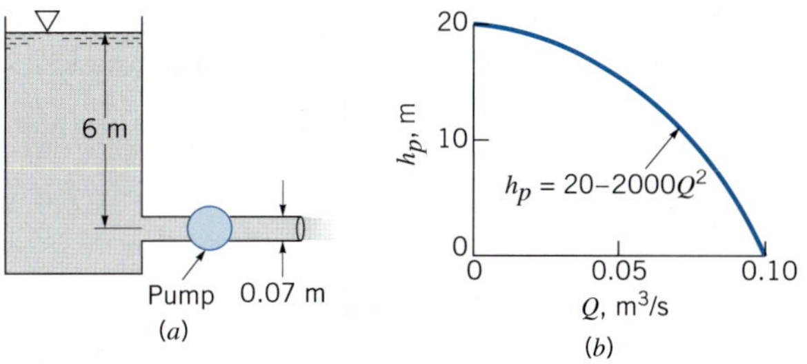

그림 P5.3.8

5.3.9 펌프는 수평으로 0.02 m^3/s의 속도로 물을 이동시킵니다. 펌프 업스트림에서 파이프 직경이 90 mm인 지점의 압력은 120 kPa입니다. 펌프 다운스트림에서 파이프 직경이 30 mm인 지점의 압력은 400 kPa입니다. 펌프를 통과하는 동안 유체 마찰로 인한 에너지 손실은 170 N · m/kg입니다. 펌프의 유압 효율을 결정하십시오.

5.3.10 물은 그림 P5.3.10에 표시된 큰 탱크에서 펌핑됩니다. 원래 펌프(펌프 1)는 물에 1 kW의 동력을 공급했으나 원하는 속도를 내지 못했습니다. 따라서, 제안된 대로 추가 펌프(펌프 2)를 설치하여 유량을 원하는 값으로 증가시키려 합니다. 펌프 2가 물에 추가로 공급해야 할 동력은 얼마입니까? 이 유동의 손실 수두는 $h_L = 250Q^2$입니다. 여기서 h_L는 미터 단위, Q는 m^3/s 단위입니다.

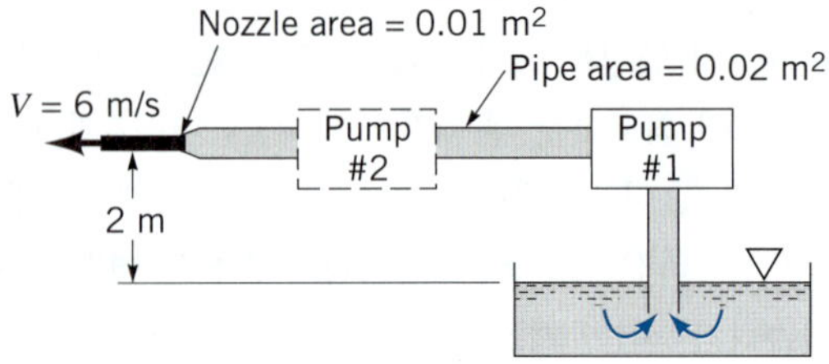

그림 P5.3.10

5.3.11 그림 P5.3.11에 표시된 팬은 냉장 창고와 적재 도크를 분리하는 에어 커튼을 생성합니다. 에어 커튼은 3 m 너비, 0.15 m 두께의 공기 제트로, 속도 $V = 9.1$ m/s로 이동합니다. 이 유동과 관련된 손실은 loss $= K_L V^2/2$로 주어지며, 여기서 $K_L = 5$입니다. 이 유동을 생성하기 위해 팬이 공기에 공급해야 하는 동력은 얼마입니까?

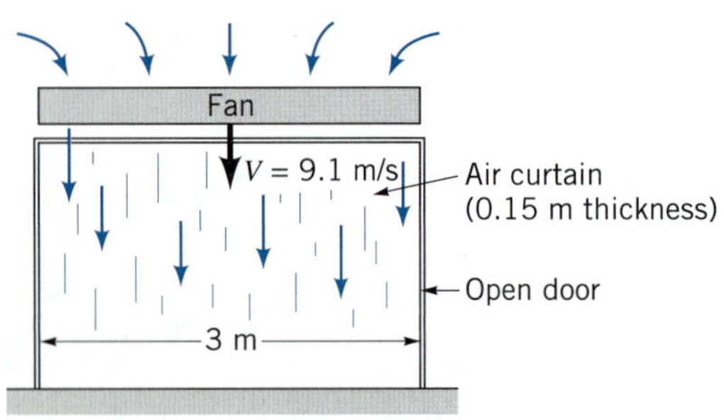

그림 P5.3.11

5.3.3절 기계 에너지 방정식과 베르누이 방정식

5.3.12 그림 P5.3.12에 표시된 펌프가 정지되면 시스템 내에 유동이 없고 스프링 힘도 0이 됩니다. 펌프가 작동하면 0.15 m 직경의 제트가 파이프를 떠나고 스프링 힘은 1869 N이 됩니다. 탱크 내 물의 수위는 일정합니다. 유량과 펌프가 소비하는 동력을 결정하십시오. 준정상유동을 가정하십시오.

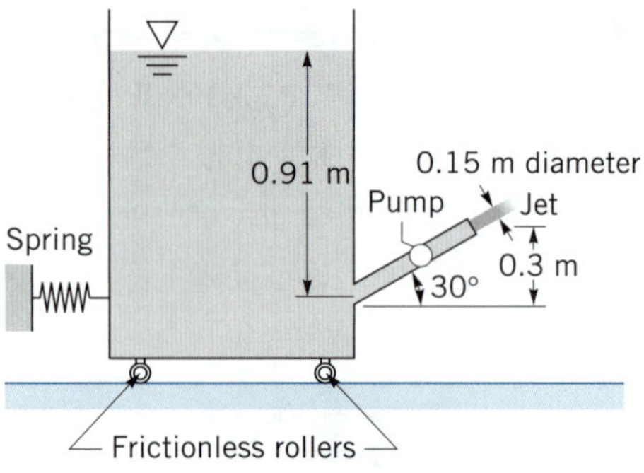

그림 P5.3.12

5.3.13 그림 P5.3.13에 표시된 대로 공기는 2 m 직경의 파이프에서 물체를 통과하여 자유 제트로 나옵니다. 상류에서의 속도와 압력은 각각 10 m/s와 50 N/m^2입니다. 파이프 출구에서의 속도는 불균일합니다. 파이프 벽을 따라 전단 응력은 무시할 수 있습니다. (a) 입자가 물체 상류의 균일한 속도에서 출구 평면의 후류 위치까지 이동하는 동안의 수두손실을 결정하십시오. (b) 공기가 물체에 가하는 힘을 결정하십시오.

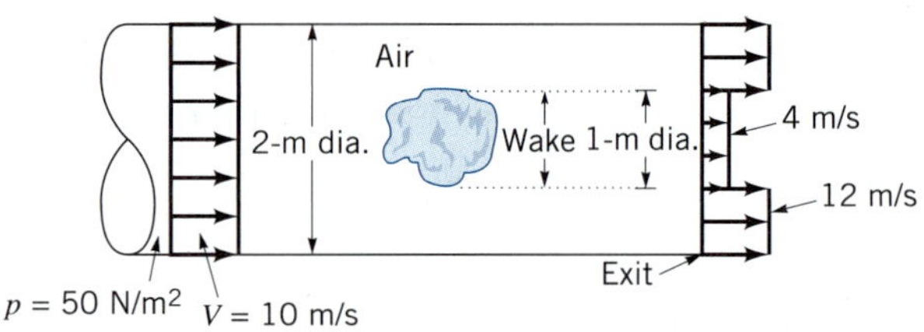

그림 P5.3.13

5.3.14 Video 하천 여수로의 하류 끝 부분 근처에서 그림 P5.3.14와 비디오 V10.11에 표시된 것처럼 수력 점프가 자주 형성됩니다. 점프를 통해 채널 유동의 속도가 급격히 감소합니다. 질량보존과 선형운동량 원리를 사용하여 다음 식을 유도하십시오.

$$h_2 = -\frac{h_1}{2} + \sqrt{\left(\frac{h_1}{2}\right)^2 + \frac{2V_1^2 h_1}{g}}$$

점프를 통해 이용 가능한 에너지 손실도 에너지 보존을 고려하여 결정할 수 있습니다. 손실 식을 유도하십시오.

$$\text{jump loss} = \frac{g(h_2 - h_1)^3}{4h_1 h_2}$$

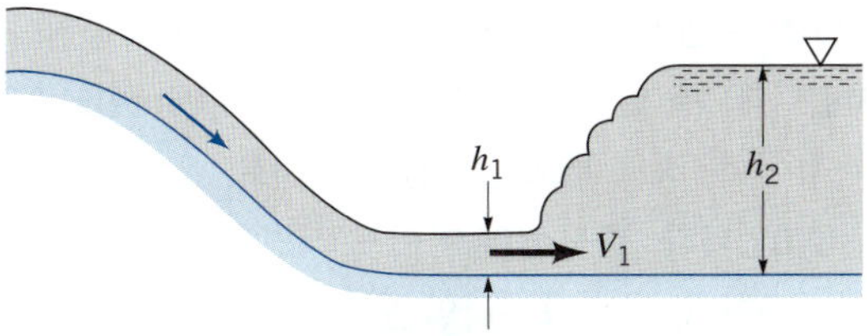

그림 P5.3.14

5.3.15 그림 P5.3.15에 표시된 것처럼 물이 경사진 파이프를 따라 지속적으로 흐릅니다. 다음을 결정하십시오. (a) 압력 차이 $p_1 - p_2$, (b) 구간 (1)과 (2) 사이의 손실, (c) 구간 (1)과 (2) 사이의 흐르는 물에 대해 파이프 벽이 가하는 순 축력.

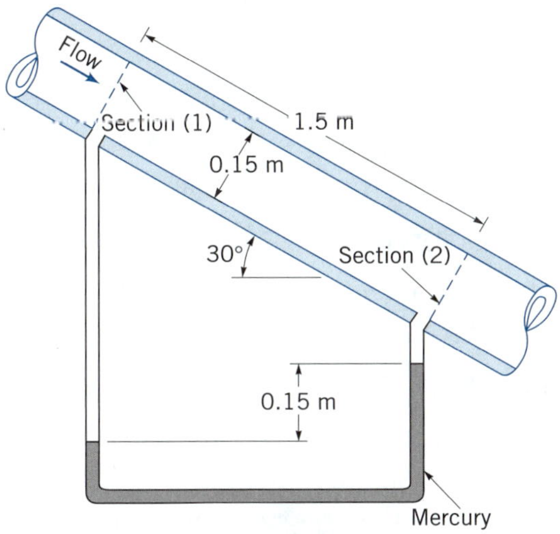

그림 P5.3.15

5.3.16 유체가 갑작스러운 확장을 통해 흐를 때, 그림 P5.3.16에 표시된 것처럼, 확장을 통한 이용 가능한 에너지 손실 loss_{ex}는 종종 다음과 같이 표현됩니다.

$$\text{loss}_{ex} = \left(1 - \frac{A_1}{A_2}\right)^2 \frac{V_1^2}{2}$$

여기서 A_1은 확장 전의 단면적, A_2는 확장 후의 단면적, V_1는 확장 전의 유속입니다. 이 관계를 유도하십시오.

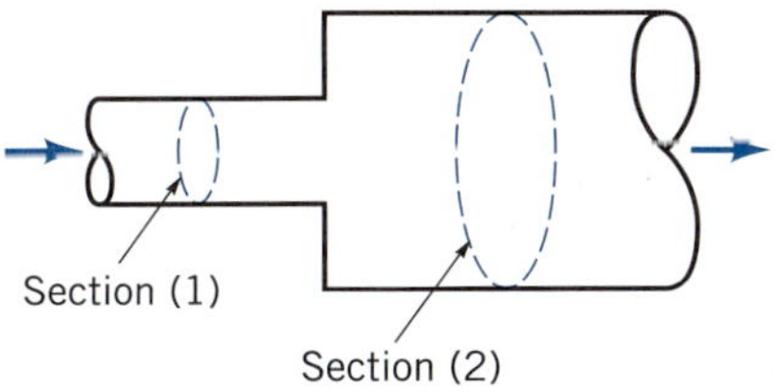

그림 P5.3.16

5.3.17 [O] 물 (15.5 °C)이 0.02 m 반경의 고체 실린더가 0.04 m 반경의 튜브에 삽입되어 형성된 환상 공간을 통해 흐릅니다. 환상 공간에서 다음과 같은 축 유속이 측정되었습니다. 고체 경계에서 무슬립 조건 $u = 0$이 존재한다고 가정하십시오. 환상 공간을 통해 유량, 운동량, 및 운동 에너지 유동을 구하십시오.

$(r - r_i)/(r_o - r_i)$	u (m/s)
0.1	4
0.2	7
0.3	9
0.4	10
0.5	11
0.6	9
0.7	9
0.8	6
0.9	3

5.3.18 그림 P5.3.18에 표시된 카트의 가속도를 시간에 따라 변화하는 물 높이의 함수로 구하십시오. 초기 총 질량은 m_0, 유체 밀도는 ρ_0입니다. 마찰이 없는 베어링, 마찰이 없는 표면, 일정한 유체 밀도, 면적 A_N에서 균일한 속도, 카트에 있는 모든 유체가 카트 속도를 가지고 있음, 공기 저항 없음, $A \gg A_N$를 가정하십시오.

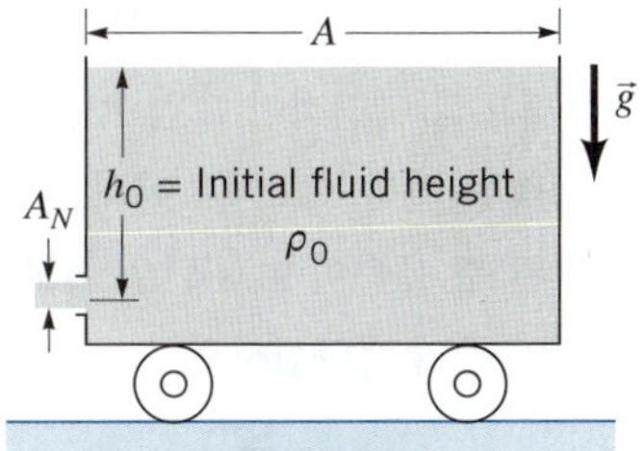

그림 P5.3.18

5.3.19 두 개의 물 제트가 충돌하여 하나의 균일한 제트를 형성합니다. (a) 결합된 제트의 속도 V와 방향 θ를 결정하십시오. (b) 유체 입자가 (1)에서 (3)으로, (2)에서 (3)으로 흐르는 동안의 손실을 결정하십시오. 중력은 무시할 수 있습니다.

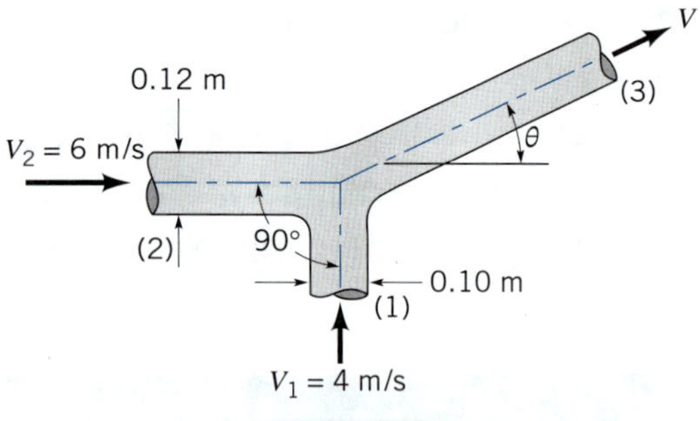

그림 P5.3.19

5.3.4절 비균일 유동에 대한 에너지 방정식의 적용

5.3.20 물이 원형 단면 파이프를 따라 수직으로 위쪽으로 흐릅니다. 단면 (1)에서의 속도 프로파일은 균일합니다. 단면 (2)에서의 속도 프로파일은 다음과 같습니다.

$$\mathbf{V} = w_c\left(\frac{R-r}{R}\right)^{1/7}\hat{\mathbf{k}}$$

여기서 **V**는 국부 속도 벡터, w_c는 축 방향의 중심선 속도, R은 파이프 내부 반경, r은 파이프 축에서의 반경입니다. 단면 (1)과 (2) 사이의 이용 가능한 에너지 손실 식을 유도하십시오.

5.3.21 원형 파이프의 다음 속도 프로파일에 대해 운동 에너지 수정 계수를 계산하십시오. (a) $u = u_{\max}\left(1-\frac{r}{R}\right)$ (b) $u = u_{\max}\left(1-\frac{r^2}{R^2}\right)$ (c) $u = u_{\max}\left(1-\frac{r}{R}\right)^{1/9}$.
여기서 R은 파이프 반경, r은 방사형 좌표입니다.

5.3.22 직사각형 덕트의 단면적이 그림 P5.3.22와 같이 16개의 동일한 직사각형 면적으로 나누어져 있습니다. 각 작은 영역에서 측정된 축 유속이 m/s 단위로 표시됩니다. 운동 에너지 수정 계수를 추정하십시오.

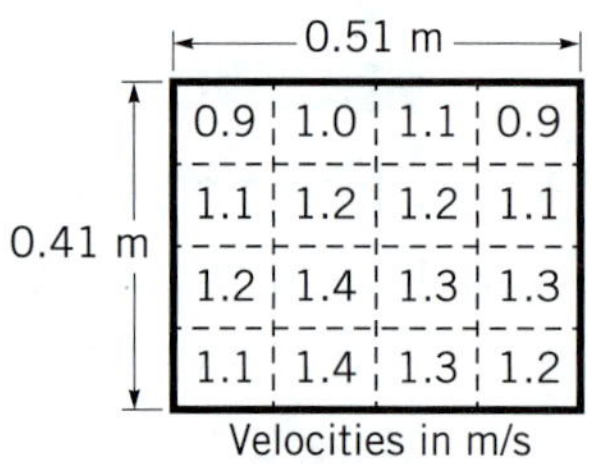

그림 P5.3.22

5.3.23 작은 팬이 질량유량 1.82×10^{-3} kg/s로 공기를 이동시킵니다. 팬 입구측의 파이프 직경은 0.06m이고, 유동은 층류이며, 속도 분포는 포물선 형태로, 운동 에너지 계수는 2.0입니다. 출구측의 파이프 직경은 0.02m이고, 유동은 난류이며, 속도 프로파일은 평평하고, 운동 에너지 계수는 1.08입니다. 팬을 통과하는 동안 정압 상승은 103 Pa이고 팬 샤프트는 0.18 Watt를 사용합니다. (a) 균일한 속도 분포를 가정한 경우와 (b) 실제 속도 분포를 고려한 경우의 손실 값을 비교하십시오.

평생 학습 문제

5.1 LL 수영과 관련된 일반적인 효율성은 무엇이며 어떻게 향상시킬 수 있습니까?

5.2 LL 자력유체역학(MHD)은 전도성 유체의 역학을 연구하는 학문입니다. MHD 유동의 특별한 특징과 이러한 유동의 일부 공학적 응용에 대해 논의하십시오.

5.3 LL 터보펌프에서 이용 가능한 에너지 손실의 주요 원인과 이를 최소화할 수 있는 방법에 대해 논의하십시오. 일반적인 터보펌프 효율은 얼마입니까?

5.4 LL 유동에서 유용한 에너지 손실의 대부분은 난류로 인한 것입니다. 난류와 유체 점성이 결합하여 운동 에너지를 열/내부 에너지로 소산시키는 메커니즘을 설명하십시오. 이 과정을 설명하는 짧은 "시"를 찾아보십시오.

CHAPTER 6

유체유동의 미분적 해석

학습목표

이 장을 학습한 후, 다음을 할 수 있어야 한다.

- 주어진 속도장으로 유동의 여러 동적 특성들을 결정할 수 있어야 한다.
- 연속방정식을 만족하기 위한 속도장의 필요조건들을 설명할 수 있어야 한다.
- 유동함수와 속도포텐셜의 개념을 적용할 수 있어야한다.
- 간단한 포텐셜유동장의 특성을 기술할 수 있어야한다.
- Navier–Stokes 방정식을 이용하여 몇 가지 종류의 유동장을 해석할 수 있어야한다.

앞장에서는 유한 검사체적을 사용하여 여러 가지 유체역학 문제를 풀이하는 것에 주안점을 두었다. 대부분의 경우, 검사체적 내에서의 세부적인 압력과 속도 변화는 요구되지 않기 때문에, 검사 체적에 의한 방법은 매우 실용적이고 유용하다. 대체로 검사체적의 표면에 대한 조건들만을 이용하여 문제가 구성되고, 그리하여 유동장에 대한 자세한 정보가 없어도 문제의 해를 구할 수 있다. 그러나 유동의 세부 사항들이 중요하게 되는 경우가 많이 발생하게 되는데, 이 경우에는 검사체적을 활용한 방법으로는 요구되는 정보를 도출하지 못한다. 예를 들면, 우리는 파이프 단면에서 속도가 어떻게 변화하는지, 또는 비행기의 날개 표면을 따라서 압력과 전단응력이 어떻게 변화하는지를 알 필요가 있다. 이러한 경우는 주어진 유동장 내의 한 점이나 적어도 매우 작은 검사체적(미소체적)에 적용되는 관계들을 유도해야 할 필요가 있다. 이러한 접근은 **유한 검사체적**과는 달리 미소 검사체적을 이용하며, 지배방정식이 **미분방정식**인 관계로 (이 장의 다음에서 설명됨) 이를 흔히 미분적 해석이라 한다.

이장에서는 유체 유동을 묘사하는 미분 방정식을 도입할 것이다. 이들 방정식의 일반해를 구하는 것이 가능하지 않을 지라도 수치해석 기법 등을 이용한 근사해의 획득은 실효적이다. 전산유체역학이라고 알려진 기법을 통해 복잡한 유동 문제를 해결할 수 있지만 그 부분은 이 교재의 범위를 벗어나기에 초록 A에서 간단한 소개만 제공하였다. 이와 관련된 2개의 비디오 링크를 제공하여 전산유체역학의 기법이 어떻게 유동의 이해에 쓰이는지를 볼 수 있을 것이다.

Video
V6.1 회전 축구공–압력 등고선

미분해석에 대한 소개로서, 3장에서 배운 유체 운동학과 관련된 개념들을 재조명하고 확장하기로 한다. 이를 토대로 이 장의 나머지 부분은 기본 미분방정식(질량보존법칙과 Newton의 운동 제 2법칙에 근거함)의 유도와 몇 가지 응용에 할애하기로 한다.

Video
V6.2 회전 축구공–속도 벡터

6.1 유체 운동학

유체입자의 운동은 병진운동, 선형 변형, 회전, 각 변형으로 구성된다.

이 절에서는 우리는 유동장 내의 유체요소들의 운동에 대한 수학적 표현에 대하여 관심을 두고자 한다. 그림 6.1a에 예시한 바와 같이 정육면체 모양의 작은 유체요소가 짧은 시간 간격 δt 동안 한 위치에서 다른 위치로 이동한다. 유동장 내에서의 일반적으로 복잡한 속도변화 때문에, 유체요소는 공간상의 이동인 병진운동과정동안 이동뿐만 아니라 유체 입자 자체의 체적변화, 회전운동들이 수반된다고 예측된다. 이런 운동과 변형들은 동시에 일어나지만 그림 6.1b에서 보이듯이 우리는 이들을 각각 분리하여 생각할 수 있다 ; **병진운동**, **회전운동**, **선형 변형**, 그리고 **각 변형**. 유체요소의 운동과 변형은 유동장 내의 속도와 가속도 변화와 밀접하게 관련되어 있으므로 우리는 먼저 속도장과 가속도장을 표현하는 방법에 대해서 간단히 살펴보기로 한다.

6.1.1 속도장과 가속도장의 재고

앞의 3.1절에서 자세히 설명한 바와 같이, 관찰하고자 하는 유동장 내의 모든 점과 시간에 대하여 속도 **V**를 명시함으로서 속도장을 표현하게 된다. 그러므로 직각 좌표계를 예를 들어, $\mathbf{V}(x, y, z, t)$라는 표현은 유체입자의 속도는 입자가 유동장 내의 어디에 위치하는가와 (좌표계 x, y, z에 의해 결정)과 그 위치를 언제 점유하는지의 시간 t를 의미한다. 3.1.1절에서 언급한 바와 같이, 유체 운동을 이렇게 표현하는 방법을 오일러 방법(Eulerian method)이라 한다. 편의상 속도를 직각 방향의 세 성분으로 나타내면

$$\mathbf{V} = u\hat{\mathbf{i}} + v\hat{\mathbf{j}} + w\hat{\mathbf{k}} \tag{6.1}$$

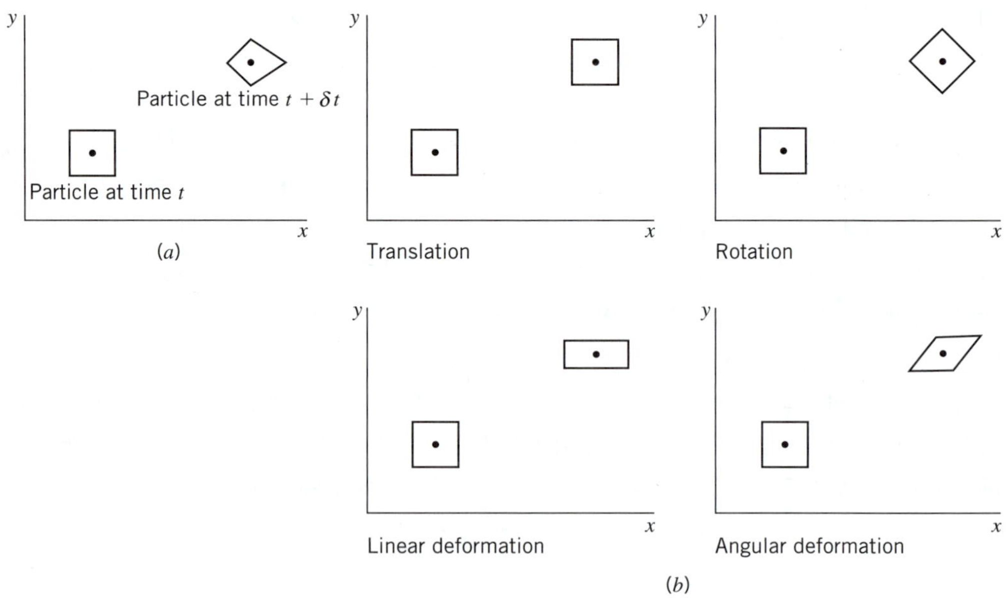

그림 6.1 일반적인 유체 입자의 운동과 그 성분 : (a) 종합 운동, (b) 입장 운동의 성분

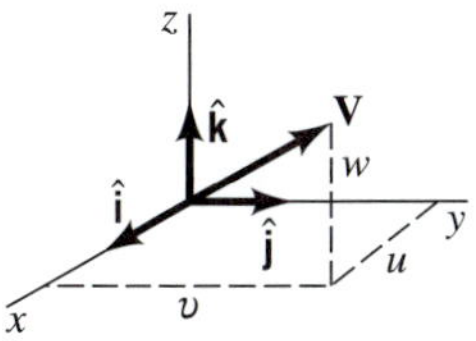

와 같이 된다. 여기서 u, v, w는 x, y, z 방향의 속도성분이고, $\hat{\mathbf{i}}, \hat{\mathbf{j}}, \hat{\mathbf{k}}$는 각 방향에 대한 단위벡터이다. 물론 이 성분들은 일반적으로 x, y, z 및 t의 함수이다. 미분해석을 하는 이유 중의 하나는 어떤 특정한 문제에 대하여 이러한 속도 성분들을 x, y, z 및 t의 함수로 구체적으로 결정하는 것이다.

3.2.1 절에서도 보여준 바와 같이 유체 입자의 가속도에 대한 표현은,

$$\mathbf{a} = \frac{\partial \mathbf{V}}{\partial t} + u\frac{\partial \mathbf{V}}{\partial x} + v\frac{\partial \mathbf{V}}{\partial y} + w\frac{\partial \mathbf{V}}{\partial z} \tag{6.2}$$

이 방정식에서 각 방향의 가속도 성분은 아래와 같다.

$$a_x = \frac{\partial u}{\partial t} + u\frac{\partial u}{\partial x} + v\frac{\partial u}{\partial y} + w\frac{\partial u}{\partial z} \tag{6.3a}$$

$$a_y = \frac{\partial v}{\partial t} + u\frac{\partial v}{\partial x} + v\frac{\partial v}{\partial y} + w\frac{\partial v}{\partial z} \tag{6.3b}$$

$$a_z = \frac{\partial w}{\partial t} + u\frac{\partial w}{\partial x} + v\frac{\partial w}{\partial y} + w\frac{\partial w}{\partial z} \tag{6.3c}$$

유체 입장의 가속도는 간결히 표현하면,

$$\mathbf{a} = \frac{D\mathbf{V}}{Dt} \tag{6.4}$$

유체입자의 가속도는 물질미분에 의해 결정된다.

여기서 미분연산자는 아래와 같이 정의 된다.

$$\frac{D(\;)}{Dt} = \frac{\partial(\;)}{\partial t} + u\frac{\partial(\;)}{\partial x} + v\frac{\partial(\;)}{\partial y} + w\frac{\partial(\;)}{\partial z} \tag{6.5}$$

이 연산자는 **물질도함수**(material derivative) 또는 **실질도함수**(substantial derivative)라고 한다. 이를 벡터를 이용하여 표기하면

$$\frac{D(\;)}{Dt} = \frac{\partial(\;)}{\partial t} + (\mathbf{V}\cdot\boldsymbol{\nabla})(\;) \tag{6.6}$$

여기서 미분 연산자, $\nabla(\;)$은

$$\boldsymbol{\nabla}(\;) = \frac{\partial(\;)}{\partial x}\hat{\mathbf{i}} + \frac{\partial(\;)}{\partial y}\hat{\mathbf{j}} + \frac{\partial(\;)}{\partial z}\hat{\mathbf{k}} \tag{6.7}$$

이며, 2장에서 소개되었다. 다음 절에서 보게 되겠지만, 유체요소의 운동과 변형은 속도장(velocity field)에 관계되며, 운동과 그 운동을 유발하는 힘과의 관계는 가속도장과 관련이 있다.

6.1.2 선형 운동과 변형

유체요소가 할 수 있는 가장 단순한 형태의 운동은 병진운동이며, 그림 6.2에 나타내었다. 그림 6.2에서 보인 바와 같이, 작은 시간 간격 δt 동안에 점 O에 위치한 요소는 점 O'으로 이동한다. 만일 요소 내의 모든 점의 속도가 동일하다면 (속도 기울기가 없는 경우

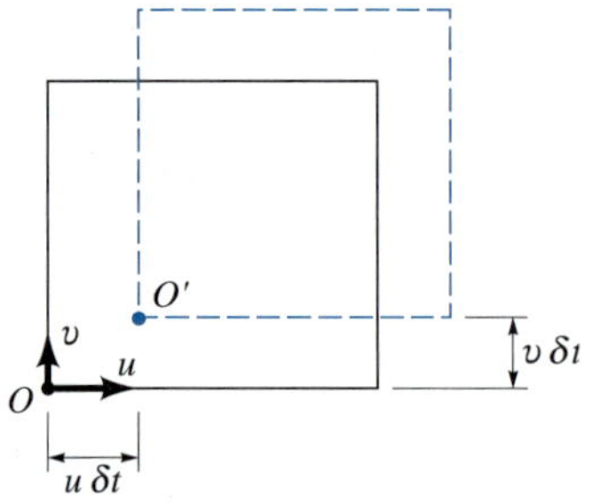

그림 6.2 유체 입자의 병진 운동

에만 가능함), 요소는 한 점에서 다른 점으로 단순히 병진 운동을 할 것이다.

그러나 대부분의 실제 유동장에서는 속도 기울기(gradient)가 존재하기 때문에, 요소는 이동하면서 일반적으로 변형되고 그리고 회전을 하게 될 것이다. 예를 들어, 각 변이 δx, δy, δz인 작은 정육면체에 작용하는 한 방향(x)으로 만의 속도 기울기 $\partial u/\partial x$에 대한 영향을 고려해보자. 그림6.3a에서 보여주는 바와 같이, 점 O와 점 B에서 속도의 x 방향 성분을 u라고 하면 그 근방의 점들인 점 A와 점 C에서 속도의 x 방향 성분들은 $u+(\partial u/\partial x)\delta x$로 표현 된다. 이 속도들 간의 차이로 인해 작은 시간 간격 δt 동안에 유체요소의 체적은 $(\partial u/\partial x)(\delta x)(\delta t)$만큼 '확장(stretching)"되어, 선분 OA는 OA'으로, 선분 BC는 BC'으로 늘어난다(그림 6.3b). 원래의 체적 $\delta V\!\!\!\!-=\delta x\,\delta y\,\delta z$에서 변한 양은

$$\text{Change is } \delta V\!\!\!\!- = \left(\frac{\partial u}{\partial x}\delta x\right)(\delta y\,\delta z)(\delta t)$$

이 된다. 또한, 속도기울기 $\partial u/\partial x$로 인한 단위체적당 체적 $\delta V\!\!\!\!-$의 변화율은

$$\frac{1}{\delta V\!\!\!\!-}\frac{d(\delta V\!\!\!\!-)}{dt} = \lim_{\delta t\to 0}\left[\frac{(\partial u/\partial x)\,\delta t}{\delta t}\right] = \frac{\partial u}{\partial x} \tag{6.8}$$

만일 속도 기울기 $\partial v/\partial y$와 $\partial w/\partial z$가 존재한다면, 유사한 방법으로 다음과 같이 일반화할 수 있다.

체적당 체적 변화율은 속도의 발산이다.

$$\frac{1}{\delta V\!\!\!\!-}\frac{d(\delta V\!\!\!\!-)}{dt} = \frac{\partial u}{\partial x} + \frac{\partial v}{\partial y} + \frac{\partial w}{\partial z} = \nabla\cdot\mathbf{V} \tag{6.9}$$

위와 같이 표현된 단위체적당 체적 변화율을 **체적팽창률(volumetric dilatation rate)**이라 한다. 따라서 우리는 유체 요소가 유동장 내의 한 점에서 다른 점으로 이동함에 따라 유체의 체적이 변한다는 것을 보았다. 그러나 **비압축성**(incompressible) 유체의 경우에는, 유채 밀도의 변화 없는 체적의 변화는 없기 때문(유체요소의 질량은 반드시 보존되어야 한다)에, 체적팽창률이 영(zero)이다. 속도 성분들의 각 방향에 대한 속도 변화, 즉 도함수들 $\partial u/\partial x$, $\partial v/\partial y$, $\partial w/\partial z$로 표현되는 속도 변화는, 유체요소의 형상을 변화시키지 않으며, 이런 의미에서 단순히 선형변형만을 일으킨다고 볼 수 있다. $\partial u/\partial y$나 $\partial v/\partial x$와 같은 교차도함수들은 요소를 회전시키고 그리고 일반적으로 각변형을 유발시켜 유체요소의 형상을 변화시킨다.

Video
V6.3 전단 변형

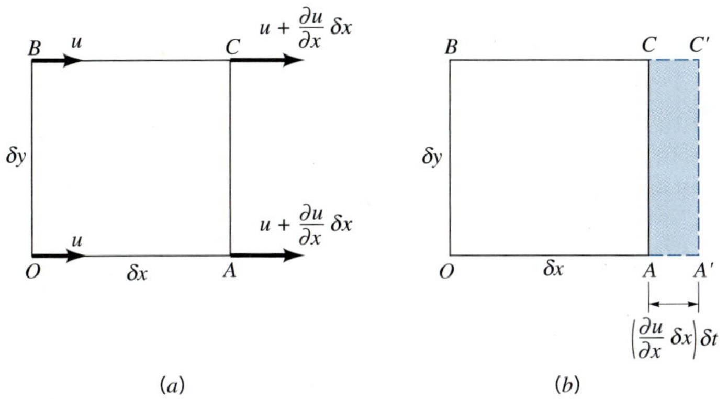

그림 6.3 유체 입자의 선형 변형

6.1.3 각운동과 변형

단순화시키기 위하여 2차원 $x-y$ 평면상의 운동에 대해 생각해 보자. 그러나 이 결과들은 더 일반적인 경우로 바로 확장시킬 수 있다. 회선과 각변형을 유발하는 속도변화는 그림 6.4a에 나타내었다. 그림6.4b에는 선분 OA와 OB가 짧은시간 δt 동안에각 $\delta\alpha$와 $\delta\beta$ 만큼 회전하여 새로운 위치 OA'과 OB'으로 바뀌었음을 보여준다. 선분 OA의 각속도 ω_{OA}는

$$\omega_{OA} = \lim_{\delta t \to 0} \frac{\delta\alpha}{\delta t}$$

이다. 각변형의 결과가 매우 미소한 각 변형이라면,

$$\tan \delta\alpha \approx \delta\alpha = \frac{(\partial v/\partial x)\,\delta x\,\delta t}{\delta x} = \frac{\partial v}{\partial x}\delta t \tag{6.10}$$

이

$$\omega_{OA} = \lim_{\delta t \to 0}\left[\frac{(\partial v/\partial x)\,\delta t}{\delta t}\right] = \frac{\partial v}{\partial x}$$

로 귀결된다. 여기서 $\partial v/\partial x$가 양(positive)이면 ω_{OA}는 시계방향으로 회전한다. 마찬가지로 선분 OB의 각속도 ω_{OB}는

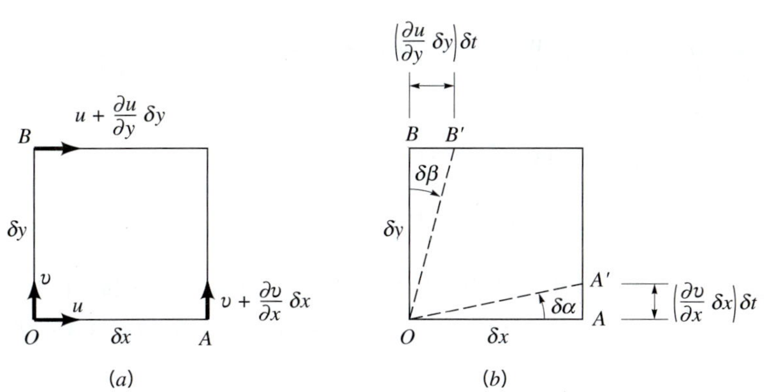

그림 6.4 유체 입자의 각운동과 변형

$$\omega_{OB} = \lim_{\delta t \to 0} \frac{\delta \beta}{\delta t}$$

이고, $\delta\beta$의 크기가 미소 각도이라면,

$$\tan \delta\beta \approx \delta\beta = \frac{(\partial u/\partial y)\,\delta y\,\delta t}{\delta y} = \frac{\partial u}{\partial y}\delta t \tag{6.11}$$

이므로

$$\omega_{OB} = \lim_{\delta t \to 0}\left[\frac{(\partial u/\partial y)\,\delta t}{\delta t}\right] = \frac{\partial u}{\partial y}$$

유동장의 속도 기울기로 유체 입자의 회전 발생

이 된다. 이와 같은 경우에서는 만일 $\partial u/\partial y$가 양수이면 ω_{OB}는 시계방향의 회전 각속도가 된다. 각속도는 서로 수직인 선의 각속도 (ω_{OA}와 ω_{OB})[1]의 평균으로 정의되기에 z축에 대한 요소의 각속도는 반시계방향으로의 회전을 양으로 하면, ω_z는 다음과 같이 된다.

$$\omega_z = \frac{1}{2}\left(\frac{\partial v}{\partial x} - \frac{\partial u}{\partial y}\right) \tag{6.12}$$

유사하게 x, y축에 대한 각속도 역시 아래의 식 (6.13)과 (6.14)로 정의할 수 있다.

$$\omega_x = \frac{1}{2}\left(\frac{\partial w}{\partial y} - \frac{\partial v}{\partial z}\right) \tag{6.13}$$

$$\omega_y = \frac{1}{2}\left(\frac{\partial u}{\partial z} - \frac{\partial w}{\partial x}\right) \tag{6.14}$$

3방향의 각속도 성분 ω_x, ω_y, ω_z은 각속도 벡터 ω로 합쳐질 수 있으며 그 형태는 식 (6.15)와 같다.

$$\boldsymbol{\omega} = \omega_x \hat{\mathbf{i}} + \omega_y \hat{\mathbf{j}} + \omega_z \hat{\mathbf{k}} \tag{6.15}$$

벡터 연산자의 도입을 통해 각속도는 속도 벡터의 회전(curl)의 절반과 같음을 알 수 있다.

$$\boldsymbol{\omega} = \frac{1}{2}\,\text{curl}\,\mathbf{V} = \frac{1}{2}\nabla \times \mathbf{V} \tag{6.16}$$

직교 좌표계에서 벡터 연산자 $\nabla \times \mathbf{V}$는 아래와 같이 전개 된다.

$$\frac{1}{2}\nabla \times \mathbf{V} = \frac{1}{2}\begin{vmatrix} \hat{\mathbf{i}} & \hat{\mathbf{j}} & \hat{\mathbf{k}} \\ \dfrac{\partial}{\partial x} & \dfrac{\partial}{\partial y} & \dfrac{\partial}{\partial z} \\ u & v & w \end{vmatrix} = \frac{1}{2}\left(\frac{\partial w}{\partial y} - \frac{\partial v}{\partial z}\right)\hat{\mathbf{i}} + \frac{1}{2}\left(\frac{\partial u}{\partial z} - \frac{\partial w}{\partial x}\right)\hat{\mathbf{j}} + \frac{1}{2}\left(\frac{\partial v}{\partial x} - \frac{\partial u}{\partial y}\right)\hat{\mathbf{k}}$$

유동장에서의 와도는 유체 입자 회전 속도의 두 배이다.

와도(vorticity) ζ 는 회전벡터의 두 배값으로 정의하여 다음과 같다.

$$\boxed{\zeta = 2\,\boldsymbol{\omega} = \nabla \times \mathbf{V}} \tag{6.17}$$

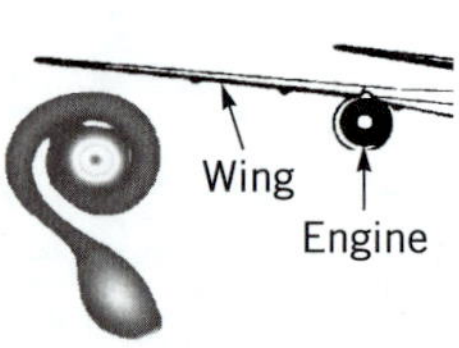

유체의 회전특성으로 와도를 이용하면 회전벡터의 계수(1/2)을 없애면 된다. 여백의 그림은 비행체가 지나간 직후, 날개 끝담에 생성된 와도의 등고선을 보여준다. 그림 3.3의 밝

1 이와 같은 정의에 따라 ω_z는 선 OA 와 OB 사이의 각을 이등분하는 선의 각속도로 이해된다.

은 부분이 강한 와도를 보인다.

식(6.12)를 관찰하면, $\partial u/\partial y = -\partial v/\partial x$일 때에만 유체요소는 **불변형(undeformed)**물체($\omega_{OA} = -\omega_{OB}$)로서 z축을 중심으로 회전하고, 그렇지 않으면 회전은 각변형을 수반함을 알 수 있다. 또 식(6.12)로부터 이면 z축에 대한 회전이 없는 것을 알 수 있다. 일반적으로 $\nabla \times \mathbf{V} = 0$이면 회전(와도)은 영(zero)이 되고 이러한 조건이 적용되는 유동장을 **비회전(irrotational)**이라 한다. 6.4절에서 우리는 비회전이라는 조건이 종종 복잡한 유등장의 해석을 매우 간단하게 만든다는 것을 알게 될 것이다. 그러나 어떤 유동장이 비회전인가에 대한 이유는 아직까지는 명백하지 않겠지만, 이 개념은 6.4절에서 좀 더 자세하게 다룰 것이다.

예제 6.1 | 와도

주어진 사항 2차원 유동장의 식이 주어짐,

$$\mathbf{V} = (x^2 - y^2)\hat{\mathbf{i}} - 2xy\hat{\mathbf{j}}$$

해결과제 이 유동은 비회전인가?

풀이 비전 유동에서는 식 (6.12~4)에서 주어진 각속도의 회전벡터의 모든 성분들이 영이어야 한다. 주어진 속도장에 대한 각 성분들은

$$u = x^2 - y^2 \qquad v = -2xy \qquad w = 0$$

이다. 따라서

$$\omega_x = \frac{1}{2}\left(\frac{\partial w}{\partial y} - \frac{\partial v}{\partial z}\right) = 0$$

$$\omega_y = \frac{1}{2}\left(\frac{\partial u}{\partial z} - \frac{\partial w}{\partial x}\right) = 0$$

$$\omega_z = \frac{1}{2}\left(\frac{\partial v}{\partial x} - \frac{\partial u}{\partial y}\right) = \frac{1}{2}[(-2y) - (-2y)] = 0$$

이 되어 유동은 비회전이다.

보충설명 2차원 유동장($x-y$ 평면에서의 유동)에서는, 2차원 유동의 정의로부터 u, v, w는 z의 함수가 아니며 w는 항상 0이기 때문에, ω_x, ω_y는 항상 0이 됨을 주목한다. 이런 경우 비회전 조건은 단순히 $\omega_z = 0$ 또는 ($\partial v/\partial x = \partial u/\partial y$)로 된다.

정상, 2차원유동인 이 예제에 대한 유선들은 그림 E6.1에 나타내었다. (주어진 속도장에 대한 유선을 어떻게 계산하는지에 대한 정보는 4.1.1절과 6.2.3절에 주어져 있다.) 모든 유선들(원점을 지나는 유선은 제외함)은 곡선임을 주목하라. 유동이 비회전인관계로 유체요소의 회전은 없다. 즉, 그림 6.4의 선분 OA와 OB는 같은 크기의 속도를 가지고 회전하지만 방향은 서로 반대이다.

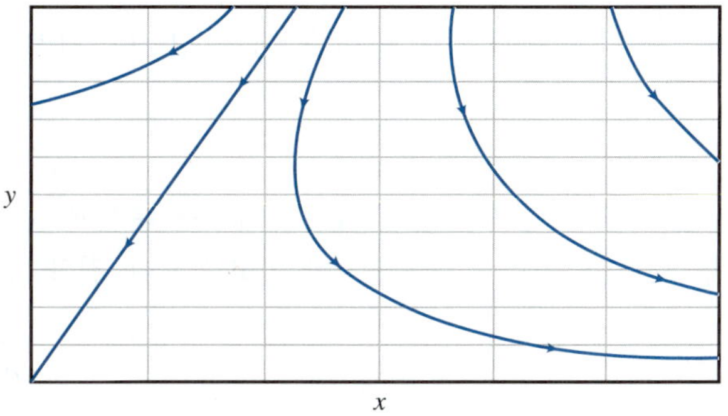

그림 E6.1

추가적으로 도함수 $\partial u/\partial y$와 $\partial v/\partial x$들은 이와 관련된 회전 외에, 유체요소에 각변형(angular deformation)을 일으켜 요소의 형상을 변화시킨다는 것을 그림 6.4b에서 알 수 있었다. 두 선분 OA와 OB에 의하여 처음 직각을 이루던 사이각의 변화량을 전단변형 $\delta\gamma$라 하며, 그림6.4b로부터

$$\delta\gamma = \delta\alpha + \delta\beta$$

이 된다. 여기서 사이각이 처음의 직각보다 줄어들었다면 $\delta\gamma$를 양(positive)으로 간주 한다. 이 $\delta\gamma$의 변화율을 **전단변형률**(rate of sharing strain) 또는 **각변형률**(rate of angular deformation)이라 하고 통상 기호 $\dot{\gamma}$으로 표기한다. 각 $\delta\alpha$와 $\delta\beta$는 식(6.10)과 식(6.11)에서와 같이 속도 기울기와 관련이 있으며

$$\dot{\gamma} = \lim_{\delta t \to 0} \frac{\delta\gamma}{\delta t} = \lim_{\delta t \to 0} \left[\frac{(\partial v/\partial x)\,\delta t + (\partial u/\partial y)\,\delta t}{\delta t} \right]$$

이 된다. 그러므로

$$\boxed{\dot{\gamma} = \frac{\partial v}{\partial x} + \frac{\partial u}{\partial y}} \tag{6.18}$$

6.8절에서 학습하겠지만, 각 변형률은 유체요소의 형상을 변하게 하는 전단 응력과 관련이 있다. 식(6.18)로부터 만일 $(\partial u/\partial y) = -(\partial v/\partial x)$이면 각 변형률은 0이 되며, 이 조건은 유체요소가 변형 없는 블록(block)의 회전과 같은 단순 회전을 하는 경우에 해당됨(식(6.12))을 주목한다. 이 절에서 보여준 여러 가지 운동학적 관계식들은 유체운동을 지배하는 미분방정식의 유도와 뒤따르는 해석에서 중요한 역할을 하게 될 것임을 이 장의 나머지 부분에서 알게 될 것이다.

6.2 질량보존법칙

질량 보존은 시스템의 질량이 보존됨을 의미한다.

5.1절에서 논의한 바와 같이, 질량보존은 유등장 내를 움직이는 시스템의 질량 M이 일정하게 유지됨을 말한다. 이 법칙을 식의 형태로 나타내면 다음과 같다.

$$\frac{DM_{\text{sys}}}{Dt} = 0$$

우리는 유체 유동 문제에서는 검사체적(control volume) 접근법을 사용하는 것이 편리함을 이미 알고 있으며, 질량 보존에 대한 검사체적 표현은 다음과 같이 쓸 수 있다.

$$\frac{\partial}{\partial t}\int_{\text{cv}} \rho\, dV + \int_{\text{cs}} \rho \mathbf{V} \cdot \hat{\mathbf{n}}\, dA = 0 \tag{6.19}$$

위 식(보통 **연속방정식**이라 한다)은 유한 검사체적(CV)에 적용된다. 식(6.19)의 좌변 첫 번째 항은 검사체적 내의 질량 증가율을 나타내고, 좌변 나머지 항들은 검사표면을 통하여 출입하는 질량유량의 정미 유출율(질량유출율−질량유입률)을 나타낸다. 연속방정식의 미분형태를 얻기 위해, 식(6.19)를 미소검사체적에 적용해 보기로 한다.

6.2.1 연속방정식의 미분형

우리는 검사체적으로 그림 6.5a에서와 같은 작고 정지된 육면체 모양의 요소를 선택하기로 한다. 요소의 중심에서의 유체밀도는 ρ이고 속도성분은 u, v 및 w이다. 요소가 작기

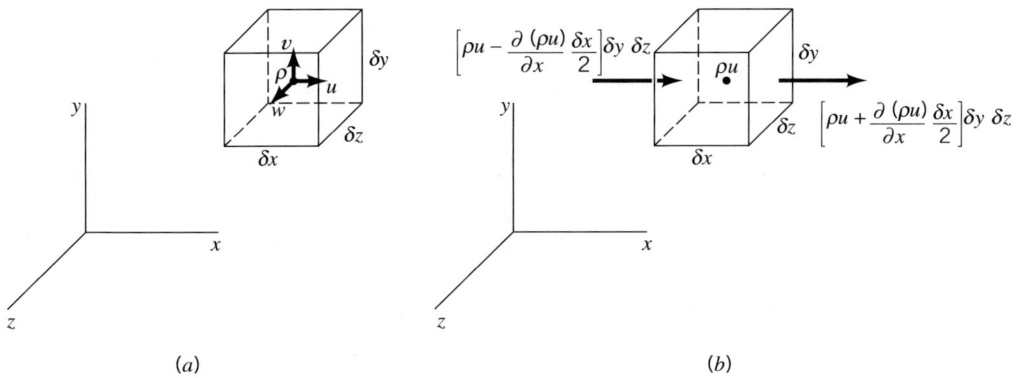

그림 6.5 질량보존방정식의 유도를 위한 미소요소

때문에 식(6.19)의 체적 적분은 아래와 같이 나타낼 수 있다.

$$\frac{\partial}{\partial t}\int_{\text{cv}} \rho \, d\forall \approx \frac{\partial \rho}{\partial t}\, \delta x\, \delta y\, \delta z \tag{6.20}$$

요소의 표면을 통과하는 질량 유동율은 각각의 좌표 방향에 대한 유동을 개별적으로 고려하여 얻을 수 있다. 그림 6.5b에는 x 방향의 유동을 예를 들어 보여 주고 있다. ρu를 유체요소의 중심에서 x 방향으로 단위 면적당 질량 유동(mass rate of flow)이라 하면, 오른쪽 면에서는

$$\rho u|_{x+(\delta x/2)} = \rho u + \frac{\partial(\rho u)}{\partial x}\frac{\delta x}{2} \tag{6.21}$$

이고, 왼쪽 면에서는

$$\rho u|_{x-(\delta x/2)} = \rho u - \frac{\partial(\rho u)}{\partial x}\frac{\delta x}{2} \tag{6.22}$$

이다. 우리는 사실 ρu를 Taylor 급수로 전개하고 또 $(\delta x)^2$, $(\delta x)^3$ 등과 같은 고차항(higher order term)을 무시한 것임을 주목해야 한다. 여백의 그림에 이글 나타내었다. 식(6.21)과 식(6.22)의 오른쪽 항들에 면적 $\delta x \delta y$를 곱하면, 그림 6.5b에 보인 바와 같이, 요소의 오른쪽과 왼쪽 면을 통과하는 질량 유량이 얻어진다. 이 두 식을 결합하면, 요소의 두 단면을 통해 흐르는 정미 질량 유량(net rate of mass flowing)을 아래와 같이 얻을 수 있다.

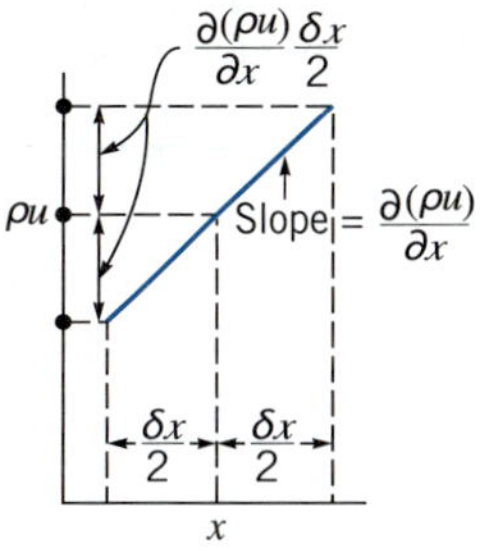

$$\begin{aligned} x \text{ 방향 정미(net) 질량유량} &= \left[\rho u + \frac{\partial(\rho u)}{\partial x}\frac{\delta x}{2}\right]\delta y\,\delta z \\ &- \left[\rho u - \frac{\partial(\rho u)}{\partial x}\frac{\delta x}{2}\right]\delta y\,\delta z = \frac{\partial(\rho u)}{\partial x}\,\delta x\,\delta y\,\delta z \end{aligned} \tag{6.23}$$

문제를 단순화하기 위해 그림 6.5b에서는 x 방향 유동만을 고려하였으나, 일반적으로는 y와 z 방향 유동도 고려해야 한다. x 방향 유통에 사용했던 방법과 유사한 방법으로 다른 방향에도 적용하면

$$y \text{방향 정미(net) 질량유량} = \frac{\partial(\rho v)}{\partial y}\,\delta x\,\delta y\,\delta z \tag{6.24}$$

이고

$$z\text{방향 정미(net) 질량유량} = \frac{\partial(\rho w)}{\partial z}\,\delta x\,\delta y\,\delta z \tag{6.25}$$

이다. 따라서

$$\text{정미(net) 질량유량} = \left[\frac{\partial(\rho u)}{\partial x} + \frac{\partial(\rho v)}{\partial y} + \frac{\partial(\rho w)}{\partial z}\right]\delta x\,\delta y\,\delta z \tag{6.26}$$

연속방정식의 유체 역학의 기본 방정식이다.

이다. 식(6.19), (6.20) 및 (6.26)으로부터 질량보존에 대한 미분방정식은 다음과 같다. 앞에서도 언급했지만,이 식을 통상연속방정식이라 한다.

$$\boxed{\frac{\partial\rho}{\partial t} + \frac{\partial(\rho u)}{\partial x} + \frac{\partial(\rho v)}{\partial y} + \frac{\partial(\rho w)}{\partial z} = 0} \tag{6.27}$$

연속방정식은 유체역학의 기본적인 방정식 중의 하나이며, 식(6.27)에서 표현된 바와 같이, 연속 방정식은 정상 혹은 비정상 유동, 그리고 압축성 혹은 비압축성 유체 모두에서 적용이 가능하다. 식(6.27)을 벡터 표기(vector notation)로 바꾸면 아래와 같이 된다.

$$\frac{\partial\rho}{\partial t} + \nabla\cdot\rho\mathbf{V} = 0 \tag{6.28}$$

특별하게 관심을 두는 두 가지 경우가 있다. **압축성**(compressible) **유체의 정상**(steady) 유동에 대해서는,

$$\nabla\cdot\rho\mathbf{V} = 0$$

또는

$$\frac{\partial(\rho u)}{\partial x} + \frac{\partial(\rho v)}{\partial y} + \frac{\partial(\rho w)}{\partial z} = 0 \tag{6.29}$$

비압축성 유체에서 연속 방정식은 속도의 발산으로 단순화 된다.

로 된다. 정상 유동이라는 정의에 의하면 ρ는 시간에 대한 함수는 아니며, 위치에 대한 함수는 될 수 있다. 비압축성 유체에서는 유체의 밀도, ρ는 유동장 전반에 걸쳐 일정하기 때문에 식(6.28)은

$$\nabla\cdot\mathbf{V} = 0 \tag{6.30}$$

또는

$$\frac{\partial u}{\partial x} + \frac{\partial v}{\partial y} + \frac{\partial w}{\partial z} = 0 \tag{6.31}$$

로 된다. 식(6.31)은 비압축성 유체의 정상 유동과 비정상 유동 모두에 적용된다. 식(6.31)은 체적팽창률(식(6.9))을 영(zero)으로 하여 얻어진 결과와 동일함에 주목하라. 이 동일함은 두 관계식 모두가 비압축성 유체에 대한 질량보존에 기초를 두었기 때문이며, 놀랄 바는 아니다. 그러나 체적변화율에 대한 표현은 시스템적 접근에 의해 전개되었고, 반면에 식 (6.31)은 검사체적으로부터 전개되었다. 전자의 경우 유체의 미소 입자의 변형을 이해하는데 적용된 반면 후자의 경우에는 일정한 미소 체적을 통과한 유동장을 대상으로 식이 유도되었다.

예제 6.2 | 연속 방정식

주어진 사항 비압축성 정상 유동의 속도 성분이 제공 됨

$$u = x^2 + y^2 + z^2$$
$$v = xy + yz + z$$
$$w = ?$$

해결과제 z방향 속도 w를 완성하시오.

풀이 비압축성 정상 유동에 작용 가능한 연속 방정식이 아래와 같다.

$$\frac{\partial u}{\partial x} + \frac{\partial v}{\partial y} + \frac{\partial w}{\partial z} = 0$$

이 식에 주어진 속도 성분을 이용하면,

$$\frac{\partial u}{\partial x} = 2x \quad \text{and} \quad \frac{\partial v}{\partial y} = x + z$$

$\partial w/\partial z$에 대한 표현은

$$\frac{\partial w}{\partial z} = -2x - (x + z) = -3x - z$$

이 된다. z에 관한 적분을 통해

$$w = -3xz - \frac{z^2}{2} + f(x, y)$$

이 구해진다.

보충설명 적분을 통해 속도가 결정되므로 적분 함수 $f(x, y)$가 존재하게 되어 명백한 해를 결정할 수는 없다. 이 적분 함수의 결정은 w에 관 유동장의 추가 정보로서 결정이 가능하다.

6.2.2 원통 극 좌표계

때로는 문제에 따라서, 직교 좌표계보다 원통좌표계를 이용하여 다양한 미분관계식들을 나타내는 것이 더 편리하다. 그림 6.6에는 원통 좌표계를 이용하여 한 점의 위치값으로 r, θ, 그리고 z의 좌표값을 사용하고 있음을 보여준다. 좌표값 r값은 z축으로부터의 반지름 방향의 거리를, θ는 x축과 평행한 선에서 측정한 각(반시계 방향을 양의 값으로 함)을, z는 z축을 따른 값들이다. 속도성분들은 그림 6.6에 나타낸 바와 같이 반경 방향 속도 v_r, 원주 속도 v_θ, 그리고 축 방향속도 v_z이다. 따라서 임의의 점 P에서의 속도는 다음과 같이 표시될 수 있다.

문제에 따라서는 원통좌표계의 채용이 보다 편리할 수 있다.

$$\mathbf{V} = v_r\hat{\mathbf{e}}_r + v_\theta\hat{\mathbf{e}}_\theta + v_z\hat{\mathbf{e}}_z \tag{6.32}$$

여기서 $\hat{\mathbf{e}}_r$, $\hat{\mathbf{e}}_\theta$, $\hat{\mathbf{e}}_z$는 그림 6.6에 나타낸 바와 같이 각각 r, θ, 그리고 z방향의 단위벡터이

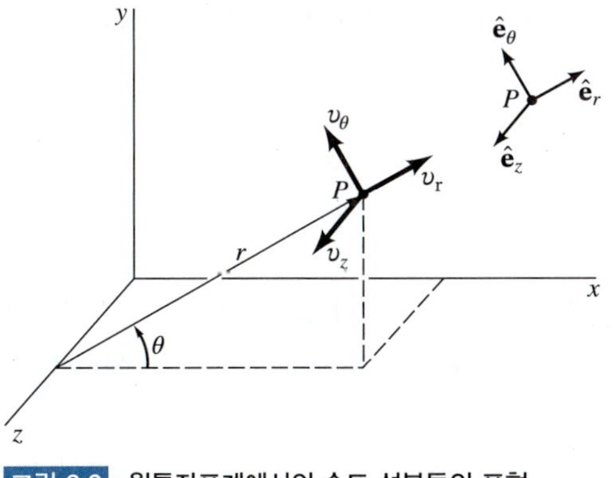

그림 6.6 원통좌표계에서의 속도 성분들의 표현

다. 유동계(flow system)의 경계가 원통 모양일 때 원통좌표계를 사용하면 더 편리하다. 원통좌표계의 사용에 대한 여러 가지 예제들은 이 장의 다음절에 주어진다.

미분형 연속방정식을 원통좌표계에서 쓰면 다음과 같다.

$$\boxed{\frac{\partial \rho}{\partial t} + \frac{1}{r}\frac{\partial (r\rho v_r)}{\partial r} + \frac{1}{r}\frac{\partial (\rho v_\theta)}{\partial \theta} + \frac{\partial (\rho v_z)}{\partial z} = 0} \tag{6.33}$$

이 방정식은 앞 절에서와 같은 방법에 의하여 유도된다. 정상상태, 압축성 유동에 대한 방정식은 다음과 같다.

$$\frac{1}{r}\frac{\partial (r\rho v_r)}{\partial r} + \frac{1}{r}\frac{\partial (\rho v_\theta)}{\partial \theta} + \frac{\partial (\rho v_z)}{\partial z} = 0 \tag{6.34}$$

비압축성 유채(정상 또는 비정상 유동)에 대한 방정식은 다음과 같이 쓸 수 있다.

$$\frac{1}{r}\frac{\partial (r v_r)}{\partial r} + \frac{1}{r}\frac{\partial v_\theta}{\partial \theta} + \frac{\partial v_z}{\partial z} = 0 \tag{6.35}$$

6.2.3 유동함수 (stream function)

정상, 비압축성, 평면, 2차원 유동은 실질적 중요성을 가지는 유동 중의 가장 단순 한 형태 중의 하나다. 평면, 2차원 유동이란 속도성분이 u와 v 두 개만 있을 경우를 의미하며, 이 유동은 $x-y$ 평면에 존재한다고 볼 수 있다. 이 경우 연속방정식, 식(6.31)은 다음과 같이 간략하게 된다.

$$\frac{\partial u}{\partial x} + \frac{\partial v}{\partial y} = 0 \tag{6.36}$$

2차원 유동에서는 속도 성분을 유동함수로 표현할 수 있다.

그래도 두 개의 변수 u와 v를 취급해야 하며, 식(6.36)에서 보여주는 바와 같이 서로 특별한 관계를 갖는다. 유동함수 $\psi(x, y)$를 여백의 그림과 같이 정의한다면, 속도와의 관계를 아래와 같이 쓸 수 있다.

$$\boxed{u = \frac{\partial \psi}{\partial y} \qquad v = -\frac{\partial \psi}{\partial x}} \tag{6.37}$$

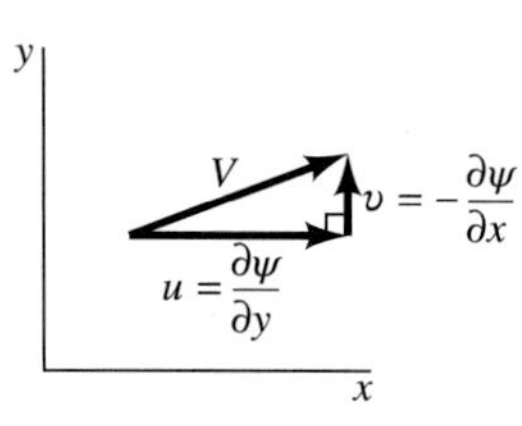

이를 연속방정식(식(6.36))에 적용하면 만족시킨다. 이는 u와 v에 대한 식(6.37)의 표현을 식(6.36)에 대입하면 검증할 수 있으며, 아래와 같다.

$$\frac{\partial}{\partial x}\left(\frac{\partial \psi}{\partial y}\right) + \frac{\partial}{\partial y}\left(-\frac{\partial \psi}{\partial x}\right) = \frac{\partial^2 \psi}{\partial x\, \partial y} - \frac{\partial^2 \psi}{\partial y\, \partial x} = 0$$

따라서 속도 성분들이 유동함수로 정의될 때에는 항상, 질량보존법칙이 만족됨을 알 수 있다. 물론, 주어진 문제에서 $\psi(x, y)$가 어떻게 표현될지는 아직 알 수 없지만, 적어도 두 개의 미지함수 $u(x, y)$와 $v(x, y)$대신에, 하나의 미지함수 $\psi(x, y)$를 구하는 문제로 해석을 단순화 하였다.

유동함수의 사용에 대한 또 다른 이점으로는 함수 ψ가 일정한 신들은 **유선**(streamline)

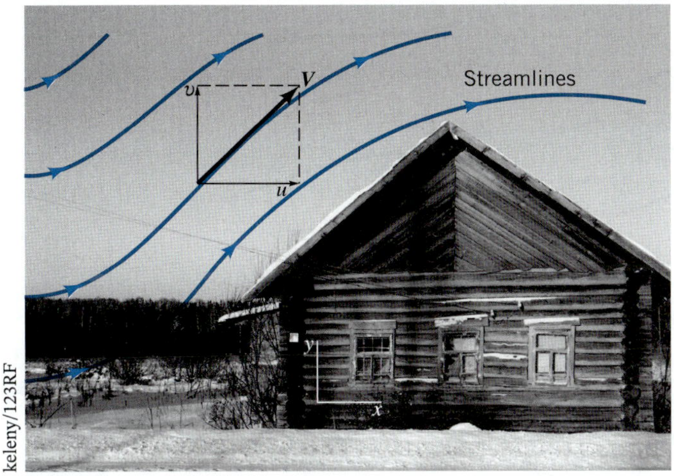

그림 6.7 유선을 따르는 속도와 그 성분

이라는 사실이다. 3.1.4절의 내용으로부터 유선은 그림 6.7에서 보인 바와 같이 유동장의 모든 곳에서 속도벡터에 접하는 선들임을 상기하라. 유선의 정의로부터 유선 상의 임의의 점에서 기울기는 다음과 같다.

$$\frac{dy}{dx} = \frac{\upsilon}{u}$$

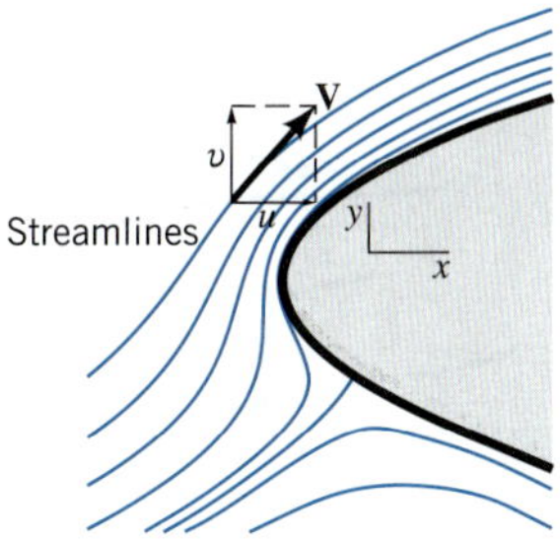

유동장의 한 점 (x, y)에서 그 근처 다른 점 $(x+dx, y+dy)$으로 유체가 이동했을 때 유동함수 ψ의 변화는 다음과 같은 관계로 주어진다.

$$d\psi = \frac{\partial \psi}{\partial x} dx + \frac{\partial \psi}{\partial y} dy = -\upsilon\, dx + u\, dy$$

ψ가 일정한 선에서는 $d\psi = 0$이므로

$$-\upsilon\, dx + u\, dy = 0$$

이고, 따라서 ψ가 일정한 선을 따른 유선의 정의를 다음과 같이 한다.

$$\frac{dy}{dx} = \frac{\upsilon}{u}$$

따라서 우리가 유동함수 $\psi(x, y)$를 안다면, 우리는 ψ가 일정한 선들을 그릴 수가 있으며 그리하여 유동 패턴(pattern)의 가시화에 도움이 되는 유선의 집합체를 그릴 수 있다. ψ에 할당된 각각의 상수 값에 대하여 각각의 유선을 그릴 수 있기 때문에, 특정한 유동장을 구성하는 유선의 수는 무한하다.

특정한 유선에 대한 실제 수치 값은 별로 중요하지 않으나, ψ값이 변화는 체적 유량과 관계가 있다. 그림 6.8a와 같이 인접한 두 개의 유선을 생각해 보자. 아래쪽 유선은 ψ라 하고 위쪽 유선은 $\psi+d\psi$라고 지정한다. 두 유선 사이의 체적 유량(x–y 평면에 수직한 방향의 단위길이 당)을 dq라 하자. 정의에 의하면 속도벡터는 유선에 접하기 때문에, 유동은 결코 유선을 가로지르지 않음에 주목하라. 질량보존에 의하여, 그림 6.8a의 임의의 면

유동함수 값의 변화는 유량과 관련된다.

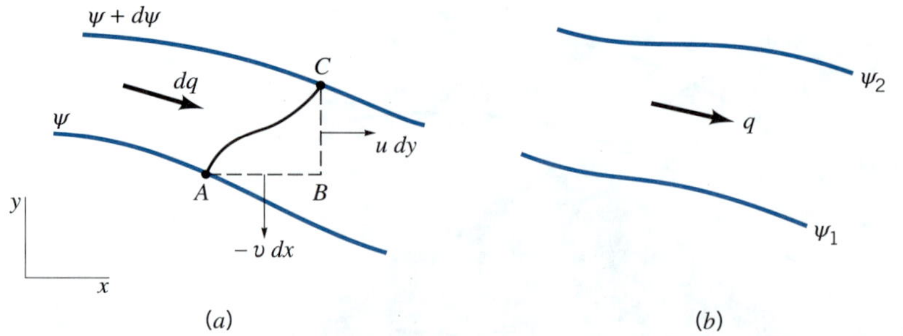

그림 6.8 두 유선 사이의 유동

AC을 통과하는 유입량 dq는 AB면과 BC면을 통해 나가는 유출량과 같아야 한다. 따라서

$$dq = u\,dy - \upsilon\,dx$$

이고, 유동 함수로 표현하면

$$dq = \frac{\partial \psi}{\partial y}\,dy + \frac{\partial \psi}{\partial x}\,dx \tag{6.38}$$

이다. 식(6.38)의 오른쪽 항은 $d\psi$와 같음으로, 결과 식은 다음과 같다.

$$dq = d\psi \tag{6.39}$$

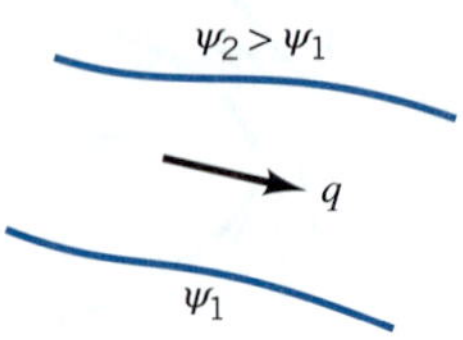

따라서 두 유선(그림 6.8b) ψ_1과 ψ_2 사이의 체적유량 q는 식(6.39)를 적분함으로써 다음과 같이 나타내어진다.

$$q = \int_{\psi_1}^{\psi_2} \mathrm{d}\psi = \psi_2 - \psi_1 \tag{6.40}$$

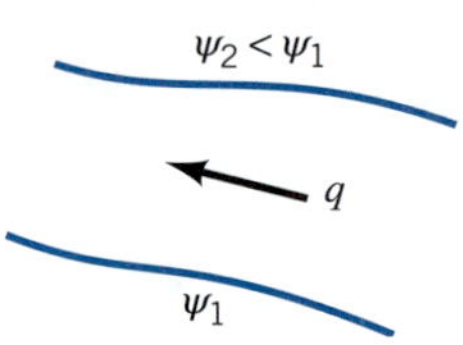

만일 위쪽 유선 ψ_2가 아래쪽 유선 ψ_1보다 큰 값을 가지면 다는 양(positive)이고, 이는 유통이 왼쪽에서 오른쪽으로 흐름을 의미한다. $\psi_1 > \psi_2$이면, 유동은 오른쪽에서 왼쪽의 값이다.

원통좌표계에서 비압축성, 평면, 2차원 유통에 대한 연속방정식(식6.35)은

$$\frac{1}{r}\frac{\partial (r\upsilon_r)}{\partial r} + \frac{1}{r}\frac{\partial \upsilon_\theta}{\partial \theta} = 0 \tag{6.41}$$

로 단순해지고, 속도성분 υ_r와 υ_θ는 여백의 그림과 같이 유동함수 $\psi(r, \theta)$와 다음과 같은 관계가 있다.

$$\boxed{\upsilon_r = \frac{1}{r}\frac{\partial \psi}{\partial \theta} \qquad \upsilon_\theta = -\frac{\partial \psi}{\partial r}} \tag{6.42}$$

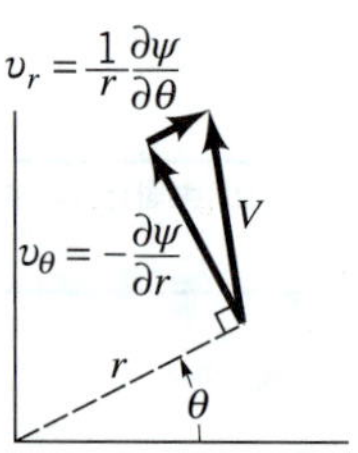

속도 성분들에 대한 이 표현을 식(6.41)에 대입하면 연속방정식이 자동적으로 만족됨을 알 수 있다. 유동함수의 개념은 파이프 유동이나 회전 물체 주위의 유동과 같은 축 대칭 유동과 2차원 압축성 유동들에 대해서도 적용된다. 그러나 이 개념은 일반적인 3차원 유동에 대해서는 적용되지 않는다.

예제 6.3 | 유동함수

주어진 사항 정상, 2차원, 비압축성 유동장의 속도성분이 다음과 같다.

$$u = 2y$$
$$v = 4x$$

해결과제

(a) 이 유동장의 유동함수를 구하라.

(b) 유선을 몇 개 그리고 유선을 따라 유동의 방향을 표시하라.

풀이

(a) 유동함수의 정의(식(6.37))로부터

$$u = \frac{\partial \psi}{\partial y} = 2y, \quad v = -\frac{\partial \psi}{\partial x} = 4x$$

이므로, 속도 u에 대한 식으로부터

$$\psi = y^2 + f_1(x)$$

되며, 여기서 f_1은 임의의 함수이다. 유사하게 v에 대한 관계식으로부터

$$\psi = -2x^2 + f_2(y)$$

이 된다. 여기서도 f_2은 임의의 함수이다. 두 식을 동시에 만족시키기 위해

$$\psi = -2x^2 + y^2 + C$$

가 된다. 여기서 C는 임의의 상수이다.

보충설명 속도 성분들은 유동함수의 도함수로 표현되기에 유동함수에는 항상 임의의 상수가 포함되며, 그 상수값은 그리 중요하지 않다. 보통은 $C = 0$로 하여 단순화하며, 이 예제에 대한 유동함수의 가장 단순한 형태는

$$\psi = -2x^2 + y^2 \qquad \text{식(1) (답)}$$

(b) 유선은 ψ를 상수로 놓고 그 결과를 곡선으로 그리면 된다. ψ에 대한 위의 식($C = 0$)을 이용 하면, 원점에서 ψ가 0이므로 원점을 지나는 유선의 식 ($\psi = 0$인 유선)은

$$0 = -2x^2 + y^2$$

또는

$$y = \pm\sqrt{2}x$$

이 된다. ψ에 여러 가지 다른 값을 대입하면 다른 유선들을 구할 수 있다. 이러한 유선들($\psi \neq 0$)의 식들은 식(1)로부터

$$\frac{y^2}{\psi} - \frac{x^2}{\psi/2} = 1$$

과 같이 얻어지는데, 이 방정식은 쌍곡선 형태이다. 따라서 유선은 $\psi = 0$인 유선을 점근선(asymptotes)으로 하는 쌍곡선군 이다. 그 중에 몇 개의 유선들에 대하여 그림 E6.2에 나타내었다. 속도들은 어느 점에서도 쉽게 구해질 수 있기 때문에 주어진 유선에 대한 유동방향을 쉽게 찾을 수 있다. 예를 들면, $v = -\partial\psi/\partial x = 4x$이므로 $x > 0$이면 $v > 0$이고, $x < 0$이면 $v < 0$이다. 이에 따른 유동 방향이 그림 E6.2에 표시되어 있다.

보충설명 다수의 속도 벡터를 그리고 그에 접하는 접선을 연결하여 유선을 작성할 수도 있다.

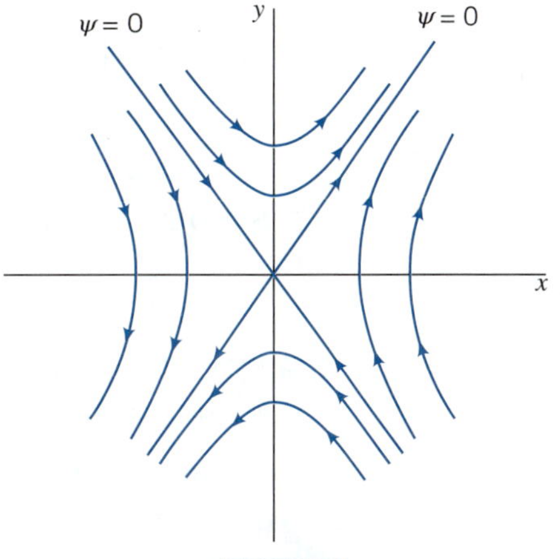

그림 E6.2

6.3 선형운동량의 보존

미분형 선형운동량 방정식을 유도하기 위해, 아래의 선형운동량 방정식으로부터 시작해 보기로 한다.

$$\mathbf{F} = \left.\frac{D\mathbf{P}}{Dt}\right|_{\text{sys}} \tag{6.43}$$

여기서 $\mathbf{F}$는 유체 질량에 작용하는 합력, $\mathbf{P}$는 선형운동량으로 다음과 같이 정의 된다.

$$\mathbf{P} = \int_{\text{sys}} \mathbf{V}\, dm$$

여기서 연산자 $D(\;)/Dt$는 물질도함수(material derivative)이다(3.2.1절 식 6.5~7참조). 앞장에서, 식(6.43)을

$$\sum \mathbf{F}_{\substack{\text{contents of the}\\ \text{control volume}}} = \frac{\partial}{\partial t}\int_{\text{cv}} V\rho\, d\forall + \int_{\text{cs}} \mathbf{V}\rho\mathbf{V}\cdot\hat{\mathbf{n}}\, dA \tag{6.44}$$

와 같은 형태로 유한 검사 체적에 적용하여 다양한 유동문제를 해결할 수 있음을 보았다. 미분형 선형운동량 방정식은 질량 δm으로 구성된 미소 시스템에 식(6.43)을 적용하거나, 또는 식(6.44)를 초기 질량 δm을 가진 미소 검사체적 $\delta\forall$에 적용하여 얻을 수 있다. 아마도 시스템 접근법(system approach)을 사용하는 것이 더 쉬울 것으로 생각 되며, 그 이유는 식(6.43)을 미소질량 δm에 대해 적용하면

$$\delta\mathbf{F} = \frac{D(\mathbf{V}\,\delta m)}{Dt}$$

이 되기 때문이다. 여기서 $\delta\mathbf{F}$는 δm에 작용하는 힘이다. 시스템 접근법에서 δm을 상수로 취급하면, 위 식은 다음과 같이 쓸 수 있다.

$$\delta\mathbf{F} = \delta m\,\frac{D\mathbf{V}}{Dt}$$

그러나 $D\mathbf{V}/Dt$는 유체 요소의 가속도 $\mathbf{a}$이기 때문에, 이식은

$$\delta\mathbf{F} = \delta m\,\mathbf{a} \tag{6.45}$$

로 되어, 이 식은 단지 질량 δm에 대한 Newton의 제2법칙이다. 이는 식(6.44)를 미소검사체적에 적용하여 얻어진 결과와 동일하다 (참고문헌 1 참조). 더 진행하기 전에, 시스템에 작용하는 힘 $\delta\mathbf{F}$를 어떻게 하면 가장 편리하게 표현할 수 있을 지에 대하여 조사해 볼 필요가 있다.

6.3.1 미소요소에 작용하는 힘들의 표현

체적력과 표면력은 일반적으로 유체 입자에 작용한다.

일반적으로, 두 가지 종류의 힘을 고려한다. 미소 요소의 표면에 작용하는 **표면력**(surface force)과 요소 전체에 분포되는 **체적력**(body force)이다. 체적력 $\delta\mathbf{F}_b$ 중에서 우리의 관심은 요소에 작용하는 중량으로서 다음과 같이 표현된다.

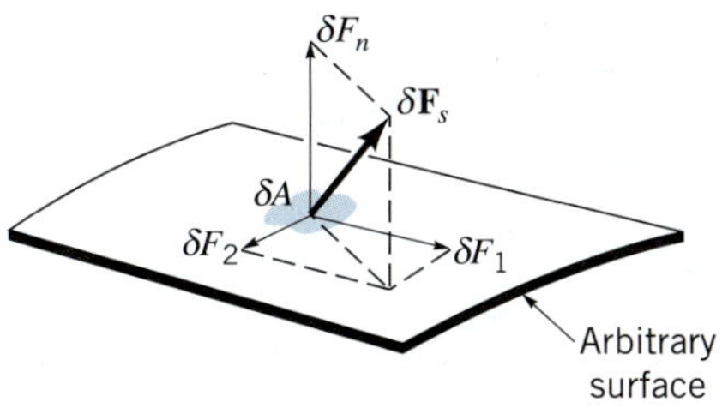

그림 6.9 임의의 미소면적에 작용하는 힘의 성분

$$\delta \mathbf{F}_b = \delta m\, \mathbf{g} \tag{6.46}$$

여기서 $\mathbf{g}$는 중력기속도 벡터이다. 이 중력을 성분 별로 나타내면

$$\delta F_{bx} = \delta m\, g_x \tag{6.47a}$$
$$\delta F_{by} = \delta m\, g_y \tag{6.47b}$$
$$\delta F_{bz} = \delta m\, g_z \tag{6.47c}$$

이고 g_x, g_y 및 g_z는 각각 중력가속도 벡터의 x, y 및 z방향의 성분이다.

표면력이란 주위와의 상호작용에 의한 결과로 요소에 작용하는 힘을 의미한다. 유체 덩어리 내의 임의의 점에서 임의의 단면에 위치한 미소면적 δA에 작용하는 힘을 $\delta \mathbf{F}_s$로 하고, 이를 그림 6.9에 나타내었다. 일반적으로 $\delta \mathbf{F}_x$는 그 단면에 대하여 경사져있다. 표면력 $\delta \mathbf{F}_s$는 $\delta \mathbf{F}_n$, $\delta \mathbf{F}_1$, $\delta \mathbf{F}_2$의 세 성분으로 분해되며, $\delta \mathbf{F}_n$은 면적 δA에 수직한 성분이고, $\delta \mathbf{F}_1$과 $\delta \mathbf{F}_2$는 그 면적에 평행한 성분으로 서로 수직이다. **수직응력**(normal stress) σ_n은 다음과 같이 정의된다.

$$\sigma_n = \lim_{\delta A \to 0} \frac{\delta F_n}{\delta A}$$

전단응력(shearing stress)은

$$\tau_1 = \lim_{\delta A \to 0} \frac{\delta F_1}{\delta A}$$

과

$$\tau_2 = \lim_{\delta A \to 0} \frac{\delta F_2}{\delta A}$$

로 정의된다.

우리는 수직응력을 σ로, 전단응력을 τ로 표기하기로 한다. 물체 내의 한 점에서 단위 면적당 힘의 크기는, 면적의 방향이 정해지면, 하나의 수직응력과 두 개의 전단 응력으로 나타낼 수 있다. 해석상 면적을 언급할 때 좌표계를 이용하면 편리하다. 예를 들어, 그림 6.10의 직교 좌표계에서는 좌표 면과 평행한 면에 응력이 작용한다고 본다. 그림 6.10a의 면 $ABCD$는 $y-z$ 평면과 평행한 면으로써, 여기에 작용하는 수직응력을 σ_{xx}로, 그리고 전단응력들은 τ_{xy}와 τ_{xz}로 표시하고 있다. 응력성분을 쉽게 구별하기 위하여 우리는 2중 아

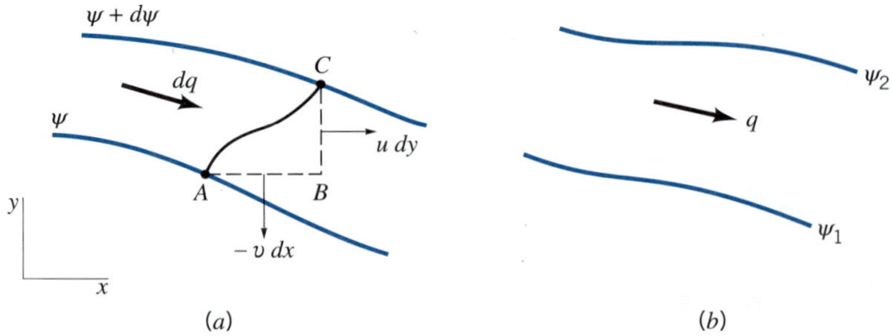

그림 6.10 응력에 대한 이중 첨자 부여 방식

래첨자 표기법을 사용한다. 첫째 첨자는 응력이 작용하는 평면에 수직(normal)인 방향을 나타내고, 둘째 첨자는 응력의 방향을 의미한다. 따라서 수직응력들은 중복 첨자를 가지고, 반면에 전단응력들의 첨자들은 두 개가 항상 다르다.

또한 응력에 대한 부호 규약을 정할 필요가 있다. 즉, 응력의 양(positive)의 방향은 응력이 작용하는 표면의 외향 수직이 양의 좌표 방향이며, 또 여기에 작용하는 응력의 방향이 양의 좌표 방향일 경우로 정한다. 이것은 그림 6.10a에서 보는 바와 같으며, 여기서는 면적 $ABCD$의 외향 수직 방향이 양의 x 방향이다. σ_{xx}, τ_{xy} 그리고 τ_{xz}에 대한 양의 방향들도 그림 6.10a에서 보여준다. 만일, 그림 6.10b에서 보인 바와 같이 면적 $A'B'C'D'$의 외향 수직이 음의 좌표 방향이라면, 응력들이 음의 방향으로 향하면 양으로 간주된다. 따라서 그림 6.10b에 보인 응력들은 그림에서의 방향이면 양으로 간주된다. 여기서 양의 수직 응력은 인장(tensile) 응력임을 주목하고, 이는 그러한 응력들이 물질을 '잡아당기도록"하는 경향이 있다는 것이다.

물체 내부의 한 점에서의 응력상태(stress state)는 단순히 '응력벡터(stress vector)'의 세 성분만으로는 완전히 정의될 수 없음을 알린다. 이는 특정 응력 벡터는 그 점을 지나는 (특정) 면의 방향 벡터에 의존하지만, 한 점을 지나는 (모든) 평면에 작용하는 수직 및 전단응력들은 그 점을 지나는 세 개의 서로 직교하는 평면에 작용하는 응력들로 표현될 수 있기 때문이다 (참고문헌2).

Surface forces can be expressed in terms of the shear and normal stresses.

이제 우리는 작은 육면체 모양의 유체요소에 작용하는 표면력을 요소 표면에 작용하는 응력들을 이용하여 표현할 수 있으며, 이를 그림 6.11에 나타내었다. 일반적으로 응력들은 유동장 내에서 위치에 따라 변한다고 생각한다. 따라서 그림 6.11에서 보인 바와 같이 요소 중심에 작용하는 응력과 각 방향에 대한 이들의 기울기(gradient)들을 이용하여 각각의 면에 작용하는 응력을 표현하기로 한다. 간단히 하기 위해서 그림 6.11에는 x 방향의 힘들만을 보였다. 힘을 구하기 위해서는 응력과 그것이 작용하는 표면의 면적을 곱해야 한다. x 방향의 모든 힘들을 합하면 다음과 같은 x 방향의 표면력에 대한 합력이 구해진다.

$$\delta F_{sx} = \left(\frac{\partial \sigma_{xx}}{\partial x} + \frac{\partial \tau_{yx}}{\partial y} + \frac{\partial \tau_{zx}}{\partial z} \right) \delta x \, \delta y \, \delta z \tag{6.48a}$$

유사한 방법으로 y와 z 방향의 표면력의 합력도 구할 수 있으며 식으로 표현하면

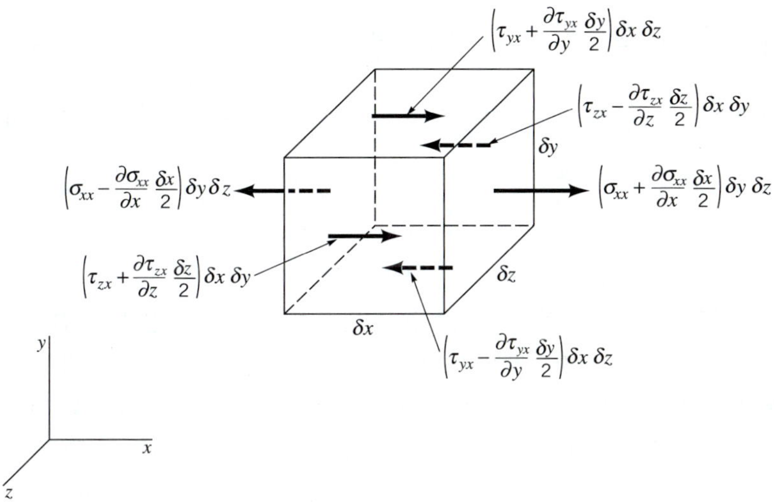

그림 6.11 유체입자에 작용하는 x 방향의 표면력

$$\delta F_{sy}=\left(\frac{\partial\tau_{xy}}{\partial x}+\frac{\partial\sigma_{yy}}{\partial y}+\frac{\partial\tau_{zy}}{\partial z}\right)\delta x\,\delta y\,\delta z \tag{6.48b}$$

와

$$\delta F_{sz}=\left(\frac{\partial\tau_{xz}}{\partial x}+\frac{\partial\tau_{yz}}{\partial y}+\frac{\partial\sigma_{zz}}{\partial z}\right)\delta x\,\delta y\,\delta z \tag{6.48c}$$

이다. 따라서 표면력의 총합은

$$\delta\mathbf{F}_s=\delta F_{sx}\,\hat{\mathbf{i}}+\delta F_{sy}\,\hat{\mathbf{j}}+\delta F_{sz}\,\hat{\mathbf{k}} \tag{6.49}$$

이며, 미소질량 δm에 작용하는 합력 $\delta\mathbf{F}$는 체적력 $\delta\mathbf{F}_b$와 합하여 구해진다. 즉, $\delta\mathbf{F}=\delta\mathbf{F}_a+\delta\mathbf{F}_b$이 된다.

6.3.2 운동방정식

운동방정식을 구하기 위하여 체적력과 표면력에 대한 표현들을 식(6.45)에 매입하면 된다. 식(6.45)를 각 성분별로 다시 쓰면

$$\delta F_x=\delta m\,a_x$$
$$\delta F_y=\delta m\,a_y$$
$$\delta F_z=\delta m\,a_z$$

이 되며, 여기서 $\delta m=\rho\,\delta x\,\delta y\,\delta z$이고, 가속도 성분은 식(6.3)에서 주어진 바와 같다. 따라서 각 성분에 대한 위 식들은 (요소에 작용하는 힘에 관한 식(6.47)과 (6.48)을 사용하여)

유체의 운동은 비선형 미분 방정식에 의해 결정된다.

$$\rho g_x + \frac{\partial \sigma_{xx}}{\partial x} + \frac{\partial \tau_{yx}}{\partial y} + \frac{\partial \tau_{zx}}{\partial z} = \rho\left(\frac{\partial u}{\partial t} + u\frac{\partial u}{\partial x} + v\frac{\partial u}{\partial y} + w\frac{\partial u}{\partial z}\right) \quad (6.50a)$$

$$\rho g_y + \frac{\partial \tau_{xy}}{\partial x} + \frac{\partial \sigma_{yy}}{\partial y} + \frac{\partial \tau_{zy}}{\partial z} = \rho\left(\frac{\partial v}{\partial t} + u\frac{\partial v}{\partial x} + v\frac{\partial v}{\partial y} + w\frac{\partial v}{\partial z}\right) \quad (6.50b)$$

$$\rho g_z + \frac{\partial \tau_{xz}}{\partial x} + \frac{\partial \tau_{yz}}{\partial y} + \frac{\partial \sigma_{zz}}{\partial z} = \rho\left(\frac{\partial w}{\partial t} + u\frac{\partial w}{\partial x} + v\frac{\partial w}{\partial y} + w\frac{\partial w}{\partial z}\right) \quad (6.50c)$$

와 같이 된다. 여기서 요소체적 $\delta x\,\delta y\,\delta z$은 서로 상쇄된다.

식(6.50)은 유체 운동에 대한 일반적인 미분방정식이다. 실제로 위 식들은 모든 연속체(유체나 고체)에, 운동 중이거나 정지되어 있거나에 관계없이, 적용될 수 있다. 그러나 이 식을 사용하여 실제 문제를 풀기 전에 응력에 대한 몇 가지 추가적 사항들이 필요하다. 그렇지 않으면, 우리는 방정식의 개수보다 미지수(모든 응력들과 속도, 밀도)를 더 많이 가지게 된다. 유채 운동의 미분해석이 복잡하다는 것에 대해 너무 놀랄 필요는 없다. 우리는 복잡한 유체운동을 세부적으로 서술할 것이다.

6.4 비점성 유동

이전의 1.6절에서도 논의되었지만, 유체가 운동하면 유체의 점성으로 인하여 전단응력이 생긴다. 공기와 물과 같은 몇 가지 일반적인 유체에 대하여 살피면, 점성은 작고 따라서 경우에 따라서는 점성의 영향(그리고 더불어 전단응력)을 무시하더라도 타당할 수 있다. 이와 같이 전단응력을 무시할 수 있는 유동장을 **비점성**(inviscid), **무 점성**(nonviscous), 또는 **마찰이 없는**(frictionless) 유동이라 한다. 이러한 용어들은 서로 같은 의미로 쓰인다. 2.1절에서 논의된 바와 같이, 전단응력이 없는 유채 내의 한 점에 작용하는 수직응력은 모든 방향에 대하여 동일하다. 즉, $\sigma_{xx} = \sigma_{yy} = \sigma_{zz}$이다. 이 경우에 압력 p는 수직응력의 음(negative)의 값으로 정의되며 여백의 그림에 보인 바와 같이 아래와 같다.

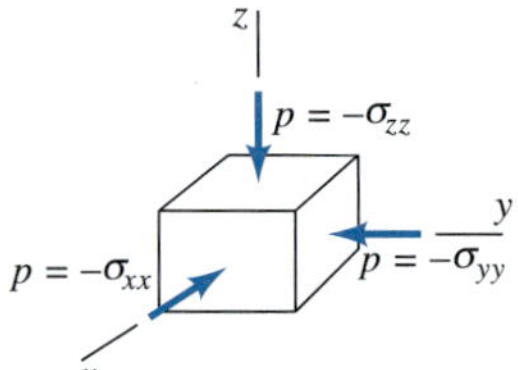

$$-p = \sigma_{xx} = \sigma_{yy} = \sigma_{zz}$$

음(negative)의 부호를 사용하는 이유는 압축적 수직응력(유체 내에서는 그렇게 될 수 있음)이 압력 p의 양(positive)의 값이기 때문이다.

3장에서는 비점성 유동의 개념을 사용하여 Bernoulli 방정식을 유도하였으며, 이 중요한 방정식에 대한 여러 가지 적용 예를 다루었다. 이 절에서는 Bernoulli 방정식을 다시 살펴보고, 어떻게 이 식이 비점성 유동에 대한 일반 방정식들로부터 유도되는지를 알아보기로 한다.

6.4.1 Euler 운동방정식

전단응력이 무시되고 수직응력이 -p로 되는 비점성 유동에서, 일반적 운동방정식 식(6.50)은 다음과 같이 된다.

$$\rho g_x - \frac{\partial p}{\partial x} = \rho\left(\frac{\partial u}{\partial t} + u\frac{\partial u}{\partial x} + v\frac{\partial u}{\partial y} + w\frac{\partial u}{\partial z}\right) \quad (6.51a)$$

$$\rho g_y - \frac{\partial p}{\partial y} = \rho\left(\frac{\partial v}{\partial t} + u\frac{\partial v}{\partial x} + v\frac{\partial v}{\partial y} + w\frac{\partial v}{\partial z}\right) \quad (6.51b)$$

$$\rho g_z - \frac{\partial p}{\partial z} = \rho\left(\frac{\partial w}{\partial t} + u\frac{\partial w}{\partial x} + v\frac{\partial w}{\partial y} + w\frac{\partial w}{\partial z}\right) \quad (6.51c)$$

이 방정식들을 일반적으로 Euler 운동방정식이라 하며, 이는 압력과 유동과의 관계에 선구자적 역할을 한 유명한 스위스의 수학자인 Leonhard Euler(1707–1783)를 기념하기 위한 것이다. 벡터형태로 Euler 방정식을 표현하면 다음과 같다.

$$\rho\mathbf{g} - \nabla p = \rho\left[\frac{\partial \mathbf{V}}{\partial t} + (\mathbf{V}\cdot\nabla)\mathbf{V}\right] \quad (6.52)$$

오일러 방정식은 비점성 유동에 대해 용 된다.

식(6.51)은 일반적 운동방정식, 식(6.50)보다 상당히 간단하지만, 비점성 유동장의 모든 점에서 압력과 속도를 결정할 수 있는 일반해를 구하기는 아직도 어렵다. 대부분의 어려운 점은 대류 가속도항에 포함된 비선형 속도 항들($u\ \partial u/\partial x$, $v\ \partial u/\partial y$ 등)로부디 발생되며, 이들은 대류 가속도항 혹은 $(\mathbf{V}\cdot\nabla)\mathbf{V}$항에 나타난다. 이러한 항들 때문에, 오일러 방정식은 비선형 편미분 방정식이 되며, 이 식의 해를 구할 수 있는 일반적인 방법은 아직은 없다. 그러나 경우에 따라서 비점성 유동장에 대한 유용한 정보를 얻기 위하여 이 방정식들을 이용할 수 있다. 예를 들면, 다음 절에서 보여주겠지만, 우리는 식 (6.52)를 적분하여 유선을 따른 위치, 압력 그리고 속도에 대한 관계식(Bernoulli 방정식)을 얻을 수 있다.

6.4.2 Bernoulli 방정식

3.2절에서는 유전을 따라 움직이는 유체입자에 Newton의 제2법칙을 직접 적용하여 Bernoulli 방정식을 유도하였다. 이 절에서는 Euler 방정식을 이용하여 이 중요한 방정식을 다시 유도하고자 한다. 오일러 방정식은 뉴턴의 제2법칙을 유동 문제의 풀이에 적절한 일반적인 형태로 단지 표현한 것이기 때문에, 당연히 동일한 결과가 얻어져야 한다. 우리는 정상 유동만을 고려하기로 하며, 이 경우 벡터 형태의 Euler 방정식은 다음과 같이 된다.

$$\rho\mathbf{g} - \nabla p = \rho(\mathbf{V}\cdot\nabla)\mathbf{V} \quad (6.53)$$

이 미분방정식을 임의의 유선(그림 6.12)을 따라 적분하고, 여백의 그림에 나타낸 바와 같이, z축을 수직방향 ("위"를 양의 방향)으로 하는 좌표계를 택하면, 중력가속도 벡터는 다음과 같이 표현된다.

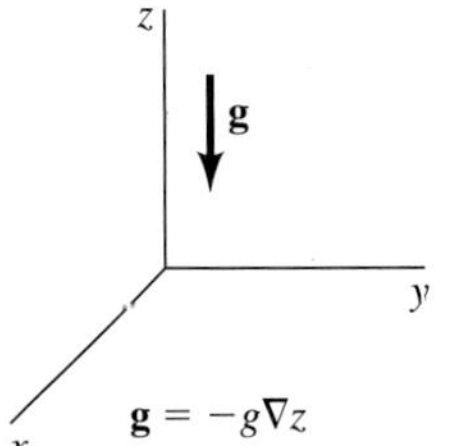

$\mathbf{g} = -g\nabla z$
$= 0\hat{\mathbf{i}} + 0\hat{\mathbf{j}} - g\hat{\mathbf{k}}$

$$\mathbf{g} = -g\nabla z$$

여기서 g는 중력가속도 벡터의 크기이다. 또한 다음의 벡터 항등식을 이용하면 편리하다.

$$(\mathbf{V}\cdot\nabla)\mathbf{V} = \frac{1}{2}\nabla(\mathbf{V}\cdot\mathbf{V}) - \mathbf{V}\times(\nabla\times\mathbf{V})$$

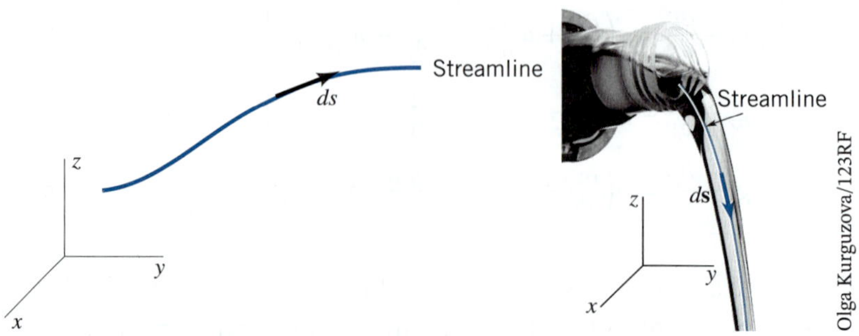

그림 6.12 유전을 따르는 미소길이(differential length)

식(6.53)을 이제 다시 쓰면 다음과 같다.

$$-\rho g\nabla z - \nabla p = \frac{\rho}{2}\nabla(\mathbf{V}\cdot\mathbf{V}) - \rho\mathbf{V}\times(\nabla\times\mathbf{V})$$

위 식을 정리하면 아래와 같이 된다.

$$\frac{\nabla p}{\rho} + \frac{1}{2}\nabla(V^2) + g\nabla z = \mathbf{V}\times(\nabla\times\mathbf{V})$$

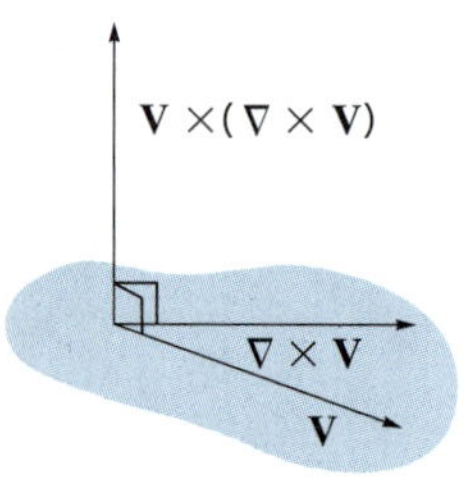

이 된다. 다음에 우리는 각 항에 유선을 따르는 미소길이 $d\mathbf{s}$로 내적을 하면(그림 6.12),

$$\frac{\nabla p}{\rho}\cdot d\mathbf{s} + \frac{1}{2}\nabla(V^2)\cdot d\mathbf{s} + g\nabla z\cdot d\mathbf{s} = [\mathbf{V}\times(\nabla\times\mathbf{V})]\cdot d\mathbf{s} \tag{6.54}$$

$d\mathbf{s}$는 유선과 같은 방향이므로 벡터 $d\mathbf{s}$와 벡터 $\mathbf{V}$는 평행하다. 그러나 여백의 그림에서와 같이, 벡터 $\mathbf{V}\times(\nabla\times\mathbf{V})$는 $\mathbf{V}$에 수직이므로 (왜?) 다음이 성립한다.

$$[\mathbf{V}\times(\nabla\times\mathbf{V})]\cdot d\mathbf{s} = 0$$

스칼라 량의 기울기와 미소길이와의 내적은 미소길이 방향으로 그 스칼라 량의 미소 변화임을 상기하라. 즉, $d\mathbf{s} = dx\,\hat{\mathbf{i}} + dy\,\hat{\mathbf{j}} + dz\,\hat{\mathbf{k}}$이므로 $\nabla p\cdot d\mathbf{s} = (\partial p/\partial x)\,dx + (\partial p/\partial y)\,dy + (\partial p/\partial z)\,dz = dp$로 쓸 수 있다. 따라서 식(6.54)는

$$\frac{dp}{\rho} + \frac{1}{2}d(V^2) + g\,dz = 0 \tag{6.55}$$

오일러 방정식은 비점성 유동의 압력, 속도, 그리고 위치에 대한 관계식이다.

으로 되고, 여기서 p, V와 z의 변화는 유선을 따라서 이루어진다. 식(6.55)는 이제 적분이 가능하고 다음과 같이 된다.

$$\boxed{\int\frac{dp}{\rho} + \frac{V^2}{2} + gz = \text{constant}} \tag{6.56}$$

이 식은 왼쪽 세 항의 합은 유선을 따라 일정해야 함을 의미한다. 식(6.56)은 비점성 유동의 압축성 및 비압축성 유동 모두에 적용이 가능하며, 압축성 유체일 경우에는 식 (6.56)의 첫째항을 계산하기 위하여 p에 따른 ρ의 관계가 주어져야 한다.

비점성, 비압축성 유체 (흔히 **이상유체**(ideal fluids)라 함)의 경우, 식(6.56)은

$$\frac{p}{\rho} + \frac{V^2}{2} + gz = \text{constant along a streamline} \tag{6.57}$$

와 같이 되고 이 식은 4장에서 집중적으로 공부한 Bernoulli 방정식이다. 때로는 식 (6.57)을 유선상의 두 점 (1)과 (2)에 대하여 쓰고, 각 항을 중력 g로 나누어 "수두(head)" 형태로 다시 정리하면 편리하며, 다음과 같다.

$$\frac{p_1}{\gamma} + \frac{V_1^2}{2g} + z_1 = \frac{p_2}{\gamma} + \frac{V_2^2}{2g} + z_2 \tag{6.58}$$

식(6.57)과 (6.58)에 의해 표현된 Bernoulli 방정식은 다음의 제약 조건들이 있음을 다시 한번 더 강조한다.

- 비점성유동
- 정상유동
- 비압축성유동
- 유선을 따르는 유동

4장으로 돌아가서 Bernoulli 방정식의 사용에 대한 몇 가지 예제들을 복습하기 바란다.

6.4.3 비회전 유동

비회전 유동장에서 와도는 0이다.

유동이 비회전이라는 가정을 더 추가하면, 비점성 유동 문제의 해석은 훨씬 더 간단해진다. 6.1.3절에서 유체 요소의 회전은 $1/2(\nabla \times \mathbf{V})$이며, 그리고 비회전 유동장에서는 $\nabla \times \mathbf{V} = 0$이 됨을 상기하라. 와도(vorticity)를 $\nabla \times \mathbf{V}$로 정의하였으므로 비회전 유동장에서는 와도도 영(zero)이 된다. 비회전성이라는 개념은 통상의 유동장에 대하여는 조금 이상한 조건으로 보일지도 모른다. 어떤 조건에서 유동장이 비회전일 수 있는가? 그 질문에 대한 해답을 구하기 위해서, 만일 $1/2(\nabla \times \mathbf{V}) = 0$이면, 식 (6.12), (6.13) 및 (6.14)에서 주어진 바와 같이, 회전 벡터의 각 성분들은 각각 영이 되어야하는 사실을 우리는 주목한다. 이 성분들은 유동장 내의 여러 가지 속도 기울기들을 포함하고 있기 때문에, 비회전의 조건은 이 속도 기울기들 사이의 어떤 관계들을 성립시킨다. 예를 들어, z축에 대한 회전이 영이 되기 위하여, 식(6.12)로부터

$$\omega_z = \frac{1}{2}\left(\frac{\partial v}{\partial x} - \frac{\partial u}{\partial y}\right) = 0$$

이고, 따라서

$$\frac{\partial v}{\partial x} = \frac{\partial u}{\partial y} \tag{6.59}$$

이다. 유사하게 식 (6.13)과 (6.14)로부터

$$\frac{\partial w}{\partial y} = \frac{\partial v}{\partial z} \tag{6.60}$$

와

$$\frac{\partial u}{\partial z} = \frac{\partial w}{\partial x} \tag{6.61}$$

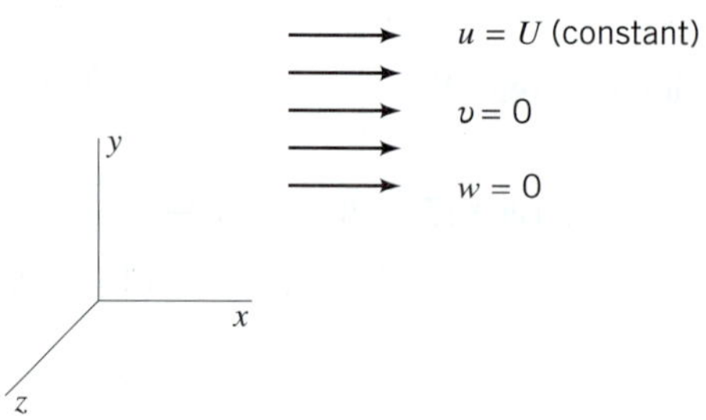

그림 6.13 x방향으로의 일정한 유동

이다. 일반적인 유동장은 이 세 가지 식들을 만족시키지 않는다. 그러나 그림 6.13에 예시한 균일 유동은 만족시킨다. 이 유동은 $u = U$(상수), $v = 0$ 그리고 $w = 0$이므로 식 (6.59), (6.60) 및 (6.61)을 만족시킨다. 따라서 균일 유동장(속도 기울기가 없음)은 확실히 비회전유동의 한 예이다.

비점성 유체에는 전단응력이 없다. 즉, 유체 요소에 작용하는 힘들은 유체의 무게와 압력 뿐 이다. 중력은 요소의 무게중심(center of gravity)을 관통하여 작용하고 압력은 요소 표면의 수직 방향으로 작용하기 때문에, 이 두 가지 힘들은 모두 요소의 회전에 영향을 미치지 않는다. 따라서 비점성 유체에서 유등장의 일부가 비회전이면, 이 (비회전)영역에서 나오는 유채 요소는 (비회전) 유동장을 지나는 동안 회전하지 않는다.

6.4.4 비회전 유동에시의 Bernoulli 방정식

6.4.2절에서 Bernoulli 방정식을 유도할 때, 식(6.54)를 유선을 따라 적분하였다. 이러한 제한 조건으로 인하여 식(6.54)의 오른쪽 항은 영(zero)이 될 수 있었다. 즉,

$$[\mathbf{V} \times (\boldsymbol{\nabla} \times \mathbf{V})] \cdot d\mathbf{s} = 0$$

이다($d\mathbf{s}$가 $\mathbf{V}$와 평행하기 때문). 그러나 비회전 유동에서는 $\nabla \times \mathbf{V} = 0$이고, 따라서 식 (6.54)의 오른쪽 항은 $d\mathbf{s}$의 방향과 관계없이 영이 된다. 따라서 식(6.55)를 유도할 때 사용했던 방법으로 구하되, 여기서는 미소 변화 dp, $d(V^2)$ 및 dz는 유선방향이 아닌 임의의 방향에 대한 것으로 간주해도 된다. 식(6.55)를 적분하면

$$\int \frac{dp}{\rho} + \frac{V^2}{2} + gz = \text{constant} \tag{6.62}$$

이 되고, 상수 값은, 비회전 유통의 경우, 유동장 전체에 걸쳐 동일하다. 따라서 비입축성, 비회전 유동장에 대하여 Bernoulli 방정식은 유동장 내의 임의의 두 점 사이에서 다음과 같이 표현한다.

베르누이 방정식은 비회전 유동장에서 임의의 두 지점 사이에 적용될 수 있다.

$$\boxed{\frac{p_1}{\gamma} + \frac{V_1^2}{2g} + z_1 = \frac{p_2}{\gamma} + \frac{V_2^2}{2g} + z_2} \tag{6.63}$$

식(6.63)은 식(6.58)과 형태는 같지만 유선을 따라서 적용되어야 한다는 제약을 받지 않는다. 그러나 식 (6.63)은 다음의 조건에서 제약을 받는다.

- 비점성 유동
- 정상 유동
- 비압축성 유동
- 비회전 유동

6.4.5 속도 포텐셜

비회전 유동에서 속도 기울기는 식(6.59), (6.60) 및 (6.61)을 통하여 서로 관련되어 있다. 이 경우(비회전 유동)에 속도 성분들은 스칼라 함수 $\phi(x, y, z, t)$로 다음과 같이 표현될 수 있다.

$$u = \frac{\partial \phi}{\partial x} \qquad v = \frac{\partial \phi}{\partial y} \qquad w = \frac{\partial \phi}{\partial z} \tag{6.64}$$

여기서 ϕ를 "**속도 포텐셜**"이라고 한다. 이 속도 성분들을 식(6.59), (6.60) 및 (6.61)에 직접 대입하면 식(6.64)로 정의한 속도장이 실제로 비회전임을 확인할 수 있다. 식 (6.64)를 벡터 형식으로 표현하면

$$\boxed{\mathbf{V} - \boldsymbol{\nabla}\phi} \tag{6.65}$$

이 되고, 비회전 유동에서의 속도는 스칼라 함수 ϕ의 기울기로 표현된다.

속도 포텐셜은 유동장의 비회전성에 기인하며, 반면에, 유동함수(6.2.3절을 보라)는 질량보존에 의한 결과이다. 그러나 속도 포텐셜은 일반적인 3차일 유동에서도 정의될 수 있으나, 유동함수는 2차원 유동에 국한된다는 것에 유념하라.

우리는 비압축성 유체에 대한 질량보존식은

$$\boxed{\boldsymbol{\nabla} \cdot \mathbf{V} = 0}$$

임을 알고 있으므로, 이로부터 비압축성, 비회전 유동의 경우($\mathbf{V} = \nabla\phi$)는

$$\boldsymbol{\nabla}^2\phi = 0 \tag{6.66}$$

비점성, 비압축성, 비회전 유동을 포텐셜 유동이라하며 라플라스 방정식에 의해 지배된다.

이다. 여기서 $\nabla^2(\ ) = \nabla \cdot \nabla(\ )$는 Laplace **연산자**라 하고, 직교 좌표계에서는 다음과 같다.

$$\frac{\partial^2 \phi}{\partial x^2} + \frac{\partial^2 \phi}{\partial y^2} + \frac{\partial^2 \phi}{\partial z^2} = 0$$

이 미분방정식은 공학과 물리학의 서로 다른 많은 영역에서 쓰이고 있으며, "**Laplace 방정식**"이라 한다. 따라서 비점성, 비압축성, 비회전 유동장은 Laplace 방정식에 의해 지배된다. 이런 종류의 유동을 "**포텐셜 유동**"이라고 한다. 주어진 문제를 수학적으로 완전하게 표현하기 위해서는 경계조건이 주어져야 한다. 이러한 경계주건들은 보통 유동장 경계에 주어진 속도들이다. 이와 같이 포텐셜 함수가 구해지면 식(6.64)로부터 유동장 내의 모든 점들에 대한 속도를 얻을 수 있고 Bernoulli 방정식 식(6.63)을 이용하여 압력을 얻을 수 있다. 비록 속도 포텐셜 개념이 정상 및 비정상 유동 모두에 적용 되지만, 여기서는 정상 유동에 대해서만 관심을 두기로 한다.

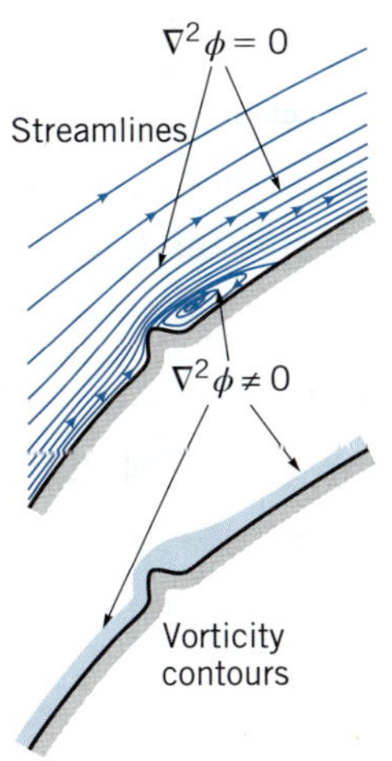

문제에 따라서는 원통좌표계 r, θ 및 z를 사용하는 것이 편리할 수 있다. 이 좌표계에서는 기울기 연산자가

$$\nabla(\ ) = \frac{\partial(\ )}{\partial r}\hat{\mathbf{e}}_r + \frac{1}{r}\frac{\partial(\ )}{\partial \theta}\hat{\mathbf{e}}_\theta + \frac{\partial(\ )}{\partial z}\hat{\mathbf{e}}_z \tag{6.67}$$

이므로

$$\nabla\phi = \frac{\partial\phi}{\partial r}\hat{\mathbf{e}}_r + \frac{1}{r}\frac{\partial\phi}{\partial \theta}\hat{\mathbf{e}}_\theta + \frac{\partial\phi}{\partial z}\hat{\mathbf{e}}_z \tag{6.68}$$

이 된다. 여기서 $\phi = \phi(r, \theta, z)$이다. 속도 벡터는

$$\mathbf{V} = v_r\hat{\mathbf{e}}_r + v_\theta\hat{\mathbf{e}}_\theta + v_z\hat{\mathbf{e}}_z \tag{6.69}$$

로 표현되고, 비회전 유동($\mathbf{V} = \nabla\phi$)에서는

$$v_r = \frac{\partial\phi}{\partial r} \qquad v_\theta = \frac{1}{r}\frac{\partial\phi}{\partial\theta} \qquad v_z = \frac{\partial\phi}{\partial z} \tag{6.70}$$

이 된다. 그리고 원통좌표계에서 Laplace방정식은 다음과 같다.

$$\boxed{\frac{1}{r}\frac{\partial}{\partial r}\left(r\frac{\partial\phi}{\partial r}\right) + \frac{1}{r^2}\frac{\partial^2\phi}{\partial\theta^2} + \frac{\partial^2\phi}{\partial z^2} = 0} \tag{6.71}$$

예제 6.4 | 속도 포텐셜과 비점성 유동 압력

주어진 사항 그림 E6.4a에서 보인 바와 같이 각도 90도인 코너(comer)부근을 흐르는 비점성, 비압축성 유체의 2차원 유동은 아래의 유동함수로 표현된다.

$$\psi = 2r^2 \sin 2\theta$$

여기서 ψ의 단위는 m^2/s이고, r의 단위는 m이다. 유체의 밀도는 $10^3\ kg/m^3$이고 $x-y$ 평면은 점(1)과 점(2) 사이의 높이의 차이가 없는 수평면이라고 가정하라.

해결과제

(a) 가능하다면, 부합되는 속도포텐셜을 구하라.

(b) 벽면상의 점 (1)의 압력이 30kPa일 때, 점 (2)에서의 압력은 얼마인가?

풀이

(a) 반경 방향과 접선방향의 속도 성분들을 유동함수(식 (6.42)를 보라)를 이용하여구하면

$$v_r = \frac{1}{r}\frac{\partial\psi}{\partial\theta} = 4r\cos 2\theta$$

와

$$v_\theta = -\frac{\partial\psi}{\partial r} = -4r\sin 2\theta$$

이다. 그런데

$$v_r = \frac{\partial\phi}{\partial r}$$

인 관계로

$$\frac{\partial\phi}{\partial r} = 4r\cos 2\theta$$

이 된다. 이 식을 적분하면 다음과 같다.

$$\phi = 2r^2\cos 2\theta + f_1(\theta) \tag{1}$$

여기서 $f_1(\theta)$는 θ에 대한 임의의 함수이다. V_θ에 대해서도 동일한 방법을 수행하면다음과 같다.

$$v_\theta = \frac{1}{r}\frac{\partial\phi}{\partial\theta} = -4r\sin 2\theta$$

위의 식을 적분하면 Φ에 대한 다른 식을 얻게 되며 다음과 같다.

$$\phi = 2r^2\cos 2\theta + f_2(r) \tag{2}$$

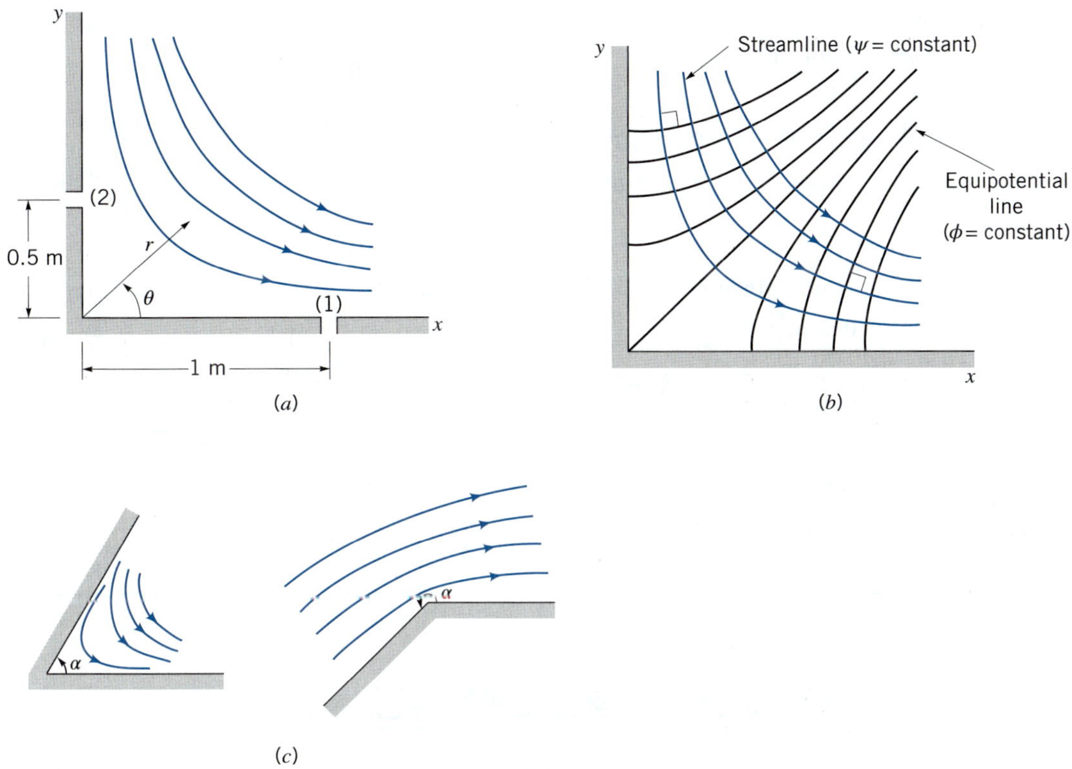

그림 E6.4a

여기서 $f_2(r)$는 r에 관한 임의의 함수이다. 식(1)과 (2)를 모두 만족하기 위한 속도포텐셜은

$$\phi = 2r^2 \cos 2\theta + C \qquad \text{(답)}$$

와 같은 형태를 가져야한다. 여기서 C는 임의의 상수 이다. 유동함수의 경우처럼 C의 값은 그리 중요하지 않으며, 통상 $C = 0$으로 둔다. 따라서 이 예제의 코너 부근을 흐르는 유동에 대한 속도포텐셜은 다음과 같다.

$$\phi = 2r^2 \cos 2\theta \qquad \text{(답)}$$

보충설명 이 문제의 제시문중에서 "가능하다면"이라고 언급한 이유는 상응하는 속도포텐셜을구하지 못할 수 도있다는 의미가 함축되어 있다. 그 이유는 2차원유동에서 우리는 항상 유동함수를 정의할 수 있으나, 이에 상응하는 속도포텐셜이 존재해야만 그 유동은비회전 유동이기 때문이다. 따라서 우리가 속도포텐셜을 정할수 있다는 사실은 그 유동은 비회전임을 의미한다. 그림 E6.4b에서는 유선들과 Φ가 일정한 선들을 나타내었다. 이 두 종류의 신들은 서로 직교(orthogonal)한다. 유선과 Φ가 일정한 선이 항상 직교하는 이유는 6.5절에서 설명될 것이다.

풀이

(b) 우리는 비점성, 비압축성 유체의 비회전 유동을 취급하기 때문에 Bernoulli방정식은 임의의 두 점에 대하여 적용될 수 있다. 따라서 높이 차이가 없는 점(1)과 (2)사이에

$$\frac{p_1}{\gamma} + \frac{V_1^2}{2g} = \frac{p_2}{\gamma} + \frac{V_2^2}{2g}$$

또는

$$p_2 = p_1 + \frac{\rho}{2}(V_1^2 - V_2^2) \qquad (3)$$

왜냐하면

$$V^2 = v_r^2 + v_\theta^2$$

이므로, 유동장내의 모든 점에 대해서 다음과 같이 된다.

$$\begin{aligned} V^2 &= (4r\cos 2\theta)^2 + (-4r\sin 2\theta)^2 \\ &= 16r^2(\cos^2 2\theta + \sin^2 2\theta) \\ &= 16r^2 \end{aligned}$$

이 결과는 임의의 점에서 속도의 제곱값은 그 점까지의 반경 r값에만 의존함을 의미한다. 그리고 상수16의 단위는 s^{-1}이므로

$$\begin{aligned} V_1^2 &= (16\ s^{-2})(1\ m)^2 = 16\ m^2/s^2 \\ V_2^2 &= (16\ s^{-2})(0.5\ m)^2 = 4\ m^2/s^2 \end{aligned}$$

이 된다. 이 속도들을 식(3)에 대입하면 다음의 결과를 얻는다.

$$\begin{aligned} p_2 &= 30\times 10^3\ N/m^2 + \frac{10^3\,kg/m^3}{2}(16\ m^2/s^2 - 4\ m^2/s^2) \\ &= 36\ kPa \end{aligned}$$

(답)

보충설명 이 예제의 유동함수는 다음과 같이 직교 좌표계에서도 표현될 수 있다.

$$\psi = 2r^2\sin 2\theta = 4r^2\sin\theta\cos\theta$$

혹은 $x = r\cos\theta$, $y = r\sin\theta$임을 이용하면 다음과 같다.

$$\psi = 4xy$$

그러나 원통형 극좌표 형식을 사용하면, 결과를 임의 각 α (그림6.3c)를 가진 코너 부근의 유동으로 일반화할 수 있으며, 다음 식과 같이 된다.

$$\begin{aligned} \psi &= Ar^{\pi/\alpha}\sin\frac{\pi\theta}{\alpha} \\ \phi &= Ar^{\pi/\alpha}\cos\frac{\pi\theta}{\alpha} \end{aligned}$$

여기서 A는 임의의 상수이다.

6.5 기본적인 평면 포텐셜 유동

포텐셜 유동에 대해 기본 유동의 중첩으로 복잡 유동을 구현한다.

Laplace 방정식의 가장 큰 장점은 선형 편미분방정식인 점이다. 방정식이 선형이므로, 여러 해들을 결합하면 또 다른 해를 얻을 수 있다. 즉, $\phi_1(x, y, z)$와 $\phi_2(x, y, z)$가 Laplace 방정식의 해라고 하면 $\phi_3 = \phi_1 + \phi_2$도 역시 해가 된다. 이 결과의 실제적 의미는, 만일 우리에게 어떤 기본적인 애들이 주어진다면 우리는 이들을 중첩하여 더 복잡하고 흥미 있는 해들을 구할 수 있다는 것이다. 이 절에서는 비교적 간단한 유동에 대한 속도 포텐셜의 기본 형태를 구한다. 다음 절에서는 좀 더 복잡한 유동을 표현하기 위하여 이러한 기본 속도포텐셜들이 결합되어진다.

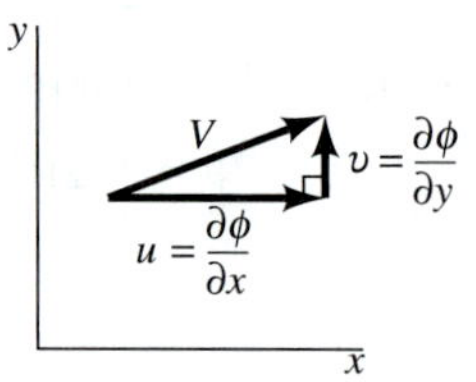

편의상, 평면 유동(2차원 유동)에 대해서 고려하기로 한다. 이 경우, 옆의 여백 의 그림과 같이 직교좌표계에서 속도함수들은

$$u = \frac{\partial\phi}{\partial x} \qquad v = \frac{\partial\phi}{\partial y} \tag{6.72}$$

이며, 원통좌표계에서의 속도 함수들은 다음과 같다.

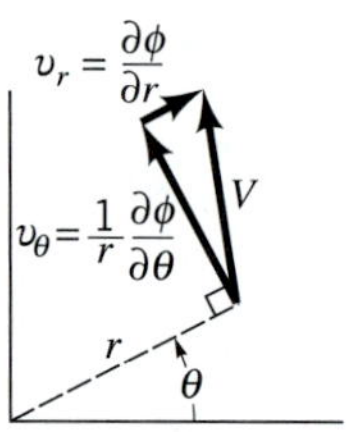

$$v_r = \frac{\partial\phi}{\partial r} \qquad v_\theta = \frac{1}{r}\frac{\partial\phi}{\partial\theta} \tag{6.73}$$

우리는 평면 유통에 대한 유동 함수를 정의할 수 있으며, 유동 함수를 이용하여 속도들을 나타내면

$$u = \frac{\partial\psi}{\partial y} \qquad v = -\frac{\partial\psi}{\partial x} \tag{6.74}$$

또는

$$v_r = \frac{1}{r}\frac{\partial \psi}{\partial \theta} \qquad v_\theta = -\frac{\partial \psi}{\partial r} \tag{6.75}$$

이다. 여기서의 유동함수는 이미 식(6.37)과 (6.42)에서 정의되었었다. 또 속도를 유동함수 형태로 정의하면 질량보존(conservation of mass)은 저절로 만족됨을 알고 있다.

여기에 비회전 조건을 추가하면 식(6.59)로부터

$$\frac{\partial u}{\partial y} = \frac{\partial v}{\partial x}$$

이며, 이를 유동함수를 사용하여 표현하면

$$\frac{\partial}{\partial y}\left(\frac{\partial \psi}{\partial y}\right) = \frac{\partial}{\partial x}\left(-\frac{\partial \psi}{\partial x}\right)$$

또는

$$\frac{\partial^2 \psi}{\partial x^2} + \frac{\partial^2 \psi}{\partial y^2} = 0$$

와 같이 된다.

따라서 평면, 비회전 유동에서 우리는 속도 포텐셜이나 유동함수 모두 사용할 수 있다. 즉, 두 함수 모두 2차원 Laplace 방정식을 만족시킨다. 이를 유추해 보면 속도 포텐셜과 유동함수는 서로 연관되어 있음을 알 수 있다. 앞서 보았듯이 ψ가 일정한 선은 유선이다. 즉,

$$\left.\frac{dy}{dx}\right|_{\text{along } \psi=\text{constant}} = \frac{v}{u} \tag{6.76}$$

이다. 한 점(x, y)에서 부근의 점$(x + dx,\ y + dy)$으로 이동함에 따른 ϕ의 변화는 다음

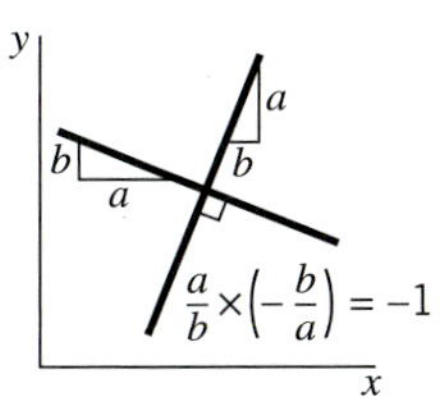

$$d\phi = \frac{\partial \phi}{\partial x}dx + \frac{\partial \phi}{\partial y}dy = u\,dx + v\,dy$$

의 관계로 주어진다.

ϕ값이 일정한 선에서는 $d\phi = 0$이므로

$$\left.\frac{dy}{dx}\right|_{\text{along } \phi=\text{constant}} = -\frac{u}{v} \tag{6.77}$$

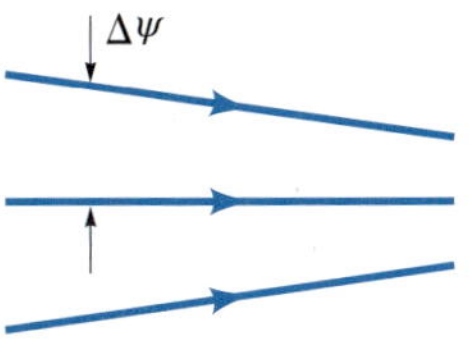

Streamwise acceleration

가 된다. 식(6.76)과(6.77)을 비교해 보면 ϕ가 일정한 선(등 **포텐셜선(equipotential line)**)들과 Ψ가 일정한 선(유선)들은 모든 교차점에서 서로 직교함을 알 수 있다(여백의 그림에서와 같이, 두 선들의 기울기의 곱이 -1이면 두 선은 서로 직교한다). 포텐셜 유동장에서는 유선과 등 포텐셜 선들을 이용하여 **"유동망(flow net)"**을 그릴 수 있다.

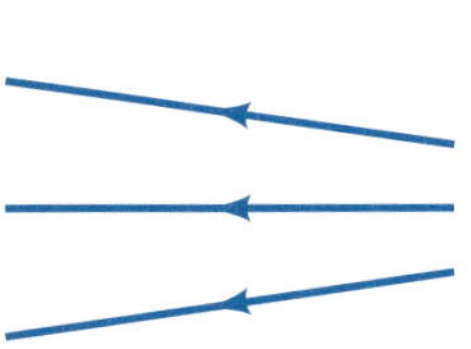
Streamwise deceleration

이 유동망은 유동 형태의 가시화에 유용하며, 또 유선들과 등 포텐셜 신들을 스케치(sketch)하고 모든 교차점에서 거의 직교하도록 조정하여서 도식적인 해(graphical solution)를 구할 때도 사용할 수 있다. 그림 6.14는 유동망의 예를 보여준다. 속도는 여백의 그림에서 보는 바와 같이, 유선의 간격과 반비례 관계에 있으므로 유동망을 통하여

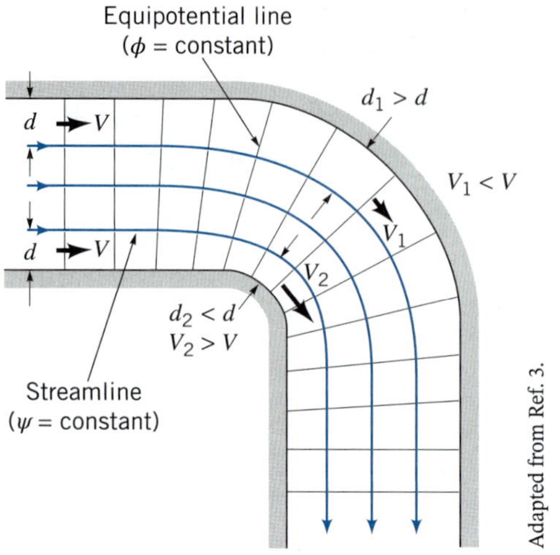

그림 6.14 90°밴드의 유동망

속도를 추정할 수 있다. 따라서 예를 들어 그림 6.14를 보면, 안쪽 코너 부근에서의 속도가 곡관의 바깥쪽 부분의 속도보다 크다는 것을 알 수 있다.

6.5.1 균일 유동

가장 간단한 평면 유동은 유선들이 모두 직전이고 서로 평행하며 속도의 크기는 일정한 경우이다. 이러한 유동을 **균일 유동(uniform flow)**이라 부른다. 예를 들어, 그림6.15a에 나타낸 바와 같이 양(positive)의 x 방향으로 흐르는 균일유동을 생각해 보자. 이 경우, $u = U$, 그리고 $v = 0$이며, 속도 포텐셜로 표현하면 다음과 같다.

$$\frac{\partial \phi}{\partial x} = U \qquad \frac{\partial \phi}{\partial y} = 0$$

위의 두 식들을 적분하여 ϕ를 구하면 아래와 같이 된다.

$$\phi = Ux + C$$

여기서 C는 임의의 상수이며, 영(zero)으로 둘 수 있다. 따라서 양의 x 방향으로 흐르는 균일유동의 속도포텐셜은 다음과 같다.

$$\phi = Ux \tag{6.78}$$

이에 상응하는 유동함수도 비슷한 방법으로 구해지며

$$\frac{\partial \psi}{\partial y} = U \qquad \frac{\partial \psi}{\partial x} = 0$$

이므로, 유동함수 ψ는 다음과 같다.

$$\psi = Uy \tag{6.79}$$

위의 결과들을 일반화하면, 그림 6.15b와 같이 x축과 α의 각도를 가진 균일유동에 대한

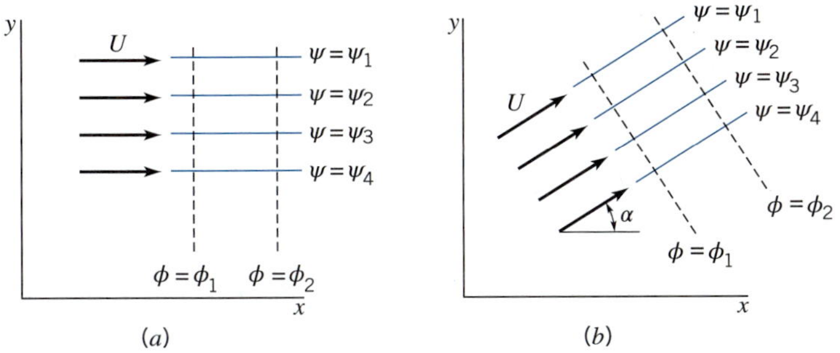

그림 6.15 균일유동 : (a) x방향, (b) 임의의 각 α의 방향

속도포텐셜과 유동함수를 얻을 수 있다. 이 경우,

$$\phi = U(x \cos \alpha + y \sin \alpha) \tag{6.80}$$

그리고

$$\psi = U(y \cos \alpha - x \sin \alpha) \tag{6.81}$$

이다.

6.5.2 용출과 흡입 유동

그림 6.16과 같이 원점을 지나고 x–y 평면에 수직인 선에서 반경방향으로 흐르는 유동을 고려해보자. m을 그 선(단위 길이 당)에서 흘러나오는 체적유량(volume rate of flow)이라 하면, 질량보존을 만족시키기 위하여

$$(2\pi r)\upsilon_r = m$$

또는

$$\upsilon_r = \frac{m}{2\pi r}$$

이다. 또 이 유동은 반경방향만의 유동이므로, $\upsilon_\theta = 0$이며, 이에 대한 속도포텐셜은

용출 및 흡입 유동은 순수하게 반경류이다.

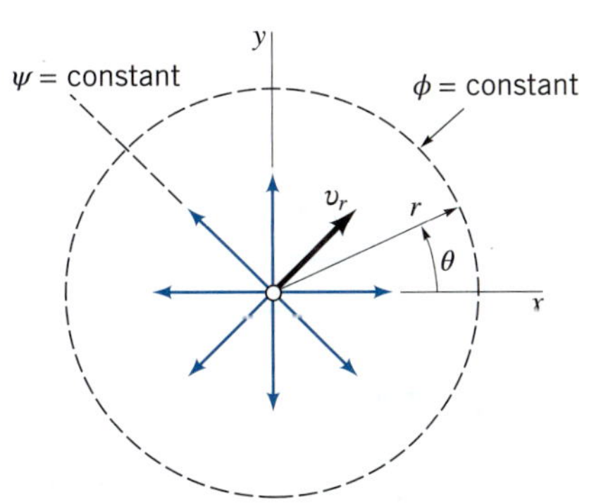

그림 6.16 소스의 유선 도안

$$\frac{\partial \phi}{\partial r} = \frac{m}{2\pi r} \qquad \frac{1}{r}\frac{\partial \phi}{\partial \theta} = 0$$

을 적분하여 얻을 수 있다. 위 식을 적분하면,

$$\boxed{\phi = \frac{m}{2\pi} \ln r} \tag{6.82}$$

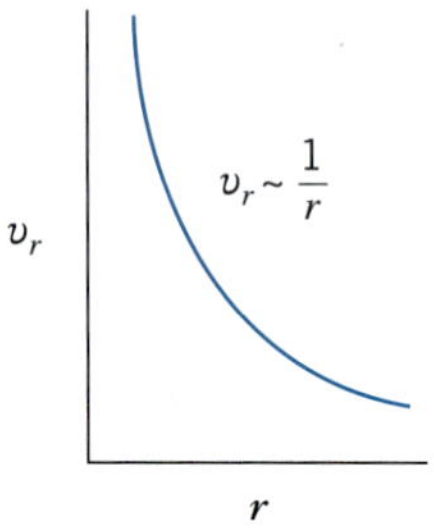

이다. 만일 m이 양(>0)이면 유등은 반경 방향이고, 이를 **용출(source)** 유동이라 한다. 반대로 m이 음(<0)이면 유동은 원점 방향이고, 이를 **흡입(sink)** 유동이라 한다. 유량 m은 용출 또는 흡입의 **강도(strength)**이다.

여백의 그림에서 보인 바와 같이, $r = 0$인 원점에서의 속도는 무한대가 되며, 당연히 이는 물리적으로 불가능하다. 따라서 소소나 싱크 유동은 실제 유동에서는 존재하지 않으며, 소스나 싱크를 의미하는 (원점에서 평면에 수직한)선은 유동장 내에서는 수학적 특이점이 된다. 그러나 원점에서 떨어진 점에서는 소스와 싱크를 이용하여 몇몇 실제 유동을 근사할 수 있다. 또 이런 가상적인 유동에 대한 속도 포텐셜은 다른 기본 속도 포텐셜들과 결합하여 실제 유동장을 근사적으로 표현하기도 한다. 이 개념은 6.6절에서 심도있게 다루게 된다.

용출에 대한 유동함수는 아래의 관계식들,

$$v_r = \frac{1}{r}\frac{\partial \psi}{\partial \theta} = \frac{m}{2\pi r} \qquad v_\theta = -\frac{\partial \psi}{\partial r} = 0$$

을 적분하여 구하면 다음과 같다.

$$\boxed{\psi = \frac{m}{2\pi}\theta} \tag{6.83}$$

식 (6.83)을 보면 유선(ψ가 일정한 선)들은 반경 방향 선들임을 알 수 있고, 식 (6.82)를 보면 등 포텐셜 선(ϕ가 일정한 선)들은 원점을 중심으로 한 동심원들임을 알 수 있다.

예제 6.5 | 포텐셜 유동 – 흡입 유동

주어진 사항 비점성, 비압축성 유체가 그림 E6.5에서와 같이 쐐기(wedge) 모양의 벽 사이를 흘러 작은 구멍으로 흘러나간다. 이 유동을 근사적으로 표현하는 속도 포텐셜(m^2/s)은 다음과 같다.

$$\phi = -2 \ln r\phi = -2 \ln r$$

해결과제 그 구멍으로 들어가는 단위 길이 당 체적유량을 구하라.

풀이 속도 성분들은

$$v_r = \frac{\partial \phi}{\partial r} = -\frac{2}{r} \qquad v_\theta = \frac{1}{r}\frac{\partial \phi}{\partial \theta} = 0$$

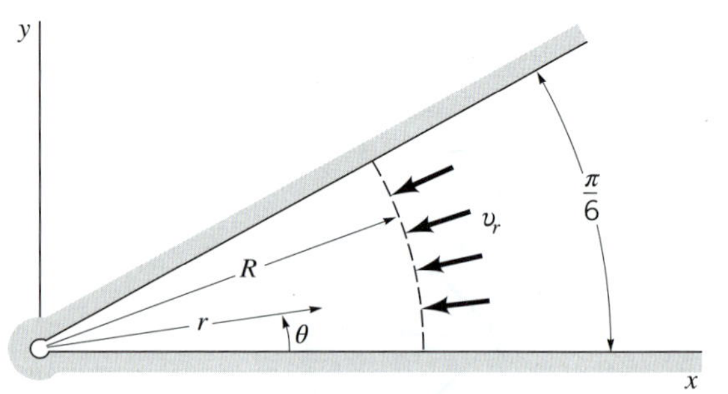

그림 E6.5

이며, 이 유동은 순전히 반경 방향의 유동이다. 길이가 $R\pi/6$인 원호를 가로지르는 단위 폭 당 유량 q는 다음과 유량은 다음과 같이 적분을 하여 얻을 수 있다.

$$q = \int_0^{\pi/6} v_r R\, d\theta = -\int_0^{\pi/6} \left(\frac{2}{R}\right) R\, d\theta$$
$$= -\frac{\pi}{3} = -1.05 \text{ m}^2/\text{s} \qquad \text{(답)}$$

보충설명 두 벽면 사이의 어느 곡선(원호)을 가로지르는 유량은 동일하여야 하므로 반지름 R은 임의의 수임을 주목한다. 음의 부호는 유량의 방향이 그 구멍을 향한다는 것, 즉 음의 반경 방향임을 의미한다.

6.5.3 와류(Vortex)

이 절에서는 유선들이 동심원을 이루는 유동장, 즉 소스 유동에서 속도 포텐셜과 유동 함수를 서로 바꾸었을 때의 유동장을 생각해 보자. 따라서 속도 포텐셜과 유동 함수를 각각 다음과 같이 둔다.

$$\phi = K\theta \tag{6.84}$$

그리고

$$\psi = -K \ln r \tag{6.85}$$

유선이 동심원인 유동이 와류이다.

여기서 K는 상수이다. 이렇게 두면 그림 6.17에서 보인 바와 같이 유선들은 동심원들이 되고, $v_r = 0$, 그리고

$$v_\theta = \frac{1}{r}\frac{\partial \phi}{\partial \theta} = -\frac{\partial \psi}{\partial r} = \frac{K}{r} \tag{6.86}$$

이다. 이 결과들이 의미하는 바는 접선방향 속도 성분은, 여백의 그림과 같이, $r = 0$ (여기서는 속도가 무한대가 된다)에서는 특이점을 형성하면서 원점으로부터의 거리에 반비례적으로 변한다는 것이다.

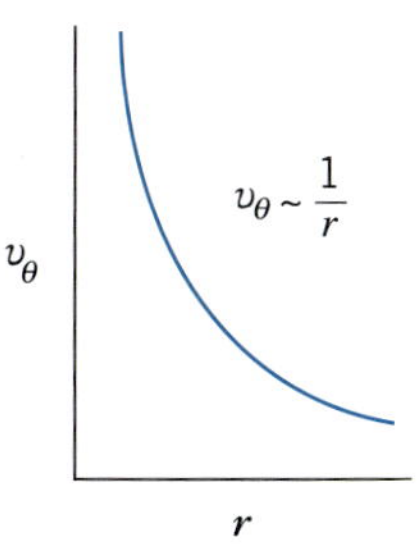

와류 유동(vortex motion)이 비회전이라고 하면(유동장이 속도 포텐셜에 의해 표현되기 때문에 비회전이다) 이상하게 들릴지도 모른다. 회전이라 함은 유체 요소 자체의 회전을 의미하는 것이며, 그 경로가 아님을 상기하면 될 것이다. 따라서 비회전 와류 유동장에 작은 막대기 한 쌍을 그림 6.18a와 같이 A 지점에 둔다면, 막대기들은 B 지점으로 이

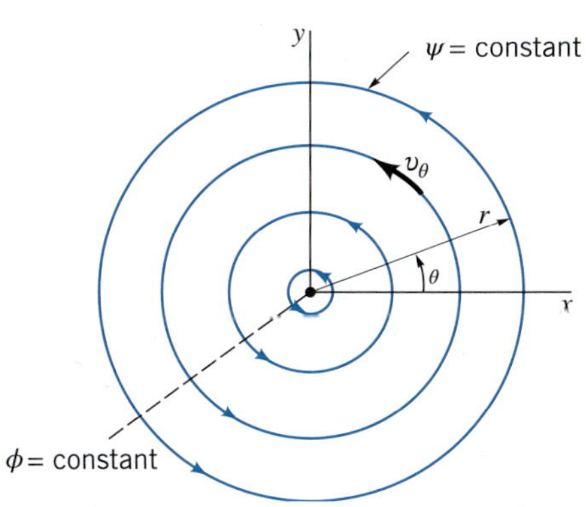

그림 6.17 와류의 유선 형태

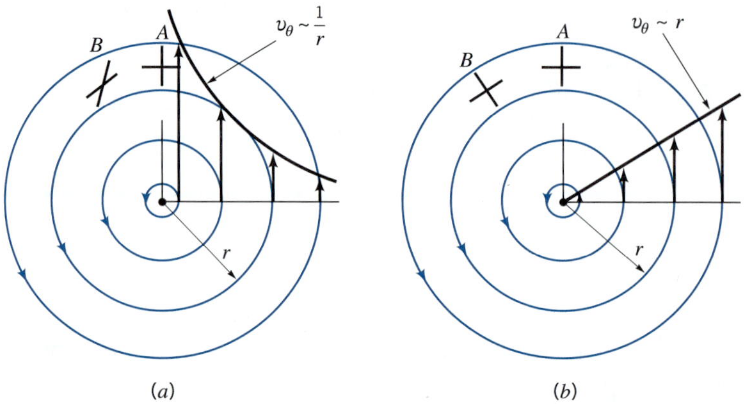

그림 6.18 A에서 B로 가는 유체 요소의 운동: (a) 비회전(자유) 와류 (b) 회전(강제) 와류

동하는 동안 회전하게 된다. 막대기 중에 유선과 일치되도록 놓인 막대기는 원호 경로를 따라 이동하면서 반시계 방향으로 회전한다. 다른 막대기는 유동장의 성질 때문에 시계 방향으로 회전한다. 즉, 그 막대기에서 원점에 가까운 부분은 반대쪽 끝 부분보다 빠르게 운동하기 때문이다. 두 막대기들이 다 회전하지만 유동이 비회전인 관계로 두 막대기의 평균 각속도는 영(zero)이다.

와류는 회전 유동이거나 비회전 유동이 될 수 있다.

만일 유체가 속도 $v_\theta = K_1 r$(여기서 K_1은 상수)과 같이 되도록 강제 회전 운동을 한다면, 앞의 경우와 같이 유동장 내에 놓인 막대기들은 그림 6.18b에서와 같이 회전하게될 것이다. 이러한 와동을 **회전 와류(rotational vortex)**라 하며, 속도 포텐셜로는 이 유동을 표현할 수 없다. 회전 와류는 종종 **강제 와류(forced vortex)**라 하며, 반면에 비회전 와류는 통상 **자유 와류(free vortex)**라 부른다. 욕조 배수구에서 생기는 물의 소용돌이는 자유 와류와 비슷하며, 각속도 ω로 축을 중심으로 회전하는 용기 내의 액체운동은 강제 와류에 속한다.

혼합 와류(combined vortex)는 중심 코어(core)에서는 강제 와류이고 코어의 바깥 부분에서는 자유와류의 속도 분포를 가지는 것을 말한다. 따라서 혼합 와류는

$$v_\theta = \omega r \qquad r \le r_0 \tag{6.87}$$

그리고

$$v_\theta = \frac{K}{r} \qquad r > r_0 \tag{6.88}$$

이다. 여기서 K와 ω는 상수이고, r_0는 중심부 코어의 반경이다. 자유 및 강제 와류에서의 압력 분포는 이미 예제 4.3에서 취급하였다.

와동과 종종 관련된 수학적인 개념으로 순환(circulation)의 개념이 있다. 순환, Γ는 유동장 내의 임의의 폐곡선을 따라서 속도의 접전 방향 성분에 대한 선적분(line integral)으로 정의된다. 수직으로 표현하면 다음과 같다.

$$\Gamma = \oint_C \mathbf{V} \cdot d\mathbf{s} \tag{6.89}$$

광활한 유체의 세계

허리케인에 대한 사실들

자연에서 일어나는 유체 유동 현상에서 가장 흥미롭고 잠재적으로 파괴력이있는 것 중의 하나는 허리케인이다. 대략적 말하면, 허리케인은 저압의 중심 코어를 선회하는 공기 덩어리이다. 다른 관점에서 보면 허리케인은 **자유 와류**(free vortex)의 운동과 흡사하다. 대다수의 허리케인은 카리브해와 멕시코 만에서 발생하며, 공식적인 허리케인 기간은6월1일부터 11월 30일까지이다. 허리케인은 보통 300–400 마일의 폭을 형성하고 중심에는 공기가 비교적 잠잠한 눈(eye)을 가지고 있다. 허리케인의 눈은 가장 강한 바람과 눈, 비 등으로 형성된 눈의 벽(eye wall)으로 둘러 싸여 있다. 눈의 벽에서 눈으로 들어가면, 바람의 속력은 갑자기 감소하며 눈의 내부에서는 공기가 비교적 잠잠하고 구름도 없다. 그러나 눈 내부의 압력은 최소이며 표준대기압보다 10% 더 작을 수 도 있다. 이 낮은 압력이 상층부의 건조한 공기를 아래로 강하게 끌어당기게 한다. 허리케인은 바람의 속도에 따라 5등급으로 분류된다.

제1등급 : 119~153km/h
제2등급 : 154~177km/h
제3등급 : 178~209km/h
제4등급 : 210~249km/h
제5등급 : 249km/h 이상

여기서 사용된 적분기호는 폐곡선 C를 반시계 방향으로 적분하는 것을 의미하며, $d\mathbf{s}$는 그림6.19에서 보여준 바와 같이 곡선을 따른 미소길이이다. 비 회전유동에서는 $\mathbf{V} = \nabla\phi$이고, 따라서 $\mathbf{V}\cdot d\mathbf{s} = \nabla\phi\cdot d\mathbf{s} = d\phi$이므로 다음과 같이 된다.

$$\Gamma = \oint_C d\phi = 0$$

즉, 비회전 유동애서 순환은 0이 됨을 의미한다. 그러나 폐곡선 내에 특이점들이 있다면 순환은 0이 아닐 수 있다. 그림 6.20과 같이 $v_\theta = K/r$인 자유 와류의 예를 들어 반경 r인 원형 경로를 따라 순환을 계산하면

$$\Gamma = \int_0^{2\pi} \frac{K}{r}(r\,d\theta) = 2\pi K$$

이다. 즉, 순환이 0이 아니며 상수 K는 $K = \Gamma/2\pi$가 된다. 그러나, 원점의 특이점을 포함하지 않도록 택한 경로에서의 순환은 0이 된다. 이 시절은 그림 6.20의 원점을 포함하지 않는 폐경로 $ABCD$에 대하여 순환을 계산해 보면 쉽게 확인할 수 있다.

순환의 수치값은 경로에 의존한다.

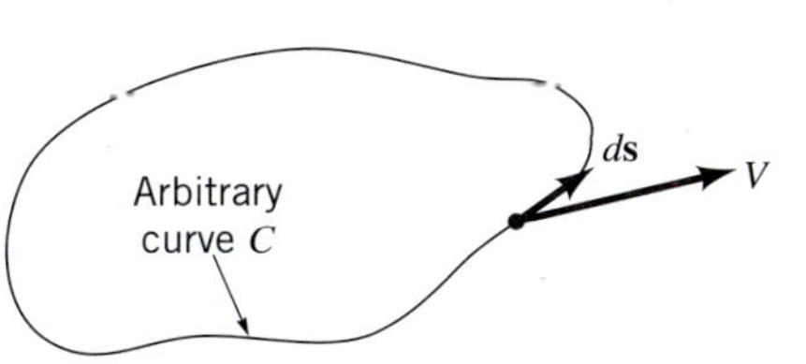

그림 6.19 폐곡선 C주위의 순환을 구할 때의 표시법

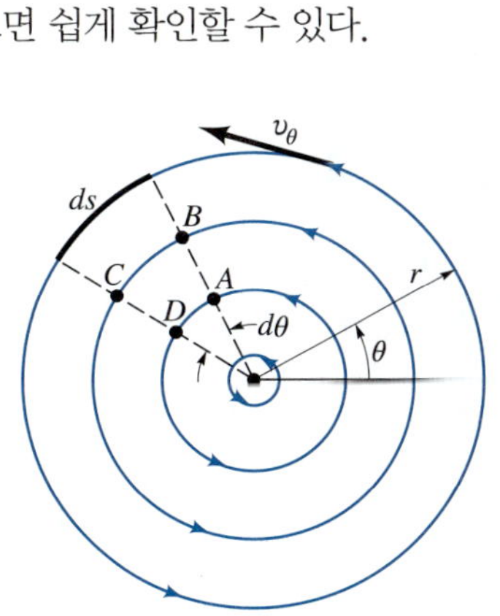

그림 6.20 자유와류에서 여러 경로에 다른 순환

자유 와류에 대한 속도 포텐셜과 유동 함수는 흔히 순환을 이용하여 표현되며 다음과 같다.

Video

V6.4 비커 속의 와류

$$\phi = \frac{\Gamma}{2\pi}\theta \tag{6.90}$$

그리고

$$\psi = -\frac{\Gamma}{2\pi}\ln r \tag{6.91}$$

순환의 개념은 종종 움직이는 유체 내의 물체에 미치는 힘을 계산할 경우에 유용하다. 이에 대한 적용은 6.6.2절에서 고려될 것이다.

예제 6.6 | 포텐셜 유동 – 자유 와류

주어진 사항 그림 E6.6a에서 보인 바와 같이 액체가 큰 탱크의 아래 작은구멍을 통해 배출된다. 그 탱크 구멍 외부의 속도 분포가 자유와류로 근사되는 와류가 형성되며, 그 와류는 다음과 같은 속도포텐셜을 가진다.

$$\phi = \frac{\Gamma}{2\pi}\theta$$

해결과제 순환 Γ로 명시된 와류강도를 이용하여 표면의 형상을 결정하라.

풀이 자유와류는 유동장이 비회전임을 의미하므로, Bernoulli 방정식은 임의의 두 점 사이에서 아래와 같이 쓸 수 있다.

$$\frac{p_1}{\gamma} + \frac{V_1^2}{2g} + z_1 = \frac{p_2}{\gamma} + \frac{V_2^2}{2g} + z_2$$

두 점을 자유 표면 상에서 선택하면, $p_1 = p_2 = 0$이므로

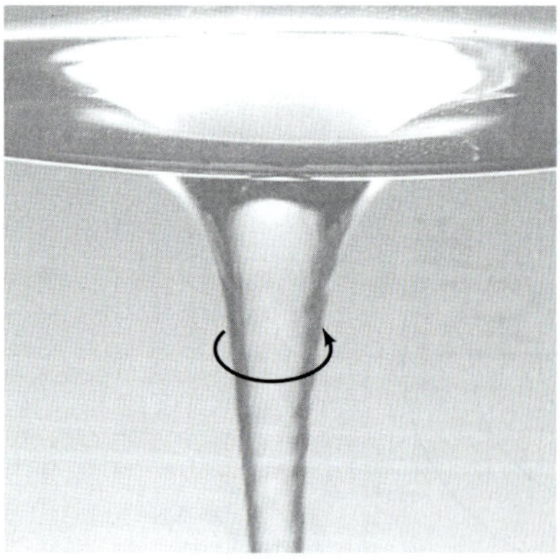

그림 E6.6a

$$\frac{V_1^2}{2g} = z_s + \frac{V_2^2}{2g} \tag{1}$$

이 된다. 여기서 자유표면의 높이 z_s는 점(1)을 기준으로 하여 측정된 것이다. 자유와류에 대한 속도는 다음과 같이 주어진다.

$$v_\theta = \frac{1}{r}\frac{\partial\phi}{\partial\theta} = \frac{\Gamma}{2\pi r}$$

원점에서 멀리 떨어진 점(1)에서는 $V_1 = v_\theta \approx 0$이 되기 때문에, 표면 형상을 나타내는 식은 식(1)로부터 다음과 같이 된다.

$$z_s = -\frac{\Gamma^2}{8\pi^2 r^2 g} \tag{답}$$

보충설명 음의 부호는 원점으로 접근함에 따라 그림 E6.6와 같이 표면의 높이가 낮아짐을 의미한다. 윗 식에 의한 속도는 원점에 접근할수록 대단히 커지기 때문에 이 해는 원점 근방에서는 타당하지 않다.

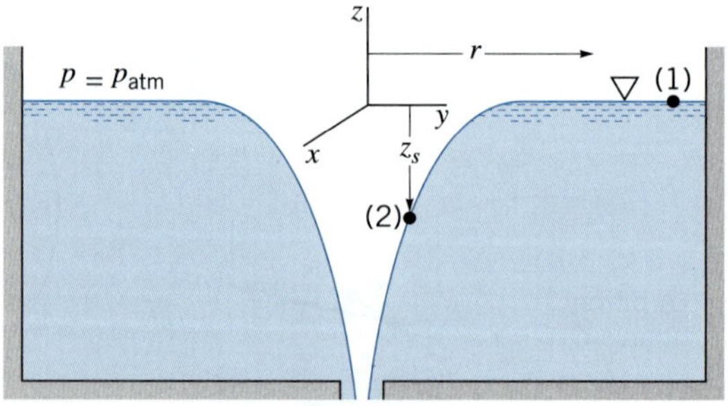

그림 E6.6

6.5.4 더블렛

더블렛은 소스와 싱크가 한 점에 모여 형성된다.

마지막으로 고려되는 기본적 포텐셜 유동은 소스와 싱크가 특별하게 결합하여 형성된 유동이다. 그림 6.21의 동일 강도의 소스–싱크 한 쌍을 생각해 본다. 이 한 쌍에 대하여 결합된 유동함수는

$$\psi = -\frac{m}{2\pi}(\theta_1 - \theta_2)$$

이며, 또 다음과 같이 쓸 수 있다.

$$\tan\left(-\frac{2\pi\psi}{m}\right) = \tan(\theta_1 - \theta_2) = \frac{\tan\theta_1 - \tan\theta_2}{1 + \tan\theta_1 \tan\theta_2} \tag{6.92}$$

그림6.21로부터

$$\tan\theta_1 = \frac{r\sin\theta}{r\cos\theta - a}$$

그리고

$$\tan\theta_2 = \frac{r\sin\theta}{r\cos\theta + a}$$

이다. 이들을 식(6.92)에 대입하면

$$\tan\left(-\frac{2\pi\psi}{m}\right) = \frac{2ar\sin\theta}{r^2 - a^2}$$

가 되어 유동함수는 다음과 같이 된다.

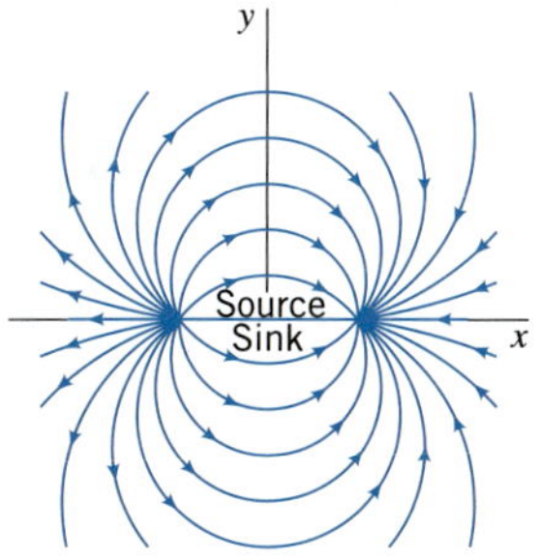

$$\psi = -\frac{m}{2\pi}\tan^{-1}\left(\frac{2ar\sin\theta}{r^2 - a^2}\right) \tag{6.93}$$

여백의 그림은 이 유동의 전형적인 유선들을 보여준다. 간격 a 의 값이 작다면, 작은 사이각의 tangent는 그 사이각의 값의 라디안으로 접근함을 이용하여, 위의 유동함수를 다시 쓰면 다음과 같다.

$$\psi = -\frac{m}{2\pi}\frac{2ar\sin\theta}{r^2 - a^2} = -\frac{mar\sin\theta}{\pi(r^2 - a^2)} \tag{6.94}$$

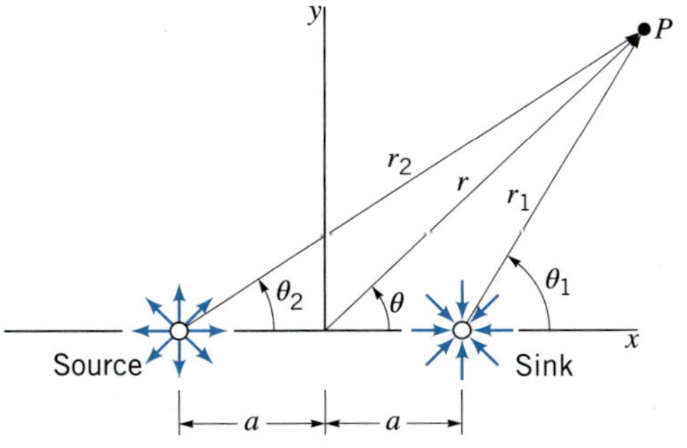

그림 6.21 x축에 위치한 동일한 세기의 조합

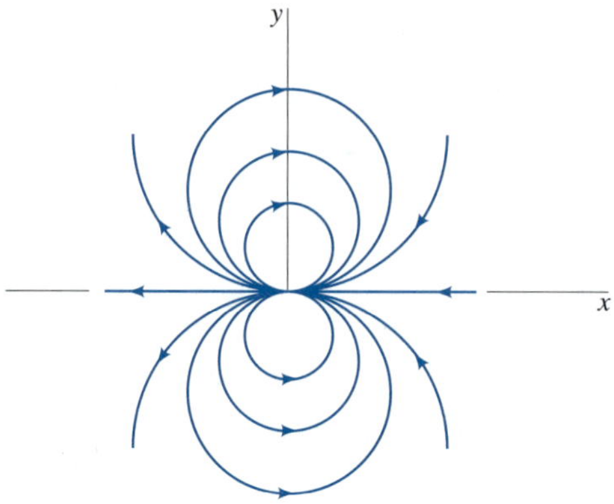

그림 6.22 더블렛의 유선

소스와 싱크가 서로 가까워지면 더블렛이 형성된다.

소위 말하는 **더블렛(doublet)**은 ma/π를 일정하게 유지하면서 소스와 싱크를 서로 접근($a \to 0$)시키고 강도 m을 증가($m \to \infty$) 시켜서 형성된 것이다. 이 경우, $r/(r^2-a^2) \to 1/r$이므로, 식(6.94)는 다음과 같이 간단히 된다.

$$\boxed{\psi = -\frac{K \sin\theta}{r}} \tag{6.95}$$

여기서 K는 그 값이 ma/π인 상수로서, 더블렛의 **강도(strength)**라 부른다. 더블렛의 속도포텐셜은 다음과 같다.

Description of Flow Field	Velocity Potential	Stream Function	Velocity Components[a]
Uniform flow at angle α with the x axis (see Fig. 6.15b)	$\phi = U(x\cos\alpha + y\sin\alpha)$	$\psi = U(y\cos\alpha - x\sin\alpha)$	$u = U\cos\alpha$ $v = U\sin\alpha$
Source or sink (see Fig. 6.16) $m > 0$ source $m < 0$ sink	$\phi = \frac{m}{2\pi}\ln r$	$\psi = \frac{m}{2\pi}\theta$	$v_r = \frac{m}{2\pi r}$ $v_\theta = 0$
Free vortex (see Fig. 6.17) $\Gamma > 0$ counterclockwise motion $\Gamma < 0$ clockwise motion	$\phi = \frac{\Gamma}{2\pi}\theta$	$\psi = -\frac{\Gamma}{2\pi}\ln r$	$v_r = 0$ $v_\theta = \frac{\Gamma}{2\pi r}$
Doublet (see Fig. 6.22)	$\phi = \frac{K\cos\theta}{r}$	$\psi = -\frac{K\sin\theta}{r}$	$v_r = -\frac{K\cos\theta}{r^2}$ $v_\theta = -\frac{K\sin\theta}{r^2}$

[a]Velocity components are related to the velocity potential and stream function through the relationships:

$$u = \frac{\partial\phi}{\partial x} = \frac{\partial\psi}{\partial y} \qquad v = \frac{\partial\phi}{\partial y} = -\frac{\partial\psi}{\partial x} \qquad v_r = \frac{\partial\phi}{\partial r} = \frac{1}{r}\frac{\partial\psi}{\partial\theta} \qquad v_\theta = \frac{1}{r}\frac{\partial\phi}{\partial\theta} = -\frac{\partial\psi}{\partial r}.$$

$$\boxed{\phi = \frac{K\cos\theta}{r}} \tag{6.96}$$

ψ가 일정한 선들을 도시해 보면, 더블렛의 유선들은, 그림 6.22에서 보는 바와 같이 원점을 지나면서 x축에 접하는 원들이다. 소스나 싱크가 물리적으로 실질적인 것들이 아니듯이, 더블렛도 그러하다. 그러나 더블렛을 다른 기본 포텐셜 유동과 결합하면 실제적으로 관심 있는 유동장의 표현에 유용하게 쓸 수 있다. 예로서 6.6.2절에서는 균일 유동과 더블렛을 결합하면 원형 실린더 주위의 유동을 나타낼 수 있음을 보일 것이다.

표 6.1은 지금까지 각 절에서 고려된 기본 평면 포텐셜 유동식들에 대한 요약을 보여 준다.

6.6 기본 평면 포텐셜유동들의 중첩

앞 절에서 논의되었던 바와 같이, 포텐셜 유동은 선형 편미분방정식인 Laplace 방정식에 의해 지배된다. 따라서 여러 가지 기본 속도 포텐셜들과 유동함수들을 결합하여 새로운 속도 포텐셜과 유동함수를 구성할 수 있다(이것이 가능한가?). 그러한 결합들 이 유용한 결과들을 줄 수 있는지 혹은 아닌지에 대하여는 앞으로 검토하게 될 것이다. 고체 경계나 유선에서는 이들을 가로지르는 유동은 불가능하다는 점에서 서로 유사하기 때문에, 비점성 유동장의 모든 유선은 고체 경계로 간주할 수 있음을 주목해야 한다. 따라서 특정한 물체의 형상에 대한 유선을 얻기 위하여 몇 개의 기본 속도 포텐셜이나 유동함수들을 결합할 수 있다면, 그러한 결합은 물체 주위의 유동을 자세히 표현하기 위하여 사용할 수도 있다. 이런 방법은 **보통 중첩법(method of superposition)**이라 불리며 몇 가지 흥미로운 유동 문제의 풀이에 사용되고 있으며, 다음의 3개의 절에 걸쳐서 예를 들어 설명된다.

6.6.1 균일 유동 속에 놓여 있는 소스–반체

그림 6.23a에 보인 소스 균일 유동의 중첩을 생각해 보자. 유동함수는

$$\begin{aligned}\psi &= \psi_{\text{uniform flow}} + \psi_{\text{source}} \\ &= Ur\sin\theta + \frac{m}{2\pi}\theta\end{aligned} \tag{6.97}$$

반체 주변의 유동은 균일 유동에 소스 유동의 추가로 구현된다.

이며, 속도포텐셜은

$$\boxed{\phi = Ur\cos\theta + \frac{m}{2\pi}\ln r} \tag{6.98}$$

이다. 음(Negative)의 x축상에 있는 어떤 점에서는 소스에 의한 속도가 균일 유통에 의한 속도와 서로 상쇄되어 정체점이 생성될 것이라는 것은 명백하다. 용출 유동 (또는 소스)만에 대한 속도는

Video
V6.5 반체

$$v_r = \frac{m}{2\pi r}$$

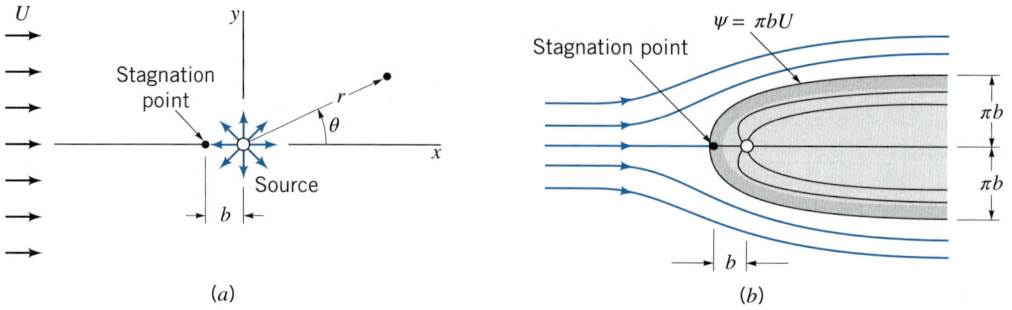

그림 6.23 반체 주변 유동: (a) 소스와 균일유동의 중첩 (b) $\psi=\pi bU$인 유선을 고체경계로 대체하여 반체를 형성한 경우.

이고, $x=-b$에서 정체점이 생긴다고 하면

$$U=\frac{m}{2\pi b}$$

또는

$$b=\frac{m}{2\pi U} \tag{6.99}$$

이다. 정체점에서 유동함수의 값은 식(6.97)에서 $r=b$, $\theta=\pi$로 둘때의 ψ를 구하면 된다. 즉,

$$\psi_{\text{stagnation}}=\frac{m}{2}$$

비점성 유동의 경우 유선은 고체 경계면으로 대체할 수 있다.

그런데 $m/2=\pi bU$이므로 정체점을 지나는 유선의 식은

$$\pi bU=Ur\sin\theta+bU\theta$$

혹은

$$r=\frac{b(\pi-\theta)}{\sin\theta} \tag{6.100}$$

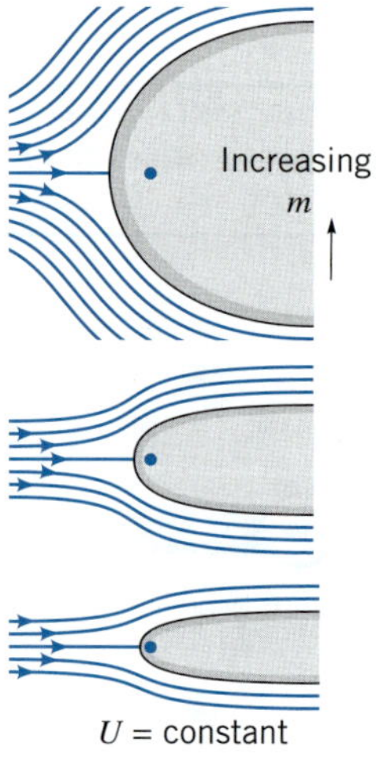

이다. 여기서 θ값은 0에서 2π 사이의 값이다. 이 유선의 도시화를 그림 6.23b에 나타내었다. 만일 그림 6.23b와 같이, 이 유선을 고체 경계로 매치하면, 균일유동과 소스의 결합은 균일유동 속에 놓인 유선형 물체 주위의 유동을 나타낼 수 있음은 명백하다. 이 물체는 하류 측 끝단이 개방되어 있어서 이를 **반체(half-body)**라고 부른다. 유동장 중의 다른 유선들은 식(6.97)에서 'ψ = 일정'으로 두고 그 식을 도시화하여 얻을 수 있다. 몇 개의 유선들을 그림 6.23b에 나타내었다. 물체 내부의 유선들도 나타내었지만, 이 경우는 물체 외부의 유통이 우리의 관심사이므로, 별 의미가 없다. 유동장 내의 특이점(소스)은 물체 내부에 있으며, 관심의 대상인 유동장(물체 외부)에는 특이점이 없다는 것에 주목해야 한다.

반체의 폭은 점근적으로 $2\pi b$에 접근한다. 따라서 여백의 그림과 같이, 주어진 자유 유선 속도 U에 대하여 반체의 폭은 소스(source) 강도 m이 증가할수록 증가한다. 이는 식

(6.100)으로부터 $y = b(\pi - \theta)$이며, $\theta \to 0$ 또는 0수 $\theta \to 2\pi$로 접근함에 따라 반체의 폭의 절반은 $\pm b\pi$에 접근한다. 유동함수(혹은 속도 포텐셜)를 안다면, 각 점의 속도성분도 구할 수 있다. 식(6.97)에 주어진 유동 함수를 사용하여 반체 주위의 속도를 구하면 다음과 같이 된다.

$$v_r = \frac{1}{r}\frac{\partial \psi}{\partial \theta} = U \cos\theta + \frac{m}{2\pi r}$$

그리고

$$v_\theta = -\frac{\partial \psi}{\partial r} = -U \sin\theta$$

따라서 각 점에서의 속도의 크기 V의 제곱은

$$V^2 = v_r^2 + v_\theta^2 = U^2 + \frac{Um\cos\theta}{\pi r} + \left(\frac{m}{2\pi r}\right)^2$$

이며, $b = m/2\pi U$이므로 다음과 같이 된다.

$$V^2 = U^2\left(1 + 2\frac{b}{r}\cos\theta + \frac{b^2}{r^2}\right) \tag{6.101}$$

속도를 알면, 각 점에서의 압력은 Bernoulli 방정식으로부터 구할 수 있으며, 이 Bernoulli 방정식은 유동이 비회전인 관계로 유동장 내의 임의의 두 점에 대하여 쓸 수 있다. 따라서 압력 p_0, 속도 U인 물체에서 멀리 떨어진 한점의 압력은 p, 속도는 V인 점 사이에 Bernoulli 방정식을 적용하면

$$p_0 + \frac{1}{2}\rho U^2 = p + \frac{1}{2}\rho V^2 \tag{6.102}$$

이 된다. 여기서 두 점 사이의 높이 차이는 무시하였다. 임의의 점에서의 압력은 식(6.101)을 식(6.102)에 대 입하여 기준 압력 p_0와 기준 속도 U의 항들로 구해진다.

포텐셜유동에서 고정된 고체 경계에 대해 유동은 분리된다.

이와 같이 비교적 간단한 포텐셜 유등은 균열 유동 내의 다리의 난간이나 교각 같은 유선형 물체의 전단 주위 유통에 대하여 유용한 정보를 제공한다. 중요한 점은 물체 표면에 접하는 속도 성분은 영(zero)이 아니라는 것이다; 즉, 유체는 경계에서 미끄러진다. 유체의 점성은 실제 유체를 경계에 부착시켜 "점착조건"을 제시하는 유체의 성질인데, "유체가 경계에서 미끄러진다"는 것은 유체의 점성을 무시한 결과이다. 이 관점에서 보면 모든 포텐셜 유동은 실제 유동과 다르고, 경계에 매우 가까운 곳에서는 속도를 정확하게 표현할 수 없다. 그러나 유동 박리가 발생하지 않는 한(9.2.6절을 참조하라.), 매우 얇은 경계층의 외부에서의 속도 분포는 대체로 포텐셜 유동 이론에 의한 속도와 잘 맞는다. 뿐만 아니라, 경계층이 얇다면, 표면의 압력 분포는 포텐셜 유통에 의한 예측 값과 상당히 비슷하며, 그 이유는 얇은 경계층을 가로질러서 압력이 변화하기는 쉽지 않기 때문이다. 9장에서 좀 더 논의되겠지만, 실제로 포텐셜 유동 이론으로부터 얻어진 압력 분포는 경계층 내부의 유동 현상을 파악하기 위하여 점성 유동 이론과 함께 사용된다.

예제 6.7 | 포텐셜 유동 - 반체

주어진 사항 64km/h의 바람이 평원에서 솟아오른 언덕을 향해서 분다. 언덕의 모습은 그림 E6.7a와 같이 반체의 상부로 근사화 할 수 있다. 언덕의 높이는 그림 에서 보인 바와 같이 60m에 접근한다. 공기의 밀도는 1.23kg/m³으로 가정하라.

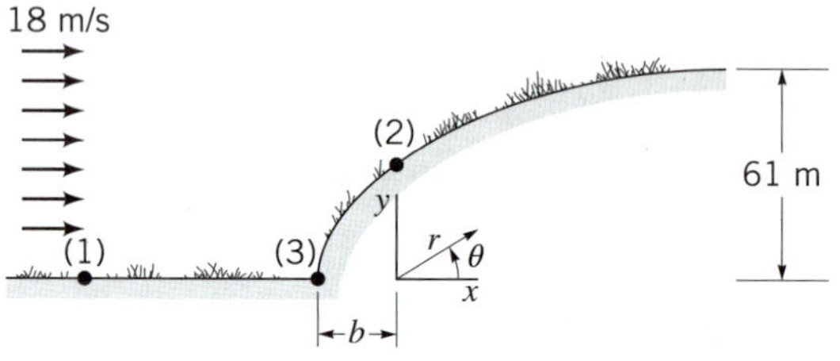

그림 E6.7a

해결과제

(a) 원점 바로 위의 점(2)에서의 공기 속도의 크기는 얼마인가?

(b) 평원에서 점(2)까지의 높이는 얼마인가? 그리고 언덕에서 멀리 떨어진 평원 상의 점(1)과 점(2) 사이의 압력 차이는 얼마인가?

풀이

(a) 속도는 식(6.101)에 의해 다음과 같이 주어진다.

$$V^2 = U^2\left(1 + 2\frac{b}{r}\cos\theta + \frac{b^2}{r^2}\right)$$

점(2)에서 $\theta = \pi/2$이고, 또 점(2)는 표면 상에 존재하므로 (식(6.100))

$$r = \frac{b(\pi-\theta)}{\sin\theta} = \frac{\pi b}{2} \qquad (1)$$

이다. 따라서

$$V_2^2 = U^2\left[1 + \frac{b^2}{(\pi b/2)^2}\right] = U^2\left(1 + \frac{4}{\pi^2}\right)$$

이다. 그리고 64 km/h로 불어오는 바람에 대하여 점(2)에서 속도의 크기는 다음과 같다.

$$V_2 = \left(1 + \frac{4}{\pi^2}\right)^{1/2}(18 \text{ m/s}) = 21.3 \text{ m/s} \qquad \text{(답)}$$

(b) 평원에서 점(2)까지의 높이는 식(1)로부터

$$y_2 = \frac{\pi b}{2}$$

이다. 언덕의 높이는 60m이고, 이 높이는 π이므로 다음과 같다.

$$y_2 = \frac{61 \text{ m}}{2} = 30.5 \text{ m} \qquad \text{(답)}$$

Bernoulli 방정식 (수직축을 y축으로 함)으로부터

$$\frac{p_1}{\gamma} + \frac{V_1^2}{2g} + y_1 = \frac{p_2}{\gamma} + \frac{V_2^2}{2g} + y_2$$

이므로

$$p_1 - p_2 = \frac{\rho}{2}(V_2^2 - V_1^2) + \gamma(y_2 - y_1)$$

으로부터 $V_1 = 18$ m/s, $V_2 = 21.3$ m/s가 되고 이로부터 압력 차이를 결정하면,

$$\begin{aligned} p_1 - p_2 &= \frac{1.23\text{kg/m}^3}{2}[(21.3 \text{ m/s})^2 - (18 \text{ m/s})^2] \\ &\quad + (1.23 \text{ kg/m}^3)(9.81 \text{ m/s}^2)(30.5 \text{ m} - 0 \text{ m}) \\ &= 448 \text{ N/m}^2 \end{aligned} \qquad \text{(답)}$$

보충설명 이 결과를 보면, 언덕 위의 점(2)에서의 압력은 언덕이 시작하는 곳에서 조금 떨어진 평원상의 압력보다 다소 낮게 나타났다. 이는 높이의 증가로 인한 368Pa의 압력 차이와 속도의 증가로 인한 80 N/m³의 압력 차이에 기인한다. 다양한 상류 바람의 속도 U에 대하여 위 계산을 반복하면, 그림 E6.6b에 보인 결과를 얻게 된다. 바람의 속도가

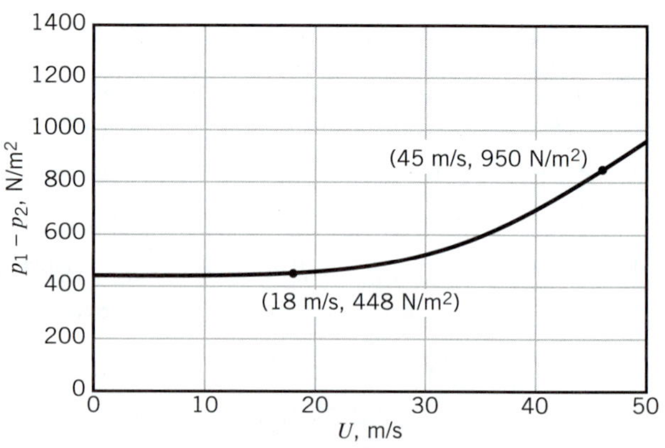

그림 E6.7b

증가함에 따라 압력 차이도 바람이 불지 않을 때의 압력 차이 $p_1 - p_2 = 368\text{N/m}^2$에서 증가함을 주목하라. 언덕의 표면을 따라서 속도가 최대인 지점은 점(2)가 아니고 $\theta = 63°$가 되는 지점이다. 이 지점에서는 $V_{\text{surface}} = 1.26U$이다. 최저속도($V = 0$)와 최대 압력은 정체점인 점(3)에서 발생한다.

6.6.2 원통 주위의 유동

양의 x 방향으로 흐르는 균일 유동 내에 놓인 더블렛은 원통(cylinder) 주위의 유동을 표현하는데 사용되어 진다. 이 결합에 의한 유동함수는

$$\psi = Ur\sin\theta - \frac{K\sin\theta}{r} \tag{6.103}$$

이고 속도포텐셜은 다음과 같다.

$$\phi = Ur\cos\theta + \frac{K\cos\theta}{r} \tag{6.104}$$

위의 유동함수를 이용하여 원통 주위의 유동을 나다내기 위해서는, 원통의 반경을 a라 할 때, $r = a$에서 유동함수가 일정한 상수가 되어야 한다. 식(6.103)을 활용하면,

더블렛과 균일 유동의 중첩으로 원통 주변의 유동이 구현된다.

Video

V6.6 원형 실린더

$$\psi = \left(U - \frac{K}{r^2}\right) r\sin\theta$$

$$U - \frac{K}{a^2} = 0$$

이라 두면, $r = a$에서 유동함수가 0이 된다. 이는 더블렛의 강도 K는 Ua^2가 되어야 함을 의미한다. 따라서 원통 주위의 유동에 대한 유동함수는

$$\boxed{\psi = Ur\left(1 - \frac{a^2}{r^2}\right)\sin\theta} \tag{6.105}$$

Video

V6.7 타원

로 되고, 이에 해당하는 속도포텐셜은 아래와 같다.

$$\boxed{\phi = Ur\left(1 + \frac{a^2}{r^2}\right)\cos\theta} \tag{6.106}$$

이 유동장에 대한 유선들의 도식화를 그림6.24에 나타내었다. 속도성분은 식(6.105)나 혹은 식(6.106)으로부터 구할 수 있으며

$$v_r = \frac{\partial\phi}{\partial r} = \frac{1}{r}\frac{\partial\psi}{\partial\theta} = U\left(1 - \frac{a^2}{r^2}\right)\cos\theta \tag{6.107}$$

그리고

$$v_\theta = \frac{1}{r}\frac{\partial\phi}{\partial\theta} = -\frac{\partial\psi}{\partial r} = -U\left(1 + \frac{a^2}{r^2}\right)\sin\theta \tag{6.108}$$

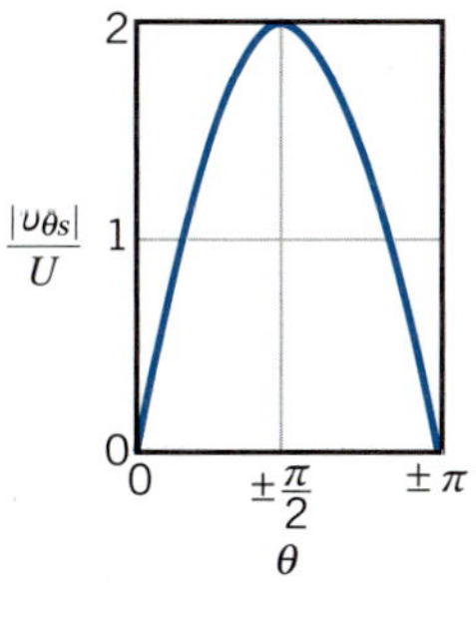

이다. 물론 원통 표면 ($r = a$)에서는 식(6.107)과 (6.108)로부터

$$v_r = 0\text{이고 } v_{\theta s} = -2U\ \sin\theta$$

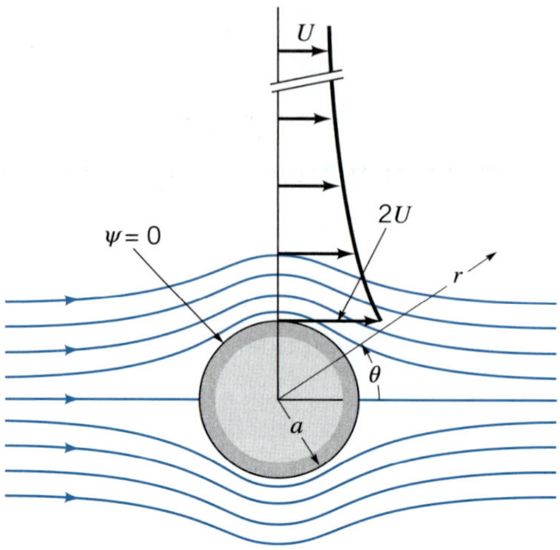

그림 6.24 원통주위유동

이다. 최대 속도는, 여백의 그림에서 보여주듯이, 원통의 상단과 하단에서($\theta = \pm\pi/2$) 발생하고, 그 크기는 상류 속도 U의 2배이다. $\theta = \pi/2$인 선을 따라 원통으로부터 멀어짐에 따라, 속도는 그림6.24에 나타낸 바와 같이 변한다.

원통표면의 압력은 베르누이 방정식에 의해 결정된다.

원통 표면에서의 압력 분포는 압력 p_0, 속도 U인 원통으로부터 멀리 떨어진 곳과 압력 p_s인 원통 표면 간에 아래의 Bernoulli 방정식을 적용하여 얻을 수 있다.

$$p_0 + \frac{1}{2}\rho U^2 = p_s + \frac{1}{2}\rho v_{\theta s}^2$$

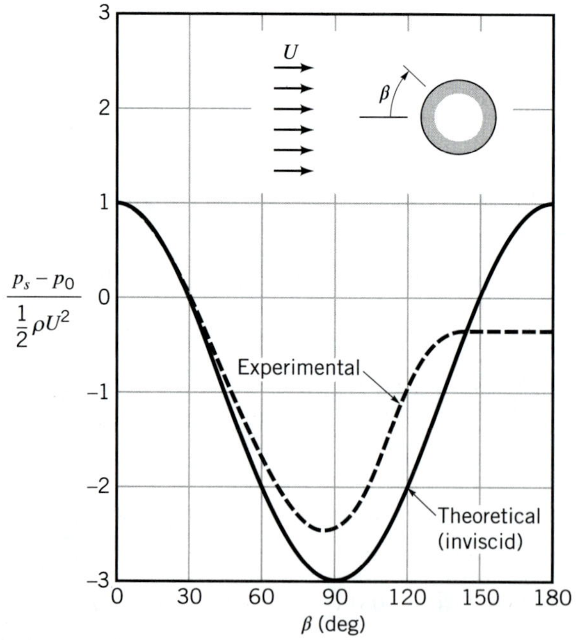

그림 6.25 원통표면에서의 이론(비점성)및 실험에 의한 압력분포.

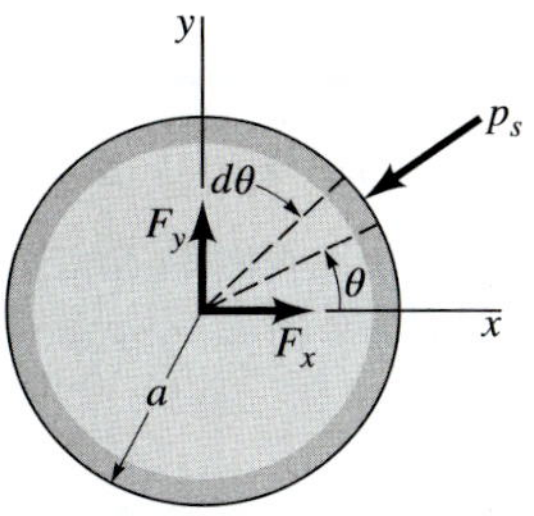

그림 6.26 원통의 양력과 항력을 구하기 위한 기호

여기서 p_s는 표면에서의 압력이고 높이의 변화는 고려하지 않는다. $v_{\theta s} = -2U \sin\theta$이므로 표면에서의 압력은 다음과 같이 쓸 수 있다.

$$p_s = p_0 + \frac{1}{2}\rho U^2(1 - 4\sin^2\theta) \tag{6.109}$$

그림 6.25는 위의 이론적인 대칭적 입력 분포를 실험에 의해 측정된 압력 분포와 비교를 무차원 형태로 보여주며, 이 그림은 포텐셜 유동 결과와 실험적 결과는 원통의 상류 부분에서만 대체적으로 일치함을 보여준다. 원통 표면에서 발달되는 점성 경계층 때문에, 주유동(main flow)은 원통의 표면에서 박리(separate)되며, 원통 하류 부분에서는 비점성(frictionless) 유체의 이론적 해와 실험적 결과 사이에 큰 차이를 보인다(9장 참조).

Video
V6.8 분리된 원형 실린더

유동으로 인하여 원통에 작용하는 힘(단위길이 당)은 압력을 표면 전체에 적분하여 구해진다. 그림 6.26을 이용하여 이 힘을 표현하면 다음과 같다.

Video
V6.9 매달린 공에 가해지는 힘

$$F_x = -\int_0^{2\pi} p_s \cos\theta \, a \, d\theta \tag{6.110}$$

그리고

Video
V6.10 전위 및 점성 흐름

$$F_y = -\int_0^{2\pi} p_s \sin\theta \, a \, d\theta \tag{6.111}$$

여기서 F_x는 **항력**(drag, 균열 유동의 방향에 평행한 힘)이며, F_y는 **양력**(lift, 균일 유동의 방향에 수직인 힘)이다. 위의 두 식(식(6.111), 식(6.110))의 p_s에 식 (6.109)를 대입하여 적분하면 $F_x = 0$, $F_y = 0$이 됨을 볼 수 있다. 즉, 균일 유동장 내의 고정된 원통에 대한 항력과 양력을 포텐셜 (유동)이론으로 구하면 모두 0이 됨을 의미한다. 원통 표면의 압력 분포가 대칭임을 상기하면, 이는 사실 당연한 결과이다. 그러나 우리는 유동 중인 유체 내에 놓인 원통에는 상당한 항력이 발생함을 경험적으로 알고 있다. 이 모순은 d'Alembert의 역설로 알려져 있다. (9장 참조)

포텐셜 이론은 원통에 작용하는 유동항력이 0이라는 부정확한 결과를 예측한다.

예제 6.8 | 포텐셜 유동 – 원통

주어진 사항 원통이 균일유동 내에 놓여 있을 때, 이 원통에는 그림 E6.8a와 같이 정체점이 생긴다. 이곳에 작은 구멍을 뚫으면 정체압력, p_{stag}을 측정 할 수 있으며, 이를 이용하여 접근속도 U를 구할 수 있다.

해결과제

(a) p_{stag}와 U는 어떠한 관계 인지를 보여라.

(b) 원통이 각도 α만큼 기울어져 있어도(그림 E6.7b), 측정되는 압력은 정체압력으로 간주 된다. 이 경우, 실제 속도 U와 예측된 속도 U'의 비(ratio)를 표현하는 식을 구하라. 그리고 $-20^\circ \leq \alpha \leq 20^\circ$의 구간에서 이 비(ratio)를 α의 함수에 대한 그래프로 그려라.

풀이

(a) 정체점에서의 속도는 0이므로 원통에서 떨어진 상류 측의 정체점 유선상의 한 점과 (원통위의) 정체점 사이에 Bernoulli 방정식을 쓰면 다음과 같다.

$$\frac{p_0}{\gamma} + \frac{U^2}{2g} = \frac{p_{stag}}{\gamma}$$

위 식으로부터 속도를 구하면 다음과 같다.

$$U = \left[\frac{2}{\rho}(p_{stag} - p_0)\right]^{1/2} \quad \text{(답)}$$

보충설명 정체점과 상류의 한 점간의 압력 차이를 측정하면 접근속도를 구할 수 있음을 알 수 있다. 이것은 당연히 4.5절의 피토 정압관(Pitot-static tube)에 대한 결과와 동일하다.

(b) 원통으로 접근하는 유체의 방향을정확하게 알지 못하면, 원통이 임의의 각 α로 기울어져 있다고 볼 수 있다. 이때, 실제로 측정된 압력 p_α는 정체 압력과는 다르다. 그러나 기울어짐을 인식하지 못한다면, 예측 접근속도 U'은 여전히 앞의 식을 이용하여 다음과 같이 계산하게 될 것이다.

$$U' = \left[\frac{2}{\rho}(p_\alpha - p_0)\right]^{1/2}$$

따라서, 실제 속도와의 비는 다음과 같다.

$$\frac{U(\text{true})}{U'(\text{predicted})} = \left(\frac{p_{stag} - p_0}{p_\alpha - p_0}\right)^{1/2} \quad (1)$$

반경(r)이 a 인 원통표면에서의 속도 v_θ는 식(6.108)로부터 다음과 같이 된다.

$$v_\theta = -2U \sin\theta$$

원통 상류의 한 점과 $r = a$, $\theta = \alpha$인 원통 상의 한 점사이에 Bernoulli 방정식을 적용하면

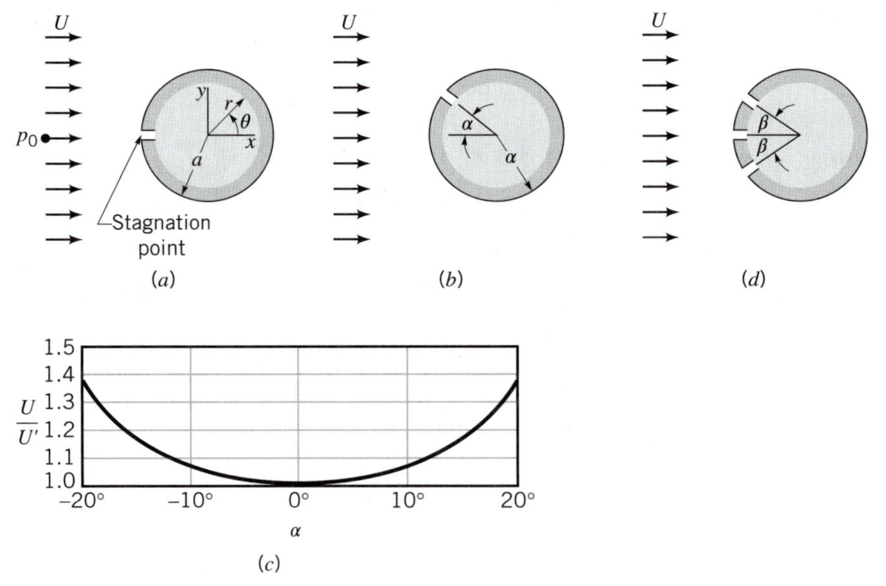

그림 E6.8

$$p_0 + \frac{1}{2}\rho U^2 = p_\alpha + \frac{1}{2}\rho(-2U\sin\alpha)^2$$

이다. 그런데

$$p_\alpha - p_0 = \frac{1}{2}\rho U^2(1 - 4\sin^2\alpha)$$

이므로, 식(1)과 (2)로부터 아래 식을 얻는다.

$$\frac{U(\text{true})}{U'(\text{predicted})} = (1 - 4\sin^2\alpha)^{-1/2} \qquad \text{(답)}$$

이 속도 비를 기울어진 각 α의 함수로 하여 그림 E6.8c에 도시하였다.

보충설명 이 결과는 정압공이 정체점을 지나는 유선과 일치하지 않으면 상당한 오차가 생길 수 있음을 보여준다. 원통에 두 개의 구멍을 그림 E6.8d와 같이 대칭이 되도록 더 뚫으면, 원통을 더 정확하게 설치할 수 있다. 두 개의 대칭으로 놓인 구멍의 압력이 일치하도록 원통을 회전시키면, 중심의 구멍은 정확하게 정체점 유선과 일치하게 된다. $\beta = 30°$이면 대칭인 두 구멍의 압력은 이론적으로 상류 압력 p_0와 같다. 이와 같이 구멍을 배치하여 중심 구멍과 측면 구멍들간의 압력 차이를 측정하면 접근 속도 U를 구할 수 있다.

원통 주위의 유동에 대한 유동함수나 속도 포텐셜에 자유 와류를 중첩시키면 또 다른 포텐셜 유동을 얻을 수 있다. 이 경우,

$$\boxed{\psi = Ur\left(1 - \frac{a^2}{r^2}\right)\sin\theta - \frac{\Gamma}{2\pi}\ln r} \tag{6.112}$$

그리고

$$\boxed{\phi = Ur\left(1 + \frac{a^2}{r^2}\right)\cos\theta + \frac{\Gamma}{2\pi}\theta} \tag{6.113}$$

이고, Γ는 순환이다. 중첩되는 자유와류의 유선들은 모두 원형이므로, 반경 $r = a$인 원도 유선 (따라서, 속이 찬 원통으로 대체할 수 있다)이 될 수 있음을 주목한다. 그러나 원통 표면($r = a$)에서의 속도의 접선 성분 v_θ는 다음과 같다.

$$v_{\theta s} = -\left.\frac{\partial\psi}{\partial r}\right|_{r=a} = -2U\sin\theta + \frac{\Gamma}{2\pi a} \tag{6.114}$$

이런 형태의 유동장은 균일 유동 내에 회전 원통을 배치함으로써 근사적으로 만들 수 있다. 실제 유체에서는 점성으로 인하여, 원통에 접하는 유체는 원통과 같은 속도로 회전하게 되고, 이러한 유동장은 원통 주위의 균열 유동과 자유 와류를 결합하여 생긴 유동과 유사하다.

회전하는 원통 주변의 유동은 자유 와류의 추가로 가능하다.

와류 강도(vortex strength) Γ에 따라서 여러 가지 형태의 유선들이 만들어 진다. 예를 들어, 식(6.114)로부터 우리는 원통 표면에서의 정체점들의 위치를 결정할 수 있다. 이 정체점들은 $v_\theta = 0$이 되는 각 $\theta = \theta_{\text{stag}}$에서 발생하며, 따라서 식(6.114)로부터 다음과 같다.

$$\sin\theta_{\text{stag}} = \frac{\Gamma}{4\pi Ua} \tag{6.115}$$

이 식에서, $\Gamma = 0$이면 $\theta_{\text{stag}} = 0$ 또는 π이다. 즉, 정체점들은 그림 6.27a에서 보인 바와 같이 원통의 앞면과 후면에서 발생한다. 그러나 $-1 \le \Gamma/4\pi Ua \le 1$인 범위인 경우에는 정

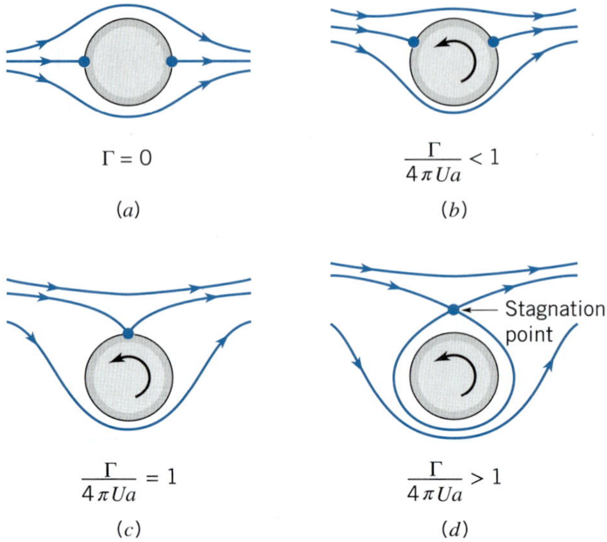

그림 6.27 원통 상의 : (a)순환이 없는 경우, (b,c,d) 순환이 있는 경우.

체점들이 그림 6.27b, c와 같이 원통 표면의 다른 곳에서 발생한다. 또 $\Gamma/4\pi Ua$의 절대값이 1보다 크면 식(6.115)는 성립하지 않고, 정체점은 그림 6.27d와 같이 원통에서 떨어진 곳에서 발생한다.

원통에 작용하는 단위길이 당의 힘은 식(6.110)과 (6.111)에서와 같이 원주를 따라 미소 압력을 적분하여 구할 수 있다. 순환이 존재하는 원통의 표면압력 p_s는 Bernoulli 방정식에 의해 (식(6.114)에 주어진 표면 속도를 이용하여)

$$p_0 + \frac{1}{2}\rho U^2 = p_s + \frac{1}{2}\rho\left(-2U\sin\theta + \frac{\Gamma}{2\pi a}\right)^2$$

또는

$$p_s = p_0 + \frac{1}{2}\rho U^2\left(1 - 4\sin^2\theta + \frac{2\Gamma\sin\theta}{\pi a U} - \frac{\Gamma^2}{4\pi^2 a^2 U^2}\right) \tag{6.116}$$

와 같이 구할 수 있다. 식(6.116)을 항력에 대한 식(6.110)에 대입하여 적분하면 다음과 같이 순환이 없는 경우와 같은 결과를 얻는다.

$$F_x = 0$$

순환을 가진 원통을 지난 유동은 항력은 0이나 양력은 존재한다.

즉, 원통이 회전하더라도, 원통은 균일유동의 방향으로는 힘을 받지 않는다. 그러나 식(6.116)을 양력 F_y의 식(식(6.111))에 매입하면 다음과 같은 양력을 얻는다.

$$F_y = -\rho U\Gamma \tag{6.117}$$

따라서 순환을 가지는 원통에 대한 양력은 유체 밀도와 상류 속도, 그리고 순환의 곱으로 나타낼 수 있다. 음의 부호는 U가 양의 방향(양의 x 방향) 이고 Γ도 양의 방향(반시계 방향의 자유와류)이면 F_y의 방향은 아래 방향임을 의미한다.

물론, 원통이 시계 방향으로 회전하면($\Gamma<0$), F_y의 방향은 위 방향이다. 이 현상은 표

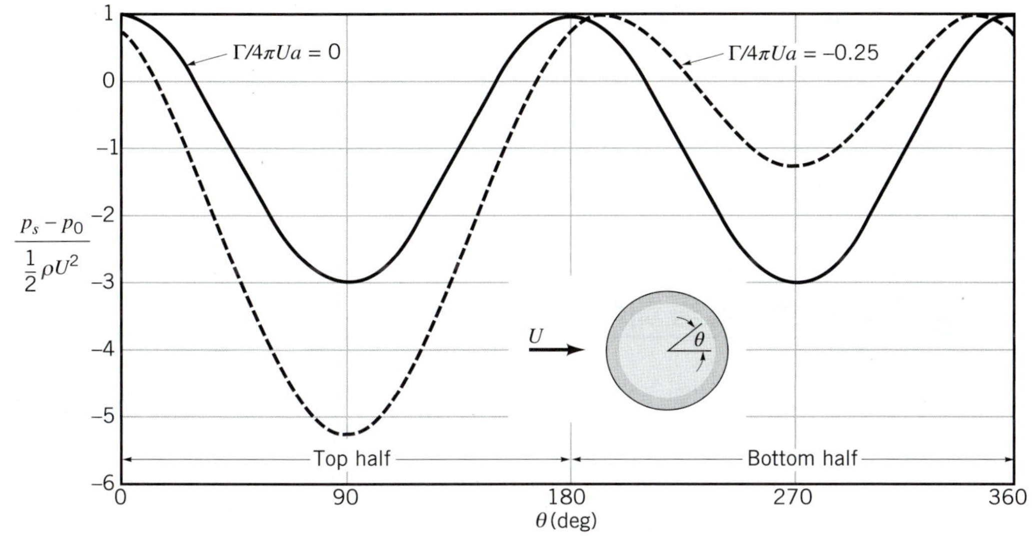

그림 6.28 회전하는 원통 및 회전하지 않는 원통 주위의 압력 분포

면 압력 분포(식(6.116))에 대하여 살펴보면 알 수 있으며, 그림 6.28에 두 가지 상황에 대하여 나타내었다. 첫 번째는 $\Gamma/4\pi Ua = 0$인 경우이며, 원통의 회전이 없을 경우에 해당된다. 두 번째는 $\Gamma/4\pi Ua = -0.25$인 경우로, 원통이 시계 방향으로 회전하는 경우에 해당된다. 회전이 없을 경우, 유동은 원통의 상하 및 앞뒤 모두 대칭이다. 회전이 있을 경우, 유동은 앞 뒤로는 대칭이나, 상하로는 대칭이 아니다. 이 경우, 두 개의 정체점 즉, $(p_s - p_0)/(rU^2/2) = 1$이 원통의 아래 부분에 위치하고, 원통 상반부의 평균 압력은 하반부의 평균 압력보다 작다. 이 결과는 상방향 양력이다. 이 힘은 접근 속도에 수직인 방향으로 작용하며, 야구공이나 골프공이 공기 중으로 날아갈 때 회전(spin)을 하면 곡선궤도를 이루게 하는 바로 그 힘이다. 회전체에 작용하는 이러한 양력을 **Magnus 효과**라 부른다. (9.4절에 좀 더 자세하게 나와 있음).

광활한 유체의 세계

돛 없는 돛 단배

공기 흐름 중에서 그 자신의 축을 중심으로 회전하는 구나 원통은 공기 흐름의 방향에 직각되는 방향으로 힘을발생한다. 이 현상은 종종 Magnus효과라 불리며, 야구 공이나 골프 공의 곡선 경로와 관련이 있다. 1920년대에 독일의 물리학자이면서 공학자인 Anton Flettner는 잘 알려지지 않은 또 다른 Magnus효과의 적용을 제안하였다. Fletttner의 아이디어는 Magnus효과를 이용하여 배를 움직이게 하는 것 이었다. 이 "회전자선 (rotor–ship)"의 실용성을 증명하기 위하여 그는 돛 달린 수쿠너 선(schooner)을 구입하여 그 배의 돛대들과 장비를 높이가 50 feet(15 m)이고 직경이 9 feet(3개)의 수직 원통으로 교체 하였다. 그 원통들은 마치 배의 굴뚝처럼 보였다. 원통들의 스핀(spin)운동을 만들기 위하여 45마력(34KW)의 모터를 이용하였다. 바람과 실린더의 회전은 어떤 힘(Magnus효과)을 생성하여 배를 앞으로 밀었다. Baden Baden이라 명명된 그 배는 대서양을 건너 1926년 5월 9일에 New York 항구까지 성공적인 항해를 마쳤다. 그 "회전자선"의 가능성은 명백히 인정되었지만, 재래식 배를 이용하는 것 보다 효율적이거나 실제적이지 못하였으며, 따라서 이 아이디어는 더 이상 추진되지 못하였다.

식(6.117)는 순환이 존재하는 원통에 대해 유도된 식이지만, 이 식은 비점성의 균 일 흐름에 놓인 임의의 단편 모양을 가지는 2차원 물체에 대해서도 단위 길이당의 양력에 대하여도 사용 가능하다. 순환은 물체를 포함하는 임의의 폐곡선을 만들면 결정된다. 양력과 유채 밀도, 속도 그리고 순환을 관계시 키는 일반적 식을 Kutta–Joukowski 법칙이라 부르고, 보통 익형에서 양력을 구하기 위하여 사용된다. (9.4.2절과 참고문헌 2–6 참조)

6.7 포텐셜 유동 해석의 다른 관점

앞 절에서는 균일유동 내에 놓인 특정 형상의 물체 주위의 비회전 유동을 자세히 기술하기 위하여, 기본 포텐셜들의 중첩을 이용하였다. 이 중첩의 개념은, 분포된 소스(source)와 싱크(sink) 혹은 더블렛(doublet)들의 균일유동과의 결합을 이용하여, 임의 형상의 물체 주위의 유동을 묘사할 수 있는 것으로 확장할 수 있다. 주어진 물체 형상을 만족시키는 분포를 결정하는 기법들은 잘 알려져 있다. 또한, 평면 포텐셜 유동 문제의 경우에는 복소 변수 이론 (실수와 허수를 사용함)을 사용하여 다양한 종류의 주요 유동 문제에 대한 해를 효과적으로 얻을 수 있다.

물론 2차원 평면 문제뿐만 아니라 실제적인 3차원 문제를 풀기 위한 수치적 기법들도 있다. 포텐셜 유동은 라플라스 방정식에 의해 지배되기 때문에, 라플라스 방정식에 대한 일반적 풀이법은 비점성 유체의 비회전 유동해석에 적용될 수 있다. 포텐셜 유동 이론은 유체역학의 일반적 분야 중 오래되었고 잘 정립되어 있는 한 분야이다. 관심 있는 독자는 이 장의 끝부분에 있는 참고문헌 2–7을 포함하여 이 주제에 대한 참고문헌들을 많이 찾을 수있다.

두 평행 고정 평판 사이의 정상유동에 대한 엄밀해가 결정될 수 있다.

유념해야 할 점은, 포텐셜 유동 문제의 해를 얻기 위하여 사용된 특별한 기법에 관계없이, 구한 해는 비점성 유체라는 근본적 가정 때문에 여전히 근사해라는 것이다. 점성유체의 거동을 묘사하는 일반적인 미분방정식들과 이 방정식들에 대한 몇몇 간단한 해들은 이 장의 나머지 절에서 취급 되어 진다. 경험상으로 포텐셜 유동은 일반적으로 낮은 점성 유체 속을 빠르게 움직이는 경우에서는 합리적인 결과를 제공한곤 한다. 이와 같은 조건에서 점성 효과는 고체 면 위에 생성된 경계층 내부로 국한됨을 확인할 수 있다. 경계층 밖에서는 속도 및 압력의 분포가 포텐셜 유동에 의해 예측된 것에 근접하다. 그러나 유동이 감속하는 영역 (예로서 확대관의 팽창 영역의 유동 등)에서는 고체 경계면 근처의 유동 압력이 유동 방향에 따라 증가한다. 유동장에 극적인 변화를 초래하는 유동의 박리를 발생시키는 전조 현상인 역 압력구배의 발생 등도 포텐셜 유동 이론에서는 고려될 수 없다. 그러나 경계층에 관한 학습을 제공하는 9장에서 논의하겠지만, 포텐셜 이론은 점성 유동에서 발생하는 경계층 주변의 유동 예측(박리 발새의 예측을 포함하여)에 매우 빈번하게 적용되고 있다. 점성 유체의 거동을 묘사하는 일반적인 미분 방정식과 그 간단한 해들은 이 장은 나머지 부분에서 다루어질 것이다.

Video
V6.11 포텐셜 유동

6.8 점성 유동

유체 운동의 미분해석에 점성의 효과를 고려하지 위해서는 이전에 유도한 일반적인 운동 방정식, 식(6.50)으로 되돌아가야 한다. 이 방정식들은 응력과 속도 모두를 포함하고 있는 관계로 방정식의 수보다 미지수가 더 많다. 따라서 먼저 응력과 속도 사이의 관계를 정립하는 것이 필요하다.

6.8.1 응력–변형 관계

비압축성 Newton 유체의 경우, 응력(stess)은 변형률(rate of strain)과 전형적인 관계에 있는 것으로 알려져 있으며, 직교 좌표에서 이 관계들을 표현하면 다음과 같다.

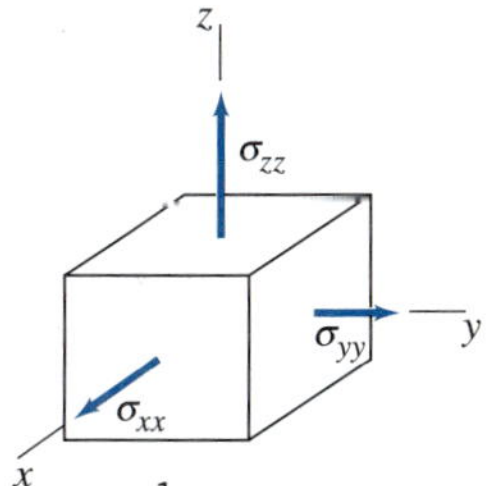

$p = -\frac{1}{3}(\sigma_{xx} + \sigma_{yy} + \sigma_{zz})$

(수직응력의 경우)

$$\sigma_{xx} = -p + 2\mu \frac{\partial u}{\partial x} \quad (6.118a)$$

$$\sigma_{yy} = -p + 2\mu \frac{\partial v}{\partial y} \quad (6.118b)$$

$$\sigma_{zz} = -p + 2\mu \frac{\partial w}{\partial z} \quad (6.118c)$$

(전단응력의 경우)

$$\tau_{xy} = \tau_{yx} = \mu \left(\frac{\partial u}{\partial y} + \frac{\partial v}{\partial x} \right) \quad (6.118d)$$

$$\tau_{yz} = \tau_{zy} = \mu \left(\frac{\partial v}{\partial z} + \frac{\partial w}{\partial y} \right) \quad (6.118e)$$

$$\tau_{zx} = \tau_{xz} = \mu \left(\frac{\partial w}{\partial x} + \frac{\partial u}{\partial z} \right) \quad (6.118f)$$

여기서 p는 압력이고, 3 수직응력의 평균값으로 부호는 반대이다. 즉, $-p = (1/3)(\sigma_{xx} + \sigma_{yy} + \sigma_{zz})$이다. 유동 중에 있는 점성 유체의 경우, 수직응력은 각 방향으로 동일한 값을 가지는 것은 아니기 때문에 세 수직응력의 평균값으로 압력을 정의할 필요가 있다. 정지해 있거나 마찰이 없는 유체의 경우, 수직응력의 값들은 모든 방향으로 동일하다(우리는 이 사실을 유채 정역학과 비점성 유체의 방정식 전개에 이용하였다.). 응력–속도 기울기 사이의 관계식들의 정립에 대한 자세한 설명은 참고문헌 3, 8 및 9에서 찾을 수 있다. 주목할 점은, 탄성체의 경우에는 응력은 변형률(strain)에 선형적인 관계이나, Newton 유체의 경우에는 응력은 변형도율(rate of strain)에 선형적인 관계라는 것이다.

유체의 마찰을 무시한 포텐셜 유동의 해는 항상 근사적일 수 밖에 없다.

원통좌표계에서 Newton, 비압축성 유체의 응력을 표현하면 다음과 같다.

(수직응력의 경우)

$$\sigma_{rr} = -p + 2\mu \frac{\partial v_r}{\partial r} \quad (6.119a)$$

$$\sigma_{\theta\theta} = -p + 2\mu \left(\frac{1}{r} \frac{\partial v_\theta}{\partial \theta} + \frac{v_r}{r} \right) \quad (6.119b)$$

$$\sigma_{zz} = -p + 2\mu \frac{\partial v_z}{\partial_z} \quad (6.119c)$$

(전단응력의 경우)

$$\tau_{r\theta} = \tau_{\theta r} = \mu\left[r\frac{\partial}{\partial r}\left(\frac{\upsilon_\theta}{r}\right) + \frac{1}{r}\frac{\partial \upsilon_r}{\partial \theta}\right] \tag{6.119d}$$

$$\tau_{\theta z} = \tau_{z\theta} = \mu\left(\frac{\partial \upsilon_\theta}{\partial z} + \frac{1}{r}\frac{\partial \upsilon_z}{\partial \theta}\right) \tag{6.119e}$$

$$\tau_{zr} = \tau_{rz} = \mu\left(\frac{\partial \upsilon_r}{\partial z} + \frac{\partial \upsilon_z}{\partial r}\right) \tag{6.119f}$$

이중 하첨자가 가지는 의미는 직교좌표계에서 표현된 응력들에 대한 것과 동일하다. 즉, 첫 번째 하첨자는 응력이 작용하는 평면의 방향(외향 수직)을 나타내고 두 번째 하첨자는 응력의 방향을 나타낸다. 예를 들어, σ_{rr} 경우는 반경 방향에 수직한 면에서 반경 방향으로 작용하는 응력을 나타낸다(따라서 수직응력). 마찬가지로 $\tau_{r\theta}$는 반경 방향에 수직한 면에서 접선방향(θ방향)으로 작용하는 응력을 의미한다. 따라서 이는 전단 응력이다.

6.8.2 Navier–Stokes 방정식

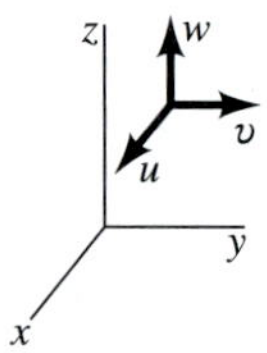

앞 절에서 정의된 응력들을 미분형인 운동방정식1식(6.50)에 대입하고 그리고 비압축성 유동의 연속방정식 [식(6.31)]을 이용하여 정리하면 다음과 같다.

(x방향)

$$\rho\left(\frac{\partial u}{\partial t} + u\frac{\partial u}{\partial x} + \upsilon\frac{\partial u}{\partial y} + w\frac{\partial u}{\partial z}\right) = -\frac{\partial p}{\partial x} + \rho g_x + \mu\left(\frac{\partial^2 u}{\partial x^2} + \frac{\partial^2 u}{\partial y^2} + \frac{\partial^2 u}{\partial z^2}\right) \tag{6.120a}$$

(y 방향)

$$\rho\left(\frac{\partial \upsilon}{\partial t} + u\frac{\partial \upsilon}{\partial x} + \upsilon\frac{\partial \upsilon}{\partial y} + w\frac{\partial \upsilon}{\partial z}\right) = -\frac{\partial p}{\partial y} + \rho g_y + \mu\left(\frac{\partial^2 \upsilon}{\partial x^2} + \frac{\partial^2 \upsilon}{\partial y^2} + \frac{\partial^2 \upsilon}{\partial z^2}\right) \tag{6.120b}$$

(z 방향)

$$\rho\left(\frac{\partial w}{\partial t} + u\frac{\partial w}{\partial x} + \upsilon\frac{\partial w}{\partial y} + w\frac{\partial w}{\partial z}\right) = -\frac{\partial p}{\partial x} + \rho g_z + \mu\left(\frac{\partial^2 w}{\partial x^2} + \frac{\partial^2 w}{\partial y^2} + \frac{\partial^2 w}{\partial z^2}\right) \tag{6.120c}$$

뉴턴 유체에서 응력은 변형율에 선형적으로 관계된다.

여기서 우리는 가속도 항들은 좌변에, 힘에 관련된 항들은 우변에 위치하도록 재정리하였다. 위 식들은 흔히 Navier–Stokes 방정식이라고 불리며, 이는 이 방정식의 유도에 공헌한 프랑스 수학자 L. M. H. Navier와 영국의 물리학자 G. G. Stokes정을 기리기 위하여 그들의 이름을 따서 방정식의 이름으로 한 것이다. 위 3방향 운동방정식은 질량 보존 방정식 [식(6.31)]과 결합되어 비압축성, Newton 유체의 유동에 대한 수학적으로 완벽한 표현을 한다. 즉, 우리는 4개의 방정식과 4개의 미지수 (u, υ, w, 및 p)를 가지므로 수학적용어로는 "well posed" 문제가 된다. 그러나 불행하게도, Navier–Stokes 방정식의 일반적 복잡성 (이는 비선형 2계 편미분 방정식이다.) 때문에 몇 개의 경우를 제외하고는 수학적 엄밀해를 구하기가 쉽지 않다. 그렇지만 엄밀해가 구해지고 실험 결과들과 비교된 몇 가지의 경우에는, 엄밀해들은 실험 결과들과 매우 잘 일치하였다. 따라서 Navier–Stokes 방정식은 비압축성, Newton 유체의 운동을 지배하는 미분방정식으로 간주된다.

원통좌표계 (연관 그림 참조)에 대하여 Navier–Stokes 방정식을 표현하면 다음과 같이 쓸 수 있다.

(r 방향)

$$\rho\left(\partial v_r/\partial t + v_r\frac{\partial v_r}{\partial r} + \frac{v_\theta}{r}\frac{\partial v_r}{\partial \theta} - \frac{v_\theta^2}{r} + v_z\frac{\partial v_r}{\partial z}\right) = -\frac{\partial p}{\partial r} + \rho g_r + \mu\left[\frac{1}{r}\frac{\partial}{\partial r}\left(r\frac{\partial v_r}{\partial r}\right) - \frac{v_r}{r^2} + \frac{1}{r^2}\frac{\partial^2 v_r}{\partial \theta^2} - \frac{2}{r^2}\frac{\partial v_\theta}{\partial \theta} + \frac{\partial^2 v_r}{\partial z^2}\right] \tag{6.121a}$$

(θ방향)

$$\rho\left(\frac{\partial v_\theta}{\partial t} + v_r\frac{\partial v_\theta}{\partial r} + \frac{v_\theta}{r}\frac{\partial v_\theta}{\partial \theta} + \frac{v_r v_\theta}{r} + v_z\frac{\partial v_\theta}{\partial z}\right) = -\frac{1}{r}\frac{\partial p}{\partial \theta} + \rho g_\theta + \mu\left[\frac{1}{r}\frac{\partial}{\partial r}\left(r\frac{\partial v_\theta}{\partial r}\right) - \frac{v_\theta}{r^2} + \frac{1}{r^2}\frac{\partial^2 v_\theta}{\partial \theta^2} + \frac{2}{r^2}\frac{\partial v_r}{\partial \theta} + \frac{\partial^2 v_\theta}{\partial z^2}\right] \tag{6.121b}$$

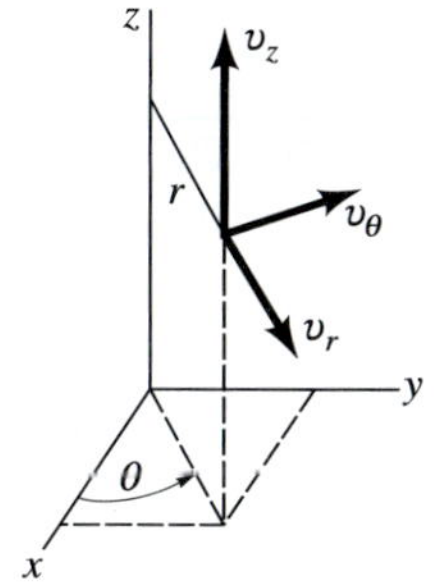

(z 방향)

$$\rho\left(\frac{\partial v_z}{\partial t} + v_r\frac{\partial v_z}{\partial r} + \frac{v_\theta}{r}\frac{\partial v_z}{\partial \theta} + v_z\frac{\partial v_z}{\partial z}\right) = -\frac{\partial p}{\partial z} + \rho g_z + \mu\left[\frac{1}{r}\frac{\partial}{\partial r}\left(r\frac{\partial v_z}{\partial r}\right) - \frac{1}{r^2}\frac{\partial^2 v_z}{\partial \theta^2} + \frac{\partial^2 v_z}{\partial z^2}\right] \tag{6.121c}$$

Navier–Stokes 방정식의 사용에 대한 간단한 소개로, 다음 절에서는 가장 단순한 형태의 엄밀해 중 몇 개를 구하는 과정을 살펴보기로 한다. 이러한 예들은 비교적 간단하지만, 일반적인 경우에는 그렇지 않다. 사실 이들 외에 얻어진 엄밀해는 지금까지 몇 개 되지 않는다.

6.9 점성, 비압축성 유체의 단순 해

Navier–Stokes 방정식의 풀이에 있어서 특히 어려운 점은 대류 가속도 항에서 생기는 비선형성(즉, $u\ \partial u/\partial x$, $w\ \partial v/\partial z$ 등)에 기인한다. 비선형 편미분 방식들의 풀이에 대한 일반적인 해석 방법은 없으며(예를 들어, 해의 중첩은 사용될 수 없다.),각 각의 문제는 개별적으로 고려되어야 한다. 대부분의 실제 유동 문제의 경우, 유채 입자는 유동장 내의 한 지점에서 다른 지점으로 이동함에 따라 가속 운동을 하게 된다. 따라서 대류 가속도 항들은 항상 중요하게 된다. 그렇지만, 유동계의 기하학적 특성으로 인하여 대류 가속도가 무시되는 몇 개의 특별한 경우가 있다. 이 경우에는 엄밀해를 구할 수 있다. Navier–Stokes 방정식은 층류 및 난류 유동 모두에 적용될 수 있으며, 난류 유동의 경우는 각각의 속도 성분이 시간에 따라 불규칙적으로 변하고 이러한 복잡성으로 인하여 해석해를 구하는 것이 매우 어렵다. 따라서 여기서 언급되는 엄밀해는, 속도가 시간에 무관하거나(정상 유동) 또는 잘 정의된 방법으로 시간에 따라 변하는(비정상유동), 층류 유동에 대한 것이다.

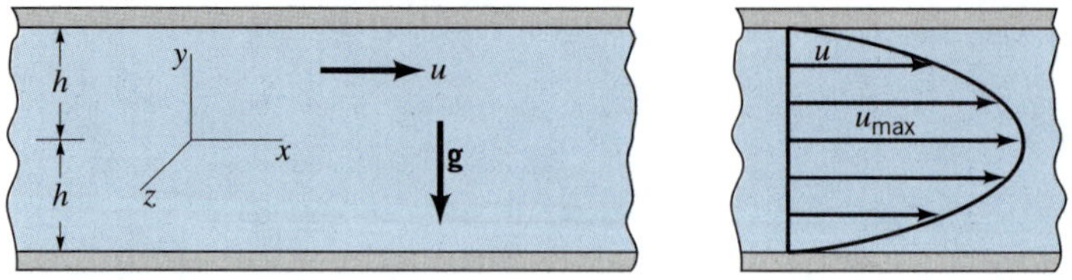

그림 6.29

6.9.1 고정된 평행 평판 사이의 정상, 층류유동

두 평행 고정 평판 사이의 정상유동에 대한 엄밀해가 결정될 수 있다.

우리는 먼저 수평으로 놓인 두 개의 무한 평판 사이의 유동에 대해서 살펴보기로 한다(그림 6.29a). 이러한 형상에서 유체 입자는 x 방향으로 평판에 평행하게 흐르고, y와 z 방향으로의 유동은 없다. 즉, $v = 0$ 및 $w = 0$이다. 이 경우 연속방정식 [식(6.31)]로부터 $\partial u/\partial x = 0$이다. 더욱이 무한 평판에 대하여 z방향으로 u의 변화는 없으며, 또 정상유동의 경우$(\partial u/\partial t = 0)$, $u = u(y)$가 된다. 이러한 조건들을 Navier–Stokes 방정식 [식(6.120)]에 적용 하면 다음과 같이 단순화 된다.

$$0 = -\frac{\partial p}{\partial x} + \mu\left(\frac{\partial^2 u}{\partial y^2}\right) \tag{6.122}$$

$$0 = -\frac{\partial p}{\partial y} - \rho g \tag{6.123}$$

$$0 = -\frac{\partial p}{\partial z} \tag{6.124}$$

여기서 우리는 중력을 음의 y방향으로만 작용한다고 가정하였다. 즉, y축은 위로 향한다. 우리는 이 문제의 경우 Navier–Stokes 방정식은 한층 더 간단한 방정식으로 됨을 알 수 있다. 식(6.123)과 (6.124)를 적분하면

$$p = -\rho g y + f_1(x) \tag{6.125}$$

위 식은 압력이 y 방향으로 정수력적으로 변함을 보여 준다. 식(6.122)를 다시 표현하면

$$\frac{d^2 u}{dy^2} = \frac{1}{\mu}\frac{\partial p}{\partial x}$$

이 되고, 이를 적분하면

$$\frac{du}{dy} = \frac{1}{\mu}\left(\frac{\partial p}{\partial x}\right)y + c_1$$

이 된다. 한번 더 적분하면 다음과 같다.

Video

V6.12 점착 경계 조건

$$u = \frac{1}{2\mu}\left(\frac{\partial p}{\partial x}\right)y^2 + c_1 y + c_2 \tag{6.126}$$

이 단순한 유동에 대하여, (식(6.125)에서 보는 바와 같이) 압력 기울기, $\partial p/\partial x$는 y의 함수가 아니므로, 적분할 경우에는 상수로 취급할 수 있음을 유념해야 한다. 두 개의 상

수 c_1과 c_2는 경계조건으로부터 구해져야 한다. 예를 들어, 두 평판이 고정되어 있다면, $y = \pm h$에서 $u = 0$이다(점성유체의 점착조건). 이 조건을 만족시키기 위하여 $c_1 = 0$이며, c_2는 다음과 같다.

$$c_2 = -\frac{1}{2\mu}\left(\frac{\partial p}{\partial x}\right)h^2$$

따라서, 속도 분포는 다음과 같이 된다.

$$u = \frac{1}{2\mu}\left(\frac{\partial p}{\partial x}\right)(y^2 - h^2) = \frac{h^2}{2\mu}\left(-\frac{\partial p}{\partial x}\right)\left(1-\left(\frac{y}{h}\right)^2\right) \tag{6.127}$$

식(6.127)은 두 개의 고정된 평판 사이의 속도 분포는 그림 6.29b와 같이 포물선 형태임을 보여준다.

두 평판 (z 방향으로 단위 폭을 가짐) 차이의 체적유량 q는 다음의 관계식으로부터 얻어진다.

$$q = \int_{-h}^{h} u\, dy = \int_{-h}^{h} \frac{1}{2\mu}\left(\frac{\partial p}{\partial x}\right)(y^2 - h^2)\, dy$$

V6.13 액체-액체 사이의 점착

또는

$$q = -\frac{2h^3}{3\mu}\left(\frac{\partial p}{\partial x}\right) \tag{6.128}$$

압력은 유동 방향으로 감소하기 때문에, 압력 기울기 $\partial p/\partial x$는 음의 값을 가진다. Δp를 길이 ℓ만큼 떨어진 두 점사이의 압력 강하라하면,

$$\frac{\Delta p}{\ell} = -\frac{\partial p}{\partial x}$$

이고, 식(6.128)은 다음과 같이 표현될 수 있다.

$$q = \frac{2h^3 \Delta p}{3\mu\ell} \tag{6.129}$$

유량은 압력 기울기에 비례하고, 점성에 반비례하며, 그리고 두 평판 사이의 간격($\sim h^3$)에 강하게 비례한다. 식(6.129)를 평균속도 V로 표현하면(여기서 $V = q/2h$) 다음과 같다.

$$\boxed{V = \frac{h^2 \Delta p}{3\mu\ell}} \tag{6.130}$$

식(6.129)와 (6.130)은 평행 평판 유로를 따른 압력강하와 유량 또는 평균속도와의 관계를 제시한다. 또 최대속도, $u_{\max}$는 두 평판의 중간($y = 0$)에서 발생하며, 식(6.127)으로부터 다음과 같다.

$$u_{\max} = -\frac{h^2}{2\mu}\left(\frac{\partial p}{\partial x}\right)$$

또는

$$u_{\max} = \frac{3}{2}V \tag{6.131}$$

Navier–Stokes 방정식은 고정 평행 평판 사이의 유동 정보를 자세하게 제공한다.

두 무한 평행 평판 사이의 정상, 층류 유동의 세부적 사항들은 Navier–Stokes 방정식의 이러한 풀이로부터 완벽하게 예측되어 진다. 예를 들어, 압력 기울기, 점성계수, 그리고 두 평판 사이의 거리가 주어지면, 식(6.127)로부터속 도 분포가 결정되며 식(6.129)와 식(6.130)으로부터 유량과 평균속도가 결정될 수 있다. 더욱이 식(6.125)로부터

$$f_1(x) = \left(\frac{\partial p}{\partial x}\right)x + p_0$$

이다. 여기서 p_0는 $x = y = 0$에서 기준 압력이며, 유동장 내의 압력 변화는 다음 식으로부터 얻을 수 있다.

$$p = -\rho g y + \left(\frac{\partial p}{\partial x}\right)x + p_0 \tag{6.132}$$

유체의 종류와 기준압력 p_0가 주어질 경우, 모든 점에서 압력을 예측할 수 있다. 엄밀해의 사용에 대한 이 비교적 간단한 예는 유동장에 대한 얻을 수 있는 상세한 정보를 보여준다. 만일 Reynolds 수, $\text{Re} = \rho V(2h)/\mu$가 1,400 이하로 유지되면, 그 유동은 층류가 될 것이다. 이보다 더 큰 Reynolds 수의 유동인 경우, 그 유동은 난류로 바뀌게 되며, 유동장은 복잡하고 3차원이며 비정상이기 때문에 전술한 해석은 타당하지가 않다.

광활한 유체의 세계

55,160 Pa 위의 9072 kg

정원용 호스 한쪽 끝에 골프공을 올려놓고, 그 공과 호스 사이에 작은 간격이 유지되어 그 공이 호스 끝에 간신히 떠 있도록, 소량의 물을 천천히 나오도록 하라. 그러면 그 공은 자유로이 회전할 것이다. 이것이 Finland에서 새로이 개발된 "물 분수대 위의 떠있는 공"의 아이디어이다. 질량 9072 kg, 직경 1 .83m인 거대한 돌로 된 구는 받침대 곡면 위의 수압에 의하여 지지되며, 작은 어린이라도 회전 방향을 바꿀수 있을 정도로 쉽게 회전 한다. 이 분수대 설계의 열쇠는 돌을 수천분의 일인치 정도의 정밀도로 연마하는 기술에 있다. 이 기술에 의하여 돌과 지지대 사이의 간격을 매우 작게 할 수 있고 또 물의 유량도 따라서 작게 된다 (1분당19리터 정도). 이 작은 간격으로 인하여, 간격 사이의 유동은 본질적으로 평행 평판사이의 유동과 같다. 비록 구는 매우 무겁더라도, 받침대 내의 구 아래의 압력은 단지 약 55160Pa이면 된다. 유사한 장치를 매릴랜드주 볼티모어 내항에서 찾을 수 있다.

6.9.2 Couette 유동

주어진 유동장에 대하여 유동 특성과 특징은 경계 조건에 크게 영향 받는다.

또 다른 간단한 평행평판 유동은 한 평판은 고정시키고 다른 평판은 일정속도 U로 움직이게 할 경우이다(그림 6.30a). Navier–Stokes 방정식은 전 절에서의 식들과 같은 형태로 감소되며, 압력 및 속도분포의 해는 여전히 각각 식(6.125)와 (6.126)에 의하여 주어진다. 그렇지만 움직이는 평판 문제의 경우, 속도에 대한 경계조건들이 달라진다. 이 경우 우리는 좌표계의 원점을 아래 평판에 위치시키고 두 평판 사이의 거리를 b로 둔다(그림 6.30a 참조). 식 (6.126)의 두 상수, c_1과 c_2는 $y = 0$에서 $u = 0$이 되고 $y = b$에서 $u = U$인 경계 조건으로부터 결정된다. 따라서 속도는 다음과 같이 된다.

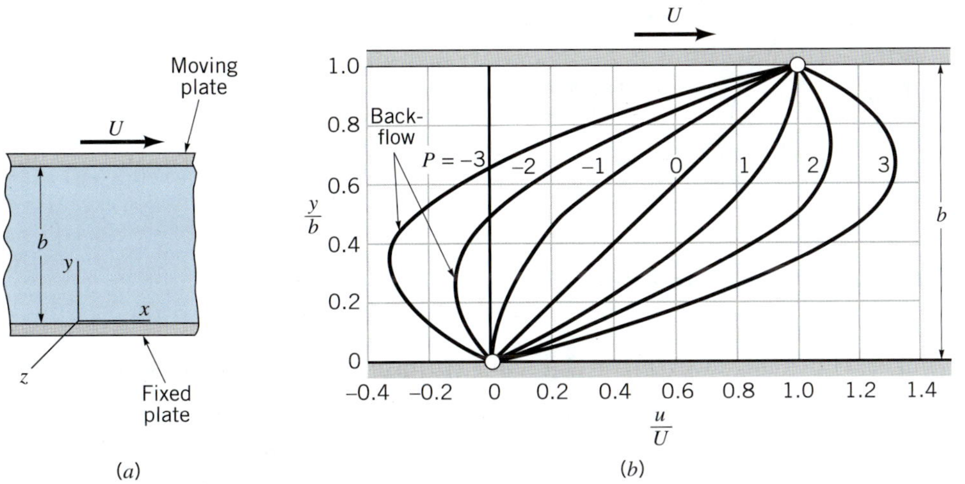

그림 6.30 바닥 평판은 고정되고 위쪽 평판은 움직이는 평행 평판사이의 점성유동(Couette 유동) : (a) 해석에 사용되는 좌표계와 표현기호 (b) 매개변수 P의 함수로 표현된 속도분포. 단, $P = -(b^2/2\mu U)\ \partial p/\partial x$.

$$u = U\frac{y}{b} + \frac{1}{2\mu}\left(\frac{\partial p}{\partial x}\right)(y^2 - by) \tag{6.133}$$

무차원 형태로 나타내면 다음과 같다.

$$\boxed{\frac{u}{U} = \frac{y}{b} - \frac{b^2}{2\mu U}\left(\frac{\partial p}{\partial x}\right)\left(\frac{y}{b}\right)\left(1 - \frac{y}{b}\right)} \tag{6.134}$$

실제 속도 형상은 아래의 무차원 매개변수(parameter), P에 의존하게 된다.

$$P = -\frac{b^2}{2\mu U}\left(\frac{\partial p}{\partial x}\right)$$

그림 6.30b에 여러 개의 (무차원 속도)형상을 나타내었다. 이런 종류의 유동을 Couette 유동이라 한다.

한 평판은 고정되어 있고 다른 평판은 움직이는 경우 이 평행 평판들 사이의 유동을 쿠테유동이라 한다.

가장 간단한 Couette 유동은 압력 기울기가 0인 경우이다. 즉, 유동은 움직이는 경계를 따라서 끌려가는 유체에 의해 야기된다. 이 경우 $\partial p/\partial x = 0$이고, 식(6.133)은 단순히 다음과 같이 간단히 된다.

$$u = U\frac{y}{b} \tag{6.135}$$

이는 그림 6.29b의 $P = 0$인 경우로써, 속도는 두 평판 사이에서 선형적으로 변함을 보여준다. 이 속도 분포는 점성의 개념을 소개하는 1장에서 제공되었다. 이와 같은 속도 분포는 두 원통으로 이루어진 동심관의 경우 한 원통이 일정 각속도(ω)로 회전하고 다른 원통은 고정된 경우에서도 등장한다. 그림 6.31에서 보였듯이 무부하 저널 베어링의 윤활유의 거동에서도 위와 같은 단순한 큐테 유동을 이용한 해석이 가능하다. 이 경우에는 $U = r_1\omega$, $b = r_o - r_i$, 그리고 회전축에 의한 전단 응력은 $\tau = \mu r_i\,\omega/(r_o - r_i)$로 계산될 수

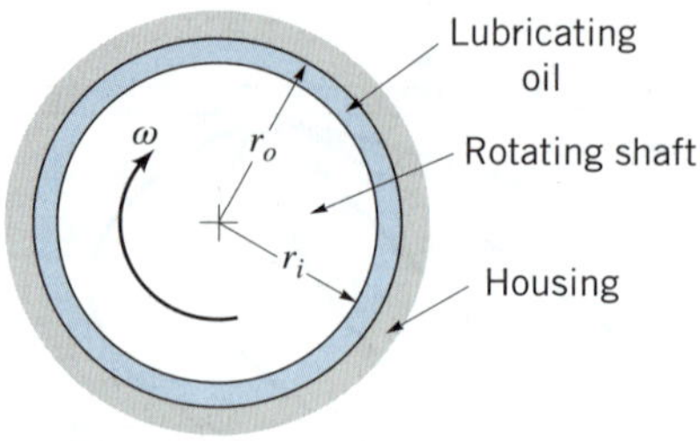

그림 6.31 저널 베어링의 좁은 틈새에서의 유동

있다. 베어링에 하중이 인가하게 되면, 저널 베어링의 축과 보스가 더 이상 동심원을 이루지 않게 되어 축과 보스 사이의 윤활유의 거동이 더 이상 평행 평판 사이의 유동으로 취급될 수 가 없다. 그와 같은 문제는 참고 문헌 10의 윤활 이론에서 다루고 있다.

예제 6.9 | 평면 쿠테 유동

주어진 사항 폭이 넓은 벨트가 점성유체가 담긴 용기 속을 통과한다. 그림 E6.9a에서 보는 것처럼 벨트는 일정한 속도 V_0로 수직하게 위로 움직인다. 점성력으로 인하여 벨트는 두께 h의 유체 막(film)을 끌어 올린다. 중력은 유체를 벨트 아래로 흘러내리게 한다. 유동은 정상상태의 완전 발달한 층류 유동으로 가정하라.

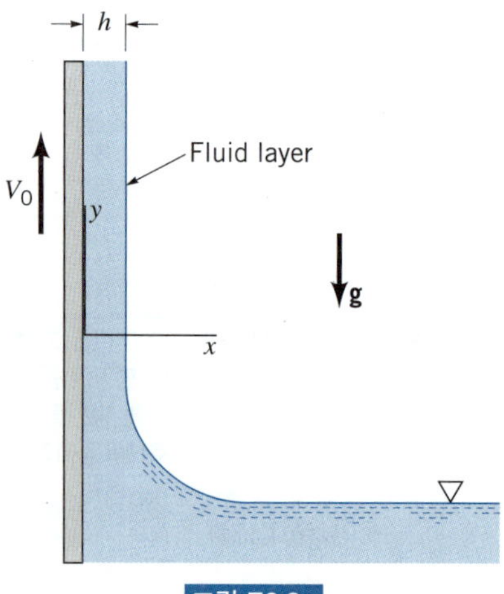

그림 E6.9a

해결과제 Navier–Stokes 방정식을 사용하여 유채 막이 벨트에 의해 끌려 올라갈 때의 평균속도에 대한 표현식을 구하라.

풀이 유동을 완전 발달로 가정하였으므로 유일한 속도 성분은 y 방향(0성분)으로만 존재하고 따라서 $u = w = 0$이다. 연속방정식으로부터는 $\partial v/\partial y = 0$이고, 정상유동이므로 $\partial v/\partial t = 0$이 되어 $v = v(x)$가 된다. 이러한 조건에서 Navier–Stokes 방정식의 x방향 [식(6.120a)]과 z방향 (종이 면에 수직) 식[식(6.120c)]은 다음의 간단한 식들로 된다.

$$\frac{\partial p}{\partial x} = 0 \qquad \frac{\partial p}{\partial z} = 0$$

이는 수평 면(x–z 평면)에서는 압력의 변화가 없음을 의미하고, 막 표면 ($x = h$)에서의 압력은 대기압인 관계로 막 전체의 압력도 대기압 (0의 계기 압력)이 된다. y방향의 운동방정식 (식6.120b)은 다음과 같이 된다.

$$0 = -\rho g + \mu \frac{d^2 v}{dx^2}$$

혹은

$$\frac{d^2 v}{dx^2} = \frac{\gamma}{\mu} \tag{1}$$

식 (1)을 적분하여

$$\frac{dv}{dx} = \frac{\gamma}{\mu}x + c_1 \tag{2}$$

막 표면 ($x = h$)에서 전단응력을 0으로 가정한다. 즉, 막 표면에서의 공기 저항은 무시된다. 자유표면(또는 막 내부의 막 표면과 평행한 면)에서의 전단응력을 τ_{xy}라 두면, 식 (6.118d)로부터 다음과 같다.

$$\tau_{xy} = \mu\left(\frac{dv}{dx}\right)$$

따라서 $x = h$에서 $\tau_{xy} = 0$이면, 식(2)에 의해 c_1은 다음과 같다.

$$c_1 = -\frac{\gamma h}{\mu}$$

식(2)를 한번 더 적분하면 막 내부의 속도분포는 다음과 같다.

$$v = \frac{\gamma}{2\mu}x^2 - \frac{\gamma h}{\mu}x + c_2$$

벨트($x = 0$)에서의 유체 속도는 벨트의 속도, V_0와 같아야 되기 때문에 상수 c_2는

$$c_2 = V_0$$

이고, 따라서 속도분포는 다음과 같다.

$$v = \frac{\gamma}{2\mu}x^2 - \frac{\gamma h}{\mu}x + V_0 \tag{3}$$

속도 분포로부터 단위 폭당 유량을 구할 수 있기에

$$q = \int_0^h v\,dx = \int_0^h \left(\frac{\gamma}{2\mu}x^2 - \frac{\gamma h}{\mu}x + V_0\right) dx$$

적분을 수행하면,

$$q = V_0 h - \frac{\gamma h^3}{3\mu}$$

평균 막 속도 V(여기서 $q = Vh$)는 다음과 같다.

$$V = V_0 - \frac{\gamma h^2}{3\mu} \qquad \text{(답)}$$

보충설명 식(3)을 무차원 형식으로 쓰면 다음과 같이 된다.

$$\frac{v}{V_0} = c\left(\frac{x}{h}\right)^2 - 2c\left(\frac{x}{h}\right) + 1$$

여기서 $c = \gamma h^2/2\mu V_0$이다. 이 속도들을 그림 E6.9b에 도시하였다. 벨트가 위쪽으로움직이더라도, $c > 1$인 경우 (예를 들면, 점성이 충분히 작은 유체이거나 혹은 벨트 속도가 충분히 작을 경우) 일부의 유체는 아래쪽으로 운동한다는 점 ($v/V_0 < 0$로 표시됨)을 유의해야 한다.

이 결과로부터 $V_0 > \gamma h^2/3\mu$인 경우에만 위쪽으로의 유체 흐름 (양의 V값)이 발생한다는 사실을 알 수 있다. 점성이 작은 유체를 끌어올리기 위해서는 상대적으로 큰 벨트의 속도가 필요하다.

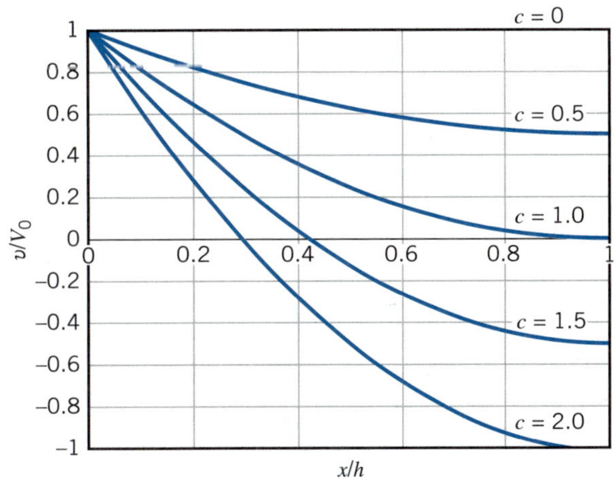

그림 E6.9b

6.9.3 원형 튜브 내의 정상, 층류유동

원통 내부의 유동이 층류, 정상, 비압축성 유동인 경우 엄밀해가 구해진다.

Navier–Stokes 방정식의 가장 잘 알려진 엄밀해는 아마도 일정 단면의 직선 원형 튜브 내를 흐르는 정상상태 비압축성 층류유동에 대한 경우일 것이다. 이런 종류의 유동은 흔히 **Hagen–Poiseuille 유동** 또는 간단히 **Poiseuille 유동**이라 불린다. 이 유동은 프랑스 물리학자 J. L. Poiseuille와 독일의 수력학 공학자 G. H. L. Hagen을 기념하여 붙인 이름이다. Poiseuille는 모세혈관 내의 혈액 유통에 관심이 있었으며 원형 튜브 내의 층류 유동에 대한 저항법칙을 실험적으로 추론하였다. Hagen의 원형 튜브 내의 연구 또한 실험에 의한 것이었다. 이 절에 보이는 이론적 결과가 정립된 것은 실제적으로 Hagen과 Poiseuille의 (실험적)연구 이후의 일이나, 그들의 이름은 이 문제의 해와 일반적으로 연관되어진다.

반경 R인 수평 원형 튜브를 통하여 흐르는 유동을 생각해 보자(그림 6.32a). 기하학적

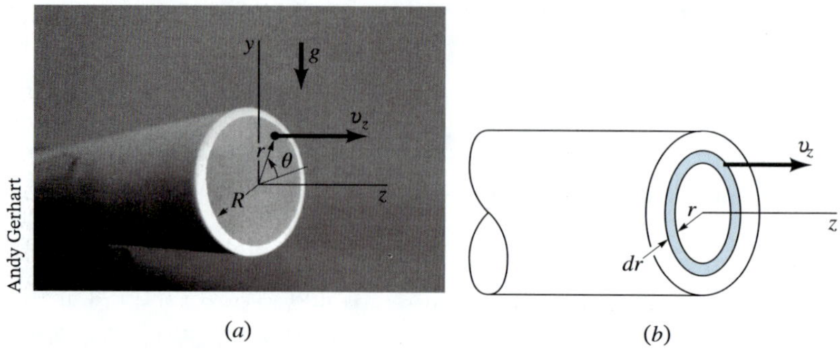

그림 6.32 수평 원형 튜브 내의 점성 유동: (a) 좌표계와 해석을 위해 사용된 기호. (b) 미소 동심관내의 유동.

으로 원통형이므로, 원통좌표계를 사용하는 것이 편리하다. 우리는 유동이 벽면과 평행하다고 가정하여 $v_r = 0$ 그리고 $v_\theta = 0$로 두고, 연속방정식[식(6.34)]으로부터 $\partial v_z/\partial z = 0$으로 두기로 한다. 또한 정상상태이고 축대칭인 유동의 경우, v_z는 시간 t와 각도 θ의 함수가 아니므로 v_z는 튜브 반경만의 함수가 된다. 즉, $v_z = v_z(r)$이다. 이러한 조건하에서 Navier–Stokes 방정식 [식(6.121)]은 다음과 같이 간소화된다.

$$0 = -\rho g \sin\theta - \frac{\partial p}{\partial r} \tag{6.136}$$

$$0 = -\rho g \cos\theta - \frac{1}{r}\frac{\partial p}{\partial \theta} \tag{6.137}$$

$$0 = -\frac{\partial p}{\partial z} + \mu\left[\frac{1}{r}\frac{\partial}{\partial r}\left(r\frac{\partial v_z}{\partial r}\right)\right] \tag{6.138}$$

여기서, $g_r = -g\ \sin\theta$와 $g_\theta = -g\ \cos\theta$의 관계식을 사용하였다($\theta$는 수평 평면으로부터 측정된 값이다).

식(6.136)과 식(6.137)을 적분하면 다음과 같이 된다.

$$p = -\rho g(r\sin\theta) + f_1(z)$$

또는

$$p = -\rho g y + f_1(z) \tag{6.139}$$

Video
V6.14 층류 유동

식(6.139)는 임의의 단면에서 압력은 수력학적으로 분포되어 있음을 의미하고, 따라서 압력기울기의 z 성분, $\partial p/\partial z$는 r 또는 θ의 함수가 아니다.

z 방향의 운동방정식 [식(6.138)]은 다음과 같이 쓸 수 있다.

$$\frac{1}{r}\frac{\partial}{\partial r}\left(r\frac{\partial v_z}{\partial r}\right) = \frac{1}{\mu}\frac{\partial p}{\partial z}$$

그리고 위의 식을 적분하면 ($\partial p/\partial z$ = 일정임을 이용) 다음과 같다.

$$r\frac{\partial v_z}{\partial r} = \frac{1}{2\mu}\left(\frac{\partial p}{\partial z}\right)r^2 + c_1$$

다시 한번 더 적분하면 다음과 같이 된다.

$$v_z = \frac{1}{4\mu}\left(\frac{\partial p}{\partial z}\right)r^2 + c_1 \ln r + c_2 \tag{6.140}$$

튜브의 중심($r = 0$)에서 v_z가 유한한 값을 가지기 때문에, $c_1 = 0$으로 한다 [$\ln(0) = -\infty$ 이므로]. 벽면 ($r = R$)에서 속도는 0이어야 하므로

$$c_2 = -\frac{1}{4\mu}\left(\frac{\partial p}{\partial z}\right)R^2$$

이고, 속도 분포는 다음과 같이 된다.

원통 내 정상 층류 유동의 속도 분포는 포물선 형상이다.

$$v_z = \frac{1}{4\mu}\left(\frac{\partial p}{\partial x}\right)(r^2 - R^2) = \frac{R^2}{4\mu}\left(-\frac{\partial p}{\partial x}\right)\left(1 - \left(\frac{r}{R}\right)^2\right) \tag{6.141}$$

따라서 어떠한 단면에서도 속도분포는 포물선 형태이다.

튜브를 통과하는 체적유량, Q와 압력 기울기 사이의 관계식을 얻기 위하여, 우리는 와셔(washer) 모양의 미소 링을 통과하는 유량을 고려해 본다(그림 6.32b). 이 링에서 v_z는 일정하므로, 미소면적 $dA = (2\pi r)\,dr$를 통과하는 체적유량은 다음과 같다.

$$dQ = v_z(2\pi r)\,dr$$

따라서 유량은 다음과 같다.

$$Q = 2\pi\int_0^R v_z r\,\mathrm{dr} \tag{6.142}$$

v_z에 관한 식(6.141)을 식(6.142)에 대입하고, 그 결과를 적분하면

$$Q = -\frac{\pi R^4}{8\mu}\left(\frac{\partial p}{\partial z}\right) \qquad \text{식 (6.143)}$$

▶ Video

V6.15 복합 관로 유동

이다. 위의 관계식을 원형 튜브의 길이 ℓ을 따른 압력강하 Δp 의 항으로 표현하면

$$\frac{\Delta p}{\ell} = -\frac{\partial p}{\partial z}$$

이 되어, 체적 유량 Q는 다음과 같이 된다.

$$\boxed{Q = \frac{\pi R^4 \Delta p}{8\mu\ell}} \tag{6.144}$$

단위길이 당 압력강하에 대한 체적유량은 점성에 반비례하고 튜브 반경의 4승에 비례 한다. 반경이 2배로 되면 유량은 16배로 늘어난다! 식(6.144)는 흔히 **Poiseuille의 법칙**이라고 불린다.

뽀아제 법칙은 원형 튜브 내 정상 층류 유동에 대해 압력강하와 유량 사이의 관계를 설명한다.

$V = Q/\pi R^2$인 평균속도 V를 이용하여 식(6.144)를 다시 쓰면 다음과 같이 된다.

$$V = \frac{R^2 \Delta p}{8\mu\ell} \tag{6.145}$$

최대속도, $v_{\max}$는 튜브의 중심에서 발생하고, 식(6.141)로부터

$$v_{max} = -\frac{R^2}{4\mu}\left(\frac{\partial p}{\partial z}\right) = \frac{R^2\Delta p}{4\mu\ell} \tag{6.146}$$

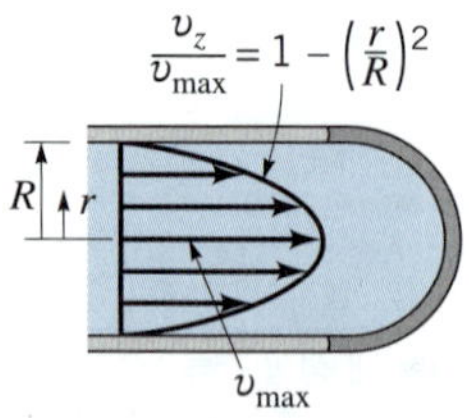

이고, 따라서

$$v_{max} = 2V$$

이다. 여백의 그림에 나타낸 속도 분포는 v_{max}를 이용하여 다음과 같이 쓸 수 있다.

$$\frac{v_z}{v_{max}} = 1 - \left(\frac{r}{R}\right)^2 \tag{6.147}$$

평행 평판 사이의 유동(때로는 **평판 Poiseuille 유동**으로 통칭됨)과 마찬가지로, 튜브 유동에 대한 세부적 압력과 속도분포도 Navier–Stokes 방정식의 해로부터 얻어진다. 위의 결과들을 입증하기 위하여 수많은 실험들이 행해졌으며, 이로부터 원형 튜브나 파이프 내를 흐르는 Newton 유체의 층류유동에 대해서는 이론과 실험이 잘 일치함을 보여주고 있다. Reynolds 수, $\text{Re} = \rho V(2\text{R})/\mu$가 2100 이하에서 관내 유동은 층류를 유지한다. 난류 유동에 대해서는 8장에서 고려되어진다.

광활한 유체의 세계

Poiseuille 법칙의 재조명

튜브 내의 층류 유동을 지배하는 Poiseuille의 법칙은 이상한 역사를 가지고 있다. 이 법칙은 모세 혈관내의 혈액 유동에 관심이 있었던 프랑스 물리학자 J. L. Poiseuille에 의하여 알려졌다. Poiseuille은 아주 작은 관을 흐르는 물을 이용한 일련의 용의주도하게 수행된 실험을 통하여, $Q = K\Delta p D^4/\ell$ 라는 공식을 얻었다. 이 공식에서 Q는 유량, K는 실험 상수, Δp는 길이 ℓ에 대한 압력강하, 그리고 D는 튜브직경이다. K의 값이 물 온도의 함수로 주어지는 또 다른공식도 있다. 점성의 개념이 도입된 이후에서야, Poiseuille의 법칙이 수학적으로 유도 되었고 상수 K는 $\pi/8\mu$ 임이 밝혀졌다. 여기서 μ는 유체 점성계수이다. 19세기 중반에 사용된 실험기구들을 고려해 볼 때, Poiseuille의 실험은 그 정확성과 완벽성 때문에 오랫동안 칭송받았다.

6.10 미분해석의 다른 관점

이 장에서는 유체유동을 지배하는 기본적인 미분방정식들이 유도되었다. 벡터형태로 압축하여 표현된 Navier–Stokes 방정식

$$\rho\left(\frac{\partial \mathbf{V}}{\partial t} + \mathbf{V}\cdot\nabla\mathbf{V}\right) = -\nabla p + \rho\mathbf{g} + \mu\nabla^2\mathbf{V} \tag{6.148}$$

과 연속방정식

$$\nabla\cdot\mathbf{V} = 0 \tag{6.149}$$

이론적 엄밀해를 제공하는 실제 유동은 거의 없다.

은 비압축성 Newton 유체에 대한 일반적 운동 방정식들이다. 비록 우리는 우리의 관점을 비압축성 유체에 국한하였지만, 이 방정식들은 즉시 압축성 유체를 포함할 수 있도록

확장될 수 있다. Navier–Stokes 방정식의 엄밀해 및 근사해를 구하기 위한 다양한 해석적 및 수치적 기법들을 심도 있게 다루는 것은 이 책의 범위를 많이 벗어난다.

전자계산기를 사용하는 수치적 기법들은 물론 다양한 유동문제를 해석하는데 많이 시용되어진다. 완전한 Navier–Stokes 방정식에 기반을 둔 수 많은 층류유동의 해는 유한요소 및 유한차분법을 시용하여 구해져 왔다. 비선형성이 아주 강한 문제의 유동 특성들은 수치해로부터 얻어질 수 있다. 그렇지만 이러한 해들은 고성능의 전자계산기의 사용을 필요로 하게 되며, 또 방정식에 나타나는 비선형성은 수치 해석자들의 정교한 기법이 요구되는 복잡성이 있다. 실제 난루수등에는 운동의 복잡성 때문에 완벽한 수치해를 얻기가 어렵다. 실제적으로 난류 유동의 해를 구하기 위해서는 경험적인 몇 가지 종류의 난류 모델을 사용한다.

컴퓨터와 수치해석이 결합되어 유체 유동 문제의 해를 구하는 전산유체역학(CFD)의 일반적인 영역은 진보된 유체역학에서는 매우 중요한 주제이다. CFD에 대한 간단한 소개를 부록 A에 하였다.

Video
V6.16 전산 유체 역학 예제

광활한 유체의 세계

동맥류 흐름에 대한 전산해석과 자기공명장치

영국 Sheffield에 위치한Sheffield 대학교의 자기 공명 영상 장치에 대한 연구자들은 허파의 폐동맥을통과하는 유동에 대한 연구를 위하여 전산유체역학(CFD)을 사용하고 있다. 폐동맥의 형상을 정하기 위하여 MRI를 사용하고 폐동맥을 통과하는 유동을 모사하기 위하여 CFD를 사용하여, 그들은 응고 가능 지점과 동맥류의 위치를 결정할 수 있다. 혈액응고는 유동이 느리거나 정지된 영역에서 형성 되며, 혈관들 중에서 그러한(혈관)영역에서는 다른 혈관 보다 더 오랜 시간을 지체한다. 높은 벽면 압력과 전단응력 영역은 혈관 벽이 밖으로 불거져 나오는 동맥류를 유발한다.

6장 요약

유체유동의 미분해석은 유동장내의 한 점 한 점을 자세하게 서술할 수 있는 개념과 기법의 개발에 관련되어진다. 유체 요소의 운동과 변형에 관련된 개념들이 소개되었고, 이에는 유채 입자들의 속도와 가속도를 표현하는 오일러 방법이 포함되었다. 유체요소의 선형 변형과 각 변형은 체적팽창률, 각 변형율 그리고 와도(vorticity)와 같은 유동 특성들을 이용하여 설명되었다. 미분형 질량보존 방정식(연속방정식)이 직교 좌표계와 극좌표계 모두에 대하여 유도되었다.

정상, 비압축성, 평면, 2차원 유동에 대한 이해를 위한 유동함수의 사용이 소개 되었다. 유채 운동에 대한 일반적 운동방정식이 유도되었으며, 비점성 유동에 대하여 이 방정식들은 더 단순한 형태인 Euler 운동방정식으로 된다. 이 Euler 방정식을 적분하게 되면 Bernoulli 방정식을 얻을 수 있으며, 또 비회전 유동의 개념도 소개되었다. 비회전 유동에 대한 해를 구하기 위하여 속도 포텐셜의 사용이 자세히 다루어 졌으며, 균일 유동, 소스와 싱크, 와류, 그리고 더블렛 등을 포함하는 몇 가지 기본적 유통에 대한 속도 포텐셜들이 설명되었다. 중첩에 의한 이들 기본적 속도 포텐셜들의 결합을 이용하는 기법이 소개되었다. 이러한 중첩의 기법을 이용하여 반체와 원형 실린더 주위의 유동에 대한 해들이 구해졌다.

비압축성, 점성 유동을 기술하는 기본 미분방정식(Navier−Stokes 방정식)이 소개되었다. 평행 평판 사이 및 원형 튜브 내부를 지나는 정상, 점성 층류 유동에 대한 몇 가지 비교적 단순한 해들이 구해졌다.

이 6장의 학습 안내를 위하여 다음과 같은 점검표를 제시한다. 이 6장의 전체 내용과 끝 부분에 수록된 연습문제들을 완전히 이해하였다면, 다음의 내용들을 수행할 수 있을 것이다.

- 아래의 표기된 주요용어의 의미와 관련된 개념을 정확히 설명해보라. 이 용어들은 특히 중요하며, 본서에서는 색이 있는 굵은 글씨체로 나타내었다.
- 주어진 속도장에 대한 식을 이용하여, 유채 입자의 가속도를 결정하라.
- 속도장에 대한 식으로부터, 유채 요소에 대한 체적 팽창률, 와도 그리고 각변형률을 결정하라.
- 주어진 속도장이 연속방정식을 만족함을 보여라.
- 유동장을 기술하기 위하여 유동함수의 개념을 이용하라.
- 유동장을 기술하기 위하여 속도포텐셜의 개념을 이용하라.
- 단순 포텐셜 유동장의 해를 구하기 위하여 기본 속도 포텐셜의 중첩을 이용하라.
- Navier−Stokes 방정식을 이용하여 두 평행한 평판 사이를 지나는 비압축성, 정상, 층류, 점성유동의 상세한 유동.특성을 결정하라. 또 원형 튜브 내의 유통에 대하여도 수행하라.

주요 방정식

유체입자의 가속도	$\mathbf{a} = \frac{\partial \mathbf{V}}{\partial t} + u\frac{\partial \mathbf{V}}{\partial x} + \upsilon\frac{\partial \mathbf{V}}{\partial y} + w\frac{\partial \mathbf{V}}{\partial z}$	(6.2)
와도	$\zeta = 2\boldsymbol{\omega} = \nabla \times \mathbf{V}$	(6.17)
질량보존	$\frac{\partial \rho}{\partial t} + \frac{\partial(\rho u)}{\partial x} + \frac{\partial(\rho \upsilon)}{\partial y} + \frac{\partial(\rho w)}{\partial z} = 0$	(6.27)
유동함수	$u = \frac{\partial \psi}{\partial y} \qquad \upsilon = -\frac{\partial \psi}{\partial x}$	(6.37)

오일러 방정식	$\rho g_x - \dfrac{\partial p}{\partial x} = \rho\left(\dfrac{\partial u}{\partial t} + u\dfrac{\partial u}{\partial x} + v\dfrac{\partial u}{\partial y} + w\dfrac{\partial u}{\partial z}\right)$ $\rho g_y - \dfrac{\partial p}{\partial y} = \rho\left(\dfrac{\partial v}{\partial t} + u\dfrac{\partial v}{\partial x} + v\dfrac{\partial v}{\partial y} + w\dfrac{\partial v}{\partial z}\right)$ $\rho g_z - \dfrac{\partial p}{\partial z} = \rho\left(\dfrac{\partial w}{\partial t} + u\dfrac{\partial w}{\partial x} + v\dfrac{\partial w}{\partial y} + w\dfrac{\partial w}{\partial z}\right)$			(6.51a~c)
속도포텐셜	$\mathbf{V} = \nabla\phi$			(6.65)
라플라스 방정식	$\nabla^2\phi = 0$			(6.66)
균일 포텐셜 유동	$\phi = U(x\cos\alpha + y\sin\alpha)$	$\psi = U(y\cos\alpha - x\sin\alpha)$	$u = U\cos\alpha \quad v = U\,s$	
용출과 흡입 유동	$\phi = \dfrac{m}{2\pi}\ln r$	$\psi = \dfrac{m}{2\pi}\theta$	$v_r = \dfrac{m}{2\pi r}$ $v_\theta = 0$	
와류	$\phi = \dfrac{\Gamma}{2\pi}\theta$	$\psi = -\dfrac{\Gamma}{2\pi}\ln r$	$v_r = 0$ $v_\theta = \dfrac{\Gamma}{2\pi r}$	
더블렛	$\phi = \dfrac{K\cos\theta}{r}$	$\psi = -\dfrac{K\sin\theta}{r}$	$v_r = -\dfrac{K\cos\theta}{r^2}$ $v_\theta = -\dfrac{K\sin\theta}{r^2}$	
나비어 스토크 방정식	$\rho\left(\dfrac{\partial u}{\partial t} + u\dfrac{\partial u}{\partial x} + v\dfrac{\partial u}{\partial y} + w\dfrac{\partial u}{\partial z}\right) = -\dfrac{\partial p}{\partial x} + \rho g_x + \mu\left(\dfrac{\partial^2 u}{\partial x^2} + \dfrac{\partial^2 u}{\partial y^2} + \dfrac{\partial^2 u}{\partial z^2}\right)$ $\rho\left(\dfrac{\partial v}{\partial t} + u\dfrac{\partial v}{\partial x} + v\dfrac{\partial v}{\partial y} + w\dfrac{\partial v}{\partial z}\right) = -\dfrac{\partial p}{\partial y} + \rho g_y + \mu\left(\dfrac{\partial^2 v}{\partial x^2} + \dfrac{\partial^2 v}{\partial y^2} + \dfrac{\partial^2 v}{\partial z^2}\right)$ $\rho\left(\dfrac{\partial w}{\partial t} + u\dfrac{\partial w}{\partial x} + v\dfrac{\partial w}{\partial y} + w\dfrac{\partial w}{\partial z}\right) = -\dfrac{\partial p}{\partial z} + \rho g_z + \mu\left(\dfrac{\partial^2 w}{\partial x^2} + \dfrac{\partial^2 w}{\partial y^2} + \dfrac{\partial^2 w}{\partial z^2}\right)$			(6.120a~c)

참고문헌

1. White, F. M., *Fluid Mechanics*, 5th Ed., McGraw-Hill, New York, 2003.
2. Streeter, V. L., *Fluid Dynamics*, McGraw-Hill, New York, 1948.
3. Rouse, H., *Advanced Mechanics of Fluids*, Wiley, New York, 1959.
4. Milne-Thomson, L. M., *Theoretical Hydrodynamics*, 4th Ed., Macmillan, New York, 1960.
5. Robertson, J. M., *Hydrodynamics in Theory and Application*, Prentice-Hall, Englewood Cliffs, N.J., 1965.
6. Panton, R. L., *Incompressible Flow*, 3rd Ed., Wiley, New York, 2005.
7. Hess, J. L., "Review of Integral Equation Techniques for Solving Potential-Flow Problems with Emphasis on the Surface-Source Method," *Computer Methods in Applied Mechanics and Engineering*, 5, 1975, pp. 145-196.
8. Li, W. H., and Lam, S. H., *Principles of Fluid Mechanics*, Addison-Wesley, Reading, Mass., 1964.
9. Schlichting, H., *Boundary-Layer Theory*, 8th Ed., McGraw-Hill, New York, 2000.
10. Fuller, D. D., *Theory and Practice of Lubrication for Engineers*, Wiley, New York, 1984.

연습문제 [QUESTIONS AND PROBLEMS]

Ⓒ 프로그래밍이 가능한 계산기 또는 컴퓨터를 사용하여 풀 수 있는 문제

Ⓞ 비판적 사고가 필요한 개방형 문제. 이러한 문제는 필요한 입력 데이터를 제공하기 위해 다양한 가정이 필요하다. 이러한 문제에 대한 고유한 답은 없다.

주: 문제에 대한 설명에 필요한 유체 물성치 값이 명시되지 않은 경우, 표 1.4 – 1.8 및 부록의 표에 있는 값을 사용하라.

6.1절 유체 입자의 운동학

6.1.1 2차원 속도장이 아래와 같이 주어졌다.

$$\mathbf{V} = 2xt\hat{\mathbf{i}} - 2yt\hat{\mathbf{j}}$$

여기서, 속도는 m/s, x, y, t는 미터와 초 단위다. x와 y 방향에 대한 국소 가속도와 대류 가속도를 결정하시오. $x = y = 0.61$ m, $t = 0$에서 속도와 가속도의 크기를 구하시오.

6.1.2 다음과 같이 주어진 속도장에 대하여 가속도의 각 방향 성분을 구하시오.

$$\mathbf{V} = yz\hat{\mathbf{i}} + x^2z\hat{\mathbf{j}} + x\hat{\mathbf{k}}$$

6.1.3 2차원 유동장에서 속도는 다음과 같이 주어진다.

$$\mathbf{V} = (2x^2y + x)\hat{\mathbf{i}} + (2xy^2 + y + 1)\hat{\mathbf{j}}$$

여기서 속도는 m/s, x, y, t는 미터와 초 단위다. $x = 0.5$ m, $y = 1.0$ m에서 유체 입자의 회전 각속도를 구하시오.

6.1.4 속도 벡터, $\mathbf{V} = (x^2 - y^2)\hat{\mathbf{i}} - 2xy\hat{\mathbf{j}}$의 와도를 구하시오.

6.1.5 아래와 같이 주어진 속도장의 와도를 구하고 회전 여부를 판단하시오.

$$\mathbf{V} = -xy^3\hat{\mathbf{i}} + y^4\hat{\mathbf{j}}$$

6.1.6 교재의 식 6.127에 따르면 두 평판 사이의 완전 발달 층류 흐름은 아래의 식으로 표현된다.

$$u = \frac{1}{2\mu}\left(\frac{\partial p}{\partial x}\right)(y^2 - h^2) = \frac{h^2}{2\mu}\left(-\frac{\partial p}{\partial x}\right)\left(1 - \left(\frac{y}{h}\right)^2\right)$$

y방향 속도 v가 0인 경우 다음을 각각 구하시오.

(a) 체적 변형률 (b) 와도 (c) 각 변형률

(d) 유체와 접하는 평면의 표면에서의 전단응력

6.1.7 2차원 비압축성 유동장의 y방향 속도가 아래와 같이 주어져있다.

$$v = 3xy + x^2y$$

체적팽창률이 0이되도록 x 방향 분속도를 결정하시오.

6.1.8 아래 그림 P6.1.8과 같이 큰 평행 평판 사이의 비압축성 점성 유동을 고려하자. 아래 평판은 고정되어있고 위 평판이 속도 U로 움직이는 경우 평판 사이의 유속

$$u = U\frac{y}{b}$$

로 주어진다. 다음을 결정하시오.

(a) 체적 변형률 (b) 회전 각속도 (c) 와도 (d) 각 변형률

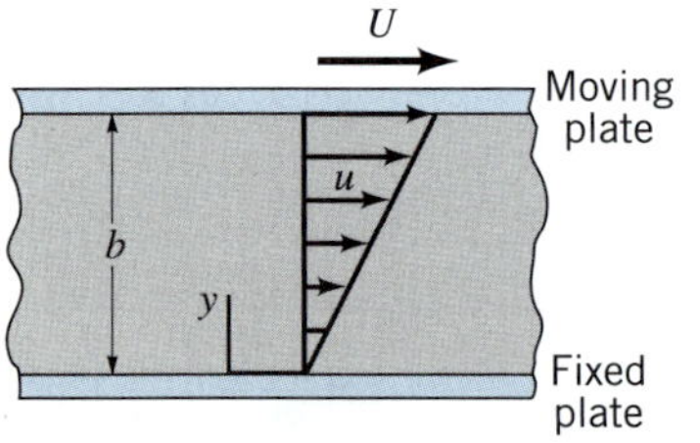

그림 P6.1.8

6.1.9 Video 점성유체가 동심 원통 사이의 공간을 채우고 있다. 안쪽 원통벽은 고정되어있고, 바깥쪽 원통은 각속도 ω로 회전하고 있다(그림 P6.1.9a 또는 비디오 V6.3). 두 원통 사이의 간격(gap)에서 유체의 속도 분포는 그림 P6.1.9b와 같이 선형적이라고 하자. 그렇다면 그림 P6.1.9b에 나타낸 미소사각형 입자에 대하여 유체운동에 의한 직각 γ의 변화율을 구하여 그 답을 r_o, r_i 그리고 ω의 항들로 나타내어라.

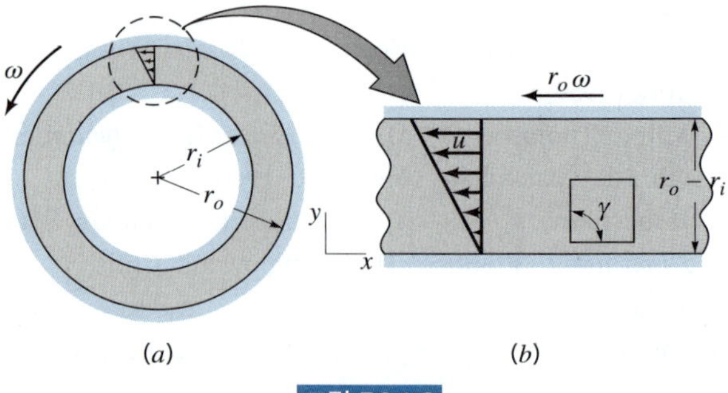

그림 P6.1.9

6.1.10 비점성 유체로 간주할 수 있는 공기를 팬을 통해 일정한 직경의 덕트로 공급하고 있다. 팬 작동 후 시간과 위치에 따른 유속이 아래의 표에 제시되어 있다.

	$x=0$	$x=10$ m	$x=20$ m
$t=0$ s	$V=0$ m/s	$V=0$ m/s	$V=0$ m/s
$t=1.0$ s	$V=1.00$ m/s	$V=1.20$ m/s	$V=1.40$ m/s
$t=2.0$ s	$V=1.70$ m/s	$V=1.80$ m/s	$V=1.90$ m/s
$t=3.0$ s	$V=2.10$ m/s	$V=2.15$ m/s	$V=2.20$ m/s

$t=1.0$초, $x=10$ m에서의 국소가속도, 대류가속도 그리고 총 가속도를 결정하고 팬이 정상 상태로 운전된 후 국소가속도는 어떻게 될 것인가?

6.2절 질량 보존

6.2.1 2차원 비압축성 유동의 속도 성분이 아래와 같다. 질량보존을 만족시키며 비회전임을 보이시오.

$$u = 2xy$$
$$v = x^2 - y^2$$

6.2.2 비압축성 유동은 체적변형률이 0이다. 즉, $\nabla \cdot \mathrm{V} = 0$. 아래의 속도 성분의 미지 상수 a, b, c, d를 결정하시오.

$$u = ax + by$$
$$u = cx + ey$$
$$w = 0$$

6.2.3 앞의 문제 6.1.3의 속도장에 대해 질량보존 법칙이 만족됨을 미분적 방법과 검사 체적 방법을 각각 이용하여 보이시오.

6.2.4 어느 층류 경계 내부의 x방향 유속이 아래와 같이 근사적으로 표현된다. y방향 유속 $v(x, y)$를 결정하시오.

$$u = U_0 \sin\left(\frac{\pi}{2}\frac{y}{0.1\sqrt{x}}\right)$$

6.2.5 단위가 m^2/s 인 유동 함수가 아래와 같이 주어진 경우 $x=1$ m, $y=2$ m에서의 속도 벡터의 크기와 각도를 구하시오, 또한 정체점의 위치도 구하시오.

(a) $\psi = xy$ (b) $\psi = -2x^2 + y$

6.2.6 2차원 비압축성 유동의 유량 함수가 아래와 같이 주어진다. 미지 상수 a, b를 결정하시오. 비회전 유동인지 판단하고 설명하시오.

$$\psi = ay - by^3$$

6.2.7 어떤 2차원 유동장이 아래와 같이 주어졌다.

$$u = 0$$
$$v = V$$

(a) 반경 방향과 회전 방향 속도 성분을 구하시오.

(b) 직교좌표계와 원통 좌표계 각각에서의 유동함수를 구하시오.

6.2.8 어떤 정상 2차원 유동장의 밀도가 좌표 x에 대해 선형적으로 변화한다. 즉, $\rho = Ax$이다. 여기서 A는 상수이다. x 방향 속도 $u = y$라면, y방향 속도 v는 어떤 모습인지 결정하시오.

6.2.9 2차원 비압축성 유동장에서, 속도벡터의 x성분은 $u = 2x$로 주어진다. (a) x축을 따라 $v = 0$일 때, 속도의 y성분에 대한 식을 구하라. (b) 이 유동장에서 그림 P6.2.9의 면 0 A를 가로지르는 유체의 평균 속도의 크기를 구하라. x와 y의 단위는 meter(m)이고 따라서 속도의 단위는 m/s이다.

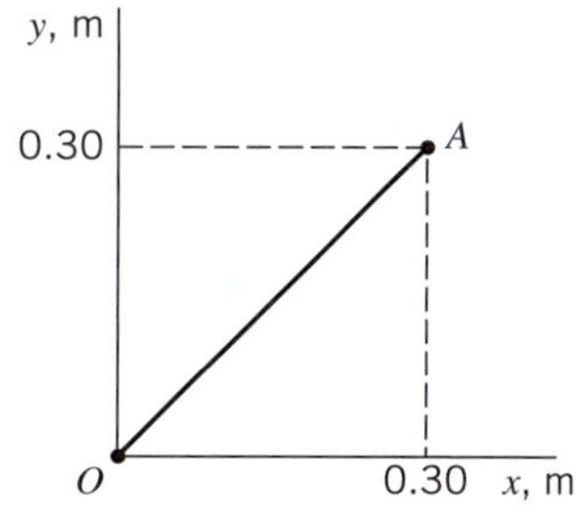

그림 P6.2.9

6.2.10 비압축성 유동의 유동함수 [단위가 m^2/s]가 아래와 같이 주어진다.

$$\psi = 3x^2y - y^3$$

(a) 원점을 지나는 유선을 그리시오. (b) 그림 P6.2.10에 표시된 선분 AB를 지나는 유량을 결정하시오.

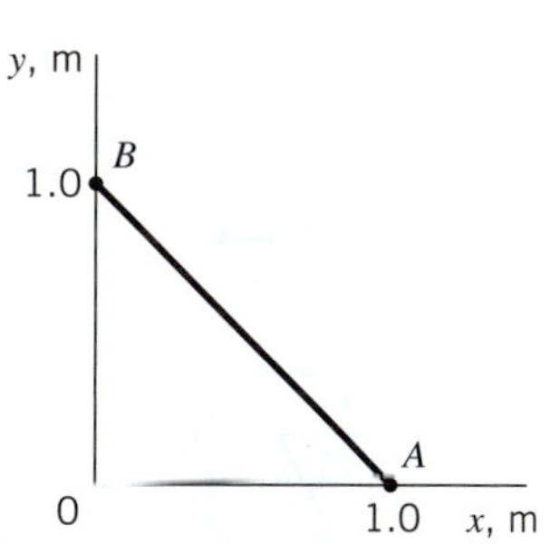

그림 P6.2.10

6.2.11 2차원 비압축성 유동장의 유동함수가 아래와 같이 주어졌다.

$$\psi = 3x^2y + y$$

이 유동장에 유선 몇 개를 그려보시오.

6.2.12 그림 P6.2.12에서 보여준 경계 사이의 2차원 비압축성 비점성 유동장에 대해 속도포텐셜이 아래와 같이 주어졌다. 아래 각각에 대해 답 하시오.

$$\phi = x^2 - y^2$$

(a) 유동함수를 구하시오. (b) 체적력을 무시하고 벽과 (x_i, y_i)사이의 단위 폭 당 유량을 구하시오.

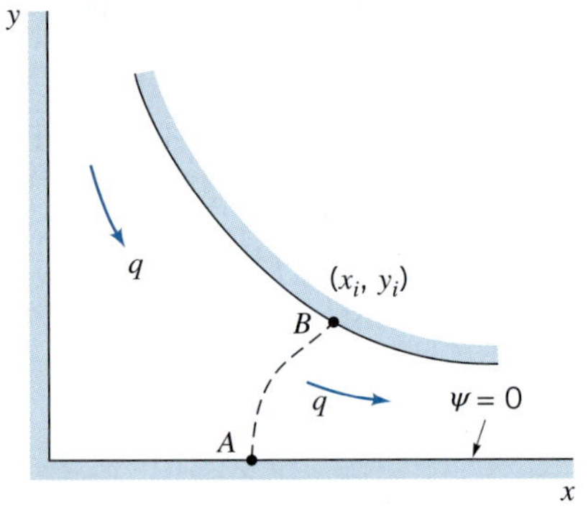

그림 P6.2.12

6.3절 선형 운동량 방정식

6.3.1 그림 P6.3.1에서 보인 두 평판(아래 평판을 고정, 위 평판은 속도 U로 거동) 사이를 밀도가 2000 kg/m^{3}인 유체가 정상적으로 흐르고 있다. 평판 사이의 유동은 $V = 0.20\,y\hat{\mathbf{i}}$ m/s, y의 단위는 m이다. 중력가속도는 $g = -9.8\hat{\mathbf{j}}$ m/s^{2}이다. $\sigma_{xx} = \sigma_{yy}$로 가정하여 원점에서의 $\sigma_{xx} = -100$ kPa이다. 전단응력 $\tau_{yx} = \tau_{xy}$가 일정하게 5 Pa인 경우 수직응력을 결정하시오.

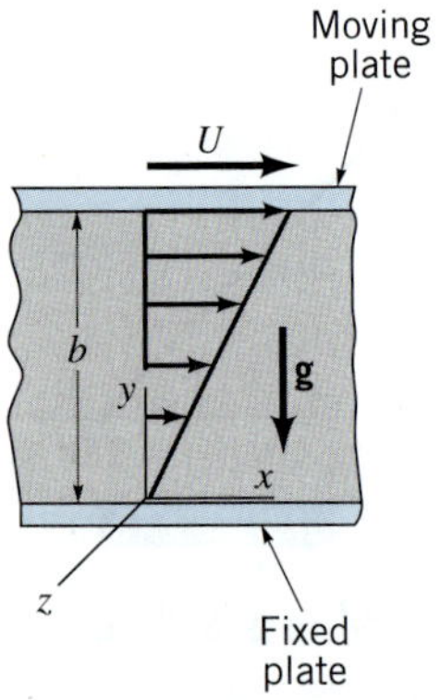

그림 P6.3.1

6.4절 비점성 유동

6.4.1 유동함수 $\psi = 4x^2 - 4y^2$가 주어진 경우 이 유동장의 어느 두 점 사이에 베르누이 방정식이 적용됨을 보이시오.

6.4.2 정상, 균일, 비압축성, 비점성, 2차원 유동이 수평 축 x에 대해 30도 각도로 흐른다. 다음에 답하시오.
(a) 이 유동장에 대하여 속도포텐셜과 유동함수를 구하시오. (b) y방향의 압력 기울기에 관한 표현식을 구해 그 물리적 의미를 설명하시오.

6.4.3 어느 비점성 유동장의 속도 포텐셜 [단위가 m^2/s]이 아래와 같다. 주어진 식의 x와 y는 미터 단위이다. 유체가 무게를 무시할 수 있는 물인 경우 (1,2)와 (4,4)사이의 압력을 Pa의 단위로 결정하시오.

$$\phi = -(3x^2y - y^3)$$

6.4.4 2차원 비점성, 비압축성 유동의 유동함수가 아래와 같다.

$$\psi = -2(x - y)$$

x와 y의 단위는 m이고, 유동함수의 단위는 m^2/s이다. 다음에 답하시오. (a) 연속방정식을 만족시키는지 보이시오. (b) 유동장이 비회전 유동장인지 판단하시오. (c) $x = 0.61$ m, $y = 0.61$ m에서의 압력기울기 값을 구하시오.

6.4.5 어느 비점성 비압축성 유동의 속도포텐셜이 아래와 같이 주어진다. 여기서 x와 y의 단위는 m이고, 속도포텐셜의 단위는 m^2/s이다. $x = y = 1$ m에서의 압력이 200 kPa인 경우 $x = y = 2$ m에서의 압력을 결정하시오. 단, 유체는 무게를 무시할 수 있는 물이다.

$$\phi = 2x^2y - \left(\frac{2}{3}\right)y^3$$

6.4.6 그림 P6.4.6에서 보여지는 바와 같이 어떤 코너에 2차원 공기 유동이 아래의 식으로 주어진다. 유체의 밀도가 일정하고, 정상유동, 중력 무시, 비점성 유동의 경우 $p(x, y)$를 결정하시오.

$$u = \frac{v_0}{L}\sin h\left(\frac{x}{L}\right)\cos h\left(\frac{y}{L}\right)$$
$$v = -\frac{v_0}{L}\cos h\left(\frac{x}{L}\right)\sin h\left(\frac{y}{L}\right)$$

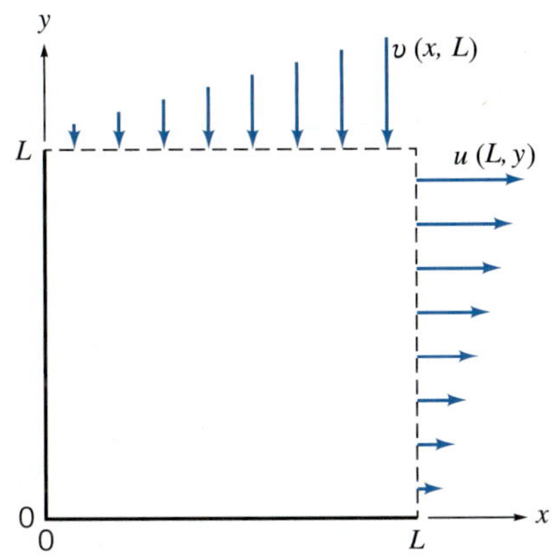

그림 P6.4.6

6.4.7 비압축성 비점성 2차원 유동의 유선이 동심원들로 그려진다. 유속은 유선의 공통 중심으로부터 비례하는 모습이다.

$$v_\theta = Kr$$

여기서 K는 상수이다. 다음에 답하시오. (a) 유동함수가 존재하면 구하시오. (b) 베르누이 방정식을 이용하여 원점과 그 외의 점 사이의 압력차를 결정할 수 있는가? 설명하시오.

6.4.8 그림 P6.4.6에 보여진 무한 평판 경계층 유동의 속도 포텐셜이 아래와 같이 주어진다. 속도 포텐셜의 식에서 K는 상수이다.

$$\phi = -k(x^2 - y^2)$$

정체점 근방에서의 표면을 따른 압력 기울기가 $\frac{\partial p}{\partial x} = Ax$ (A는 상수)로 가정된다. 주어진 속도 포텐셜을 이용하여 이와 같은 서술이 만족됨을 보여라.

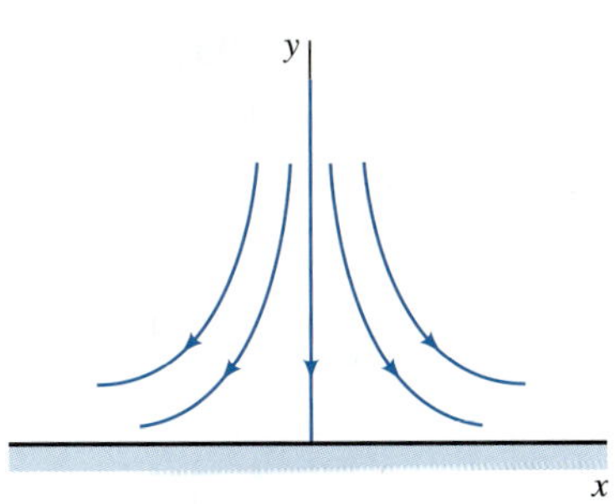

그림 P6.4.8

6.4.9 그림 P6.4.9에서 보인대로 물이 웻지의 벽 사이를 흐르고 있다. $\phi = -2 \ln r$이다. 점 A와 B사이의 압력차이를 구하시오. r은 단위는 m이고, ϕ의 단위는 m^2/s이다.

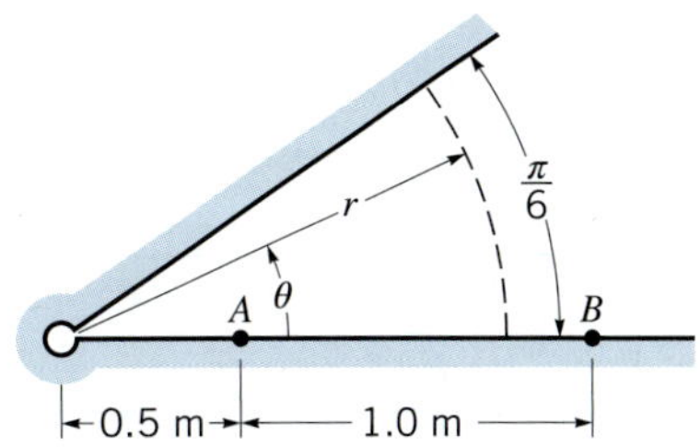

그림 P6.4.9

6.4.10 2차원 유동장에 속도포텐셜이 아래와 같이 주어졌다.

$$\phi = \left(\frac{5}{3}\right)x^3 - 5xy^2$$

연속방정식이 만족됨을 보이고 이에 대응되는 유동함수도 구하시오.

6.5절 기초 및 평면 포텐셜 유동

6.5.1 그림 P6.5.1에서 보여진 바와 같이 어떤 토네이도가 자유와류 강도 $\Gamma(r>R_c)$로 근사적으로 묘사되었다. R_c는 코어 반경이다. 그림의 점 A와 B에서의 속도는 각각 38 m/s와 18 m/s 이다. A 점에서부터 토네이도의 중심까지의 거리를 구하시오. 0보다 큰 r을 따른 유동장에서 자유와류가 토네이도의 묘사에 적합하지 않은지도 설명하시오.

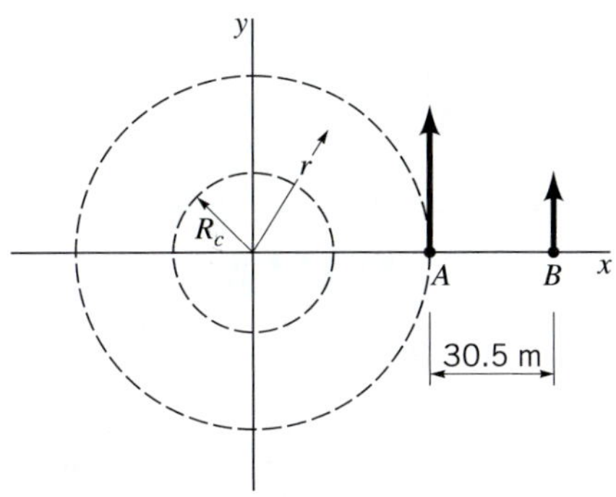

그림 P6.5.1

6.5.2 뚜껑이 없는 탱크 내부의 액체 거동은 자유와류($r>0.61$ m)와 강제와류($0 \le r \le 0.61$m)가 혼합된 모델로 묘사될 수 있고 이에 대응되는 유속 분포와 문제가 그림 P6.5.2에 제시되어 있다. 원점에서의 자유표면 깊이를 결정하시오. 자유표면의 깊이 $h = h_{forced} + h_{free}$이고 h_{free}는 자유와류의 해당 깊이이고 h_{forced}는 강제와류에 해당되는 깊이이다.

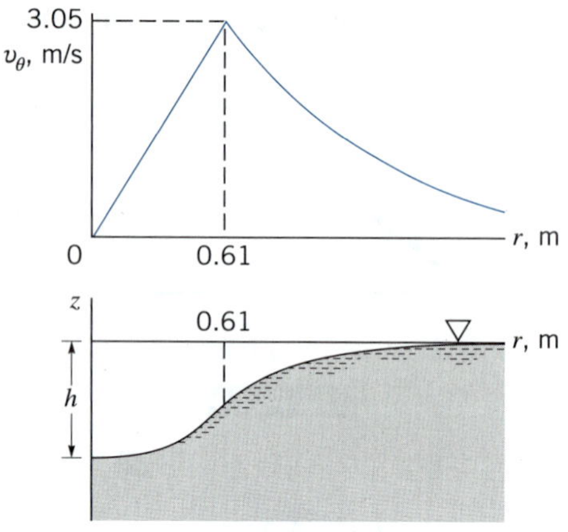

그림 P6.5.2

6.5.3 Video 물이 어떤 탱크의 바닥 출구를 통해 배출되며 물의 곡면 형상의 표면에 와류가 형성되고 있다 (그림 P6.5.3과 비디오 V6.4 참조). 와류 내 속도 분포를 자유와류로 가정하고 배수가 진행되면 와류 역시 증가된다. 파이프 B에서의 공기가 유입되지 않을 조건에서 최대 와류 강도를 순환의 항으로 결정하시오. 단, 유체의 점성은 무시하고 토출구 A에서부터 유체까지의 거리는 상수로 취급하시오.

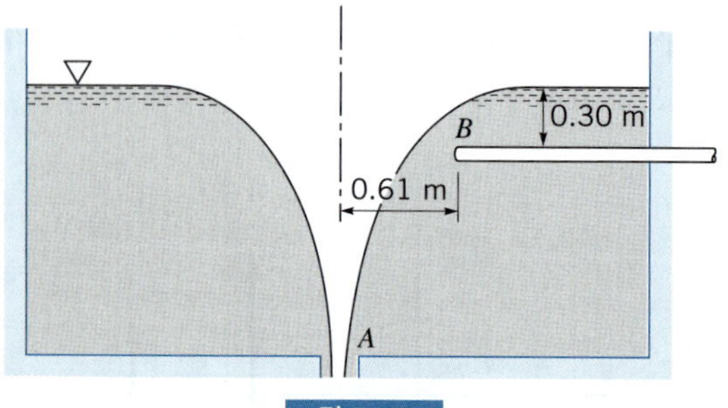

그림 P6.5.3

6.5.4 그림 P6.5.4와 같이 어떤 평판 위를 물이 1.22 m/s의 속도로 흐른다. 얇은 틈을 통해 펌프로 물을 단위 길이당 0.0028 m^3/s로 배출한다. 이 유동은 비점성 비압축성이라 가정하면 유동장을 균일 유동과 씽크 유동의 조합으로 대체할 수 있다. 정체점 A의 위치를 결정하시오. 정체점 유선이 식을 구하시오. 물이 틈새로 배출되지 않은 높이 H를 결정하시오.

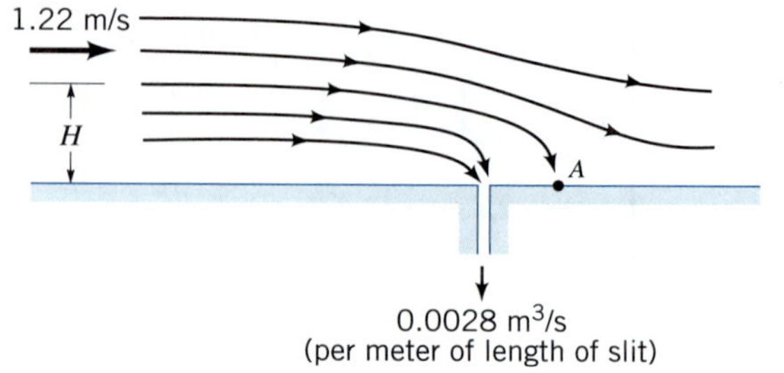

그림 P6.5.4

6.5.5 그림 P6.5.5에서 보이는 바와 같이 수직 벽에서 ℓ만큼 떨어진 위치에 강도 m의 용출 유동이 존재한다. 이 유동의 속도 포텐셜이 아래와 같다. 다음을 결정하시오.

$$\phi = \frac{m}{4\pi}\{\ln[(x-\ell)^2 + y^2] + \ln[(x+\ell)^2 + y^2]\}$$

(a) 벽을 통과는 유동이 없음을 보여라. (b) 벽을 따른 속도 분포를 결정하시오. (c) 유체의 무게에 따른 압력을 무시하고 벽을 따른 압력 분포를 결정하시오. 단, $x \to \infty$에서 $p = p_0$이다.

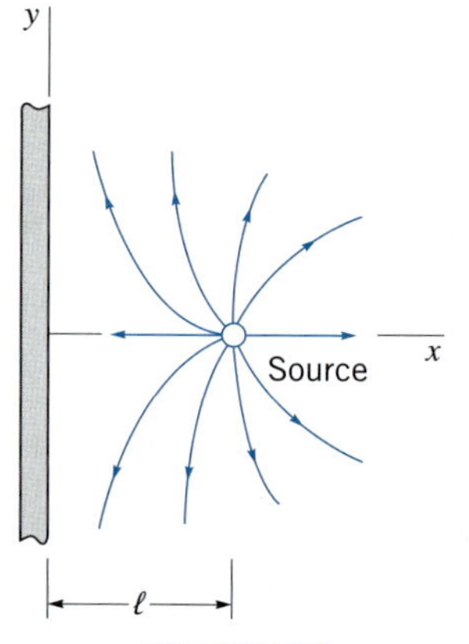

그림 P6.5.5

6.5.6 속도 분포식이 $\mathbf{V} = ax\hat{\mathbf{i}} - ay\hat{\mathbf{j}}$이고 여기서 a는 상수이다. 그림 P6.5.6에서 제시한 폐곡선 둘레의 순환을 구하시오.

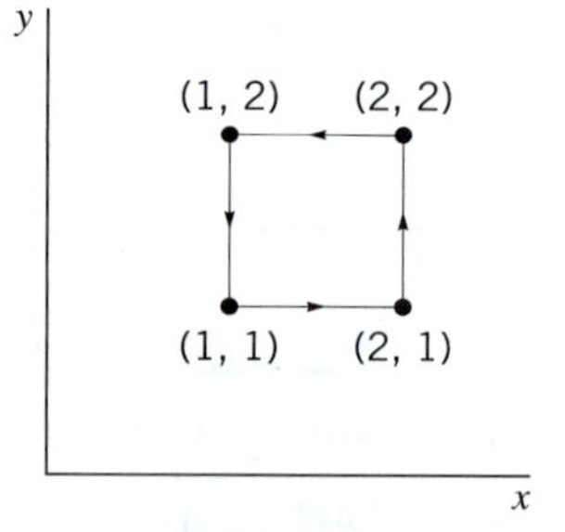

그림 P6.5.6

6.5.7 앞서 본문의 허리케인 관련 기사를 참조하여 태풍의 눈 (허리케인에서 16.1 km 떨어져 있음)에서의 유속이 72 m/s인 제5등급 허리케인을 고려하자. 허리케인의 눈의 외곽 유동을 자유와류로 가정할 경우 태풍의 중심으로부터 32.2 km, 48.3 km, 64.4 km 떨어진 위치에서의 풍속을 결정하시오.

6.5.8 수평면과 θ만큼 기울진 경사면을 점성계수가 μ이고 밀도가 ρ인 액체가 흘러내리면서 막을 형성하고 그 막의 두께는 t로서 일정하다. 평판에 평행인 유속이 아래와 같이 주어진 경우 Ψ와 Φ를 구하시오 또한 이 유동은 라플라스 방정식을 만족시키지 못함을 보이고 그 이유도 설명하시오.

$$V_x = \frac{\rho t^2 g \cos\theta}{2\mu}\left[1 - \left(\frac{y}{t}\right)^2\right]$$

위의 식에서 y는 평판 면에 수직인 방향의 좌표이다.

6.5.9 3 m높이의 수평 오일층을 파쇄하기 위해 유량 1000 m^3/h의 수력기계가 사용된다. 유동은 반경 방향으로 유입되고 수직 다공파이프(반지름 1.0 m))에 의해 모아진다. 그 오일의 포텐셜 유동에 대한 라플라스 방정식이 아래와 같다. Φ를 결정하시오.

$$\frac{1}{r}\left(\frac{\partial \Phi}{\partial r}\right) + \frac{\partial^2 \Phi}{\partial r} + \frac{1}{r^2}\left(\frac{\partial^2 \Phi}{\partial \theta^2}\right) = 0$$

6.5.10 임의의 폐 경로에 대한 자유와류의 순환이 원점을 포함하지 않는 것을 보여라.

6.5.11 원점을 포함하지 않는 임의의 폐 경로에 대한 자유와류의 순환이 Γ임을 보여라.

6.6절 기본 및 평면 포텐셜 유동의 중첩

6.6.1 양의 x축 방향의 균일 유동과 원점에 위치한 와류의 결합 유동에서 $x = 4$, $y = 0$인 점을 지나는 유동함수의 값이 0이다. 이 유선의 식을 결정하시오.

6.6.2 그림 P6.6.2처럼 유동장에 반체가 놓여 있다. 자유장의 흐름이 U이고 중력과 점성을 무시한 비압축성 유동의 가정에서 정체점과 점 A 사이의 압력차의 측정식에서 U가 활용되는 것을 보이시오. 또한 U와 유체의 밀도의 항으로 압력차를 표현하시오.

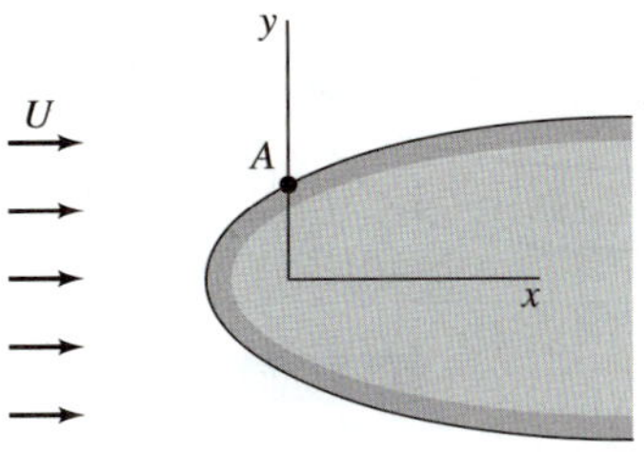

그림 P6.6.2

6.6.3 외경이 0.5 m이고 내경이 0.3 m인 원심펌프의 임펠러를 용출과 자유와류 흐름의 중첩으로 모델링하고 있다. 임펠러 출구에서 상대 유속은 반경 방향으로 2 m/s, 접선 방향으로 7 m/s이다. (a) 용출과 와류 강도를 결정하시오. (b) 임펠러의 날개가 유선을 따르는 모양인 경우 임펠러 날개 형상을 그리시오. (c) 임펠러 입구에서의 상대 유속의 반경 방향과 접선 방향 유속을 결정하시오.

6.6.4 Video 연못의 한쪽 끝 부분은 그림 P6.6.4와 같이 반체 모양을 하는 가장자리를 하고 있다. 수직으로 구멍이 뚫린 파이프가 연못의 한쪽 끝 가까이에 위치하고 있어 물을 펌프로 빼낼 수 있다. 3 m 길이의 파이프를 통해 서 물이 0.06 m^3/s의 비율로 빠져나갈 때, 점 A에서의 속도는 얼마인가? 힌트 반체 내부의 유동을 생각하라.

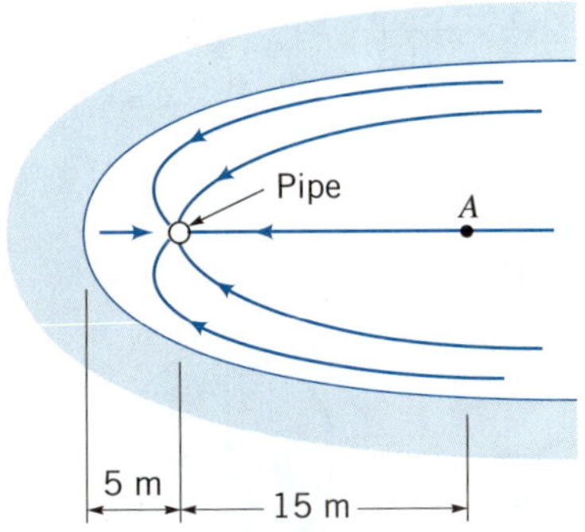

그림 P6.6.4

6.6.5 그림 P6.6.5와 같이 반경 4 m, 길이 18 m의 콘셋 건물에 바람이 6.7 m/s의 속도로 넘어 가고 있다. 바람의 상류에서의 압력과 온도는 건물 내부의 것과 같아 101329 Pa, 21°C일 때 건물을 들어 올리는 방향의 힘을 산출하시오. 건물 표면 위의 압력이 p_∞인 위치를 θ의 값으로 결정하시오.

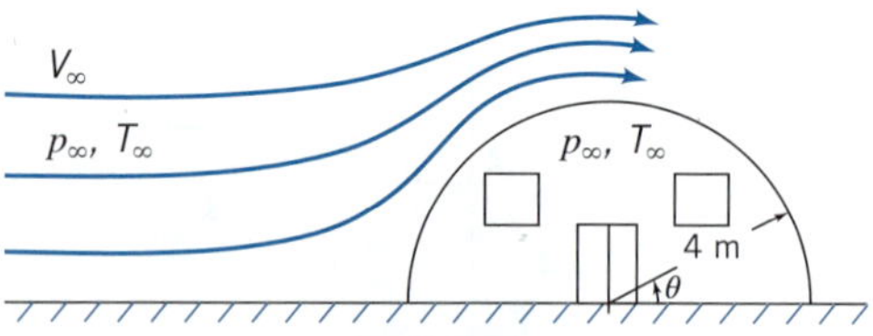

그림 P6.6.5

6.6.6 그림 P6.6.6에서 보이듯이 이상유체가 무한히 긴 반구형 돌출 물체를 지나 흐르고 있다. 반구형 물체에서 멀리 떨어진 곳의 유동은 균일 유동으로 가정할 수 있고 압력은 p_0이다. (a) 돌출부를 따른 압력의 최대값과 최소값에 대한 식을 ρ, U, p_0의 항들로 결정하고 그 위치도 특정하시오. (b) 고체면을 유동함수 값이 0인 선으로 규정한다면, $\theta = \pi/2$, $r = 2a$인 위치를 지나는 유선의 식을 결정하시오.

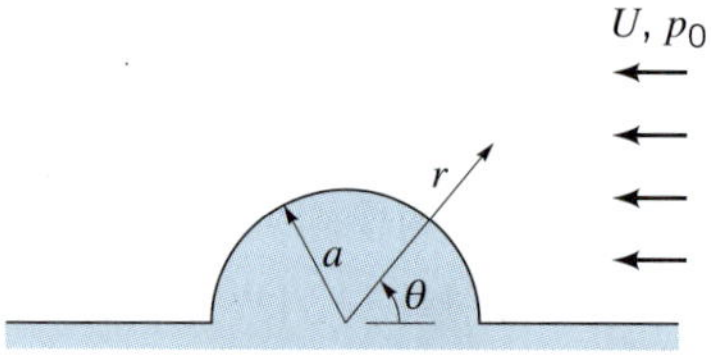

그림 P6.6.6

6.6.7 문제 그림에서 보여진 긴 원통 주변의 유동이 비점성, 비압축성인 경우 원통 표면 위의 압력 p_1과 p_2가 결정되며 이 값은 자유 유동의 속도 U를 결정하는 관계식에 사용된다. 관계식이 일 때, 상수 C를 결정하시오. 단, $U = C\sqrt{\frac{\Delta p}{\rho}}$이다.

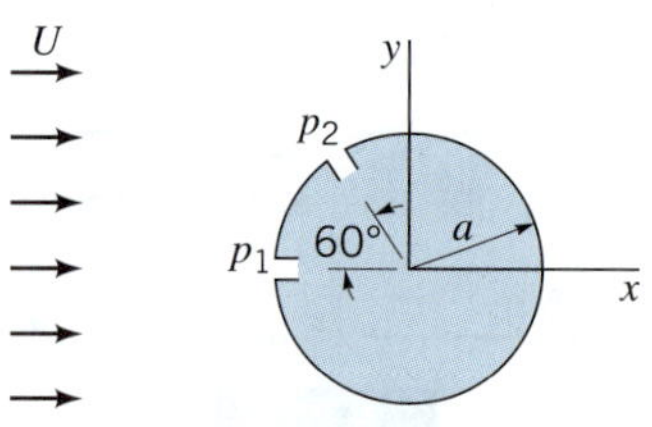

그림 P6.6.7

6.6.8 Ⓒ 교과서 그림 6.26과 같이 포텐셜 유동이 원통 주변을 흐른다. y축을 따른 무차원 속도, V/U를 표시하는 플로트에서 그 무차원 속도 값이 0.02가 되는 위치에서의 y/a의 값은 얼마인가?

6.6.9 어떤 고속도로 간판이 반경 2 m, 길이 30 m의 반 원통 형상이다. 이 간판 그림과 같은 방향의 바람이 20 km/h로 불어온다. 끝단 효과를 무시하고 간판에 작용하는 힘의 크기를 구하시오. 단, 간판의 평판 위의 압력은 일정하고 그 값은 코너에서의 값과 같다.

6.6.10 반경이 1 m인 무한히 긴 원통의 축에 수직한 방향으로 25도의 공기 흐름이 있다. 포텐셜 유동으로 가정하여 원통 표면의 최대 및 최소 압력을 구하시오. 단, 원통의 각속도는 10 rad/s이고 공기의 접근 속도는 100 km/h이다.

6.6.11 그림 P6.6.11에서 나타내듯이 균일 유동장 내의 회전 원통의 속도 포텐셜은 아래와 같다. 식에서 Γ는 순환이다. 정체점이 A에 있을 때의 순환 값과 정체점이 B에 있을 때의 순환의 값을 각각 구하시오.

$$\phi = Ur\left(1 + \frac{a^2}{r^2}\right)\cos\theta + \frac{\Gamma}{2\pi}\theta$$

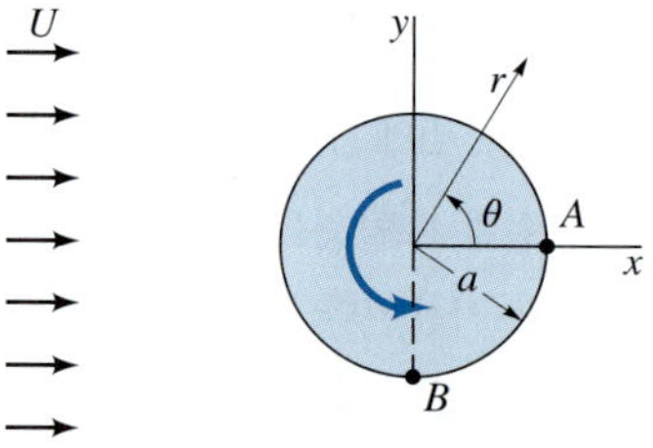

그림 P6.6.11

6.6.12 돛 없는 돛단배의 기사를 참조하여 2개의 회전 원통이 매그너스 효과에 의해 발생시킬 힘의 크기를 구하시오. 선박에 대한 바람의 유속이 (a) 4.4 m/s인 경우와 (b) 13.4 m/s인 경우에 대해 문제를 해결하시오. 단, 각 원통은 2.7 m의 직경과 15.2 m의 길이 750 rpm의 회전 속도를 가진다. 식 (6.124)를 이용하여 순환을 결정하시오. 이 계산에서 공기는 회전하는 원통에 붙어 있다고 가정하시오.

주기 : 이 계산에서 결정된 힘은 바람의 방향에 수직한 힘으로 온전히 배의 추력에 사용된다. 그러나 실제의 경우 점성 효과에 의해 계산된 힘보다는 작은 힘이 결과될 것이다. 이것이 비점성 유동 이론의 한계이다.

6.6.13 통상적인 비행기의 날개 대신 반지름 4 m의 원통이 사용되어 1500 kN의 양력 발생을 감당하고 있다. 비행기가 고도 5000 m에서 600 km/h의 속도로 날기 위한 날개 원통의 길이를 결정하시오. 유동은 포텐셜 유동이고 날개의 끝단 효과는 무시한다.

6.6.14 25도의 공기가 무한히 긴 원통(반지름 1.0 m)의 축에 수직 방향으로 흐른다. 접근 속도가 100 km/h이다. 포

텐셜 유동으로 가정하여 원통의 가장 낮은 부분에 정체점이 생길 원통의 회전 속도를 결정하시오.

6.8절 점성 유동

6.8.1 어느 2차원 비압축성 유동의 유동함수가 아래와 같다.

$$\psi = 3r^2 \sin 2\theta + 2\theta$$

여기서 유동함수의 단위는 m^2/s이고 θ의 단위는 라디안이다. $r = 0.61$ m, $\theta = \pi/3$ radians에서 전단응력 $\tau_{r\theta}$를 결정하시오.

6.8.2 아래의 비압축성 뉴턴 유체의 속도장에 대해 $x = 5$ m, $y = 4$ m에서의 전단응력을 구하라.

$$\mathbf{V} = (3xy^2 - 4x^3)\hat{\mathbf{i}} + (12x^2y - y^3)\hat{\mathbf{j}}$$

V의 단위는 m/s이고 점성계수 $\mu = 1.3 \times 10^{-2}$ N · s/m²이다.

6.8.3 x축과 일치하는 유선을 따라 흐르는 뉴턴 유체 입자의 속도가 $u = x^2$으로 주어진다. 다음을 결정하시오.
(a) y에 대한 속도 v의 변화율 (b) 유체입자의 가속도
(c) x축 방향의 압력 기울기

6.8.4 아래 그림은 스토크의 제1문제로 알려진 유동장을 보인다. 평판이 U_0로 움직이고 그 평판 위에는 y방향으로 무한대의 정지 유체가 존재한다. 유체의 밀도와 점도를 상수로 가정한 단순화된 운동량 방정식은

$$\frac{\partial u}{\partial t} = v\frac{\partial^2 u}{\partial y^2}$$

이다. 여기서 u는 U_0방향 유속이고 y는 평판 위로부터 수직방향의 좌표이다. 이 방정식으로부터 $u/U_0 = f(y, t)$ 형태의 해가 도출될 수 있도록 경계조건과 초기조건을 결정하시오. 힌트 함수 f를 η의 함수로 간주하고 η를 $y/2\sqrt{vt}$로 정의하시오.

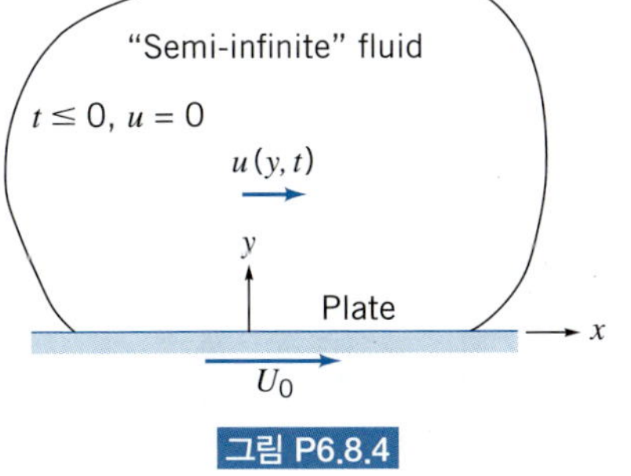

그림 P6.8.4

6.9.1절 고정 평판 사이의 정상 층류 유동

6.9.1 직경 7.4 mm의 수평 원관을 통해 흐르는 30℃의 에칠 알콜의 정상 층류 유동의 속도 분포가 포물선으로 주어진다. 이 유동의 평균 속도가 0.070 m/s이다. 다음에 답하시오. (a) 유속 분포가 포물선이라 예상 되는가? (b) 유속 분포가 포물선이라 가정한 경우 관을 따라 단위 길이당 압력 강하는 얼마인가?

6.9.2 어떤 액체 ($\mu = 5.4 \times 10^{-3}$ N·s/m², $SG = 0.9$)가 0.01 m 서로 떨어진 수평 평판 사이를 층류 상태로 흐르고 있다. 이 유동의 평균 속도가 0.15 m/s이면 단위 길이당 압력 강하는 얼마인가? 또 관 내 유동의 최고 유속은 얼마인가?

6.9.3 밀도와 점성이 일정한 유체가 수평과 θ만큼 경사진 큰 평판 위를 유체 두께 h(일정)로 흘러내려가고 있다. 이 경사 평판에 수직인 좌표 y의 항으로 흘러 내려가는 속도 u를 결정하시오. 또한 경사 평판의 단위 길이당 체적 유량을 구하시오. 단, 유체와 공기 사이의 전단력은 무시하시오.

6.9.4 8장에서 학습할 예정이지만 완전 발달된 파이프 내부의 유동은 마찰 계수 f를 이용하여 압력 강하량을 예측할 수 있다.

$$f = \frac{\Delta p}{\frac{1}{2}\rho V^2}\frac{D}{\ell}$$

여기서 V는 평균 유속이고, ℓ은 압력 강하, Δp가 발생하는 파이프 길이이다. 층류 유동에서 마찰계수는 아래의 식으로 산출 되며 이 식에서 C는 상수, Re는 파이프 직경 D를 기반으로 한 Reynolds 수이다. 이 관계식을 이용하여 h만큼 떨어진 두 수평 평행 평판사이의 유동에서 상수 C를 결정하시오. 이 경우 Reynolds수에서 사용되는 파이프 직경 D는 $2h$로 하라.

$$f = \frac{C}{\text{Re}}$$

6.9.5 그림 P6.9.5의 베어링 그림에서 보이듯이 베어링은 반경이 R인 두 수평 원판과 그 사이(h, $r << R$)의 윤활유로 구성된다. 아래 원판은 다공질 물질로 제작되어 아래에서 윤활유가 펌핑으로 공급된다. 다공판의 구멍은 내우 밀집되게 제작되어 윤활유의 흐름은 w_0의 균일 유동으로 간주될 수 있다. 윤활유의 반경 방향 유속 u와 베어링 하중 L을 μ, R, w_0, h의 함수로 결정하시오. 문제의 해결을 위해 축 대칭 조건 ($\partial/\partial\theta = 0$)의 적용과 관성력과 회전 속도

의 무시 조건을 사용하라.

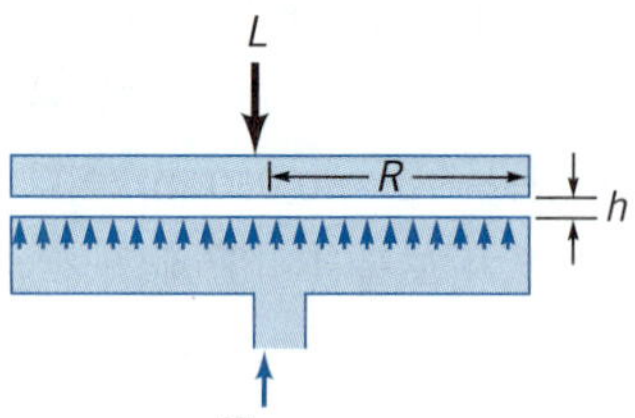

그림 P6.9.5

6.9.6 비뉴턴 유체인 Bingham plastic 유체는 전단응력과 점성계수의 관계가 아래 식으로 주어진다. 여기서 τ_0와 μ는 상수이다. 이 유체가 두 고정 평행 무한 평판 사이를 흐를 때 유속 $u(y)$를 구하시오. 이 과정에서 완전 발달 유동 조건, 흐름 방향 유속은 흐름에 수직인 방향 y만의 함수라는 조건과 흐름 방향의 압력 변화가 일정하다는 조건을 사용하시오.

$$\tau = \tau_0 + \mu\left(\frac{du}{dy}\right)$$

6.9.2절 쿠테 유동

6.9.7 그림 P6.9.7에 볼 수 있듯이 점성 비압축성 층류 균일 유동이 수직의 무한 평행 평판 사이에서 발생하고 있다. Navier–Stokes 방정식을 사용하여 흐름 방향의 압력 기울기를 결정하라.

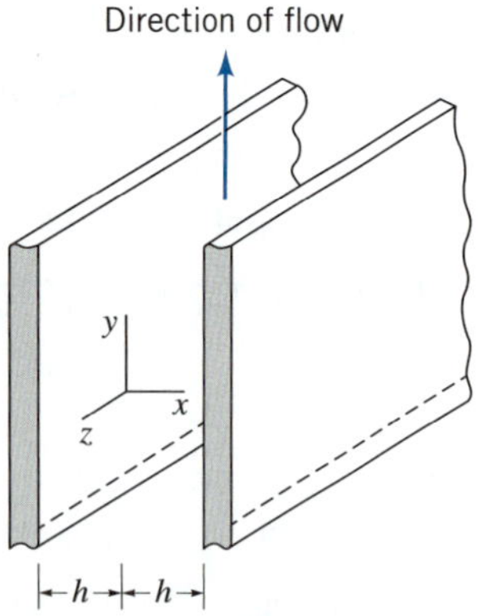

그림 P6.9.7

6.9.8 Navier – Stokes 방정식을 이용하여 경사진 무한 평판 위를 정상 층류 유동하는 점성 액체의 두께와 단위 폭당 유량과의 관계식을 결정하시오. 단 유동은 중력에 의해 흘러내리고 있으며 이 때 공기와의 마찰은 무시되어 액체의 자유 표면에서의 전단응력은 0이다.

6.9.9 그림 P6.9.9의 두 평행 평판 사이의 점성 비압축성 유동이 아래 평판의 운동(U)과 압력 기울기, $\partial p/\partial x$에 의해 발생한다. 이 문제에서는 앞의 6.9.2절에서 학습한 중요한 무차원 속도 변수 $P = -(b^2/2\,\mu U)(\partial p/\partial x)$가 등장한다. $P = 3$으로 하여 무차원 속도 분포 선도를 작성하고 최고 유속 발생 위치를 결정하시오.

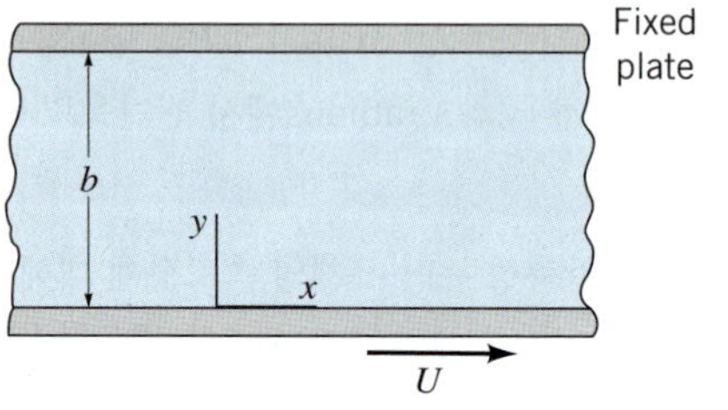

그림 P6.9.9

6.9.10 그림 P6.9.10은 직경 1 m의 회전 원판이 1800 rpm으로 회전하고 있으며 원판과 고정 바닥면사이는 4 mm 틈새이고 그 공간은 15°C SAE 10 오일로 채워져 있다. 원판의 회전에 의한 오일의 회전 속도 V_θ가 틈새 내에서 선형적으로 변한다고 할 때 오일의 점성에 의한 원판의 회전 토크를 결정하시오.

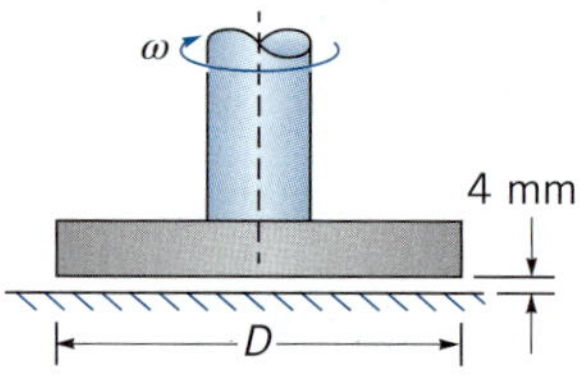

그림 P6.9.10

6.9.11 그림 P6.9.11A의 무한 수평 평판 사이를 층류 점성 유체가(비중 1280 kg/m^3; 점성계수 0.02 Pa·s) 위판의 거동(U)와 압력 기울기에 의해 흐르고 있다. 압력 차이는 U 자관 마노메타에 의해 그림과 같이 측정되었다. 최대 속도의 위치를 y의 값으로 구하시오.

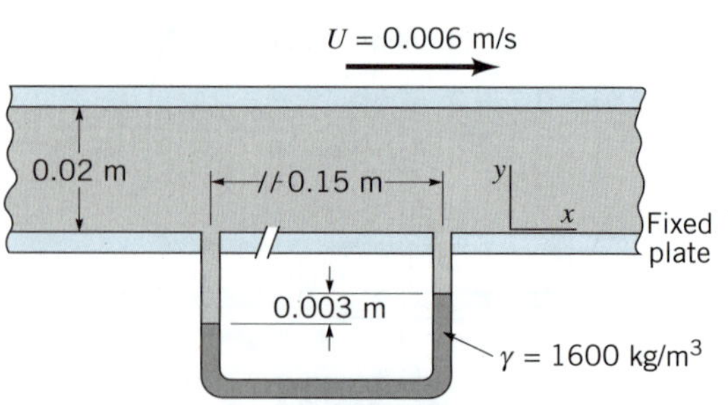

그림 P6.9.11

6.9.12 수평 면 위에 놓인 블록(1.0 m×1.0 m, 100 kg)의 한쪽 면에 로프를 설치하여 일정 속도 1.0 m/s로 당기고 있다. 이 블록과 수평면 사이에는 SAE 20 crankcase oil이 0.1 cm의 막을 형성하고 있다. 이 블록의 미끄럼마찰 계수를 구하시오. 또한 이 마찰계수는 속도에 따라 변화 하는가?

6.9.13 그림 P6.9.13의 베어링에 수직 축이 설치되어 80 rev/min으로 회전하고 있다. 축과 베어링 사이의 오일(점성계수는 0.2Pa·s)의 유동을 층류로 가정하여 축의 회전을 발생시킬 토크를 결정하시오. 이 때 오일의 유동 방향으로 압력 기울기는 0으로 한다.

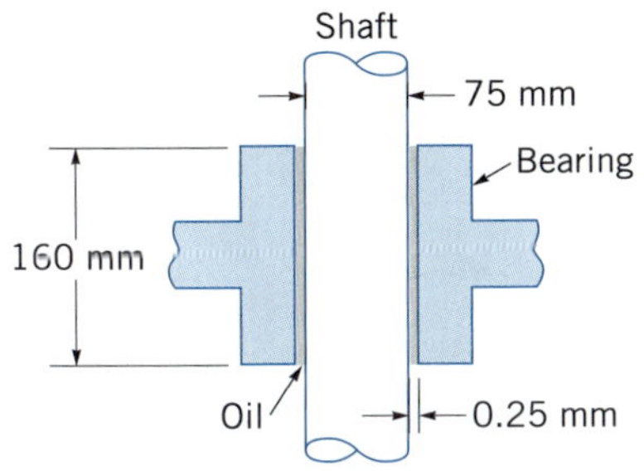

그림 P6.9.13

6.9.14 Video 두 개의 긴 동심 원통 사이에 점성 유체가 채워져 이 층류 유동은 두 평행 평판 사이의 유동과 유사한 구조이다. (a) 두 동심 원통 중 내부 원통은 고정되어 있고 각속도 ω로 외부 원통이 회전하기 위한 토크를 기하학적 변수, 유체 점성, 각 속도의 함수로 결정하시오. (b) 고정된 벽의 작은 정사각형 유체 입자(Video V6.3 참조) 의 각 변형에 대한 식을 결정하시오.

6.9.3절 원통 튜브 내 정상 층류 유동

6.9.15 SAE 30 모일이 5 mm 간격으로 떨어진 평행 평판(아래 평판은 고정, 위 평판은 x 방향으로 0.2 m/s로 거동) 사이를 층류 형태로 흐르고 있다. 음의 압력 기울기는 60 kPa/m 유동에 관한 식을 만들고 이를 선도로 작성하시오.

6.9.16 Ethyl 알콜이 직경 10 mm의 수평 튜브 내부를 평균 속도 0.15 m/s로 흐른다. 튜브의 단위 길이 당 압력 강하량을 결정하고 튜브의 축에서부터 2 mm 떨어진 위치에서의 유속을 결정하시오.

6.9.17 반경이 R인 무한히 긴 고체 수직 원통 점성 유체 내에 놓여 있다. 원통의 축에 대해 ω로 회전하는 원통 주변의 유동을 θ방향의 정상 상태의 Navier–Stokes을 이용하여 속도 분포를 구하시오. 이 때 체적력은 무시하고 원통에서 멀리 떨어진 유체는 정지 상태라고 가정하시오.

6.9.18 8장에서 학습할 예정이지만 완전 발달된 파이프 내부의 유동은 마찰 계수 f를 이용하여 압력 강하량을 예측할 수 있다.

$$f = \frac{\Delta p}{\frac{1}{2}\rho V^2} \frac{D}{\ell}$$

여기서 V는 평균 유속이고, ℓ은 압력 강하, Δp가 발생하는 파이프 길이이다. 층류 유동에서 마찰계수는 아래의 식으로 산출 되며 이 식에서 C는 상수이고, Re는 파이프 직경 D를 기반으로 한 Reynolds 수이다.

$$f = \frac{C}{\text{Re}}$$

이 원통 튜브 내부의 유동에 대하여 상수 C를 구하시오.

6.9.19 어떤 점성 액체 (점성계수 = 0.002 N·s/m^2; 밀도= 1000 kg/m^3)가 그림 P6.9.19의 원통 튜브 내부를 흐르고 있다. Δh가 9 mm인 경우 평균 유속을 결정하시오.

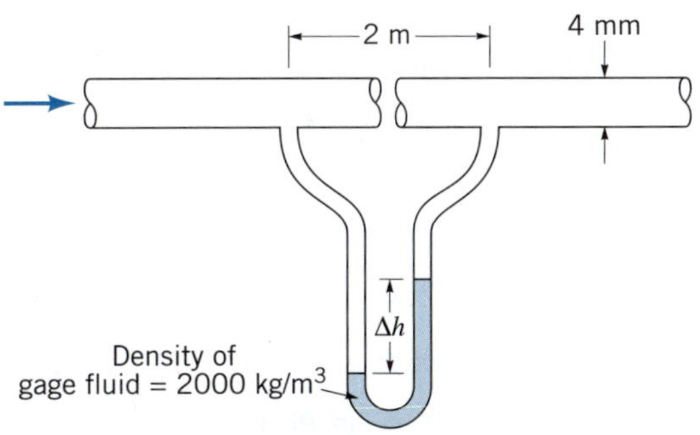

그림 P6.9.19

6.9.20 동점성 계수가 ν인 유체가 경사 원통(길이 ℓ, 직경 D) 내부를 유량 Q인 층류 흐름으로 흐르고 있다. 파이프의 단위 길이당 압력 강하량인 $(p_1 - p_2)$가 0이 되게 하는 단위 길이당 수직 압력 강하량을 구하시오.

6.9.21 혈액이 유량 Q로 반경이 R인 원통 튜브 내부를 흐르고 있다. 혈액 세포는 원통의 중심 근처(R_c)에 모여 있는 반면에 세포가 없는 플라즈마는 중심 밖의 영역에서 흐른다. 혈액 세포의 점성계수는 μ_c이고 플라즈마의 점성 계수는 μ_p이다. 층류 완전 발달 유동에 대해

$$\mu_{\text{app}} = \frac{\pi R^4 \Delta p}{8LQ}$$

로 정의된 겉보기 점성계수가 이 문제의 조건에 의해

$$\mu_{\text{app}} = \frac{\mu_p}{1-(R_c/R)^4(1-\mu_p/\mu_c)}$$

로 변화됨을 보이시오.

6.10절 비문형 방정식의 다른 측면

6.10.1 교재의 식 6.148(Navier–Stokes 방정식)에 대하 가가 힝의 물리적 의미를 쓰시오. 예를 들어 ρg는 단위 체적당 중력(또는 무게)이다.

평생학습문제

6.1 LL 일견하여 단순한 유체유동으로 보이지만 거기에는 미묘하고 복잡한 유체역학적인 것이 포함되어 있는 것. 그러한 예들 중 하나는 찻잔 속 찻잎의 교반이다. "아인슈타인의 찻잎"에 대한 정보를 구해서, 그 잎들과 상호 작용하는 복잡한 유체운동을 조사 하고 그 내용을 간략히 보고서로 요약해보시오.

6.2 LL 전산유체역학 (CFD)은 연구 도구에서 설계 수단으로 변하고 있다. 최초에 전산해석은 항공우주 분야에서 쓰이다가 그 분야를 확대하고 있으며 자동차 산업에서는 이를 설계 도구로 사용하고 있다. 이에 관한 내용을 조사하여 간략 보고를 요약해 보시오.

6.3 LL Madaras Rotor Powerplant에 대한 정보를 찾아 이것이 무었이고? 어떻게 작동하며? 최초 제안은 언제였는지? 최근에 이에 대한 관심이 있는지? 가능성에 관한 본인의 판단 등을 조사하여 간략 보고를 요약해 보시오.

CHAPTER 7

차원해석, 상사법칙 및 모형

학습목표

이 장을 학습한 후, 다음을 할 수 있어야 한다.

- Buckingham 파이정리를 적용한다.
- 주어진 유동 상황에 대한 일련의 무차원 변수를 도출한다.
- 흔히 사용되는 무차원 그룹을 데이터를 해석하고 데이터의 상관관계를 찾기 위한 보조 도구로 인식한다.
- 데이터를 분석할 때 무차원 변수의 사용에 대해 논의한다.
- 예측방정식을 만들기 위해 모형과 상사법칙의 개념을 적용한다.

유체역학과 관련된 많은 실제 공학문제를 앞의 장들에서 기술된 방정식들과 분석 절차들을 이용하여 풀 수 있지만, 답을 얻기 위해 실험 데이터에 의존해야 하는 많은 문제가 남아 있다. 이 장의 주제인 **차원해석**은 실험 결과의 복잡성을 줄이는데 사용하는 기술이다. 차원해석에서는 문제 상황에 중요한 물리량들이 무차원 그룹으로 결합된다. 문제를 나타내기 위해 무차원 그룹을 사용하면, 변수의 수가 줄어들고 결과를 보다 간결하게 표시할 수 있다. 중요한 장점 중 하나는 결과를 무차원 그룹으로 결합하면, 한 시스템에서 얻은 결과를 다른 유사한 시스템에 적용할 수 있기 때문에 일반성이 증가한다는 것이다. 유체역학의 대부분의 실험 및 분석 연구에서 결과는 무차원수의 표준 집합을 사용하여 제시된다.

실험과 모델링은 유체역학에서 널리 사용되는 기술이다.

Video

V7.1 실제 및 모형 파리

광활한 유체의 세계

허리케인 카트리나(Katrina)에 의한 제방 붕괴에 대한 모델 연구

2005년 허리케인 카트리나가 뉴올리언스(New Orleans)에 끼친 참화의 대부분이 17번가 하구 운하를 뚫고 불어난 홍수의 결과였다. 이 재난의 원인을 더 잘 이해하고 미래에 재발하는 것을 막기 위한 방안을 결정하기 위해, 미 육군 공학연구개발센터의 연안및수력학연구실은 1394 제곱미터의 대형 수력학 모형(길이 축척 1:50)에서 실험을 수행하였다. 이 모형은 파손된 곳을 둘러싼 운하 0.8 km와 인접한 폰차트레인(Pontchartrain) 호수 1 km 이상을 모사한다. 이 연구의 목적은 운하 붕괴에 미친 파도의 영향에 대한 정보를 얻고, 운하 내의 급격한 물살을 조사하는 것이었다. 파도는 컴퓨터로 제어되는 조파기에 의해 만들어지는데, 이 조파기는 허리케인동안 발생한 폭풍 상태와 유사하게 다양한 높이, 주기 및 방향의 파도를 만들 수 있다. 이 연구에서 얻은 데이터는 재난을 연구하는 다양한 수치모형에 입력된 정보들을 보정하고 검증하는 데 사용되었다.

7.1 차원해석의 필요성

실험이 필요한 전형적인 유체역학 문제를 설명하기 위해, 길고 매끄러우며 수평으로 놓인 원형관을 흐르는 비압축성 Newton 유체의 정상(steady) 유동을 고려하자. 파이프 라인을 설계하는 공학자가 관심을 갖는 이 시스템의 중요한 특성 중 하나는 마찰에 의해 관을 따라 발생하는 단위길이당 압력강하이다. 이것은 비교적 간단한 유동문제로 보일 수 있지만, 실험 데이터의 이용 없이 (대형 컴퓨터의 도움을 받더라도) 통상 해석적으로 풀 수 없다.

이 문제를 연구하기 위한 실험 계획에 있어 첫 번째 단계는 단위길이당 압력강하 Δp_ℓ[단위 $(\mathrm{N/m^2})/\mathrm{m} = \mathrm{N/m^3}$]에 영향을 미치는 변수를 결정하는 것이다. 우리는 그 변수 목록이 관직경 D, 유체밀도 ρ, 유체점성 μ 및 관을 흐르는 유체의 평균속도 V를 포함하리라 예상한다. 따라서, 이 관계를 다음과 같이 표현할 수 있다.

$$\Delta p_\ell = f(D, \rho, \mu, V) \tag{7.1}$$

이는 단순히 단위길이당 압력강하가 괄호 안에 들어있는 요소들의 어떤 함수라는 것을 수학적으로 나타낸다. 이 시점에서 함수의 특성은 알 수 없으며, 수행할 실험의 목적은 이 함수의 특성을 결정하는 것이다.

실험을 수행하는 의미 있고 체계적인 방법을 개발하는 것이 중요하다.

실험을 의미 있고 체계적인 방법으로 수행하기 위해, 다른 모든 변수들은 일정하게 유지한 채 속도와 같은 하나의 변수만을 바꾸면서 해당 압력강하를 계측할 필요가 있다. 이러한 일련의 실험을 통해 획득한 데이터는 그림 7.1a에 나타낸 것처럼 그래프로 표현할 수 있다. 이 그래프는 테스트에 사용된 특정 파이프와 특정 유체에서만 유효하다는 점에 유의해야 한다. 따라서, 이것은 확실히 우리가 찾고 있는 일반적인 공식을 제공하지 않는

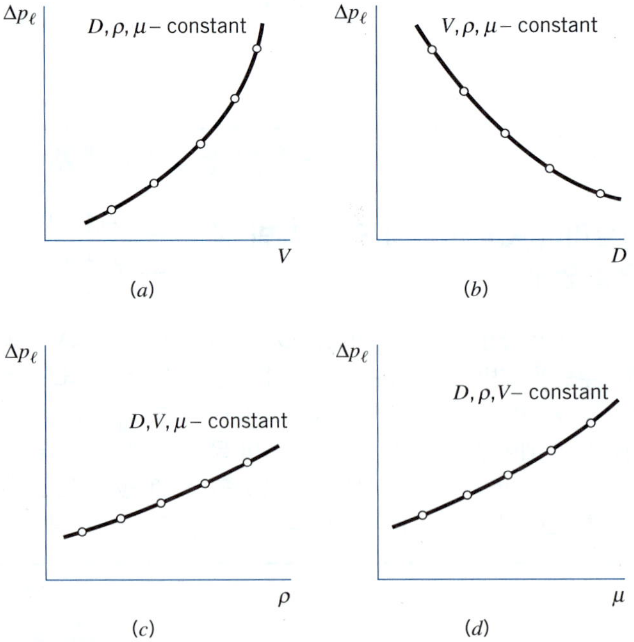

그림 7.1 파이프의 압력 강하가 여러 가지 요인에 의해 어떻게 영향을 받을 수 있는지를 보여주는 그림

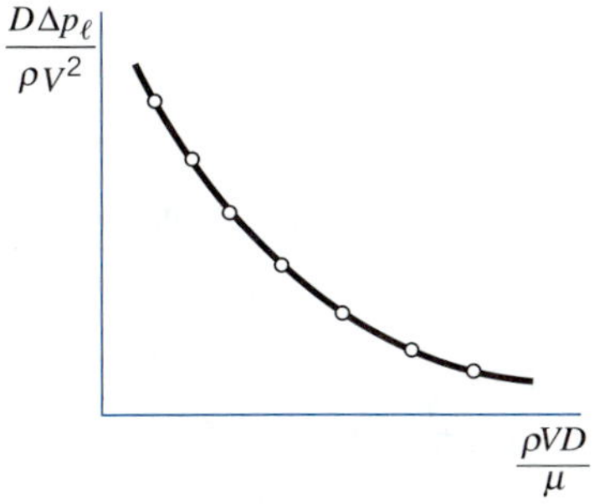

그림 7.2 무차원 변수를 사용한 압력 강하 데이터의 예시 그림

다. 그림 7.1b, 7.1c, 7.1d에 나타낸 것처럼 다른 변수들을 차례로 변경하여 이 과정을 반복할 수 있다. 압력강하와 압력강하에 영향을 미치는 여러 요소들과의 관계를 결정하는 데 있어 이 방식은 개념상 논리적이지만, 많은 어려움이 따른다. 어떤 실험들은 실행하기 어려울 수 있다. 예를 들어, 그림 7.1c에 나타낸 데이터를 얻으려면 점성을 일정하게 유지하면서 유체밀도를 변화시켜야 한다. 어떻게 이것을 할 수 있겠는가? 일단 그림 7.1a, 7.1b, 7.1c, 7.1d에 나타낸 여러 다양한 곡선들을 얻은 다음, 최종적으로 모든 유사한 관 시스템에 대해 유효한 $\Delta p\ell$과 D, ρ, μ, V 사이의 일반적인 함수관계를 얻기 위해 어떻게 이 데이터들을 결합해야 할까?

다행히 앞에 기술한 어려움들을 최소화할 수 있는 훨씬 더 간단한 방식이 있다. 식 (7.1)에 있는 원래 변수들로 작업하는 대신 이 변수들을 다음과 같이 2개의 무차원 변수 조합[(**무차원 곱**(dimensionless products), **무차원 변수**(dimensionless variables), 또는 **무차원 그룹**(dimensionless groups)이라 함]으로 모을 수 있음을 다음 절에서 보일 것이다.

$$\frac{D\,\Delta p_\ell}{\rho V^2} = \phi\left(\frac{\rho VD}{\mu}\right) \tag{7.2}$$

따라서 5개의 변수들을 다루어야 하는 대신, 이제 단지 2개의 무차원 곱을 가지고 있다. 필요한 실험은 단순히 무차원 곱 $\rho VD/\mu$를 변화시키면서 대응하는 $D\,\Delta p_\ell/\rho V^2$의 값을 결정하는 것으로 구성된다. 그러면 실험 결과는 그림 7.2처럼 하나의 일반화된 곡선으로 나타낼 수 있다. 이 곡선은 매끈한 파이프와 비압축성 Newton 유체의 어떤 조합에서도 유효하다. 이 곡선을 얻기 위해 편리한 크기의 파이프와 다루기 쉬운 유체를 선택할 수 있다. 다른 크기의 파이프나 심지어 다른 유체를 사용할 필요가 없다는 점에 유의해야 한다. 실험이 훨씬 간단하고 수행하기 쉬우며 비용도 적게 든다는 점이 분명하다(이것은 확실히 상사에게 좋은 인상을 남길 것임). 또한, 결과를 표현하는 데 얼마나 적은 종이(또는 디스크 공간)가 필요할지 생각해 보기 바란다.

무차원 곱은 실험의 계획, 실행 및 해석에 있어 중요하고 유용하다.

이러한 단순화는 관련 변수들의 차원에 대한 고찰에 기초한다. 1장에서 논의한 것처럼, 물리량의 정성적 실명은 질량 M, 길이 L, 시간 T와 같은 **기본차원**(basic dimensions)으로 표현할 수 있다.[1] 그렇지 않으면, Newton 제2법칙으로부터 아래 관계식이 성립하

1 1장에서 언급했듯이 T는 (이상기체법칙과 같은) 열역학 관계식에서 온도를 나타내기 위해 쓸 수 있지만, 여기서는 T를 기본차원인 시간을 나타내기 위해 사용한다. 온도의 차원은 종종 θ로 표시된다.

므로 힘 F, L 및 T를 기본차원으로 사용할 수도 있다.

$$F \doteq MLT^{-2}$$

1장의 표기법 $\doteq$는 차원의 동일성을 나타내기 위해 사용된다는 점을 기억하기 바란다. 관 유동 예에서 변수들의 차원은 $\Delta p_\ell \doteq FL^{-3}$, $D \doteq L$, $\rho \doteq FL^{-4}T^2$, $\mu \doteq FL^{-2}T$, $V \doteq LT^{-1}$이다. [단위길이당 압력강하는 $(F/L^2)/L = FL^{-3}$의 차원을 갖는다는 것에 유의한다. 또한, 1장의 표 1.1에서 기본차원으로 표현된 일상적인 물리량들을 찾을 수 있음에 유의한다.] 식(7.2)에 있는 두 그룹의 차원을 간단히 점검해 보면, 다음과 같이 실제 무차원 곱임을 알 수 있다.

$$\frac{D\,\Delta p_\ell}{\rho V^2} \doteq \frac{L(F/L^3)}{(FL^{-4}T^2)(LT^{-1})^2} \doteq F^0L^0T^0$$

$$\frac{\rho VD}{\mu} \doteq \frac{(FL^{-4}T^2)(LT^{-1})(L)}{(FL^{-2}T)} \doteq F^0L^0T^0$$

변수의 개수가 5개에서 2개로 줄었을 뿐 아니라, 새로운 그룹들은 변수들의 무차원 조합이며, 이는 그림 7.2의 형태로 표현된 결과들이 우리가 사용하는 단위계와 무관함을 뜻한다. 이러한 방식의 해석을 차원해석(dimensional analysis)이라 부르며, 이를 다양한 문제에 적용하는 근거는 다음 절에서 설명하는 **Buckingham 파이정리(Buckingham pi theorem)**에서 찾을 수 있다.

7.2 Buckingham 파이정리

우리가 답해야 할 2개의 기본적인 질문이 있다. 첫 번째 질문은 "식(7.2)는 요행인가 아니면 차원해석을 통해 항상 변수의 개수를 줄일 수 있는가?"이다. 두 번째 질문은 "원래 변수들의 목록을 대체하기 위해 몇 개의 무차원 곱이 필요한가?"이다. 이 질문들에 대해 다음과 같은 차원해석의 기본정리를 이용하여 답할 수 있다.

> k개의 변수를 포함하고 있는 방정식이 차원적으로 동차(dimensionally homogeneous)라면, $k-r$개의 독립된 무차원 곱들 사이의 관계식으로 축소될 수 있다. 여기에서, r은 변수들을 표현하기 위해 필요한 기준차원(reference dimensions)의 최소 개수이다.

차원해석은 Buckingham 파이정리를 기반으로 한다.

무차원 곱을 흔히 **파이항(pi terms)**이라고 하며, 이 정리를 **Buckingham 파이정리(Buckingham pi theorem)**[2]라고 부른다. Edgar Buckingham은 무차원 곱을 표기하기 위해 기호 Π를 사용했으며, 이 표기법이 일반적으로 사용된다. 파이정리는 비록 간단하

2 19세기 Lord Rayleigh(1842–1919)를 포함한 몇몇 초기 연구자들이 차원해석의 발전에 기여했지만, Edgar Buckingham(1867–1940)의 이름이 일반적으로 기본 정리와 관련이 있다. 그는 20세기 초반에 출판물을 통해 미국에서 이 주제에 대한 관심을 불러일으켰다. 예를 들어 다음 논문을 보기 바란다. E. Buckingham, "On Physically Similar Systems: Illustrations of the Use of Dimensional Equations", Phys. Rev., 4(1914), 345–376.

지만, 그 증명은 그다지 간단하지 않으며 여기에 포함하지는 않겠다. 많은 책들이 상사성과 차원해석이라는 주제를 심도 있게 다루고 있으며, 이들 중의 일부를 이 장의 끝에 참고문헌으로 수록하였다(참고문헌 1–15). 이 주제에 대해 (파이정리의 증명을 포함하여) 좀 더 깊이 있게 공부하고자 하는 학생들은 이 책들 중의 하나를 참고하기 바란다.

파이정리는 1장에서 소개한 차원의 동일성 개념에 기초하고 있다. 다음과 같이 k개의 변수를 포함하는 물리적으로 의미 있는 방정식에서,

$$u_1 = f(u_2, u_3, \ldots, u_k)$$

등호의 좌변에 있는 변수의 차원은 등호의 우변에 있는 모든 항들의 차원과 같아야 한다. 파이정리는 방정식을 무차원 곱(파이항)의 집합으로 재정렬할 수 있음을 보장하며, 아래 식에서 $\phi(\Pi_2, \Pi_3, \ldots, \Pi_{k-r})$는 Π_2부터 Π_{k-r}까지의 함수이다.

$$\Pi_1 = \phi(\Pi_2, \Pi_3, \ldots, \Pi_{k-r})$$

필요한 파이항의 개수는 원래 변수의 개수보다 r만큼 적다. 여기에서 r은 원래 변수들을 나타내는데 필요한 기준차원(reference dimensions)의 최소 개수에 의해 결정된다. 일반적으로 유체역학에서 변수들을 나타내는데 필요한 기준차원들은 기본차원인 M, L, T 또는 F, L, T가 된다. 하지만, 어떤 경우에는 L과 T와 같이 단지 2개의 차원이 필요하고, L과 같이 1개의 차원만 필요할 수도 있다. 또한, 몇 가지 드문 경우에는 M/T^2와 L과 같이 기본차원의 조합에 의해 변수가 표현될 수도 있으며, 이 경우 r은 3이 아니라 2가 된다. 파이정리를 사용하는 것이 다소 신비롭고 복잡해 보일 수 있지만, 주어진 문제의 파이항을 찾기 위한 간단하고 체계적인 절차를 만들 수 있다.

7.3 파이항의 결정

차원해석에서 나타나는 무차원 곱 또는 파이항을 만드는데 몇 가지 방법을 사용할 수 있다. 우리는 파이항들을 체계적으로 형성하여 파이항들이 무차원이고 서로 독립적이며 옳은 개수임을 확신할 수 있는 방법을 먼저 고려하고자 한다. 이 절에서 상세히 설명하고자 하는 방법은 **반복변수법(method of repeating variables)**이라고 불린다.

반복변수법을 모든 문제들에 적용할 수 있는 일련의 개별 단계로 나누는 것이 도움이 된다. 약간의 연습을 통해 여러분들은 문제에 대한 차원해석을 쉽게 완료할 수 있을 것이다.

차원해석은 일련의 개별 단계를 통해 수행할 수 있다.

1단계 : 문제와 관련된 모든 변수들을 나열한다. 이 단계가 가장 어렵고, 관련된 변수들을 모두 포함하는 것이 매우 중요하다. 그렇지 않으면 차원해석은 틀리게 된다. **"변수(variable)"**라는 용어는 고찰하고자 하는 현상에서 역할을 하는 차원 및 무차원 상수를 포함하여 모든 물리량을 나타낸다. (상수가 정의상 변수가 아님을 고려하여 변수라는 용어를 매개변수(parameter) 또는 속성(property)으로 대체할 수 있다.) 이런 모든 물리량들은 차원해석에서 고려해야 할 변수 목록에 포함되어야 한다. 변수들은 문제에 대한 지식과 현상을 지배하는 물리법칙들에 의해 선정되어야 한다. 일반적으로

(관 직경과 같은) 시스템의 **기하학적 구조**(geometry)를 나타내거나 (유체 점성과 같은) **유체 물성치**(fluid properties)를 정의하거나, (단위길이당 구동 압력과 같이) 시스템에 영향을 주는 **외부효과**(external effects)를 나타내는데 필요한 변수들이 포함된다. 변수의 이러한 일반 분류는 변수를 식별하는데 도움이 되는 광범위한 범주로 사용된다. 그러나 이러한 범주 중 하나에 쉽게 들어맞지 않는 변수가 있을 수 있으며, 각각의 문제를 신중하게 분석해야 한다.

모든 차원은 적어도 두 개의 변수에 나타나야 하며, 그렇지 않으면 무차원 그룹을 구할 수 없다. 차원이 하나의 변수에만 표시될 때는 언제나 해당 변수가 관련이 없거나 그 차원을 포함한 다른 변수를 포함해야 한다.

변수의 개수를 최소로 유지하여 작업량을 최소화하려면, 모든 변수가 서로 독립적이어야 함은 중요하다. 예를 들어, 어떤 문제에서 관의 단면적이 매우 중요한 변수라면 관의 면적이나 직경 중 하나만 사용되어야 한다. 둘은 분명히 서로 독립적이지 않기 때문에 둘 다를 사용해서는 안된다. 마찬가지로, 유체밀도 ρ와 비중량 γ가 모두 중요한 변수라면, ρ와 γ 또는 ρ와 g (중력가속도) 또는 γ와 g를 선택할 수 있다. 그러나 $\gamma = \rho g$이므로, 즉 γ, ρ 및 g는 서로 독립적이지 않으므로, 이 셋을 모두 사용하는 것은 올바른 방법이 아니다. 주어진 실험에서 g는 통상 일정하지만, 차원해석에 관한 한 이 사실은 관련이 없다.

2단계 : 각각의 변수를 기본차원으로 표현한다. 일반적인 유체역학 문제에서 기본차원은 M, L, T 또는 F, L, T가 된다. 차원적으로 이 두 집합은 Newton의 제2법칙 ($\mathbf{F} = m\mathbf{a}$)에 의해 관련되며, $F \doteq MLT^{-2}$이다. 예를 들어, $\rho \doteq ML^{-3}$ 또는 $\rho \doteq FL^{-4}T^{2}$이다. 따라서 두 집합 중 어떤 것을 사용해도 된다. 유체역학 문제에 나오는 대표적인 변수들의 기본차원이 1장의 표 1.1에 수록되어 있다.

3단계 : 필요한 파이항의 개수를 결정한다. 이 단계는 파이항의 개수가 $k-r$과 같다는 Buckingham 파이정리에 의해 수행된다. 여기서 k는 (1단계에서 결정된) 문제의 변수 개수이며, r은 이 변수들을 표현하는데 필요한 (2단계에서 결정된) 기준차원의 개수이다. 기준차원은 일반적으로 기본차원에 해당하고, 2단계에서 얻어진 변수들의 차원을 조사하여 결정할 수 있다. 이미 언급한 바와 같이, 기본차원들이 조합된 형태로 나타나서 기준차원의 개수가 기본차원의 개수보다 작은 경우도 (일반적으로 드물지만) 있을 수 있다. 이 경우 MLT 및 FLT 시스템의 차원 수가 달라지며, r은 둘 중 작은 값이 된다. 이 가능성은 예제 7.2에 설명되어 있다.

4단계 : 몇 개의 반복변수를 선택하며, 필요한 반복변수의 개수는 기준차원의 개수와 같다. 근본적으로 여기에서 우리가 하는 일은 몇 개의 변수를 원래의 변수 목록에서 선택하는 것인데, 파이항을 형성하기 위해 이 변수들을 남은 각각의 변수와 결합하게 된다. 후속 단계를 완료한 후, 반복변수는 여러 파이 항에 나타나 비반복 변수로부터 무차원 그룹을 생성한다. 필요한 모든 기준차원은 반드시 반복변수의 그룹에 포함되어야 하며, 각 반복변수는 다른 반복변수와 차원적으로 서로 독립이어야 한다(즉, 하나의 반복변수의 차원은 나머지 반복변수들의 거듭제곱의 곱의 조합에 의해 나타낼 수 없다). 이는 반복변수들이 자체적으로 결합하여 무차원 곱을 형성할 수 없음을 의미한다.

주어진 문제에서 우리는 일반적으로 하나의 특정 변수가 다른 변수들에 의해 어떻게 영향을 받는지를 파악하는 데 관심이 있다. 이 특정 변수를 종속변수로 간주하고, 이 변수는 단지 하나의 파이항에만 나타나기를 원한다. 따라서 반복변수는 일반적으로 하나 이상의 파이항에 나타나므로 종속변수를 반복변수 중의 하나로 선택하지 않도록 한다. 반복 변수를 선택하는 다른 팁은 문제에 미치는 영향이 의심스럽거나 일부 시간에만 중요한 변수는 선택하지 말고, 가능한 한 순수한 차원(dimensionally pure)에 가까운 변수(예: 파이프 직경은 순수한 길이, 유체 밀도는 거의 순수한 질량 등)를 선택하는 것이다. 또한, 이미 차원이 없는 변수(예: 각도)를 선택하지 말고, 가능하다면 언제나 차원 변수보다 차원 상수를 선택하여 하나의 파이 항만이 차원 변수를 포함하도록 한다.

5단계 : 비반복변수 중 하나에 반복변수들의 거듭제곱을 곱하여 파이항을 형성하며, 반복변수의 지수는 파이항이 무차원이 되도록 결정한다. 기본적으로, 각 파이항은 $u_i u_1^{a_i} u_2^{b_i} u_3^{c_i}$의 형태를 갖는다. 여기서 u_i는 비반복변수 중 하나이고, u_1, u_2, u_3는 반복변수이며 지수 a_i, b_i 및 c_i는 이 조합이 무차원이 되도록 결정한다. 이 과정은 어려워 보이겠지만 앞으로 나올 파이프 유동의 예에서 알 수 있듯이 어렵지 않다.

6단계 : 남은 비반복변수 각각에 대해 5단계를 반복한다. 도출된 파이항의 개수는 3단계에서 구한 필요 개수와 일치해야 한다. 그렇지 않으면 실수한 것이니 작업을 점검하라!

7단계 : 도출된 모든 파이항이 무차원인지 확인한다. 파이항을 구성할 때 실수하기 쉽다. 그러나 이것은 변수들의 차원을 파이항에 단순히 대입하여 파이항이 모두 무차원인지를 점검함으로써 확인할 수 있다. 하나의 좋은 방법은 기본차원 F, L, T가 처음에 사용되었다면, 변수들을 M, L, T로 표현한 후 각 파이항에 대해 모든 차원이 상쇄되는지 확인하는 것이다.

8단계 : 문제를 단순화하거나 관례적인 사용법을 따르기 위해 파이항을 재배열한다. 특정 무차원 그룹이 유체역학에서 흔히 사용되며, 이 그룹을 사용한다면 다른 엔지니어와 더 잘 소통할 수 있음을 알게 될 것이다.

9단계 : 최종 형태를 파이항들의 관계식으로 표현하고 그 의미에 대해 생각한다. 일반적으로 최종형태는 다음과 같이 쓸 수 있다.

차원해석을 사용하면 원래 문제가 단순화되고 파이 항으로 정의된다.

$$\Pi_1 = \phi(\Pi_2, \Pi_3, \ldots, \Pi_{k-r})$$

여기서 Π_1은 분자에 종속변수를 포함한다. 올바른 변수 목록을 가지고 시작하고 모두 과정이 옳게 완료되었다면, 파이항들의 관계를 이용하여 주어진 문제를 설명할 수 있다는 것을 강조하고자 한다. 이제 개별 변수가 아닌 파이항들만 사용하면 된다. 그러나 이것이 우리가 차원해석으로 할 수 있는 한계라는 것을 유의해야 한다. 즉, 파이항들 사이의 실제 함수 관계는 실험 또는 해석에 의해 결정되어야 한다.

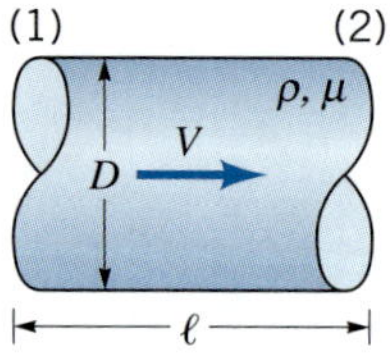

$\Delta p_\ell = (p_1 - p_2)/\ell$

이러한 단계를 예를 들어 설명하기 위해 이 장의 앞에서 논의했던 길고 매끄러운 수평 원형관을 흐르는 비압축성 Newton 유체의 정상유동 문제를 다시 고려하자. 우리는 인접한 그림에 표시된 것처럼 관을 따른 단위길이당 압력강하 Δp_ℓ에 관심이 있다. 먼저(1단계), 이 문제에 대한 실험적 지식에 기초하여 관련된 모든 변수들을 나열한다. 이 문제에서는 다음과 같이 가정한다.

$$\Delta p_\ell = f(D, \rho, \mu, V)$$

여기서 D는 관 직경, ρ와 μ는 각각 유체 밀도와 유체 점성계수이고, V는 평균속도이다.

다음(2단계)으로 모든 변수를 기본차원으로 표현한다. F, L, T를 기본차원으로 사용하면 다음과 같다.

$$\Delta p_\ell \doteq FL^{-3}$$
$$D \doteq L$$
$$\rho \doteq FL^{-4}T^2$$
$$\mu \doteq FL^{-2}T$$
$$V \doteq LT^{-1}$$

원한다면 M, L, T를 기본차원으로 사용할 수도 있다–최종결과는 동일하다. 단위체적당 질량(ML^{-3})인 밀도를 F, L 및 T로 나타내기 위해 $F \doteq MLT^{-2}$의 관계를 사용했다. 기본차원을 섞어 사용하지 말라. 즉, F, L 및 T 또는 M, L 및 T 중 하나를 사용하라.

이제 파이정리를 적용하여 필요한 파이항의 개수를 결정할 수 있다(3단계). 2단계에서 변수들의 차원을 조사하면, 변수들을 나타내는데 모두 3개의 기본차원(F, L 및 T)이 필요하다는 것을 알 수 있다. 5개($k = 5$)의 변수(종속변수 Δp_ℓ을 빠뜨리지 말 것)가 있고 3개($r = 3$)의 필요한 기준차원이 있으므로 파이정리에 따라 $(5-3)$개, 즉 2개의 파이항이 필요하다.

4단계에서 설명한 대로 반복변수를 선택할 때 특히 주의해야 한다.

파이항을 형성하는데 사용할 반복변수는 D, ρ, μ 및 V에서 선택해야 한다(4단계). 종속변수를 반복변수로 사용하지 않아야 한다는 것을 기억하자. 3개의 기준차원이 필요하기 때문에 3개의 반복변수들을 골라야 한다. 보통 차원적으로 가장 단순한 변수를 반복변수로 선택한다. 예를 들면, 하나의 변수가 길이 차원을 갖는다면 그것을 반복변수 중 하나로 선택한다. 이 예에서는 D, V 및 ρ를 반복변수로 사용한다. D는 길이이고, V는 길이와 시간을 포함하며 ρ는 힘, 길이 및 시간을 포함하므로 이들은 차원적으로 독립적이다. 이는 이들의 조합으로 무차원 곱을 형성할 수 없음을 뜻한다.

이제 2개의 파이항을 구성할 준비가 되었다(5단계). 일반적으로 종속변수를 먼저 반복변수들과 조합하여 첫 번째 파이항을 형성한다.

$$\Pi_1 = \Delta p_\ell D^a V^b \rho^c$$

이 조합은 무차원이기 때문에 다음과 같이 된다.

$$(FL^{-3})(L)^a(LT^{-1})^b(FL^{-4}T^2)^c \doteq F^0L^0T^0$$

지수 a, b, c는 기본차원(F, L 및 T) 각각에 대해 지수가 영이 되도록 (조합의 결과가 무차원이 되도록) 결정되어야 한다. (양 또는 음의 부호를 주의하면서) 각 차원의 지수를 조사하면, 다음과 같이 쓸 수 있다.

$$
\begin{aligned}
1 + c &= 0 \qquad (\text{for } F)\\
-3 + a + b - 4c &= 0 \qquad (\text{for } L)\\
-b + 2c &= 0 \qquad (\text{for } T)
\end{aligned}
$$

이 대수방정식 시스템의 해는 원하는 a, b, c의 값을 제공한다. $a = 1$, $b = -2$, $c = -1$이므로 파이항은 다음과 같다.

$$\Pi_1 = \frac{\Delta p_\ell D}{\rho V^2}$$

이제 이러한 과정을 남아 있는 비반복변수들에 대해 반복한다(6단계). 이 예에서는 하나의 추가 변수(μ)만 있으므로 다음과 같다.

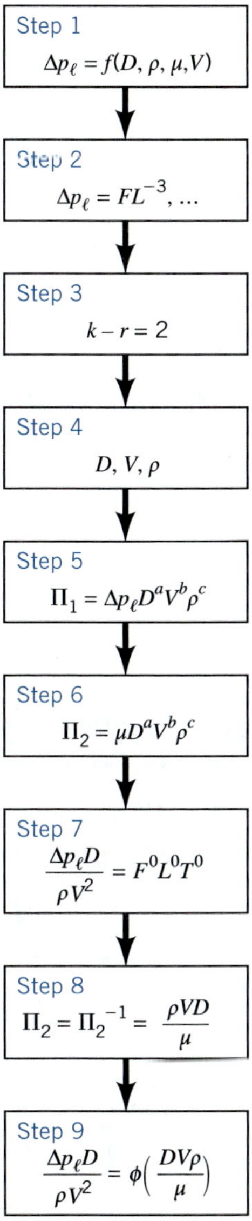

$$\Pi_2 = \mu D^a V^b \rho^c$$

또는

$$(FL^{-2}T)(L)^a(LT^{-1})^b(FL^{-4}T^2)^c \doteq F^0L^0T^0$$

따라서,

$$
\begin{aligned}
1 + c &= 0 \qquad (\text{for } F)\\
-2 + a + b - 4c &= 0 \qquad (\text{for } L)\\
1 - b + 2c &= 0 \qquad (\text{for } T)
\end{aligned}
$$

이 방정식들을 연립하여 풀면 $a = -1$, $b = -1$, $c = -1$이 되며, 파이항은 다음과 같다.

$$\Pi_2 = \frac{\mu}{DV\rho}$$

3단계에서 결정한 대로 올바른 수의 파이항을 얻게 된다는 점에 유의한다.

여기에서 멈추고 파이항들이 실제로 무차원인지를 점검하라(7단계). FLT와 MLT 차원을 둘 다 이용하여 확인해 보자.

$$\Pi_1 = \frac{\Delta p_\ell D}{\rho V^2} \doteq \frac{(FL^{-3})(L)}{(FL^{-4}T^2)(LT^{-1})^2} \doteq F^0L^0T^0$$

$$\Pi_2 = \frac{\mu}{DV\rho} \doteq \frac{(FL^{-2}T)}{(L)(LT^{-1})(FL^{-4}T^2)} \doteq F^0L^0T^0$$

또는

$$\Pi_1 = \frac{\Delta p_\ell D}{\rho V^2} \doteq \frac{(ML^{-2}T^{-2})(L)}{(ML^{-3})(LT^{-1})^2} \doteq M^0L^0T^0$$

$$\Pi_2 = \frac{\mu}{DV\rho} \doteq \frac{(ML^{-1}T^{-1})}{(L)(LT^{-1})(ML^{-3})} \doteq M^0L^0T^0$$

곧 Reynolds 수라고 하는 표준 무차원 변수가 $\text{Re} = \rho VD/\mu$로 정의된다는 사실을 알게 될 것이다. 관례적인 사용법을 따르기 위해 Π_2를 역수로 바꾼다(8단계).

마지막으로(9단계), 차원해석의 결과를 다음과 같이 쓸 수 있다.

$$\frac{\Delta p_\ell D}{\rho V^2} = \phi\left(\frac{\rho VD}{\mu}\right)$$

이 결과는 처음 시작한 원래의 5개 변수 대신 2개의 파이항의 관점에서 이 문제가 연구될 수 있음을 나타낸다.

차원해석은 함수 ϕ의 형태를 제공하지는 않는다. Π_1과 Π_2의 관계에 대해 우리가 아는 모든 것은 다음과 같다.

$$\frac{\Delta p_\ell D}{\rho V^2} = \phi\left(\frac{\rho VD}{\mu}\right)$$

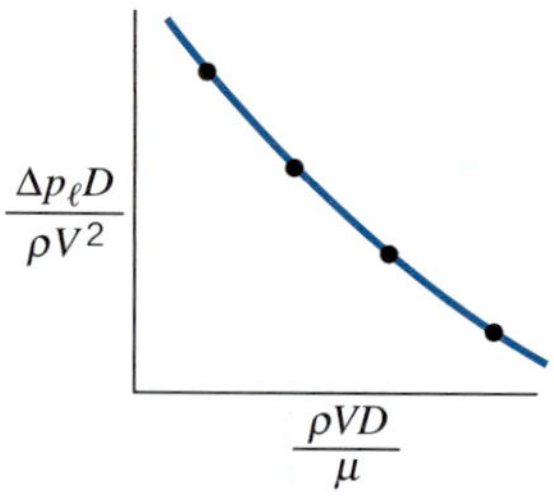

함수의 형태는 적절한 실험 또는 해석을 통해서만 얻을 수 있으며, 옆의 그림에 나타낸 예와 같이 변수 사이의 관계를 도출할 수 있다.

요약하면, 반복변수법을 사용하여 차원해석을 수행할 때 따라야 할 절차는 다음과 같다.

> 반복변수법은 단계별 절차에 따라 가장 쉽게 수행할 수 있다.

1단계 : 문제와 관련된 모든 변수들을 나열한다.
2단계 : 각각의 변수를 기본차원으로 표현한다.
3단계 : 필요한 파이항의 개수를 결정한다.
4단계 : 몇 개의 반복변수를 선택하며, 필요한 반복변수의 개수는 기준차원의 개수(보통 기본차원의 개수와 동일)와 같다.
5단계 : 비반복변수 중 하나에 반복변수들의 거듭제곱을 곱하여 파이항을 형성하며, 반복변수의 지수는 파이항이 무차원이 되도록 결정한다.
6단계 : 남은 비반복변수 각각에 대해 5단계를 반복한다.
7단계 : 도출된 모든 파이항이 무차원이고 독립적인지 확인한다.
8단계 : 문제를 단순화하거나 관례적인 사용법을 따르기 위해 파이항을 재배열한다.
9단계 : 최종 형태를 파이항들의 관계식으로 표현하고 그 의미에 대해 생각한다.

예제 7.1 | 반복변수법

주어진 사항 폭 w와 높이 h를 갖는 얇은 직사각형 평판이 유체흐름에 직각이 되도록 놓여있다(그림 E7.1 참조). 유체가 평판에 가하는 힘(항력) $\mathscr{D}$가 w와 h, 유체점도 μ, 유체밀도 ρ 및 평판에 접근하는 유체속도 V의 함수라고 가정한다.

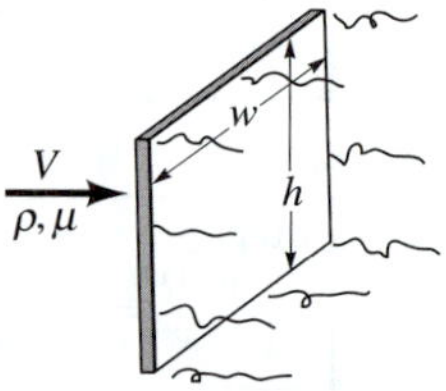

그림 E7.1

Video

V7.2 Flow past a flat plate

해결과제 이 문제를 실험적으로 연구하기 위하여 적절한 파이항 집합을 결정하라.

풀이 문제의 내용으로부터 다음과 같이 쓸 수 있다.

$$\mathscr{D} = f(w, h, \mu, \rho, V)$$

이 방정식은 항력과 항력에 영향을 주는 여러 변수들과의 일반적인 함수관계를 나타낸다. MLT계를 이용한 변수들의 차원은 다음과 같다.

$$\mathscr{D} \doteq MLT^{-2}$$
$$w \doteq L$$
$$h \doteq L$$

$$\mu \doteq ML^{-1}T^{-1}$$
$$\rho \doteq ML^{-3}$$
$$V \doteq LT^{-1}$$

6개의 변수를 정의하기 위해 모두 3개의 기본차원이 사용되므로 Buckingham 파이정리는 3개의 파이항이 필요함을 알려 준다(6개 변수 − 3개 기준차원, $k - r = 6 - 3$).

다음으로 w, V, ρ와 같은 3개의 반복변수를 선택한다. 이 3개의 변수를 빠르게 조사해 보면, 각 변수는 다른 변수에 들어 있지 않은 하나의 기본차원을 갖고 있으므로 차원적으로 독립이라는 것을 알 수 있다. w와 h는 동일한 차원을 가지므로 둘 다 반복변수로 사용하는 것은 옳지 않다.

먼저 종속변수 $\mathscr{D}$를 반복변수들과 결합하여 첫 번째 파이항을 다음과 같이 구성할 수 있다.

$$\Pi_1 = \mathscr{D} w^a V^b \rho^c$$

그리고 차원은 다음과 같다.

$$(MLT^{-2})(L)^a(LT^{-1})^b(ML^{-3})^c \doteq M^0L^0T^0$$

따라서, Π_1이 무차원이 되려면 다음이 성립해야 한다.

$$\begin{aligned} 1 + c &= 0 && \text{(for } M\text{)} \\ 1 + a + b - 3c &= 0 && \text{(for } L\text{)} \\ -2 - b &= 0 && \text{(for } T\text{)} \end{aligned}$$

위의 식으로부터 $a = -2$, $b = -2$, $c = 1$이며, 파이항은 다음과 같다.

$$\Pi_1 = \frac{\mathscr{D}}{w^2V^2\rho}$$

다음으로 이러한 과정이 두 번째 비반복변수 h에 대해 반복된다.

$$\Pi_2 = h w^a V^b \rho^c$$

그리고

$$(L)(L)^a(LT^{-1})^b(ML^{-3})^c \doteq M^0L^0T^0$$

따라서

$$\begin{aligned} c &= 0 && \text{(for } M\text{)} \\ 1 + a + b - 3c &= 0 && \text{(for } L\text{)} \\ b &= 0 && \text{(for } T\text{)} \end{aligned}$$

위의 식으로부터 $a = -1$, $b = 0$, $c = 0$이며, 파이항은 다음과 같다.

$$\Pi_2 = \frac{h}{w}$$

남은 비반복변수는 μ이므로 다음과 같다.

$$\Pi_3 = \mu w^a V^b \rho^c$$

그리고

$$(ML^{-1}T^{-1})(L)^a(LT^{-1})^b(ML^{-3})^c \doteq M^0L^0T^0$$

따라서

$$\begin{aligned} 1 + c &= 0 && \text{(for } M\text{)} \\ -1 + a + b - 3c &= 0 && \text{(for } L\text{)} \\ -1 - b &= 0 && \text{(for } T\text{)} \end{aligned}$$

위 방정식의 해는 $a = -1$, $b = -1$, $c = -1$이며, 파이항은 다음과 같다.

$$\Pi_3 = \frac{\mu}{wV\rho}$$

이제 필요한 3개의 파이항을 얻었으므로, 파이항들이 무차원인지를 확인해야 한다. 이를 확인하기 위해 F, L 및 T를 사용하며, 이것은 변수들에 사용된 원래 차원들이 옳은지도 밝혀준다. 따라서,

$$\Pi_1 = \frac{\mathscr{D}}{w^2V^2\rho} \doteq \frac{(F)}{(L)^2(LT^{-1})^2(FL^{-4}T^2)} \doteq F^0L^0T^0$$

$$\Pi_2 = \frac{h}{w} \doteq \frac{(L)}{(L)} \doteq F^0L^0T^0$$

$$\Pi_3 = \frac{\mu}{wV\rho} \doteq \frac{(FL^{-2}T)}{(L)(LT^{-1})(FL^{-4}T^2)} \doteq F^0L^0T^0$$

만약 확인되지 않으면, 원래의 변수 목록으로 돌아가서 각 변수의 차원이 올바른지 확인하고, 지수 a, b 및 c를 얻기 위해 사용한 수식이 옳은지도 점검하라.

다음으로 Π_3가 Reynolds 수의 역수라는 것을 알고 있으므로 분수를 뒤집는다. 또한, h/w를 w/h로 변경한다.

마지막으로, 차원해석의 결과를 다음 형태로 표현할 수 있다.

$$\frac{\mathscr{D}}{w^2\rho V^2} = \phi\left(\frac{w}{h}, \frac{\rho V w}{\mu}\right) \qquad \text{(답)}$$

평판의 폭과 높이의 비 w/h는 종횡비(aspect ratio)라고 하며, $\rho Vw/\mu$는 Reynolds 수이다.

보충설명 Π_2는 단순히 두 길이의 비율이며 직관적으로 명백했을 수 있다. 더 진행하기 위해서는 7.7절에서 논의한 대로 함수 ϕ의 특성을 결정하기 위해 일련의 실험을 수행할 필요가 있다.

7.4 차원해석에 대한 몇 가지 지침

앞 절에서 파이항을 결정하기 위한 체계적인 접근방법을 소개했다. 반복변수법은 중요한 차원 변수가 일단 알려지면 절차가 알고리듬화 되어 있기 때문에 초보자가 사용하기에 가장 쉬운 방법이라고 생각되지만, 다른 방법들이 사용될 수도 있다. 예를 들면, 파이항은 7.5절에서 논의된 것처럼 고찰(inspection)에 의해 만들 수도 있다. 이 절에서는 학생들을 당황스럽게 하는 몇 가지 미묘한 사항에 대해 자세히 설명하고자 한다.

7.4.1 변수의 선정

차원해석을 적용할 때 가장 중요하면서 어려운 단계 중 하나는 변수를 선택하는 것이다. 이미 언급한 바와 같이 편의상 변수라는 용어를 차원 및 무차원 상수를 포함하여 관련된 모든 물리량을 지칭하는데 사용한다. 변수를 쉽게 식별할 수 있는 간단한 절차는 없다. 일반적으로 관련된 현상과 지배적인 물리법칙에 대한 충분한 이해가 바탕이 된다. 외부변수가 포함되면 최종 해에 너무 많은 파이항이 나타나며, 이를 실험적으로 제거하는 것이 어렵고 시간이 오래 걸리며 비용이 많이 들 수 있다. 중요한 변수가 생략되면 불완전한 결과를 얻을 수 있다; 이는 비용이 많이 들게 하고 해를 확신하기 어렵게 만든다. 따라서 변수를 결정하는 첫 번째 단계에 충분한 시간과 주의를 기울여야 한다.

대부분의 공학문제는 고려해야 할 변수에 영향을 미치는 특정 단순화 가정을 포함한다. 일반적으로 우리는 약간의 정확성이 희생되더라도 문제를 가능한 한 단순하게 유지하기를 원한다. 단순함과 정확성 사이의 적절한 균형이 바람직한 목표이다. 해가 얼마나 "정확해야 하는가"는 연구 목적에 달려있다. 즉, 우리는 일반적인 경향에만 관심을 가질 수 있고, 따라서 문제에 미치는 영향이 미미한 것으로 생각되는 일부 변수는 단순함을 위해 무시할 수 있다.

변수를 기하학, 물성치, 외부효과의 세 그룹으로 분류하는 것이 도움이 되는 경우가 많다.

(유체역학 이외의 영역을 포함한) 대부분의 공학문제의 경우, 관련 변수는 기하학, 물성치, 외부효과의 3가지 일반적인 그룹으로 분류할 수 있다.

기하학(Geometry) 기하학적 특성은 통상 일련의 길이와 각도에 의해 규정된다. 대부분의 문제에서 시스템의 형상은 중요한 역할을 하고, 시스템을 표현하기 위해 충분한 수의 기하학적 변수가 포함되어야 한다. 이 변수들은 일반적으로 쉽게 찾을 수 있다.

물성치(Material Properties) 힘, 압력, 온도변화와 같은 외부효과에 대한 시스템의 반응은 시스템에 포함된 물질의 특성에 따라 달라지기 때문에, 외부효과와 그에 따른 반응을 연관시키는 물성치는 변수로 반드시 포함되어야 한다. 예를 들면, Newton 유체의 경우 유체의 점도는 가해진 힘과 유체의 변형률을 관련짓는 물성치이다. 비Newton 유체의 경우와 같이 물질의 거동이 더 복잡해짐에 따라 물성치를 결정하는 것이 어려워지고, 이러한 종류의 변수는 식별하기가 어려울 수 있다.

외부효과(External Effects) 이 용어는 시스템에 변화를 일으키거나 일으키는 경향이 있는 모든 변수를 나타내는데 사용된다. 예를 들면, 구조역학에서 시스템에 가해진 (집중되거나 분산된) 힘은 시스템의 형상을 변화시키는 경향이 있으며, 이러한 힘은 관련 변수로 고려되어야 한다. 유체역학의 경우, 이 분류의 변수는 압력, 속도 및 중력과 관련이 있다.

7.4.2 기준차원의 결정

주어진 문제에 대해 파이항의 개수를 최소로 줄이는 것이 분명 바람직하며, 따라서 변수의 개수를 최소로 줄이고자 한다. 즉, 관련 없는 변수를 포함하지 않기를 바란다. 또한 변수들을 표현하는데 몇 개의 기준차원이 필요한지 아는 것도 중요하다. 앞의 예제에서 보았듯이 F, L 및 T는 유체역학의 물리량을 표현하기 위한 기본차원의 편리한 집합이다. 하지만, 이 집합에 대해 실제 "기본적인(fundamental)" 것은 없으며, 앞서 언급한 바와 같이 M, L 및 T도 적합하다. 선택된 조합이 모든 이차적인 양(secondary quantities)을 표현하는 데 사용될 수 있다면, 실제로 측정 가능한 양의 어떤 조합도 기본차원으로 사용할 수 있다. 그러나, FLT 또는 MLT를 기본차원으로 사용하는 것이 가장 간단하며, 이 차원들은 유체역학 현상을 설명하는 데 사용할 수 있다. 물론 일부 문제에서는 이 중 하나 또는 두 개만 필요하다. 또한, 모든 변수를 표현하는 데 필요한 기준차원의 수가 기본차원의 수보다 작은 경우도 있다. 이 점은 예제 7.2에 설명되어 있다. 기본차원의 개념과 관련된 실용적이고 철학적인 흥미로운 논의는 Huntley(참고문헌 4) 및 Isaacson and Isaacson(참고문헌 12)의 책에서 찾을 수 있다.

일반적으로 유체역학에서 필요한 기준차원의 수는 3개이지만 어떤 문제에서는 1개나 2개만 필요하다.

7.4.3 파이항의 유일성

반복변수법에 의해 파이항을 결정하는 과정에 대해 약간 살펴보면, 얻어진 특정 파이항들이 반복변수의 다소 임의적인 선택에 따라 달라진다는 것을 알 수 있다. 예를 들어, 파이프의 압력강하를 다루는 문제에서 D, V 및 ρ를 반복변수로 선택했다. 그 결과 문제가 파이항의 관점에서 다음과 같이 공식화되었다.

$$\frac{\Delta p_\ell D}{\rho V^2} = \phi\left(\frac{\rho VD}{\mu}\right) \tag{7.3}$$

반복변수로 D, V 및 ρ를 선택했다면 어떻게 될까? 간단히 확인해보면 Δp_ℓ을 포함하는 파이항이 다음과 같이 되고

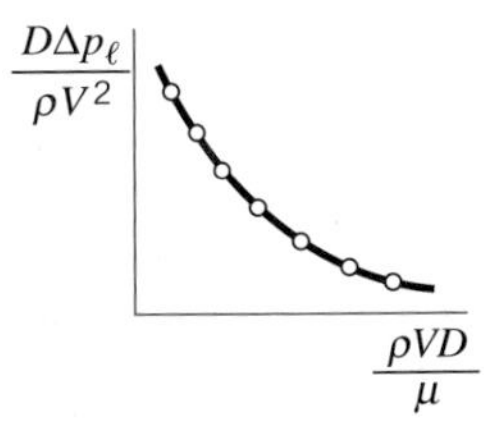

$$\frac{\Delta p_\ell D^2}{V\mu}$$

두 번째 파이항은 그대로 유지됨을 알 수 있다. 따라서, 최종결과를 다음과 같이 표현할 수 있다.

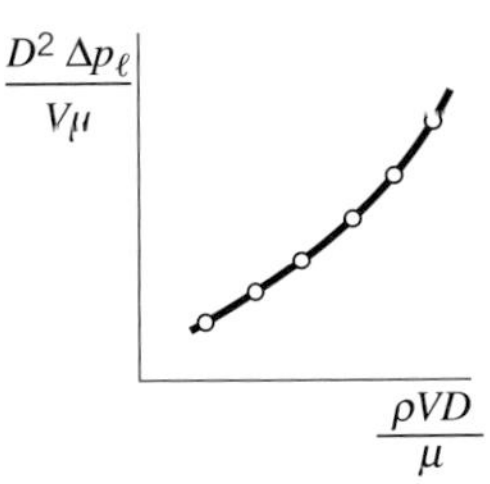

$$\frac{\Delta p_\ell D^2}{V\mu} = \phi_1\left(\frac{\rho VD}{\mu}\right) \tag{7.4}$$

두 결과는 모두 옳으며, Δp_ℓ에 대한 최종 관계가 동일하다. 그러나, 종속 파이항이 두 관계식에서 다르므로 식(7.3)과 식(7.4)의 함수 ϕ와 ϕ_1은 다르다는 것에 유의하라. 인접한 그림에서 알 수 있듯이, 두 식에 대한 무차원 데이터의 결과 그래프는 서로 다르다. 그러

나, 두 결과에서 물리 변수 Δp_ℓ의 값을 추출하면 그 값은 동일하다.

이 그림으로부터 차원해석에서 얻어지는 고유한 파이항 집합이 없다고 결론내릴 수 있다. 그러나, 필요한 파이항의 개수는 정해져 있으며, 일단 올바른 파이항 집합이 결정되면 원래 집합의 거듭제곱의 곱을 조합하여 가능한 모든 집합을 만들 수 있다. 예를 들어 세 개의 파이항과 관련된 문제가 있을 때,

$$\Pi_1 = \phi(\Pi_2, \Pi_3)$$

이 파일항들을 조합함으로써 새로운 파이항 집합을 만들 수 있다. 예를 들어, 다음과 같이 새로운 파이항 Π_2'를 만들 수 있다.

올바른 파이 항의 집합을 얻으면, 원래 집합을 조작하여 다른 집합을 얻을 수 있다.

$$\Pi_2' = \Pi_2^a \, \Pi_3^b$$

여기서 a와 b는 임의의 지수이다. 그러면, 관계식을 다음과 같이 표현할 수 있다.

$$\Pi_1 = \phi_1(\Pi_2', \Pi_3)$$

또는

$$\Pi_1 = \phi_2(\Pi_2, \Pi_2')$$

이 모든 것이 맞다. 그러나 이러한 방법을 통해 필요한 파이항의 수를 줄일 수 없으며, 파이항의 형태만 변경된다는 점을 강조해야 한다. 이 방법을 사용함으로써 식(7.4)의 파이항을 식(7.3)의 파이항으로부터 얻을 수 있다는 것을 알 수 있다: 즉, 식(7.3)의 Π_1에 Π_2를 곱하면,

$$\left(\frac{\Delta p_\ell D}{\rho V^2}\right)\left(\frac{\rho V D}{\mu}\right) = \frac{\Delta p_\ell D^2}{V\mu}$$

이 값은 식(7.4)의 Π_1이 된다.

예제 7.2 | 파이항의 결정

주어진 사항 그림 E7.2와 같이 직경 D의 개방된 원통형 페인트 캔이 비중량이 γ인 페인트로 깊이 h까지 채워져 있다. 바닥 중심의 수직 처짐 δ는 D, h, d, γ 및 E의 함수이며, 여기서 d는 바닥의 두께이고 E는 바닥 재료의 탄성계수이다.

해결과제 차원해석을 이용하여 수직 처짐 δ와 독립 변수 사이의 함수 관계를 결정하라.

풀이 문제의 설명으로부터 다음과 같이 쓸 수 있다.

$$\delta = f(D, h, d, \gamma, E)$$

변수들의 차원은 다음과 같다.

$$\delta \doteq L$$
$$D \doteq L$$
$$h \doteq L$$
$$d \doteq L$$
$$\gamma \doteq FL^{-3} \doteq ML^{-2}T^{-2}$$
$$E \doteq FL^{-2} \doteq ML^{-1}T^{-2}$$

여기서 차원은 FLT 및 MLT 계 모두로 표현되었다.

이제 파이정리를 적용하여 필요한 파이항의 수를 결정한다. 먼저 F, L, T를 기본차원의 계로 사용한다. 6개의 변수와 필요한 2개의 기준차원(F 및 D)이 있으므로 4개의 파이항이 필요하다. 반복변수의 경우, D와 γ를 선택하여 다음과

그림 E7.2

같이 수행할 수 있다.

$$\Pi_1 = \delta D^a \gamma^b$$
$$(L)(L)^a(FL^{-3})^b \doteq F^0L^0$$

그리고

$$1 + a - 3b = 0 \qquad (\text{for } L)$$
$$b = 0 \qquad (\text{for } F)$$

따라서, $a = -1$, $b = 0$이며, 파이항은 다음과 같다.

$$\Pi_1 = \frac{\delta}{D}$$

유사하게,

$$\Pi_2 = hD^a\gamma^b$$

위와 같은 절차를 따르면, $a = -1$, $b = 0$이므로

$$\Pi_2 = \frac{h}{D}$$

나머지 두 파이항은 동일한 절차에 의해 찾을 수 있으며, 결과는 다음과 같다.

$$\Pi_3 = \frac{d}{D} \quad \Pi_4 = \frac{E}{D\gamma}$$

따라서 이 문제는 다음 관계를 사용하여 연구할 수 있다.

$$\frac{\delta}{D} = \phi\left(\frac{h}{D}, \frac{d}{D}, \frac{E}{D\gamma}\right) \qquad \text{(답)}$$

보충설명 이제 *MLT* 계를 이용하여 동일한 문제를 풀어 보자. 변수의 수는 분명히 동일하지만, 두 개가 아닌 세 개의 기준차원이 필요한 것처럼 보인다. 이것이 정말 사실이라면 필요한 파이항의 수를 4개에서 3개로 줄일 수 있기 때문에, 이는 확실히 행운일 것이다. 이것이 맞는 것 같은가? 단순히 *MLT* 계의 기본차원을 사용함으로써 필요한 파이항의 수를 어떻게 줄일 수 있을까? 정답은 불가능하다이며, 위에 나열된 변수의 차원을 자세히 살펴보면 실제로 두 개의 기준차원인 MT^{-2}와 L만 필요하다는 것을 알 수 있다.

이는 기준차원의 개수가 기본차원의 개수와 다른 경우의 예이다. 이는 자주 발생하지 않으며 (사용되는 계에 관계없이) 변수의 차원을 살펴보고 변수를 설명하는 데 실제로 얼마나 많은 기준차원이 필요한지 확인하여 감지할 수 있다. 일단 기준차원의 수가 결정되면, 이전과 같이 진행할 수 있다. 반복변수의 개수가 기준차원의 개수와 같아야 하므로 두 개의 기준차원이 여전히 필요하며, D와 γ를 반복변수로 다시 사용할 수 있다. 파이항은 동일한 방식으로 결정된다. 예를 들어, E를 포함하는 파이항은 다음과 같이 전개된다.

$$\Pi_4 = ED^a\gamma^b$$
$$(ML^{-1}T^{-2})(L)^a(ML^{-2}T^{-2})^b \doteq (MT^{-2})^0L^0$$
$$1 + b = 0 \qquad (\text{for } MT^{-2})$$
$$-1 + a - 2b = 0 \qquad (\text{for } L)$$

따라서, $a = -1$, $b = -1$이며, 파이항은 다음과 같다.

$$\Pi_4 = \frac{E}{D\gamma}$$

이는 *FLT* 계를 이용하여 얻은 Π_4와 동일하다. 다른 파이항도 동일하며, 최종 결과는 같다. 즉,

$$\frac{\delta}{D} = \phi\left(\frac{h}{D}, \frac{d}{D}, \frac{E}{D\gamma}\right) \qquad \text{(답)}$$

이는 항상 사실이다. F, L 및 T 대신 M, L 및 T를 사용하거나 그 반대로 사용함으로써 필요한 파이항의 수에 영향을 줄 수 없다.

편리한 "경험법칙(rule of thumb)"은 *FLT* 계와 *MLT* 계 모두에서 기준차원의 수를 확인하는 것이다. 파이항의 수를 결정하기 위해 변수의 수에서 기준차원의 수 중 작은 값을 뺀다.

7.5 고찰에 의한 파이항의 결정

파이항을 구성하기 위한 반복변수법을 7.3절에서 소개하였다. 이 방법은 단계별 절차로 구성되며, 제대로 실행되면 정확하고 완전한 파이항의 집합을 제공한다. 이 방법은 간단하고 직관적이지만, 특히 많은 변수가 관련된 문제에서 다소 지루할 수 있다. 파이항에 부여되는 유일한 제한사항은 (1) 개수가 맞아야 하고, (2) 무차원이어야 하며, (3) 독립적이어야 한다는 것이므로, 형식화된 절차 없이 고찰에 의해 간단히 파이항을 구성하는 것도 가능하다.

이러한 방법을 설명하기 위해, 매끄러운 파이프에서 단위길이당 압력강하를 다시 고려하자. 사용할 방법에 관계없이 출발점은 동일하며, 변수의 선정은 이 경우에 다음과 같다.

$$\Delta p_\ell = f(D, \rho, \mu, V)$$

다음으로, 변수들의 차원은 다음과 같다.

$$\begin{aligned}\Delta p_\ell &\doteq FL^{-3}\\ D &\doteq L\\ \rho &\doteq FL^{-4}T^2\\ \mu &\doteq FL^{-2}T\\ V &\doteq LT^{-1}\end{aligned}$$

그 후 기준차원의 개수가 결정된다. 파이정리를 적용하면 몇 개의 파이 항이 필요한지 알 수 있다. 이 문제에는 5개의 변수와 3개의 기준차원이 있으므로 2개의 파이항이 필요하다. 따라서 필요한 파이항의 개수는 쉽게 구할 수 있으며, 이 수치는 항상 분석을 시작할 때 결정되어야 한다.

파이 항은 각 파이 항이 무차원이어야 한다는 사실을 활용하여 고찰에 의해 간단히 구성할 수 있다.

일단 파이항의 개수가 알려지면, 각 파이항이 무차원이어야 한다는 사실을 이용하여 고찰에 의해 각 파이항을 구성할 수 있다. 항상 Π_1은 종속변수를 포함하도록 하며, 이 예에서는 종속변수가 Δp_ℓ이다. 이 변수는 FL^{-3}의 차원을 가지므로 다른 변수들과 결합하여 무차원곱을 생성한다. 한 가지 가능성은 먼저 Δp_ℓ을 ρ로 나누는 것이다.

$$\frac{\Delta p_\ell}{\rho} \doteq \frac{(FL^{-3})}{(FL^{-4}T^2)} \doteq \frac{L}{T^2} \qquad \text{(cancels } F\text{)}$$

F에 대한 의존성은 제거되었지만, $\Delta p_\ell/\rho$은 분명히 무차원이 아니다. T에 대한 의존성을 제거하기 위해 V^2으로 나눌 수 있다.

$$\left(\frac{\Delta p_\ell}{\rho}\right)\frac{1}{V^2} \doteq \left(\frac{L}{T^2}\right)\frac{1}{(LT^{-1})^2} \doteq \frac{1}{L} \qquad \text{(cancels } T\text{)}$$

마지막으로 무차원으로 만들기 위해 D를 곱한다.

$$\left(\frac{\Delta p_\ell}{\rho V^2}\right)D \doteq \left(\frac{1}{L}\right)(L) \doteq L^0 \qquad \text{(cancels } L\text{)}$$

따라서,

$$\Pi_1 = \frac{\Delta p_\ell D}{\rho V^2}$$

다음으로 Π_1에 사용되지 않은 변수를 선택하여 두 번째 파이항을 구성하며, 이 경우에는 μ이다. 단순히 μ를 다른 변수들과 결합하여 조합을 무차원으로 만든다(그러나 종속변수는 Π_1에만 나타나기를 원하므로 Π_2에 Δp_ℓ을 사용하지 않는다). 예를 들어 μ를 (F를 제거하기 위해) ρ로 나누고, (T를 제거하기 위해) V로 나누며, 마지막으로 (L을 제거하기 위해) D로 나눈다. 따라서 Π_2는 다음과 같다.

$$\Pi_2 = \frac{\mu}{\rho VD} \doteq \frac{(FL^{-2}T)}{(FL^{-4}T^2)(LT^{-1})(L)} \doteq F^0L^0T^0$$

무차원 관계식은 다음과 같다.

$$\frac{\Delta p_\ell D}{\rho V^2} = \phi\left(\frac{\mu}{\rho VD}\right)$$

이것은 물론 반복변수법에 의해 얻었던 결과와 동일하다. 두 변수의 차원이 같은 경우처럼 일부 파이항이 분명한 경우가 있다. 원형 파이프 유동의 경우, 파이프 길이 L과 파이프 직경 D가 모두 나타나고, 이들의 비율인 L/D는 분명한 파이항이다.

고찰에 의해 파이항을 구성할 때 추가적인 고려사항은 파이항이 모두 독립적인지 확인하는 것이다. 파이프 유동의 예에서 Π_2는 μ를 포함하지만 μ는 Π_1에 나타나지 않으므로 이 두 파이항은 명백히 독립적이다. 보다 일반적인 경우, 어떤 파이항이 다른 파이항들의 조합으로 구성될 수 있다면, 이 파이항은 주어진 문제에서 다른 파이항들과 독립적이지 않다. 예를 들어, Π_2가 Π_3, Π_4 및 Π_5의 조합으로 구성될 수 있다면,

$$\Pi_2 = \frac{\Pi_3^2\,\Pi_4}{\Pi_5}$$

Π_2는 독립적인 파이항이 아니다. 각 파이항에 새 변수를 결합시킴으로써 각 파이항이 이전 항과 독립적임을 확인할 수 있다.

고찰에 의해 파이항을 구성하는 것이 본질적으로 반복변수법과 대등하지만, 덜 체계적이다. 약간의 연습으로 파이항을 고찰에 의해 쉽게 구성할 수 있으며, 이 방법은 보다 공식적인 절차에 대한 대안을 제공한다.

7.6 유체역학에서 자주 쓰이는 무차원 그룹

표 7.1의 상단에 유체역학 문제에서 자주 등장하는 변수들의 목록이 있다. 이 목록이 분명히 모든 것을 망라하지는 않지만 대표적인 문제에서 발견될 수 있는 광범위한 변수들을 보여준다. 다행히 각 문제에서 이 변수들이 모두 나타나는 것은 아니다. 그러나 이 변수들의 일부가 나타날 때, 이를 표 7.1에 제공된 **무차원 그룹**(파이항)으로 결합하는 것이 표준 관행이다. 이러한 조합은 너무 자주 등장해서 표 7.1에 표시된 것처럼 특별한 이름이 붙여져 있다.

Video
V7.3 Reynolds 수

Video
V7.4 Froude 수

Video
V7.5 Strouhal 수

Video
V7.6 Weber 수

표 7.1 유체역학에서 자주 쓰이는 변수와 무차원 그룹

변수: 중력가속도, g ; 체적탄성계수, E_v ; 특성 길이, ℓ ; 밀도, ρ ; 진동 유동의 주파수 또는 경계 회전, ω ; 압력, p (또는 Δp); 음속, c ; 표면 장력, σ ; 속도, V ; 점도, μ ; 경계 속도, U ; 표면 거칠기, ε ; 벽 전단 응력, τ_w ; 수두 손실, h_L ; 항력, $\mathscr{D}$; 양력, $\mathscr{L}$

Dimensionless Group	Name	Interpretation (Index of Force Ratio Indicated)	Types of Applications
$\frac{\rho V \ell}{\mu}$	Reynolds number, Re	$\frac{\text{inertia force}}{\text{viscous force}}$	Generally of importance in all types of fluid dynamics problems
$\frac{V}{\sqrt{g\ell}}$	Froude number, Fr	$\frac{\text{inertia force}}{\text{gravitational force}}$	Flow with a free surface
$\frac{p}{\rho V^2}$	Euler number, Eu	$\frac{\text{pressure force}}{\text{inertia force}}$	Problems in which pressure, or pressure differences, are of interest
$\frac{\rho V^2}{E_v}$	Cauchy number,[a] Ca	$\frac{\text{inertia force}}{\text{compressibility force}}$	Flows in which the compressibility of the fluid is important
$\frac{V}{c}$	Mach number,[a] Ma	$\frac{\text{inertia force}}{\text{compressibility force}}$	Flows in which the compressibility of the fluid is important
$\frac{\omega \ell}{V}$	Strouhal number, St	$\frac{\text{inertia (local) force}}{\text{inertia (convective) force}}$	Unsteady flow with a characteristic frequency of oscillation or a rotating boundary
$\frac{\rho V^2 \ell}{\sigma}$	Weber number, We	$\frac{\text{inertia force}}{\text{surface tension force}}$	Problems in which surface tension is important
$\frac{V}{U}$	Velocity ratio, Φ	$\frac{\text{fluid velocity}}{\text{boundary velocity}}$	Flows with a moving boundary
$\frac{\varepsilon}{\ell}$	Relative roughness	$\frac{\text{surface roughness}}{\text{characteristic length}}$	Turbulent flow over a rough surface
$\frac{\ell_1}{\ell}$	Length ratio	$\frac{\text{length}}{\text{reference length}}$	Flow with two (or more) relevant dimensions
α	Angle of attack	Angle between approach velocity and reference axis	Flow over immersed bodies
$\frac{h_L}{V^2/2g}$	Loss coefficient, K	$\frac{\text{energy loss}}{\text{kinetic energy}}$	Internal flow, especially through valves and fittings
$\frac{\Delta p}{1/2\rho V^2}$	Pressure coefficient, C_p	$\frac{\text{pressure}}{\text{dynamic pressure}}$	Euler number with ½ in honor of Bernoulli
$\frac{\tau_w}{1/2\rho V^2}$	Friction coefficient, C_f	$\frac{\text{shear force}}{\text{inertia force}}$	Laminar or turbulent internal and external flow with viscous stress
$\frac{\mathscr{D}}{1/2\rho V^2 \ell^2}$	Drag coefficient, C_D	$\frac{\text{drag force}}{\text{inertia force}}$	Flow over immersed bodies
$\frac{\mathscr{L}}{1/2\rho V^2 \ell^2}$	Lift coefficient, C_L	$\frac{\text{lift force}}{\text{inertia force}}$	Flow over airfoils, wings, and turbomachine blades

[a]Cauchy 수와 Mach 수는 서로 관련이 있으며, 둘 중 하나를 관성과 압축성의 상대적인 효과를 나타내는 지표로 사용할 수 있다. 첨부된 토론을 참고하기 바란다.

> 가장 흔한 무차원 그룹에는 물리적 해석과 함께 특별한 이름이 부여된다.

일반적으로 무차원 그룹에 물리적인 해석을 제공하는 것이 가능하며, 이는 특정 응용 분야에서 해당 그룹의 영향력을 평가하는데 도움이 될 수 있다. 예를 들어, Froude 수는 중력(무게)에 대한 유체입자의 질량 곱하기 가속도(종종 "관성력"이라고 함)의 비율을 나타내는 지표이다. 표 7.1에 나타낸 것처럼, 힘 비율의 관점에서 유사한 해석을 다른 무차원 그룹에도 적용할 수 있다. Reynolds 수는 분명히 유체역학에서 가장 유명한 무차원수이다. 이것은 이 무차원수가 층류와 난류를 구별하는 기준으로 사용될 수 있다는 것을 처음으로 밝힌 영국의 공학자 Osborne Reynolds의 이름을 따서 명명되었다. 대부분의 유동문제에서 특성길이 ℓ, 속도 V, 유체밀도 ρ, 유체점도 μ가 관련변수로 등장한다. 따라서, 이 변수들을 이용하여 차원해석을 수행하면, Reynolds 수가 자연스럽게 만들어진다.

$$\mathrm{Re} = \frac{\rho V \ell}{\mu}$$

Reynolds 수는 유체요소에 작용하는 점성력에 대한 관성력의 비를 나타내는 척도이다. 주어진 문제에서 이 두 유형의 힘이 중요할 때, Reynolds 수는 중요한 역할을 한다.

광활한 유체의 세계

마이크로 스케일에서의 미끄러짐

화학적 및 생물학적 분석의 목표 중 하나는 실험을 소형화하는 것인데, 이는 표본 크기의 감소를 포함한 많은 이점을 가진다. 최근에 이러한 실험을 하나의 마이크로칩에 통합하여 "칩 위의 실험실(lab-on-a-chinp)" 시스템을 구축하는 연구가 활발히 진행되고 있다. 이 장치들은 미크론 크기(또는 더 작은 크기)의 유체 흐름을 위한 복잡한 통로를 가지고 있으며, 밀리미터 크기로 제작된다. 소형화에는 여러 이점이 있지만, 점점 작아지는 유동영역으로 옮겨갈 때 결국 연속체 가정과 충돌하게 되므로 주의해야 한다. 이러한 상황을 특징짓기 위해 통상 Knudsen 수($\mathrm{Kn} = \lambda/\ell$)라고 하는 무차원수가 사용된다. 여기에서 λ는 평균자유경로(mean free path)이고 ℓ은 시스템의 특성길이이다. Kn이 0.01보다 작으면 유동은 벽에서 미끄러짐이 없고 Navier-Stokes 방정식으로 나타낼 수 있다. Knudsen 수가 $0.01 < \mathrm{Kn} < 0.3$인 경우에도 같은 방정식을 사용할 수 있지만, 유체와 벽 사이에 미끄러짐이 있을 수 있으므로 경계조건을 조정할 필요가 있다. $\mathrm{Kn} > 10$일 때는 연속체 가정이 깨지고 Navier-Stokes 방정식은 더 이상 유효하지 않다.

7.7 실험 데이터의 상관관계

차원해석의 가장 중요한 용도 중 하나는 실험 데이터의 효율적인 처리, 해석 및 상관관계에 도움을 주는 것이다. 유체역학 분야는 실험 데이터에 크게 의존하므로 차원해석이 이 분야에서 중요한 도구라는 것은 놀라운 일이 아니다. 이미 언급했듯이, 차원해석은 단지 현상을 설명하는 무차원 그룹들만 제공하고 그룹들 사이의 구체적인 관계는 제공하지 않기 때문에, 차원해석은 주어진 문제에 대한 완전한 답을 줄 수 없다. 이 관계를 결정하려면 적절한 실험 데이터를 확보해야 한다. 이 과정의 난이도는 파이항의 수와 실험의 특성(측정값을 얻는 것이 얼마나 어려운가?)에 달려있다. 가장 간단한 문제는 당연히 가장 적은 파이항을 갖는 문제이며, 다음 절에서는 파이항의 수가 증가함에 따라 해석이 얼마나 복잡해지는지 보여준다.

7.7.1 1개의 파이항을 갖는 문제

변수의 개수에서 기준차원의 개수를 뺀 것이 1이라면, 현상을 설명하는데 단지 1개의 파이항만 필요하다는 것을 파이정리를 통해 알 수 있다. 하나의 파이항을 갖는 문제에서 존재해야 하는 함수 관계는 다음과 같다.

$$\Pi_1 = C$$

문제에 파이 항이 하나만 관련된 경우, 해당 항은 상수와 같아야 한다.

여기서 C는 상수이다. 이 경우는 차원해석이 관계식의 구체적인 형태까지 보여주며, 다음 예제에서 설명된 것처럼 각 변수들이 어떻게 관련되어 있는지 보여준다. 그러나 상수의 값은 여전히 실험, 분석 또는 계산을 통해 결정되어야 한다.

예제 7.3 | 1개의 파이항을 갖는 유동

주어진 사항 그림 E7.3과 같이 점성유체 속에서 매우 천천히 떨어지는 구형 입자에 작용하는 항력 $\mathscr{D}$가 입자직경 D, 입자속도 V 및 유체점도 μ의 함수라고 가정한다.

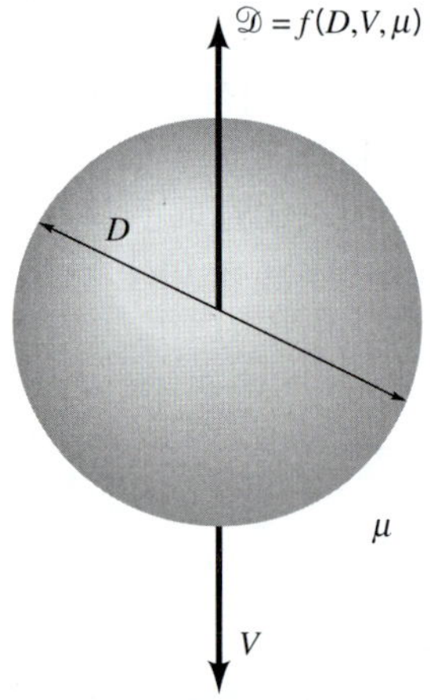

그림 E7.3

Video

V7.7 Stokes flow

해결과제 차원해석을 이용하여 항력이 입자속도에 따라 어떻게 달라지는지 결정하라.

풀이 주어진 정보로부터 다음 식을 얻는다.

$$\mathscr{D} = f(D, V, \mu)$$

변수들의 차원은 다음과 같다.

$$\mathscr{D} \doteq F$$
$$D \doteq L$$
$$V \doteq LT^{-1}$$
$$\mu \doteq FL^{-2}T$$

4개의 변수가 있고 이 변수들을 표현하는데 3개의 기준차원(F, L 및 T)이 있음을 알 수 있다. 따라서 파이정리에 의해 1개의 파이항이 필요하다. 이 파이항은 고찰에 의해 쉽게 구성할 수 있고 다음과 같다.

$$\Pi_1 = \frac{\mathscr{D}}{\mu V D}$$

파이항이 1개이기 때문에, 다음의 관계를 얻는다.

$$\frac{\mathscr{D}}{\mu V D} = C$$

여기서 C는 상수이다.

$$\mathscr{D} = C\mu V D$$

따라서, 주어진 입자와 유체에 대해, 항력은 다음과 같이 속도에 따라 직접적으로 변한다.

$$\mathscr{D} \propto V \qquad \text{(답)}$$

보충설명 실제로 차원해석은 항력이 속도에 따라 직접적으로 변할 뿐만 아니라 입자직경과 유체점도에 따라 직접적으로 변한다는 것을 보여준다. 그러나, 상수 C를 알 수 없기 때문에 항력 값을 예측할 수 없다. 주어진 입자와 유체에 대해 항력과 해당 속도를 계측하는 실험이 수행되어야 한다. 원칙적으로 한번만 실험해도 되지만, 신뢰할 수 있는 C 값을 얻으려면 실험을 여러 번 반복해야 한다. 일단 C 값이 결정되면 다른 구형 입자나 유체에 대해 유사한 실험을 수행할 필요가 없다는 점을 강조해 둔다. 즉, 항력이 입자직경, 속도, 유체점도만의 함수인 한 C는 보편적인 상수(universal constant)이다.

이 문제에 대한 근사해는 이론적으로도 얻을 수 있으며, 이로부터 $C = 3\pi$이므로 다음과 같다.

$$\mathscr{D} = 3\pi\mu VD$$

이 방정식은 통상 Stokes 법칙이라 불리며, 입자의 침전(settling) 연구에 이용된다. 실험으로부터 이 결과는 작은 Reynolds 수($\rho VD/\mu \ll 1$)에 대해서만 유효함을 알 수 있다. 이는 변수들의 초기 목록에서 관성효과를 무시했기 때문이다(유체밀도가 변수로 포함되지 않았다). 추가변수를 포함하면, 또 다른 파이항이 생겨서 1개가 아닌 2개의 파이항이 있게 된다.

Stokes 유동에서 구에 대한 자유물체도를 고려하자. 그림 E7.3의 항력과 반대방향의 중력뿐만 아니라 같은 방향의 부력도 작용한다. 위에서 보인 것처럼 항력은 구 직경과 낙하속도의 곱에 비례한다($\mathscr{D} \propto VD$). 중력과 부력은 직경의 세제곱에 비례한다(W 및 $F_B \propto D^3$). 평형상태를 가정하면, 힘에 대한 평형은 다음과 같다.

$$\mathscr{D} = W - F_B$$

이 항들에 대한 스케일링 법칙에 따르면, $VD \propto D^3$이고 낙하속도는 구 직경의 제곱에 비례한다. 따라서, 동일한 유체에서 낙하하는 두 개의 구에 대해 하나의 직경이 다른 구 직경의 2 배일 때, 큰 직경의 구가 4배 빨리 낙하한다(비디오 V7.7 참조).

이 문제는 차원해석이 실험 연구뿐만 아니라 이론 연구에도 도움이 된다는 것을 보여준다.

7.7.2 2개 이상의 파이항을 갖는 문제

만약 주어진 현상을 다음과 같이 2개의 파이항으로 설명할 수 있다면

$$\Pi_1 = \phi(\Pi_2)$$

변수들 사이의 함수관계는 Π_2를 변화시키면서 해당하는 Π_1 값을 측정함으로써 결정할 수 있다. 이 경우에 그림 7.3과 같이 Π_2에 대해 Π_1을 그림으로써 편리하게 결과를 그래프 형태로 나타낼 수 있다. 그림 7.3의 곡선은 연구된 특정 현상에 대해 "보편적인(universal)" 곡선임을 강조해야 한다. 이것은 변수들과 수행된 차원해석이 정확하다면, 그림 7.3에서와 같이 Π_1과 Π_2 사이에는 단 하나의 관계만 존재한다는 것을 의미한다. 그러나, 이는 경험적인 관계이기 때문에 실험에서 다루는 Π_2의 범위에서만 유효하다고 말할 수 있다. 그림에서 점선으로 표시된 것처럼 Π_2의 범위가 확장됨에 따라 현상의 특성이

파이 항이 두 개만 포함된 문제의 경우, 실험 결과를 간단한 그래프로 편리하게 표현할 수 있다.

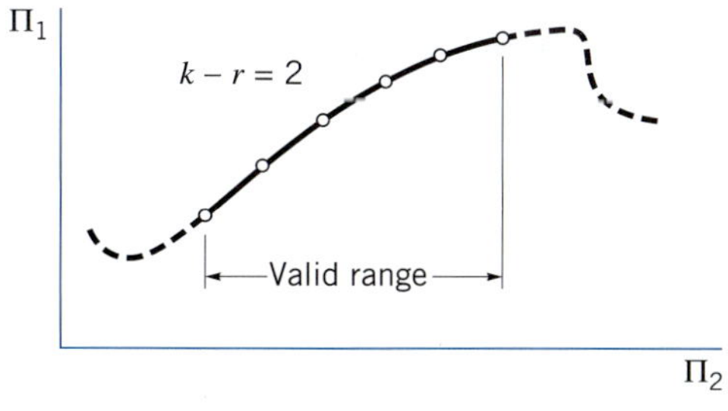

그림 7.3 두 개의 파이 항이 포함된 문제에 대한 데이터의 그래픽 표현과 데이터 외삽의 잠재적 위험성을 보여주는 그림

극적으로 변할 수 있기 때문에, 이 범위를 넘어서 추정(extrapolation)하는 것은 현명하지 않다. 데이터를 그래프로 나타내는 것 외에, 표준적인 곡선맞춤(curve-fitting) 기법을 사용하여 Π_1과 Π_2를 관련 짓는 경험식을 얻는 것도 가능하다(그리고 바람직할 수 있다). 이 방정식은 Π_2의 유효 범위를 포괄하는 함수 ϕ이다.

예제 7.4 | 실험 데이터의 무차원 상관관계

주어진 사항 매끄러운 수평관을 따라 발생하는 단위길이당 압력강하와 압력강하에 영향을 주는 변수들 사이의 관계식을 실험에 의해 결정하고자 한다. 실험실에서 내부 직경이 1.25 cm인 매끄러운 관에서 1.5 m 길이에 걸쳐 발생하는 압력강하를 계측하였다. 사용된 유체는 15 ℃의 물이다($\mu = 112 \times 10^{-5}$ Pa·s, $\rho = 1000$ kg/m^3). 실험은 속도를 변화시키고 해당 압력강하를 측정하는 방식으로 진행되었다. 이 실험의 결과는 다음 표와 같다.

Velocity (m/s)	Pressure drop for 1.5 m length (kPa)
0.36	0.29
0.59	0.75
0.89	1.48
1.78	5.07
3.39	15.75
5.15	32.60
7.1	57.45
8.75	82.83

해결과제 이 데이터를 사용하여 단위길이당 압력강하와 다른 변수 사이의 일반적인 관계식을 구하라.

풀이 첫 번째 단계는 실험을 실제 수행하기 전 계획단계에서 차원해석을 수행하는 것이다. 7.3절에서 논의한 것처럼, 단위길이당 압력강하 Δp_ℓ을 관직경 D와 유체밀도 ρ, 유체점도 μ, 유체속도 V의 함수로 가정한다.

$$\Delta p_\ell = f(D, \rho, \mu, V)$$

파이정리를 적용하면 두 개의 파이항이 생성된다.

$$\Pi_1 = \frac{D\,\Delta p_\ell}{\rho V^2} \text{ 과 } \quad \Pi_2 = \frac{\rho V D}{\mu}$$

따라서 다음과 같다.

$$\frac{D\,\Delta p_\ell}{\rho V^2} = \phi\left(\frac{\rho V D}{\mu}\right)$$

관계식의 형태를 결정하기 위해 Reynolds 수, $\rho VD/\mu$를 변화시키며 $D\Delta p_\ell/\rho V^2$ 값을 측정해야 한다. Reynolds 수는 변수 ρ, V, D, μ 중 하나 또는 이들의 조합을 변경함으로써 바꿀 수 있다. 그러나 이를 수행하는 가장 간단한 방법은 속도를 변화시키는 것이며, 이는 동일한 유체와 관을 사용할 수 있기 때문이다. 주어진 데이터에 기초하여 두 파이항의 값을 계산할 수 있으며, 결과는 다음과 같다.

$D\,\Delta p_\ell/\rho V^2$	$\rho VD/\mu$
0.0195	4.01×10^3
0.0175	6.68×10^3
0.0155	9.97×10^3
0.0132	2.00×10^4
0.0113	3.81×10^4
0.0101	5.80×10^4
0.00939	8.00×10^4
0.00893	9.85×10^4

이들은 무차원 그룹이며, 일관된 단위계가 사용되는 한 그 값은 사용된 단위계와 무관하다. 예를 들어, 속도 단위가 m/s이면, 직경 단위는 피트(ft)나 인치(in)가 아닌 미터(m)여야 한다. Reynolds 수가 모두 2100보다 크기 때문에 관유동이 난류임을 유의해야 한다(8.1.1절 참조).

이제 그림 E7.4a에 표시된 결과를 사용하여 두 파이항의 그래프를 만들 수 있다. 상관관계가 매우 좋아 보이며, 만약 그렇지 않다면 이는 실험계측 오차가 크거나 아마도 중요한 변수를 빠뜨렸음을 의미한다. 그림 E7.3a에 표시된 곡선은 4.01×10^3에서 9.85×10^4 사이의 Reynolds 수에서 압력강하와 다른 요소들 사이의 일반적인 관계를 나타낸다. 따라서 가정된 독립변수들(D, ρ, μ, V)만이 중요변수라면, 이 범위의 Reynolds 수에서는 다른 관 크기나 다른 유체에 대해 실험을 반복할 필요가 없다.

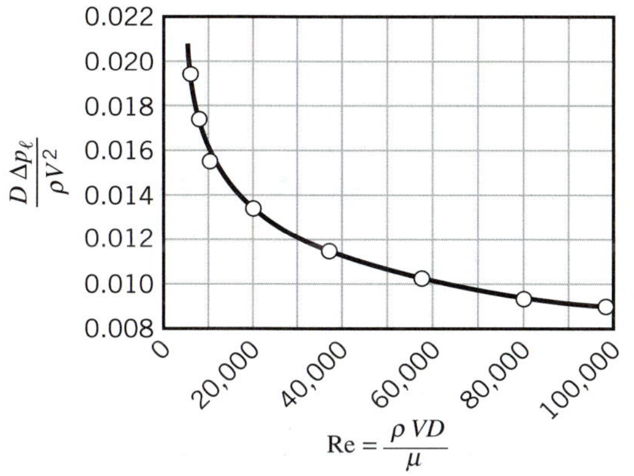

(*a*)

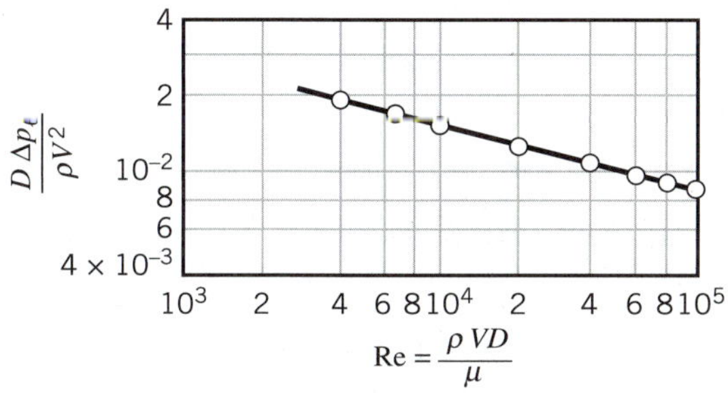

(*b*)

그림 E7.4

Π_1과 Π_2 사이의 관계가 비선형이므로, 관계를 설명하기 위해 어떤 형태의 경험식이 사용될 수 있는지 바로 알 수는 없다. 그러나 그림 E7.4b와 같이 동일한 데이터를 로그 스케일(logarithmic scale)로 그리면, 데이터는 직선을 형성하며 적절한 방정식이 $\Pi_1 = A\Pi_2^n$의 형태임을 나타낸다. 여기서 A와 n은 비선형 회귀(regression) 프로그램과 같은 적절한 곡선맞춤(curve-fitting) 기법을 사용하여 데이터로부터 결정되는 경험적 상수이다. 이 예제의 데이터는 다음의 방정식에 의해 잘 표현된다.

$$\Pi_1 = 0.150\ \Pi_2^{-0.25} \qquad \text{(답)}$$

보충설명 독일의 유체역학자인 H. Blasius(1883–1970)는 $4 \times 10^3 < \text{Re} < 10^5$ (참고문헌 17) 범위에서 매끈한 관의 압력강하를 예측하는데 널리 사용되는 유사한 경험식을 1911년에 확립하였다. 이 방정식은 다음의 형태로 나타낼 수 있다.

$$\frac{D\,\Delta p_\ell}{\rho V^2} = 0.1582\left(\frac{\rho VD}{\mu}\right)^{-1/4}$$

소위 Blasius 공식은 이 예제에서 사용된 형태의 수많은 실험결과에 바탕을 두고 있다. 관내 유동은 다음 장에서 보다 자세히 논의되며, 그 장에서 관의 거칠기(하나의 추가변수가 됨)가 이 예제(매끄러운 관의 경우)의 결과에 어떻게 영향을 미칠 수 있는지 보여준다.

이 문제에 대해 전체 차원해석을 수행할 필요는 없다. 대신 표 7.1의 공통 무차원 그룹을 사용할 수 있다. Reynolds 수와 Euler 수로 이 문제를 설명할 수 있을 것으로 예상한다. 단위길이당 압력강하를 다루고 있기 때문에, 관 길이 ℓ은 Δp_ℓ에 내포되어 있으며 $\Pi_1 = (D/\ell) \times \text{Eu}$이다.

필요한 파이항의 개수가 증가함에 따라 결과를 편리한 그래프 형태로 나타내거나 현상을 설명하는 구체적인 경험식을 결정하기가 더 어려워진다. 3개의 파이항을 포함한 다음 문제의 경우,

$$\Pi_1 = \phi(\Pi_2, \Pi_3)$$

그림 7.4와 같이 여러 개의 곡선을 그림으로써 간단한 그래프로 데이터의 상관관계를 보이는 것이 여전히 가능하다. 이것은 일반적인 방식으로 데이터를 표현하는 유익하고 유용한 방법이다. 또한 3개의 파이항들을 관련짓는 적절한 경험식을 결정하는 것도 가능할 수 있다. 그러나, 관심 있는 문제의 복잡성이 증가함에 따라 파이항의 개수도 계속 증가하므로 그래프에 의한 표현과 적절한 경험식의 결정이 모두 어려워진다. 이러한 더 복잡한 문제에 대해서는 일반적인 상관관계를 개발하려고 시도하는 것보다 모형(model)을 사용하여 시스템의 특정한 특성을 예측하는 것이 더 실현가능한 경우가 많다.

2개 또는 3개 이상의 파이항이 관련된 문제의 경우, 특정 특성을 예측하기 위한 모델을 사용해야 하는 경우가 많다.

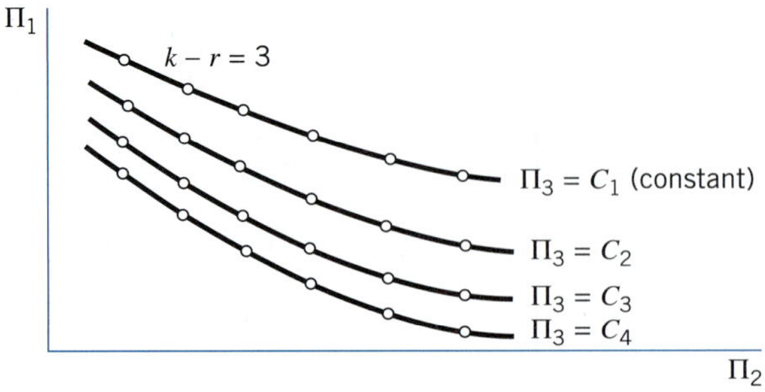

그림 7.4 세 개의 파이 항이 포함된 문제에 대한 데이터의 그래픽 표현.

7.8 모형과 상사법칙

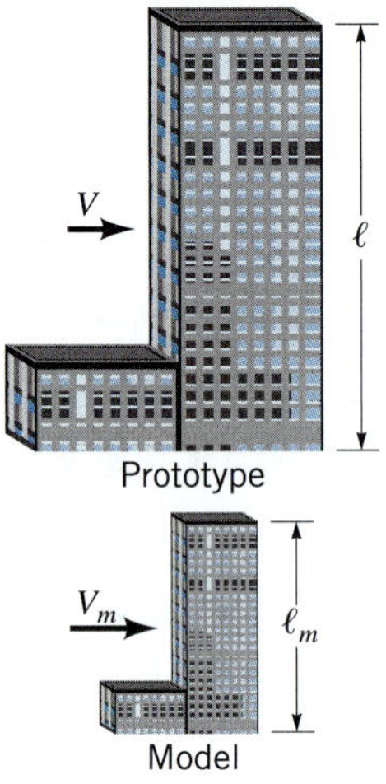

물리 모형이 유체역학에서 널리 사용되고 있다. 구조물, 항공기, 선박, 강, 항만, 댐, 대기 및 수질 오염 등과 관련된 주요 공학프로젝트는 흔히 모형을 이용한다. **"모형(model)"**이라는 용어는 다양한 맥락에서 사용되지만 "공학모형(engineering model)"은 일반적으로 다음 정의를 따른다. **모형은 어떤 측면에서 대상 시스템의 거동을 예측하기 위해 사용될 수 있는 물리 시스템을 표현한 것이다.** 예측하고자 하는 실물 크기의 물리 시스템은 원형(prototype)이라 부른다. **수학** 또는 **전산** 모형들도 이 정의에 부합할 수 있지만, 우리의 관심은 물리 모형, 즉 원형을 닮았지만 일반적으로 크기가 다르고 다른 유체를 사용할 수도 있으며, 흔히 다른 조건(압력, 속도 등)에서 작동하는 모형에 있다. 인접한 그림에서 알 수 있듯이 일반적으로 모형은 원형보다 작다. 따라서 모형은 큰 원형보다 실험실에서 더 쉽게 취급할 수 있고, 제작 및 운영 비용이 적게 든다. (하첨자가 없는 변수나 파이항은 원형을 가리키는 반면, 하첨자 m은 모형의 변수 또는 파이항을 지정하는데 사용된다는 점에 유의해야 한다.) 간혹 원형이 매우 작은 경우에는 보다 쉽게 연구할 수 있도록 원형보다 큰 모형을 사용하는 것이 유리할 수 있다. 예를 들어, 직경이 약 8 μm인 적혈구의 움직임을 연구하기 위해 큰 모형이 사용되었다. 유효한 모형을 성공적으로 개발하면, 특정 조건 하에서 원형의 거동을 예측할 수 있다. 또한 수력학 구조물이나 유체유동 시스템에 대해 제안된 가능한 설계 변경안의 영향을 선험적으로 조사하고자 할 수도 있다. 물론 오류가 있는 예측이 가능하고 원형이 예측한 대로 수행되지 않는다고 확인될 때까지 오류가 감지되지 않는다는 점에서 모형을 사용하는데 내재된 위험이 있다. 따라서 모형을 적절하게 설계하고 테스트하고 결과를 올바르게 해석하는 것이 필수적이다. 다음 절에서 모형과 원형이 유사한 방식으로 작동하도록 모형을 설계하는 절차를 설명한다.

Video
V7.8 모형 비행기

7.8.1 모형이론

모형이론은 차원해석의 원리를 이용하여 쉽게 도출할 수 있다. 모든 문제는 다음과 같이 일련의 파이항으로 표현할 수 있음을 보인 바 있다.

$$\Pi_1 = \phi(\Pi_2, \Pi_3, \ldots, \Pi_n) \tag{7.5}$$

이 관계를 공식화할 때, 단지 물리현상의 일반적인 특성과 관련변수에 대한 지식만 있으면 된다. 변수들에 대한 구체적인 값(구성요소의 크기, 유체 물성치 등)은 차원해석을 수행하는 데 필요하지 않다. 따라서 식(7.5)는 같은 변수에 의해 지배되는 모든 시스템에 적용된다. 식(7.5)가 특정한 원형의 거동을 나타낸다면, 이 원형의 모형에 대해서도 유사한 관계식을 쓸 수 있다. 즉,

$$\Pi_{1m} = \phi(\Pi_{2m}, \Pi_{3m}, \ldots, \Pi_{nm}) \tag{7.6}$$

여기서, 원형과 모형에서 모두 동일한 현상이 관련되어 있는 한 함수의 형태는 같을 것이다. 하첨자가 없는 변수나 파이항은 원형을 가리키는 반면, 하첨자 m은 모형의 변수 또는 파이항을 지정하는데 사용된다.

모형에 대한 관측을 통해 예측해야 할 변수를 Π_1이 포함하도록 파이항을 만들 수 있다. 따라서 모형이 다음 조건에서 설계되고 운영된다면,

$$\begin{aligned} \Pi_{2m} &= \Pi_2 \\ \Pi_{3m} &= \Pi_3 \\ &\vdots \\ \Pi_{nm} &= \Pi_n \end{aligned} \tag{7.7}$$

ϕ의 형태가 모형과 원형에서 동일하다는 가정에 의해 다음이 성립된다.

$$\Pi_1 = \Pi_{1m} \tag{7.8}$$

모형에 대한 상사조건은 차원해석을 통해 쉽게 얻을 수 있다.

식(7.8)이 원하는 **예측 방정식(prediction equation)**이며, 다른 파이항들이 동일하다면 모형에서 얻은 측정값 Π_{1m}이 상응하는 원형의 Π_1 값과 같다는 것을 나타낸다. 식(7.7)에 명시된 조건들은 **상사조건(similarity requirements)** 또는 **모형법칙(modeling laws)**이라고도 불리는 **모형설계조건(model design conditions)**을 제공한다.

이 절차의 예로서 인접한 그림에 나타낸 것처럼 속도가 V인 유체에 수직으로 놓인 얇은 직사각형 평판(크기 $w \times h$)에 작용하는 항력 $\mathscr{D}$를 결정하는 문제를 고려하자. 이 문제의 차원해석은 예제 7.1에서 수행되었고, 다음과 같은 가정이 사용되었다.

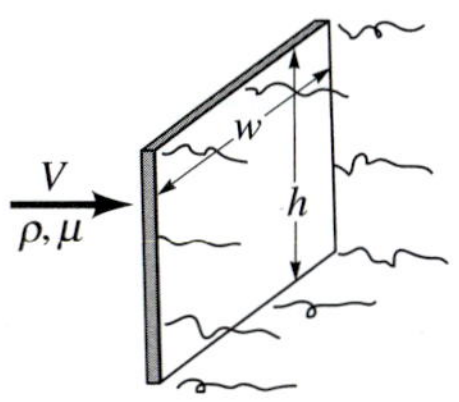

$$\mathscr{D} = f(w, h, \mu, \rho, V)$$

차원해석을 적용하면 다음과 같은 결과가 나온다.

$$\frac{\mathscr{D}}{w^2 \rho V^2} = \phi\left(\frac{w}{h}, \frac{\rho V w}{\mu}\right) \tag{7.9}$$

(항력 계수, 길이 비율 및 Reynolds 수를 알아보겠는가?)

이제 어떤 원형(아마도 모형과 크기가 다르다)의 항력을 예측하는데 사용할 수 있는 모형을 설계하고자 한다. 식(7.9)의 관계는 원형과 모형 모두에 적용되므로 식(7.9)가 원형을 지배한다고 가정하고 유사한 관계를 적용한다.

$$\frac{\mathscr{D}_m}{w_m^2 \rho_m V_m^2} = \phi\left(\frac{w_m}{h_m}, \frac{\rho_m V_m w_m}{\mu_m}\right) \tag{7.10}$$

따라서, 모형설계조건 또는 상사조건은 다음과 같다.

$$\frac{w_m}{h_m}=\frac{w}{h}, \qquad \frac{\rho_m V_m w_m}{\mu_m}=\frac{\rho V w}{\mu}$$

모형의 크기는 첫 번째 조건으로부터 얻어지며, 다음과 같다.

$$w_m=\frac{h_m}{h}w \tag{7.11}$$

모형과 원형 사이의 높이 비인 h_m/h를 자유롭게 설정할 수 있지만, 모형평판의 폭 w_m은 식(7.11)에 의해 고정된다.

두 번째 상사조건은 모형과 원형이 같은 Reynolds 수에서 작동되어야 함을 나타낸다. 따라서, 모형에 필요한 속도는 다음의 관계식에 의해 얻어진다.

$$V_m=\frac{\mu_m}{\mu}\frac{\rho}{\rho_m}\frac{w}{w_m}V \tag{7.12}$$

이 모형 설계에는 식(7.11)에 의한 기하학적 축적뿐만 아니라, 식(7.12)에 의한 속도의 정확한 축적도 필요하다는 점에 유의하라. 이러한 결과는 대부분의 모형설계에서 보편적이다. 즉, 단순히 형상의 크기를 조정하는 것 외에 더 많은 것이 설계에 요구된다!

앞에서 언급한 상사조건을 만족할 때, 항력에 대한 예측 방정식은 다음과 같다.

$$\frac{\mathscr{D}}{w^2\rho V^2}=\frac{\mathscr{D}_m}{w_m^2\rho_m V_m^2}$$

또는

$$\mathscr{D}=\left(\frac{w}{w_m}\right)^2\left(\frac{\rho}{\rho_m}\right)\left(\frac{V}{V_m}\right)^2\mathscr{D}_m$$

모형과 원형 사이의 상사성은 파이 항을 동일하게 함으로써 얻을 수 있다.

따라서 원형항력의 예측값 $\mathscr{D}$를 얻기 위해 모형에서 측정된 항력 $\mathscr{D}_m$에 평판폭 제곱의 비, 유체밀도의 비, 속도 제곱의 비를 곱해야 한다.

일반적으로 이 예에서 설명된 것처럼 모형과 원형의 거동 사이의 상사성을 확보하기 위해서는 **모든 대응하는 파이항이 모형과 원형에서 동일해야 한다.** 보통 하나 이상의 파이항이 중요한 길이 비(앞의 예에서 w/h)를 포함하며, 이 항은 순전히 기하학적이다. 따라서 길이비와 관련된 파이항을 동일하게 만들려면, 모형과 원형 사이에 완벽한 **기하학적 상사성(geometric similarity)**이 있어야 한다. 이는 모형이 원형의 크기만 변화시킨 것이어야 함을 의미한다. 기하학적 축척은 표면 거칠기나 구조물의 작은 돌기와 같은 시스템의 미세한 특성까지 확장되어야 하며, 이는 이러한 종류의 기하학적 특성도 유동에 상당한 영향을 줄 수 있기 때문이다. 모형에 대한 완벽한 기하학적 상사성에서 벗어나는 모든 편차는 신중하게 고려해야 한다. 특히 표면 조도를 다룰 때 표면 조도를 특성화하고 제어하기 어렵기 때문에 완벽한 기하학적 축척을 때로는 달성하기 어려울 수 있다.

Video
V7.9 환경 모형

전형적인 파이항의 또 다른 그룹(앞의 예에서 Reynolds 수)은 표 7.1에 나타낸 것처럼 힘의 비율과 관련된다. 이 파이항이 같으려면, 모형과 원형에서 동일한 힘의 비율이 같아야 한다. 따라서 Reynolds 수가 같은 유동에서 모형과 원형의 점성력의 비는 관성력의 비와 같으며, 이는 인접한 사진에서 잘 보여준다. 위의 사진은 직경이 D이고, 속도가 V_0

인 실린더 주위의 유동을 보여주는 반면, 아래 사진은 같은 유체에서 속도를 2배 증가시키고 직경은 반으로 줄인 경우(2배 확대한 이미지)이다. Reynolds 수가 일치하므로 유동의 모양 및 거동이 동일하다. Froude 수나 Weber 수와 같은 다른 파이항이 포함된 경우 이와 유사한 결론을 도출할 수 있다. 즉, 이 파이항이 같으려면 모형과 원형에서 동일한 힘의 비율이 같아야 한다. 따라서, 이러한 유형의 파이항들이 모형과 원형에서 같을 때, 모형과 원형 사이에 **동역학적 상사성(dynamic similarity)**이 있다. 기하학적 상사성과 동역학적 상사성이 모두 만족되면, 유동장 전체에 걸쳐 유선의 형태가 같고 대응하는 속도 비(V_m/V)와 가속도 비(a_m/a)도 일정하다. 따라서 모형과 원형 사이에 **운동학적 상사성(kinematic similarity)**이 존재하게 된다. 모형과 원형 사이에 완벽한 상사성을 가지려면 두 시스템 사이에 기하학적, 운동학적 및 동역학적 상사성이 유지되어야 한다. 이것은 모든 중요한 변수가 차원해석에 포함되고, 도출된 파이항들에 기반한 모든 상사조건이 충족되면 자동으로 달성된다.

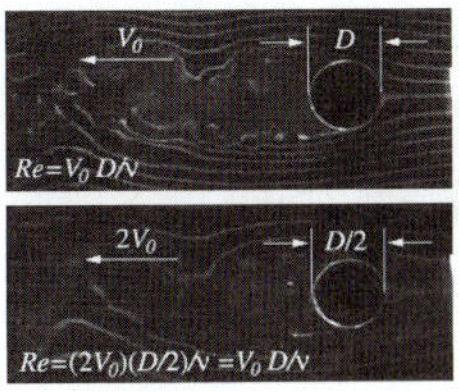

광활한 유체의 세계

수동(water tunnel)에서 낙하산 모델링

열기구에서 뛰어내리는 낙하산 점프는 1700년대 말부터 있어 왔지만, 비행기에서 뛰어내리는 낙하산 점프는 1914년에 처음 있었다. 현대에 와서 낙하산은 군인들에 의해 흔히 사용되며, 안전용 및 스포츠용으로도 사용된다. 낙하산의 특성과 설계에 대한 관심이 여전한 것이 놀랍지 않으며, Worcester Polytechnic Institute의 연구자들은 낙하산과 관련된 공기역학의 다양한 측면을 연구하였다. 그들의 연구에서 특이한 점은 작은 크기의 낙하산을 수동에서 실험한다는 것이다. 낙하산 모형은 1/30~1/60의 비로 크기가 축소되었다. 일정한 자유유동에 놓인 캐노피(낙하산의 천) 후류의 속도분포 연구부터 캐노피가 급히 펴질 때의 상태 연구에 이르기까지 다양한 유형의 실험을 수행할 수 있다. 연구자들에 따르면 작동유체로 공기 대신 물을 사용하는 장점은 유속과 낙하산의 전개과정이 공기 중에서보다 느리기 때문에, 자세한 실험 데이터를 수집할 수 있는 시간을 더 많이 제공한다는 것이다.

예제 7.5 | 모형 데이터로부터 원형의 성능예측

주어진 사항 어떤 다리의 긴 구성요소가 그림 E7.5와 같이 타원형 단면을 가지고 있다. 일정한 바람이 이러한 형태의 뭉툭한 물체를 지나갈 때, 순풍 방향으로 특정 주파수의 와류(vortices)가 규칙적으로 방출될 수 있다는 것이 알려져 있다. 이러한 와류는 구조물에 해로운 주기적인 힘을 발생시킬 수 있기 때문에 와류의 흘림 주파수(shedding frequency)를 구하는 것이 중요하다. 관심이 있는 특정 구조물의 경우 $D = 0.1$ m, $H = 0.3$ m이고 대표적인 풍속은 $V = 50$ km/hr이다. 표준공기를 가정할 수 있다. 흘림 주파수는 수동(water tunnel)에서 축소모형을 이용하여 결정해야 한다. 모형의 경우 $D_m = 20$ mm이고 수온은 20 ℃이다.

해결과제 모형의 치수 H_m과 실험을 수행해야 하는 속도를 결정하라. 모형의 흘림 주파수가 49.9 Hz라면, 원형의 해당 주파수는 얼마인가?

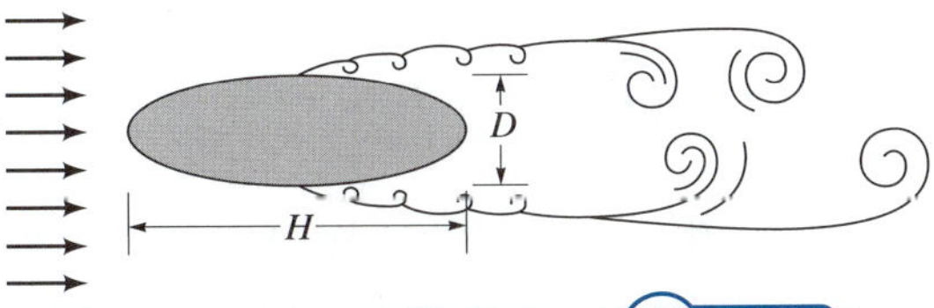

그림 E7.5

Video

V7.10 타원을 지나는 유동

풀이 흘림 주파수 ω가 길이 D와 H, 접근 속도 V 유체밀도 ρ, 유체점도 μ에 따라 달라질 것으로 예상된다. 따라서 다음과 같고

$$\omega = f(D, H, V, \rho, \mu)$$

여기서

$$\begin{aligned} \omega &\doteq T^{-1} \\ D &\doteq L \\ H &\doteq L \\ V &\doteq LT^{-1} \\ \rho &\doteq ML^{-3} \\ \mu &\doteq ML^{-1}T^{-1} \end{aligned}$$

6개의 변수들과 3개의 기준차원(MLT)이 있으므로, 3개의 파이항이 필요하다. 차원해석을 적용하면 다음과 같다.

$$\frac{\omega D}{V} = \phi\left(\frac{D}{H}, \frac{\rho VD}{\mu}\right)$$

좌변의 파이항은 Strouhal 수임을 알 수 있고, 차원 해석의 결과는 Strouhal 수(표 7.1 참조)가 길이비 D/H와 Reynolds 수의 함수임을 보여준다. 따라서, 모형과 원형 사이의 상사성을 유지하기 위해서는 다음 식을 만족해야 한다.

$$\frac{D_m}{H_m} = \frac{D}{H}$$

그리고

$$\frac{\rho_m V_m D_m}{\mu_m} = \frac{\rho VD}{\mu}$$

첫 번째 상사조건으로부터,

$$\begin{aligned} H_m &= \frac{D_m}{D}H \\ &= \frac{(20 \times 10^{-3}\ \mathrm{m})}{(0.1\ \mathrm{m})}(0.3\ \mathrm{m}) \\ H_m &= 60 \times 10^{-3}\ \mathrm{m} = 60\ \mathrm{mm} \end{aligned} \qquad \text{(답)}$$

두 번째 상사조건은 Reynolds 수가 모형과 원형에서 같아야 함을 나타내고, 따라서 모형속도는 다음의 조건을 만족해야 한다.

$$V_m = \frac{\mu_m}{\mu}\frac{\rho}{\rho_m}\frac{D}{D_m}V \qquad (1)$$

표준상태의 공기는 $\mu = 1.79 \times 10^{-5}$ kg/m·s, $\rho = 1.23$ kg/m^{3}이고, 20 ℃ 물은 $\mu = 1.00 \times 10^{-3}$ kg/m·s, $\rho = 998$ kg/m^{3}이다. 원형에서 유속은 다음과 같다.

$$V = \frac{(50 \times 10^3\ \mathrm{m/hr})}{(3600\ \mathrm{s/hr})} = 13.9\ \mathrm{m/s}$$

모형에서 요구되는 속도는 이제 식(1)로부터 다음과 같이 계산된다.

$$\begin{aligned} V_m &= \frac{[1.00 \times 10^{-3}\,\mathrm{kg/(m\cdot s)}]}{[1.79 \times 10^{-5}\,\mathrm{kg/(m\cdot s)}]}\frac{(1.23\ \mathrm{kg/m^3})}{(998\ \mathrm{kg/m^3})} \\ &\quad \times \frac{(0.1\ \mathrm{m})}{(20 \times 10^{-3}\,\mathrm{m})}(13.9\ \mathrm{m/s}) \\ V_m &= 4.79\ \mathrm{m/s} \end{aligned} \qquad \text{(답)}$$

이 속도는 수동에서 쉽게 만들 수 있는 적당한 속도이다.

2개의 상사조건이 모두 만족되면, 다음과 같이 원형과 모형에서 Strouhal 수가 같게 된다.

$$\frac{\omega D}{V} = \frac{\omega_m D_m}{V_m}$$

원형에서 예상되는 흘림 주파수는 다음과 같다.

$$\begin{aligned} \omega &= \frac{V}{V_m}\frac{D_m}{D}\omega_m \\ &= \frac{(13.9\ \mathrm{m/s})}{(4.79\ \mathrm{m/s})}\frac{(20 \times 10^{-3}\,\mathrm{m})}{(0.1\ \mathrm{m})}(49.9\ \mathrm{Hz}) \\ \omega &= 29.0\ \mathrm{Hz} \end{aligned} \qquad \text{(답)}$$

보충설명 원형에 작용하는 단위길이당 항력을 예측하기 위해 동일한 모형을 사용할 수 있는데, 이는 항력이 주파수에 사용된 변수들과 동일한 변수들에 의존하기 때문이다. 상사조건이 모두 만족된다면, 항력계수가 모형과 원형에서 같게 된다. 그러면 모형에서 측정된 단위길이당 항력은 해당하는 원형의 단위길이당 항력과 다음과 같은 관계를 갖는다.

$$\mathfrak{D}_\ell = \left(\frac{D}{D_m}\right)\left(\frac{\rho}{\rho_m}\right)\left(\frac{V}{V_m}\right)^2 \mathfrak{D}_{\ell m}$$

물론 반드시 공식적인 차원해석을 수행할 필요는 없다. 표 7.1에서 Strouhal 수, Reynolds 수 및 길이비를 간단히 선택할 수도 있다.

7.8.2 모형척도

모형과 원형에서 같은 물리량들의 비는 상사조건으로부터 자연스럽게 발생한다는 것을 앞 절에서 분명히 알았다. 예를 들어, 주어진 문제에서 2개의 길이변수 ℓ_1과 ℓ_2가 있다면, 길이비에 기초한 상사조건은 다음과 같다.

$$\frac{\ell_1}{\ell_2} = \frac{\ell_{1m}}{\ell_{2m}}$$

따라서

$$\frac{\ell_{1m}}{\ell_1} = \frac{\ell_{2m}}{\ell_2}$$

비율 ℓ_{1m}/ℓ_1 또는 ℓ_{2m}/ℓ_2를 **길이척도(length scale)**라고 정의한다. 실제 모형의 경우 오직 1개의 길이척도만 있고, 모든 길이는 이 척도에 따라 정해진다. 그러나, 속도척도 V_m/V, 밀도척도 ρ_m/ρ, 점도척도 μ_m/μ 등의 다른 척도도 있다. 실제로 문제의 각 변수에 대해 척도를 정의할 수 있다. 따라서, 어떤 척도인지를 밝히지 않고 모형의 "척도"에 대해 말하는 것은 의미가 없다.

원형 변수에 대한 모형 변수의 비율을 해당 변수의 스케일이라 한다.

길이척도를 λ_ℓ, 다른 척도들을 λ_V, λ_ρ, λ_μ 등으로 지정하며, 여기서 아래첨자는 특정 척도를 표시한다. 또한, 원형 값에 대한 모형 값의 비율을 척도(그 역이 아닌)로 사용할 것이다. 길이척도는 흔히 예를 들어 1:10 또는 $\frac{1}{10}$ 척도 모형으로 표현된다. 이 표현의 의미는 모형이 원형 크기의 10분의 1이라는 것이며, 모든 관련 길이가 동일하게 축척되어 모형이 원형과 기하학적으로 상사성이 있다는 암묵적인 가정을 내포한다.

광활한 유체의 세계

질주하는 거티 (Galloping Gertie)

1940년에 Washington 주 Tacoma 인근에 위치한 Tacoma Narrows 다리가 공기역학적 불안정성으로 인해 붕괴된 사건은 가장 극적인 다리 붕괴사고 중 하나이다. 이 다리는 강풍 속에서 흔들리고 움직이는 경향 때문에 "Galloping Gertie"라는 별명이 붙었다. 붕괴가 일어난 운명의 날 풍속은 65 km/hr였다. 강풍과 다리의 공탄성(aeroelastic) 특성이 결합하여 큰 진동이 발생하고 결국 다리가 붕괴되었다. 다리는 1950년에 교체되었고, 기존 다리와 평행한 두 번째 다리가 2007년에 개통되었다. 인접한 두 다리로 인한 바람의 간섭 효과를 알아보기 위해 캐나다 국립연구위원회가 운영하는 9 m×9 m 풍동에서 풍동실험이 진행되었다. 각각의 길이척도가 1 : 211인 두 개의 나란한 다리 모형이 다양한 바람조건에서 실험되었다. 원래의 Tacoma Narrows 다리가 붕괴된 이후, 바람에 의한 진동이 우려되는 모든 다리를 평가하기 위해 설계과정에서 풍동 모형연구를 수행하는 것이 이제 일상적인 일이 되었다.

7.8.3 모형 사용의 실용적인 측면

모형에 대한 상사조건을 설정하는 일반적인 개념(단순히 파이항을 같게 한다)은 명백하지만, 알려진 모든 상사조건을 만족시키는 것이 항상 가능한 것은 아니다. 하나 이상의 상사조건이 만족되지 않으면, 예를 들어, $\Pi_{2m} \neq \Pi_2$이면, 예측 방정식 $\Pi_{1m} = \Pi_1$이 성립

Video

V7.11 물고기 부화장 연못의 모형

하나 이상의 상사조건이 만족되지 않은 모형을 왜곡된 모형이라 한다.

하지 않는다. 즉, $\Pi_{1m} \neq \Pi_1$이다. 하나 이상의 상사조건이 만족되지 않은 모형을 **왜곡된 모형(distorted model)**이라 부른다.

왜곡된 모형은 다소 흔하며 다양한 이유 때문에 사용된다. 예를 들어, 모형에 적합한 유체를 찾을 수 없는 경우가 있다. 왜곡된 모형의 전형적인 예는 개수로 유동 또는 자유표면 유동의 연구에서 나타난다. 이러한 문제에서 일반적으로 Reynolds 수 $\rho V\ell/\mu$와 Froude 수 $V/\sqrt{g\ell}$가 둘 다 관련이 있다.

Froude 수의 상사성은 다음을 요구한다.

$$\frac{V_m}{\sqrt{g_m\ell_m}} = \frac{V}{\sqrt{g\ell}}$$

모형과 원형이 같은 중력장에서 작동된다면, 필요한 속도척도는 다음과 같다.

$$\frac{V_m}{V} = \sqrt{\frac{\ell_m}{\ell}} = \sqrt{\lambda_\ell}$$

Reynolds 수의 상사성은 다음을 요구한다.

$$\frac{\rho_m V_m \ell_m}{\mu_m} = \frac{\rho V\ell}{\mu}$$

따라서 속도척도는 다음과 같다.

$$\frac{V_m}{V} = \frac{\mu_m}{\mu}\frac{\rho}{\rho_m}\frac{\ell}{\ell_m}$$

Video

V7.12 왜곡된 강 모형

속도척도가 길이척도의 제곱근과 같아야 하므로 다음과 같다.

$$\frac{\mu_m/\rho_m}{\mu/\rho} = \frac{\nu_m}{\nu} = (\lambda_\ell)^{3/2} \tag{7.13}$$

여기서 비율 μ/ρ는 동점성계수(kinematic viscosity) ν이다. 원칙적으로 이 설계조건을 만족시키는 것이 가능하지만, (특히, 작은 길이척도의 경우에는) 적절한 모형 유체를 찾는 것이 불가능하지는 않아도 매우 어려울 수 있다. 원형 유체가 물인 강, 배수로, 항만 등과 관련된 문제의 경우, 모형 또한 비교적 크므로 유일한 현실적인 모형유체는 물이다. 그러나 이 경우(동점성계수의 척도가 1) 식(7.13)이 만족되지 않으며, 그 결과 왜곡된 모형이 된다. 일반적으로 이러한 유형의 수리모형(hydraulic model)은 왜곡되며, Reynolds 수가 모형과 원형에서 다른 상태에서 Froude 수를 기준으로 설계된다.

왜곡된 모형을 성공적으로 이용할 수 있지만, 왜곡된 모형에서 얻은 결과의 해석은 모든 상사조건이 만족된 **완벽한 모형(true models)**에서 얻은 결과의 해석보다 분명히 더 어렵다.

광활한 유체의 세계

(대형) 미니어처 속의 Old Man River

세계에서 가장 큰 모형 중 하나인 Mississipi 강 모형이 Mississipi 주 Jackson 부근에 있다. 이것은 넓은 면적을 차지하고 있고 1,250,000 에이커(acre)의 Mississipi 강 유역을 모사하는 상세하고 복잡한 모형이다. 미 육군 공병대에 의해 만들어져 1943년부터 1973년까지 사용되었으나 지금은 거의 폐허가 되었다. 많은 수리모형처럼 이것도 **왜곡된 모형**이며, 수평척도가 1:2000, 수직척도가 1:100이다. 모형 강에서의 한 발자국은 실제 강에서의 1 마일에 해당한다. 지질학적 특징, 제방, 철도 제방 등 강 유역의 모든 핵심 요소들이 실제 윤곽에 맞게 수공으로 조각되었다. 이 모형의 주된 목적은 홍수를 예측하는 것이다. 이는 모형을 따라 지정된 위치에서 특정량의 물을 공급한 다음, 모형 강의 위와 아래의 수심을 측정하여 수행되었다. 길이척도 때문에 모형과 원형에서 대응하는 현상이 일어나는데 걸리는 시간에 차이가 있다. 실제 홍수가 Iowa 주 Sioux City에서 Nebraska 주 Omaha까지 이동하는 데 며칠이 걸리지만, 모형에서 모사된 유동에서는 불과 몇 분밖에 걸리지 않는다.

7.9 대표적인 모형연구

모형은 다양한 유형의 유체역학 문제를 조사하는데 사용되며, 각각의 문제가 고유하기 때문에 필요한 모든 상사조건을 일반적인 방법으로 규정하는 것은 어렵다. 그러나 유동의 일반적인 특성에 기초하여 많은 문제를 개략적으로 분류한 후, 각 분류에서 모형설계의 몇 가지 일반 특징을 도출할 수 있다. 다음 절에서 (1) 폐쇄된 통로 속의 유동, (2) 잠긴 물체 주위의 유동, (3) 자유표면을 갖는 유동을 연구하기 위한 모형을 다룬다. 터보기계에 대한 모형은 11장에서 다룬다.

7.9.1 폐쇄된 통로 속의 유동

이 유형의 유동에 대한 흔한 예로는 관 유동과 밸브, 관이음, 계량기 등을 흐르는 유동이 있다. 관 단면은 대개 원형이지만, 다른 형상을 가질 수도 있고 관확대와 관축소를 포함할 수 있다. 유체 계면이나 자유표면이 없기 때문에 지배적인 힘은 관성력과 점성력이고, 따라서 Reynolds 수가 중요한 상사성 변수가 된다. 낮은 Mach 수($Ma < 0.3$)의 경우, 압축성 효과는 액체와 기체 유동 모두에 대해 무시할 수 있다.

폐쇄된 통로를 흐르는 유동과 관련된 모형에서는 일반적으로 기하학적 상사와 Reynolds 수 상사가 요구된다.

시스템의 기본적인 형상 외에 유체와 접촉하는 내부 표면의 거칠기가 중요할 수 있다. 표면 거칠기 요소의 평균높이를 ε으로 정의하면, 거칠기를 나타내는 파이항은 상대 거칠기인 ε/ℓ이 된다. 완벽한 기하학적 상사성을 갖추기 위해 표면 거칠기도 척도에 맞춰 주어야 한다. 문제를 더욱 복잡하게 만드는 것은 원형과 모형의 거칠기 요소 패턴이 상사성을 가져야 한다는 것이다. 이 조건은 정확하게 만족시키는 것이 사실상 불가능하다. 다행히 일부 문제에서는 표면 거칠기가 작은 역할만 하므로 무시할 수 있다. 그러나 다른 문제(예를 들어, 관을 흐르는 난류 유동)에서는 거칠기가 매우 중요할 수 있다.

낮은 Mach 수의 폐쇄된 통로 내 유동의 경우에 모든 종속 파이항(이 경우 Euler 수)은 다음과 같이 표현할 수 있다.

$$\text{Eu} = \frac{\Delta p}{\rho V^2} = \phi\left(\frac{\ell_i}{\ell}, \frac{\varepsilon}{\ell}, \frac{\rho V \ell}{\mu}\right) \tag{7.14}$$

여기서 Δp는 통로 내 두 지점 사이의 압력 차이다.

예제 7.6 | Reynolds 수 상사

주어진 사항 그림 E7.6a와 같이 $0.85 \text{ m}^3/\text{s}$의 유량으로 물을 운반하는 입구직경이 0.6 m인 대형 체크 밸브를 통과하는 유동을 연구하기 위해 모형실험을 하려고 한다. 모형에서의 작동유체는 원형과 같은 온도의 물이다. 모형과 원형 사이에 완벽한 기하학적 상사가 존재하고, 모형입구의 직경은 7.5 cm이다.

해결과제 모형에서 요구되는 유량을 구하라.

풀이 동역학적 상사성을 확보하기 위해 모형시험은 다음의 조건에서 수행되어야 한다.

$$\text{Re}_m = \text{Re}$$

또는

$$\frac{V_m D_m}{\nu_m} = \frac{VD}{\nu}$$

여기서 V와 D는 각각 입구속도와 직경에 해당한다. 동일한 유체가 모형과 원형에서 사용되므로 $\nu = \nu_m$이고 따라서 다음과 같다.

$$\frac{V_m}{V} = \frac{D}{D_m}$$

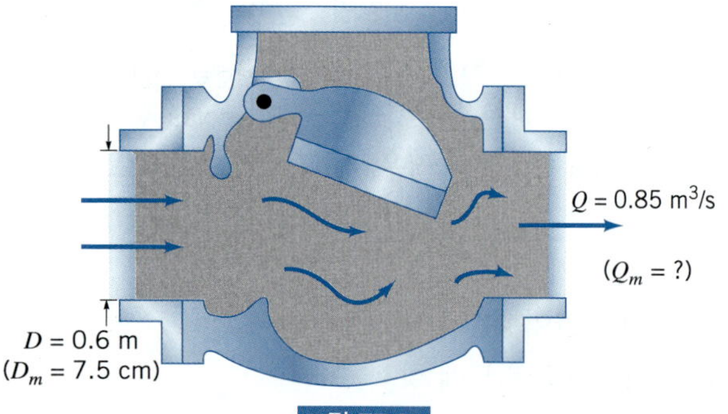

그림 E7.6a

유량 Q는 VA와 같고, 여기서 A는 입구면적이다. 따라서,

$$\frac{Q_m}{Q} = \frac{V_m A_m}{VA} = \left(\frac{D}{D_m}\right)\frac{[(\pi/4)D_m^2]}{[(\pi/4)D^2]}$$
$$= \frac{D_m}{D}$$

이고, 주어진 조건에서

$$Q_m = \frac{(7.5/100 \text{ m})}{(0.6 \text{ m})}(0.85 \text{ m}^3/\text{s})$$
$$Q_m = 0.106 \text{ m}^3/\text{s} \qquad \text{(답)}$$

보충설명 위의 분석에서 알 수 있듯이 모형과 원형에서 같은 유체를 사용하여 Reynolds 수 상사를 유지하기 위해 필요한 속도척도는 길이척도에 반비례하며, 즉 $V_m/V = (D_m/D)^{-1}$이다. 길이척도가 속도척도에 주는 강력한 영향은 그림 E7.6b에서 볼 수 있다. 이 예제에서 $D_m/D = 0.125$이고 대응하는 속도척도는 8이다(그림 E7.6b 참조). 따라서, 원형속도가 $V = (0.85 \text{ m}^3/\text{s})/(\pi/4)(0.6 \text{ m})^2 = 3 \text{ m/s}$일 때 필요한 모형속도는 $V_m = 24 \text{ m/s}$이다. 이는 비교적 높은 속도이지만, 실험실에서 얻을 수 있는 정도이다. 예를 들어 $D_m = 2.5 \text{ cm}$인 더 작은 모형을 사용하려는 경우, 필요한 모형속도는 매우 높은 속도인 72 m/s로 실험실서 얻기 어렵다는 점에 유의해야 한다. 이러한 결과는 Reynolds 수 상사를 유지할 때 직면하는 어려움 중 하나이다. 즉, 필요한 모형속도를 얻기 어려워 비현실적이다.

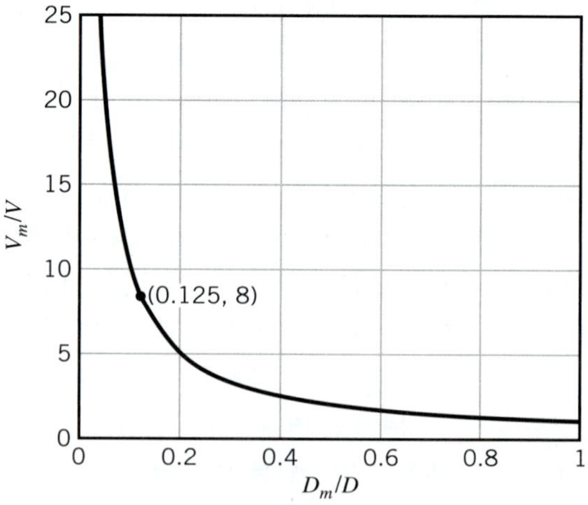

그림 E7.6b

7.9.2 잠긴 물체 주위의 유동

움직이는 유체 속에 완전히 잠긴 물체와 관련된 유동특성을 연구하기 위해 모형이 널리 사용되어 왔다. 비행기, 잠수함, 자동차, 골프공 및 건물 주위의 유동을 예로 들 수 있다. (이러한 유형의 모형들은 보통 그림 7.5와 같이 풍동(wind tunnel)에서 실험이 수행된다.) 이러한 문제에 대한 모형법칙은 앞 절에서 설명한 것과 유사하다. 즉, 기하학적 상사와 Reynolds 수 상사가 요구된다. 유체 계면이 없기 때문에, 표면장력(따라서, Weber 수)은 중요하지 않다. 또한, 중력이 유동 형태에 영향을 주지 않으므로 Froude 수를 고려할 필요가 없다. Mach 수는 압축성이 중요한 인자가 되는 고속유동에서는 중요하지만, 비압축성 유동(비교적 저속인 액체 또는 기체의 유동)에서 Mach 수는 상사조건에서 생략할 수 있다. 이 경우 문제에 대한 일반적인 공식화는 다음과 같다.

물체 주위의 유동과 관련된 모형에서는 일반적으로 기하학적 상사와 Reynolds 수 상사가 요구된다.

$$\text{Dependent pi term} = \phi\left(\frac{\ell_i}{\ell}, \frac{\varepsilon}{\ell}, \frac{\rho V \ell}{\mu}\right) \tag{7.15}$$

여기서 ℓ은 시스템의 특성길이이고, ℓ_i는 다른 관련 길이를 나타내며, ε/ℓ은 표면(또는 표면들)의 상대적인 거칠기이며, $\rho V\ell/\mu$는 Reynolds 수이다.

Video
V7.13 풍공학 모형

흔히 이러한 유형의 문제에서 관심을 갖는 종속변수는 물체에 작용하는 항력 $\mathscr{D}$이며, 이러한 상황에서 종속 무차원 그룹은 보통 항력계수(drag coefficient) C_D의 형태로 표현된다.

$$C_D = \frac{\mathscr{D}}{\frac{1}{2}\rho V^2 \ell^2}$$

분모가 유동의 속도 수두를 나타내도록 숫자 1/2이 보통 포함된다. ℓ^2은 물체의 특징적인 크기를 나타내며, 종종 면적으로 간주된다. 따라서 항력 연구는 아래의 공식화를 통해 수행될 수 있다.

$$\frac{\mathscr{D}}{\frac{1}{2}\rho V^2 \ell^2} = C_D = \phi\left(\frac{\ell_i}{\ell}, \frac{\varepsilon}{\ell}, \frac{\rho V \ell}{\mu}\right) \tag{7.16}$$

식(7.16)으로부터 기하학적 상사성

$$\frac{\ell_{im}}{\ell_m} = \frac{\ell_i}{\ell} \qquad \frac{\varepsilon_m}{\ell_m} = \frac{\varepsilon}{\ell}$$

및 Reynolds 수 상사성이

Photograph courtesy of CPP Wind Engineering; www.cppwind.com.

그림 7.5 최대, rms 및 평균 압력 분포를 측정하기 위한 텍사스 주 샌안토니오에 있는 국립상업은행의 모형. 이 모형은 가장 긴 테스트 섹션의 기상 풍동 내에 있다

$$\frac{\rho_m V_m \ell_m}{\mu_m} = \frac{\rho V \ell}{\mu}$$

물체 주위 유동의 경우, 항력이 관심 있는 종속 변수인 경우가 많다.

만족되어야 한다. 이 조건들이 만족된다면, 아래 식이 성립한다.

$$\frac{\mathscr{D}}{\frac{1}{2}\rho V^2 \ell^2} = \frac{\mathscr{D}_m}{\frac{1}{2}\rho_m V_m^2 \ell_m^2}$$

또는

$$\mathscr{D} = \frac{\rho}{\rho_m}\left(\frac{V}{V_m}\right)^2\left(\frac{\ell}{\ell_m}\right)^2 \mathscr{D}_m$$

이 관계로부터 모형 항력 $\mathscr{D}_m$의 측정값을 사용하여 원형에 작용하는 해당 항력을 예측할 수 있다.

앞의 절에서 논의한 바와 같이 모형의 공통된 어려움 중 하나는 Reynolds 수 상사성과 관련이 있으며, 이 상사성에 따라 모형 속도는 다음과 같다.

$$V_m = \frac{\mu_m}{\mu}\frac{\rho}{\rho_m}\frac{\ell}{\ell_m}V \tag{7.17}$$

또는

$$V_m = \frac{\nu_m}{\nu}\frac{\ell}{\ell_m}V \tag{7.18}$$

여기서 ν_m/ν는 동점성계수의 비율이다. 만약 모형과 원형에서 동일한 유체가 사용되어 $\nu_m = \nu$인 경우, 모형 속도는 다음과 같다.

$$V_m = \frac{\ell}{\ell_m}V$$

Video
V7.14 물속에서의 모형 비행기 시험

따라서, 1보다 큰 ℓ/ℓ_m의 경우에 필요한 모형 속도는 원형 속도보다 높을 것이다. 이 비율 ℓ/ℓ_m이 상대적으로 큰 경우가 많기 때문에 필요한 V_m 값은 클 수 있다. 예를 들어, $\frac{1}{10}$ 길이 척도와 원형 속도 80 km/hr의 경우, 필요한 모형 속도는 800 km/hr이다. 이것은 액체를 사용해서 달성하기에는 터무니없이 높은 값이며, 기체 유동의 경우에는 모형(원형 아님)에서 압축성이 중요해진다.

대안으로 $\nu_m/\nu < 1$이 되도록 모형에서 다른 유체를 사용하여 V_m을 줄일 수 있다는 것을 식(7.18)에서 알 수 있다. 예를 들어, 공기에 대한 물의 동점성계수 비율이 약 $\frac{1}{10}$이므로, 원형 유체가 공기라면 모형에서 물을 사용하여 테스트를 수행할 수 있다. 이렇게 하면 필요한 모형 속도가 줄어들지만, 수동(water tunnel)과 같은 적절한 테스트 시설에서 필요한 속도를 구현하는 것이 여전히 어려울 수 있다.

Video
V7.15 대규모 풍동

풍동 시험의 또 다른 가능성은 $\rho_m > \rho$가 되도록 터널의 공기 압력을 증가시켜 식(7.17)에서 명시된 대로 모형 속도를 줄이는 것이다. 유체 점도는 압력에 크게 영향을 받지 않는다. 비록 가압 터널이 건설되었지만, 가압 터널은 복잡하고 비용이 많이 드는 것이 분명하다.

길이 척도가 적당한 경우, 즉 모형이 상대적으로 큰 경우 필요한 모형 속도를 줄일 수 있다. 풍동 시험의 경우, 대규모 시험 구간이 필요하므로 시설 비용이 크게 증가한다. 그러나 초대형 모형(또는 원형)을 테스트하는 데 적합한 대형 풍동이 사용되고 있다. 그러한 터널 중 하나는 캘리포니아 Moffett Field의 NASA Ames 연구 센터에 위치하며, 12 m × 24 m의 시험 구간을 가지고 있고 552 km/hr까지 시험 속도를 수용할 수 있다. 이렇게 크고 값비싼 시험 시설은 대학이나 기업 실험실에서는 분명히 적합하지 않으므로, 대부분의 모형 시험은 상대적으로 작은 모형으로 수행해야 한다.

예제 7.7 | 모형 설계조건과 예상되는 원형성능

주어진 사항 표준공기에서 386 km/hr의 속도로 운항 중인 그림 E7.7의 비행기에 작용하는 항력을 가압풍동에 설치된 1:10 척도 모형의 실험을 통해 결정하고자 한다. 압축성 효과를 최소화하기 위해 풍동 속 공기속도는 386 km/hr로 유지된다.

그림 E7.7

해결과제 **(a)** (모형과 원형의 공기 온도가 같다고 가정하고) 풍동에 필요한 공기압을 구하라. **(b)** 모형에서 측정된 힘 4.4 N에 해당하는 원형에서의 항력을 구하라.

풀이

(a) 식(7.16)으로부터 원형과 모형에서 Reynolds 수가 같다면 기하학적으로 상사인 모형으로부터 항력을 예측할 수 있다. 따라서

$$\frac{\rho_m V_m \ell_m}{\mu_m} = \frac{\rho V \ell}{\mu}$$

이 예에서 $V_m = V$이고 $\ell_m/\ell = \dfrac{1}{10}$이므로

$$\frac{\rho_m}{\rho} = \frac{\mu_m}{\mu}\frac{V}{V_m}\frac{\ell}{\ell_m} = \frac{\mu_m}{\mu}(1)(10)$$

이고, 다음과 같다.

$$\frac{\rho_m}{\rho} = 10\frac{\mu_m}{\mu}$$

이 결과는 Reynolds 수 상사를 유지하려면, $\rho_m = \rho$이고 $\mu_m = \mu$인 동일한 유체를 사용할 수 없음을 보여준다. 하나의 가능성은 풍동에 압력을 가하여 공기의 밀도를 높이는 것이다. 압력의 증가가 점도를 크게 변화시키지는 않는다고 가정하면, 필요한 밀도증가는 다음 식으로 주어진다.

$$\frac{\rho_m}{\rho} = 10$$

이상기체의 경우 $p = \rho RT$이므로 일정온도($T = T_m$)의 조건에서 다음과 같다.

$$\frac{p_m}{p} = \frac{\rho_m}{\rho}$$

따라서, 풍동은 가압이 필요하며 압력비는 다음과 같다.

$$\frac{p_m}{p} = 10$$

원형이 표준 대기압에서 작동하므로 풍동에서 필요한 압력은 10 기압 또는 다음과 같다.

$$p_m = 10\,(101.3\ \text{kPa}) = 1013\ \text{kPa} \qquad \text{(답)}$$

보충설명 따라서, 높은 압력이 필요함을 알 수 있고 이러한 압력은 쉽고 싸게 얻기 어렵다. 그러나, 이러한 조건에서는 Reynolds 수 상사를 확보할 수 있다.

(b) 항력은 식(7.16)으로부터 다음과 같이 계산할 수 있다.

$$\frac{\mathscr{D}}{\frac{1}{2}\rho V^2 \ell^2} = \frac{\mathscr{D}_m}{\frac{1}{2}\rho_m V_m^2 \ell_m^2}$$

또는

$$\mathscr{D} = \frac{\rho}{\rho_m}\left(\frac{V}{V_m}\right)^2\left(\frac{\ell}{\ell_m}\right)^2\mathscr{D}_m$$

$$= \left(\frac{1}{10}\right)(1)^2(10)^2\mathscr{D}_m$$

$$= 10\mathscr{D}_m$$

따라서, 모형의 4.4 N 항력에 대응하는 원형에서의 항력은 다음과 같다.

$$\mathscr{D} = 44 \text{ N} \qquad \text{(답)}$$

Video

V7.16 실물크기 레이싱카 모형

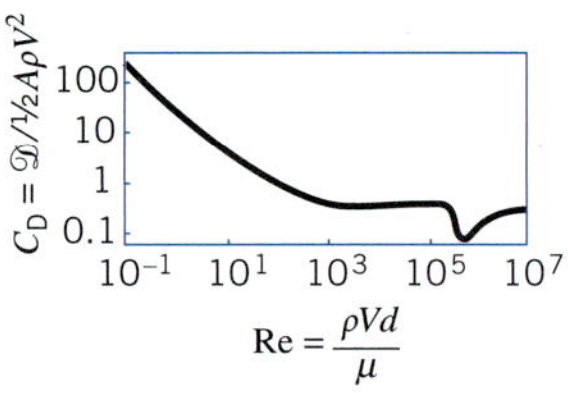

높은 Reynolds 수에서 항력은 Reynolds 수와 본질적으로 무관한 경우가 많다.

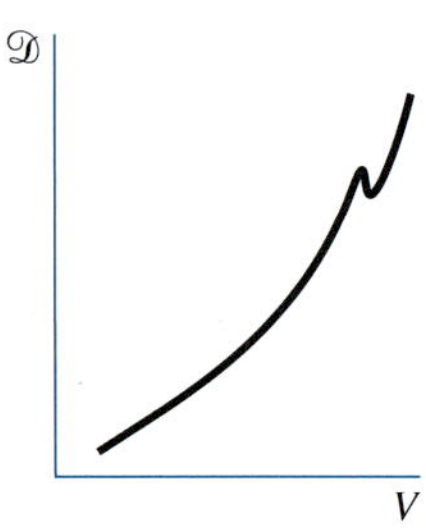

다행히도 많은 상황에서 유동 특성은 관심 작동범위에 걸쳐 Reynolds 수의 영향을 크게 받지 않는다. 이 경우 Reynolds 수를 일치시키는 다소 엄격한 상사조건을 피할 수 있다. 이 점을 설명하기 위해 접근 속도 V의 균일한 유동에 놓인 직경 d의 매끄러운 구에 대해 Reynolds 수에 따른 항력 계수의 변화를 고려해 보자. 몇 가지 일반적인 데이터가 인접한 그림에 표시되어 있다. (더 큰 버전은 그림 9.23a에 나와 있다.) Reynolds 수가 약 10^3과 2×10^5 사이인 경우, 항력계수는 비교적 일정하며 Reynolds 수의 특정 값에 크게 의존하지 않는다. 따라서 이 범위에서는 정확한 Reynolds 수 상사가 필요하지 않다. 다른 기하학적 형상의 경우, 높은 Reynolds 수에서 일반적으로 (점성력보다는) 관성력이 지배적이며, 항력은 본질적으로 Reynolds 수와 무관하다는 것을 알 수 있다.

마지막으로 파이항을 그릴 때 차원 데이터의 추세에 대한 해석을 고려하자. 예를 들어 ρ, μ, d가 일정하게 유지되면, Re의 증가는 V의 증가에서 비롯된다. 직관적으로 V가 증가하면 항력이 증가하는 것처럼 보인다. 그러나 그림에서 볼 수 있듯이 일반적으로 Re가 증가함에 따라 항력계수는 감소한다. 데이터를 해석할 때 변수가 무차원인지 여부에 유의해야 한다. 이 경우 물리적 항력은 항력계수에 속도 제곱을 곱한 값에 비례한다. 따라서 인접한 그림에서 볼 수 있듯이 항력은 예상대로 속도가 증가함에 따라 증가한다. Reynolds 수가 증가함에 따라 항력계수가 급격하게 감소하는 Reynolds 수 범위 $2 \times 10^5 < \text{Re} < 4 \times 10^5$에서는 예외가 발생한다. 이 현상에 대해서는 9.3절에서 논의한다.

Mach 수가 약 0.3보다 큰 고속과 관련된 문제의 경우 압축성, 즉 Mach 수(또는 Cauchy 수)의 영향이 중요해진다. 이 경우 완전한 상사를 위해 기하학적 상사와 Reynolds 수 상사뿐만 아니라 Mach 수 상사도 필요하다.

$$\frac{V_m}{c_m} = \frac{V}{c} \tag{7.19}$$

이 상사조건을 Reynolds 수 상사조건(식 7.18)과 결합하면 다음과 같은 결과를 얻게 된다.

$$\frac{c}{c_m} = \frac{\nu}{\nu_m}\frac{\ell_m}{\ell} \tag{7.20}$$

분명히 길이 척도가 1(즉, 원형에서 테스트를 실행 중이라는 의미)이 아닌 이상, 모형과 원형에서 $c = c_m$ 및 $\nu = \nu_m$인 동일한 유체를 사용할 수 없다. 고속 공기역학에서 원형 유체는 일반적으로 공기이며, 합리적인 길이 척도에서는 식(7.20)을 만족시키기 어렵다. 따라서 고속 유동과 관련된 모형은 Reynolds 수 상사와 관련하여 왜곡되는 경우가 많지만, Mach 수 상사는 유지된다.

7.9.3 자유표면을 갖는 유동

선박 주위의 유동뿐만 아니라 운하, 강, 배수로, 정수지에서의 유동은 모두 자유표면과 관련된 유동현상의 예이다. 이 유형의 문제에서는 중력과 관성력이 모두 중요하므로 Froude 수가 중요한 상사성 변수가 된다. 또한, 액체–공기 계면인 자유표면이 있기 때문에 표면장력으로 인한 힘이 클 수 있으며, Weber 수가 Reynolds 수와 함께 고려해야 하는 또 하나의 상사성 변수가 된다. 기하학적인 변수는 여전히 중요할 것이다. 따라서 자유표면을 갖는 유동과 관련된 문제에 대한 일반적인 공식은 다음과 같이 나타낼 수 있다.

자유표면 유동과 관련된 모형에서는 일반적으로 Froude 수 상사가 요구된다.

$$\text{Dependent pi term} = \phi\left(\frac{\ell_i}{\ell}, \frac{\varepsilon}{\ell}, \frac{\rho V \ell}{\mu}, \frac{V}{\sqrt{g\ell}}, \frac{\rho V^2 \ell}{\sigma}\right) \tag{7.21}$$

앞서 설명한 것처럼 ℓ은 시스템의 어떤 특성길이이고, ℓ_i는 다른 관련 길이이며, ε/ℓ은 표면의 상대적인 거칠기이다. 이러한 문제에서는 중력이 원동력(driving force)이므로, Froude 수 상사는 반드시 필요하며 다음과 같다.

$$\frac{V_m}{\sqrt{g_m \ell_m}} = \frac{V}{\sqrt{g\ell}}$$

모형과 원형이 동일한 중력장($g_m = g$)에서 작동될 것으로 예상되므로 다음과 같다.

$$\frac{V_m}{V} = \sqrt{\frac{\ell_m}{\ell}} = \sqrt{\lambda_\ell} \tag{7.22}$$

Video
V7.17 강 유동 모형

따라서, Froude 수 상사에 기초하여 모형을 설계할 때 속도척도는 길이척도의 제곱근에 의해 결정된다. 7.8.3절에서 설명한 것처럼, Reynolds 수와 Froude 수의 상사를 함께 유지하려면 동점성계수의 척도가 길이척도와 다음의 관계를 가져야 한다.

$$\frac{\nu_m}{\nu} = (\lambda_\ell)^{3/2} \tag{7.23}$$

원형의 작동유체는 보통 담수 또는 해수이며, 길이척도가 작다. 이러한 상황에서 식 (7.23)을 만족시키는 것은 사실상 불가능하며, 따라서 자유표면 유동과 관련된 모형은 일반적으로 왜곡된다. 표면장력 효과를 모델링 하려고 시도하면 Weber 수가 같아야 하므로 문제는 더욱 복잡해진다. 다행히 자유표면 유동과 관련된 많은 문제에서 표면장력과 점성효과는 모두 작아서 Weber 수와 Reynolds 수의 상사를 엄격히 지킬 필요가 없다.

Video
V7.18 선박 모형

댐 배수로와 같은 대형 수력 구조물의 경우, Reynolds 수가 커서 점성력이 중력 및 관성력에 비해 작다. 이 경우 Reynolds 수 상사는 유지하지 않고, 모형은 Froude 수 상사에 기초하여 설계된다. 모형의 Reynolds 수가 크도록 주의해야 하지만, 원형의 Reynolds 수와 같을 필요는 없다. 이러한 유형의 수리모형은 일반적으로 Reynolds 수가 커지도록 가능한 한 크게 제작된다. 배수로 모형은 그림 7.6과 같다.

Video
V7.19 댐 모형

그림 7.6 방수로 위와 아래의 유동 특성 및 방수로 아래의 침식을 시뮬레이션하는 데 사용되는 베네수엘라 구리(Guri) 댐의 축소 수력학 모형(1:197)

광활한 유체의 세계

얼음 공학

오랫동안 풍동, 수동 및 예인수조(towing tank)에서 다양한 유형의 모형이 연구되어 왔다. 그러나 얼음 또는 얼음과 관련된 문제를 연구하려면 또 다른 유형의 시설이 필요하다. 미 육군의 한랭지역 연구 및 공학 연구소는 얼음의 역학적 거동과 얼음-구조물 상호작용과 관련된 연구를 위한 시설을 갖춘 독특한 복합시설을 건설하였다. 이 시설은 시험수조(test basin), 용수로(flume), 다목적 연구공간 등 3개의 분리된 저온실을 갖추고 있다. 시험수조에서는 댐, 교각, 선박 및 연안 플랫폼과 같은 구조물에 작용하는 빙력(ice force)에 대한 대규모의 모형연구가 수행될 수 있다. 주변 온도를 −28.8 ℃까지 낮게 제어할 수 있고, 이 온도에서 시간당 2 mm의 얼음 성장률을 얻을 수 있다. 모형의 물리적 척도에 맞게 얼음의 기계적 특성을 제어하는 것도 가능하다. 재순환 수로에서 진행되는 실험은 강에서의 결빙과정을 모사할 수 있다. 대형 연구공간에서는 다양한 유형의 공학 프로젝트로 얼음의 상호작용을 모델링하기 위해 호수와 강의 축척모형을 제작하고 운영할 수 있다.

예제 7.8 | Froude 수 상사

주어진 사항 그림 E7.8a에 표시된 댐의 배수로는 폭이 20 m이고, 홍수 시에 125 m^3/s의 유량을 운반하도록 설계되었다. 이 배수로의 유동특성을 연구하기 위해 1:15 모형이 제작되었다. 표면장력과 점성의 효과는 무시한다.

해결과제 **(a)** 필요한 모형의 폭과 유량을 구하라. **(b)** 원형의 24시간에 해당하는 모형에서의 작동시간은 얼마인가?

그림 E7.8a

풀이 모형 배수로의 폭 w_m은 길이척도 λ_ℓ로부터 얻어진다.

$$\frac{w_m}{w} = \lambda_\ell = \frac{1}{15}$$

따라서,

$$w_m = \frac{20 \text{ m}}{15} = 1.33 \text{ m} \qquad \text{(답)}$$

물론 배수로의 모든 다른 기하학적 특성(표면 거칠기를 포함)도 같은 길이척도에 따라 축척되어야 한다.

표면장력과 점성을 무시할 때 식(7.21)은 모형과 원형에서 Froude 수가 같으면 동역학적 상사가 이루어짐을 나타낸다. 따라서,

$$\frac{V_m}{\sqrt{g_m \ell_m}} = \frac{V}{\sqrt{g\ell}}$$

이고, $g_m = g$일 때 다음과 같다.

$$\frac{V_m}{V} = \sqrt{\frac{\ell_m}{\ell}}$$

유량은 $Q = VA$ (A는 적절한 단면적)이므로 다음과 같다.

$$\frac{Q_m}{Q} = \frac{V_m A_m}{VA} = \sqrt{\frac{\ell_m}{\ell}}\left(\frac{\ell_m}{\ell}\right)^2$$
$$= (\lambda_\ell)^{5/2}$$

여기서 $A_m/A = (\ell_m/\ell)^2$의 관계를 이용했다. $\lambda_\ell = 1/15$이고 $Q = 125\ \text{m}^3/\text{s}$일 경우,

$$Q_m = \left(\frac{1}{15}\right)^{5/2}(125\,\text{m}^2/\text{s}) = 0.143\,\text{m}^3/\text{s} \qquad \text{(답)}$$

속도는 시간으로 나눈 거리($V = \lambda/t$)이므로 시간척도는 속도척도로부터 구할 수 있다. 따라서 다음과 같다.

$$\frac{V}{V_m} = \frac{\ell}{t}\frac{t_m}{\ell_m}$$

또는

$$\frac{t_m}{t} = \frac{V}{V_m}\frac{\ell_m}{\ell} = \sqrt{\frac{\ell_m}{\ell}} = \sqrt{\lambda_\ell}$$

이 결과는 $\lambda_\ell < 1$인 경우, 모형의 시간간격이 원형의 해당 간격보다 작다는 것을 나타낸다. $\lambda_\ell = 1/15$일 때, 원형의 24시간에 대응하는 모형에서의 시간은 다음과 같다.

$$t_m = \sqrt{\frac{1}{15}}(24\ \text{hr}) = 6.20\ \text{hr} \qquad \text{(답)}$$

보충설명 위의 풀이에서 알 수 있듯이, 시간척도는 길이척도의 제곱근에 따라 달라진다. 따라서, 그림 E7.8b에 나타낸 것처럼 원형의 24시간에 해당하는 모형에서의 시간간격 t_m은 길이척도 λ_ℓ을 바꿈으로써 변경할 수 있다. 원형에서 상대적으로 오랜 시간에 걸쳐 일어나는 사건을 모형에서 "가속화(speed up)"할 수 있으므로 시간을 축척시킬 수 있는 기능은 매우 유용할 수 있다. 물론 길이척도(및 해당 시간척도)를 줄이는 데는 현실적인 제약이 있다. 예를 들어, 길이척도가 너무 작으면 원형에서와 달리 모형에서는 표면장력 효과가 중요해질 수 있다. 이러한 경우 단순히 Froude 상사에 기초한 현재의 모형설계는 적합하지 않을 수 있다.

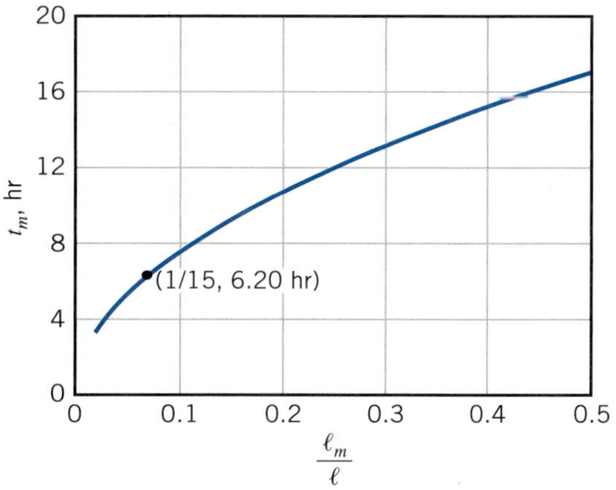

그림 E7.8b

7장 요약

유체역학과 관련된 많은 실용적인 공학문제는 해를 구하기 위해 실험 데이터를 필요로 한다. 따라서 실험실 연구와 실험은 이 분야에서 중요한 역할을 한다. 실험을 가능한 한 광범위하게 적용하고 효율적으로 완료하기 위해 실험 설계를 위한 좋은 절차를 개발하는 것이 중요하다. 이러한 목적을 달성하기 위해, 실험실에서 얻은 측정 결과를 다른 유사한 시스템의 거동을 예측하는데 활용할 수 있게 하는 상사법칙의 개념이 자주 사용된다. 이 장에서 실험 데이터를 상호 연관시키기 위한 도구로서, 또 물리적 모형을 설계하기 위한 기초로서 차원해석이 이러한 실험을 설계하는데 이용되었다. 이름이 암시하듯이, 차원해석은 주어진 문제의 변수들을 표현하는데 필요한 차원의 고려를 기반으로 한다. 차원의 사용과 (차원해석의 기초를 형성하는) 차원적 동일성의 개념에 대한 논의가 1장에 포함되어 있다.

본질적으로 차원해석은 고려해야 하는 변수의 개수를 줄임으로써 특정한 변수 집합으로 표현되는 주어진 문제를 단순화한다. 새변수는 그 수가 적을 뿐만 아니라 새 변수들은 원래 변수들의 무차원곱이다. 일반적으로 이 새로운 무차원 변수는 원하는 실험을 수행함에 있어 훨씬 간단하다. 차원해석의 이론적 기초를 형성하는 Buckingham 파이정리를 소개하였다. 이 정리는 변수 집합으로 표현되는 주어진 문제를 더 적은 수의 무차원 변수 집합으로 변화시키는 뼈대를 형성한다. 반복변수법이라고 불리는 단순한 방법이 실제로 무차원 변수(흔히 파이항이라고 함)를 형성하기 방법으로 설명되었다. 고찰에 의해 무차원 변수들을 형성하는 것도 다루어졌다. 실험을 계획하고 실험 데이터를 연관시킬 때, 무차원 변수의 사용이 어떻게 도움이 되는지 보여 주었다.

많은 변수를 갖는 문제에 대해 물리 모형을 사용하는 방법을 설명하였다. 관심현상에 대한 일반적인 관계를 공식화하기보다는 실험실 테스트로부터 원형에 대한 특정 예측을 하기 위해 모형이 사용된다. 올바른 모형설계는 유사하지만 일반적으로 더 큰 다른 시스템의 정확한 예측을 위해 분명히 필수적이다. 차원해석이 유효한 모형설계를 위해 어떻게 사용될 수 있는지도 보여 주었다. 지배방정식(일반적으로 미분방정식)을 사용하여 상사조건을 확립하는 또 다른 접근 방법을 제시하였다.

다음의 점검목록은 이 장에 대한 학습 지침을 제공한다. 이 장 전체의 학습이 끝났을 때 다음을 할 수 있어야 한다.

- 나열된 용어의 의미를 쓰고 각각의 관련 개념을 이해한다. 이 용어들은 특히 중요하며, 본문에서 검정 볼드체로 쓰여졌다.
- 주어진 유동문제에 필요한 독립적인 무차원 변수의 개수를 결정하기 위해 Buckingham 파이정리를 사용한다.
- 반복변수법을 사용하여 무차원 변수 집합을 형성한다.
- 고찰에 의해 무차원 변수 집합을 형성한다.
- 유체역학에서 사용되는 일반적인 무차원 그룹을 인식하고, 이들이 나타내는 물리 현상을 나열한다.
- 실험 데이터를 분석하고 연관시키는 데 도움이 되도록 무차원 변수를 사용한다.
- 차원해석을 사용하여 모형에 대한 일련의 상사조건(및 예측 방정식)을 확립하고, 이를 사용하여 다른 유사한 시스템(원형)의 거동을 예측한다.

주요 방정식

Reynolds 수	$\mathrm{Re} = \dfrac{\rho V \ell}{\mu}$
Froude 수	$\mathrm{Fr} = \dfrac{V}{\sqrt{g\ell}}$
Euler 수	$\mathrm{Eu} = \dfrac{p}{\rho V^2}$
Cauchy 수	$\mathrm{Ca} = \dfrac{\rho V^2}{E_v}$

Mach 수	$\mathrm{Ma} = \frac{V}{c}$
Strouhal 수	$\mathrm{St} = \frac{\omega \ell}{V}$
Weber 수	$\mathrm{We} = \frac{\rho V^2 \ell}{\sigma}$
상대 거칠기(Relative roughness)	$\frac{\varepsilon}{\ell}$
손실 계수(Loss coefficient)	$K = \frac{h_L}{V^2/2g}$
압력 계수(Pressure coefficient)	$C_p = \frac{\Delta p}{1/2\rho V^2}$
마찰 계수(Friction coefficient)	$C_f = \frac{\tau_w}{1/2\rho V^2}$
항력 계수(Drag coefficient)	$C_D = \frac{\mathscr{D}}{1/2\rho V^2 \ell^2}$
양력 계수(Lift coefficient)	$C_L = \frac{\mathscr{L}}{1/2\rho V^2 \ell^2}$

참고문헌

1. Bridgman, P. W., *Dimensional Analysis*, Yale University Press, New Haven, Connecticut, 1922.
2. Murphy, G., *Similitude in Engineering*, Ronald Press, New York, 1950.
3. Langhaar, H. L., *Dimensional Analysis and Theory of Models*, Wiley, New York, 1951.
4. Huntley, H. E., *Dimensional Analysis*, Macdonald, London, 1952.
5. Duncan, W. J., *Physical Similarity and Dimensional Analysis: An lementary Treatise*, Edward Arnold, London, 1953.
6. Sedov, K. I., *Similarity and Dimensional Methods in Mechanics*, Academic Press, New York, 1959.
7. Ipsen, D. C., *Units, Dimensions, and Dimensionless Numbers*, McGraw–Hill, New York, 1960.
8. Kline, S. J., *Similitude and Approximation Theory*, McGraw–Hill, New York, 1965,
9. Skoglund, V. J., *Similitude—Theory and Applications*, International Textbook, Scranton, Pennsylvania, 1967.
10. Baker, W. E., Westline, P. S., and Dodge, F. T., *Similarity Methods in Engineering Dynamics—Theory and Practice of Scale Modeling*, Hayden (Spartan Books), Rochelle Park, New Jersey, 1973.
11. Taylor, E. S., *Dimensional Analysis for Engineers*, Clarendon Press, Oxford, UK, 1974.
12. Isaacson, E. de St. Q., and Isaacson, M. de St. Q., *Dimensional Methods in Engineering and Physics*, Wiley, New York, 1975.
13. Schuring, D. J., *Scale Models in Engineering*, Pergamon Press, New York, 1977.
14. Yalin, M. S., *Theory of Hydraulic Models*, Macmillan, London, 1971.
15. Sharp, J. J., *Hydraulic Modeling*, Butterworth, London, 1981.
16. Schlichting, H., *Boundary-Layer Theory*, 7th Ed., McGraw–Hill New York, 1979.

연습문제 (QUESTIONS AND PROBLEMS)

Ⓒ 프로그래밍이 가능한 계산기 또는 컴퓨터를 사용하여 풀 수 있는 문제

Ⓞ 비판적 사고가 필요한 개방형 문제. 이러한 문제는 필요한 입력 데이터를 제공하기 위해 다양한 가정이 필요하다. 이러한 문제에 대한 고유한 답은 없다.

주: 문제에 대한 설명에 필요한 유체 물성치 값이 명시되지 않은 경우, 표 1.4–1.8 및 부록의 표에 있는 값을 사용하라.

7.1절 차원해석의 필요성

7.1.1 (a) FLT 계와 (b) MLT 계에서 밀도, 압력, 비중량, 표면장력 및 동점성계수의 차원은 무엇인가? 결과를 1장의 표 1.1에 주어진 것과 비교하라.

7.1.2 진공 여과를 평가하는 데 사용되는 방정식은 다음과 같다.

$$Q = \frac{\Delta p A^2}{\alpha(\forall R w + A R_f)}$$

여기서 $Q \doteq L^3/T$는 여과액의 체적유량, $\Delta p \doteq F/L^2$는 진공 압력 차이, $A \doteq L^2$는 필터 면적, α는 여과액의 "점도"이다. $\forall \doteq L^3$은 여과액 부피, $R \doteq L/F$는 슬러지 비저항, $w \doteq F/L^3$은 여과액 단위 부피당 건조 슬러지 중량, R_f는 여과재의 비저항이다. R_f와 α의 차원은 무엇인가?

7.1.3 MLT 계를 사용하여 식(7.2)의 왼쪽 항이 무차원임을 확인하라.

7.1.4 Reynolds 수 $\rho VD/\mu$는 유체역학에서 매우 중요한 변수이다. 기본차원으로 FLT 계를 사용하는 경우와 MLT 계를 사용하는 경우에 대하여 Reynolds 수가 무차원임을 확인하고, 3 m/s의 속도로 직경 0.0505 m의 파이프를 흐르는 에틸알코올에 대하여 그 값을 구하라.

7.1.5 깊이가 h이고 자유표면이 있는 얇은 액체 막의 유동에 대하여 중요한 두 무차원수가 Froude 수 $V/\sqrt{gh}$와 Weber 수 $\rho V^2 h/\sigma$이다. 3 mm 깊이에서 0.7 m/s의 속도로 흐르는 (20 °C의) 글리세린에 대해 두 무차원수를 구하라.

7.1.6 속도 V로 유체 속에서 이동하는 물체의 Mach 수는 V/c로 정의된다. 여기에서 c는 유체에서의 음속이다. 이 무차원수는 통상 그 값이 0.3을 초과할 때 유체역학 문제에서 중요한 것으로 간주된다. Mach 수 0.3에 해당하는 물체의 속도는 다음의 경우 각각 얼마인가? (a) 유체가 표준 대기압 및 20 °C의 공기인 경우, (b) 유체가 같은 온도와 압력의 물인 경우

7.3절 파이항의 결정

7.3.1 하수 여과 공장의 혼합 용기는 사용 전력이 $\dot{W} = F \cdot L/T$인 기계식 교반기에 의해 교반된다. 혼합 공정의 성능을 설명하는 변수로는 유체의 점도 $\mu \doteq F \cdot T/L^2$, 용기 체적 $\forall \doteq L^3$, 속도 구배 $G \doteq 1/T$가 있다. 무차원 관계식의 형태를 구하라.

7.3.2 (1장에서 논의된) 기포 내부의 초과 압력은 기포 반경과 표면 장력에 따라 달라지는 것으로 알려져 있다. 파이항을 찾은 후, (a) 반지름이 두 배, (b) 표면 장력이 두 배가 될 때 초과 압력의 변화를 구하라.

7.3.3 어떤 관의 급격한 축소부에서 직경이 D_1에서 D_2로 변한다. 축소부에서 발생하는 압력강하 Δp는 큰 관의 유속 V, 유체밀도 ρ, 유체점도 μ뿐만 아니라 D_1과 D_2의 함수이다. D_1, V, μ를 반복변수로 사용하여 적절한 무차원수 집합을 만들라. 추가적인 변수로 작은 관의 유속을 포함하는 것이 잘못된 이유는 무엇인가?

7.3.4 그림 P7.3.4에 보인 것처럼 용기 내에서 물이 앞뒤로 출렁거린다. 출렁거리는 주파수 ω는 중력가속도 g, 물의 평균깊이 h, 용기의 길이 ℓ의 함수로 가정한다. h와 ℓ을 반복변수로 사용하여 이 문제에 대한 적절한 무차원수 집합을 만들라.

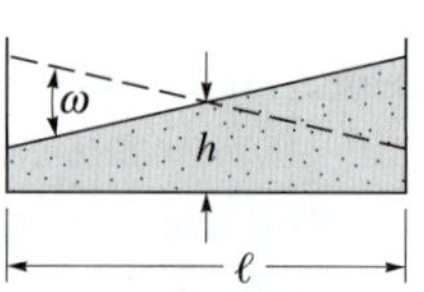

그림 P7.3.4

7.3.5 바람이 호수를 가로질러 불 때 물결의 높이를 결정하고자 한다. 그림 P.7.3.5에 나타낸 것처럼 물결의 높이 H는 풍속 V, 물의 밀도 ρ, 공기의 밀도 ρ_a, 수심 d, 해안으로부터의 거리 ℓ, 중력 가속도 g의 함수로 가정한다. d, V,

ρ를 반복변수로 사용하여 이 문제를 설명할 수 있는 적절한 파이항 집합을 구하라.

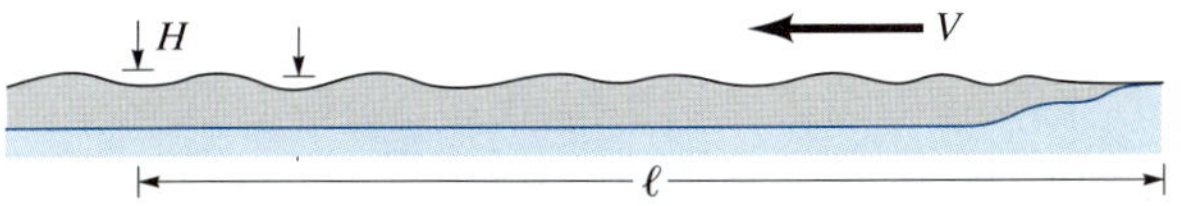

그림 P7.3.5

7.3.6 펌프에서의 압력상승 Δp는 다음과 같이 나타낼 수 있다.

$$\Delta p = f(D, \rho, \omega, Q)$$

여기서 D는 임펠러의 직경이고, ρ는 유체밀도, w는 회전속도, Q는 유량이다. 적절한 무차원수 집합을 구하라.

7.3.7 얇은 탄성 와이어가 단단한 지지대 사이에 설치되어 있다. 어떤 유체가 와이어 주위를 흐르고 있고, 유체 항력에 의한 와이어 중심에서의 정적 변형 δ를 연구하고자 한다. δ는 다음과 같이 가정한다.

$$\delta = f(\ell, d, \rho, \mu, V, E)$$

여기서 ℓ은 와이어 길이, d는 와이어 직경, ρ는 유체밀도, μ는 유체점도, V는 유체속도, E는 와이어 재료의 탄성계수이다. 이 문제에 대한 적절한 파이항 집합을 구하라.

7.3.8 Video 그림 P7.3.8과 같이 표면장력에 의해 물보다 무거운 물체를 수면에서 조심스럽게 지지하는 것이 가능하다(비디오 V1.9 참조). 지지할 수 있는 정사각형 재료의 최대 두께 h는 정사각형 변의 길이 ℓ, 재료의 밀도 ρ, 중력가속도 g, 액체의 표면장력 σ의 함수로 가정한다. 이 문제에 대한 적절한 무차원수 집합을 구하라.

그림 P7.3.8

7.3.9 Video 특정 조건에서 사각형의 속도제한 표지판을 지나는 바람은 표지판을 주파수 w로 진동시킬 수 있다(그림 P7.3.9와 비디오 V9.9 참조). w는 표지판 폭 b, 표지판 높이 h, 풍속 V, 공기밀도 ρ, 지지대의 탄성상수 k의 함수로 가정한다. 상수 k의 차원은 FL이다. 이 문제에 대한 적절한 파이항 집합을 구하라.

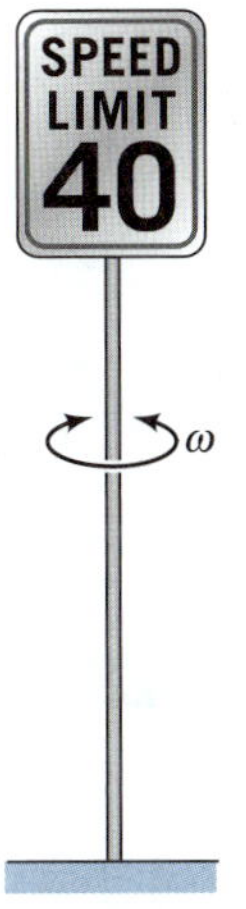

그림 P7.3.9

7.3.10 그림 P7.3.10과 같이 원뿔–평판 점도계는 평평한 표면 위에서 회전하는 매우 작은 각도 α의 원뿔로 구성되어 있다. 원뿔을 각속도 ω로 회전시키는데 필요한 토크 $\mathscr{T}$는 ω 외에 반지름 R, 원뿔각 α, 유체점도 μ의 함수이다. 점도와 각속도가 모두 2배가 되면 토크가 어떻게 변하는지 차원해석을 이용하여 결정하라.

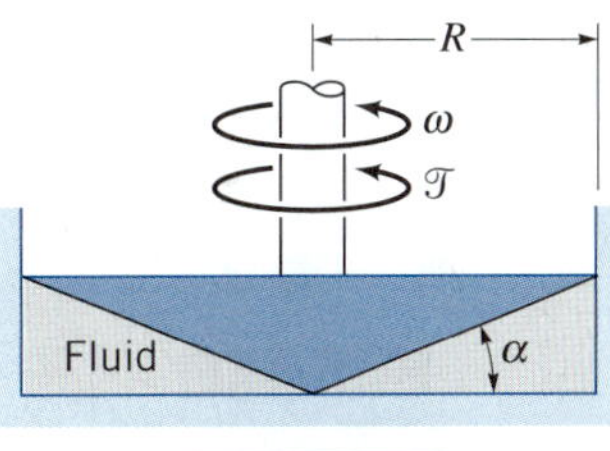

그림 P7.3.10

7.3.11 기체 내 음속 c는 기체의 압력 p와 밀도 ρ의 함수이다. 차원해석을 이용하여 속도가 압력 및 밀도와 어떤 관계가 있는지 결정해라. 필요한 기준차원의 수를 결정할 때 주의하라.

7.3.12 그림 P7.3.12와 같이 직경 D의 실린더가 액체 속에 수직으로 떠 있다. 실린더를 수직축을 따라 약간 옮겨 놓았을 때, 실린더는 주파수 ω로 평형 위치를 중심으로 진동한다. 이 주파수는 실린더 직경 D, 실린더 질량 m, 액체 비중량 γ의 함수로 가정한다. 차원해석을 통해 주파수가 이러한 변수들과 어떻게 관련되어 있는지 결정하라. 실린더의 질량이 증가하면, 주파수가 증가하는가 아니면 감소하는가?

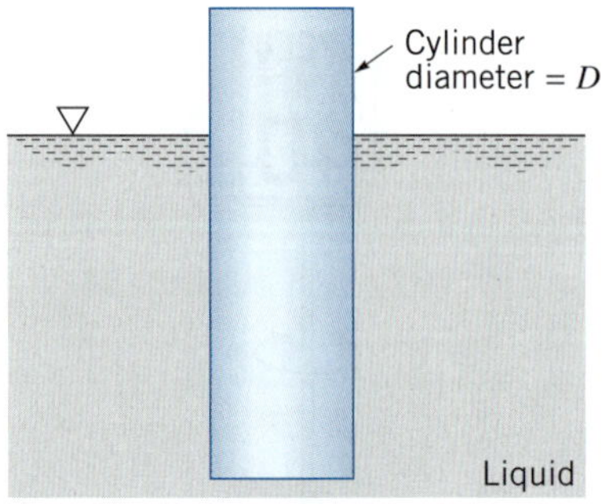

그림 P7.3.12

7.3.13 O 거의 매일 접하는 유체 유동과 관련된 일반적인 상황을 생각해보라. 이 유동과 관련된 중요한 물리 변수들을 나열하고, 이 상황에 적합한 파이항 집합을 결정하라.

7.3.14 그림 P7.3.14의 위어(weir)는 체적 유량 Q를 측정하는 데 사용되며, 높이 H는 유량의 척도이다. 위어의 길이는 L(종이에 수직)이다. 관련된 유체 물성치를 선택 및 포함하여 적절한 무차원수를 찾아라.

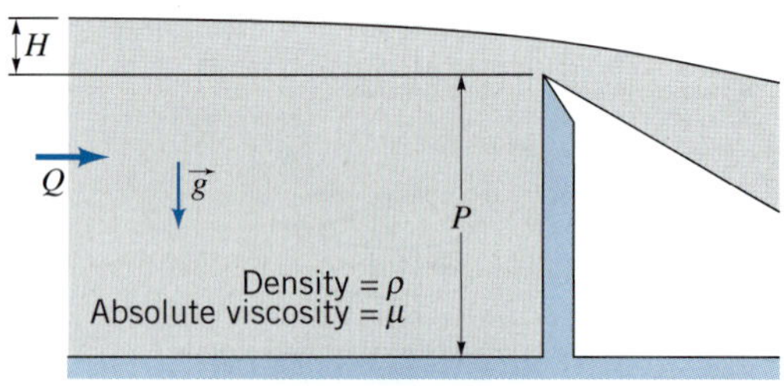

그림 P7.3.14

7.3.15 실험은 세탁기 교반기에서 수행된다. 관련된 차원 변수는 구동 토크 $\mathscr{T}$, 진동 주파수 f, 각속도 w, 패들(paddle) 수 N, 패들 높이 H, 패들 폭 w이다. 관련된 유체 물성치를 지정하고 적절한 무차원수를 찾아라.

7.3.16 대형 산업용 팬에 대한 입력 전력 $\dot{W}$는 팬의 임펠러 직경 D, 유체점도 μ, 유체밀도 ρ, 체적유량 Q 및 블레이드 회전속도 ω에 따라 달라진다. 적절한 무차원수는 무엇인가?

7.3.17 유체 유동에 수직으로 놓인 와셔(washer) 모양의 판에 작용하는 항력 $\mathscr{D}$를 다음과 같이 표현할 수 있다.

$$\mathscr{D} = f(d_1, d_2, V, \mu, \rho)$$

여기서 d_1은 외경, d_2는 내경, V는 유체속도, μ는 유체점도, ρ는 유체밀도이다. 항력을 구하기 위하여 풍동에서 실험을 수행하려고 한다. 이 데이터들 사이의 관계를 구성하기 위해 어떤 무차원수를 사용하겠는가?

7.3.18 액체 속에서 증기 기포가 상승한다. 관련된 차원 변수는 액체비중량 γ_ℓ, 증기비중량 γ_v, 기포속도 V, 기포직경 a, 표면장력 σ, 액체점도 μ이다. 적절한 무차원수를 찾아라.

7.3.19 개방된 채널에서 물의 유량 Q는 채널의 단면적 A, 채널 표면의 거칠기 높이 ε, 중력가속도 g, 채널이 위치한 언덕의 기울기 S_0의 함수로 가정한다. 이 관계를 무차원 형태로 표현하라.

7.5절 고찰에 의한 파이항의 결정

7.5.1 그림 P7.5.1과 같이 수평 판 위에 점성 유체를 붓는다. 유체가 판을 따라 일정 거리 d를 흐르는 데 필요한 시간 t는 부은 유체의 부피 $V\!\!\!\!-$, 중력가속도 g, 유체밀도 ρ, 유체점도 μ의 함수라고 가정한다. 이 공정을 설명하기 위해 적절한 파이항 집합을 결정하라. 고찰을 통해 파이항을 형성하라.

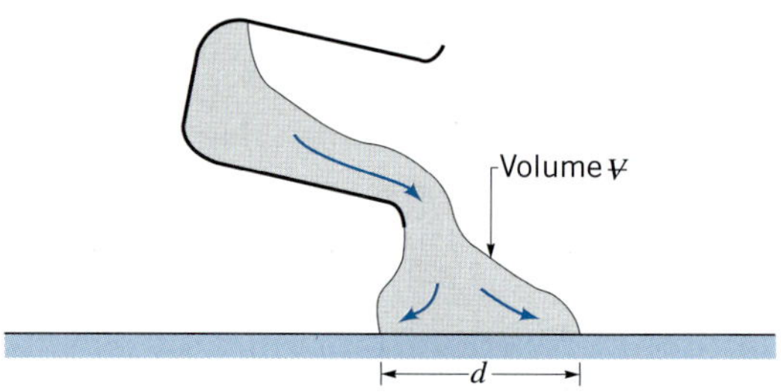

그림 P7.5.1

7.5.2 압력 펄스가 동맥을 통해 이동하는 속도(맥파 속도)가 동맥 직경 D, 벽 두께 h, 혈액밀도 ρ 및 동맥 벽의 탄성계수 E의 함수이다. 맥파 속도와 나열된 변수 사이의 관계를 실험적으로 연구하는 데 사용할 수 있는 무차원수 집합을 결정하라. 고찰에 의해 무차원수를 형성하라.

7.5.3 Video 그림 P7.5.3 및 비디오 V5.6과 같이 블록을 향하는 유체제트가 블록을 넘어뜨릴 수 있다. 블록을 넘어뜨리기 위해 필요한 속도 V를 유체밀도 ρ, 제트직경 D, 블록무게 W, 블록 폭 b, 제트와 블록바닥 사이의 거리 d의 함수로 가정한다. (a) 이 문제에 대한 무차원수 집합을 결정하라. 고찰을 통해 무차원수를 형성하라. (b) 운동량 방정식을 이용하여 다른 변수들로 표현된 V의 방정식을 결정하라. (c) (a)와 (b)의 결과를 비교하라.

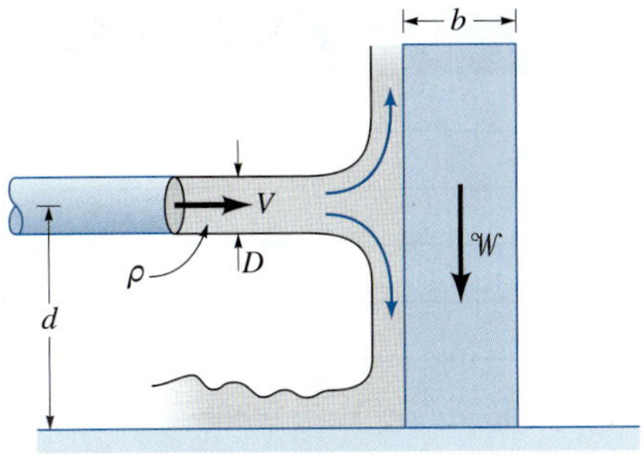

그림 P7.5.3

7.5.4 초음속으로 날아가는 비행기에 작용하는 항력 $\mathscr{D}$를 비행기속도 V, 유체밀도 ρ, 음속 c와 비행기 형상을 묘사하는 일련의 길이 $\ell_1, \ldots, \ell_i$의 함수로 가정한다. 열거한 여러 인자들이 항력에 어떻게 영향을 주는지 실험적으로 조사하는 데 사용할 수 있는 일련의 파이항을 구하라. 고찰에 의해 피이힝을 헝싱하라.

7.5.5 스크류 프로펠러에는 다음과 같이 관련된 차원 변수가 있다: 축 추력 F, 프로펠러 직경 D, 유체 동점성계수 ν, 유체밀도 ρ, 중력가속도 g, 전진 속도 V 및 회전 속도 N. 시험 데이터를 제시하는 데 적합한 무차원수를 찾아라.

7.6절 유체역학에서 자주 쓰이는 무차원 그룹

7.6.1 크고 뜨거운 판이 방 안에 수직으로 걸려 있다. 판에서 근처 공기로 열이 전달되어 공기밀도가 감소한다. 가벼워진 공기는 다음에 비례하는 속도로 위로 상승한다.

$$[\alpha_T g L\,|T_p - T_f|]^{1/2}$$

여기서 α_T는 열팽창 계수 [단위 $= K^{-1}$], g는 중력가속도, L은 판 길이, T_p와 T_f는 각각 판과 유체의 온도(단위 K)이다. 결과적으로 열전달 과정은 다음과 같이 정의된 Grashof 수에 따라 달라진다.

$$\mathrm{G} = \frac{\rho^2 \alpha_T g\,|T_p - T_f|L^3}{\mu^2}$$

여기서 ρ는 밀도이고 μ는 점도이다. G가 무차원임을 보여라. G는 유체역학에서 자주 쓰이는 무차원수와 어떻게 관련이 있는가? G는 표 7.1에 나열된 공통 무차원수 중 하나 이상의 조합, 거듭제곱 또는 곱과 동일한가?

7.6.2 관성력과 표면장력에 대한 추정치(estimates)로 시작하여 Weber 수를 만들라.

7.6.3 유체의 운동 에너지와 유체의 위치 에너지의 추정치(estimates)로 시작하여 Froude 수를 만들라.

7.6.4 다음의 무차원 그룹은 종종 원심 펌프에 대한 데이터를 제공하는 데 사용된다: 유량계수 $\varphi = \dfrac{Q}{\omega D^3}$, 수두계수 $\psi = \dfrac{gH}{\omega^2 D^2}$, 출력계수 $\xi = \dfrac{\dot{W}}{\omega^3 D^5}$, 효율 $= \eta \dfrac{\rho g Q H}{\dot{W}}$, 특성속도 $N_s = \dfrac{\omega \sqrt{Q}}{(gh)^{3/4}}$, 특성직경 $D_s = \dfrac{D(gH)^{1/4}}{\sqrt{Q}}$. 마지막 세 그룹이 처음 세 그룹의 조합으로 형성될 수 있음을 보여라.

7.6.5 액체 분무 노즐이 직경 d인 특정 크기의 액적을 생성하도록 설계되었다. 액적의 크기는 노즐 직경 D, 노즐 속도 V 및 액체의 물성치 ρ, μ, σ에 따라 달라진다. 표 7.1의 공통 무차원수를 사용하여 종속 직경 비율인 d/D에 대한 함수 관계를 결정하라.

7.7절 실험 데이터의 상관관계

7.7.1 Ⓒ 액체가 그림 P7.7.1과 같이 단면적의 급격한 팽창 구간을 지날 때 발생하는 압력 상승 $\Delta p = p_2 - p_1$은 다음과 같이 표현할 수 있다.

$$\Delta p = f(A_1, A_2, \rho, V_1)$$

여기서 A_1과 A_2는 각각 상류와 하류의 단면적이고, ρ는 유체밀도이며, V_1은 상류 속도이다. $A_2 = 0.12\ \mathrm{m}^2$, $V_1 = 15\ \mathrm{m/s}$, $\rho = 1000\ \mathrm{kg/m^3}$의 물을 사용하여 얻은 일부 실험 데이터는 다음 표와 같다. 적절한 무차원수를 사용하여 이 실험 결과를 그림으로 나타내라. 표준 곡선 피팅(curve fitting) 프로그램을 활용하여 Δp에 대한 일반 방정식을 결정하고, 이 방정식을 사용하여 면적비 $A_1/A_2 = 0.35$인 급팽창 구간을 $V_1 = 1.14\ \mathrm{m/s}$의 속도로 흐르는 물에 대한 Δp를 예측하라.

$A_1\ (\mathrm{m^2})$	9.3×10^{-3}	2.3×10^{-2}	3.4×10^{-2}	4.8×10^{-2}	5.6×10^{-2}
$\Delta p\ (\mathrm{N/m^2})$	156	376	493	555	589

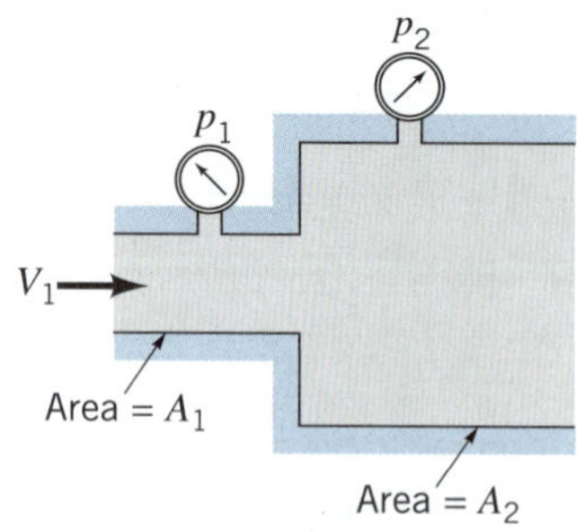

그림 P7.7.1

7.7.2 Ⓒ 수평 파이프의 일정 길이에 걸쳐 발생하는 압력 강하 Δp는 파이프 내 유체 속도 V, 파이프 직경 D, 유체 밀도 ρ 및 유체점도 μ의 함수로 가정한다. (a) 이 유동을 무차원 형태인 "압력계수(pressure coefficient)" $C_p = \Delta p/(0.5\rho V^2)$로 설명할 수 있으며, 압력계수가 Reynolds 수 $\text{Re} = \rho VD/\mu$에 따라 달라짐을 보여라. (b) $\rho = 1030$ kg/m^3, $\mu = 0.1$ Pa·s인 유체와 $D = 0.03$ m를 사용한 실험에서 다음 데이터를 얻었다. 무차원 그래프를 그리고, 멱함수 방정식을 사용하여 압력 계수와 Reynolds 수 사이의 함수 관계를 결정하라. (c) (b)에서 얻은 방정식을 적용할 때, 어떤 제한 사항이 있는가?

V, m/s	Δp, kPa
1	9
3	34
5	52
6	61

그림 P7.7.2

7.7.3 Ⓒ Video 그림 2.26, 그림 P7.7.3 및 비디오 V2.12와 같이 직사각형 바지선(barge)은 물체(배와 화물)의 무게중심 CG와 부력중심 C 사이의 거리가 어떤 값 H보다 작으면 안정적으로 뜬다. 만약 이 거리가 H보다 크면 배는 뒤집힐 것이다. H를 배의 폭 b, 길이 ℓ, 흘수 h의 함수로 가정한다. (a) 이 관계를 무차원 형태로 표현하라. (b) 폭이 1.0 m인 모형 바지선을 이용한 일련의 실험 결과는 표와 같다. 이 데이터를 무차원 형태의 그래프로 그리고, 무차원 수 사이의 관계를 나타내는 멱함수 방정식을 구하라.

ℓ, m	h, m	H, m
2.0	0.10	0.833
4.0	0.10	0.833
2.0	0.20	0.417
4.0	0.20	0.417
2.0	0.35	0.238
4.0	0.35	0.238

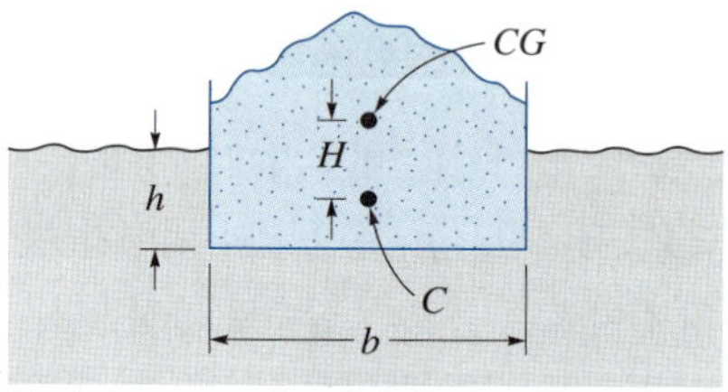

그림 P7.7.3

7.7.4 Video 원통형 용기에서 일정량의 액체를 붓는데 걸리는 시간 t는 액체점도를 포함한 여러 요인에 따라 달라진다(비디오 V1.3 참조). 점성이 매우 큰 액체의 경우, 초기 부피의 2/3를 붓는데 걸리는 시간이 초기 액체깊이 ℓ과 원통 직경 D, 액체점도 μ, 액체비중량 γ에 따라 달라진다고 가정한다. 다음 표에 표시된 데이터는 실험실에서 얻은 것이고, 이 실험에서 $\ell = 45$ mm, $D = 67$ mm, $\gamma = 9.60$ kN/m^{3}이다. (a) 차원해석을 수행하고, 제공된 데이터에 기초하여 이 문제에 사용된 변수가 올바른지 결정하라. 어떻게 답에 도달했는지 설명하라. (b) 가능하다면, 이 실험에 사용된 원통과 액체에 대해 액체의 붓는 시간과 점도와의 관계식을 구하라. 가능하지 않다면, 어떤 추가 정보가 필요한지 밝혀라.

μ (N·s/m^2)	11	17	39	61	107
t(s)	15	23	53	83	145

7.7.5 균일한 비행을 유지하기 위해 작은 새는 큰 새보다 더 빨리 날개를 움직여야 한다. 초당 날개 치는 수, 즉 날개짓 주파수(wingbeat frequency) ω와 날개폭 ℓ 사이의 관계를 멱법칙 관계식 $\omega \sim \ell^n$으로 나타낼 수 있다고 한다. (a) 날개짓 주파수를 날개폭, 새의 비중량 γ, 중력가속도 g, 공기밀도 ρ_a의 함수로 가정하고, 차원해석을 수행하여 지수 n의 값을 구하라. (b) 다양한 새에 대해 몇 가지 전형적인 데이터가 다음 표에 있다. 이 데이터가 (a)에서 얻은

결과를 뒷받침하는가? 어떻게 그런 결론에 이르렀는지를 보여주는 적절한 분석을 제시하라.

Bird	Wingspan, m	Wingbeat frequency, beats/s
Purple martin	0.28	5.3
Robin	0.36	4.3
Mourning dove	0.46	3.2
Crow	1.00	2.2
Canada goose	1.50	2.6
Great blue heron	1.80	2.0

7.7.6 250 m 길이의 배는 8000 m^2의 침수 면적을 가지고 있다. 원형 유체가 담긴 견인 탱크에서 1/100 축척 모형으로 테스트한 결과는 다음과 같다. 7.5 m/s와 12.0 m/s에서 원형 항력을 계산하라.

Model velocity (m/s)	0.57	1.02	1.40
Model drag (N)	0.50	1.02	1.65

7.7.7 한 학생이 구에 작용하는 공기역학적 항력에 관심이 있다. 그녀는 직경 10 cm의 구를 가지고 일련의 풍동 테스트를 수행한다. 풍동의 공기는 50 ℃, 101.3 kPa이다. 그녀는 테스트 결과를 아래 식과 같이 상관관계의 형태로 제시한다.

$$\mathscr{D} = 0.0015V^{1.92}$$

여기서 $\mathscr{D}$는 항력(뉴턴 단위)이고 V는 속도(m/s 단위)이다. 다른 학생은 무차원수를 이용하면 결과가 더 효과적으로 표현된다는 것을 깨달았다. 예를 들어,

$$\Pi_1 = f(\Pi_2) = C\Pi_2^a$$

여기서 Π_1과 Π_2는 무차원수이고 C와 a는 상수이다. 가장 적절한 무차원수(Π_1 및 Π_2)와 그에 상응하는 C와 a의 값은 얼마인가? 1 m/s, 20 ℃ 물의 흐름 속에 놓인 직경 2 cm 구에 작용하는 항력은 얼마인가?

7.8절 모형과 상사법칙

7.8.1 15.5 ℃의 SAE 30 오일을 1690 liter/min의 유량으로 0.91 m 직경의 파이프라인을 통해 이송한다. 이 파이프라인의 모형을 직경 0.076 m 파이프와 15.5 ℃의 물을 작동유체로 사용하여 설계하고자 한다. 두 시스템 사이에 Reynolds 수 상사를 유지하기 위하여 모형에서 필요한 유체속도는 얼마인가?

7.8.2 (Video) 이전 디자인보다 레이스(lace) 높이가 작은 새로운 풋볼 디자인의 풍동 테스트를 수행해야 한다(비디오 V6.1 및 V6.2 참조). 테스트를 위해 Re 수와 St 수의 상사성을 유지해야 하는 것으로 알려져 있다. 표준 대학 쿼터백을 기준으로 원형의 변수는 $V = 65$ km/hr과 $\omega = 20$ rpm으로 설정하며, 여기서 V와 ω는 풋볼의 속도와 각속도이다. 풋볼의 원형은 지름이 20 cm이다. 풋볼 표면의 압력과 전단 응력을 측정하는 데 필요한 장치 때문에 모형은 2:1의 길이 척도가 필요하다(모형이 원형보다 크다). 필요한 모형의 자유유동 속도와 각속도를 구하라.

7.8.3 축 1:15의 잠수함 모형을 표준 해수면 공기가 있는 풍동에서 55 m/s로 시험하고, 원형은 바닷물에서 작동시킬 예정이다. Reynolds 수 상사가 보장되도록 원형의 속도를 결정하라.

7.8.4 어뢰의 항력 특성을 축척 1:5의 모형을 사용하여 수동(water tunnel)에서 연구하고자 한다. 수동은 20 ℃의 담수로 작동하는 반면, 원형 어뢰는 15.6 ℃의 해수에서 사용된다. 30 m/s의 속도로 움직이는 원형 어뢰의 거동을 정확하게 묘사하기 위해 수동에서는 얼마의 속도가 필요한가?

7.8.5 댐 배수로의 1:10 축척 모형을 따라 특정 지점에서 물의 속도가 3 m/s이다. 모형과 원형이 Froude 수 상사에 따라 작동한다면, 상응하는 원형에서의 속도는 얼마인가?

7.8.6 3000 m의 고도에서 390 km/hr로 비행하는 비행기의 유체역학적 특성을 1:20 축척 모형을 이용하여 조사하고자 한다. 표준 공기를 사용하여 풍동에서 모형 시험을 수행할 경우, 풍동에서 필요한 공기 속도는 얼마인가? 이 속도는 현실적인 속도인가?

7.8.7 비행기가 15 km의 고도에서 1120 km/hr의 속도로 비행할 경우, Mach 수 상사를 만족시키기 위해 8 km의 고도에서 필요한 속도는 얼마인가? 공기의 물성치는 미국 표준 대기의 특성과 일치한다고 가정한다.

7.8.8 그림 P7.8.8과 같이 직경 d의 작은 입자가 속도 V로 움직이는 유체에 의해 이송될 때, 높이 h에서 출발한 후 일정 거리 ℓ에서 지면에 가라앉는다. 다양한 인자에 따른 ℓ

의 변화를 길이 척도가 $\frac{1}{10}$인 모형을 가지고 연구하고자 하며, 다음 식을 가정한다.

$$\ell = f(h, d, V, \gamma, \mu)$$

여기서 γ는 입자의 비중량이고 μ는 유체점도이다. 모형과 원형에서 모두 동일한 유체를 사용하지만, γ(모형) $= 9 \times \gamma$(원형)이다. (a) $V = 80$ km/hr인 경우, 모형 시험은 얼마의 속도로 실행해야 하는가? (b) 특정 모형 시험에서 ℓ(모형) $= 0.24$ m인 것으로 나타났다. 이 시험에 대해 예상되는 ℓ은 얼마인가?

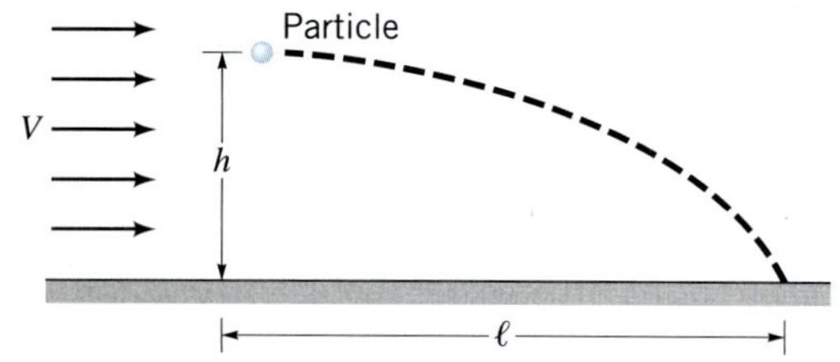

그림 P7.8.8

7.8.9 그림 P7.8.9와 같이 수평으로 놓인 매끄러운 판 위에 얇은 층의 비압축성 유체가 정상상태로 흐른다. 유체 표면은 대기에 노출되어 있으며, 정사각형의 단면을 갖는 장애물이 판 위에 놓여 있다. $\frac{1}{4}$의 길이 척도와 1.0의 유체밀도 척도를 갖는 모형이 판을 지나가는 유체의 깊이 y를 예측하기 위해 설계되었다. 관성력, 중력, 표면장력 및 점성 효과가 모두 중요하다고 가정하라. 필요한 점도 및 표면장력 척도는 얼마인가?

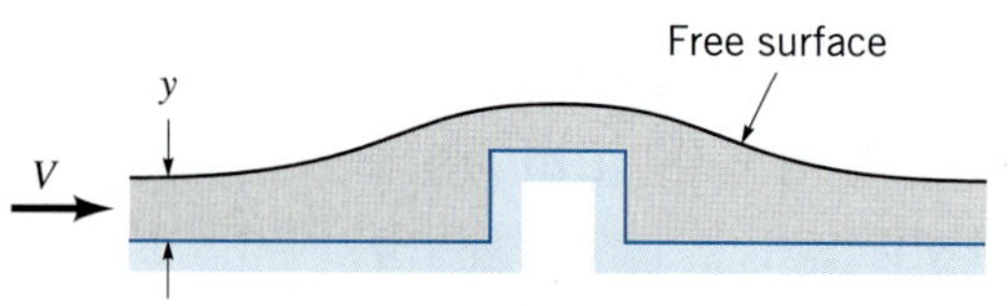

그림 P7.8.9

7.8.10 Video 그림 P7.8.10과 같이 폭풍이 발생하는 동안 눈 울타리 뒤에 눈 더미(drift)가 형성된다(비디오 V9.9 참조). 눈 더미의 높이 h는 폭풍에 의해 쌓인 눈의 인치 수 d, 울타리 높이 H, 울타리 판의 폭 b, 풍속 V, 중력가속도 g, 공기밀도 ρ, 눈의 비중량 γ_s의 함수로 가정한다. (a) 이 문제를 모형으로 연구하고자 할 때, 모형에 대한 상사조건 및 모형과 원형의 눈 더미 깊이에 대한 관계식(예측 방정식)을 구하라. (b) 48 km/hr의 바람을 동반한 폭풍에 의해 비중량이 785 N/m^{3}인 눈이 40 cm 쌓인다. $\frac{1}{2}$의 크기 척도를 갖는 모형을 사용하여 제안된 눈 울타리의 성능을 연구하고자 한다. 공기 밀도가 모형과 원형에서 동일한 경우, 모형에 필요한 눈의 비중량과 풍속을 구하라.

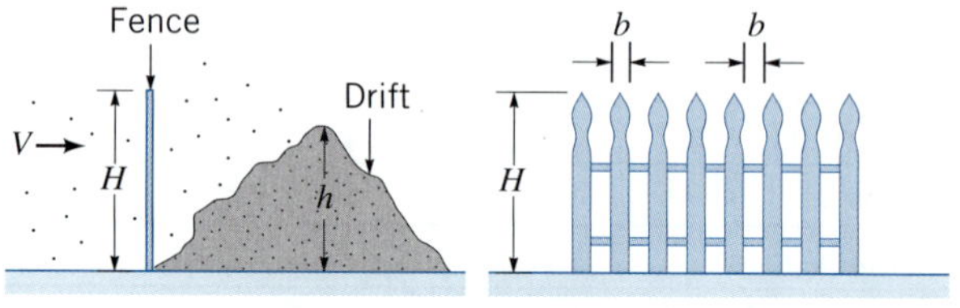

그림 P7.8.10

7.8.11 20 ℃의 에틸알코올이 흐르는 150 mm 직경 90° 엘보의 입구와 출구 사이의 압력 강하를 기하학적 상사를 갖는 모형으로 결정하고자 한다. 알코올의 속도는 5 m/s이다. 모형의 유체는 20 ℃의 물이며, 모형의 속도는 10 m/s로 제한된다. (a) 동역학적 상사를 유지하기 위해 필요한 모형 엘보의 직경은 얼마인가? (b) 모형에서 측정된 20 kPa의 압력 강하는 원형에서 어떤 값에 해당하는가?

7.8.12 1:5 축척 모형을 사용하는 어떤 모형 연구에서 Froude 수의 상사가 유지되어야 한다고 알려져 있다. 공동 현상의 발생 가능성도 조사할 예정이며, cavitation 수는 모형과 원형에서 동일해야 한다고 가정한다. 원형의 유체는 30 ℃의 물이고 모형의 유체는 70 ℃의 물이다. 원형이 101 kPa(abs)의 주위 압력에서 작동할 때, 모형 시스템에 필요한 주위 압력은 얼마인가?

7.8.13 직경이 d이고 비중량이 γ_s인 고체 구를 비중량이 $\gamma_f(\gamma_f > \gamma_s)$인 액체에 담근 뒤 놓는다. 구를 깊이 H에서 놓았을 때, 구가 액체 표면 위로 상승하는 최대 높이 h를 모형 시스템을 사용하여 결정하고자 한다. 중요한 액체 물성치는 밀도 γ_f/g, 비중량 γ_f, 점도 μ_f라고 가정할 수 있다. 모형의 설계조건과 예측방정식을 구하고, 모형 시스템과 원형 시스템에서 동일한 액체를 사용할 수 있는지 결정하라.

7.8.14 그림 P7.8.14와 같이 얇은 입자층이 수평 관의 바닥에 놓여 있다. 비압축성 유체가 관을 흐를 때, 임계 속도에서 입자가 상승하여 관을 따라 운반되는 것이 관찰된다. 이 임계 속도를 구하기 위해 모형을 사용하고자 한다. 임계 속도 V_c가 파이프 직경 D, 입자 직경 d, 유체밀도 ρ, 유체점도 μ, 입자 밀도 ρ_p, 중력가속도 g의 함수라고 가정한다.

(a) 모형에 대한 상사조건 및 모형과 원형의 임계 속도 간의 관계(예측 방정식)를 구하라. (b) 길이 척도가 $\frac{1}{2}$이고 유체밀도 척도가 1.0인 경우, (모든 상사조건이 만족한다고 가정하면) 임계 속도의 척도는 얼마인가?

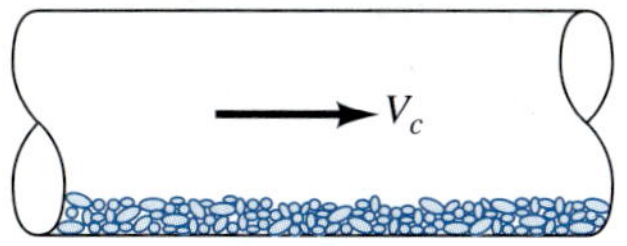

그림 P7.8.14

7.8.15 Video 그림 P7.8.15 및 비디오 V11.8과 같이 폭풍파(blast wave)에 의해 발생하는 압력상승 Δp는 폭발에서 방출된 에너지 E, 공기밀도 ρ, 음속 c, 폭발에서 떨어진 거리 d의 함수라고 가정한다. (a) 이 관계를 무차원 형태로 표현하라. (b) 에너지 방출이 E인 원형 폭발과 에너지 방출이 1/1000인 모형 폭발($E_m = 0.001E$)의 두 폭발을 고려한다. 모형 폭발에서 얼마나 떨어진 거리에서의 압력상승이 원형 폭발에서 1.6 km 떨어진 곳에서의 압력상승과 동일한가?

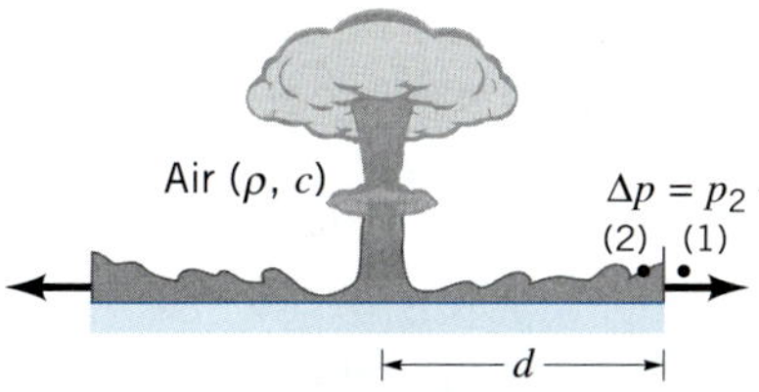

그림 P7.8.15

7.8.16 비압축성 유체가 10 cm 직경의 파이프에서 10 rad/s의 주파수로 주기적으로 진동한다($V = V_0 \sin \omega t$, V는 속도). $\frac{1}{4}$ 축척 모형을 사용하여 파이프를 따라 발생하는 (임의 순간의) 단위 길이당 압력차이 Δp_ℓ을 결정하고자 하며, 다음과 같이 가정한다.

$$\Delta p_\ell = f(D, V_0, \omega, t, \mu, \rho)$$

여기서 D는 파이프 직경, ω는 주파수, t는 시간, μ는 유체 점도, ρ는 유체밀도이다. (a) 모형에 대한 상사조건과 Δp_ℓ에 대한 예측방정식을 구하라. (b) 모형과 원형에서 동일한 유체를 사용한다면, 모형은 어떤 주파수에서 작동해야 하는가?

7.8.17 유체가 흐르고 있는 관 안에 놓인 구에 작용하는 항력 D를 실험적으로 구하고자 한다(그림 P7.8.17 참조). 항력은 구 직경 d, 관 직경 D, 유체속도 V 및 유체밀도 ρ의 함수로 가정한다. (a) 이 문제에 사용할 무차원수는 무엇인가? (b) 물을 사용한 실험에서 $d = 0.51$ cm, $D = 1.27$ cm, $V = 0.6$ m/s일 때 항력이 6.67×10^{-3} N이다. 가능하다면, 물이 1.82 m/s의 속도로 흐르는 0.609 m 직경의 관에 놓인 구에 작용하는 항력을 예측하라. 구의 직경은 기하학적 상사가 유지되도록 주어졌다. 만약 가능하지 않다면, 그 이유를 설명하라.

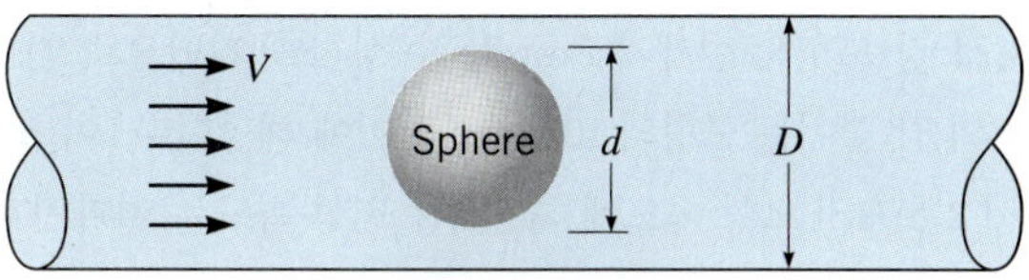

그림 P7.8.17

7.8.18 최대 특성 길이가 8 m인 새로 설계된 자동차의 항력 특성을 모형 연구를 통해 구하고자 한다. 저속(약 30 km/hr)과 고속(140 km/hr)에서의 특성에 관심이 있다. 일련의 모형 시험에서 최대 특성 길이가 1.5 m인 모형을 수용할 수 있는 비가압 풍동을 사용하고자 한다. Reynolds 수 상사를 원하는 경우, 풍동에 필요한 풍속의 범위를 결정하라. 풍속이 적절한지 설명하라.

7.8.19 1300 kPa의 절대 압력에서 작동하는 풍동에서 모형 테스트를 통해 비행기의 항력 특성을 결정하고자 한다. 원형 비행기가 표준 대기에서 385 km/hr로 순항하고 (압축성 효과를 무시할 수 있도록) 모형의 속도가 원형과 20% 이상 차이가 나지 않을 경우, Reynolds 수 상사를 유지하려면 어떤 범위의 길이 축적을 사용해야 하는가? 공기의 점도는 압력의 영향을 받지 않고, 터널의 공기 온도는 비행기가 비행할 공기의 온도와 같다고 가정하라.

7.8.20 유체 속에서 움직이는 구의 항력은 구의 직경, 속도, 유체의 점도 및 밀도의 함수로 알려져 있다. 직경 10 cm의 구에 대한 실험이 수동에서 수행되었으며, 일부 모형 데이터가 그림 P7.8.20에 주어져 있다. 이 실험에서 물의 점도는 1×10^{-3} Pa·s이고 물의 밀도는 1000 kg/m^{3}이다. 공기 중에서 1 m/s의 속도로 움직이는 직경 2.4 m의 풍선에 작용하는 항력을 예측하라. 공기의 점도는 1.8×10^{-5} Pa·s이고 밀도는 1.2 kg/m^{3}이라고 가정한다.

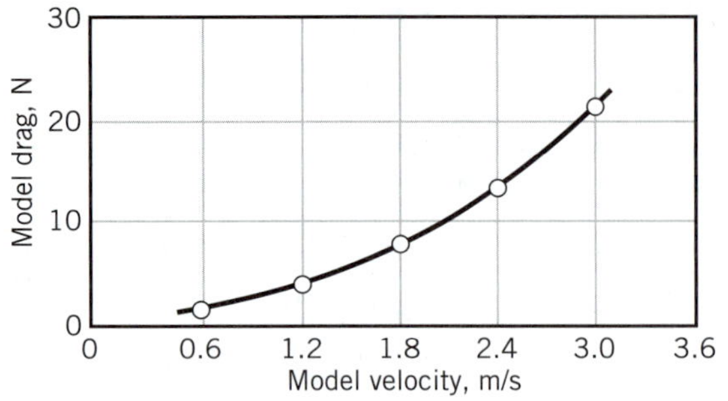

그림 P7.8.20

7.8.21 강 모형의 설계가 Froude 수 상사를 기반으로 하며, 3 m의 강 깊이는 모형의 100 mm 깊이에 해당한다. 이 조건에서 2 m/s의 모형 속도에 해당하는 원형 속도는 얼마인가?

7.8.22 20 ℃ 글리세린이 30 mm 직경의 관을 4 m/s의 속도로 흐른다. 이 시스템의 모형을 만들기 위해 표준 공기를 모형의 유체로 사용하며, 공기의 속도는 2 m/s이다. 모형과 원형 사이에 동역학적 상사가 유지되려면, 모형에 필요한 관 직경은 얼마인가?

7.8.23 새로운 자동차의 공기역학을 시험하기 위해 풍동에서 축소 모형을 시험하고자 한다. 동역학적 상사를 위해 모형과 원형 사이에 Reynolds 수가 같아야 한다. 1/10 축소 모형을 사용하고 모형과 원형이 모두 표준 공기압에 놓인다고 가정할 때, 풍동의 공기는 표준 해수면 공기 온도인 15 ℃보다 차갑게 하는 것이 좋은가 뜨겁게 하는 것이 좋은가? 이유는?

7.8.24 뭉툭한 물체를 지나는 저속의 외부 유동에서, 와류(vortices)가 물체로부터 발생한다(그림 P7.8.24 참조). 와류 흘림(vortex shedding)의 주파수 $f \doteq 1/T$는 ρ, μ, V 및 d에 따라 달라진다. 이 현상에 대해 차원해석을 수행하라. 차원해석에서 구한 무차원수를 "표준(standard)" 무차원수로 변환하라. 그 무차원수의 이름은 무엇인가? 크기비가 2:1인 동일한 형상의 두 물체를 공기 유동 내에서 테스트한다. 동역학적 상사를 위해 필요한 속도비는 얼마인가? 와류 흘림 주파수의 비율은 얼마인가?

그림 P7.8.24

7.8.25 그림 P7.8.25와 같이 영양 제품 공장에서 판형 열교환기는 유아용 분유가 판을 지나갈 때 분유를 입구 온도인 68 ℃에서 약 22 ℃만큼 냉각시킨다. 공정 엔지니어는 분유가 판을 통과할 때 30 ℃까지 식힐 수 있기를 원한다. 판형 열교환기가 현재 사용 중이므로 테스트용으로 1/2 축척 모형을 만들고자 한다. 모형에서는 분유 대신 물을 이용한다. 모형에 필요한 유량은 얼마인가?

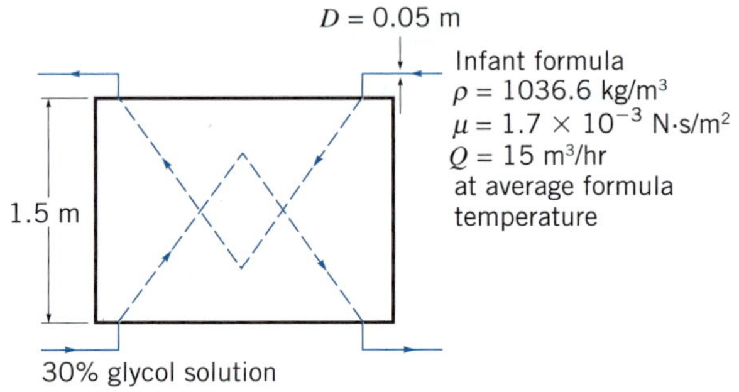

그림 P7.8.25

7.9절 대표적인 모형연구

7.9.1 주어진 형상의 원심 펌프를 지나가며 발생하는 압력 상승 Δp는 다음과 같이 나타낼 수 있다.

$$\Delta p = f(D, \omega, \rho, Q)$$

여기서 D는 임펠러의 직경, w는 임펠러의 각속도, ρ는 유체밀도, Q는 펌프를 통과하는 체적유량이다. 직경 20 cm의 모형 펌프는 실험실에서 물을 사용하여 테스트를 수행한다. 40π rad/s의 각속도로 작동할 때, 모형의 압력 상승을 Q의 함수로 나타내면 그림 P7.9.1과 같다. 이 곡선을 사용하여 0.2 m^3/s의 원형 유량에 대해 기하학적 상사인 원형 펌프의 압력상승을 예측하라. 원형은 직경이 30 cm이고 60π rad/s의 각속도로 작동한다. 원형의 유체도 물이다.

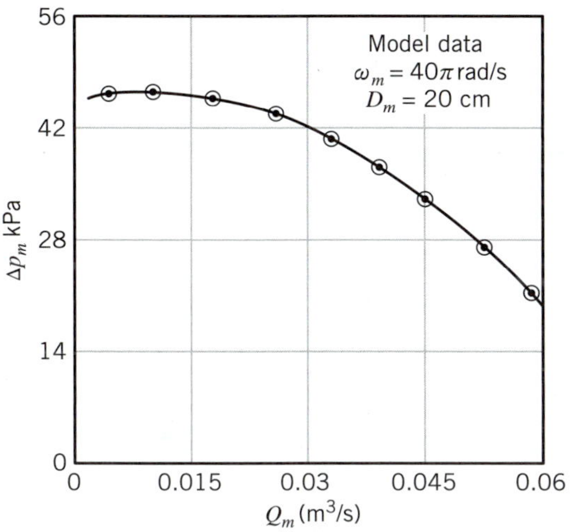

그림 P7.9.1

7.9.2 Video 대형 물고기 부화장에서 물고기들을 뚜껑이 없는 수조에서 기르고 있다. 각 수조는 모양이 거의 정사각형이고, 둥근 모서리와 매끈한 벽면을 갖고 있다. 수조 안에 유동을 만들기 위해 수조 가장자리에 있는 관을 통해 물을 공급한다. 그 물은 중앙에 있는 구멍을 통해 수조에서 배출된다(비디오 V7.9 참조). 수조 안의 다양한 위치에서 유속 V를 알기 위해 1:13 길이척도를 갖는 모형을 이용하려 한다. $V = f(\ell, \ell_i, \rho, \mu, g, Q)$라고 가정하며, ℓ은 수조 폭과 같은 특성 길이, ℓ_i는 관의 입구 직경이나 수심 등과 같은 다른 관련 길이, ρ는 유체밀도, μ는 유체점도, g는 중력가속도, Q는 수조의 배출 유량이다. (a) 이 문제에 대한 적절한 무차원수 집합과 속도에 대한 예측 방정식을 구하라. 모형에 물이 사용된다면, 모든 상사조건이 만족될 수 있는가? 필요한 계산을 통해 답을 뒷받침하고 설명하라. (b) 원래 크기의 수조에서 유량이 950 liter/min일 때, Froude 수 상사를 가정하고 모형에서 필요한 배출 유량을 구하라. 원래 크기의 수조에서 수심 80 cm에 해당하는 모형의 수심은 얼마인가?

7.9.3 Video (7.8.2.절의 "질주하는 거티"라는 제목의 광활한 유체의 세계 기사를 참조하라.) Tacoma Narrows 다리의 붕괴는 바람으로 인한 진동이 심각한 영향을 미칠 수 있음을 보여주는 극적인 예이다. 유체가 어떤 물체 주위를 지나갈 때, 물체에 진동하는 힘을 가할 수 있는 와류가 주기적으로 생성되어 방출된다. 떨어져 나가는 와류의 진동수가 물체의 고유진동수와 일치하면, Tacoma Narrows 다리의 경우와 같이 물체에 큰 변위를 유발시킬 수 있다. 이러한 현상을 설명하기 위해 원형 실린더를 지나는 유체 유동을 고려하자(비디오 V7.5 참조). 이 실린더 뒤로 방출되는 와류의 주파수 n은 실린더 직경 D, 유체 속도 V, 동점성계수 υ의 함수로 가정한다. (a) 이 문제에 대한 적절한 무차원수 집합을 구하라. 무차원수 중 하나는 Strouhal 수 nD/V이어야 한다. (b) 비압축성 Newton 유체에서 특정 실린더를 사용하여 측정한 와류의 흘림 주파수(단위 Hz)는 그림 P7.9.3과 같다. 이 결과가 임의의 유체에 있는 어떤 원형 실린더에 대해서도 방출 주파수를 예측하는 데 사용 가능한 "보편적 곡선"인지 설명하라. (c) 직경 2.5 cm, 길이 4 m인 막대 형태의 구조 요소가 19 Hz의 고유 주파수를 갖는 외팔보 역할을 한다. 그림 P7.9.1의 데이터에 기초하여 이 막대가 고유 주파수로 진동하게 만드는 바람의 속도를 예측하라. 힌트 시행착오법을 사용하라.

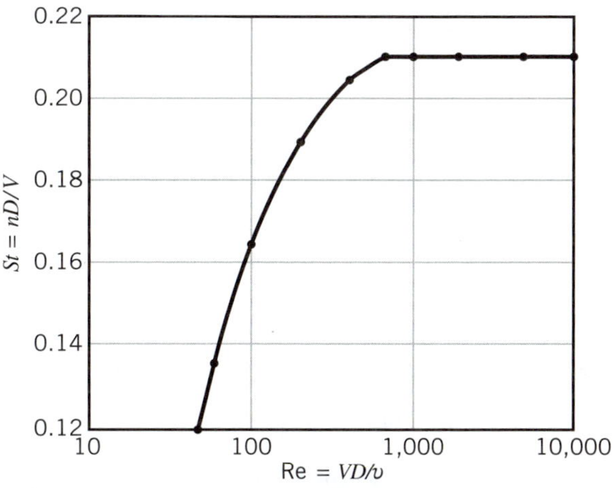

그림 P7.9.3

7.9.4 (7.9.3절의 "얼음 공학"이라는 제목의 광활한 유체의 세계 기사를 참조하라.) 강에 떠다니는 얼음 덩어리가 교각에 작용하는 힘을 구하기 위해 모형 연구를 수행할 예정이다. 관심 교각의 단면은 정사각형이다. 힘 R은 교각 폭 b, 얼음 두께 d, 얼음 속도 V, 중력가속도 g, 얼음 밀도 ρ_i, FL^{-2}의 차원을 갖는 얼음강도 E_i의 함수로 가정한다. (a) 이 변수들에 기초하여 이 문제에 대한 적절한 무차원수 집합을 결정하라. (b) 관심 있는 원형 조건은 30 cm의 얼음 두께와 2 m/s의 얼음 속도를 포함한다. 길이 척도가 1/10이 되려면, 필요한 모형얼음의 두께와 속도는 얼마인가?

(c) 모형얼음과 원형얼음의 밀도가 같다면, 모형얼음이 원형얼음과 동일한 강도를 가질 수 있는지 설명하라.

7.9.5 Video 비디오 V7.9에서 설명한 것처럼 복합건물 근방의 배기 굴뚝에서 배출되는 기체 오염물질의 확산을 연구하기 위해 모형이 흔히 사용된다. 오염원에 대한 상사 조건에 다음의 독립변수들이 포함된다: 굴뚝가스 속도 V, 바람속도 U, 대기의 밀도 ρ, 대기와 굴뚝가스의 밀도차 $\rho - \rho_s$, 중력가속도 g, 굴뚝가스의 동점성계수 υ_s, 굴뚝 직경 D. (a) 이 변수들에 기초하여 오염원을 모델링하는 데 필요한 적절한 일련의 상사조건을 구하라. (b) 이 유형의 모형에서 전형적인 길이척도는 1:200일 수 있다. 모형과 원형에 동일한 유체를 사용한다면, 상사조건을 만족할 수 있는가? 필요한 계산을 수행하여 답을 설명하고 뒷받침하라.

7.9.6 탁구공 주위에서 공기를 위로 불어주면, 공기 흐름에 의해 탁구공의 높이가 유지된다. 탁구공은 질량 3 g, 직경 $D_1 = 4$ cm이고, 공기 흐름은 $V_1 = 1$ m/s의 속도로 위로 향한다. 이 시스템에 대해 직경 D_2, 밀도 $\rho_{b_2} = 2710$ kg/m^{3}인 속이 꽉 찬 공 위로 속도 V_2의 물을 위로 분사하여 모델링하려 한다. 두 경우 모두 공의 순중량 W_b은 항력과 같다.

$$W_b = \frac{C_D \rho A V^2}{2}$$

여기서 $C_D = 0.60$, ρ는 유체밀도, A는 공의 투영면적, V는 공의 상류에 있는 유체의 속도이다. V_2와 D_2의 가능한 모든 조합을 구하라. 힌트: 공에 작용하는 항력 및 부력과 공의 무게를 포함한 힘의 평형이 필요하다.

7.9.7 한 회사가 직경 5.0 m까지 기하학적으로 상사인 비행기 프로펠러를 제조한다. 풍동 실험은 직경 0.25 m까지 기하학적으로 상사인 프로펠러에 대해 실행된다. 5.0 m 프로펠러에 대한 0.33 m 모형 실험에서 공기속도는 50 m/s이다. 모형의 회전속도는 2500 rpm, 추력은 100 N, 프로펠러 입력 토크는 30 N·m이다. 100 m/s의 비행기 속도에 해당하는 원형의 회전속도, 추력 및 입력 토크를 계산하라. Reynolds 수와 Mach 수는 그다지 중요하지 않다.

7.9.8 새로운 비행선이 20 ℃ 공기에서 6 m/s로 운항될 예정이며, 항력을 예측하려고 한다. 20 ℃ 물에서 1:13 축척 모형을 사용하여 모형에 작용하는 항력이 2500 N으로 측정되었을 때, (a) 필요한 물의 속도, (b) 원형 비행선에 작용하는 항력 및 (c) 공기 중에서 원형 비행선을 추진하는 데 필요한 동력을 구하라.

■ 평생학습 문제

7.1 LL 미세유체공학은 마이크로 스케일로 제작된 장치에서의 유체 흐름을 연구하는 학문이다. 미세유체공학의 발전은 과학자와 공학자들이 "랩온어칩(lab-on-a-chip)"으로 알려진 소형장치를 사용하여 실험을 수행하는 능력을 향상시켜 왔다. 상업적으로 이용 가능한 랩온어칩 장치에 대한 정보를 수집하고 그 기능을 조사하라. 조사 내용을 간단한 보고서로 요약하라.

7.2 LL 어떤 유형의 공기역학적 풍동 시험에서는 모형과 원형 사이에 Reynolds 수와 Mach 수를 동시에 일치시키는 것이 어렵다. 엔지니어들은 가압 풍동과 유동 온도를 낮추는 것을 포함하여 이 문제에 대한 몇 가지 잠재적인 해결책을 개발했다. 극저온 풍동에 대한 정보를 수집하고 장점 및 단점을 설명하라. 조사 내용을 간단한 보고서로 정리하라.

7.3 LL 본문에서 언급한 바와 같이 이름이 지정된 공통 무차원수가 많이 있다. 이 장에서 고려하지 않은 최소 20개의 공통 무차원수를 찾아서 조사하라. 조사한 무차원수의 이름, 정의, 물리적 의미와 함께 다른 무차원수와 유사한지 또는 다른 무차원수를 결합하여 만들 수 있는지에 대해 보고서를 작성하라.

CHAPTER 8

관 내부 점성 유동

학습목표

이 장을 학습한 후, 다음을 할 수 있어야 한다.

- 관 내부 유동의 다양한 특징을 확인하고 이해한다.
- 층류와 난류 관 유동에서의 주요 물성치들을 토론하고 그것들의 차이점을 인식한다.
- 관 직선 부분과 다양한 관 시스템 구성물에서의 손실을 계산한다.
- 관에서의 다양한 유동현상을 분석하기 위한 적절한 방정식과 이론을 적용한다.
- 일반적인 유량계를 사용하여 관 내의 유량을 예측한다.

Video
V8.1 난류제트

이 장에서는 기본적인 질량, 운동량, 그리고 에너지 보존법칙들을 구체적이고 중요한 문제 즉, 관 및 덕트 내의 비압축성 점성유체의 유동에 적용시킨다. 전형적인 **관 시스템**의 기본적인 몇 가지 구성요소를 그림 8.1에서 보여주고 있다. 여기에서는 여러 개의 관(지름이 다를 수 있음) 시스템을 형성하기 위해 각각의 관을 연결하는 관이음(fitting), 유량 조절장치(밸브) 그리고 유체에 에너지를 공급하거나 유체로부터 흡수하는 펌프와 터빈 등이 있다.

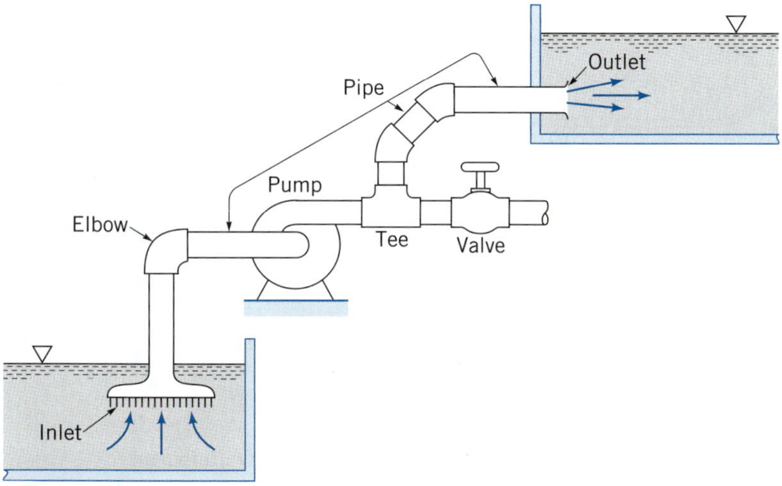

그림 8.1 일반적인 파이프 시스템 구성요소

8.1 관 유동의 일반적인 특성

관은 흐르는 유체로 완전히 채워져 있다고 가정된다.

여러 가지 지배방정식을 관 유동에 적용하기 전에, 관 유동의 기본적인 개념을 논할 것이다. 별 다른 언급이 없는 한, 도관은 원형이라고 가정한다. 다만 다른 형상들에 대해서는 다루는 방법을 알려줄 것이다. 이 장에서 다루어지는 모든 유동에 대해서, 관은 수송되는 유체로 완전히 채워져 있다고 가정한다.

8.1.1 층류 또는 난류 유동

Video

V8.2 층류/난류 관 내부 유동

흐름은 층류, 천이 혹은 난류일 수 있다.

관 내의 유체의 유동은 층류 유동이거나 또는 난류 유동이다. 영국의 과학자이자 수학자인 Osborne Reynolds는 그림 8.2a 및 여백의 그림에서와 같은 간단한 장치를 이용하여, 이 두가지 종류의 유동에 대한 차이점을처음으로 구분하였다. Reynolds는 중력으로 인해 물이 흐르는 파이프에 염료를 주입했다. 파이프의 입구 영역은 그림 8.2a에 도시되어 있다. 물이 직경 D의 관을 통해 V의 평균 속도로 흐를 경우, 그림과 같이 중성적으로 부력된 염료를 주입하면 다음과 같은 특성이 관측된다. "충분히 적은 유량"에서 물감선(유맥선)은 물감의 분자확산에 의해 주위의 물로 스며들어 약간 흐릿하지만, 거의 뚜렷한 선을 남긴다. 약간 더 많은 "중간 정도 유량"에서는 물감선이 시간과 공간에서요동하며, 선을따라불규칙한거동이간헐적으로나타난다. 그러나, "충분히 많은 유량"에서는 물감선이 불규칙한 형태로 관 전영역에 순간적으로 퍼지고 확산된다. **층류**, **천이** 그리고 **난류 유동**으로 명명되는 이러한 3가지 유동 특성을 그림 8.2b에 보였다.

그림 8.3에 나타난 곡선은 흐름의 A 지점에서 시간의 함수로서 속도의 x 성분을 나타낸다. 난류 유동의 무작위 변동(관련 입자 혼합)은 관 전체에 염료를 분산시키고 그림 8.2b

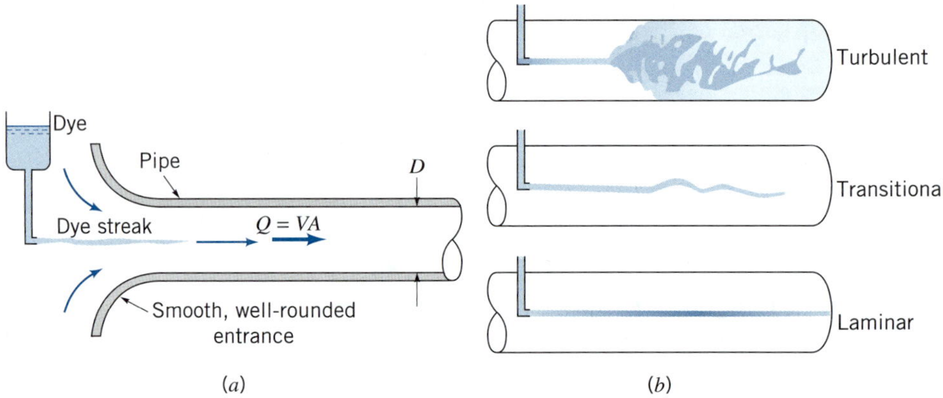

그림 8.2 (a) 흐름의 유형을 설명하는 실험 (b) 일반적인 염료의 줄무늬

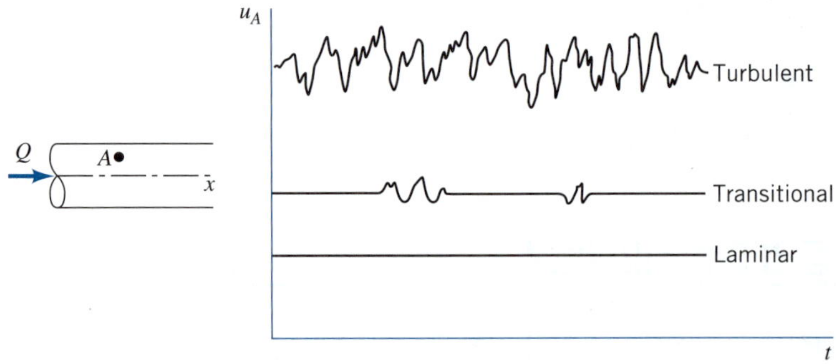

그림 8.3 한 지점에서의 유체속도의 시간 의존성

에 표시된 것처럼 흐릿한 모습을 유발한다. 관 내 층류 유동의 경우, 속도 성분은 하나뿐이다, $\mathbf{V} = u\hat{\mathbf{i}}$. 난류 유동의 경우, 속도의 주요 요소도 관을 따라가지만, 불안정하고 파이프 축에 수직인 것처럼 보이는 임의의 구성 요소가 수반된다, $\mathbf{V} = u\hat{\mathbf{i}} + v\hat{\mathbf{j}} + w\hat{\mathbf{k}}$. 전형적인 유동에서 그러한 움직임은 우리의 눈이 따라가기에는 너무 빨리 일어난다. 유동의 슬로우 모션 사진은 유동의 불규칙하고, 겉보기에 무작위적이며, 격동적인 특성을 더 명확하게 드러낼 수 있다.

앞 절에서의 유량은 Reynolds 수 $\text{Re} = \rho VD/\mu$로 대체되어야 하며, 여기서 V는 관 안에서의 평균속도이다. 즉, 관 유동이 층류, 천이, 또는 난류라는 것은 Reynolds 수가 "충분히 작다", "중간정도", 또는 "충분히 크다"라는 것이 된다. 유동의 특성을 결정하는 데에는 유체의 속도뿐만 아니라 밀도, 점성계수 그리고 관 크기도 중요하다. 이러한 매개변수를 결합시키면 Reynolds 수가 된다. 일반적인 공학적 목적으로는(즉, 교란을 제거하기 위한 특별한 조치 없이), 다음에 제시하는 값이 적절하다. 즉, 원형 관내의 유동이 만약 Reynolds 수가 약 2100보다 작으면 층류이다. 그리고 약 4000보다 크면 난류이다. Reynolds 수가 이 두 값 사이에 있는 유동은 층류와 난류의 상태가 불규칙한 형태로 전환되는 유동이다(천이유동).

관 유동의 특징은 Reynolds 수에 의존한다.

Video

V8.3 관 유동에서의 간헐적인 난류 폭발

광활한 유체의 세계

Nanoscale 유동

nanoscale이라는 용어는 일반적으로 원자 규모에서 수백 나노미터(nm)까지의 특성 길이를 가지는 물체를 가리킨다.(구체적으로 1nm = 10^{-9} m) nanoscale 유체역학 연구자들은 최근에 놀랍고도 유용한 많은 현상들을 밝혀 내었다. 의심의 여지없이 아직도 밝혀내야 할 것들이 많다. 예를 들어, 연구자들은 장차 nanoscale 튜브를 인체 내 필요 적소에 아주 소량의 수용성 약물을 투입할 때 사용할 수 있기를 기대하고 있다. nanoscale 튜브의 직경은 매우 작기 때문에 유동의 Reynold수는 굉장히 작으며 유동은 분명히 층류가 된다. 더욱이 일반적인 유동에서의 몇몇 표준물성치들(예를 들어 유체가 고체 경계에 들러붙는다는 사실)은 nanoscale 유동에서는 유효하지 않다. 또, 직경이 극도로 좁은 기계 펌프나 밸브는 제작하기가 어렵고 생물분자와 같은 작은 입자로 인해 막힐 수도 있다. 이러한 문제들을 해결하기 위해 연구자들은 기계부품을 사용하지 않는 시스템을 연구하고 있다. 그 중 하나는 튜브의 표면에 빛에 민감한 분자를 부착하여 이용하는 것이다. 빛을 비추면, 이 분자는 빛에 반응하여 물을 끌어당겨 물이 튜브를 통하여 흐르게 만든다.

예제 8.1 | 층류 혹은 난류 유동

주어진 사항 그림 E8.1a와 같이 10 ℃의 물이 직경 D = 0.0185 m인 관을 통해서 유리잔 속으로 흐른다.

해결과제

(a) 관 유동을 층류로 가정할 때, 물로 0.00035 m^3 유리잔을 채우는 데 필요한 최소시간을 구하라. 수온이 60℃인 경우, 계산을 반복하시오.

(b) 유동이 난류일 때, 유리잔을 채우는 데 필요한 최대시간을 구하라. 수온이 60 ℃인 경우, 계산을 반복하시오.

풀이

(a) 관 유동이 층류이면, 층류유동에 대한 최대 Reynolds 수 $\text{Re} = \rho VD/\mu = 2100$일 때, 유리잔을 채우는 시간이 최소가 된다. 따라서 $V = 2100\ \mu/\rho\text{D}$, 여기서 표 B.1로부터, 10 ℃에서 $\rho = 999.57\ \text{kg/m}^3$, $\mu = 1.307 \times 10^{-3}$ $\text{N} \cdot \text{s/m}^2$이다. while $\rho = 983.2\ \text{kg/m}^3$ and $\mu = 4.665$

$\times 10^{-4}$ Pa · s at 60 ℃ .따라서 관 내 층류유동에서의 최대평균 속도는

$$V = \frac{2100\mu}{\rho D} = \frac{2100(1.307 \times 10^{-3} \text{ Pa} \cdot \text{s})}{(999.57 \text{ kg/m}^3)(0.0185 \text{ m})}$$
$$= 0.148 \text{ m/s}$$

이다.

$\forall$유리잔의 체적, 그리고 $\forall Qt$이므로 아래와 같이 된다.

$$t = \frac{\forall}{Q} = \frac{\forall}{(\pi/4)D^2V} = \frac{4(0.00035 \text{ m}^3)}{(\rho(0.0185)^2(0.148) \text{ m/s})}$$
$$= 8.805 \text{ s at } T = 10 \text{ °C}$$

마찬가지로, 60 ℃에서 $t = 24.4$ s이다. 층류 유동을 유지하기 위해 점성이 낮은 뜨거운 물은 차가운 물보다 낮은 유량을 필요로 한다.

(b) 만약 관 유동이 난류라면, 유리잔을 채우는데 필요한 최대시간은 난류 유동에 대한 최소 Reynolds 수, Re = 4000에서 일어난다. 따라서, 난류 유동에 대한 최소 Reynold 수를 만족하는 속도($V = 4000\ \mu/\rho D = 0.282$ m/s)에서 유리잔을 채우는 데 필요한 최대 시간은

$$t = 4.65 \text{ s at } 10 \text{ °C} \qquad \text{(답)}$$

마찬가지로, 60 ℃에서 $V = 0.103$ m/s 및 $t = 12.8$ s이다.

보충설명 물은 그다지 점성이 크지 않기 때문에 층류를 유지하기 위해서는 속도가 충분히 작아야 한다. 일반적으로 대부분의 일반적인 유체들(물, 휘발유, 공기)에서는 상대적으로 점성계수가 작기 때문에 층류유동보다는 난류유동을 흔하게 볼 수 있다. 물의 온도 T를 좀 더 다양하게 주고 (온도에 따라서 물의 밀도와 점성계수가 변하므로) 계산을 반복하였을 때 그 결과가 그림 E8.1b에 나와 있다. 물의 온도가 증가할수록 동점성계수 $\upsilon = \mu/\rho$는 작아지고, 그림에서처럼 유리잔에 물이 채워지는 시간이 증가하게 된다. (기체의 점도에 대한 온도 영향은 반대이며, 온도가 상승하면 점도가 증가한다.)

만약 흐르고 있는 유체가 동점성계수($\upsilon = \mu/\rho$)가 물보다 3000배 이상 큰 벌꿀이라면, 위에서 계산된 속도는 3000배로 증가하고 시간은 같은 비율로 감소한다. 다음절에서 볼 수 있겠지만, 점성계수가 아주 큰 유체가 관을 이런 빠른 속도로 통과하기 위해 필요한 압력은 상당히 크다.

그림 E8.1a

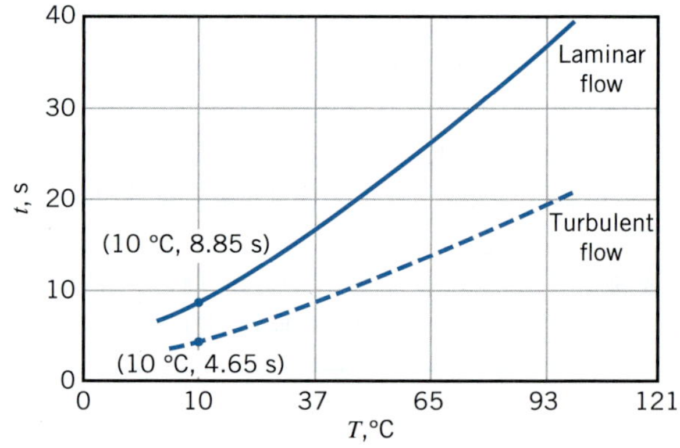

그림 E8.1b

8.1.2 입구영역과 완전발달 유동

관 안을 흐르는 어떠한 유체든 어떤 위치에서 관으로 유입되어야만 한다. 유체가 관으로 유입되는 입구 부근의 유동영역을 **입구영역**이라 하고 그림 8.4에 나타나 있다. 이것은 아마도 탱크에 연결된 파이프의 일정 피트정도되는 처음부분 혹은 용해로에서 나오는 뜨거운 공기 덕트의 긴 실행의 초기 부분일 수 있다.

그림에서 보는 바와 같이, 유체는 일반적으로 단면 (1)에서 거의 균일한 속도분포로 관

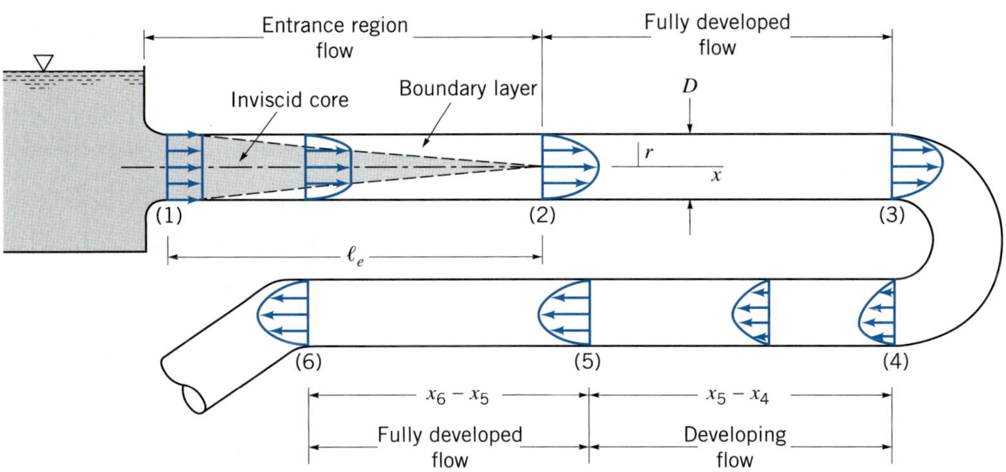

그림 8.4 파이프 시스템에서 입구 영역, 발달하는 흐름, 그리고 완전히 발달된 흐름

으로 들어간다. 유체가 관을 통해 흐를 때, 점성 효과로 인해 관벽에 달라붙게 된다(점착 경계 조건). 이것은 유체가 상대적으로 점성이 없는 공기이건 혹은 점성이 큰 기름이건 상관없이 사실이다. 그러므로 점성효과가 중요한 구역인 **경계층**이 관의 벽면을 따라 형성된다. 경계층은 유체가 하류로 이동함에 따라 두께가 커진다. 경계층 외부의 유체의 경우 [중심선을 (1)부터 (2)까지 둘러싸고 있는 비점성 코어 내] 점성 효과는 무시할 수 있다. 경계층 내의 유체 속도가 감소하기 때문에, 모든 단면에서 일정한 질량유동을 유지하기 위해 비점성 코어 유체는 하류로 이동할 때 가속되어야 한다. 이로 인해 초기의 속도분포는 입구길이의 끝인 단면(2)까지 관의 x방향을 따라 변하며, 이후에는 x방향을 따라서는 변하지 않는다. 경계층은 관을 완전히 채울 때까지 두꺼워진다.

관 내 속도분포의 모양은 입구길이 ℓ_e처럼, 유동이 층류 혹은 난류에 따라 다르다. 파이프 유동의 다른 많은 특성과 마찬가지로 **무차원 입구 길이**, ℓ_e/D는 레이놀즈 수와 굉장히 많이 연관되어 있다.

일반적인 입구길이는 다음과 같이 주어진다.

$$\frac{\ell_e}{D} = 0.06 \text{ Re for laminar flow} \tag{8.1}$$

그리고

$$\frac{\ell_e}{D} = 4.4 \,(\text{Re})^{1/6} \text{ for turbulent flow} \tag{8.2}$$

입구 거리는 Reynolds 수의 함수다.

레이놀즈 수가 매우 낮은 유동의 경우 입구 길이가 상당히 짧을 수 있는 반면, (Re = 10인 경우, $\ell_e = 0.6D$) 레이놀즈 수가 큰 층류의 경우 입구 영역의 끝에 도달하기까지 많은 파이프 직경과 같은 길이가 사용될 수 있다 (Re = 2000의 경우, $\ell_e = 120D$). 여러 실제 엔지니어링 문제의 경우, $10^4 < \text{Re} < 10^5$, 즉 인접한 그림에 표시된 것처럼, $20D < \ell_e < 30D$.

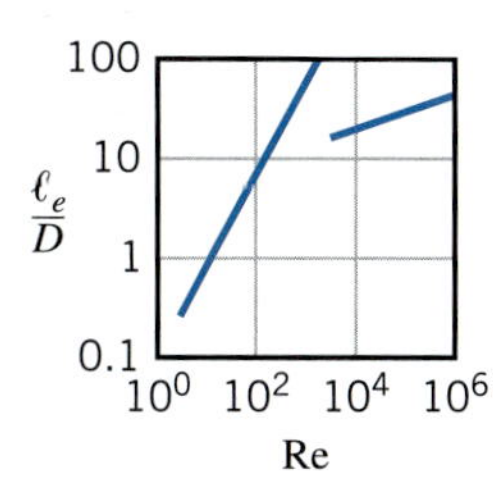

입구 영역 내의 속도 프로파일 및 압력 분포의 계산은 매우 복잡하다. 유체가 입구영역

의 끝인 그림 8.4에서의 단면 (2)에 도달하면, 속도는 단지 관 중심선으로부터의 거리 r만의 함수이고, x에 대해서는 독립적이다. 이것은 단면 (3)에서 유체가 관지름이 변하거나 또는 곡관, 밸브 등의 다른 부속물을 지나면서 특성이 달라질 때까지 변화가 없다. 단면 (2)와 단면 (3) 사이의 유동을 "**완전발달 유동**"이라고 한다. 완전발달유동이 방해물을 벗어나면[단면 (4)], 유동은 점차 완전히 발달된 특성으로 되돌아가기 시작하며[단면 (5)], 다음의 관 시스템 요소에 도착할 때까지 이 분포를 유지한다[단면 (6)]. 일반적으로, 구성요소에 의한 현상 유량은 입구 길이보다 짧다. 대부분의 경우 파이프는 충분히 길어서 발달중인 유동 길이에 비해 완전 발달된 유동의 상당한 길이가 존재한다 [$(x_3 - x_2) \gg \ell_e$ 및 $(x_6 - x_5) \gg (x_5 - x_4)$]. 다른 경우는 파이프 시스템의 한 지점과 다음 지점 사이의 거리가 너무 짧아서 완전 발달된 유동이 형성되지 않았다.

8.2 완전발달 층류 유동

완전히 발달된 유동의 경우, 속도분포를 알면 압력강하, 수두손실, 유량 등과 같은 다른 유용한 정보를 직접 알 수 있다. 먼저 완전 발달된 층류 유동에 대한 속도분포식을 유도한다. 만약 유동이 완전히 발달되지 않았다면, 이론적 해석은 매우 복잡해지고 이 책에서 다룰 수 있는 범위를 벗어난다. 유동이 난류인 경우에도 엄밀한 이론적 해석은 아직 가능하지 않다.

8.2.1 유체요소에 $\mathbf{F} = m\mathbf{a}$를 직접 적용하는 방법

정상이고 완전히 발달된 관 유동은 가속도가 없다.

그림 8.5에서 보여주고 있는 것과 같이 시간 t일 때의 유체요소를 생각하자. 이 유체요소는 길이가 ℓ이고 반지름이 r인 원형실린더이고, 그 중심은 지름 D인 수평관의 축과 일치한다. 관의 단면에서의 속도분포는 균일하지 않기 때문에 그림 8.5에서 보듯이 시간 t일 때 평평했던 유체실린더의 양끝은 관을 따라 시간이 $t + \delta t$일 때의 새로운 지점으로 이동하면서 모양이 일그러진다. 만일 유동이 충분히 발달되고 정상상태라면, 여백의 그림에서 보듯이 유체요소의 양끝에서의 일그러짐은 같고, 흐르는 유체요소의 어느부분도 가속되지 않는다.

유동이 일정하기 때문에 국소 가속도는 0이고 ($\partial \mathbf{V}/\partial t = 0$), 유동이 완전히 발달했기 때문에 대류 가속도는 0이다 ($\mathbf{V} \cdot \nabla \mathbf{V} = u\, \partial u/\partial x \hat{\mathbf{i}} = 0$). 비록 이웃하는 입자들의 속도는

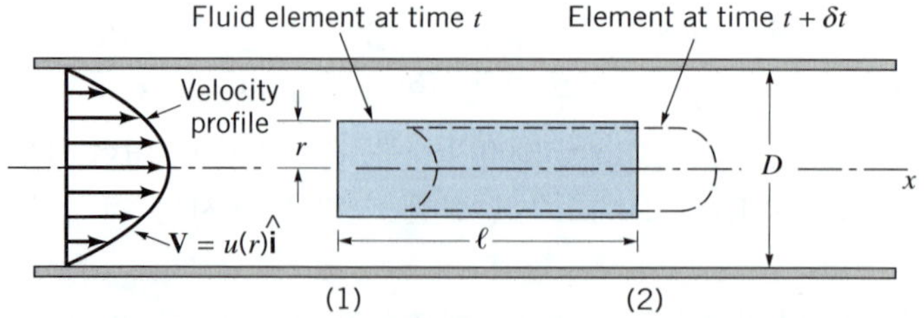

그림 8.5 관내에서 실린더형 유체요소의 운동

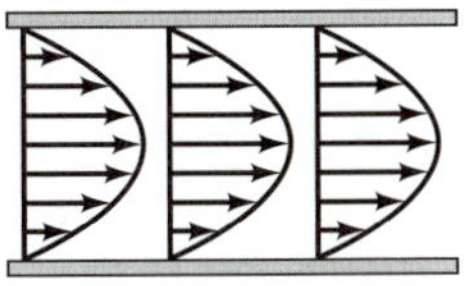

속도 프로파일

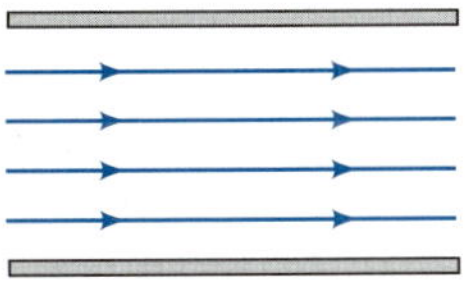

유선

약간 다르더라도 유체의 모든 부분의 유동은 단지 일정한 속도에서 관과 나란하게 유적선을 따라 흐른다. 속도는 유적선에 따라 다르다. 이 속도 변화는 유체점성과 결합하여 전단응력을 발생시킨다. 중력의 영향을 무시하면, 압력은 관을 따라서 변할지라도, 관의 수직단면에서는 일정하다.

따라서 단면 (1)에서 압력이 $p_2 = p_1 - \Delta p$ 이라면 단면 (2)에서의 압력은 Δp 이다. 여기서 p는 단면 (1)과 (2) 사이 압력 감소이다. 압력이 유동방향으로 감소한다고 가정하면 $\Delta p > 0$이다. 전단응력 τ는 유체실린더의 표면에 작용한다. 이 점성응력은 실린더의 반지름의 함수 $\tau = \tau(r)$이다.

유체정역학 해석(2장)에서와 같이, 유체실린더를 그림 8.6처럼 따로 떼어서 Newton의 제 2법칙 $F_x = ma_x$를 적용시킨다. 이 경우, 유체는 운동하고 있지만 가속도가 없기 때문에 $ax = 0$이다. 따라서, 완전 발달된 수평관 유동은 단지 압력과 점성력 사이의 균형이다. – 면적 πr^2의 실린더 끝에 작용하는 압력 차이 및 면적 $2\pi r\ell$의 실린더 측면 표면에 작용하는 전단 응력. 이 힘의 균형은 다음과 같이 쓸 수 있다.

$$(p_1)\pi r^2 - (p_1 - \Delta p)\pi r^2 - (\tau)2\pi r\ell = 0$$

이를 간단히 정리하면 아래와 같이 된다.

$$\frac{\Delta p}{\ell} = \frac{2\tau}{r} \tag{8.3}$$

방정식 (8.3)은 각 유체 입자를 일정한 속도로 관을 따라 구동하는 데 필요한 힘의 기본 균형을 나타낸다. Δp 나 ℓ은 둘 다 반지름 방향 r의 함수가 아니기 때문에 $2\tau/r$은 r에 무관해야 한다.

즉, $\tau = Cr$이며, C는 상수이다. $r = 0$ (관의 중심선)에서는 전단응력이 없으며($\tau = 0$), $r = D/2$(관의 벽면)에서는 전단응력이 최대가 되고, 이를 **벽전단응력**이라 하며 τw로 표시한다. 따라서, $C = 2\tau_w/D$이고 관에서의 전단응력분포는 그림 8.6에서와 같이 반경방향 좌표의 선형함수이다.

$$\tau = \frac{2\tau_w r}{D} \tag{8.4}$$

그림 8.7에서 명시했듯이, r에 대한 τ의 선형 의존성은 압력이 r^2에 비례하고 (즉, 압력은 유체 실린더의 끝에 작용한다; 면적 $= \pi r^2$), 전단력이 r에 비례하는 결과이다 (즉, 전단 응력은 실린더의 측면부에 작용한다; 면적 $= 2\pi r\ell$). 점도가 0이면 전단 응력이 없고, 수평관 전체에 걸쳐 압력이 일정할 것이다($\Delta p = 0$). 식(8.3)과 식(8.4)에서 볼 수 있듯이,

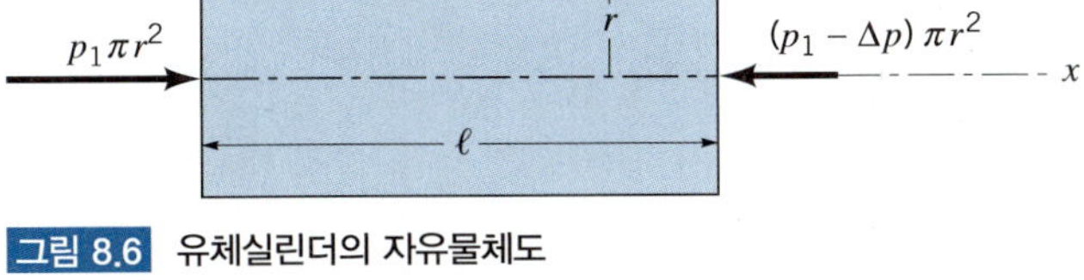

그림 8.6 유체실린더의 자유물체도

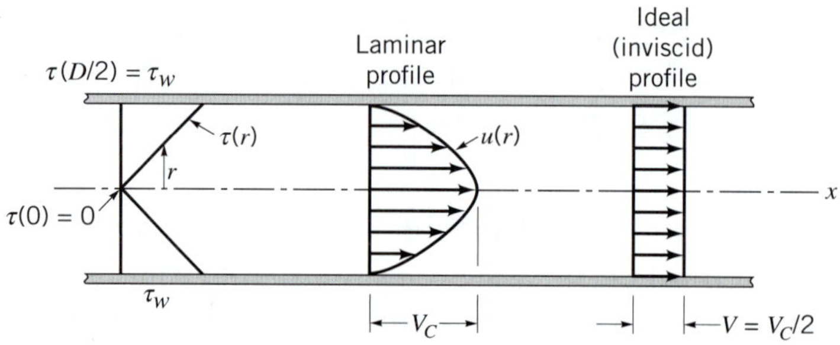

그림 8.7 관내에서 유체의 전단응력 분포 (층류 혹은 난류) 및 일반적인 속도 분포

기본적인 수평관 흐름은 점성력과 압력사이의 균형에 의해서 결정된다.

압력강하와 벽전단응력은 다음과 같은 관계가 있다.

$$\Delta p = \frac{4\ell\tau_w}{D} \tag{8.5}$$

파이프가 상대적으로 길고 ($\ell/D \gg 1$) 전단 응력이 작으면 압력 차이가 클 수 있다. 층류 유동에 대해 논의하고 있지만, 식(8.3), 식(8.4) 및 식(8.5)의 도출과 관련된 가정을 더 자세히 살펴보면 이러한 방정식이 층류 및 난류 유동 모두에 유효하다는 것을 알 수 있다. 더욱 진보된 해석을 위해서는 전단응력과 속도와의 관계를 알 필요가 있다. 이것은 층류 유동과 난류 유동에 대한 해석을 구분하는 필수적인 과정이다. 층류 유동 특성은 해석이 가능하지만, 난류 유동 특성은 임의의 가정 없이는 해석할 수 없다. 8.3절에서 논의하겠지만, 난류 유동에서의 전단응력의 영향은 매우 복잡하다. 그러나 Newton 유체의 층류 유동에서는 전단응력이 단순히 속도기울기에 비례한다. 즉, "$\tau = \mu\, du/dy$"이다(1.6절을 참 조). 논의 중인 관 유동에 적용시키면 다음과 같이 된다.

$$\tau = -\mu \frac{du}{dr} \tag{8.6}$$

음의 부호는 $du/dr < 0$ (관 중심선에서 벽으로 갈수록 속도가 감소)일 때 $\tau > 0$가 됨을 의미한다. 식(8.3)과 식(8.6)은 수평 파이프 내에서 뉴턴 유체의 완전히 발달된 층류 유동에 대한 두 가지 법칙을 나타낸다. 하나는 뉴턴의 제2운동법칙이고, 다른 하나는 뉴턴 유체의 정의이다. 식(8.3)(Newton의 제 2법칙)과 식(8.6)(Newton 유체의 정의)을 조합하면

$$\frac{du}{dr} = -\left(\frac{\Delta p}{2\mu\ell}\right)r$$

을 얻을 수 있고, 이 식을 적분하면 아래와 같은 속도분포를 얻을 수 있다.

$$\int du = -\frac{\Delta p}{2\mu\ell}\int r\, dr$$

또는

$$u = -\left(\frac{\Delta p}{4\mu\ell}\right)r^2 + C_1$$

여기서 C_1은 적분상수이다. 점성유체이므로 유체는 관 벽에 달라붙어 $r = D/2$에서 $u = 0$이 되고, $C_1 = (\Delta p/16\mu\ell)D^2$이 되며, 속도분포는 다음과 같이 쓸 수 있다.

$$u(r) = \left(\frac{\Delta pD^2}{16\mu\ell}\right)\left[1 - \left(\frac{2r}{D}\right)^2\right] = V_c\left[1 - \left(\frac{2r}{D}\right)^2\right] \tag{8.7}$$

여기서, $V_c = \Delta pD^2/(16\mu\ell)$는 중심축에서의 속도이다. ($r = 0$으로 설정하여 V_c를 얻을 수 있다.) $R = D/2$가 파이프 반지름인 경우 벽면 전단 응력과 압력 기울기(식 8.5와 8.7) 사이의 관계를 사용하여 대체할수 있는 수식을 쓸 수 있다.

특정 조건하에서 관내의 속도 프로파일은 포물선이다.

$$u(r) = \frac{\tau_w D}{4\mu}\left[1 - \left(\frac{r}{R}\right)^2\right]$$

그림 8.7에서 보는 바와 같이 속도분포는 반경방향좌표(r)로 포물선형이고, 관의 중심선에서 최대속도 V_c를 가지며 관 벽에서 최소속도(0)가 된다. 관을 통과하는 체적유량은 관의 단면에서의 속도분포식을 적분하면 얻을 수 있다. 유동은 중심선에 대해 축 대칭이므로, 여백의 그림에서 보이는 것처럼 속도는 반지름 r, 두께 dr인 반지모양의 미소면적에서 일정하다. 그러므로,

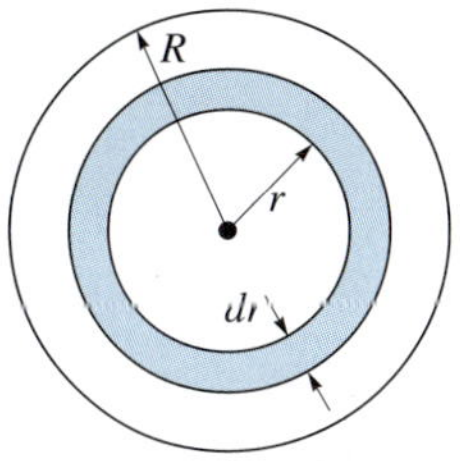

$dA = 2\pi r\, dr$

$$Q = \int u\, dA = \int_{r=0}^{r=R} u(r) 2\pi r\, dr = 2\pi V_c \int_0^R \left[1 - \left(\frac{r}{R}\right)^2\right] r\, dr$$

또는

$$Q = \frac{\pi R^2 V_c}{2}$$

정의에 의해, 평균속도는 유량을 단면적으로 나눈 것 즉, $V = Q/A = Q/\pi R^2$이며, 이 관 유동에 대해서는 아래와 같이 된다.

$$V = \frac{\pi R^2 V_c}{2\pi R^2} = \frac{V_c}{2} = \frac{\Delta pD^2}{32\mu\ell} \tag{8.8}$$

그리고

$$\boxed{Q = \frac{\pi D^4 \Delta p}{128\mu\ell}} \tag{8.9}$$

식(8.8)에 나타난 바와 같이, 평균 속도는 최대 속도의 1/2이다. 일반적으로 다른 형태의 속도 프로파일 (난류 파이프 유동 등)의 경우 평균 속도는 층류 포물선 프로파일의 최대(V_c) 및 최소(0) 속도의 평균에 불과하다. 그림 8.7에 표시된 두 개의 속도 프로파일은 동일한 유속을 제공한다 – 하나는 가상의 ($\mu = 0$) 프로파일이고, 다른 하나는 실제 층류 프로파일이다.

위의 결과는 층류 파이프 유동의 다음과 같은 특성을 확인시켜 준다. 수평 파이프의 경우, 유량은 (a) 압력 강하에 정비례하고, (b) 점도에 반비례하며, (c) 파이프 길이에 반비례하며, (d) 네 번째 동력에 대한 파이프 지름에 비례한다. 다른 모든 매개변수를 고정한 경우 직경이 2배 증가하면 유량이 $2^4 = 16$배 증가하게된다. 유량은 파이프 크기에 따라

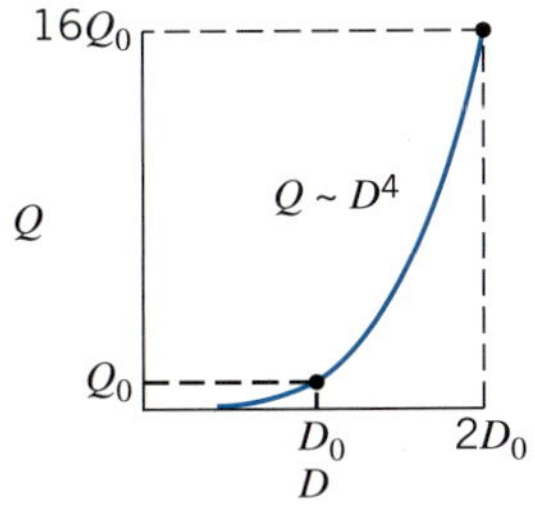

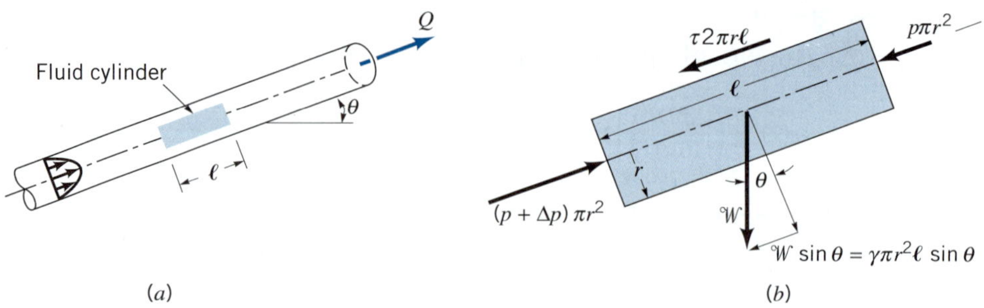

그림 8.8 비 수평관 흐름에서의 유체실린더 자유물체도

매우 크게 달라진다. 이 의존성은 인접한 그림에 나와 있다. 마찬가지로 파이프 직경의 작은 오차는 유량에서 상대적으로 큰 오차를 일으킬 수 있다. 예를 들어 직경 2%의 오차는 유량에서 8%의 오차를 준다($Q \sim D^4$ 또는 $\delta Q \sim 4D^3 \delta D$, 따라서 $\delta Q/Q = 4\ \delta D/D$). 두 명의 독립 노동자 G. Hagen (1797–1884)과 J. Poiseuille (1799–1869)에 의해 실험적으로 처음 설정된 특성인 이러한 유동을 **Hagen–Poiseuille 유동**이라 부르며, 식(8.9)는 일반적으로 **Poiseuille 법칙**이라 한다. 이러한 결과들은 모두 수평관 내의 층류 유동(Reynolds 수가 약 2100이하)에 한정되어 있다.

Poiseuille 법칙은 층류에서만 유효하다.

그림 8.8에서와 같이, 관이 수평이 아닌 경우에 대해서는, 압력강하 ΔP를 압력강하와 중력에 의한 효과 $\Delta p - r\ell \sin\theta$로 바꾸면 된다. (유동이 오르막일 경우 $\theta > 0$이고, 내리막일 경우 $\theta < 0$이다.) 여기서 θ는 관과 수평선이 이루는 각도이다. 이것은 유체실린더에 작용하는 x방향(관 축방향)에 대한 힘의 평형으로부터 알 수 있다. 이 방법은 유선이 수평이 아닐 때의 Bernoulli 방정식[식 3.6]을 얻을 때와 매우 유사하다. x 방향의 순력은 해당 방향의 압력 $\Delta p \pi r^2$와 해당 방향의 무게 성분 $-\gamma \pi r^2 \ell \sin\theta$의 조합이다. 결과는 다음과 같이 식(8.3)의 약간 수정된 형태이다.

$$\frac{\Delta p - \gamma \ell \sin\theta}{\ell} = \frac{2\tau}{r} \tag{8.10}$$

따라서, 수평인 관에서의 모든 결과는 압력구배를 높이의 항으로 수정하면 된다. 즉, Δp는 $\Delta p - r\ell \sin\theta$로 대체되며

$$V = \frac{(\Delta p - \gamma \ell \sin\theta) D^2}{32 \mu \ell} \tag{8.11}$$

그리고

$$\boxed{Q = \frac{\pi (\Delta p - \gamma \ell \sin\theta) D^4}{128 \mu \ell}} \tag{8.12}$$

이 된다. 관 유동에서 유체를 흐르게 하는 힘은 유동방향으로의 압력강하 Δp와 중력의 유동방향성분 $-r\ell \sin\theta$이다. 파이프 유동에 대한 구동력은 흐름 방향의 압력 강하(Δp) 또는 흐름 방향의 중량 성분($-\gamma \ell \sin\theta$)일 수 있음을 알 수 있다. 유동이 내리막일 경우 중력이 유동을 도와주기 때문에 더 작은 압력 강하가 필요하다($\sin\theta < 0$). 유동이 오

르막일 경우 중력이 흐름에 작용하므로 더 큰 압력 강하가 필요하다($\sin\theta > 0$). $\gamma\ell \sin\theta = \gamma\Delta z$ (Δz는 상승폭을 나타낸다)는 정수형 압력항이다. 유동이 없는 경우 유체 정역학에서 예상한 대로 $V = 0$와 $\Delta p = \gamma\ell \sin\theta = \gamma\,\Delta z$가 된다.

예제 8.2 | 층류 관 유동

주어진 사항 점성계수 $\mu = 0.40\ \mathrm{N \cdot s/m^2}$, 밀도 $900\ \mathrm{kg/m^3}$인 기름이 직경 $D = 0.020\ \mathrm{m}$인 관을 흐르고 있다.

해결과제

(a) 관이 $x_1 = 0$과 $x_2 = 10\ \mathrm{m}$ 사이에서의 수평으로 놓여 있다고 하면, 유량이 $Q = 2.0 \times 10^{-5}\ \mathrm{m^3/s}$이 되기 위해 필요한 압력강하 $p_1 - p_2$는 얼마인가?

(b) 관을 기울여서 기름의 유량이 (a)와 같도록 하려면 기울기 θ는 얼마로 해야 하는가? 단 $p_1 = p_2$이다.

(c) (b)에서 $p_1 = 200\ \mathrm{kPa}$이고, x를 관을 따르는 거리라고 하면, $x_3 = 5\ \mathrm{m}$인 단면에서의 압력은 얼마인가?

풀이

(a) 레이놀즈 수가 2100보다 작으면 흐름이 층상이고 이 절에서 도출된 방정식이 유효하다. 평균 속도는 $V = Q/A = (2.0 \times 10^{-5}\ \mathrm{m^3/s})/[\pi(0.020)^2\mathrm{m^2}/4] = 0.0637\ \mathrm{m/s}$이므로, 레이놀즈 수는 $\mathrm{Re} = \rho VD/\mu = 2.87 < 2100$이다. 따라서, 흐름은 층상이며, $\ell = x_2 - x_1 = 10\ \mathrm{m}$인 식(8.9)부터 압력 강하는

$$\Delta p = p_1 - p_2 = \frac{128\mu\ell Q}{\pi D^4} = \frac{128(0.40\ \mathrm{N \cdot s/m^2})(10.0\ \mathrm{m})(2.0 \times 10^{-5}\ \mathrm{m^3/s})}{\pi(0.020\ \mathrm{m})^4}$$

또는

$$\Delta p = 20{,}400\ \mathrm{N/m^2} = 20.4\ \mathrm{kPa} \qquad \text{(답)}$$

(b) 파이프가 $\Delta p = p_1 - p_2 = 0$이 되도록 각도 θ의 언덕에 있다면, 식(8.12)는 다음과 같다.

$$\sin\theta = -\frac{128\mu Q}{\pi\rho g D^4} \qquad (1)$$

또는

$$\sin\theta = \frac{-128(0.40\ \mathrm{N \cdot s/m^2})(2.0 \times 10^{-5}\ \mathrm{m^3/s})}{\pi(900\ \mathrm{kg/m^3})(9.81\ \mathrm{m/s^2})(0.020\ \mathrm{m})^4} \qquad \text{(답)}$$

그러므로 $\theta = -13.34°$

보충설명 이 높이의 차 $\Delta z = \ell \sin\theta = (10\ \mathrm{m})\sin(-13.34°) = -2.31\ \mathrm{m}$를 압력차로 환산하면 $\Delta p = gz$ $(900\ \mathrm{kg/m^3})(9.81\ \mathrm{m/s^2})(2.31\ \mathrm{m})$ $20{,}400\ \mathrm{N/m^2}$이 되는데, 이 결과는 수평으로 놓여진 관에 대한 결과와 정확히 일치한다. 수평으로 놓여진 관에서 압력에 의한 일로 점성소산을 극복할 수 있다. 그리고, 기울어져 있고 압력강하가 없는 관인 경우는 유체의 "강하"에 따른 위치에너지의 변화가 점성에 의해 잃어버린 에너지로 변환된다. $p_1 = p_2$인 채로 유량을 $Q = 1.0 \times 10^{-4}\ \mathrm{m^3/s}$로 증가시키면, 식(1)에서 주어진 의 값은 $\sin\theta = -1.15$이다. 그런데 sin값은 1 이상이 될 수 없으므로 이러한 유동은 일어날 수 없다. 유체의 무게는 바라는 유량 때문에 생성되는점성력을 상쇄할 만큼 충분히 크지 않다. 그러므로 직경이 더 큰 관이 필요해진다.

(c) $p_1 = p_2$에서 관의 길이 ℓ은 유량관계식[식(1)]에 나타나지 않는다. 이는 관을 따라 압력이 일정(경사각도가 일정하다면)함을 의미한다. 이것은 (b)의 경우에서 Q와 θ의 값을 식(8.11)에 대입하고 임의의 ℓ에 대해서도 $\Delta p = 0$임을 보면 알 수 있다. 예를 들어, $\ell = x_3 - x_1 = 5\ \mathrm{m}$라면 $\Delta p = p_1 - p_3 = 0$이 된다. 따라서 $p_1 = p_2 = p_3$이므로

$$p_3 = 200\ \mathrm{kPa} \qquad \text{(답)}$$

보충설명 유체가 가솔린($\mu = 3.1 \times 10^{-4}\ \mathrm{N \cdot s/m^2}$, $\rho = 680\ \mathrm{kg/m^3}$)이라면 레이놀즈 수는 $\mathrm{Re} = 2790$일 것이고, 흐름은 아마 층류가 아닐 것이며, 식(8.9)와 식(8.12)를 사용하면 잘못된 결과를 얻을 수 있다. 또한 운동학적 점도, $\upsilon = \mu/\rho$가 중요한 점성 파라미터라는 것을 식(1)에서 언급한다. 이것은 파이프를 따라 일정한 압력을 가할 때 무게에 대한 점성력($\sim\mu$)의 비율($\sim\gamma = \rho g$)이라는 사실을 나타내는 것으로 θ의 값을 결정한다.

8.2.2 Navier–Stokes 방정식으로부터

Poiseuille 법칙은 Navier–Stokes 방전식으로부터 구해질 수 있다.

앞 절에서 Newton의 제 2법칙과 Newton 유체의 가정을 관의 중심축에 위치한 유체실린더에 적용하여, 관 내의 완전 발달 층류 유동에 대한 속도분포를 얻었다. 이 지배법칙과 가정을 일반적인 유체유동에 적용한다면(관 유동에 한정하지 않음) 6장에서 설명한 바와 같은 Navier–Stokes 방정식을 얻는다. 6.9.3절에서 이 방정식들을 원형관 내의완전발달 층류 유동에 대해서 풀었다. 그 결과는 식(8.7)과 같다.

8.3 완전발달 난류 유동

앞 절에서는 완전발달 층류관 유동에서의 다양한 특성에 대해서 설명하였다. 실제로층류 유동보다는 난류 유동이 더 잘 일어나기 때문에, 난류관 유동에 대해서도 이와 비슷한 정보가 필요하다. 하지만 난류 유동은 매우 복잡한 과정이다. 많은 사람들이 난류의 많은 이해하기 어려운 점을 이해하기 위해 많은 노력을 기울였다. 비록 난류에 대한 지식이 많이 발전되었지만 유체역학 분야에서 난류 유동은 여전히 이해하기 어려운 분야로 남아있다. 이 책에서 우리는 난류에 관한 아주 기본적인 생각들 중 일부만 제공한다. 관심 있는 독자는 further reading에 있는 여러가지 문헌 중 일부를 참조하도록 하라(참고문헌 1–3).

8.3.1 층류에서 난류로의 천이

유동은 층류 혹은 난류로 구분된다. 유동의 기하학적 형상이 어떤 모양이든, 층류 또는난류를 구분하는 무차원 매개변수는 하나인데, 이러한 매개변수의 값이 특정한 값 이하일 때는 층류이고, 그 이상일 때는 난류이다. 관 유동에서 이 매개변수는 Reynolds 수이다. 층류 유동이 되려면 Reynolds 수의 값이 약 2100보다 작아야 하고, 난류유동이 되려면 약 4000보다 커야 한다.

난류 흐름에는 무작위로 변동하는 매개변수들이 포함된다.

난류관 유동 중 임의의 위치에서 측정된 축방향 속도성분 $u = u(t)$의 전형적인 궤적이 그림 8.9에 나타나 있다. (난류 흐름의 특성이 정말로 무작위인지 여부는 현재 알려져 있지 않다. 그것들이 무작위로 표시되므로, 이 텍스트에서는 해당 설명문을 사용한다.) 불규칙하고 무작위적인 성질은 난류 유동의 특징적인 양상이다. 유동의 중요한 많은 성질들의 특성은 난류의 변동성분과무작위적인 성질에 강하게 영향을 받는다.

예를 들어, 혼합과정과 열과 물질전달과정은 층류 유동에 비해 난류 유동에서 상당히 증가하는데, 이는 난류 유동에서 무작위성의 거시적인 척도가 원인이다. 우리는 난로 위에서 가열되는(비등까지 가열되지 않아도) 냄비 속의 물의 활발한 와운동인 "넘실거림(rolling)"에 익숙하다. 이러한 유한한 크기의 무작위적인 혼합은 유동장 전체에서 에너지와 물질을 전달하는 데 매우 효과적이며, 이로 인해 여러 가지 과정의 진행이촉진된다. 한편, 층류 유동은 매우 작지만 유한한 크기의 유체 입자들이 층과 층 사이를 매끄럽게 흐르는 것으로 생각할 수 있다. 무작위성과 혼합은 단지 분자 크기에서 발생하므로 열,

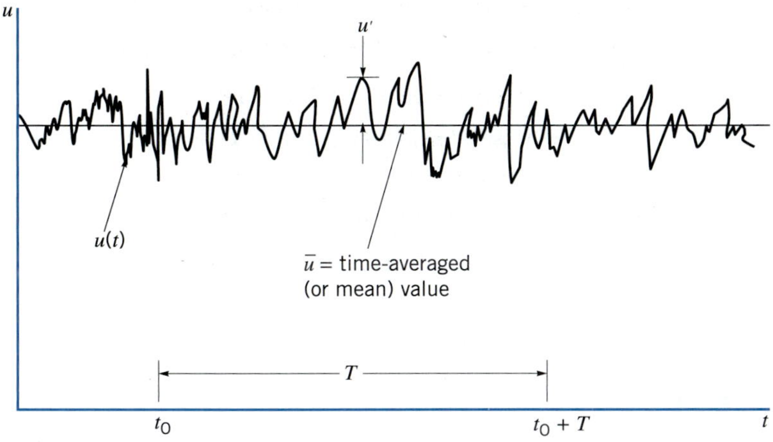

그림 8.9 시간평균 속도, $\bar{u}$, 변동속도, u', 난류 흐름의 매개변수 설명

물질 및 운동량 전달률이 상대적으로 작다.

난류가 없다면 우리가 지금 알고 있는 삶을 수행하는 것은 사실상 불가능할 것이다. 혼합(Mixing)은 위에서 논의한 바와 같이 난류의 한 가지 긍정적인 응용이지만 난류의 유동이 바람직한 다른 상황도 있다. 고체와 인접한 유체(예: 에어컨이나 발전소의 보일러 냉각 코일) 사이에 필요한 열을 전달하려면 유동이 층류일 경우 엄청나게 큰 열교환기가 필요하다. 마찬가지로, 액체 상태의 증기 상태로의 필요한 질량 전달은 표면을 통과하는 유체가 난류가 아닌 층류라면 매우 큰 표면이 필요할 것이다. 9장에서 보는 바와 같이, 난류는 또한 항력을 줄이기 위해 유동 박리를 지연시키는 데 도움이 될 수 있다.

Video
V8.4 층류 및 난류 혼합

광활한 유체의 세계

소형 열교환기

자동차 라디에이터, 에어컨 및 냉장고는 열교환기 튜브 내의 뜨거운(차가운) 유체에서 차가운(더운) 주변 유체로 에너지를 전달하는 열교환기를 포함한다. 이러한 유닛은 튜브의 표면을 가로지르는 열전달 속도를 증가시킴으로써 더 작고 더 효율적으로 만들 수 있다. 튜브를 통과하는 유량이 층류인 경우, 열전달 속도는 상대적으로 작다. 튜브 내의 유동이 난류일 경우 훨씬 더 큰 열전달 속도를 얻을 수 있다. 난류 촉진제(때로는 "터뷸레이터"라고 부르기도 함)를 사용하면 더 큰 열전달 속도를 얻을 수 있으며, 이는 일반적으로 발생하는 것보다 더 많은 난류 혼합 운동을 제공한다. 이러한 개선 메커니즘은 내부 핀, 나선형 와이어 또는 리본 인서트, 튜브의 내면에 있는 리브 또는 홈을 포함한다. 이러한 메커니즘은 동일한 유량에서 베어 튜브의 열전달 속도를 1.5배에서 3배까지 증가시킬 수 있지만, 튜브 내의 유동을 생성하는 데 필요한 압력 강하(따라서 전력)도 증가시킨다. 따라서, 열전달 속도 증가와 동력 소비 증가를 수반하는 타협이 종종 필요하다.

난류는 유체의 혼합에도 중요하다. 만약 유동이 난류가 아니라 층류라면, 스택에서 나오는 연기는 주변 공기 내에서 빠른 분산 없이 오염 물질의 리본으로 수 마일을 지속할 것이다. 특정 대기 조건에서는 이러한 현상이 발생하는 것으로 관측된다. 분자 규모(층

Video
V8.5 커피 속의 크림 섞기

류)에서 혼합이 존재하지만, 거시적 규모(난류)에서 혼합보다 수십배 느리고 효과적이지 않다. 커피 한 잔에 크림을 섞는 것이 점성이 있는 페인트 두 가지 색을 완전히 섞는 것보다 훨씬 쉽다.

Video

V8.6 페인트 속의 칼라 섞기

다른 상황에서는 (난류보다는) 층류 유동이 바람직하다. 유량이 난류가 아닌 층류인 경우 파이프 내 압력 강하(따라서 펌핑에 필요한 동력)는 상당히 낮을 수 있다. 다행히도, 사람의 동맥을 통과하는 혈액의 유동은 혈류 속도가 높은 가장 큰 동맥을 제외하고는 일반적으로 층류 동맥이다. 비행기 날개의 공기역학적 항력은 난류보다 층류가 통과할 때 상당히 작을 수 있다.

8.3.2 난류전단응력

층류와 난류 유동의 근본적인 차이는 여러 가지 유체 매개변수들의 혼돈적이고 무작위적인 거동에 있다. 이러한 변화는 속도, 압력, 전단 응력, 온도 및 필드 설명이 있는 다른 변수의 세 가지 요소에서 발생한다. 난류 유동은 무작위 3차원 소용돌이(즉, 유체 입자 회전 또는 스핀; 섹션 6.1.3 참조)로 특징지어진다. 그림 8.9에서 보는 바와 같이 이러한 유동들은 평균값(변수 위에 줄로 표시)과 변동(프라임으로 표시)으로 표현된다. 만약 $u = u(x, y, z, t)$가 속도의 x성분이라면 시간평균값 $\bar{u}$는

$$\bar{u} = \frac{1}{T}\int_{t_0}^{t_0+T} u(x, y, z, t)\, dt \tag{8.13}$$

이고, 여기서 시간간격 T는 가장 긴 변동의 주기보다는 훨씬 길고, 시간평균속도의 비정상성인 시간보다는 훨씬 짧다. 이것이 그림 8.9에 나타나있다.

유체운동과 전단응력 사이의 관계는 난류에서는 매우 복잡하다.

순간속도 u를 $\bar{u}$로 대체시켜서, 층류 유동에 대한 점성전단응력의 개념($\tau = \mu\, du/dy$)을 난류 유동으로 확장해도 될 것처럼 보인다. 그러나 많은 실험과 이론적인 연구에 의하면 이는 완전히 틀린 결과로 밝혀졌다.

즉, 난류 유동에서 전단 응력은 단지 시간평균의 기울기에만 비례하지는 않는다: $\tau \neq \mu\, d\bar{u}/dy$. 속도성분의 무작위적인 변동도 기인한다. 난류 유동에 대한 전단응력을 새로운 매개변수인 "와점성계수", η로 표현할 수 있다. 여기서

광활한 유체의 세계

유량을 듣다

수중음파측정기는 수중의 물체를 찾기 위하여 음파를 보내 반사된 음파를 분석하도록 설계된다. 수중음파측정기는 잠수함과 수생 동물들과 같은 수중물체를 탐지하고 추적하는데 오랫동안 성공적으로 사용되었다. 최근에는 수중음파측정기는 관 내의 유량을 측정하기 위하여 사용될 정도로 개선되었다. 이러한 새로운 유량계는 작동원리가 흐름 내의 난류 와류(turbulent eddy)의 존재와 밀접하게 관계되기 때문에 층류유동이 아니라 난류유동에서 작동한다. 이 유량계는 관 내의 난류운동에 의해 생성된 압력장의 변화를 감지 분석하는 수중음파측정기를 기본으로 만든 장치이다. 난류 회오리의 운동과 연관된 압력장을 감지함으로써, 이 장치는 회오리가 감지센서를 떠나 이동한 거리를 측정할 수 있다. 유동은 난류구조의 속도를 체적 유량으로 제한하는 눈금 측정 방식을 사용하여 결정한다.

$$\tau = \eta \frac{d\overline{u}}{dy} \tag{8.14}$$

이다. 비록 와점성계수의 개념이 흥미를 자아내더라도, 실제로는 이용하기 쉬운 매개변수는 아니다. 유체에 따라 주어지는 절대점성계수와는 달리, 와점성계수는 유체와 유동조건에 둘 다 의존하는 함수이다. 즉, 물의 와점성계수는 난류 유동의 조건과 유동내 위치에 따라 변하기 때문에 편람에서 찾을 수 없다.

Video
V8.7 용기 속의 난류

η의 근사값을 구하기 위해서 몇몇 반경험적인 이론들이 제안되었다(참고문헌 3). 프란틀(1875−1953)은 독일의 물리학자이자 공기역학자이다. 예를 들어, 난류의 진행과정을 각기 다른 속도를 가지는 영역간의 거리인 **혼합거리** ℓ_m사이에서 유체입자 덩어리의 불규칙적인 전달로 간주할 수 있다. 몇 가지 특별한 가정과물리적인 추론을 사용하면, 와점성계수는 아래와 같이 주어지며,

$$\eta = \rho \ell_m^2 \left| \frac{d\overline{u}}{dy} \right|$$

다양한 임시변통의 가정들이 난류 전단응력을 근사화하기 위해 사용되어 지고 있다.

따라서, 난류전단응력은 다음과 같이 된다.

$$\tau_{\text{turb}} = \rho \ell_m^2 \left(\frac{d\overline{u}}{dy} \right)^2 \tag{8.15}$$

문제는 혼합거리 ℓ_m을 결정하는 것이다. 좀더 생각하면 ℓ_m은 유동장 전체에 걸쳐 일정하지 않음을 알 수 있다. 고체 표면 근처에서 난류는 표면으로부터의 거리에 의존한다.따라서 혼합거리가 유동 전체에 걸쳐 어떻게 변하는가에 관해서는 추가적인 가정이 더해진다.

일반적인 비압축성, 점성난류 유동 전반에 걸쳐 전단응력을 정확하게 예측할 수 있는 일반적이고 모든 난류유동을 포괄하는 유용한 모델은 아직 없다. 전단응력에 대한 포괄적인 정보 없이는 층류 유동에서처럼 난류속도분포와 그 외 다른 유용한 정보를얻기 위한 힘의 평형방정식을 적분하는 것은 불가능하다.

8.3.3 난류속도분포

난류속도분포에 관한 상당히 많은 정보가 차원해석, 실험 그리고 반경험적인 이론 등의 노력으로 얻어졌음에도 불구하고, 난류속도분포에 대한 일반적인 정확한 표현은 아직 없다. 파이프에서 완전히 발달된 난류 유동은 세 개의 영역으로 나눌 수 있는데, 이는 벽면과의 거리에 의해 특징지어진다: 파이프 벽면과 매우 가까운 점성 저층(viscous sublayer), 중첩영역(overlap region), 그리고 유동의 중앙 부분 전체에 걸친 외부 난류층, 점성 저층 내에서 점성 전단 응력은 난류(또는 Reynolds) 응력에 비해 우세하며 유동의 무작위 와전 특성은 본질적으로 존재하지 않는다. 외부 난류층에서는 Reynolds 응력이 지배적이며, 흐름에 상당한 혼합과 무작위성이 있다.

Video
V8.8 난류 채널 유동

이 두 지역 내의 유동의 특성은 완전히 다르다. 예를 들어, 점성 저층 내에서 유체 점도는 중요한 매개 변수이며 밀도는 중요하지 않다. 외층에서는 그 반대이다. 각 층의 유

동에 대한 치수 분석 인수를 신중하게 사용하고 공통 중첩 층의 결과를 일치시킴으로써 매끄러운 파이프에서 난류 속도 프로파일에 대한 다음과 같은 결론을 얻을 수 있었다 (참조 4).

점성 저층(viscous sublayer)에서 속도 프로파일은 다음과 같이 무차원 형태로 쓰여질 수 있다.

$$\frac{\bar{u}}{u^*} = \frac{yu^*}{\upsilon} \tag{8.16}$$

여기서 $y = R - r$는 벽에서 측정된 거리이고, $\bar{u}$는 시간 평균 x 속도 성분이며, $u^* = (\tau_w/\rho)^{1/2}$는 마찰 속도라고 불린다. 참고로 u^*는 유체의 실제 속도가 아니다 – 단지 속도 차원을 갖는 양이다. 그림 8.10에 나타난 바와 같이, 식(8.16)(일반적으로 벽 법칙이라고 함)은 $0 \le yu^*/\upsilon \lesssim 5$에 대해 매끄러운 벽만 근처에서 유효하다.

차원 해석을 이용한 분석은 중첩 영역에서 속도가 y의 로그만큼 변화해야 함을 나타낸다. 따라서 다음과 같은 식이 제안되었다.

난류 속도 프로파일은 여러 영역으로 나누어질 수 있다.

$$\frac{\bar{u}}{u^*} = 2.44 \ln\left(\frac{yu^*}{\upsilon}\right) + 5.0 \tag{8.17}$$

여기서 상수 2.44와 5.0은 실험적으로 결정되었다. 그림 8.10에 나타난 바와 같이, 매끄러운 벽과 너무 가깝지 않지만 파이프 중심까지 가지 않는 영역에 대해, 식(8.17)은 실험 데이터와 합리적인 상관관계를 제공한다. 수평 스케일은 로그 스케일입니다. 이는 유동의 나머지 부분에 비해 점성 하위층의 크기를 과장하는 경향이 있다. 점성이 있는 하위층

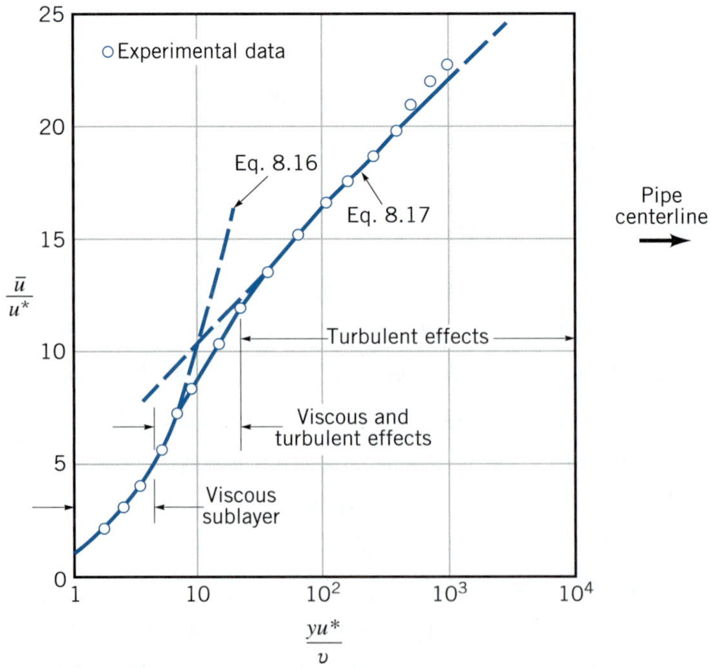

그림 8.10 관에서의 난류속도 프로파일의 일반적인 구조

은 보통 매우 얇다. 거친 벽을 통과하는 난류 유동에 대해서도 유사한 결과를 얻을 수 있다(참조 16).

난류 파이프 유동에서 속도 프로파일에 대한 많은 다른 상관관계가 존재한다. 중심 영역(외부 난류층)에서 V_c가 중심선 속도인 식$(V_c - \bar{u})/u^* = 2.5 \ln(R/y)$은 종종 실험 데이터와의 좋은 상관관계로 제안된다. 종종 사용되는(상대적으로 사용하기 쉬운) 상관(correlation)은 경험적인 **멱법칙 속도분포**이다.

Video

V8.9 관에서의 층류에서 난류 흐름으로의 변화

$$\frac{\bar{u}}{V_c} = \left(1 - \frac{r}{R}\right)^{1/n} \tag{8.18}$$

이 표현에서, 대표적으로 $n = 6 \sim 10$ 사이의 값을 가지는 n은 Reynolds 수의 함수이다.이 멱법칙에 의한 대표적인 난류속도분포를 그림 8.11에서 볼 수 있다.

식(8.18)에 의하면 속도구배가 벽면 근처에서 무한대가 되기 때문에, 벽면 근처에서는 멱법칙이 맞지 않다. 더구나, 식(8.18)은 $r = 0$에서 $d\bar{u}/dr = 0$이 아니기 때문에 중심축 부근에서도 정확하게 일치하지 않는다. 그러나, 이 식은 관 대부분의 영역에서 수직으로 측정된 속도분포의 적절한 근사식을 제공해준다.

그림 8.11에서 난류 프로파일은 층류 프로파일보다 훨씬 "평탄"하며 이 평탄도는 레이놀즈 수(즉, n)에 따라 증가한다는 점에 주목한다. 난류로 인한 운동량 수송의 증가는 본질적으로 속도 프로파일을 균질화한다; 높은 속도는 낮은 속도로 장소를 교환하여 평평한 시간 평균 프로파일을 만든다. 제3장에서 합리적인 근사 결과는 종종 비점성 Bernoulli 방정식을 사용하고 가상의 균일한 속도 프로파일을 가정함으로써 얻어진다.

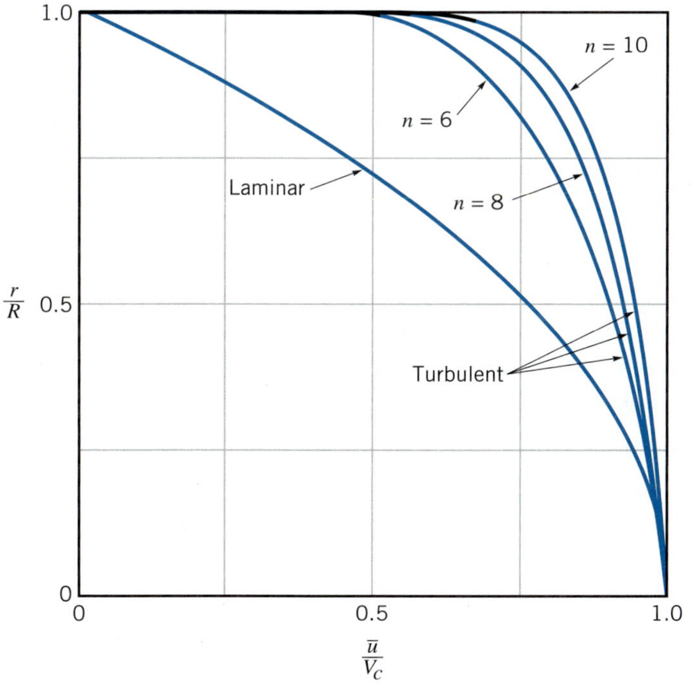

그림 8.11 일반적인 층류 및 난류 속도 프로파일

대부분의 흐름은 난류이고 난류 유동은 거의 균일한 속도 프로파일을 갖는 경향이 있기 때문에, Bernoulli 방정식과 균일한 프로파일 가정의 유용성은 예상할 수 없는 것은 아니다. 물론, 점성 효과를 포함하지 않고는 흐름의 많은 특성을 설명할 수 없다.

Video
V8.10 층류/난류 속도 프로파일

이 절에서 설명하는 난류 유동 특성은 원형 파이프 내 난류 흐름에만 국한되지 않는다. 도입된 많은 특성들(예: Reynolds 응력, 점성 저층, 중첩층, 외부층, 속도 프로파일의 일반적인 특성 등)은 다른 난류 유동에서 발견된다. 특히, 난류관 유동과 고체 벽(경계층 흐름)을 통과하는 난류 유동은 이러한 많은 공통 특성을 공유한다. 그러한 생각들은 9장에서 더 충분히 논의된다.

8.4 관 유동의 차원해석

앞에서 말한 바와 같이, 난류 유동은 아직 이론적으로 철저하게 규명되지 않은 매우 복잡하고 어려운 주제이다. 따라서 대부분의 난류관 유동에 대한 해석은 실험적인 정보와 반경험적인 공식에 근거를 두고 있다. 이러한 정보는 편리하게 무차원 형식으로 표현할 수 있다.

관 유동에 관련된 문제를 에너지 방정식, 식(5.82)와 식(5.87)을 통해 해결하기 위해 관 유동에서 발생하는 수두손실, h_L을 결정해야 한다. 그림 8.1에서 보는 바와 같이 전형적인 관 시스템은 다양한 길이의 직관과 다양하게 산재해 있는 요소들(밸브, 엘보 등)로 이루어진다. 관내의 전체 수두손실은 직관에서 점성에 의해 발생하는, 주 손실($h_{L\text{ major}}$)과 다양한 관 요소에 의한 부차적 손실($h_{L\text{ minor}}$)로 구성되어 있다. 즉,

$$h_L = h_{L\text{ major}} + h_{L\text{ minor}}$$

수두손실에서 '주'와 '부차적'과 같은 표현이 꼭 각각의 손실형식의 상대적인 중요성을 그대로 반영하지는 않는다. 많은 관 요소와 상대적으로 짧은 직관으로 이루어진 관시스템에서는 사실상 부차적 손실이 주손실보다 클 수도 있다.

Video
V8.11 비누막에서의 2차원 격자 난류

8.4.1 주 손실

관 유동의 차원해석 기법은 완전발달 난류 관 유동을 검토할 때 가장 편리한 방법이다. 관 내에서의 압력강하와 수두손실은 유체와 관 벽 사이의 벽면전단응력 τ_w에 의존한다. 층류 유동과 난류 유동의 근본적인 차이점은 난류 유동에서는 전단응력이 유체밀도 ρ의 함수라는 점이다. 층류 유동에서는 점성계수 μ가 전단응력에 유일하게 영향을 주는 주요 유체 물성치이며, 밀도의 영향은 없다.

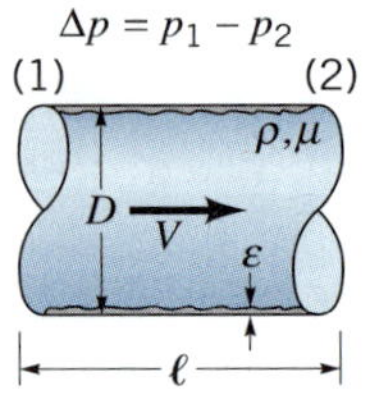

따라서, 지름이 D인 수평으로 놓인 관에서 비압축성, 정상상태, 난류 유동에 대한 압력강하 Δp는

$$\Delta p = F(V, D, \ell, \varepsilon, \mu, \rho) \tag{8.19}$$

과 같은 함수형태로 쓸 수 있고, 여기서, V는 평균속도, ℓ은 관 길이 그리고 ε은 관벽의

조도이다. 분명하게 Δp는 V, D 및 ℓ의 함수이어야 한다. τ가 유체의 성질인 μ와 ρ의 함수이므로 Δp도 이러한 매개변수의 함수일 것이다.

비록 층류관 유동에서 압력강하가 관 벽의 거칠기에는 독립적으로 나타나지만 난류 유동에서는 이것을 고려해야 한다. 제8.3.3절에서 논의되고 그림 8.12에 나타난 바와 같이 난류 유동의 경우 관벽 근처의 유체에 상대적으로 얇은 점성의 하위층이 형성되어 있다. 많은 경우 이 층은 매우 얇다; $\delta_s/D \ll 1$. 여기서 δs는 하위 층의 두께이다. 일반적인 벽 거칠기 요소가 이 층으로 충분히 멀리(또는 심지어 통과) 돌출될 경우, (Δp 및 Δw와 함께) 점성 부층의 구조 및 특성은 벽이 매끄러웠을 때와 다를 것이다. 따라서 난류 유동의 경우 압력 강하가 벽 거칠기의 함수가 될 것으로 예상된다. 층류 유동의 경우 얇은 점성층이 없다. 전체 파이프에서 점성 효과가 중요하다. 따라서 상대적으로 작은 거칠기 요소는 층류 파이프 유동에 완전히 무시할 수 있는 영향을 미친다. 물론, 골판지 배관처럼 벽의 "거칠기"($\varepsilon/D \gtrsim 0.1$)가 매우 큰 배관의 경우, 유량은 "거칠기"의 함수일 수 있다. 상대적인 거칠기가 $0 \le \lambda/D \lesssim 0.05$인 전형적인 정경 파이프만을 고려할 것이다. 이러한 파이프에 대한 실험 결과가 있지만, 골판지형 파이프에서의 흐름 분석은 표준 정경 파이프 범주에 맞지 않는다(참고문헌 27).

층류 관유동 특성과 달리, 난류 관유동 특성은 유체의 밀도 및 관의 거칠기에 따라 달라진다.

식(8.19)항에 제시된 매개변수 목록은 분명히 완전한 매개변수이다. 즉, 실험 결과, 다른 매개변수(표면 장력, 증기 압력 등)는 명시된 조건(안정적이고 압축 불가능한 흐름, 원형, 수평 파이프)에 대한 압력 강하에 영향을 미치지 않는 것으로 나타났다. 식(8.19)는은 3개의 기준차원 MLT($r = 3$)로 쓸 수 있는 7개의 변수들($k = 7$)로 되어 있으므로, $k - r = 4$개의 무차원 그룹으로 나타낼 수 있다. 이러한 표현 중 하나는 다음과 같다.

$$\frac{\Delta p}{\frac{1}{2}\rho V^2} = \tilde{\phi}\left(\frac{\rho V D}{\mu}, \frac{\ell}{D}, \frac{\varepsilon}{D}\right)$$

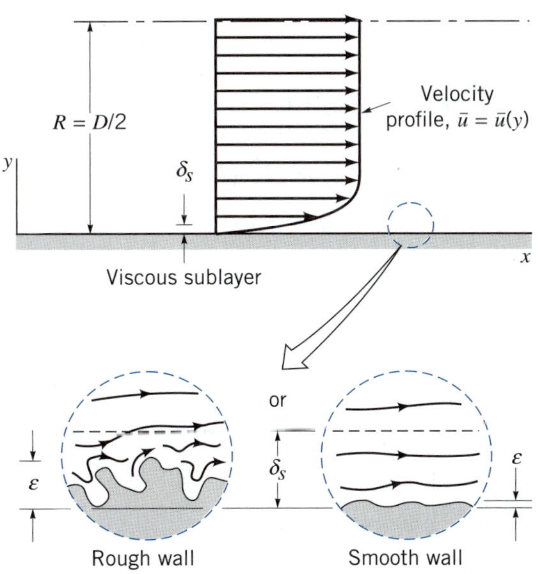

그림 8.12 거칠은 벽과 매끄러운 벽 근처 점성저층에서의 흐름

이 결과는 층류 유동에 대한 것과 두 가지가 다르다. 첫째, 압력항을 무차원화시킬 때 특성 점성전단응력 $\mu V/D$ 으로 나누지 않고, 동압력 $\rho V^2/2$으로 나누었다. 이러한 항의 처리는 난류 유동의 전단 응력이 일반적으로 점도보다 밀도의 더 강한 함수인 τ_{turb}에 의해 지배된다는 사실을 인식하여 선택되었다. 둘째, 완전 발달된 층류관 유동에서는 2개의 매개변수인 와 이 중요하지 않아 제외되었던 두 개의 추가적인 무차원 매개변수, Reynolds 수 Re $\rho VD/\mu$와 **상대거칠기** ε/D를 도입하였다.

층류 유동에서처럼 함수형 표현은 압력강하가 관 길이에 비례한다는 적당한 가정을 취함으로 간단하게 할 수 있다. (이런 단계는 차원해석의 범주에 속하진 않으며, 다만 실험에 의한 논리적인 가정일 뿐이다.) 이러한 가정이 성립되기 위해서는 ℓ/D의 관계가 아래와 같은 인수로 분해되어야 한다.

$$\frac{\Delta p}{\frac{1}{2}\rho V^2} = \frac{\ell}{D}\phi\left(\text{Re}, \frac{\varepsilon}{D}\right)$$

$\Delta pD/(\ell\rho V^2/2)$는 **마찰계수** f이다. 따라서, 수평한 관에서는

$$\Delta p = f\frac{\ell}{D}\frac{\rho V^2}{2} \tag{8.20}$$

이 되며, 여기서 f는 아래와 같다.

$$f = \phi\left(\text{Re}, \frac{\varepsilon}{D}\right)$$

완전히 발달한 층류 유동의 경우, f의 값은 단순히 $f = 64/\text{Re}$이고, 난류 유동의 경우, 레이놀즈 수와 상대 거칠기에 대한 마찰 계수의 함수 의존성 $f = \phi(\text{Re}, \varepsilon/D)$는 이론적인 분석에서 아직 얻을 수 없는 다소 복잡한 것이다. 결과는 정밀한 실험 세트에서 얻으며 일반적으로 곡선 적합 공식 또는 동등한 그래픽 형태로 제시된다.

식(5.87)부터 샤프트 작업 헤드가 없는 안정적인 비압축성 유동을 위한 기계적 에너지 방정식의 머리 형태는

$$\frac{p_1}{\gamma} + \alpha_1\frac{V_1^2}{2g} + z_1 = \frac{p_2}{\gamma} + \alpha_2\frac{V_2^2}{2g} + z_2 + h_L$$

여기서 h_L은 섹션 (1)과 (2) 사이의 머리 손실이다. 일정한 지름($D_1 = D_2$가 $V_1 = V_2$)을 가정하면, 완전히 발달된 유동($\alpha_1 = \alpha_2$)을 가진 수평($z_1 = z_2$) 파이프는 $\Delta p = p_1 - p_2 = \gamma h_L$이 되며, 이는 식(8.20)과 결합할 수 있다.

관유동에서 주요 수두 손실은 마찰계수에 의해 주어진다.

$$h_{L\,\text{major}} = f\frac{\ell}{D}\frac{V^2}{2g} \tag{8.21}$$

식(8.21)은 **Darcy–Weisbach 방정식**이라고 부르며, 완전 발달된 정상, 비압축성관 유동에 유효하며, 관이 수평인 경우와 경사진 경우에 모두 유효하다. 반면 식(8.17)은 수평한 관에만 유효하다. 일반적으로, $V_1 = V_2$인 에너지 방정식은

$$p_1 - p_2 = \gamma(z_2 - z_1) + \gamma h_L = \gamma(z_2 - z_1) + f\frac{\ell}{D}\frac{\rho V^2}{2}$$

과 같이 된다. 압력 변화의 일부는 높이 변화에 의한 것이며, 일부는 마찰계수 f항으로 주어지는 마찰영향에 의한 수두 손실에 의한 것이다.

레이놀즈 수와 상대 거칠기에 대한 마찰 인자의 기능적 의존성을 결정하는 것은 쉽지 않다. 이 정보의 대부분은 1933년(참고문헌 5)에 J. 니쿠라세(J. Nikuradse)가 수행한 실험의 결과이며, 그 이후 많은 다른 사람들에 의해 증폭되었다. 한 가지 어려움은 파이프의 거칠기를 결정하는 데 있다. 니쿠라세(J. Nikuradse)는 알려진 크기의 모래 알갱이를 파이프 벽에 접착시켜 만든 인공적으로 거친 파이프를 사용하여 사포 형태의 표면을 가진 파이프를 생산했다. 원하는 유량을 생성하는 데 필요한 압력 강하를 측정하여 해당 레이놀즈 수 및 상대 거칠기에 대한 마찰 계수로 데이터를 변환하였다. 광범위한 Re 및 ε/D에 대해 여러 번 시험을 반복하여 $f = \phi(\text{Re}, \varepsilon/D)$의 의존성을 확인하였다.

상업적으로 이용 가능한 파이프에서 거칠기는 Nikuradse가 사용하는 인공적으로 거칠어진 파이프에서처럼 균일하지 않고 잘 정의되지 않는다. 그러나, 일반적인 배관의 유효 상대 거칠기의 측정값을 구할 수 있으므로, 마찰 계수를 구할 수 있다. 다양한 배관 표면의 대표적인 거칠기 값은 표 8.1에 제시되어 있다. 그림 8.13은 f의 Re와 ε/D에 대한 함수관계를 나타낸 것으로 Moody 선도라 불린다. 무디, C와 함께. F. 콜브룩은 상업적으로 이용 가능한 파이프 재료의 상대적인 거칠기 측면에서 니쿠라세의 원래 데이터를 연관시켰다. ε/D의 값이 반드시 표면의 거칠기의 평균 높이를 현미경적으로 측정하여 얻은 실제 값과 일치하는 것은 아니라는 점에 유의해야 한다. 그러나 $f = \phi(\text{Re}, \varepsilon/D)$에 대한 정확한 상관 관계를 제공해야만한다.

주어진 상대 거칠기의 값이 새롭고 깨끗한 파이프와 관련이 있는지 관찰하는 것이 중요하다. 상당한 사용 후, 대부분의 파이프는 (부식 또는 규모의 축적으로 인해) 주어진 것

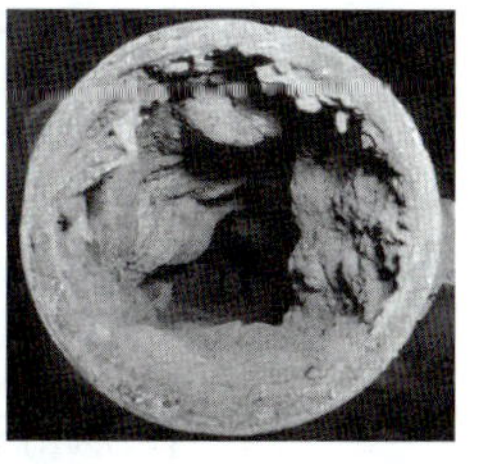
Photograph courtesy of CorrView

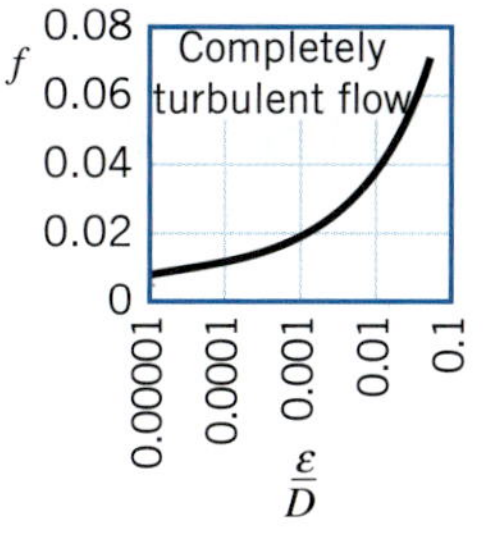

표 8.1 SI, BG, EE 단위계의 비교

Pipe	Equivalent Roughness, ε Millimeters	Feet
Riveted steel	0.9–9.0	0.003–0.03
Concrete	0.3–3.0	0.001–0.01
Wood stave	0.18–0.9	0.0006–0.003
Cast iron	0.26	0.00085
Galvanized iron	0.15	0.0005
Commercial steel or wrought iron	0.045	0.00015
Drawn tubing	0.0015	0.000005
Plastic, glass	0.0 (smooth)	0.0 (smooth)

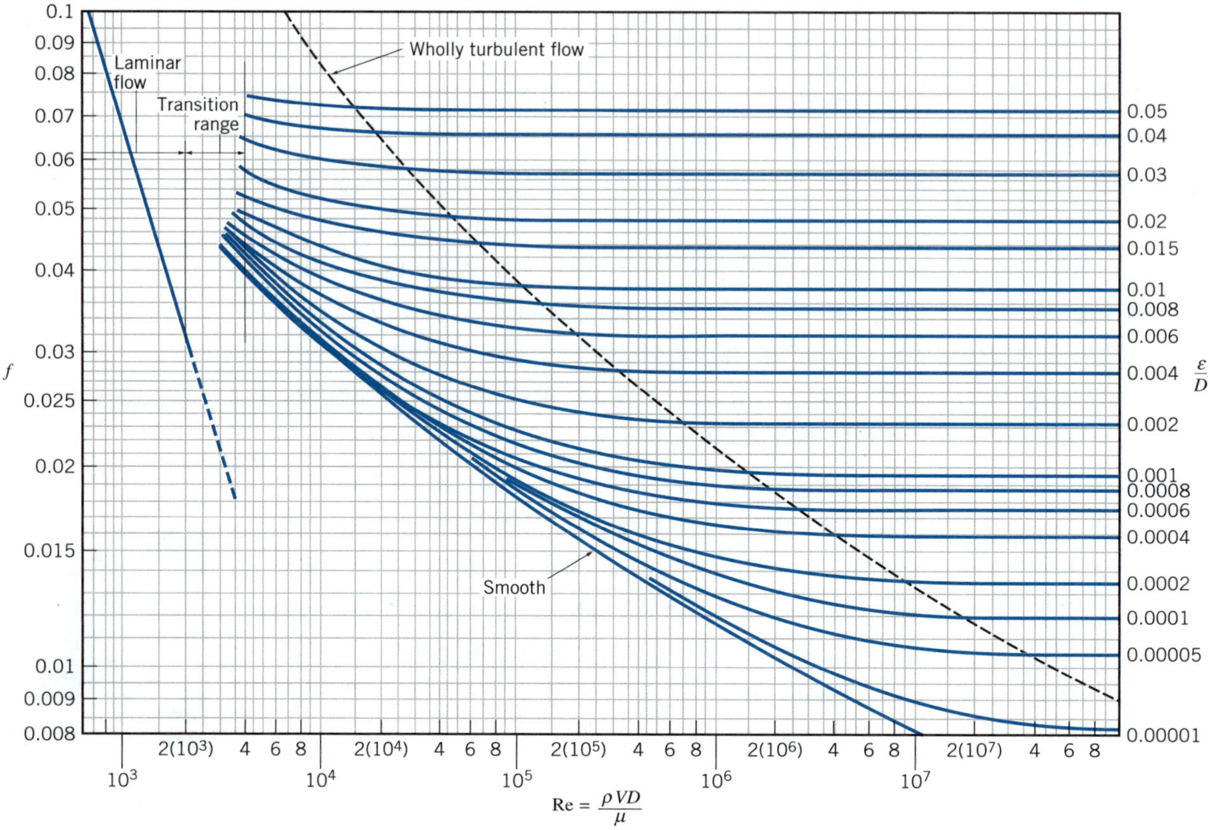

그림 8.13 원형 관의 Reynolds 수와 상대 거칠기의 함수로서의 마찰계수 – Moody 선도. (출처 : From Moody, L.F. (1944) "Friction Factors for Pipe Flow," Transactions of the ASME 66, 671–684. Reprinted with permission of The American Society of Mechanical Engineers.)

보다 상당히 큰 상대적인 거칠기를 가질 수 있다. 인접한 사진과 같이, 매우 오래된 배관은 ℓ의 값뿐만 아니라 유효 직경을 상당량 변화시킬 수 있을 만큼 스케일 축적이 충분히 이루어질 수도 있다.

그림 8.13으로부터 다음과 같은 특징을 알 수 있다. 층류 유동에서는 $f = 64/\mathrm{Re}$이고, 상대조도와는 무관하다. 매우 큰 Reynolds 수에서는 여백의 그림에서 나타낸 바와 같이 $f = \phi(\varepsilon/D)$로 Reynolds 수와 무관하다. 이러한 유동을 일반적으로 **완전난류 유동**이라 한다. 층류 서브레이어는 매우 얇아서(Re가 증가함에 따라 두께가 감소함) 표면 거칠기가 벽면 근처의 유동의 특성을 완전히 지배한다. 따라서, 압력 강하는 점성 하위층에서 일반적으로 발견되는 점성 지배 층류 전단 응력이 아닌 관성 지배 난류 전단 응력의 결과를 필요로 한다. Re값이 중간 정도의 유동에서는 마찰계수는 Reynolds 수와 상대조도의 영향을 다 받는다. 즉, $f = \phi(\mathrm{Re}, \varepsilon/D)$이다. 그림에서 f 값이 제공되지 않는 구간 (Re가 2100에서 4000 범위 내)은 해당 전이 구간에서의 유동이 구체적인 상황에 따라 층류유동(laminar)이나 난류유동(turbulent) (또는 그들의 불안정한 혼합)이 될 수 있기 때문이다.

어떤 관에서도, 심지어 매끄러운 관에서도 수두 손실은 있다.

수력학적으로 매끄러운 관(0)에서도 마찰계수는 0이 아니다. 이것은 아무리 관벽을 매끄럽게 해도 수두손실이 항상 존재함을 의미한다. 이는 어떤 유체도 흐르는 고체 표면에 접착되어야 한다는 점착 경계 조건으로 인한 결과이다. 분자 수준에서 매끄럽지 않은 표면 거칠기가 노슬립 행동(따라서 $f \neq 0$)을 만들어 내기 때문에 점성 하부층 두께보다 상당히 작아도 노슬립 행동을 나타낸다. 이러한 파이프를 유동 저항이 작은 상태로 유동이 **매끈한 것(hydraulically smooth)**이라고 한다.

다양한 연구자들이 $f = \phi(\text{Re}, \varepsilon/D)$의 해석식을 얻으려고 노력해 왔다. 무디 차트는 유동 변수에 걸쳐 극도로 넓은 범위를 다루고 있다. 비계면 영역은 레이놀즈 수에서 4×10^3에서 10^8까지 4개 순서의 크기를 가지고 있다. 당연히 특정 파이프와 유체에 대한 평균 속도 값은 이 전체 범위를 커버하지는 않는다. 그러나 파이프(D), 유체(ρ와 μ) 및 속도(V)의 다양성으로 인해, 거의 모든 파이프 유동의 응용 프로그램을 수용하기 위해 Re의 이러한 광범위한 범위가 필요하다. 많은 경우에, 특정 파이프 유동이 모디 차트의 상대적으로 작은 영역에 제한되어 있으며, 그 조건에 대한 간단한 준경험적 식을 개발할 수 있다. 예를 들어, 지름이 5.1 cm에서 30.5 cm인 주철 수도 파이프를 생산하는 회사는 자신의 조건에 유효한 간단한 방정식을 사용할 수 있다. 반면에, 무디 차트는 모두 안정적인, 전개된 상태의 비압축성 파이프 유동에 대해 범용적으로 유효하다.

다음 식은 무디 차트에서 층류가 아닌 모든 영역에서 유효하다.

Moody 선도의 난류 부분은 Colebrook 공식에 의해 표현된다.

$$\frac{1}{\sqrt{f}} = -2.0 \log \left(\frac{\varepsilon/D}{3.7} + \frac{2.51}{\text{Re}\sqrt{f}} \right) \tag{8.22a}$$

사실, Moody선도는 관 유동에서의 압력강하 정보를 경험적으로 수식화한 방정식의 도식적인 표현이다. 식(8.22)는 **Colebrook 공식**이라 불린다. 이를 사용할 때 어려운 점은 이 식이 f에 의존하는 음함수 형태로 되어 있다는 점이다. 즉, 주어진 조건(Re와 ε/D)에서 반복적인 계산 없이는 f를 풀 수가 없다. 그러한 계산은 현대적인 컴퓨터와 계산기를 사용하면 어렵지 않다. 무디 차트 또는 동등한 콜브룩 공식의 사용과 관련하여 주의할 사항이 있다. 관련된 다양한 고유 부정확성(상대 거칠기의 불확실성, 무디 차트를 생성하는 데 사용된 실험 데이터의 불확실성 등) 때문에 파이프 흐름 문제에 여러 장소 정확도(즉, 약 2자리 이상의 유의한 숫자)를 사용하는 것은 일반적으로 정당화되지 않는다. 경험에 비추어 볼 때, 10%의 정확도가 가장 기대된다. 난류 흐름의 경우 Colebrook/Moody선도 관계를 적당히 근사하지만 반복적인 계산을 필요로 하지 않는 방정식을 구하는 것은 가능하다. 예를 들면, (8.22b)에 사용하기 좀 더 수월한 Haaland 방정식(참고문헌 29)이 나와 있다.

$$\frac{1}{\sqrt{f}} = -1.8 \log \left[\left(\frac{\varepsilon/D}{3.7} \right)^{1.11} + \frac{6.9}{\text{Re}} \right] \tag{8.22b}$$

여기서 f는 반복계산없이 구할 수 있다. Swanee–Jain과 Churchill 공식도 정보에 명시되어 있으며 섹션 8.4.1에 대한 문제 집합에 제시되어 있다. Von Kármán은 완전히 난류하는 흐름만을 위한 공식을 제공했고, 또한 문제에도 주어졌다.

예제 8.3 | 층류 혹은 난류 유동에서의 압력강하 비교

주어진 사항 표준상태의 공기가 평균속도 $V = 50$ m/s로 직경 4.0 mm의 인발관을 흐르고 있다. 이 경우, 유동은 보통 난류이다. 그러나 유동의 교란요인을 제거하기 위해 예방조치를 하면(튜브의 입구를 매우 매끄럽게 하거나, 공기의 먼지제거, 튜브에 진동을 차단하는 등), 층류유동을 유지할 수 있을지도 모른다.

해결과제

(a) 만약 유동이 층류라면 0.1 m인 부분에서 압력강하를 구하라.

(b) 난류 유동일 경우에 대해서 계산을 반복하라.

풀이 표준온도와 압력상태에서 밀도와 점성계수는 각각 1.23 kg/m^3, 1.79×10^5 N · s/m^{2}이다. 따라서 Reynolds 수는

$$\text{Re} = \frac{\rho VD}{\mu} = \frac{(1.23\ \text{kg/m}^3)(50\ \text{m/s})(0.004\ \text{m})}{1.79 \times 10^{-5}\ \text{N} \cdot \text{s/m}^2} = 13{,}700$$

이며, 이는 정상적으로 난류 유동을 나타낸다.

(a) 만약 유동이 층류라면, $f = 64/\text{Re} = 64/13{,}700 = 0.00467$이고, 0.1 m 길이의 관수평부분에서의 압력강하는

$$\Delta p = f\frac{\ell}{D}\frac{1}{2}\rho V^2$$
$$= (0.00467)\frac{(0.1\ \text{m})}{(0.004\ \text{m})}\frac{1}{2}(1.23\ \text{kg/m}^3)(50\ \text{m/s})^2$$

또는

$$\Delta p = 0.179\ \text{kPa} \qquad \text{(답)}$$

보충설명 식(8.8)로부터 같은 결과를 얻을 수 있음에 주목하라.

$$\Delta p = \frac{32\mu\ell}{D^2}V$$
$$= \frac{32(1.79 \times 10^{-5}\ \text{N} \cdot \text{s/m}^2)(0.1\ \text{m})(50\ \text{m/s})}{(0.004\ \text{m})^2}$$
$$= 179\ \text{N/m}^2$$

(b) 만약 유동이 난류라면, $f = \phi(\text{Re}, \varepsilon/D)$이고, 표 8.1에서부터 $\varepsilon = 0.0015$ mm이므로 $\varepsilon/D = 0.0015$ mm/4.0 mm $= 0.000375$이다. Moody선도로부터 $\text{Re} = 1.37 \times 10^4$이고 $\varepsilon/D = 0.000375$이므로 $f = 0.028$을 얻는다. 따라서, 이 경우에 있어서의 압력강하는 대략

$$\Delta p = f\frac{\ell}{D}\frac{1}{2}\rho V^2$$
$$= (0.028)\frac{(0.1\ \text{m})}{(0.004\ \text{m})}\frac{1}{2}(1.23\ \text{kg/m}^3)(50\ \text{m/s})^2$$

혹은

$$\Delta p = 1.076\ \text{kPa} \qquad \text{(답)}$$

보충설명 만약 이 정도의 Reynolds 수에서 층류 유동을 유지할 수 있다면, 유체가 관을 통과하게 하는데 상당한 노력을 절감할 수 있다(1.076 kPa보다 0.179 kPa). 관에서 극히 드물게 Re = 100,000까지 층류유동이 유지될 수는 있지만 이렇게 하는 것은 일반적으로 매우 어려운 일이다.

난류 유동에 대한 마찰계수를 구하는 다른 방법은 Colebrook 공식[식(8.19)]을 이용하는 것이다. 따라서

$$\frac{1}{\sqrt{f}} = -2.0\log\left(\frac{\varepsilon/D}{3.7} + \frac{2.51}{\text{Re}\sqrt{f}}\right)$$
$$= -2.0\log\left(\frac{0.000375}{3.7} + \frac{2.51}{1.37 \times 10^4\sqrt{f}}\right)$$

혹은

$$\frac{1}{\sqrt{f}} = -2.0\log\left(1.01 \times 10^{-4} + \frac{1.83 \times 10^{-4}}{\sqrt{f}}\right) \qquad (1)$$

컴퓨터나 계산기의 루트파인딩(root-finding) 기법을 이용하면 식(1)은 $f = 0.0291$이 되는데, 이는 Moody 선도를 이용하여 구한 $f = 0.028$과(도표를 읽을 때의 오차 범위내에서) 일치한다.

방정식 (8.22b)는 마찰 계수를 직접 푸는 데 사용할 수 있는 콜브룩 공식의 대체 형태를 제공한다.

$$\frac{1}{\sqrt{f}} = -1.8\log\left[\left(\frac{\varepsilon/D}{3.7}\right)^{1.11} + \frac{6.9}{\text{Re}}\right]$$
$$= -1.8\log\left[\left(\frac{0.000375}{3.7}\right)^{1.11} + \frac{6.9}{1.37 \times 10^4}\right]$$
$$= 0.0289$$

이는 위에서 구한 콜브룩 공식 및 무디 차트 값과 일치한다.

Moody선도에 대한 많은 다른 경험식이 문헌에 나와있다(참고문헌 4). 예를 들면, 매끈한 관($\varepsilon/D = 0$)내의 $\mathrm{Re} < 10^5$인 난류 유동에 대해 흔히 사용되는 Blasius 공식이라고 하는 것은 아래와 같다.

$$f = \frac{0.316}{\mathrm{Re}^{1/4}}$$

이 문제에 대해서는

$$f = 0.316(13{,}700)^{-0.25} = 0.0292$$

이고, 이는 앞의 결과와 일치한다. 이런 특수한 경우에 f는 $\varepsilon/D = 0$에 상대적으로 민감하지 않음에 주의하라. 튜브가 매끈한 유리($\varepsilon/D = 0$)로 되어 있거나 인발관($\varepsilon/D = 0.000375$)이거나 간에 압력강하에는 큰 차이가 없다. 이러한 유동에 대해서도, 상대조도를 30배 증가시켜 $\varepsilon/D = 0.0113$(상용 강철관의 표면조도에 상당; 표 8.1을 보라)으로 하면 $f = 0.043$이 될 것이다. 이는 본래 인발관에 비해서 압력강하와 수두손실이 $0.043/0.0291 = 1.48$ 만큼 증가함을 말한다.

관 길이 0.1 m에서의 압력강하 1.076 kPa는 $1.076/101 = 0.0107$ 즉, 약 1% 절대압력[$x = 0$에서 $p = 101$ kPa(abs)로 가정]의 변화에 해당한다. 따라서, 위의 식의 계산(그리고 이 장의 모든 공식)에서 바탕을 두고 있는 비압축성이라는 가정은 타당한 것이 된다. 그러나 관 길이가 2 m라면 압력강하는 21.5 kPa이 될 것이고, 이는 원래 압력의 약 20%에 해당하는 것이다. 이 경우에는, 관을 따라 밀도가 대체로 일정하지 않을 것이며, 압축성 유동에 대한 해석이 필요해진다.

8.4.2 부차적 손실

이전 섹션에서 논의한 바와 같이, 파이프에서 길고 직선인 부분의 수두 손실, 주요 손실은 무디 차트 또는 콜브룩 방정식에서 얻은 마찰 계수를 사용하여 계산할 수 있다. 대부분의 관 시스템은 직관뿐 아니라 다른 여러 가지 부품으로 이루어져 있다. 이러한 추가적인 부품(밸브, 밴드, 티 등)은 관 시스템의 전반적인 **수두손실**을 증가시킨다. 이러한 손실을 일반적으로 부차적 손실이라 하며, $h_{L\ \mathrm{minor}}$으로 표시한다. 이 섹션에서는 파이프 시스템에서 일반적으로 발생하는 다양한 사소한 손실을 결정하는 방법을 알아볼 것이다.

밸브를 통한 흐름과 관련된 수두 손실은 일반적인 경미한 손실입니다. 밸브의 목적은 유량을 조절하는 수단을 제공하는 것이다. 이는 시스템의 형상을 변경하여(즉, 밸브를 닫거나 열면 밸브를 통과하는 유동 패턴이 변경됨), 밸브를 통과하는 흐름과 관련된 손실이 변경됩니다. 밸브를 통한 흐름 저항 또는 헤드 손실은 시스템 내 저항의 상당 부분일 수 있다. 사실 밸브가 닫혀 있으면 유체에 대한 저항이 무한하므로 유체가 흐를 수 없습니다. 그러한 사소한 손실은 실제로 매우 중요할 수 있다. 밸브를 활짝 열면 밸브의 존재로 인한 추가 저항이 무시할 수 있거나 혹은 무시할 수 없는 정도 일 수 있다.

밸브와 같은 일반적인 구성 요소를 통과하는 유동 패턴은 그림 8.14와 같다. 이러한 구성요소에 대한 머리손실을 얻기 위해 그러한 유동의 세부사항을 예측하는 이론적 분석이 아직 가능하지 않다는 것을 깨닫는 것은 어렵지 않다. 본질적으로 모든 부품에 대한 수두손실정보는 무차원형태로 주어지며, 실험적인 값에 근거한다. 이러한 수두손실 또는 압력강하를 구하기 위해 가장 흔하게 쓰이는 방법은 다음과 같이 정의되는 **손실계수** K_L을 결정하는 것이다.

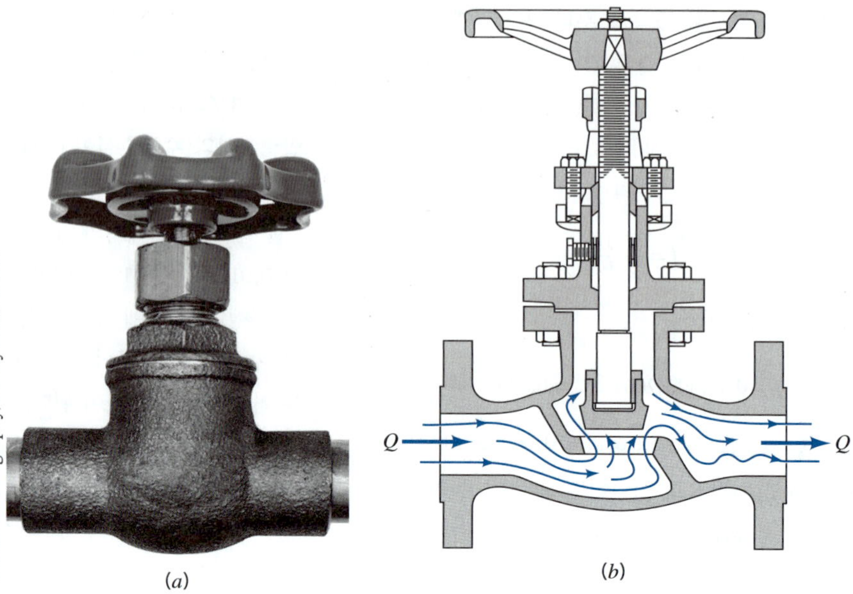

EricksonPhotography/Alamy Stock Photo

그림 8.14 밸브를 통과하는 흐름

파이프 시스템 구성요소에 의한 손실은 손실계수에 의해 주어진다.

$$K_L = \frac{h_{L\,\text{minor}}}{(V^2/2g)} = \frac{\Delta p}{\frac{1}{2}\rho V^2}$$

그러므로,

$$\Delta p = K_L \frac{1}{2}\rho V^2$$

혹은

$$\boxed{h_{L\,\text{minor}} = K_L \frac{V^2}{2g}} \qquad (8.23)$$

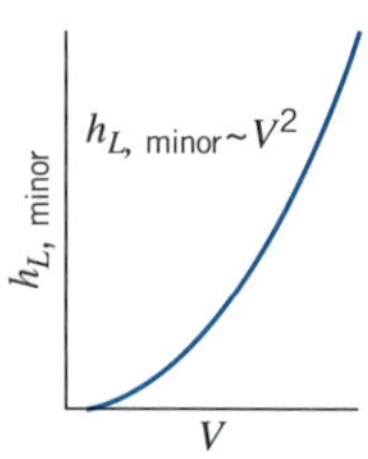

이다. 손실계수 $K_L = 1$인 부품을 지나는 압력강하는 동압 $\rho V^2/2$과 같다. 식(8.20)과 여백의 그림에서 보이는 것처럼, K_L의 값이 일정하게 주어졌을 때 수두손실은 속도의 제곱에 비례한다.

K_L의 실제 값은 고려된 구성 요소의 기하학적 구조에 크게 의존하게된다. 또한 유체 특성에 따라 달라질 수 있다. 그것은,

$$K_L = \phi(\text{geometry, Re})$$

여기서 $\text{Re} = \rho VD/\mu$는 관 레이놀즈 수이다. 많은 실제 응용에서 레이놀즈 수는 충분히 커서 구성 요소를 통과하는 흐름이 관성 효과에 의해 지배되며 점성 효과는 이차적으로 중요하다. 이는 유체가 구성 요소를 통과하는 다소 구부러진 가변 영역을 따라 흐를 때 유체가 경험하는 비교적 큰 가속 및 감속 때문이다(그림 8.14 참조). 점성 효과보다는 관성 효과에 의해 지배되는 흐름에서 압력 강하와 수두 손실은 동적 압력과 직접적으로 상관관계가 있다는 것이 보통 발견된다. 이것이 매우 큰 레이놀즈 수, 완전히 발달된 파이

대부분의 흐름에서, 손실계수는 Reynolds 수와 무관하다.

프 유동에 대한 마찰 계수가 레이놀즈 수와 무관한 이유이다. 파이프 구성 요소를 통과하는 흐름에도 동일한 조건이 적용되는 것으로 확인되었다. 따라서, 대부분의 실제 관심사에서 성분에 대한 손실 계수는 기하학의 함수일 뿐이며, $K_L = \phi(\text{geometry})$ 가 된다.

경미한 손실은 등가 길이 ℓ_{eq}의 관점에서 주어지기도 한다. 이 용어에서 구성 요소를 통한 헤드 손실은 구성 요소와 동일한 헤드 손실을 발생시키는 파이프 길이의 관점에서 주어진다. 그것은,

$$h_{L\,\text{minor}} = K_L \frac{V^2}{2g} = f \frac{\ell_{eq}}{D} \frac{V^2}{2g}$$

혹은

$$\ell_{eq} = \frac{K_L D}{f}$$

여기서 D와 f는 구성 요소를 포함하는 파이프를 기준으로 합니다. 배관 시스템의 머리 손실은 원래 시스템의 배관에 시스템 모든 구성 요소의 추가 등가 길이의 합을 더한 길이가 같은 직선 배관에서 발생하는 손실과 동일하다. 이 문시에 있는 것을 포함하여 대부분의 파이프 흐름 분석은 부차적 손실을 결정하기 위해 등가 길이 방법보다는 손실 계수 방법을 사용한다.

많은 관 시스템에서는 지름이 변하는 부분이 포함되어 있다. 이러한 변화는 어떤 유형의 영역 변경 구간을 통해 갑작스럽거나 오히려 원활하게 발생할 수 있다. 유동 단면이 변하는 모든 곳에서는 완전발달 유동에서의 수두손실을 계산할 때 고려하지 않은 손실(마찰

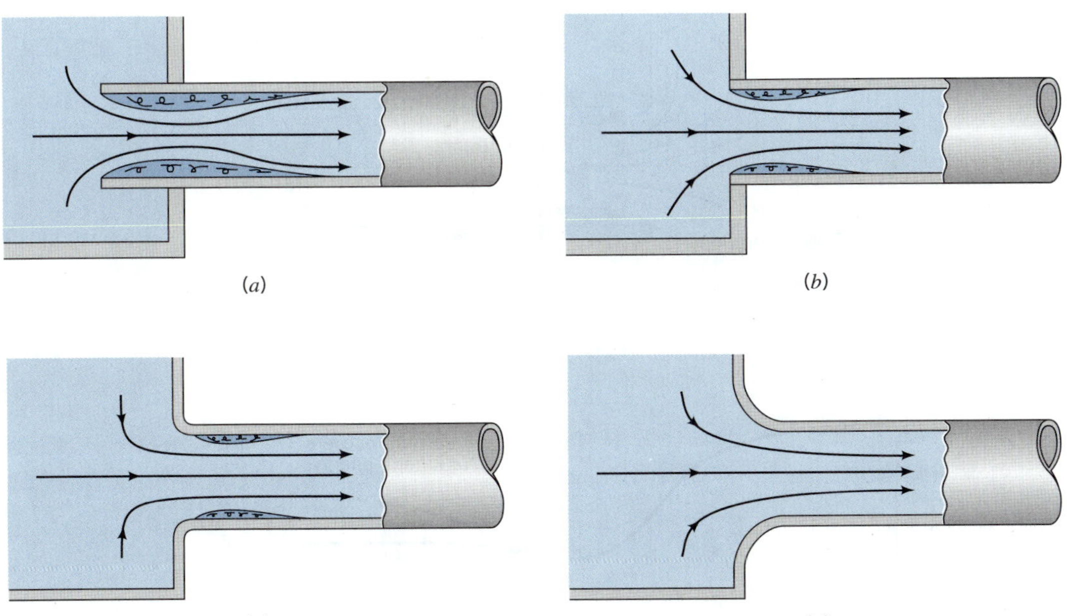

그림 8.15 입구흐름 조건과 손실계수(참고문헌 25, 26 으로 부터의 데이터) (a) 재진입 $K_L = 0.8$, (b) 날카로운 모서리 $K_L = 0.5$, (c) 약간 둥근 모서리 $K_L = 0.2$ (그림 8.17 참조), (d) 충분히 둥근 모서리 $K_L = 0.04$ (그림 8.17 참조)

요소)이 발생한다. 연속성에 의해 면적 변화는 비압축성 흐름에서 속도 변화를 일으킨다. 따라서 $V^2/2g$ 항은 식(5.82)에 제시된 에너지 방정식에서 취소되지 않는다. 극단적인 경우로, 저수조에서 관으로 유입(입구) 혹은 관에서 저수조로의 유출(출구) 등이 있다.

유체가 저수조에서 관으로 흘러 들어가는 입구의 형상은 그림 8.15에 스케치된 것처럼 몇 가지가 있다. 손실계수는 각 형상에 따라 다르다. 사각 모서리 입구를 통해 파이프로 유입되는 흐름의 전형적인 흐름 패턴은 그림 8.16a에 개략적으로 도시되어 있다. 제3장에서 논의한 바와 같이, 유체가 날카로운 직각 코너를 돌 수 없기 때문에 정맥 수축 부위가 발생할 수 있다. 그 흐름은 날카로운 모서리에서 분리된다고 한다. 섹션 (2)의 최대 속도는 섹션 (3)의 파이프보다 크고, 압력은 더 낮다. 만약 이 고속 유체가 효율적으로 속도를 늦출 수 있다면, 운동 에너지는 압력으로 변환(베르누이 효과)하면 그림 8.16b에 표시된 이상적인 압력 분포가 나타납니다. 입구의 수두 손실은 근본적으로 0이 될 것이다.

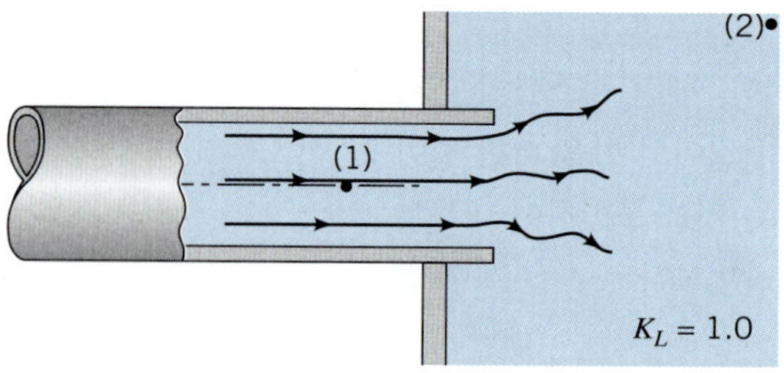

그렇지는 않다. 유체는 매우 효율적으로 가속될 수 있지만, 유체의 속도를 효율적으로 늦추는 것은 매우 어렵다. 따라서, 제(2)항에서 유체의 여분의 운동 에너지는 점성 소산으로 인해 부분적으로 손실되고, 압력이 이상적인 값으로 되돌아가지 않는다. 입구 헤드 손실(압력 강하)은 그림 8.16b와 같이 발생한다. 이 손실의 대부분은 유체 내의 전단 응력에 의해 소멸되는 관성 효과 때문이다. 손실의 작은 부분만이 입구 영역 내의 벽 전단 응력에 기인한다. 순효과는 사각 날 입구의 손실 계수가 약 $K_L = 0.50$이라는 것이다. 유체가 파이프 안으로 들어갈 때 속

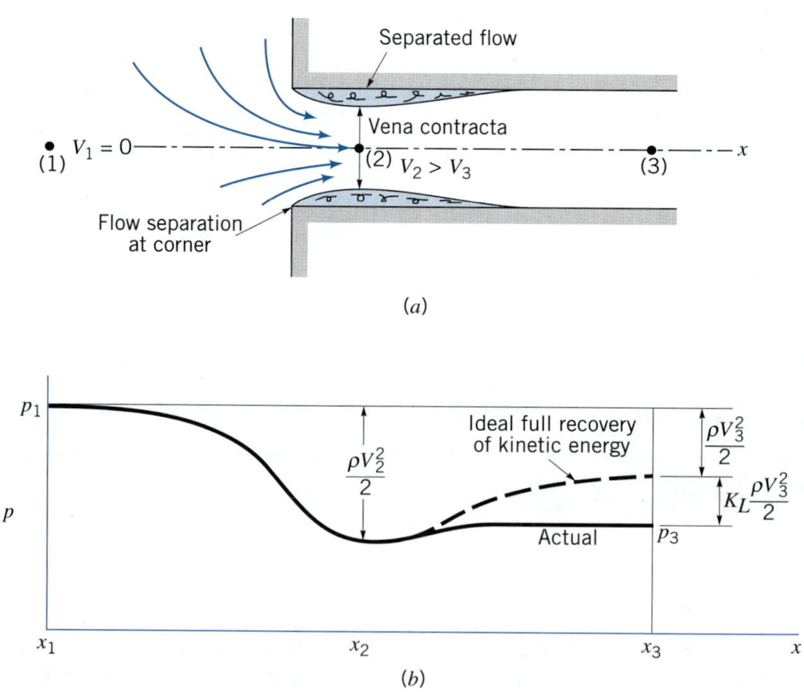

그림 8.16 날카로운 모서리 입구형상의 유동패턴과 압력분포

도 수두의 1/2이 손실된다. 도 8.15a와 같이 파이프가 탱크(재진입구)로 돌출될 경우 손실은 더욱 커진다.

입구손실을 줄이는 확실한 방법은 그림 8.15c와 8.15d에서 보여주고 있는 것처럼 입구영역을 둥글게 하는 것이다. 그림 8.17에서는 가장자리의 입구 모서리를 둥글게 할 때 여러 가지 반지름에서의 입구영역에 대한 손실계수값을 보여주고 있다. 조금만 둥글게 하여도 K_L이 상당히 작아진다. 유체가 관에서 탱크로 흘러 들어갈 때도 수두 손실(출구손실)이 발생한다.

Video

V8.12 입구/출구 흐름

이 경우 유출되는 유체의 전체 운동에너지(속도 V_1)는 탱크 안의 유체와 혼합될 때 점성효과에 의해 소산되고 결국에 정지된다($V_2 = 0$). 점 (1)에서 (2) 사이의 출구손실은 속도수두와 같다. 즉 $K_L = 1$이 된다. 모양에 상관없이 출구의 손실 계수는 1.0이다. 주의할 점: 출구 손실은 해석의 하류 지점이 출구 운동 에너지가 소산되도록 출구 너머에 충분한 거리에 있는 경우에만 고려되어야 한다. 인접한 그림과 같이 소방 호스와 노즐을 통한 흐름의 계산을 고려하십시오. 에너지 방정식에서 출구 운동 에너지는 $V_2^2/2$로 포함되므로 손실에 포함되지 않아야 한다.

출구 손실계수는 형상과 관계없이 항상 1.0이다.

그림 8.18과 8.19에서 볼 수 있듯이, 관 지름이 변할 때도 역시 손실이 발생한다. 이전 단락에서 논의된 날카로운 가장자리의 입구 및 출구 흐름은 각각 $A_1/A_2 = \infty$ 또는 $A_1/$

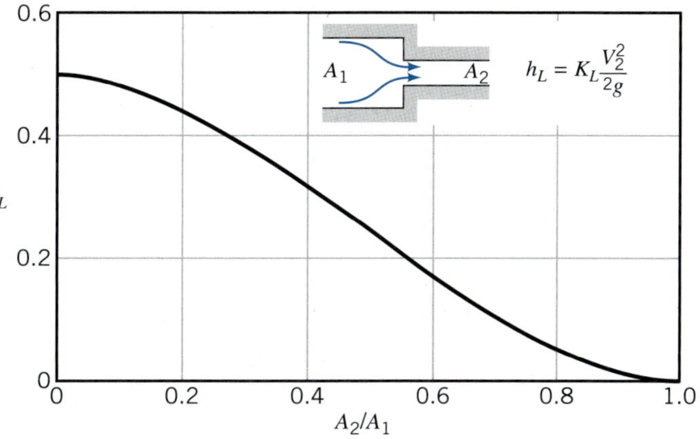

그림 8.18 급 축소관 에서의 손실계수 (참고문헌 9)

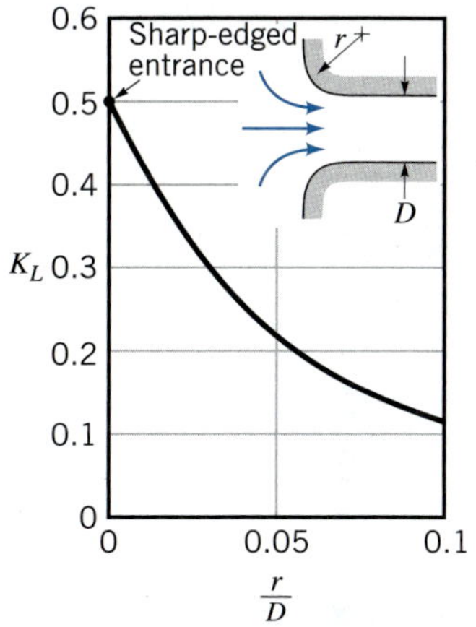

그림 8.17 입구 가장자리의 라운딩 함수로서의 입구 손실계수

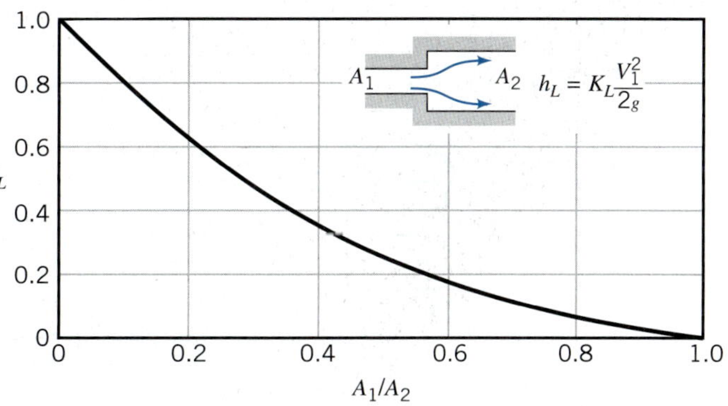

그림 8.19 급 확대관에서의 손실계수 (참고문헌 9)

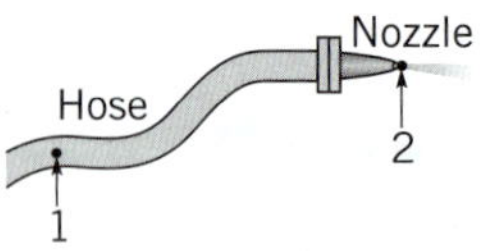

$A_2 = 0$으로 이러한 유형의 흐름을 제한하는 경우이다. 급축소관에 대한 손실계수 $K_L\ h_L/(V_2^2/2g)$는 그림 8.14에서 보는 바와 같이 면적비, A_2/A_1의 함수이다. K_L의 값은 사각 모서리 입구의 극한값($A_2/A_1 = 0$일 때, $K_L = 0.50$)으로부터 면적이 전혀 변하지 않는 또 다른 극한값($A_2/A_1 = 1$일 때, $K_L = 0$)까지 점진적으로 변한다.

많은 면에서, 갑작스러운 팽창에서의 흐름은 출구 흐름과 유사하다. 그림 8.20에 도시된 바와 같이, 유체는 작은 배관을 떠나 큰 배관으로 들어가면서 초기에 제트형 구조를 형성한다. 팽창의 하류에서 몇 직경 이내에, 제트는 파이프 전체에 분산되고, 완전히 발달된 흐름이 다시 확립된다. [섹션 (2)와 (3) 사이] 이 과정에서 유체의 운동 에너지의 일부는 점성 효과의 결과로 소멸된다. 정사각형 가장자리의 출구는 $A_1/A_2 = 0$인 제한 사례이다.

갑작스러운 팽창은 간단한 분석을 통해 손실 계수를 구할 수 있는 몇 안 되는 성분 중 하나이다. 이를 위해 그림 8.20에 표시된 제어 부피에 대한 연속성 및 운동량 방정식과 (2)와 (3) 사이에 적용되는 에너지 방정식을 고려한다. 제(1)항, 제(2)항, 제(3)항에서 흐름이 균일하고 압력이 제어 부피의 좌측($p_a = p_b = p_c = p_1$)에서 일정하다고 가정한다. 세 개의 지배 방정식(질량, 운동량, 에너지)은 다음과 같다.

$$A_1 V_1 = A_3 V_3$$
$$p_1 A_3 - p_3 A_3 = \rho A_3 V_3 (V_3 - V_1)$$

그리고

급 확대관의 손실계수는 이론적으로 계산되어질 수 있다.

$$\frac{p_1}{\gamma} + \frac{V_1^2}{2g} = \frac{p_3}{\gamma} + \frac{V_3^2}{2g} + h_L$$

이것들은 손실 계수를 제공하기 위해 결합될 수 있다. $K_L = h_L/(V_2^1/2g)$

$$K_L = \left(1 - \frac{A_1}{A_2}\right)^2$$

여기서 우리는 $A_2 = A_3$이라는 사실을 사용했다. 이 결과는 그림 8.19에 표시된 것과 실험 데이터와 잘 일치한다. 많은 사소한 손실 상황과 마찬가지로, 손실을 유발하는 것은 점성 효과(즉, 벽 전단 응력)가 아니다. 오히려, 유체가 비효율적으로 감속하면서 운동 에너지(점성 효과의 또 다른 유형)가 소실되는 것이다.

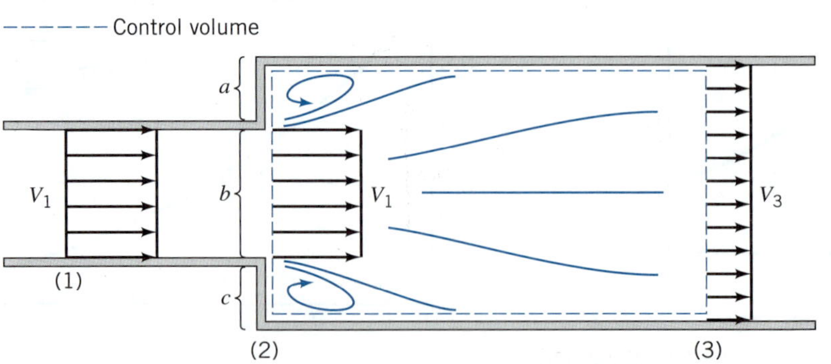

그림 8.20 급 확대관의 손실계수를 계산하기 위해 사용되는 검사체적

만약 그 수축 또는 팽창이 점진적이면, 손실은 매우 차이가 많이 날 수 있다. 주어진 면적비와 원추형, A_2/A_1일에 있어서 전형적인 결과를 그림 8.21(A확산된 장치는 마치 유체가 감속하는 모양)에서 보여준다. 분명한 것은 그 확산 장치이다. 분명히 디퓨저의 포함 각도인 θ는 매우 중요한 매개변수이다. 매우 작은 각도의 경우, 디퓨저는 과도하게 길며 수두손실의 대부분은 완전히 발달되지 않은 흐름과 같은 벽 전단 응력 때문이다. 중간 또는 큰 각도의 경우 흐름이 벽에서 분리되고 손실은 주로 더 작은 직경의 파이프를 떠나는 제트의 운동 에너지의 소멸로 인해 발생한다. 실제로 중간 또는 큰 값의 γ(즉, 그림 8.21에 표시된 경우 $\gamma > 35°$)의 경우, 원뿔형 확산기는 아마도 예상외로 $K_L = (1 - A_1/A_2)$ 2인 날카로운 날이 있는 확장기보다 효율이 낮다. 손실 계수가 최소인 최적 각도(그림의 경우 $\gamma \approx 8°$)가 있다. 최소 K_L에 대해 상대적으로 작은 μ 값은 긴 디퓨저를 생성하며 유체를 효율적으로 감속하기 어렵다는 사실을 나타낸다.

Video
V8.13 확대관에서의 박리된 흐름

그림 8.21에 표시된 조건은 전형적인 결과만을 나타낸다는 점에 유의해야 한다. 디퓨저를 통과하는 유동은 매우 복잡하며 면적비 A_2/A_1, 형상의 특정 세부사항 및 레이놀즈 수에 크게 의존할 수 있다. 데이터는 종종 **압력 회복 계수**인 $C_p = (p_2 - p_1)/(\rho V_2^1/2)$로 표시된다. 이는 디퓨저를 통한 정적 압력 상승 대 흡기 동적 압력의 비율이다. 이 중요한 주제를 이해하기 위해 상당한 노력을 기울였다(참조 10, 11).

원뿔형 수축(노즐; 그림 8.21에 표시된 흐름 방향 반대)에서의 유동은 원뿔형 팽창에서의 유동보다 덜 복잡하다. 다운스트림(고속) 속도에 기반한 일반적인 손실 계수는 예를 들어, $\gamma = 30°$의 경우 $K_L = 0.02$에서 $\gamma = 60°$의 경우 $K_L = 0.07$까지 매우 작을 수 있다. 유체를 효율적으로 가속하는 것은 비교적 쉽다.

곡관(bend)에서의 수두손실은 직관에서보다 더 크다. 손실은 곡관의 안쪽면 부근의 유동이 박리된 영역(특별히 곡관이 급하게 굽은 경우)과 관 중심선의 곡률에 의한 구심력의 불균형으로 인한 소용돌이 치는 2차 유동에 의해 발생한다(그림 8.22를 보라). 이에 의한 영향과 90곡관을 흐르는 매우 큰 Reynolds 수 유동에 대한 K_L의 값이 그림 8.22에 나와 있다. 이 손실계수에 의해 주어지는 마찰손실에 곡관의 축방향 길이로 인한 마찰손실도

Video
V8.14 자동차 배기 시스템

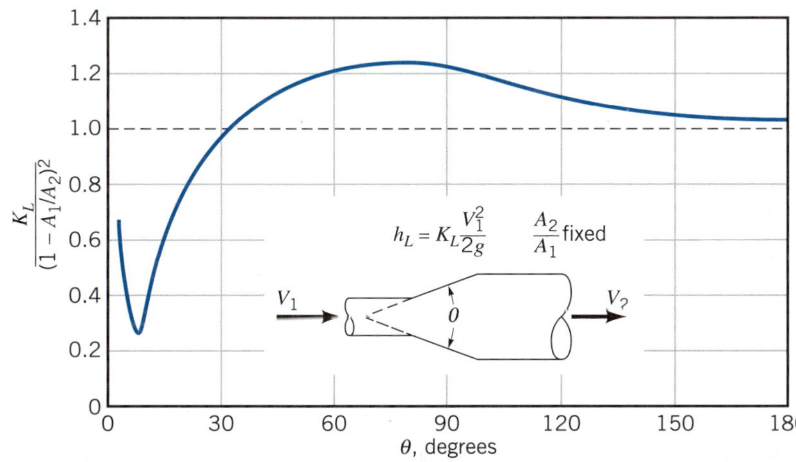

그림 8.21 일반적인 원추형 확대관에서의 손실계수 (참고문헌 4)

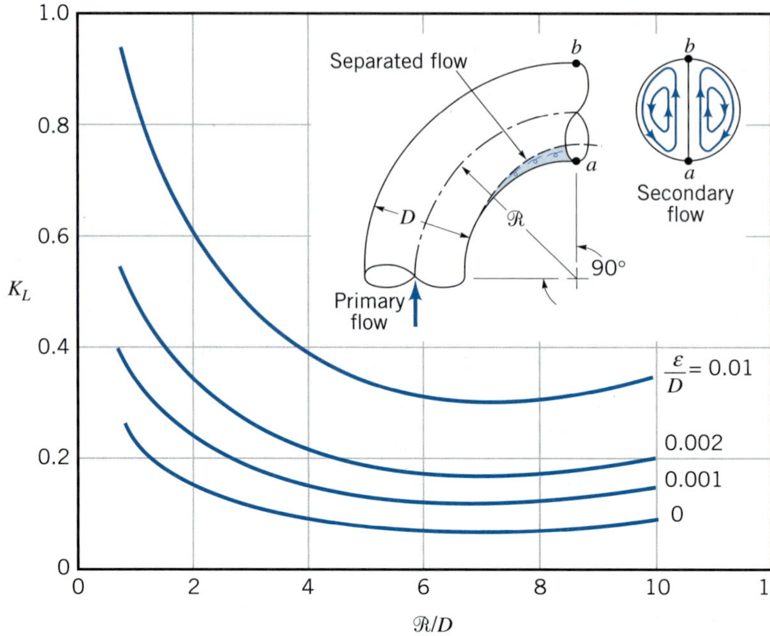

그림 8.22 90˚ 곡관에서의 흐름 특성과 관련 손실계수 (참고문헌 4)

계산하여 더해야 한다.

공간이 제한된 상황에서는 완만한 곡관(smooth bends)보다 그림 8.23과 같은 마이터 곡관(miter bend)을 사용하여 유동방향을 변화시킨다. 이러한 곡관은 유동에서 원하지 않는 소용돌이와 교란이 덜 일어나도록 주의 깊게 설계된 안내깃을 사용함으로써 손실을 상당히 줄일 수 있다.

관 시스템을 구성하는 이음부품 중에서 또 다른 중요한 것으로는 엘보, 티, 축소관, 밸브 및 필터와 같은 상업적으로 이용가능한 관이음 부품들이 있다. 이러한 부품들의 K_L 값은 이음부품의 형상에 크게 의존하지만 전형적으로 큰 Re유동에서는 Reynolds 수의 영향은 매우 약하다. 따라서 90엘보의 손실계수는 관 이음부분이 나사이음인가 플랜지 이음인가에 따라 다르지만, 데이터의 정밀도 안에서는 관 지름, 유량 또는 유체의 성질

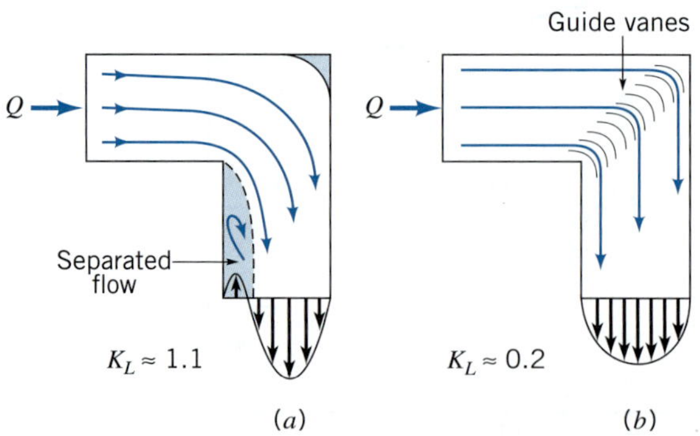

그림 8.23 90˚ 마이터 곡관에서의 흐름 특성과 관련 손실계수 : (a) 안내 깃이 없는 경우, (b) 안내 깃이 있는 경우

(Reynolds 수 효과)과는 완전히 무관하다. 이러한 이음부품들에 대한 대표적인 K_L값이 표 8.2에 주어져 있다. 이러한 일반적인 구성 요소는 생산되는 수두 손실의 감소보다는 제조 및 비용의 용이성을 위해 설계되었다. 일반적인 주택의 수도꼭지에서 나오는 유량은 엘보우 형상에 대한 K_L의 값이 일반적인 $K_L = 1.5$이든, 또는 더 비싼 장구형 점진적

Video
V8.1 난류 제트

표 8.2 관 요소들의 손실계수 ($h_L = K_L V^2/2g$)

Component	K_L
a. Elbows	
Regular 90°, flanged	0.3
Regular 90°, threaded	1.5
Long radius 90°, flanged	0.2
Long radius 90°, threaded	0.7
Long radius 45°, flanged	0.2
Regular 45°, threaded	0.4
b. 180° return bends	
180° return bend, flanged	0.2
180° return bend, threaded	1.5
c. Tees	
Line flow, flanged	0.2
Line flow, threaded	0.9
Branch flow, flanged	1.0
Branch flow, threaded	2.0
d. Union, threaded	0.08
***e. Valves**	
Globe, fully open	10
Angle, fully open	2
Gate, fully open	0.15
Gate, $\frac{1}{4}$ closed	0.26
Gate, $\frac{1}{2}$ closed	2.1
Gate, $\frac{3}{4}$ closed	17
Swing check, forward flow	2
Swing check, backward flow	∞
Ball valve, fully open	0.05
Ball valve, $\frac{1}{3}$ closed	5.5
Ball valve, $\frac{2}{3}$ closed	210

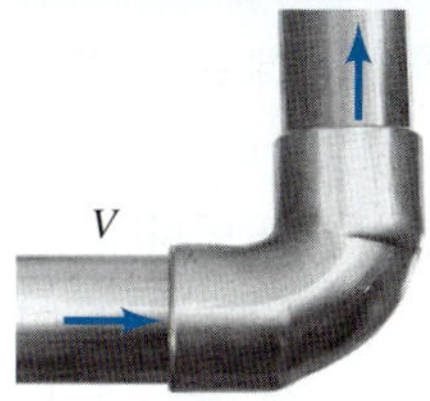

90° elbow

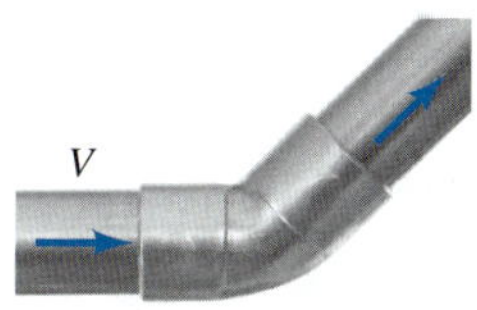

45° elbow

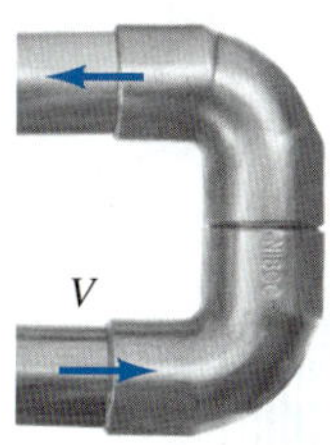

180° return bend

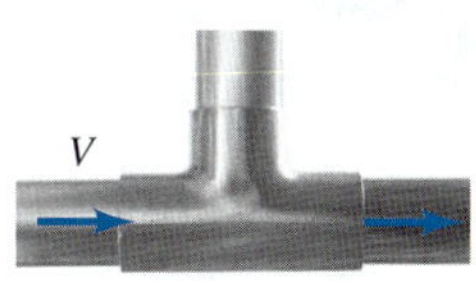

Tee

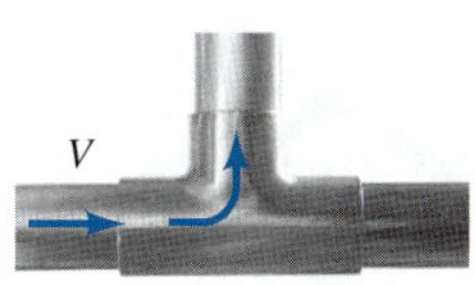

Tee

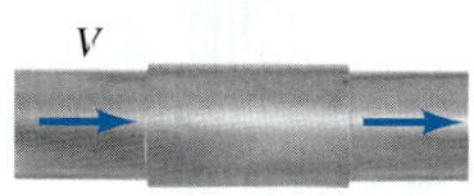

Union

*See Fig. 8.24 for typical valve geometry.

(Data from Refs. 4, 9, 24; Images Source: Bruce Munson)

광범위한 테이블이 표준적인 파이프 구성요소들의 손실계산을 위해 이용된다.

벤딩을 사용하여 $K_L = 0.2$로 감소하든 충분하다(그림 8.22).

밸브는 전체적인 시스템의 손실계수를 원하는 값으로 맞추어 유량을 조절한다. 밸브가 잠겼을 때 K_L값은 무한대가 되고, 유체가 흐르지 않게 된다. 밸브를 열면 K_L값이 감소되어 원하는 유량을 얻을 수 있다. 일반적으로 쓰이는 다양한 밸브의 단면도를 그림 8.24에서 보여주고 있다. 일부 밸브(예: 기존의 글로브 밸브)는 일반 용도로 설계되었으며, 완전 폐쇄와 완전 개방의 극단을 편리하게 제어할 수 있습니다. 다른 것(예: 니들 밸브)은 유량을 매우 세밀하게 제어하도록 설계되었습니다. 체크 밸브는 유체가 한 방향으로만 흐르도록 하는 다이오드 유형의 작동을 제공합니다.

일반적인 밸브에서의 손실계수는 표 8.2에 나와 있다. 많은 시스템 구성 요소와 마찬가지로 밸브의 수두 손실은 주로 흐름의 고속 부분의 운동 에너지 소실의 결과입니다. 이 속도 V3는 그림 8.25에 나타나 있다.

갑작스러운 팽창과 출구를 제외하고, 이 절의 K_L 값은 실험 측정을 기반으로 한 전형적인 값을 나타낸다. 불확실성은 약 10%에서 50% 이상일 수 있다. 또한, 그것들은 상류의

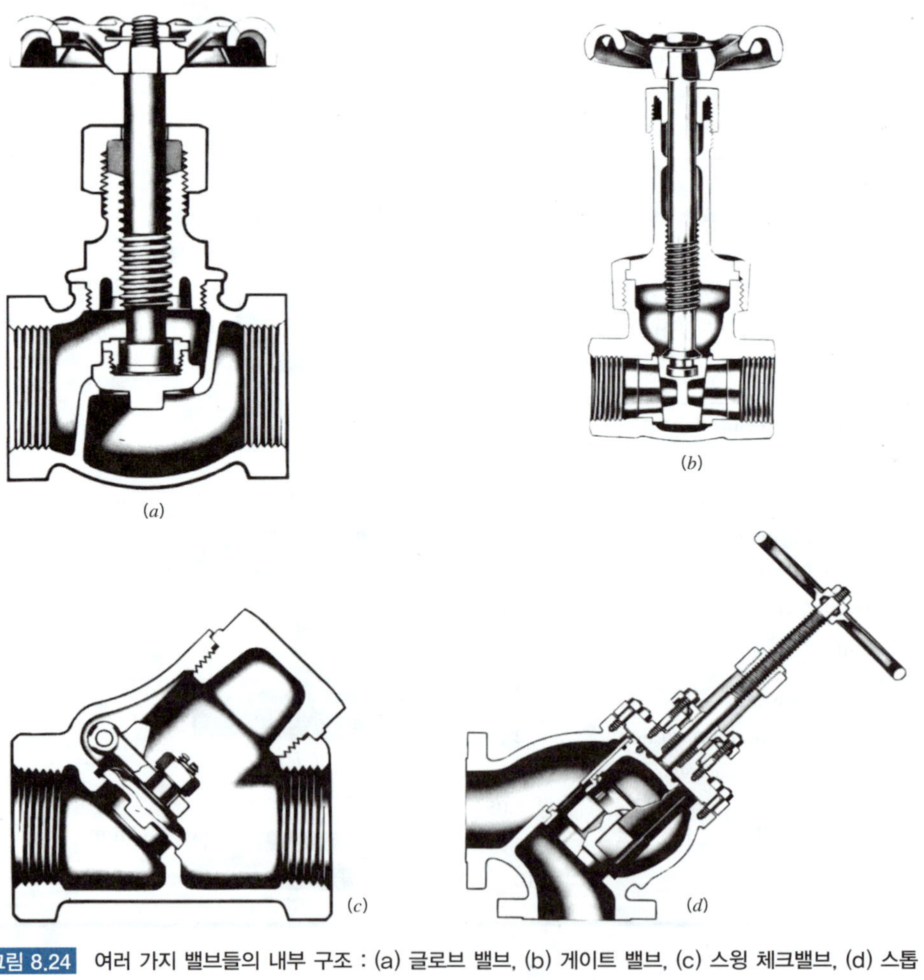

그림 8.24 여러 가지 밸브들의 내부 구조 : (a) 글로브 밸브, (b) 게이트 밸브, (c) 스윙 체크밸브, (d) 스톱 체크밸브

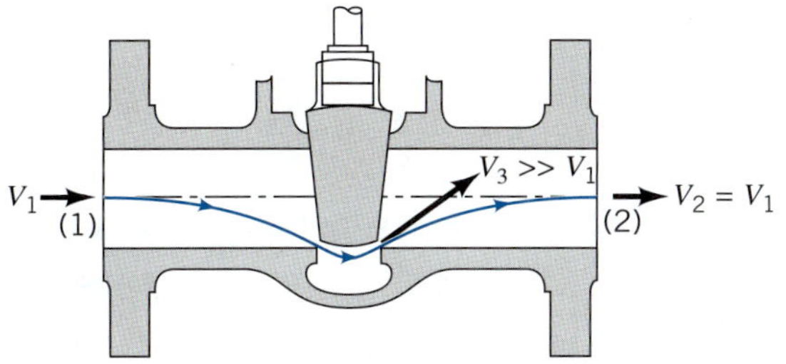

그림 8.25 밸브에서의 수두손실은 밸브시트 근처의 큰 속도를 가지고 있는 유체의 운동에너지 소산 때문이다.

흐름이 균일하거나 완전히 발달된 분리된 구성요소에도 적용된다. 두 요소가 서로 근접한 경우, 그 결과 손실은 일반적으로 개별 요소들의 손실 합계보다 더 크다.

예제 8.4 | 부차적 손실

주어진 사항 그림 E8.4a는 그림 E8.4b에 묘사된 폐회로 풍동의 축소형이다. 이 풍동에서 표준 상태 공기가 시험구간[구간(5)와 구간(6) 사이]을 200 m/s의 속도로 흐른다. 이 유동은 $p_1 - p_9$ 만큼의 정압을 상승시키는 팬에 의해 구동된다. 이러한 정압상승은 폐회로를 도는 유체에 의한 수두손실을 극복하는 데 필요하다.

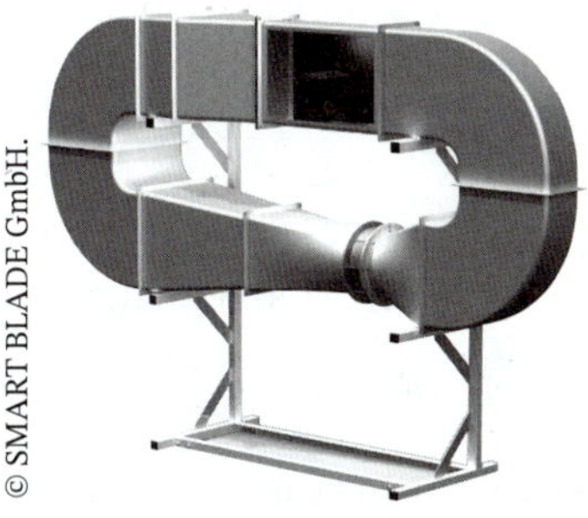

그림 E8.4a

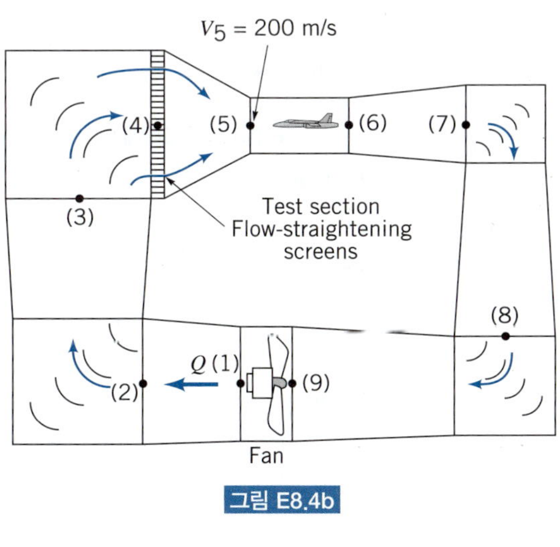

그림 E8.4b

해결과제 $p_1 - p_9$의 값 및 팬에 의해 유체에 공급되는 마력을 구하라.

풀이 풍동 내의 최대속도는 시험구간(가장 작은 단면적)에서 일어난다. 최대 Mach 수는 $\text{Ma}_5 = V_5/c_5$이고 여기서 $V_5 = 60$ m/s, 음속은 식(1.15)으로부터 음속은 $c_5 = (kRT_5)^{1/2}$ {1.4 (287 J/kg·K) [(273 + 59)K}$^{1/2}$ = 365 m/s이다. 따라서 $\text{Ma}_5 = 200/365 = 0.548$이다. 3장에서 간단히 언급하였던 것처럼, 대부분의 유동은 Mach 수가 약 0.3보다 작으면 비압축성 유동으로 볼 수 있다. 따라서 이 문제는 비압축성 공식을 이용할 수 있다.

팬은 공기가 폐회로 풍동 내를 흐를 때 발생하는 수두손실을 극복하기 위해 필요한 에너지를 공급한다. 수두손실은 점 (1)에서 (9) 사이의 에너지 방정식을 이용하여 구한다.

$$\frac{p_1}{\gamma} + \frac{V_1^2}{2g} + z_1 = \frac{p_9}{\gamma} + \frac{V_9^2}{2g} + z_9 + h_{L_{1-9}}$$

여기서 $h_{L_{1-9}}$는 (1)에서 (9)까지의 전체 수두손실이다. $z_1 = z_9$이고 $V_1 = V_9$이므로

$$\frac{p_1}{\gamma} - \frac{p_9}{\gamma} = h_{L_{1-9}} \tag{1}$$

마찬가지로, 에너지 방정식[식(5.57)]을 팬을 가로질러 (9)에서 (1) 사이에 적용하면

$$\frac{p_9}{\gamma} + \frac{V_9^2}{2g} + z_9 + h_p = \frac{p_1}{\gamma} + \frac{V_1^2}{2g} + z_1$$

가 된다. 여기서 h_p는 펌프(팬)에 의해 공기로 공급되는 실제의 수두상승이다. $z_9 = z_1$이고, $V_9 = V_1$이므로 식(1)과 결합하면 다음과 같이 된다.

$$h_p = \frac{(p_1 - p_9)}{\gamma} = h_{L_{1-9}}$$

공기에 공급되는 실제의 동력(마력 $\mathscr{P}_a$)은 팬 수두로부터 다음과 같이 된다.

$$\mathscr{P}_a = \gamma Q h_p = \gamma A_5 V_5 h_p = \gamma A_5 V_5 h_{L_{1-9}} \qquad (2)$$

따라서, 팬이 공기에 공급해야 되는 동력은 유체가 풍동을 흐를 때 일어나는 수두손실에 비례한다. 합당하고 적절한 답을 얻기 위해서 다음과 같은 가정을 한다. 각각의 네 모서리를 마이터 곡관으로 취급하면 그림 8.24로부터 $K_{L\text{corner}} = 0.2$이다.

따라서, 모서리에서는 아래와 같이 된다.

$$h_{L_\text{corner}} = K_L \frac{V^2}{2g} = 0.2 \frac{V^2}{2g}$$

여기서, 이 유동은 비압축성으로 가정되었으므로, $V = V_5 A_5 / A$이다. 풍동 전체에 걸쳐서 단면적 A와 속도가 표 E8.4에 주어진다.

표 E8.4

Location	Area (m²)	Velocity (m/s)
1	22.0	36.4
2	28.0	28.6
3	35.0	22.9
4	35.0	22.9
5	4.0	200.0
6	4.0	200.0
7	10.0	80.0
8	18.0	44.4
9	22.0	36.4

시험구간의 끝인 단면 (6)에서 (7)까지의 확대부는 손실계수 $K_{L_\text{dif}} = 0.6$을 가진 디퓨저로 손실계수보다 크다 (예를 들어, 참고문헌 4를 보라). 풍동의 디퓨저는 4개의 모서리와 팬에 의해 간섭을 받기 때문에 더 작은 손실계수 K_{L_dif}를 얻을 수 없다. 따라서,

$$h_{L_\text{dif}} = K_{L_\text{dif}} \frac{V_6^2}{2g} = 0.6 \frac{V_6^2}{2g}$$

단면 (4)와 (5) 사이의 원추형 노즐의 손실계수는 $K_{L\text{noz}} = 0.2$로, 유동방향을 바르게 해주는 스크린에서의 손실계수는 $K_{L\text{scr}} = 4.0$(참고문헌 12)로 가정한다. 상대적으로 짧은 시험구간에서의 손실계수는 무시한다.

$$h_{L_{1-9}} = h_{L_\text{corner7}} + h_{L_\text{corner8}} + h_{L_\text{corner2}} + h_{L_\text{corner3}} + h_{L_\text{dif}} + h_{L_\text{noz}} + h_{L_\text{scr}}$$

혹은

$$\begin{aligned} h_{L_{1-9}} &= [0.2(V_7^2 + V_8^2 + V_2^2 + V_3^2) \\ &\quad + 0.6\,V_6^2 + 0.2\,V_5^2 + 4.0\,V_4^2]/2g \\ &= [0.2(80.0^2 + 44.2^2 + 28.6^2 + 22.9^2) + 0.6(200)^2 \\ &\quad + 0.2(200)^2 + 4.0(22.9)^2]\ \text{m}^2/\text{s}^2/[2(9.81\ \text{m/s}^2)] \end{aligned}$$

이며, 계산결과는 다음과 같다.

$$h_{L_{1-9}} = 1838\ \text{m}$$

따라서, 식(1)로부터 팬에서의 상승압력은 다음과 같이 구할 수 있다.

$$\begin{aligned} p_1 - p_9 = \gamma h_{L_{1-9}} &= (1.22\ \text{kg/m}^3)(1838\ \text{m}) \\ &= 21997\ \text{N/m}^2 = 21.997\ \text{kPa} \end{aligned} \qquad \text{(답)}$$

식(2)로부터 유체에 가해지는 동력은 다음과 같이 얻어진다.

$$\begin{aligned} \mathscr{P}_a &= (1.22\ \text{kg/m}^3)(4.0\ \text{m}^2)(200\ \text{m/s})(1838\ \text{m}) \\ &= 17.598\ \text{MW} \end{aligned}$$

혹은

$$\mathscr{P}_a = 17598\ \text{kW} \qquad \text{(답)}$$

보충설명 속도 V_5를 좀 더 다양하게 주고 계산을 반복하였을 때 그 결과가 그림 E8.4c에 나와 있다. 수두손실이 V_5^2가 변함에 따라 같이 변하고 그리고 동력은 V_5에 수두손실을 곱한 만큼 변하기 때문에, 동력은 속도의 세제곱에 따라 변하게 된다. 그리하여, 터널의 바람의 속도를 2배로 증가시키기 위해서는 동력을 8배로 증가시켜야 한다.

이와 같은 폐회로 풍동에서는 유동을 유지하기 위해서 공급되는 모든 동력은 폐회로 풍동 내에 남아 있는 에너지와 함께 점성효과에 의해 소산된다. 터널 벽을 통한 열전달이

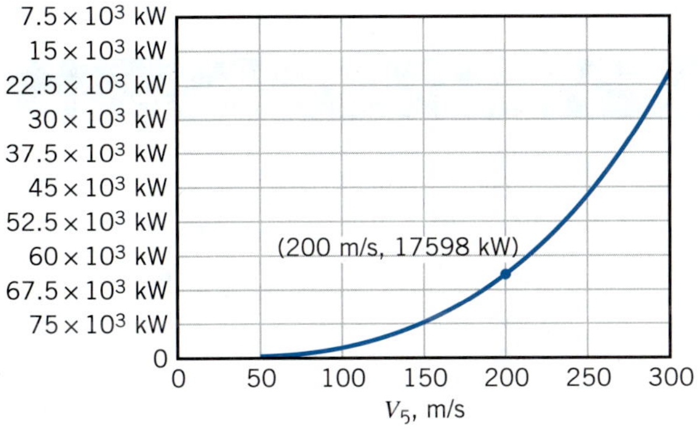

그림 E8.4c

무시된다면 풍동 내의 공기온도는 시간이 지남에 따라 증가하게 될 것이다. 풍동이 정상상태로 작동할 경우에, 적정한 온도를 유지하기 위해서는 냉각수단이 필요하다.

팬의 효율이 100%가 아니기 때문에 팬을 구동하는 모터의 실제적인 용량은 계산된 17598 kW보다 더 커야 한다. 위에서 계산된 동력은 팬에서의 손실이 제외된 터널에서의 유체의 손실을 극복하는 데 필요한 것이다. 팬에서의 효율이 60%라면, 팬을 구동하기 위해서는 $\mathscr{P} = 17598$ kW/(0.60) = 29330 kW의 축동력이 필요하게 된다. 팬(펌프)의 효율을 구하는 것은 팬의 형상에 따라 다르기 때문에 복잡한 문제가 된다. 팬 성능에 대한 자료의 소개는 11장과 다양한 참고문헌에서 찾을 수 있다(예를 들면, 참고문헌 13, 14, 15, 30).

또한 위의 결과들은 대략적인 근사값이라는 것을 주의해야 한다. 여러 구성요소(모서리, 디퓨저 등)을 주의 깊게 설계하면 여러 손실계수를 개선(작게)시킬 수 있으며, 따라서 소요동력을 줄일 수 있다. h_L은 V^2에 비례하므로 V가 클수록 수두손실은 커지게 된다. 그러므로, 각 모서리에서의 손실계수가 $K_L = 0.2$라도 모서리 (7)에서의 수두손실은 모서리 (3)에서의 수두손실보다 $(V_7/V_3)^2 = (80/22.9)^2 = 12.2$배 더 크다.

8.4.3 비원형 덕트

유체를 운반하는데 사용되는 많은 덕트들은 단면이 원형이 아닌 경우가 많다. 이러한 덕트들에서의 세부적인 유동모습은 단면형상에 따라 다르지만, 원형 관에서 얻어진 많은 결과들을 약간 수정하면 원형 단면이 아닌 덕트의 유동에 적용할 수 있다.

수력직경은 비원형 덕트 계산을 위해 사용되어 진다.

그림 8.26에서 보는 바와 같이 유동 단면적을 관의 접수 길이 P로 나눈 값의 4배로 정의되는 수력직경(hydraulic diameter), $D_h = 4A/P$을 이용하면 실용적이며 사용하기 쉬운 결과들을 구할 수 있다. 수력직경은 마찰계수 $h_L = f(\ell/D_h)V^2/2g$, Reynolds 수 $\mathrm{Re}_h = \rho V D_h/\mu$ 그리고 상대거칠기 ε/D_h의 정의에 이용된다.

대표적인 값은 유압 직경과 함께 표 8.3에 제시되어 있다. C의 값은 도관의 형태에 상대적으로 그렇게 민감하지 않다. 단면이 어떤 의미에서 매우 "얇은" 것이 아니라면, C의

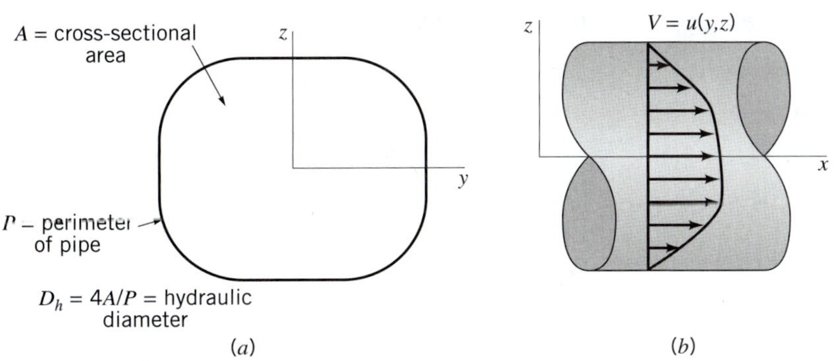

그림 8.26 비원형 덕트

표 8.3 비원형 덕트에서의 층류 흐름에 대한 마찰요소

Shape	Parameter	$C = f\,\mathrm{Re}_h$
I. Concentric Annulus	D_1/D_2	71.8
$D_h = D_2 - D_1$	0.0001	80.1
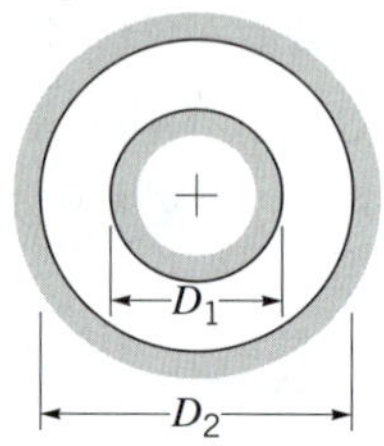	0.01	89.4
	0.1	95.6
	0.6	96.0
	1.00	
II. Rectangle	a/b	
$D_h = \dfrac{2ab}{a+b}$	0	96.0
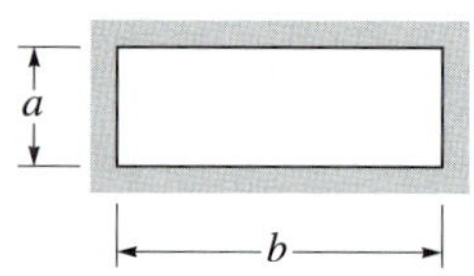	0.05	89.9
	0.10	84.7
	0.25	72.9
	0.50	62.2
	0.75	57.9
	1.00	56.9

값은 원형 파이프 값 $C = 64$와 크게 다르지 않다. 마찰 계수가 얻어지면 비원형 도관에 대한 계산은 원형 파이프에 대한 계산과 동일하다.

원형관에서 개발된 Moody 선도는 비원형 덕트에 대해서도 사용될 수 있다.

비원형단면 덕트에서 완전히 발달된 난류 유동에 대한 마찰계수는 위의 그림과 같이 지름 대신에 수력직경을 사용하여 원형관에 대한 Moody 선도로부터 구한다. 이러한 방법으로 구한 난류 유동의 마찰계수는 보통 약 15% 내외의 오차를 가진다. 정확도를 높이려면 관심 대상의 구체적인 형상에 근거한 더 상세한 해석이 필요하다. 평균 속도 및 유량(즉, $Q = VA$)과 관련하여 실제 단면적을 사용하는 것이 아니라 $(\pi/4)(D_h^2)$를 사용하는 것이 중요하다.

예제 8.5 | 비원형 덕트

주어진 사항 온도 49 ℃, 표준압력의 공기가 화로로부터 지름 0.2 m의 관을 평균속도 3 m/s로 흐른다. 이 공기는 그림 E8.5와 유사하게 천이 구간을 지나 한 변이 a인 정사각형 덕트 속으로 흐른다. 관과 덕트의 표면은 매끄럽다(0). 단위 m당 수두 손실이 관과 덕트에서 똑같다.

해결과제 덕트의 크기 a를 구하여라.

풀이 먼저, 관에서의 수두손실 $h_L/\ell = (f/D)V^2/2g$이고, 같은 수두손실이 되는 정사각형 덕트의 크기를 구한다. 주어진 온도와 압력(표 B.3)으로부터 $\upsilon = 1.76 \times 10^{-5}\ \mathrm{m^2/s}$이므로Reynolds 수는 아래와 같다.

$$\mathrm{Re} = \frac{VD}{\upsilon} = \frac{(3\ \mathrm{m/s})(0.2\ \mathrm{m})}{1.76 \times 10^{-5}\ \mathrm{m^2/s}} = 34{,}090$$

이 Reynolds 수와 $\varepsilon/D = 0$을 가지고 그림 8.13으로부터 마찰계수 $f = 0.022$을 얻을 수 있으므로

$$\frac{h_L}{\ell} = \frac{0.022}{(0.2\ \mathrm{m})}\frac{(3\ \mathrm{m/s})^2}{2(9.81\ \mathrm{m/s^2})} = 0.0504$$

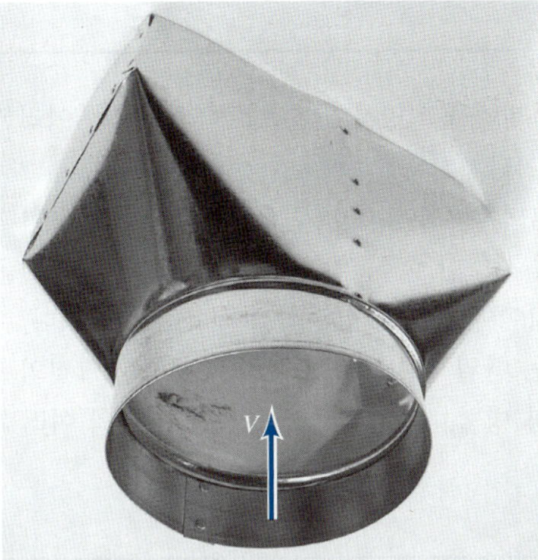

그림 E8.5

이다. 그러므로 정사각형 덕트에서도

$$\frac{h_L}{\ell} = \frac{f}{D_h}\frac{V_s^2}{2g} = 0.0504 \tag{1}$$

이라야 한다. 여기서 수력 직경은

$$D_h = 4A/P = 4a^2/4a = a \quad \text{and}$$
$$V_S = \frac{Q}{A} = \frac{\frac{\pi}{4}(0.2\text{ m})^2(3\text{ m})}{a^2} = \frac{0.0942}{a^2} \tag{2}$$

는 덕트에서의 속도이다. 식(1)과 식(2)를 결합시키면

$$0.0504 = \frac{f}{a}\frac{(0.0942/a^2)^2}{2(9.81)}$$

혹은

$$a = 0.389 f^{1/5} \tag{3}$$

여기서, a는 m단위이다. 마찬가지로 수력직경에 의한 Reynolds 수는

$$\text{Re}_h = \frac{V_s D_h}{\upsilon} = \frac{(0.0942/a^2)\,a}{1.76\times10^{-5}} = \frac{5352}{a} \tag{4}$$

가 된다. 미지수가 3개(a, f, Re_h)이고, 방정식이 3개 [식(3), (4), 그림 8.10 Moody 선도에서 그래프적인 형태로 주어진 세번째 식]이므로, 이것을 시행착오법을 이용하여푼다.

첫 번째 시도로, 덕트 내의 마찰계수를 관과 동일하다고 가정하여, $f = 0.022$로 예측한다. 식(3)으로부터 $a = 0.185$ m를 얻고, 식(4)로부터 $\text{Re}_h = 3.05\times10^4$을 얻는다. 그리고, 그림 8.10으로부터 이 Reynolds 수와 매끄러운 덕트에 대한 $f = 0.023$을 얻는다. 그러나, 이 값은 처음에 가정한 f 값과 다르다. 따라서, 아직 답을 구하지못했다. 새로 구한 $f = 0.023$을 예측값으로 하여 다시 시도해 본다. 이런 방식으로 예측한 f값과 그림 8.10에서 얻어진 f값이 일치할 때까지 계산을 반복 수행한다. 최종결과로서(단 2회의 반복 후) $f = 0.023$, $\text{Re}_h = 3.03\times10^4$, 그리고

$$a = 0.186\text{ m} \qquad \text{(답)}$$

보충설명 다른 방법으로 아래에 있는 Colebrook 공식혹은 Haaland 식(Moody선도가 아니라)을 사용함으로써 문제를 풀 수 있다. 매끄러운 관($\varepsilon/D_h = 0$)에서 Colebrook 공식은 식(8.19a)에 나와 있는 것처럼

$$\frac{1}{\sqrt{f}} = -2.0\log\left(\frac{\varepsilon/D_h}{3.7} + \frac{2.51}{\text{Re}_h\sqrt{f}}\right) = -2.0\log\left(\frac{2.51}{\text{Re}_h\sqrt{f}}\right) \tag{5}$$

로 나타내질 수 있고, 식(3)으로부터 아래 식(6)을 알 수 있다.

$$f = 0.269a^5 \tag{6}$$

여기서 식(4), (5), (6)을 연립하여 풀어보면 식(7)로서 간단히 나타낼 수 있다.

$$1.928a^{-5/2} = -2\log(2.62\times10^{-4}a^{-3/2}) \tag{7}$$

컴퓨터와 계산기를 이용한 root-finding technique를 사용하여 식(7)을 풀면 $a = 0.187$ m가 나온다. 이 값은 앞에서 시행착오를 통해서 구한(Moody선도를 정확히 읽음으로서 얻어지는)값과 일치한다는 것을 알 수 있다.

등가 정사각형 덕트의 한 변의 길이는 $a/D = 0.187/0.2 = 0.935$ 즉, 등가 덕트 직경의 약 93.5%이다는 것을 유념하라. 이 93.5%라는 값은 모든 관 유동(층류 또는 난류)에 대해좋은 근사를 보여준다.

덕트의 단면적($A = a^2 = 0.035$ m^2)은 원형 관의 단면적($A = \pi D^2/4 = 0.0314$ m^2)보다 더 크다. 또한, 정사각형덕트(주변길이 $= 4a = 0.75$ m)보다 원형 관(주변길이 $\pi D = 0.64$ m)를 만드는데 재료가 덜 든다. 그러므로 원형은 매우 효율적인 형상이다.

8.5 관 유동의 예

파이프 시스템은 구성요소들을 가진 단일 파이프 혹은 다중으로 연결된 파이프를 포함할 수 있다.

지금까지는 관과 덕트 내의 유동에 대한 개념을 설명하였다. 이 절의 목적은 이러한 개념을 다양한 실제적인 문제에 적용하는 것이다.

관련 방정식의 적용은 공학적으로 중요한 문제에 대한 답을 주는 다소 계산이 간단하다. 관련된 주요 아이디어는 마찰 계수와 사소한 손실 계수의 관점에서 머리 손실을 기록하면서 흐름 시스템 내의 적절한 위치 사이에 에너지 방정식을 적용하는 것이다. 파이프 시스템의 두 가지 클래스를 고려한다. 즉, 단일 파이프를 포함하는 시스템(그것의 길이가 여러가지 요소에 의해 방해될 수 있는)과 병렬, 직렬 또는 네트워크 구성의 여러 파이프를 포함하는 시스템이다.

광활한 유체의 세계

새로운 하이테크 분수

고대 이집트인들은 궁전을 장식하고 시원하게 하기 위해 분수를 사용하였다. 요즘은 그 사용은 여전하지만 하이테크 효과를 이용한다. 분수의 기본구성인 전형적인 관시스템(펌프, 관, 순환 밸브, 노즐, 필터, 독)은 여전하지만, 최근에는 컴퓨터 통제장치를 이용하여 특별한 효과를 내는 혁신적인 분수가 설계되었다. 예를 들어 여러 줄의 다중 노즐을 사용함으로써, 통제 밸브를 프로그래밍하여 움직이게 하여 심볼, 문자, 하루 시각을 표시하는 물제트를 만들어낼 수 있다. 다른 분수는 특별하게 설계된 노즐로 일관된 층류 물흐름이 하늘에서 유리 막대기처럼 떠다니게 한다. 빠른 속도로 움직이는 통제 밸브를 동일한 방식으로 움직이게 하여 아름다운 삼 차원 물방울 무늬를 만들 수도 있다. 가능성은 무궁무진하다. 초기의 예술적인 설계와 공학적인 설계(노즐의 용량과 필요 압력, 관과 펌프의 크기)를 함께 실현할 수 있다. 기능적으로 우수할 뿐 아니라 즐거움도 주는 분수를 얻기 위해서는, 설계의 예술적, 공학적 측면을 수정해 나가야 한다.

8.5.1 단일 관

관 유동에 대한 풀이과정의 성격은 독립변수("주어진 변수")가 무엇이고, 종속변수("구 하고자 하는 변수")가 무엇이냐에 전적으로 달려있다. 가장 흔한 3가지 유형의 문제가 아래 표 8.4에 주어져 있다.

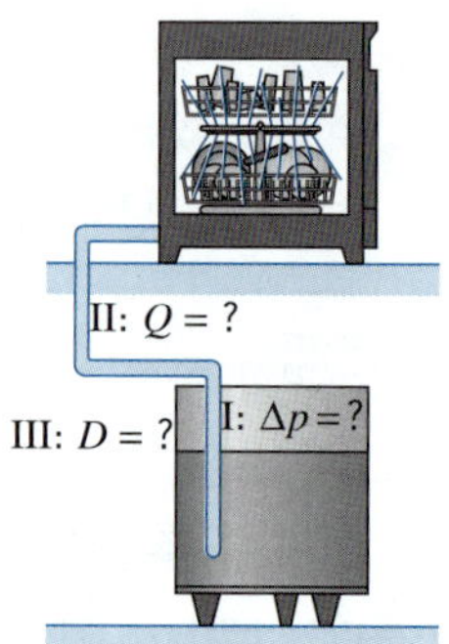

파이프 시스템은 사용된 파이프 섹션의 길이 TABLE 8.4와 원하는 위치 간에 유체를 전달하는 데 필요한 엘보, 벤드 및 밸브의 수에 따라 정의된다고 가정한다. 모든 경우에 우리는 유체 특성이 주어졌다고 가정한다.

I 유형의 문제에서는 원하는 유량, 평균속도가 주어졌을 때 수두손실 또는 압력차를 구하는 것이다. 예를 들면, 식기세척기에 7.6 L/min의 유량이 필요하고 식기세척기는 주어진 관 시스템에 의해 가열기와 연결되어 있다면, 가열기에서는 어느 정도의 압력이 필요하겠는가?

II 유형의 문제는 필요한 구동동력(또는 수두손실)이 주어지고, 유량을 구하는 것이 다. 예를 들면, 가열기 내의 압력이 414 kPa이고 관 시스템의 세부적인 것들(길이, 직경, 관의 조도 및 엘보의 수 등)이 정해져 있을 때 식기세척기로 얼마나 많은 양의 더운물이 공

표 8.4 파이프 흐름 유형

Variable	Type I	Type II	Type III
a. Fluid			
Density	Given	Given	Given
Viscosity	Given	Given	Given
b. Pipe			
Diameter	Given	Given	Determine
Length	Given	Given	Given
Roughness	Given	Given	Given
c. Flow			
Flowrate or Average Velocity	Given	Determine	Given
d. Pressure			
Pressure Drop or Head Loss	Determine	Given	Given

급되어야 하는가?

III 유형의 문제는 압력강하, 유량이 주어졌을 때 필요한 관의 지름을 구하는 것이다. 예를 들면, 가열기에서의 압력이 414 kPa(시의 상수도 시스템에서 결정됨)이고, 유량이 적어도 7.6 L/min(식기세척기의 제조공장에서 결정됨)이 되어야 한다면, 가열기와 식기 세척기 사이에 연결되어야 하는 관의 지름은 얼마인가?

이러한 유형의 문제에 대한 몇 가지 예가 다음과 같다.

예제 8.6 | 유형 1, 압력강하 결정 문제

주어진 사항 그림 E8.6a에서 보는 바와 같이 15.5 ℃의 물이 지하실에서 2층까지 지름 1.9 cm의 구리관 (인발관)을 통해 유량 $Q = 7.6 \times 10^4\ \text{m}^3/\text{s}$)로 수송되어 지름 12.7 mm의 수도 꼭지를 통해서 나온다.

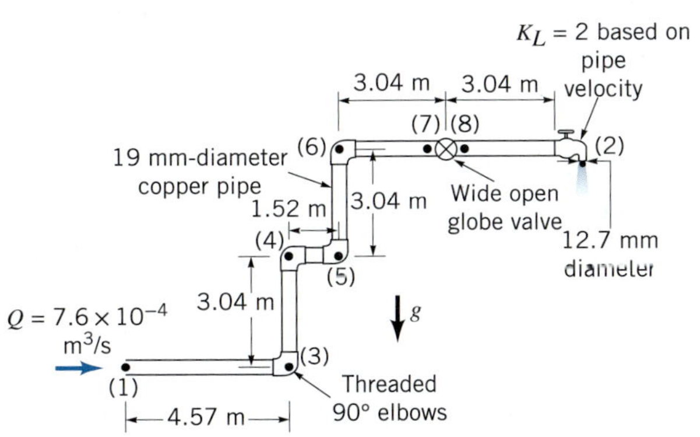

그림 E8.6a

해결과제

(a) 모든 손실이 무시될 때,

(b) 직관 손실(관마찰 손실)만 고려할 때,

(c) 모든 손실을 전부 고려할 때 점(1)에서의 압력을 구하라.

풀이 관 내 유체속도가 $V_1 = Q/A_1 = Q/(\pi D^2/4) = (7.6 \times 10^{-4}\ \text{m}^3/\text{s})/[\pi(0.019\ \text{m})^2/4] = 2.65\ \text{m/s}$에 의해 주어지고, 유체의 성질은 999 kg/m^{3}이고, 점성은 0.0011 N·s/m^2(표 B.1 참조)이므로, $\text{Re} = \rho VD/\mu = (999\ \text{kg/m}^3)(2.65\ \text{m/s})(0.019\ \text{m})/(0.0011\ 103\ \text{N}\cdot\text{s/m}^2) = 45727$이다. 따라서, 유동은 난류이다. 문제(a), (b), (c)에 대한 지배방정식은 식(5.85)로 주어지는 에너지 방정식이다.

$$\frac{p_1}{\gamma} + \alpha_1 \frac{V_1^2}{2g} + z_1 = \frac{p_2}{\gamma} + \alpha_2 \frac{V_2^2}{2g} + z_2 + h_L$$

여기서, $z_1 = 0$, $z_2 = 6.08$ m, $p_2 = 0$(자유제트), $g = 9.8$ kN/m^3 그리고 출구속도는 $V_2 = Q/A_2 = (7.6 \times 10^4 \text{ m}^3/\text{s})/[(0.0127 \text{ m}^2)/4] = 5.65$ m/s이다. 운동에너지 수정계수 1과 2는 1로 가정한다. 이 가정은 난류속도 분포가 관 단면상에서 거의 균일하므로 타당하다. 따라서,

$$p_1 = \gamma z_2 + \frac{1}{2}\rho(V_2^2 - V_1^2) + \gamma h_L \qquad (1)$$

와 같이 되고, 수두손실은 3가지 경우가 모두 다르다.

(a) 모든 손실이 무시된다면($h_L = 0$), 식(1)은 다음과 같이 된다.

$$\begin{aligned} p_1 &= (9.81 \text{ kN/m}^3)(6.08 \text{ m}) \\ &\quad + \frac{999 \text{ kg/m}^3}{2}[(6 \text{ m/s})^2 - (2.65 \text{ m/s})^2] \\ &= (59584 + 14474) \text{ N/m}^2 = 74058 \text{ N/m}^2 \end{aligned}$$

보충설명 압력강하에서 위치변화(수력학적 효과) 때문에 생긴 양은 $\gamma(z_2 = z_1) = 59.78$ kPa이고, 운동에너지 증가로 인한 양은 $\rho(V_2^2 - V_1^2)/2 = 4.272$ kPa이다.

(b) 직관손실만 고려할 때, 수두손실은

$$h_L = f\frac{\ell}{D}\frac{V_1^2}{2g}$$

이다. 표 8.1로부터 지름 0.75인 구리관(인발관)에 대한 거칠기가 19 mm이므로 상대거칠기는 $\varepsilon/D = 8 \times 10^{-5}$이다. 이 상대거칠기와 계산된 Reynolds 수 (Re = 45,100)에 의해, Moody 선도로부터 마찰계수 $f = 0.0215$를 얻을 수 있다. 이 f 값은 Colebrook 공식(식 8.22a)으로부터 동일한 결과를 얻을 수 있다. 전체길이는 $\ell = (4.57 + 1.52 + 3.04 + 3.04 + 6.08)$ m = 18.25 m이고, 고도의 차이와 운동에너지 항은 (a)와 동일하므로, 식(1)로부터 다음과 같이 된다.

$$\begin{aligned} p_1 &= \gamma z_2 + \frac{1}{2}\rho(V_2^2 - V_1^2) + \rho f\frac{\ell}{D}\frac{V_1^2}{2} \\ &= (59584 + 14474) \text{ N/m}^2 \\ &\quad + (999 \text{ kg/m}^3)(0.0215)(18.25/0.019 \text{ m})\frac{(2.65 \text{ m/s})^2}{2} \\ &= (59584 + 14474 + 72437) \text{ N/m}^2 = 146496 \text{ N/m}^2 \end{aligned}$$

(답)

보충설명 이 압력강하 중에 관마찰에 의한 것은 약 (147−74)kPa = 73 kN/m^{2}이다.

(c) 직관 손실과 부차적 손실 모두를 고려할 때, 식(1)은 다음과 같다.

$$p_1 = \gamma z_2 + \frac{1}{2}\rho(V_2^2 - V_1^2) + \rho f\frac{\ell}{D}\frac{V_1^2}{2} + \sum \rho K_L\frac{V^2}{2}$$

혹은

$$p_1 = 147 \text{ kN/m}^2 + \sum \rho K_L\frac{V^2}{2} \qquad (2)$$

여기서, 143 kPa은 고도의 변화, 운동에너지 변화, 그리고 직관 손실[(b) 부분]에 의해 주어진 값이고, 마지막 항은 모든 부차적 손실의 합을 나타낸다. 이음부품들의 손실계 수(엘보에서는 $K_L = 1.5$, 완전히 열린 글로브 밸브에서는 $K_L = 10$)는 표 8.2에 주어져 있다(그림 E8.6a에서 $K_L = 2$로 주어진 수도꼭지에 대한 손실계수는 제외). 따라서,

$$\begin{aligned} \sum \rho K_L\frac{V^2}{2} &= (999 \text{ kg/m}^3)\frac{(2.65 \text{ m/s})^2}{2}[10 + 4(1.5) + 2] \\ &= 63139.2 \text{ N/m}^2 \end{aligned} \qquad (3)$$

점 (1)과 (2)는 운동 에너지가 0인 부착 저장소가 아니라 유체 흐름 내에 위치하기 때문에 입구 또는 출구 손실을 포함하지 않았다는 점에 유의하시오. 따라서, 식(2)와 (3)을 결합함으로써, 우리는 다음과 같이 전체 압력 강하를 얻는다.

$$p_1 = (147 + 63.14) \text{ kN/m}^2 = 210.14 \text{ kN/m}^2 \qquad \text{(답)}$$

모든 손실을 포함하여 계산된 이 압력 강하는 고려된 세 가지 경우 중 가장 현실적인 값이어야 한다.

보충설명 좀더 상세한 계산에서, 모든 손실을 무시할 때 또는 모든 손실을 다 포함시킬 때인 (a)와 (c)의 경우에 대한 관 상의 압력분포는 그림 E8.6b와 같다. 압력강하 $p_1 - p_2$가 모두 다 "압력손실"이 아니라는 것에 유의하라. 높이 차이와 속도 변화 때문에 생긴 압력변화는 완전히 가역적이다. 그러나 직관손실이나 부차적 손실에 의한 부분은 비가역적이다.

이 유동은 3.7절에서 소개한 에너지선과 수력기울기선의 개념으로 나타낼 수가 있다. 그림 E8.6c에 보이는 바와 같이, (a)의 경우에는 손실이 없으므로 에너지선(EL)은 수평이다. 에너지선은 관의 높이보다 압력수두(γz)만큼 높은 수력기울기선(HGL)보다 속도수두($V^2/2g$)만큼 위에 있다.

(b)나 (c)의 경우에는 에너지선이 수평이 아니다. 관 내에서의 마찰과 각 부분에서의 손실에 의해 유효에너지(available energy)가 줄어들면서 에너지선이 점점 낮아진다. 따라서, (a)의 경우에 총수두는 유동 전체에 걸쳐서 일정하게 유지되며, 그 값은 다음과 같다.

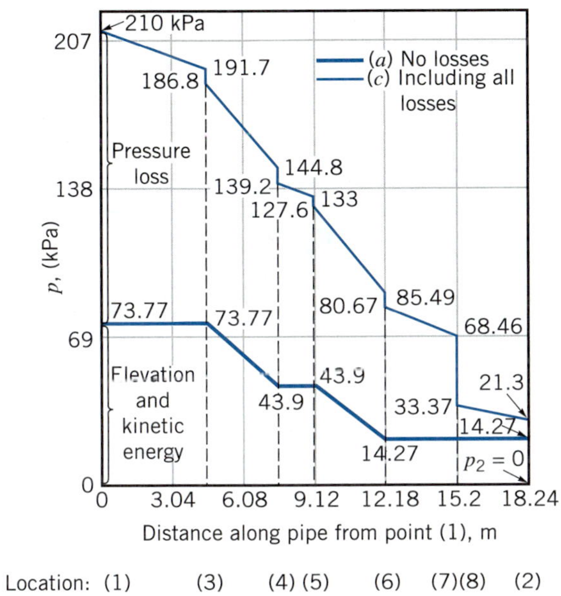

그림 E8.6b

$$H = \frac{p_1}{\gamma} + \frac{V_1^2}{2g} + z_1 = \frac{(74\ \text{kN/m}^2)}{(9.8\ \text{kN/m}^3)} + \frac{(2.65\ \text{m/s})^2}{2(9.81\ \text{m/s}^2)} + 0$$

$$= 7.93\ \text{m}$$

$$= \frac{p_2}{\gamma} + \frac{V_2^2}{2g} + z_2 = \frac{p_3}{\gamma} + \frac{V_3^2}{2g} + z_3 = \ldots$$

(c)의 경우에 에너지선은

$$H_1 = \frac{p_1}{\gamma} + \frac{V_1^2}{2g} + z_1$$

$$= \frac{(210.14\ \text{kN/m}^2)}{(9.8\ \text{kN/m}^3)} + \frac{(2.65\ \text{m/s})^2}{2(9.81\ \text{m/s}^2)} + 0 = 21.8\ \text{m}$$

에서 시작되어 마지막에는

$$H_2 = \frac{p_2}{\gamma} + \frac{V_2^2}{2g} + z_2 = 0 + \frac{(6\ \text{m/s})^2}{2(9.81\ \text{m/s}^2)} + 6.08\ \text{m}$$

$$= 7.91\ \text{m}$$

로 떨어진다. 에너지선의 위치는 관의 어느 지점에서도 계산된다. 예를 들면, (1)지점에서 15.24 m 떨어진 (7)지점에서는

$$H_7 = \frac{p_7}{\gamma} + \frac{V_7^2}{2g} + z_7$$

$$= \frac{(68.47\ \text{kN/m}^2)}{(9.8\ \text{kN/m}^3)} + \frac{(2.65\ \text{m/s})^2}{2(9.81\ \text{m/s}^2)} + 6.08$$

$$= 13.42\ \text{m}$$

와 같이 계산된다. 또한, 관의 단위 m당 수두손실은 관 전체에 걸쳐서 동일하다. 즉,

$$\frac{h_L}{\ell} = f\frac{V^2}{2gD} = \frac{0.0215(2.65\ \text{m/s})^2}{2(9.81\ \text{m/s}^2)(0.019\ \text{m})} = 0.404\ \text{m/m}$$

따라서, 에너지선은 같은 기울기를 가지면서 단을 이루는 직선선분들로 구성되어 있으며, 그 단의 높이는 그 위치에서의 부차적 손실수두와 같다. 그림 E8.6c에서 보듯이, 글로브 밸브에서의 부차적 손실이 가장 크다.

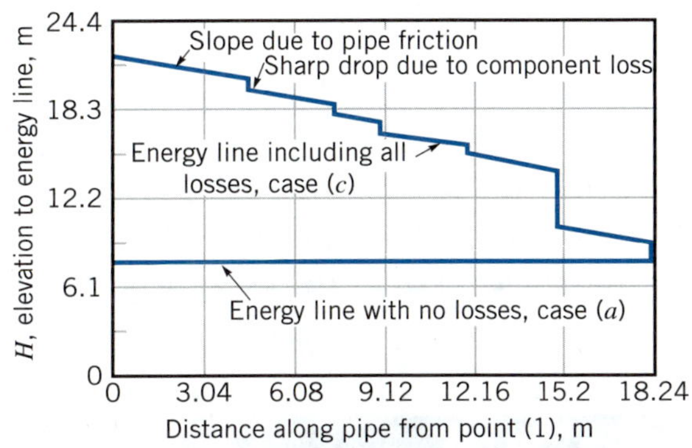

그림 E8.6c

비록 관 유동의 지배방정식이 매우 간단하지만 다음의 예제에서 보는 바와 같이 다양한 적용분야에 대해서 충분히 타당한 결과를 제공한다.

예제 8.7 | 유형 1, 수두손실 결정

주어진 사항 그림 E8.7a와 같이 복잡한 교차로의 맨홀에서 설비기술자가 동력선 작업을 하고 있다. 자동차 배기가스 주성분은 밀도가 1.83 kg/m³인 CO_2이다. 표준상태에서 공기의 밀도는 1.23 kg/m³이기 때문에 CO_2는 맨홀 바닥에 가라앉게 되고 산소를 밀어낸다. 이것은 설비 작업자들에게 매우 위험하며, 334쪽 뉴스 속의 유체에서도 관련된 기사를 언급하고 있다. 질식사를 피하기 위해서 그림 E8.7b와 같이 팬을 사용하여 지면으로부터 맨홀속으로 신선한 공기를 공급한다. 공기는 직경 0.203 m 길이 9.14 m의 플라스틱 호스를 통하여 수송된다.

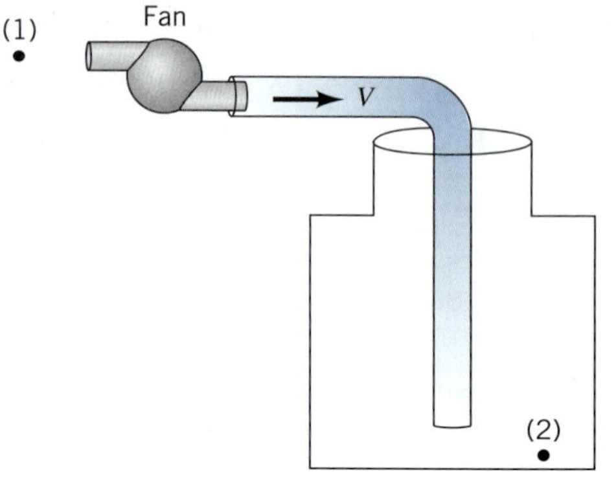

그림 E8.7b

해결과제 각 경우에 대해 요구 유량 0.28m³/s의 수두손실을 극복하기 위해 필요한 팬의 동력을 구하라. (a) 부차적인 손실을 무시할 경우, (b) 모서리 각이 날카로운 하나의 입구, 하나의 출구, 하나의 90도 곡관(안내 깃 없음)에 대한 부차적인 손실을 고려할 경우.

풀이 팬을 사용하는 목적은 관 내의 정미 수두손실을 극복하기 위하여 필요한 공기를 일정한 유량으로 수송하는 것이다. 이것은 점 (1)과 점 (2) 사이에 다음과 같은 에너지 방정식을 적용하여 구할 수 있다.

$$\frac{p_1}{\gamma}+\frac{V_1^2}{2g}+z_1+h_p=\frac{p_2}{\gamma}+\frac{V_2^2}{2g}+z_2+h_L$$

여기서, h_L은 (1)과 (2) 사이의 전 수두손실, h_P는 팬에 의해 공기에 공급되는 수두상승을 의미한다. 점(1)과 점(2)는 배관의 입구 및 출구로부터 충분히 떨어져 있어서 $p_1=p_2=V_1=V_2=0$라고 가정한다. 또한 유체는 공기이

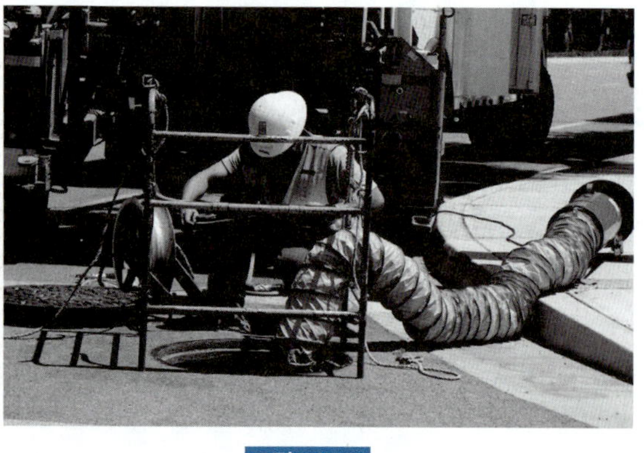
MCCAIG/E+/Getty Images
그림 E8.7a

므로 높이의 변화는 무시할 수 있다. 따라서 에너지 방정식은 $h_p=h_L$로 된다.

(a) 부차적 손실을 무시하면

$$h_P=f\frac{\ell}{D}\frac{V^2}{2g} \tag{1}$$

여기서 V는 관 내의 속도이다. 그러므로 마찰계수 f를 구하기 위해 Moody 선도를 사용해야 한다.

$$V=\frac{Q}{A}=\frac{0.283\ \text{m}^3/\text{s}}{\frac{\pi}{4}(0.203\ \text{m})^2}=8.75\ \text{m/s}$$

이므로

$$\text{Re}=\frac{\rho VD}{\mu}=\frac{(1.23\ \text{kg/m}^3)(8.75\ \text{m/s})(0.203\ \text{m})}{1.8\times10^{-5}\ \text{kg/m}\cdot\text{s}}=1.21\times10^5$$

이다. 표 8.1로부터 플라스틱의 등가 거칠기 는 0.0이므로 $\varepsilon/D=0$이다. Moody 선도에서 이 정보를 이용하면, 마찰계수 f는 0.017이 된다. 방정식 (1)을 풀면

$$h_P=(0.017)\left[\frac{9.14\ \text{m}}{0.204\ \text{m}}\right]\left[\frac{(8.75\ \text{m/s})^2}{2(9.81\ \text{m/s}^2)}\right]=2.97\ \text{m}$$

가 된다. 팬이 공기에 공급해야 하는 실제 동력(W, $\mathscr{P}_a$)은 (2)식에 의해 구할 수있다.

$$\mathscr{P}_a=\gamma Qh_P$$

$$\mathscr{P}_a=(12.07\ \text{N/m}^3)(0.283\ \text{m}^3/\text{s})(2.97\ \text{m})=10.14\ \text{W} \tag{2}$$

보충설명 제한된 공간 속으로 공기를 보낼 때는 전형적으로 유연한 호스를 이용한다. (a)의 경우 부차손실은 무시하였으나, 상대적으로 관 길이가 짧은 경우 이러한 가정을 할 때 신중을 기해야 한다.

(b) 부가적인 부차손실로서는 입구, 출구 및 곡관이 포함된다. 날카로운 모서리를 가진 입구의 손실계수는 0.5, 안내 깃이 없는 90도 곡관의 손실계수는 1.1, 출구의 손실계수는 1.0이다. 따라서, 전 부차손실은 다음과 같이 주어진다.

$$h_{L\ \text{minor}} = \sum K_L \frac{V^2}{2g} = (0.8 + 1.1 + 1.0)\ \frac{(8.75\ \text{m/s})^2}{2(9.81\ \text{m/s}^2)}$$

$$h_{L\ \text{minor}} = 11.21\ \text{m}$$

주손실 및 부차손실을 극복하기 위해 필요로 하는 동력은 다음과 같다.

$$\mathcal{P}_a = 10.14\ \text{W} + (12.07\ \text{N/m}^3)(0.283\ \text{m}^3/\text{s})\,(11.21)$$

$$= 48.43\ \text{W}$$

보충설명 직관에서 필요한 것보다 2배 이상으로 동력이 필요하다는 사실에 유념하라. 이 경우 부차손실을 무시함으로써 0.28 m^3/s의 공기를 펌핑하기 위해 필요한 동력이 과소평가 되었다는 사실을 쉽게 알 수 있다. 분명히, "사소한" 손실이 항상 사소한 것은 아닙니다! 앞의 유동 물성을 사용하여 몇 가지 다른 종류의 관의 경우에 필요한 동력을 아래의 표 8.7에서 설명하고 있다. 이러한 동력 요구 사항은 팬이 공기 중으로 전달해야 하는 것이다. 팬 효율을 고려할 때 훨씬 더 많은 동력이 필요하다.

표 E8.7

Pipe Setup	$h_{L\ \text{minor}}$ (m)	$h_{L\ \text{major}}$ (m)	h_p (m)	$\mathcal{P}_a$ (kW)
Straight pipe	0	2.96	2.96	0.01
Entrance and exit	6.98	2.96	9.94	0.034
Entrance, exit, 1 miter bend	11.21	2.96	14.17	0.048
Entrance, exit, 2 miter bends	15.48	2.96	18.44	0.063
Entrance, exit, 4 miter bends	23.99	2.96	26.94	0.092

팬을 제한된 공간 바깥에 위치시킬 경우에도, 깨끗한 공기가 맨홀로 공급되고 방출된 해로운 기체가 제한된 공간속으로 다시 들어가지 않도록 하는 주의가 필요하다. 또한, 공기를 강제로 제한된 공간 속으로 집어넣을지 혹은 그 공간으로부터 오염된 공기를 배출시켜 자연적으로 신선한 공기가 유입되도록 할지도 고려해야 할 문제점이다.

주어진 조건하에서 유량을 구하고자 하는 관 유동문제(유형 II)는 종종 시행착오법을 필요로 한다. 왜냐하면 계산을 하는데 있어서 마찰계수를 알아야 하지만 이 마찰계수는 Reynolds 수로 된 미지의 속도(유량)의 함수이기 때문이다. 해결과정을 예제 8.8에서 설명한다.

파이프 흐름 문제는 주어진 매개변수와 계산할 매개변수에 의해 분류할 수 있다.

예제 8.8 | 유형 2, 유량 구하기

주어진 사항 그림 E8.8a에 보여진 팬은 근로자들이 후드 내에서 화학물질을 섞는 동안 해로운 증기와 에어로졸로부터 근로자를 보호하기 위해 분사부스와 가스배출 후드에 공기 흐름을 공급하기 위한 것이다. 후드의 적절한 작업환경을 위해 유량은 0.00283 m^3/s와 0.0057 m^3/s 사이에 있어야 한다. 초기설정 유량은 0.00424 m^3/s, 시스템의 손실계수는 5이며, 주손실을 무시할 수 있을 만큼 덕트는 충분히 짧다. 공장을 리모델링하여 직경 0.203 m인 아연 도금된 철 덕트는 길이 30.5 m로, 총 손실계수는 10으로 하자는 제안이 들어왔다.

해결과제 제시된 조건으로 리모델링을 할 경우 유량이 요구되는 0.00283 m^3/s와 0.0057 m^3/s 사이에 있을지 결정하라. 팬이 공기에 공급하는 수두는 일정하게 유지된다고 가정하라.

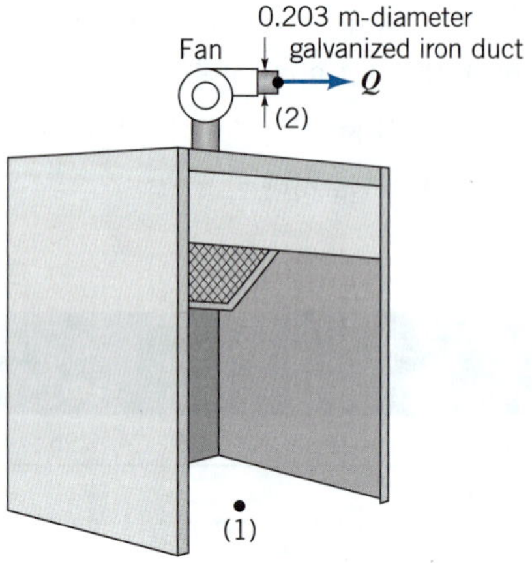

그림 E8.8a

풀이 팬이 공기에 공급하는 수두는 초기 조건(즉, 재설계 전 조건)을 고려하여 구할 수 있다. 이를 위해 그림 8.8a에서 보여진 대로 방안의 지점 (1)과 덕트의 출구 지점 (2) 사이의 에너지 방정식을 적으면 다음과 같다.

$$\frac{p_1}{\gamma}+\frac{V_1^2}{2g}+z_1+h_p=\frac{p_2}{\gamma}+\frac{V_2^2}{2g}+z_2+h_L \quad (1)$$

공기를 다루고 있으므로 높이의 변화는 무시할 수 있다고 가정할 수 있다. 또한 방 내부와 덕트 입구의 압력은 대기압과 같으며, 방안의 공기의 속도는 영이라고 가정할 수 있다. 그러므로, 식(1)은 다음과 같이 줄어든다.

$$h_p=\frac{V_2^2}{2g}+h_L \quad (2)$$

덕트의 직경이 0.2 m로 주어지므로 출구속도는 유량으로부터 구할 수 있으며, $V = Q/A = (0.25\ \text{m}^3/\text{s})/\pi(0.2\ \text{m})^2/4 = 7.96\ \text{m/s}$이다. 원래 배열에서 덕트는 주손실을 무시할 수 있을 정도로 짧으며 부차적 손실만이 전 수두손실에 기여한다. 이 수두손실은 $h_{L,\ \text{minor}} = \sum K_L V^2/(2g) = 5(7.96\ \text{m/s})^2/2(9.81\ \text{m/s}^2) = 16.14\ \text{m}$로 구할 수 있다. 이 정보를 이용하면 단순화된 에너지 방정식, 식(2)를 풀어 팬이 공기에 공급한 수두를 구할 수 있다.

$$h_p=\frac{(7.86\ \text{m/s})^2}{2(9.81\ \text{m/s}^2)}+15.73=18.87\ \text{m}$$

이제 재설계 후 배열에 대한 에너지 방정식을 풀어야 한다. 앞에서와 같은 가정을 하면 식(2)에 보인 것과 동일한 단순화된 에너지 방정식을 얻는다. 주손실은 덕트의 길이가 30.5 m로 늘어났으므로 더 이상 무시할 수 없다.

$$h_p=\frac{V_2^2}{2g}+f\frac{\ell}{D}\frac{V^2}{2g}+\sum K_L\frac{V^2}{2g}$$

여기서 $V_2 = V$이다. 이제 식을 재배열하여 m/s 단위의 속도를 구해 보자.

$$V=\sqrt{\frac{2gh_p}{1+f\frac{\ell}{D}+\sum K_L}}=\sqrt{\frac{2(9.81\ \text{m/s}^2)(18.87\ \text{m})}{1+f\left(\frac{30.5}{0.203}\right)+10}}=\sqrt{\frac{370}{11+150f}} \quad (3)$$

f의 값은 Re 수와는 무관하다. 이 Re 수는 알려지지 않은 V에 종속적이다.

$$\text{Re}=\frac{\rho VD}{\mu}=\frac{(1.22\ \text{kg/m}^3)(V)(0.203\ \text{m})}{1.8\times10^{-5}\ \text{kg/m}\cdot\text{s}}$$

혹은

$$\text{Re}=13759\ V \quad (4)$$

여기서도 V는 m/s 단위이다.

또한, $\varepsilon/D = 0.00075$이므로(ε의 값은 표 8.1을 참조) Moody 선도에서 이 유동에 평행한 입자에 대한 곡선을 얻을 수 있다. 그러므로 우리는 세 개의 관계식[식(3), 식(4)], 그리고 그림 8.13에서 $\varepsilon/D = 0.00075$)을 이용하여 알려지지 않은 세 개의 값 f, Re, V를 구할 수 있다. 이는 다음과 같은 반복변수법을 이용하면 쉽게 구할 수 있다.

가장 쉬운 방법은 식(3)에서 구할 수 있는 f의 값을 가정하여 식(4)로부터 Re를 구하고, 이 값에 대한 Moody 선도에서의 f값을 확인하는 것이다. 가정한 f값이 구한 값과 같지 않다면, 가정한 값이 맞지 않는 것이다. f, V, Re 모두 처음 시작하는 값으로 쓸 수 있으나, f를 가정하는 것이 가장 쉬운 방법이다. 그 이유는 f값이 Re와는 별로 상관이 없기 때문에 정확한 값은 보통 Moody 선도에서 상대적으로 작은 범위 안에 있기 때문이다.

그러므로, 주어진 거칠기에 대한 가장 큰 대략의 값인 f 0.019를 가정하면, 식(3)으로부터

$$V=\sqrt{\frac{370}{11+150(0.019)}}=5.168\ \text{m/s}$$

그리고 식(4)로부터

$$\text{Re} = 13759\,(5.168) = 71106.5$$

를 얻는다. 이 Re와 ε/D값을 이용하면 그림 8.13으로부터 $f = 0.022$를 얻게 되는데, 이는 가정한 값인 $f = 0.019$와 일치하지 않는다(아주 근접한 값이다!). 다시 한 번 새롭게 얻은 $f = 0.022$로 계산을 하면 $V = 5$ m/s와 Re = 68500을 얻는다. 이 값들을 그림 8.13에 대입하면, 가정한 값과 같은 $f = 0.022$를 얻는다. 그러므로, 구하는 답은 V 5.09이고

$$Q = VA = (5.09\text{ m/s})\left(\frac{\pi}{4}\right)(0.203\text{ m})^2 = 0.00275\text{ m}^3/\text{s} \qquad \text{(답)}$$

보충설명 제시된 조건으로 리모델링한 공장을 가동할경우, 근로자들이 후드 내에서 화학물질을 섞는 동안 발생하는 해로운 물질을 흡입하는 것을 방지할 수 있을 만큼의 충분한 공기를 제공하지 못할 것이다. 덕트길이와 총 부차적 손실계수를 바꿔가며 계산을 반복한 결과가 그림 E8.8b에 나와 있다. 여기서 유량은 다양한 덕트길이의 함수이나, 손실계수의 함수는 아니다. 리모델링 설계를 다시하여(예를 들어, 팬을 더 크게 하거나, 덕트길이를 줄이거나, 덕트크기를 더 크게 하여) 유량이 안전한 범위 내로 들어가도록 해야 한다. 많은 회사에서는 리모델링 설계를 할 때(혹은 새로운 가동 시설을 계획할 때) 작업 안전과 건강관련 전문가들과 공학자들이 팀을 함께 이뤄 작업하며 근로자들의 안전과 건강에 잠재적으로 안 좋은 영향을 끼치는 요소들을 제거하려고 노력한다. (이를 예방설계(Prevention through Design)라 한다.) 이들은 공장에서 배출된 공해가 시설 안이나 인간활동 구역으로 다시 돌아오지 않도록 하는 조치도 한다.

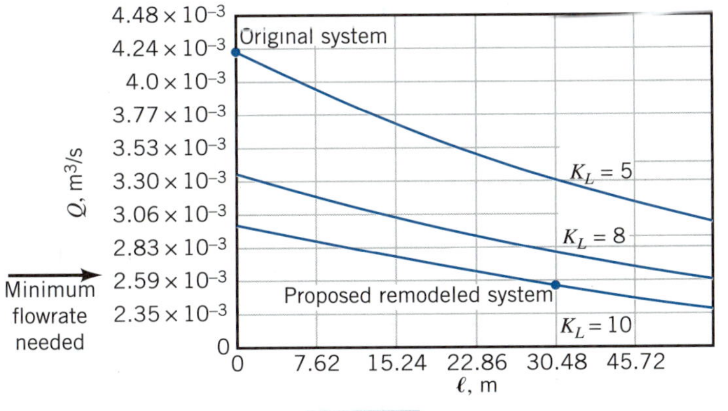

그림 E8.8b

예제 8.9 | 유형2, 유량 결정

주어진 사항 터빈은 그림E8.9에 나와 있다. 는 이를 통해 흐르는 물에서 37.25 kW를 추출한다. 직경 0.304m, 길이 91.4m의 관은 마찰계수가 0.02인 것으로 가정한다. 부차적 손실은 무시할 수 있다.

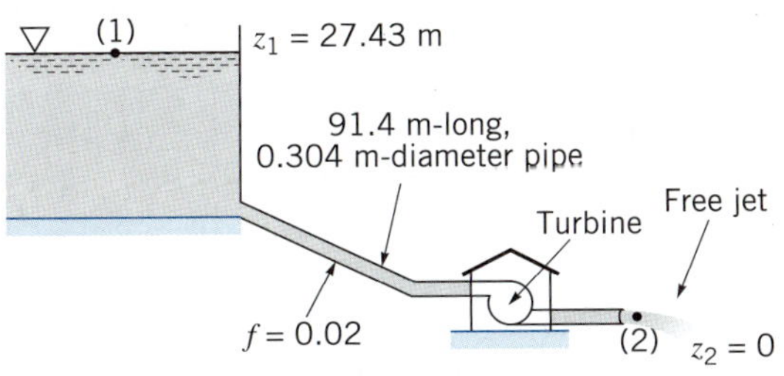

그림 E8.9

해결과제 파이프와 터빈을 통과하는 유량을 결정하시오.

풀이

에너지 방정식(식 5.82)은 다음과 같이 호수 표면 [점 (1)]과 파이프 출구 사이에 적용될 수 있다.

$$\frac{p_1}{\gamma} + \frac{V_1^2}{2g} + z_1 = \frac{p_2}{\gamma} + \frac{V_2^2}{2g} + z_2 + h_L + h_T \qquad (1)$$

여기서 h_T는 터빈 헤드이고, $p_1 = V_1 = p_2 = z_2 = 0$, $z_1 =$ 27.43 m, $V_2 = V$는 배관 내 유속이다. 수두 손실은 다음과 같다.

$$h_L = f\frac{\ell}{D}\frac{V^2}{2g} = 0.02\frac{91.4\text{ m}}{(0.304\text{ m})}\frac{V^2}{2(9.81\text{ m/s}^2)} = 0.306\,V^2\text{ m}$$

여기서 V는 m/s이다. 또한 터빈 헤드는

$$h_T = \frac{\mathscr{P}_a}{\gamma Q} = \frac{\mathscr{P}_a}{\gamma(\pi/4)D^2V}$$
$$= \frac{37250\text{ W}}{(9.81\text{ kN/m}^3)[(\pi/4)(0.304\text{ m})^2\,V]} = \frac{52.340}{V}\text{ m}$$

따라서, 식(1)은 다음과 같이 작성할 수 있다.

$$27.43 = \frac{V^2}{2(9.81)} + 0.306V^2 + \frac{52.340}{V}$$

혹은

$$7V^3 - 538V + 1027 = 0 \qquad (2)$$

여기서 V는 m/s이다. 파이프에 있는 물의 속도는 방정식 (2)의 해로 발견된다. 놀랍게도, 두 개의 실제 양의 루트가 있습니다: $V = 2.01$ m/s 또는 $V = 7.59$ m/s. 세 번째 루트는 음수($V = -9.6$ m/s)이며 이 흐름에 대한 물리적 의미는 없다. 따라서, 두 가지 허용 유량은 다음과 같다.

$$Q = \frac{\pi}{4}D^2V = \frac{\pi}{4}(0.304\text{ m})^2(2.01\text{ m/s}) = 0.15\text{ m}^3\text{/s} \qquad \text{(답)}$$

혹은

$$Q = \frac{\pi}{4}(0.304\text{ m})^2(7.59\text{ m/s}) = 0.56\text{ m}^3\text{/s} \qquad \text{(답)}$$

보충설명 이 두 유량 중 어느 것이든 $\mathscr{P}_a = \gamma Q h_T$의 동일한 동력을 공급한다. 두 가지 해결책이 가능한 이유는 다음과 같다. 낮은 유량($Q = 0.15$ m³/s)으로 우리는 헤드 손실과 터빈 헤드 as $h_L = 1.23$ m 및 $h_T = 26$ m를 얻는다. 상대적으로 속도가 낮기 때문에 수두 손실이 상대적으로 작기 때문에 터빈에 사용할 수 있는 헤드가 크다. 큰 유량($Q = 0.56$ m³/s)으로 $h_L = 11.6$ m, $h_T = 6.86$ m를 찾는다. 파이프의 빠른 유동은 마찰로 인해 상대적으로 큰 손실을 발생시켜 터빈에 상대적으로 작은 헤드를 남긴다. 그러나 두 경우 모두 터빈 헤드 곱하기 유량은 동일하다. 즉, 추출된 검정력($\mathscr{P}_a = \gamma Q h_T$)은 각 경우에 대해 동일하다. 두 유량 모두 물로부터 37.25 kW를 추출할 수 있지만 터빈 설계 자체의 세부 사항은 어떤 유량을 사용해야 하는지에 따라 크게 좌우될 것이다. 이러한 정보는 제11장 및 터보 기계에 대한 다양한 참조 자료(참고문헌 13, 18, 19)에서 확인할 수 있다.

마찰 계수가 주어지지 않으면 문제의 해결 방법이 더 길어질 것이다. 3차 방정식의 해법과 함께 실시예 8.8의 해법과 유사한 시행착오 솔루션이 필요할 것이다.

관 지름을 모르는 관 유동문제(유형 III)에서는 반복기법이 필요하다. 이것은 마찰 계수가 레이놀즈 수와 상대 거칠기를 통해 지름의 함수이기 때문이다. 따라서, $\text{Re} = \gamma VD/\mu = 4\gamma Q/\gamma\mu D$ 및 γ/D는 D가 알려져 있지 않는 한 알려져 있지 않다.

상업용 파이프와 튜브는 특정 크기에서만 사용할 수 있다. 파이프 직경 계산은 표준 크기와 정확히 일치하는 경우가 거의 없다. 일반적으로 표준 파이프 크기를 지정하는 것이 신중하게 계산된 지름과 일치하도록 사용자 정의 제작을 주문하는 것보다 더 경제적이다. 다음으로 큰 직경을 갖는 표준 파이프 크기를 지정하는 것이 관례이다. 이러한 상향 반올림 방법은 파이프 크기 계산에 매우 정확할 필요가 거의 없음을 의미한다. 큰 파이프를 사용할 경우 손실 및/또는 유량이 원래 지정된 값과 동일하지 않으므로 손실 및 유량의 재계산이 필요할 수 있다.

사례 8.10과 8.11은 유형 III 문제를 예시한다.

예제 8.10 | 유형3, 부차적 손실을 제외한 지름 구하기

주어진 사항 표준압력과 표준온도의 공기가 수평인 아연강관 (0.00015 m)을 통해 0.057 m^3/s 유량으로 흐른다. 압력강하는 관 길이 30.5 m당 3.4 kPa을 넘지 않는다.

해결과제 최소 관 직경을 구하라.

풀이 $\rho = 1.22\ kg/m^3$, $\mu = 1.85 \times 10^{-5}\ N \cdot s/m^2$인 비압축성 유동이라 가정한다. 관이 너무 길면, 양 끝단 사이의 압력강하 $p_1 - p_2$는 시작점에서의 압력에 비해 상대적으로 작지않을 것이고, 압축성 유동이 고려되어야 한다는 점에 유의하라. 예로서 관의 길이 60 m라 하면 $(p_1 - p_2)/p_1 = [(3447kPa)/(30.5\ m)]/(61\ m)/101352\ Pa\ (abs) = 0.068 = 6.8\%$가되어, 비압축성으로 가정할 만큼 충분히 작다.

$z_1 = z_2$, $V_1 = V_2$이므로, 에너지 방정식(식(5.82))은

$$p_1 = p_2 + f\frac{\ell}{D}\frac{\rho V^2}{2} \tag{1}$$

이다. 여기서, $V = Q/A = 4Q/(\pi D^2) = 4(0.057m^3/s)/\pi D^2$, 또는

$$V = \frac{0.073}{D^2}$$

여기서, D의 단위는 m이다. 따라서, $p_1 - p_2$ 3447 Pa이고, $\ell = 30.5$ m이므로, 식(1)은

$$\begin{aligned} p_1 - p_2 &= 3447\ Pa \\ &= f\frac{(30.5\ m)}{D}(1.22\ kg/m^3)\frac{1}{2}\left(\frac{0.073}{D^2}\frac{m}{s}\right)^2 \end{aligned}$$

와 같이 되고 정리하면

$$D = 0.124 f^{1/5} \tag{2}$$

D가 m에 있는 곳 또한 $Re = \rho VD/\mu = (1.22\ kg/m^3)[(0.073/D^2)\ m/s]\ D/(1.8 \times 10^{-5}\ kg/m \cdot s)$, 또는

$$Re = \frac{4947}{D} \tag{3}$$

그리고,

$$\frac{\varepsilon}{D} = \frac{0.00015}{D} \tag{4}$$

따라서, 4개의 방정식[식(2), (3), (4) 및 Moody선도(그림 8.10) 또는 Colebrook 방정식(식(8.19a) 또는 Haaland 식(8.22a)]이 주어지므로 4개의 미지수(f, D, ε/D, Re)는 시행착오법으로 구할 수가 있다.

Moody 선도를 이용하면 f를 가정하는 것이 가장 쉬울것이다. 식(2), (3)과 (4)를 이용하여 D, Re, ε/D를 계산하고, Moody 선도로부터 f를 얻어서 비교한다. 일치하지 않으면 반복한다. 따라서, $f = 0.02$로 가정하여 $D = 0.12(0.02)^{1/5} = 5.4 \times 10^{-2}$ m를 얻은 후, $\varepsilon/D = 1.5 \times 10^{-4}/5.4 \times 10^2$ m $= 2.8 \times 10^{-3}$과 $Re = 4.6 \times 10^3/5.4 \times 10^2\ m = 8.5 \times 10^4$를 얻는다. Moody선도로부터 ε/D, Re에 대한 f의 값 $f = 0.027$를 얻는다. 이 값은 가정한 값과 일치하지 않으므로 반복한다. $f = 0.027$로 가정하여 $D = 5.8 \times 10^{-2}$ m, $\varepsilon/D = 2.6 \times 10^{-3}$ 및 $Re = 8.0 \times 10^4$를 얻어서 Moody선도로부터 $f = 0.027$를 얻는다. 이 값은 가정한 값과 일치한다. 그러므로 관의 지름은아래 값이 되어야 한다.

$$D = 0.060\ m \tag{답}$$

보충설명 Colebrook 방정식[식(8.22a)]를 사용하면, $\varepsilon/D = 1.5 \times 10^{-4}/0.12\ f^{1/5} = 0.00125/f^{1/5}$이고, $Re = 4.6 \times 10^3/0.12\, f^{1/5} = 3.8 \times 10^4/f^{1/5}$이므로,

$$\frac{1}{\sqrt{f}} = -2.0 \log\left(\frac{\varepsilon/D}{3.7} + \frac{2.51}{Re\sqrt{f}}\right)$$

그리고

$$\frac{1}{\sqrt{f}} = -2.0 \log\left(\frac{3.35 \times 10^{-4}}{f^{1/5}} + \frac{6.26 \times 10^{-5}}{f^{3/10}}\right)$$

컴퓨터와 계산기의 root-finding technique를 사용함으로써, 이 방정식의 해답을 구하면 $f = 0.027$, $D = 0.060$ m가 되고, Moody선도를 이용한 해답과 일치한다.

유량 Q를 좀 더 다양하게 주고 계산을 반복하였을 때그 결과가 그림 E8.10에 나와 있다. 유량이 증가하려면(압력이 일정한 경우) 더 큰 직경의 관이 필요하지만, 직경의증가폭은 그리 크지 않다. 예를 들어, 유량이 0.03 m^3/s에서 0.06 m^3/s로 2배 증가하였을 때 직경은 0.05 m에서 0.06 m로 증가한다. 이 때 정확한 직경값은 사용이 불가능하므로, 가장 근사한 직경값으로 크기를 조정하는 것이 필요하다.

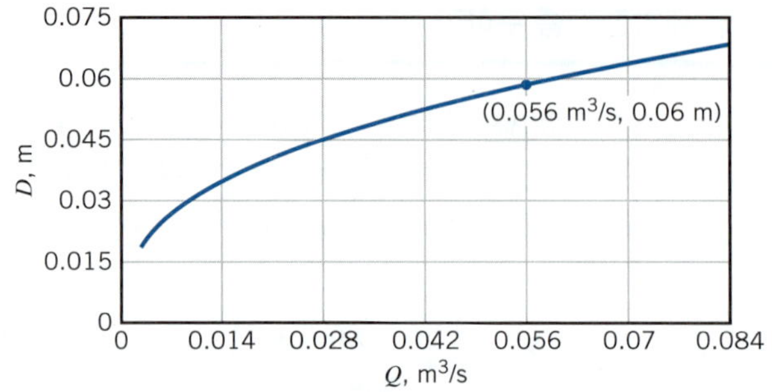

그림 E8.10

이전 예제에서는 큰 손실만 고려하면 되었었다. 어떤 경우에는 큰 손실과 작은 손실을 포함하면 지배 방정식이 본질적으로 동일하더라도 약간 더 긴 과정의 솔루션 절차를 초래할 수 있다. 이는 예제 8.11에 나타나 있다.

예제 8.11 | 유형3, 부차적 손실을 포함한 지름 구하기

주어진 사항 15.6 ℃($\upsilon = 1.12 \times 10^{-6}$ m^2/s, 표 1.5 참조)의 물은 그림에서와 같이 길이 518 m, 거칠기 0.00015 m의 파이프를 통해 탱크 A에서 탱크 B로 흐른다. 그림 E8.11a에서 볼 수 있듯이, 이 시스템은 끝이 뾰족한 입구와 4개의 45° 플랜지형 엘보를 동반한다.

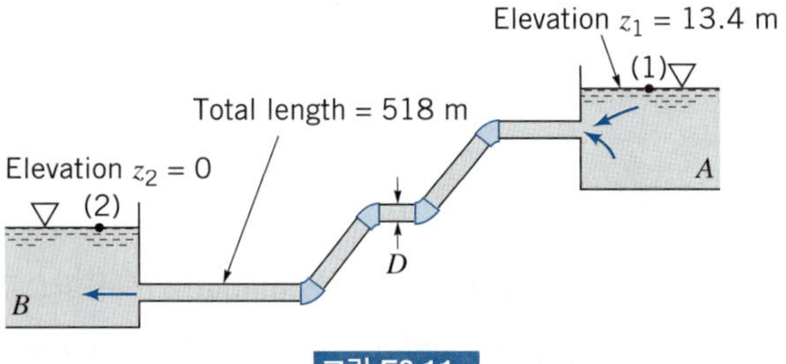

그림 E8.11a

해결과제 필요한 파이프 직경을 결정하시오.

풀이 에너지 방정식(식 5.82)은 다음과 같이 탱크의 표면에 있는 두 점($p_1 = p_2 = V_1 = V_2 = z_2 = 0$) 사이에 적용할 수 있다.

$$\frac{p_1}{\gamma} + \frac{V_1^2}{2g} + z_1 = \frac{p_2}{\gamma} + \frac{V_2^2}{2g} + z_2 + h_L$$

혹은

$$z_1 = \frac{V^2}{2g}\left(f\frac{\ell}{D} + \sum K_L\right) \tag{1}$$

여기서 $V = Q/A = 4Q/\pi D^2 = 4(0.74 \text{ m}^3/\text{s})/\pi D^2$ 또는

$$V = \frac{0.942}{D^2} \tag{2}$$

파이프 내 속도이다. (V와 D의 단위는 각각 m/s와 m이다.) 손실 계수는 표 8.2와 그림 8.15와 8.17에서 $K_{L_{\text{ent}}} = 0.5$, $K_{L_{\text{elbow}}} = 0.2$, $K_{L_{\text{exit}}} = 1$로 구한다. 따라서 식(1)은 다음과 같이 쓸 수 있다.

$$13.4 \text{ m} = \frac{V^2}{2(9.81 \text{ m/s}^2)}\left\{\frac{581}{D}f + [4(0.2) + 0.5 + 1]\right\}$$

또는, V를 제거하기 위해 식(2)와 결합할 때,

$$f = 0.00152\, D^5 - 0.00135\, D \tag{3}$$

D를 결정하기 위해서는 Re와 π/D의 함수인 f를 알아야 한다.

$$\text{Re} = \frac{VD}{\upsilon} = \frac{[(0.942)/D^2]D]}{1.12 \times 10^{-6} \text{ m}^2/\text{s}} = \frac{0.84 \times 10^6}{D} \tag{4}$$

그리고

$$\frac{\varepsilon}{D} = \frac{0.00015}{D} \tag{5}$$

여기서 D의 단위는 미터이다. 또한, 우리는 네 개의 미지의 D, f, Re 및 ε/D에 대한 네 개의 방정식((식 (3), (4), (5), 무디 차트 또는 콜브룩 방정식))을 가지고 있다.

그 무디 차트를 사용하여 해결책을 고려해 보시오. f의 값을 가정하고 가정된 값이 정확한지 여부를 확인하기 위한 계산을 수행하는 것이 종종 가장 쉽지만, 사소한 손실을 포함하면 이 방법은 가장 간단한 방법이 아닐 수 있다. 예를 들어, $f = 0.02$를 가정하고 식(3)에서 D를 계산하면 5차 방정식을 풀어야 한다. 큰 손실만 있는 상태에서 3차 방정식의 D에 비례하는 항이 없으며 (예제 8.10참조), f가 주어지면 D에 대해 쉽게 해결할 수 있다. 주요 손실과 부차적 손실을 모두 포함하여, D(주어진 f)에 대한 이 솔루션은 더 많은 복잡성을 필요로 한다.

따라서 이러한 유형의 문제에 대해서는 D 값을 가정하고, 식(3)에서 해당하는 f를 계산하고, 식(4)와 식(5)에서 결정된 Re와 ε/D 값을 사용하여 Moody 차트(또는 Colebrook 방정식)에서 f 값을 찾아보는 것이 더 쉬울 수 있다. 해법은 f의 두 값이 일치할 때 얻어진다. 몇 번의 계산을 통해 솔루션이 다음과 같이 제공됨을 알 수 있다.

$$D \approx 0.497 \text{ m} \qquad \text{(답)}$$

보충설명 D에 대해 풀기 위해 무디 차트 대신 콜브룩 방정식을 사용할 수 있다. 이는 식(3)에서 구한 D의 함수로서 f를 갖는 콜브룩 방정식(식 8.22a)과 식(4)와 (5)에서 얻은 D의 함수로서 ε/D를 사용함으로써 쉽게 이루어진다. D에 대한 결과적인 단일 방정식은 $D = 0.497$ m를 얻기 위해 컴퓨터 또는 계산기에서 근 찾기 기술을 사용하여 풀 수 있다.

다양한 파이프 길이 ℓ에 대한 계산을 반복하여 그림 E8.11b에 나타내었다. 파이프 길이가 증가함에 따라 마찰이 증가하기 때문에 동일한 유량을 유지하기 위해 파이프 직경을 증가시킬 필요가 있다.

모든 손실이 무시되어 식(1)이 $z_1 = 0$이 되는 경우 이 예를 해결하려고 시도하는 것은 흥미롭다. 그림 E8.11a에서, $z_1 = 13.4$m이 된다. 확실히 무언가 잘못되었다. 유체는 두 위치 사이의 어딘가에서 에너지가 제거되지 않는 한(즉, 헤드 손실 또는 터빈) 압력과 속도가 제로에서 시작하여 더 낮은 고도로 흐를 수 없다. 파이프가 짧은 경우(마찰이 경미하고 손실이 경미한 경우) 파이프를 떠나 탱크로 들어갈 때 유체의 운동 에너지가 남아 있다. 오일이 탱크 안에서 얼마 동안 머물면 이 운동 에너지가 손실되고 오일이 정지하게된다. 점도가 아무리 작아도 출구 손실은 무시할 수 없다. 에너지 방정식이 업스트림 탱크의 자유 표면에서 파이프의 출구 평면까지 쓰여져 있고, 이 시점에서 유체가 운동 에너지를 사용할 수 있는 경우에도 동일한 결과를 확인할 수 있다. 두 경우 모두 에너지 방정식은 제3장(베르누이 방정식)의 비점성 결과와 일치하여 $z_1 = V^2/2g$이 된다.

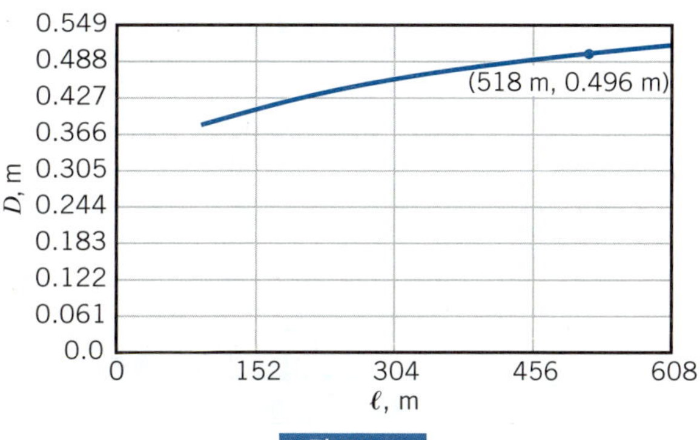

그림 E8.11b

8.5.2 복합관로 시스템

수많은 관 시스템은 하나 이상의 관으로 구성되어 있다. 우리 폐에서의 복잡한 관로 시스템(여백의 그림에서처럼 기관에서 시작하여 여러 분기를 거쳐 수만 개의 미세 기관으로 구성된)이 이러한 시스템이다. **복합관로 시스템(multiple pipe system)** 내의 유동에 대한 지배 기구(governing mechanism)는 단일관로 시스템(single pipe system)과 동일하다. 그러나, 관련된 수많은 미지의 사실 때문에, 다중 파이프 시스템의 유동을 해결하는 데 추가적인 복잡성이 발생할 수 있다. 이러한 복잡성 중 일부는 이 절에서 논의된다.

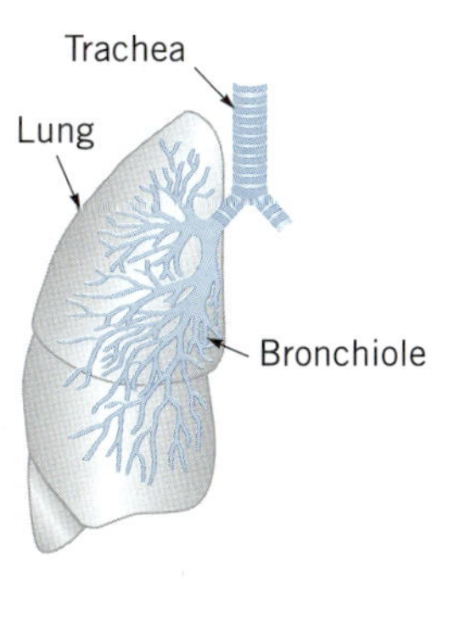

광활한 유체의 세계

심해의 관로

기름이나 가스를 운반하기 위한 관로는 흔하다. 하지만 New Orleans의 남쪽의 멕시코 만의 깊은 수심에서는 흔치 않는 **복합관로시스템**이 건설 중에 있다. Mardi Gras system이라 불리는 이 새로운 관 시스템은 수심 1310.6~2225 km의 깊은 곳에 묻히게 된다. 이 관 시스템은 Holstein, Mad Dog, Thunder Horse, Atlantis, NaKika라는 재미있는 이름으로 불리는 5군데의 심해지역으로부터 기름과 가스를 운반해 나가게 된다. 심해 관로는 얕은 해안가에 고정되어 있는 플랫폼에 기름과 가스를 전송하기 위하여 중간 깊이의 수심에 있는 관로에 연결된다. 강철 관의 직경은 0.71 m이고 벽두께는 0.035 m이다. 이처럼 두꺼운 관의 두께는 2225 m 깊이에서 22408 kPa에 이르는 큰 외압을 견디기 위해 필요하다. 이 관은 73 m 길이의 구간에 설치되는데, 이 구간에서의 관의 크기는 커다란 축구경기장만 하다. 공사가 완공되면, 심해 관로 시스템의 총 길이는 724 km 이상이 될 것이고, 매일 100만 베럴(158987.3 m^3) 이상의 기름과 1억 베럴(4.25×10^7 m^3) 이상의 가스를 전송하게 될 것이다.

가장 단순한 다중 배관 시스템은 그림 8.27과 같이 직렬 또는 병렬 유동으로 분류할 수 있다. 명명법은 전기 회로에 사용되는 명명법과 유사하다. 실제로, 유체와 전기 회로 사이의 유사성은 종종 다음과 같이 만들어진다. 간단한 전기 회로에서는 전압(e), 전류(i) 및 저항(R) 사이에 균형이 있다. $e = iR$. 유체 회로에서는 압력 강하(Δp), 유량 또는 속도(Q 또는 V)와 마찰 계수와 작은 손실 계수(a)의 관점에서 주어진 흐름 저항(a) 사이에 균형이 있다. (f와 K_L). 단순 유동 $[\Delta p = f(\ell/D)(\rho V^2/2)]$의 경우, 유동에 대한 저항의 척도인 $\widetilde{R}$이 f에 비례하는 $\Delta p = Q^2\widetilde{R}$이 된다.

전기 회로 문제를 해결하기 위해 사용되는 해법과 유체 회로 문제의 해법 사이의 주요 차이점은 옴의 법칙이 선형 방정식(전압을 두 배로 하는 것)인 반면, 유체 방정식은 일반적으로 비선형적이라는 것이다(압력 강하가 층류가 아닌 한 유량이 두 배로 증가하지 않

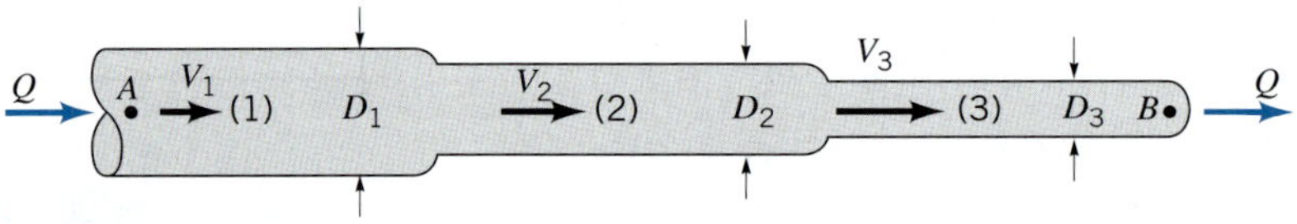

(a)

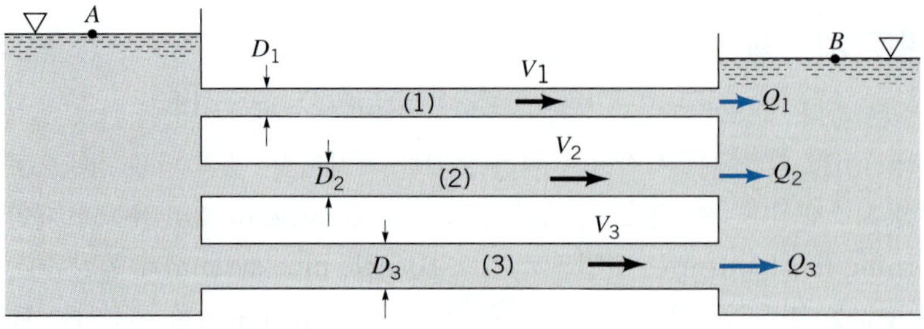

(b)

그림 8.27 (a) 직렬 배관 시스템 (b) 병렬 배관 시스템

음). 따라서, 일부 표준 전기 공학 방법은 유체 역학 문제를 해결하는 데 도움이 될 수 있지만, 다른 방법들은 그렇지 않다.

가장 간단한 복합관로 시스템 중에 하나는 그림 8.27a에서 보는 바와 같이 관들이 직렬로 되어 있는 것이다. 시스템을 지나는 모든 유체입자는 각각의 관을 통과한다. 따라서 유량은(속도는 다르지만) 각각의 관에서 동일하고, 점 A와 점 B 사이의 수두손실은 각각의 관에서 일어나는 수두손실의 합이 된다. 지배방정식은 다음과 같다.

$$Q_1 = Q_2 = Q_3$$

그리고

$$h_{L_{A-B}} = h_{L_1} + h_{L_2} + h_{L_3}$$

(에너지 방정식과 함께 사용) 여기서 첨자는 각 파이프를 나타냅니다.

직열 및 병열 배관 시스템은 흔히 마주칩니다.

다른 일반적인 다중 파이프 시스템은 그림 8.27b와 같이 파이프를 병렬로 포함한다. 이 시스템에서 A에서 B로 이동하는 유체 입자는 총 유속이 각 파이프의 유량 합계와 동일한 사용 가능한 경로 중 하나를 취할 수 있습니다. 그러나 점 A와 점 B 사이의 에너지 방정식을 작성함으로써 이러한 위치 사이를 이동하는 유체 입자에 의해 경험되는 머리 손실은 경로와 무관하게 동일하다는 것을 발견했다. 따라서, 병렬 파이프에 대한 지배 방정식은 다음과 같다.

$$Q = Q_1 + Q_2 + Q_3$$

그리고

$$h_{L_1} = h_{L_2} = h_{L_3}$$

일부 파이프 시스템의 경우 흐름의 방향은 선험적으로 알려져 있지 않다.

비교적 단순해 보이는 다중 파이프 시스템의 흐름은 처음에 나타나는 것보다 더 복잡할 수 있습니다. 그림 8.28에 표시된 **3개의 저장기 문제**로 명명된 분기 시스템이 그러한 시스템입니다. 알려진 고도에 있는 세 개의 저장소는 알려진 특성(길이, 직경 및 거칠기)의 세 개의 파이프로 연결되어 있습니다. 문제는 탱크를 드나드는 유량을 결정하는 것이다.

일반적으로 흐름 방향이 명확하지 않으며, 솔루션 프로세스에는 이 방향의 결정이 포함되어야 한다. 이는 예제 8.12에 나타나 있다.

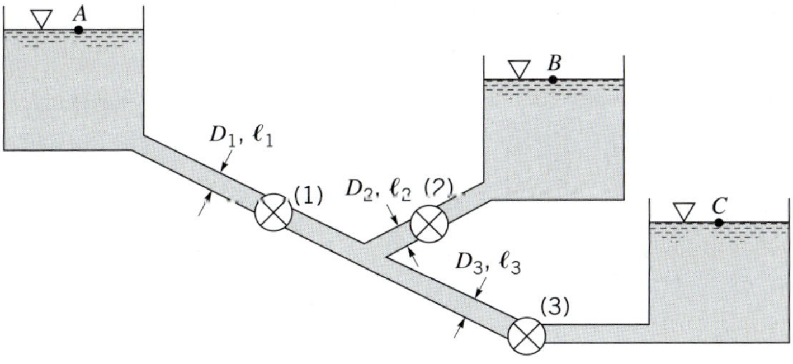

그림 8.28 세개 수조의 시스템

예제 8.12 | 3개 탱크, 다중 파이프 시스템

주어진 사항 3개의 탱크는 도표와 같이 3개의 파이프로 연결되어 있다. E8.12. 단순화를 위해 각 파이프의 직경이 0.3m이고 각 파이프의 마찰 계수가 0.02이며 길이 대 직경 비율이 크기 때문에 부차적 손실은 무시할 수 있다고 가정한다.

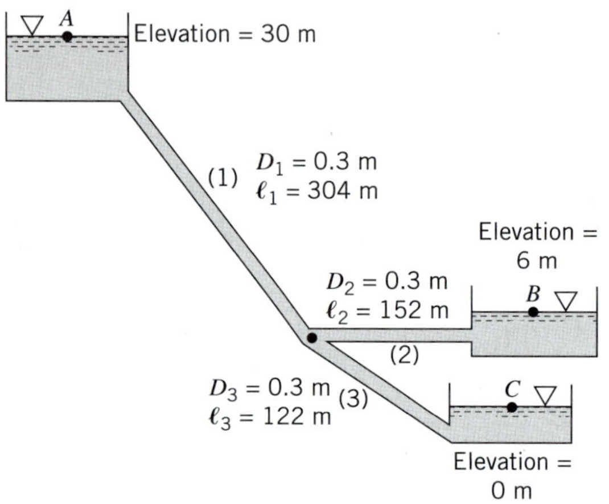

그림 E8.12

해결과제 각 탱크로 유입되거나 유출되는 유량을 결정하시오.

풀이 파이프(2)에서 유체가 어느 방향으로 흐르는지 분명하지 않다. 그러나, 우리는 그것이 B 탱크에서 흘러나온다고 가정하고, 이 경우에 대한 지배 방정식을 작성하고, 우리의 가정을 확인하여야될 것이다. 연속성 방정식은 $Q_1 + Q_2 = Q_3$이어야 하는데, 이는 각 파이프에 대해 지름이 같기 때문에 단순해진다.

$$V_1 + V_2 = V_3 \tag{1}$$

파이프 (1)과 (3)에서 A에서 C로 흐르는 유체에 대한 에너지 방정식은 다음과 같이 쓸 수 있다.

$$\frac{p_A}{\gamma} + \frac{V_A^2}{2g} + z_A = \frac{p_C}{\gamma} + \frac{V_C^2}{2g} + z_C + f_1\frac{\ell_1}{D_1}\frac{V_1^2}{2g} + f_3\frac{\ell_3}{D_3}\frac{V_3^2}{2g}$$

$p_A = p_C = V_A = V_C = z_C = 0$이라는 사실을 사용함으로써, 이는 다음과 같다.

$$z_A = f_1\frac{\ell_1}{D_1}\frac{V_1^2}{2g} + f_3\frac{\ell_3}{D_3}\frac{V_3^2}{2g}$$

이 문제의 주어진 조건에 대해 우리는 얻는다.

$$30 \text{ m} = \frac{0.02}{2(9.81 \text{ m/s}^2)}\frac{1}{(0.3 \text{ m})}[(304 \text{ m})V_1^2 + (122 \text{ m})V_3^2]$$

혹은

$$29 = V_1^2 + 0.4V_3^2 \tag{2}$$

여기서 V_1과 V_3는 m/s이다. 비슷하게 B와 C에서 흐르는 유체에 대한 에너지 방정식은

$$\frac{p_B}{\gamma} + \frac{V_B^2}{2g} + z_B = \frac{p_C}{\gamma} + \frac{V_C^2}{2g} + z_C + f_2\frac{\ell_2}{D_2}\frac{V_2^2}{2g} + f_3\frac{\ell_3}{D_3}\frac{V_3^2}{2g}$$

혹은

$$z_B = f_2\frac{\ell_2}{D_2}\frac{V_2^2}{2g} + f_3\frac{\ell_3}{D_3}\frac{V_3^2}{2g}$$

주어진 조건에 대해 이것은 다음과 같이 쓸 수 있다.

$$11.6 = V_2^2 + 0.8V_3^2 \tag{3}$$

방정식 (1), (2), (3) (3개의 알려지지 않은 V_1, V_2, V_3)은 저장고 B에서 유체가 흐른다면 이 흐름에 대한 지배 방정식이다. 그러나 속도의 양의 실제 값을 갖는 이러한 방정식에 대한 해결책은 없는 것으로 밝혀졌다. 이 방정식들이 복잡해 보이지는 않지만, 직접 풀 수 있는 간단한 방법은 없다. 따라서 시행착오 해결대안이 제시된다. 이는 다음과 같이 해결될 수 있다. $V_1 > 0$의 값을 가정하고, 식(2)에서 V_3을 계산하고, 식(3)에서 V_2를 계산한다. 결과적인 V_1, V_2, V_3는 가정된 V_1의 값에 대한 식(1)을 만족시키지 못하는 것으로 밝혀졌다. V_1, V_2, V_3의 실제 양의 값을 갖는 식 (1), (2), (3)에 대한 해결책은 없다. 따라서 저장고 B의 유출에 대한 우리의 원래 가정은 부정확해야 한다.

용액을 얻기 위해 오일이 탱크 B와 C로 흘러들어 A 밖으로 나온다고 가정하십시오. 이 경우 연속 방정식은 다음과 같다.

$$Q_1 = Q_2 + Q_3$$

혹은

$$V_1 = V_2 + V_3 \tag{4}$$

점 A와 B, A와 C 사이의 에너지 방정식의 적용

$$z_A = z_B + f_1\frac{\ell_1}{D_1}\frac{V_1^2}{2g} + f_2\frac{\ell_2}{D_2}\frac{V_2^2}{2g}$$

그리고

$$z_A = z_C + f_1\frac{\ell_1}{D_1}\frac{V_1^2}{2g} + f_3\frac{\ell_3}{D_3}\frac{V_3^2}{2g}$$

주어진 데이터로 인해, 다음과 같다.

$$23.23 = V_1^2 + 0.5\,V_2^2 \tag{5}$$

그리고

$$29.04 = V_1^2 + 0.4\,V_3^2 \tag{6}$$

식(4), (5), (6)은 다음과 같이 풀 수 있다. 식(6)에서 식(5)를 빼면 다음과 같다.

$$V_3 = \sqrt{14.5 + 0.125\,V_2^2}$$

따라서, 식(5)는 다음과 같이 쓸 수 있다.

$$23.23 = (V_2 + V_3)^2 + 0.5V_2^2$$
$$= \left(V_2 + \sqrt{14.75 + 0.125\,V_2^2}\right)^2 + 0.5\,V_2^2$$

혹은

$$2V_2\sqrt{14.75 + 0.125V_2^2} = 220.25 - 1.625V_2^2 \tag{7}$$

양쪽을 제곱하면 다음과 같이 쓸 수 있다.

$$V_2^4 - 460V_2^2 + 3748 = 0$$

상기 2차 공식을 이용하여 V_2^2가 $V_2^2 = 0.745$를 구하는 것을 해결할 수 있으며, 따라서 $V_2 = 0.863$ m/s이고, 식(5)로부터 $V_1 = 4.74$ m/s이다. 해당 유량은 다음과 같다.

$$Q_1 = A_1V_1 = \frac{\pi}{4}D_1^2V_1 = \frac{\pi}{4}(0.3\text{ m})^2(4.74\text{ m/s})$$
$$= 0.335\text{ m}^3/\text{s from } A$$
$$Q_2 = A_2V_2 = \frac{\pi}{4}D_2^2V_2 = \frac{\pi}{4}(0.3\text{ m})^2(0.863\text{ m/s})$$
$$= 0.06\text{ m}^3/\text{s into } B$$

그리고

$$Q_3 = Q_1 - Q_2 = (0.335 - 0.06)\text{ m}^3/\text{s}$$
$$= 0.275\text{ m}^3/\text{s into } C$$

파이프(2)의 흐름 방향에 따라 지배 방정식의 약간의 차이를 유의하시오. 방정식 (1), (2), (3)을 방정식 (4), (5), (6)과 비교하시오.

보충설명 마찰 계수가 주어지지 않은 경우, 형식 II 문제에 필요한 것과 유사한 시행착오 절차(제8.5.1절 참조)가 필요하다.

8.6 관 유량 측정

관 속에서 순간적인 유량을 측정하기 위해 가장 흔히 쓰이는 장치는 그림 8.29, 8.30, 8.31에서 보는 것과 같은 오리피스 유량계, 노즐 유량계, 벤튜리 유량계이다. 3.6.3절에서 논의한 바와 같이, 이들 유량계는 관의 유동면적을 감소시켜 속도를 증가시키고, 이에 따라 압력이 감소된다는 원리에 의해 작동된다. 압력차와 속도의 관계는 유량측정에 이

오리피스, 노즐 및 벤추리 유량계에는 "빠른 속도는 낮은 압력을 제공한다" 는 개념이 포함되어 있다.

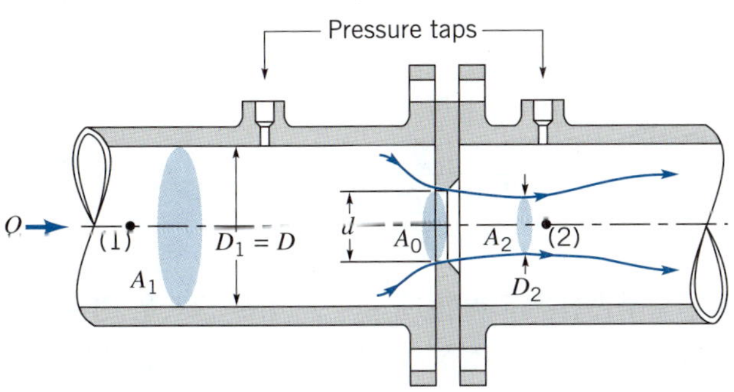

그림 8.29 일반적인 오리피스 유량계 구조

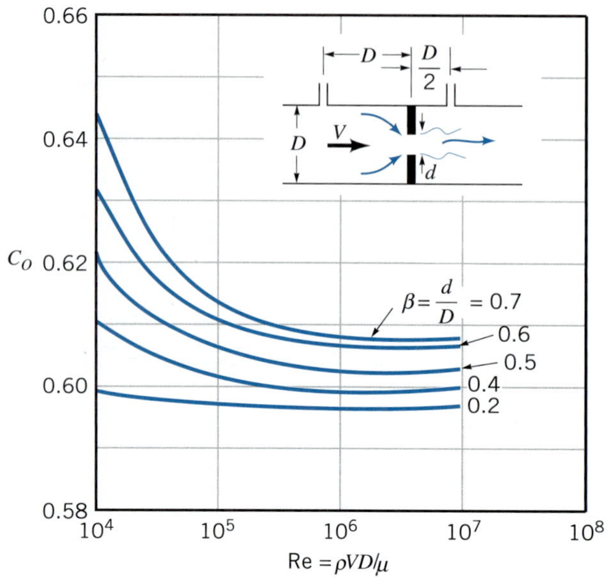

그림 8.30 오리피스 유량계 배출 계수

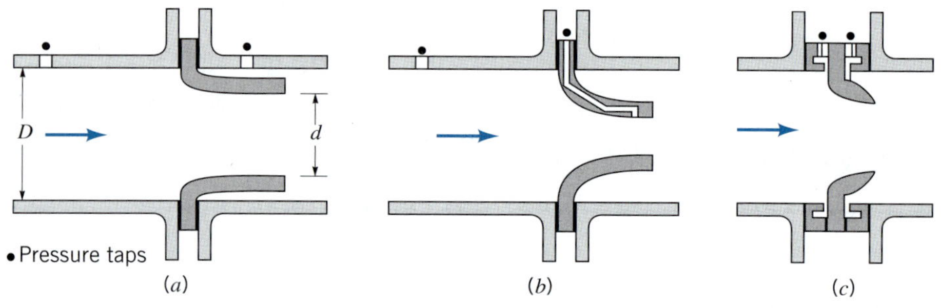

그림 8.31 일반적인 노즐 유량계 구조

용된다.

이 장의 지금까지의 결과에 근거하면, 단면 (1)과 (2)사이에 수두손실이 있음을 예측할 수 있고(그림 8.29 참조), 따라서 지배방정식은 다음과 같다.

$$Q = A_1V_1 = A_2V_2$$

그리고

$$\frac{p_1}{\gamma} + \frac{V_1^2}{2g} = \frac{p_2}{\gamma} + \frac{V_2^2}{2g} + h_L$$

$$Q_{\text{ideal}} = A_2V_2 = A_2\sqrt{\frac{2(p_1 - p_2)}{\rho(1-\beta^4)}} \tag{8.24}$$

여기서, D_2/D_1이다(3.6.3절 참조). 수두손실을 고려할 때 어려운 점은 그것을 정확하게 표현할 방법이 없다는 것이다. 그래서, 영이 아닌 점성계수에 의한 복잡한 "실제적인 효과"를 고려한 경험적인 계수를 유량의 식에 포함시킨다. 이 계수는 이번 장에서 설명한다.

오리피스 유량계라는 것은 그림 8.29에서와 같이 관의 두 플랜지 사이에 구멍이 뚫린 판을 끼워 넣어서 만든 것이다. **오리피스 송출계수(orifice discharge coefficient)**, C_o는 비이상적인 영향을 설명하기 위해 사용된다. 즉,

오리피스 배출계수는 비이상적인 효과를 설명하기 위해 사용되어 진다.

$$Q = C_o Q_{\text{ideal}} = C_o A_o \sqrt{\frac{2(p_1 - p_2)}{\rho(1-\beta^4)}} \tag{8.25}$$

여기서 $A_o = \pi d^2/4$는 오리피스 판 구멍의 면적이다. C_o는 $\beta = d/D$와 Reynolds 수, $\text{Re} = \rho VD/\mu$의 함수이고, $V = Q/A_1$이다. C_o의 전형적인 값은 그림 8.30에 주어진다. 식(8.25)와 여백의 그림에서 보이는 것처럼, C_o의 값이 일정하게 주어졌을 때 유량은 압력차의 제곱근에 비례한다.

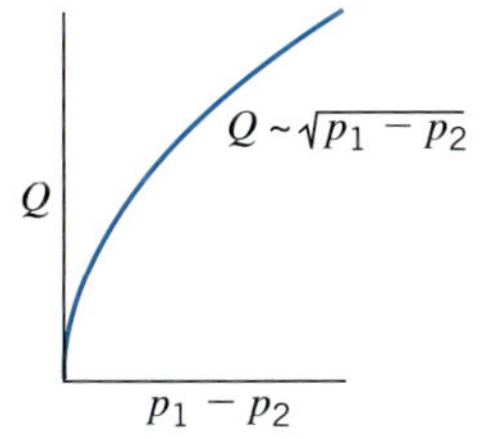

오리피스 유량계와 동일한 원리에 의한 또 다른 종류의 관유량계인 **노즐유량계**의 3종류의 형태가 그림 8.31에 나와 있다. 노즐유량계에서의 유동형태는 오리피스 유량계에서의 유동형태보다 더 이상적이나 점성효과는 여전히 존재한다. 이러한 영향은 **노즐송출계수** C_n으로 설명된다.

노즐 유량계는 오리피스 유량계 보다 에너지가 소모가 적다.

$$Q = C_n Q_{\text{ideal}} = C_n A_n \sqrt{\frac{2(p_1 - p_2)}{\rho(1-\beta^4)}} \tag{8.26}$$

여기서, $A_n = \pi d^2/4$이다. 오리피스와 마찬가지로 C_n은 지름비, $\beta = d/D$와 Reynolds 수, $\text{Re} = \rho VD/\mu$함수이다. 실험에 의해 구한 전형적인 값들을 그림 8.32에 보였다. C_n의 정확한 값은 노즐 설계의 구체적인 세부 사항에 따라 달라진다. 허용된 표준이 채택되었다(참고문헌 21). $C_n > C_o$ 즉, 노즐 유량계수가 오리피스 유량계수보다 더욱 효과적(에너지가 덜 소산되므로)임에 유의하라.

이 세 가지 유량계 중에서 가장 비싸고, 가장 정밀한 유량계는 그림 8.33에 보여진 벤튜리 유량계이다. 이 유량계는 수두손실이 최소가 되도록 설계되어 있다. 잘 설계된 벤튜리 유량계에서 대부분의 수두손실은 박리 유동이나 그러한 유동에서 동반되는 비효율적인 혼합운동에 의한 손실보다는 벽에서의 마찰손실에 기인한다.

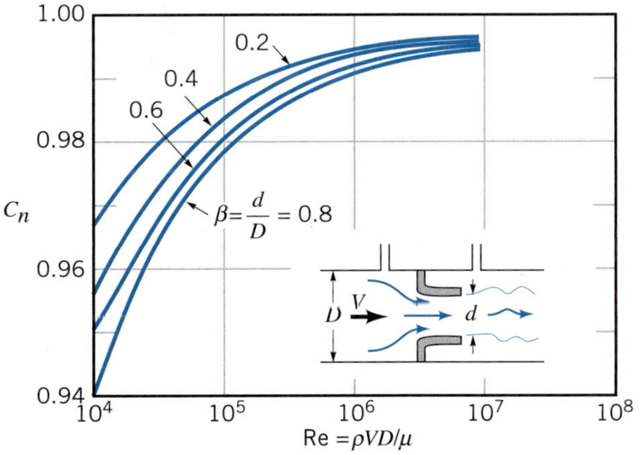

그림 8.32 노즐 유량계 배출계수

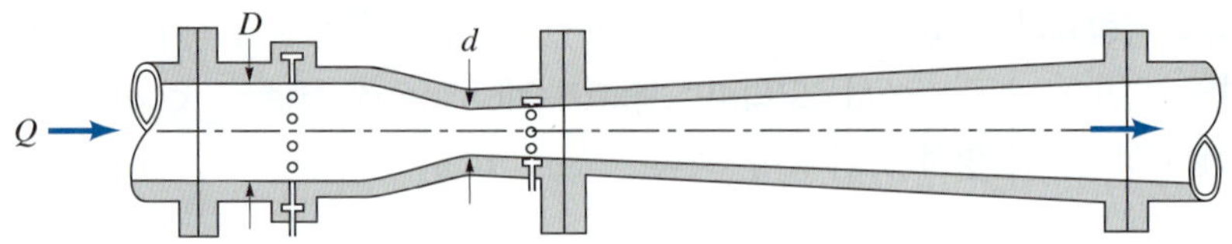

그림 8.33 일반적인 벤츄리 유량계 구조

벤튜리 유량계를 통과하는 유량은 아래와 같이 주어진다.

$$Q = C_v Q_{\text{ideal}} = C_v A_T \sqrt{\frac{2(p_1 - p_2)}{\rho(1-\beta^4)}} \tag{8.27}$$

벤츄리 배출계수는 유량계의 특징적 구조의 함수이다.

여기서 $A_T = \pi d^2/4$는 목(throat)에서의 면적이다. 목과 관의 지름비($\beta = d/D$), Reynolds 수 그리고 유량계의 수축, 확대부의 모양 등은 C_v에 영향을 주는 매개변수들이다.

다시 강조하면, C_n, C_o, C_v의 정확한 값은 사용되어진 기구의 규정된 형상에 따라 결정되어진다. 표준유량계의 설계, 설치, 사용 등에 관한 유용한 정보는 여러 책을 통하여 알 수 있다(참고문헌 20–23, 28).

예제 8.13 | 노즐 유량계

주어진 사항 에틸알코올이 정제소에서 지름이 60 mm의 관을 통해서 흐른다. 유량이 0.003 m^3/s일 때, 유량을 측정하기 위해 사용된 노즐 유량계에서의 압력강하는 $p = 4.0\,\text{kPa}$이 되어야 한다.

해결과제 이 때의 노즐 지름(d)을 구하라.

풀이

표 1.5로부터 에틸 알콜의 물성치는 789 kg/m^3, 1.19×10^{-3} N·s/m^{2}이다. 그러므로

$$\text{Re} = \frac{\rho VD}{\mu} = \frac{4\rho Q}{\pi D\mu} = \frac{4(789\ \text{kg/m}^3)(0.003\ \text{m}^3/\text{s})}{\pi(0.06\ \text{m})(1.19\times10^{-3}\ \text{N}\cdot\text{s/m}^2)} = 42{,}000$$

식(8.26)으로부터 노즐을 통과하는 유량은

$$Q = 0.003\ \text{m}^3/\text{s} = C_n \frac{\pi}{4} d^2 \sqrt{\frac{2(4\times10^3\ \text{N/m}^2)}{789\ \text{kg/m}^3(1-\beta^4)}}$$

혹은

$$1.20\times10^{-3} = \frac{C_n d^2}{\sqrt{1-\beta^4}} \tag{1}$$

이다. 여기서, d의 단위는 m이다. $d/D = d/0.06$임에 유의하라. 식(1)과 그림 8.32로부터 두 개의 미지수 d와 C_n을 시행착오법으로 구한다.

첫 번째 근사로, 이상 유동 또는 $C_n = 1.0$으로 가정하면 식(1)은 아래와 같다.

$$d = \left(1.20\times10^{-3}\sqrt{1-\beta^4}\right)^{1/2} \tag{2}$$

부가적으로 대부분의 경우 $1-\beta^4 \approx 1$이므로, d의 근사값은 식(2)로부터 다음과 같이 얻어진다.

$$d = (1.20\times10^{-3})^{1/2} = 0.0346\ \text{m}$$

따라서, 초기 추정값 $d = 0.0346$ m 또는 $d/D = 0.0346/0.06 = 0.577$로 하여, 그림 8.25로부터(Re = 42,200을 사용) $C_n = 0.972$를 얻는다. 명백하게 이 값은 처음에 가정한 $C_n = 1.0$과 일치하지 않는다. 따라서, 식(1)과 그림 8.32에 대한 해는 아직 찾지 못했다. 다음은 0.577과 $C_n = 0.972$로 가정하여 식(1)로부터 d를 구하면

$$d = \left(\frac{1.20\times10^{-3}}{0.972}\sqrt{1-0.577^4}\right)^{1/2}$$

또는 $d = 0.0341$ m가 구해진다. 새로운 값 $\beta = 0.0341/0.060 = 0.568$과 Re = 42,200을 가지고, 그림 8.32로부터

또는 $d = 0.0341$ m가 구해진다. 새로운 값 $\beta = 0.0341/0.060 = 0.568$과 $\mathrm{Re} = 42{,}200$을 가지고, 그림 8.32로부터 $C_n \approx 0.972$를 얻게 되는데, 이 값은 가정한 값과 일치한다. 따라서,

$$d = 34.1 \text{ mm} \qquad \text{(답)}$$

보충설명 다양한 경우를 계산해야 한다면 그림 8.32에 나와 있는 송출계수 자료를 등가방정식, $C_n = \phi(\beta, \mathrm{Re})$의 형태로 대체시키고, 컴퓨터로 답을 구하기 위한 반복과정을 수행하는 것이 더 쉬울 것이다. 이러한 식은 참고문헌에 나와 있다(참고문헌 21). 이것은 관 마찰문제에서 Moody선도를 이용하는 것 대신에 Colebrook 방정식을 사용하는 것과 유사하다.

동일한 유량과 압력 강하에서 유체의 종류를 바꿔가며 계산을 반복하였을 때 노즐식경 d가 그림 E8.13에 나와 있다. 노즐 계수 C_n이 Reynold 수의 함수이기 때문에 노즐의 직경은 유체점도의 함수이다(그림 8.25를 보라). 게다가 노즐의 직경은 밀도의 함수이기도 한데, 이것은 Reynold 수의 영향 때문이기도 하지만 더욱 중요하게는 밀도가 유량에 대한 식(8.26)에 직접적으로 포함되어 있기 때문이다. 이러한 요소들은 그림에서 보여주는 결과를 도출해 내기 위하여 모두 조합된다.

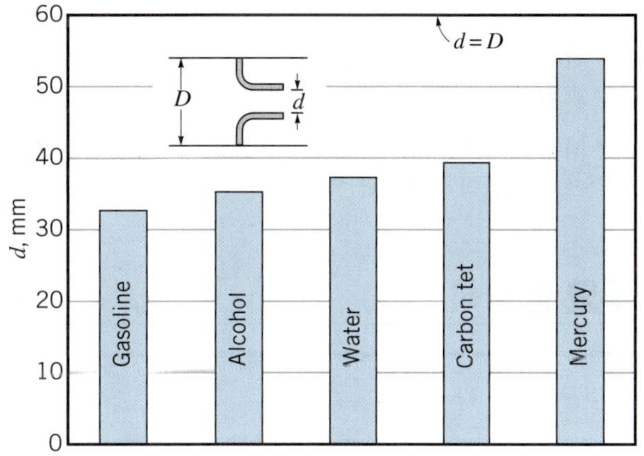

그림 E8.13

관 내의 유량을 측정하기 위해서 수 많은 다른 기구들이 사용되고 있다. 이들 중 대부분은 오리피스, 노즐, 벤튜리 유량계의 고속/저압 개념과는 다른 원리를 이용한다(참고문헌 25 참조). 예를 들어서, 순간 유동보다는 주어진 시간 동안 관을 통해서 흘러가는 유체의 양(체적 또는 질량)을 알아야 할 때가 있다. 이런 정보를 제공하는 양 측정장치(quantity–measuring devices)는 여러 가지가 있다. 진동판 유량계(nutating disk meter)와 같은 유량계는 가정에서 사용하는 물의 양을 측정하거나, 연료탱크로 들어오는 가솔린의 양을 측정하는데 사용되며, 벨로우즈 유량계(bellows meter)는 가정에서 난방장치로 공급되는 천연가스의 양을 측정하는데 사용된다.

다양한 형태의 유량계가 있다.

Video
V8.15 유량계

8장 요약

이 단원에서는 관내부의 점성유체의 흐름에 대해서 논의하였다. 층류, 난류, 완전 발달된 입구의 유동의 일반적인 특징에 대해서 살펴보았다. 완전발달 층류 유동에 관련된 매개변수 사이에서의 관계를 설명하기 위하여 Poiseuille의 방정식을 구하였다. 난류 관 유동의 다양한 특성을 도입하여 층류 유동과 대조하였다. 층류 혹은 난류 관 유동에 의한 수두손실은 마찰 요소(주손실)와 손실 계수(부차적 손실)로 설명할 수 있음을 보였다. 일반적으로 마찰 요소는 Moody 선도와 Colebrook 식을 통해서 구할 수 있으며, Reynolds 수와 상대조도의 함수이다. 부차적 손실계수는 각각의 시스템 요소에 대한 유동의 기하학적 형상의 함수이다.

비원형 도관에 대해 수력학적 지름의 개념을 이용하여 설명하였다. 단일관 유동 시스템과 복관 유동 시스템을 포함하는 다양한 예제가 제시되었다. 오리피스, 노즐, 벤 츄리 유량계의 해석에서 점성의 영향이 포함됨을 논의하였다.

아래의 체크리스트는 이 단원을 학습하기 위한 지침을 제공한다. 여러분은 단원 전체와 단원 끝부분의 연습문제를 공부하고 다음의 것들을 할 수 있어야 한다.

- 아래에 나열된 주요용어의 정의를 쓰고, 각각의 용어에 관계된 개념들을 숙지한다. 이 용어들은 특히 중요하여 교재에 색깔로 또는 **굵은 글자**로 표시되어 있다.
- 어떤 종류의 유동이 일어날지 결정할 수 있다: 입구유동, 완전발달된 유동; 층류 유동, 난류 유동.
- 적절한 상황에서 Poiseuille 방정식으로 흐름 특성을 계산하고 그 한계를 준수한다.
- 난류 관 유동의 주요 물성치와 층류 유동과 어떻게 다른지, 유사점은 무엇인지 설명한다.
- Moody 관리도와 Colebrook 방정식을 사용하여 파이프 시스템의 주요 손실을 확인한다.
- 약간의 손실 계수를 갖는 파이프 시스템의 사소한 손실을 결정한다.
- 비원형관에서의 수두 손실을 결정한다.
- 에너지 방정식 내에 주된 손실과 부차적 손실을 반영하여 Type I(압력 강하와 수두 손실 구하기), Type II(유량 구하기), Type III(관 직경 구하기) 문제를 포함하는 다양한 관내 유동 문제를 푼다.
- 복합 관로시스템을 포함하는 문제의 풀이.
- 오리피스, 노즐, 벤튜리유량계를 이용하여 압력강하의 함수로써의 유량을 결정한다.

주요 방정식

입구길이	$\dfrac{\ell_e}{D} = 0.06\ \text{Re for laminar flow}$	(8.1)
	$\dfrac{\ell_e}{D} = 4.4\,(\text{Re})^{1/6}\ \text{for turbulent flow}$	(8.2)
완전히 발달한 층류관 유동의 압력강하	$\Delta p = \dfrac{4\ell\tau_w}{D}$	(8.5)
완전히 발달한 층류관 유동의 속도분포	$u(r) = \left(\dfrac{\Delta p D^2}{16\mu\ell}\right)\left[1 - \left(\dfrac{2r}{D}\right)^2\right] = V_c\left[1 - \left(\dfrac{2r}{D}\right)^2\right]$	(8.7)
완전히 발달한 층류관 유동의 체적 유량	$Q = \dfrac{\pi D^4 \Delta p}{128\mu\ell}$	(8.9)
수평관에서의 압력 강하	$\Delta p = f\dfrac{\ell}{D}\dfrac{\rho V^2}{2}$	(8.20)
주 손실에 기인한 수두 손실	$h_{L\text{ major}} = f\dfrac{\ell}{D}\dfrac{V^2}{2g}$	(8.21)
Colebrook 공식	$\dfrac{1}{\sqrt{f}} = -2.0\log\left(\dfrac{\varepsilon/D}{3.7} + \dfrac{2.51}{\text{Re}\sqrt{f}}\right)$	(8.22a)
Haaland 방정식	$\dfrac{1}{\sqrt{f}} = -1.8\log\left[\left(\dfrac{\varepsilon/D}{3.7}\right)^{1.11} + \dfrac{6.9}{\text{Re}}\right]$	(8.22b)
부차손실에 기인한 수두 손실	$h_{L\text{ minor}} = K_L\dfrac{V^2}{2g}$	(8.23)
오리피스, 노즐, 벤튜리 미터의 체적 유량	$Q = C_i A_i\sqrt{\dfrac{2(p_1 - p_2)}{\rho(1-\beta^4)}}$	(8.25, 8.26, 8.27)

참고문헌

1. Bernard, P. S., and Wallace, J. M., *Turbulent Flow—Analysis, Measurement*, and Prediction, Wiley, New York, 2002.
2. Panton, R. L., *Incompressible Flow*, 4th Ed., Wiley, New York, 2013.
3. Schlichting, H., and Gersten, K., *Boundary Layer Theory*, 9th Ed., Springer–Verlag, Berlin, 2017.
4. White, F. M., *Fluid Mechanics*, 8th Ed., McGraw–Hill, New York, 2016.
5. Nikuradse, J., "Stomungsgesetz in Rauhen Rohren," *VDI-Forschungsch*, No. 361, 1933; or see NACA Tech Memo 1922.
6. Moody, L. F., "Friction Factors for Pipe Flow," *Transactions of the ASME*, Vol. 66, 1944.
7. Colebrook, C. F., "Turbulent Flow in Pipes with Particular Reference to the Transition Between the Smooth and Rough Pipe Laws," *Journal of the Institute of Civil Engineers London*, Vol. 11, 1939.
8. *ASHRAE Handbook of Fundamentals*, ASHRAE, Atlanta, 1981.
9. Streeter, V. L., ed., *Handbook of Fluid Dynamics*, McGraw–Hill, New York, 1961.
10. Sovran, G., and Klomp, E. D., "Experimentally Determined Optimum Geometries for Rectilinear Diffusers with Rectangular, REFERENCES Conical, or Annular Cross Sections," in *Fluid Mechanics of Internal Flow*, Sovran, G., ed., Elsevier, Amsterdam, 1967.
11. Runstadler, P. W., "Diffuser Data Book," Technical Note 186, Creare, Inc., Hanover, NH, 1975.
12. Laws, E. M., and Livesey, J. L., "Flow Through Screens," *Annual Review of Fluid Mechanics*, Vol. 10, Annual Reviews, Inc., Palo Alto, CA, 1978.
13. Balje, O. E., *Turbomachines: A Guide to Design, Selection and Theory*, Wiley, New York, 1981.
14. Wallis, R. A., *Axial Flow Fans and Ducts*, Wiley, New York, 1983.
15. Karassick, I. J. et al., *Pump Handbook*, 2nd Ed., McGraw–Hill, New York, 1985.
16. White, F. M., *Viscous Fluid Flow*, 3rd Ed., McGraw–Hill, New York, 2006.
17. Olson, R. M., *Essentials of Engineering Fluid Mechanics*, 4th Ed., Harper & Row, New York, 1980.
18. Dixon, S. L., *Fluid Mechanics of Turbomachinery*, 3rd Ed., Pergamon, Oxford, UK, 1978.
19. Finnemore, E. J., and Franzini, J. R., *Fluid Mechanics*, 10th Ed., McGraw–Hill, New York, 2002.
20. Bean, H. S., ed., *Fluid Meters: Their Theory and Application*, 6th Ed., American Society of Mechanical Engineers, New York, 1971.
21. "Measurement of Fluid Flow by Means of Orifice Plates, Nozzles, and Venturi Tubes Inserted in Circular Cross Section Conduits Running Full," Int. Organ. Stand. Rep. DIS–5167, Geneva, 1976.
22. Goldstein, R. J., ed., *Flow Mechanics Measurements*, 2nd Ed., Taylor and Francis, Philadelphia, 1996.
23. Benedict, R. P., *Measurement of Temperature, Pressure, and Flow*, 2nd Ed., Wiley, New York, 1977.
24. Hydraulic Institute, *Engineering Data Book*, 1st Ed., Cleveland Hydraulic Institute, 1979.
25. Harris, C. W., *University of Washington Engineering Experimental Station Bulletin*, 48, 1928.
26. Hamilton, J. B., *University of Washington Engineering Experimental Station Bulletin*, 51, 1929.
27. Miller, D. S., *Internal Flow Systems*, 2nd Ed., BHRA, Cranfield, UK, 1990.
28. Spitzer, D. W., ed., *Flow Measurement: Practical Guides for Measurement and Control*, Instrument Society of America, Research Triangle Park, NC, 1991.
29. Haaland, S. E., "Simple and Explicit Formulas for the Friction–Factor in Turbulent Pipe Flow," *Transactions of the ASME, Journal of Fluids Engineering*, Vol. 105, 1983.
30. Jorgensen, R., ed., *Fan Engineering*, Buffalo Forge Company, Buffalo, NY, 1983.

연습문제 (QUESTIONS AND PROBLEMS)

Ⓒ 프로그래밍이 가능한 계산기 또는 컴퓨터를 사용하여 풀 수 있는 문제

Ⓞ 비판적 사고가 필요한 개방형 문제. 이러한 문제는 필요한 입력 데이터를 제공하기 위해 다양한 가정이 필요하다. 이러한 문제에 대한 고유한 답은 없다.

주: 문제에 대한 설명에 필요한 유체 물성치 값이 명시되지 않은 경우, 표 1.4 – 1.8 및 부록의 표에 있는 값을 사용하라.

8.1절 관 유동의 일반적인 특성

8.1.1 Ⓞ 정상적인 상황에서 기관의 공기 유동은 층류인가, 아니면 난류인가? 모든 가정을 나열하고 모든 계산을 표시하여라.

8.1.2 주차장에서 흘러내린 빗물이 지름 0.9m의 파이프를 통해 흘러나와 완전히 채워진다. 파이프의 유동이 층류인지 난류인지는 레이놀즈 수의 값에 따라 달라진다 (비디오 V8.2 참조). 당신은 유동이 층류일 것으로 예상하는가, 아니면 난류일 것으로 예상하는가? 적절한 계산으로 당신의 대답을 뒷받침하여라.

8.1.3 15 ℃에서 파란색과 노란색 페인트 유동(각각 밀도가 824.6 kg/m^{3}이고 점도가 물보다 1000배 높음)은 평균 속도가 1.2 m/s인 파이프로 들어간다. P8.1.3 페인트가 녹색 페인트로 파이프에서 빠져나갈 것으로 예상하는가? 아니면 파란색과 노란색 페인트로 분리된 유동으로 나올 것으로 예상하는가? 설명하라. 페인트가 "얇게" 칠해진 경우 물보다 점도가 10배 정도밖에 되지 않도록 문제를 반복하시오. 밀도가 동일하게 유지된다고 가정한다.

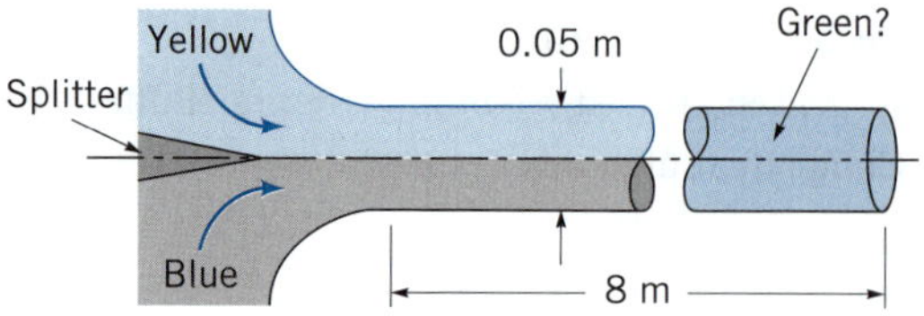

그림 P8.1.3

8.1.4 93 ℃의 공기는 0.355 N/s의 속도로 파이프에서 표준 대기압으로 흐른다. 유동이 층류이어야 할 경우 허용되는 최소 직경을 결정하시오.

8.1.5 주어진 방을 식히려면 0.2m 직경의 파이프를 통해 0.113 m^3/s의 공기를 공급해야 한다. 이 파이프의 입구 길이는 대략 얼마나 되는가?

8.1.6 Ⓒ 3 mm 직경의 파이프에 있는 물의 흐름은 층류로 유지되어야 한다. $0 < T < 100$ ℃에 대해 온도 함수로 허용되는 최대 유량 그래프를 그리시오.

8.1.7 탱크에 붙어 있는 50 mm 직경짜리 관의 곧고 수평인 부분에서 측정한 압력분포가 아래의 표에 나타나 있다. 입구길이는 대략 얼마인가? 유동이 완전히 발달된 부분에서 벽면전단응력은 얼마인가?

x (m) (±0.01 m)	p (mm H_2O) (±5 mm)
0 (tank exit)	520
0.5	427
1.0	351
1.5	288
2.0	236
2.5	188
3.0	145
3.5	109
4.0	73
4.5	36
5.0 (pipe exit)	0

8.1.8 (8.1.1절의 제목이 "Nanoscale 유동"인 뉴스 속의 유체를 보자) (a) 물은 직경이 D 0.1m인 튜브 안을 평균속도가 초당 직경의 10배만큼 이동한 거리라고 할 때, Reynold수를 결정하라. (b) 튜브의 직경이 $D = 100$ nm인 nanoscale 튜브일 때 다시 한 번 계산하여라.

8.2절 완전발달 층류 유동

8.2.1 충분히 발달된 층류 원형관 유동에서 속도분포가 $u(r) = 2(1 - r^2/R^2)$과 같이 주어진다. 여기서 R은 관의 내부반경이다. 관 직경을 4 cm라고 가정하여 관 내의 최대 및평균속도와 체적유량을 구하라.

8.2.2 직경 0.10 m인 관 속을 점성유체가 흐른다. 관벽에서 0.012 m 떨어진 곳에서 측정된 속도는 0.8 m/s이다. 흐름

이 층류일 때 중심부의 속도와 유량을 구하라.

8.2.3 물을 운반하는 0.3 m 직경의 관이 완전히 발달된 유동 부분의 벽면 전단 응력은 88.58 N/m^2이다. (a) 수평, (b) 수직(flow up) 수직, (c) 수직(flow down) 수직(c) 수직(flow down)인 경우 x가 흐름 방향에 있는 압력 기울기 $\theta p/\theta x$를 결정하시오.

8.2.4 0.025 m 직경의 수평 파이프를 통해 물을 강제로 통과시키는 데 필요한 압력 강하는 3.66 m 길이의 파이프마다 4136.85 Pa이다. 파이프 벽의 전단 응력을 결정한다. 파이프 벽에서 0.0076 m 및 0.0127 m 떨어진 거리에서 전단 응력을 결정하시오.

8.2.5 파이프가 20° 힐에 있는 경우일때, 문제 8.2.4를 반복하시오. 그 흐름은 언덕을 오르나요, 내리나요? 설명하시오.

8.2.6 물이 흐르는 직경이 일정한 관에서 다음의 조건이측정되었다. 단면 (a)에서는 $p_a = 223.4$ kPa와 $z_a = 17.3$ m이고, 단면 (b)에서는 $p_b = 204.78$ kPa와 $z_b = 20.78$ m이다. 이 유동은 (a)에서 (b)로 흐르겠는가, (b)에서 (a)로 흐르겠는가?설명하라.

8.2.7 직경 D의 원형 파이프에서 층류 유동의 경우, 중심선에서 실제 속도는 평균 속도와 어느 정도인가?

8.2.8 글리세린은 20 ℃에서 중심선 속도가 1.0 m/s인 직경이 75 mm인 수직 파이프에서 위쪽으로 흐른다. 파이프 길이 10 m에서 수두 손실 및 압력 강하를 확인하라.

8.2.9 15.5 ℃의 물은 0.15 m I.D. 플라스틱 파이프를 통해 0.015 m^3/min의 속도로 흐른다. 파이프의 길이는 152.4 m이고 152.4 m에 걸쳐 12.2 m의 수직 높이가 올라가게 된다. 압력 강하를 구하시오.

8.2.10 그림 P8.2.10에서 보이는 것과 같이 시간 $t = 0$에서 탱크 A의 물의 수면은 탱크 B의 수면보다 0.6 m 더 위에 있다. 양쪽 탱크의 자유표면이 같은 높이에 다다를 때 까지 탱크 A의 물의 높이를 시간에 대한 함수로서 나타내어라. 유사 정상상태라고 가정한다. 다시 말해 유량이 시간에 따라 (천천히) 변하더라도 정상 관 유동 방정식이 항상 유효하다고 가정한다. 부차적 손실은 무시하라. note : 유동이 층류라는 사실을 사용하고 증명해 보라.

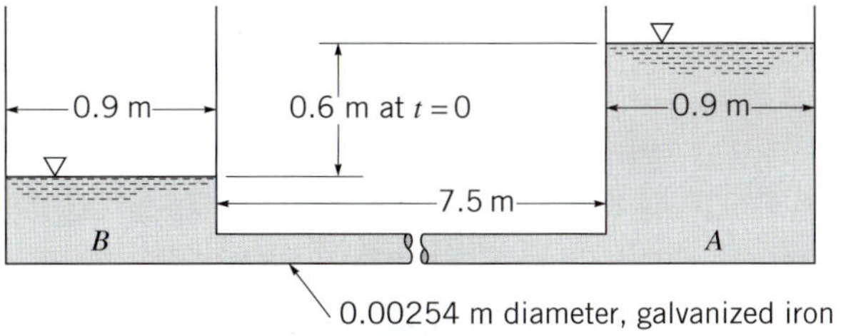

그림 P8.2.10

8.2.11 지름 0.3 cm의 수평관에 물이 흐른다. Reynolds 수가 1500일 때, 관 길이 6 m에서의 수두손실은 2 m이다. 유체의 속도를 구하라.

8.2.12 물의 80,000배 점도와 1.09의 비중으로 뉴턴 유체로 간주되는 50 ℃의 아스팔트는 직경 0.05 m의 파이프를 통해 흐른다. 압력 구배가 361.93 kPa/m인 경우, (a) 수평, (b) 수직인 상태에서 유량을 결정하시오.

8.2.13 그림 P8.2.13에 나타낸 수직관에는 $SG = 0.87$와 운동학적 점도 $\theta = 2.2 \times 10^{-4}$ m^2/s의 오일이 흐른다. 4×10^{-4} m^3/s의 비율로 압력계 수치 h를 결정하시오.

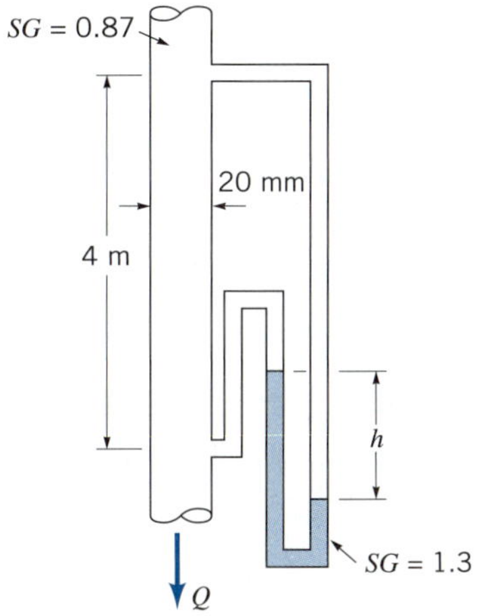

그림 P8.2.13

8.2.14 $SG = 0.96$, $\mu = 9.2 \times 10^{-4}$ $N \cdot s/m^2$, 및 증기압 $pv = 1.2 \times 10^4$ N/m^2(abs)의 액체를 주사기로 흡입한다 (그림 P8.2.14 참조). 주사기에 캐비테이션이 발생하지 않을 경우 최대 유량은 얼마가 되는가?

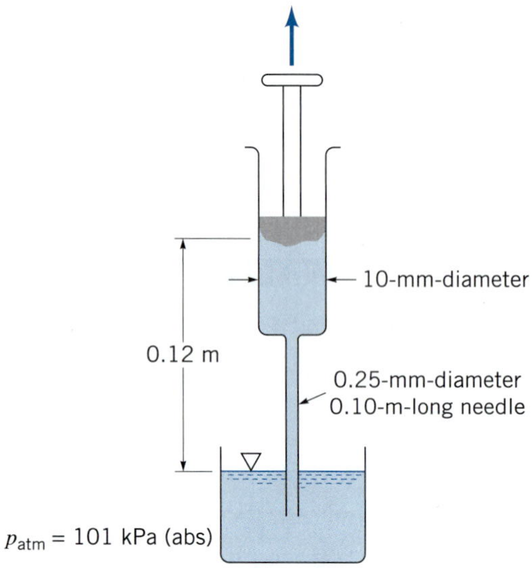

그림 P8.2.14

8.2.15 76 mm schedule 40 상업용 강관(실제 내경 77.9 mm)은 22.7 L/min의 속도로 100 ℃ SAE 40 크랭크케이스 오일을 운반한다. 오일비중은 0.89이고, 절대점도는 3.16×10^{-5} N·s/m^{2}이다. 동일한 압력 강하의 경우 오일을 40.5 L/min으로 운반하려면 새 파이프 크기가 얼마나 되어야 하는가?

8.2.16 0.076 m schedule 40 상업용 강관(실제 내경 0.0779 m)은 100℃ SAE 40 크랭크케이스 오일을 3.78×10^{-4} m^3/s의 속도로 운반한다. 오일비중은 0.89이고 절대점도는 3.16×10^{-5} N·s/m^{2}이다. 0.076 m 배관의 압력 강하의 약 1/2에서 동일한 유량을 운반하기 위해 필요한 배관 크기를 계산하시오. 두 파이프는 모두 수평이다.

8.2.17 20 ℃의 물은 압력 강하 없이 수직 파이프를 따라 흐른다. 유동이 확실히 층류인 파이프 직경 D(있는 경우)의 범위를 찾으시오.

8.2.18 한 사람이 헌혈을 하고 있다. 혈액을 채취하는 파인트(약 525 ml) 봉지는 처음에는 평평하고 대기압 상태에 있다. 혈액을 가방으로 운반하는 3.175 mm I.D., 1.22 m 길이의 플라스틱 튜브의 공기의 초기질량을 무시하라. 정맥의 평균 혈압은 대기압보다 40 mm Hg 높다. 그 사람이 1파인트의 피를 기증하는 데 필요한 시간을 추정하시오. 혈액의 비중은 1.06이고 점도는 4.78×10^{-3} N·s/m^{2}라고 가정한다. 바늘의 ID는 1.587 mm이고 바늘 길이는 0.05 m이다. 봉지는 바늘 입구보다 0.3 m 아래에 있고 정맥의 ID는 3.175 mm이다. 선택 사항: 혈액 1파인트를 기증하고 답을 확인하시오.

8.3절 완전발달 난류유동

8.3.1 직경 500 mm의 원형 파이프를 통해 0.2 m^3/s의 오일($SG = 0.86$, $\mu = 0.025$ Ns/m^2)의 유동에 대해 레이놀즈 수를 결정한다. 유동이 층류인가, 난류인가?

8.3.2 Video V8.10 및 그림 P8.3.2에 표시된 바와 같이, 배관 내 층류 유동의 속도 프로파일은 난류 유동의 속도 프로파일과 상당히 다르다. 층류 유동의 경우 속도 프로파일은 포물선이다. Re = 10,000에서의 난류 유동의 경우 속도 프로파일은 그림에 표시된 멱법칙 프로파일로 근사할 수 있다. (a) 층류 유동의 경우 파이프에서 평균 속도를 측정하려면 피토 튜브를 어느 방사형 위치에 배치할지 결정하시오. (b) Re = 10,000인 난류 유동의 경우 (a) 파트를 반복하시오.

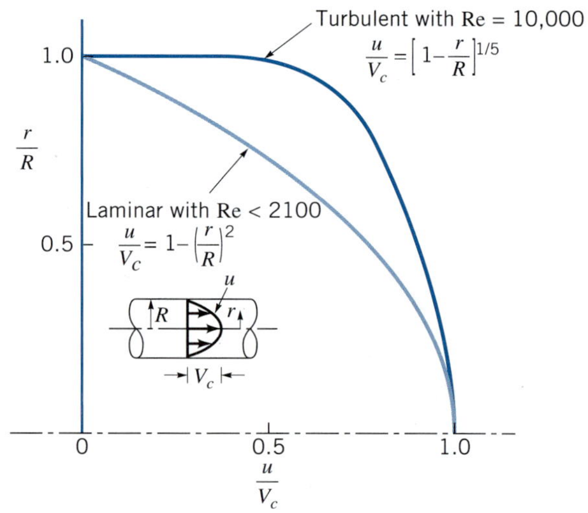

그림 P8.3.2

8.4.1절 주 손실

8.4.1 물은 그림 P8.4.1에서 보는 바와 같이 두 탱크 사이에서 펌핑된다. 에너지 라인은 다음과 같다. 오일이 A에서 B로 펌핑되는가, 아니면 B에서 A로 펌핑되는가? 설명하라. 직경이 더 큰 파이프는 무엇인가? A에서 펌프로, 혹은 B에서 펌프로? 설명하라.

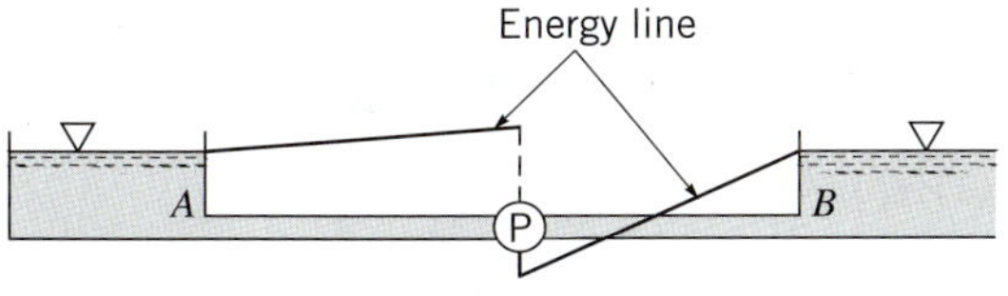

그림 P8.4.1

8.4.2 유체 역학에 대한 경험이 없는 사람은 2.54 cm 직경의 아연도금 철 파이프의 마찰 계수를 레이놀즈 수 8000으로 추정하려고 한다. 그 사람은 $f = 64/\mathrm{Re}$의 간단한 방정식을 되짚어 보고 마찰 계수를 계산하기 위해 이것을 사용한다. 이 접근 방식의 문제를 설명하고 오류에 대해서 설명하라.

8.4.3 폭우가 내리는 동안, 주차장의 물은 0.45 m 직경의 매끄러운 콘크리트 빗물 하수구를 완전히 채운다. 유량이 0.283 m^3/s일 경우 배관 수평 30 m 구간에서 압력 강하를 결정한다. 파이프 길이 30 m당 0.6 m의 상승 변화가 있을 경우 이 문제를 반복하십시오.

8.4.4 물이 10 cm/s의 속도로 직경 0.2 cm의 수평 플라스틱 관 속으로 흐른다. Moody 선도를 사용하여 단위 길이당 압력강하와 파이프 1 m당 마찰 손실을 구하여라.

8.4.5 물은 평균 속도가 5.0 m/s인 수직 10 mm 직경의 아연도금 철관을 통해 아래로 흘러 자유분사체로 빠져나간다. 출구 위 4 m에 파이프에 작은 구멍이 있다. 물이 이 구멍을 통해 파이프 밖으로 새어나갈 것인가, 아니면 공기가 구멍을 통해 파이프 안으로 들어갈 것인가? 평균 속도가 0.5m/s이면 이 문제를 반복하시오.

8.4.6 표준상태의 공기가 직경 0.2 m, 길이 4.45 m인 직관을 흐른다. 속도에 대한 압력강하 데이터는 주어진 표와 같다. 데이터 전 구간에 걸친 평균 마찰계수를 구하라.

V (m/min)	h (mm water)
1204	8.9
1137	8.13
1100	7.62
1045	6.86
1000	6.1
914	5.08
823	4.06

8.4.7 물은 0.02 m^3/s의 속도로 수평 60 mm 직경의 아연도금 철 파이프를 통해 흐른다. 압력강하가 파이프 10 m당 135 kPa라면, 이 파이프는 (a) 새 파이프, (b) 노화로 인해 거칠기가 다소 증가한 오래된 파이프, 또는 (c) 퇴적물에 의해 부분적으로 막힌 매우 오래된 파이프중 어느 것이라고 생각하는가? 당신의 대답을 정의하시오.

8.4.8 물은 새로운 수평 0.02 m 직경의 아연도금 철제 파이프에서 분당 38리터의 속도로 흐른다. 파이프를 따라 압력 기울기 $\Delta p/\ell$를 결정하시오.

8.4.9 온도 0℃이고 압력 600 kPa(abs)인 이산화탄소가 지름 40 mm의 수평관을 통해 평균속도 2 m/s로 흐른다. 관의 길이 10 m당 압력강하가 235 N/m^2일 때 마찰 계수를 구하라.

8.4.10 기린 목의 동맥을 통해 혈액이 7.08×10^{-6} m^3/s의 속도로 기린의 심장에서 기린의 머리로 흐른다. 길이가 3 m이고 직경이 0.005 m라고 가정한다. 동맥의 시작 부분(심장의 출구)의 압력이 0.21 mHg에 해당하는 경우, 머리가 (a) 심장 위 2.4 m 또는 (b) 심장 아래 1.8 m에 있을 때 동맥의 끝부분의 압력을 결정하시오. 정상류 유동을 가정한다. 이 압력 차이는 상승 효과로 인해 발생하는 것과 마찰 효과로 인해 발생하는 것은 어느 정도인가?

8.4.11 마찰계수가 0.020인 40 m 길이의 12 mm 직경의 파이프는 그림 P8.4.11에서와 같이 탱크에서 30 ℃의 물을 빨아들이는 데 사용된다. 호스 내에 캐비테이션이 없어야 할 경우 허용되는 최대값을 결정하시오. 부차적 손실은 무시한다.

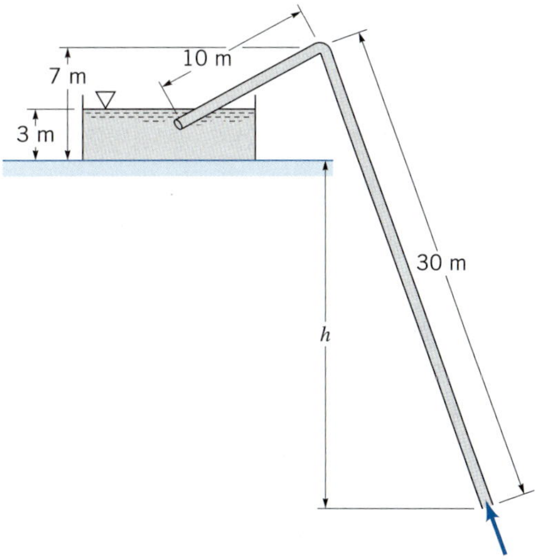

그림 P8.4.11

8.4.12 가솔린은 0.001 m^3/s의 속도로 직경이 40 mm인 매끄러운 파이프에서 흐르게 된다. 난류 발생을 방지할 수 있다면 실제 난류 유동의 수두 손실 비율은 층류 유동과 비교했을 때 얼마나 되는가?

8.4.13 직경 0.9 m인 덕트는 환기공기를 255 m^3/min 유량으로 터널로 운반시킨다. 시험결과에 의하면 덕트길이 457 m 당 압력강하는 수두로 0.038 m이었다. 이 덕트에서의 마찰계수와 이 덕트표면에 대한 등가조도의 대략적인 크기는 얼마인가?

8.4.14 H. Blasius는 매끄러운 파이프에서 난류 마찰 계수에 대한 데이터를 상관시켰다. 그의 방정식 $f_{\text{smooth}} \approx 0.3164\ \text{Re}^{-1/4}$은 4000과 10^5 사이의 레이놀즈 숫자에 대해 상당히 정확하다. 다음 시나리오의 경우에 이 정보를 사용한다. 20 ℃의 물은 0.001 m^3/s의 속도로 3 cm I.D. 플라스틱 파이프를 통해 흐른다. 관을 따라 정압을 일정하게 유지하는 데 필요한 관의 경사각을 구하시오.

8.4.15 본 카르만(Von Karman)은 완전 난류 마찰 계수를 다음과 같이 표현한다고 제안했다.

$$f = \frac{1}{4[0.57 - \log(\varepsilon/D)]^2}$$

여기서 ε는 파이프의 절대 거칠기이다. 이 방정식으로 예측된 값과 무디 차트에 표시된 값을 비교하시오.

8.4.16 마찰계수에 대한 스와미 및 자인 공식은

$$f = \frac{0.25}{[\log(\varepsilon/3.7D + 5.74/\text{Re}^{0.9})]^2}$$

$\varepsilon/D = 0.00001$, 0.001, 0.001, 0.01 및 레이놀즈 숫자의 10^4, 10^5, 10^6, 10^7에 대한 이 방정식을 무디 선도와 비교하여 콜브룩 공식을 대체할 수 있는지 여부를 결정하시오.

8.4.17 마찰계수에 대한 할란드 공식은

$$f = \frac{0.3086}{\{\log[6.9/\text{Re} + (\varepsilon/3.7D)^{1.11}]\}^2}$$

$\varepsilon/D = 0.00001$, 0.001, 0.001 및 0.01에 대한 f에 대한 이 방정식과 레이놀즈 숫자 10^4, 10^5, 10^6, 10^7을 무디 관리도와 비교하여 콜브룩 공식을 대체할 수 있는지 여부를 결정하시오.

8.4.18 마찰 인자에 대한 처칠 공식은

$$f = 8\left[\left(\frac{8}{\text{Re}}\right)^{12} + \frac{1}{(A+B)^{1.5}}\right]^{1/12}$$

다음과 같을 때

$$A = \left\{-2.457\ln\left[\left(\frac{7}{\text{Re}}\right)^{0.9} + \frac{\varepsilon}{3.7D}\right]\right\}^{16};$$

$$B = \left(\frac{37{,}530}{\text{Re}}\right)^{16}$$

$\varepsilon/D = 0.00001$, 0.001, 0.001, 0.01에 대한 층류 및 난류 영역에 대한 f에 대한 이 방정식과 10, 10^2, 10^3, 10^4, 10^5, 10^6, 10^7의 레이놀즈 수를 무디 차트와 비교하여 콜브룩 공식을 대체할 수 있는지 여부를 결정하시오.

8.4.2절 부차적 손실

8.4.19 표준 온도와 압력의 공기는 평균 속도가 2.4 m/s인 직경 0.025m의 아연도금 철 파이프를 통해 흐른다. (a) 플랜지형 90° 엘보, (b) 활짝 열린 각도 밸브 또는 (c) 날카로운 가장자리의 입구와 동등한 수두 손실을 발생시키는 파이프의 길이는?

8.4.20 직경 0.02 m의 구리 파이프(드로잉 튜브)와 함께 사용되는 90° 나사산 엘보우에서 단일 엘보우 손실을 완전히 난류 유동의 구리 파이프와 동등한 길이로 변환하시오.

8.4.21 물과 에너지를 보존하기 위해 "유동축소기"를 그림 P8.4.21와 같이 샤워기 끝에서 부착시킨다. 점(1)에서의 압력은 일정하게 유지시키고 "유동축소기" 이외에서의 손실은 일어나지 않는다고 하며, 이로 인해 유량이 반으로 축소된다고 할 때, "유동축소기"에서의 손실계수(관의 속도를 기준으로 하여)를 구하라. 중력의 영향은 무시하라.

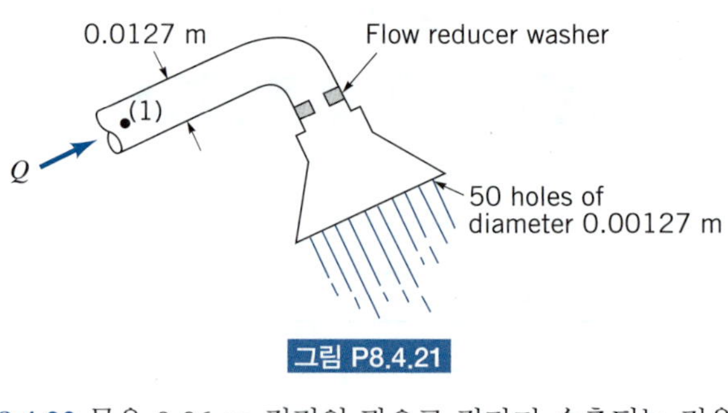

그림 P8.4.21

8.4.22 물은 0.06 m 직경의 관으로 갑자기 수축되는 것을 포함하는 0.12 m 직경의 관에서 0.040 m^3/s의 속도로 흐른다. 수축 섹션 전체에 걸쳐 압력 강하를 결정하라. 이 압력 차이는 손실로 인해 발생하는 것과 운동 에너지 변화로

인해 발생하는 것은 각각 어느 정도인가?

8.4.23 물은 그림 P8.4.23에 나타낸 용기에서 흐른다. 물이 출구 파이프 위로 0.076 m 위로 "버블 업"되려면 밸브에 필요한 손실 계수를 결정하시오. 입구가 약간 둥글다.

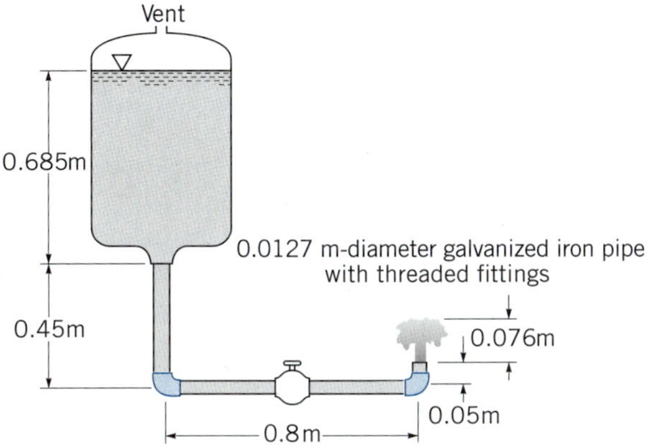

그림 P8.4.23

8.4.24 ('새로운 첨단 분수' 섹션 8.5라는 제목의 와이드 월드 유체 기사를 참조하시오.) 그림 P8.4.24에 표시된 분수는 주기적인 방식으로 노즐 출구 위로 $h = 3$ m에서 $h = 6$ m까지 상승하는 물의 흐름을 제공하도록 설계되었다. 이를 위해 풀의 물은 펌프로 들어가 유량 조절 밸브 앞에서 일정한 압력을 유지하는 압력 조절기를 통과하게 된다. 밸브는 원하는 수위를 제공하도록 전자적으로 조정되게 된다. $h = 3$m일 때 밸브의 손실 계수는 $K_L = 50$이다. $h = 6$ m에 필요한 밸브 손실 계수를 결정하시오. 유량 조절 밸브를 제외한 모든 손실은 무시할 수 있다. 파이프의 면적은 출구 노즐 면적의 5배이다.

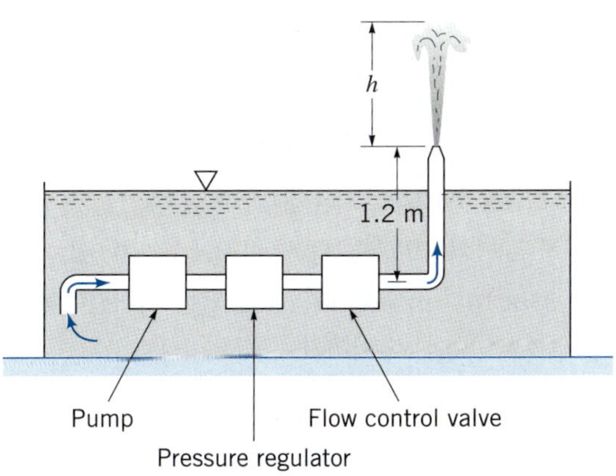

그림 P8.4.24

8.4.25 물은 그림 P8.4.25에 도시된 파이프에서 스크린을 통해 흐른다. 그림과 같이 화면의 손실 계수를 결정하시오.

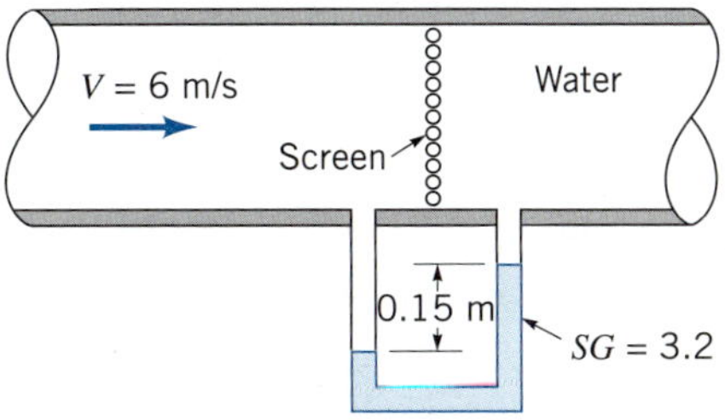

그림 P8.4.25

8.4.26 공기는 그림에서 표시한 연무 굽힘을 통해 흐른다. 0.14 m^3/s의 속도로 P8.4.26 굽힘 후 흐름을 바로 잡을 수 있도록 그림과 같이 직경 0.00635 m의 음용 빨대를 파이프에 설정한다. 이러한 빨대로 인해 발생하는 (1)과 (2) 지점 사이의 추가 압력 강하를 추정하시오.

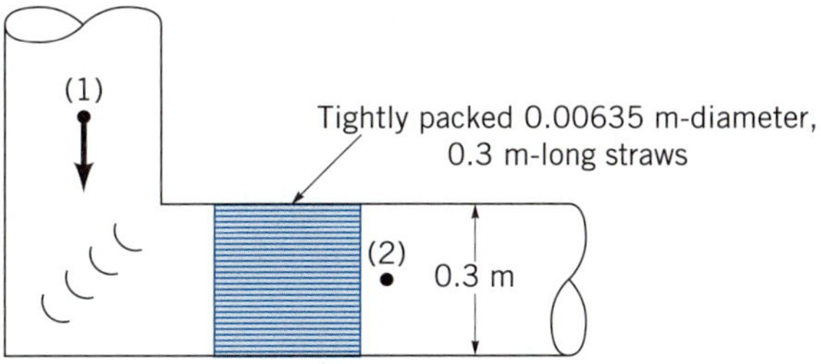

그림 P8.4.26

8.4.27 그림에서 보는 바와 같이, P8.4.27 물은 길이가 파이프 지름의 n배인 짧은 파이프를 통해 한 탱크에서 다른 탱크로 흐른다. 수두 손실은 파이프와 입구 및 출구에서 발생한다(비디오 V8.10 참조). 주 손실이 부차적 손실의 10% 이하이고 마찰 계수가 0.02인 경우 n의 최대값을 결정하라.

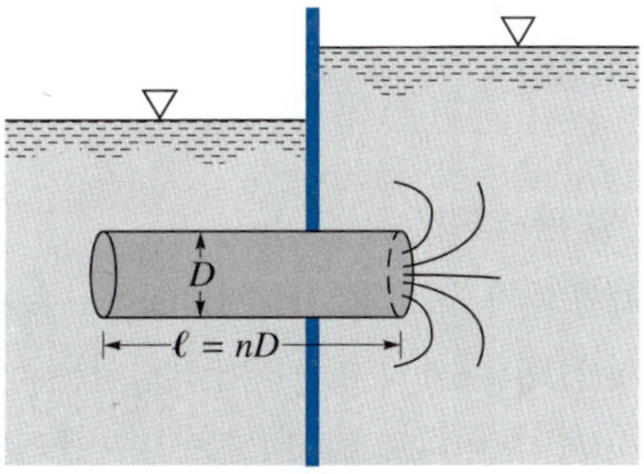

그림 P8.4.27

8.4.3절 비 원형 관

8.4.28 단면적은 동일하지만 가로 세로 비율(너비/높이)이 2와 4인 직사각형 덕트 두 개가 주어졌을 때, 마찰 손실이 더 큰 것은 무엇인가? 도출된 결론을 설명하라.

8.4.29 비중 $SG = 0.85$이고 점도가 0.10 Pa·s인 점성 오일이 그림 P8.4.29에 나타낸 6개의 직사각형 슬롯을 통해 탱크 *A*에서 탱크 *B*로 흐른다. 총 유량이 30 mm^3/s이고, 부차적 손실을 무시할 수 있는 경우 탱크 *A*의 압력을 결정하시오.

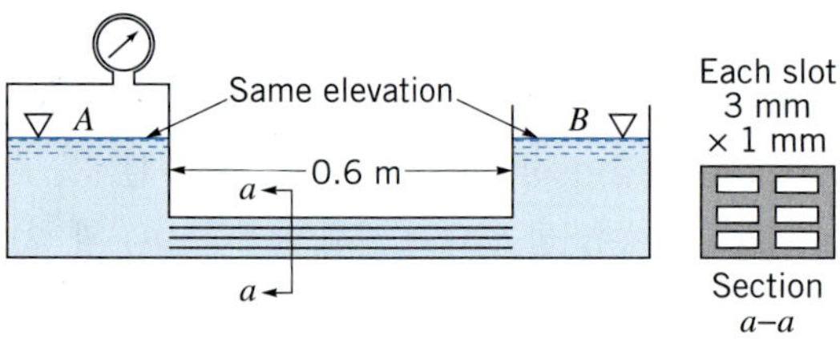

그림 P8.4.29

8.4.30 표준 온도와 표준압력하에서의 공기가 직사각형 단면 형상(0.3 m 0.15 m)을 가진, 수평하게 놓인 아연도금 강관 속으로 0.2 m^3/s의 유량으로 흐른다. 수송관 61 m당 압력강하를 추정해 보라.

8.4.31 20 ℃의 물은 내경 $D_1 = 2.0$ cm, 외경 $D_2 = 4.0$ cm의 동심원을 통과하여 흐른다. 표면 거칠기는 0.002 cm이다. 0.01 m^3/s의 유량에 대해 단위 길이당 마찰 압력 손실을 계산하시오.

8.4.32 표준 상태에서의 공기가 직사각형 단면형상(0.3 m 0.45 m)을 가진, 수평하게 놓인 나무로 된 관을 141.585 m^3/min 유량으로 흐른다. 관 길이가 152.4 m일 때 수두손실과 압력강하, 유동저항을 극복하기 위해 팬이 공급하는 동력을 구하라.

8.5.1절 단일 관–압력강하 결정

8.5.1 자동차의 배기 시스템은 직경 0.038 m 주철 파이프에 90° 플랜지형 엘보우 6개와 머플러에 해당하는 4.26 m로 추정된다고 가정한다(비디오 V8.14 참조). 머플러는 손실 계수가 $K_L = 8.5$인 저항기의 역할을 합니다. 유량이 0.0028 m^3/s이고 온도가 121 ℃이고 배기가 공기와 동일한 특성을 가질 경우 배기 시스템 시작 부분의 압력을 결정하시오.

8.5.2 제(2)절의 압력은 그림 P8.5.2에 나타낸다. 는 탱크로부터의 유량이 0에서 0.0283 m^3/s까지 변화하고 분기선이 차단될 때 413.68 kPa 이하로 떨어지지 않아야 한다. (a) 경미한 손실은 무시할 수 있고 (b) 부차적 손실은 무시할 수 없다는 가정 하에 물탱크의 최소 높이 *h*를 결정하시오.

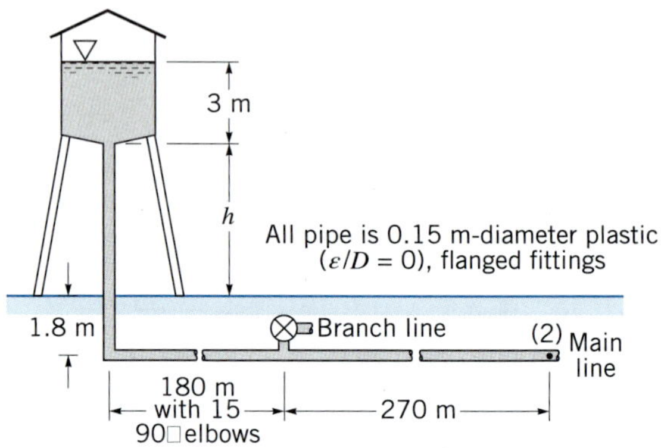

그림 P8.5.2

8.5.3 탱크에서 나오는 흐름의 절반이 분기로 들어가고 절반은 본선에서 계속되도록문제 8.5.2를 반복하여라. 분기선은 개방되어 있다고 가정한다.

8.5.4 0.0127 m 직경의 호스는 그림 P8.5.4에 나와 있다. 호스는 파열 없이 1379 kPa의 최대 압력을 견딜 수 있다. 마찰계수가 0.022이고 유속이 2.83×10^{-4} m^3/s일 때 허용되는 최대 길이 ℓ를 결정하시오. 부차적 손실은 무시한다.

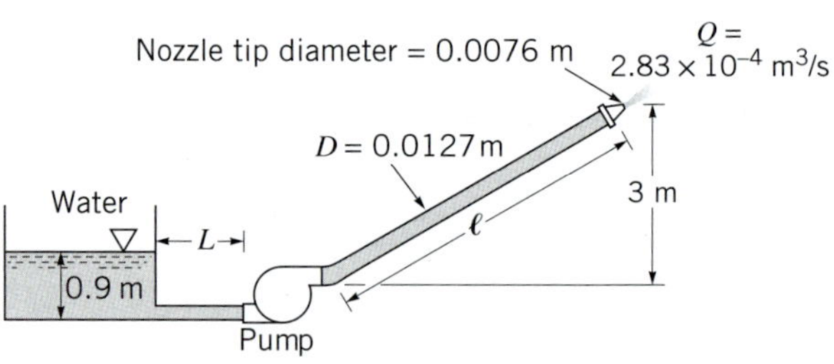

그림 P8.5.4

8.5.5 그림 P8.5.4의 호스는 내부압력이 대기압보다 1379 kPa 이하로 떨어지면 붕괴된다. 마찰계수가 0.022이고 유량이 2.83×10^{-4} m^3/s일 때의 허용되는 최대길이 ℓ을 구하라. 부차적 손실은 무시하라.

8.5.6 한 도시의 소방 규정에 따르면, 1.89 m^3/min까지의 유량에 대해 상업용 강철 수평 파이프의 압력 강하가 45 m의 파이프당 6.9 kPa를 초과하지 않아야 한다. 수온이 10 °

C 이상일 경우 직경 0.15m의 파이프를 사용할 수 있는가?

8.5.7 그림 P8.5.7에서 보는 바와 같이, 물은 세 개의 수평 파이프 세그먼트에 부착된 수직 파이프 출구 위로 0.075 m 위로 "버블 업"된다. (1) 지점과 출구 사이의 0.019 m 직경의 아연도금 철 파이프의 총 길이는 0.53 m이다. 이 흐름을 생성하는 데 (1) 지점에서 필요한 압력을 결정하시오.

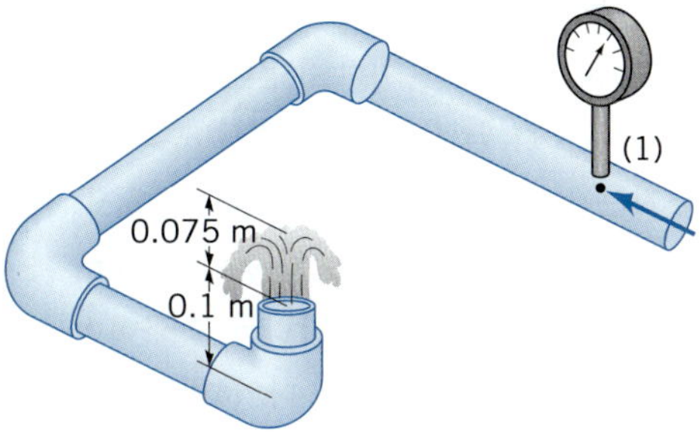

그림 P8.5.7

8.5.8 10 ℃의 물은 그림에서와 같이 호수에서 펌핑됩니다. P8.5.8 유속이 0.011 m^3/s일 경우 캐비테이션이 발생하지 않고 사용할 수 있는 최대 길이 입구 파이프 θ는 얼마입니까?

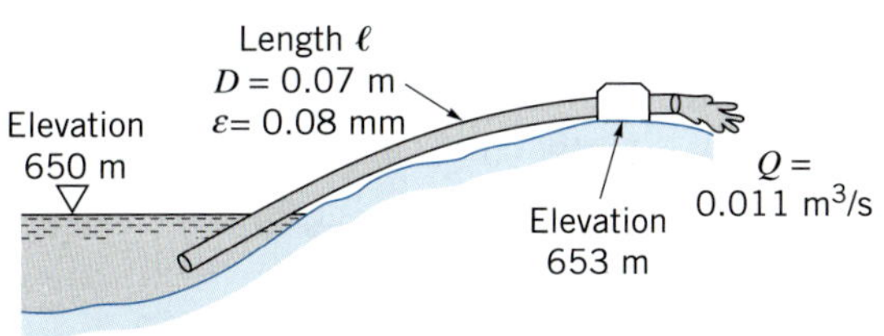

그림 P8.5.8

8.5.9 스키 리조트에서 4.5 ℃의 물은 직경 0.0762 m, 길이 610 m의 강관을 통해 1306 m의 연못에서 0.00736 m^3/s의 속도로 1409 m의 제설기로 펌핑된다. 제설기에서 1241 kPa의 압력을 유지해야 할 경우 펌프에 의해 물에 추가되는 마력을 결정하시오. 부차적 손실은 무시한다.

8.5.10 비중력이 0.80이고 점도가 5.574×10^{-6} m^2/s인 원유가 441.64 liter/m^3의 속도로 펌프장을 통과하여 흐른다. 그런 다음 오일이 0.6 m I.D.의 36573m 수평 상용 강관을 통과하여 138 kPa의 나른 펌핑 스테이션으로 들어가고 이전 펌핑 스테이션의 토출 압력과 동일한 토출 압력으로 빠져나간다. 토출 압력과 두 번째 펌핑 스테이션에서 원유에 공급되는 전력을 계산하시오. 그림 P8.5.10참조

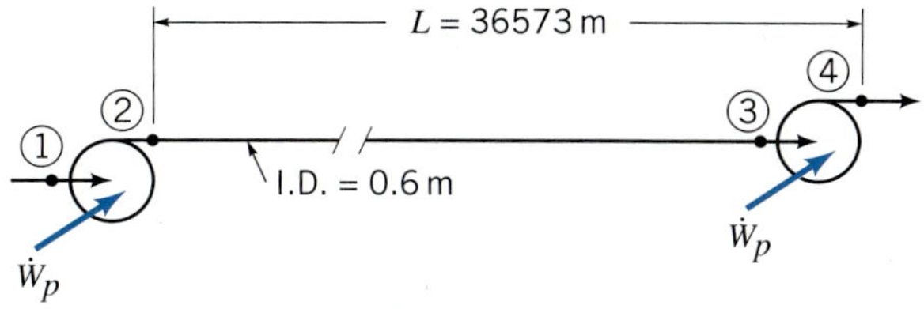

그림 P8.5.10

8.5.11 모터 구동식 원심 펌프는 탱크에서 2500 m 길이의 30 cm I.D. 플라스틱 파이프를 통해 15 ℃의 물을 10 m^3/min의 속도로 두 번째 탱크로 공급한다. 두 번째 저장소의 수위는 첫 번째 저장소의 수위보다 40m 높다. 펌프 효율은 75%입니다. 모터 출력 전력을 찾으시오. 파이프 입구는 모서리가 사각형이다.

8.5.12 원자로 노심에 대한 비상 침수 계통은 그림 P8.5.12와 같다. 19 m^3/min의 속도로 코어를 플러딩하는 데 필요한 전력 입력을 구하여라. 모서리가 사각형인 입구, 15℃의 물 및 나사형 연결부를 가정한다.

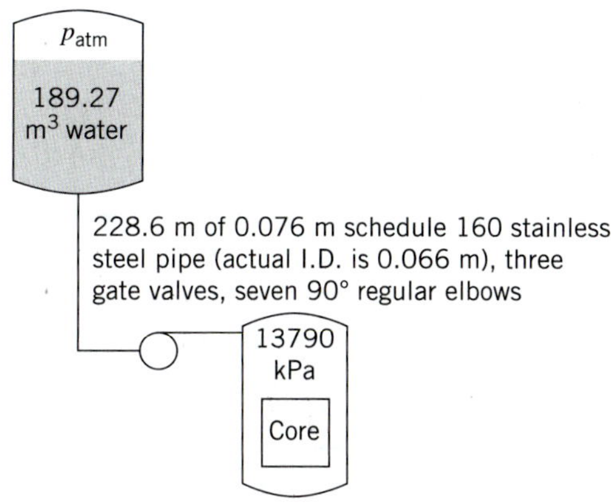

그림 P8.5.12

8.5.13 수력 터빈은 그림 P8.5.13와 같이 배관 시스템을 사용하여 호수에서 물을 취수한다. 141.58, 283.16, 424.75, 566.34 m^3/min의 유량에 대해 터빈에 사용 가능한 수두 h를 찾으시오.

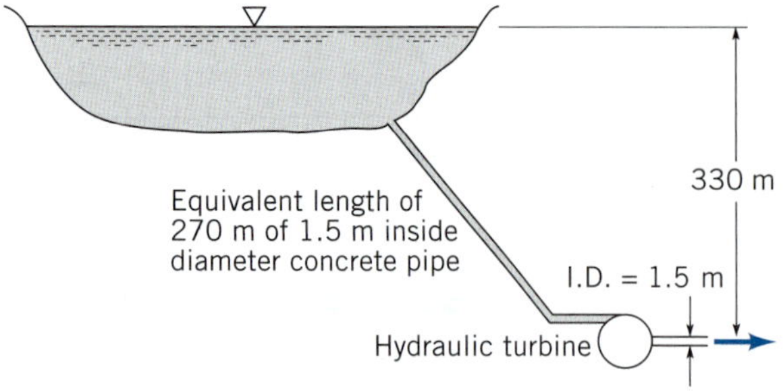

그림 P8.5.13

8.5.14 그림 P8.5.14에서 보는 바와 같이 직경 0.05 m 관을 통해 4.5 m/s 속도로 물이 흐른다. 관의 상대조도는 0.004이고, 출구의 손실계수는 1.0이다. 피에조미터 관에서의 물이 올라가는 높이 h를 구하라.

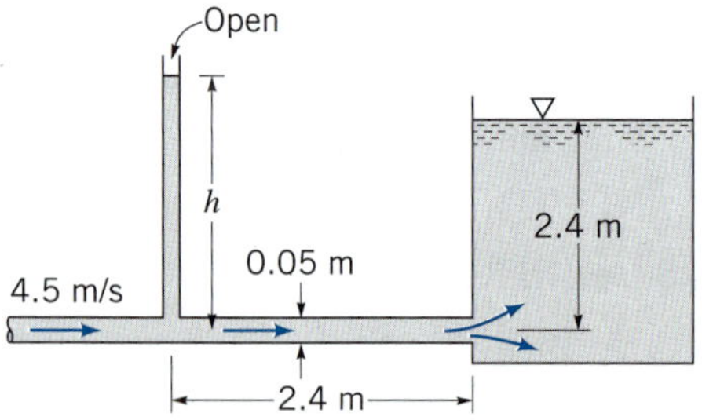

그림 P8.5.14

8.5.15 그림 P8.5.15는 주 공급 라인의 분기로부터 15 ℃의 물 유량을 나타낸다. 납땜 구리 파이프의 총 압력 강하($p_A - p_E$)를 구하시오. 각 pipe tee의 손실 계수는 나사산 타입을 기준으로 한다고 가정한다.

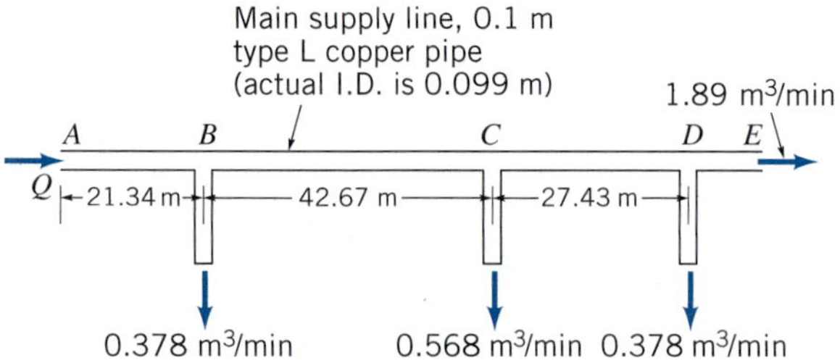

그림 P8.5.15

8.5.16 물은 60 m 길이의 0.3 m 직경의 파이프를 통해 하부 저수지에서 하부 저수지에서 10 m 위에 있는 더 높은 저수지로 펌핑된다. 시스템의 사소한 손실 계수의 합은 $K_L = 14.5$이다. Pump가 40 kW를 더할 때 유량은 0.20 m^3/s가 된다. 파이프 거칠기를 결정하시오.

8.5.17 천연가스(2.267 kg/m^3, 4.831 10^5 m^2/s)가 362.88 kg/hr의 비율로 직경 15.2 cm인 수평 주철관 내를 흐른다. 만약 단면 (1)에서의 압력이 344.74 kPa(abs)이라면, 유동이 비압축성이라고 할 때 14816 m 하류의 단면 (2)에서 압력을 구하라. 비압축성이라는 가정은 타당한가? 설명하라.

8.5.18 그림 P8.5.18에서 보여 주었다. 표준 가정 용수 미터는 잔디 관개 시스템에 물의 양을 잔디에 적용되는 것을 측정한다. 이러한 미터는 체적 유량이 아니라 체적을 측정한다(비디오 V8.15 참조). 상류 압력이 p_1 = 344.74 kPa일 때, 미터기는 3.4 m^3의 물이 “ON” 사이클 동안 잔디로 전달되었다고 기록했다. “on” 사이클 동안 4.25 m^3가 전달되기를 원하는 경우 필요한 상류 압력 p_1을 구하여라. 답변에 도달하는 데 필요한 모든 가정을 나열하시오.

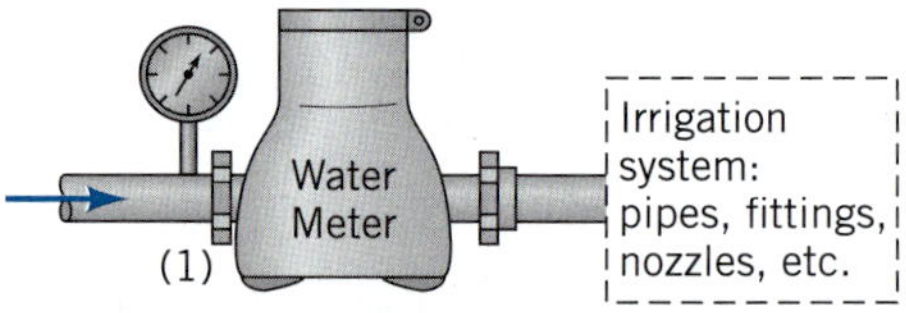

그림 P8.5.18

8.5.19 그림 P8.5.19에서와 같이 팬은 순환 관을 통해서 40 m/s의 일정한 공기 속도를 만들어 내고 있다. 직경 3 m의 관은 매끄럽고, 네 개의 90엘보는 0.30의 손실계수를 가진다. 팬이 공기에 부가하는 팬의 동력을 구하라.

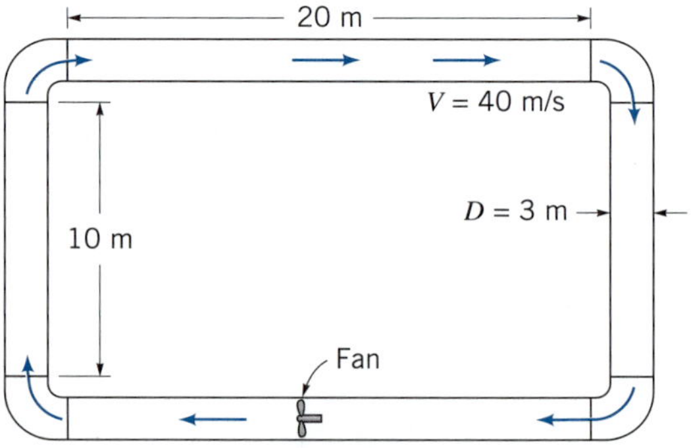

그림 P8.5.19

8.5.20 공기는 141.58 m^3/min의 속도로 30 m 길이, 0.6 m × 0.6 m 덕트 안에서 흐른다. 그 후 공기는 0.9m × 0.9 m 덕트 60 m의 팽창을 통해 흐른다. 팽창은 더 높은 흡입 속도를 기준으로 0.80의 손실 계수를 갖는다. 팽창에 걸친 정압 변화와 전체 덕트 시스템에 걸친 정압 손실을 계산하시

오. 덕트는 아연도금 판금으로 제작된다. 1.23 kg/m^3의 일정한 공기 밀도를 사용한다.

8.5.1절 단일 관–유량결정

8.5.21 그림 P8.5.21에 나와 있듯이, 터빈은 400 kW로 돌아간다. (a) 수두손실이 무시할 수 있는 정도이거나 (b) 배관 내 마찰로 인한 수두손실을 고려할 경우 유량을 결정하시오. $f = 0.02$라고 가정한다. 참고: 두 가지 이상의 해결 방법이 있을 수도 있고, 이 문제에 대한 해결 방법이 없을 수도 있다.

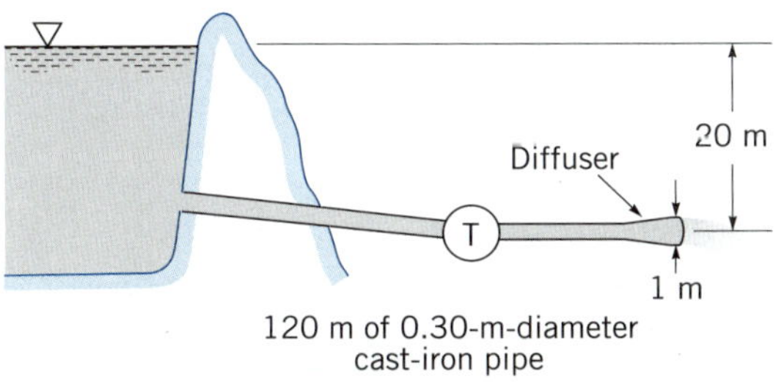

그림 P8.5.21

8.5.22 그림 P8.5.22과 같이 분무탱크에 붙어 있는 노즐을 통하여 물이 흐른다. 상류 흐름 조건을 기준으로 노즐의 손실계수가 0.75, 거친 호스의 마찰계수가 0.11일 때 유량을 구하라.

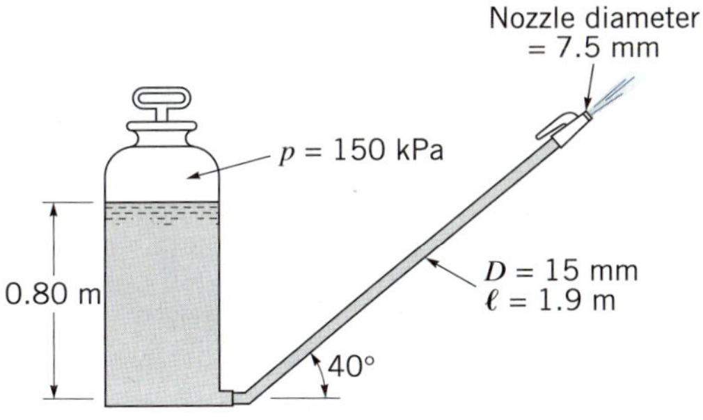

그림 P8.5.22

8.5.23 물은 그림 P8.5.23에 도시된 파이프를 통해 흐른다. 부차적 손실이 무시되고 파이프가 놓여 있는 휠이 마찰이 없는 경우 볼트의 순 장력을 결정하시오.

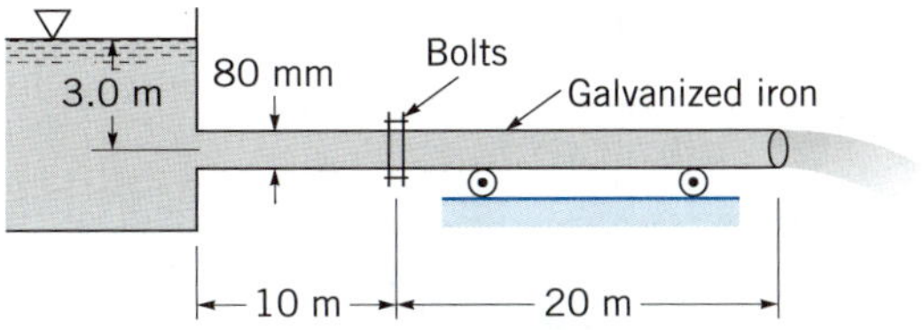

그림 P8.5.23

8.5.24 펌프가 그림에 표시된 경우, P8.5.24는 흐르는 물에 0.2마력을 추가하며, 두 게이지로 표시된 압력은 동일하다. 유량을 결정하시오.

게이지간 배관길이 = 20 m

배관직경 = 0.03 m

배관마찰계수 = 0.03

필터손실계수 = 12

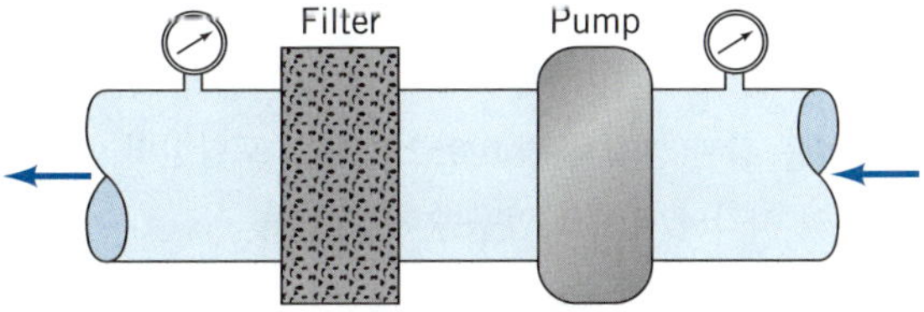

그림 P8.5.24

8.5.25 그림 P8.5.25에 표시된 펌프는 물에 25 kW를 추가하고 0.04 m^3/s의 유량을 발생시킨다. 펌프가 시스템에서 분리될 경우 예상되는 유량을 결정하시오. 두 경우 모두 $f = 0.016$이라고 가정하고 부차적 손실은 무시한다.

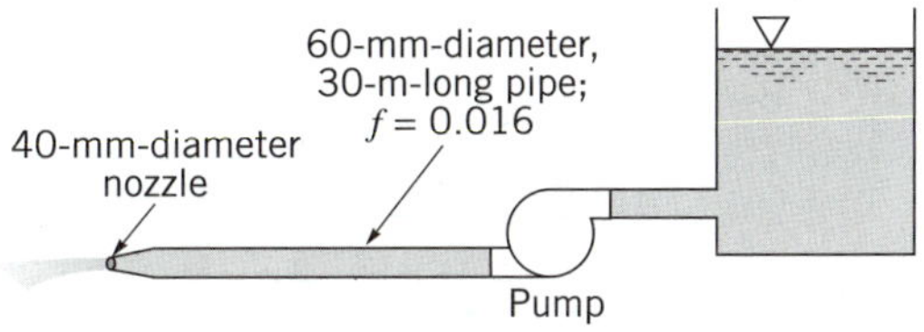

그림 P8.5.25

8.5.26 통풍 저장 탱크는 그림 P8.5.26에 나타낸 바와 같다. 은 경주 트랙에서 경주용 자동차에 연료를 주입하는 데 사용된다. 총 12 m의 강관(I.D. = 0.025 m), 90°의 일반 엘보우 2개 및 글로브 밸브가 시스템을 구성한다. 0.0757 m^3의 연료를 자동차 탱크에 넣는 데 필요한 시간을 계산하시오. 압력 p_2와 p_1은 동일하고, 연결부는 나사산이 있으며, 연료는 20 ℃ 정상 옥탄(수직 = 7.72×10^{-7} m^2/s)의 특성을 가지고 있다.

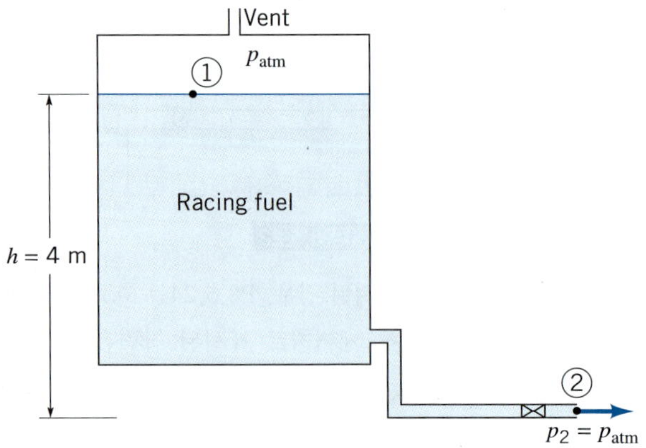

그림 P8.5.26

8.5.27 그림에서 표시한 계통의 유량을 계산하시오. P8.5.27 배관 시스템은 게이트 밸브 4개, 하프 오픈 글로브 밸브 2개, 90° 일반 엘보우 14개 및 0.05 m 일정의 76 m 40 상업용 강관(실제 내경 0.0525 m)을 포함한다. 나사산 연결부와 사각날 파이프 입구를 가정한다.

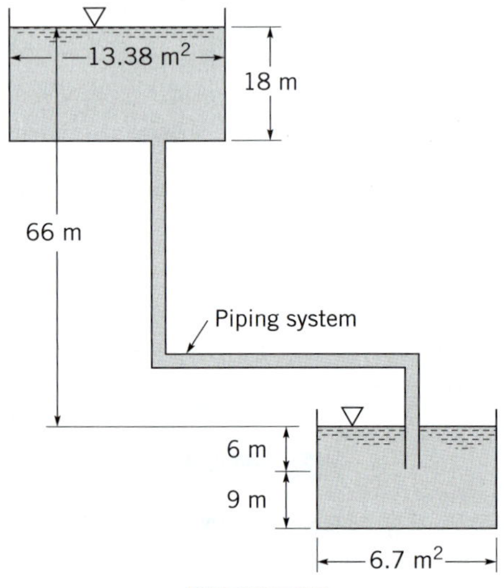

그림 P8.5.27

8.5.28 그림 P8.5.28에서 펌프는 물에 수두 80 m를 전한다. 펌프가 물에 가해야 하는 동력은 얼마인가? 두 연못 사이의 고도차는 60 m이다.

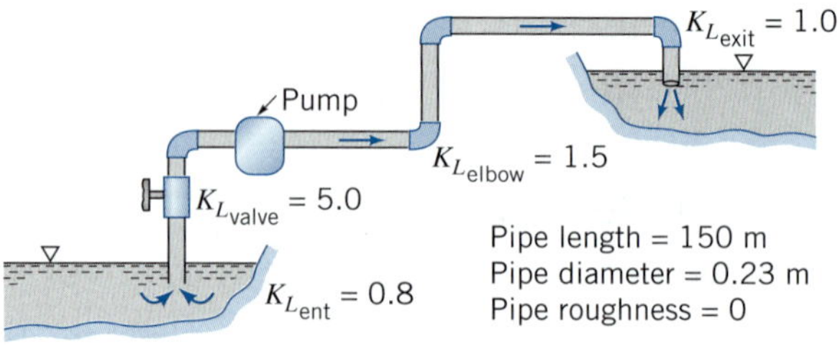

그림 P8.5.28

8.5.29 그림 P8.5.29에서 표시한 스탠드 파이프 시스템의 경우, $\Phi = 1.2$ m, $D = 0.160$ m, $d = 0.03$ m, $L = 1.2$ m의 유량을 계산하시오. 유체는 21.1 ℃의 물이다. 정상류 유동을 가정하고 입구 노즐의 에너지 손실을 무시하시오. 그 파이프는 상업용 강철이다.

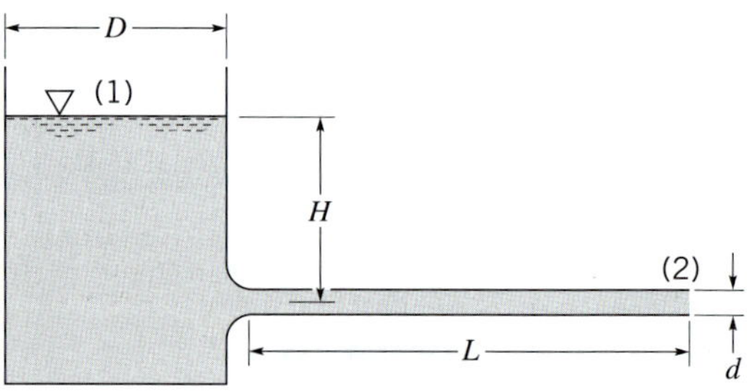

그림 P8.5.29

8.5.30 물은 그림 P8.5.30에 도시된 수직 배관의 두 부분을 통해 흐른다. 벨로우즈 연결부는 수직 방향으로 어떠한 힘도 지지할 수 없다. 직경 0.12 m의 관은 무게가 3 N/m이며 마찰 계수는 0.02로 가정한다. 파이프를 고정하는 데 필요한 힘 F는 어느 속도에서 0이 되는가?

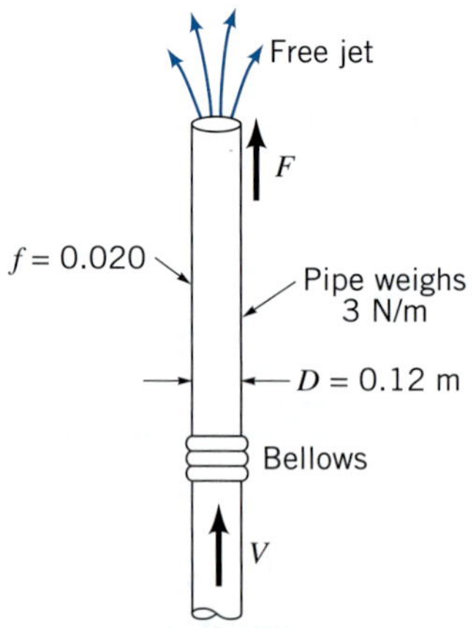

그림 P8.5.30

8.5.31 물은 대형 탱크에서 필터를 거쳐 그림 P8.5.31과 같이 탱크로 순환된다. 펌프에 의해 수중에 추가되는 출력은 271 W. 필터를 통한 유량을 결정하시오.

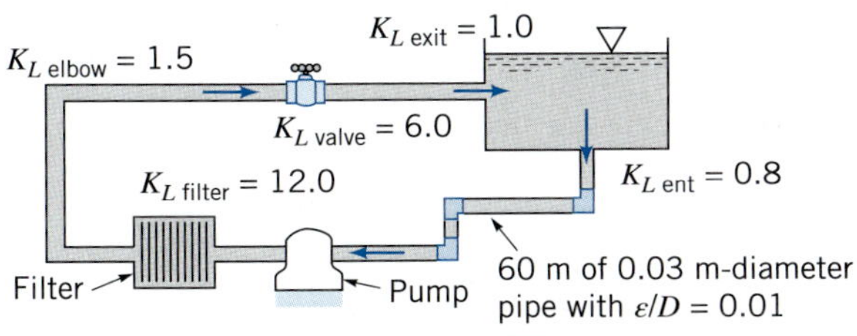

그림 P8.5.31

8.5.32 한밤중에 한 도둑이 가스탱크에서 0.0567 m^3의 휘발유를 빼냈다. 가스탱크는 가로 0.3 m, 세로 0.6 m, 높이 0.45 m로 도둑이 출발할 때 가득 찼다. 사이펑 플라스틱 튜브의 내경은 0.0125 m이고 길이는 1.2 m이다. 언제라도 정상 상태의 기계적 에너지 방정식이 관을 통과하는 가솔린 유량을 예측하기에 충분하다고 가정한다. 탱크의 가솔린 레벨은 0.3 m 떨어진다. 평균 가솔린 유량을 추정하기 위해 0.15 m 떨어진 후 가솔린 레벨을 사용할 수 있다. 이 유량을 사용하여 0.0567 m^3의 휘발유를 빨아들이는 데 필요한 시간을 추정하시오. 사이펀은 가솔린 탱크 바닥 높이에서 배출된다. 문제 8.4.14에서 발견된 매끄러운 파이프에 블라시우스 방정식을 사용하는 것이 유용할 수 있다.

8.5.33 그림 P8.5.33에서 보의 수심에 필요한 시간을 추정하시오. 25 m 높이에서 5 m로 떨어진다. 연결부는 나사산이 있다.

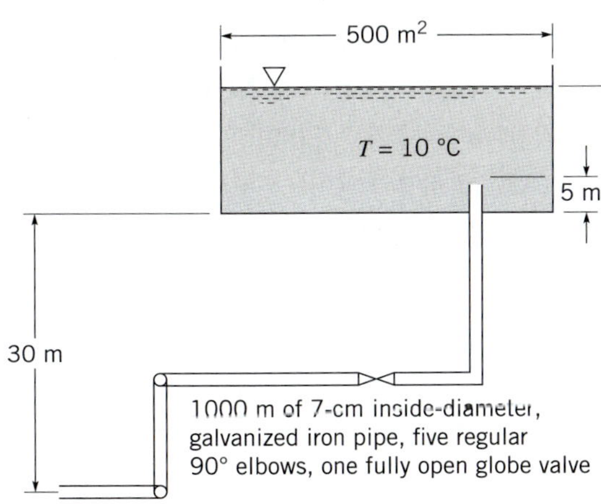

그림 P8.5.33

8.5.34 Sheldon과 Leonard는 그들의 지하실이 물로 가득 차 있다는 것을 발견하기 위해 긴 하루의 공부를 마치고 집으로 돌아온다. 그들은 그림 P8.5.34에서 볼 수 있듯이 그러한 비상시를 위해 잠수 펌프를 가지고 있고 펌프를 3.6 m 길이의 정원 호스에 연결한다. 그 정원 호스를 원활한 플라스틱 파이프 내부 직경 0.025 m으로 간주된다. 초기 수심이 0.15 m이고 펌프의 입력 전력이 186.5 W이고 전체 효율이 0.60인 경우 지하실을 펌프로 빼내는 데 얼마나 걸리는가? 펌프 입구 배관 길이는 무시할 수 있으며, 정원 호스 출구는 지하 층에서 2.1m 위에 있다.

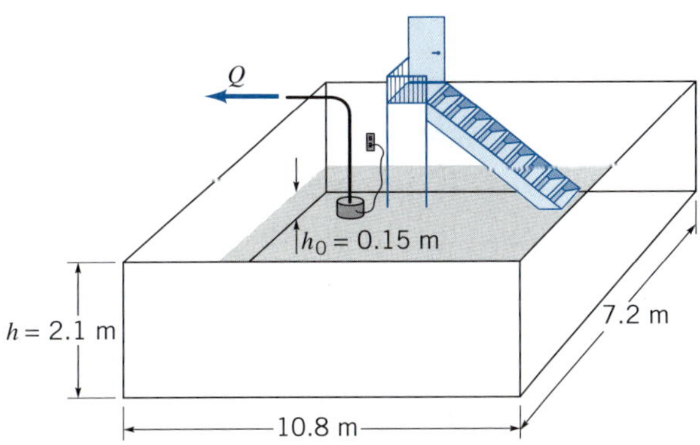

그림 P8.5.34

8.5.1절 단일 관–직경결정

8.5.35 A사는 에틸렌 글리콜 부동액을 반갤런 병에 담아 판매한다. 기계는 분당 60개의 비율로 병을 채우고 뚜껑을 덮는다. 20 ℃ 에틸렌 글리콜(ρ = 10886.16 N/m^3, $\upsilon = 1.8 \times 10^{-5}$ m^2/s)은 10.8 m 떨어진 탱크에서 기계로 펌핑된다. 펌프의 토출시 압력은 241.3 kPa이며 주입기 입구 압력은 103.4 kPa 이상이어야 한다. 끌어당기는 구리 파이프에 필요한 직경을 결정하시오. 파이프에는 상승 변화가 없다.

8.5.36 어떤 공정이 205 kPa의 압력으로 유량 6.5 102 m^3/s 물 수송을 필요로 한다. 이 물은 압력이 415 kPa인 매우 큰 직경의 공급본관으로부터 나온다. 두 위치를 연결하는 아연도금 강관의 길이가 60 m이고 6개의 엘보(threaded 90elbows)를 포함하고 있을 때 관 직경을 구하라. 위치 차이는 무시하라.

8.5.37 물은 1.5km의 매끄러운 파이프를 통해 두 개의 큰

개방된 저장고 사이에서 펌핑된다. 두 저수지의 수면은 같은 높이에 있다. 펌프가 20 kW를 물에 더하면 유량은 1 m^3/s가 된다. 부차적 손실을 무시할 수 있는 경우 파이프 직경을 결정하라.

8.5.38 수평 배관의 30 m당 34.5 kPa의 압력 강하로 7.57 m^3/min의 휘발유를 운반할 강관의 직경을 결정하라.

8.5.39 내부의 공기압력이 137.9 kPa인 큰 폐쇄된 탱크로부터 개방된 큰 탱크로 길이 610 m의 매끄러운 관을 통해 0.085 m^3/s 유량으로 물을 이동시키려고 한다. 개방된 탱크의 수위는 폐쇄된 탱크보다 45 m 아래에 있다. 요구되는 관의 직경을 구하라. 부차적 손실은 무시한다.

8.5.40 열 교환기의 상용 강철 유동 채널은 각 면이 0.127 m이고 길이가 2.4 m인 등변 삼각형 단면을 가지고 있다. 채널을 통해 흐르는 15 ℃의 물은 689.5 Pa의 압력 손실을 가진다. 물의 유량을 구하시오.

8.5.41 그림 P8.5.41과 같이 아연도금 강 하관을 통하여 빗물 0.006 m^3/s 비율로 흐른다. 홈통이 1.7대 1 비율의 사각형이고 완전히 물로 채워져 있을 때 하관 단면의 크기를 구하라. 홈통 자유표면에서의 물의 속도 및 엘보와 관련한 수두손실은 무시하라.

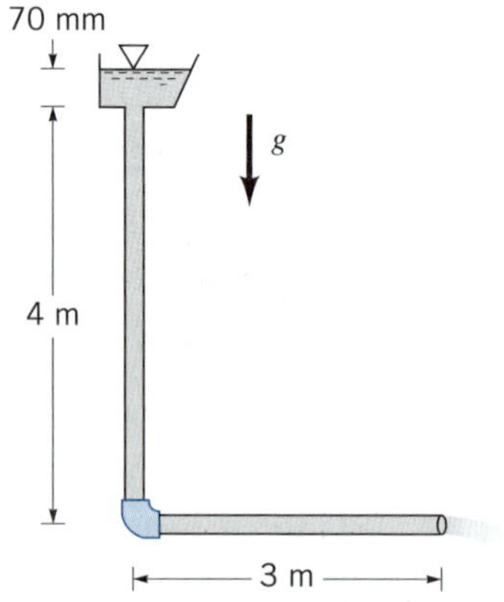

그림 P8.5.41

8.5.42 다운스팟이 원형인 경우 문제 8.5.41을 반복하시오.

8.5.43 단위 길이당 주어진 수두손실에 대해, 유동이 (a) 층류이거나 (b) 완전히 난류일 경우 파이프 직경을 두 배로 하는 유량은 어떤 영향을 미치는가?

8.5.44 0.1275 m^3/s의 물을 저장조 A에서 저장조 B로 전달해야 한다 (그림 P8.5.44 참조). 연결 배관은 완전 개방 게이트 밸브 4개, 일반 90° 엘보 12개, 스윙 체크 밸브 1개, 완전 개방 글로브 밸브 2개, 상용 강관 900 m로 구성된다. 이 유량을 얻기 위해 필요한 강관의 최소 직경을 구하여라. 모든 피팅과 밸브에는 플랜지 연결부가 있다. 네모난 입구를 가정해보자.

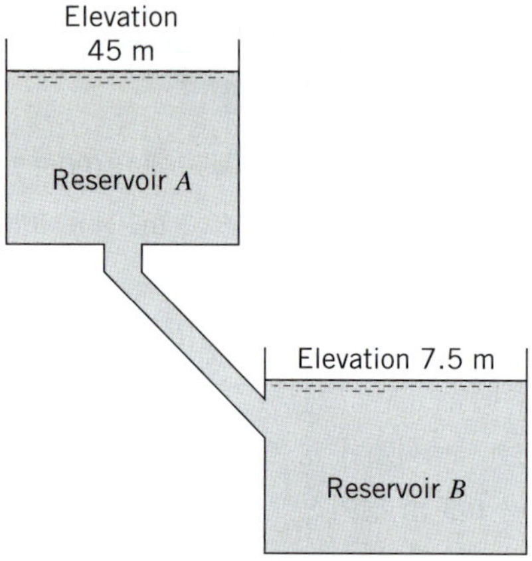

그림 P8.5.44

8.5.2절 복합관로 시스템

8.5.45 10 m 길이의 5.042 cm I.D. 동관은 완전히 개방된 두 개의 게이트 밸브, 스윙 체크 밸브, 그리고 9.919 cm I.D. 동관으로 갑자기 확장되었다. 9.919 cm의 구리관은 5.0 m 길이이다가 5.042 cm의 구리관으로 급수축된다. 0.05 m^3/s의 20 ℃ 물 유량에 대한 수두손실을 찾으시오.

8.5.46 압축 불가능한 것으로 가정한 공기는 그림 P8.5.46에서 표시한 두 개의 파이프를 통해 흐른다. 부차적 손실이 무시되고 각 배관의 마찰계수가 0.015일 경우 유량을 결정하시오. 0.0127 m 직경의 파이프를 0.0254 m 직경의 파이프로 교체한 경우 유량을 결정하시오. 비압축성의 가정에 대해 논의하시오.

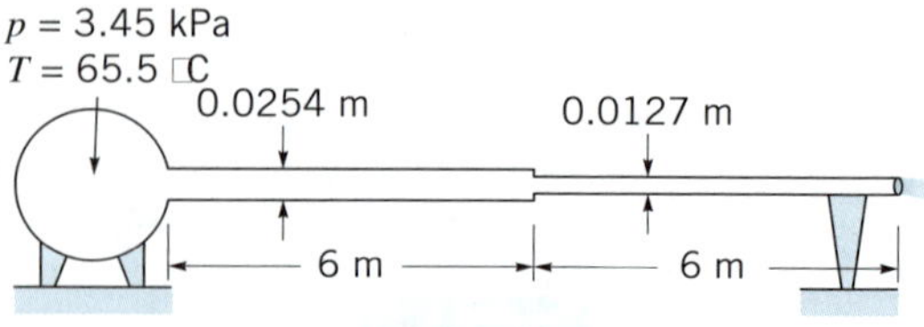

그림 P8.5.46

8.5.47 배관이 아연 도금된 철이고 마찰 계수가 선험적으로 알려져 있지 않은 경우 문제 8.5.46을 반복하시오.

8.5.48 인간의 심장이 심장에서 뇌로 가는 두 개의 경동맥을 통해 혈액을 펌프질하기 위해 전달해야 하는 힘을 추정하시오. 모든 가정을 나열하고 모든 계산을 표시하라.

8.5.49 20 ℃($\nu = 7.72 \times 10^{-7}$ m^2/s)에서 정상 옥탄은 0.05 m schedule 40 상용 강관(실제 내경 0.0525 m)을 통해 0.0113 m^3/min의 유량으로 공급되어야 한다. 에너지 손실이 중요하므로 10° 원뿔형 팽창을 사용하여 0.076 m schedule 40 상업용 강관(실제 내경 0.078 m)으로 확장하는 것이 고려되고 있다. 배관의 길이 $\ell = 0.076$ m가 경과한 후, 점진적으로 수축하는 0.05 m schedule 40 상용 강관으로 감소시킨다 ($K_L = 0.10$, 더 작은 직경의 배관 유동 기준). 최소 길이 ℓ를 구하여 길이 $\ell + 2(0.145\ \text{m})$의 0.05 m 파이프와 동일한 에너지 손실이 되도록 한다. 그림 P8.5.49 참조

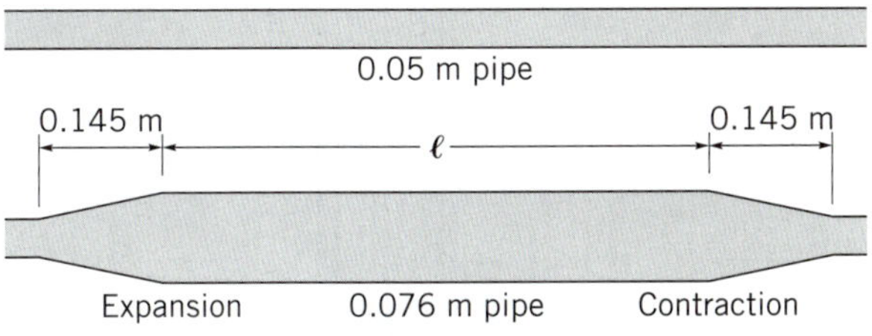

그림 P8.5.49

8.5.50 A 탱크와 B 탱크 사이의 유속은 그림 P8.5.50와 같다. 노드 C에서 탱크 B로 이어지는 두 번째 파이프(점선으로 표시)를 추가하여 30%(즉, Q에서 $1.30Q$로) 증가시켜야 한다. 탱크 A의 자유 표면 표고가 탱크 B의 표고보다 7.5 m 높은 경우, 이 새 파이프의 직경 D를 결정하시오. 부차적 손실은 무시하고 각 파이프의 마찰 계수를 0.02라고 가정한다.

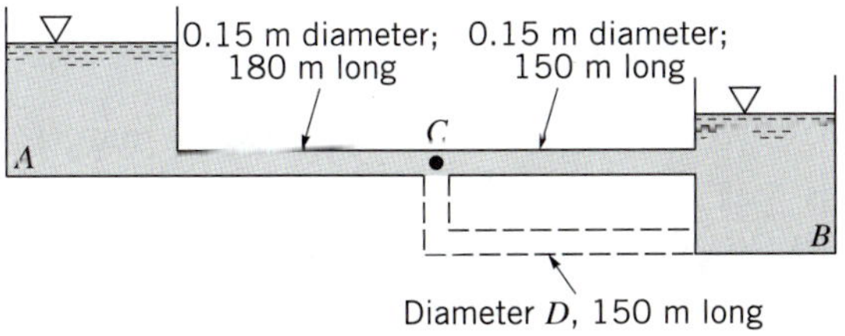

그림 P8.5.50

8.5.51 75m 높이의 건물에는 직경 0.154 m의 강철 스탠드 파이프와 각 층에 길이 30 m의 직경 0.065 m의 소방 호스가 있다. 가장 가까운 소방 플러그는 스탠드 파이프의 지상 연결 지점에서 30 m 떨어져 있다. 소방관이 소방 플러그에서 나오는 0.15 m 직경, 15 m 길이의 소방 호스와 소방차에서 나오는 0.12 m 직경, 15 m 길이의 소방 호스를 스탠드 파이프의 지상 연결 장치에 연결한다고 가정하자. NFPA(National Fire Protection Association)는 0.065 m 직경의 호스와 스탠드 파이프의 연결에서 최소 448.16 Pa의 압력을 유지하면서 소방 호스를 통과하는 유량은 1.89 m^3/min을 유지하도록 요구한다. 이 건물에 대한 NFPA 요구 사항을 충족하기 위해 소방 엔진 공급기의 펌프 압력이 어느 정도 상승해야 하는가? 소화전 수압은 551.58 kPa이고 수온은 15 ℃이다. 연결은 나사산으로 되어 있다.

8.5.52 밸브가 닫힌 상태에서 물은 그림 P8.5.52처럼 탱크 A에서 탱크 B로 흐른다. 밸브가 열리면 탱크 C에도 물이 흐를 수 있도록 탱크 B로 유입되는 유량은 얼마인가? 부차적 손실은 모두 무시하고 모든 파이프에 대해 마찰 계수가 0.02라고 가정한다.

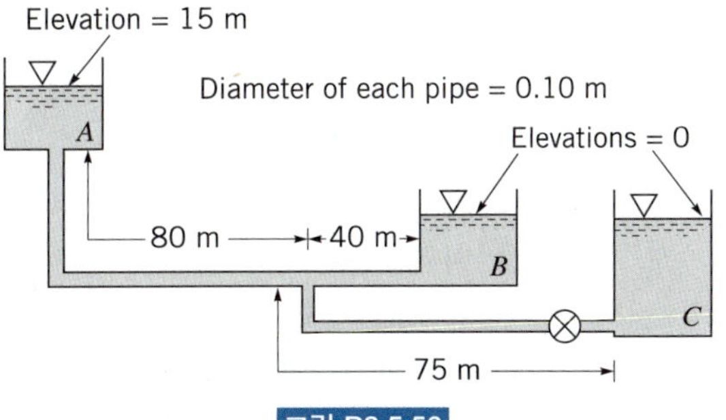

그림 P8.5.52

8.5.53 마찰 계수를 알 수 없지만 파이프가 강철 파이프인 경우 문제 8.5.52를 반복하시오.

8.5.54 그림 P8.5.54에서처럼 물을 가득 채운 3개의 탱크가 관에 의해 연결되어 있다. 부차적 손실이 무시될 때 각 관에서의 유량을 구하라.

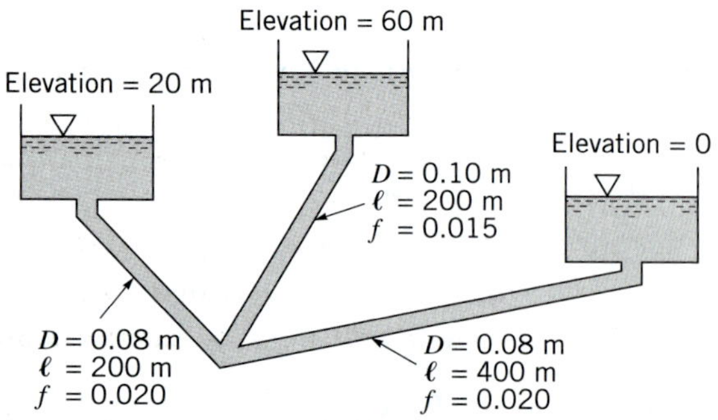

그림 P8.5.54

8.5.55 (8.5.2절 뉴스 속의 유체 "심해의 관로" 참조) 그림 P8.5.55에 보이는 것처럼 매일 기름을 Q 배럴씩 생산하는 5군데의 유전이 직경이 0.4 m인 "측면 관"에 의해 직경이 70 cm인 "중심 관"($A-B-C$)에 연결되어 있다. 마찰 계수는 각각의 관마다 동일하고 높이 차이의 영향은 무시한다. (a) $A-B$ 구간에 대해 측면 관에 대한 중심 관의 마일당 압력강하비를 구하라. (b) 반복하여 $B-C$ 구간에 대한 계산을 해보아라.

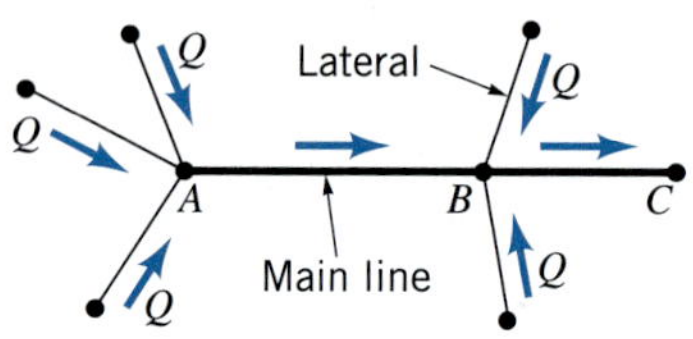

그림 P8.5.55

8.5.56 그림 P8.5.56에서 보는 바와 같이, 냉수(T = 10 ℃)가 수도 계량기에서 샤워기 또는 온수기로 흘러나온다. 온수기에서는 65.5 ℃의 온도로 가열된다. 따라서 샤워기의 온도는 37.7 ℃이며, 온수와 냉수가 같다. 하지만 식기세척기를 틀면 샤워기가 너무 차가워진다. 이 새로운 샤워 온도를 예측하는 방법을 나타내어라 (샤워 수도꼭지가 조정되지 않았다고 가정). 분석에 필요한 모든 가정을 설명하시오.

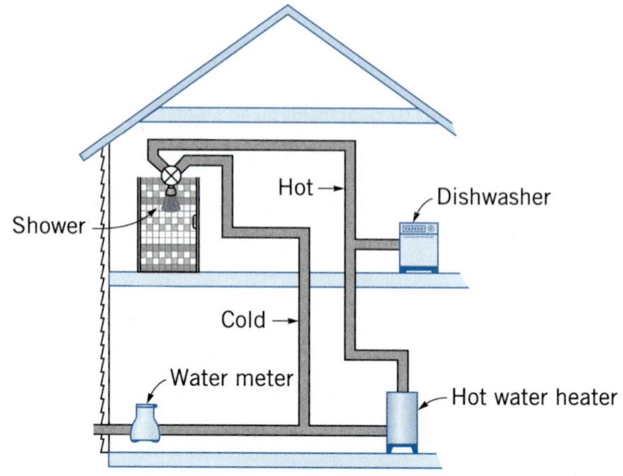

그림 P8.5.56

8.6절 관 유량 측정

8.6.1 그림 P8.6.1에서 물이 0.003 m^3/s 유량으로 오리피스 유량계를 통과한다. d = 0.03 m일 때 h값을 구하라.

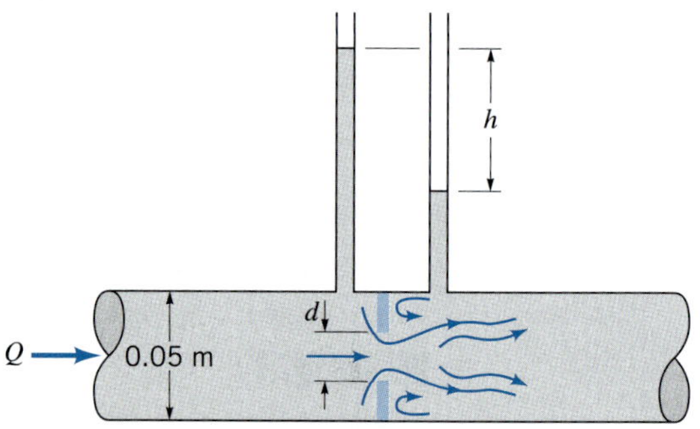

그림 P8.6.1

8.6.2 그림 P8.6.1에서와 같이 h = 0.48 m, d = 0.038 m의 오리피스 유량계를 통하여 물이 흐른다. 유량을 구하라.

8.6.3 물은 0.003 m^3/s의 속도로 그림 P8.6.1에 표시된 오리피스 미터를 통해 흐른다. h = 1.15 m인 경우 d의 값을 결정하시오.

8.6.4 직경 75 mm 관 안에서 40 mm 직경 노즐 유량계를 통하여 0.015 m^3/s의 유량으로 물이 흐른다. 온도가 (a) 10 ℃ 혹은 (b) 80 ℃일 때 노즐 양단의 압력차를 구하라.

8.6.5 휘발유가 0.0032 m^3/s의 유량으로 35 mm 직경의 관을 통해 흐른다. 노즐 직경이 20 mm일 때 유동노즐에서의 압력강하를 구하라.

8.6.6 93.3 ℃(366.4 K) 및 413.7 kPa의 공기는 직경 0.1

m의 파이프에서 2.313 N/s의 속도로 흐른다. 파이프에 설치된 벤추리미터의 직경 0.05 m의 목 부분에서의 압력을 구하라.

8.6.7 직경 0.06 m의 유량 노즐 미터는 직경 71.1 ℃에서 물을 운반하는 직경 0.096 m의 파이프에 장착된다. 미터기 전체의 압력 차이를 측정하는데 사용되는 공기-물 압력계가 0.93 m의 수치를 나타내는 경우 유량을 결정하시오.

8.6.8 0.064 m 직경의 노즐 미터는 60 ℃에서 물을 운반하는 0.097 m 직경의 파이프에 장착되게 된다. 계량기 전체의 압력 차이를 측정하는 데 사용되는 역공기-물 U-튜브 압력계가 1 m의 판독값을 나타내는 경우 유량을 결정하시오.

8.6.9 50 mm 직경의 노즐 미터는 공기가 통과하는 80 mm 직경의 파이프 끝에 설치된다. 노즐 바로 상류에서 정압 탭에 부착된 압력계는 7.3 mm의 수입을 나타낸다. 유량을 결정하시오.

평생학습 문제

8.1 LL 생물 의학 공학 분야는 최근 몇 년 동안 상당한 성장을 이루었다. 일부 대학들은 이 분야의 학부 및 대학원 과정을 가지고 있다. 생명공학은 공학 원리를 적용하여 인간의 건강을 위한 의료 분야의 문제를 해결하는 데 도움을 준다. 혈류 중의 생체 공학 응용 프로그램에 대한 정보를 얻는다. 간단한 보고서에 결과를 요약하라.

8.2 LL 무디 선도에 사용된 데이터는 1944년에 처음 출판되었다. 그 이후, 파이프 재료, 파이프 설계 및 측정 기술에서 많은 혁신이 있었다. 무디 차트 및 마찰 요인 관계에 개선 또는 개선 사항이 있는지 조사하라. 간단한 보고서에 결과를 요약하시오.

8.3 LL 8.4.2절에서 논의한 바와 같이 배관 내 유동 박리는 손실로 이어질 수 있다 (외부 유동 박리가 중요한 문제라는 점도 9장에서 확인할 것이다). 외부 유동의 경우, 예를 들어 비행기의 날개로부터의 유동 박리를 완화시키고 제어하기 위해 많은 메커니즘이 고안되었다. 내부 유동 박리(예: 디퓨저 내 유동 박리)를 줄이거나 제거할 수 있는 수동적 또는 능동적 흐름 제어 메커니즘을 조사하라. 간단한 보고서에 결과를 요약하시오.

CHAPTER 9

물체 주위의 유동

학습목표

이 장을 학습한 후, 다음을 할 수 있어야 한다.

- 외부 유동의 특성에 대해 이해한다.
- 층류, 천이, 난류 영역에서의 경계층에 대한 기본적인 특징을 설명한다.
- 평판을 지나는 유동의 경계층의 주요 매개변수를 계산한다.
- 경계층의 박리 현상을 설명한다.
- 다양한 형상의 물체에 작용하는 양력과 항력을 계산한다.

이 장에서는 유체 속에 잠겨 있는 물체 주위의 여러 가지 유동 형태에 관해 공부하고자 한다. 예를 들면, 비행기, 자동차, 떨어지는 눈송이 주위의 공기 흐름, 잠수함이나 물고기 주위의 물의 흐름 등이 있다. 이러한 경우에는 물체는 유체에 의해 완전히 에워싸여 있고 이 유동을 **외부유동**(external flow)이라 한다.

이론적인 (해석적이거나 수치적인) 방법으로도 외부 유동장에 관한 정보를 얻을 수 있다. 그러나 유동의 지배방정식과 물체의 기하학적 형상이 복잡하므로 이론적 방법으로 얻을 수 있는 정보는 한정되어 있다. 그래서 그림 9.1a와 같이 실제 물체의 모형실험을 통해 정보를 많이 얻고 있다. 그림 9.1b와 같이 전산유체역학 기법을 이용하여 해석한 결과를 실험과 비교하기도 한다. 대부분의 외부 유동에 대한 정보는 실제 물체를 크기를 줄인 모형의 실험을 통해 얻어진다.

물체 주위의 유동에 대한 사례는 많이 찾아볼 수 있다.

mauritius images GmbH/Alamy Stock Photo

(a)

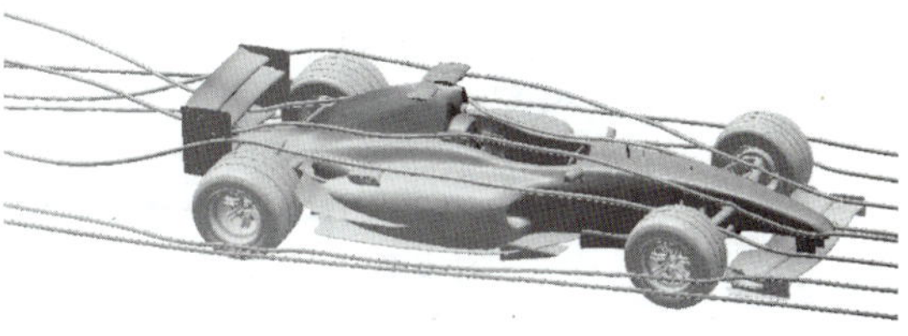

(b)

Courtesy of ANSYS, Inc

그림 9.1 (a)실제 크기의 자동차 주위의 유동에대한 풍동 실험, (b) 경주용 차량 주위의 유선을 전산유체역학 기법으로 모사한 그림

9.1 외부유동의 일반적인 특성

외부 유동에서는 좌표계를 물체에 고정하면 편리하다.

Video

V9.1 우주선의 착륙

움직이는 유체에 잠겨 있는 물체는, 물체와 주위 유체의 상호작용으로 힘을 받는다. 물체에 좌표계를 고정시키고 유체는 정지된 물체 주위를 상류 속도 U로 흐른다고 생각하자.

물체는 일반적으로 그림 9.2와 같이 세 가지 유형, 즉, (a)2차원 물체(길이는 무한하고 단면의 크기와 형상은 일정함), (b)축대칭 물체(대칭축에 대해 단면을 회전하여 형성됨), (c)3차원 물체(대칭선이나 대칭면을 가지는 경우도 있고 없는 경우도 있음) 등 세 가지로 나눌 수 있다.

또 다른 방법은, 물체가 유선형(streamlined)인지 무딘지(blunt)로 형상을 분류할 수 있다. 유선형 부분이 차지하는 비율에 따라 유동 특성은 아주 달라진다. 일반적으로, 유선형 물체(날개, 경주용 자동차 등)는 무딘 물체(낙하산, 빌딩 등)보다 주위 유동에 영향을 적게 준다.

9.1.1 양력과 항력의 개념

압력과 전단응력으로 물체와 주변 유체는 상호 작용한다.

물체가 유체 속을 운동할 때 물체와 유체 사이에는 상호작용이 일어난다. 이 현상은 유체와 물체 접촉면에서 상호작용하는 힘으로 묘사된다. 이는, 점성에 의한 벽전단응력 τ_w와 압력에 의한 수직응력 p로 나눌 수 있다. 그림 9.3a, 9.3b에는 전단응력과 압력 분포의 전형이 도시되어 있다. τ_w와 p는 표면을 따라 크기와 방향이 변한다.

항력은 상류 속도에 평행하고 양력은 수직이다.

그림 9.2c에 보듯이, 상류 속도와 평행한 방향의 합력을 **항력(drag)** $\mathscr{D}$이라 하고, 수직 방향의 합력을 **양력(lift)** $\mathscr{L}$이라 한다. 그림 9.4와 같이 미소 면적에 작용하는 전단응력과

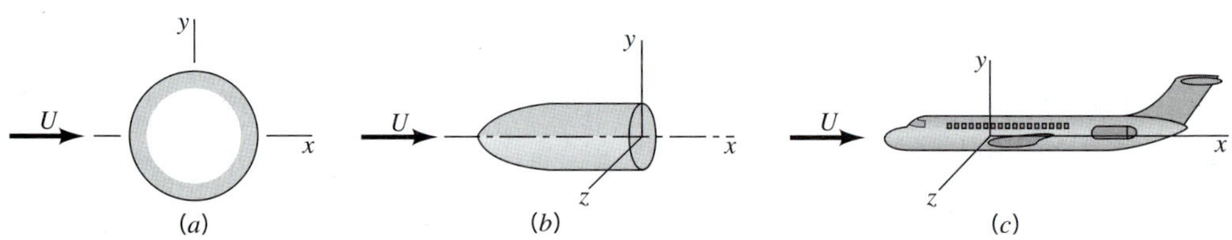

그림 9.2 유동 분류 (a) 2차원 유동, (b) 축대칭 유동, (c) 3차원 유동

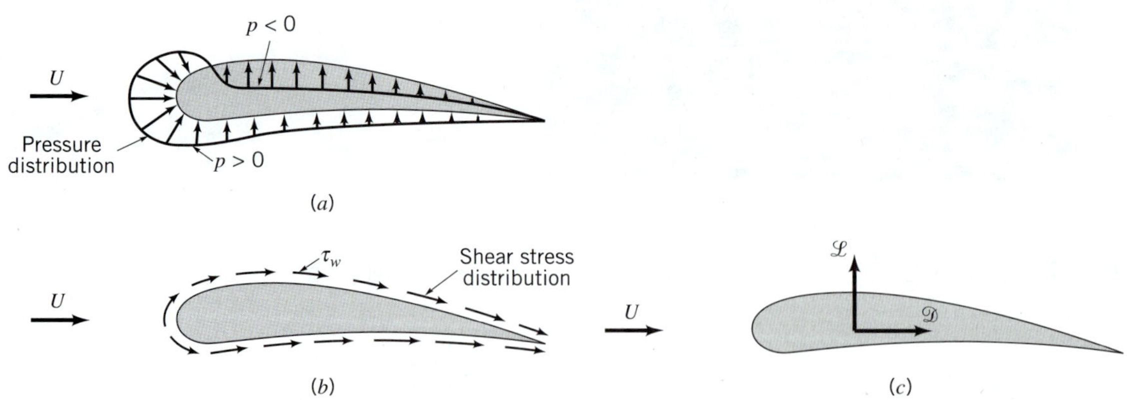

그림 9.3 2차원 물체에 적용하는 유체의 힘 (a)압력, (b)점성력, (c)합력 (=양력+항력)

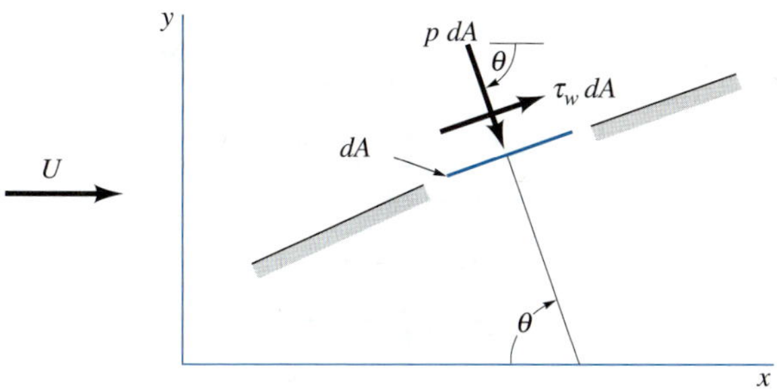

그림 9.4 물체 표면의 미소 면적에 작용하는 압력과 전단응력

압력을 표면을 따라 적분하면 두 합력 성분을 얻을 수 있다. 즉 물체에 작용하는 힘의 x 및 y 성분은,

$$\mathscr{D} = \int dF_x = \int p \cos\theta \, dA + \int \tau_w \sin\theta \, dA \tag{9.1}$$

와

$$\mathscr{L} = \int dF_y = -\int p \sin\theta \, dA + \int \tau_w \cos\theta \, dA \tag{9.2}$$

이다. 물론, 적분으로 양력과 항력을 계산하려면 물체 형상(즉, 물체 위치에 따른 θ의 함수형태)과 표면에서의 τ_w와 p의 분포를 알아야 한다. 실험이나 이론을 통해 이 분포값을 얻는 일이 아주 힘든 경우도 있다.

항력과 양력은 물체 표면 좌표계에 영향을 받는다.

광활한 유체의 세계

압력 감지 페인트

표면에 정압 탭을 설치하여 튜브로 압력 측정 장비와 연결한 것이 표면 압력을 측정하는 일반적 방법이었다. 압력 감지 페인트(pressure-sensitive paint, PSP)기법은 앞의 방법을 대신하는 기법으로 최근 주목을 받고 있다. PSP에 사용되는 재료는 압력에 민감하게 반응하는 형광 물질로 특수한 영상 촬영 장비로 기록할 수 있다. 따라서 표면 압력을 정량적으로 측정하는 것이 가능하다. 표면의 일부가 아니라 전 영역을 동시에 측정할 수 있다는 것이 이 기법의 가장 큰 장점이다. 또한 유동장에 영향을 주지 않는 비간섭적 기법이라는 이점도 있다. 표면에 정압 탭을 설치하게 되면 크기가 아무리 작아도 표면 형상이 변형되어 후류에 영향을 주게 된다. PSP기법을 사용하면 다수의 압력 탭이나 연결관이 필요 없으므로 시간과 비용을 절약할 수 있다.

예제 9.1 | 압력과 전단응력에 의한 항력

주어진 사항 그림 E9.1과 같이 평판에 표준 상태의 공기가 흐르고 있다. (a)는 평판과 상류 유동이 평행한 경우이고, (b)는 서로 수직인 경우이다. 압력과 전단응력 분포는 그림에 표시되어 있다.

해결과제 각각의 경우에 대해서 평판에 작용하는 양력과 항력을 구하라.

풀이 어떤 경우든, 양력과 항력에 관해서는 식(9.1)과 식(9.2)를 사용할 수 있다. 상류 유동과 평행한 평판인 경우,

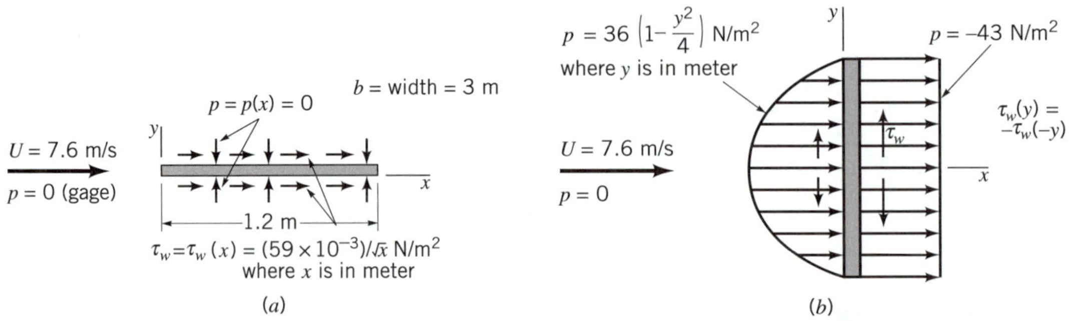

그림 E9.1a–b

윗면은 $\theta = 90°$ 밑면은 $\theta = 270°$이다. 따라서, 양력은

$$\mathscr{L} = -\int_{\text{top}} p\,dA + \int_{\text{bottom}} p\,dA = 0$$

이고, 항력은

$$\mathscr{D} = \int_{\text{top}} \tau_w\,dA + \int_{\text{bottom}} \tau_w\,dA = 2\int_{\text{top}} \tau_w\,dA \qquad (1)$$

이다. 이 경우 상하가 서로 대칭이므로 전단응력과 압력분포는 윗면과 밑면이 같다. 따라서, 양력은 발생하지 않는다. 주어진 전단응력 분표를 식(1)에 대입하면,

$$\mathscr{D} = 2\int_{x=0}^{1.2\,\text{m}} \left(\frac{59 \times 10^{-3}}{x^{1/2}}\ \text{N/m}^2\right)(3\ \text{m})\,dx$$

가 된다. 따라서, 항력은,

$$\mathscr{D} = 0.77\ \text{N} \qquad \text{(답)}$$

이다. 평판이 유동에 수직인 경우, 앞면은 $\theta = 0°$ 뒷면은 $\theta = 180°$이다. 식(9.1), 식(9.2)을 사용하면,

$$\mathscr{L} = \int_{\text{front}} \tau_w\,dA - \int_{\text{back}} \tau_w\,dA = 0$$

와

$$\mathscr{D} = \int_{\text{front}} p\,dA - \int_{\text{back}} p\,dA$$

가 성립한다. 압력은 유동과 평행하게 작용하고(주: $\mathscr{L}$이 아니고, $\mathscr{D}$의 방향임), 전단응력은 평판 중심에 대해 대칭이므로 양력은 없다. 앞면에서의 압력은 비교적 크고(평판 중심은 정체점임), 뒷면에서는 음압(상류의 유동 압력보다 작음)이 걸린다. 따라서, 항력은

$$\mathscr{D} = \int_{y=-0.6\text{m}}^{0.6\text{ m}} \left[36\left(1 - \frac{y^2}{4}\right)\ \text{N/m}^2 - (-43)\ \text{N/m}^2\right](3\ \text{m})\,dy$$

즉,

$$\mathscr{D} = 280.5\ \text{N} \qquad \text{(답)}$$

이다.

보충설명 위의 결과로부터 항력에 대한 두 가지 원리를 유도할 수 있다. 유선형 물체(예를 들어, 두께가 없고 유동에 평행한 평판의 경우)에서는 항력은 전단응력에서만 발생하고 그 값은 아주 작다. 이와 반대로, 아주 무딘 물체(예를 들어, 유동방향에 수직인 평판)에서는 앞면과 뒷면의 압력차에 의해서만 항력이 발생하며 큰 값을 갖는다.

평판이 그림 E9.1c에서와 같이 유동에 대해 임의의 각도로 놓여 있는 경우에는 양력과 항력이 모두 발생하며 그 크기는 전단응력과 압력에 좌우된다. 이 경우 윗면과 밑면의 압력 (및 전단응력) 분포가 서로 다르다.

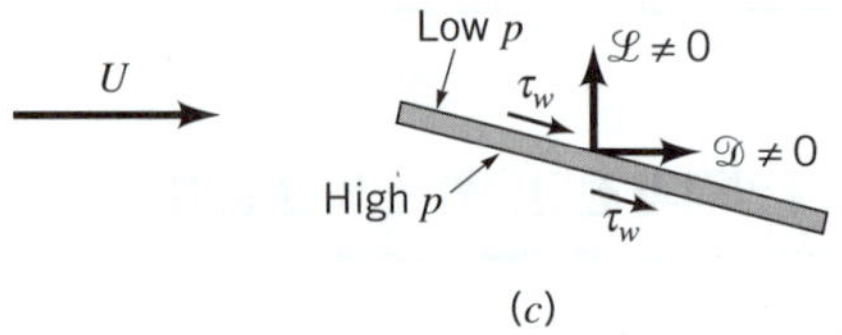

그림 E9.1c

물체 표면에서의 전단응력과 압력 분포에 대해 자세히 알지 못하면 식(9.1)과 식(9.2)는 사용할 수 없다. 이 대신에, 무차원화 된 양력계수와 항력계수를 정의하고, 단순한 해석법이나 수치 기법 또는 적당한 실험으로 이 값을 구하는 방법이 널리 사용되고 있다. **양력계수(lift coefficient)** C_L와 **항력계수(drag coefficient)** C_D는 다음과 같이 정의된다.

양력계수와 항력계수는 양력과 항력을 무차원화 한 것이다.

$$C_L = \frac{\mathscr{L}}{\frac{1}{2}\rho U^2 A}$$

$$C_D = \frac{\mathscr{D}}{\frac{1}{2}\rho U^2 A}$$

여기서 A는 물체의 특성면적이다.(7장 참조) 보통의 경우에는 상류 유동과 같은 방향으로 물체를 투시했을 때의 면적인 **전면면적(frontal area)**을 A로 한다. **평면면적(planform area)**—유동의 수직 방향에서 투시된 면적—을 A로 사용하는 경우도 있다.

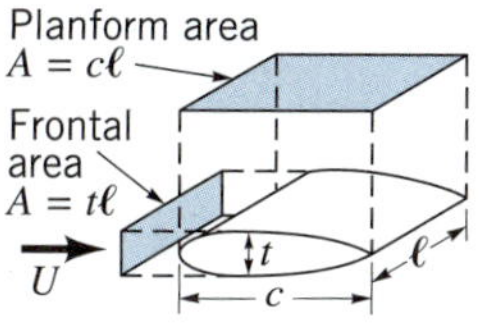

9.1.2 물체 주위를 흐르는 유동의 특성

물체 주위의 외부유동은 유체역학적으로 대단히 다양한 현상을 내포한다. 물체의 형상에 따라 유동 특성이 달라진다. 구(sphere)나 원통(cylinder)와 같이 기하학적 형상이 단순하면 비행기나 나무와 같이 복잡한 형상을 지나는 경우보다 유동이 덜 복잡하다. 그러나 아무리 형상이 단수해도 유동 현상의 그리 단순하지 않다.

물체의 형상이 정해진 경우에도 유동 특성은 물체의 크기 및 설치 방향, 유체의 속도와 물성치에 영향을 받는다. 7장의 차원해석에서 논의한 바와 같이, 유동 특성을 규명하는 여러 가지 무차원 변수가 있다. 외부유동의 대표적인 무차원수로는 $\text{Re} = \rho U\ell/\mu = U\ell/\upsilon$인 Reynolds 수, $\text{Ma} = U/c$인 Mach 수가 있고 선박과 관련되는 자유표면 유동에 적용되는 $\text{Fr} = U/\sqrt{g\ell}$인 Froude 수가 있다.

먼저, 외부유동과 이와 연관된 양력과 항력이 Reynolds 수에 따라 어떻게 변하는지 살펴보자. 앞에서 언급한 바와 같이, Reynolds 수는 관성과 점성의 비율이다. 점성이 없다면($\mu = 0$) Reynolds 수는 무한대가 된다. 질량이 없거나 $\rho = 0$라면 관성이 없어 Reynolds 수는 0(영, zero)이다. 실제 유동에서는 이 둘의 사이에 속한다. $\text{Re} \gg 1$이냐 $\text{Re} \ll 1$이냐에 따라 물체를 지나는 유동 특성은 아주 다르다.

주위의 외부 유동을 보면 물체의 크기는 특성 길이로 $0.01 \text{ m} < \ell < 10 \text{ m}$이 많다. 상류속도는 $0.01 \text{ m/s} < U < 100 \text{ m/s}$ 정도이고 유체는 물이거나 공기인 경우가 흔하다. 이를 Reynolds 수로 환산하면 $10 < \text{Re} < 10^9$이다. $\text{Re} > 100$이면 관성의 영향을 많이 받고 $\text{Re} < 1$이면 점성의 효과가 크게 작용한다. 따라서 일상의 외부유동은 관성의 영향이 크다고 할 수 있다.

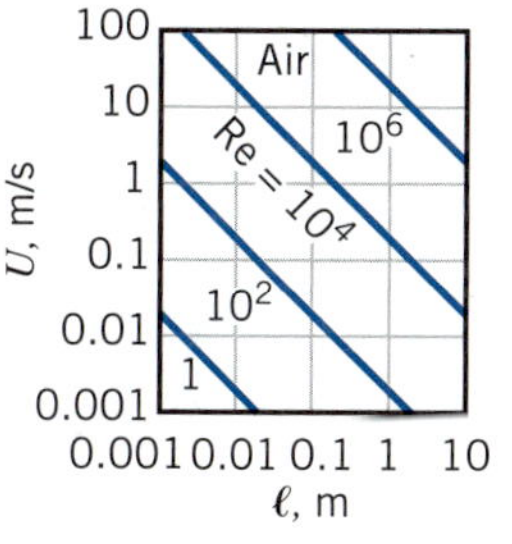

그러나 Reynolds 수가 1보다 훨씬 작은 외부유동도 접할 수 있다. 이 경우 관성보다 점성의 영향이 크다. 호수나 강 속에 먼지같은 작은 입자가 쌓이는 경우 입자의 직경은 작고 속도는 느려 Reynolds 수가 작은 값을 가진다. 기름 같이 점성 μ이 큰 경우도 Reynolds 수가 작은 경우이다. 유선형 물체의 유동으로는 수평 평판 주위의 유동을 들 수 있고 무딘 물체의 경우로는 원통 주위의 유동을 예로 들 수 있다.

저Reynolds수 유동에서는 점성의 영향이 물체에서 먼 영역까지 미친다.

길이 ℓ인 평판을 지나는 유동 형태는 $\text{Re}(=\rho U\ell/\mu) = 0.1$, 10, 10^7 등 세 경우에 대해서 그림 9.5에 나타나 있다. Reynolds 수가 작으면 점성 영향이 상대적으로 강해서 평판의 앞, 위, 아래, 뒤 등 넓은 영역에 걸쳐 유동장은 평판의 영향을 받는다. 속도차이가 1 % 미만, 즉 $U - u < 0.01U$인 지점은 평판에서 꽤 먼 곳에 위치한다. 저 Reynolds 수의 유동에서는 물체에서 모든 방향으로 멀리까지 점성의 영향이 미친다.

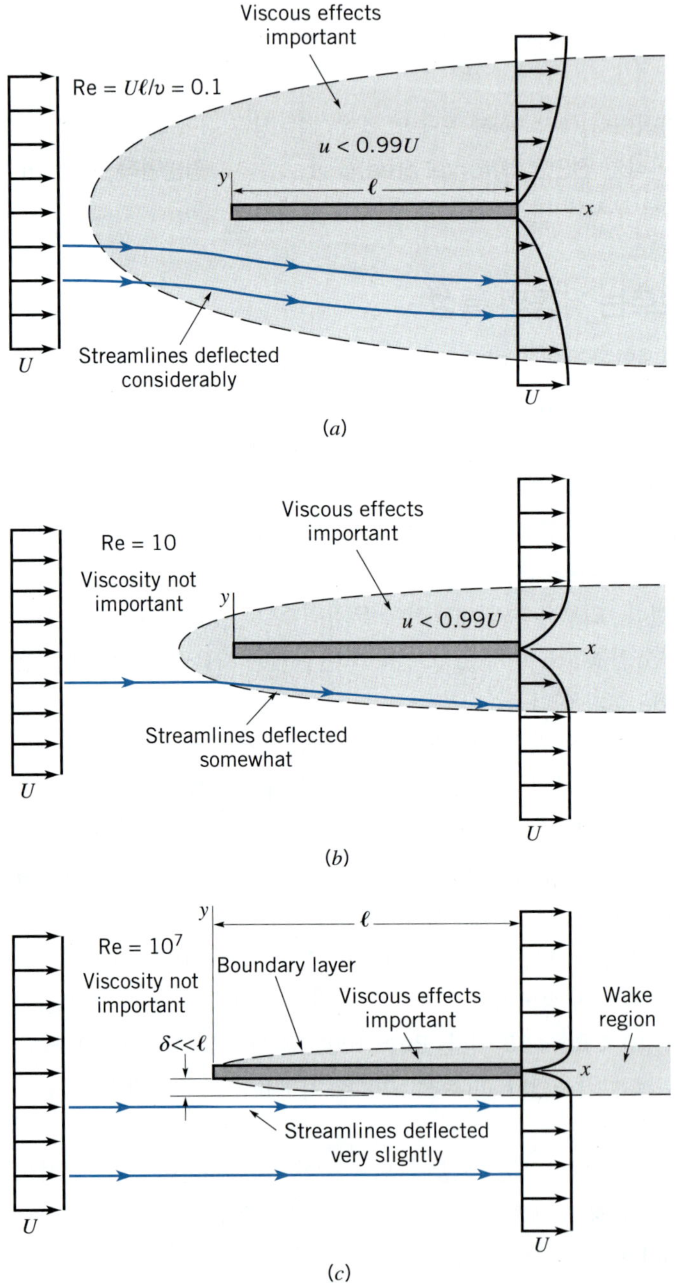

그림 9.5 상류 속도와 평행한 평판을 지나는 정상상태의 점성유동 특성 (a) Reynolds 수가 작은 경우 (b) Reynolds 수가 중간인 경우, (c) Reynolds 수가 큰 경우

U를 높여서 Reynolds 수를 증가시키면, 그림 9.5b에 보듯이, 후류를 제외하면 모든 방향에서 점성의 영향이 미치는 영역이 감소한다. 유선은 원래의 균일 유동 조건에서 변형되었지만 그림 9.5a의 Re = 0.1인 경우만큼 변형이 크지 않다.

Reynolds 수가 크면(무한대는 아님), 유동은 관성에 지배되고, 그림 9.5c에 나타난 바와 같이, 평판에 아주 근접한 부분과 평판 뒤의 얇은 **후류 영역(wake region)**을 제외하고는 점성의 영향을 무시할 수 있다. 점성계수는 0이 아니므로(Re $< \infty$) 유체는 고체 표면에 부착된다(점착 경계조건). 평판 표면 부근에서는, 유체의 속도가 평판 상의 $u = 0$에서 상류 속도 $u = U$로 변하는 영역인 두께 $\delta = \delta(x) \ll \ell$의 얇은 **경계층(boundary layer)**이 형성된다.(경계층 두께는 평판 길이보다 훨씬 작다.) 경계층 내부의 유동은 여러 변수에 따라 층류일지 난류일지 결정된다.

경계층 외부의 유선은 평판과 거의 평행을 이룬다. 경계층 두께로 인해 경계층 외곽의 유선은 조금 변화가 있다. 평판의 앞과 위, 아래에서 경계층 밖에 있는 유선 형태는 평판의 존재에 영향을 별로 받지 않지만, 후류 영역은 유체와 평판 사이의 점성에 의한 상호작용이 존재한다.

고Reynolds 수 유동에서는 경계층이 얇다.

1904년에 독일의 물리학자면 항공학자인 Ludwig Prandtl(1875–1953)에 의해 유체역학은 큰 발전을 이루었다. 물체 표면의 외부는 비점성이지만 표면 근처에는 점성의 영향이 아주 큰 얇은 영역이 존재하는–경계층 개념을 제안하였다. 물론 점성계수는 변하지 않지만 점성의 영향으로 속도의 변화(기울기)가 경계층 외부와 내부는 다르다. 이 가설을 이용하면 Reynolds 수가 큰 유동에 대한 법칙을 단순화하여 그동안 풀지 않았던 외부유동에 관한 문제의 해를 구할 수 있었다.

평판을 지나는 유동에서와 같이, 원통과 같은 무딘 물체를 지나는 유동도 Reynolds 수에 따라 변한다. 일반적으로 Reynolds 수가 증가하면 점성의 영향을 받는 유동 영역은 감소한다. 유선형이 아닌 물체에 대해서는 또 다른 유동 특성이 관찰된다. 이것은 **유동 박리(flow separation)**라 하는데, 그림 9.6에 도시되어 있다.

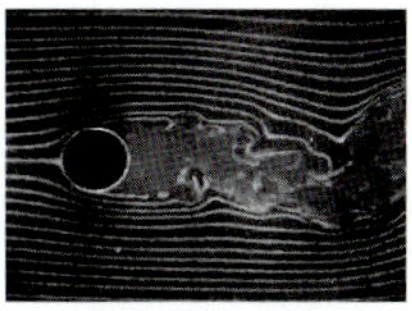

© Stanford University, with permission

원통을 지나는 유동에서 Reynolds 수가 낮은 경우(Re $= UD/\upsilon < 1$)에는, 원통의 존재와 이에 따른 점성의 영향이 비교적 넓은 유동 영역에 미친다. 그림 9.6a에 보듯이, Re = 0.1에서는 원통의 모든 방향으로 직경의 수 배에 걸쳐 점성의 영향이 중요하다. 특이한 점은 유선의 형태가 원통 앞뒤가 같아서 대칭형 유선을 나타낸다.

Reynols 수가 증가하면 원통의 앞 부분에서 점성의 영향이 미치는 부분은 줄어든다. 점성 영향은 하류로 전달되고 유동의 대칭성은 없어진다. 외부 유동의 중요한 특성–즉, 유동이 **박리점(separation point)**에서 물체로부터 분리되는 현상–을 그림 9.6b에서 볼 수 있다. Reynolds 수가 증가하면 관성의 영향이 커지고, 유동이 박리점에 이르면 유체의 관성은 더 이상 원통의 곡선 표면을 밀착하여 따라가지 못하게 된다.(이 개념은 9.2.6절에 다시 언급할 예정이다.) 이로 인해 원통 후면에서 유체의 일부가 상류 유동 방향과 반대로 흐르는 박리 기포(separation bubble)이 형성된다.(다관 원통 주위의 층류 유동에 관한 왼쪽 그림 참조)

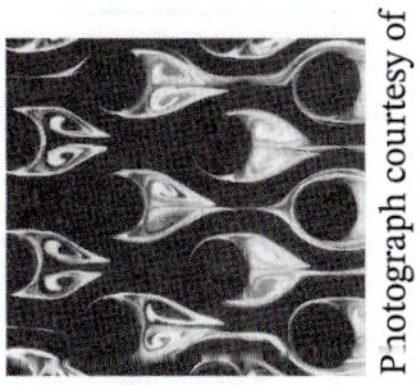

Photograph courtesy of ONERA, The French Aerospace Lab.

Flow past an array of cylinders.

Reynolds 수가 훨씬 더 커지면, 점성력을 받는 지점은 하류로 밀려가서 원통 전단에는 $\delta \ll D$의 아주 얇은 경계층이 형성되고 불규칙하고 비정상적인(난류 특성의) 후류 영

Video

V9.2 유선형 물체와 무딘 형상의 물체

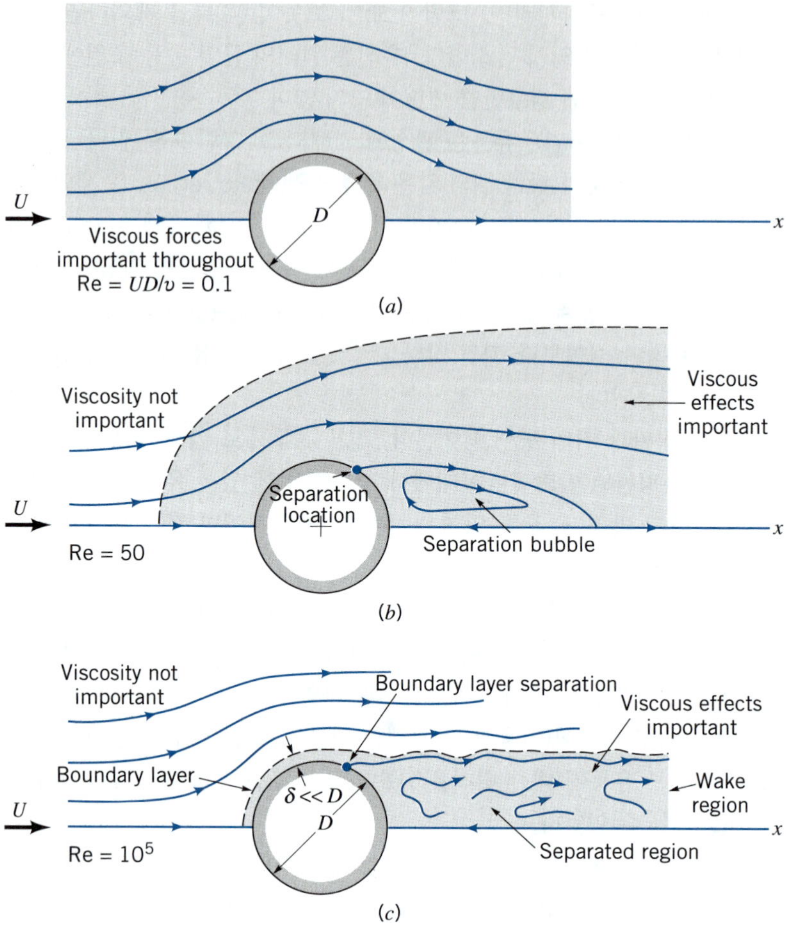

그림 9.6 원통을 지나는 정상상태의 점성유동 특성 (a) Reynolds 수가 작은 경우 (b) Reynolds 수가 중간인 경우, (c) Reynolds 수가 큰 경우

Video

V9.3 인간의 몸 주위에 형성된 공기의 후류

우리가 알고 있는 유동에는 고Reynolds 수가 많다.

역이 하류로 확산한다. 경계층과 후류 영역 바깥의 유체는 비점성인 것처럼 흐른다. 물론 유체의 점성(계수)는 전 유동장에서 동일하다. 점성의 영향 유무는 유동장 영역에 좌우된다. 경계층과 후류에서는 속도 기울기가 나머지 부분보다 훨씬 크다. 전단응력은 점성계수와 속도 기울기의 곱이므로 점성의 영향은 경계층과 후류에 국한된다.

그림 9.5의 평판의 유동과 9.6의 원통 주위의 유동은 유선형 물체와 무딘 물체의 외부 유동의 대표적인 예이다. 실제 유동장은 Reynolds 수가 낮은 경우보다 그림 9.5c나 그림 9.6c 처럼 Reynolds 수가 많다. 이 장의 후반부에서는 이러한 개념에 대해 좀더 자세히 탐구하고 외부 유동이 물체에 작용하는 힘을 계산하는 방법에 대해 알아볼 예정이다.

예제 9.2 | 물체 주위 유동의 특성

주어진 사항 그림 E9.2와 같이 자동차 주위의 유동에 대한 여러 특성을 조사하기 위해 다음과 같은 세 가지 유형의 실험을 수행하였다. (a) 높이 34 mm, 길이 100 mm, 폭 40 mm의 모형에 $U = 20$ mm/s의 글리세린 유동 (b) (a)의 모형을 $U = 20$ mm/s 바람(공기) (c) 높이 1.7 m, 길이 5 m, 폭 2 m의 실물에 $U = 25$ m/s의 바람(공기)

해결과제 제시된 세 경우의 유동 특성은 비슷한가? 그 이유를 설명하라.

그림 E9.2

풀이 물체 주위의 유동 특성은 Reynolds 수에 따라 다르다. 높이 h, 폭 b, 길이 ℓ을 각각 특성길이로 Reynolds 수를 정의하면, $\mathrm{Re}_h = Uh/\upsilon$, $\mathrm{Re}_b = Ub/\upsilon$, $\mathrm{Re}_\ell = U\ell/\upsilon$ 등 Reynolds 수가 세 종류가 된다. 비교가 정확하려면 특성 길이의 기준을 동일하게 해야 한다.

공기와 글리세린의 동점성계수를 표 1.8과 1.6에서 찾으면 $\upsilon_{\mathrm{air}} = 1.46 \times 10^{-5}\ \mathrm{m^2/s}$, $\upsilon_{\mathrm{glycerin}} = 1.19 \times 10^{-3}\ \mathrm{m^2/s}$이므로 Reynolds 수는 아래와 같다.

Reynolds Number	(a) Model in Glycerin	(b) Model in Air	(c) Car in Air
Re_h	0.571	46.6	2.91×10^6
Re_b	0.672	54.8	3.42×10^6
Re_ℓ	1.68	137.0	8.56×10^6

특성 길이의 종류와 상관없이 세 유동은 Reynolds 수의 차이가 크다. 평판 유동과 원통 유동에서 언급했듯이 실제 자동차 주위 유동은 그림 9.5c나 9.6c와 유사할 것이다. 즉 점성의 영향이 자동차 표면의 얇은 층에 한정되고 자동차 뒤에는 후류가 생성될 것으로 예상된다. 자동차가 평판 유동에 가까울지 원통 유동과 유사할지는 자동차 외형의 유선형 정도에 좌우된다.

모형과 글리세린의 (a) 유동은 낮은 Reynolds 수이므로 점성의 영향이 아주 큰 그림 9.5a나 그림 9.6a의 유동 형태가 예상된다. 중간 정도의 Reynolds 수인 모형과 공기인 (b) 유동은 그림 9.5b나 그림 9.6b와 유사한 특성을 보일 것이다. (a)의 유동보다는 덜 하지만 실제 자동차보다 점성의 영향이 더 클 것이다.

실제 자동차 주위 유동이 (a)와 (b)의 두 모형의 유동과 같다고 생각하면 현명하지 못하다. Reynolds 수를 Re_h, Re_b, Re_ℓ 어느 것을 선택해도 결과는 마찬가지이다. 7장에서 언급했듯이 모형이 실제 자동차와 Reynolds 수가 같지 않으면 상사성(similarity)이 성립하지 않는다. 상상성을 만족하기는 쉽지는 않다. 그림 9.1과 같이 비용은 들지만 아주 큰 풍동에서 실제 크기로 자동차 실험을 하는 것이 한 가지 해법이다.

9.2 경계층 특성

앞 절에서 논의 한 바와 같이, 물체를 지나는 유동은 경계층 내의 점성유동과 그 밖의 비점성 유동으로 나눌 수 있다. Reynolds 수가 아주 크면, 물체 근처의 경계층 영역(과 물체 뒤의 후류 영역)에만 점성의 영향이 미친다. 유체가 물체 표면에 점착한다는 점착 경계조건을 만족하기 위해서는 경계층이 필요하다. 경계층 바깥에서는, 유동과 수직인 방향에서의 속도기울기는 아주 작아서, 유체의 점성계수는 0이 아니지만, 유체는 비점성으로 행동한다. 이러한 유동 구조는 Reynolds 수가 큰 경우에 성립한다.

고Reynolds 수 유동장은 점성 영역과 비점성 영역으로 나누어진다.

9.2.1 평판 위의 경계층 구조와 두께

경계층의 크기와 구조는 다양하다. 경계층이 형성되는 물체의 형상이 원인 중 하나이다. 여기서는 가장 단순한 상황에 대해 고찰해 보자. 그림 9.7과 같이 길고 넓은 평판 위를 점성, 비압축성의 유체가 흐를 때 형성되는 경계층에 대해서 생각해 보자. 원통이나 비행기 날개와 같이 표면이 굽어서 압력 기울기가 형성되는 경우에는 경계층의 구조가 더 복잡해진다. 이에 대해서는 9.2.6절에 논의하겠다.

Video
V9.4 층류 경계층

Reynolds 수가 아주 크다면 유체는 평판 위의 얇은 경계층에서만 평판의 영향을 받는다. 이 영역 바깥은 상류 속도인 $\mathbf{V} = U\hat{\mathbf{i}}$가 된다. $x = 0$에서 $x = \infty$까지 펼쳐진 길이가 무한대인 평판의 경우에는, 특성 길이를 정할 수 없어 Reynolds 수를 어떻게 정의해야 할지 분명하지 않다. 평판은 두께가 없고 유한한 길이도 설정할 수 없다.

평판의 길이가 유한한 경우에는, 평판의 길이 l을 특성 길이로 하여 Reynolds 수를 $\mathrm{Re} = U\ell/\upsilon$로 정할 수 있다. 무한히 긴 평판에서는 선단에서의 거리 x를 특성길이로 하여 Reynolds 수를 $\mathrm{Re} = Ux/\upsilon$로 정의한다. 따라서, 평판이 충분히 길면, 유체의 종류나 상류 유동 속도에 관계없이, 그림 9.5c와 같은 형태의 경계층 유동을 나타내는데 충분한 Reynolds 수가 된다. 이 말의 물리적 의미는, 그림 9.5의 세 가지 유형의 유동 형태를 같은 평판에서 볼 수 있는데, 유동방향으로 그림 9.5a, 9.5b, 9.5c의 유동이 차례로 진행된다.

평판이 아주 길면, 선단 근처의 극히 일부분을 제외하고는 경계층 유동 특성이 일어나기에 충분한 Reynolds 수 $\mathrm{Re} = U\ell/\upsilon$가 된다. 보통 관심 지역은 멀리 떨어진 곳이므로 평판 선단의 유동장은 무시할 수 있다. 즉, 평판의 영향은 표면의 얇은 경계층과 후류 여역으로 제한한다. 이 가설은 1904년 Prandtl에 의해 처음으로 제시되었다. 이는 유체역학에서 큰 전환점이 되었다.

경계층 내에 있는 유체입자는 점성의 영향을 받는다.

경계층 속을 유동하는 유체입자의 양태를 관찰하면 경계층 유동의 구조를 이해할 수 있다. 그림 9.7에 나타난 바와 같이, 경계층 바깥의 균일 유동장에서는 사각형의 작은 유체 입자는 원래의 모양을 그대로 유지한다. 그러나 경계층 속으로 들어가면, 속도기울기–윗쪽이 아래보다 속도가 큼–에 의해 입자는 변형하기 시작한다. 즉, 입자 하부보다

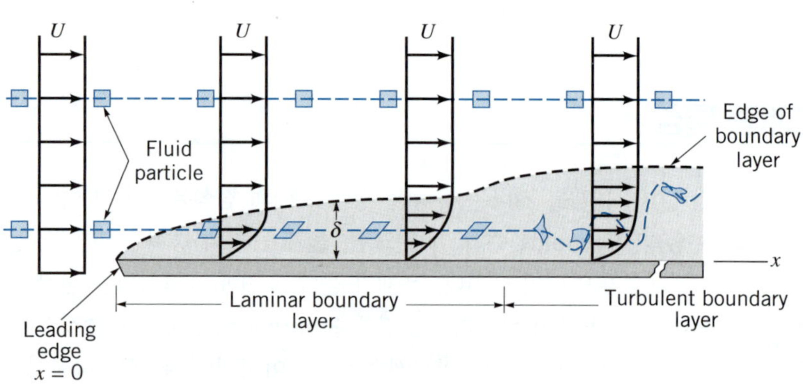

그림 9.7 경계층 유동장에서 유체입자가 변형하는 양상

상부의 속도가 크다. 경계층 외부에서는 유체 입자가 회전하지 않지만 가상적인 경계층 안으로 이동하여 점성 유동 영역으로 진입하면 회전이 시작된다. 경계층 바깥은 비회전 유동이고 경계층 안은 회전 유동이다.(6.1절에서 논의한 유체 이자의 운동학으로 표현하면, 경계층 외부는 와도가 0(영)이고 경계층 내부는 와도가 0이 아니다.)

평판의 선단 부근에는 층류경계층(laminar boundary layer) 유동이 형성된다. 선단에서 어느 정도 하류로 내려가면 경계층 유동은 난류가 되는데, 난류의 불규칙성으로 입자는 많이 변형된다. 난류의 큰 특징 중 하나는, 유체 입자가 아주 작은 것부터 큰 덩어리까지 서로 불규칙하게 혼합이 일어나는 것이다. 층류에서는 분자 크기 정도에서만 혼합이 생긴다. 이는 층류의 혼합의 크기가 난류보다 훨씬 작다.

Video V9.5 층류/난류의 천이

층류경계층(laminar boundary layer)에서 **난류경계층(turbulent boundary layer)**으로의 천이(transition)되는 임계 Reynolds 수 Re_{xcr}는 표면 거칠기와 상류 유동의 난류강도 등에 따라 2×10^5에서 3×10^6이다. (9.2.4절 참조) 오른쪽 그림에 보듯이 상류 속도가 증가하면 난류가 시작되는 x_{cr}의 위치가 앞으로 이동한다.

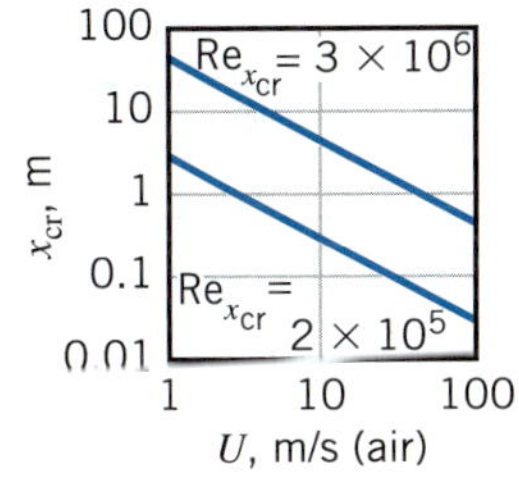

평판 위의 경계층의 존재로 유체의 속도는 상류 속도인 U에서 표면에서는 0으로 변한다. 즉 $y = 0$에서 $\mathbf{V} = 0$, $y = \delta$에서 $\mathbf{V} \approx U\hat{\mathbf{i}}$이고 경계층 내에서는 $u = u(x, y)$의 속도 분포를 가진다. 이러한 경계층 특성은 비단 평판 위의 유동에만 국한되는 것이 아니라 다양한 유동장에서 발생한다. 자동차 표면에 의한 공기의 경계층 흐름이나 도랑의 수로 내부, 지구 표면의 대기 속의 바람의 흐름 등에서 관찰할 수 있다.

광활한 유체의 세계

알바트로스: 장거리 비행에 대한 자연의 공기역학적 해법

알바트로스는 국부적인 경계층을 이용하여 별다른 날개짓을 하지 않고도 대양을 가로질러 먼 거리를 여행할 수 있는 비상한 재주를 가진 새이다. 이러한 물리적 동작과 공기역학적 최적화로 최소의 에너지로 하루에 1000 km를 날 수 있다. 알바트로스의 날개 길이는 11 ft 정도이고 종횡비가 크며 양력–항력비($\mathscr{L}/\mathscr{D}$)는 거의 27에 가까운데 이는 고성능 글라이더와 조건이 유사하다. 이러한 공기역학적 체격조건으로 '동적 비상' 방법을 사용하여 바다 표면 위의 바람을 이용한다. 바람의 경계층 속도 형상에 따라 기류가 상승하면 올라가고 하향으로 바뀌면 내려오는 동적 비상법을 사용한다. 항력으로 에너지가 소진되어도 방향과 속도를 기류에 따라 조절함으로써 에너지를 재충전한다. 이는 장거리 비행에서 연료 소모가 가장 적게 되는 효율적 방법이다.

유체 속도가 상류 속도를 기준으로 한 어떤 값이 되는 지점과 표면 사이의 거리를 **경계층 두께(boundary layer thickness)** δ라 정의한다. 그림 9.8a와 같이

Video V9.6 경계층 두께

$$\delta = y \qquad \text{where} \qquad u = 0.99U$$

로 정의하는 것이 일반적이다.

99 %로 하는 특별한 이유는? 또, 98 %는 곤란한가? 등 δ의 기준에 대한 임의성을 없애기 위해 다음과 같은 정의가 도입되었다. 그림 9.7b에는 평판에서의 두 가지 유형의 속도 분포를 보여 준다. 첫 번째는, 점성이 없는 경우(균일 유동 분포)이고, 두 번째는, 벽면에

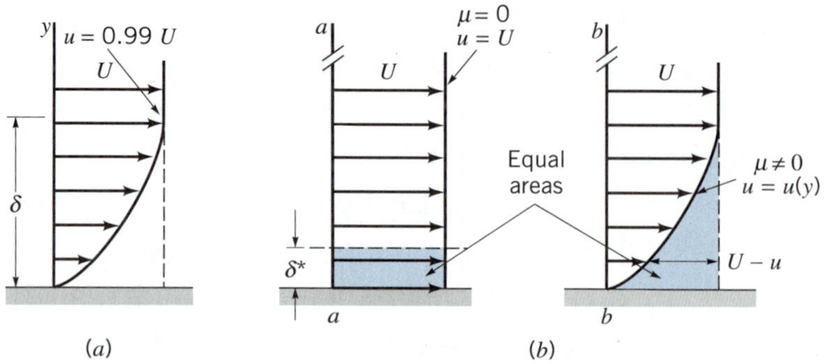

그림 9.8 경계층 두께 (a)표준 경계층 두께, (b)경계층 배제두께

경계층 배제두께는 체적 유량으로 정의된다.

서 점착하는(경계층 분포)이다. 경계층 내에서 속도 부족분(velocity deficit) $U-u$가 있기 때문에, 단면 $b-b$ 사이의 유량은 단면 $a-a$보다 적다. 단면 $a-a$에서 적당한 크기의 δ^*, **경계층 배제두께(boundary layer displacement)**를 제거하면 각 단면의 유량은 같아진다. 즉,

$$\delta^* bU = \int_0^\infty (U-u)b\,dy$$

이 성립한다. 여기서 b는 평판의 폭이다. 따라서, δ^*는

$$\delta^* = \int_0^\infty \left(1 - \frac{u}{U}\right)dy \tag{9.3}$$

로 표현된다.

배제두께는 균일 비점성으로 가정한 유동이 실제 점성유동과 질량유량이 같아지도록 하기 위해 증가되어야 할 물체의 두께를 나타낸다. 이로 인해, 평판 위의 유선은 점성에 의해 바깥으로 밀려난다. 이 개념으로 실제 물체 표면에 배제두께를 덧붙여서 경계층을 대신할 수 있다.배제두께를 덧붙인 표면 외부는 비점성 유동으로 다루면 된다. 배제두께의 개념에 대해 예제 9.3에서 공부해 보자.

예제 9.3 | 경계층 배제두께

주어진 사항 그림 E9.3와 같이 단면적이 0.6 m^2인 사각형 덕트 내에 공기가 3 m/s의 균일 속도로 유입되어 벽면에 경계층을 형성하고 있다. 경계층 바깥인 중심(core) 지역은 비점성 유동이다. 최근의 해석에 의하면 경계층 배제두께는 다음과 같다.

$$\delta^* = 0.0070(x)^{1/2} \tag{1}$$

여기서 δ^*와 x의 단위는 feet이다.

해결과제 2 덕트 내의 코어에서의 공기 속도 $U = U(x)$를 구하라.

풀이 속도가 작으므로 비압축성으로 가정하자. 유량은 덕트 내 모든 단면에서 입구에서와 같다. 즉 $Q_1 = Q_2$이다. 따라서,

$$U_1 A_1 = 3\text{ m/s}\,(0.6\text{ m})^2 = 1.1\text{ m}^3\text{/s} = \int_{(2)} u\,dA$$

이 성립한다. 배제두께 δ^*의 정의에 의하면 단면(2)에서 유량은 벽이 δ^* 안으로 줄어든 덕트를 균일 속도 U로 흐르는

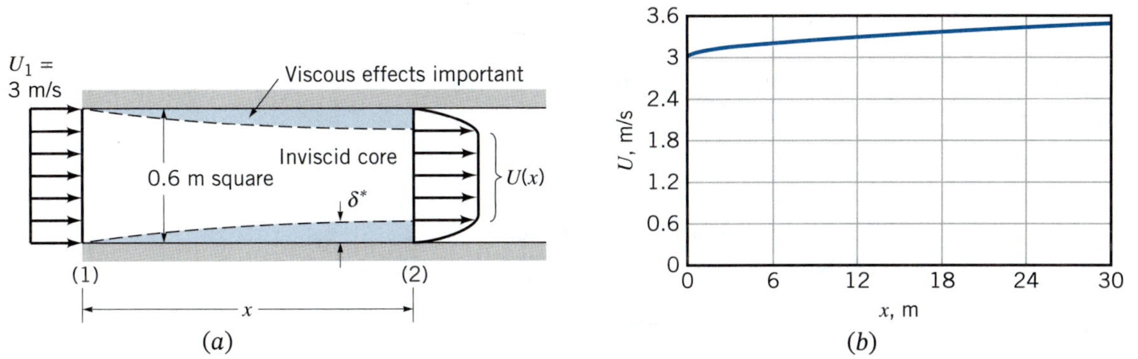

그림 E9.3

것과 같다. 즉,

$$1.1\ \text{m}^3/\text{s} = \int_{(2)} u\, dA = U(0.6\ \text{m} - 2\delta^*)^2 \qquad (2)$$

이다. 식(1)과 시(2)를 결합하면

$$1.1\ \text{m}^3/\text{s} = U(0.6 - 0.008x^{1/2})^2$$

이다. 따라서

$$\text{U} = \frac{1.1}{(0.6\text{m} - 0.008x^{1/2})^2}\text{m/s} \qquad (\text{답})$$

이 된다.

보충설명 U는 하류로 갈수록 증가한다. 예를 들어 $x = 30$ m에서는 $U = 3.56$ m/s가 된다. 덕트 벽면에 유체를 점착시키는 점성의 영향으로 덕트의 유효 크기가 줄어드는 결과가 되고 이로 인해(질량보존의 법칙을 적용하면) 유체는 가속된다.(8.1.2 참조) 이에 의한 압력 강하는 식(3.7)의 Bernoulli방정식을 단면(1)에서 (2)의 비점성 유선에 적용하면 구할 수 있다.(Bernoulli방정식은 경계층 내의 점성유동에는 적용할 수 없지만 경계층 밖의 비점성 유동에는 사용이 가능하다.) 즉,

$$p_1 + \frac{1}{2}\rho U_1^2 = p + \frac{1}{2}\rho U^2$$

$\rho = 1.20\ \text{kg/m}^3$과 $p_1 = 0$를 대입하면

$$\begin{aligned} p &= \frac{1}{2}\rho\,(U_1^2 - U^2) \\ &= \frac{1}{2}(1.2\ \text{kg/m}^3) \\ &\quad \times \left[(3\text{m/s})^2 - \frac{(1.1)^2}{(0.6\text{m} - 0.008x^{1/2})^4\ \text{m}^2\,\text{s}^2)}\right] \end{aligned}$$

이다. 이를 정리하면

$$p = 0.6\left[9 - \frac{1.2}{(0.6\text{m} - 0.008\,x^{1/2})^4}\right]\text{N/m}^2$$

이다. 예를들어 $x = 30$ m이면 $p = -2.12\ \text{N/m}^2$이 된다.

중심선을 따라 속도를 일정하게 유지하려면 덕트의 크기가 경계층 배제두께 δ^*만큼 커져야 한다.

경계층 두께를 표현하는 또 다른 정의로는 **경계층 운동량 두께(boundary layer momentum thickness)**, Θ가 있다. 이는 물체의 항력을 구하는데 자주 사용된다. 그림 9.7를 다시 살펴보면, 단면 b−b 사이의 운동량 플럭스(momentum flux)는 경계층에서의 속도 부족분 U−u에 의해, 단면 a−a 보다 작다. 실제 경계층 유동에서이 운동량 플럭스 부족분을 수식으로 표현하면,

$$\int \rho u(U - u)\, dA = \rho b \int_0^\infty u(U - u)\, dy$$

가 된다. 위 식을 균일 속도 U, 경계층 두께 Θ와 관련 지어면,

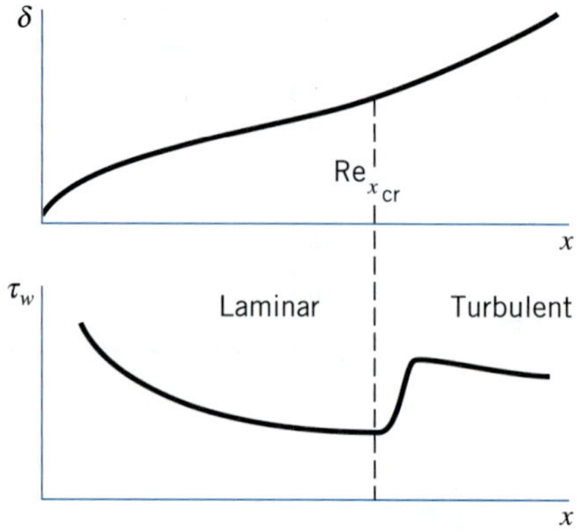

그림 9.9 층류와 난류 경계층에서 경계층 두께와 벽전단응력의 특성

경계층 운동량 두께는 운동량 플럭스로 정의된다.

$$\rho b U^2 \Theta = \rho b \int_0^\infty u(U-u)dy$$

가 성립한다. 따라서, 두께 Θ는,

$$\Theta = \int_0^\infty \frac{u}{U}\left(1-\frac{u}{U}\right)dy \tag{9.4}$$

이다. 경계층 해석에서 경계층 두께로 위에서 정의한 세 가지 표현, δ, δ^*, Θ가 주로 사용된다.

경계층 개념은 경계층이 아주 얇다는 점에 근거한다. 평판 유동에서 어떤 x에 대해서도 $\delta \ll x$를 의미한다. 마찬가지로 $\delta^* \ll x$이고 $\theta \ll x$이다. 이는 $\mathrm{Re}_x = Ux/\upsilon = 1000$ 이내로 평판의 앞쪽이지 않는 한 유효하다.

경계층 유동의 구조와 특성은 층류인지 난류인지에 따라 다르게 나타난다. 그림 9.9나 9.2.2절에서 9.2.5절에 다루겠지만 두 유동의 경계층 두께와 벽전단응력은 다르다.

9.2.2 Prandtl과 Blasius의 경계층 유동 해법

6.8.2절에서 언급한 Navier–Stokes방정식의 해를 구하면 어떠한 물체 주위의 점성 비압축성 유동도 이론적으로 해석할 수 있다. 정상상태의 2차원 층류 유동에 중력을 무시하면, 식(6.120 a,b,c)는 다음과 같이 간략히 표현된다.

$$u\frac{\partial u}{\partial x} + \upsilon\frac{\partial u}{\partial y} = -\frac{1}{\rho}\frac{\partial p}{\partial x} + \upsilon\left(\frac{\partial^2 u}{\partial x^2} + \frac{\partial^2 u}{\partial y^2}\right) \tag{9.5}$$

$$u\frac{\partial \upsilon}{\partial x} + \upsilon\frac{\partial \upsilon}{\partial y} = -\frac{1}{\rho}\frac{\partial p}{\partial y} + \upsilon\left(\frac{\partial^2 \upsilon}{\partial x^2} + \frac{\partial^2 \upsilon}{\partial y^2}\right) \tag{9.6}$$

위 두 식은 Newton의 2법칙을 적용한 것이다. 질량보존법칙인 식(6.31)을 비압축성 유동에 적용하면,

$$\frac{\partial u}{\partial x} + \frac{\partial \upsilon}{\partial y} = 0 \tag{9.7}$$

이다. 경계조건으로는, 물체에서 멀리 떨어진 곳에 있는 유체의 속도는 상류 속도와 같고, 물체 표면에서는 유체가 점착한다. 수학적으로는 잘 구성된 문제로 보일지 모르지만, 어떠한 물체에 관한 유동에 대해서도 위 식의 해를 아직 구하지 못하고 있다!

Prandtl은 앞에서 소개한 경계층 개념을 도입하여, Reynolds 수가 큰 유동에 적절한 근사법으로 유동방정식을 단순화시켰다. 1908년에 Prandtl의 제자인 Blasius는 유동에 평행한 평판 위의 경계층 유동에 이 방정식을 적용하여 해를 구하였다. (상세한 내용은 참고문헌 1,2,3을 참조바람)

Blasius의 해석 결과에 의하면 경계층 두께 δ는,

$$\delta = 5\sqrt{\frac{\upsilon x}{U}} \tag{9.8}$$

이다. 즉,

$$\frac{\delta}{x} = \frac{5}{\sqrt{\mathrm{Re}_x}}$$

이다. 여기서 $\mathrm{Re}_x = Ux/\upsilon$이다. 배제 두께 δ^*, 운동량 두께 Θ는,

$$\frac{\delta^*}{x} = \frac{1.721}{\sqrt{\mathrm{Re}_x}} \tag{9.9}$$

$$\frac{\Theta}{x} = \frac{0.664}{\sqrt{\mathrm{Re}_x}} \tag{9.10}$$

고Reynolds 수에서는 경계층이 상대적으로 얇다.

이다. 위 결과에서 알 수 있듯이 Re_x가 증가하면 경계층은 얇아진다. (즉, $\mathrm{Re}_x \to \infty$이면 $\delta/x \to 0$)

속도분포를 알면 벽 전단응력 $\tau_w = \mu(\partial u/\partial y)_{y=0}$는 쉽게 구해진다. Blasius해를 이용하여 $y = 0$에서의 $\partial u/\partial y$ 값을 구하면 τ_w는,

$$\tau_w = 0.332U^{3/2}\sqrt{\frac{\rho\mu}{x}} \tag{9.11}$$

이 된다. 식(9.11)과 옆 그림에서 알 수 있듯이 x가 증가하면 경계층 두께가 커지므로 전단응력은 감소한다. 즉, x가 증가하면 벽면에서의 속도기울기는 감소한다. 완전 발달된 층류 관유동에서는 τ_w가 U에 비례하지만, 평판 유동에서는 $U^{3/2}$에 비례한다.

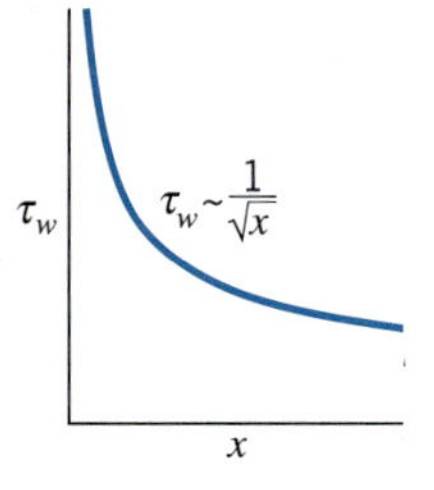

길이 ℓ, 폭 b인 평판의 마찰항력 $\mathcal{D}_f$는 마찰항력 계수 C_{Df}를 사용하여 다음과 같이 표현할 수 있다.

$$C_{Df} = \frac{\mathcal{D}_f}{\frac{1}{2}\rho U^2 b\ell} = \frac{b\int_0^{\ell}\tau_w\,dx}{\frac{1}{2}\rho U^2 b\ell} \tag{9.12}$$

Blasius 해에 의하면 식(9.12)는

$$C_{Df} = \frac{1.328}{\sqrt{\mathrm{Re}_\ell}}$$

이다. 여기서 $\mathrm{Re}_\ell = U\ell/\upsilon$는 평판 길이를 기준으로 한 Reynolds 수이다.

9.2.3 평판에 대한 운동량 적분 경계층 방정식

전단력에 의한 물체의 항력을 구하는 일은 경계층 이론에서 중요한 일이다. 앞 절에서는 층류 경계층 유동에 대한 미분방정식에서 구하였다. 이러한 방정식을 풀기는 매우 어렵기 때문에 다른 근사적 방법을 찾아보자. 이 절에서는 운동량 적분 방법(momentum integral method)를 소개한다.

그림 9.10과 같이 평판을 흐르는 균일 유동과 고정된 검사체적을 설정하자. 고급 이론과 실험에 의하면 전 유동장에서 압력은 일정하다고 가정할 수 있다. 평판의 선단(단면(a))에서 검사체적으로 유입되는 유동은 균일하지만, 검사체적을 나오는(단면(b)) 유동은 상류 속도(경계층 끝 부분)에서 0(표면)로 속도가 변한다.

평판과 접하는 유체는 검사체적의 아래 부분에 해당한다. 검사체적의 윗부분은 단면(2)에서는 경계층 끝과 일치하고, 그 외는 경계층 밖의 임의의 유선에 해당한다. 식(5.20)의 운동량 방정식의 x 성분을 검사 체적의 정상 유동에 적용하면,

$$\sum F_x = \rho \int_{(1)} u\mathbf{V} \cdot \hat{\mathbf{n}}\, dA + \rho \int_{(2)} u\mathbf{V} \cdot \hat{\mathbf{n}}\, dA$$

이 된다. 평판의 폭 b에 대해서는,

$$\sum F_x = -\mathscr{D} = -\int_{\text{plate}} \tau_w\, dA = -b\int_{\text{plate}} \tau_w\, dx \tag{9.13}$$

이 성립한다. 여기서 $\mathscr{D}$는 유체가 평판에 작용하는 항력이다. 균일 압력에 의한 힘은 유동에 아무런 영향을 주지 않는다. 고체인 평판과 검사 체적의 상부인 유선 사이에는 유입되는 유량이 없다. 따라서,

$$-\mathscr{D} = \rho \int_{(1)} U(-U)\, dA + \rho \int_{(2)} u^2\, dA$$

평판의 항력은 경계층 내부의 속도 분포에 영향을 받는다.

이다. 정리하면,

$$\mathscr{D} = \rho U^2 bh - \rho b \int_0^{\delta} u^2\, dy \tag{9.14}$$

이다. 높이 h는 알 수 없지만, 질량보존의 법칙에 의해 단면(1)와 단면(2)에서의 유량은 같다는 사실은 적용할 수 있다. 즉,

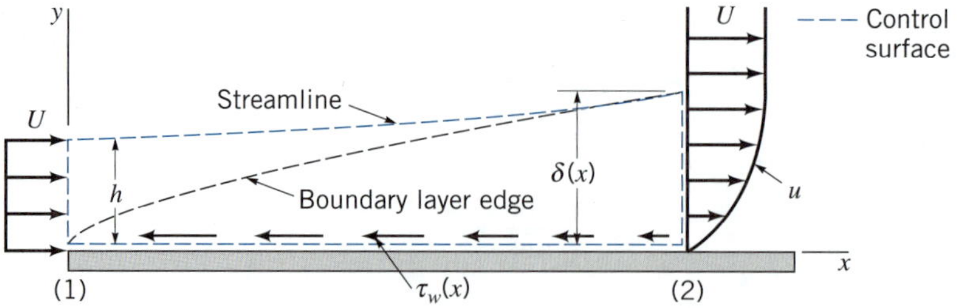

그림 9.10 경계층 유동에 대한 운동량 적분방정식을 유도하기 위한 검사체적

$$Uh = \int_0^\delta u\, dy$$

이다. 이 식은 다음과 같이 표현할 수 있다.

$$\rho U^2 bh = \rho b \int_0^\delta Uu\, dy \tag{9.15}$$

식(9.14)와 식(9.15)을 조합하면 다음과 같이 항력을 검사 출구에서의 운동량 플럭스 부족분으로 나타낼 수 있다.

평판의 항력은 경계층 내부의 운동량 배제와 관련이 있다.

$$\mathscr{D} = \rho b \int_0^\delta u(U - u)\, dy \tag{9.16}$$

특정한 경계층의 속도분포를 식(9.16)의 적분 항에 적용한 결과는 옆 그림에서 도시되어 있다. 비점성 유동인 경우에는 $u \equiv U$로 식(9.16)의 우변이 0이 되므로 항력은 0이 된다. (이는 $\mu = 0$이면 $\tau = 0$와 일치함) 식(9.16)은 평판의 경계층 유동은 전단력(식(9.16)의 좌변)과 유체의 운동량 감소(식(9.16)의 우변)의 균형에 지배된다는 중요한 사실을 보여 준다.

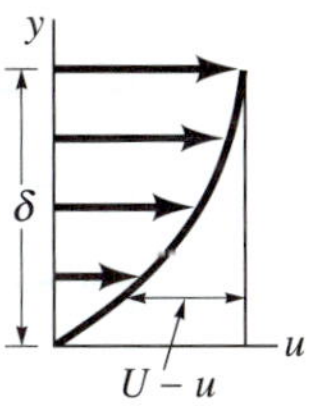

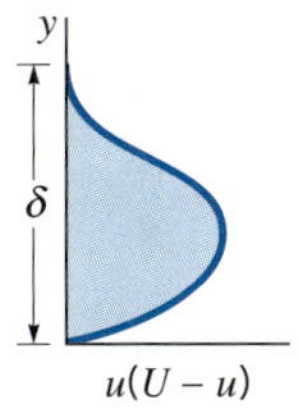

식(9.16)은 헝가리계 독일–미국 항공역학자인 T. von Karman(1881–1963)에 의해 1921년 처음으로 유도되었다. 식(9.16)과 식(9.4)를 비교해 보면 항력은 다음과 같이 운동량 두께로 나타낼 수 있다.

$$\mathscr{D} = \rho b U^2\, \Theta \tag{9.17}$$

이 식은 층류나 난류 둘 다 적용할 수 있다.

식(9.17)의 양변을 x에 관해 미분하면 전단응력 분포를 구할 수 있다.

$$\frac{d\mathscr{D}}{dx} = \rho b U^2 \frac{d\Theta}{dx} \tag{9.18}$$

식(9.13)에서 $d\mathscr{D} = \tau_w$이므로

$$\frac{d\mathscr{D}}{dx} = b\tau_w \tag{9.19}$$

이다. 식(9.18)과 식(9.19)를 조합하면, 평판에서의 경계층 유동에 대한 **운동량 적분방정식(momentum integral equation)**이 유도된다.

$$\tau_w = \rho U^2 \frac{d\Theta}{dx} \tag{9.20}$$

이 관계식을 이용하면 다소 간단한 가정으로 경계층 유동 해석 결과를 얻을 수 있다. 다음의 예제에 적용해 보자.

예제 9.4 | 운동량 적분 경계층 방정식

주어진 사항 평판 위를 비압축성 유체가 층류로 흐르고 있다. 경계층 속도 분포는 그림 E9.2와 같이 $0 \le y \le \delta$에서는 $u = Uy/\delta$이고 $y > \delta$에서는 $u = U$이다.

해결과제 운동량 적분방정식을 사용하여 전단응력을 구하고, 식(9.11)의 Blasius 해법 결과와 비교하라.

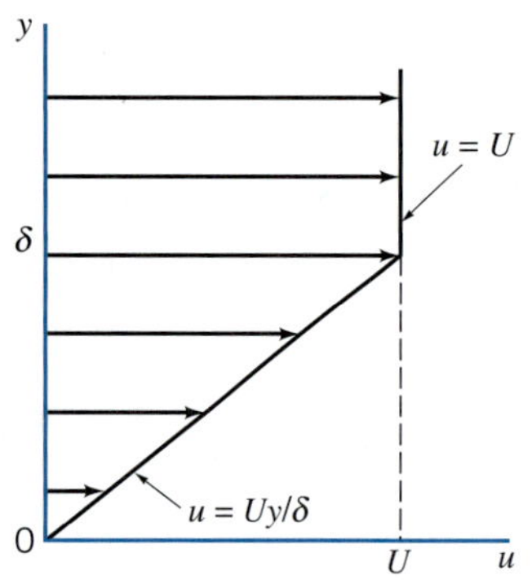

그림 E9.4

풀이 식(9.20)에서 전단응력은,

$$\tau_w = \rho U^2 \frac{d\Theta}{dx} \tag{1}$$

이다. 층류인 경우 $\tau_w = \mu(\partial u/\partial y)_{y=0}$이므로, 문제에 주어진 속도분포를 대입하면,

$$\tau_w = \mu \frac{U}{\delta} \tag{2}$$

이 된다. 식(9.4)에서

$$\Theta = \int_0^\infty \frac{u}{U}\left(1 - \frac{u}{U}\right) dy = \int_0^\delta \frac{u}{U}\left(1 - \frac{u}{U}\right) dy$$
$$= \int_0^\delta \left(\frac{y}{\delta}\right)\left(1 - \frac{y}{\delta}\right) dy$$

이므로, 속도분포를 대입하여 적분하면,

$$\Theta = \frac{\delta}{6} \tag{3}$$

이다. 아직까지 δ 값은 모르지만, x의 함수로 가정할 수 있다.

식(1), (2), (3)을 조합하면 다음과 같이 δ에 관한 미분방정식이 유도된다.

$$\frac{\mu U}{\delta} = \frac{\rho U^2}{6}\frac{d\delta}{dx}$$

이 식을 다시 정리하면,

$$\delta\, d\delta = \frac{6\mu}{\rho U}\, dx$$

가 된다. 이 식을 선단 $x = 0$($\delta = 0$ 임)에서 임의의 지점 x(경계층 두께를 δ로 두자)까지 적분하면,

$$\frac{\delta^2}{2} = \frac{6\mu}{\rho U} x$$

또는,

$$\delta = 3.46\sqrt{\frac{\upsilon x}{U}} \tag{4}$$

이다. 식(4)의 근사적 해석 결과(실제 속도분포는 문제와 같이 단순한 직선형이 아님)는 식(9.8)의 Blasius 해(구하기가 훨씬 힘듬)와 비교하여 꽤 비슷하다.

식(1.3)와 식(1.4)를 결합하면 벽 전단응력을 다음과 같이 구할 수 있다.

$$\tau_w = 0.289 U^{3/2}\sqrt{\frac{\rho\mu}{x}} \tag{답}$$

이 근사적 결과도 식(9.11)의 Blasius해와 비교하여 오차 범위가 13 % 내에 든다.

9.2.4 층류에서 난류로의 천이

9.2.2절의 해석 결과는 압력 기울기가 없는 평판에서의 층류 경계층 유동에 한정된다. 이 결과는 경계층 유동이 난류로 변하는 직전까지는 실험 결과와 잘 일치한다. 난류로의 **유동 천이**를 결정하는 변수는 Reynolds 수−평판의 경우, 선단에서의 거리를 기준으로 $\mathrm{Re}_x = Ux/\nu$로 정의함−이기 때문에 평판이 충분히 길면 유동 속도나 유체 종류에 관계없이 난류가 발생할 수 있다.

평판이 아주 길면 경계층은 난류로 발전한다.

천이점을 결정하는 Reynolds 수는 물체의 표면 거칠기, 표면의 곡률, 경계층 외부 유동의 교란 크기 등 다소 복잡한 변수들에 영향을 받는다. 날카로운 선단 형상의 평판에 공기가 흐르는 경우, 선단으로부터 천이가 발생되는 지점까지의 거리 x는 $\mathrm{Re}_{xcr} = 2 \times 10^5$에서 3×10^6의 범위이다. 별도의 언급이 없으면, 본 교재의 문제에서는 $\mathrm{Re}_{xcr} = 5 \times 10^5$를 사용하기로 하자.

층류 경계층에서 난류 경계층으로 천이가 발생되는 곳은 특정 지점이 아니라 일정 영역이다. 천이가 발생되는 부분은 얼룩이 있는 것으로 특정 지점을 지정하기가 곤란하다. $\mathrm{Re}_x = \mathrm{Re}_{xcr}$ 부근에서는 임의로 천이가 일어나서 난류로 뒤덮히면 이 난류 유동 형태가 빠르게 하류로 전파된다. 그림 9.11의 사진은 이런 현상을 잘 보여 준다.

천이 과정의 복잡한 형태는 유동장의 불안정과 관련이 있다. 평판의 진동이나 표면의 거칠기, 유동의 "떨림"과 같은 작은 교란은 그 위치에 따라 성장(불안정)하기도 하고 소멸(안정)하기도 한다. $\mathrm{Re}_x < \mathrm{Re}_{xcr}$에서 교란이 발생하면 소멸하여 층류로 되돌아 간다. 교란이 $\mathrm{Re}_x > \mathrm{Re}_{xcr}$에서 발생하면 계속 성정하여 하류까지 난류가 발전한다. 난류의 생성, 성정, 구조 등에 관한 연구는 매우 활발히 이루어지고 있다.

층류에서 난류로 변하는 천이영역에서는 경계층 속도 분포 형태가 상당히 달라진다. 천이점 부근에서의 전형적인 속도 분포는 그림 9.12에 나타나 있다. 층류와 비교하면, 난류에서는 속도 분포는 더 평평하고 벽에서의 속도 기울기가 커지며 더 두꺼운 경계층이 형성된다.

Photograph courtesy of Brian Cantwell, Stanford University.

그림 9.11 평판에서의 난류 반점과 층류에서 난류로의 천이 (유동 방향은 왼쪽)

Video

V9.7 평판에서의 천이

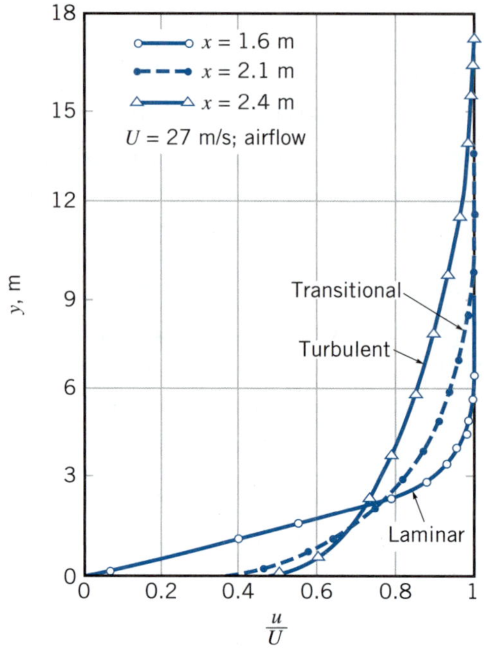

그림 9.12 평판에서의 경계층 유동 형태 (참고문헌 1)

예제 9.5 | 경계층 천이

주어진 사항 유체가 $U = 3$ m/s 의 일정한 속도로 평판 위를 흐르고 있다.

해결과제 경계층 유동이 난류로 바뀌는 지점과 경계층 두께에 대해 다음의 각 경우에 대해서 구하라. (a) 15 ℃의 물, (b) 표준상태의 공기, (c) 20 ℃의 글리세린

풀이 어떠한 유체에 대해서도 층류 경계층 두께는 식(9.18)을 적용할 수 있다. 즉,

$$\delta = 5\sqrt{\frac{\upsilon x}{U}}$$

경계층이 층류로 유지되는 최대 길이, 즉, 천이점을 x_{cr}이라 하면,

$$x_{cr} = \frac{\upsilon \mathrm{Re}_{xcr}}{U}$$

이다. 이 때의 Reynolds 수를 $\mathrm{Re}_{cr} = 5 \times 10^5$로 가정하면,

$$x_{cr} = \frac{5 \times 10^5}{3\ \mathrm{m/s}}\upsilon = 1.7 \times 10^5 \upsilon$$

이 된다. 따라서, 그 지점의 경계층 두께 δ_{cr}은,

$$\delta_{cr} \equiv \delta|_{x = x_{cr}} = 5\left[\frac{\upsilon}{3}(1.7 \times 10^5 \upsilon)\right]^{1/2} = 1190\ \upsilon$$

이다. 위 식에서 사용된 단위는 υ는 m/s이고, x_{cr}, δ_{cr}는 m이다. 표 1.5와 표 1.7의 동점성계수를 사용하여 x_{cr}, δ_{cr} 값을 구하면 표 E9.5와 같다.

표 E9.5

Fluid	υ (m²/s)	x_{cr} (m)	δ_{cr} (m)
a. Water	1.12×10^{-6}	0.19	1.3×10^{-3}
b. Air	1.46×10^{-5}	2.482	1.7×10^{-2}
c. Glycerin	1.19×10^{-3}	202.3	1.4

(답)

보충설명 유체의 점성계수가 클수록 층류 경계층이 유지되는 구간은 길다. 그러나 평판이 아주 길면 경계층은 결국 난류로 바뀌게 된다. 점성계수가 크면 경계층 두께 역시 커진다.

9.2.5 난류 경계층 유동

난류 경계층 유동의 구조는 매우 복잡하고 불확실하며 불규칙적이다. 8.3절의 관내의 난류 유동에서 설명한 특성들이 여기에도 많이 나타난다. 특히, 유동내의 어떠한 지점에서도 속도는 비정상적(unsteady)이다. 이 유동은 직경과 각속도가 다른 와류(eddy)가 서로 뒤얽힌 형태로 간주될 수 있다. 질량, 운동량, 에너지 등 여러 유체 양들이 층류 경계층에서와 같이 주유동 방향으로 하류로 전달된다.

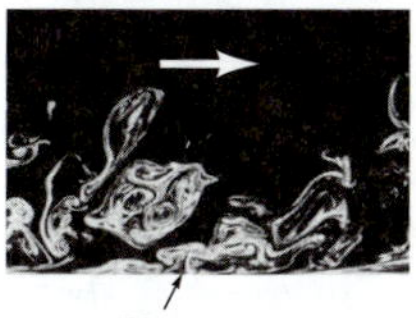

난류 경계층 내부에서는 일정 크기의 유체 덩어리들이 서로 불규칙하게 혼합한다.

난류 유동의 경계층 내에서는, 난류 와류와 관련된 상당한 크기의 유체 입자가 불규칙적으로 운동하면서 이러한 유체 양을 평판과 수직한 방향으로 전달하기도 한다. 이러한 유한한 크기의 와류 혼합은 층류에서의 분자 크기의 혼합보다 훨씬 규모가 크다. 이러한 결과로, 난류 경계층의 전단력은 층류인 경우보다 훨씬 더 크다.(8.3.2절 참조)

Video

V9.8 불규칙 하나 난류가 아닌 유동

난류 경계층 유동에 대해서는 엄밀해(exact solution)가 존재하지 않는다. 9.2.2절에 설명한 바와 같이, Prandtl의 경계층 방정식을 풀면 평판 위의 층류 경계층 유동에 관한 Blasius의 해(이것은 주어진 조건 하에서는 경계층 방정식에 대한 "엄밀해"이다)를 구하는 것이 가능하였다. 난류 유동에서는 근사적인 전단응력의 관계식을 이용하여 수치적으로 해를 구하는 방법이 연구되고 있다. 그리고 기본유동방정식인 Navier−Stokes 방정식에 대한 해를 구하는데 완전 적분법 등이 개발되고 있다.

식(9.20)의 운동량 적분방정식은 층류와 난류 모두에 유효하므로 난류경계층에 대한 근사해를 구하는데 사용할 수 있다. 이 방정식에 필요한 것은 경계층 $Y = y/\delta$에서 속도 분포 $u = Ug(Y)$에 대한 적절한 가정과 벽전단응력의 함수 형태이다. 층류에서는 벽전단응력이 $\tau_w = \mu(\partial u/\partial y)_{y=0}$이었다. 난류에서도 이와 유사한 관계식이 있어야 한다. 그러나 8.3절에서 언급한 바와 같이 난류에서는 벽 근처에서 속도분포를 알기가 어렵다. 따라서 벽전단응력은 경험식이 필요하다. 이에 대해 다음 예제를 공부해 보자.

예제 9.6 | 난류 경계층 특성

주어진 사항 평판을 지나는 비압축성 유체의 난류 유동에 대한 경계층 내부의 속도 분포는 그림 E9.6와 같이, $Y = y/\delta \leq 1$에서 $u/U = (y/\delta)^{1/7} = Y^{1/7}$이다. $Y > 1$에서는 $u = U$로 가정하라. $y = 0$에서 $\partial u/\partial y = \infty$이지만 평판과 아주 근접한 곳을 제외하면 대체로 실험 결과에 근접한 식이다. 층류와 난류의 속도 분포의 차이점에 유의하라. 그리고 전단응력에 대한 실험식은 다음과 같다.

$$\tau_w = 0.0225\rho U^2\left(\frac{\upsilon}{U\delta}\right)^{1/4}$$

해결과제 경계층에 관련된 두께인 δ, δ^*, Θ를 구하고 벽전단응력 τ_w를 x의 함수로 나타내어라. 그리고 마찰항력계수 C_{Df}를 계산하라.

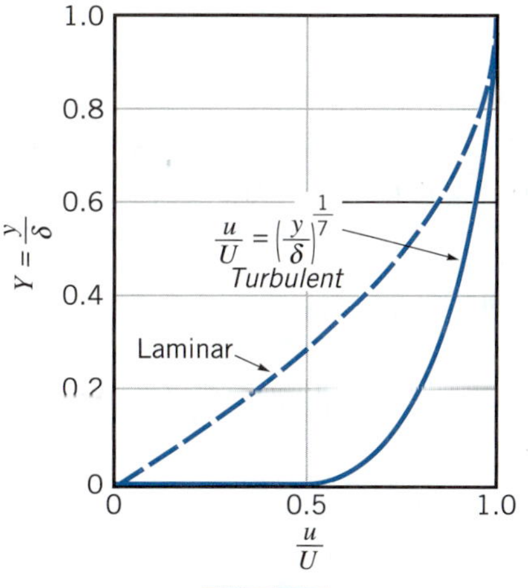

그림 E9.6

풀이 층류이든 난류이든 항력은 평판을 흐르는 유체의 운동량 감소로 계산한다. 전단응력은 식(9.20)에서 평판의 거리 증가에 따른 운동량 두께 Θ의 증가률로 다음과 같이 표현된다.

$$\tau_w = \rho U^2 \frac{d\Theta}{dx} \qquad (1)$$

식(9.4)에 속도분포를 대입하면 경계층 운동량두께는,

$$\Theta = \int_0^\infty \frac{u}{U}\left(1 - \frac{u}{U}\right) dy = \delta \int_0^1 \frac{u}{U}\left(1 - \frac{u}{U}\right) dY$$

정리하면,

$$\Theta = \delta \int_0^1 Y^{1/7}(1 - Y^{1/7})\, dY = \frac{7}{72}\delta \qquad (2)$$

이다. 여기서 δ는 x의 함수이다.

식(1)과 식(2)로부터 δ에 대한 다음과 같은 미분방정식이 유도된다.

$$0.0225\rho U^2\left(\frac{\upsilon}{U\delta}\right)^{1/4} = \frac{7}{72}\rho U^2 \frac{d\delta}{dx}$$

또는

$$\delta^{1/4}\, d\delta = 0.231\left(\frac{\upsilon}{U}\right)^{1/4} dx$$

위 식을 적분하고 $x = 0$에 $\delta = 0$이므로

$$\delta = 0.370\left(\frac{\upsilon}{U}\right)^{1/5} x^{4/5} \qquad (3)\ (답)$$

이를 무차원으로 표현하면

$$\frac{\delta}{x} = \frac{0.370}{\mathrm{Re}_x^{1/5}}$$

가 된다. 엄밀히 말하면 평판의 앞쪽에 층류 지역이 존재하고 난류는 이후부터 계산해야 하지만 층류 지역이 매우 작으므로 무시하고 계산해도 오차는 작다.

배제두께 δ^*와 운동량두께 Θ는 식(9.3)과 식(9.4)의 적분식을 수행하면 된다.

$$\delta^* = \int_0^\infty \left(1 - \frac{u}{U}\right) dy = \delta\int_0^1 \left(1 - \frac{u}{U}\right) dY$$
$$= \delta\int_0^1 (1 - Y^{1/7})\, dY = \frac{\delta}{8}$$

여기에 식(3)을 대입하면

$$\delta^* = 0.0463\left(\frac{\upsilon}{U}\right)^{1/5} x^{4/5} \qquad (답)$$

(※주: 문제에서 주어진 속도분포는 8.3.3절과 같이 1/7지수법칙 형태이다. 이 식은 속도 기울기가 경계층에서 0이 아닌 문제점이 있다. 문제에서 주어진 전단응력에 관한 식은 원형 관에서 얻어진 실험식을 평판으로 전환한 것이다. 반지름을 경계층 두께로 대치한 것이다.)

유사한 방법으로 식(2)와 식(3)에서 운동량 두께 Θ는 다음과 같이 유도된다.

$$\Theta = \frac{7}{72}\delta = 0.0360\left(\frac{\upsilon}{U}\right)^{1/5} x^{4/5} \qquad (4)\ (답)$$

δ, δ^*, Θ의 식은 비례 상수만 다를 뿐 함수 형태는 같다. $\theta < \delta^* < \Theta$가 일반적이다.

식(1)과 식(3)을 결합하여 벽전단응력을 구하면

$$\tau_w = 0.0225\rho U^2\left[\frac{\upsilon}{U(0.370)(\upsilon/U)^{1/5}x^{4/5}}\right]^{1/4}$$
$$= \frac{0.0288\rho U^2}{\mathrm{Re}_x^{1/5}} \qquad (답)$$

위 식을 평판의 길이를 따라 적분하면 평판의 한 면의 마찰항력 $\mathscr{D}_f$가 구해진다.

$$\mathscr{D}_f = \int_0^\ell b\tau_w\, dx = b(0.0288\rho U^2)\int_0^\ell \left(\frac{\upsilon}{Ux}\right)^{1/5} dx$$

정리하면,

$$\mathscr{D}_f = 0.0360\rho U^2 \frac{A}{\mathrm{Re}_\ell^{1/5}}$$

평판의 면적은 $A = b\ell$이므로 마찰 항력 계수 C_{Df}는,

$$C_{Df} = \frac{\mathscr{D}_f}{\frac{1}{2}\rho U^2 A} = \frac{0.0720}{\mathrm{Re}_\ell^{1/5}} \qquad (답)$$

이다. 운동량 두께에 대한 식(4)를 식(9.17)에 대입해도 위 식을 구할 수 있다.

보충설명 난류 경계층 유동에서 경계층 두께는 $\delta \sim x^{4/5}$로 증가하고 전단응력은 $\tau_w \sim x^{-1/5}$로 감소한다. 층류에서느 경계층 두께와 전단응력이 $x^{1/2}$와 $x^{-1/2}$에 비례하였다. 이러한 차이는 난류의 무작위성 특성에 기인한다. 본 예제의 결과는 매끈한 평판에서 $5 \times 10^5 < \mathrm{Re}_\ell < 10^7$에서 유효하다.

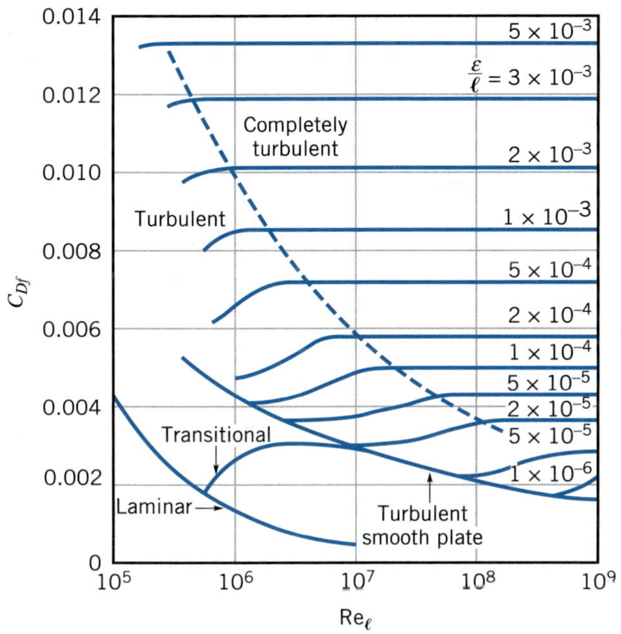

그림 9.13 상류 유동과 평행한 평판에 대한 미찰항력계수 (참고문헌 13)

일반적으로 길이 ℓ인 평판의 항력계수는 Reynolds 수 Re_ℓ와 상대 거칠기 ε/ℓ의 함수이다. 여러 가지 변수에 대해서 광범위하게 실험한 결과는 그림 9.13에 나타나 있다. 층류 경계층 유동인 경우, 항력계수는 Reynolds 수에만 관계되고 표면 거칠기는 중요하지 않다. 이는 관내의 층류 유동인 경우와 유사하다. 난류인 경우에는, 표면 거칠기는 전단 응력에 영향을 주므로 항력계수도 표면 거칠기의 영향을 받는다. 이는 원형 관에서의 난류 유동의 경우와 유사하다.(8.4.1절 참조) 여러 가지 재질에 대한 거칠기 값 ε은 표 8.1을 참조하라.

평판의 항력계수는 상대 거칠기와 Reynols수의 함수이다.

유동 원리는 상이하지만, 경계층 유동에 대한 항력계수선도(그림 9.13)와 관 유동에 대한 Moody선도(그림 8.13) 사이에는 공통점이 많다. 완전 발달된 수평 관 유동은 압력과 점성력의 균형에 의해 지배되고, 유체의 관성력은 전 유동장에서 일정하다. 수평 평판 위의 경계층 유동은 관성력과 점성력의 균형에 의해 지배되고, 압력은 전 유동장에서 일정하다.

항력 계수를 Reynolds 수와 상대 거칠기의 함수식으로 표현하는 것은 그림 9.10의 그래프 형태보다 사용하기에 편리하다. Re_ℓ과 ε/ℓ의 전 범위에 적용할 수 있는 단일 식은 아니지만, 표 9.1에 제시된 공식은 주어진 범위에서 실험 결과와 잘 일치한다.

표 9.1 평판의 항력계수에 관한 실험식 (참고문헌 1)

Equation	Flow Conditions
$C_{Df} = 1.328/(\mathrm{Re}_\ell)^{0.5}$	Laminar flow
$C_{Df} = 0.455/(\log \mathrm{Re}_\ell)^{2.58} - 1700/\mathrm{Re}_\ell$	Transitional with $\mathrm{Re}_{xcr} = 5 \times 10^5$
$C_{Df} = 0.455/(\log \mathrm{Re}_\ell)^{2.58}$	Turbulent, smooth plate
$C_{Df} = [1.89 - 1.62 \log(\varepsilon/\ell)]^{-2.5}$	Completely turbulent

예제 9.7 | 평판에 작용하는 항력

주어진 사항 수상스키가 그림 E9.7a와 같이 21 ℃의 물 위를 속도 U로 달리고 있다.

해결과제 전단응력에 의해 스키 밑면이 받는 항력을 $0 < U < 9$ m/s 범위에서 산출하라.

풀이 실제로는 스키 밑면 형상은 평판이 아니고, 상류 유동에 평행하지는 않으나, 평판의 결과를 이용하면 근사적인 전단력을 얻을 수 있다. 이에 의하면, 스키 밑면의 전단응력(즉, 벽 전단응력)에 의한 마찰 항력 $\mathscr{D}_f$는

$$\mathscr{D}_f = \frac{1}{2}\rho U^2 \ell b C_{Df}$$

이다. $A = \ell b = 1 \text{ m} \times 0.15 \text{ m} = 0.15 \text{ m}^2$, $\rho = 998.2 \text{ kg/m}^3$, $\mu = 1.002 \times 10^{-3} \text{ N}\cdot\text{s/m}^2$를 대입하면,

$$\begin{aligned}\mathscr{D}_f &= \frac{1}{2}(1000 \text{ kg/m}^3)(0.15 \text{ m}^2)U^2 C_{Df} \\ &= 75\, U^2 C_{Df}\end{aligned} \tag{1}$$

이다. 여기서 $\mathscr{D}_f$와 U의 단위는 각각 N, m/s이다.

마찰계수 C_{Df}는 그림 9.10이나 표 9.1의 적절한 실험식을 사용하면 구할 수 있다. 뒤에 논의하겠지만, 본 문제의 유동은 대부분 천이 영역에 속한다. 즉, 평판의 경계층에서 층류와 난류가 차지하는 비율이 비슷하다. 표의 C_{Df}값을 사용하도록 하자.

주어진 조건으로 Re_ℓ을 계산하면,

$$\text{Re}_\ell = \frac{\rho U \ell}{\mu} = \frac{(1000 \text{ kg/m}^3)(1 \text{ m})U}{1 \times 10^{-3} \text{ N}\cdot\text{s/m}^2} = 1 \times 10^6\, U$$

이 된다. 여기서 U의 단위는 m/s이다. $U = 3$ m/s인 경우, $\text{Re}_\ell = 3 \times 10^6 U$이므로 표 9.1에서 $C_{Df} = 0.455/(\log \text{Re}_\ell)^{2.58} - 1700/\text{Re}_\ell = 3.1 \times 10^{-3}$이다. 식(1)에 대입하여 항력을 구하면,

$$\mathscr{D}_f = 75(3)^2(0.0031) = 2.1 \text{ N}$$

이 된다. 이와 같은 방법으로 주어진 문제의 속도범위에 대해 계산하면 그림 E9.4(b)의 결과가 얻어진다.

보충설명 $\text{Re} \le 1{,}000$에서는 관성의 영향력이 충분하지 않고 경계층은 평판의 길이에 비해 무시할 정도로 얇지 않으므로 경계층 이론을 적용할 수 없다. 본 문제에서는 $U = 1.0 \times 10^{-3}$ m/s인 경우가 이 범위에 해당된다. 그러나 실제 수상 스키에서는 U의 속도가 이 값보다 크므로 경계층 유동을 적용해도 된다.

$\text{Re}_{cr} = \rho U x_{cr}/\mu = 5 \times 10^5$로 정의되는 천이점의 근사치는 그림 E9.4b에 도시되어 있다. $U = 0.4$ m/s 이내에서는 전 경계층 영역이 층류이다. U가 증가함에 따라 층류 경계층이 차지하는 부분은 줄어 든다. 예를 들어 $U = 9$ m/s에서는 선단에서 0.05 m까지만 층류 영역이다.

실제로 스키를 타 보면, 속도 9 m/s로 달리기 위한 힘은 그림 E9.7b의 결과 $2 \times 22 \text{ N} = 44 \text{ N}$보다 더 필요함을 경험한다. 이 이유는, 9.3절에서 논의하겠지만, 수상 스키와 같은 물체에 작용하는 총 항력은 마찰 항력 뿐만 아니라, 압력 항력, 파도의 항력 등 추가되는 요소의 항력 값도 상당하다.

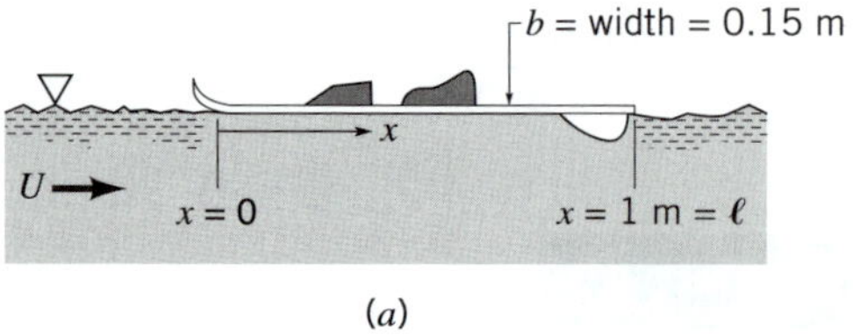

(a)

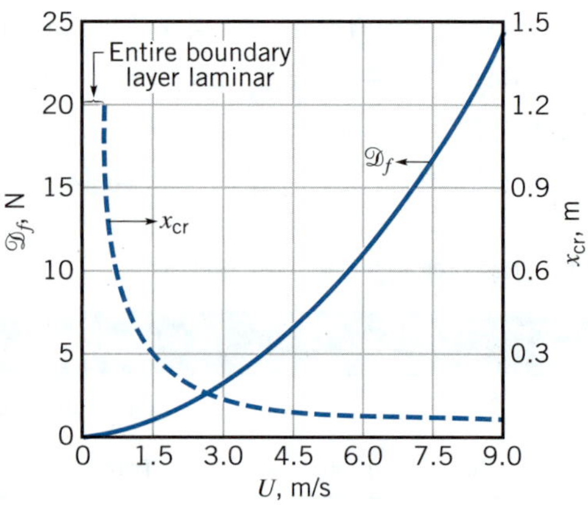

(b)

그림 E9.7a

9.2.6 압력 기울기의 영향

9.2절의 앞부분에서 논의한 경계층 이론은 전 유동장에서 압력이 일정한 평판에 관한 것이었다. 일반적으로, 유체가 평판이 아닌 물체 주위를 흐를 때는 압력은 균일하지 않다. 그림 9.6과 같이, Reynolds 수가 크면, 표면에는 상대적으로 얇은 경계층이 형성된다. 이러한 경계층 내에서는, 표면에 수직한 방향의 압력기울기는 무시할 정도로 작지만, 유선방향(물체 표면을 따라)의 압력 기울기 성분은 0이 아니다. 물체 표면에서 경계층 끝까지 경계층을 가로질러서 압력을 측정해 보면, 압력은 항상 일정하다. 그러나 물체 표면이 굽어져 있으면, 물체 표면을 따라 압력은 변한다. 경계층에서의 압력 기울기는 경계층 끝에서의 유체 속도인 **자유류 속도(free-stream velocity)** U_{fs}를 변하게 한다. 경계층 내의 압력 기울기는 경계층 내부뿐만 아니라 바깥쪽까지 전 구간에 걸쳐 유동 특성에 큰 영향을 준다.

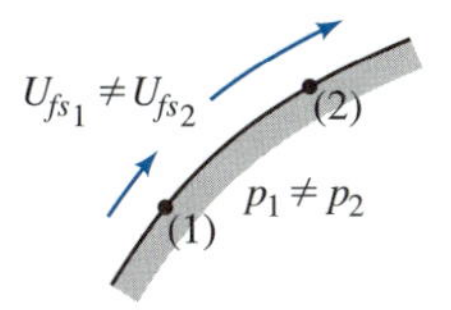

곡면에서 자유류 속도는 일정하지 않다.

상류 유동과 평행한 평판에서는 상류 속도(평판보다 훨씬 앞에 있는)와 자유류 속도(경계층 끝에서의)는 같다. 즉, $U = U_{fs}$이다. 이 것은 파의 두께를 무시한 경우이다. 두께가 0인 아닌 물체에서는 두 속도가 다르다. 직경이 D인 원통을 지나는 유동에서 이 사실을 확인할 수 있다. 상류에서의 속도와 압력은 U, p_0이다. 유체가 완전 비점성($\mu = 0$)이면, Reynolds 수는 무한대가 되고($\mathrm{Re} = \rho UD/\mu = \infty$), 그림 9.14a와 같이 유선은 상하로 대칭이다. 유체 속도는 $U_{fs} = 0$ (원통의 앞(A),뒤(F)는 정체점임)에서 $U_{fs} = 2U$(원통의 위(c),아래)로 표면을 따라 변한다. 원통 표면의 압력은 중앙에서의 수직면에 대해 대칭이고, 원통 앞 또는 뒤(정체점)에서는 최대값 $p_0 + \rho U^2/2$가 되고, 위 또는 아래에서는 최소값 $p_0 - 3\rho U^2/2$을 갖는다. 압력과 자유류 속도분포는 그림 9.14b와 9.14c에 나타나 있다. 원통 주위의 비점성 유동에서는 점성이 없고(따라서, $\tau_w = 0$) 압력이 대칭이므로 원통에 작용하는 항력은 0 이다.

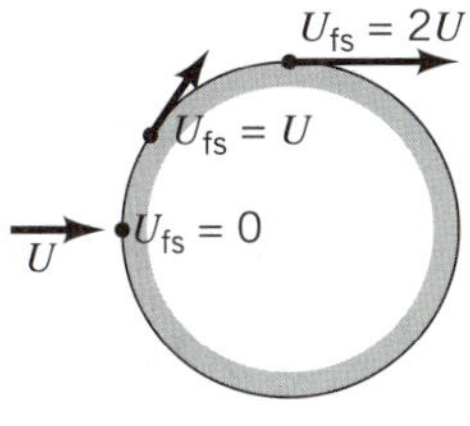

실제로 점성이 있고 Reynolds 수가 큰 유동에 대해 생각해 보자. 9.1.2절에 논의한 대로, 점성의 영향은 표면 근처의 얇은 경계층에 한정된다. 이 경우 유체는 표면에 점착($\mathbf{V} = 0$)된다. 이 조건은 $\mu \neq 0$인 모든 유체에 해당된다. 경계층 이론의 기본 개념은, 경계층은 아주 얇아서 경계층 바깥의 유동에는 방해를 주지 않는다는 것이다. 이런 이유로 Reynolds 수가 크면 대부분의 유동장에서는 그림 9.14a와 같은 비점성 유동 형태가 예상된다.

그림 9.14b의 압력분포를 원통 표면의 경계층 유동에 적용하자. 실제로 얇은 경계층에서는 수직방향의 압력 기울기는 무시될 수 있으므로 경계층 내부의 압력은 비점성 유동장에서 얻는다.원통을 따라 변하는 압력분포에 의해 앞부분의 정지된 유체($\theta = 0$에서 $U_{fs} = 0$)는 최대 속도($\theta = 90°$에서 $U_{fs} = 2U$)로 가속되고, 이 후 감속되어 뒷부분($\theta = 180°$)에서는 $U_{fs} = 0$이 된다. 이 현상은 압력과 관성력의 평형으로 기인한다. 경계층 바깥은 비점성으로 점성의 영향은 없다.

외부 유동에서 압력 기울기는 경계층을 따라 형성된다.

물리적 관점에서, 점성의 영향이 없으면, 원통의 앞면에서 뒷면으로 운동하는 유체 입자는 $\theta = 0$에서 $\theta = 90°$까지(그림 9.11b에서 $A \to C$)는 "압력 언덕(pressure hill)"을 내려가고, 이 후 $\theta = 180°$까지($C \to F$) 에너지 손실 없이 이 언덕을 올라간다. 운동에너지

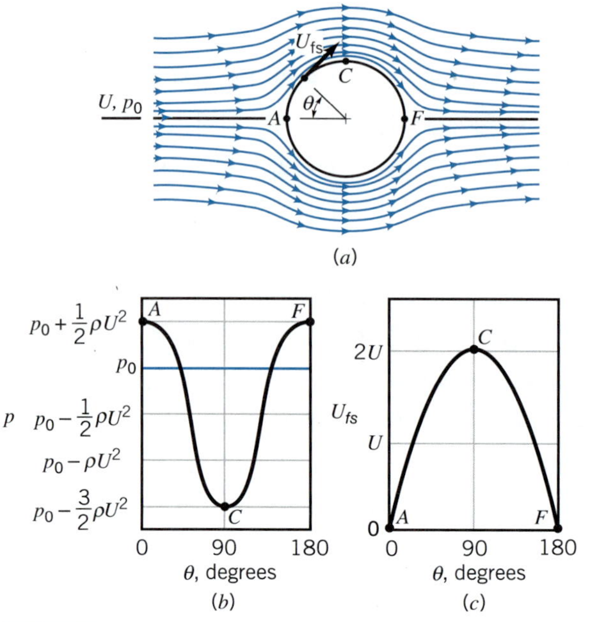

그림 9.14 원통을 지나는 비점성 유동 (a) 점성이 없을 때의 유선, (b)원통 표면에서의 압력분포, (c)원통 표면에서의 자유류 속도분포

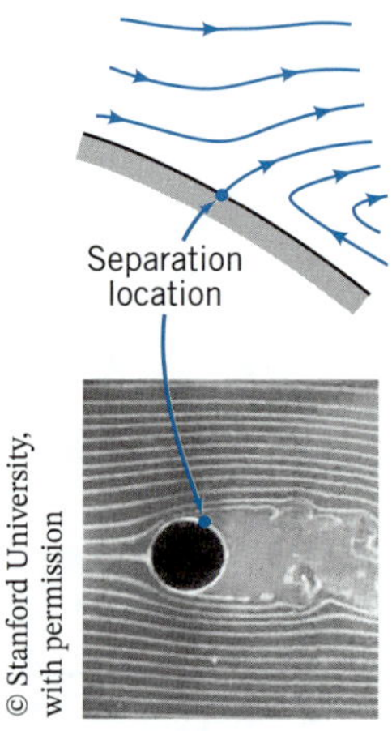

와 압력에너지 사이의 변환은 있지만 에너지 손실은 없다. 경계층 내부의 점성 유체에도 같은 압력분포를 적용할 수 있다. 원통 전반부에서 유동방향으로의 압력 감소를 **순압력 기울기(favorable pressure gradient)**라 하고, 후반부에서 유동방향으로의 압력 증가를 **역압력 기울기(adverse pressure gradient)**라 한다.

그림 9.15a와 같이 경계층 내에 있는 유체 입자에 대해 고찰해 보자. A에서 F로 유동할 때, 이 유체 입자는 경계층 밖 자유류 속의 유체 입자와 같은 압력–즉 비점성 유동장의 압력–을 가진다. 그러나, 점성의 영향으로 경계층 내부의 입자는 유동이 진행하는 동안 에너지를 잃는다. 이러한 손실로 인해 C점에서 압력 언덕을 올라 가서 F에 도달할 만한 에너지를 가지지 못한다. 이 운동에너지 부족은 그림 9.12a에서 C점의 속도 분포를 보면 알 수 있다. 마찰 때문에 경계층의 유체는 원통의 앞에서 뒤까지 운동하지 못한다. (이러한 결론은 점성의 영향으로 C점의 입자는 F점까지 압력 언덕을 올라 갈 운동량을 충분히 가질 수 없다는 개념에서도 얻을 수 있다)

광활한 유체의 세계

트레일러 화물차의 연비

트레일러 화물차에서 공기역학적 항력은 대부분 트레일러의 납작한 뒷면에서 생기는 저압이 원인이다. 최근에 연료비를 10 % 절약할 수 있는 항력감속 부착물을 고안하였다. 트레일러 뒷면에 납작한 평판을 추가로 부착하여 뒷면의 형상을 공기역학적으로 개선하였다. 풍동에서 모형실험을 수행하고 실제 형상으로 도로 주행한 결과 이 보조 장치의 부착으로 화물차 1대당 1년에 $4000의 연료비를 절약하게 되었다.

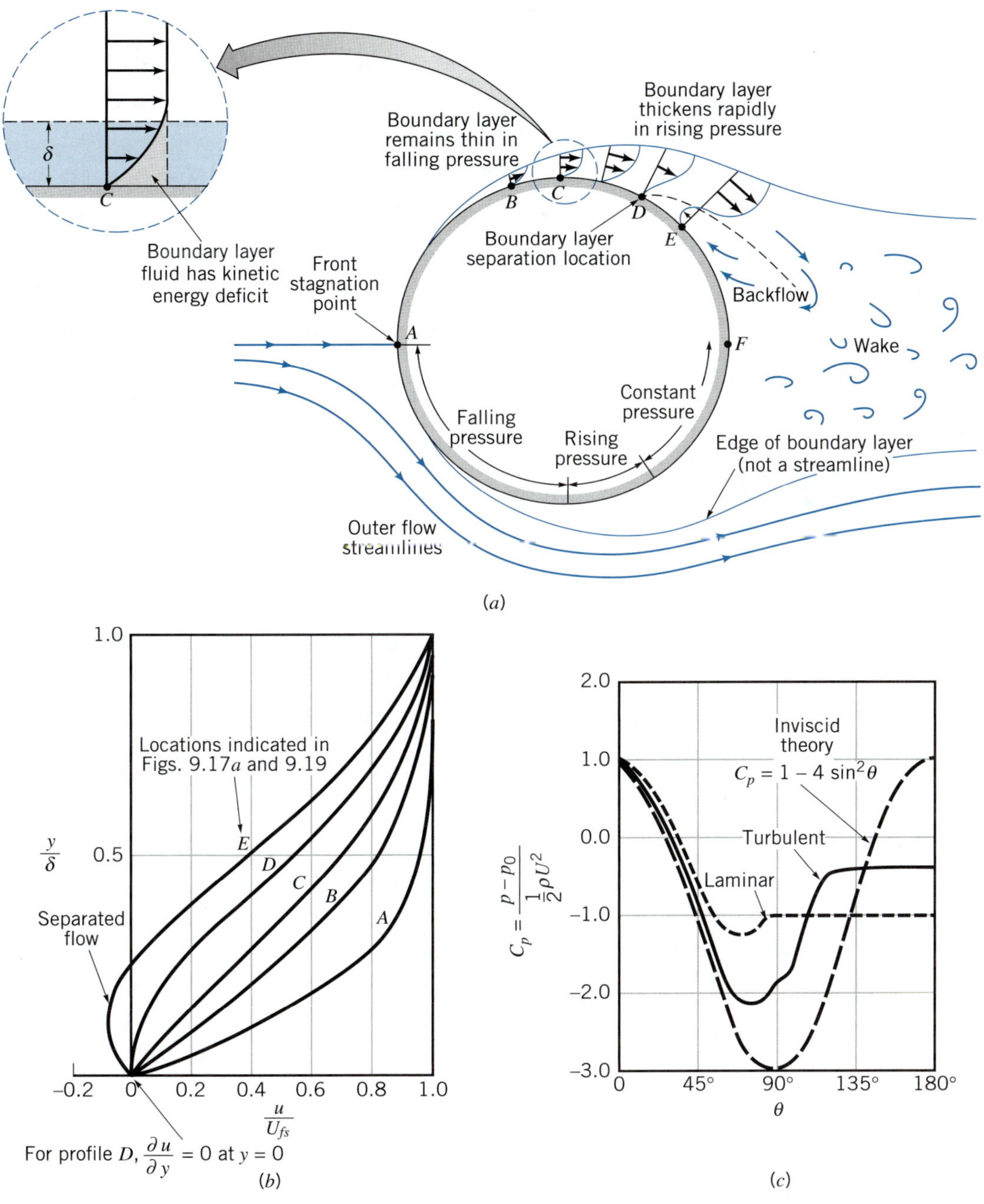

그림 9.15 원통 표면에서의 경계층 특성 (a)경계층 박리점, (b)원통 표면에서의 경계층 속도분포, (c)비점성 유동과 경계층 유동의 표면압력분포 비교

따라서 유체는 가능한 한도까지 압력 증가를 이겨내며 유동하다가 결국 경계층이 표면에서 이탈한다. 그림 9.15a에는 이러한 **경계층 박리(boundary layer separation)** 현상이 묘사되어 있다. 그림 9.15b는 표면 여러 위치에서의 전형적인 속도분포를 나타낸 것이다. 박리점(D)에서는 벽의 속도 기울기와 벽 전단응력이 0이다. 이 이후에서는(D에서 E

Video

V9.9 눈발이 흩날리는 모습

경계층 내부에서 점성의 영향으로 경계층 박리가 일어난다.

Video

V9.10 물체 형상이 압력 기울기에 미치는 영향

까지) 경계층에서 역류(reverse flow)가 발생한다.

그림 9.15c에 나타난 바와 같이, 원통 후반부의 평균 압력은 경계층 박리로 인해 전반부보다 훨씬 작다. 점성계수가 작아서 점성 전단항력이 아주 작은 경우에도 큰 압력항력이 발생한 경우는 이러한 이유로 설명할 수 있다.

박리점의 위치, 물체 뒤에 생기는 후류 영역의 폭, 표면의 압력 분포 등은 경계층 유동의 양상에 따라 다르다. 층류 경계층과 비교하면 난류인 경우에는 운동에너지와 운동량이 크다. 그 이유는, 난류 경계층 유동은 (1) 속도분포는 더 평평하여 이상적인 균일분포에 근접하고, (2) 시간 평균한 속도의 x 성분에는 나타나지 않는 비정상 속도 성분으로 상당한 에너지를 가지기 때문이다. 따라서 난류 경계층의 박리점은 층류인 경우보다 원통에서 더 뒤쪽에 생긴다.

9.3 항력

9.1절에서 논의한 바와 같이, 유체 속을 움직이는 물체는 항력–물체 표면의 압력과 전단력에 의한 유동방향의 합력–을 받는다. 물체에 작용하는 수직력과 접선력의 유동방향 성분인 이 합력은 압력 p와 벽 전단응력 τ_w의 분포를 알면 식(9.1)과 (9.2)를 사용하여 구할 수 있다. 응력분포를 해석적으로 구하는 경우는 매우 드물다.

물체의 항력에 대한 정보는 대부분 풍동, 수조, 견인 탱크 등 모형 실험을 통해서 얻어진다. 주어진 형상의 물체에 대한 결과는 주로 다음과 같이 정의되는 항력계수 C_D로 표현된다.

$$\boxed{C_D = \frac{\mathscr{D}}{\frac{1}{2}\rho U^2 A}} \tag{9.21}$$

C_D는 Reynolds 수 Re, Mach 수 Ma, Froude 수 Fr, 표면의 상대 거칠기 ε/ℓ의 함수이다. 즉,

$$C_D = \phi(\text{shape}, \text{Re}, \text{Ma}, \text{Fr}, \varepsilon/\ell)$$

이다.

9.3.1 마찰항력

마찰항력 $\mathscr{D}_f$는 항력 성분 중 물체 표면의 전단응력 τ_w과 관계되는 부분이다. 벽 전단응력의 크기 뿐만 아니라 응력이 작용하는 표면의 방향과도 관계가 있다. 이 의미는 식(9.1)에서 $\tau_w \sin\theta$에서 알 수 있다. 유선형 물체나 Reynolds 수가 적은 경우에는 대부분의 항력은 마찰에 의한 것이다.

상류 유동과 평행하게 놓여 있고 폭 b, 길이 ℓ인 평판에 작용하는 마찰항력은,

$$\mathscr{D}_f = \frac{1}{2}\rho U^2 b \ell C_{Df}$$

이다. 여기서, C_{Df}는 마찰항력계수이다. 그림 9.13과 표 9.1에서 보듯이 C_{Df} 값은 Reynolds 수 $\mathrm{Re}_{\ell} = \rho U \ell / \mu$와 표면의 상대 거칠기 ε/ℓ의 함수로 주어진다.

9.3.2 압력항력

압력항력 $\mathscr{D}_f$는 항력 성분 중 물체 표면의 압력 p와 관계되는 부분이다. 물체의 형상과 밀접한 관련이 있으므로 **형상항력(form drag)**이라고도 한다. 압력항력은 압력의 크기와 압력이 작용하는 표면의 방향의 함수이다. 유동에 평행한 평판인 경우, 각 면에 작용하는 압력이 클지라도 압력은 상류 속도에 수직으로 작용하므로 항력으로 작용하지 않는다. 그러나 유동에 수직한 평판에서의 압력은 전부 항력으로 작용한다.

압력(형상)항력은 수직 응력으로 생성된다.

전술한 바와 같이, 대부분의 물체 표면은, 일부가 유동에 평행한 부분도 있고, 수직한 부분도 있으며, 대부분이 유동한 일정 각도를 가진다. 압력 분포와 물체 형상이 상세히 주어지면 식(9.1)에서 압력항력을 구할 수 있다. 즉,

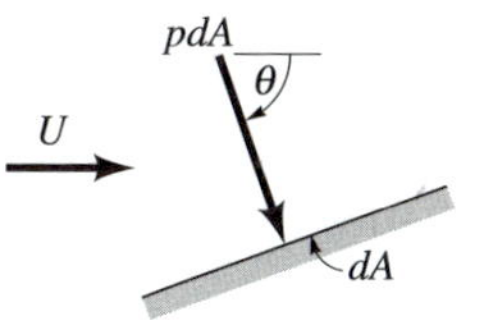

$$\mathscr{D}_p = \int p \cos\theta \, dA$$

위 식을 **압력항력계수(pressure drag coefficient)** C_{Dp}로 표현하면,

$$C_{Dp} = \frac{\mathscr{D}_p}{\frac{1}{2}\rho U^2 A} = \frac{\int p \cos\theta \, dA}{\frac{1}{2}\rho U^2 A} = \frac{\int C_p \cos\theta \, dA}{A} \tag{9.22}$$

이 된다. 여기서 $C_p = (p - p_0)/(\rho U^2/2)$는 **압력계수(pressure coefficient)**이고, p_0는 기준압력이다. 만일 표면의 압력이 전체에서 일정하다면(즉, p_0), 압력에 의해 물체가 받는 총 힘은 0이므로 기준압력 p_0는 항력에 직접적인 영향을 주지 않는다.

압력계수는 압력을 무차원화한 것이다.

9.3.3 항력계수에 대한 자료와 적용 실례

앞 절에서 논의한 바와 같이, 총 항력은 압력과 전단응력 모두에 영향을 받는다. 대부부의 경우 두 영향이 함께 작용하며 식(9.21)로 정의되는 전 항력계수 C_D가 사용된다. 항력계수에 대한 자료는 문헌에서 많이 찾아볼 수 있다. 이 절에서는 대표적인 경우에 대해 살펴보기로 한다. 그 외에 대해서는 참고문헌(5, 6)를 참조하기 바란다.

Video
V9.11 스카이 다이빙

형상의 영향 유선형에서 무딘 형상까지 다양한 물체의 형상은 항력계수에 영향을 준다. 형상의 영향에 대한 예로 종횡비가 ℓ/D인 타원형 물체의 항력에 대해 생각해 보자. 여기서, D는 두께, ℓ은 유체과 평행한 길이이다. 그림 9.16에는 전면면적(frontal area) $A = bD$를 기준으로 한 항력계수 $C_D = \mathscr{D}/(\rho U^2 bD/2)$가 나와 있다. 여기서 b는 유동에 수직한 방향의 길이(즉, 타원의 폭)이다. 물체의 형상이 무딜수록 항력계수는 커진다. $\ell/D = 0$(즉, 유동에 수직인 평판)인 경우 평판의 항력계수인 $C_D = 1.9$이다. $\ell/D = 1$에서는 원통과 같은 항력계수를 얻는다. ℓ/D가 증가하면 C_D는 감소한다.

항력계수를 정의하는 기준은 전면면적이나 평면면적이다.

종횡비가 아주 커지면($\ell/D = \infty$) 타원은 유동과 평행한 평판으로 간주된다. 이 경우

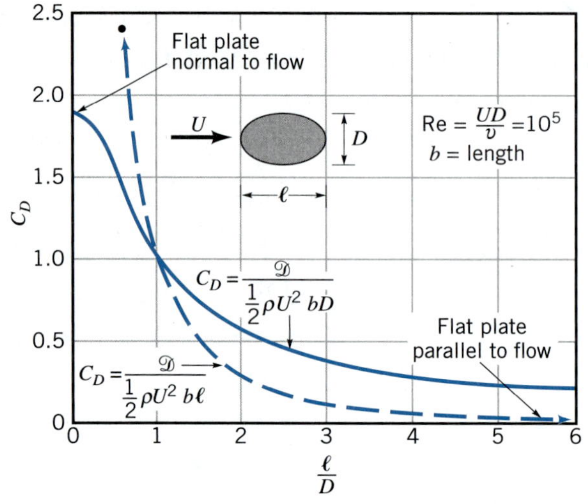

그림 9.16 타원형 물체의 항력계수 (참고문헌 5)
(주 : 정면인 경우 A=bD가 특성길이이고, 평면인 경우 A=bl이 특성길이가 됨)

마찰항력은 압력항력보다 크다. 두께가 아주 얇은 물체(예를 들어, $\ell/D = \infty$인 타원, 평판, 매우 얇은 날개 등)에 대해서는 일반적으로 평면면적(planform area) A=bl을 항력계수의 정의에 사용한다. 그림 9.16에는 평면면적에 의한 타원의 항력계수 $C_D = \mathscr{D}/(\rho U^2 b\ell/2)$도 도시되어 있다. 어떤 방법으로 항력계수를 나타내어도 항력 값은 같다. 단지, 같은 자료를 두 가지 방법으로 다르게 표현한 것이다.

설계 관점에서는 항력의 최소화에 중점을 두지만 항상 목표가 되는 것은 아니다. 경계층 박리와 뒤따르는 후류는 혼합을 증가시킨다. 이 현상은 열교환기나 유체 혼합기에는 바람직하다. 그렇지 않고 항력을 감소시키는 형상을 설계하려면 다음의 2가지 원리를 기억하라.

- 첫째, 물체가 길고 얇다면(평판이나 익형처럼 유선형인 경우) 항력은 주로 마찰로 생긴다. 이 항력은 유동을 가급적 층류로 유지하면 감소할 수 있다. 표면을 매끄럽게 하거나 익형처럼 두께가 있는 경우에는 난류가 뒤에서 일어나게 만든다.
- 둘째, 물체의 형상이 무딘면 항력은 주로 압력으로 생긴다. 이 경우에는 유동 박리가 가급적 후면에서 발생하게 하면 항력을 감소시킬 수 있다.

경계층 천이를 지체하게 하는 한 가지 방법은 빨리 난류 경계층이 발상하도록 촉진하는 것이다.(그림 9.15 참조) 이에 대해서는 두에 “표면 거칠기(surface roughness)”에서 다룰 예정이다. 그림 9.17에 도시된 두 개의 2차원 물체의 항력이 같다는 사실은 놀랍다. 그 이유는, 유선형 지주(b)는 직경이 훨씬 작은 원통(a)와 같은 정도의 후류 폭을 가지기 때문이다.

물체의 선단이 납작하다면 둥글게 하면 항력을 감소할 수 있다. 선단을 둥글게 하고 후면을 경사지게 하면 항력이 줄어든다는 사실을 그림 9.18에서 확인할 수 있다. 만일 거꾸로 된다면, 즉 선단은 경사지고 후면은 둥근 형상이 되면 항력은 오히려 증가한다. 선단

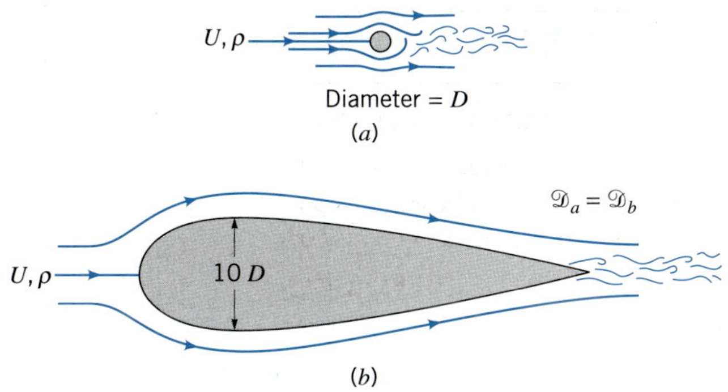

그림 9.17 면적이 달라도 항력이 같은 경우 (a) 원통 ($C_D = 1.2$), (b) 유선형 지주 ($C_D = 0.12$)

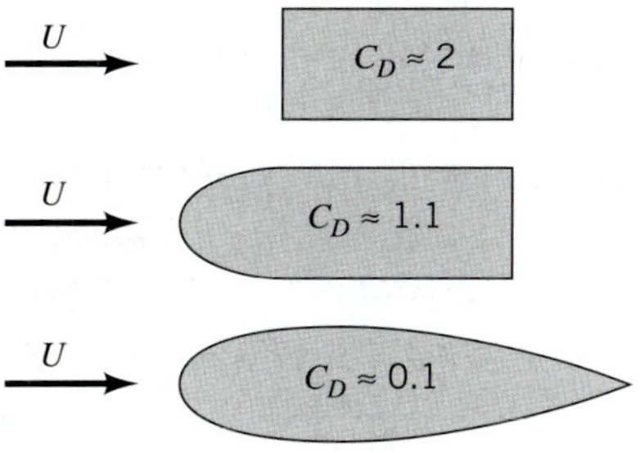

그림 9.18 유선형에 의한 항력 감소. 항력계수는 전면면적 기준임. 2차원 형상인 경우임.

이 무딘 형상이면 압력 감소가 심하게 일어나서 유동 박리가 일어나지 않는다. 후면의 경사 길이도 너무 길면 마찰에 의한 항력이 커져서 항력 감소 효과가 줄어들 수도 있다.

Reynolds 수의 영향 항력계수에 큰 영향을 주는 또 다른 변수에는 Reynolds 수가 있다. Reynolds 수가 작은 경우($Re < 1$) 전단력과 압력은 균형을 이루고, 관성의 영향은 무시한 정도로 작다. 이 경우 항력은 상류속도 U, 물체 크기 ℓ, 점성계수 μ의 함수가 된다. 즉,

$$\mathscr{D} = f(U, \ell, \mu)$$

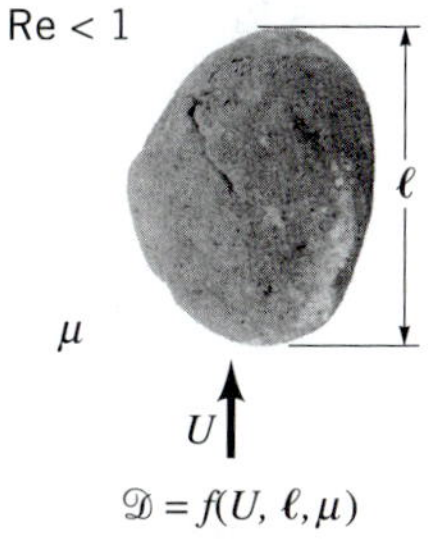

이다. 7.7.1절의 차원 해석법을 적용하면

$$\mathscr{D} = C\mu\ell U \tag{9.23}$$

이 된다. 여기서 상수 C는 물체의 형상에 의해 결정된다. 항력계수의 표준 정의인 $C_D = \mathscr{D}/\frac{1}{2}\rho U^2 A$를 식(9.24)에 대하여 무차원 형태로 표현하면 다음과 같은 결과를 얻을 수 있다.

$$C_D = \frac{\text{constant}}{\text{Re}}$$

여기서, $\text{Re} = \rho U\ell/\mu$이다. 구인 경우 직경 $\ell = D$이므로 $C_D = 24/\text{Re}$가 된다. Reynolds 수가 1 이하인 경우에는 대부분의 물체에 위 결과를 적용할 수 있다.

예제 9.8 | 저Reynolds 수 유동에서의 항력

주어진 사항 작업자가 방의 천장에 페인트를 뿌리고 있다. 페인트는 에어로졸 형태로 분사시 대기 속으로 흩어져 바닥으로 떨어지는 경우도 있다. 이 페인트의 형태를 직경 $D = 1 \times 10^{-5}$ m (또는 10 μm), 비중 $SG = 1.2$의 구형으로 가정하자.

해결과제 방의 높이가 2.44 m이면 페인트가 바닥에 도달하는 시간을 구하라. 방 안의 공기는 정지 상태로 가정할 것.

풀이 움직이는 입자에 대한 상대적인 자유물체도는 그림 E9.8a와 같다. 입자는, 자체의 무게 $\mathscr{W}$, 주위 물에 의한 부력 F_B, 물이 주는 항력, $\mathscr{D}$가 평형을 유지하며 일정한 속도 U로 낙하한다.

자유물체도에서

$$\mathcal{W} = \mathcal{D} + F_B$$

이 성립한다. 여기서 입자 무게 $\mathcal{W}$는,

$$\mathcal{W} = \gamma_{\text{point}} \forall = SG\gamma_{H_2O}\frac{\pi}{6}D^3 \quad (1)$$

이고, 부력 F_B는,

$$F_B = \gamma_{\text{air}} \forall = \gamma_{\text{air}}\frac{\pi}{6}D^3 \quad (2)$$

(2)

이다. 물체가 아주 작아서 Re < 1의 초저속유동으로 가정하여 $C_D = 24/\text{Re}$를 적용하면,

$$\mathcal{D} = \frac{1}{2}\rho_{\text{air}}U^2\frac{\pi}{4}D^2C_D = \frac{1}{2}\rho_{\text{air}}U^2\frac{\pi}{4}D^2\left(\frac{24}{\rho_{\text{air}}UD/\mu_{\text{air}}}\right)$$

가 된다. 식을 정리하면, 항력 D는 다음과 같이 표현된다.

$$\mathcal{D} = 3\pi\mu_{\text{air}}UD \quad (3)$$

위 가정의 정당성 여부는 나중에 확인해야 한다. 식(3)은 영국의 수학자이며 물리학자인 G.G. Stokes의 이름을 따서 Stokes 법칙이라 한다. 식(1),(2),(3)을 조합하면

$$SG\gamma_{H_2O}\frac{\pi}{6}D^3 = 3\pi\mu_{\text{air}}UD + \gamma_{\text{air}}\frac{\pi}{6}D^3$$

이 된다. $\gamma = \rho g$을 대입하고, 식을 U에 관해 정리하면,

$$U = \frac{D^2(SG\gamma_{H_2O} - \gamma_{\text{air}})}{18\mu_{\text{air}}} \quad (4)$$

이 유도된다. 표 1.5와 표 1.7에서 물성치 $\gamma_{H_2O} = 9800\ \text{N/m}^3$, $\gamma_{\text{air}} = 12.0\ \text{N/m}^3$, $\mu_{\text{air}} = 1.79\times10^{-5}\ \text{N}\cdot\text{s/m}^2$를 대입하면 식(4)는

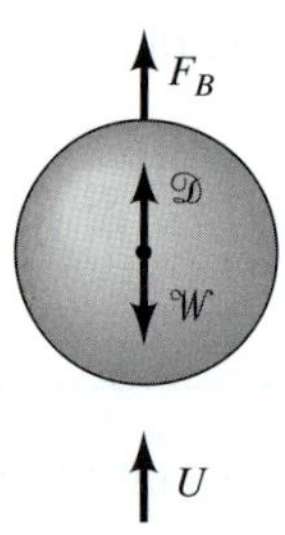

그림 E9.8a

$$U = \frac{(10^{-5}\ \text{m})^2[(1.2)(9800\ \text{N/m}^3) - (12.0\ \text{N/m}^3)]}{18(1.79\times10^{-5}\ \text{N}\cdot\text{s/m}^2)}$$

즉,

$$U = 0.00365\ \text{m/s}$$

이다.

바닥에 도달하는 시간을 t_{fail}로 두면,

$$t_{\text{fall}} = \frac{2.44\ \text{m}}{0.00365\ \text{m/s}} = 668\ \text{s}$$

이다.

Reynolds 수를 검토해 보면,

$$\text{Re} = \frac{\rho DU}{\mu} = \frac{(1.23\ \text{kg/m}^3)(1\times10^{-5}\ \text{m})(0.00365\ \text{m/s})}{1.79\times10^{-5}\ \text{N}\cdot\text{s/m}^2} = 0.00251$$

이다. Re < 1이므로 항력계수에 관한 앞의 가정은 정당하다.

보충설명 위의 계산을 반복 수행하여 입자 직경, D와 도달시간, t_{fail}의 관계를 나타내면 그림 E9.8b와 같다. 입자의 직경이 작을수록 천천히 떨어진다. 5 μm이하의 입자는 대기 중에 떠 있는 상태이므로 호흡시 폐 속으로 깊이 빨려 들어가므로 작업자는 건강에 위험한 상태에 노출된다. 건강에 문제를 야기시키는 것은 이러한 작은 입자이다. 대기 중에 입자가 많은 작업 환경에서는 적절한 환기 시스템 뿐만 아니라 개인별 보호장치도 필요하다. 물론 이러한 상황의 발생을 원천적으로 방지하는 기술의 개발이 더 효과적이고 비용도 절감할 수 있다.

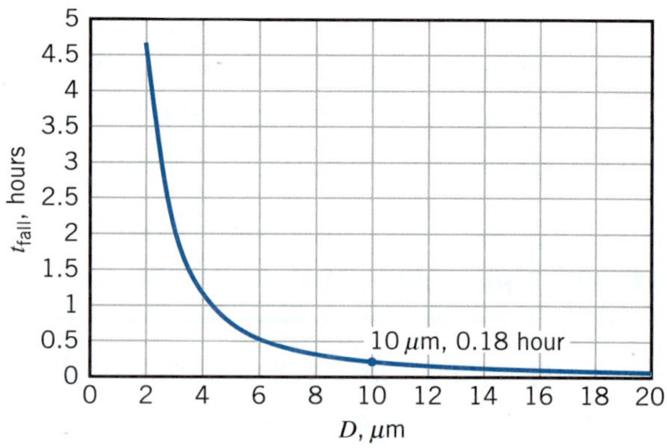

그림 E9.8b

Reynolds 수가 중간 정도이면 경계층 유동 구조를 나타낸다. 유선형 물체를 지나는 경우, 항력계수는 Reynolds 수에 따라 약간씩 감소한다. 예를 들면, 평판 위의 층류 경계층에서는 $C_D \sim \text{Re}^{-1/2}$이다.(표 9.1 참조) 무딘 물체인 경우에는 일반적으로 항력계수가 거의 일정하다. 그림 9.19a의 $10^3 < \text{Re} < 10^5$에서 구와 실린더의 C_D값을 보면 이러한 사실을 확인할 수 있다.

원통 주위의 유동 형태는 매우 다양하다.

Video V9.12 Karman 와류

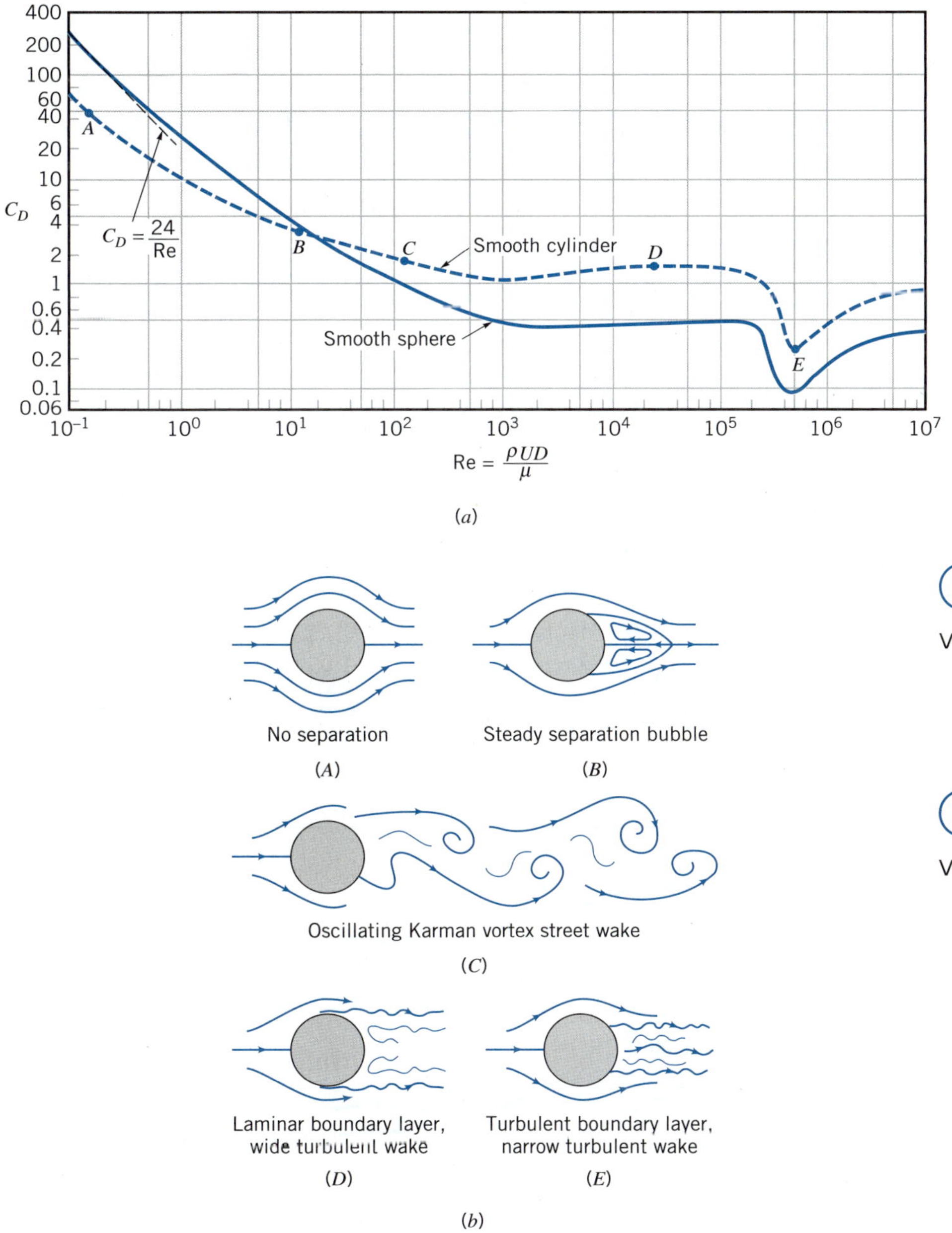

Video V9.13 원통 주위의 유동

Video V9.14 표지판의 진동

그림 9.19 원형 물체에 대한 Reynolds 수의 영향 (a)원통과 구에 대한 항력계수, (b)원통 주위의 유동 형태

그림 9.19b는 그림 9.15a에 표시된 Reynolds 수에서의 유동장 구조를 도식화 한 것이다. Reynolds 수에 따라 다양한 형태의 유동 현상을 볼 수 있다. 참고문헌 7과 20에는 이러한 유동 형태를 사진으로 상세히 묘사하였다.

경계층이 난류로 되면 항력계수의 특성은 급격히 변한다. 그림 9.13(평판)과 그림 9.19(구와 원통)에서 확인 할 수 있다. 이러한 천이가 시작되는 Reynolds 수는 물체의 형상에 좌우된다.

유선형 물체인 경우, 대부분의 항력은 전단력으로 생기고, 난류의 전단력은 층류보다 크기 때문에 경계층이 난류가 되면 항력계수는 증가한다. 그러나, 원통이나 구와 같이 무딘 물체인 경우에는 난류 경계층에서는 항력계수가 감소한다. 9.2.6절에서 논의한 바와 같이, 원통의 난류 경계층은 박리되기 전까지 역압력 기울기에서 표면 뒤로 더 멀리 진행한다. 이 결과, 후류의 폭은 좁아지고 압력에 의한 항력은 작아진다. 이 결과는 그림 9.19에서 $10^5 < \text{Re} < 10^6$ 에서 C_D값이 갑자기 감소하는 것에서 확인 할 수 있다.

Video
V9.15 평판 주위의 유동

유동에 수직한 평판과 같이 무딘 정도가 극단적인 경우에는 경계층 유동의 형태에 관계없이 판의 끝 부분에서 유동이 박리 한다. 따라서 Reynolds 수는 항력계수에 영향을 별로 주지 않는다.

2차원 물체에서 무딘 정도에 따른 항력계수의 변화는 그림 9.20에 Reynolds 수의 함수로 나타나 있다. 위에서 언급한 제반 특성을 명백히 확인할 수 있다.

Mach수가 0.5 이하에서는 항력계수는 Mach수의 영향을 받지 않는다.

압축성의 영향 물체의 속도가 아주 크면, 압축성의 영향이 중요하며 항력계수는 유체의 음속 c로 정의되는 Mach수 $\text{Ma} = U/c$의 함수가 된다. $\text{Ma} < 0.3$ 정도로 Mach수가 작은 경우에는, 압축성은 별로 영향을 주지 않으며 항력계수는 Mach수와 무관하다. 그러나 Mach수가 이보다 더 커지면 Mach수는 항력계수에 큰 영향을 준다.

대부분의 물체에서는 $\text{Ma} = 1$(즉, 음속) 근처에서 C_D 값이 급격히 증가한다. 그림 9.21에 나타나는 이러한 특성 변화는 충격파(shock wave)–유동변수가 거의 불연속적으로 변

Video
V9.16 타원형 물체 주위의 유동

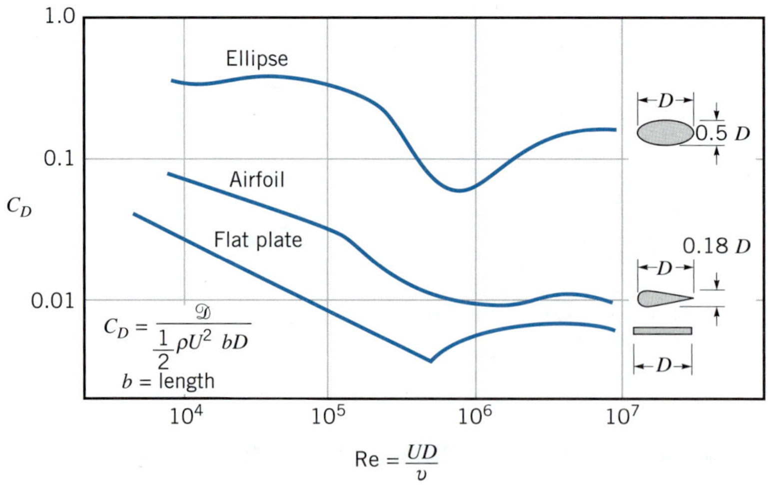

그림 9.20 2차원 유동에서의 형상 변화에 의한 항력계수 특성 (참고문헌 5)

예제 9.9 | 낙하 물체의 종착 속도

주어진 사항 우박은 그림 E9.9a에 도시된 바와 같이 뇌우의 상승기류 속에서 얼음 입자가 상승과 하강을 반복하면서 생성된다. 우박이 일정 크기 이상이 되면 상승기류에 의한 항력은 우박의 무게를 더 이상 지탱하지 못하므로 우박은 구름에서 떨어진다.

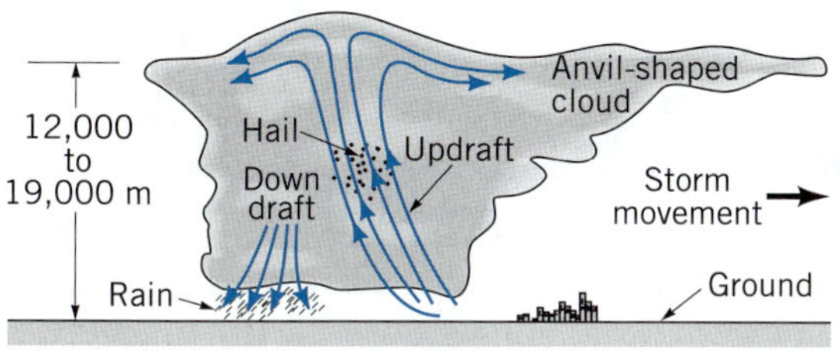

그림 E9.9a

해결과제 직경 4 cm 크기(골프공 정도임)의 우박을 만들기 위한 상승기류의 속도 U를 산출하라.

풀이 예제 9.8에서 논의한 바와 같이, 정상상태에서 유체 속으로 낙하하는 물체에 대한 힘의 균형은

$$\mathscr{W} = \mathscr{D} + F_B$$

이다. 공기역학적 항력 $\mathscr{D}$를 항력계수에 관한 식으로 표현하여 위 식을 다시 표현하면,

$$\frac{1}{2}\rho_{\text{air}} U^2 \frac{\pi}{4} D^2 C_D = \mathscr{W} - F_B \tag{1}$$

과 같다. 입자에 대한 공기의 부력 $F_B = \gamma_{\text{air}}\,\forall$, 입자의 무게 $\mathscr{W} = \gamma_{\text{ice}}\forall$로 표기하고, $\forall = \pi D^3/6$, $\gamma_{\text{ice}} \gg \gamma_{\text{air}}$(즉, $\mathscr{W} \gg F_B$)이므로 식(1)을 U에 관해 간단히 정리하면

$$U = \left(\frac{4}{3}\frac{\rho_{\text{ice}}}{\rho_{\text{air}}}\frac{gD}{C_D}\right)^{1/2} \tag{2}$$

이다. $\rho_{\text{ice}} = 948\ \text{kg/m}^3$, $\rho_{\text{air}} = 1.23\ \text{kg/m}^3$, $D = 4\ \text{cm} = 0.04\ \text{m}$를 식(2)에 대입하면,

$$U = \frac{4(948\,\text{kg/m}^3)(9.81\,\text{m/s}^2)(0.04\,\text{m})}{3(1.23\,\text{kg/m}^3)}$$

즉,

$$U = \frac{20.08}{\sqrt{C_D}} \tag{3}$$

이 된다. 여기서 U의 단위는 ft/s이다. U를 결정하려면 C_D를 알아야 한다. 불행히도 C_D는 Reynolds 수의 함수(그림 9.15 참조)이므로 U를 알아야 한다. 따라서 8.5절에서 Moody 선도와 연관된 관 유동 문제의 경우처럼 반복 계산법을 사용해야 한다.

그림 9.15를 보면 C_D 값은 0.5 정도로 예상된다. $C_D = 0.5$로 가정하여 식(3)에 대입하면,

$$U = \frac{20.08}{\sqrt{0.5}} = 28.4\ \text{m/s}$$

이 된다. 이에 대한 Reynolds 수를 구하면 (공기의 점성계수는 $\upsilon = 1.46 \times 10^{-5}\ \text{m}^2/\text{s}$로 가정함.)

$$\text{Re} = \frac{UD}{\upsilon} = \frac{(28.4\ \text{m/s})(0.04\ \text{m})}{1.46\times10^{-5}\ \text{m}^2/\text{s}} = 7.78\times10^4$$

이다. 이 값에 대한 C_D는 그림 9.19에서 $C_D = 0.5$이다. 따라서 $C_D = 0.5$로 가정한 것은 정당하고, 상승기류의 속도 U는,

$$U = 28.4\ \text{m/s} = 102.2\ \text{km/hr}$$

이다.

보충설명 위의 계산을 반복 수행하여 고도, z와 종착속도, U의 관계를 나타내면 그림 E9.9b와 같다. (대기압의 물성치는 부록C의 미국 표준 대기값을 사용하였다.) 고도가 상승하면 밀도가 감소하기 때문에 뇌우 속의 얼음 입자 속도는 지표에서보다 빠르다.

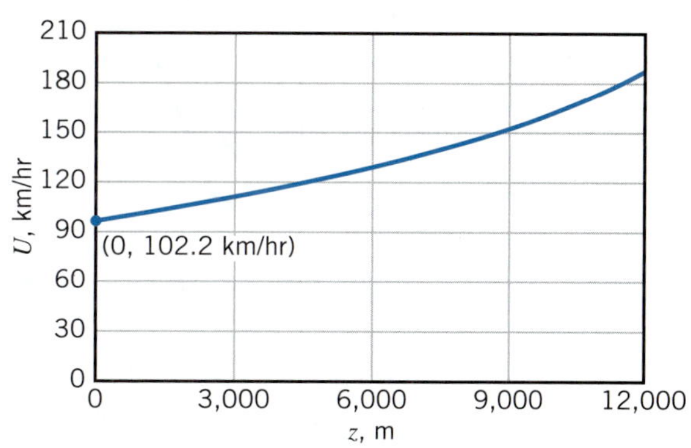

그림 E9.9b

상승기류 속으로 비행해 보면 이러한 기류의 힘을 실제로 경험할 수 있다. 식(2)에서 보듯이, 우박이 더 커지려면 상승기류는 더 강한 힘을 가져야 한다. 직경이 150 mm 이상 되는 우박이 내린 경우도 있다. 실제의 우박은 그림 E9.9c와 같이 구형이 아니라 타원형에 가깝고 표면이 매끈하지도 않다.

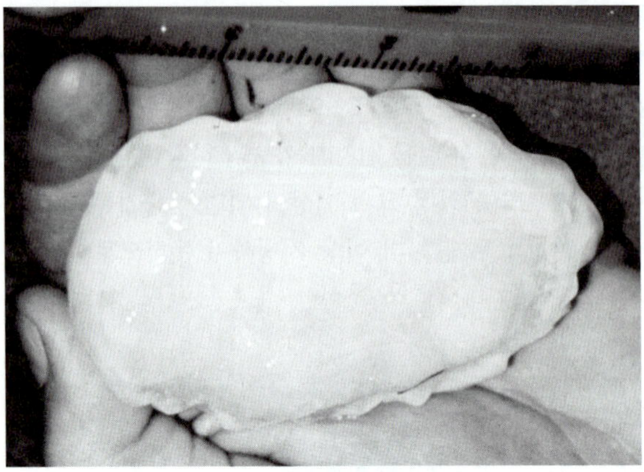

그림 E9.9c

하는 좁은 유동장 영역-에 기인한다. 아음속 유동에서는 나타나지 않는 충격파는 비교적 저속의 유동에서는 볼 수 없는 원리에 의해 항력을 발생시킨다.

압축성 영향에 대한 상세한 내용은 압축성 유동이나 공기 역학에 관한 다른 교재를 참조하길 바란다.(참고문헌 7, 9, 19)

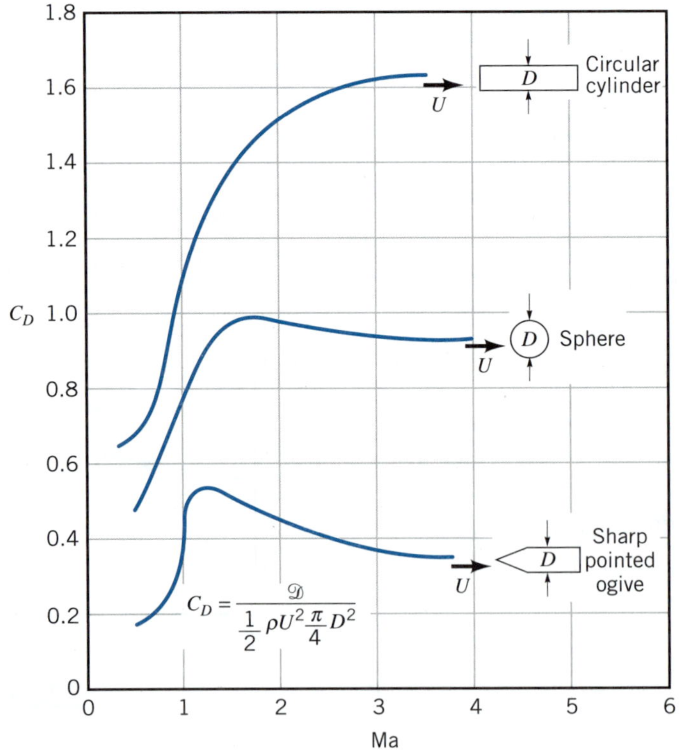

그림 9.21 초음속 유동에서의 항력계수와 Mach수의 관계 (참고문헌 14)

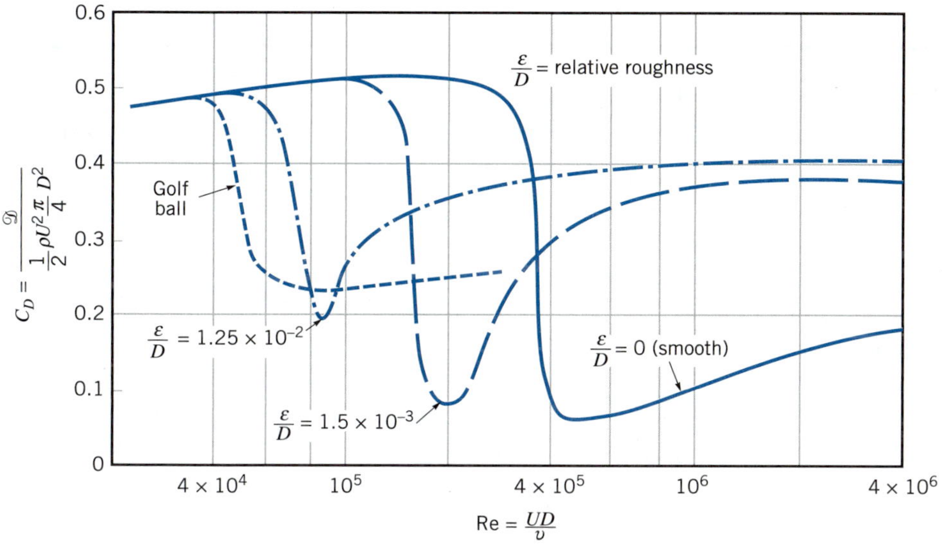

그림 9.22 천이 영역에서의 표면 거칠기에 따른 구의 항력계수 변화 (참고문헌 5)

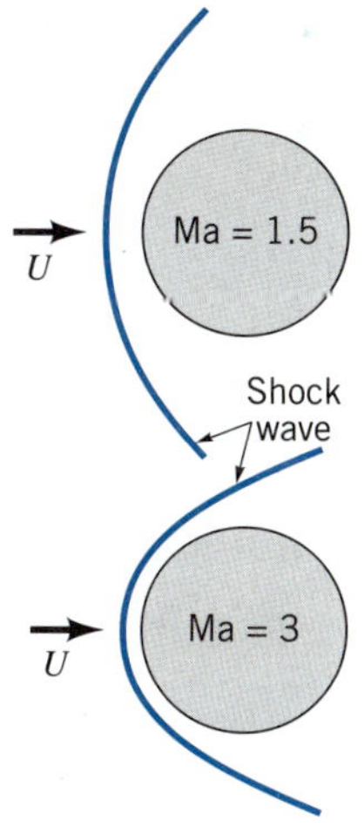

표면 거칠기의 영향 일반적으로, 유선형 물체에서는 표면 거칠기가 증가하면 항력도 커진다. 비행기를 설계할 경우, 리벳의 돌출 부분이나 나사의 머리 등은 항력을 상당히 증가시키기 때문에 날개의 표면은 가능한 매끄럽게 되도록 주의하여야 한다. 반면에, 상류 속도에 수직인 평판과 같이 형상이 아주 무딘 경우에는 전단응력은 유동 방향과 달라서 항력에 아무런 영향을 주지 못하므로 항력은 표면 거칠기와는 무관하다.

물체의 형상에 따라 표면 거칠기는 항력을 증가시킬 수도 있고 감소시킬 수도 있다.

무딘 물체, 예를 들어 원통이나 구의 경우, 표면 거칠기가 증가하면 항력은 실제로는 감소한다. 이것은 그림 9.22와 같이 구의 경우에서 확인할 수 있다. 9.2.6절에서 논의한 대로 Reynolds 수가 임계값(매끈한 구의 경우 $\mathrm{Re} = 3 \times 10^5$)에 도달하면 경계층은 난류가 되고 구 후면의 후류 영역은 층류에 비해 상당히 좁아진다.(그림 9.19b 참조) 이 결과, 마찰항력은 약간 증가하지만 압력항력은 상당히 감소하여 전 항력(또는 C_D)은 줄어든다.

표면이 거칠어지면 경계층이 난류로 변화할 수 있다.

구의 표면을 거칠게 하면 더 작은 Reynolds 수에서도 경계층을 난류로 바꿀 수 있다. 예를 들면, 골프공의 임계Reynolds 수는 $\mathrm{Re} = 4 \times 10^4$이다. $4 \times 10^4 < \mathrm{Re} < 4 \times 10^5$에서 표준 골프공(표면이 울퉁불퉁함)의 항력은 매끈한 공보다 훨씬 작다.($C_{D\text{rough}}/C_{D\text{smooth}} \approx 0.25/0.5 = 0.5$) 예제 9.10에서 살펴보겠지만, 이 Reynolds 수 범위는 골프공이 잘 맞을 때의 경우이고 골프공에 홈을 만드는 이유이다. 탁구공이 날아갈 때의 Reynolds 수는 4×10^4이하이므로 탁구공의 표면은 매끄럽게 한다.

예제 9.10 | 표면 거칠기의 영향

주어진 사항 골프공(직경 $D = 43$ mm, 무게 $\mathcal{W} = 0.44$ N)이 잘 맞으면 $U = 61$ m/s 로 티에서 날아간다. 탁구공(직경 $D = 38$ mm, 무게 W = 0.025 N)이 잘 맞으면 $U = 20$ m/s 로 라켓에서 날아간다.

Video

V9.17 골프 공과 매끄러운 공의 후류 비교

해결과제 위 조건을 사용하여 표준 골프공, 매끈한 골프공, 탁구공 각각의 경우에 대해서 공이 받는 항력과 감속도를 구하라.

풀이 모든 경우에 대해서 항력에 관한 식은

$$\mathcal{D} = \frac{1}{2}\rho U^2 \frac{\pi}{4} D^2 C_D \qquad (1)$$

로 같다. 항력계수 C_D에 대해서는 그림 9.22에 Reynolds 수와 표면 거칠기의 함수로 나타나 있다. 표준상태의 공기로 가정하면, 골프공인 경우

$$\text{Re} = \frac{UD}{\nu} = \frac{(60 \text{ m/s})(4.3/100 \text{ m})}{0.14 \times 10^{-4} \text{ m}^2/\text{s}} = 1.8 \times 10^5$$

이고, 탁구공인 경우

$$\text{Re} = \frac{UD}{\nu} = \frac{(20 \text{ m/s})(3.8/100 \text{ m})}{(1.46 \times 10^{-5} \text{ m}^2/\text{s})} = 5.2 \times 10^4$$

이다. 이에 대한 항력계수는 표준 골프공인 경우 $C_D = 0.25$, 매끈한 골프공인 경우 $C_D = 0.51$, 탁구공인 경우 $C_D = 0.50$ 이다. 식(1)에 대입하면, 표준 골프공인 경우

$$\mathcal{D} = \frac{1}{2}(1.23 \text{ kg/m}^3)(60 \text{ m/s})^2 \frac{\pi}{4}(4.3 \times 10^{-2} \text{ m})^2(0.25) = 0.8 \text{ N}$$

이고, 매끄러운 골프공의 경우

$$\mathcal{D} = \frac{1}{2}(1.23 \text{ kg/m}^3)(60 \text{ m/s})^2 \frac{\pi}{4}(4.3 \times 10^{-2} \text{ m})^2(0.51) = 1.64 \text{ N}$$

이며, 탁구공인 경우

$$\mathcal{D} = \frac{1}{2}(1.23 \text{ kg/m}^3)(20 \text{ m/s})^2 \frac{\pi}{4}(3.8 \times 10^{-2} \text{ m})^2(0.50) = 0.14 \text{ N}$$

이다.

감속도는 $a = \mathcal{D}/m = g\mathcal{D}/\mathcal{W}$이므로 중력 가속도에 대한 비로 표현하면 $a/g = \mathcal{D}/\mathcal{W}$가 된다. 여기서 m은 공의 질량이다. 표준 골프공인 경우,

$$\frac{a}{g} = \frac{0.8 \text{N}}{0.44 \text{N}} = 1.82 \text{ for the standard golf ball}$$

이고, 매끄러운 골프공인 경우,

$$\frac{a}{g} = \frac{0.164 \text{N}}{0.44 \text{N}} = 3.73 \text{ for the smooth golf ball}$$

이며, 탁구공인 경우

$$\frac{a}{g} = \frac{0.14}{0.025} = 5.6 \text{ for the table tennis ball}$$

이다.

보충설명 표면이 거친 표준 골프공은 매끈한 골프공보다 감속도가 훨씬 작다. 탁구공은 항력과 질량의 비가 훨씬 크므로 상대적으로 빨리 감속되어 골프공보다 멀리 날라 가지 못한다. ($U = 20$ m/s 일 때 표준 골프공의 항력은 $D = 0.09$ N이고 감속비 $a/g = 0.202$로 탁구공의 경우인 $a/g = 4.77$에 비해서 훨씬 작다. 역으로, 탁구공이 61 m/s 로 티를 벗어나면 감속도는 $a = 530 \text{ m/s}^2$ 즉 $a/g = 54.1$이므로 골프공만큼 멀리 날라 가지 못한다.)

위의 계산을 반복 수행하면 공의 속도, U와 항력, D의 관계를 그림 E9.10과 같이 구할 수 있다.

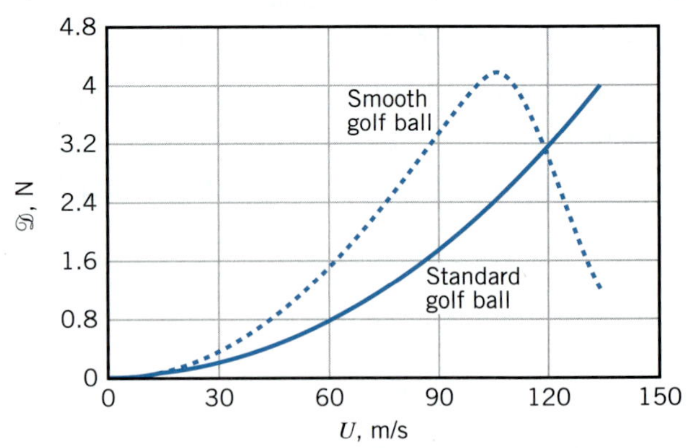

그림 E9.10

표면이 거친 골프공이 매끈한 골프공보다 항력을 작게 받는 Reynolds 수 범위 ($4 \times 10^4 < 3.6 \times 10^5$)에 해당하는 골프공의 비속도는 $14 < U < 122$ m/s이다. 이 범위는 대부분의 골퍼가 실제로 내는 속도에 해당한다. 9.4.2절에서 논의하겠지만 골프공 표면을 거칠게 하는 홈은 공의 회전에 의한 양력을 발생시켜 주기도 하므로 매끈한 경우보다 더 멀리 날아 갈 수 있게 한다.

광활한 유체의 세계

야구 방망이 표면에 흠집을 주면?

흠집이 있는 골프공은 표면의 울퉁불퉁한 딤플로 난류 경계층이 생겨서 공기역학적 항력이 감소하여 매끄러운 골프공보다 더 멀리 간다고 알려져 있다. 그렇다면 야구 방망이에 흠집을 내면 홈런 타자는 방망이를 더 빨리 휘두를 수 있어서 공을 더 멀리 보낼 수 있지 않을까? MIT대학의 Jeffery 연구원은 이 문제에 대해 곰곰이 생가해 보고 그 대답을 얻기 위해 실험도 하였다. 또한 딤플이 있는 방망이를 고안하여 특허도 받았다. 실험결과에 의하면 딤플이 있는 방망이의 회전 속도는 3~5 % 증가했고 이는 이론적으로 공을 5~10 ft 정도 더 멀리 보내는 효과가 있다.

Froud수의 영향 항력계수는 $\text{Fr} = U/\sqrt{g\ell}$로 정의되는 Froud수에도 영향을 받는다. 10장에서 논의하겠지만, Froud수는 해수면과 같이 두 종류의 유체가 접하는 경우 자유류의 속도와 특정파의 속도 간의 비율이다. 배와 같이 표면에 물체에 움직이는 경우 에너지원에 의해 파가 발생한다. 이 에너지는 배에서 시작되므로 항력과 관련된다.(주: 에너지 발생률은 속도와 힘의 곱이다.) 이러한 파의 특성은 Froud수와 물체의 형상에 영향을 받는다. 수상스키가 저속으로 움직이는 경우(저Fr)와 고속인 경우(고Fr) 발생되는 파는 다르다.

Video
V9.18 제트 스키

복합 물체의 항력 형상이 복잡한 물체는 여러 부분이 모인 복합체(composite body)로 간주하면 근사값을 구할 수 있다. 예를 들어, 성조기 게양대가 바람에 받는 총 힘은 즉 여러 가지 복합형상에 작용하는 공기역학적 힘을 성조기, 막대 등 각각의 형상에 작용하는 항력을 더하여 근사값을 산출할 수 있다. 이러한 근사법은 제법 합리적인 결과를 주지만, 형상간의 상호작용에 의한 영향을 고려해야 하는 경우도 물론 있다.

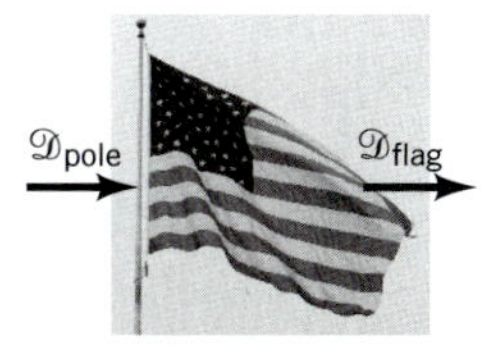

복합 물체의 항력은 단순 물체의 조합으로 근사값을 계산할 수 있다.

예제 9.11 | 복합 물체에 작용하는 항력

주어진 사항 그림 E9.11a와 같이 급수탑에 96 km/hr의 바람이 불고 있다.

해결과제 탑이 쓰러지지 않기 위해 필요한 바닥의 모멘트(또는 토크) M를 구하라.

풀이 급수탑은 원통에 구가 얹혀 있는 형상으로 가정하고 총 항력은 각 부분의 항력을 합한다. 이 탑에 대한 자유물체도는 그림 E9.11b와 같다. 탑 바닥에 걸리는 모멘트의 합은,

$$M = \mathscr{D}_s\left(b + \frac{D_s}{2}\right) + \mathscr{D}_c\left(\frac{b}{2}\right) \qquad (1)$$

이다. 여기서 구와 원통에 걸리는 항력인 $\mathscr{D}_s$, $\mathscr{D}_c$는 각각,

$$\mathscr{D}_s = \frac{1}{2}\rho U^2 \frac{\pi}{4} D_s^2 C_{Ds} \qquad (2)$$

$$\mathscr{D}_c = \frac{1}{2}\rho U^2 b D_c C_{Dc} \qquad (3)$$

이다. 표준 대기상태에서의 Reynolds 수는

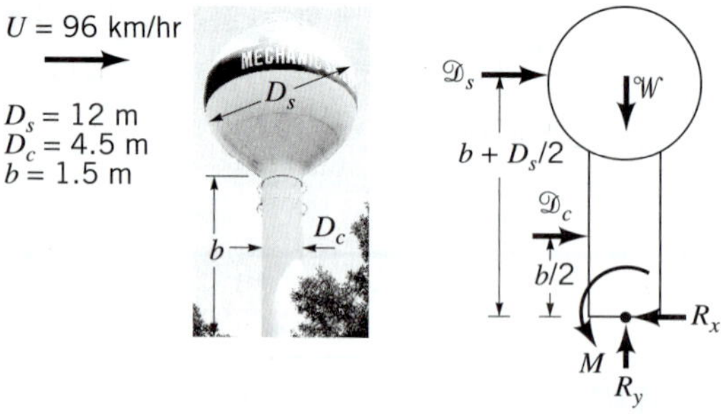

(*a*) (*b*)

그림 E9.11

$$\mathrm{Re}_s = \frac{UD_s}{\upsilon} = \frac{(27\ \mathrm{m/s})(12\ \mathrm{m})}{0.14 \times 10^{-4}\ \mathrm{m^2/s}} = 2.31 \times 10^7$$

$$\mathrm{Re}_c = \frac{UD_c}{\upsilon} = \frac{(27\ \mathrm{m/s})(4.5\ \mathrm{m})}{0.14 \times 10^{-4}\ \mathrm{m^2/s}} = 8.67 \times 10^6$$

이다. 이에 대한 항력계수는 그림 9.15에서 다음과 같이 근사값으로 구해진다.

$$C_{Ds} \approx 0.3 \quad \text{and} \quad C_{Dc} \approx 0.7$$

C_{Ds} 값은 외삽법으로 구하였다.(이 방법은 위험할 수 있음!) 식(2)와 식(3)에 각각 대입하면,

$$\mathscr{D}_s = 0.5(1.23\ \mathrm{kg/m^3})(27\ \mathrm{m/s})^2 \frac{\pi}{4}(12\ \mathrm{m})^2(0.3)$$
$$= 15.2 \times 10^3\ \mathrm{N}$$

이고,

$$\mathscr{D}_c = 0.5(1.23\ \mathrm{kg/m^3})(27\ \mathrm{m/s})^2(15\ \mathrm{m} \times 4.5\ \mathrm{m})(0.7)$$
$$= 212 \times 10^3\ \mathrm{N}$$

가 된다. 이 결과를 식(1)에 대입하면 필요한 모멘트를 다음과 같이 얻을 수 있다.

$$M = (15.2 \times 10^3\ \mathrm{N})\left(15\ \mathrm{m} + \frac{12}{2}\ \mathrm{m}\right) + (21.2 \times 10^3\ \mathrm{N})\left(\frac{15}{2}\ \mathrm{m}\right)$$
$$= 4.78 \times 10^5\ \mathrm{N \cdot m}$$

보충설명 위 결과는 추정치에 불과하다. 왜냐 하면, (a) 풍속은 바닥에서 꼭대기까지 일정하지는 않고 (b) 탑의 형상이 매끈한 구와 원통의 결합이라는 것은 실제와 꼭 같지는 않으며 (c) 원통의 길이는 무한하지 않고 (d) 원통과 구 사이에는 유동의 상호작용이 있으므로 실제 항력은 단순한 두 형상의 합과 다를 수 있고 (e) 항력계수는 주어진 자료를 외삽하여 구했기 때문이다. 그럼에도 불구하고 이러한 추정치는 실제값에 근접하는 경우가 많다.

다양한 형상의 물체에 대한 항력계수에 관한 자료는 여러 문헌에서 찾아볼 수 있다. 그림 9.23, 9.24, 9.25는 이 중 몇 가지에 대해 보여 준다. 항력계수가 1이라는 의미는 항력은 동압이 면적 A에 작용하는 힘과 같다는 것이다. 즉, $C_D = 1$이면 $\mathscr{D} = \frac{1}{2}\rho U^2 A C_D = \frac{1}{2}\rho U^2 A$이다. 전형적인 비선형 물체는 이 정도의 항력계수 값을 가진다.

Shape	Reference area A (b = length)	Drag coefficient $C_D = \dfrac{\mathscr{D}}{\frac{1}{2}\rho U^2 A}$	Reynolds number $\mathrm{Re} = \rho UD/\mu$
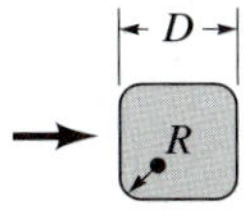 Square rod with rounded corners	$A = bD$	R/D | C_D 0 | 2.2 0.02 | 2.0 0.17 | 1.2 0.33 | 1.0	$\mathrm{Re} = 10^5$
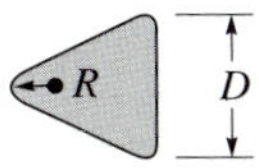 Rounded equilateral triangle	$A = bD$	R/D | C_D (→) | C_D (←) 0 | 1.4 | 2.1 0.02 | 1.2 | 2.0 0.08 | 1.3 | 1.9 0.25 | 1.1 | 1.3	$\mathrm{Re} = 10^5$
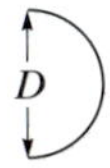 Semicircular shell	$A = bD$	→ 2.3 ← 1.1	$\mathrm{Re} = 2 \times 10^4$
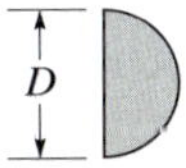 Semicircular cylinder	$A = bD$	→ 2.15 ← 1.15	$\mathrm{Re} > 10^4$
 T-beam	$A = bD$	→ 1.80 ← 1.65	$\mathrm{Re} > 10^4$
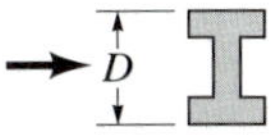 I-beam	$A = bD$	2.05	$\mathrm{Re} > 10^4$
 Angle	$A = bD$	→ 1.98 ← 1.82	$\mathrm{Re} > 10^4$
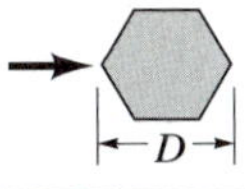 Hexagon	$A = bD$	1.0	$\mathrm{Re} > 10^4$
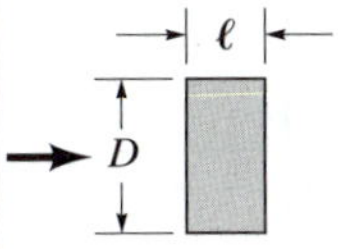 Rectangle	$A = bD$	ℓ/D | C_D ≤0.1 | 1.9 0.5 | 2.5 0.65 | 2.9 1.0 | 2.2 2.0 | 1.6 3.0 | 1.3	$\mathrm{Re} = 10^5$

그림 9.23 2차원 형상의 물체에 대한 항력계수 (참고문헌 5, 6)

Shape	Reference area A	Drag coefficient C_D	Reynolds number $\text{Re} = \rho UD/\mu$
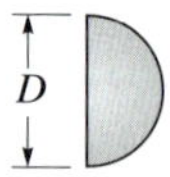 Solid hemisphere	$A = \frac{\pi}{4}D^2$	→ 1.17 ← 0.42	$\text{Re} > 10^4$
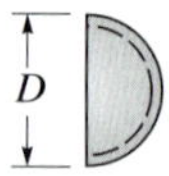 Hollow hemisphere	$A = \frac{\pi}{4}D^2$	→ 1.42 ← 0.38	$\text{Re} > 10^4$
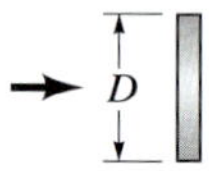 Thin disk	$A = \frac{\pi}{4}D^2$	1.1	$\text{Re} > 10^3$
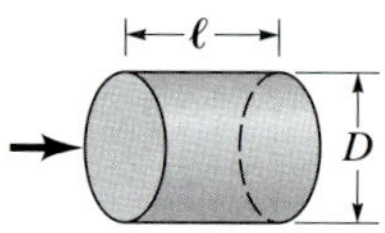 Circular rod parallel to flow	$A = \frac{\pi}{4}D^2$	ℓ/D | C_D 0.5 | 1.1 1.0 | 0.93 2.0 | 0.83 4.0 | 0.85	$\text{Re} > 10^5$
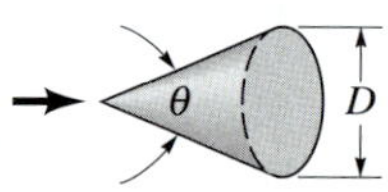 Cone	$A = \frac{\pi}{4}D^2$	θ, degrees | C_D 10 | 0.30 30 | 0.55 60 | 0.80 90 | 1.15	$\text{Re} > 10^4$
 Cube	$A = D^2$	1.05	$\text{Re} > 10^4$
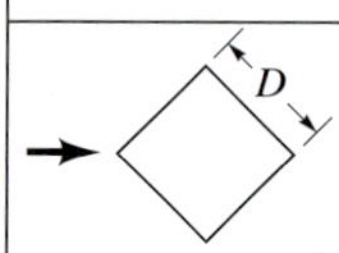 Cube	$A = D^2$	0.80	$\text{Re} > 10^4$
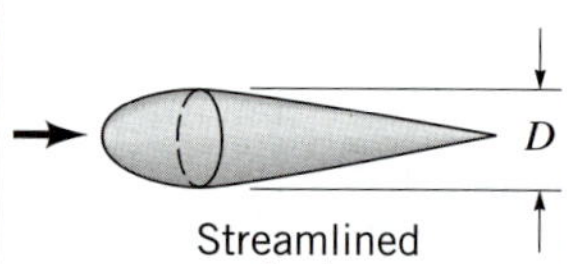 Streamlined body	$A = \frac{\pi}{4}D^2$	0.04	$\text{Re} > 10^5$

그림 9.24 3차원 형상의 물체에 대한 항력계수 (참고문헌 5)

Shape	Reference area	Drag coefficient C_D
Parachute	Frontal area $A = \frac{\pi}{4} D^2$	1.4
Porous parabolic dish	Frontal area $A = \frac{\pi}{4} D^2$	Porosity: 0 / 0.2 / 0.5 → : 1.42 / 1.20 / 0.82 ← : 0.95 / 0.90 / 0.80 Porosity = open area/total area
Average person	Standing Sitting Crouching	$C_D A = 0.84\ \text{m}^2$ $C_D A = 0.56\ \text{m}^2$ $C_D A = 0.23\ \text{m}^2$
Fluttering flag	$A = \ell D$	ℓ/D = 1: C_D = 0.07 ℓ/D = 2: C_D = 0.12 ℓ/D = 3: C_D = 0.15
Empire State Building	Frontal area	1.4
Six-car passenger train	Frontal area	1.8
Bikes		
Upright commuter	$A = 0.5\ \text{m}^2$	1.1
Racing	$A = 3.36\ \text{m}^2$	0.88
Drafting	$A = 3.36\ \text{m}^2$	0.50
Streamlined	$A = 0.46\ \text{m}^2$	0.12
Tractor-trailer trucks		
Standard	Frontal area	0.96
With fairing (Fairing)	Frontal area	0.76
With fairing and gap seal (Gap seal)	Frontal area	0.70
Tree, U = 10 m/s U = 20 m/s U = 30 m/s	Frontal area	0.43 0.26 0.20
Dolphin	Wetted area	0.0036 at Re = 6×10^6 (flat plate has $C_{Df} = 0.0031$)
Large birds	Frontal area	0.40

그림 9.25 여러 유형의 물체에 대한 항력계수 (참고문헌 5, 6, 12, 15)

Video

V9.19 트럭의 항력

Video

V9.20 자동차 표면의 유선형 곡선

9.4 양력

9.1에서 논의한 바와 같이, 유체 속을 움직이는 모든 물체는 유체로부터 힘을 받는다. 물체가 대칭이면 이 힘은 자유류와 같은 방향의 힘인 항력 $\mathcal{D}$가 된다. 물체가 비대칭이거나, 유동장이 비대칭인 경우(예를 들어, 회전하는 구 주위의 유동)에는 자유류에 수직한 힘인 양력 $\mathcal{L}$도 작용한다. 양력의 발생에 대한 여러 성질을 알기 위해 많은 노력이 있었다. 비행기의 날개나 터빈, 압축기의 블레이드는 양력을 고려하여 설계된다. 양력을 감소시키려는 경우도 있다. 자동차 바퀴의 접촉각이나 코너일 등에는 양력을 감소하려는 기술이 요구된다. 자동차나 경주용 차에서 역 양력을 만들어 지면에 밀착하도록 하여야 한다.

9.4.1 표면 압력 분포

물체 전 표면에서의 압력과 벽 전단응력의 분포를 알면 식(9.2)에서 양력을 구할 수 있다. 9.1절에서 언급한 바와 같이, 이러한 값은 알 수 없는 경우가 많다. 일반적으로 양력은 다음과 같이 양력계수의 형태로 표현하고,

양력계수는 양력을 무차원화한 것이다.

$$C_L = \frac{\mathcal{L}}{\frac{1}{2}\rho U^2 A} \tag{9.24}$$

실험이나, 수치해석 방법 등을 통하여 구한다.

양력계수에 가장 영향을 주는 변수는 물체의 형상이다. 양력 발생 장치에서 형상의 최적 설계에 많은 노력을 해 오고 있다. 여기서는 형상이 양력에 미치는 영향에 대해서만 고찰하고자 한다.

양력은 대부분 점성력보다 압력에 생긴다.

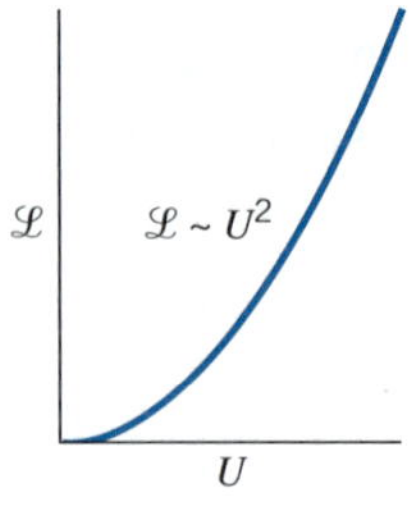

익형, 팬, 스포일러 등 대부분의 양력 발생 장치는 Reynolds 수가 큰 범위에서 작동하므로 점성 영역은 표면의 경계층과 후류 영역에 국한된다. 이런 경우 벽전단응력 τ_w에 의한 양력 성분은 거의 없고, 대부분의 양력은 표면 압력분포에서 생성된다.

전형적인 양력 발생 방법은 위와 아래의 표면에 압력 분포가 다르게 발생하도록 하는 것이다. Reynolds 수가 크면, 이러한 압력 분포는 동압 $\rho U^2/2$에 직접 비례하고 점성의 영향은 이차적이 된다. 그림 9.26에는 양력을 발생시키는 두 가지 유형의 익형이 있다. 대칭형 익형에서는 영각(angle of attack) α이 0이 아닌 경우에만 양력이 발생된다. 익형

Video

V9.21 박쥐의 날개짓

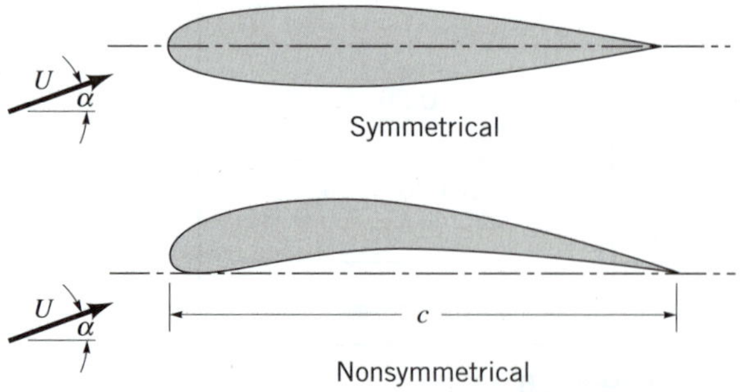

그림 9.26 대칭 익형과 비대칭 익형

이 비대칭인 경우에는 윗면과 아래면의 압력분포가 다르기 때문에 $\alpha = 0$에서도 양력이 발생된다.

대부분의 날개는 얇기 때문에 양력계수의 정의에는 일반적으로 평면면적 $A = bc$를 사용한다. 여기서, b는 익형 길이이고, c는 익현 길이(chord length)–그림 9.26에 도시한 바와 같이 선단에서 끝단까지의 길이–이다. 이렇게 정의한 항력계수는 보통 1 정도의 크기이다.(그림 9.27 참조) 즉, 항력은 동압에 익형의 평면면적을 곱한 정도의 크기, $\mathscr{L} \approx (\rho U^2/2)$A이다. 따라서, 익형의 단위 면적당 작용하는 평균 양력인 날개 하중(wing loading) $\mathscr{L}/A$은 속도에 따라 증가한다. 예를 들면, 1903년에 제작된 Wright Flyer 비행기의 날개 하중은 172 N/m^{2}인 데 반해 현대 비행기인 Boeing 747기는 720 N/m^{2}이다.

항력에 대한 양력의 비 $\mathscr{L}/\mathscr{D} = C_L/C_D$는 양력 발생 장치에서 중요한 수치이다. 이러한 자료는 C_L/C_D와 α의 관계(그림 9.27a)로 나타내기도 하고, α를 변수로 하여 C_L과 C_D의 양력–항력 극선(lift–drag polar) (그림 9.27b)으로 표현하기도 한다. 그림 9.27b에서, 원점에서 $C_L - C_D$곡선에 접하는 선을 그리면 효율이 최대인 영각(C_L/C_D가 최대인 점)을 찾을 수 있다.

점성과 벽 전단응력은 양력 발생에는 직접 영향을 거의 주지 않지만 양력 장치에 아주 중요한 역할을 한다. 익형의 영각이 아주 큰 경우처럼 비유선형 물체에서는 점성으로 경계층이 박리할 수 있기 때문이다. 일정 범위 내에서는 양력계수는 영각에 따라 약간씩 증가한다. 그러나, α가 너무 커지면 윗면에서 경계층이 박리되고 익형 주위에 난류 후류 영역이 넓게 형성되어, 양력은 감소하고 항력은 증가한다. 즉, 익형에 실속(stall)이 일어난다. 비행기가 낮은 고도에서 비행할 때 이러한 현상이 일어나면, 실속을 회복할 시간과 고도에 여유가 없으므로 극히 위험하다.

영각이 커지면 경계층 박리가 생겨 날개에 실속이 일어난다.

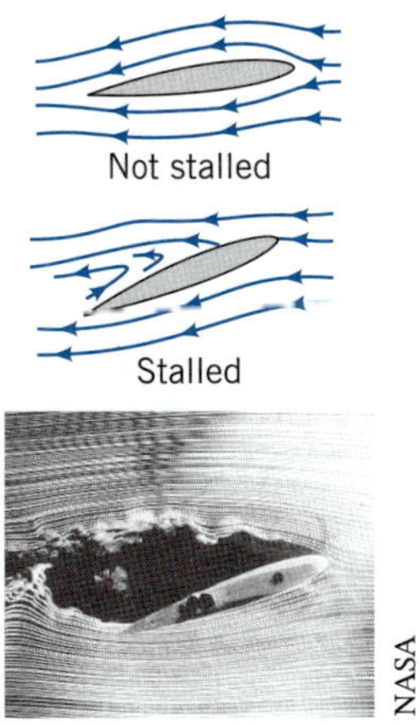

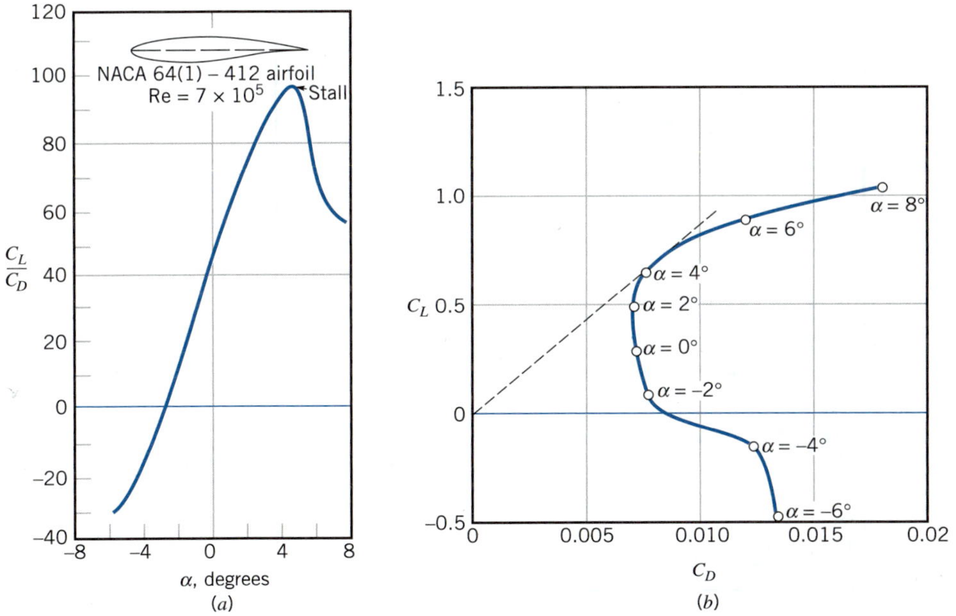

Video
V9.22 익형 주위의 실속 현상

그림 9.27 익형(NACA 64(1)–412)에 대한 양력과 항력의 두 가지 표현법 (a) 영각에 따른 항력과 양력 비, (b) 양력과 항력의 극선도 (참고문헌 18)

광활한 유체의 세계

박쥐는 난류를 감지한다.

박쥐 날개의 특정 위치에 촉각 세포가 있는데 그 가운데에 조그마한 털이 나와 있다고 연구로 밝혀졌다. 이 세포는 날개 표면에 흐르는 공기에 매우 민감하여 날개 주위의 난류를 감지할 수 있다. 이 털이 제거되면 박쥐는 직진운동은 가능하지만 방해물을 방지하기 위한 상하 움직임에는 문제가 발생한다. 털이 다시 자라면 박쥐의 비행 능력은 완전히 회복된다. 박쥐는 촉각 세포로 날개 주위의 난류를 감지하여 언제 날개의 영각을 조절하고 날개의 형상을 변형할지를 알게 되어 공중에서 실속되는 일이 없게 된다.

위에서 언급한 바와 같이, 익형의 양력과 항력은 영각을 변화하여 조정할 수 있다. 이렇게 하면 물체의 형상을 바꾸는 효과가 있다. 양력과 항력의 조정은 다른 방법으로도 가능하다. 현대 비행기에서는 그림 9.28과 같이 익형의 앞과 뒤에 플랩(flap–보조익)을 사용한다. 비교적 저속의 이·착륙 과정에서는 특별한 형상의 플랩을 날개에 연장시켜서 필요한 양력을 발생시킨다. 플랩을 사용하면 항력이 증가되는 점도 있지만(익형의 모양이 "지저분(dirty)"해 짐) 항력이 상당히 증가한 는 장점도 있다. 이·착륙시 항력의 증가는 별로 중요하지 않다.–일시적으로 항력이 증가하는 것보다 속도를 감속시키는 일이 더 중요하다. 플랩이 제거된(익형의 모양이 "깨끗(clean)"해 짐) 일반 비행 시에는 항력은 상대적으로 작아지고, 양력계수는 작아지지만 동압이 커져서(속도가 증가했으므로) 필요한 양력을 얻을 수 있다.

Video

V9.23 끝단에 설치된 플랩

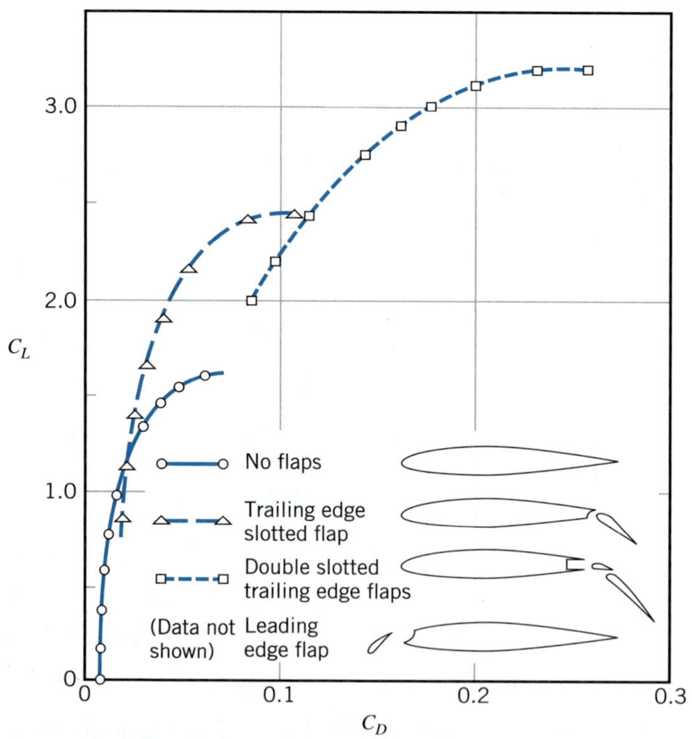

그림 9.28 플랩의 형상에 대한 양력과 항력의 변화 (참고문헌 16)

익형의 양력과 항력에 관해 더 많은 자료가 필요하면 일반 공기역학 교재를 참조하길 바란다.(참고문헌 10, 11, 19)

Video

V9.24 선단에 설치된 플랩

광활한 유체의 세계

자연에서 배우기

인간은 수백 년 동안 자연, 특히 새로부터 비행에 대한 통찰력을 찾아왔다. 그러나 새를 꼭 같이 흉내 낸 초기의 비행기는 모두 실패로 돌아갔다. 플랩이 없는 견고한 날개의 비행기만이 오랜 실험으로 비행에 성공한 정도이다. 이제 비행기 설계에서 획기적인 도약을 위해 공학도는 새나 벌레 등 살아 있는 생물학적 모델에 다시 주목하고 있다. 새는 날개를 3차원적으로 변형하고 회전함으로써 놀라운 운동성을 얻는다. Florida대학의 연구팀은 최근에 이 시스템을 모방할 시도를 하였다. 그 결과 새와 비슷하게 날개짓하는 소형 군정찰기를 만들었는데 방향 전환, 급강하, 횡회전 등의 운전 특성에서 예전에는 불가능 기법도 가능하였다. 특수 재질, 컴퓨터, 자동 제어 등에서 기술이 진보함에 따라 예전에는 상상에 그친 자연의 모사가 미래의 비행기 개발에 적용되리라 여겨진다.

예제 9.12 | 인력 비행기의 양력과 동력

주어진 사항 그림 E9.12a의 Gossamer Condor기는 1977년에 인력 비행기로는 최초로 805 m 떨어진 반환점을 규정된 코스로 8바퀴 완주하여 Kremer상을 받았다.(참고문헌 17) 이 비행기의 사양에 관한 자료는 다음과 같다.

비행속도 $= U = 4.6\ \text{m/s}$
날개 크기, $b = 29\ \text{m}$, $c = 2.3\ \text{m}$(average)
중량(조종사 포함) $= \mathscr{W} = 934\ \text{N}$
항력계수(평면 기준) $= C_D = 0.046$
동력 효율(조종사 동력과 비행기 추진 동력의 비) $= \eta = 0.8$

해결과제 (a) 양력계수 C_L와 (b) 조종사가 필요한 동력 $\mathscr{P}$를 구하라.

풀이

(a) 정상 비행 조건에서는 양력과 비행기 무게는 균형을 유지한다. 즉,

Photograph © Don Monroe.

그림 E9.12a

$$\mathscr{W} = \mathscr{L} = \frac{1}{2}\rho U^2 A C_L$$

그러므로 양력계수 C_L는,

$$C_L = \frac{2\mathscr{W}}{\rho U^2 A}$$

이다. 비행기 사양 자료($A = bc = 29\ \text{m} \times 2.3\text{m} = 66.7\ \text{m}^2$, $\mathscr{W} = 934\ \text{N}$)와 표준상태의 공기 조건($\rho = 1.23\ \text{kg/m}^3$)을 대입하면,

$$C_L = \frac{2(934\,\text{N})}{(1.23\,\text{kg/m}^3)(4.6\,\text{m/s})^2(66.7\,\text{m}^2)} = 1.08$$

로 적절한 수치를 얻었다. 이 비행기의 양력과 항력의 비는 $C_L/C_D = 1.08/0.046 = 23.5$이다.

(b) 조종사가 공급해야 할 동력과 동력 효율의 곱은 항력 $\mathscr{D}$를 극복하는데 필요한 동력(즉, 비행기 추진동력)과 같다. 즉,

$$\eta\mathscr{P} = \mathscr{D}U$$

이다. 항력 $\mathscr{D}$는,

$$\mathscr{D} = \tfrac{1}{2}\rho U^2 A C_D$$

이므로, 조종사 동력 $\mathscr{P}$는,

$$\mathscr{P} = \frac{\mathscr{D}U}{\eta} = \frac{\frac{1}{2}\rho U^2 A C_D U}{\eta} = \frac{\rho A C_D U^3}{2\eta} \quad (1)$$

이다. 식(1)에 수치를 대입하면,

$$\mathscr{P} = \frac{(1.23\,\text{kg/m}^3)(66.7\,\text{m}^2)(0.046)(9.8\,\text{m/s})^3}{2(0.8)}$$

$$= 230\ \text{W}$$

이다.

보충설명 조종사가 필요한 동력은 운동선수가 컨디션이 좋을 때 낼 수 있는 정도이다.(따라서, 비행이 성공적으로 수행될 수 있었다) 조종사 동력의 80%만이 비행기 추진에 사용되었고, 나머지 20%는 동력의 비효율성으로 손실되었다. (이 말은, 항력 $\mathscr{D}$ = 39.9 N에서 추진동력은 0.8×230 W = 184 W임)

위의 계산을 반복 수행하면 비행기의 속도, U와 동력, $\mathscr{P}$의 관계를 그림 E9.12b와 같이 구할 수 있다. 식(1)에 의하면 항력계수가 일정할 때 동력은 U^3에 비례한다. 예를 들어 비행 속도를 2배로 증가(즉 U = 9.0 m/s)하려면, 조종사에게는 8배의 동력 (즉, 1.8 kW)이 요구되는데 이는 인간의 체력 한계를 넘어선다.

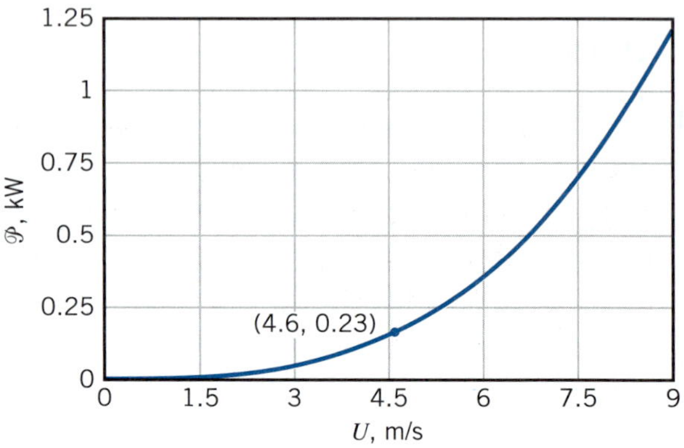

그림 E9.12b

9.4.2 순환

익형 주위의 이상 유동은 비점성 유동으로 가정하여 해석할 수 있다.

Video

V9.25 날개 끝에 생성된 와류

NASA

그림 9.29와 같이 길이가 유한한 날개 주위의 유동에 관해 고찰해 보자. 양력이 발생한 조건은 아래면의 평균 압력은 윗면보다 커야 한다. 날개 끝 부분에서는 이러한 압력 차이로 그림 9.29b와 같이 유체가 아래에서 위로 이동하려고 한다. 동시에, 유체는 날개 끝에서 **이동와류**(trailing vortex)를 형성하며 하류로 휩쓸려 내려간다.

양 날개 끝에서 형성된 이동와류는 날개 길이를 따라 **구속와류**(bound vortex)에 의해 연결된다. 이 와류에 의해 **순환**(circulation)이 생겨서 양력이 발생한다. 구속와류와 이동와류를 묶어서 말발굽 와류(horseshoe vortex)라 한다. 이동와류의 강도(구속와류의 강도와 같음)는 양력에 비례한다. Boeing 747과 같이 대형 비행기는 아주 강한 이동와류를 발생시키므로, 이 와류는 점성에 의해 소멸될 때까지 오랜 시간동안 지속된다. 이러한 와류는, 작은 비행기가 큰 비행기 근접하여 뒤따라가면 작은 비행기의 제어를 불가능하게 만들 만큼 강력하다.

위에서 설명한 바와 같이, 양력의 발생은 순환 또는 물체 주위의 와류 유동과 직접적인 관련이 있다. 비대칭 날개는 와류와 양력을 발생시킨다. 원통이나 구와 같이 대칭형 물체는 평상시에는 양력이 없지만, 회전하면 와류와 양력을 발생시킬 수 있다.

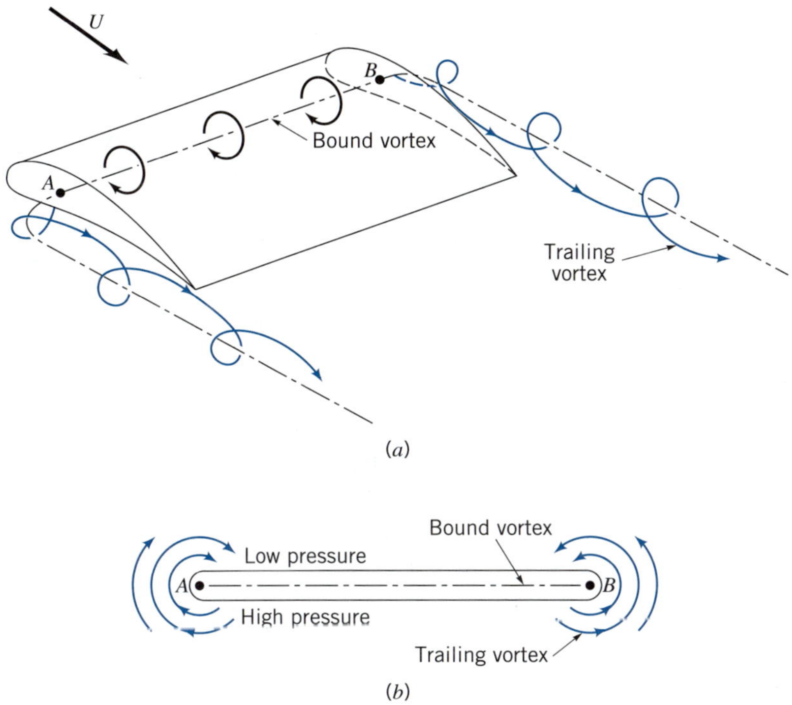

그림 9.29 유한한 길이의 날개를 지나는 유동 형태 (a) 구속와류와 이동와류에 의한말발굽 와류의 생성 (b) 날개 끝 부근의 누설 유동에 의한 이동와류의 생성

광활한 유체의 세계

윙릿(winglet)의 효능

비행기의 주날개 끝에 수직으로 부착된 작은 날개인 윙릿(또는 익단소익)은 항력을 감소시켜 추진 성능을 향상시킨다. 그 이유는 날개 밑면의 고압과 윗면의 저압에 의해 생성되는 날개끝 와류의 강도를 윙릿이 약화시키기 때문이다. 이 와류는 에너지 손실과 항력을 증가시킨다. 윙릿의 설치로 날개 길이를 연장하기 않고도 종횡비를 증가하는 효과가 있다. 윙릿의 형상은 항공기 제작사별로 다양하다. Airbus사의 A320호의 경우 아주 작은 윙릿이 날개 표면의 아래 위로 부착되어 있다. Boeing 747-400호에는 고전형으로 상부에 수직형의 윙릿이 설치되어 있다. 윙릿 주변의 공기 흐름은 매우 복잡한 양상을 나타내므로 정밀하게 설계되어야 하며 실험을 거쳐야 한다. 과거에는 기존 주날개에 윙릿을 추가로 부착하였지만 신종 비행기에는 설계 초기부터 윙릿을 고려한다. 멋으로 부착하는 자동차의 꼬리 핀과는 다르게 비행기의 윙릿은 성능 향상에 직접적으로 도움이 된다.

6.6.2절에서 논의한 바와 같이, 원통을 지나는 비점성 유동의 형태는 그림 9.30a와 같이 대칭이다. 유동의 대칭성으로 양력과 항력은 0(영)이다. 그러나, 정지된 실제($\mu \neq 0$)유체에서 원통을 축 방향으로 회전시키면, 회전은 주위 유체를 움직여서 그림 9.30b와 같이 원통 주위에는 유체의 순환이 발생한다. 이 순환과 이상적인 균일 유동을 결합하면 그림 9.30c와 같은 유동 형태가 된다. 이 경우, 유동은 원통 중심의 수평면에 대해서 대칭이 아니다. 아래면의 평균 압력은 윗면보다 커서 양력이 발생한다. 이 현상을 **Magnus효과**(Magnus effect)라 한다. 구가 회전하면 이와 유사한 양력이 발생한다. 이 현상은, 야구

공이나 원통은 회전하면 양력이 발생할 수 있다.

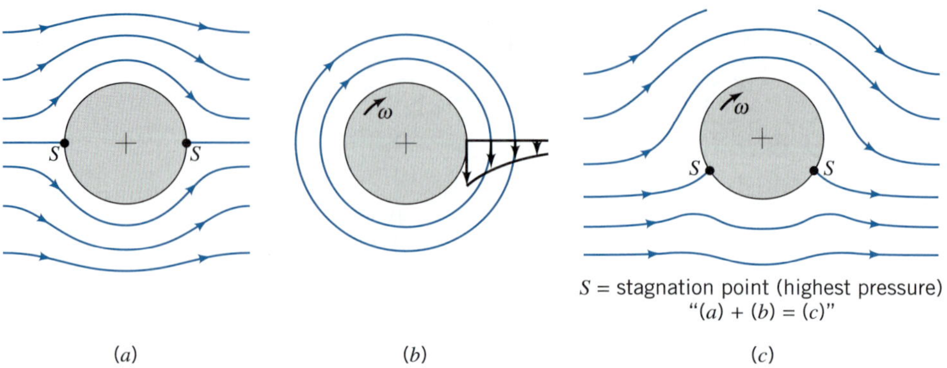

그림 9.30 원통을 지나는 비점성 유동 형태 (a) 순환이 없는 균일유동, (b) 원통 중심에서의 자유와류, (c) 자유와류(a)와 균일유동(b)의 결합에 의한 비대칭 유동과 양력 생성

에서의 커브 볼, 플로우터(floater), 싱커(sinker) 등의 구질이나 축구에서의 휘어차기, 골프의 좌곡구치기(hook), 우곡구치기(slice), 올려치기(lift) 등의 원리를 설명해 준다.

9장 요약

본 단원에서는 물체 주위의 유동에 대해 공부하였다. 물체의 표면에 형성되는 압력과 전단응력이 어떻게 물체에 양력과 항력으로 적용되는지 알아보았다.

물체 주위에 생성되는 유동의 특성은 Reynolds 수의 함수이다. Reynolds 수가 크면 표면에 얇은 경계층이 생성된다. 이러한 경계층의 여러 특성에 대해 알아보았다. 예를 들면 경계층 두께, 물체에 적용하는 벽 전단응력 등이 있다. 또한 경계층 박리 형상과 압력 기울기와의 관련에 대한 내용도 언급하였다.

항력은 점성력과 압력 두 가지 성분으로 구성된다. 항력계수는 이를 무차원수로 표시한 것으로 무딘 형상이나 유선형 등 물체의 형상의 영향을 받는다. 이외에도 Reynolds 수, Froud 수, Mach 수, 표면 거칠기 등도 항력계수에 영향을 준다.

양력계수로 무차원화 되는 양력은 물체의 형상에 큰 영향을 받는다. 익형의 영각에 따른 항력계수의 변화는 그 예이다.

9장의 점검 사항이다. 다음의 본 단원을 공부하고 연습문제를 풀어 보았다면 다음의 질문에 대해 답을 말할 수 있어야 한다.

- 아래의 표기된 주요용어의 의미와 관련된 개념을 정확히 설명해보라. 이 용어는 본문에서 흑색 볼드체로 표기되어 있다.
- 표면에 압력과 전단응력 분포가 주어지면 물체가 받는 양력과 항력을 구해보라.
- 평판 위를 흐르는 유동에 대해서 경계층 두께, 벽 전단응력, 마찰항력 등을 계산해 보고 이 유동이 층류인지 난류인지 확인해 보라.
- 압력 기울기의 개념과 경계층 박리와의 연관성 등에 대해 설명해 보라.
- 무디거나 유선형의 물체에서 항력을 감소시키는 방법을 설명해 보라.
- 특정 물체에 대해 적절한 표, 그림, 경험식 등을 이용하여 항력계수를 계산하여 물체가 받는 항력을 구해보라.
- 이번에는 양력계수를 계산하여 물체가 받는 양력을 구해 보자.
- 골프공에 딤플이 있는 이유를 설명하라.

주요 방정식

항력	$\mathscr{D} = \int dF_x = \int p \cos\theta \, dA + \int \tau_w \sin\theta \, dA$	(9.1)
양력	$\mathscr{L} = \int dF_y = -\int p \sin\theta \, dA + \int \tau_w \cos\theta \, dA$	(9.2)
양력계수와 항력계수	$C_L = \frac{\mathscr{L}}{\frac{1}{2}\rho U^2 A}, \quad C_D = \frac{\mathscr{D}}{\frac{1}{2}\rho U^2 A}$	(9.24), (9.21)
경계층 배제두께	$\delta^* = \int_0^\infty \left(1 - \frac{u}{U}\right) dy$	(9.3)
경계층 운동량두께	$\Theta = \int_0^\infty \frac{u}{U}\left(1 - \frac{u}{U}\right) dy$	(9.4)
Blasius해에 의한 평판에서의 경계층 두께, 배제두께, 운동량 두께	$\frac{\delta}{x} = \frac{5}{\sqrt{\mathrm{Re}_x}}, \quad \frac{\delta^*}{x} = \frac{1.721}{\sqrt{\mathrm{Re}_x}}, \quad \frac{\Theta}{x} = \frac{0.664}{\sqrt{\mathrm{Re}_x}}$	(9.8), (9.9), (9.10)
Blasius해에 의한 평판에서의 벽 전단응력	$\tau_w = 0.332 U^{3/2} \sqrt{\frac{\rho\mu}{x}}$	(9.11)
평판에서의 항력	$\mathscr{D} = \rho b U^2 \, \Theta$	(9.17)

참고문헌

1. Schlichting, H., and Gersten, K., *Boundary Layer Theory*, 9th Ed., Springer–Verlag, Berlin, 2017.
2. Rosenhead, L., *Laminar Boundary Layers*, Oxford University Press, London, 1963.
3. White, F. M., *Viscous Fluid Flow*, 3rd Ed., McGraw–Hill, New York, 2005.
4. Currie, I. G., *Fundamental Mechanics of Fluids*, McGraw–Hill, New York, 1974.
5. Blevins, R. D., *Applied Fluid Dynamics Handbook*, Van Nostrand Reinhold, New York, 1984.
6. Hoerner, S. F., *Fluid-Dynamic Drag*, published by the author, Library of Congress No. 64,19666, 1965.
7. Van Dyke, M., *An Album of Fluid Motion*, Parabolic Press, Stanford, CA, 1982.
8. Thompson, P. A., *Compressible-Fluid Dynamics*, McGraw–Hill, New York, 1972.
9. Zucrow, M. J., and Hoffman, J. D., *Gas Dynamics*, Vol. I, Wiley, New York, 1976.
10. Shevell, R. S., *Fundamentals of Flight*, 2nd Ed., Prentice–Hall, Englewood Cliffs, NJ, 1989.
11. Kuethe, A. M., and Chow, C. Y., *Foundations of Aerodynamics, Bases of Aerodynamics Design*, 4th Ed., Wiley, New York, 1986.
12. Vogel, J., *Life in Moving Fluids*, 2nd Ed., Willard Grant Press, Boston, 1994.
13. White, F. M., *Fluid Mechanics*, 8th Ed., McGraw–Hill, New York, 2016.
14. Vennard, J. K., and Street, R. L., *Elementary Fluid Mechanics*, 7th Ed., Wiley, New York, 1995.
15. Gross, A. C., Kyle, C. R., and Malewicki, D. J., "The Aerodynamics of Human Powered Land Vehicles," *Scientific American*, Vol. 249, No. 6, 1983.
16. Abbott, I. H., and Von Doenhoff, A. E., *Theory of Wing Sections*, Dover Publications, New York, 1959.
17. MacReady, P. B., "Flight on 0.33 Horsepower: The Gossamer Condor," *Proc. AIAA 14th Annual Meeting* (Paper No. 78–308), Washington, D.C., 1978.
18. Abbott, I. H., von Doenhoff, A. E., and Stivers, L. S., Summary of Airfoil Data, NACA Report No. 824, Langley Field, VA, 1945.
19. Anderson, J. D., *Fundamentals of Aerodynamics*, 6th Ed., McGraw–Hill, New York, 2016.
20. Homsy, G. M., et al., *Multimedia Fluid Mechanics*, 2nd Ed., CD–ROM, Cambridge University Press, New York, 2008.

연습문제 (QUESTIONS AND PROBLEMS)

Ⓒ 프로그래밍이 가능한 계산기 또는 컴퓨터를 사용하여 풀 수 있는 문제

Ⓞ 비판적 사고가 필요한 개방형 문제. 이러한 문제는 필요한 입력 데이터를 제공하기 위해 다양한 가정이 필요하다. 이러한 문제에 대한 고유한 답은 없다.

주: 문제에 대한 설명에 필요한 유체 물성치 값이 명시되지 않은 경우, 표 1.4–1.8 및 부록의 표에 있는 값을 사용하라.

9.1절 외부 유동의 일반적인 특성

9.1.1 이등변 삼각형의 막대기 주위로 물이 흐르면, 물체 표면에 그림 P9.1.1과 같은 압력분포가 생긴다. 막대기가 받는 항력과 양력, 항력계수, 양력계수를 구하라. 면적은 정면을 기준으로 하고, 전단력은 무시하라.

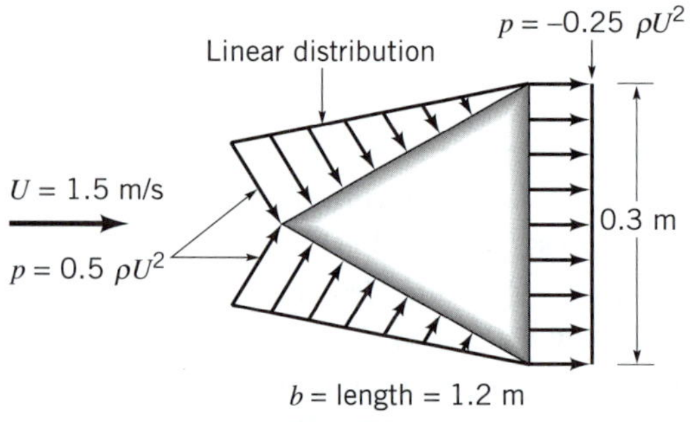

그림 P9.1.1

9.1.2 그림 P9.1.2와 같이 2차원 형상의 막대 주위로 유체가 흐르고 있다. 막대 끝의 압력은 그림에 도시된 바와 같고 막대의 위와 아래에는 평균전단응력이 τ_{avg}로 작용한다. 압력에 의한 항력과 점성에 의한 항력은 같다고 가정하라. (a)τ_{avg}를 동압, $\rho U^2/2$의 항으로 나타내어라. (b)이 물체의 항력계수를 구하라.

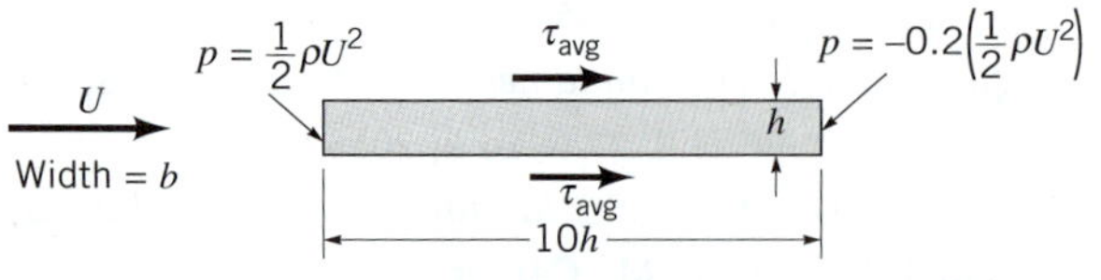

그림 P9.1.1.2

9.1.3 한변의 길이가 1 m인 정사각형 평판에 그림 P9.1.3과 같이 압력과 전단응력이 작용한다. 양력과 항력을 구하라. 그리고, 전단력을 무시하면 양력과 항력 값은 얼마인가? 두 결과를 비교하라.

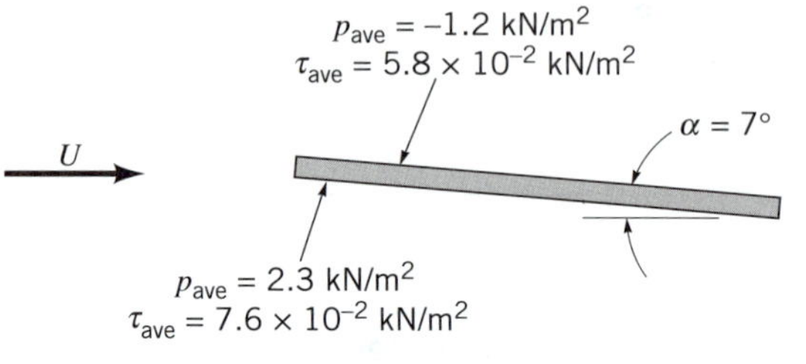

그림 P9.1.3

9.1.4 Ⓒ 그림 P9.1.4와 같이 직경이 1 m인 원형 판에서 앞 면의 압력 분포는 표로 주어져 있다. 원형 판이 받는 항력을 구하라.

r (m)	p (kN/m²)
0	4.34
0.05	4.28
0.10	4.06
0.15	3.72
0.20	3.10
0.25	2.78
0.30	2.37
0.35	1.89
0.40	1.41
0.45	0.74
0.50	0.0

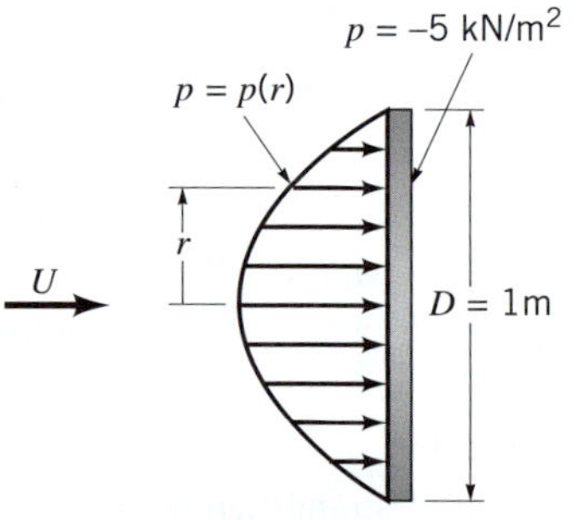

그림 P9.1.1.4

9.1.5 질량이 85 g이고 회전하지 않는 공이 0.45 m/s로 위로 던져서 76 m 지점에서 속도 0인 정점에 다다랐다. 공에 주는 공기의 항력을 계산하라. 이 값은 일정한 평균치로 간주하면 된다. 공기에 의한 부력은 무시하라.

9.1.6 직경이 0.1m인 원형 관이 공기 속을 속도, U로 움직이고 있다. 원형관 표면의 압력 분포는 그림 P9.1.6과 같다. 원형 관에 작용하는 항력을 계산하라. 전단력은 무시할 것.

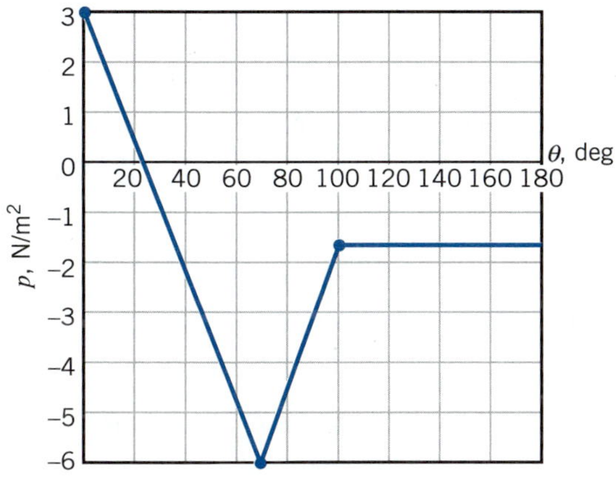

그림 P9.1.6

9.1.7 대기나 물 속에서 움직이는 동물의 Reynolds 수는 아래 표와 같다. 어느 경우가 관성력이 중요하고 어느 경우가 점성력이 중요한가? 층류인 경우와 난류인 경우로 구분해 보라.

Animal	Speed	Re
(a) Large whale	10 m/s	300,000,000
(b) Flying duck	20 m/s	300,000
(c) Large dragonfly	7 m/s	30,000
(d) Invertebrate larva	1 mm/s	0.3
(e) Bacterium	0.01 mm/s	0.00003

9.1.8 O 물 속에서 움직이는 다음의 물체에 대해 Reynolds 수를 산출하라. (a) 카약, (b) 피라미, (c) 잠수함, (d) 바닥으로 가라 앉는 모래 알갱이, (e) 수영선수. 각 경우에서 관성력이 중요한지 점성력이 중요한지 따져 보자.

9.1.9 직경이 6×10^{-3} mm인 나뭇가지에 부는 바람의 속도를 대략적으로 예상해 보라. 직경 1×10^{-4}인 머리카락과 1.8 m인 굴뚝에 대해서도 계산해 보라. Re < 1로 점성의 영향만 중요하다.

9.1.10 다음의 경우에 대해서 물체 주위에 생성되는 경계층 특성에 대해 설명하라. (a) 길이가 0.15 m인 물고기가 0.02 m/s로 유영하는 경우 (b) 길이가 3.66 m인 카약을 1.5 m/s로 속도로 노 젓는 경우

9.2절 경계층 특성

9.2.1 자유류 속도가 0.5 m/s인 물이 평판과 나란히 흐르고 있다. 경계층이 난류로 바뀌는 지점(선단을 기준으로)을 예측하라. 이 지점에서 경계층의 두께는 얼마인가?

9.2.2 평판을 흐르는 점성 유동에서 선단에서 1.3 m인 지점의 경계층 두께는 12 mm이다. 0.20, 2.0, 20 m에서의 경계층 두께를 각각 구하라. 층류로 가정할 것.

9.2.3 물이 평판 위를 상류 속도 $U = 0.02$ m로 흐르고 있다. 평판에서 10 mm 떨어진 곳($y = 10$ mm)에서 물의 속도를 선단에서 $x = 1.5$ m, $x = 15$ m 지점에 대해 각각 구하라.

9.2.4 그림 9.2.4는 작은 적운 구름 덩어리 모양이다. 바람이 표시처럼 왼쪽으로 부는 이유를 경계층 이론에 근거하여 설명하라.

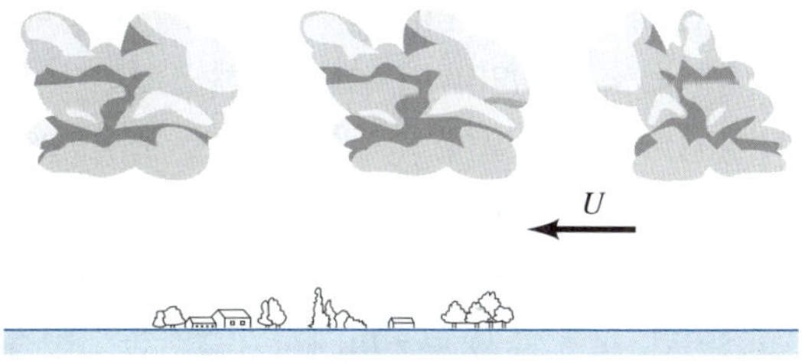

그림 P9.2.4

9.2.5 경계층에 의한 속도 배제($U-u$)의 존재로 평판에서의 유선은 평판에 평행하지 않다. 이 차이는 배제두께, δ^*를 사용하여 결정할 수 있다. 그림 P.9.2.5와 같이 공기가 평판을 흐를 때 A와 B 사이의 유선, $y = y(x)$의 그래프를 그려 보라. 단, $x = \ell$에서의 경계층은 δ_B이며 층류 경계층 유동으로 가정할 것.

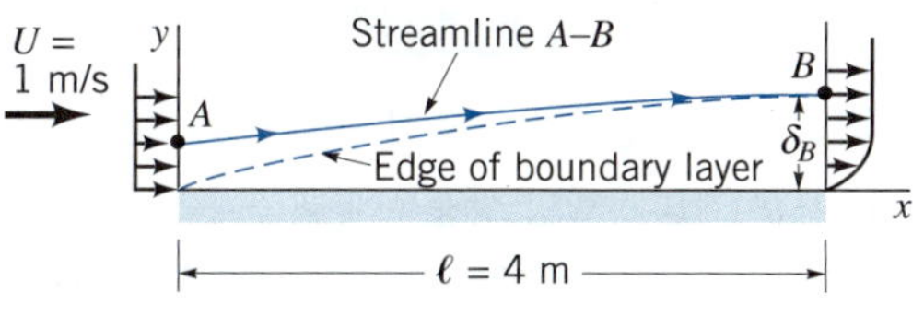

그림 P9.2.5

9.2.6 그림 P9.2.6과 같이, 입구의 크기가 0.3 m인 정사각형 덕트 속을 공기가 흐르고 있다. 유동이 진행됨에 따라 경계층의 두께가 커지므로, 경계층 외부의 유속을 $U = 0.6$ m/s로 일정하게 유지하려면 덕트의 단면적을 증가시켜야 한다. U를 일정하게 유지하기 위한 덕트의 크기 d를 x의 함수로 표현하는 그래프를 작성하라. x의 범위는 $0 \le x \le 3$ m로 두고, 층류로 가정하라.

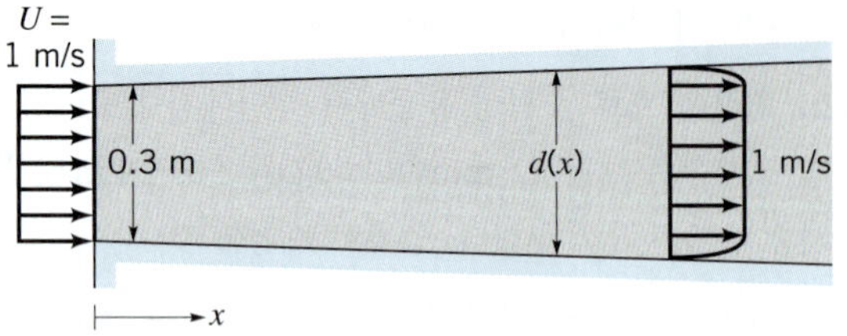

그림 P9.2.6

9.2.7 길이 $\ell = 6$ m, 폭 4 mm인 매끄러운 평판 위를 상류 속도 $U = 0.5$ m/s로 물이 흐르고 있다. 층류 경계층으로 가정하고 평판 중간에서의 경계층 두께와 벽 전단응력을 구하라.

9.2.8 바람이 지구 표면으로 불면 대기 경계층이 형성되고, 속도분포는 멱급수 형태인 $u = ay^n$로 표현할 수 있다. 여기서 상수 a, n은 표면의 거칠기에 의해 결정된다. 그림 P9.11에 나타난 바와 같이, 도시 지역에서는 $n = 0.28$, 숲이나 교외에서는 $n = 0.40$이고, 평지에서는 $n = 0.16$이다. (a) 바다에 떠 있는 보트의 바닥($y = 1.2$ m)에서의 풍속이 4.5 m/s이면, 깃대 끝 ($y = 9$ m)에서의 풍속은? (b) 빌딩 10층에서 측정한 풍속이 4.5 m/s이면 16층에서의 풍속은?

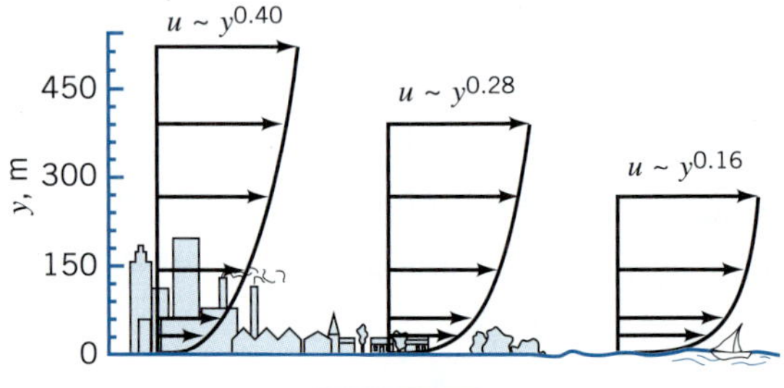

그림 P9.2.8

9.2.9 Ⓒ 교외의 산업단지 내에 한 층의 높이가 3.6 m인 30층짜리 빌딩이 있다. 빌딩 상층부에 태풍이 풍속 120 km/hr로 불고 있다. 빌딩이 받는 동압, $\rho u^2/2$을 높이의 함수로 그래프로 나타내 보라. 문제 9.2.8의 대기의 경계층에 대한 정보를 활용할 것.

9.2.10 고도 3000 m에서 비행기가 640 km/hr로 날고 있다. 비행기 날개의 형상은 평판이고 천이 Reynol수는 $Re_{xcr} = 5 \times 10^5$로 가정하고 날개에서 층류 경계층이 형성되는 범위를 예측하라. 고도가 해수면인 경우와 비교하라.

9.2.11 Ⓞ 자동차의 두껑을 평판으로 가정하고 경계층이 난류로 바뀌는 지점을 선단을 기준으로 산출하라. 이 지점에서의 경계층 두께도 구하라.

9.2.12 층류 경계층에서의 근사적인 속도분포는, $y \le \delta$에서는 $u/U = [2 - (y/\delta)]\ (y/\delta)$이고, $y > \delta$에서는 $u = U$이다. (a) 주어진 속도분포는 경계조건을 만족하는지 증명하라. (b) 운동량 적분방정식을 이용하여 경계층 두께 $\delta = \delta(x)$를 결정하고 엄밀해인 Blasius해와 비교하라.

9.2.13 층류 경계층에서의 근사적인 속도분포는, $y \le \delta$에서는 $u/U = 2(y/\delta) - 2(y/\delta)^3 + (y/\delta)^4$이고, $y > \delta$에서는 $u = U$이다. (a) 주어진 속도분포는 경계조건을 만족하는지 증명하라. (b) 운동량 적분방정식을 이용하여 경계층 두께 $\delta = \delta(x)$를 결정하고 엄밀해인 Blasius해와 비교하라.

9.2.14 Ⓒ 비중이 $SG = 0.86$인 유체가 상류 속도 $U = 5$ m/s로 평판을 지날 때 평판에서의 벽 전단응력은 아래와 같다. 운동량 적분방정식을 사용하여 경계층 운동량두께 $\Theta = \Theta(x)$를 구하라. 선단 $x = 0$에서는 $\Theta = 0$으로 할 것.

x (m)	τ_w (N/m²)
0	—
0.2	13.4
0.4	9.25
0.6	7.68
0.8	6.51
1.0	5.89
1.2	6.57
1.4	6.75
1.6	6.23
1.8	5.92
2.0	5.26

9.3절 항력

9.3.1 물에서 더 잘 젓게 하기 위해 카누의 노는 거칠게 만들어야 하는가? 이유를 설명하라.

9.3.2 점성은 같지만 밀도는 두 배가 차이가 나는 유체가 같은 평판 위를 상류 유동이 층류로 흐르고 있다. 각각의 평판이 받는 항력의 차이는?

9.3.3 기준 속도에서 평판에 수직으로 흐르는 유체에 의한 항력이 $\mathscr{D}_1$으로 하자. 만일 상류의 속도를 두 배로 증가할 때의 항력을 $\mathscr{D}_2$로 하자. $\mathscr{D}_2$와 $\mathscr{D}_1$의 크기를 비교하라.

9.3.4 같은 모형을 표준상태의 공기와 물에서 같은 속도로 실험한 결과 항력계수는 같았다. 두 경우의 항력을 비교하라.

9.3.5 새로 설계한 자동차는 단면적이 0.21 m^2이고 항력계수는 0.21이다. 대기 속에서 25 m/s로 운행하면 공기가 자동차에 주는 항력은 얼마인가?

9.3.6 직경이 5 m 인 낙하산은 짐을 고공에서 지상으로 수송하는데 사용된다. 짐과 낙하산의 합산 무게는 200 N이고 낙하산의 수직 속도는 3 m/s이다. 낙하산의 항력계수를 계산하라.

9.3.7 체중이 82 kg인 사라미 −7 ℃, 101 kPa의 대기에서 반구형의 낙하산에서 낙하한다. 종착 속도가 6 m/s 이내가 되려면 낙하산의 구경은 얼마가 되어야 하나? 낙하산의 무게는 무시된다.

9.3.8 70 kg의 군인이 비밀 임무를 띠고 사막으로 낙하한다. 점프 후 낙하산과 분리되는데 5초가 소요된다. 낙하산이 분리될 때 군인이 받는 힘을 구하라. 낙하산의 질량은 5kg이고 국경은 2.0 m이다. 대기 온도는 20 ℃이고 군인의 신체에 직접 받는 항력은 무시하라.

9.3.9 자동차의 형상은 항력에 영향을 준다. 그림 P9.3.9 같이 창문과 지붕을 닫으면 항력계수가 0.35이고 둘 다 열어 두면 0.45로 증가한다. 닫힌 상태로 29 m/s로 운행할 때와 같은 동력이 걸리도록 하려면 열린 상태에서는 운전 속도를 얼마로 유지해야 하는가? 동력은 힘과 속도의 곱이다.

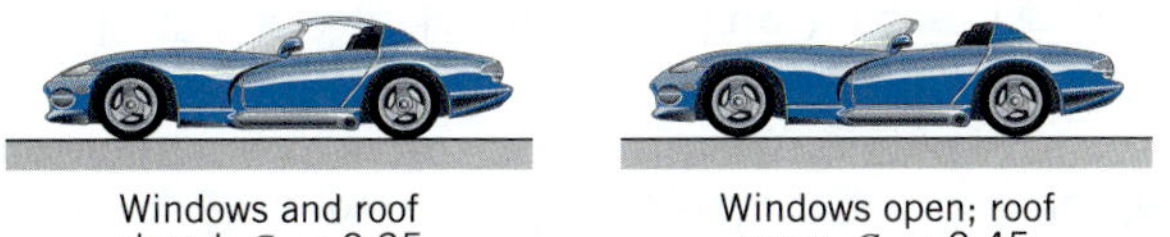

그림 P9.3.9

9.3.10 자동차 엔진은 2200 rpm에서 최대 동력 52 kW를 발생한다. 전송과 차동 과정에 동력의 10%가 손실된다. 평지에서의 반경 40 m의 원을 그리면 주행하는 경우 자동차 최대 속도는 120 km/hr이고 타이어의 변형으로 동력이 20 kW 소비된다. 자동차의 최대 허용 항력계수를 구하라. 자동차의 전면면적은 2 m^2이다.

9.3.11 여성이 자전거를 타고 18° 경사를 내려가고 있다. 바람은 앞쪽에서 25 km/hr로 불어오고 자전거는 25 km/hr로 달린다. 대기는 15 ℃, 101 kPa이다. 전면면적은 0.6 m^2이고 총 질량은 54 kg의 조건에서 항력계수를 계산하라. 무게와 항력만 속도에 영향을 미치는 힘이다. 운전자의 상체는 바로 서 있을 수도 있고 경주용 자세일 수 있다.

9.3.12 표준 대기에서 투수는 153 km/hr로 직경이 7 cm인 야구공을 던지고 있다. 야구공이 받는 항력을 산출하라. 이론적인 계산 값과 실제 항력과의 차이점에 대해 설명해 보라.

9.3.13 통나무 견인 보우트가 1m/s로 흐르는 강물을 거슬러 1.5 m/s로 통나무를 견인하고 있다. 다음 두 경우의 필요 동력을 산출하라. (a)통나무가 강물의 흐름에 평행하게 놓여 있는 경우, (b)통나무가 강물의 흐름에 수직으로 놓인 경우. (c)실제 동력이 (a), (b)에서 계산한 이론값과 다를 이유에 대해 생각해 보라.

9.3.14 직경이 0.06-μm (6×10^{-8} m)인 물방울이 해수면 높이에서 대기 속으로 떨어질 때의 속도를 산출하라. 고도가 5000 m에서의 속도도 구해 보라.

9.3.15 비중이 0.87이고 점성이 물의 10,000배인 기름 속에서 직경 0.3 cm의 원형 판이 수직으로 3×10^{-3} m/s로 움직인다. 판이 받는 항력을 계산하라. 원판이 수평으로 움직이면 항력은 몇 % 감소하나?

9.3.16 그림 P9.16a와 같은 정사각형의 평판을 같은 크기로 4 등분하여 그림 P9.16b로 재배열하였다. 원판(a)과 분할 판(b)가 받는 항력의 비를 구하고, 물리적 관점에서 결과를 설명하라. 층류 경계층으로 가정할 것.

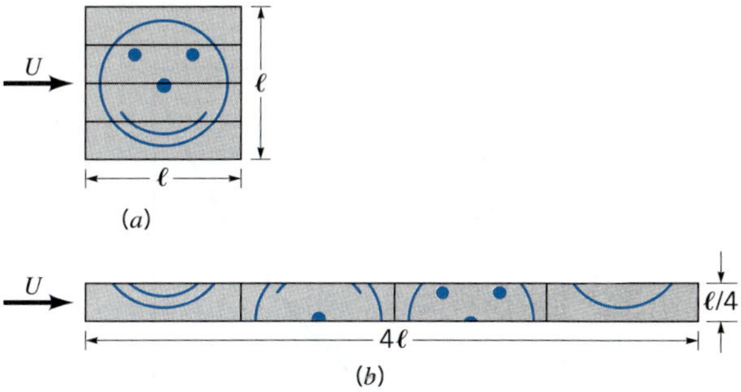

그림 P9.3.16

9.3.17 그림 P.3.17과 같이 자유류에 평행하게 놓인 삼각형 평판에 공기가 흐른다. 층류로 가정하여 벽 전단응력을 적분하여 한쪽 면이 받는 마찰항력을 구하라.

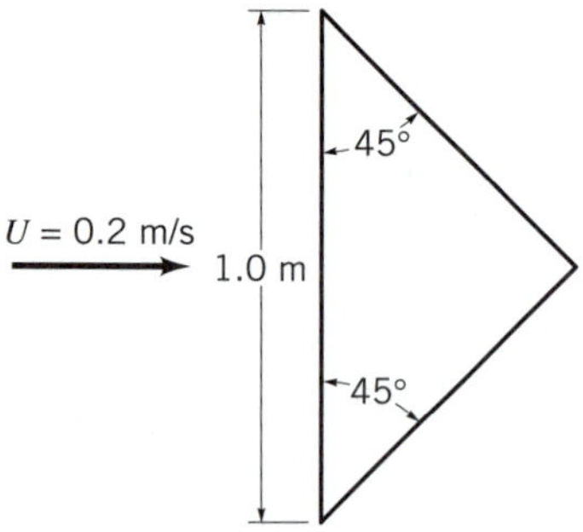

그림 P9.3.17

9.3.18 Reynolds 수가 작으면 항력계수는 Reynolds 수에 반비례한다. 따라서 Reynolds 수가 0(영)에 가까워지면 항력계수는 무한히 크진다. 이 말은 속도가 아주 작아지면(따라서 Reynolds 수도 작아지므로) 항력이 아주 커진다는 의미인가? 설명해 보라.

9.3.19 높이 0.5 m, 길이 1.2 m, 폭 1.3 m인 짐을 싣는 캐리어가 자동차 지붕에 설치 되어 있다. 105 km/hr로 달릴 때 캐리어의 설치로 추가되는 동력을 산출하라.

9.3.20 Video 비디오 V9.2와 그림 P9.3.20a에 보듯이 카약은 제법 유선형 물체이다. 우선, 카약을 길이 5 m, 폭 0.6 m인 평판으로 가정하고 항력을 속도의 함수로 나타내 보자. 이 결과와 그림 P9.3.20b의 실험 결과를 비교하고 차이점에 대한 이유를 생각해 보라.

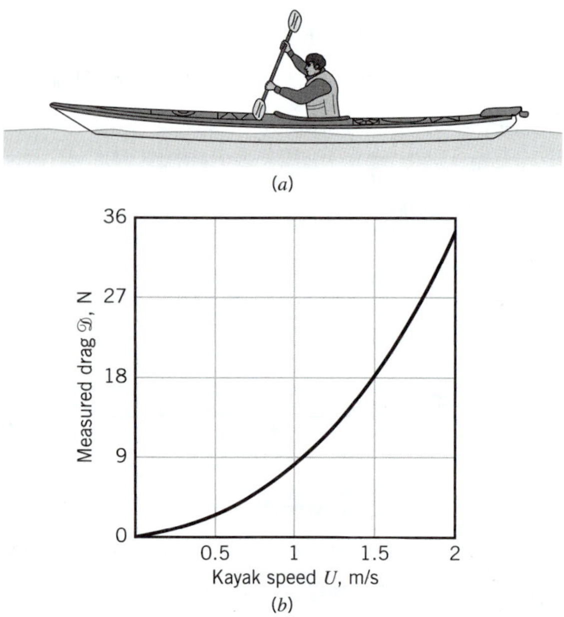

그림 P9.3.20

9.3.21 길이 305 m, 폭 30.5 m인 석탄 운반선이 16 ℃ 물에 4 m 잠겨 있다. 19 km/hr 속도로 견인하면 운반선은 마찰항력을 얼마나 받는가?

9.3.22 날개가 3개인 헬리콥터가 200 rpm으로 회전하고 있다. 각 날개는 길이가 4 m이고 폭이 0.5 m이다. 모든 날개에 가해지는 마찰을 이겨내려면 얼마의 토크가 필요한가? 날개는 평판으로 가정하라.

9.3.23 얇고 매끄러운 간판이 그림 P.3.23과 같이 트럭 옆에 부착되어 있다. 트럭이 89 km/hr로 운행할 때 간판이 받는 마찰항력을 구하라.

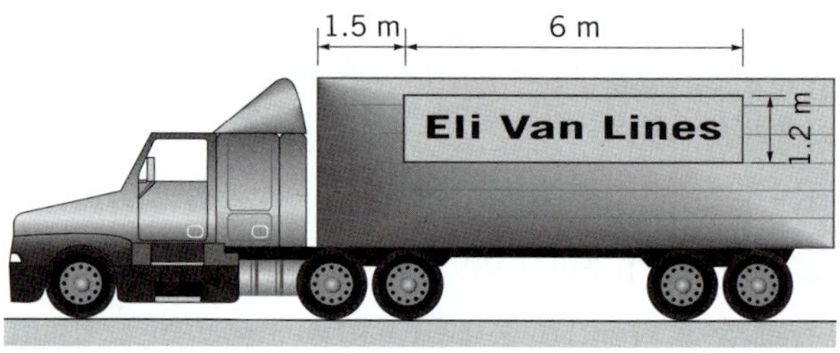

그림 P9.3.23

9.3.24 직경이 38.1 mm이고 무게가 0.0245 N인 테니스 공이 4 m 깊이의 수영장 바닥에서 위로 올라온다. 1 m 지점에서 종착 속도에 이른다. 이후부터 공이 수면에 도달하는데 걸리는 시간을 산출하라.

9.3.25 체적이 2000 m^3인 열기구의 풍선은 구형이고 공기로 차 있다. 바구니, 승객, 풍선 등의 합산 무게가 2.2 kN이다. 대기의 압력은 101 kPa이고 온도는 27 ℃이며 풍선 내의 온도는 74 ℃이다. 이 열기구가 일정 속도로 상승하는 속도를 산출하라.

9.3.26 일반적으로 "앞면이 날렵한 형상이 무딘 경우보다 공기 속을 더 잘 뚫고 갈 수 있다."라고 생각한다. 이 가정에 따르면 그림 P9.3.26에서 바람이 오른쪽에서 왼쪽으로 부는 경우가 왼쪽에서 오른쪽으로 왼쪽으로 부는 경우보다 항력이 덜 발생한다. 실험에 의하면 그 반대의 결과가 얻어졌다. 그 이유를 설명해 보라.

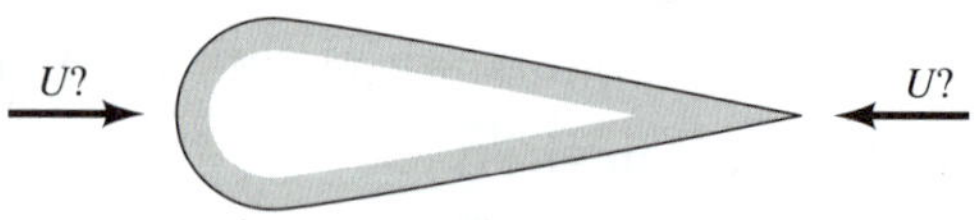

그림 P9.3.26

9.3.27 낙하산이 펴지기 직전에 부착된 물체는 30 m/s로 떨어지고 있었다. 낙하산이 펴지고 난 후 최종 낙하 속도는 3 m/s였다. 낙하산이 펴지고 난 후부터의 낙하 속도를 시간의 함수로 나타내어라. 낙하산은 순식간에 펴지고 항력계수와 공기 밀도는 일정하며 유동은 정상 상태이다.

9.3.28 ⓞ 군인이 고도 1500 m에서 낙하하여 지면에 닿을 때의 속도를 다음의 경우별로 산출하라. (a)공기저항을 무시하는 경우 (b)공기저항을 고려하나 낙하산을 착용하지 않은 경우 (c)직경 7.6 m의 낙하산을 착용한 경우

9.3.29 9.2.6절과 9.3.3절에서 살펴보았듯이 표면이 거친 골프공은 매끄러운 것보다 항력이 작다. 직경 10 m의 구형 물탱크가 20 m 높이의 지지대에 부착된 경우 바람이 불 때 모멘트를 감소하기 위해 물탱크의 표면을 거칠게 하는 경우에도 타당한가? 설명해 보라.

9.3.30 직경이 12 mm인 케이블이 50 m 떨어진 두 개의 막대기 사이에 걸쳐 있다. 바람이 30 m/s로 불 때 이 줄이 받는 수평 방향의 힘을 산출하라.

9.3.31 바람이 강하게 불면 그림 P9.3.31과 같이 티에 놓여 있는 골프공이 지점 1에서 바깥으로 떨어질 수 있다. 이때의 풍속을 구하라.

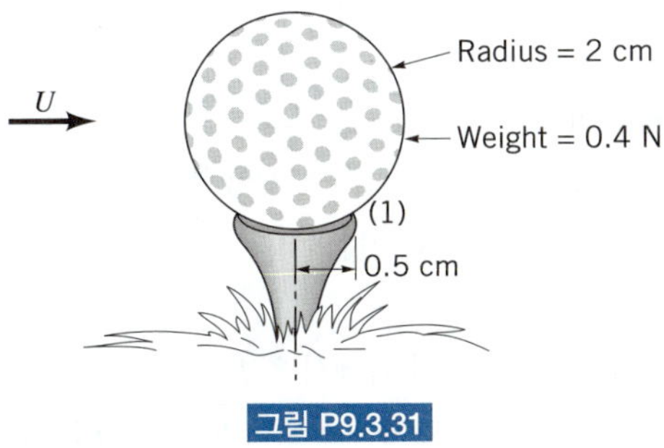

그림 P9.3.31

9.3.32 Video 56 cm×8.6 cm의 사각형 속도제한 판이 폭 7.6 cm, 길이 1.5 m의 장대에 부착되어 있다. 바람이 48 km/hr 로 불 때 판이 받는 굽힘 모멘트를 산출하라.(비디오 V9.14 참조) 계산 과정에서 사용된 가정들은 모두 기록해 둘 것.

9.3.33 직경 0.12 m이고 높이가 20 m인 장대에 20 m/s의 바람이 불면 지면에 부착된 장대가 받는 모멘트는 얼마인가?

9.3.34 ⓞ 갑작스런 폭우로 강물이 그림 P9.3.34와 같이 유속 19 km/hr로 도로로 범람하였다. 차가 떠 내려 가지 않을 최대 수심 h를 예측하라. 사용된 가정과 계산 과정을 상세히 기술할 것.

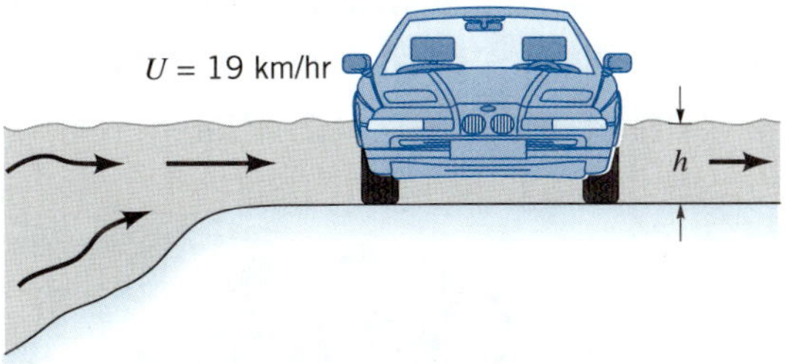

그림 P9.3.34

9.3.35 사이클 선수가 경주 자세를 취하고 24 km/hr 속도로 달릴 때 32 km/hr의 맞바람을 받는 경우가 바람이 없는 경우보다 얼마나 동력이 더 필요한가? 그리고 상체를 들고 달리면 동력은 얼마나 더 드나?

9.3.36 ⓞ 직경이 0.6 m, 높이가 0.9 m이고 무게가 88 N인 쓰레기통이 바람에 넘어지는데 드는 속도는? 계산에 필요한 가정은 모두 기록할 것.

9.3.37 바람이 불지 않는 날 차를 U의 속도로 운전하고 A 지점에서 B 지점으로 왕복하는데 x 갤런(gallon)의 휘발유가 소요되었다. 만일 바람이 일정 속도로 부는 날 같은 방법으로 여행할 계획이라면 휘발유는 x 갤런보다 더 필요하는가? 적절한 해석으로 답을 유도하라.

9.3.38 그림 P9.3.38의 구조물은 3개의 원형 받침대 위에 타원형의 평판이 부착된 경우이다. 바람이 22 m/hr로 불 때 이 구조물이 받는 항력을 구하라.

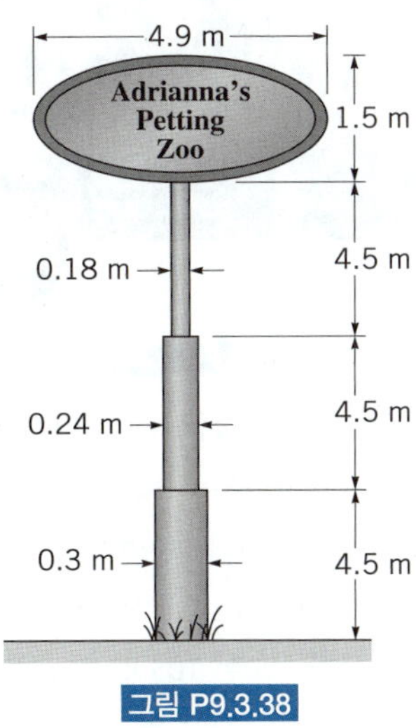

그림 P9.3.38

9.3.39 25,000 kg의 트럭이 그림 P9.3.39와 같이 7%의 경사로 내려가고 있다. 트럭의 최종 정상상태의 속도 V는 트럭의 중량, 바퀴의 구름 저항, 공기 항력의 균형에 의해 결정된다. 구름 저항은 중량의 1.2%이고 전면면적을 기준으로 한 항력계수는 0.76로 두고, V를 계산하라.

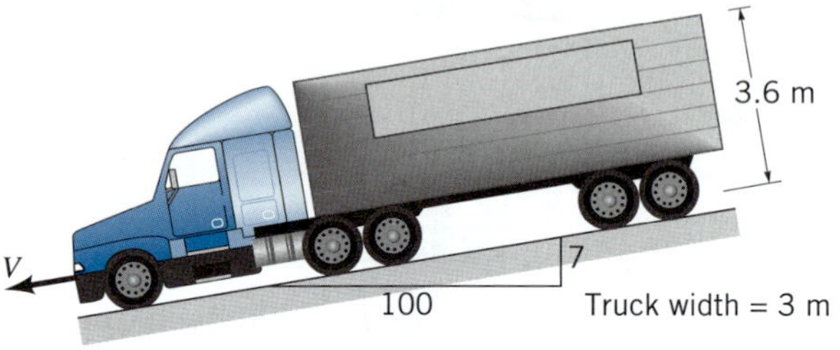

그림 P9.3.39

9.3.40 피자 가게는 그림 P9.3.40과 같은 0.6 m×1.5 m의 직사각형 플라스틱 광고판을 배달 차량의 지붕에 부착하기로 했다. (a) 광고판을 정면으로 부착한 경우는 옆으로 부착한 경우보다 동력이 얼마나 더 소요되는가? (b) (a)의 광고판은 외경이 3 cm이고 길이가 25 cm인 강철관 두 개로 지지한다. 강철관이 받는 공기 항력을 이겨내는데 필요한 동력을 계산하라. 주행 속도는 48 km/hr이다.

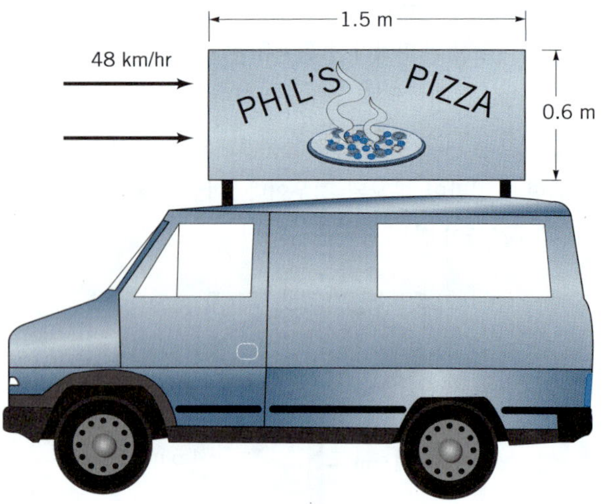

그림 P9.3.40

9.3.41 Video 그림 P9.3.41이나 비디오 V9.19에서 보듯이 적절한 풍향 조절판을 설치하면 트럭이 받는 공기역학적 항력을 줄일 수 있다. 항력계수가 $C_D = 0.96$에서 $C_D = 0.70$으로 감소한다면 이에 상응하는 소요 동력의 감소는 몇 hp인가? 주행속도는 105 km/hr이다.

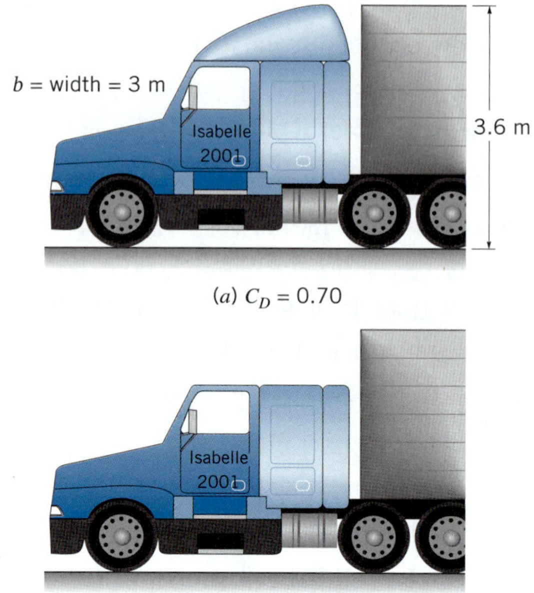

(a) $C_D = 0.70$

(b) $C_D = 0.96$

그림 P9.3.41

9.3.42 C 대형차와 소형차의 전면면적은 각각 2.2 m^2, 1.2 m^{2}이고 항력계수는 0.5로 같다. 정지된 공기 속에서 평지를 88 km/hr로 주행할 때 필요한 동력(단위는 hp)을 각각 계산하라. 그리고 다음의 조건으로 각 차량의 휘발유 마일리지를 계산하라. ※조건: (1)공기 저항에 필요한 동력은 모두 구동 바퀴의 타이어 변형으로 소모된다. (2)구동바퀴는 연료가 내는 에너지의 1/4을 사용한다. (3)연료 1 갤런당 발생 에너지는 136 kJ이다.

9.3.43 정지된 표준 대기 속에서 일반인이 1.5 km를 4분에 달리는데 소요되는 에너지를 산출하라.(그림 9.25 참조) 일반인을 직경 0.6 m에 높이 1.8 m의 원통으로 대치한 경우와 비교해 보라.

9.3.44 Video 그림 P9.3.44나 비디오 V9.11에서 보듯이, 수직 풍동은 스카이 다이버의 훈련용으로 사용할 수 있다. 체중이 670 N인 사람이 움직이지 않고 떠 있도록 하려면 풍동의 속도는 얼마로 유지해야 하나? (a)구부린 자세(crouching position)인 경우, (b) 수평으로 반듯이 누운 자세인 경우.

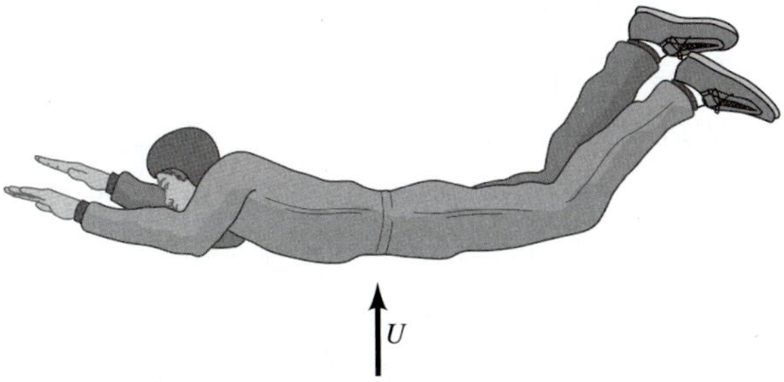

그림 P9.3.44

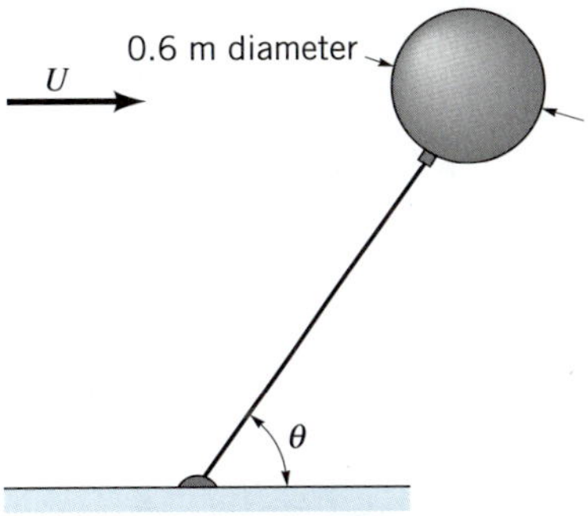

그림 P9.3.48

9.3.45 직경이 0.3 cm인 공기 거품이 물 속에서 상승하는 속도와 같은 직경의 물방울이 공기 속에서 하강하는 속도를 비교하라. 둘 다 구형의 고체로 가정할 것.

9.3.46 한 변이 0.3 m이고 하중이 222 N인 정육면체 상자가 고도 9000 m에서 운행 중인 비행기에서 해수면으로 투하된다. 항력계수가 1.2라면 상자가 해수면에 이르는데 걸리는 시간을 구하라. 박스는 투하 직후 종착 속도에 도달하고 표준 대기로 가정할 것.(표 C.1참조)

9.3.47 비중이 1.8이고 무게가 500 N인 정육면체의 물체가 일정한 속도 V로 물 속으로 떨어지고 있다. 다음의 경우에 대해 물체의 속도 V를 구하라. (a)그림 P9.3.47a, (b)그림 P9.3.47b.

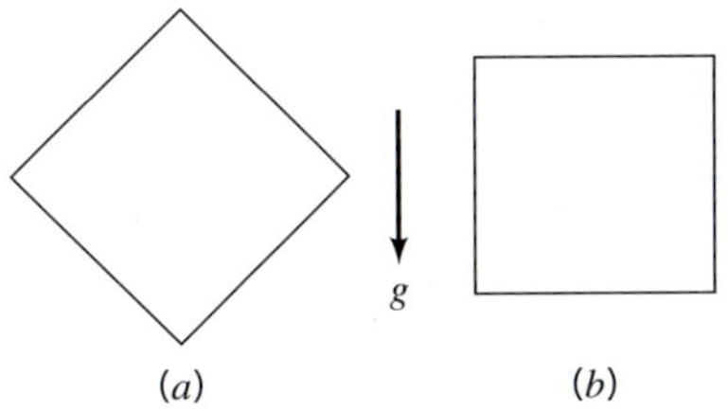

그림 P9.3.47

9.3.48 O C 그림 P9.3.48과 같이 헬륨이 들어 있는 구형의 풍선은 풍속을 측정하는 장비이다. 헬륨의 비중량은 $\gamma = 1.7\ \text{N/m}^3$이고 풍선의 무게는 0.9 N이며 끈의 무게는 무시할 수 있다. 풍속이 $1 \le U \le 80$ km/hr 범위에서 θ와 U의 관계를 그래프로 나타내어라. 주어진 풍속의 범위에서 이 장비로 풍속을 측정할 수 있겠는가? 그 이유를 설명하라.

9.3.49 그림 P9.3.49와 같이 직경이 0.3 m이고 비중이 0.21인 코르크 공이 강바닥의 물체에 묶여 있다. 강물의 속도 U를 산출하라. 줄의 무게와 항력은 무시할 것.

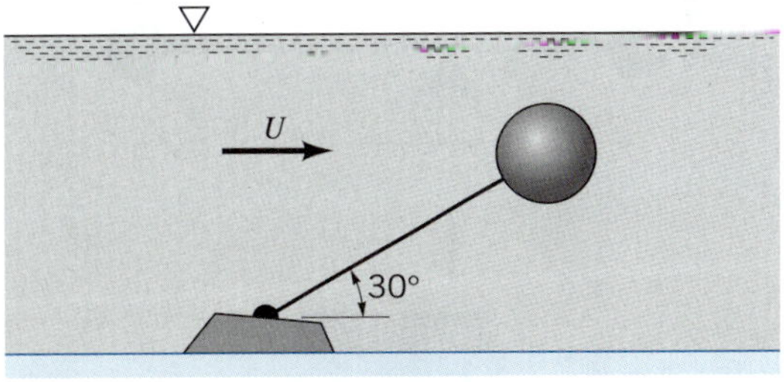

그림 P9.3.49

9.3.50 그림 P9.3.50과 같이 단파 라디오 안테나는 원형 관다발로 만든다. 풍속이 100 km/hr일 때 안테나가 받는 풍력을 계산하라.

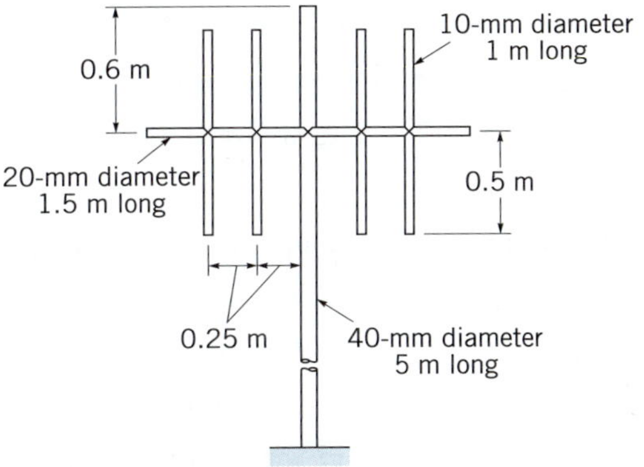

그림 P9.3.50

9.3.51 O 88 km/hr로 운행 중인 차에서 차창 밖으로 손을 내밀면 바람이 손에 주는 힘은 얼마인가? 속도가 10배인 비행기의 경우에 대해서도 계산해 보라.

9.3.52 [O] 선수가 마라톤 완주시 공기 항력을 이겨내는데 필요한 에너지를 예상해 보라. 이 에너지는 고도 몇 m을 등반하는 것과 같은가? 계산에 필요한 가정은 모두 기록할 것.

9.3.53 직경이 2 mm이고 비중이 2.9인 유성이 대기 밀도가 1.03×10^{-3} kg/m^{3}인 고도 50,000 m에서 6 km/s로 날고 있다. Ma수가 매우 크고 항력계수는 1.5이다. 이 유성의 감속도를 산출하라.

9.3.54 그림 P9.3.54와 같이 평형대 양쪽에 직경이 같은 공이 매달려 있다. 오른쪽 공의 표면은 거칠고 왼쪽은 매끄럽다. 평형대가 시계 방향으로 회전하기 위한 최소의 바람 속도 U를 계산하라.

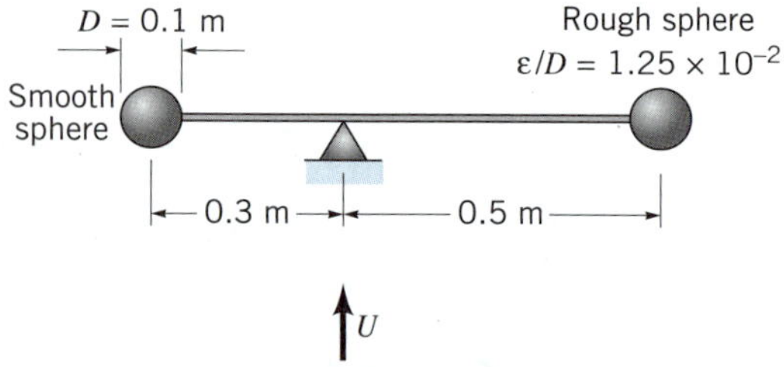

그림 P9.3.54

9.3.55 [Video] 직경이 4 cm이고 무게가 0.07 N이고 표면이 매끄러운 공이 있다. 비디오 V3.2와 같이 진공 청소기가 이 공을 1.2 cm 위로 띄워 놓고 있다. 청소기 호스의 내경이 10 cm라면 청소기 안으로 들어가는 공기의 체적 유량을 구하라. 공기 온도는 38 ℃이다.

9.3.56 미식 축구장에는 높이 11 m, 폭 24 m, 두께 2.4 m의 점수판이 설치되어 있다. 96 km/hr로 바람이 이 판에 평행하게 불어 오면 판이 받는 풍력을 산출하라. 그림 9.30의 데이터를 사용할 것.

9.3.57 해수 위치 표시 마커는 비행기에서 투하되며 연기가 발생하는 장치로 해수면 위치 기준을 나타낸다. 90 m/s로 운항하는 비행기용의 항력을 풍동실험으로 측정하려고 한다. 이 표시제는 직경이 0.13 m, 길이가 1.2 m로 양 끝은 평평한 원통형이다. 온도 −12 ℃의 대기에서 공기가 이 표시제의 축에 평행하게 불어온다면 공기가 마커에 주는 항력은 얼마인가?

9.3.58 비행기가 150 km/hr로 날고 있다. (a) 비행기에 부착된 플래카드는 $b = 0.8$ m, $\ell = 25$ m이고 $b\ell$을 면적의 기준으로 항력계수는 $C_D = 0.06$이다. 플래카드를 끄는데 필요한 동력을 계산하라. (b) 같은 크기의 강체 평판을 끄는 경우와 비교해 보라. (c) 이 두 경우의 항력 또는 동력의 차이가 나는 이유를 설명하라. (d) 직경 2 m의 구형 풍선으로 대체한 경우에 대해 동력을 계산해 보라.

9.3.59 페인트 교반기는 그림 P9.3.59와 같이 얇은 봉 끝에 매달린 두 개의 원형 판으로 구성되어 있고 80 rpm으로 회전한다. 페인트의 비중 $SG = 1.1$이고 점성계수 $\mu = 96\times10^{-2}$ N·s/m^{2}이다. 이 교반기의 가동에 필요한 동력을 산출하라. 액체의 움직임에 의한 영향은 무시할 것.

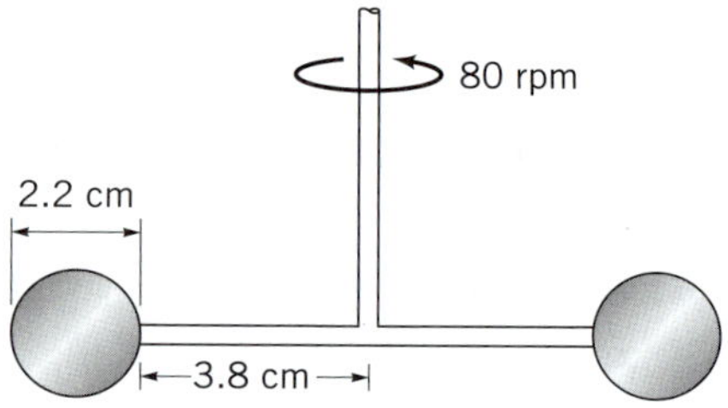

그림 P9.3.59

9.3.60 [O] 바람이 아주 강하게 불면 카누를 젓는 것이 불가능할 수도 있다. 이런 경우가 발생할 정도의 바람의 속도를 예측해 보라. 사용된 가정과 계산 과정도 기록할 것.

9.3.61 전면면적을 바꾸지 않아도 유선형으로 만들면 비행기의 항력계수를 12% 줄일 수 있다. 동력이 같다면 비행 속도는 얼마나 증가하나?

9.3.62 그림 P9.3.62에 보듯이 잎은 바람의 속도에 따라 가지에 매달리는 모양이 다르다. 풍속이 증가할수록 나무는 유선형으로 변화한다. 오른쪽 그림은 나무의 항력계수를 Reynolds 수로 나타낸 것이다. C_D는 나무의 전면면적(HW)를, Re는 잎의 길이(L)을 기준으로 하였다. 풍속이 4.5 m/s일 때 받는 항력의 6배가 되려면 풍속의 얼마나 증가하여야 하는가? $L = 0.09$ m으로 둘 것.

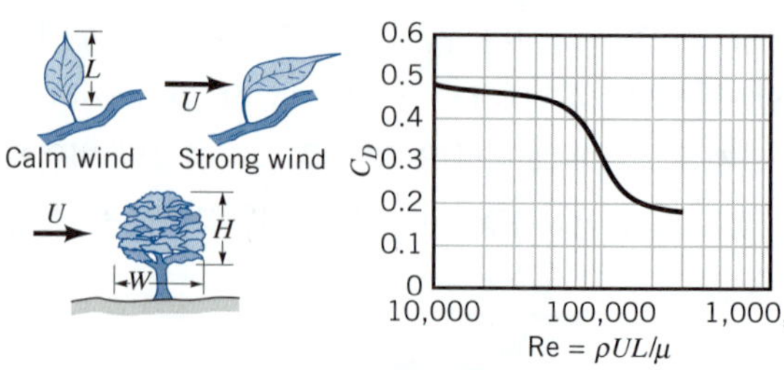

그림 P9.3.62

9.3.63 직경이 9 cm인 야구 방망이의 표면에 딤플을 내어 항력이 감소되는 효과를 보려면 방망이의 회전속도는 얼마가 되어야 하나? 방망이는 원통형이고 골프공은 구형으로 약간의 차이는 있겠지만 골프공의 딤플에 의해 주위 유동이 층류에서 난류로 천이되는 효과의 관점에서 접근하라. (9.3.3절의 유체의 넓은 세계 '야구 방망이 표면에 흠집을 주면?'편 참조할 것.)

9.4절 양력

9.4.1 종횡비가 6인 직사각형의 날개가 183 m/s로 날면 4.4 kN의 양력이 발생한다. 양략계수가 1.0이라면 날개의 길이를 구하라.

9.4.2 표면적이 0.6 m^2이고 무게가 5.3 N인 연 18.3 m/s로 날고 있다. 연이 묶인 끈은 무게를 무시할 수 있고 땅과 이루는 수평각은 55°이며 장력이 6.7 N 걸린다. 연의 면적을 기준으로 양력계수와 항력계수를 구하라.

9.4.3 경비행기인 Piper Cub기는 총 무게가 7784 N이고 순항 속도는 185 km/hr이며 날개의 면적은 17 m^2이다. 이 비행기의 양력계수를 구하라.

9.4.4 날개 면적이 18.5 m^2, 중량이 8.5 kN인 경비행기의 양력계수와 항력계수는 각각 0.40, 0.05이다. 수평 비행에 필요한 동력을 산출하라.

9.4.5 오래된 비행기에 그림 P9.4.5와 같이 줄을 대각선으로 보강하면 날개의 힘이 증가된다. 날개의 평면면적을 기준으로 순수 날개만의 항력계수는 0.02이다. 보강된 줄에 걸리는 항력과 날개의 항력 간의 비를 구하라.

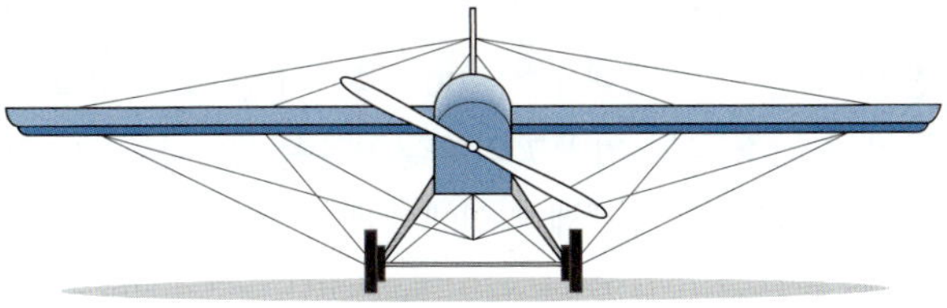

Speed: 113 km/hr
Wing area: 14 m^2
Wire: length = 49 m
diameter = 0.13 cm

그림 P9.4.5

9.4.6 해수면에 U 속도로 나는 비행기의 날개는 L의 양력을 발생한다. 고도 10,000 m에서 같은 양력을 발생하려면 속도는 얼마로 유지해야 하나?

9.4.7 고도 10,000 m에서 700 km/hr로 운항하는 비행기의 날개에 대해서 설계 팀에서는 그림 P9.4.7과 같은 두 개의 안(A와 B)을 제시하였다. 요구 양력은 1,550,000 N이고 날개의 평면면적은 130 m^2으로 동일하다. 양력 $\mathscr{L}$과 항력 $\mathscr{D}$에 대한 식은 다음과 같이 비행기 속도 와 날개 면적을 기준으로 한다.

$$\mathscr{L}_{\text{airplane}} = \frac{1}{2} C_L \rho A_{\text{wing}} U^2$$

과

$$\mathscr{D}_{\text{airplane}} = \frac{1}{2} C_D \rho A_{\text{wing}} U^2$$

이다. A와 B 중에서 타당한 설계안을 추천하라.

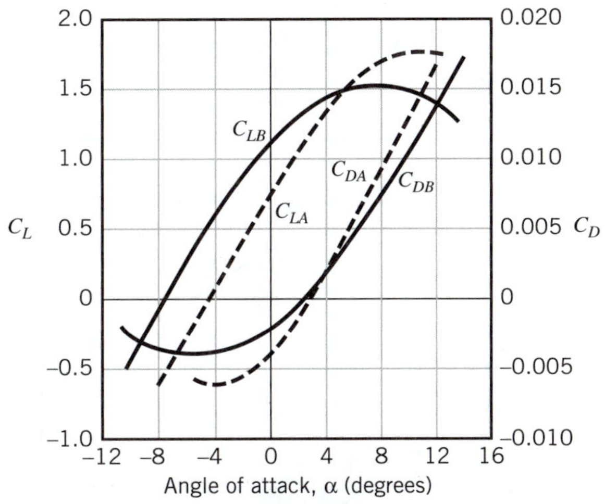

그림 P9.4.7

9.4.8 Ⓒ 그림 P9.4.8과 같이 하부가 평평한 2차원 형상의 물체에 공기를 흐르게 하여 상부에 대해 아래 표와 같은 결과를 얻었다. 이 물체의 양력계수를 산출하라. $y(x)$는 형상이며 $u(x)$는 유속이다. 표는 현의 길이 방향 x에 대한 $y(x)$와 $u(x)$의 데이터이다.

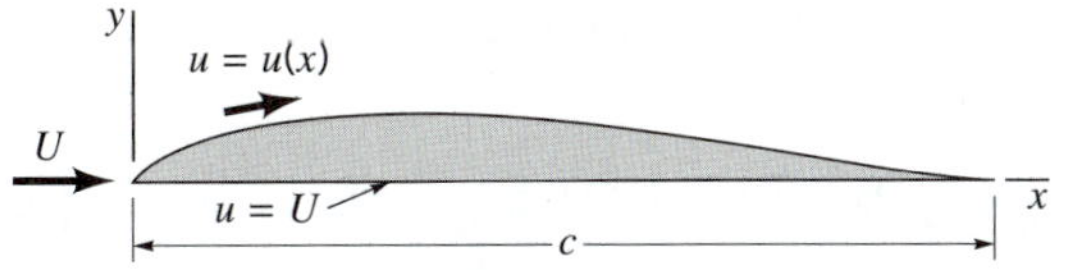

그림 P9.4.8

x(% c)	y(% c)	u/U
0	0	0
2.5	3.72	0.971
5.0	5.30	1.232
7.5	6.48	1.273
10	7.43	1.271
20	9.92	1.276
30	11.14	1.295
40	11.49	1.307
50	10.45	1.308
60	9.11	1.195
70	6.46	1.065
80	3.62	0.945
90	1.26	0.856
100	0	0.807

9.4.9 C 비행기 날개 주위를 흐르는 공기의 경계층 외부에서 속도는 그림 P9.4.9와 같다. 이 조건을 이용하여 양력계수를 산출하라.

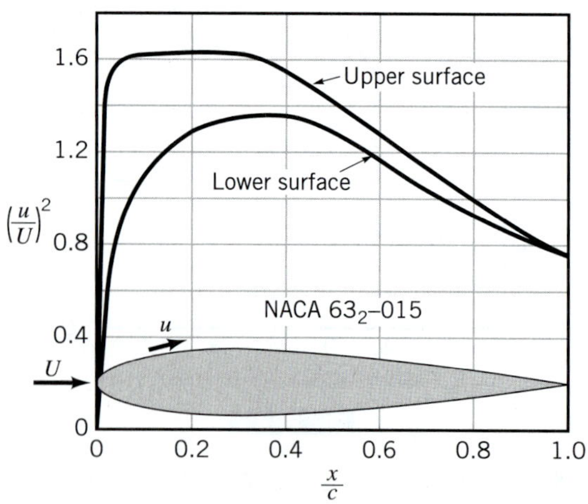

그림 P9.4.9

9.4.10 Boeing 747 여객기는 100 명의 승객과 연료 등을 포함한 총 중량이 2580 kN일 때의 이륙속도는 225 km/hr이다. 승객이 327명 탑승하면 이륙속도는 어떻게 되나? 주익의 영각, 플랩 조정 각도 등은 같고, 승객 1인당 무게는 890 N으로 간주하라.

9.4.11 양력과 항력, 히중이 균형을 이루는 무동력의 비행체의 활강 경사각 θ는 $\theta = C_D/C_L$이 된다.

9.4.12 80 km/hr로 나는 고성능 활공기(sail plane)의 양력과 항력의 비는 25이다. 온도의 변화로 대기의 부력이 바뀌면 활공기의 고도도 변한다. 활공기가 고도를 일정하게 유지하기 위한 주변 공기의 속도를 구하라.

9.4.13 보잉 777기의 양력계수는 항력계수의 15배이다. 고도 9 km에서 엔진이 꺼져도 이 비행기는 129 km 떨어진 공항까지 날아 갈 수 있을까? (문제 9.4.11 참조)

9.4.14 최근 몇 년 사이에 비행기의 속도(U), 고도(h), 중량($\mathcal{W}$)와 날개 부하($\mathcal{W}/A$, 날개 단위 면적당 중량)간에 급진적인 향상이 이루어졌다.아래의 표를 이용하여 가가 비행기당 양력계수를 산출하라.

Aircraft	Year	$\mathcal{W}$, N	U, km/hr	$\mathcal{W}$/A, kPa^2	h, km
Wright Flyer	1903	3.3	56	0.07	0
Douglas DC-3	1935	111	290	1.2	3
Douglas DC-6	1947	467	507	3.6	4.5
Boeing 747	1970	3559	917	7.2	9

9.4.15 비행기가 이륙하는데 소요되는 속도가 해수면에서는 54 m/s이다. 고도가 1524 m인 덴버 공항에서는 어떻게 되나? 부록 C의 자료를 이용할 것.

9.4.16 Video 우주선과 같은 비행물체의 착륙 속도는 공기 밀도에 영향을 받는다. 대기온도가 43 ℃인 날은 10 ℃때보다 착륙 속도가 몇 % 증가하는가? 대기압은 같다고 가정할 것. (비디오 V9.1 참조)

9.4.17 여객기의 운항 고도는 일반적으로 9 km에서 11 km로 높다. 고도가 3 km인 경우와 비교해서 연료는 얼마나 절약되나?

9.4.18 그림 P9.4.18과 같이 날개와 꼬리의 폄으로써 평면면적을 증가시켜 새는 비행 속도를 줄일 수 있다. 착륙할 때 평면면적은 50%, 양력계수는 30% 증가시켰다면 비행 속도는 몇 % 감소하겠는가? 그 외 다른 변수는 동일함. (9.4.1절의 활한 넓은유체의 세계 '자연에서 배우기'편을 참조할 것.)

그림 P9.4.18

9.4.19 기존 비행기의 날개에 윙릿을 추가함으로써 항력계수가 5% 감소하였다. 추진엔진을 그대로 사용하면 비행 속도는 얼마나 증가하나? (9.4.2절의 유체의 넓은 세계 '윙릿의 효능'편 참조할 것.)

평생학습 문제

9.1 LL 9장 광활한 유체의 세계의 '압력 감지 페인트' 편에서는 표면 압력을 측정하는 신기법을 소개하였다. 속도 측정에서도 새로운 기법이 개발되었다. 이 중에는 PIV라는 입자 영상 속도계가 있다. 이에 대한 장점 등에 대해 조사하여 보고서로 간략히 작성해 보라.

9.2 LL 유동이 난류가 되면 마찰항력이 증가하므로 비행기가 순항할 때는 가능한 층류를 유지하는 것이 유리하다. 날개 주위에 층류를 형성하기 위해서 익형의 개선 뿐만 아니라 유동을 적극적으로 제어하는 기법도 개발하고 있다. 이러한 기술에 대한 정보를 조사하여 보고서로 간략히 작성해 보라.

9.3 LL 9장에서는 자동차를 유선형으로 하면 항력을 줄일 수 있다고 배웠다. 투영면적을 줄이는 것도 항력을 감소하는 한 방법이다. 그러나 견인 트레일러와 같은 수송차는 실어야 할 짐이 많아서 이 일이 쉽지 않다. 최근 몇 년간 이런 유형의 차량에 대해 항력을 줄이려는 연구가 진행되고 있다. 견인 트레일러의 항력을 줄이는 연구에 대해 조사하여 보고서로 간략히 작성해 보라.

CHAPTER 10

개수로 유동

학습목표

이 장을 학습한 후, 다음을 할 수 있어야 한다.

- 개수로 유동의 일반적 특징을 이해한다.
- 비에너지 선도를 사용할 수 있다.
- 균일 수심 개수로 유동을 해석하기 위한 적절한 방정식을 적용할 수 있다.
- 수력 도약의 주요 특성을 계산할 수 있다.
- 개수로 유동 측정 장치를 활용하여 유량을 계산할 수 있다.

개수로 유동은 수로나 완전히 채워지지 않은 도관 내부의 액체 흐름을 다룬다. 개수로 유동에서는 흐르는 유체(보통 물)와 그 위의 유체(보통 대기) 사이에 자유표면이 존재한다. 이러한 유동에서는 유체에 작용하는 중력이 주된 구동력이 되어 유체를 하류로 흐르게 한다. 개수로 유동에서의 대부분의 연구 결과들은 모형이나 원형에 대한 실험 결과들로부터 얻어진 상관관계에 기초하고 있다.

Video
V10.1 해상 석유 시추 플랫폼

이 장에서는 개수로 유동의 특성을 해석하고 개수로 유동의 중요 인자들을 계산하기 위한 관계식을 유도 할 것이다. 개수로 유동에는 움직이는 자유표면이 중요하다. 자유표면파의 중요한 특성들도 간단히 다룬다.

10.1 개수로 유동의 일반적 특성

개수로 유동은 다양한 특성을 갖고 있다.

유동의 특성을 분류하기 위해 시간 t와 수로 방향의 거리 x에 따른 수심 y의 변화를 고려한다. 개수로 유동에서 수로를 따라 수심의 변화가 없는 경우($dy/dx = 0$) **균일 유동**(uniform flow, UF)으로 분류된다. 반면 수로를 따라 수심이 변하는 경우($dy/dx \neq 0$)는 **불균일 유동**(non-uniform flow) 또는 **변하는 유동**(varied flow)이라고 한다. 불균일 유동 중에서 수심 변화가 비교적 빠르게 일어나는 경우($dy/dx \sim 1$)는 **급속히 변하는 유동**(rapidly varying flow, RVF)으로 분류한다. 반면 수심의 변화가 완만히 발생하는 경우($dy/dx \ll 1$)는 **점진적으로 변하는 유동**(gradually varying flow, GVF)로 분류한다. 그림 10.1과 여백의 그림들은 이러한 유동에 대한 예를 보여주고 있다. 유동의 특성에 따라 관련된 여러가지 힘(압력, 중력, 마찰력, 관성력)들의 상대적 중요도가 달라진다.

Bruce Munson

균일 유동

개수로 유동은 관련된 여러가지 조건에 따라 **층류**(laminar), **천이**(transitional) 또는 **난류**(turbulent) **유동**이 된다. 이러한 유동의 형태는 Reynolds 수($\mathrm{Re} = \rho V R_h / \mu$)에 의해 결정되며, 여기서 V는 유체의 평균 속도이고, R_h는 수로의 수력 반경(hydraulic radius, 10.4절 참조)이다. 개수로 유동의 경우 대체로 $\mathrm{Re} < 500$인 경우 층류이고, $\mathrm{Re} > 12{,}500$

pierluigi palazzi/123RF

급속히 변하는 유동

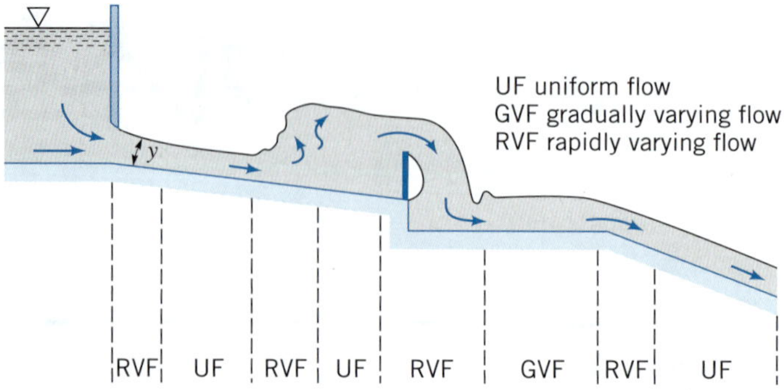

그림 10.1 개수로 유동의 분류

인 경우 난류이며 그 사이는 천이 유동이다. 대부분의 개수로 유동에서 유체는 점성이 미미한 물이고 특성 길이가 상대적으로 크기 때문에 유동이 층류인 경우는 드물다.

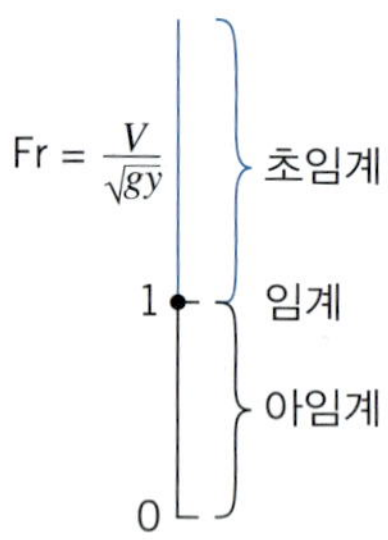

교란이 없는 경우인 평면으로부터 파로 변화할 수 있는 자유표면이 개수로 유동에 중요한 영향을 미친다. 이러한 파는 표면을 따라 특정 전파 속도로 이동하며 전파 속도는 파의 크기(파고, 파장)와 수로의 특성(수심, 유동 속도, 등)에 따라 결정된다. 개수로 유동의 특성은 유체의 속도와 움직이는 유체에 대한 파의 전파 속도의 비에 따라 크게 달라진다. 이러한 특성을 결정하는 무차원 수가 Froude 수, $\mathrm{Fr} = V/(g\ell)^{1/2}$이며, 여기서 ℓ은 유동의 특성 길이이다. Froude 수는 7장에서 소개되었으며 10.2절에서 자세히 다룬다. 여백의 그림에서 보인 것과 같이 Froude 수가 1인 경우, $\mathrm{Fr} = 1$는 **임계 유동(critical flow)**이라 부른다. Froude 수가 1보다 작으면 **아임계 유동(subcritical flow)** 또는 **완류(tranquil flow)**라고 하고 Froude 수가 1보다 큰 경우는 **초임계 유동(supercritical flow)** 또는 **급류(rapid flow)**라고 한다.

10.2 표면파

Bruce Munson

개수로 유동과 같이 자유표면이 있는 유동의 두드러진 특징은 자유표면이 다양한 형태로 변형된다는 점이다. 호수나 대양의 표면이 "거울처럼 매끈한" 경우는 거의 없다. 자유표면은 여백의 사진과 같이 표면파가 발생하여 끊임없이 변화한다. 대단히 큰 파도와 표면의 잔 물결, 파장이 긴 파와 짧은 파, 파가 부서지면서 흰 거품을 형성하는 경우와 비교적 완만한 파 등 다양한 수면파가 존재한다. 이러한 수면파에 대한 일반적인 해석은 이 책의 범위를 벗어나지만 개수로 유동을 해석하기 위해서는 단순한 수면파의 기본적 특성에 대한 이해가 필요하다. 수면파에 대한 더 자세한 내용들은 참고문헌(Refs. 1, 2, 3, 10)에 소개되어 있다.

광활한 유체의 세계

거대 파

갑자기 나타나 배를 전복시키는 거대한 파도에 대한 이야기들이 오랫동안 전해져 오고 있다. 영화 Poseidon Adventure(1972, 2006)도 그러한 사건을 토대로 한다. 과거에는 그런 기이하고 거대한 파도들이 허구라고 생각되어왔으나 최근의 인공위성을 활용한 관측 결과나 컴퓨터를 이용한 수치 해석 결과 급작스럽게 나타나는 거대한 파도들이 비록 드물기는 하지만 실재로 존재함이 밝혀졌다. 그러한 파들은 물 덩어리가 가파르게 솟아오른 단일 봉우리 형태이며 비교적 잔잔한 대양을 가로질러 빠르게 이동한다. 대부분의 선박은 15 m의 파고를 견디도록 설계되고 있으나, 인공위성 관측 결과나 해양 구조물에서 기록된 바에 따르면 거대 파의 파고는 30 m에 이를 수 있음이 밝혀지고 있다. 아직 거대 파의 발생 원인에 대한 해석이 완전히 이루어지지는 않았으나 어떻게 통상의 파도들이 공간상의 한 점에 집중되면서 파고가 높아지는지에 대한 해석은 부분적으로 이루어지고 있다. 거대 파에 대한 이해를 위해서는 추가적인 이론적 해석과 실험적 연구들이 필요하다. 장기적으로는 거대 파의 발생을 예측할 수 있게 되어 거대 파로 인한 생명과 선박의 피해를 예방할 수 있게 될 것이다.

10.2.1 파속도

그림 10.2a에 보인 바와 같이, 정지해 있던 한쪽 벽면이 δV의 속도로 갑자기 움직이면서 유체의 표면에 작은 높이 δy의 기본파가 발생하는 경우를 생각한다. 초기($t = 0$)에 수로 내의 물은 정지 상태이다. 정지해 있는 관찰자에게는 전파되는 파의 앞쪽에는 유체의 운동이 전혀 없고 파의 뒤쪽에서는 δV의 속도로 유체가 움직이면서 하나의 파가 **파속도(wave velocity)** c로 수로를 따라 전파되는 것으로 관찰된다. 정지된 관찰자에게는 이 유동이 비정상(unsteady) 유동으로 보인다. 그러나 그림 10.2b에 보인 바와 같이 파속도 c와 동일한 속도로 움직이는 관찰자에게는 이 유동이 정상(steady) 유동으로 보인다.

Video
V10.2 차량 연료 탱크 주유

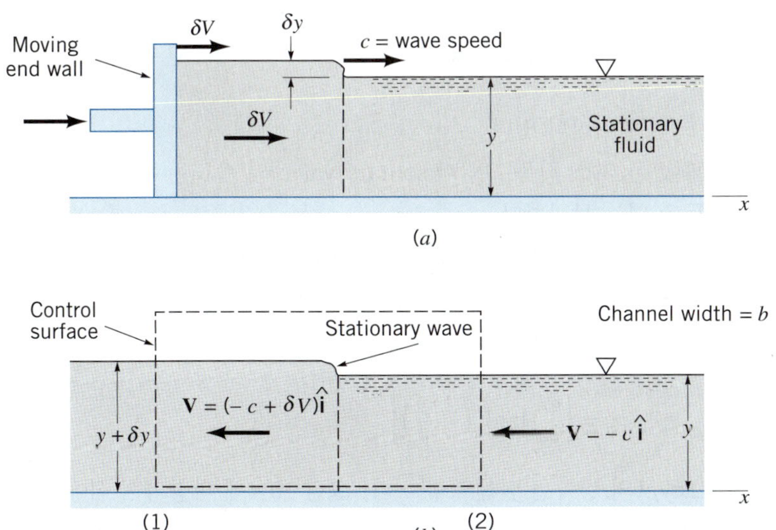

그림 10.2 (a) 정지해 있는 관찰자에게 보이는 전파되는 파. (b) 파와 같은 속도로 이동하는 관찰자에게 보이는 파.

움직이는 관찰자에게 보이는 유동의 속도는 관찰자 우측에서 $\mathbf{V} = -c\hat{\mathbf{i}}$이고 좌측에서 $\mathbf{V} = (-c + \delta V)\hat{\mathbf{i}}$이다.

그림 10.2b에 보인 검사체적에 대해 연속방정식과 운동량방정식을 적용하면 이 유동과 관련된 여러 인자들에 대해 다음과 같은 관계식을 얻는다. 일차원 균일 유동을 가정함으로써 연속방정식[식(5.12)]은 다음과 같다.

$$-cyb = (-c + \delta V)(y + \delta y)b$$

여기서 b는 수로의 폭이다. 윗 식은 다음과 같이 정리된다.

$$c = \frac{(y + \delta y)\,\delta V}{\delta y}$$

$\delta y \ll y$인 미소파의 극한에서 다음과 같다.

$$c = y\frac{\delta V}{\delta y} \tag{10.1}$$

유사하게 운동량방정식[식(5.22)]은 다음과 같다.

$$\frac{1}{2}\gamma y^2 b - \frac{1}{2}\gamma(y + \delta y)^2 b = \rho bcy[(c - \delta V) - c]$$

여기서 질량 유량은 $\dot{m} = \rho bcy$로 하였고 유체 내부 압력은 정수력학적 압력 분포라고 가정하였다. 즉 단면 (1)과 (2)에서 작용하는 압력에 의한 힘은 각각 $F_1 = \gamma A_1 = \gamma(y + \delta y)^2 b/2$이고 $F_2 = \gamma y A_2 = \gamma y^2 b/2$이다. 다시 미소파 가정[$(\delta y)^2 \ll y\,\delta y$]을 적용하면, 운동량 방정식은 다음과 같다.

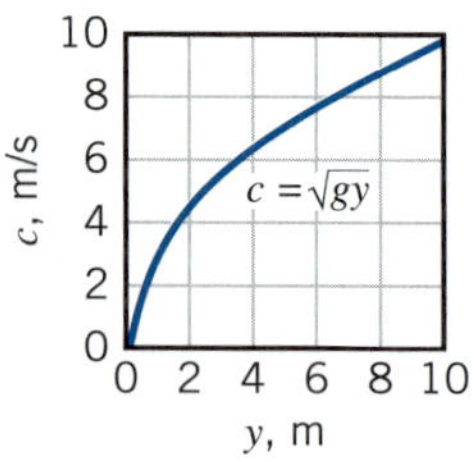

$$\frac{\delta V}{\delta y} = \frac{g}{c} \tag{10.2}$$

식(10.1)과 식(10.2)를 조합하면 파속도는 다음과 같다.

$$\boxed{c = \sqrt{gy}} \tag{10.3}$$

c와 y의 관계가 여백의 그림에 나타나 있다.

그림 10.2에 보인 것과 같은 미소 진폭 고립파(solitary wave)의 속도는 수심 y의 제곱근에 비례하며 파의 진폭 δy와는 무관하다.

파속도는 연속방정식과 운동량방정식 혹은 연속방정식과 에너지방정식으로부터 결정된다.

고립파가 아닌 그림 10.3에 보인 바와 같은 정현파(sinusoidal wave) 형태의 연속적인 파를 고찰하여 일반적인 파를 해석할 수 있다. 참고문헌 1에 보인 바와 같이 미소 진폭 정현파의 파속도 c는 파장 λ과 수심 y에 따라 다음과 같이 변화한다.

Video

V10.3 소금쟁이

$$c = \left[\frac{g\lambda}{2\pi}\tanh\left(\frac{2\pi y}{\lambda}\right)\right]^{1/2} \tag{10.4}$$

Video

V10.4 정현파

여기서 $\tanh(2\pi y/\lambda)$는 $2\pi y/\lambda$의 쌍곡선 탄젠트 값이다. 그림 10.4에 파장과 수심에 따른 파속도 변화가 나타나 있다. 수심이 파장에 비해 큰 경우(대양에서처럼, $y \gg \lambda$), 파속도는 수심에 무관하며 다음과 같다.

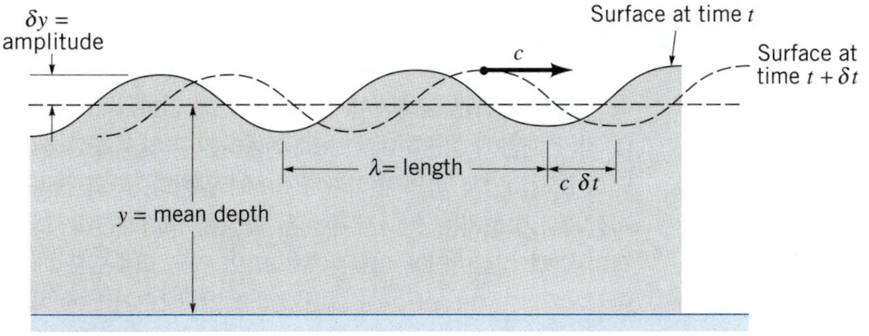

그림 10.3 정현 수면파

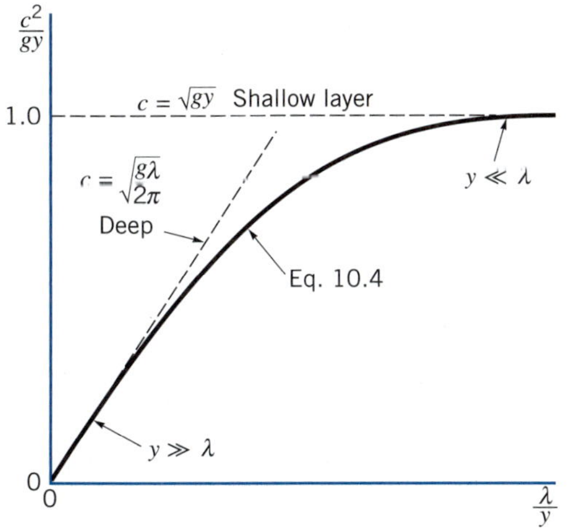

그림 10.4 파장과 파속도의 관계

$$c = \sqrt{\frac{g\lambda}{2\pi}}$$

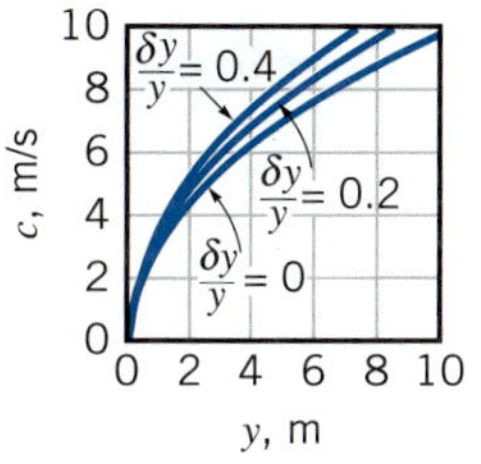

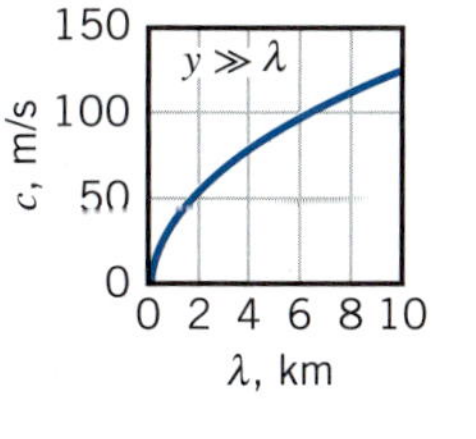

여백의 그림은 깊은 수심에서 파장에 따른 파속도의 변화를 보여준다. 파장이 대단히 긴 파[예를 들어 쓰나미(tsunami)에 의해 발생한 파의 경우 파장이 수 킬로미터에 달한다.]의 경우 파속도가 대단히 큼을 그림에서 확인할 수 있다. 반면 수심이 얕은 경우(개수로에서 흔히 발생하듯이, $y \ll \lambda$), 그림 10.2의 고립파에서 유도된 것처럼 파속도는 $c = (gy)^{1/2}$로 된다. 또한 식(10.4)에서 $y/\lambda \to 0$이면 $\tanh(2\pi y/\lambda) \to 2\pi y/\lambda$이기 때문에 수심이 얕은 경우의 파속도에 대해 동일한 결과를 얻는다. 그림 10.4에 수심이 깊거나 얕은 두 극한의 경우들이 나타나 있으며 중간 정도의 수심($y \sim \lambda$)의 경우 식(10.4)로 결정된다. 수심이 일정한 경우 파장이 길어지면 파의 전파 속도가 빨리지며, 개수로 유동의 경우 파속도의 극한은 $c = (gy)^{1/2}$이 된다.

광활한 유체의 세계

쓰나미(tsunami), 비폭풍파

흔히 "조석파(tidal wave)"로 잘못 일컬어지는 쓰나미는 물덩어리의 수직 운동을 유발하는 어떤 교란(예를 들면, 지진, 화산 폭발, 또는 운석 충돌)에 의해 발생하는 파이다. 쓰나미는 긴 주기와 대단히 큰 파장, 그리고 극단적으로 빠른 전파 속도를 갖는 천수파(shallow-water wave)이다. 예를 들면 2005년 12월 인도양에서 발생했던 쓰나미의 전파속도는 500–1000 m/s이다. 전형적인 쓰나미는 육지에서 멀리 떨어진 심해에서는 작은 진폭을 갖는다. 위성 계측 기록에 의하면 심해에서의 파고는 1 m 이하였다. 그러나 파가 해안에 접근하여 천수로 이동하면 파의 속도가 상당히 느려지면서 파의 높이가 30 m에 달한다. 파의 전파 과정에서 발생하는 에너지 손실은 파장에 역비례한다. 파장이 수백 킬로미터에 이르는 쓰나미의 경우 파속도도 대단히 클 뿐만 아니라 거의 에너지 손실없이 대단히 먼 거리를 이동한다. 인도양 쓰나미의 경우 쓰나미를 발생시킨 지진의 중심으로부터 8000 km 떨어진 곳에서도 사망자가 발생한 기록이 있다. 최근의 예는 2011년 일본에서 발생한 쓰나미가 있다.

10.2.2 Froude 수 효과

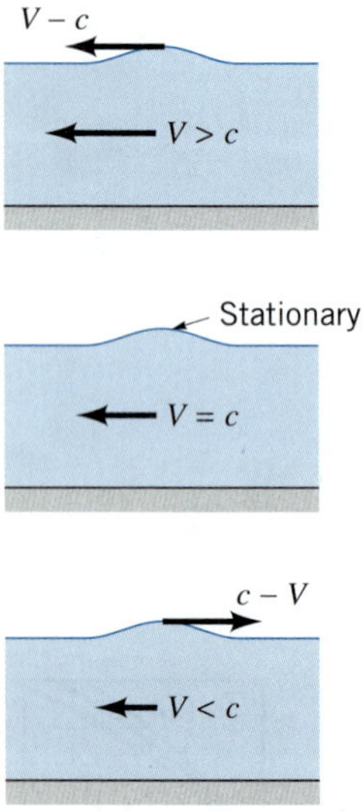

그림 10.2a와 여백의 그림과 같이 유체 표면에서 이동하는 기본파를 생각한다. 유체층이 정지된 경우 파는 유체 및 고정된 관찰자에 대해 속도 c로 오른쪽으로 움직인다. 유체가 속도 $V < c$로 흐르는 경우 (유체에 대해 상대 속도 c로 이동하는) 파는 정지된 관찰자에 대해 $c - V$의 속도로 오른쪽으로 움직인다. 만약 유체가 $V = c$로 흐르는 경우 파는 정지하고, $V > c$인 경우에는 파가 속도 $V - c$로 왼쪽으로 밀려간다.

이러한 논의는 특성 길이로 수심 y를 대입한 Froude 수, $\mathrm{Fr} = V/(gy)^{1/2}$를 이용하여 무차원화된 형태로 표현될 수 있다. 이 경우 Froude 수, $\mathrm{Fr} = V/(gy)^{1/2} = V/c$는 파의 속도에 대한 유체 속도의 비이다.

흐르는 강에 바위가 떨어져서 유체층의 표면에 파가 생성된 경우 다음과 같은 현상이 관찰된다. 흐름이 정지된 경우에는 파가 모든 방향으로 동일하게 퍼져나간다. 유체층의 흐름이 거의 정지해 있거나 느린 경우($V < c$)에는 파가 상류로 전파될 수 있다. 이러한 경우에는 상류 지점이 하류 지점과 수력학적 교신이 된다고 한다. 즉, 수면의 교란이 상류로 전파되어 상류 쪽의 관찰자가 하류에서 시작된 수면 교란을 확인할 수 있다. 현재의 논의에서는 제외된 점성의 영향이 파를 감쇠 시켜 먼 상류에서는 파가 사라진다. 이러한 조건, 즉 $V < c$, 또는 $\mathrm{Fr} < 1$인 경우를 **아임계(subcritical)**라 한다.

반대로 유체층의 속도가 파의 전파 속도보다 큰 경우($V > c$)에는 하류 지점에서 발생한 수면 교란이 상류 지점으로 전파되지 않는다. 관찰자 위치보다 하류에서 발생한 교란은 전부 하류 방향으로만 전파된다. $V > c$ 또는 $\mathrm{Fr} > 1$인 이러한 상태를 **초임계(supercritical)**라 한다. $V = c$ 또는 $\mathrm{Fr} = 1$인 특수한 상황에서는 상류로 전파되는 파는 정지하며 이러한 상태를 임계(critical)라 한다.

예제 10.1 | 수면파

주어진 사항 그림 E10.1a에 보인 Rock River의 특정 구역에서는 그림 E10.1b에서 보인 것처럼 유속 V가 수심 y의 함수가 된다. 이러한 관계는 다음과 같은 실험식으로 근사된다.

$$V = 5y^{2/3} \tag{1}$$

여기서 V와 y의 단위는 m/s 및 m이다.

그림 E10.1a

해결과제 어떤 범위의 수심에서 수면파가 상류로 전파 될 수 있는지 계산하라.

풀이 강물은 V의 속도로 왼쪽으로 흘러가는 동안 수면파는 물에 대한 상대 속도(지표면에 대한 상대 속도가 아님) $c = (gy)^{1/2}$로 상류 방향(오른쪽)으로 움직인다. 따라서 수면파는 지표면에 대해서는 다음과 같은 속도로 오른쪽으로 움직인다.

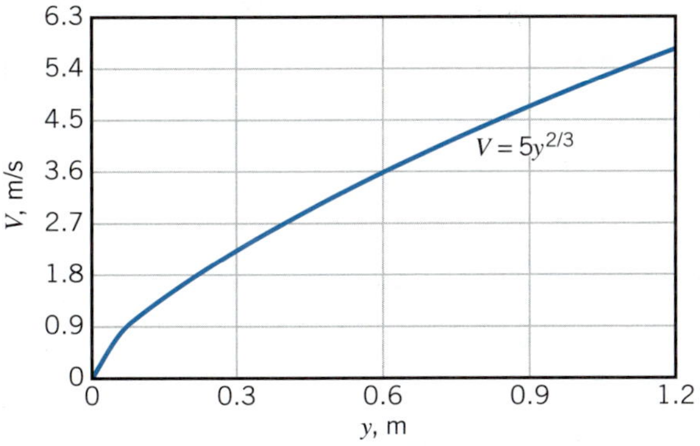

그림 E10.1b

$$\begin{aligned} c - V &= (gy)^{1/2} - 5y^{2/3} \\ &= (9.81 \text{ m/s}^2 y)^{1/2} - 5y^{2/3} \end{aligned} \tag{2}$$

파가 상류로 전파되기 위해서는, $c - V > 0$이어야 하므로 식(2)로부터,

$$(9.81y)^{1/2} > 5y^{2/3}$$

따라서,

$$y < 0.0604 \text{ m} \qquad \text{(답)}$$

보충설명 이상에서 보인 바와 같이 강의 수심이 0.0604 m보다 얕은 경우 강의 유속이 수면파의 전파 속도보다 느려서 수면파는 강물의 흐름을 거슬러 상류로 전파될 수 있다. 이 결과는 수면파가 상류로 전파되는 경우는 유동이 아임계(즉, $\text{Fr} = V/c < 1$)이어야 한다는 사실과 부합한다. 즉,

$$\begin{aligned} \text{Fr} = V/c &= (5y^{2/3})/(gy)^{1/2} \\ &= 5y^{1/6}/(9.81 \text{ m/s}^2)^{1/2} \\ &= 1.59y^{1/6} \end{aligned}$$

이 결과는 그림 E10.1c에 도시되었다. 그림에서 유동이 아임계여서 파가 상류로 전파될 수 있는 조건은 수심 $y < 0.0604$ m로서 앞의 답과 일치함을 확인할 수 있다.

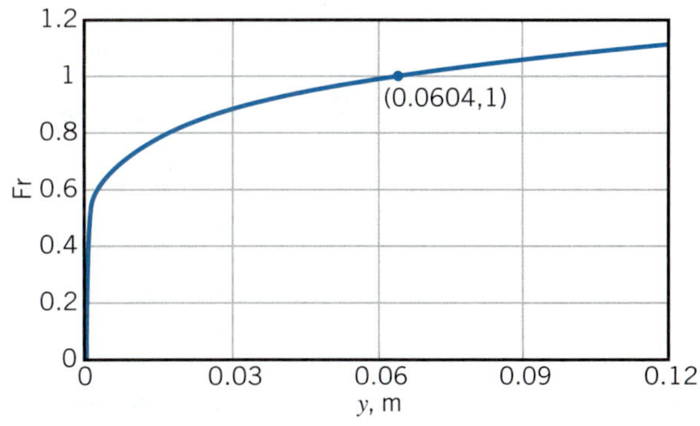

그림 E10.1c

10.3 에너지 고찰

10.3.1 에너지 균형

대부분의 개수로 유동에서 바닥 경사는 대단히 작다; 바닥은 거의 수평이다.

Video

V10.5 물 웅덩이를 지나는 자전거

그림 10.5에 전형적인 개수로 유동의 일부분이 나타나 있다. 수로의 바닥 경사, $S_0 = (z_1 - z_2)/\ell$는 고려하는 영역에서 일정하다고 간주된다. 단면 (1)과 (2)에서의 수심과 유속은 y_1, y_2, V_1, V_2이다. 그림에서 x는 바닥과 나란한 방향이 아닌 수평 방향이며 수심은 연직 방향으로 정의된다. 대부분의 개수로 유동에서 S_0는 아주 작다(바닥은 거의 수평). 예를 들어 미시시피 강의 경우 길이는 3782 km이고 그 동안 448 m의 높이 차가 있으며 이는 평균값으로 $S_0 = 0.000118$에 해당한다. 이러한 경우 x와 y의 방향을 수로 바닥과 나란한 방향과 바닥에 대한 수직 방향으로 정의하기도 하며, 두 좌표계 사이의 차이는 무시할 정도로 작다.

수로 각 단면에서 유속이 균일하다고 가정하면, 이 유동에 대한 1차원 에너지 방정식 [식(5.84)]은 다음과 같다.

$$\frac{p_1}{\gamma} + \frac{V_1^2}{2g} + z_1 = \frac{p_2}{\gamma} + \frac{V_2^2}{2g} + z_2 + h_L \tag{10.5}$$

여기서, h_L은 단면 (1)과 (2)사이에서 점성에 의한 수두 손실이며, $z_1 - z_2 = S_0\ell$이다. 각 단면에서의 압력은 거의 정수력학적 압력 분포이므로, $p_1/\gamma = y_1$이고 $p_2/\gamma = y_2$이며 식(10.5)는 다음과 같다.

$$y_1 + \frac{V_1^2}{2g} + S_0\ell = y_2 + \frac{V_2^2}{2g} + h_L \tag{10.6}$$

8장 관내 유동의 경우와 유사하게, 개수로 유동 해석에서의 어려움 중의 하나는 수두 손실을 다른 변수들로 표현하는 것이다. 여기서는 수두 손실에 대한 자세한 해석은 생략하고 그림 10.5에서와 같이 에너지 선의 기울기, $S_f = h_L/\ell$ [흔히 **마찰 경사(frictional slope)**이라 함]로 수두 손실을 나타낸다. 4장에서와 같이, 에너지 선은 바닥 높이 z(기준면으로부터 수로 바닥까지의 높이)에 압력 수두(p/γ)와 속도 수두($V^2/2g$)를 더한 높이에 위치한다. 따라서 식(10.6)은 다음과 같다.

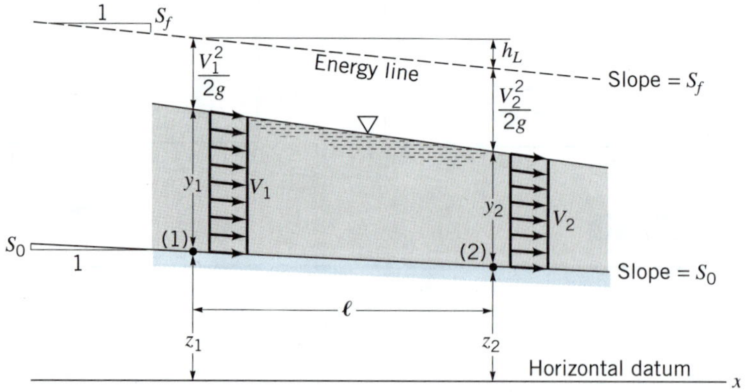

그림 10.5 전형적인 개수로 유동의 기하학

$$y_1 - y_2 = \frac{(V_2^2 - V_1^2)}{2g} + (S_f - S_0)\ell \tag{10.7}$$

수두 손실이 없는 경우에는 에너지 선이 수평이며($S_f = 0$), 유동의 전체 에너지는 운동에너지와 위치에너지로 변환되면서 보존된다. 특수한 예로서 바닥 경사가 없고($S_0 = 0$), 수두 손실이 무시할 만큼 작은 경우($S_f = 0$) 식(10.7)은 다음과 같이 단순화 된다.

$$y_1 - y_2 = \frac{(V_2^2 - V_1^2)}{2g}$$

10.3.2 비에너지(specific energy)

다음과 같이 정의되는 **비에너지(specific energy)** 또는 비수두(specific head), E는 개수로 유동 해석에 유용하다.

$$\boxed{E = y + \frac{V^2}{2g}} \tag{10.8}$$

비에너지는 단위 질량당 위치에너지와 운동에너지의 합이다.

에너지 방정식 식(10.7)은 비에너지 E를 이용하여 다음과 같이 표현된다.

$$E_1 = E_2 + (S_f - S_0)\ell \tag{10.9}$$

만약 수두 손실이 무시할 만하면 $S_f = 0$이고 $(S_f - S_0)\ell = -S_0\ell = z_2 - z_1$이므로 비에너지와 수로 바닥 높이의 합은 상수가 된다($E_1 + z_1 = E_2 + z_2$, 즉 베르누이 방정식이 됨).

폭이 b인 사각형 단면의 수로인 경우 단위 폭당 유량 $q = Q/b = Vyb/b = Vy$이므로, 비에너지는 다음과 같다.

$$E = y + \frac{q^2}{2gy^2} \tag{10.10}$$

일정한 폭의 수로에서 수심 y는 변할 수 있어도 단위 폭당 유량 q는 수로 전체에서 일정하다. 이러한 유동 특성에 대한 통찰력을 주는 그림으로서 q가 일정한 경우에 대한 E와 y의 그래프, 즉 그림 10.6에 나타낸 **비에너지 선도(specific energy diagram)**를 고찰한

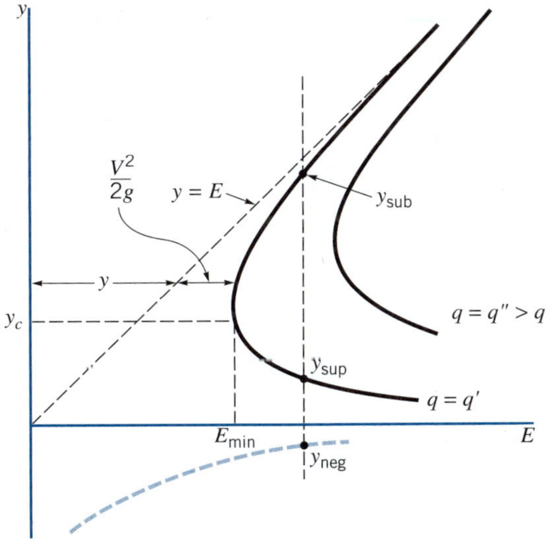

그림 10.6 비에너지 선도

두 가지 다른 수심의 유동이 하나의 비에너지 값을 갖는다.

다. 이 그림에는 식(10.8)에 주어진 수심 y와 속도 수두 $V^2/2g$의 관계가 나타나 있다.

주어진 q와 E에 대해 식(10.10)은 3개의 해, y_{sup}, y_{sub}, y_{neg}를 갖는 3차 방정식[$y^3 - Ey^2 + (q^2/2g) = 0$]으로 다시 쓸 수 있다. 비에너지가 충분히 큰 경우($E > E_{min}$, 여기서 E_{min}은 q의 함수 임), 두 개의 해는 양수이고 나머지 y_{neg}는 음수이다. 그림 10.6에 점선으로 표시 된 음수인 해는 물리적으로 의미가 없는 해이며 무시된다. E와 q가 주어지면 E가 E_{min}보다 작은 경우가 아니면 E, q에 해당하는 수심 y가 2개가 되며 이 두가지 수심들을 **대응 수심(alternative depth)**이라 한다.

E_{min}은 식(10.10)에서 $dE/dy = 0$이라는 조건에서 구할 수 있다.

$$y_c = \left(\frac{q^2}{g}\right)^{1/3} \tag{10.11}$$

여기서 하첨자 "c"는 E_{min}에 해당하는 조건을 의미한다. 이 식을 다시 식(10.10)에 대입하면 E_{min}에 대한 식을 다음과 같이 얻는다.

$$E_{min} = \frac{3y_c}{2}$$

식(10.11)과 $V_c = q/y_c$를 결합하면 다음과 같은 식을 얻는다.

$$V_c = \frac{q}{y_c} = \frac{(y_c^{3/2} g^{1/2})}{y_c} = \sqrt{g y_c}$$

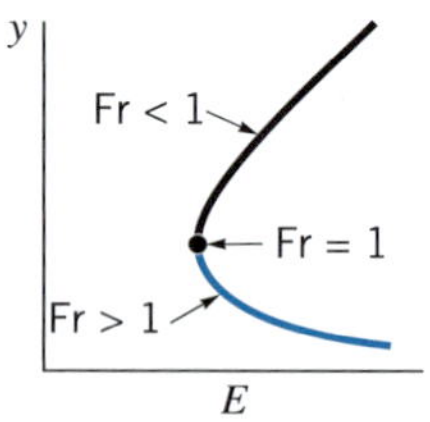

즉, $\mathrm{Fr}_c \equiv V_c/(gy_c)^{1/2} = 1$. 따라서 E_{min}인 경우가 임계 상태($\mathrm{Fr} = 1$)에 해당한다. 수심이 깊을수록 유속이 작기 때문에 비에너지 곡선 중의 윗 부분(E_{min}인 조건과 비교하여)은 아임계($\mathrm{Fr} < 1$) 유동에 해당한다. 반대로 곡선의 아래 부분은 초임계 유동에 해당한다. 이러한 관계에 대한 그림이 여백에 표시되어 있다. 따라서 $E > E_{min}$이면 아임계와 초임계에 해당하는 두 개의 수심이 가능하다.

예제 10.2 | 비에너지 선도-정량적 계산

주어진 사항 그림 E10.2a에 보인 바와 같이, 폭이 일정한 사각 단면의 수로에서 물이 단위 폭당 유량 $q = 0.53\ \mathrm{m^2/s}$로 높이 0.15 m의 경사면을 따라 흐르고 있다. (지금은 그림의 돌출부는 무시한다.) 상류의 수심은 0.70 m이고 점성의 영향은 무시한다.

해결과제 경사면을 지난 하류에서 수면 높이 $y_2 + z_2$를 구하라.

풀이 $S_0\ell = z_1 - z_2$이고 $h_L = 0$이므로 에너지 보존식[식(10.6), 이 경우는 베르누이 방정식과 같음]은 다음과 같다.

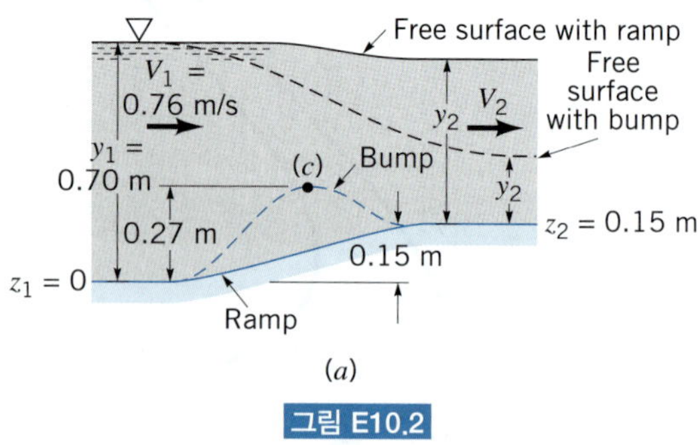

(a)

그림 E10.2

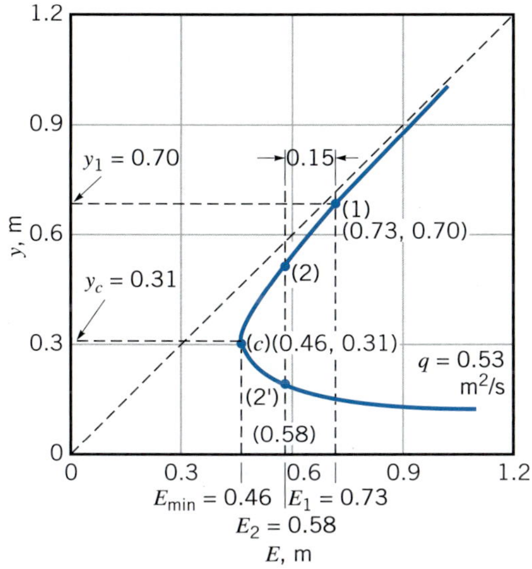

(b)

그림 E10.2b

$$y_1 + \frac{V_1^2}{2g} + z_1 = y_2 + \frac{V_2^2}{2g} + z_2$$

주어진 조건들($z_1 = 0$, $z_2 = 0.15$ m, $y_1 = 0.70$ m, $V_1 = q/y_1 = 0.76$ m/s)을 사용하면 이 식은 다음과 같다.

$$0.58 = y_2 + \frac{V_2^2}{19.6 \text{ m/s}^2} \tag{1}$$

여기서 V_2와 y_2의 단위는 각각 m/s와 m이다. 연속방정식이 두 번째 식을 제공한다.

$$y_2V_2 = y_1V_1$$

따라서,

$$y_2V_2 = 0.53 \text{ m}^2/\text{s} \tag{2}$$

식(1)과 (2)를 결합하면 다음과 같다.

$$y_2^3 - 0.58y_2^2 + 0.014 = 0$$

이 식은 다음과 같은 해를 갖는다.

$$y_2 = 0.53 \text{ m}, \quad y_2 = 0.19 \text{ m}, \quad y_2 = -0.14 \text{ m}$$

이 해들 중 두 개는 물리적으로 의미 있는 해이나 마지막 음수 해는 의미가 없다. 이러한 상황은 앞선 비에너지에 대한 논의(그림 10.6의 3개의 근을 검토하라)와 일치한다. 따라서 수면의 높이는 다음과 같다.

$$y_2 + z_2 = 0.53 \text{ m} + 0.15 \text{ m} = 0.68 \text{ m}$$

또는

$$y_2 + z_2 = 0.19 \text{ m} + 0.15 \text{ m} = 0.34 \text{ m}$$

이 중에서 실제로 발생할 유동은 어느 것인가 하는 질문에 대한 답은 식(10.10)으로 주어지는 비에너지 선도로부터 얻어진다. 이 문제에 대해서 식(10.10)은 다음과 같다.

$$E = y + \frac{0.014}{y^2}$$

여기서 E와 y의 단위는 m이다. 선도는 그림 E10.2b에 나타냈다. 상류 상태는 (1)로서 아임계 상태이며, 하류 상태는 (2)이면 아임계이고 (2′)이면 초임계 상태이다. $E_1 = E_2 + (z_2 - z_1) = E_2 + 0.15$ m이므로 선도에서 하류에 해당하는 점은 상류의 점보다 0.15 m 왼쪽에 위치한다

폭이 일정한 수로의 경우 q는 수로의 어디에서나 일정하다. 따라서 (1), (2), (2′) 모두 $q = 0.53$ m^2/s에 해당하는 곡선 상에 위치해야 한다. 그렇지 않은 경우는 q가 변하거나 1차원 유동 가정에서 벗어남을 의미한다. 그 곡선을 따라 점 (1)에서 임계점(점 c)를 지나 점 (2′)로 변하기 위해서는 비에너지가 E_{min}이 되는 순간이 있어야 한다. 이러한 조건을 만족시키기 위해서는 수로 바닥에 특정한 돌출부가 있어 그 돌출부 위에서 임계 상태가 되어야만 한다. 돌출부의 높이는 다음과 같이 계산된다. 즉, $S_f = 0$ (점성의 영향이 없음), $S_0\ell = z_1 - z_c$의 조건에서 에너지 방정식 식(10.9)를 점 (1)과 (c)에 대해 적용한다. 즉 $E_1 = E_{min} - z_1 + z_c$이다.

구체적으로, $E_1 = y_1 + 0.014/y_1{}^2 = 0.73$ m이고 $E_{min} = 3y_c/2 = 3(q^2/g)^{1/3}/2 = 0.46$ m이므로 돌출부의 상단은 $z_c - z_1 = E_1 - E_{min} = 0.73 \text{ m} - 0.46 \text{ m} = 0.27$ m 만큼 점(1)에서 수로 바닥 보다 높아야 한다. 이 경우 유동은 그림 E10.2a에 점선으로 자유표면이 표시된 것처럼 초임계 상태($Fr_{2'} > 1$)로 가속된다.

그림 E10.2a에 보인 그림에서는 돌출부가 없는 바닥 경사의 경우이므로 하류 상태는 초임계 상태(2′)이 아닌 아임계 상태(2)에 해당한다. 바닥에 돌출부가 없는 경우 상류 상태 (1)에서 하류 상태(2′)의 경우는 발생하지 않는다. 이러한 논의를 **유동 형태의 접근성(accessibility of flow regimes)**이라 한다. 따라서 수면 높이는 다음과 같다.

$$y_2 + z_2 = 0.68\ \text{m} \qquad \text{(답)}$$

$y_1 + z_1 = 0.70$ m이고 $y_2 + z_2 = 0.68$ m이므로 경사면을 통과하면서 수면의 높이는 낮아진다.

보충설명 만약 경사면 앞의 상류 유동이 초임계 상태였다면 경사면을 지나면서 수면 높이와 수심이 증가한다. 이것을 그림 E10.2c에 표시하고 해당하는 비에너지 선도를 그림 E10.2d에 나타내었다. 이 경우 유동은 비에너지 선도의 아래 영역(초임계 상태)에서 시작하여 $y_2 > y_1$인 같은 영역의 (2)에서 끝난다. y와 z 모두 점 (1)에서 점 (2)로 가면 증가하므로 수면 높이, $y + z$도 증가한다. 즉 바닥 경사를 통과하는 경우 초임계와 아임계 상태에 따라 다른 특성을 보인다.

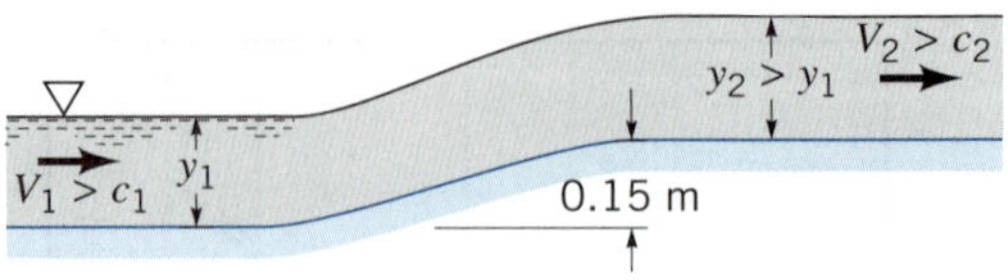

(c)

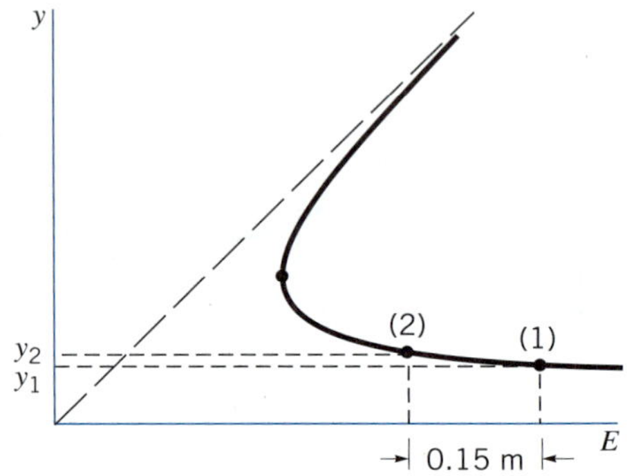

(d)

그림 E10.2

10.4 균일 수심 유동

Video
v10.6 합류하는 수로

많은 수로들이 전체 길이에 걸쳐 일정한 수심과 속도가 유지되도록 설계된다. 관개 수로들은 상당한 길이에 걸쳐 수심과 단면 형상이 일정하게 유지된다. 강이나 개울과 같은 자연적인 수로의 경우 단면 형상이 균일한 경우는 거의 없으나 균일 수심 유동 가정을 통해 개략적인 유량을 추정할 수 있다. 개수로에서의 균일 수심 유동은 관 내부 유동의 완전히 발달된(fully developed) 유동과 유사하다. 이 절에서는 그러한 유동의 다양한 특성들을 고찰한다.

균일 수심 유동($dy/dx = 0$)은 바닥면의 기울기 S_0가 에너지 선의 기울기 S_f와 정확히 일치하는 경우, 즉 $S_0 = S_f$인 상황에서 발생한다. 에너지 관점에서 보면, 균일 수심 유동에서는 유체가 아래로 내려가면서 잃어버리는 위치 에너지의 크기가 유체의 마찰 응력에 의한 점성 수두 손실의 에너지 크기와 정확히 일치한다. 동일한 결론이 10.4.1 절의 힘의 균형에 대한 고려에서도 유도된다.

10.4.1 균일 수심 유동 근사

그림 10.7에 보인 바와 같이, 단면적의 크기와 모양이 일정하고 수심이 일정하게 유지되는 개수로 유동을 생각한다. 단면의 면적은 A이고, **접수 길이**(wetted perimeter, 즉 유체와 접촉하는 단면의 둘레 길이)는 P이다. 자유 표면에서의 대기와 유체의 상호 작용 효과는 무시할 만큼 작다고 가정하기 때문에 접수 길이에 자유 표면은 포함 되지 않는다.

수로의 접수 표면에 벽면 전단응력이 작용한다.

고체 벽면과 접촉하는 유체는 점착하기 때문에 단면에서의 속도는 균일하지 않다. 여

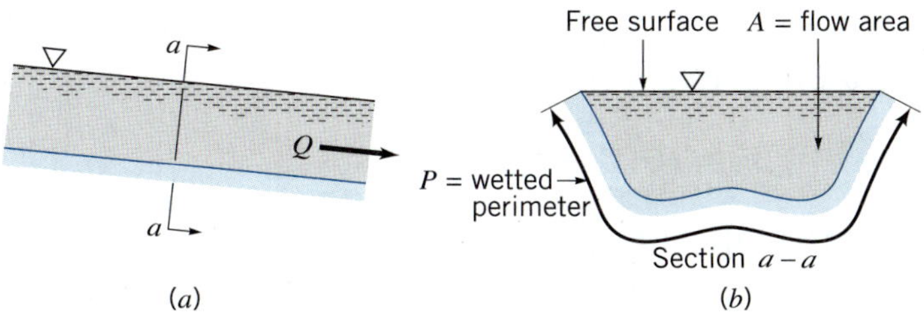

그림 10.7 개수로에서의 균일 수심 유동

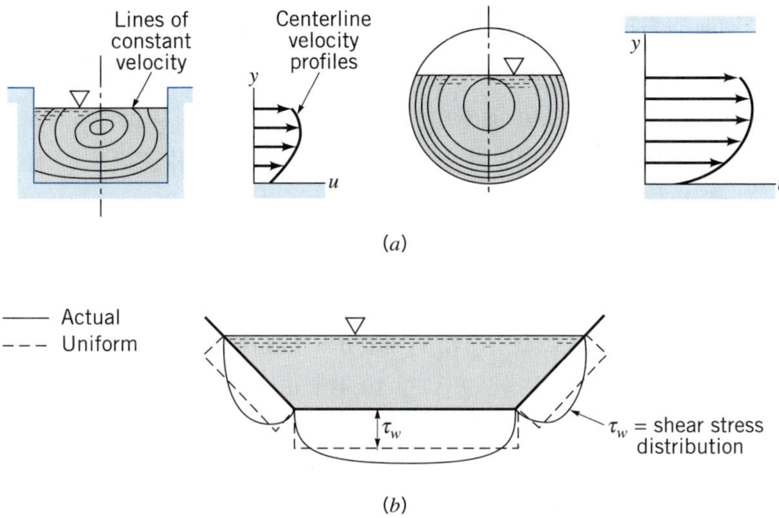

그림 10.8 개수로 단면에서의 속도 및 점성 응력의 전형적인 분포
(a) 단면에서의 속도 분포
(b) 접수 둘레에서의 전단응력 분포

러가지 형상의 단면을 갖는 개수로 유동에서 측정된 전형적인 속도 분포를 그림 10.8a에 나타내었다. 최대 속도는 자유 표면보다 약간 아래에서 발생하고, 벽면 점성 응력 τ_w이 작용하는 접수 표면에서의 유체 속도는 영이다. 벽면 점성 응력은 접수 둘레에서 균일하지 않으며, 전형적인 분포를 그림 10.8b에 나타내었다.

그러나, 단면에서의 속도가 V로 균일하고 벽면 전단 응력도 τ_w로 균일하다고 가정하고 구해진 해석 결과가 실제와 유사한 결과를 줄 수 있다. 관내 유동(8장)에서도 수두 손실을 계산하기 위한 마찰 계수에 대해 유사한 가정을 하였다.

10.4.2 Chezy 방정식과 Manning 방정식

개수로 유동에서 균일한 유량을 결정하기 위한 기본 방정식은 오래 전에 유도되었다. 관련된 실험적 계수들의 정확성 향상을 위한 개선이 계속되어 왔으며 그 결과 공학적으로 유용한 결과를 주는 경험식이 개발되었다. 그러나 유동과 관련된 기하학적 복잡성과 불확실성(특히 자연 수로에서 단면 형상이나 접수 둘레의 불규칙적 변화 등)으로 인해 더욱 정교한 해석에는 어려움이 있다.

정상 균일 유동의 경우, 그림 10.9에 나타낸 검사체적에 대해 x 방향의 운동량보존식 식(5.22)을 적용하면, $V_1 = V_2$이므로 다음과 같다.

$$\sum F_{x_n} = \rho Q(V_2 - V_1) = 0$$

정상 유동이고 수심이 균일한 개수로 유동에서 유체의 가속도는 영이다.

유체의 가속은 없으며 단면 (1)과 (2)에서 운동량 유량은 같다. 유동 방향으로 작용하는 힘들이 균형을 이루어서 일정한 유동이 유지된다. 따라서 $\Sigma F_x = 0$ 또는 다음과 같다.

$$F_1 - F_2 - \tau_w P\ell + \mathcal{W}\sin\theta = 0 \tag{10.12}$$

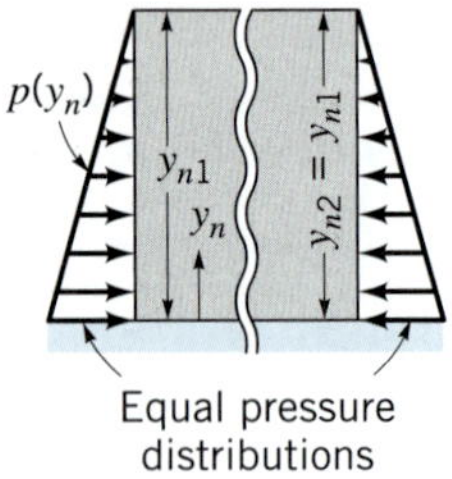

여기서, F_1과 F_2는 여백의 그림에 보인 바와 같이 검사체적 양 쪽에서 작용하는 정수력학적 힘들이다. 양 단에서의 바닥에 대한 수직 방향 높이가 같으므로($y_{n1} = y_{n2}$), $F_1 = F_2$이고 이 두 힘들은 위 식에서 상쇄된다. $\mathcal{W}\sin\theta$ 항은 작용하는 중력의 경사로 하류 쪽 성분이고, $\tau_w P\ell$은 접수 둘레에서 물과 벽면의 마찰의 결과로 경사로 상류 쪽으로 유체에 작용하는 성분이다. 따라서 식(10.12)는 다음과 같다.

$$\tau_w = \frac{\mathcal{W}\sin\theta}{P\ell} = \frac{\mathcal{W}S_0}{P\ell}$$

균일 수심 개수로 유동에서는 중력과 마찰력이 균형을 이룬다.

여기서, 바닥의 경사가 매우 작으므로(즉, $S_0 \ll 1$), $\sin\theta \sim \tan\theta = S_0$라는 근사를 적용했다. 유사하게, 바닥의 경사가 대단히 작으면 그림 10.9에 표시된 바닥과 나란한 x_n, y_n 좌표계와 그림 10.5에 나타낸 x, y 좌표계 사이에 실질적인 차이가 없다. $\mathcal{W} = \gamma A\ell$이므로, 힘의 균형에 대한 식은 다음과 같다.

$$\tau_w = \frac{\gamma A\ell S_0}{P\ell} = \gamma R_h S_0 \tag{10.13}$$

여기서, **수력반경(hydraulic radius)**는 $R_h = A/P$로 정의된다. 원의 경우 반경은 직경의 반이지만 수력 반경은 수력 직경의 1/4이다($R_h = D_h/4$).

대부분의 개수로 유동은 난류이다. 개수로 유동의 전형적인 Reynold 수는 상당히 커서 천이 영역을 훨씬 벗어난 완전 난류 영역에 속한다. 8장에서 논의되었고 여백의 그림에 표시된 것과 같이 대단히 큰 Reynold 수의 관내 유동(완전 난류 유동)에서 마찰 계수 f는 Reynold 수와는 무관하며 관내 표면 거칠기, ε/D에만 의존한다. 이러한 경우 벽면 전단

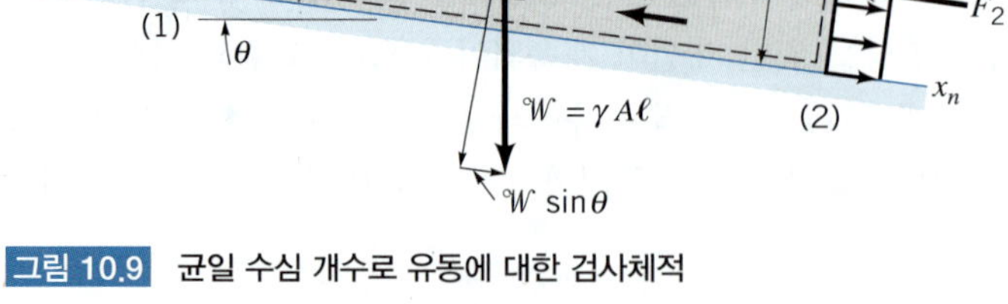

그림 10.9 균일 수심 개수로 유동에 대한 검사체적

응력은 Reynold 수에는 무관하며 유동의 동압 $\rho V^2/2$에 비례한다. 즉,

$$\tau_w = K\rho \frac{V^2}{2}$$

여기서 K는 관내 거칠기에 의존하는 상수이다.

개수로 유동에서도 Reynold 수가 크면 유사한 관계가 성립할 것으로 예상할 수 있다. 이 경우 식(10.13)은 다음과 같다.

$$K\rho \frac{V^2}{2} = \gamma R_h S_0$$

또는

$$V = C\sqrt{R_h S_0} \tag{10.14}$$

여기서, 상수 C는 **Chezy 계수**라 하며 식(10.14)는 **Chezy 방정식(Chezy equation)**이라 한다. 이 식은 파리의 용수 공급을 위한 수로를 설계한 프랑스 공학자 A. Chezy(1718–1798)가 1768년에 제안한 유체역학에서 가장 오래된 식들 중 하나이다. Chezy 계수는 실험을 통해 구해야 하며 무차원수가 아닌 (길이)$^{1/2}$/(시간)의 차원(즉, 가속도의 제곱근의 차원)을 갖는다.

일련의 실험들을 통해, 식(10.14)의 속도와 경사 사이의 관계($V \sim S_0^{1/2}$)는 비교적 정확하나, 수력반경과의 관계는 $V \sim R_h^{1/2}$보다 $V \sim R_h^{2/3}$에 가깝다는 것이 밝혀졌다. 1889년 아일랜드 공학자 R. Manning(1816–1897)은 개수로 유동에서 R_h의 영향을 더 정확히 반영할 수 있도록 다음과 같이 수정된 식을 제안하였다.

$$V = \frac{R_h^{2/3} S_0^{1/2}}{n} \tag{10.15}$$

식(10.15)는 **Manning 방정식(Manning equation)**이라 하며, 계수 n은 **Manning 저항계수(Manning resistance coefficient)**라 한다. 이 계수는 수로의 접수면 재질에 따라 달라지며 실험을 통해서 얻어진다. 이 계수는 무차원수가 아니며 s/m$^{1/3}$의 차원을 갖는다.

7장에서 논의 한 바와 같이, 어떤 상관관계는 관내 유동의 마찰 계수나 물체 주위 유동에서의 저항 계수와 같이 무차원 계수들로 표현되어야 한다. 따라서 식(10.15)은 무차원화된 형태로 표현 되었어야 한다. 그러나 Manning 방정식은 차원을 갖는 계수 n을 사용한 형태로 오랫동안 널리 사용되어왔으며 향후에도 그러할 것이다. 계수 n에 대한 자료는 SI 단위계에서 값들이 여러 문헌들에 수록되어 있다[표(10.1)].

Manning 방정식은 개수로 유동에서 속도나 유량을 계산하기 위해 사용된다.

개수로에서 균일 수심 유동에 대한 속도와 유량은 Manning 방정식으로부터 다음과 같이 계산된다.

$$\boxed{V = \frac{\kappa}{n} R_h^{2/3} S_0^{1/2}} \tag{10.16}$$

그리고

$$\boxed{Q = \frac{\kappa}{n} A R_h^{2/3} S_0^{1/2}} \tag{10.17}$$

표 10.1 Manning 계수 n (참고문헌 6)

Wetted Perimeter	n	Wetted Perimeter	n
A. Natural channels		***D. Artificially lined channels***	
Clean and straight	0.030	Glass	0.010
Sluggish with deep pools	0.040	Brass	0.011
Major rivers	0.035	Steel, smooth	0.012
B. Floodplains		Steel, painted	0.014
Pasture, farmland	0.035	Steel, riveted	0.015
Light brush	0.050	Cast iron	0.013
Heavy brush	0.075	Concrete, finished	0.012
Trees	0.15	Concrete, unfinished	0.014
C. Excavated earth channels		Planed wood	0.012
Clean	0.022	Clay tile	0.014
Gravelly	0.025	Brickwork	0.015
Weedy	0.030	Asphalt	0.016
Stony, cobbles	0.035	Corrugated metal	0.022
		Rubble masonry	0.025

SI 단위계가 사용되면 R_h는 m, A는 m^2인 경우 $\kappa = 1$이고 속도는 m/s, 유량은 m^3/s이 된다. (만약 BG 단위계가 사용되면 $\kappa = 1.49$이다. 숫자 1.49는 미터 당 피트 값의 세제곱근이다: $(3.281 \text{ ft/m})^{1/3} = 1.49$. R_h는 ft, A는 ft^2, $\kappa = 1.49$이고 속도는 ft/s, 유량은 ft^3/s이 된다.)

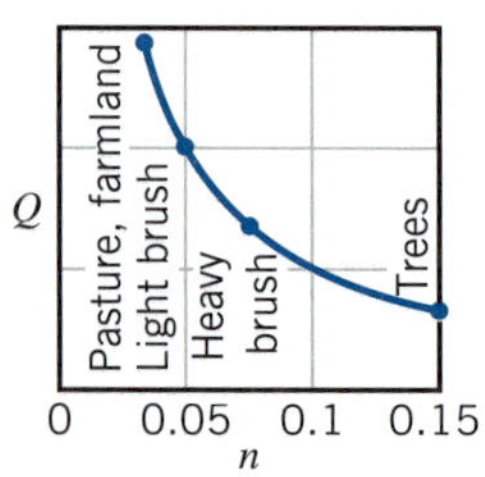

전형적인 Manning 계수 값들이 표 10.1에 표시되어 있다. 쉽게 예상되듯이 접수 표면이 거친 경우 큰 n의 값을 갖는다. 예를 들어 범람원의 표면 거칠기는 목초지, 덤불, 나무의 순으로 증가하며 이 순서대로 해당하는 Manning 계수들도 증가한다. 따라서 일정 깊이의 홍수가 발생한 경우 여백의 그림과 같이 범람원의 거칠기에 따라 유량이 변한다.

정확한 n의 값은 구하기 어려운 경우가 많다. 새로 조성된 수로 경우와 같이 내면이 가공된 경우를 제외하면 수로 표면은 복잡하고 변화가 크다. 주어진 조건에 대해 신뢰할만한 n을 구하는 여러가지 방법들이 있다(참고문헌 5). 이 책의 범위에서는 표 10.1에 소개된 값들로 충분하다. n의 오차는 계산된 유량 Q의 오차에 직접 영향을 미친다. n에 10%의 오차가 있으면 추정된 Q에도 10%의 오차가 발생한다. 광범위한 표면 조건들에서 정확한 n에 대한 표를 얻기 위해 많은 연구들이 진행되었다(참고문헌 7). 표 10.1에 제시된 n은 흐르는 유체가 물일 때만 적용 가능함에 유의하여야 한다.

Video

V10.7 균일 수심 수로 유동

관내 유동에서의 마찰 계수나 개수로 유동의 Manning 계수 모두 경계면에서의 벽면 마찰 응력과 관련된 계수들이다. 따라서 n을 등가의 마찰 계수 f와 벽면 거칠기 ε로 표현한 여러 가지 결과들이 있다(참고문헌 8). 이 책에서는 표 10.1에 제시된 n을 사용할 것이다.

10.4.3 균일 수심 유동에 대한 예

Manning 방정식을 사용하여 다양한 흥미롭고 유용한 결과들을 얻을 수 있다. 이 절에서 몇 가지 전형적인 예들을 다룬다.

균일 수심 유동에 있어 중요한 변수들은 수로 단면의 크기와 형태 (A, R_h), 수로의 바닥 기울기 (S_0), 수로 바닥과 벽의 마감 특성 (n), 평균 속도 또는 유량 (V, Q)이다. Manning 방정식은 단순하지만 어떤 변수를 사용하여 나머지 변수를 구해야 하는지에 따라 적용의 난이도가 달라진다.

수로의 수심이 주어진 경우 유량[표준 수심 y_n에서의 **표준유량**(normal flowrate)]을 구하는 경우는 간단하며, 이 경우를 예제 10.3에서 다룬다.

예제 10.3 | 균일 수심 유동-유량 계산

주어진 사항 그림 E10.3a에 보인 바와 같이 물이 사다리꼴 형태의 단면을 갖는 수로를 따라 흐른다. 바닥 경사는 수로의 길이 304.8 m 당 0.43 m 내려가는 비율이다. 수로 단면은 콘크리트로 새로 마감되었다.

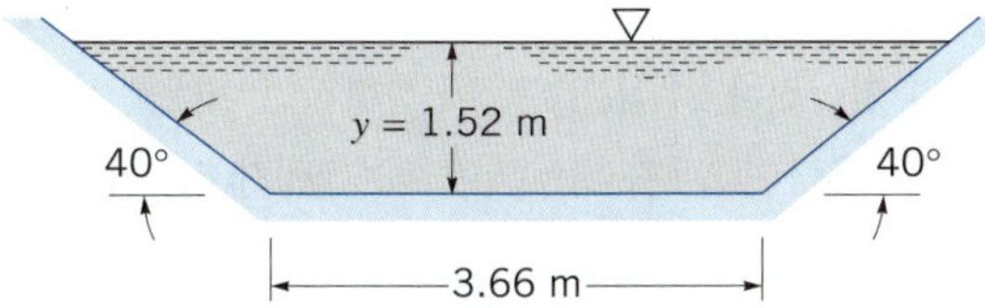

그림 E10.3a

해결과제 균일 수심 유동을 가정하여 다음 사항들을 계산하라.

(a) 유량

(b) 이 유동의 Froude 수

풀이

(a) 식(10.17)로부터,

$$Q = \frac{\kappa}{n} A R_h^{2/3} S_0^{1/2} \qquad (1)$$

여기서, SI 단위계를 사용하므로 $\kappa = 1$이다. 수심 $y = 1.52$ m인 경우 유동 면적 A는 다음과 같다.

$$A = 3.66 \text{ m}\,(1.52 \text{ m}) + 1.52 \text{ m}\left(\frac{1.52}{\tan 40^\circ} \text{ m}\right) = 8.32 \text{ m}^2$$

접수길이는 $P = 3.66 \text{ m} + 2(1.52/\sin 40^\circ) \text{ m} = 8.39$ m 이므로 수력반경은 $R_h = A/P = 0.99$ m이다. 수로 폭이 상당히 넓음(자유표면 폭이 7.28 m 임)에도 불구하고 수력 반경은 수심 보다도 작은 0.99 m이다.

$S_0 = 0.0014$이므로 식(1)은 다음과 같다.

$$Q = \frac{1}{n}(8.32 \text{ m}^2)(0.99 \text{ m})^{2/3}(0.0014)^{1/2} = \frac{0.31}{n}$$

여기서 Q의 단위는 m^3/s이다.

표 10.1에서 콘크리트의 경우 $n = 0.012$이다. 따라서,

$$Q = 25.83 \text{ m}^3/\text{s} \qquad \text{(답)}$$

(b) 최대 수심을 기저로 한 Froude 수는 $\text{Fr} = V/(gy)^{1/2}$로 계산된다. 콘크리트로 마감된 경우,

$$\text{Fr} = 0.804 \qquad \text{(답)}$$

따라서, 유동은 아임계이다.

보충설명 대응되는 평균 속도 $V = Q/A$는 3.1 m/s이다. 이 정도의 속도에서는 가파른 경사가 필요 없다[$S_0 = 0.0014$, $\theta = \tan^{-1}(0.0014) = 0.080^\circ$].

다른 표면 마감(다른 Manning 계수)의 경우에 대해 이러한 계산을 반복한 결과를 그림 E10.3b에 나타내었다. 표면 거칠기가 증가하면 유량이 감소한다. 이러한 사실은 난류 유동에서 벽면 거칠기에 따라 전단응력이 증가함을 의미한다.

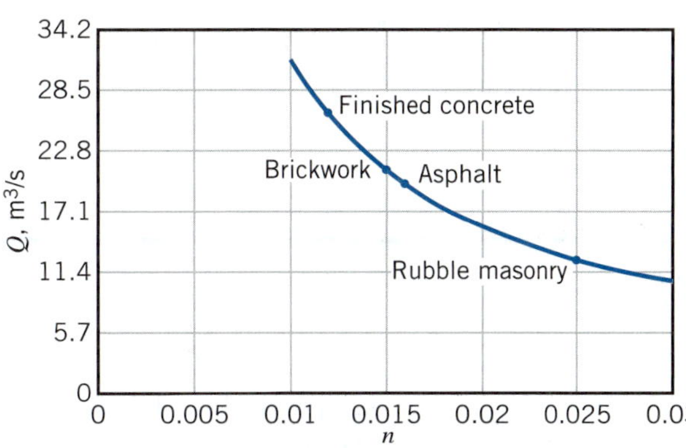

그림 E10.3b

경우에 따라서는 시행 착오법 또는 반복법을 사용해야 답을 구할 수 있다. 그러한 예로서 유량, 수로 기울기, 벽면 마감이 알려져 있고 이로부터 수심을 구하는 경우가 있다. 이러한 경우들을 예제 10.4에서 10.7까지에서 다룬다.

예제 10.4 | 균일 수심 유동 - 수심 계산

주어진 사항 그림 E10.3a에 보인 수로에서 $Q = 10.0\ \mathrm{m^3/s}$의 유량으로 물이 흐르고 있다. 수로 안쪽 벽은 잡초로 덮여 있다.

해결과제 유동의 수심을 계산하라

풀이 이 문제에서는 유동면적이나 수력반경이 주어지지 않았으나 이 두가지는 유동의 수심 y의 함수로 계산된다. 바닥 폭은 3.66 m이고 면적은 다음과 같다.

$$A = y\left(\frac{y}{\tan 40°}\right) + 3.66y = 1.19y^2 + 3.66y$$

여기서, A와 y의 단위는 각각 $\mathrm{m^2}$과 m이다. 접수길이는 다음과 같다.

$$P = 3.66 + 2\left(\frac{y}{\sin 40°}\right) = 3.11y + 3.66\ \mathrm{m}$$

따라서

$$R_h = \frac{A}{P} = \frac{1.19y^2 + 3.66y}{3.11y + 3.66}\ \mathrm{m}$$

여기서, R_h와 y의 단위는 m이다. 표 10.1에서 $n = 0.030$이므로 식(10.17)은 다음과 같다.

$$\begin{aligned} Q = 10 &= \frac{\kappa}{n} A R_h^{2/3} S_0^{1/2}\ \mathrm{m^3/s} \\ &= \frac{1.0}{0.030}(1.19y^2 + 3.66y)\left(\frac{1.19y^2 + 3.66y}{3.11y + 3.66}\right)^{2/3} \\ &\quad \times (0.0014)^{1/2} \end{aligned}$$

이 식은 다음과 같이 정리된다.

$$(1.19y^2 + 3.66y)^5 - 515(3.11y + 3.66)^2 = 0 \qquad (1)$$

여기서, y의 단위는 m이다. 식(1)의 해는 비선형방정식의 해를 찾는 간단한 수치해석 기법이나 시행착오법을 통해 구해진다. 식(1)에서 물리적으로 의미가 있는(즉, 양의 실수) 유일한 해인 표준 유동 수심(normal flow depth)은 다음과 같다.

$$y = 1.50\ \mathrm{m} \qquad \text{(답)}$$

보충설명 여러 유량에 대해 계산을 반복함으로써 그림 E10.4가 얻어진다. 수심은 유량에 선형적인 비례를 하지 않기 때문에 유량이 2배가 되어도 수심은 2배가 되지 않는다.

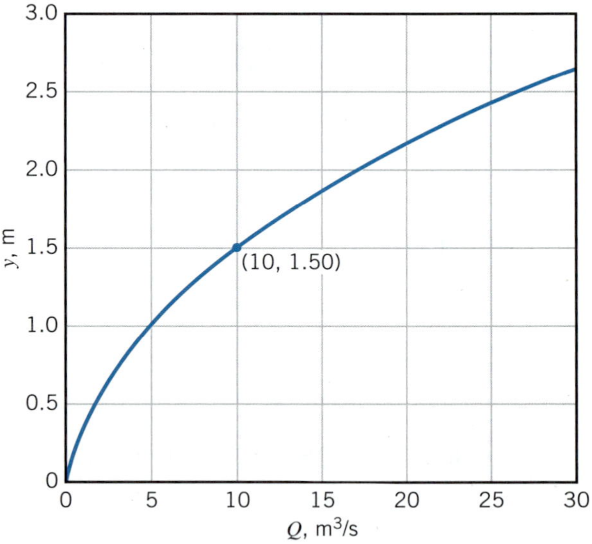

그림 E10.4

예제 10.4에서 주어진 유량에 대한 수심을 계산했다. 수심에 대한 방정식은 비선형(주로 다항식)이기 때문에 하나 이상의 해가 있을 수 있다. 하나의 수로에서 동일한 유량을 갖는 두 개 이상의 수심이 있는 경우가 있다. 드물기는 하지만 2개 이상의 수심에서 동일 유량을 만족시킬 수 있고 예제 10.5는 그러한 경우를 다룬다.

예제 10.5 | 균일 수심 유동-최대 유량

주어진 사항 그림 E10.5a와 같이 직경 D의 원형관 내부에 수심 $0 \le y \le D$의 물이 흐른다. 관은 일정한 기울기 S_0로 놓여 있고 Manning 계수는 n이다.

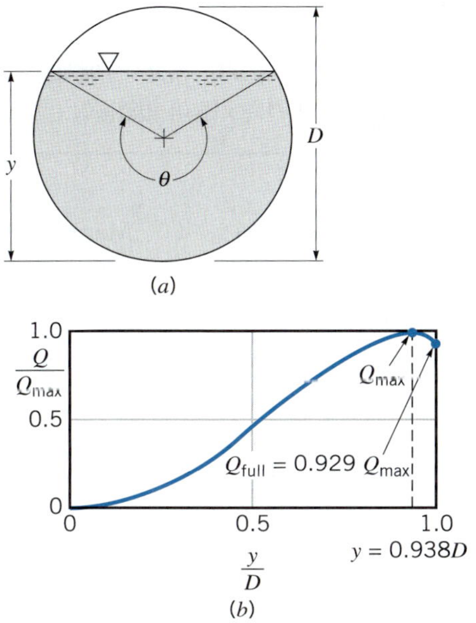

그림 E10.5

해결과제

(a) 유량이 최대가 되는 수심을 구하라.

(b) 동일한 유량을 갖는 두 가지 수심이 존재함을 보이고 이 현상을 설명하라.

풀이

(a) Manning 방정식, 식(10.17)에 따라 유량은 다음과 같다.

$$Q = \frac{\kappa}{n} A R_h^{2/3} S_0^{1/2} \tag{1}$$

여기서, S_0, n과 κ는 이 문제에서 상수이다. 문제에서 주어진 그림으로부터 다음과 같음을 알 수 있다.

$$A = \frac{D^2}{8}(\theta - \sin\theta)$$

여기서, θ는 그림 E10.5a에 정의되어 있으며 단위는 radian이다. 접수 길이는 다음과 같다.

$$P = \frac{D\theta}{2}$$

따라서 수력반경은 다음과 같다.

$$R_h = \frac{A}{P} = \frac{D(\theta - \sin\theta)}{4\theta}$$

따라서 식(1)은 다음과 같다.

$$Q = \frac{\kappa}{n} S_0^{1/2} \frac{D^{8/3}}{8(4)^{2/3}} \left[\frac{(\theta - \sin\theta)^{5/3}}{\theta^{2/3}}\right]$$

윗 식은 $y = (D/2)[1 - \cos(\theta/2)]$을 이용하여 수심 y에 대한 식으로 표현할 수 있다.

수심에 따른 유량, $Q = Q(y)$는 그림 E10.5b에 보인 특성을 갖는다. 이 경우, 관내가 가득 찬 경우의 유량이 최대 유량 Q_{max}가 아니다; $Q_{full} = 0.929\ Q_{max}$. 최대 유량은 수심 $y = 0.938\ D$, 또는 $\theta = 5.28$ rad $= 303°$에서 발생한다. 따라서,

$$y = 0.938D\text{에서 } Q = Q_{max} \qquad \text{(답)}$$

(b) 유량이 $0.929 < Q/Q_{max} < 1$인 경우, 동일한 유량을 갖는 두 개의 수심이 있다. 이러한 현상이 발생하는 원인은 $y \approx D$인 경우에 대해 접수길이 P의 증가에 대한 면적 A의 증가를 고려하면 이해할 수 있다. $y \approx D$인 경우에는 수심이 아주 약간 증가해도 전단응력을 증가시키는 접수길이의 증가는 크게 발생한다. 이러한 이유로 $y \approx D$인 경우 수심이 증가해도 유량은 오히려 감소 한다.

보충설명 대부분의 실제 경우에서는 최대 유량과 관내가 완전히 채워진 경우의 유량 차이는 무시할 만하다. 특히 Manning 계수 n의 불확실성을 고려하면 더욱 그러하다.

부분적으로 채워진 원형 관 내부 유동 해석은 상당히 독특한 점이 있다. 첫 번째로 원형 관 내부가 채워진 정도가 절반이 넘는지에 따라 A와 P를 다르게 계산하여야 한다. 두 번째로 이 경우 Manning 계수가 상수가 아니라 수심에 따라 변한다고 보고되었다(참고문헌 9).

광활한 유체의 세계

GPS나 레이저 없이 건설된 가르교(Pont du Gard)

이천년 전 로마 기술자들은 GPS나 레이저 등을 사용하지 않고도 서구 문명 발전에 지속적인 기여를 한 건조물들을 설계하고 건축했다. 현존하는 고대 로마 수로의 한 가지 예로 프랑스 남부 Nimes 지역의 Gardon 강 계곡을 가로지르는 수로인 가르교(Pont du Gard)를 들 수 있다. 가르교는 20 km 떨어진 샘으로부터 로마 식민지였던 Nimes 지역까지 우회하여 흐르는 길이 50 km 수로의 일부분이다. 샘의 높이는 도착지의 높이에 비해 불과 14.6 m 높을 뿐이며 이는 평균 바닥경사 3×10^{-4}에 해당한다. 이러한 공사가 성공했다는 점에서, 고대 로마 기술자들에게는 대단한 수력학적 지식과 탐사 및 건축 기술이 있었음이 분명하다.

많은 개수로에서 표면 거칠기는 수로를 따라 변한다.

많은 건설된 수로와 거의 대부분의 자연 수로에서 표면 거칠기(즉, Manning 계수)는 수로의 접수 둘레에서 일정하지 않다. 예를 들면 어떤 배수로의 경우 바닥은 돌 표면이지만 침식을 막기 위해 측면은 콘크리트로 마감된다. 따라서 유효 Manning 계수는 수심이 얕을 때와 깊을 때 달라지게 된다. 유사하게 강의 경우에도 통상적인 유동의 경우에 대한 n과 홍수가 발생하여 강물의 일부는 범람원의 나무 주위를 흐르는 경우의 n은 상당히 다른 값을 가질 수 있다. 얼음이 덮인 수로의 경우에도 얼음이 덮인 부분과 나머지 부분은 다른 n을 갖는다(참고문헌 7). (엄밀히 말하면 얼음이 덮인 수로는 개수로가 아니지만 유동 해석에는 개수로에 대한 방정식이 흔히 사용된다. 이러한 해석은 타당할 수 있다. 왜냐하면 얇은 얼음 층의 경우 마찰 응력의 관점에서는 고정된 경계면처럼 작용하지만 관내 유동과 달리 얼음 위아래 압력의 차이는 발생하지 않기 때문이다.)

위치마다 다른 n 값을 갖는 수로에 대해 유효 거칠기를 추정하는 다양한 방법들이 사용되어 왔다. 여러 가지 방법들이 거의 유사한 결과를 예측하고 있는 상황이어서 가장 간단하면서도 정확한 방법으로 확립된 방법은 아직 없다(참고문헌 5). 합리적인 방법은 수로의 단면을 각각의 접수길이 P_i, 면적 A_i, Manning 계수 n_i를 갖는 N개의 부수단면들의 조합으로 나누는 방법일 것이다. 접수길이 P_i는 다른 부수 단면 사이의 가상적 경계는 포함하지 않는다. 전체 유량은 각각의 부수 단면을 통과하는 유량의 합이다. 이러한 방법이 예제 10.6에 설명되어 있다.

예제 10.6 | 균일 수심 유동, 가변 거칠기

주어진 사항 그림 E10.6a에 보인 바와 같은 배수로에 물이 흐르고 있다. 바닥 경사는 $S_0 = 1$ m/500 m $= 0.002$이다.

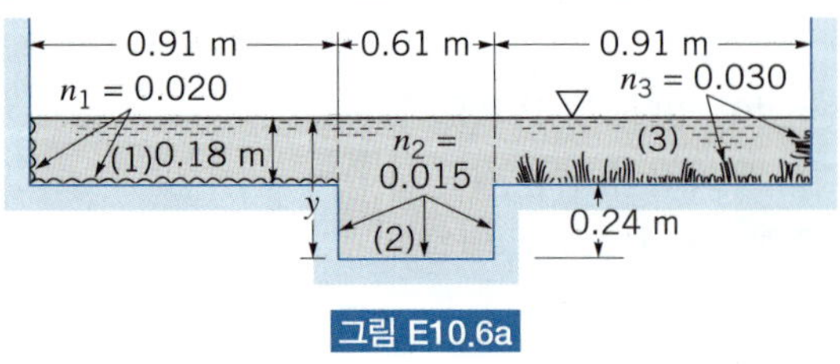

그림 E10.6a

해결과제 배수로 중앙에서의 수심이 $y = 0.18$ m $+ 0.24$ m $= 0.42$ m인 경우 유량을 계산하라.

풀이 배수로 단면을 그림 E10.6a에 보인 바와 같이 3개의 부수 단면으로 나누고 전체 유량은 $Q = Q_1 + Q_2 + Q_3$로 나타내며 각각의 부수 단면에서의 유량은 다음과 같다.

$$Q_i = \frac{1}{n_i} A_i R_{h_i}^{2/3} S_0^{1/2}$$

A_i, P_i, R_{hi}, n_i에 대한 값들은 표 E10.6에 나타나있다.

그림 E10.6a에 점선으로 표시된 부수 단면들 사이의 가상의 접수면들은 접수길이 P_i에 포함되지 않는다. 즉, 단면 (2)의 경우 다음과 같다.

$$A_2 = 0.61 \text{ m} (0.24 \text{ m} + 0.18 \text{ m}) = 0.26 \text{ m}^2$$

이고

$$P_2 = 0.61 \text{ m} + 2(0.24 \text{ m}) = 1.1 \text{ m}$$

따라서,

$$R_{h_2} = \frac{A_2}{P_2} = \frac{0.26\text{m}^2}{1.1 \text{ m}} = 0.24 \text{ m}$$

따라서 전체 유량은 다음과 같다.

$$Q = Q_1 + Q_2 + Q_3 = (0.002)^{1/2} \times \left[\frac{(0.26 \text{ m}^2)(0.24 \text{ m})^{2/3}}{0.015} + \frac{(0.17 \text{ m}^2)(0.15 \text{ m})^{2/3}}{0.020} + \frac{(0.17 \text{ m}^2)(0.15 \text{ m})^{2/3}}{0.030}\right]$$

따라서,

$$Q = 0.48 \text{ m}^3/\text{s} \qquad \text{(답)}$$

표 E10.6

i	$A_i(\text{m}^2)$	$P_i(\text{m})$	$R_{hi}(\text{m})$	n_i
1	0.17	1.1	0.15	0.020
2	0.26	1.1	0.24	0.015
3	0.17	1.1	0.15	0.030

보충설명 전체 횡단면을 하나의 유동 면적으로 간주하는 경우, $A = A_1 + A_2 + A_3 = 0.6 \text{ m}^2$이고 $P = P_1 + P_2 + P_3 = 3.3 \text{ m}$, 그리고 $R_h = A/P = 0.6 \text{ m}^2/3.3 \text{ m} = 0.18 \text{ m}$이다. 식(10.17)에 주어진 유량은 다음과 같다.

$$Q = \frac{\kappa}{n_{\text{eff}}} AR_h^{2/3} S_0^{1/2}$$

여기서, n_{eff}는 이 수로에 대해 유효한 n값이다. 앞에서 구한 유량 $Q = 0.48 \text{ m}^3/\text{s}$를 대입하여 n_{eff}를 구하면 다음과 같다.

$$n_{\text{eff}} = \frac{1AR_h^{2/3}S_0^{1/2}}{Q} = \frac{1(0.6)(0.18)^{2/3}(0.002)^{1/2}}{0.48} = 0.018$$

예상대로, 유효 거칠기(Manning 계수 n)은 각 부수 단면의 최소값 ($n_2 = 0.015$)과 최대값 ($n_3 = 0.030$) 사이에 있다.

다양한 수심에 대해 위의 계산을 반복하여 그림 E10.6b를 얻는다. 그래프는 확연히 구분되는 두 개의 영역이 있다—하나는 중앙 부분에만 물이 있는 경우($y < 0.24$ m)이고 다른 하나는 수로의 양 옆으로도 물이 흐르는 경우($y > 0.24$ m)이다.

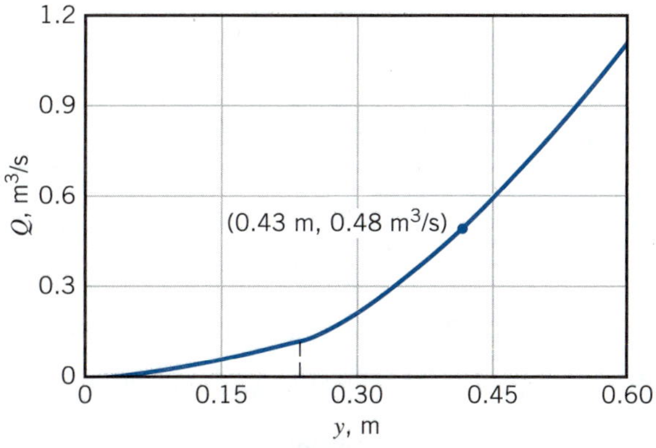

그림 E10.6b

개수로 유동에서 자주 해결해야할 문제 중 하나는 주어진 유량 Q, 기울기 S_0, 거칠기 계수 n에 대해 최소의 단면적을 갖는 수로, 이른바 **최적수력단면(best hydraulic cross section)**을 찾는 문제이다. $R_h = A/P$이기 때문에 식(10.17)은 다음과 같다.

$$Q = \frac{\kappa}{n} A \left(\frac{A}{P}\right)^{2/3} S_0^{1/2} = \frac{\kappa}{n} \frac{A^{5/3}S_0^{1/2}}{P^{2/3}}$$

이 식은 다음과 같이 정리된다.

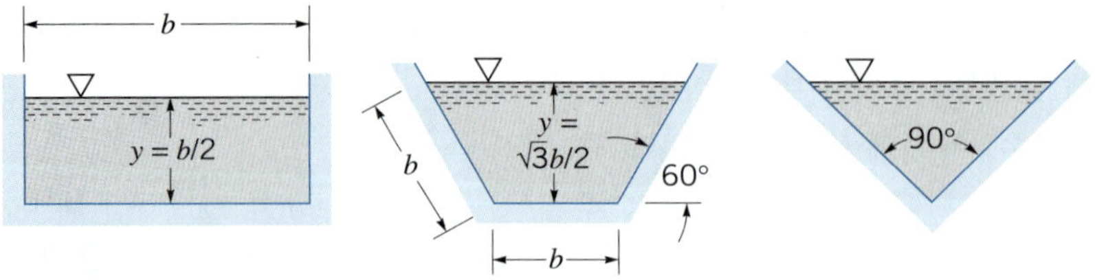

그림 10.10 사각형, 60° 경사 사다리꼴, 삼각형 단면에서의 최적수력단면

주어진 유량에 대해 최소 단면적을 갖는 수로를 최적수력단면이라 한다.

$$A = \left(\frac{nQ}{\kappa S_0^{1/2}}\right)^{3/5} P^{2/5}$$

여기서 괄호 안의 값은 주어진 조건에서 일정하다. 따라서 접수길이 P가 최소가 될 때 단면적도 최소가 된다. 그러므로 최적수력단면에서 수로 건설에 필요한 굴착 부피와 표면 마감 면적 모두 최소가 된다.

최적수력단면은 반원의 횡단면을 갖는 수로에서 구현된다. 다른 어떤 횡단면도 일정한 면적에 대해 반원의 경우보다 작은 접수길이를 갖는 경우는 없다. 때로는 특정 횡단면 종류에서 최적의 모양을 찾아야 한다. 그림 10.10에 사각 단면, 사다리꼴 단면(60° 경사면), 삼각형 단면의 경우에 대해 최적수력단면을 나타내었다. 예를 들면, 사각 단면의 경우에는 수심이 폭의 절반인 경우 최적수력단면이고, 삼각형 단면의 경우 내각이 90°인 경우 최적수력단면이다.

예제 10.7 | 균일 수심 유동-최적수력단면

주어진 사항 폭이 b인 사각 단면 수로에서 수심 y의 물이 균일하게 흐르고 있다.

해결과제 최적수력단면이 되는 종횡비 b/y를 계산하라.

풀이 균일 수심 유동에 대한 식(10.17)은 다음과 같다.

$$Q = \frac{\kappa}{n} A R_h^{2/3} S_0^{1/2} \quad (1)$$

여기서, $A = by$이고 $P = b + 2y$이므로 $R_h = A/P = by/(b + 2y)$. 수력반경은 단면적 A로 다음과 같이 표현된다.

$$R_h = \frac{A}{(2y + b)} = \frac{A}{(2y + A/y)} = \frac{Ay}{(2y^2 + A)}$$

따라서 식(1)은 다음과 같다.

$$Q = \frac{\kappa}{n} A \left(\frac{Ay}{2y^2 + A}\right)^{2/3} S_0^{1/2}$$

이 식은 다음과 같이 정리된다.

$$A^{5/2} y = K(2y^2 + A) \quad (2)$$

여기서, $K = (nQ/kS_0^{1/2})^{3/2}$인 상수이다. 최적수력단면은 모든 y에 대해서 A가 최소가 되는 경우이다. 따라서 $dA/dy = 0$이다. 식(2)를 y에 대해서 미분하면 다음과 같다.

$$\frac{5}{2} A^{3/2} \frac{dA}{dy} y + A^{5/2} = K\left(4y + \frac{dA}{dy}\right)$$

여기서 $dA/dy = 0$이므로

$$A^{5/2} = 4Ky \quad (3)$$

식(2)에서 $K = A^{5/2}y/(2y^2 + A)$이므로 식(3)은 다음과 같다.

$$A^{5/2} = \frac{4A^{5/2} y^2}{(2y^2 + A)}$$

이식은 $y = (A/2)^{1/2}$로 단순화된다. $A = by$이므로 사각 단면의 경우 최적수력단면은 폭과 수심 사이에 다음의 관계가 있다.

$$y = \left(\frac{A}{2}\right)^{1/2} = \left(\frac{by}{2}\right)^{1/2}$$

따라서

$$2y^2 = by$$

즉 사각 단면에서는 폭이 수심의 2배가 될 때 최적수력단면이 된다.

$$b/y = 2 \qquad \text{(답)}$$

보충설명 사각 단면 수로의 경우 주어진 유량에 대해 $b/y = 2$일 때 최소 단면적(그리고 최소 접수 길이)가 된다. 역으로 사각 단면의 경우 $b/y = 2$일 때 주어진 단면에서 최대 유량이 발생한다. $A = by = \text{constant}$인 경우, $y \to 0$이면 $b \to \infty$이어서 $P = b + 2y \to \infty$가 되어 유량은 작아진다. Q가 최대가 되는 때는 $y = b/2$일 때이다. 그러나 이 경우 그림 E10.7에 보듯이 최적 단면에서 최대 유량의 의미는 다소 퇴색된다. 예를 들어 종횡비가 1과 4 사이에만 있으면 동일 면적에서 유량이 $b/y = 2$에서의 유량인 최대값의 96% 이상이다.

위에서 구한 답은 $dR_h/dy = 0$이라는 조건을 사용하여도 동일하게 구해진다. 이 경우 식(1)에서 $dQ/dy = 0$ (일정 유량)과 $dA/dy = 0$ (최적수력단면에서 면적이 최소)가 된다. A가 일정한 경우 $R_h = Ay/(2y^2 + A)$를 미분하면 $dR_h/dy = 0$은 $b/y = 2$가 된다.

다른 형태의 단면에서 최적수력단면 조건은 유사한 방법으로 계산된다. 그림 10.10에 사각 단면, 60° 기울기의 사다리꼴 단면, 삼각형 단면의 경우에 대해 계산된 결과(증명 생략)들을 나타내었다.

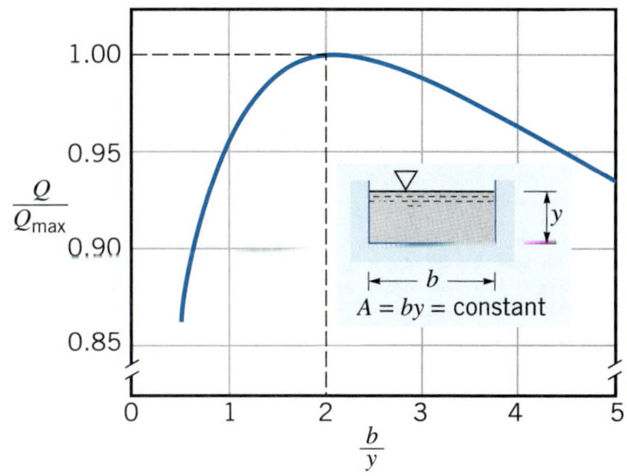

그림 E10.7

10.5 최적 효율 수로 단면

Manning 방정식을 고찰하면 다른 조건들이 동일한 경우 접수길이가 감소하면 방출량이 증가함을 알 수 있다. 따라서 수로의 단면적이 주어진 경우 최소 접수길이를 갖는 단면이 최대 수송량을 갖는다. 그러한 단면을 **최적 효율 수로 단면(most efficient channel section)**이라 한다. 수로 설계의 핵심은 접수길이를 최소화하여 수송량을 최대화하는 것이다. **최적 수력 단면(hydraulically most efficient section)**은 주어진 수송량에서 최소의 접수길이를 갖는 수로 단면으로 정의된다. 따라서 단면이 최적수력단면 일 때 수로 건설 비용도 최소에 가까워진다. 이 절에서는 표면 마감이나 채굴 부피에 따른 비용이 최소가 되는 사다리꼴 및 삼각형 단면 수로를 다룬다.

연속방정식을 고려하면 Manning 방정식은 다음과 같이 쓸 수 있다.

$$Q = \frac{1}{n} A R_h^{2/3} S_0^{1/2} \qquad (10.18)$$

이 식은 다음과 같이 재정리된다.

$$Q = \frac{A^{5/3} S_0^{1/2}}{n P^{2/3}} \qquad (10.19)$$

여기서 Q는 유량, n은 Manning의 거칠기 계수, S_0는 수로의 바닥 기울기, A는 횡단면적, P는 접수길이다. 따라서 주어진 거칠기 계수, 수로 기울기, 면적에서 접수길이가 최소가 될 때 유출량이 최대가 된다. 이런 단면을 최적 수로 단면이라 한다.

10.5.1 사다리꼴 수로 단면

그림 10.11a에 보인 바와 같이 측면 경사가 $m:1$인 사다리꼴 수로 단면을 생각한다.

이 단면의 경우 접수길이 P는 다음과 같다.

$$P = 1'-2'+2'-3'+3'-4'$$
$$=1'-2'+B+3'-4'$$

$$1'-2'=3'-4'$$

$$\begin{aligned}
P &= B+2\times(3'-4') = B+2\sqrt{(3'-5')^2+(5'-4')^2} \\
&= B+2\sqrt{(h^2)+(h\tan\theta)^2} \\
&= B+2\sqrt{(h)^2+\left(\frac{h}{\tan\theta'}\right)^2} \\
&= B+2\sqrt{(h)^2+\left(\frac{h}{(1/m)}\right)^2} \\
&= B+2\sqrt{(h)^2+(mh)^2} \\
&= B+2h\sqrt{(m)^2+1}
\end{aligned} \tag{10.20}$$

$$A=\frac{1}{2}\big[(1'-4')+(2'-3')\big](3'-5')$$
$$=\frac{1}{2}\big[(1'-6')+(2'-3')+(5'-4')+(2'-3')\big](3'-5')$$

여기서 $1'-6'=5'-4'$

$$=\frac{1}{2}[(5'-4')+(2'-3')+(5'-4')+(2'-3')](3'-5')$$

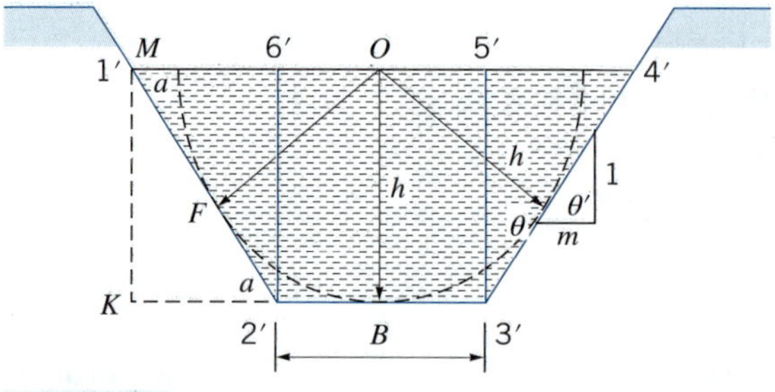

그림 10.11a 최적 사다리꼴 수로 단면

$$=\frac{1}{2}[2(2'-3')+2(5'-4')](3'-5')$$

$$=[(2'-3')+(5'-4')](3'-5')$$

따라서, $$A=(B+mh)h \tag{10.21}$$

그리고, $$B=\frac{A}{h}-mh$$

식(10.20)에서,

$$P=\frac{A}{h}-mh+2h\sqrt{m^2+1} \tag{10.22}$$

$$P=\frac{A}{h}+h(2\sqrt{m^2+1}-m) \tag{10.23}$$

A와 n은 상수이고, 식(10.23)을 h에 대해 미분하여 미분치가 영이 될 때 최적 효율의 단면이 된다.

$$-\frac{A}{h^2}+2\sqrt{m^2+1}-m=0 \tag{10.24}$$

$$(B+mh)=(2\sqrt{m^2+1}-m)h \tag{10.25}$$

$$B=2(\sqrt{m^2+1}-m)h \tag{10.26}$$

따라서 윗 변의 폭은 $T=B+2mh=2\sqrt{m^2+1}\cdot h$, 즉, 경사면 길이의 두 배가 된다.

그림(10.11)의 삼각형 OMF를 생각하면,

$$OF=OM\sin\theta$$

$$OF=\frac{T}{2}\cdot\frac{1}{\sqrt{m^2+1}}=\frac{2\sqrt{m^2+1}\cdot h}{2}\frac{1}{\sqrt{m^2+1}}$$

$$OF=h$$

수력반경은 다음과 같다.

$$R_h=\frac{(B+mh)h}{(B+2\sqrt{m^2+1}\cdot h)}$$

식(10.26)의 B를 대입하면 다음 식을 얻는다.

$$R_h=\frac{h}{2}$$

주의 : T의 관계식($OM=O-1'=T/2$)과 OF와 수심 h을 고려하면, 최적 단면의 경우 그림 10.11a에 보인 것과 같이 반원에 접하는 형태임을 알 수 있다.

A와 h는 상수이고 경사면 기울기가 변수라고 가정하면, 최적 단면에서 $dP/dm=0$의 조건이 만족된다. 식(10.23)을 m에 대해 미분하면 다음과 같다.

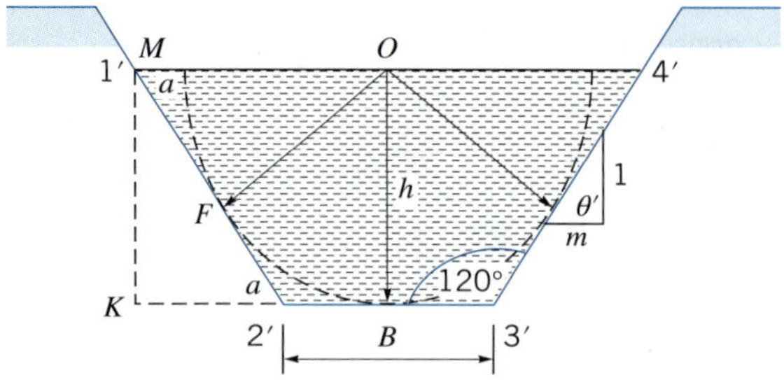

그림 10.11b 최적 효율의 사다리꼴 수로 단면

$$h\frac{2}{2\sqrt{m^2+1}}2m-h=0$$

$$2m=\sqrt{m^2+1}$$

$$m=1\big/\sqrt{3}$$

$$\tan\theta'=\frac{1}{m}=\sqrt{3}$$

따라서, $\theta'=60°$

그림 10.11b에서 $B=$ 경사면 길이 $(3'-4')$이므로, 최적 사다리꼴 수로 단면은 정육각형 단면의 절반인 형태다.

10.5.2 삼각형 수로 단면

그림 10.12에 보인 바와 같은 경사면 기울기가 $m:1$인 삼각형 단면을 생각한다.

$$\tan\theta'=\frac{1}{m}=\frac{1}{\tan\theta}$$

따라서 $\tan\theta=m$ 이다.

삼각형 $1'-O-3'$ 에서,

$$\tan\theta=m=\frac{O-3'}{h}$$

$$O-3'=mh$$

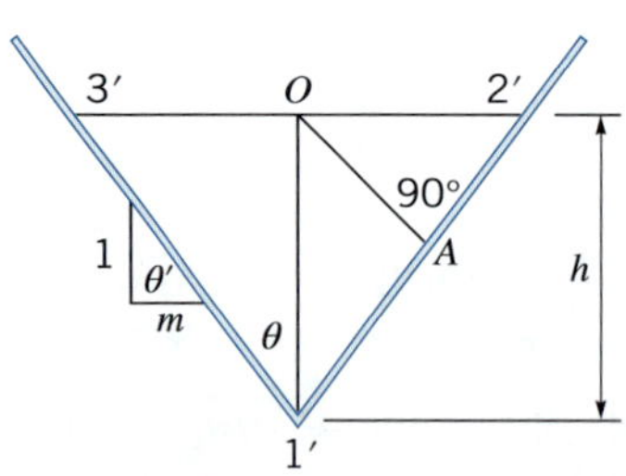

그림 10.12 최적의 삼각형 수로 단면

따라서 면적은 다음과 같다.

$$A = \frac{1}{2}(2mh)h = mh^2$$

접수길이는 다음과 같다.

$$P = 1' - 2' + 1' - 3'$$

$$P = \sqrt{(mh)^2 + h^2} + \sqrt{(mh)^2 + h^2} = 2\sqrt{(mh)^2 + h^2}$$
$$= 2\sqrt{m^2 + 1} \cdot h$$

$$P = 2\sqrt{m^2 + 1} \cdot \left(A/m\right)^{1/2}$$

$$P^2 = \frac{4(m^2+1)}{m} A = 4\left(m + \frac{1}{m}\right) A \tag{10.27}$$

최적 단면에서는 주어진 면적에 대해 접수길이가 최소가 되므로 $(dP/dm) = 0$이다. 식 (10.27)을 m에 대해 미분하면 다음과 같다.

$$2P\frac{dP}{dm} = 0 = \left(4 - \frac{4}{m^2}\right) A$$

m이 음수일 수는 없으므로, $m = 1.0$

따라서 $\theta = 45^\circ$

그러므로 중앙부에서의 전체 각(각 $3'-1'-2'$, 즉 2θ)은 90°이다.

따라서 삼각형 단면의 수로인 경우 중앙부에서 내각이 90°인 경우가 최적수로단면이 된다.

$m = 1$인 경우,

$$A = h^2 \quad \text{그리고} \quad P = 2\sqrt{2}h$$

따라서, 수력반경은 다음과 같다.

$$R_h = \frac{A}{P} = \frac{h^2}{2\sqrt{2}h} = \frac{h}{2\sqrt{2}}$$

삼각형 수로의 윗변 길이는 다음과 같다.

$$T = 2' - 3' = 2mh$$

따라서, $T = 2h$이다.

예제 10.8 | 사다리꼴 형태의 최적 효율 단면

주어진 사항 사다리꼴 형태의 최적 효율 단면을 생각한다. 방출량은 30 m^3/s이고, 수로의 기울기는 0.0009이며 Manning 계수 n은 0.018이다.

해결과제 수심, 바닥 폭과 측면 기울기를 계산하라.

풀이 그림 E10.8과 같은 사다리꼴 형태의 최적 효율 단면의 경우 $m = 1/\sqrt{3}$이고 $B = 3'-4'$이다.

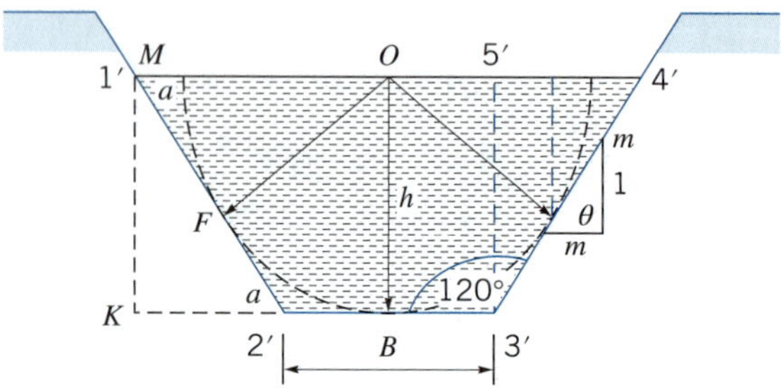

그림 E10.8 사다리꼴 형태의 최적 효율 수로 단면

삼각형 $3'-4'-5'$에 대해서

$$\sin 60° = \frac{h}{3'-4'}$$

따라서,

$$3'-4' = \frac{h}{\sin 60°}$$

그러므로

$$3'-4' = B = \frac{h}{\sqrt{3}/2}$$

즉

$$B = \frac{2h}{\sqrt{3}} \tag{1}$$

식(10.21), (10.23)으로부터 단면적 A와 접수길이 P는 다음과 같다.

$$A = (B + mh)h \tag{2}$$

그리고

$$P = \frac{A}{h} + h\left(2\sqrt{(m^2)+1} - m\right) \tag{3}$$

따라서 최적 효율 단면의 경우 식(2)와 (3)은 다음과 같다.

$$A = \sqrt{3}h^2 \text{ 그리고 } P = 2\sqrt{3}h$$

식(10.19)로부터 유량은 다음과 같다.

$$Q = \frac{A^{5/3}S_0^{1/2}}{nP^{2/3}} \tag{4}$$

사다리꼴 형태에 대한 최적 단면의 A와 P를 대입하면 다음과 같다.

$$Q = \frac{\left(\sqrt{3}h^2\right)^{5/3} S_0^{1/2}}{n\left(2\sqrt{3}h\right)^{2/3}}$$

따라서,

$$\frac{Qn}{h^{8/3}S_0^{1/2}} = 1.091 \tag{5}$$

식(5)에 $Q = 30\ m^3/s$, $n = 0.018$, $S_0 = 0.0009$를 대입하면,

$$\frac{30 \times (0.018)}{h^{8/3}(0.0009)^{1/2}} = 1.091$$

따라서 수심 h은

$$h = 2.86\ m \tag{답}$$

바닥 폭 B는,

$$B = \frac{2h}{\sqrt{3}} = 3.302\ m \tag{답}$$

최적 수로 단면의 측면 기울기 m은,

$$m = \frac{1}{\sqrt{3}} = 0.57735 \tag{답}$$

보충설명 이 문제에서 다룬 사다리꼴 형태의 최적 수로 단면에서의 비, $\frac{Qn}{h^{8/3}S_0^{1/2}}$에 대한 계산 방법과 유사하게 다른 형태의 단면들(즉, 삼각형, 사각형 등)에 대해서도 최적 수로 단면에서의 비를 계산할 수 있다. 삼각형 및 사각형 단면에서 비는 각각 0.5와 1.260이다.

예제 10.9 | 삼각형 최적 효율 단면

주어진 사항 삼각형 단면의 관개 수로의 방출량이 20 m^3/s이며 수로의 기울기는 1/5000이다. 단면의 측면 경사는 1:1이고 Manning 계수 n은 0.018이다.

해결과제 최적 효율 단면에서 중앙부 수심을 계산하라.

풀이 삼각형 단면의 최적 효율 수로에서 측면 기울기 m은 1이다. 이 문제에서 주어진 기울기 1:m도 1:1로 주어졌다. 따라서 이 문제에 해당하는 치수와 유량 등은 최적 효율 수로에서의 값이 된다.

문제에서 주어진 값들은 다음과 같다.

$$Q = 20\ \mathrm{m^3/s}$$

$$S_0 = 1/5000,\ n = 0.018.$$

Manning 방정식 식(10.19)로부터,

$$Q = \frac{(A^{5/3}S_0^{\ 1/2})}{nP^{2/3}} \tag{1}$$

삼각형 형태의 최적 효율 단면($m = 1$)인 경우 면적(A)와 접수길이(P)는 다음과 같다.

$$A = mh^2 = h^2$$

$$P = 2(\sqrt{m^2+1})h = 2\sqrt{2}h$$

따라서 식(1)은 다음과 같다.

$$20 = \frac{(h^2)^{5/3}\left(\frac{1}{5000}\right)^{1/2}}{0.018(2\sqrt{2}h)^{2/3}} \tag{2}$$

따라서 수로 중앙에서의 수심 h는 다음과 같다.

$$h = 4.37\ \mathrm{m} \qquad \text{(답)}$$

보충설명

식(2)와 (답)을 이용하면 다음의 관계식을 얻는다.

$$Q = 0.393\ h^{(8/3)} \tag{3}$$

주어진 n과 S_0에 대해 삼각형 최적 효율 단면에서 수심(h)에 대한 유량(Q)의 변화를 식(3)을 이용하여 구한 그래프가 그림 E10.9에 나타나 있다.

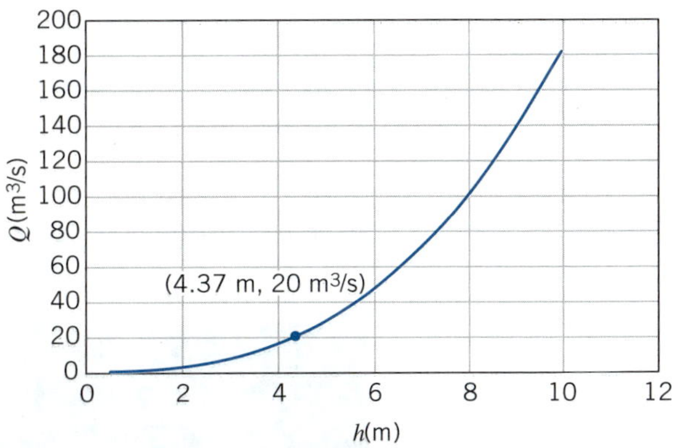

그림 E10.9

10.6 점진적으로 변하는 유동

많은 개수로 유동에서 수심은 수로의 길이 방향으로 변화한다. 이러한 변화가 발생하는 이유로는 바닥 경사의 변화, 횡단면의 모양이나 면적의 변화 혹은 수로의 일정 부분에 존재하는 장애물 등 다양한 원인이 있다. 이러한 경우들 중에서 $dy/dx \ll 1$인 경우는 점진적으로 변하는 유동으로 분류된다.

만약 바닥 경사와 에너지선 경사가 일치하지 않으면 수심은 흐름 방향으로 증가하거나 감소한다. 흐름 방향으로 수심이나 유속이 변하는 경우, 즉 $dy/dx \neq 0$ 혹은 $dV/dx \neq 0$이면 식(10.12)의 우변은 영이 아니다. 물리적으로는, 중력의 흐름 방향 성분과 전단력의 차이는 운동량의 변화를 일으키고 이 때문에 유속이 달라진다. 또한 유속의 변화는 연속

방정식에서 수심의 변화를 초래한다. 수심이 증가하는지 감소하는지는 유동의 여러 변수들에 따라 달라지며 다양한 수면 형상 변화[수심은 거리의 함수, $y = y(x)$]가 발생한다(참고문헌 5, 9).

10.7 급속히 변하는 유동

많은 유동에서 수심이 짧은 거리 동안 급격히 변한다.

많은 개수로 유동에서 수심 변화가 비교적 짧은 거리에서 발생하며, 그러한 경우에는 $dy/dx \sim 1$이다. **급속히 변하는 유동(rapidly varied flow)**은 대체로 매우 복잡하며 정확한 해석이 어려운 경우가 많다. 그러나 이런 문제들에 대해서도 단순화된 1차원 유동 모델을 적용하여 유용한 근사해들을 얻을 수 있는 경우가 있으며, 이러한 모델에서는 필요한 경우 실험으로부터 얻어진 계수가 사용되기도 한다. 이 절에서는 그러한 유동들을 다룬다.

급속히 변하는 유동 중에서 수로의 단면 변화도 없고 유동 변화를 일으키는 원인이 명확하게 드러나지 않는 경우들도 있다. 수력도약(hydraulic jump)이 그러한 경우의 예이다. 그림 10.13의 사진에서 보듯이 유동이 수심이 얕고 빠른 유동에서 수심이 깊고 느린 유동으로 급속히 변하며 이러한 변화는 수심에 비해 길지 않은 거리 안에서 완료된다. 급변하는 유동의 다른 예로서 그림 10.14에 보인 바와 같이 수로 단면이 확장 또는 축소 되는 경우를 생각할 수 있다.

이러한 경우 유동은 흔히 2차원 혹은 3차원 유동이 된다. 또한 유동 박리나 역류 등이 발생하는 영역이 생기거나 자유표면이 비정상(unsteady) 상태로 진동하기도 한다. 해석

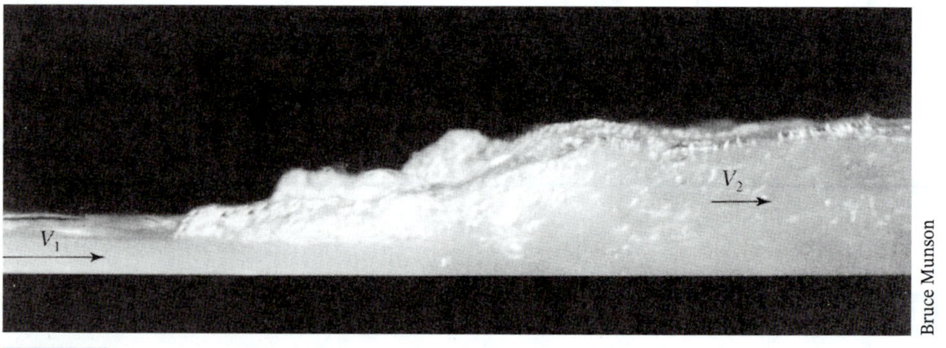

그림 10.13 수력 도약(hydraulic jump)

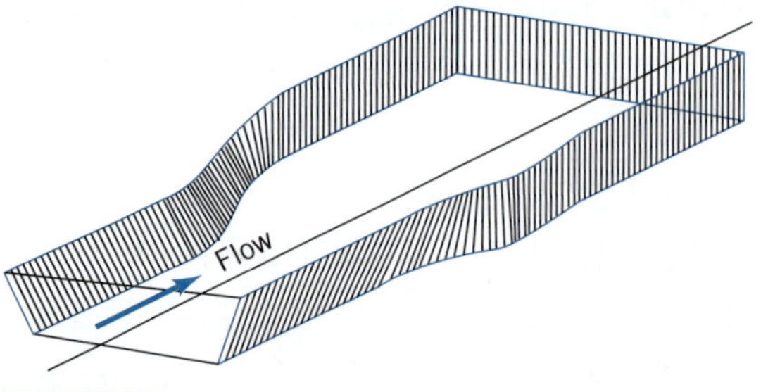

그림 10.14 수로 단면 형태가 변하는 영역에서 유동은 급속히 변할 수 있다.

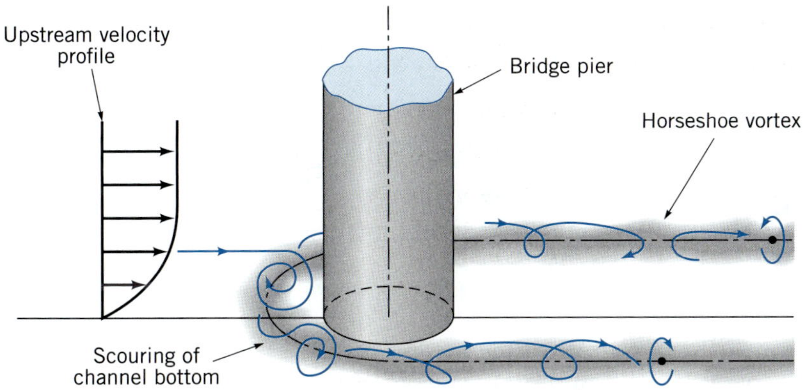

그림 10.15 교각 주위의 복잡한 3차원 유동 구조

과정에서 복잡한 유동의 자세한 특성들을 무시하고 단순화 해서 해석해도 유용한 결과를 얻는 경우들이 있다. 반대로 복잡한 유동의 자세한 해석이 중요한 경우들도 있으며, 그러한 경우에는 자세한 유동 특성 영향이 반드시 해석에 고려되어야 한다. 그림 10.15에 보인 바와 같이 교각 주위에서 발생하는 강 바닥의 수중 침식이 그러한 예이다. 교각 바닥에서 발생하는 침식의 원인이 되는 복잡한 유동 구조를 설명하기에는 단순화된 1차원 혹은 2차원 유동 모델 해석은 적합하지 않다.

Video V10.8 수로에서의 침식

많은 개수로 유동 계측 장치들이 급속히 변하는 유동의 기본 원리에 기초하고 있다. 그러한 장치들의 예로서 광봉위어(broad−crested wiers), 예봉위어(sharp−crested wiers), 임계 유동 수로(critical flow flumes), 방류 수문(sluice gates) 등이 있다. 이러한 장치들의 원리를 10.7.2와 10.7.3 절에서 다룬다.

Video V10.9 교각 세굴

Video V10.10 Big Sioux 강 다리 붕괴

10.7.1 수력도약

특정한 조건 하에서는 수로 단면의 변화가 없어도 짧은 거리 안에서 수심의 변화가 급격히 발생할 수 있다. 이런 수심 변화는 자유표면의 불연속적($dy/dx \to \infty$) 변화로 근사 될 수 있다. 아래에서 설명 되는 이유들로 인해 이러한 불연속에 가까운 변화는 항상 수심은 깊어지는 방향으로만, 그리고 초임계 유동이 아임계 유동으로 되는 방향으로만 변화가 발생한다.

수력 도약은 개수로 유동에서 계단처럼 수심이 증가하는 현상이다.

수력도약(hydraulic jump)이라 부르는 불연속에 가까운 변화가 생기는 물리적 이유는 상류에서의 조건에서 하류에서의 조건으로 연속적 변화가 불가능하기 때문이다. 예를 들어 방류 수문의 경우 수문 바로 뒤에서 초임계 유동이어야 하는 반면 후류에 위치한 장애물은 유동이 아임계 유동이 되도록 한다. 수력 도약이 발생하면 거의 불연속에 가까운 형태로 초임계 유동에서 아임계 유동으로 변화한다.

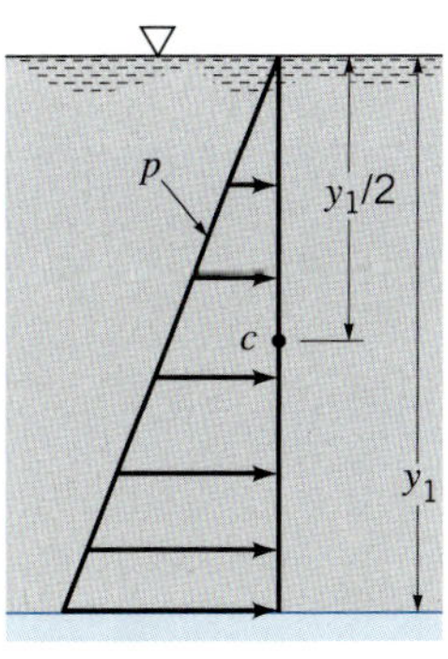

수력 도약의 가장 단순한 형태는 그림 10.16에 보인 바와 같이 수평으로 놓인 사각 단면 수로에서 발생하는 경우이다. 비록 도약이 발생하는 영역에서의 유동은 극히 복잡하고 불안정하지만 그로부터 좀 떨어진 단면 (1)과 (2)에서는 유동이 거의 균일하고 정상 상태이며 1차원 유동에 가깝다. 추가적으로 단면 (1)과 (2) 사이의 거리가 멀지 않기 때문에

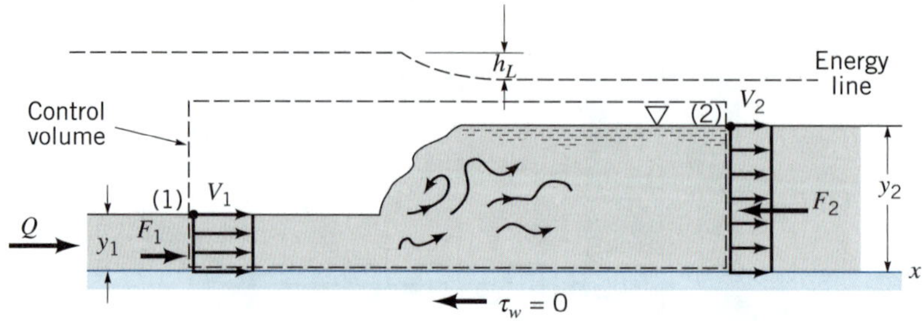

그림 10.16 수력도약의 기하학

벽면 전단응력 τ_w의 효과도 무시 할만 하다. 이러한 조건들을 고려하고 그림에 보인 검사체적에 대해 x-방향 운동량방정식[식(5.22)]을 적용하면 다음과 같다.

$$F_1 - F_2 = \rho Q(V_2 - V_1) = \rho V_1 y_1 b(V_2 - V_1)$$

여기서 양쪽 단면에서의 압력 분포는 여백의 그림과 같이 정수력학적 압력분포이다. 즉, $F_1 = p_{c1}A_1 = \gamma y_1^2 b/2$이고 $F_2 = p_{c2}A_2 = \gamma y_2^2 b/2$이며, $p_{c1} = \gamma y_1/2$이고 $p_{c2} = \gamma y_2/2$로서 단면의 도심에서의 압력이고 b는 수로의 폭이다(2.8절 참조). 따라서 운동량 방정식은 다음과 같다.

$$\frac{y_1^2}{2} - \frac{y_2^2}{2} = \frac{V_1 y_1}{g}(V_2 - V_1) \tag{10.28}$$

위의 운동량방정식과 다음과 같은 질량보존식[식(5.12)]을 적용한다.

Video
V10.11 강에서의 수력도약

$$y_1 b V_1 = y_2 b V_2 = Q \tag{10.29}$$

에너지방정식[식(5.82)]은 다음과 같다.

$$y_1 + \frac{V_1^2}{2g} = y_2 + \frac{V_2^2}{2g} + h_L \tag{10.30}$$

식(10.30)의 수두손실 h_L은 도약 영역에서 발생하는 격렬한 난류 혼합과 관련된 에너지 소산에 기인한다.

식(10.28), (10.29), (10.30)은 자명한 해인 $y_1 = y_2$, $V_1 = V_2$, $h_L = 0$을 해를 갖는다. 이것은 도약이 일어나지 않은 경우에 해당한다. 이 방정식들은 비선형 방정식들이기 때문에 하나 이상의 해가 존재할 수 있다. 다른 해들은 다음과 같이 얻어진다. 식(10.28)과 (10.29)를 조합하여 V_2를 소거하면 다음과 같다.

$$\frac{y_1^2}{2} - \frac{y_2^2}{2} = \frac{V_1 y_1}{g}\left(\frac{V_1 y_1}{y_2} - V_1\right) = \frac{V_1^2 y_1}{g y_2}(y_1 - y_2)$$

양변에서 영이 아닌 항인 $y_1 - y_2$를 소거하면 다음과 같다.

$$\left(\frac{y_2}{y_1}\right)^2 + \left(\frac{y_2}{y_1}\right) - 2\mathrm{Fr}_1^2 = 0$$

여기서 $\mathrm{Fr}_1 = V_1/\sqrt{g y_1}$는 상류에서의 Froude 수이다. 근의 공식에서 다음 해를 얻는다.

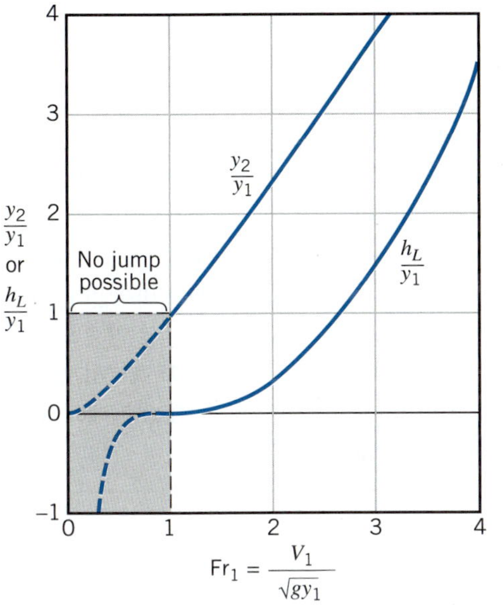

그림 10.17 상류 Froude 수의 함수로 표시된 수력도약 전후 수심의 비와 무차원화된 수두손실

$$\frac{y_2}{y_1} = \frac{1}{2}\left(-1 \pm \sqrt{1 + 8\,\text{Fr}_1^2}\right)$$

해가 음수(이 경우 y_2/y_1가 음수가 된다)가 될 수 없음은 명백하다. 따라서 해는 다음과 같다.

수력도약에서 수심의 비는 Froude 수에만 의존한다.

$$\boxed{\frac{y_2}{y_1} = \frac{1}{2}\left(-1 + \sqrt{1 + 8\,\text{Fr}_1^2}\right)} \tag{10.31}$$

상류 Froude 수에 따른 수력도약 전후 수심의 비 y_2/y_1의 변화를 그림 10.17에 나타내었다. 그림에서 $\text{Fr}_1 < 1$인 영역은 음영으로 표시되었으며 그 경우는 수력도약이 발생하기 위한 조건, 즉 상류 유동이 초임계 유동이라는 조건을 위배하므로 수력도약이 발생하지 않는다. 따라서 식(10.31)의 해는 $\text{Fr}_1 \geq 1$일 때만 적용되며, 그러한 경우 $y_2/y_1 \geq 1$이 된다. 이러한 이유는 에너지 방정식 식(10.30)에서 다음과 같이 설명된다. 식(10.30)에서 무차원화된 수두손실 h_L/y_1은 다음과 같이 계산된다.

Video

v10.12 싱크대에서의 수력도약

$$\boxed{\frac{h_L}{y_1} = 1 - \frac{y_2}{y_1} + \frac{\text{Fr}_1^2}{2}\left[1 - \left(\frac{y_1}{y_2}\right)^2\right]} \tag{10.32}$$

여기서 y_2/y_1의 값은 주어진 Fr_1의 값에 따라 식(10.31)에서 구해진다. 그림 10.17에서 $\text{Fr}_1 < 1$인 경우 식(10.32)로 계산되는 무차원화된 수두손실은 점선으로 표시되었다. 음의 수두손실은 열역학 제2법칙(점성의 영향은 항상 기계적 에너지의 손실을 초래한다)을 위배하기 때문에, $\text{Fr}_1 < 1$인 경우 수력도약은 발생하지 않는다. 수두손실은 그림 10.16에 보인 도약 주위에서 에너지선의 하강을 초래한다.

U.S. Army Corps of Engineers.

광활한 유체의 세계

Grand Canyon 급류의 형성

Grand Canyon의 거의 모든 급류들은 Colorado 강의 측면 절벽에서 강으로 유입된 암석 잔해에 의해 형성된다. 심한 폭풍우가 발생하면 다량의 암석 잔해가 강으로 유입되어 강을 좁게 만든다. 이러한 잔해 더미는 급류 위쪽에 물이 고여 있게 만드는 자연적인 댐 역할을 한다. 고인 물이 좁은 수로를 통과하면서 초임계 유동이 될 수 있고 그런 경우 하류에서 수력도약이 발생한다. 도약의 형태는 유량의 함수이기 때문에 급류를 탈 때의 조건은 매일 달라진다. 또한 해마다 잔해들이 더해지거나 제거되면서 급류의 상태는 변한다. 예를 들면 이 강의 유명한 급류 타기 코스 중 하나인 Crystal 급류는 1890년의 첫 번째 사진과 1966년의 사진 사이에 거의 변화가 없었다. 그러나 1966년 심한 겨울 폭풍 때 흘러내린 암석 잔해 때문에 강이 좁혀졌고 몇 분 사이에 Crystal 급류 형상은 완전히 바뀌었다. 이 새롭고 완성되지 않은 급류는 1983년의 홍수로 인해 다시 극적인 변화를 겪었다. 지금은 Crystal 급류가 충분히 안정된 것처럼 보이지만 앞으로 100년 혹은 1000년 내에 분명히 다시 변하게 될 것이다.

예제 10.10 | 수력도약

주어진 사항 그림 E10.10a에 보인 바와 같이 폭 30.5 m의 배수로에 수심 0.18 m이고 유속 5.5 m/s으로 수평으로 흐르는 유동이 있다.

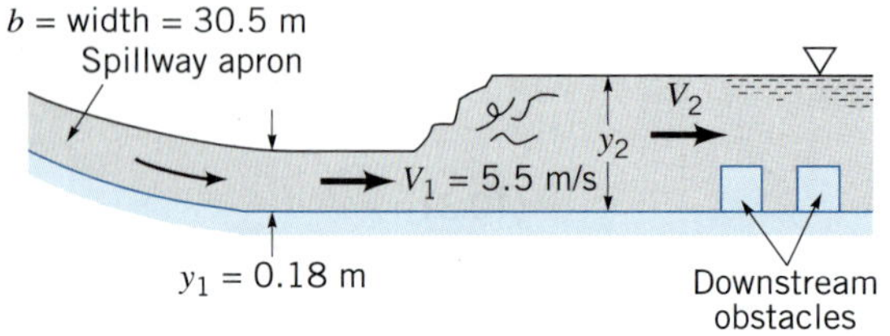

(a)

그림 E10.10

해결과제 도약 후의 수심 y_2, 도약 전후의 Froude 수 Fr_1, Fr_2와 도약 과정에서 소산된 일률 $\mathscr{P}_d$를 계산하라.

풀이 수력도약 조건은 상류 Froude 수에 의해 결정된다.

$$\mathrm{Fr}_1 = \frac{V_1}{\sqrt{g y_1}} = \frac{5.5 \text{ m/s}}{[(9.81 \text{ m/s}^2)(0.18 \text{ m})]^{1/2}} = 4.14 \qquad (답)$$

따라서 상류는 초임계 유동이고 그림에 보인 바와 같이 수력도약이 가능하다.

식(10.31)에서 도약 전후 수심의 비는 다음과 같다.

$$\frac{y_2}{y_1} = \frac{1}{2}\left(-1 + \sqrt{1 + 8\,\mathrm{Fr}_1^2}\right)$$
$$= \frac{1}{2}\left[-1 + \sqrt{1 + 8(4.1)^2}\,\right] = 5.32$$

따라서,

$$y_2 = 5.32(0.18 \text{ m}) = 0.96 \text{ m} \qquad (답)$$

$Q_1 = Q_2$이므로, $V_2 = (y_1V_1)/y_2 = 0.18 \text{ m}(5.5 \text{ m/s})/0.96 \text{ m} = 1.03 \text{ m/s}$이므로 다음과 같다.

$$\mathrm{Fr}_2 = \frac{V_2}{\sqrt{g y_2}} = \frac{1.03 \text{ m/s}}{[(9.81 \text{ m/s}^2)(0.96 \text{ m})]^{1/2}} = 0.34 \qquad (답)$$

수력도약에서는 언제나 그러하듯 이 예제에서도 상류의 초임계 유동에서 하류의 아임계 유동으로 변화한다.

도약 과정에서 점성 효과로 발생하는 소산된 일률(시간당 에너지), $\mathscr{P}_d$는 수두손실[식(5.83)]로부터 다음과 같이 계산된다.

$$\mathscr{P}_d = \gamma Q h_L = \gamma b y_1 V_1 h_L \qquad (1)$$

여기서 h_L는 식(10.30) 또는 (10.32)로부터 계산된다.

$$h_L = \left(y_1 + \frac{V_1^2}{2g}\right) - \left(y_2 + \frac{V_2^2}{2g}\right) = \left[0.18 \text{ m} + \frac{(5.5 \text{ m/s})^2}{2(9.81 \text{ m/s}^2)}\right] - \left[0.97 \text{ m} + \frac{(1.03 \text{ m/s})^2}{2(9.81 \text{ m/s}^2)}\right]$$

따라서

$$h_L = 0.71 \text{ m}$$

식(1)에서 다음과 같다.

$$\mathscr{P}_d = 210.3 \text{ kW} \qquad (답)$$

보충설명 도약 과정에서 심한 난류 유동으로 소산되는 일은 열 에너지로 변하여 물의 온도 T를 상승시킨다. 즉 $T_2 > T_1$이다. 비록 상당한 에너지 소산이 발생하지만 유량이 크기 때문에 온도 변화는 미미하다.

주어진 유량 $Q_1 = AV_1 = b_1 y_1 V_1 = 30.2\ \text{m}^3/\text{s}$에서 상류 수심 y_1을 다양하게 변화시키면서 계산을 반복하면 그림 E10.10b에 보인 결과를 얻는다. 그림에서 보듯이 약간의 수심 변화에도 에너지 소산에는 상당히 큰 차이가 발생한다. 그리고 $y_1 > 0.47$ m이면 유동이 아임계($\text{Fr}_1 < 1$)가 되어 수력도약이 발생하지 않는다.

수력도약 과정은 10.3절에 소개된 비에너지 개념을 사용하여 설명될 수 있다. 식(10.30)은 비에너지 관점에서 $E = y + V^2/2g$, $E_1 = E_2 + h_L$과 같이 나타낼 수 있다. 여기서 $E_1 = y_1 + V_1^2/2g = 1.72$ m이고 $E_2 = y_2 + V_2^2/2g = 1.02$ m이다. 10.3절에서 논의한 바와 같이 이 유동에 대한 비에너지 선도는 $V = q/y$를 사용하여 얻어진다.

$$q = q_1 = q_2 = \frac{Q}{b} = y_1 V_1 = 0.183\ \text{m}\ (5.5\ \text{m/s}) = 1.003\ \text{m}^2/\text{s}$$

따라서,

$$E = y + \frac{q^2}{2gy^2} = y + \frac{(1.003\ \text{m}^2/\text{s})^2}{2(9.81\ \text{m/s}^2)y^2} = y + \frac{0.051}{y^2}$$

여기서 y와 E의 단위는 m이다. 그림 E10.10c에 계산된 비에너지를 나타내었다. 도약 주위에서의 수두 손실 때문에 상류와 하류에서 E는 다른 값을 갖는다. 상태(1)에서 상태(2)로 변하면서 유동은 비에너지 선도를 따라 변화하지 않으며 상태(2′)의 임계 상태도 발생하지 않는다. 실제로는 그림에서 점선으로 표시된 것처럼 (1)에서 (2)로 도약한다. 1차원 유동 관점에서 이러한 도약은 연속적이지 않다. 실제로는 1차원 비에너지 선도에서 표현할 수 없는 복잡한 3차원 유동이다.

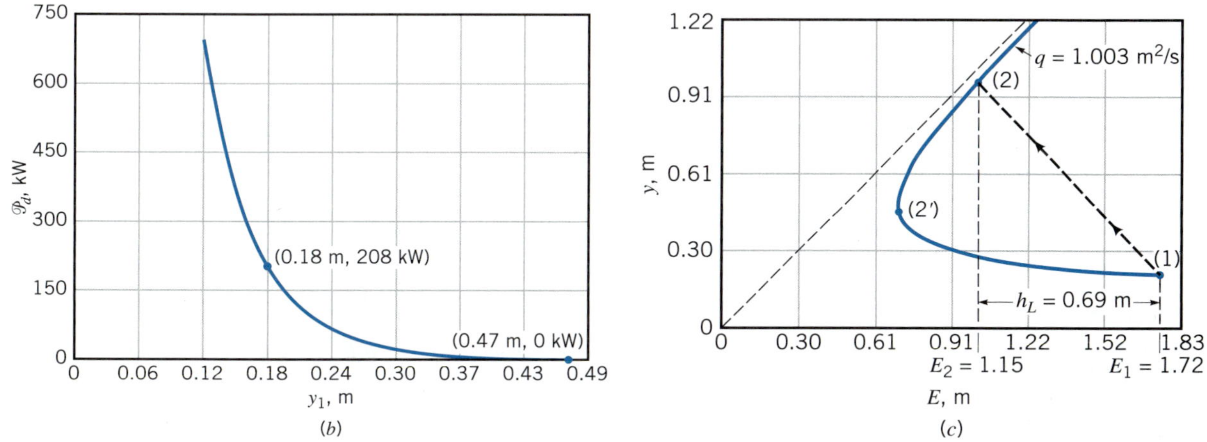

그림 E10.10

10.7.2 예봉위어

위어(weir)는 수로 바닥에 설치되어 유체가 그 위로 통과하게 한 구조물이다. 위어를 사용하면 수심만 측정하면 유량을 쉽게 계산할 수 있다. 그림 10.18에 보인 것처럼 **예봉위어(sharp-crested wier)**는 유체가 위어 판의 날카로운 끝을 넘어 하류의 유체로 떨어지도록 수로를 가로질러 설치된 끝이 예리한 수직 평판이다. 위어는 판에서 유체가 통과하는 유동 면적의 형상에 따라 분류된다. 그림 10.19에 위어 유동 단면의 전형적인 예들인 사각형, 삼각형, 사다리꼴 형태를 나타내었다.

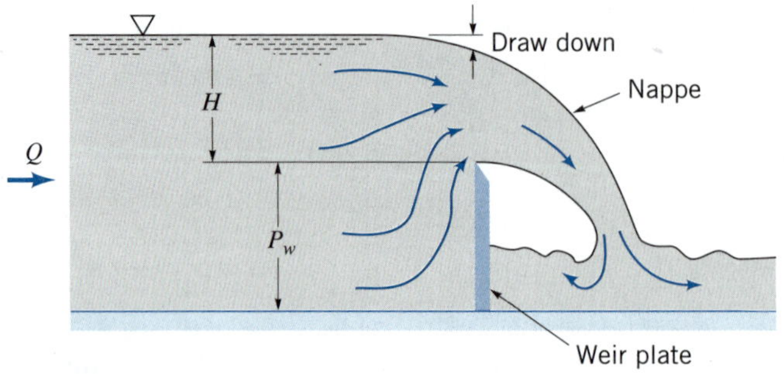

그림 10.18 예봉위어의 기하학

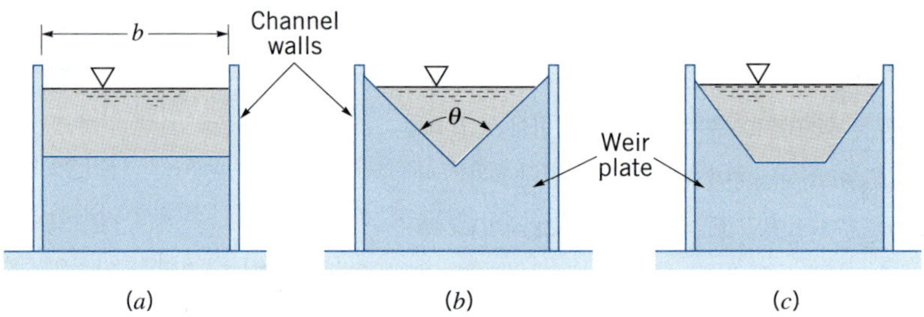

그림 10.19 예봉위어 판의 형상 (a) 사각형 (b) 삼각형 (c) 사다리꼴

예봉위어는 유량 측정에 사용된다.

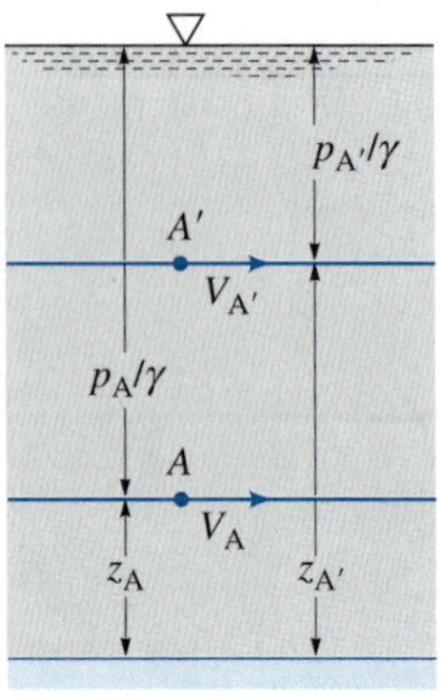

위어를 통과하여 흐르는 유동은 대단히 복잡하기 때문에, 위어 높이 P_w, **위어수두(wier head)** H, 상류 수심, 위어판의 형상(삼각형 위어의 각 θ 또는 사각형 위어의 종횡비 b/H) 등으로 표현된 정확한 해석 결과를 구하는 것은 불가능하다.

위어를 통과하는 유동에 중요한 영향을 미치는 힘은 중력과 유체의 관성력이다. 중력은 상류의 자유표면에서 위어를 타고 넘어가서 내려가는 유동 과정 동안 유체의 속도를 증가시킨다. 위어를 통과하는 유동은 대단히 복잡하며 1차원 유동으로 근사 될 수 없다.

해석을 단순화하기 위하여 위어 판 상류의 속도 분포는 균일하며, 위어 판을 지나 떨어지는 물줄기(nappe) 내부의 압력은 대기압이라고 가정한다. 그리고 그림 10.20에 보인

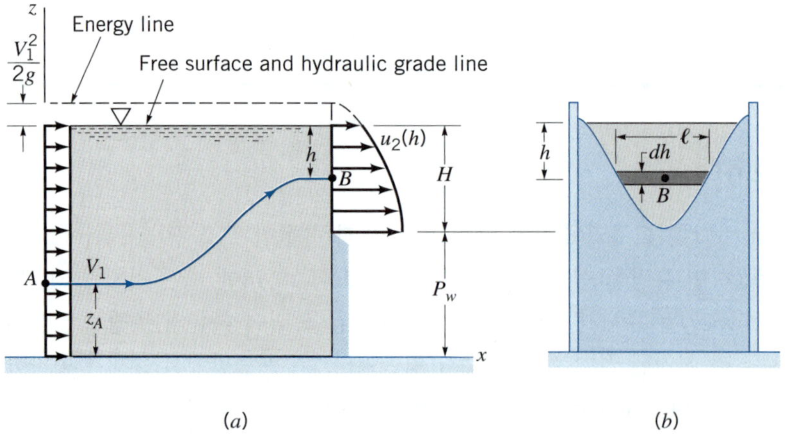

그림 10.20 위어 위를 흐르는 유동에 대한 가정

바와 같이 유체가 위어 판 위에서는 변화하는 수평 속도 분포를 갖는다고 가정한다. 압력 $P_B = 0$인 경우, 그림에 표시된 임의의 유선 $A-B$에 대해 Bernoulli 방정식을 적용하면 다음과 같다.

$$\frac{p_A}{\gamma} + \frac{V_1^2}{2g} + z_A = (H + P_w - h) + \frac{u_2^2}{2g} \tag{10.33}$$

여기서 h는 자유표면에서 점 B까지의 수직 거리이다. 단면 (1)에서 모든 유체 입자는 총 수두가 $z_A + P_A/\gamma + V_1^2/2g = H + P_w + V_1^2/2g$로 동일하다. 따라서 위어 판 위에서의 속도는 식(10.33)에서 다음과 같이 계산된다.

$$u_2 = \sqrt{2g\left(h + \frac{V_1^2}{2g}\right)}$$

유량은 다음과 같이 계산된다.

$$Q = \int_{(2)} u_2\, dA = \int_{h=0}^{h=H} u_2 \ell\, dh \tag{10.34}$$

여기서 $\ell(h)$는 그림 10.20b에 보인 바와 같이 위어 유동 면적에서 수로를 가로지르는 미소한 띠의 폭이다. 사각형 위어의 경우 ℓ은 일정하다. 삼각형이나 원형 위어 등 다른 형태의 위어에서는 ℓ이 h의 함수가 된다.

$\ell = b$인 사각형 위어인 경우 유량은 다음과 같다.

$$Q = \sqrt{2g}\, b \int_0^H \left(h + \frac{V_1^2}{2g}\right)^{1/2} dh$$

따라서

$$Q = \frac{2}{3}\sqrt{2g}\, b\left[\left(H + \frac{V_1^2}{2g}\right)^{3/2} - \left(\frac{V_1^2}{2g}\right)^{3/2}\right] \tag{10.35}$$

식(10.35)는 사용하기 번거로운 형태이며 $P_w \gg H$일 때(실제 많은 경우에 그러하다) 상류 속도가 무시할 만큼 작다는 사실을 이용하여 단순화 된다. 즉, $V_1^2/2g \ll H$이고 식(10.23)은 사각형 위어 기본 방정식으로 단순화 된다.

$$Q = \frac{2}{3}\sqrt{2g}\, bH^{3/2} \tag{10.36}$$

위어 계수는 단순화된 해석에서 제외된 영향들을 고려하기 위해 사용된다.

식(10.36)의 유도 과정에서 많은 근사들이 적용되었기 때문에 실제 유량을 구하기 위해서는 실험을 통해 결정된 수정 계수가 사용된다. 따라서 최종 형태는 다음과 같다.

$$\boxed{Q = C_{wr}\frac{2}{3}\sqrt{2g}\, bH^{3/2}} \tag{10.37}$$

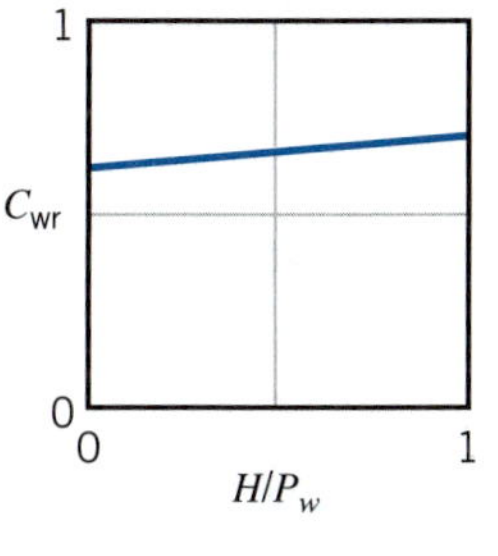

여기서 C_{wr}은 사각형 위어 계수이다. 많은 경우 여백의 그림에 보인 것과 같이 다음의 상관관계가 성립한다(참고문헌 4, 7).

$$\boxed{C_{wr} = 0.611 + 0.075\left(\frac{H}{P_w}\right)} \tag{10.38}$$

필요한 경우 더 자세한 C_{wr} 값들을 다른 문헌들에서 찾을 수 있다(참고문헌 3, 10).

넓은 범위의 유량을 계측하는 경우 삼각형 예봉위어가 자주 사용된다. 사각형 예봉위어의 경우 유량이 작을 때는 수두 H가 극히 작아서 정확한 유량 측정이 어렵다. 그러나 삼각형 위어의 경우 수두 H가 작을 때는 단면의 폭도 좁아 유량이 작을 때도 어느 정도 수두가 형성된다. 이에 따라 삼각형 예봉위어에서는 넓은 유량 범위에서 정확한 계측이 가능해 진다.

Video V10.13 삼각형 위어

삼각형 위어에 대한 방정식은 다음을 이용하여 식(10.34)에서 계산된다.

$$\ell = 2(H-h)\tan\left(\frac{\theta}{2}\right)$$

Video V10.14 낮은 수위의 댐

여기서 θ는 V형 홈의 각이다(그림 10.19과 10.20 참조). 적분을 수행하고 다시 상류 속도를 무시하면($V_1^2/2g \ll H$) 다음 식을 얻는다.

$$Q = C_{wt}\frac{8}{15}\tan\left(\frac{\theta}{2}\right)\sqrt{2g}\,H^{5/2} \tag{10.39}$$

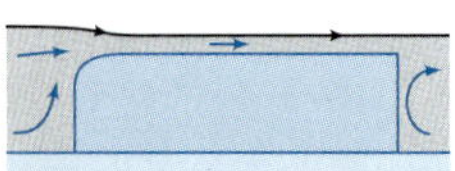

$H/L_w = 0.08$

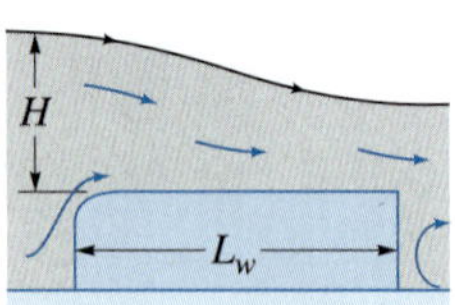

$H/L_w = 0.50$

10.7.3 광봉위어

광봉위어(broad-crested weir)는 평평한 상층부 형상을 가진 개수로 내부 구조물로서 그 위를 흐르는 유체의 압력 분포가 거의 정수력학적 압력 분포가 된다. 그림 10.22에 전형적인 광봉위어 형상을 나타내었다. 일반적으로, 광봉위어가 제대로 작동하기 위해서는 $0.08 < H/L_w < 0.50$의 범위가 만족되어야 한다. 이러한 범위에 양단에 해당하는 상태들이 여백의 그림에 나타나 있다.

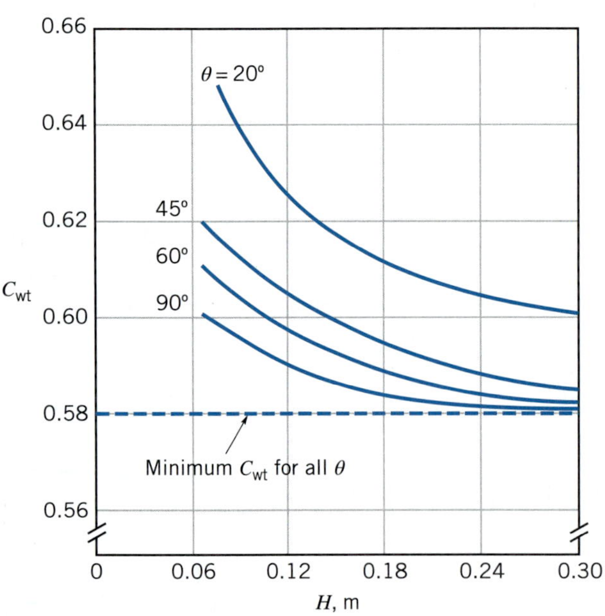

그림 10.21 삼각형 예봉위어에 대한 위어 계수(참고문헌 9)

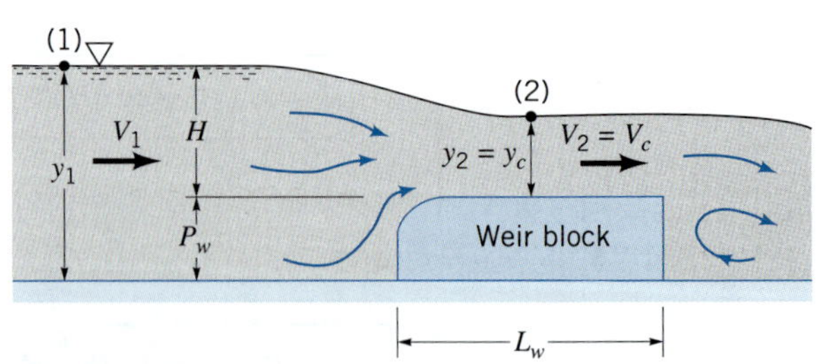

그림 10.22 광봉위어의 기하학

위어 블록이 너무 긴 경우(H/L_w이 0.08보다 작은 경우)에는 위어를 지나면서 마찰에 의해 발생하는 수두 손실을 무시하기 어렵다. 반대로 위어 블록이 너무 짧은 경우(H/L_w이 0.50보다 큰 경우)에는 위어 블록 위의 유선이 수평이 아니다. 광봉위어는 임의 형태 단면의 수로에서도 적용이 가능하나 여기서는 수로 단면이 사각형이라고 가정한다.

광봉위어의 해석은 거의 균일한 임계 유동이 위어 블록의 짧은 범위에서 형성된다는 사실에 기초한다. (만약 $H/L_w < 0.08$이면 점성의 영향이 중요하고 위어 블록을 지나는 동안 아임계 유동이다.) 만약 상류의 운동 에너지가 무시할 만하면 $V_1^2/2g \ll y_1$이고 상류에서의 비에너지는 $E_1 = V_1^2/2g + y_1 \sim y_1$이다. 유동이 위어를 통과하면서 가속되어 임계 상태가 되며, $y_2 = y_c$, $\mathrm{Fr}_2 = 1$ (즉, $V_2 = V_c$)이고, 이 상태는 비에너지 선도(그림 10.6)의 돌출된 끝 점에 해당한다.

위어의 상류인 점 (1)과 위어 블록 위에서 임계 상태가 되는 점인 (2)에 대해 Bernoulli 방정식을 적용하면 다음과 같다.

$$H + P_w + \frac{V_1^2}{2g} = y_c + P_w + \frac{V_c^2}{2g}$$

그리고 상류의 속도 수두가 무시할 만한 경우에는,

$$H - y_c = \frac{(V_c^2 - V_1^2)}{2g} = \frac{V_c^2}{2g}$$

여기서 $V_2 = V_c = (gy_c)^{1/2}$이므로 $V_c^2 = gy_c$이고 따라서 다음과 같다.

$$H - y_c = \frac{y_c}{2}$$

광봉위어에서는 위어 블록 위를 지나는 임계 유동이 결정적인 영향을 미친다.

따라서

$$y_c = \frac{2H}{3}$$

그러므로 유량은 다음과 같다.

$$Q = by_2V_2 = by_cV_c = by_c(gy_c)^{1/2} = b\sqrt{g}\,y_c^{3/2}$$

따라서

$$Q = b\sqrt{g}\left(\frac{2}{3}\right)^{3/2} H^{3/2}$$

전 절과 동일하게 단순화된 해석 과정에서 무시된 여러가지 효과들을 고려하기 위해 실험적 계수를 도입한다.

$$\boxed{Q = C_{\mathrm{wb}}\, b\sqrt{g}\left(\frac{2}{3}\right)^{3/2} H^{3/2}} \tag{10.40}$$

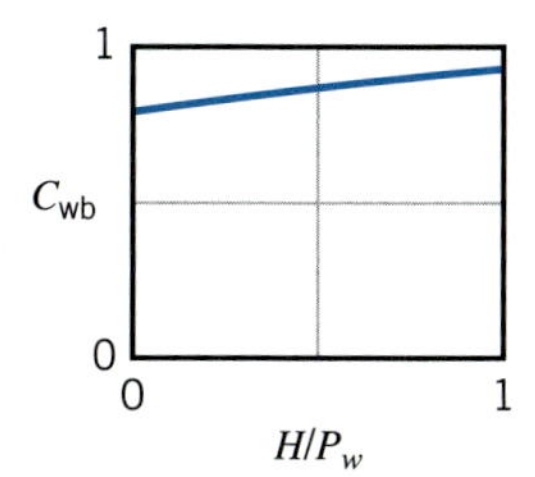

여기서 광봉위어 계수 C_{wb}는 여백의 그림에 보인 바와 같이 근사적으로 다음의 식과 같이 계산된다(참고문헌 6).

$$\boxed{C_{\mathrm{wb}} = 1.125\left(\frac{1 + H/P_w}{2 + H/P_w}\right)^{1/2}} \tag{10.41}$$

예제 10.11 | 예봉위어와 광봉위어

주어진 사항 수로의 폭, $b = 2$ m인 사각형 수로에 최소값 $Q_{\min} = 0.02\ \mathrm{m^3/s}$과 최대값 $Q_{\max} = 0.60\ \mathrm{m^3/s}$ 사이의 유량으로 물이 흐르고 있다. 다음의 세 가지 방법으로 유량을 측정한다. (a) 사각형 예봉위어, (b) $\theta = 90°$인 삼각형 예봉위어, (c) 광봉위어. 모든 경우에 수로의 바닥에서 위어 윗면까지의 높이가 $P_w = 1$ m이다.

해결과제 세 가지 위어들에 대해 수두에 따른 유량 $Q = Q(h)$의 그래프를 그리고, 이 문제 경우에 가장 적합한 위어를 결정하라.

풀이

(a) $P_w = 1$ m인 경우 사각형 위어의 유량은 식(10.37)과 (10.38)에서 다음과 같다.

$$Q = C_{\mathrm{wr}} \frac{2}{3}\sqrt{2g}\,bH^{3/2}$$
$$= \left(0.611 + 0.075\frac{H}{P_w}\right)\frac{2}{3}\sqrt{2g}\,bH^{3/2}$$

따라서,

$$Q = (0.611 + 0.075H)\frac{2}{3}\sqrt{2(9.81\ \mathrm{m/s^2})}(2\ \mathrm{m})H^{3/2}$$

또는,

$$Q = 5.91(0.611 + 0.075H)H^{3/2} \tag{1}$$

여기서, H와 Q의 단위는 각각 m, $\mathrm{m^3/s}$이다. 그림 E10.11에 식(1)의 그래프를 나타내었다.

(b) 유사하게 삼각형 위어의 경우 식(10.39)는 다음과 같다.

$$Q = C_{\mathrm{wt}}\frac{8}{15}\tan\left(\frac{\theta}{2}\right)\sqrt{2g}\,H^{5/2}$$
$$= C_{\mathrm{wt}}\frac{8}{15}\tan(45°)\sqrt{2(9.81\ \mathrm{m/s^2})}\,H^{5/2}$$

또는,

$$Q = 2.36\,C_{\mathrm{wt}}H^{5/2} \tag{2}$$

여기서 H와 Q의 단위는 각각 m, $\mathrm{m^3/s}$이고 C_{wt}는 그림 10.21에서 구해진다. 예를 들어, $H = 0.2$ m인 경우 $C_{\mathrm{wt}} = 0.584$이고 $Q = 2.36(0.584)(0.20)^{5/2} = 0.0247\ \mathrm{m^3/s}$이다. 삼각형 위어에 대한 유량도 그림 E10.11에 나타내었다.

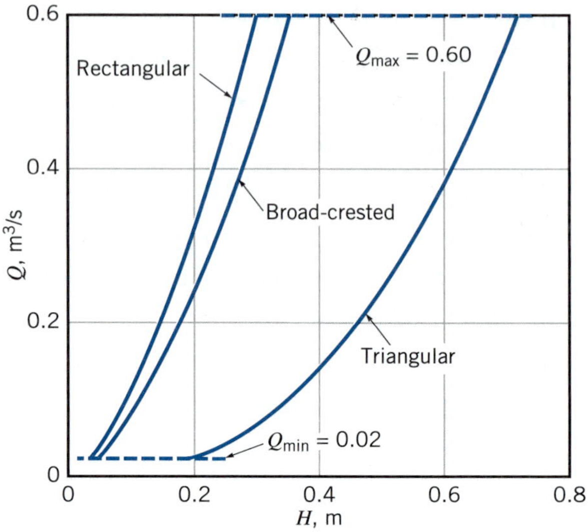

그림 E10.11

(c) 광봉위어의 경우 식(10.40)과 (10.41)에서 다음과 같다.

$$Q = C_{\mathrm{wb}}b\sqrt{g}\left(\frac{2}{3}\right)^{3/2}H^{3/2}$$
$$= 1.125\left(\frac{1 + H/P_w}{2 + H/P_w}\right)^{1/2} b\sqrt{g}\left(\frac{2}{3}\right)^{3/2}H^{3/2}$$

$P_w = 1$ m를 대입하면,

$$Q = 1.125\left(\frac{1 + H}{2 + H}\right)^{1/2}(2\ \mathrm{m})\sqrt{9.81\ \mathrm{m/s^2}}\left(\frac{2}{3}\right)^{3/2}H^{3/2}$$

따라서,

$$Q = 3.84\left(\frac{1 + H}{2 + H}\right)^{1/2}H^{3/2} \tag{3}$$

여기서 H와 Q의 단위는 m, $\mathrm{m^3/s}$이다. 이 결과 또한 그림 E10.11에 나타내었다.

보충설명 유량이 큰 경우에는 세 가지 위어 모두 적절히 작동할 것이지만 사각형 위어나 광봉위어의 경우 유량이 최소 유량 $Q = Q_{\min}$에 가까운 경우는 수두 H가 매우 작아지기 때문에 부정확한 결과를 초래할 것이다. 하지만 삼각형 위어의 경우 최소 유량 근처에서도 정확도를 유지할 수 있을 정도의 수두를 유지한다. 최소유량 $Q = Q_{\min} = 0.02\ \mathrm{m^3/s}$에서 사각형, 삼각형, 광봉위어의 수두는 각각 0.0312, 0.182, 0.0375 m이다.

이 외에도, 이 절에서 논의 된 바와 같이 광봉위어가 제대로 작동하기 위해서는 $0.08 < H/L_w < 0.50$의 제한 조건을 만족해야 하며, 여기서 L_w는 위어블록의 길이다. 식(3)에서 $Q_{max} = 0.60\ m^3/s$인 경우 $H_{max} = 0.349$ m가 된다. 따라서 적절한 임계 유동을 유지하기 위해서는 최대 유량의 경우 $L_w > H_{max}/0.5 = 0.698$ m의 조건이 만족되어야 한다. 그러나 최소 유량의 경우, 즉 $Q = Q_{min} = 0.02\ m^3/s$인 경우 $H_{min} = 0.0375$ m이다. 따라서 마찰이 중요한 영향을 미치지 않기 위해서는 $L_w < H_{min}/0.08 = 0.469$ m이어야 한다. 따라서 위어 블록 길이에 대한 위의 두가지 조건은 양립할 수 없다.

이 예제에서 고려된 넓은 범위의 유량에 대해서는 광봉위어가 적합하지 않다. 최대 수두인 수두 $H_{max} = 0.719$ m가 문제가 되지 않는다면, 고려된 세가지 위어들 중에서 삼각형 위어가 가장 적합하다.

10.7.4 저류수문

Courtesy of Pend Oreille Public Utility District.

호수와 연결된 강이나 관개 수로의 유입구 혹은 여백의 그림과 같은 배수로의 상부에서 유량을 조절하기 위한 다양한 형태의 **저류수문(underflow gate)**이 사용된다. 그림 10.23에 대표적인 세가지 형태의 저류수문이 표시되어 있다. 세 가지 모두 관련된 기본적인 유동 특성은 유사하나 건설 비용, 사용의 용이성이나 신호도 등에서 삭각 장단점이 있다.

그림 10.23에 보인 것과 같이 자유표면이 대기에 노출된 상태에서 초임계 유동으로 수문 아래로 방출될 때 자유유출(free outflow)라고 한다. 이러한 경우에는 일반적으로 수로 바닥에서 수문의 하단 까지의 거리 a와 기준속도 $(2gy_1)^{1/2}$의 곱과 유량을 비교한다. 즉,

$$q = C_d a \sqrt{2gy_1} \tag{10.42}$$

여기서 q는 단위 폭당 유량이다. 유량계수 C_d는 수축계수 $C_c = y_2/a$와 깊이 비 y_1/a의 함수이다. 그림 10.24(참고문헌 3)의 위쪽 선에서 보듯이 전형적인 수직 방류 수문의 자유유출에서 유량계수는 0.55에서 0.60 사이이다.

Video
V10.15 배수로 수문

후류의 조건에 따라서는 그림 10.25에 보인 바와 같이 수문 아래에서 분출된 유동이 매우 교란된 상당량의 물에 의해 덮이는 경우가 있다.

이러한 수중유출(drowned outflow)의 경우에도 유량계수를 적절히 조절함으로써 자유유출에서 유량 계산에 적용되었던 식(10.42)에서 유량을 계산할 수 있다. 그림 10.24의 아래쪽 선들은 이러한 수중유출에 대한 전형적인 유량계수를 보여준다. 수문 높이와 상류의 수심이 주어진 경우(즉, y_1/a가 주어진 경우)들은 그림 10.24의 하나의 수직선 위의 점들에 해당한다. 만약 $y_3/a = y_1/a$ (즉 $y_3 = y_1$)이면 수문 양쪽의 수위 차가 없으므로 유동은 정지할 것이고 $C_d = 0$이다. 주어진 상류 수심(일정한 y_1/a)에 대해 유동계수 C_d

저류수문에서의 유량은 자유 유출인지 수중 유출인지에 따라 달라진다.

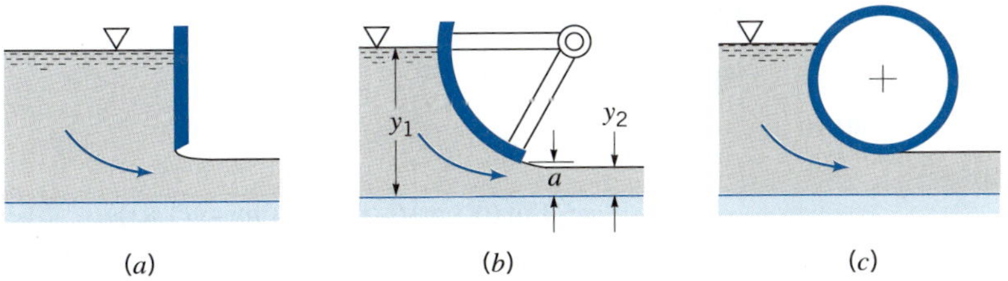

그림 10.23 저류수문의 세가지 형태 (a) 수직 수문 (b) 회전(radial) 수문 (c) 원통 수문

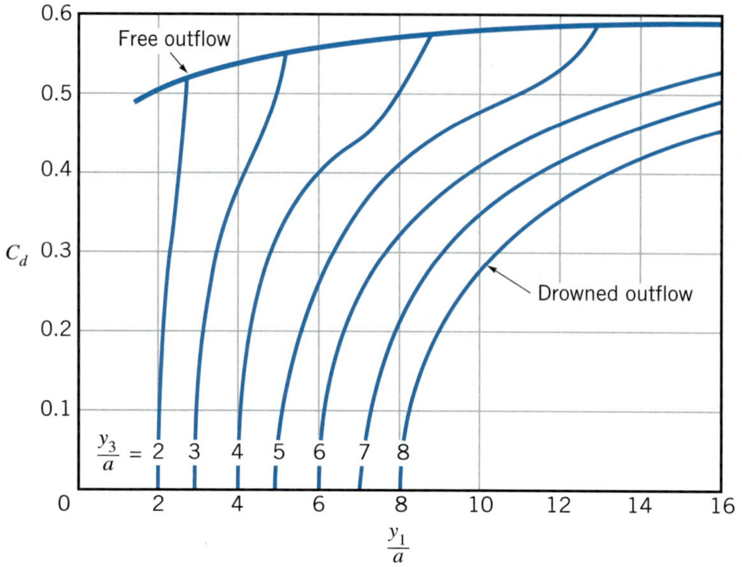

그림 10.24 저류수문의 전형적인 유량 계수(참고문헌 3)

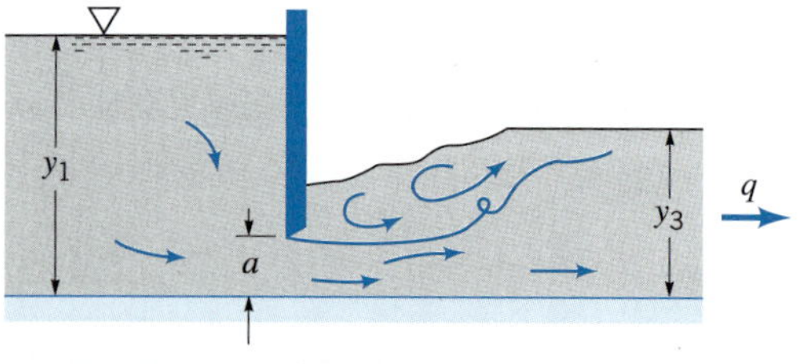

그림 10.25 방류 수문에서의 수중 유출

Video
V10.16 비정상 유동

는 y_3/a가 감소할수록 증가하여 주어진 조건에서 C_d의 최대값에 이를 때까지 증가한다. 유동계수가 최대가 될 때는 자유유출 조건이 됨을 의미하며 그림 10.24에 자유유출에 대한 선으로 표시되어 있다. 유량계수 C_d가 영에서 최대값 사이의 값이 되도록 하는 y_3/a의 경우들은 하류의 물이 수문 아래의 분출류을 덮는 상태에 해당하며 따라서 자유유출 경우의 유량보다 작은 유량이 발생한다. 회전 수문이나 원통 수문에 대해서도 유사한 결과가 얻어진다.

예제 10.12 | 저류수문

주어진 사항

그림 E10.12에 보인 바와 같이 저류수문 아래로 물이 흐른다. 수로의 폭은 $b = 6.0$ m이고 상류 수심은 $y_1 = 1.80$ m이고 수문은 바닥에서 높이 $a = 0.30$ m 열려 있다.

해결과제

하류 수심 y_3의 함수로 유량 Q의 그래프를 작성하라.

풀이

식(10.42)에서 다음과 같다.

$$Q = bq = baC_d\sqrt{2gy_1}$$
$$= 6.1\ \text{m}\ (0.3\ \text{m})C_d\sqrt{2(9.81\ \text{m/s}^2)(1.82)}$$

따라서,

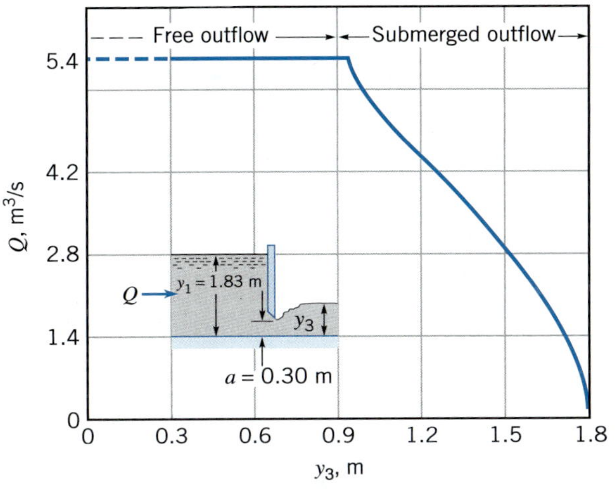

그림 E10.12

$$Q = 10.7 C_d \text{ m}^3/\text{s} \tag{1}$$

C_d는 그림 10.24에서 $y_1/a = 6$의 수직선을 따라 구해진다. 만약 $y_3 = 1.8$ m (즉, $y_3/a = 6 = y_1/a$)이면 $C_d = 0$이며 수문 양쪽 수위가 같아서 수문을 열어도 방출량은 영이다. y_3/a가 감소하면 C_d가 증가하며 $y_3/a = 3.2$에서 최대값인 $C_d = 0.56$이 된다. 이 때는 $y_3 = 3.2a = 0.96$ m이다.

$$Q = 11.12 \times 0.56 \text{ m}^3/\text{s} = 6.22 \text{ m}^3/\text{s}$$

$0.96 \text{ m} < y_3 < 1.8 \text{ m}$인 경우의 유량은 식(1)에서 계산되며 그림 10.24의 C_d를 이용한 결과를 그림 E10.12에 나타내었다.

보충설명

$y_3 < 0.96$ m인 경우에는 유량이 y_3에 무관하게 일정하며 유출되는 유동은 수중유출이 아닌 자유유출이다. 이러한 경우에는 $y_3 > a$이어도 자유유출이 발생할 만큼 충분히 큰 관성력으로 수문 아래로 물이 흐른다.

10장 요약

이 장에서는 개수로 유동의 여러가지 특성들을 다루었다. 전형적인 개수로 유동에서는 유동 방향의 중력 성분이 유체를 흐르게 한다. 이러한 유동에서는 자유표면 파의 속도와 유체 입자 속도의 비인 Froude 수가 유동 특성을 결정한다. 개수로 유동의 특성을 고찰하는 경우 비에너지 선도가 유용하다.

균일 수심을 갖는 개수로 유동에서는 유체가 흘러가며 점성 효과에 의해 잃어버리는 에너지가 위치에너지 변화에 의해 상쇄된다. 달리 표현하면 균일 수심 유동은 중력과 마찰력이 균형을 이룸으로써 유지된다. Manning 방정식은 개수로 유동의 유량을 수로의 기울기, 수로 단면의 기하학적 형상, 수로 표면의 거칠기의 함수로 표현한다. Manning 방정식에 포함된 Manning 계수는 표면 재질의 거칠기에 따라 달라진다. Manning 방정식은 무차원화 된 형태가 아니다.

수력도약은 개수로 유동에서 수심이 급변하는 경우에 대한 예이다. 유동의 Froude 수가 1보다 큰 경우, 유동은 초임계 상태이며 수력도약이 발생할 수 있다. 연속방정식과 운동량방정식을 적용하면 도약 전후 수심의 비를 상류 Froude 수의 함수로 나타낼 수 있다. 도약 전후의 에너지와 수두 손실은 에너지 방정식으로부터 계산할 수 있다.

개수로 유동의 유량을 위어를 이용하여 구하는 방법들을 다루었다. 예봉위어와 광봉위어에 대해 위어 수두와 유량의 관계식을 유도하였다.

다음의 목록이 이 장의 학습 지침을 제공하며 이 장의 학습이 완료된 후 다음 사항들을 할 수 있어야 한다.

- 아래 열거된 주요 용어의 의미와 관련된 개념들을 설명한다. 이들 용어들은 중요하며 본문에서는 볼드체로 나타내었다.
- 주어진 유동에서 Froude 수를 계산하고, 아임계, 임계 및 초임계 유동의 개념을 설명한다.
- 주어진 유동에 대한 비에너지 선도를 그리고 설명한다.
- 개수로 유동의 균일 수심 유동에 대해 Manning 방정식을 적용하여 해석한다.
- 수력도약에서 도약 전후 수심의 비와 수두 손실 등의 특성을 계산한다.
- 예봉위어, 광봉위어, 저류수문에서 유량을 계산한다.

주요 방정식

Froude 수	$\mathrm{Fr} = V/(gy)^{1/2}$	
파 속도	$c = \sqrt{gy}$	(10.3)
비에너지	$E = y + \frac{V^2}{2g}$	(10.8)
Manning 방정식	$V = \frac{\kappa}{n} R_h^{2/3} S_0^{1/2}$	(10.16)
수력도약 수심비	$\frac{y_2}{y_1} = \frac{1}{2}\left(-1 + \sqrt{1 + 8\,\mathrm{Fr}_1^2}\right)$	(10.31)
수력도약 수두 손실	$\frac{h_L}{y_1} = 1 - \frac{y_2}{y_1} + \frac{\mathrm{Fr}_1^2}{2}\left[1 - \left(\frac{y_1}{y_2}\right)^2\right]$	(10.32)
사각형 예봉위어	$Q = C_{\mathrm{wr}} \frac{2}{3} \sqrt{2g}\, bH^{3/2}$	(10.37)
삼각형 예봉위어	$Q = C_{\mathrm{wt}} \frac{8}{15} \tan\left(\frac{\theta}{2}\right) \sqrt{2g}\, H^{5/2}$	(10.39)
광봉위어	$Q = C_{\mathrm{wb}}\, b \sqrt{g} \left(\frac{2}{3}\right)^{3/2} H^{3/2}$	(10.40)
저류수문	$q = C_d a \sqrt{2gy_1}$	(10.42)

참고문헌

1. Currie, C. G., and Currie, I. G., *Fundamental Mechanics of Fluids*, 3rd Ed., Marcel Dekker, New York, 2003.
2. Stoker, J. J., *Water Waves*, Interscience, New York, 1957.
3. Henderson, F. M., *Open Channel Flow*, Macmillan, New York, 1966.
4. Rouse, H., *Elementary Fluid Mechanics*, Wiley, New York, 1946.
5. French, R. H., *Open Channel Hydraulics*, McGraw–Hill, New York, 1992.
6. Chow, V. T., *Open Channel Hydraulics*, McGraw–Hill, New York, 1959.
7. Blevins, R. D., *Applied Fluid Dynamics Handbook*, Van Nostrand Reinhold, New York, 1984.
8. Daugherty, R. L., and Franzini, J. B., *Fluid Mechanics with Engineering Applications*, McGraw–Hill, New York, 1977.
9. Camp, T. R., "Design of Sewers to Facilitate Flow," *Sewage Works Journal*, 18(3), 1946.
10. Spitzer, D. W., ed., *Flow Measurement: Practical Guides for Measurement and Control*, Instrument Society of America, Research Triangle Park, NC, 1991.

연습문제 (QUESTIONS AND PROBLEMS)

Ⓒ 프로그래밍이 가능한 계산기 또는 컴퓨터를 사용하여 풀 수 있는 문제

Ⓞ 비판적 사고가 필요한 개방형 문제. 이러한 문제는 필요한 입력 데이터를 제공하기 위해 다양한 가정이 필요하다. 이러한 문제에 대한 고유한 답은 없다.

주: 문제에 대한 설명에 필요한 유체 물성치 값이 명시되지 않은 경우, 표 1.4 – 1.8 및 부록의 표에 있는 값을 사용하라.

10.2절 표면파

10.2.1 어떤 행성에서 수심 1 m의 연못에서 5 m/s의 속도로 미소파가 전파된다. 그 행성의 표면에서의 중력가속도를 계산하라.

10.2.2 10 m 폭의 사각 단면 수로에서 200 m^3/s의 유량이 흐르는 경우 임계 수심을 계산하라. 수심이 3.8 m인 경우 초임계 유동인가? 그 이유를 설명하라.

10.2.3 3 m 폭의 사각 단면 수로에서 유량이 $Q = 60\ m^3/s$인 경우 유동이 아임계 상태라면 최소 수심을 계산하라.

10.2.4 천수파는 유체의 종류에 무관하게 동일한 전파 속도를 갖는가? 그 이유를 설명하라.

10.2.5 탱크 표면에서 파가 2 m/s의 속도로 전파된다. 다음 경우 파의 전파 속도를 계산하라. (a) 탱크를 실은 엘리베이터가 4 m/s^2의 크기로 아래 방향으로 가속한다. (b) 탱크가 9.81 m/s^2의 크기로 수평 방향으로 가속한다. (c) 탱크가 궤도를 선회하는 우주 왕복선에 실려 있다. 그 이유를 설명하라.

10.2.6 개수로 유동의 단면 (1)과 (2)에서 수심은 1/2로 감소하고 Froude 수는 아임계 상태인 0.5에서 초임계 상태인 3.0으로 변한다. 수로 단면의 폭이 단면 (1)에서 3.65 m인 경우 단면 (2)에서의 폭을 계산하라.

10.2.7 폭 15 m, 수심 0.61 m인 강에서 유량이 $Q = 5.3\ m^3/s$이다. 이 유동이 아임계 유동인지 초임계 유동인지 결정하라.

10.2.8 수심 0.8 m의 산 속 시내에서 송어가 튀어 오르면서 표면파가 발생하였다. 이 파가 상류로 전파되지 않는 경우 유동의 최소 속도를 계산하라.

10.2.9 그림 P10.2.9에 보인 바와 같이 해안에서 수백 미터 떨어진 해역에서는 해안에 평행하지 않았던 파도가 해안 근처의 모래 해변에서는 해안과 거의 평행하게 진행하면서 부서지는 현상이 흔히 관찰된다. 이러한 현상을 파속도 $c = (gy)^{1/2}$에 기초하여 설명하라.

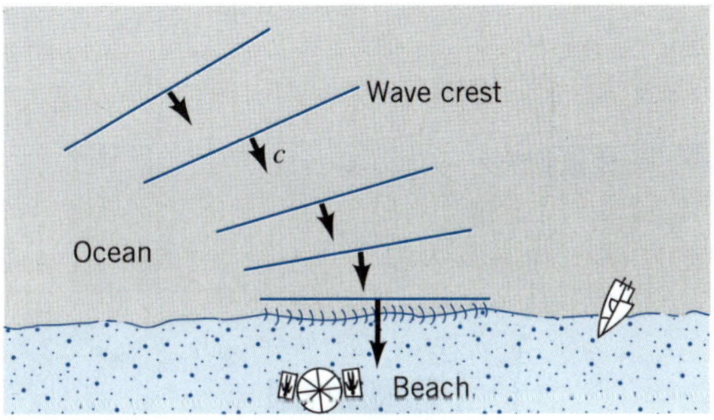

그림 P10.2.9

10.2.10 (10.2.1절의 광활한 유체의 세계, "쓰나미 비폭풍파"를 참조하라.) 해저면을 흔든 지진이 발생하여 파장 100 km의 쓰나미(tsunami)가 발생하였다. 대양의 수심이 3000 m인 경우 이 파의 전파 속도를 계산하라.

10.3절 에너지 고찰

10.3.1 10 m 폭의 개수로에서 5 m^3/s의 유량으로 물이 흐른다. 유동의 비에너지가 $E = 0.6$ m인 경우에 해당하는 두 가지 수심을 계산하라.

10.3.2 사각 수로에서 물이 단위 폭 당 유량 $q = 2.5\ m^2/s$로 흐른다. 이 유동에 대한 비에너지 선도를 그려라. $E = 2.5$ m인 경우에 해당하는 두 가지 수심을 계산하라.

10.3.3 그림 P10.3.3에 보인 바와 같이 폭 1.52 m의 사각 수로에 유량 $Q = 0.85\ m^3/s$로 물이 흐른다. 상류인 단면 (1)에서의 수심은 $y_1 = 0.76$ m이다. 단면 (2)에서의 수심과 수면의 높이를 계산하라.

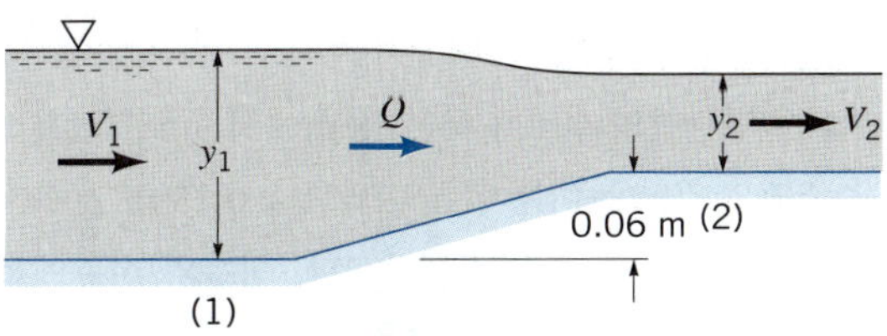

그림 P10.3.3

10.3.4 그림 P10.3.4에 보인 바와 같이 바닥 융기가 있는 사각 단면의 수로에서 단위 폭 당 유량 $q = 4\ \text{m}^2/\text{s}$로 물이 흐른다. 수로 바닥의 융기는 $z_b = 0.2e^{-x^2}$로 주어지며 여기서 x와 z_b의 단위는 미터이다. 바닥 융기에서 멀리 떨어진 상류에서의 수심은 $y_1 = 0.4$ m이다. $-4\ \text{m} < x < 4\text{m}$의 구간에서 수심 $y = y(x)$과 수면 높이 $z = z(x)$의 그래프를 그려라. 유동은 1차원 유동으로 가정한다.

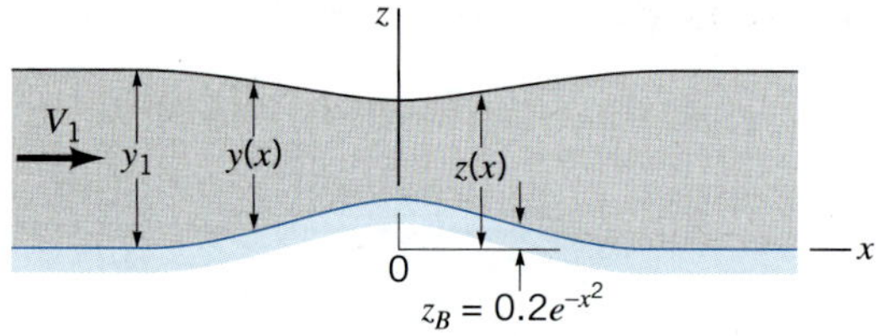

그림 P10.3.4

10.3.5 그림 P10.3.5에 보인 바와 같이 수로의 폭이 점진적으로 감소하는 수로를 따라 물이 흐른다. 유량은 $Q = 0.71\ \text{m}^3/\text{s}$이고 상류에서의 수심이 $y_1 = 0.61$ m인 경우 하류에서의 수심 y_2를 계산하라.

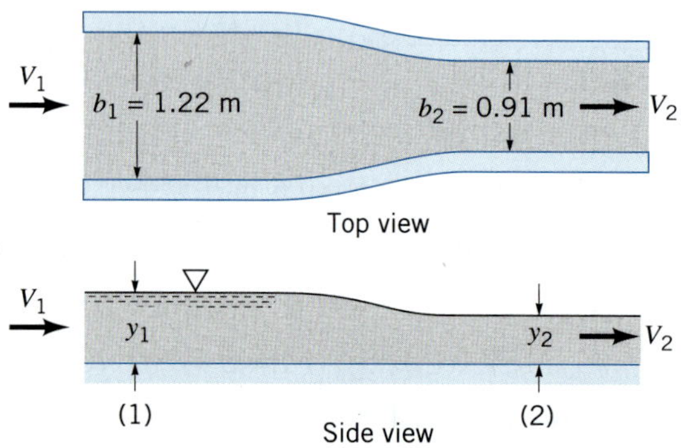

그림 P10.3.5

10.3.6 사각 단면 수로의 폭은 40 m이고 유량은 4000 m^3/s이며 수심은 20 m이다. 이 유동의 중간에 높이 4 m의 보가 있다. 유동이 임계 상태인 경우 보 위의 수심을 계산하라. 유동의 마찰은 무시한다.

10.3.7 사각 단면의 수로가 폭은 18 m에서 9m로 점진적으로 축소되고 바닥 높이는 상류 바닥보다 0.15 m 낮아지며 증가된 유속에 의해 침식이 발생한다. 상류와 하류에서의 수심이 모두 3.1 m인 경우 유량을 계산하라.

10.3.8 사각 단면의 수로에 단위 폭당 유량 $Q = 1.5\ \text{m}^2/\text{s}$로 물이 흐르고 단면 (1)에서의 수심은 0.5 m이다. 단면 (1)과 (2) 사이에서의 수두 손실은 0.03 m이다. 이 유동에 대한 비에너지선도를 그리고 그림에서 단면 (1)과 (2)의 위치를 표시하라. 수두 손실이 0.06 m가 될 수 있는 지와 그 이유를 설명하라.

10.3.9 물이 수평으로 놓인 사각 단면의 수로를 따라 흐른다. 초기 수심은 1 m이고 초기 속도는 4 m/s이다. 손실을 무시할 수 있는 경우 하류에서의 수심을 결정하라. 이 경우 답이 하나 이상 존재함에 유의하라.

10.3.10 그림 10.3.10에 보인 바와 같이 상류 및 하류의 두 가지 다른 사각 단면 사이에서 점진적인 변화가 발생한다. 수로의 폭은 1.83 m에서 2.13 m로 증가하고 수면의 높이는 일정하다. 상류에서의 수심이 0.91 m인 경우 수면 높이가 일정하게 유지되기 위해 필요한 바닥면의 높이 변화량 h를 계산하라.

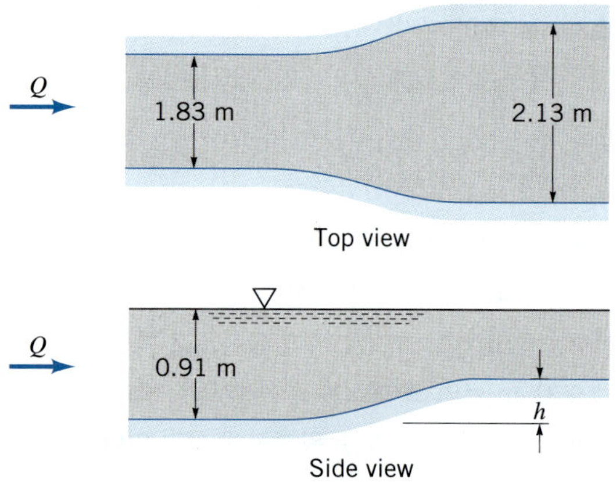

그림 P10.3.10

10.3.11 그림 P10.3.11에 보인 바와 같이 사각 단면 수로에서 $h = h(x)$의 바닥 융기를 통과하여 물이 흐른다. 에너지 손실이 무시할 만큼 작은 경우 수면의 기울기가 $dy/dx = -(dh/dx)/[1-(V^2/gy)]$가 됨을 보여라. 여기서 $V = V(x)$와 $y = y(x)$는 유동의 국소 속도 및 수심이다. dy/dx의 부호(즉, 음수, 양수, 혹은 영)를 dh/dx의 부호와 관련하여 설명하라.

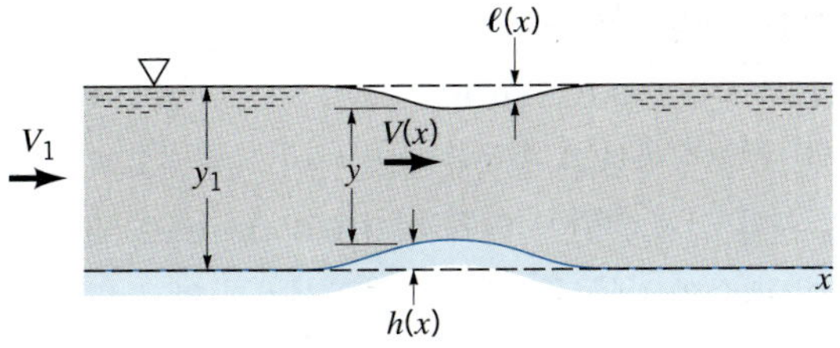

그림 P10.3.11

10.3.12 폭 3 m의 사각 단면 수로에서 유량 2.83 m^3/s으로 물이 흐른다. 기준 수심은 0.91 m이다. 수로에 지름 1.22 m의 교각이 놓여 있다. 교각 주위를 흐르는 물의 수심을 계산하라. 마찰은 무시한다.

10.3.13 그림 P10.3.13에 보인 바와 같이 균일한 바닥 경사의 강에서 물이 흐른다. 그림에 보인 바와 같이 Pitot tube를 이용하여 전수두가 계측되었다. 균일 수심 유동의 경우 z_4를 계산하라.

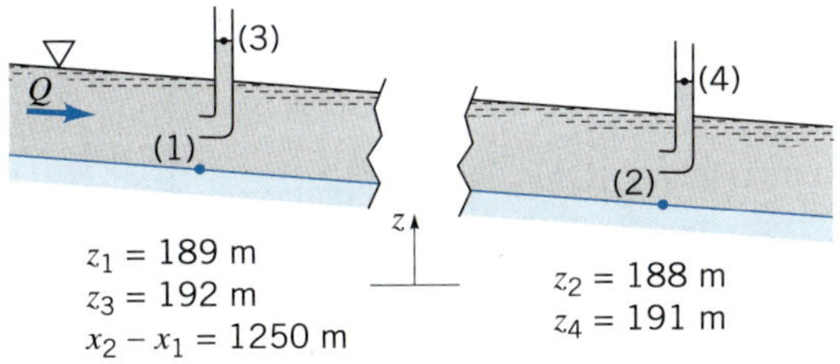

그림 P10.3.13

10.3.14 폭 5.0 m의 수평으로 놓인 사각 수로에서 물이 초임계 균일 유동으로 흐른다. 유동의 수심은 1.5 m이고 유량은 45.0 m^3/s이다. 수로 바닥에 0.25 m의 융기가 있다. 바닥 융기를 지난 유동의 수심을 계산하라. 바닥 융기를 지난 뒤 유동의 상태가 아임계, 임계 혹은 초임계 유동인지 결정하라. 마찰은 무시한다.

10.4.2절 Chezy 방정식과 Manning 방정식

10.4.1 폭 5 m의 수로에서 속도 2 m/s, 수심 1 m로 물이 흐른다. 수로의 바닥 경사는 1000 m 당 1 m의 비율이다. 이 수로의 Manning 계수를 계산하라.

10.4.2 다음과 같은 데이터들이 Indian Fork Creek에서 계측 되었다. $A = 26\ m^2$, $P = 16$ m, $S_0 = 0.02$ m/62 m. 이 수로의 접수 둘레에 작용하는 평균 마찰응력을 계산하라.

10.4.3 수평선과 각도 θ를 이루는 폭이 넓은 사각 단면 수로를 흐르는 층류를 생각한다. 유체의 동점성계수는 ν이고 단위 폭당 체적 유량은 다음과 같다.

$$q = \frac{gy^3 \sin\theta}{3\upsilon}$$

여기서 y는 수로 바닥에 수직한 수심이다. 이 유동에서 Manning 계수 n을 계산하라.

10.4.4 사다리꼴 단면의 수로에서 폭은 3 m이고 측면 기울기는 $m = 2$이다. 수로의 바닥 기울기는 $S_0 = 0.004$ m/m이고 Manning의 거칠기 계수는 $n = 0.030$이다. 유량이 $Q_0 = 20\ m^3/s$인 경우 표준 수심 y_0를 계산하라.

10.4.5 특정 위치에서의 Columbia 강의 단면이 그림 P10.4.5에 나타나있다. 바람이 없는 날 강을 따라 부유물이 0.8 km 떠내려 가는 동안 5분이 소요되었다. 그 거리 동안 높이가 0.14 m 낮아지는 경우 Manning 계수 n을 계산하라.

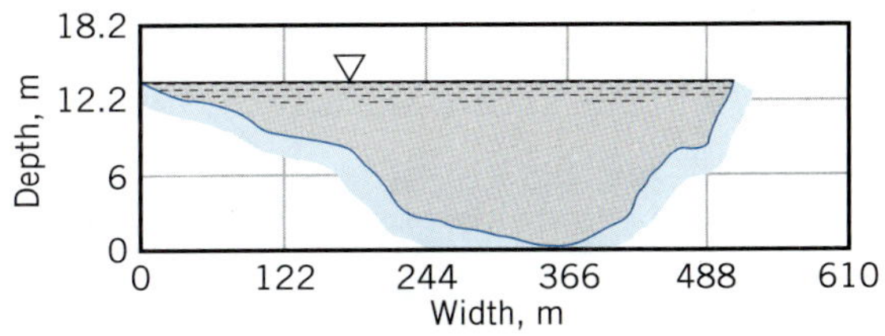

그림 P10.4.5

10.4.6 폭 808 m, 수심 5.34 m의 사각 단면과 유사한 자연 수로에서 3155 m^3/s의 균일 수심 유동이 계측 되었다. 수면은 1 km 당 0.11 m 낮아진다. Manning 계수 n을 계산하고 그로부터 자연 수로 내면의 특성을 결정하라. 또한 Froude 수를 계산하고 유동이 아임계 혹은 초임계 유동인지를 결정하라.

10.4.3절 균일 수심 수로에서의 유동 – 유량 결정

10.4.7 직경 2 m의 콘크리트 마감의 원형 관이 수평 거리 1000 m 당 1 m의 높이 변화가 있는 기울기로 놓여 있다. 파이프의 절반이 채워진 경우 유량을 계산하라.

10.4.8 그림 P10.4.8에 보인 바와 같이 수로 중앙에 얇은 판이 추가된 경우 유량이 몇 퍼센트 감소하는지 계산하라. 모든 표면의 재질은 동일하다.

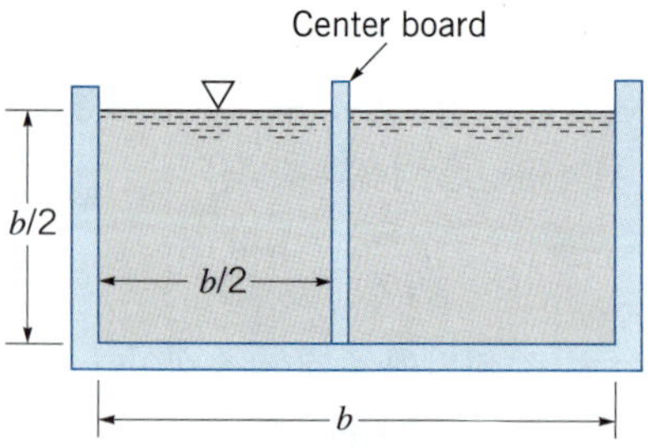

그림 P10.4.8

10.4.9 암석 재질의 사다리꼴 단면 수로의 바닥 폭은 89 m이고 측면 경사는 1:1이다. 수심이 9.2 m이고 바닥 경사가 0.3°인 경우 유량을 계산하라.

10.4.10 그림 P10.4.10에 보인 바와 같은 삼각형 단면의 수로를 생각한다. 새로 건설된 시점에서는 유량 Q에서 측면 길이 2 m까지 유체가 닿는다. 상당한 시간이 지나 수로 내벽이 거칠어지면서 Manning 계수 n이 2배가 되었다면 동일한 유량 Q에서 유체가 측면 벽에 닿는 길이 L을 계산하라.

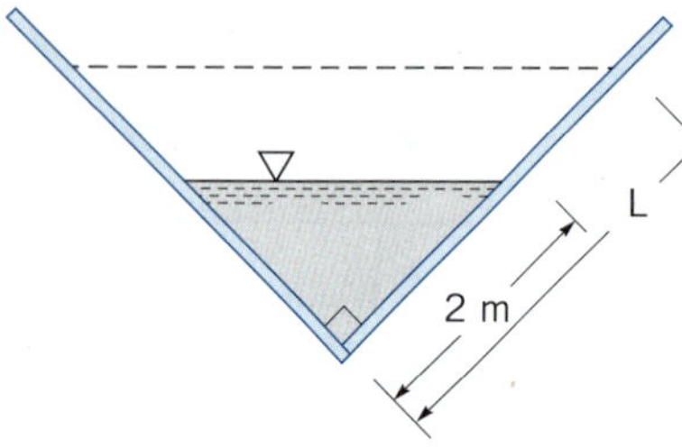

그림 P10.4.10

10.4.11 마감 처리 되지 않은 콘크리트 내벽의 사각 단면 수로에서 폭은 5 m, 경사는 0.5°이고 수심은 0.5 m이다. 유량을 계산하라.

10.4.12 사다리꼴 단면의 수로에서 바닥 폭은 3.0 m이고 측면 경사는 2:1 (수평길이 : 수직길이)이다. 내벽은 작은 자갈($n = 0.020$)로 마감되었으며 유량은 10 m^3/s이다. 바닥 침식을 방지하기 위해 유속을 0.75 m/s 이하로 유지해야하는 경우 경사를 $S_0 = 0.00010$으로 건설해도 되는지 결정하고 그 이유를 설명하라.

10.4.13 물이 콘크리트로 마감된 직경 2 m의 원형관 내부로 흐른다. 원형관이 완전히 채워지고 압력은 관 전체에서 일정하다고 가정한다. 기울기가 $S_0 = 0.005$인 경우 개수로 유동의 식을 이용하여 유량을 계산하라. 이 결과를 8장의 관내 유동 해석을 이용하여 계산한 결과와 비교하라.

10.4.14 강수량 0.025 m/hr로 지속적으로 비가 내리는 동안 콘크리트 마감된 원형관의 절반이 채워지도록 주차장 배수관이 설계되었다. 만약 비가 0.05 m/hr로 내리는 경우 이 배수관은 주차장으로 역류하시키지 않고 빗물을 제대로 배수 시킬 수 있는지를 계산을 통해 결정하라.

10.4.15 사각 단면 수로의 바닥 경사가 0.00015이고 수심은 0.003 m인 경우 단위 폭당 유량을 계산하라. 유체는 온도 20 ℃의 물이고 유동은 층류라고 가정하며 이 가정의 타당성도 검토하라.

10.4.16 Manning 계수 $n = 0.015$이고 바닥 경사는 0.0015인 사각 단면 수로를 통해 물이 흐른다. 유동이 임계 상태인 경우 유량과 수심을 계산하라.

10.4.17 그림 P10.4.17에 보인 수로에서 유량이 15 m^3/s인 경우 수심을 계산하라.

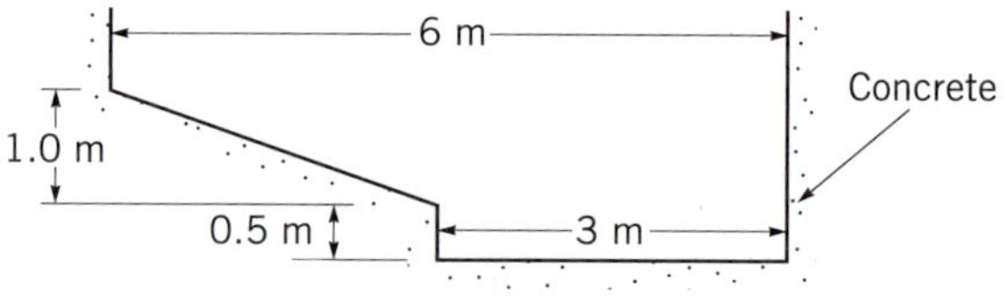

그림 P10.4.17

10.4.18 강의 특정 위치에서 통상적인 경우에는 그림 P10.4.18a에 보인 것과 같이 물이 흐르며 Manning 계수는 0.030이다. 이 위치에서 홍수 시 물이 범람하면 단면 형상이 그림 P10.4.18b와 같이 되며 범람원의 수풀들로 인해 Manning 계수가 0.040이 된다. 통상적인 경우의 유량에 대한 홍수 시 유량의 비를 계산하라.

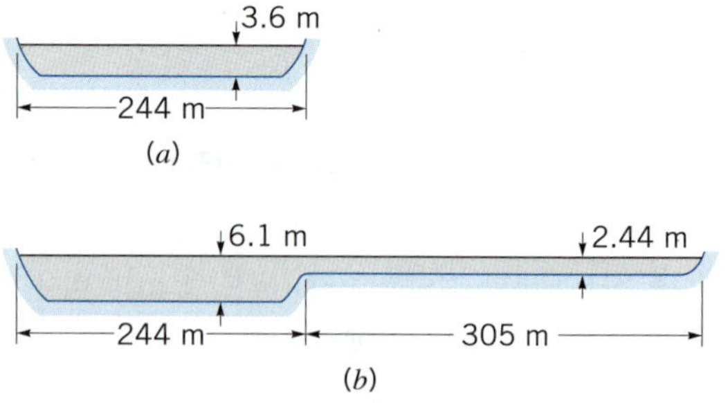

그림 P10.4.18

10.4.19 그림 P10.4.19에 보인 바와 같이 중앙 수로 양 쪽에 범람원이 있는 수로를 생각한다. 중앙 수로 내벽은 벽돌

로 마감되었고 양쪽의 범람원 내벽들은 자갈로 마감되었으며 수로의 경사는 $S_0 = 0.00025$이다. 유량을 계산하라.

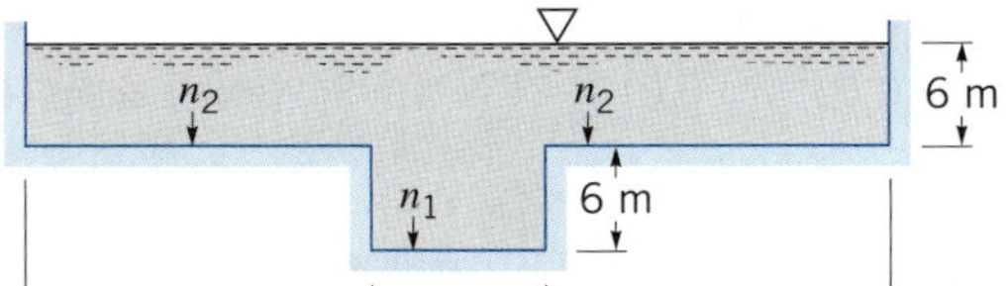

그림 P10.4.19

10.4.3절 균일 수심 유동 – 수심 또는 크기 결정

10.4.20 직경 2 m의 콘크리트 파이프가 오래되어 표면이 거칠어 짐에 따라 Manning 계수가 0.025이고 관의 절반이 찬 경우 유량 5.0 m^3/s이 흐른다. 이 관을 Manning 계수가 0.012인 새로운 관으로 대체하고자 한다. 새 관에서도 동일한 유량에서 관의 절반이 차게 할 경우 새로운 관의 직경을 계산하라.

10.4.21 직경 0.5 m인 4 개의 원형 배수관을 대체할 직경 D인 하나의 원형관을 고려한다. Manning 계수 n과 배수관의 기울기가 동일하고 모든 관이 절반이 찬 경우라면 동일한 유량을 얻기 위한 직경 D를 계산하라.

10.4.22 댐 배수로의 폭은 6.1 m이고 유량은 142 m^3/s이다. 배수로 경사는 30°이다. 배수로에서의 수직 수심을 계산하라.

10.4.23 그림 P10.4.23에 보인 바와 같은 수로에서 내벽은 점토로 마감되었으며($n = 0.025$) 유량은 8.5 m^3/s이다. 내벽의 침식을 방지하기 위해 유속은 1.52 m/s이 넘지 않아야 한다. 요구되는 최고 속도를 만족시킬 수 있는 바닥의 폭 b와 경사 S_0를 계산하라.

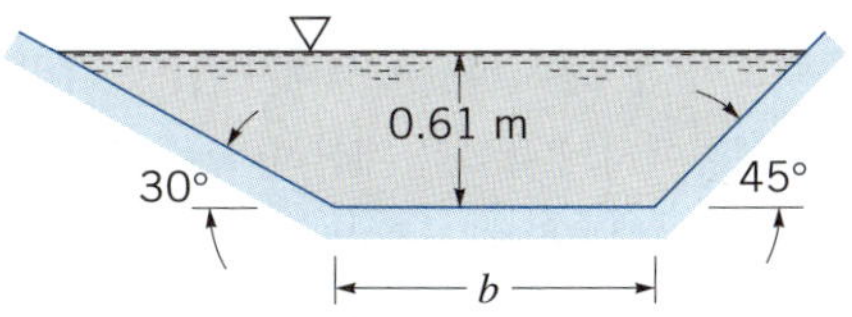

그림 P10.4.23

10.4.24 그림 P10.4.24에 보인 바와 같은 수로에서 유량은 10 m^3/s이다. 수로 바닥의 폭 b와 바닥 경사를 계산하라. 수로에서의 유속은 5.0 m/s이 넘지않아야 한다.

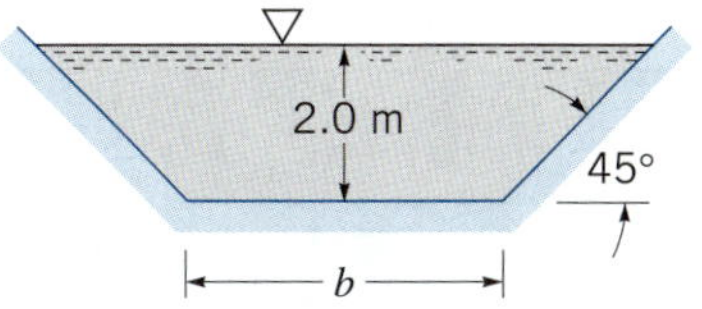

그림 P10.4.24

10.4.25 마감재가 없는 콘크리트 재질의 사각 단면의 수로에서 폭은 8.5 m이고 수로의 경사는 1.5 m/km이다. 유량이 11.3 m^3/s인 경우 유동의 수심과 Froude 수를 계산하라.

10.4.26 다듬어진 나무 판으로 마감할 수로를 설계 하고 있다. 유량은 2 m^3/s이고 기울기는 10 m/800 m이다. 수로의 단면은 90° 내각의 삼각형 단면 혹은 폭이 깊이의 2배인 사각 단면을 고려하고 있다. 어떤 단면을 사용하는 경우가 마감재인 나무 판의 사용량이 작으며 또 그 비율은 얼마인지 계산하라.

10.4.27 수로의 경사는 0.001이고 유량은 0.55 m^3/s인 철근 콘크리트 원형관을 생각한다. 수심이 직경의 75%가 되도록 하는 경우 관의 직경을 계산하라.

10.4.28 어떤 강이 상류, 중류 및 하류의 세 부분으로 나누어진다. 강의 기울기는 상류에서 13 m/km이고 중류에서 2 m/km이고 하류에서 0.2 m/km이다. 강의 폭은 37 m이고 모두 사각 단면이라고 가정한다. 상류에서의 수심이 12 m인 경우 중류와 하류에서의 수심을 계산하라.

10.4.29 직경 2.44 m인 콘크리트 재질의 원형관에 물이 절반 채워진 배수관을 내각이 90°인 V–형태의 콘크리트 재질의 개수로로 대체하고자 한다. 배수로의 유량이 동일하고 바닥 기울기도 같은 경우 V–형태 개수로에서의 수심을 계산하라.

10.4.30 벽돌로 내벽이 마감된 사각 단면의 수로를 생각한다. 수로의 바닥 기울기는 0.0025이고 유량은 8.5 m^3/s이다. 수로의 폭이 0.61 m, 1.83 m, 3.05 m인 경우에 대해서 마감 벽돌 사용량이 적은 경우를 결정하라.

10.4.31 그림 P10.4.31에 보인 바와 같이 폭이 5 m인 수로에 수심 1 m의 유동이 상류에서 균일하게 흐른다. 수로의 단면이 변해서 후류에서는 폭과 수심이 b인 정사각형이 된다. 수로의 재질과 바닥 기울기가 상류와 하류에서 동일한 경우 b를 계산하라.

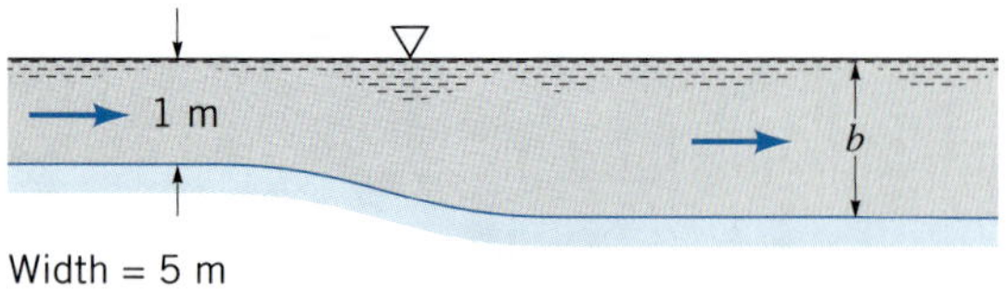

그림 P10.4.31

10.4.3절 균일 수심 유동 – 수로 바닥 경사 결정

10.4.32 폭 2 m의 콘크리트 마감된 수로에서 수심 1 m의 물이 흐른다. 유량이 3 m^3/s인 경우 수로의 바닥 경사를 계산하라.

10.4.33 단면 모양이 거의 사각형에 가까운 강에서 물이 느리게 흐른다. 강의 폭은 152 m이고 수심은 5.03 m이며 유량은 234 m^3/s이다. 강의 수면이 km당 얼마나 내려가는지 계산하라.

10.4.34 깨끗하게 흙으로 마감된 수로에서 수초가 발생하지 않도록 하기 위해서는 수로의 유속이 0.76 m/s 보다 느려지지 않도록 권고된다. 그림 P10.4.34에 보인 대칭 형태의 수로에서 필요한 최소 바닥 기울기를 계산하라.

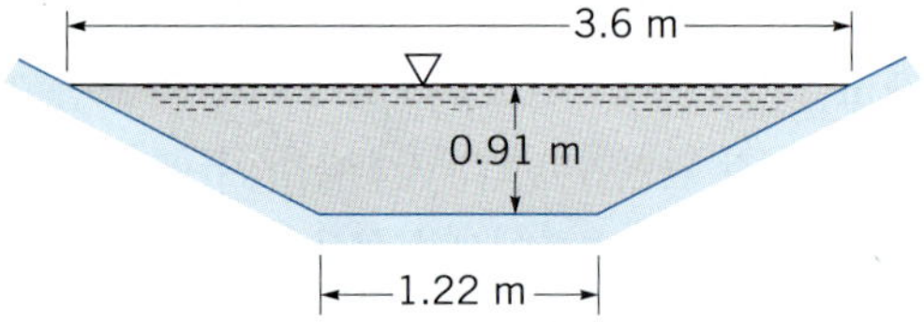

그림 P10.4.34

10.4.35 그림 P10.4.34에 보인 대칭 형태의 수로가 모래 흙을 파서 만든 경우 $n = 0.020$이다. 이러한 재질의 수로에서는 침식을 방지하기 위해 평균 유속이 0.53 m/s 보다 낮도록 권고된다. 이러한 조건을 만족시키는 경사의 최대치를 계산하라.

10.4.36 그림 P10.4.36은 50 m^3/s의 유량을 수송하는 수로의 단면을 보여준다. Manning 계수 n이 0.015인 경우 수로의 바닥 경사를 계산하라.

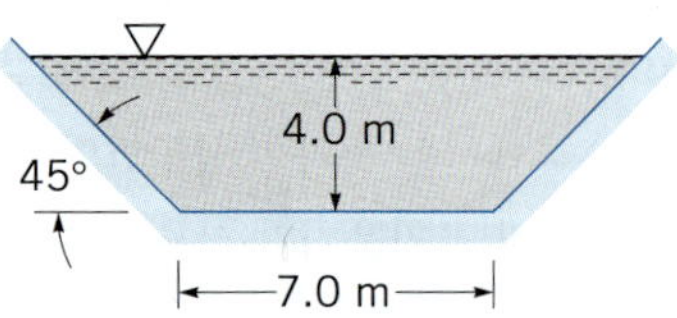

그림 P10.4.36

10.4.37 수문의 하류에 나무로 마감된 폭 5 m의 사각 단면 수로를 통해 수심 0.6 m의 물이 흐른다. 유량이 18 m^3/s인 경우 이 수심을 유지하기 위한 바닥 경사를 계산하라. 기울기가 (a) 0.02; (b) 0.01인 경우 유동의 수심은 증가하는지 감소하는지 결정하라.

10.4.38 비가 심하게 오는 날 지붕에 설치된 길이 15.2 m의 알루미늄 홈통(Manning 계수 $n = 0.011$)이 유량 0.0042 m^3/s을 처리할 수 있도록 하려고 한다. 홈통의 단면은 그림 P10.4.38에 보였다. 물이 홈통에서 넘치지 않도록 홈통을 경사 시킨 수직 거리(즉, 홈통 양단의 높이차)를 계산하라. 균일 수심 유동으로 가정하라.

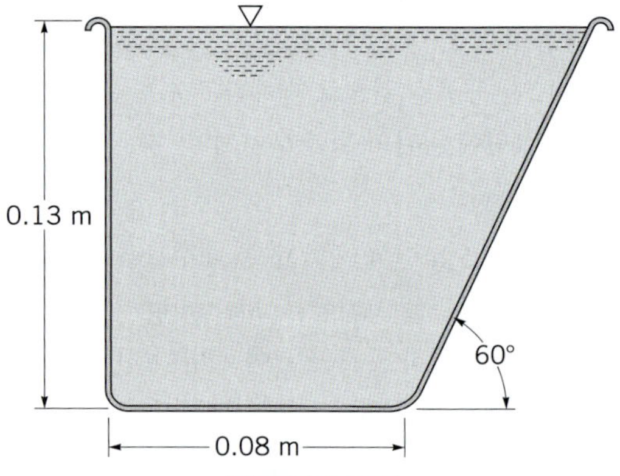

그림 P10.4.38

10.7.1절 수력도약

10.7.1 수력도약 상류에서 수심이 0.5 m이고 유속이 6 m/s이다. 수력도약 후류에서 수심을 계산하라.

10.7.2 폭 5 m의 수로가 경사는 0.004이고 유량은 8 m^3/s이다. 수력도약 이후 수심이 1.5 m인 경우 수력도약 이전 수심을 계산하라.

10.7.3 수력도약 상류와 하류에서의 수심이 각각 0.3 m, 1.2 m이다. 상류에서의 유속을 계산하라. 수로의 폭이 50 m인 경우 소산되는 일률을 계산하라.

10.7.4 댐의 배수로에서 수력도약이 발생하여 상류와 하류의 수심이 각각 0.90 m, 3.6 m가 된다. 배수로의 폭이 10 m인 경우 배수로를 통한 유량을 계산하라.

10.7.5 폭 3.0 m의 사각수로에서 유량은 5.0 m^3/s이고 수심은 0.5 m이다. 이 유동이 바닥에서 0.25 m 올라간 보를

만나는 경우 수력도약이 발생하는지를 답하고 그 이유를 설명하라.

10.7.6 폭 0.5 m의 사각 단면 수로에서 유량 1.0 m^3/s으로 수심 0.50 m의 물이 흐른다. 수력도약이 발생한 이후의 수심과 소산된 일률을 계산하라.

10.7.7 사각 단면의 수로에서 물이 유속 $V = 6$ m/s로 흐른다. 수로의 끝에 설치된 문이 갑자기 닫히면서 파(움직이는 수력도약)가 발생하여 상류 방향으로 파의 속도 $V_w = 2$ m/s로 파가 전파된다. 파의 앞과 뒤에서 수심을 계산하라. 이 문제는 정지된 관찰자에게는 비정상(unsteady) 유동이다. 그러나 파의 속도 V_w로 상류 방향으로 이동하는 관찰자에게는 정상상태의 수력도약으로 보인다.

10.7.8 폭 4 m의 사각 단면 수로에서 상류에서의 바닥 경사인 3 m/100 m로부터 하류에서의 바닥 경사인 h m/100 m로 변하는 지점에서 수력도약이 발생한다. 수력도약 상류에서의 수심과 유속은 각각 0.5 m와 8 m/s이다. 수력도약 후류의 유동이 균일 수심 유동인 경우 h를 계산하라.

10.7.9 (10.7.1절의 "광활한 유체의 세계, Grand Canyon 급류의 형성"을 참조하라.) 1983년 홍수 기간에 Colorado 강의 "Crystal rapid"에서 큰 수력도약이 발생하였다. 당시 강에서 급류 타기를 하던 사람들은 다음과 같이 보고하였다. "거의 14 m/s의 속도로 급류에 들어가서 6.1 m 높이의 수벽을 만났고 4.5 m/s의 속도로 빠져나왔다." 보고된 정보들, 즉 상류와 하류에서의 속도 및 수심의 변화가 수력도약과 관련된 식에 부합하는지를 계산하라.

10.7.2절 예봉위어와 광봉위어

10.7.10 폭 3.05 m의 수로에서 사각형 예봉위어가 유량을 측정하기 위해 사용되었다. 유량이 1.42 m^3/s인 경우 상류의 수심이 1.83 m가 되도록 하고자 한다. 위어 판의 높이 P_w를 계산하라.

10.7.11 물이 폭 2 m의 사각형 예봉위어를 통과하여 흐른다. 위어 수두가 0.1 m이고 상류에서의 수심이 1 m인 경우 유량을 계산하라.

10.7.12 물이 그림 P10.7.12에 보인 예봉위어를 통과하여 흐른다. 위어 판의 단면은 그림에서 보인 바와 같이 반원과 사각형의 조합이다. 높이 H에 따른 유량 Q의 그래프를 그려라. 적용한 가정과 자세한 계산과정을 보여라.

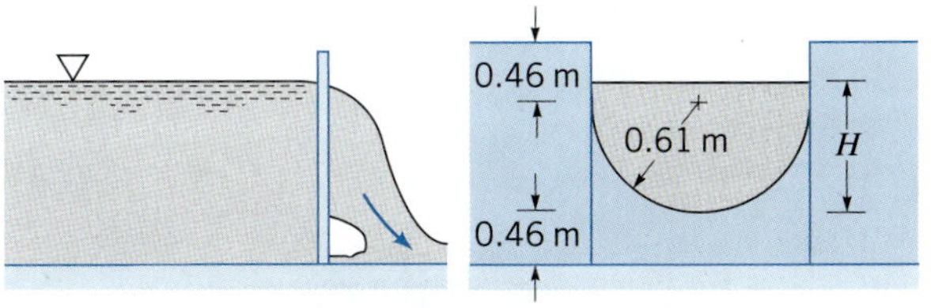

그림 P10.7.12

10.7.13 폭 4 m, 높이 $P_w = 1.5$ m인 광봉위어 위로 물이 흐른다. 위어로부터 멀리 떨어진 상류에서 자유표면은 위어의 상부 표면 보다 0.5 m 높다. 이 유동의 유량과 위어 블록 위의 최소 수심을 계산하라.

10.7.14 실험실에서 개수로의 유량을 계측하기 위해 삼각형 위어를 사용하고 있나. 위어의 내각은 90°이다. 특정 실험의 경우 위어 위 0.1 m에 수면이 위치한다. 위어 내각에 대한 불확실성이 ±2°이고 수심 계측의 불확실성은 ±0.0013 m이다. 유량을 계산하고 계산된 유량의 불확실성을 구하라.

10.7.4절 저류수문

10.7.15 그림 P10.7.15에 보인 바와 같이 콘크리트로 마감 처리된 폭 18 m의 수로의 저류수문 아래로 물이 흐르고 있다. 유량을 결정하라. 수로의 경사가 0.762 m/61 m인 경우 수문 후류의 수심이 증가하는지 감소하는지 결정하고 이유를 설명하라. $C_c = y_2/a = 0.65$로 가정하라.

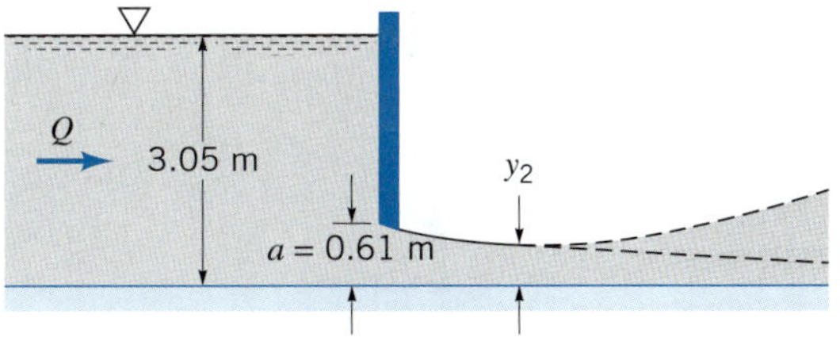

그림 P10.7.15

10.7.16 그림 P10.7.16에 보인 폭 10 m의 원통수문 하류에 하류의 수심이 2.0 m로 일정하게 유지되도록 하는 수위 조절기(그림에는 나타나지 않음)가 작동하고 있다. 상류 수심 y_1이 $2.0 \le y_1 \le 5.0$ m인 범위에 대해 유량 Q를 수심 y_1의 함수로 그래프를 그려라.

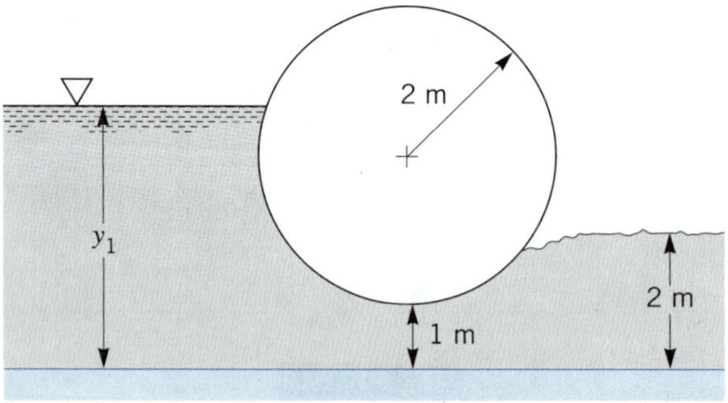

그림 P10.7.16

10.7.17 폭이 24.3 m에서 15.8 m로 점진적으로 축소되는 사각 수조에 놓인 저류 수문을 통과하여 유량 24.7 m^3/s로 물이 흐른다. 저류수문 통과와 수로 폭의 축소로 인해 빨라진 유동은 수로의 바닥을 침식하여 하류의 바닥이 상류 바닥보다 0.152 m 낮아져 있다. 상류에서의 수심이 1.22 m이고 저류수문이 0.46 m 열린 경우 폭의 축소가 끝난 하류에서 수심, 속도, Froude 수를 계산하라.

평생학습 문제

10.1 LL 해안가 저지대에서의 활동 증가 및 지구 온난화에 따른 해수면 상승으로 인해 쓰나미에 의한 광범위한 피해가 발생할 가능성이 높아지고 있다. 이렇게 위험한 파도의 발생 예측에 적용할 수 있는 방법들과 막대한 인명 및 물적 피해를 줄일 수 있는 해안 지역 활용 방법들에 대해 새롭고 개선된 정보들을 수집하라. 수집된 정보들을 간단한 보고서 형태로 요약하라.

10.2 LL NASA의 화성 탐사선 Mars Global Surveyor에 탑재된 화성 궤도 카메라에 찍힌 최근 사진들은 화성 표면에 아직 물이 흐르고 있을 가능성을 보여준다. 화성을 포함한 다른 행성이나 그들의 위성에서 과거 또는 현재 개수로 유동이 존재할 가능성에 대한 정보를 수집하라. 수집된 정보들을 간단한 보고서 형태로 요약하라.

10.3 LL 수력도약은 주로 강이나 배수로에서의 물의 유동 혹은 비교적 유속이 빠른 개수로에서 발생한다. 그러나 최근에는 물이 아닌 다른 유체(예를 들어 액체 상태의 납)와 관련된 상대적으로 작은 스케일의 생산 공정에서 수력도약이 이용되고 있다. 공정의 필수 요소로 수력도약을 활용하는 새로운 생산 과정에 대한 정보들을 수집하라. 수집된 정보들을 간단한 보고서 형태로 요약하라.

CHAPTER 11

터보기계

학습목표

이 장을 학습한 후, 다음을 할 수 있어야 한다.

- 어떻게 터보기계가 작동하는지 설명한다.
- 터빈과 펌프 사이의 기본적인 차이점을 기술한다.
- 터보기계에서 손실을 최소화하는 것의 중요성을 논의한다.
- 특정 응용에 적합한 터보기계를 선정한다.
- 시스템에 설치된 터보기계의 작동점을 결정한다.
- 일반적인 터보기계 날개와 속도 삼각형을 그린다.
- 동일 종류의 터보기계에서 크기와/또는 속도의 영향을 예측하기 위한 상사법칙을 적용한다.
- 터보기계의 유체역학과 관련된 공학업무 또는 고급 학습을 수행한다 (예: 설계, 개발, 연구)

이전 장에서 우리는 펌프 또는 터빈과 같은 유체기계들을 나타내기 위해 "블랙박스"를 종종 사용하였다. 이 장의 목적은 블랙박스가 터보기계일 때 이 장치들에서의 유체역학을 학습하는 것이다.

펌프나 터빈(종종 터보기계들) 등은 아주 다양한 구성들로 사용된다. 일반적으로 펌프는 에너지를 유체유동에 가하여 유체에 대하여 일을 함으로써, 유체를 움직이거나 유체의 압력을 증가시킨다. 이와 반대로 터빈은 유체로부터 에너지를 빼어내서, 유체가 터빈에 대하여 일을 하게 된다. 펌프(pump)란 용어는 **펌프**, **팬(fan)**, **송풍기(blower)**, **압축기(compressor)**를 포함한 모든 형태의 이송기계를 총칭하는데 사용될 것이다.

터보기계는 유동 에너지를 더하거나(펌프) 빼내는(터빈) 동적 유체 기계이다.

일반적인 터보기계의 주요 구성품들은 입력/출력 축에 장착된 로터(rotor)와 로터에 부착되어 유동통로를 형성하는 날개(blade)들 (때때로 "버킷(bucket)" 또는 "베인(vane)"으로 불린다)이다. (로터는 종종 **임펠러** [펌프의 경우]), 러너 [수력터빈의 경우]) 또는 휠 [팬의 경우]로 불린다). 움직이는 유체가 회전을 만들어내어 축동력을 생산하면, 이를 터빈이라고 한다. 반면, 일반적으로 모터를 가지고 축 토크를 가할 수 있으며, 로터 날개를 사용하여 유체가 움직이게 만들면, 이를 펌프라 한다. 그림 11.1은 자동차 터보차져(turbocharger)의 터빈과 압축기 (펌프) 로터를 보여주고 있다. 터보기계 형태의 펌프의 예들로 간단한 창문형 환기팬이나 항공기나 선박의 프로펠러, 가정에서 사용하는 풍로, 깊은 못에서 사용되는 축방향 수력 펌프, 그리고 자동차 터보차져의 압축기 등이 있다. 터빈의 예로는 크게는 항공기의 가스터빈 엔진의 터빈 부분, 전기발전소의 발전기를 구동하기 위한 발전기의 증기터빈, 그리고 작게는 치과의사들이 사용하는 소형드릴을 회전시키는 공기터빈이 있다.

터보기계들은 우리의 일상 생활에서 많은 다양한 응용분야에 사용되어 현대 사회에서 중요한 역할을 하고 있다. 이 기계들은 높은 출력 밀도(체적당 동력), 상대적으로 적은 운동 부품들, 그리고 합리적인 효율을 가질 수 있다.

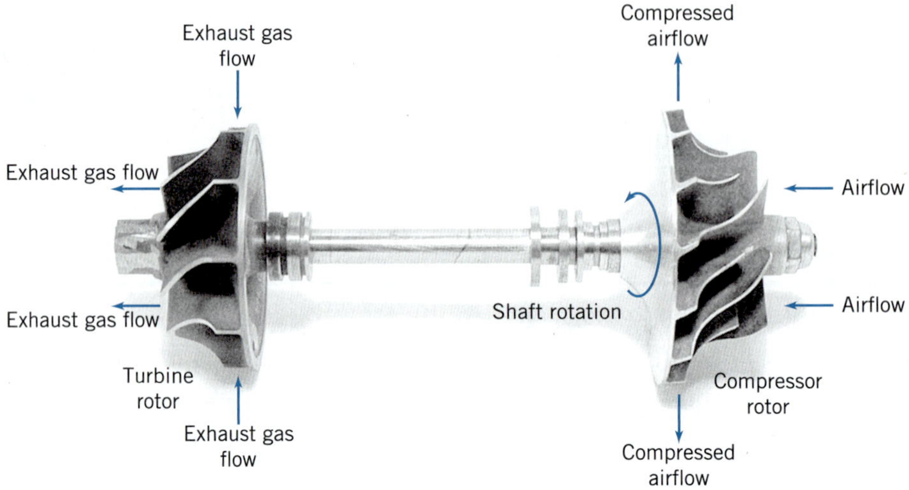

그림 11.1 자동차 터보차저 터빈과 압축기 로터 (출처: Tonglint Turbo Technologies)

다음 절들에서는 이와 같은 중요한 기계들에서의 유체역학에 대한 소개를 다룬다. 터보기계들에 대한 훨씬 더 많은 정보들을 제공해 주는 많은 책들이 있으며, 참고문헌 1–6은 중 일부 예이다.

11.1 서론

터보기계는 로터에 장착된 날개들을 사용하여 유체에 너지와 기계적 에너지를 교환한다.

터보기계(turbomachines)는 로터와 연결된 여러 날개들로 구성된 기계장치이며 기계장치와 유체 사이의 동적인 상호작용에 기반하여 유체로부터 에너지를 빼내거나(터빈), 에너지를 유체에 가한다(펌프). 비록 이와 같은 장치의 실제 설계와 제작은 종종 상당한 통찰력과 노력을 필요로 하지만, 기본적인 작동 원칙들은 그렇게 복잡하지 않다.

작동 유체는 기체(창문형 팬 또는 가스터빈 엔진), 증기(증기 엔진) 또는 액체(자동차의 물펌프 또는 수력발전소의 터빈처럼)가 될 수 있다. 기본적인 작동 원리는 유체가 액체이든 기체이든 동일하지만, 관련된 유체역학에 측면에서는 중요한 차이들이 있을 수 있다. 예를 들어, 액체의 경우 만약 유동 내의 한 지점에서 압력이 증기압까지 낮아진다면, 공동현상(cavitation)이 중요한 설계 고려사항이 될 수 있다. 기체의 경우 마하 수가 충분히 커질 경우 압축성 효과가 중요해 질 수 있다.

많은 터보기계들은 유체가 흐르는 내부 유로를 형성하는, 로터를 둘러싸고 있는 어떠한 하우징 또는 케이싱을 포함하고 있다(그림 11.2). 풍차나 창문형 팬과 같은 경우들은 덕트가 없다. 몇몇 터보기계들은 로터 날개에 추가로 정지날개 또는 베인을 가지고 있다. 이 베인들은 압력 증가와 함께 유동을 느리게 함으로써 디퓨저처럼 작동한다.

유체기계는 축류, 혼합류, 반경류 기계로 분류된다.

터보기계는 유체가 날개들을 지나갈 때, 로터 축에 대한 유체운동의 주 방향에 따라 **축류(axial flow)**, **혼합류(mixed-flow)**, **반경류(radial flow)**로 분류된다(그림 11.2). 축류식 기계의 경우 유체는 로터의 입구부터 출구까지 상당량의 축방향 유동을 유지한다. 반경

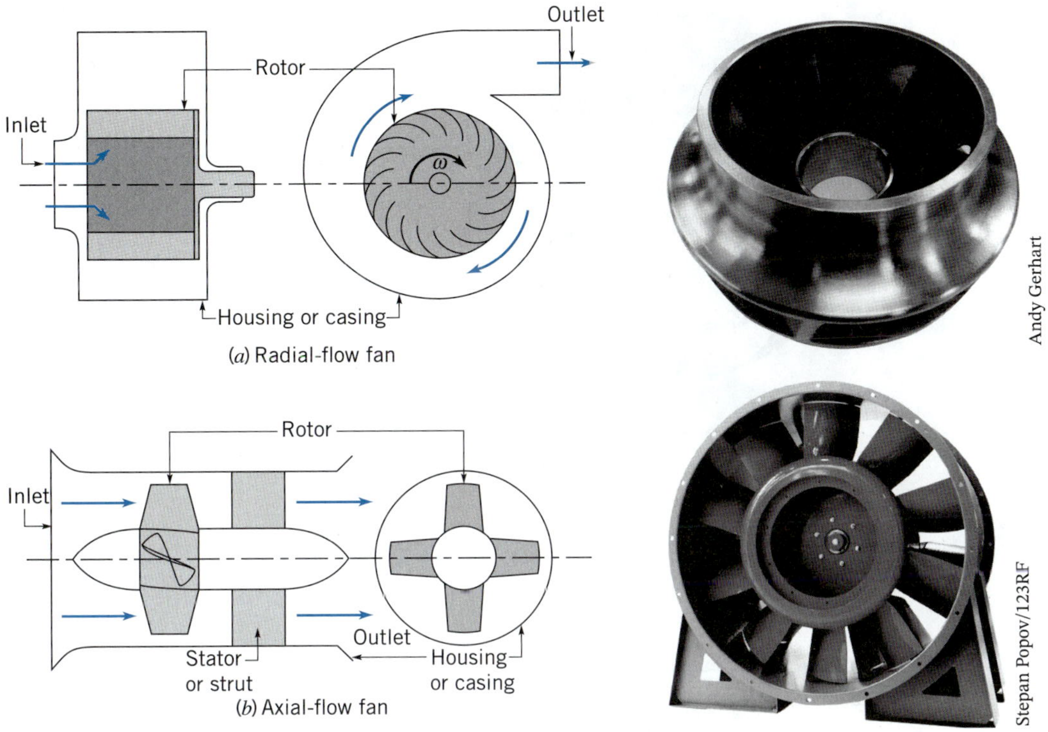

그림 11.2 (a) 반경류 유체기계, (b) 축류 유체기계

류 기계의 경우 날개를 지나는 유동은 로터 입구, 출구, 또는 양쪽에서 상당한 크기의 반경 방향 유동 성분을 가지고 있다. 혼합류 기계의 경우 로터를 지나는 유동은 상당한 크기의 반경 방향과 축방향 속도 성분을 가지고 있다. 각각의 기계는 응용 분야와 유체역학 성능 측면에서 장단점을 가지고 있다.

11.2 기본적인 에너지에 대한 고찰

터보기계에서 일의 전달에 대한 이해는 가정용 팬(펌프)과 풍차(터빈)의 기본적인 작동을 고려함으로써 얻어질 수 있다. 비록 이와 같은 장치에서의 실제 유동은 매우 복잡하지만 (3차원, 비정상유동), 핵심적인 현상들은 간략화된 유동과 속도 삼각형을 사용하여 설명할 수 있다.

그림 11.3a에 나타낸 바와 같이, 모터에 의하여 일정 각속도 ω로 회전하는 팬의 날개를 고려해 보자. 여기에서 날개속도는 $U = \omega r$로 나타내며, 여기서 r은 팬의 축으로부터 반경거리이다. 유체의 절대 속도(팬이 위치한 데이블에서 정지 관찰자가 보는)는 $\mathbf{V}$로 나타내며, 상대 속도(팬 날개 위에 타 있는 관찰자가 보는)는 $\mathbf{W}$로 나타낸다. 옆의 그림에 보여지듯이, 실제(절대) 유체속도는 상대속도와 날개속도의 벡터합이다.

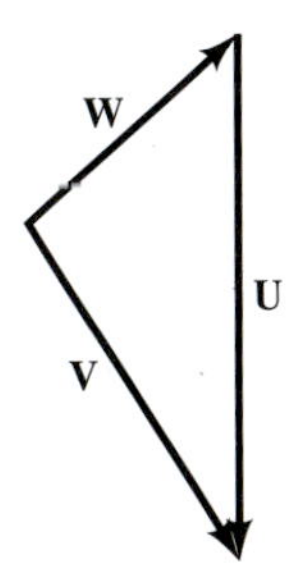

$$\boxed{\mathbf{V} = \mathbf{W} + \mathbf{U}} \tag{11.1}$$

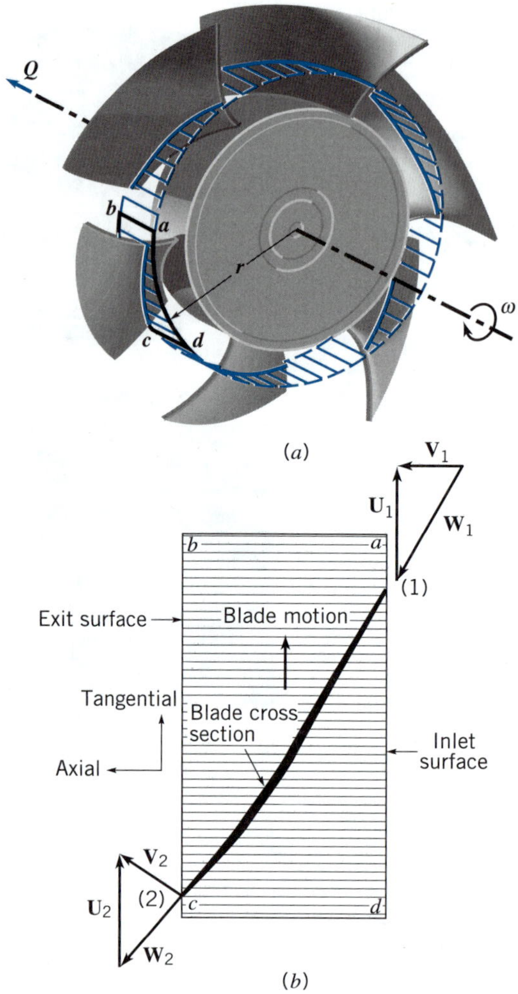

그림 11.3 팬을 통과하는 이상적인 유동: (a) 팬 날개 형상; (b) 팬 날개 단면에서 입구와 출구에서 절대 속도 **V**; 상대 속도 **W**; 날개 속도 **U**

반경 r 위치의 팬을 들어오고 나갈 때의 유체 속도에 대한 간략화된 스케치가 그림 11.3b에 보여져 있다. 그림 11.3a의 $a-b-c-d$로 표시된 표면은 실린더 표면(날개를 자른면을 포함하여)의 일부분이다. 이 절 및 이 장에 걸쳐서, 우리는 문제를 단순화하여 유동이 날개를 따라서 매끄럽게 흘러서, 속도가 움직이는 날개에 대해서 전단(leading edge)과 후단(trailing edge)에 평행하다고 가정한다. 즉, 우리는 유체가 날개에 의해서 완벽하게 유도된다고 가정한다. 이 가정은 날개 길이와 날개 사이 간격의 비가 증가함에 따라서 더 정확해 진다. 지금으로선 우리는 유체가 회전 축으로부터 동일한 거리에서 들어오고 나간다고 가정한다; 즉, $U_1 = U_2 = \omega r$이다. 실제 터보기계에서는 들어오고 나가는 유동은 반드시 날개에 평형하지는 않으며, 유체의 유적선의 반경이 변할 수 있다. 이들은 설계 및 비설계 작동 조건에서 중요한 고려사항들이다. 관심있는 독자들은 터보기계 유동에 대한 더 많은 정보들을 참고문헌, 1,2,3에서 얻을 수 있다.

이 정보를 가지고 그림 11.3b에 있는 **속도 삼각형(velocity diagram)**을 그릴 수 있다. 이는 팬의 위에서 회전 축을 향해 반지름 아래방향으로 본 것이다. 날개의 움직임은 종이의 위쪽을 향해 있는데, 들어오는 공기의 움직임은 회전 축을 따라서 인도된다고 가정된다. 이 그림에서 이해해야 할 중요한 개념은 팬 날개(형상과 움직임으로 인해)는 유체를 '밀어' 방향을 바꾸게 한다는 것이다. 절대 속도 벡터 **V**는 단면 (1)에서 단면 (2)로 유동이 날개를 통과하면서 변하게 된다. 초기에 유체는 팬의 움직임 방향인 θ 방향 (또는 접선방향)으로는 절대 속도 성분을 가지고 있지 않다. 유체가 날개를 떠날 때, 절대 속도의 접선방향 성분은 0이 아니다. 이렇게 되려면, 날개는 유체를 접선 방향으로 밀어야만 한다. 즉, 날개는 날개의 운동 방향으로 유체에 접선 방향의 힘을 가한다. 이 접선 방향의 힘과 날개의 움직임은 동일한 방향이다. 날개가 유체에 대해 일을 한 것이다. 이런 장치가 펌

Video

V11.1 풍차

cgood2/25 images/Pixabay

(*a*)

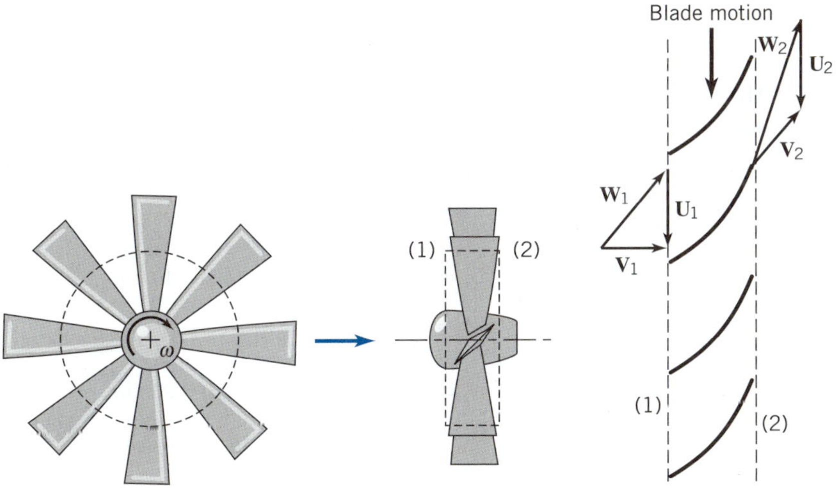

(*b*) (*c*)

그림 11.4 풍차를 통과하는 이상화된 유동: (a) 풍차; (b) 풍차 날개 형상; (c) 풍차 날개면의 입구와 출구에서의 절대 속도 **V**; 상대 속도 **W**, 날개 속도 **U**

프이다.

날개가 유체가 가하는 힘 때문에 움직이면 터빈이 된다. 날개가 유체를 움직이면 펌프가 된다.

그림 11.4a(또한 비디오 V11.1 참고)에서의 풍차를 고려해 보자. 로터가 모터에 의해서 구동되는 대신에, 날개들은 로터를 통해서 불어오는 바람에 의해서 각각의 날개에 작용하는 힘의 방향으로 움직인다. 우리는 다시금 날개의 형상과 움직임 때문에, 그림 11.4b와 c에서 보는 것처럼 단면 (1)과 단면 (2)에서의 절대 속도 벡터 $\mathbf{V}_1$, $\mathbf{V}_2$가 다른 방향을 가지는 것을 확인할 수 있다. 이렇게 되기 위해서는, 날개가 날개 운동 방향과 반대로 유체를 위로 밀어 올려야만 한다. 바꿔 말하면, 크기가 같고 반대 방향의 힘들(작용/반작용)에 의해서, 유체는 운동 방향으로 날개들을 미는 것이다. 즉, 유체는 날개에 대해 일을 한다. 유체로부터의 에너지를 추출하는 것이 터빈의 목적이다.

이와 같은 예들의 경우, 두 개의 축방향 터보기계들에서 흐르는 유체로의 일의 전달 또는 흐르는 유체로부터의 일의 전달을 포함하고 있다. 혼합류 또는 반경류를 포함한 다른 유체기계에서도 유사한 개념이 적용된다.

유체의 넓은 세계

조류로부터의 전류

전력을 생산하기 위해 크고 효율적인 풍력 터빈을 사용하는 것이 전세계적으로 점점 보편화되고 있다. 적절한 풍력조건을 가지고 있는 위치에 많은 터빈들이 설치된 "풍력단지"는 상당량의 전략을 생산할 수 있다. 최근에, 연구자들은 풍력 터빈과 유사한 방식으로 작동하는 조류 터빈을 사용하여 바다 조류와 조수로부터 전력을 생산하는 가능성을 연구해 오고 있다. 바람에 의해 구동되는 대신, 이들은 강과 바다 조류처럼 자연적으로 발생하는 유동으로부터 에너지를 얻는다. 물은 지구표면의 70%를 차지하고 있는데, 이 중 많은 곳에서 강과 바다 조류가 발생한다. 2.5 m/s 속도의 조수는 풍력 터빈을 구동하는 70 km/hr의 바람만큼 빠르지 않다. 하지만 터빈 전력 생산량은 유체밀도와 비례하고, 해수는 공기에 비해 800배 더 밀도가 크다. 따라서 느리지만, 질량이 큰, 바다 조류로부터 상당량의 전력이 얻어질 수 있다. 곽광받는 어떤 형상에서는 나선형으로 비틀어진 날개들을 사용한다. 이 기술로 생태 친화적이면서도 경제적으로 전력을 생산해 낼 수 있을 것이다.

예제 11.1 | 펌프와 터빈 사이의 기본적인 차이

주어진 사항 그림 E11.1a의 로터는 일정한 각속도 $\omega = 100$ rad/s로 회전한다. 비록 유체가 초기에는 축 방향으로 로터에 접근하지만, 날개를 통과한 유동은 주로 바깥쪽 방향이다 (그림 11.2a). 측정을 해 보니 입구와 출구에서의 절대속도는 각각 $V_1 = 12$ m/s, $V_2 = 15$ m/s이다.

해결과제 이 장치는 펌프인가 터빈인가?

풀이 이 질문에 답하기 위해, 유체에 가하는 날개의 힘의 접선방향 성분이 날개 운동 방향(펌프)인지 반대 방향(터빈)인지 알 필요가 있다. 그림 E11.1b에서 날개들은 들어오는 상대 속도의 방향과 접하고, 로터를 떠나는 상대속도는 날개에 접한다고 가정한다. 아래와 같이 입구와 출구의 날개 속도를 계산한다.

$$U_1 = \omega r_1 = (100 \text{ rad/s})(0.1 \text{ m}) = 10 \text{ m/s}$$

그리고

$$U_2 = \omega r_2 = (100 \text{ rad/s})(0.2 \text{ m}) = 20 \text{ m/s}$$

입구에서 알고 있는 유체 절대속도와 날개 속도를 가지고, 그림 E11.1c에서의 위치에서 속도 삼각형(식 11.1의 도식적인 표현)을 그릴 수 있다. 우리는 날개 열 입구에서 절대속도는 반경방향(즉, $\mathbf{V}_1$ 방향은 반경방향)이라고 가정하였음을 기억하자. 출구에서 우리는 날개 속도 $\mathbf{U}_2$, 출구 속도 V_2와 상대 속도 방향 β_2(날개 형상 때문에)을 알고 있다. 따라서 그림에서처럼 출구 속도 삼각형을 시각적(또는 삼각법으로)으로 그릴 수 있다. 이러한 날개 입구와 출구의 두 속도삼각형을 비교하면 유체가 날개열을 지나갈 때 절대 속도 벡터는 날개운동 방향으로 변하게 된다는 것을 알 수 있다. 날개 입구에서는 회전방향으로 절대속도의 성분이 없으나, 출구에서는 이 성분이 0이 아니다. 즉, 날개는 날개의 운동 방향으로 유체를 밀어서 돌려서, 유체에 일을 하여 에너지를 더해 주게 된다.

이 장치는 펌프이다 (답)

보충설명 한편 큰 반경에서 작은 반경으로 유동방향을 바꾸면, 이 장치는 반경류 터빈이 될 수 있다. 이 경우(그림 E11.1d), 유동은 (그림 E11.1a, b, c와 비교하면) 반대 방향으로 되며, 속도 삼각형은 그림과 같이 된다. 로터 주변의 정지된 베인들은 그림에 나타낸 바와 같이 $\mathbf{V}_1$을 얻기 위해 필요한다. 날개 운동 방향으로 절대 속도 $\mathbf{V}$의 성분은 입구보다 출구에서 작은 것에 유의하라. 이렇게 되기 위해서 날개는 날개 운동 반대 방향으로 유체를 밀어야만 한다. 따라서 (크기는 같고 반대 방향의 힘들에 의해서), 유체는 날개 운동 방향으로 날개를 밀면서, 날개에 일을 하게 된다. 이로서 유체로부터 날개로의 일의 전달이 발생하며, 이것이 바로 터빈의 작동원리이다.

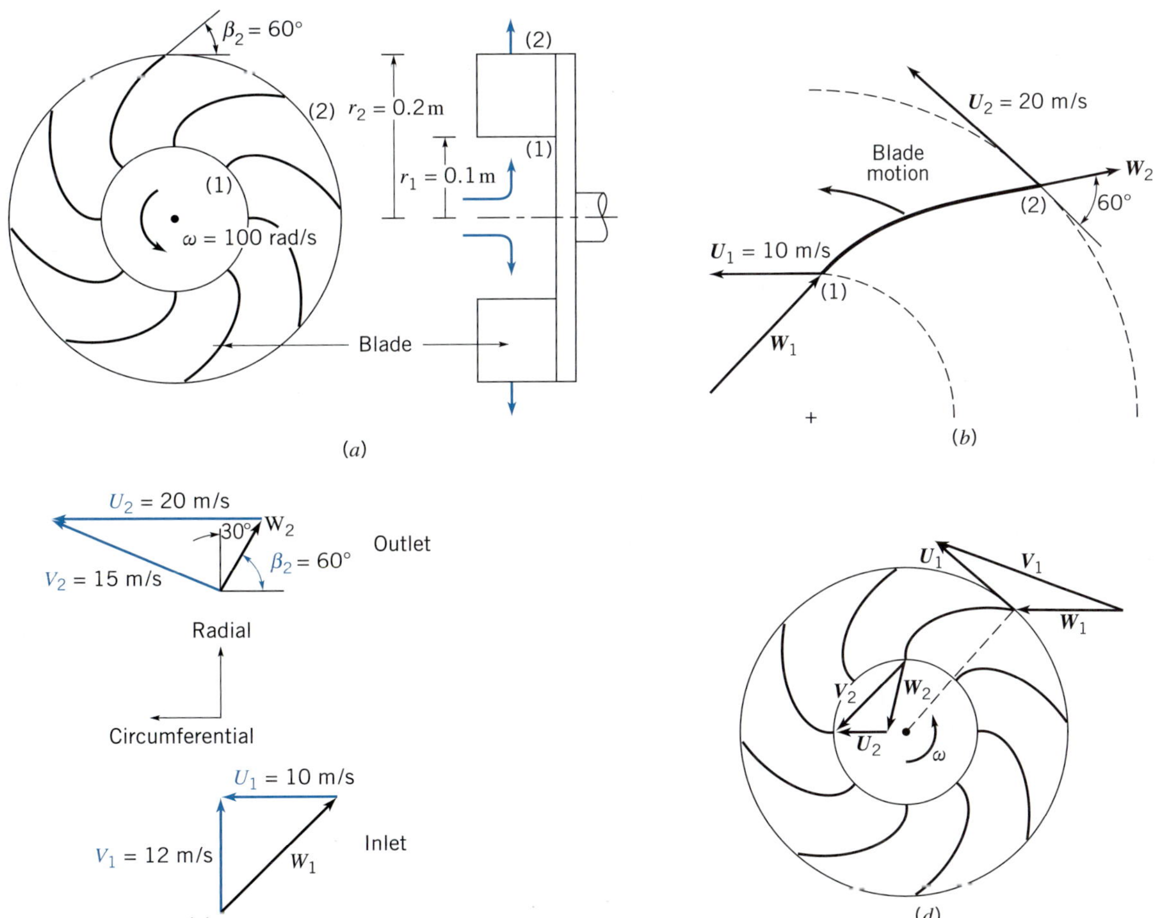

그림 E11.1

11.3 각운동량 대한 고찰

앞 절에서 우리는 움직이는 로터 날개와 유체 사이의 상호 작용에 의해서 펌프 또는 터빈을 통해 흐르는 유체와의 일 전달이 어떻게 발생하는지 알아보았다. 이와 같은 모든 터보기계들은 중심축에 대한 로터의 회전을 포함하고 있기 때문에, 토크와 각운동량을 가지고 이들의 성능을 논의하는 것이 적절하다.

일은 힘과 거리의 곱 또는 토크와 각변위의 곱으로 쓸 수 있다는 것을 상기해 보자. 따라서, 만약 축 토크(축이 로터에 가하는 토크)와 로터의 회전이 같은 방향이라면, 에너지는 회전축으로부터 로터로, 그리고 로터로부터 유체로 전달되며, 이 기계는 펌프가 된다. 이와 반대로 축에 의하여 로터에 가해지는 토크가 회전방향과 반대라면, 에너지는 유체로부터 로터로 전달되므로 터빈이 된다. 축 토크의 크기는 이전의 5.2.3절에서 공식적으로 유도되었던 운동량의 모멘트 방정식(moment of momentum equation)으로부터 얻을 수 있다.

축 토크와 회전이 같은 방향일때는 펌프이고, 반대의 경우는 터빈이다.

그림 E11.1a, b, c의 반경류 기계에서 로터를 통해서 바깥 방향으로 움직이는 유체 입자를 고려해 보자. 당장은 입자가 반경 속도 성분만 가지고 (즉, 회전 없이) 로터에 들어간다고 가정하다. 입구(단면 (1))에서 출구(단면 (2))까지 지나가는 동안 로터 날개의 작용을 받은 후, 이 입자는 반경방향(r)과 원주방향(θ)의 속도 성분을 가지고 출구를 나간다. 따라서 입자는 회전축에 대하여 각운동량이 없이 들어가서, 나갈 때는 축에 대한 각운동량을 가지게 된다(입자에 대한 각운동량의 축방향 성분은 질량과 축을 기준으로 한 거리, 그리고 절대 속도의 θ 성분의 곱이라는 것을 상기하자).

터보기계에서 일련의 유체 입자들이(연속체) 로터를 통과한다. 따라서 5.2.3절에서 유도한 바와 같이 검사체적에 적용되는 운동량의 모멘트 방정식을 이용할 수 있다. 정상 유동(또는 평균 또는 주기적 운동의 평균값을 기준으로 정상상태인 터보기계 로터에 대하여)의 경우 식 5.4은 다음과 같이 쓰여진다.

Video

V11.2 스스로 회전하는 잔디 스프링쿨러

$$\sum (\mathbf{r} \times \mathbf{F}) = \int_{\text{cs}} (\mathbf{r} \times \mathbf{V})\, \rho \mathbf{V} \cdot \hat{\mathbf{n}}\, dA$$

위의 식의 왼쪽항은 검사 체적에 작용하는 외부토크(모멘트)들의 합이며, 오른쪽 항은 검사표면을 통과하는 운동량의 모멘트 유동(**각운동량(angular momentum)**)의 순 변화율이다.

이 식의 축방향 성분을 단면 (1)의 입구와 단면 (2)의 출구를 가지는 터보기계 로터를 지나는 일차원 유동에 적용하면 다음의 결과를 얻는다.

$$T_{\text{shaft}} = -\dot{m}_1(r_1 V_{\theta 1}) + \dot{m}_2(r_2 V_{\theta 2}) \tag{11.2}$$

여기에서 T_{shaft}는 검사체적에 가해지는 **축토크(shaft torque)**이며, '−' 부호는 검사체적으로 유입되는 질량 유량과 연관되고, '+' 부호는 검사체적으로부터 유출하는 유동과 연관된다. 또 V_θ의 부호는 V_θ와 날개 운동 U의 방향에 좌우된다. 만일 V_θ와 U가 같은 방향이라면, V_θ의 부호는 양이 된다. 또 축이 로터에 가하는 토크 T_{shaft}의 부호는 T_{shaft}가 회전 방향과 같으면 양, 반대이면 음이 된다.

식 11.2에서 볼 수 있듯이, 축토크는 질량유량 $\dot{m} = \rho Q$에 직접적으로 비례한다. (동일한 체적유량을 가지는 공기를 퍼 올리는 것보다, 물을 퍼 올리는데 훨씬 더 많은 토크와 동력이 필요하다.) 토크는 또한 절대속도의 접선방향 성분 V_θ에 의존한다. 식 11.2는 종종 **오일러 터보기계 방정식(Euler turbomachine equation)**이라고 불리며, 식 11.4, 11.5, 11.8도 종종 같은 이름으로 불려진다.

오일러 터보기계 방정식은 운동량모멘트 식의 축방향 성분으로부터 유도된다.

또한 **축동력** $\dot{W}_{\text{shaft}}$는 축토크, 각속도와 다음의 식에 의해서 연관된다.

$$\dot{W}_{\text{shaft}} = T_{\text{shaft}}\,\omega \tag{11.3}$$

식 11.2와 11.3을 결합하고 $U = \omega r$을 이용하면 다음의 식을 얻는다.

$$\dot{W}_{\text{shaft}} = -\dot{m}_1(U_1 V_{\theta 1}) + \dot{m}_2(U_2 V_{\theta 2}) \tag{11.4}$$

다시 V_θ의 값은 V_θ와 U가 같은 방향일때는 양이고, 반대방향일 때는 음이 된다. 또한, $\dot{W}_{\text{shaft}}$는 축토크와 ω가 같은 방향일 때는 양, 그리고 반대방향일 때는 음이 된다. 따라서 $\dot{W}_{\text{shaft}}$는 동력이 검사체적에 가해지는 경우(펌프)에는 양, 반대의 경우(터빈)에는 음이 된다. 이 결과는 5장에서 고려하였던 에너지 식의 일의 항에 사용된 부호 규칙과 일치한다(식 5.65 참조).

마지막으로 단위질량 당 일 $w_{\text{shaft}} = \dot{W}_{\text{shaft}}/\dot{m}$은 다음 식으로 주어진다.

$$\boxed{w_{\text{shaft}} = -U_1 V_{\theta 1} + U_2 V_{\theta 2}} \tag{11.5}$$

위의 식에서 질량보존식 $\dot{m}_1 = \dot{m}_2$를 사용하였다. 식 11.3, 11.4, 11.5는 반경류, 혼합류, 축류 펌프 및 터빈, 그리고 압축성, 비압축성 유동 모두에 대한 기본 식이다. 여기에서 축방향과 반경방향의 속도 성분은 단위 질량당 일(specific work)에 대한 식에 포함되지 않음을 주목하여라.

유체의 넓은 세계

1948년 Buick Dynaflow 개시

1948년 이전에는 거의 모든 자동차가 수동 기어 변속기를 사용하였기 때문에, 기어를 변속하기 위해서는 클러치 페달을 밟아야 했다. 1948년 Buick Dynaflow는 유체 토크 컨버터(torque converter)를 사용한 첫번째 자동 변속기였으며, 오늘날의 자동변속기의 모델이 되었다. 현재 미국에서는 자동차의 84%가 자동기어 변속기를 장착하고 있다. 토크 컨버터는 수동 기어 자동차에 있는 클러치를 대신하며, 자동차가 정지할 때도 엔진을 계속 돌아가게 해 준다. 세부 사항이나 복잡성에서는 확실히 다르지만, 원칙적으로 토크 컨버터의 작동은 한 팬으로부터 전기가 끊어진 다른 팬으로 공기를 불어 넣는 것과 유사하다. 전기가 끊어진 팬의 날개를 붙잡아서 회전하지 않게 할 수 있다. 그러나 날개를 놓으면, 속도가 빨라지기 시작해서 전력이 공급되는 팬의 속도에 근접하게 될 것이다. 토크 컨버터는 변속기 유체(공기가 아님)를 사용하며, 엔진 구동축에 의해 돌아가는 펌프(동력 팬), 변속기의 입력 축과 연결된 터빈(동력이 없는 팬), 그리고 펌프와 터빈 사이의 유동을 효율적으로 흐르게 하기 위한 스테이터(팬 모델에는 없음)로 구성되어 있다.

11.4 원심펌프(Centrifugal pump)

Video

V11.3 자동차 유리 워셔 펌프

가장 흔한 반경류 터보기계들 중의 하나가 원심펌프(centrifugal pump)이다. 이런 형태의 펌프는 두 개의 주요한 요소로, 회전축에 부착된 임펠러와 임펠러를 둘러싸는 고정된 **케이싱**(casing), **하우징**(housing), 또는 **볼류트**(volute)를 가지고 있다. 임펠러는 축 주변에 규칙적인 형태로 배열된 때때로 베인(vanes)이라고 불리는 다수의 날개들(대개 휘어져 있는)로 구성되어 있다. 그림 11.5에는 원심 펌프의 핵심 특징들을 보여주고 있다. 임펠러가 회전할 때, 유동은 케이싱의 눈(eye)을 통하여 빨려 들어가고, 반경 바깥쪽 방향으로 흘러 나간다. 회전 날개에 의하여 에너지가 유체에 더해지고, 유체가 케이싱의 눈으로부터 날개 가장자리 쪽으로 흘러감에 따라 압력과 절대속도는 모두 증가한다. 가장 단순한 형태의 원심펌프에서 유체는 볼루트 형상의 케이싱 안으로 직접 배출된다. 케이싱 형상은 유체가 임펠러를 떠날 때의 속도를 줄여주며, 이때 운동 에너지의 감소는 압력 증가로 변환된다. 유동 방향으로 단면적이 증가하는 볼루트 형상의 케이싱은 유체가 케이싱 주위에서 유출구 쪽으로 이동할 때, 가능한 한 균일한 속도 분포를 가지도록 해 준다. 대형 원심펌프의 경우, 디퓨저 안내 베인(guide vane)이 임펠러를 둘러 싸는 형태의 설계가 종종 사용된다.

11.4.1 이론적 고찰

비록 펌프를 통과하는 유동은 매우 복잡하지만(비정상, 3차원), 유체가 회전하는 임펠러의 입구면과 출구면 사이를 통과할 때, 평균한 1차원 유동으로 고려하여 원심 펌프 작동에 대한 기본 이론을 유도할 수 있다. 그림 11.6의 일반적인 날개통로에 대해서, 통로로 들어오는 유체의 절대속도 $\mathbf{V}_1$은 각속도 ω로 회전하는 날개속도 $\mathbf{U}_1$과 날개 통로내의 상대 속도의 벡터 합, 즉 $\mathbf{V}_1 = \mathbf{W}_1 + \mathbf{U}_1$이다. 유사하게, 출구에서는 $\mathbf{V}_2 = \mathbf{W}_2 + \mathbf{U}_2$이다. 여기에서 $U_1 = r_1\omega$이고 $U_2 = r_2\omega$이다. 유체속도로 날개통로의 입구면과 출구면에서의 평균값이 사용된다. 그림 11.6에는 여러 속도들 사이의 관계들이 도식적으로 나타나 있

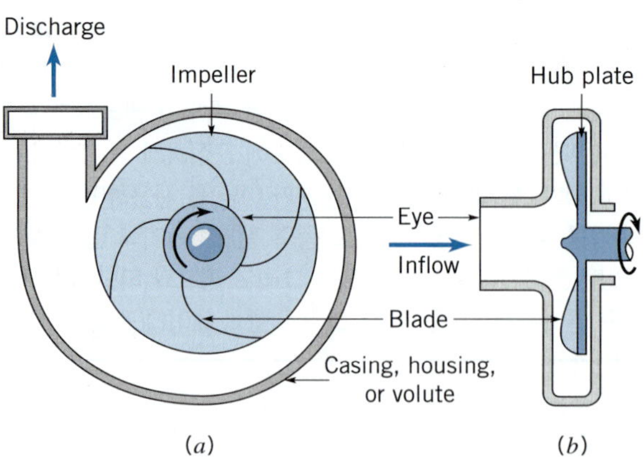

그림 11.5 원심펌프의 기본요소를 나타내는 모식도

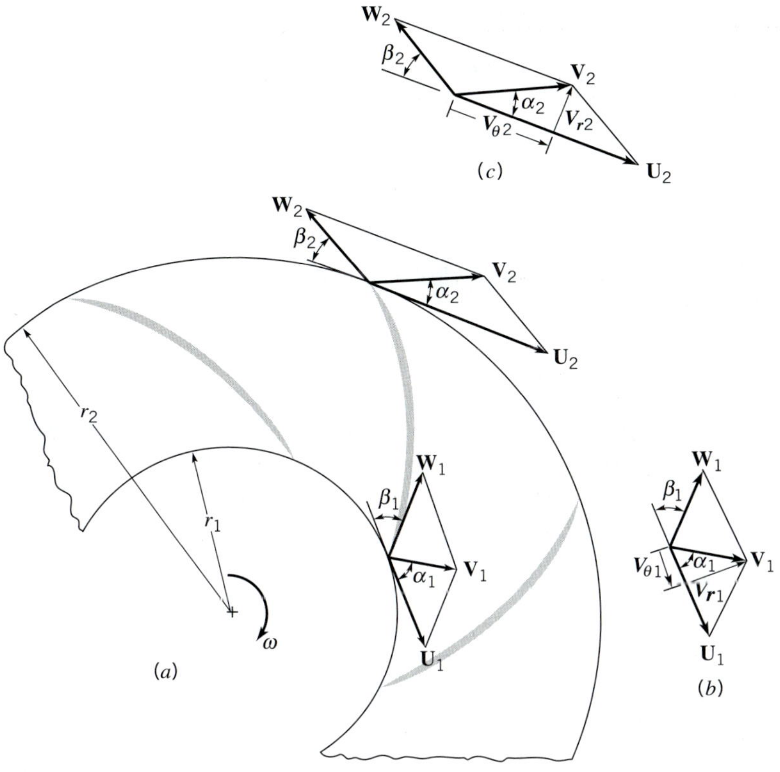

그림 11.6 원심펌프의 입구와 출구에서의 속도 삼각형

다. 그림 11.6에서 속도 벡터는 임펠러 입구와 출구의 한 점(유체입자)에서 시작하는 "실제" 위치로 나타나 있다. 이 속도 삼각형들은 이전 절에서 사용된 삼각법 속도 삼각형과 동일하다. 두 개의 속도 삼각형에서 벡터 합에 대한 평행사변형 규칙을 따르면, 날개 통로를 들어오고 나가는 속도 벡터들은 날개열 회전 방향 성분과 날개 후단에서 접선 성분으로 분해된다.

11.3절에서 논의했듯이, 운동량모멘트 식의 형태로 뉴턴의 제2법칙을 두 인접한 날개 사이의 유동 통로를 둘러싸고 있는 검사 체적에 적용하면, 펌프의 축을 구동하는데 필요한 토크와 날개 사이의 유동에 관한 관계식을 얻을 수 있다. (식 11.6은 식 11.2를 재배열한 것과 동일하다)

$$T_{\text{shaft}} = \dot{m}(r_2 V_{\theta 2} - r_1 V_{\theta 1}) \tag{11.6}$$

또는

$$\boxed{T_{\text{shaft}} = \rho Q(r_2 V_{\theta 2} - r_1 V_{\theta 1})} \tag{11.7}$$

이다. 여기에서 $V_{\theta 1}$와 $V_{\theta 2}$는 절대속도 $\mathbf{V}_1$과 $\mathbf{V}_2$의 접선성분들이다.

회전축의 경우 전달되는 동력 $\dot{W}_{\text{shaft}}$은 $\dot{W}_{\text{shaft}} = T_{\text{shaft}}\omega$로 주어지므로, 식 11.7로부터 다음의 식을 얻을 수 있다.

원심펌프 임펠러는 유동 경로를 따라서 날개 속도가 증가한다($U_2 > U_1$).

$$\dot{W}_{\text{shaft}} = \rho Q \omega (r_2 V_{\theta 2} - r_1 V_{\theta 1})$$

날개 회전 방향으로의 속도의 성분을 지름과 회전 속도의 곱($U_1 = r_1\omega$, $U_2 = r_2\omega$)으로 나타내면, 전달된 동력은 아래 식과 같다.

$$\dot{W}_{\text{shaft}} = \rho Q (U_2 V_{\theta 2} - U_1 V_{\theta 1}) \tag{11.8}$$

식 11.8은 펌프의 축에 공급되는 동력이 흐르는 유체에 어떻게 전달되는지를 보여준다. 또한 흐르는 유체의 단위 질량당 축 동력은 아래의 식을 따른다.

$$w_{\text{shaft}} = \frac{\dot{W}_{\text{shaft}}}{\rho Q} = U_2 V_{\theta 2} - U_1 V_{\theta 1} \tag{11.9}$$

5.3.3절에서 에너지 식을 종종 수두(속도수두(velocity head), 압력수두(pressure head), 높이수두(elevation head))를 사용하서 나타낸 것을 상기하라. 펌프가 유체에 더하는 수두는 중요한 매개변수이다. 이상적인 또는 가능한 최대수두 상승 h_i은 아래 식에서 알 수 있다.

$$\dot{W}_{\text{shaft}} = \rho g Q h_i$$

이 식은 식 5.82에서 수두손실 (h_L)을 0으로 두고, 중량유량 $\rho g Q$를 곱하여 얻어진다. 이 결과를 식 11.8과 결합하면 아래 식을 얻는다.

$$h_i = \frac{1}{g}(U_2 V_{\theta 2} - U_1 V_{\theta 1}) \tag{11.10}$$

이러한 이상적인 수두상승 h_i은 펌프에 의하여 유체에 더해지는 유체 단위중량당 에너지양이다. 유체가 얻는 실제 수두 상승은 이상적인 양에 비해서 수두 손실 차이만큼 작다.

유량과 펌프에서의 이상적인 수두 상승과의 적절한 관계식은 다음과 같이 얻어질 수 있다. 때때로 유동이 임펠러로 들어올 때 접선 속도(또는 회전)를 가지고 있지 않다. 즉, 절대속도와 접선방향 사이의 각도는 90° 이다 (그림 11.6b에서 $\alpha_1 = 90°$). 이 경우 식 11.10은 다음의 식으로 쓰여진다.

$$h_i = \frac{U_2 V_{\theta 2}}{g} \tag{11.11}$$

또 그림 11.6 c로 부터

$$\cot \beta_2 = \frac{U_2 - V_{\theta 2}}{V_{r2}}$$

이므로, 식 11.11은 다음과 같이 표현된다.

$$h_i = \frac{U_2^2}{g} - \frac{U_2 V_{r2} \cot \beta_2}{g} \tag{11.12}$$

유량 Q는 아래 식을 통해서 절대 속도의 반경 반향 성분과 연관된다.

$$Q = 2\pi r_2 b_2 V_{r2} \tag{11.13}$$

여기에서 b_2는 반경 r_2에서 임펠러 날개 높이이다. 위의 식 11.12와 식 11.13를 결합 하면 다음의 식을 얻을 수 있다.

$$h_i = \frac{U_2^2}{g} - \frac{U_2 \cot \beta_2}{2\pi r_2 b_2 g} Q \tag{11.14}$$

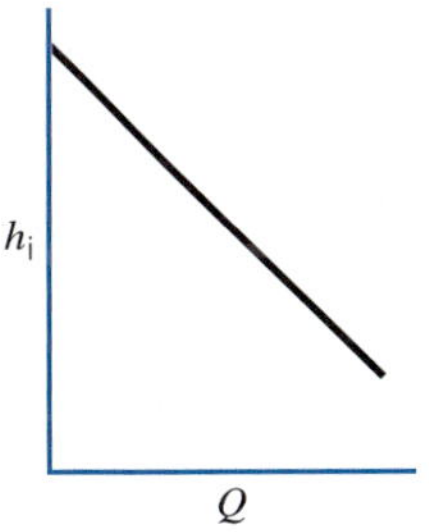

옆의 그림은 식 11.14로 모델링 한 바와 같이, 특정 임펠러, 회전 속도에서, 이상적인 수두 상승 h_i은 펌프를 통과하는 유동이 없을 때 최대이고, 유량 Q가 증가함에 따라 선형적으로 감소함을 보여준다. 실제 펌프에서는, 날개의 각도 β_2는 15~35°의 범위이며, 정격 범위는 $20° < \beta_2 < 25°$, 그리고 $15° < \beta_1 < 50°$이다(참고문헌 10). $\beta_2 < 90°$일 때는 **후향곡형(backward curved)**이라 불리며, $\beta_2 > 90°$는 **전향곡형(forward curved)**, 그리고 $\beta_2 = 90°$인 경우를 반경(radial)이라고 한다. 대개의 경우, 펌프는 불안정한 유동조건들이 발생하기 쉬운 전향곡형 베인의 형태로는 설계되지 않는다. 작고 값이 싼 펌프들만 반경 베인들로 설계된다.

예제 11.2 | 입구/출구 속도에 기초한 원심 펌프 성능

주어진 사항 물이 1750 rpm의 속도로 작동하는 원심펌프에 의하여 88 liter/s의 유량으로 퍼올려진다. 임펠러는 5 cm의 균일한 날개높이 b를 가지며, $r_1 = 4$ cm, $r_2 = 18$ cm 그리고 날개 출구각 β_2는 23°이다 (그림 11.6 참조). 이상적인 유동조건과 날개에 들어오는 물의 접선 방향 속도 성분 $V_{\theta 1}$은 0 ($\alpha_1 = 90°$)이라고 가정한다.

해결과제 (a) 출구에서 접선속도성분 $V_{\theta 2}$, (b) 이상 수두 상승 h_i, 그리고 (c) 유체에 전달되는 동력 $\dot{W}_{\text{shaft}}$를 구하시오. 이상수두상승 값과 실제 수두상승값의 차이를 논하여라. 동력 $\dot{W}_{\text{shaft}}$가 이상적인 값인지 실제값인지 설명하여라.

풀이

(a) 출구에서 속도 삼각형은 그림 11.6c에 도시되어 있으며, 여기에서 $\mathbf{V}_2$는 유체의 절대속도, $\mathbf{W}_2$는 상대속도 그리고 $\mathbf{U}_2$는 아래와 같이 임펠러의 선단속도(tip velocity)이다.

$$U_2 = r_2 \omega = (18 \times 10^{-2}\ \text{m})(2\pi\ \text{rad/rev})\frac{(1750\ \text{rpm})}{(60\ \text{s/min})}$$
$$= 33\ \text{m/s}$$

유량이 주어졌으므로,

$$Q = 2\pi r_2 b_2 V_{r2}$$

이 되며, 또는

$$V_{r2} = \frac{Q}{2\pi r_2 b_2}$$
$$= \frac{88\ \text{liter/s}}{(1000\ \text{kg/m}^3)(2\pi)(0.18\ \text{m})(0.05\ \text{m})}$$
$$= 1.6\ \text{m/s}$$

이다. 그림 11.6c로부터

$$\cot \beta_2 = \frac{U_2 - V_{\theta 2}}{V_{r2}}$$

됨을 알 수 있고, 따라서,

$$V_{\theta 2} = U_2 - V_{r2} \cot \beta_2$$
$$= (33 - 1.6 \cot 23°)\ \text{m/s} \quad \text{(답)}$$
$$= 29\ \text{m/s}$$

이 된다.

(b) 식11.11로부터, 이상수두상승 h_i는 다음과 같다.

$$h_i = \frac{U_2 V_{\theta 2}}{g} = \frac{(33\ \text{m/s})(29\ \text{m/s})}{9.81\ \text{m/s}^2} \quad \text{(답)}$$
$$= 98\ \text{m}$$

다른 방법으로, 그림 11.12로부터 이상수두상승을 구할 수 있다.

$$h_i = \frac{U_2^2}{g} - \frac{U_2 V_{r2} \cot \beta_2}{g}$$
$$= \frac{(33\ \text{m/s})^2}{9.81\ \text{m/s}^2} - \frac{(33\ \text{m/s})(1.6\ \text{m/s}) \cot 23°}{9.81\ \text{m/s}^2} \quad \text{(답)}$$
$$= 98\ \text{m}$$

(c) 식 11.8로부터 $V_{\theta 1} = 0$이므로, 유체에 전달되는 동력은 다음의 식으로 계산된다.

$$\dot{W}_{\text{shaft}} = \rho Q U_2 V_{\theta 2}$$

$$= \frac{(1000)(88 \text{ liter/s})(33 \text{ m/s})(29 \text{ m/s})}{[(\text{kg} \cdot \text{m/s}^2)/\text{N}](1000)(60 \text{ s/min})} \quad \text{(답)}$$

$$= 84.5 \text{ kW}$$

이상수두상승과 유체에 전달된 동력은 다음의 관계를 가진다.

$$\dot{W}_{\text{shaft}} = \rho g Q h_i$$

보충설명 위의 식에서 주어진 결과들은 이상수두상승값이라는 것을 강조할 필요가 있다. 펌프의 실제수두상승 성능특성은 대개 실험적인 측정에 의하여 결정된다. 실제수두상승은 실제 유동과 연관된 가용에너지 손실 때문에 특정 유량조건에서 언제나 이상수두상승보다는 작다. 또한, U_2와 V_{r2}의 실제값을 식 11.12에 적용하더라도, 이상수두상승이 계산된다는 것에 유의하는 것이 중요하다. 이 예제문제에서 사용된 유일한 이상조건은 출구 유동 각도가 출구에서 날개의 각도와 동일하다는 것이다. 만약 실제 출구 유동각도가 알려져 있다면, 이상수두상승을 계산하는 식 11.12에서 이 값을 사용할 수 있을 것이다.

펌프 동력 $\dot{W}_{\text{shaft}}$는 날개 속도 33 m/s, 유량 88 liter/s, 그리고 이 예제와 연관된 접선속도 $V_{\theta 2}$를 얻기 위해 필요한 실제동력이다. 만약 어떤 방법으로 펌프손실을 0(모든 펌프 설계자의 꿈)으로 줄일 수 있다면, 실제수두상승과 이상수두상승은 98 m로 동일할 것이다. 그러나 이상수두상승은 98 m이고 실제수두상승은 이보다 작은 값으로, 아마도 약 84 m 정도가 될 것이다.

펌프에서 수두상승의 이상값과 실제값은 수두손실만큼 차이가 난다.

그림 11.7은 후향곡선형($\beta_2 < 90°$)의 원심펌프에서 이상적인 수두와 유량과의 관계(식 11.14)를 보여준다. h_i에 대한 식과 연관된 가정들(즉, 0의 손실)로 인하여, 유체에서의 실제 수두 상승 h_a는 이상수두 상승 값보다 작을 것을 예상할 수 있고, 실제로 그렇다. 그림 11.7에서, Q에 관한 실제수두상승 h_a에 대한 곡선은 이상수두상승 곡선 아래에 있으며, Q에 따라서 비선형적인 변화를 보여준다. 두 곡선의 차이는 (곡선 사이의 음영부분으로 나타나 있는) 몇몇 원인들에 기인한다. 이 차이들은 날개통로에서의 Q^2에 따라 변하는 유체마찰로 인한 손실, 유동박리, 임펠러 날개와 케이싱 틈간의 유동, 그리고 3차원 유동 효과와 같은 요소들로 인한 기타 손실을 포함한다. 설계유량 근처에서는 이와 같은 기타 손실들의 일부가 최소화 된다.

원심펌프 설계는 고도로 발전된 분야이며, 펌프 이론과 설계 절차에 대해 많은 것들

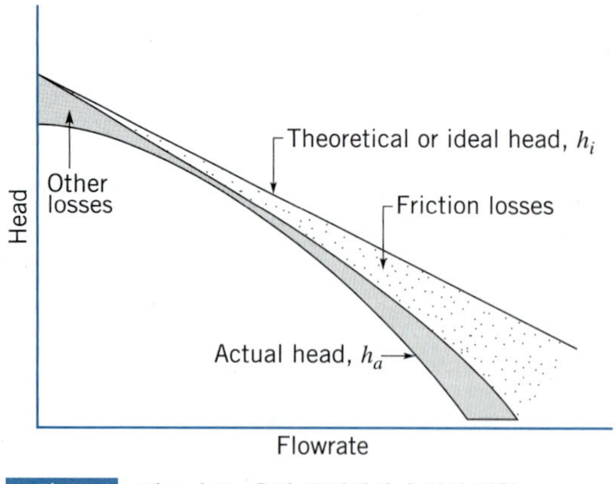

그림 11.7 펌프 수두-유량 곡선에서 손실의 영향

이 알려져 있다 (예: 참고문헌4~6 참조). 그러나, 원심 펌프를 통과하는 유동의 일반적인 복잡성으로 인하여, 그림 11.7에서의 데이터에서 알 수 있듯이 실제 펌프 성능은 완전히 이론만 가지고는 정확히 예측될 수 없다. 실제 펌프 성능은 펌프에서의 시험을 통해서 실험적으로 결정된다. 이 시험들로부터 펌프 특성을 결정하고, 펌프 성능 곡선(pump performance curves)으로 나타낸다. 주어진 유동 시스템에서 펌프를 선정하는 것을 책임진 공학자에게는 이것이 가장 도움이 되는 정보가 된다.

11.4.2 펌프의 성능 특성

실제수두상승 h_a와 펌프유동 Q는 그림 11.8에 보여진 것과 유사한 장치를 사용하여 실험적으로 결정된다. 유량은 8.6절에서 논의하였던 종류의 유량계로 측정된다. 펌프 수두상승은 아래와 같다.

$$h_a = \frac{p_2 - p_1}{\gamma} + z_2 - z_1 + \frac{V_2^2 - V_1^2}{2g} \tag{11.15}$$

(1)과 (2)는 각각 펌프의 입구와 출구이다. 일반적으로 높이와 속도 수두의 차이는 작기 때문에,

$$h_a \approx \frac{p_2 - p_1}{\gamma} \tag{11.16}$$

이 된다. 유체에 전달된 동력 $\mathscr{P}_f$은 아래 식에 의해 주어진다.

$$\mathscr{P}_f = \gamma Q h_a \tag{11.17}$$

이 값을 마력으로 나타낼 때 전통적으로 **수마력(water horsepower)**이라고 부른다. 따라서,

$$\mathscr{P}_f = \text{water horsepower} = \frac{\gamma Q h_a}{550} \tag{11.18}$$

γ의 단위는 N/m^3, Q는 m^3/s, 그리고 h_a는 m이다. 그림 11.18에서의 γ는 펌프를 통해 움직이는 유체의 비중량임을 유의하라.

유체에 전달되는 수두 또는 동력 이외에, 다음과 같이 전효율(overall efficiency) η이 관심인자이다.

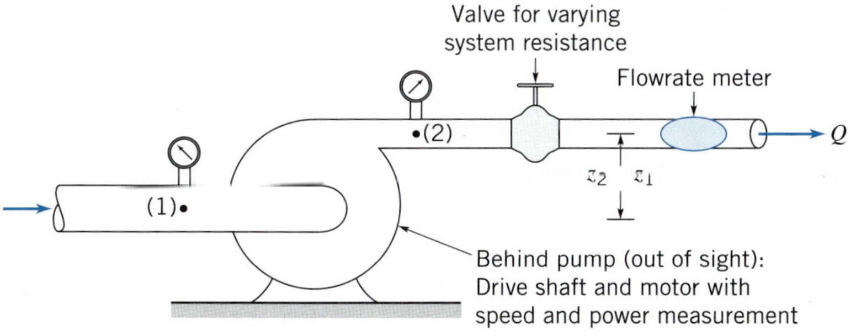

그림 11.8 펌프의 성능을 결정하는 사용되는 일반적인 실험 장치

$$\eta = \frac{\text{power gained by the fluid}}{\text{shaft power driving the pump}} = \frac{\mathcal{P}_f}{\dot{W}_{\text{shaft}}} \tag{11.19}$$

위의 관계식에서 분모는 펌프 축에 적용되는 전체 동력을 나타내며, kW 단위로 표시된다. 따라서,

$$\eta = \frac{\gamma Q h_a}{\text{kW}}$$

이다.

펌프의 전효율은 유체가 실제 얻은 동력과 공급된 축 동력의 비이다.

펌프 전효율은 앞서 논의하였듯이 펌프에서의 **수력 손실**에 의해 줄어들며, 베어링과 밀봉부분에서의 **기계적 손실**에 의해서 추가적으로 감소된다.

주어진 펌프 형상과 운전속도에서의 성능 특성은 그림 11.8에서 나타낸 바와 같이 일반적으로 Q(일반적으로 용량(capacity)라고 함)에 대해서 h_a, η, bhp의 관계를 나타내는 그래프 형태로 주어진다. 실제로는 h_a, η, bhp는 식 11.19로 서로 연관되어 있기 때문에 두개의 곡선만 필요하나, 일반적으로는 편의상 세 개의 곡선들이 하나의 그래프에 모두 보여진다. 그림 11.9의 데이터의 특성을 가진 펌프에서, 수두 곡선은 유량이 감소함에 따라 연속적으로 상승하고, 이 경우 펌프가 **상승 수두 곡선**(rising head curve)을 가진다고 말한다. 여백의 그림에서 보여지듯이, 펌프는 또한 Q가 설계값으로부터 감소함에 따라서 초기에는 증가하다가, Q가 계속 감소하면 떨어지는 형태의 $h_a - Q$ 곡선을 가질 수 있다. 이 펌프는 **하강수두곡선**(falling(drooping) head curve)을 가진다. 배출유량이 0에서 펌프에 의해 발생하는 수두는 **차단수두**(shutoff head)라고 부르는데, 이것은 배출밸브가 닫힌 상태에서 펌프에 의해서 발생하는 압력 수두의 상승을 나타낸다. 밸브가 닫힌 채로는 유동이 없기 때문에, 연관된 효율은 0이 되고, 펌프가 공급한 동력은 단순히 열로 소진된다. 비록 원심 펌프가 배출밸브가 닫힌 채 잠깐 동안은 작동할 수 있지만, 밸브가 닫힌 채로 장시간 동안 작동할 경우 과도한 열과 큰 기계적 응력으로 인해 손상이 발생할 수 있다.

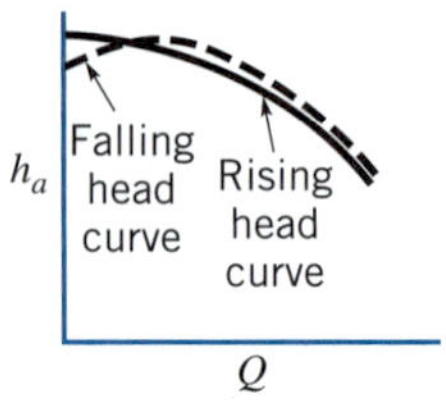

그림 11.9에서 볼 수 있듯이, 배출유량이 0으로부터 증가할 때, 제동 마력은 증가하다

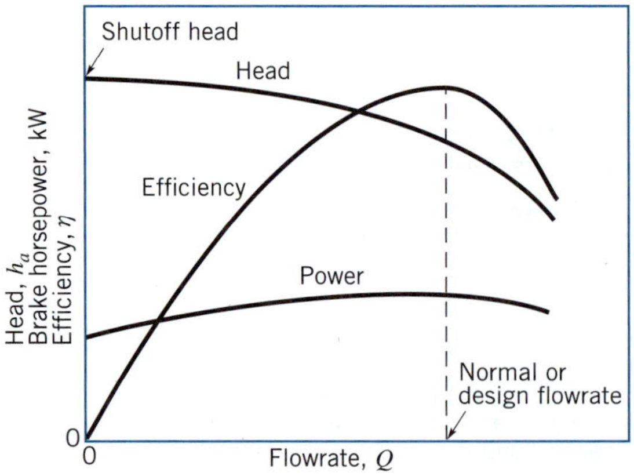

그림 11.9 일정한 임펠러 속도에서 작동하는 특정 크기의 원심 펌프의 일반적인 성능 특성

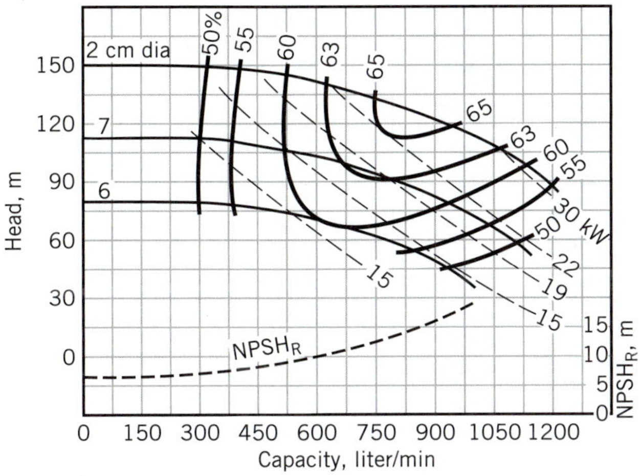

그림 11.10 3500 rpm에서 작동하는 2단 원심 펌프에 대한 성능 곡선. 3개의 다른 임펠러 지름에 대해 주어진 데이터

가, 배출유량이 최대치로 접근하게 되면 감소하게 된다. 이전에 살펴보았듯이, h_a와 bhp가 알려져 있는 경우, 효율을 계산할 수 있다. 그림 11.9에서, 펌프의 효율은 유량의 함수이며, 어떤 특정 유량에서 최대가 되는데, 이 유량을 정격 또는 **설계유량**(normal or design flowrate) 또는 펌프의 용량(capacity)이라고 한다. 최대효율에 상응하는 여러 곡선상의 점들을 **최대효율점**(the best efficiency point, BEP)이라 한다. 특정 응용에서 펌프를 선정할 때, 일반적으로 최대효율 근처에서 작동하는 펌프를 고르는 것이 바람직하다. 따라서 그림 11.9에서 보여진 형태의 성능곡선들은 특정한 유동 시스템을 위한 펌프를 선정하는 책임을 진 공학자들에게는 대단히 중요하다. 다음의 11.4.3절에서는 어떤 특정 유동 시스템에 맞는 펌프를 매칭하는 것에 대해 논의할 것이다.

또한, 펌프 제조사로부터 제공된 펌프의 성능 특성들은 그림 11.10에 나타난 형태의 선도로 표시되기도 한다. 주어진 케이싱에 대해서 다른 지름을 가지는 임펠러들이 사용될 수 있으므로, 여러 임펠러 직경들에 대한 성능특성은 그림 11.10에 나타낸 바와 같이, 동일한 값을 가지는 효율과 제동마력의 선들과 함께 제공된다. 따라서 그림 11.9에서 도시한 곡선들과 동일한 정보를 이 형태의 그래프로부터 얻을 수 있다.

11.4.3 시스템 특성과, 펌프-시스템 매칭, 펌프선정

> 시스템 식은 시스템이 필요로 하는 수두와 시스템을 지나는 유량 사이의 관계를 보여준다.

펌프가 사용되는 일반적인 유동 시스템이 그림 11.11에 나타나 있다. 기계적 에너지 식을 점 (1)과 (2)사이에 적용하면 다음과 같다.

$$h_a = (p_2 - p_1)/\gamma z_2 - z_1 + \sum h_L \tag{11.20}$$

여기에서 h_p는 펌프로 공급해야만 하는 실제 수두이며, $\sum h_L$는 파이프 내부에서의 모든 마찰 손실과 파이프 연결부 및 밸브에서 발생하는 부손실을 나타낸다. 파이프 유동에 대해서 공부한 내용에서, h_L은 대략 유량의 제곱에 따라 변화한다 (즉, $h_L \propto Q^2$ (8.4절 참

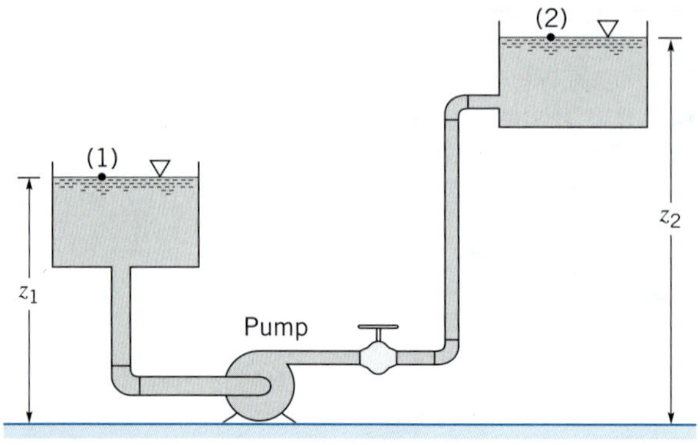

그림 11.11 일반적인 유동 시스템

조)). 보여진 시스템에서, 순 압력 변화는 0이지만, 항상 그렇지는 않다. 따라서 식 11.20은 다음의 형태로 쓸 수 있다.

$$h_a = z_2 - z_1 + KQ^2 \tag{11.21}$$

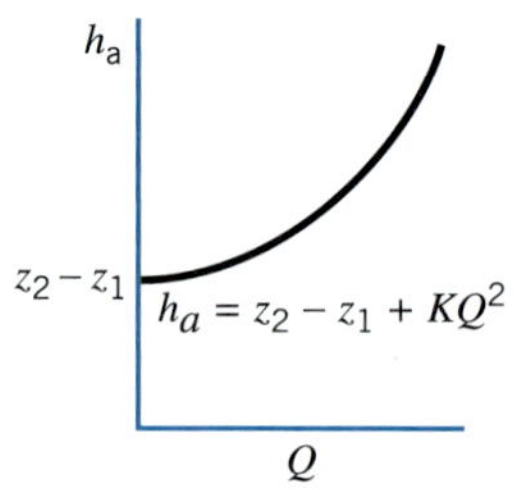

펌프 성능 곡선과 시스템 곡선의 교차점이 작동점이다.

여기에서 K는 파이프의 직경, 길이, 마찰계수, 부손실(minor loss) 계수 등에 좌우된다. 식 11.21은 시스템 식(system equation)으로, 펌프로부터 유체가 얻은 실제 수두가 어떻게 시스템 변 수들과 연관되는지를 나타낸다. 여백의 그림은 시스템 식에서 표시된 요구되는 수두와 시스템 사이의 관계식을 보여주는 시스템 곡선(system curve)을 나타내고 있다. 이 경우, 시스템 매개변수들은 높이 수두의 변화 $z_2 - z_1$, KQ^2로 나타낸 마찰로 인한 손실을 포함한다. 각각의 유동 시스템은 자신만의 고유한 시스템 식을 가진다. 만약 유동이 층류라면, 파이프 마찰 손실은 Q^2 대신 Q에 비례할 것이다(절 8.2 참조).

또한, 유체가 얻는 실제 펌프 수두와 유량 사이에는 펌프 설계(펌프 성능 곡선에 표시된)에 의해 좌우되는 유일한 관계가 정해진다. 특정 펌프가 특정 시스템에 설치될 때의 **작동점**을 결정하려면, 시스템 식에 의해 결정되는 시스템 곡선과 펌프 성능 곡선을 모두 이용하는 것이 필요하다. 그림 11.12에 도시된 바와 같이, 만일 두 곡선이 한 그래프에

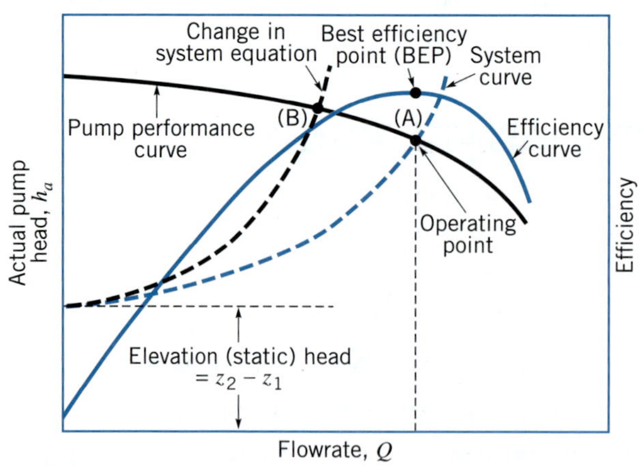

그림 11.12 시스템 곡선과 펌프 성능 곡선을 사용하여 시스템의 작동점을 구하기

그려질 경우, 그들의 교점(A점)은 시스템의 작동점을 나타낸다. 즉 이 점은 시스템 식과 펌프 식을 동시에 만족하는 수두와 유량을 나타낸다. 동일한 그래프에서 펌프의 효율이 보여져 있다. 이상적으로는 우리는 펌프에서의 작동점이 최대효율점(BEP)에 근접하기를 원한다. 주어진 펌프에서 시스템 식이 바뀔 때, 작동점도 이동할 것이다. 예를 들어, 파이프 벽의 오염되어 파이프 마찰이 증가하면, 시스템 곡선은 변하게 되며, 그림 11.12에서처럼 작동점 A가 B점으로 이동하면서 유량과 효율은 감소하게 된다. 다음 예제는 작동점을 결정하고 특정 펌프가 주어진 응용에 적절한지를 결정하는데 어떻게 시스템과 펌프 특성을 사용할 수 있는지 보여준다.

유체의 넓은 세계

우주 왕복선 연료펌프

자동차 엔진에서 연료펌프는 자동차 작동에 필수적이다. 이와 유사하게 우주왕복선의 주엔진(대개 왕복선당 3개가 있다)에서는 다단 터보펌프를 사용하여 연료저장탱크에 있는 연료(액체수소와 산소)를 주연소기로 공급하였다. 액체연료에서 발생하는 공동(Cavitation)현상을 방지하기 위하여, 펌프 전체에 고압이 사용되었다. 펌프의 경우 일부는 원심형(centrifugal), 일부는 축류형(axial)이었으며, 축류의 다단 터빈에 의해서 구동되었다. 펌프 속도는 35,360 rpm 까지 올라간다. 액체 산소는 0.7 MPa에서 71 MPa 압력으로, 액체 수소는 0.21 MPa에서 50 MPa 압력조건에서 이송된다. 액체 수소와 산소의 유량은 각각 약 65000 liter/min, 23000 liter/min이다. 이 펌프들은 수초내로 가정집의 수영장 물을 비울 수도 있다. 수소의 온도는 저장소에서 −252.7°C로 시작해서, 연소챔버에서는 +3315.5°C까지 올라간다.

예제 11.3 | 펌프 성능 곡선의 사용

주어진 사항 그림 E11.3a에 보여진 대로, 어떤 대형 열린 탱크로부터 다른 탱크로 물을 퍼올리려 한다. 모든 파이프의 직경은 15 cm이며, 파이프 입구와 출구 사이의 전체 길이는 60 m이다. 파이프 입구, 출구, 엘보우 등에서의 부손실 계수는 그림에 나와 있는 대로이며, 파이프의 마찰계수는 0.02로 일정하다고 가정한다. 그림 E11.3b에 도시한 성능특성을 가지는 어떤 원심펌프가 이 유동시스템에 적합한 펌프로 제안되었다.

해결과제 이 펌프를 사용할 경우 탱크 사이의 유량은 얼마가 될 것인가? 이 펌프가 좋은 선택이라고 생각하는가?

풀이 두 자유표면 점(1)과 점(2) 사이에 에너지 식을 적용하면 다음과 같다.

$$\frac{p_1}{\gamma} + \frac{V_1^2}{2g} + z_1 + h_a = \frac{p_2}{\gamma} + \frac{V_2^2}{2g} + z_2 + f\frac{\ell}{D}\frac{V^2}{2g} + \sum K_L \frac{V^2}{2g} \quad (1)$$

여기에서 $p_1 = p_2 = 0$, $V_1 = V_2 = 0$, $\Delta z = z_2 - z_1 = 3$ m, $f = 0.02$, $D = 15/100$ m 그리고 $\ell = 60$ m이므로, 위의 식 (1) 은 다음으로 쓰여진다.

$$h_a = 3 + \left[0.02\frac{60\text{ m}}{15/100\text{ m}} + (0.5 + 1.5 + 1.0)\right]\frac{V^2}{2(9.81\text{ m/s}^2)} \quad (2)$$

여기에서는 주어진 부손실계수가 사용되었다.

유동 속도 V는

$$V = \frac{Q}{A} = \frac{Q(\text{m}^3/\text{s})}{(\pi/4)(15/100\text{ m})^2}$$

이므로, 식(2)는 아래와 같이 표현될 수 있다.

$$h_a = 3 + 1795\,Q^2 \quad (3)$$

유량 Q의 단위는 m^3/s이며, 만일 유량이 liter/min단위라면 아래 식과 같다.

$$h_a = 3 + 5 \times 10^{-7} Q^2 \qquad (4)$$

식(3) 또는 (4)는 이 특정 유동 시스템에 대한 시스템 식을 나타내며, 어떤 유량을 유지하기 위하여, 펌프가 유체에 얼마만큼의 실제수두를 공급해야 하는지 알려 준다. 그림 E11.3b에서의 성능데이터는 펌프가 특정 유량에서 작동할 때, 이 특정 펌프로부터 제공되는 실제 수두를 보여 준다. 따라서 식 (4)가 성능데이터와 동일한 그래프에 그려질 때, 두 곡선의 교점은 펌프와 시스템의 작동점을 나타내게 된다. 그림 E11.3c 에서 알 수 있는 바와 같이, 교점은

$$Q = 6000 \text{ liter/min} \qquad \text{(답)}$$

에서 발생하게 되며, 이때 얻어진 실제 수두는 20 m이다.

다른 관심은 펌프가 작동점에서 효율적으로 작동하는 가이다. 그림 E11.3c에서 볼 수 있듯이, 최대 효율은 아니지만, 효율이 약 84% 정도로 최고 효율(약 86%)에 가깝다. 따라서 6000 L/min이 원하는 유량 또는 근처라고 가정할 경우, 이 펌프는 만족스러운 선택이다.

펌프를 구동하는데 필요한 동력은 다음과 같다.

$$\begin{aligned}\dot{W}_{\text{shaft}} &= \frac{\gamma Q h_a}{\eta} \\ &= \frac{(9810 \text{ N/m}^3)(6000 \text{ liter/min})\times 10^{-3} \times 21 \text{ m}}{0.84 \times 60 \text{ s/min}} \\ &= 24500 \text{ m}\cdot\text{N/s} = 24.5 \text{ kW}\end{aligned}$$

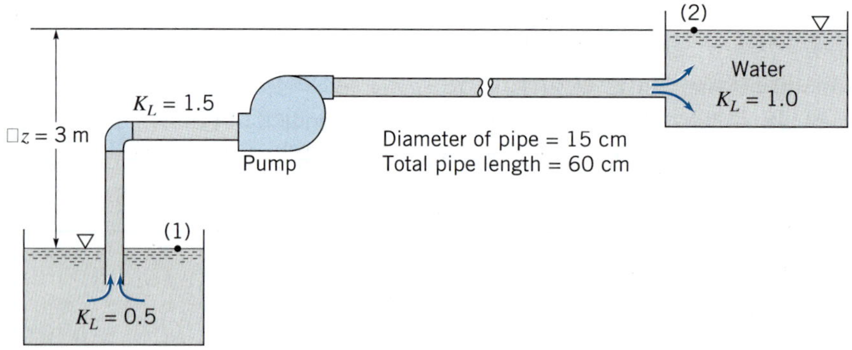

(a)

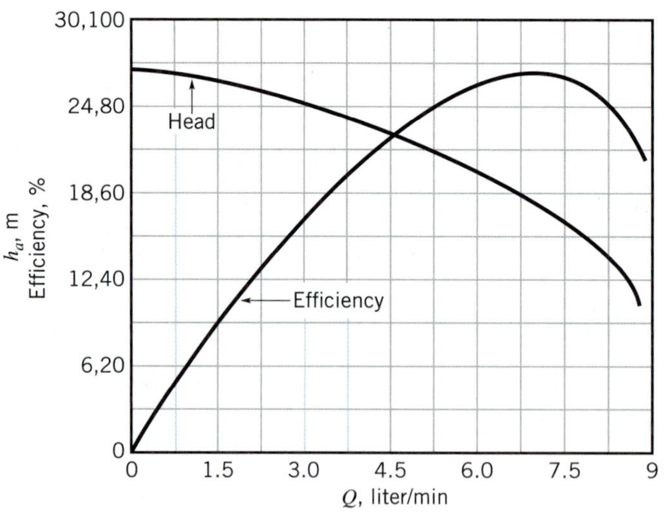

(b)

그림 E11.3

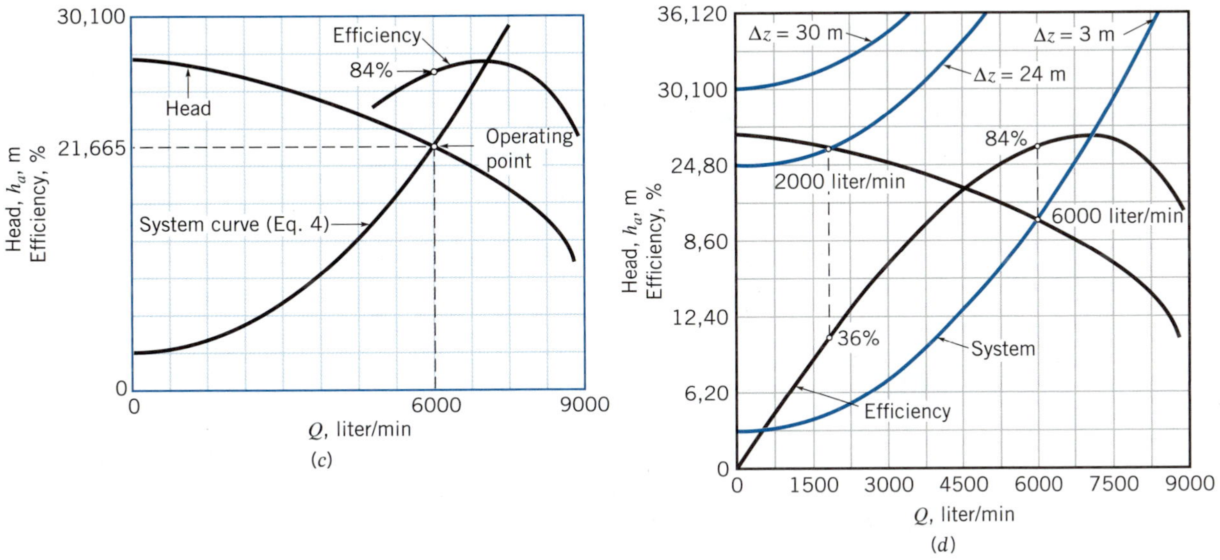

그림 E11.3

보충설명 $\Delta z = z_2 - z_1 = 24$ m와 30 m에 대해서 계산을 반복하면, 그림 E11.3d에 나타난 결과들을 얻는다. 주어진 펌프는 $\Delta z = 24$ m에서 사용될 수 있지만 (2000 liter/min의 유량을 수용할 수 있다면), 효율이 36%에 불과하여 이러한 응용에서는 적절하지 않다. 따라서 새로운 시스템의 요구조건들(즉, 작동 조건에서 더 높은 효율)에 더 잘 맞는 성능곡선을 가진 다른 펌프를 사용한다면, 에너지를 절약할 수 있다. 한편 수두 손실을 극복하기는 커녕 펌프의 최대 수두($Q = 0$일 때, $h_p = 26.8$ m)는 물을 $\Delta z = 30$ m까지 끌어 올리는데도 충분하지 않으므로, $\Delta z = 30$ m에서는 펌프는 전혀 작동하지 않는다. 이것은 그림 E11.3d에서 30 m일 때 시스템 곡선과 펌프 성능 곡선이 교차하지 않는다는 것으로 드러난다. 펌프 자체의 수두 손실은 펌프 효율 η을 사용해서 설명될 수 있다. 여기서 $h_s = h_a/\eta$로 주어지며, 여기에서 h_s는 펌프 축 일 수두, 그리고 h_a는 흐르는 유체에서의 실제 수두 상승이다.

만약 공학자가 그래프를 이용하는 방법보다 해석적인 방법을 선호한다면, 펌프 곡선을 최소 제곱 곡선으로 맞추기만(일반적으로 2차 곡선이면 충분하다) 하면 된다. 펌프 곡선에 대한 식을 시스템 곡선에 대한 식과 같다고 두고, 공학자는 다차 방정식의 해를 구하기만 하면 된다. 개인용 컴퓨터, 공학용 계산기, 심지어 스마트폰으로도 이런 수학적 계산은 아주 쉽게 처리할 수 있다.

직렬로 연결된 두 펌프의 경우, 수두를 더하라. 평행하게 연결된 경우, 유량을 더하라.

펌프는 추가적인 수두나 유량을 공급해 주기 위해서 직렬로 또는 병렬로 연결 될 수 있다. 두개의 펌프가 직렬로 놓여질 때, 얻어진 펌프 성능 곡선은 동일한 유량에서 수두를 더함으로써 얻어질 수 있다. 그림 11.13a 나와 있듯이, 직렬로 연결된 두개의 동일한 펌프에 대하여, 유체가 얻는 실제 수두와 유량 모두 증가하지만, 만약 시스템 곡선이 동일하다면 둘 다 두 배가 되지는 않을 것이다. 작동점은 펌프 한 개일 때는 (A)이지만, 직렬로 연결된 두 개의 펌프에서는 (B)로 옮겨간다. 병렬로 연결된 두 개의 동일한 펌프에 대해서, 전체 성능 곡선은 그림 11.13b에서처럼 동일한 수두에서 유량을 더함으로써 얻어질 수 있다. 그림에서 보여지듯이 두 개의 펌프를 병렬로 연결한다고 해서(만약 동일한 시스템 곡선을 적용한다면), 시스템의 유량은 두 배가 되지는 않을 것이다. 하지만, 상대적으로 평평한 시스템 곡선에서는, 그림 11.13b에 보듯이 작동점이 (A)에서 (B)으로 옮겨 감에 따라 상당한 유량 증가가 얻어질 수 있다.

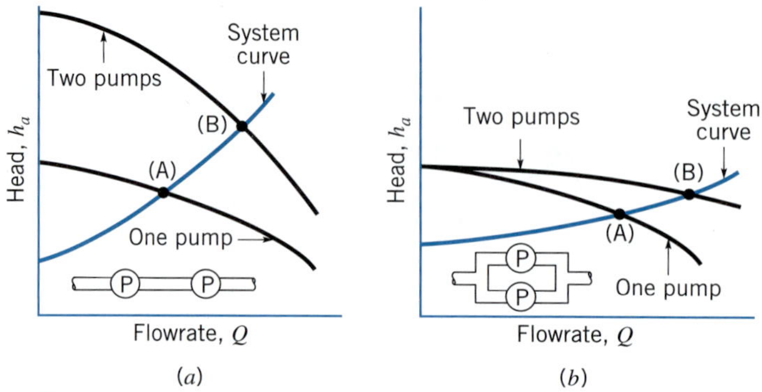

그림 11.13 (a) 직렬과 (b) 병렬로 연결된 작동 펌프의 효과

11.5 무차원 매개변수와 상사법칙

7장에서 기술한 바와 같이 차원해석은 실험을 계획하고 실행하는데 특히 유용하다. 일반적으로 펌프의 특성은 실험적으로 결정되기 때문에, 차원해석과 상사법칙은 펌프 특성을 연구하고 정리하는데 유용하리라 예상할 수 있다.

이전 절들로부터 우리는 펌프에 관한 주요 종속 변수들은 실제 수두상승 h_a, 축동력 $\dot{W}_{\text{shaft}}$, 효율 η이라는 것을 알고 있다. 이들 변수들은 어떤 특성 직경 D, 관련된 길이 ℓ, 표면조도 ε 등으로 나타낼 수 있는 펌프의 형상에 좌우될 것으로 예상할 수 있다. 이외에도, 다른 주요변수로는 유량 Q, 펌프 축의 회전 속도 ω, 점성계수 μ 그리고 밀도 ρ가 있다. 우리는 여기서 압축성 효과에 대해서는 아직 고려하지 않고, 비압축성 유체의 경우에 한정할 것이다. 따라서, 종속 변수들 h_a, $\dot{W}_{\text{shaft}}$, η 각각은 아래와 같이 표현될 수 있다.

$$\text{Dependent variable} = f(D, \ell_i, \varepsilon, Q, \omega, \mu, \rho)$$

상사 해석을 바로 적용하면 다음을 얻는다.

$$\text{Dependent pi term} = \phi\left(\frac{\ell_i}{D}, \frac{\varepsilon}{D}, \frac{Q}{\omega D^3}, \frac{\rho\omega D^2}{\mu}\right) \tag{11.22}$$

무차원 파이 항들과 상사 법칙은 펌프에서 중요한 고려 사항이다.

일반적으로 수두를 포함하는 종속 파이 항은 $C_H = gh_a/\omega^2 D^2$로 나타내는데, 여기에서 gh_a는 단순히 단위 중량당 에너지를 나타내는 h_a가 아니라, 단위 질량당 에너지를 나타내는 실제수두 상승이다. 이 무차원 매개변수를 **수두상승계수(head rise coefficient)**, 또는 더 간단하게 **수두계수(head coefficient)**라고 부른다. 축동력을 포함하는 종속 파이 항은 $C_{\mathcal{P}} = \dot{W}_{\text{shaft}}/\rho\omega^3 D^5$로 표현되며, 이 표준 무차원 매개변수를 **동력계수(power coefficient)**라고 한다. 이 무차원 그룹에서의 회전 각속도 ω의 단위 는 rad/s이다. 마지막 종속 파이 항인 효율 η는 이미 무차원이다. 따라서 성능 특성은 무차원 매개변수들에 관하여 다음과 같이 쓰여진다.

$$C_H = \frac{gh_a}{\omega^2 D^2} = \phi_1\left(\frac{\ell_i}{D}, \frac{\varepsilon}{D}, \frac{Q}{\omega D^3}, \frac{\rho\omega D^2}{\mu}\right)$$

$$C_{\mathscr{P}} = \frac{\dot{W}_{\text{shaft}}}{\rho\omega^3 D^5} = \phi_2\left(\frac{\ell_i}{D}, \frac{\varepsilon}{D}, \frac{Q}{\omega D^3}, \frac{\rho\omega D^2}{\mu}\right)$$

$$\eta = \frac{\rho g Q h_a}{\dot{W}_{\text{shaft}}} = \phi_3\left(\frac{\ell_i}{D}, \frac{\varepsilon}{D}, \frac{Q}{\omega D^3}, \frac{\rho\omega D^2}{\mu}\right)$$

위의 식들 각각에서 마지막 파이 항은 점성효과의 상대적인 영향을 나타내는 레이놀즈 수의 형태이다. 펌프유동이 높은 Reynolds 수일 때(일반적으로 해당되는 경우), 경험상 Reynolds 수의 영향은 무시할 수 있다(이와 같은 높은 Reynolds 수의 영향은 그림 8.14의 Moody 선도에서 관찰할 수 있다). 또, 일반적으로 펌프 챔버의 매우 불규칙한 형상이 표면조도 보다는 지배적인 형상요인이므로, 단순화를 위하여 펌프에서 상대조도 ε/D도 무시할 수 있다. 따라서 이런 단순화를 적용한 다음, 기하학적 상사인 (geometrically similar) 펌프에서 종속 파이 항들은 $Q/\omega D^3$ 만의 함수가 된다.

$$\frac{gh_a}{\omega^2 D^2} = \phi_1\left(\frac{Q}{\omega D^3}\right) \tag{11.23}$$

$$\frac{\dot{W}_{\text{shaft}}}{\rho\omega^3 D^5} = \phi_1\left(\frac{Q}{\omega D^3}\right) \tag{11.24}$$

$$\eta = \phi_3\left(\frac{Q}{\omega D^3}\right) \tag{11.25}$$

무차원 매개변수 $C_Q = Q/\omega D^3$는 **유동계수(flow coefficient)**라 불린다. 위의 세 식들은 기하학적으로 상사인 펌프들 사이에 원하는 상사관계들을 보여준다. 만일 두 펌프가 동일한 유동계수에서 작동한다고 하면,

$$\boxed{\left(\frac{Q}{\omega D^3}\right)_1 = \left(\frac{Q}{\omega D^3}\right)_2} \tag{11.26}$$

이 되고, 아래의 관계식들을 성립한다.

$$\boxed{\left(\frac{gh_a}{\omega^2 D^2}\right)_1 = \left(\frac{gh_a}{\omega^2 D^2}\right)_2} \tag{11.27}$$

$$\boxed{\left(\frac{\dot{W}_{\text{shaft}}}{\rho\omega^3 D^5}\right)_1 = \left(\frac{\dot{W}_{\text{shaft}}}{\rho\omega^3 D^5}\right)_2} \tag{11.28}$$

$$\boxed{\eta_1 = \eta_2} \tag{11.29}$$

아래 첨자 1과 2는 기하학적으로 상사인 펌프군에서의 어떤 두개의 펌프를 나타낸다.

이런 같은 소위 **펌프 스케일링 법칙(pump scaling law)**을 가지고, 실험실에서 하나의 펌프의 성능특성을 실험적으로 결정한 다음, 이 데이터를 사용하여 다른 작동조건에서의 기하학적으로 상사인 다른 펌프들의 대응되는 특성을 예측할 수 있다. 그림 11.14a는

펌프의 스케일링 법칙은 기하학적 상사인 펌프들을 서로 연관시킨다.

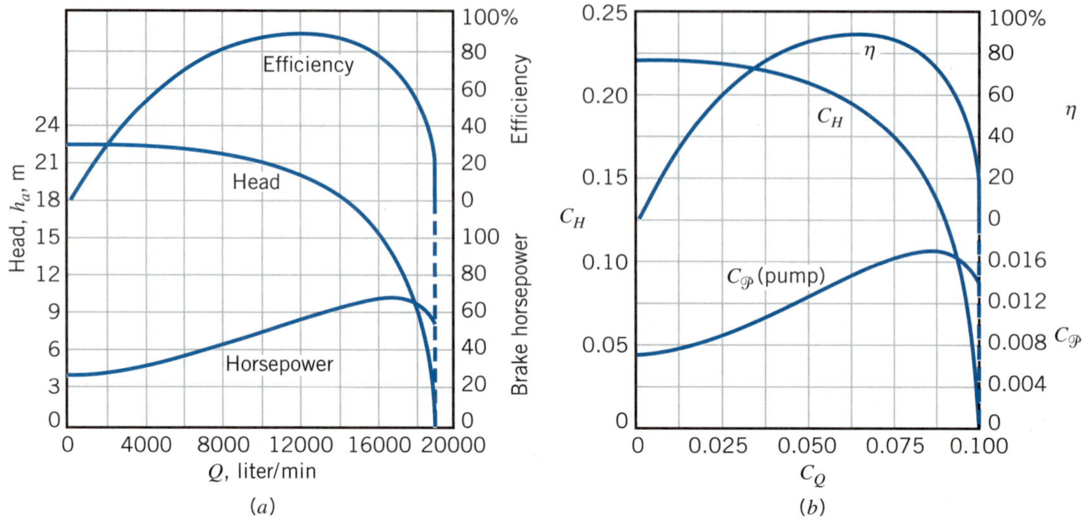

그림 11.14 원심 펌프에서 일반적인 성능 데이터. (a) 1000 rpm에 작동하는 30.5 cm 원심 펌프에서의 특성 곡선, (b) 무차원 특성 곡선들 (출처: Rouse, H., Elementary Mechanics of Fluids, Wiley, New York, 1946)

어떤 원심펌프에서 얻어진 몇 가지 전형적인 곡선을 보여주고 있다. 그림 11.14b는 무차원 계수들 C_Q, C_H, $C_{\mathscr{P}}$ 그리고 η에 대해서 그려진 결과들를 보여 준다. 이들 곡선으로부터, 동일 펌프의 성능에 속도변화가 미치는 영향을 예측할 수 있는 것처럼, 다른 크기의 기하학적으로 상사인 펌프들의 성능을 예측할 수 있다. 펌프 효율 η는 다른 계수들과 $\eta = C_Q C_H C_{\mathscr{P}}^{-1}$의 관계식으로 연관된다. 이는 정의에서 바로 유도된다.

예제 11.4 | 펌프 스케일링 법칙의 사용

주어진 사항 1200 rpm에서 작동하는 20 cm 직경의 원심 펌프는, 1000 rpm에서 작동하고 그림 11.15a, 11.15b에 성능 특성을 가지는 30.5 cm 직경의 펌프와 기하적으로 상사이다. 작동 유체는 15℃의 물이다.

해결과제 이 더 작은 펌프에서 최고 효율에서의 유량, 실제 수두 상승, 축 동력(kW)을 예측하여라.

풀이 식 11.25에서 나타낸 바와 같이, 주어진 효율에서 기하학적으로 상사인 펌프들에서 유량계수는 같은 값을 가진다. 그림 11.14b로부터 최고효율에서 $C_Q = 0.0625$이다. 따라서 20 cm 펌프에 대하여,

$$Q = C_Q \omega D^3$$
$$= (0.0625)(1200/60 \text{ rev/s})(2\pi \text{ rad/rev})(20/100 \text{ m})^3 \text{(답)}$$
$$Q = 0.063 \text{ m}^3\text{/s}$$

L/min 단위로

$$Q = (0.063 \text{ m}^3\text{/s})(1000 \text{ liter/m}^3)(60 \text{ s/min})$$
$$= 3780 \text{ liter/min} \qquad \text{(답)}$$

실제 수두 상승과 축 마력은 동일한 방법으로 결정될 수 있다. 최고 효율에서 $C_H = 0.19$, $C_{\mathscr{P}} = 0.014$이므로, $\omega = 1200 \text{ rev/min } (1 \text{ min}/60 \text{ s})(2\pi \text{ rad/rev}) = 126 \text{ rad/s}$을 사용하면

$$h_a = \frac{C_H \omega^2 D^2}{g} = \frac{(0.19)(126 \text{ rad/s})^2 (20/100 \text{ m})^2}{9.81 \text{ m/s}^2} = 12.3 \text{ m} \quad \text{(답)}$$

이고

$$\dot{W}_{\text{shaft}} = C_{\mathscr{P}} \rho \omega^3 D^5$$
$$= (0.014)(1000 \text{ kg/m}^3)(126 \text{ rad/s})^3 (20/100 \text{ m})^5$$
$$= 8.96 \text{ kN} \cdot \text{m/s} \qquad \text{(답)}$$

$$\dot{W}_{\text{shaft}} = 8.96 \text{ kN} \cdot \text{m/s} = 8.96 \text{ kW}$$

이다.

보충설명 마지막 결과는 축 마력인데, 이는 펌프 축에 공급되는 파워이다. 유체가 실제 얻은 동력은 γQh_a이며, 이 예제에서는 아래와 같다.

$$\mathcal{P}_f = \gamma Qh_a = (9800\ \text{N/m}^3)(0.063\ \text{m}^3/\text{s})(12.3\ \text{m}) = 7.6\ \text{kN}\cdot\text{m/s}$$

따라서 효율 η는

$$\eta = \frac{\mathcal{P}_f}{\dot{W}_{\text{shaft}}} = \left(\frac{7.6}{8.96}\right) \times 100 = 84.8\%$$

이며, 그림 11.14b의 효율 곡선에서의 값과 같다.

11.5.1 비속도

유량계수와 수두상승계수에서 관의 직경 D를 소거하면, 유용한 무차원 매개변수를 얻을 수 있다. 유량계수에 1/2승을 하고, 이를 수두계수의 3/4승으로 나누면,

$$\frac{(Q/\omega D^3)^{1/2}}{(gh_a/\omega^2 D^2)^{3/4}} = \frac{\omega\sqrt{Q}}{(gh_a)^{3/4}} = N_s \tag{11.30}$$

이 된다. 무차원 변수 N_s를 **비속도(specific speed)**라 한다. 이전에 다른 계수들과 효율처럼, 비속도는 유량계수에 따라 변하게 된다. 그러나 최고효율(즉, BEP)에 해당하는 유량계수에서만 비속도의 값을 규정하는 것이 일반적이다. 낮은 Q와 높은 h_a를 가지는 펌프에서, 비속도는 높은 Q, 낮은 h_a를 가지는 펌프와 비교하면 낮다. 원심 펌프는 일반적으로 낮은 용량, 높은 수두를 가진 펌프이며, 따라서 낮은 비속도를 가진다.

식 11.30에 의해 정의된 비속도는 무차원이며, 따라서 일관된 단위 체계를 사용하여 계산한 값은 단위 시스템에 무관하다. 그러나, 미국에서는 아래와 같이 차원을 가진 수정된 비속도 N_{sd}가 일반적으로 사용된다.

$$\boxed{N_{sd} = \frac{\omega(\text{rpm})\sqrt{Q(\text{gpm})}}{[h_a(\text{ft})]^{3/4}}} \tag{11.31}$$

이 경우, N_{sd}는 **미국단위계(U.S. customary units)**로 표시되었다고 말한다. 일반적인 N_{sd} 값은 원심펌프에서 $500 < N_{sd} < 4000$이다. N_s, N_{sd} 모두 동일한 물리적 의미를 가지고 있지만, 식 11.30에서 ω가 rad/s로 표시될 때, 크기는 일정한 환산 계수비($N_{sd} = 2733N_s$) 만큼 다르다.

각 종류의 펌프들은 특정한 비속도 값의 범위를 가진다. 따라서 소용량의 높은 수두 특성을 가지는 펌프는 대용량의 낮은 수두 특성을 가지는 펌프보다 낮은 비속도를 가진다. 비속도는 공학자들과 설계자들에게 매우 유용하다. 만약 필요한 수두, 유량, 속도가 특정되면, 특정 응용에서 적절한(가장 효율적인) 타입의 펌프를 선정하는 것이 가능하다. 예를 들어, 옆의 그림에서, 비속도 N_{sd}가 대략 2000 이상으로 증가하게 되면, 순수 반경류 원심펌프의 최고효율은 떨어지기 시작하며, 따라서 다른 형태의 펌프로 설계하는 것이 바람직해질 것이다. 원심펌프 외에도 축류펌프가 널리 사용된다. 11.6절에서 기술한 바와 같이, 축류펌프에서는 유동

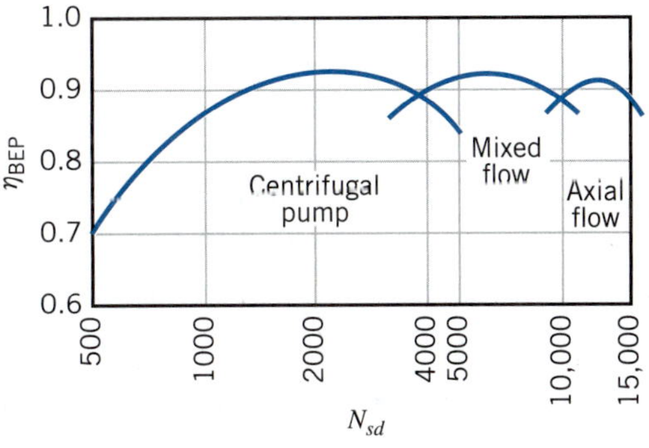

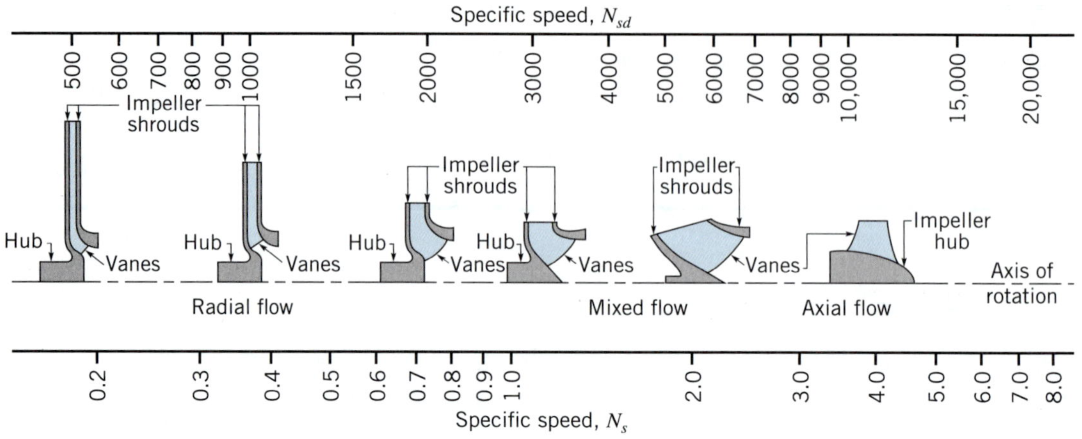

그림 11.15 펌프 종류에 따른 최대 효율에서의 비속도의 변화 (출처: Hydraulic Institute, Hydraulic Institute Standards, 14th Edition, Hydraulic Institute, Cleveland, Ohio, 1983, Hydraulic Institute, Parsippany, New Jersey, 07045 www.pumps.org)

방향이 원심펌프에서와 같이 반경방향이 아니라 주로 회전축에 평행하다. 축류펌프는 필연적으로 대용량 낮은 수두의 펌프이며, 따라서 큰 비속도(N_{sd} > 9000)를 가진다. **혼합류 펌프(mixed flow pump)**는 반경류펌프와 축류펌프의 특성들을 조합하고 있으며, 중간 정도의 비속도의 값을 가진다. 그림 11.15는 펌프의 형상이 원심 또는 반경류에서 축류로 바뀔 때 비속도가 어떻게 변하는지 보여준다.

11.6 축류 및 혼합류 펌프

이전에 언급한 바와 같이, 원심펌프는 상대적으로 낮은 유량에서 높은 수두를 필요로 하는 응용 분야에서 가장 효율적으로 작동하는 반경류 기계이다. 이런 수두–유량 조합에서 일반적으로 약 4000보다 작은 비속도(N_{sd})가 얻어진다. 관개 및 배수와 관련된 많은 응용 분야에서는 낮은 수두의 대유량이 필요하며, 원심펌프는 적합하지 않다. 이 경우에는 축류펌프가 일반적으로 사용된다. 이런 종류의 펌프는 본질적으로 실린더 케이싱 내에 설치된 프로펠러로 구성되어 있다. 축류 펌프는 종종 **프로펠러 펌프(propeller pump)**라고도 불린다. 이러한 형태의 펌프에서는 원심 펌프에서의 반경방향 유동과 반대로, 유동은 주로 회전축 방향이다(축 회전축에 평행). 원심펌프에 의하여 발생하는 수두는 원심력 작용에 기인하지만, 축류펌프에서는 주로 유체에 작용하는 로터 날개의 접선방향의 힘 때문이다. 수직형 축류 펌프의 개략도는 그림 11.16에 나타나 있다. 로터는 축을 통해서 모터에 연결되어 있고, 로터가 회전할 때(상대적으로 고속으로) 유체는 출구를 통해 안으로 빨려 들어간다. 일반적으로 로터를 떠나는 유동을 정류 하기 위해 유체는 일련의 정지 스테이터 베인 열을 지나서 배출된다. 어떤 축류펌프들은 로터 열의 상류에 입구 안내 베인을 가지고 있으며, 어떤 것들은 회전하는 날개(rotor blades)와 고정된 베인이 (stator blades) 쌍으로 직렬로 연결된 다단 형태이다. 축류펌프는 일반적으로 3.3 보다 큰 비속

축류펌프는 스테이터 날개와 로터 날개가 교대로 열로 배열되어 있다.

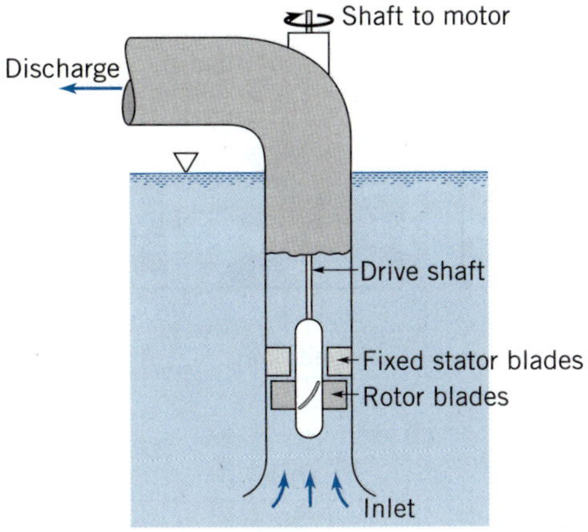

그림 11.16 수직형 축류 펌프의 개략도

도 N_s를 가지고 있다. 아주 큰 비속도를 가진 펌프들은 스테이터 베인을 가지고 있지 않다.

원심펌프에 대해서 전개되었던 정의나 광범위한 개념들은 축류펌프에도 적용될 수 있다. 그러나 실제의 유동특성들은 매우 다르다. 그림 11.17에는 원심펌프와 축류펌프에서의 일반적인 수두, 동력, 효율특성을 비교하고 있다. 설계용량(최대효율)에서 수두와 제동마력은 선정한 두 펌프 모두 동일하다. 그러나 유량이 감소할 때, 차단점에서 원심펌프에 공급되는 동력은 134 kW로 떨어지는데 반해, 축류펌프에서는 차단점에서 동력이 388 kW로 증가한다. 축류펌프의 이러한 특성은 유량이 설계용량보다 현저하게 감소될 때, 구동모터의 과부하를 발생시킬 소지가 있다. 또 축류펌프의 수두 곡선은 원심펌프에서 보다 훨씬 경사가 급격하다.

따라서 축류펌프에서는 유량이 약간만 변해도, 수두의 변화는 상당할 수 있다. 반면에

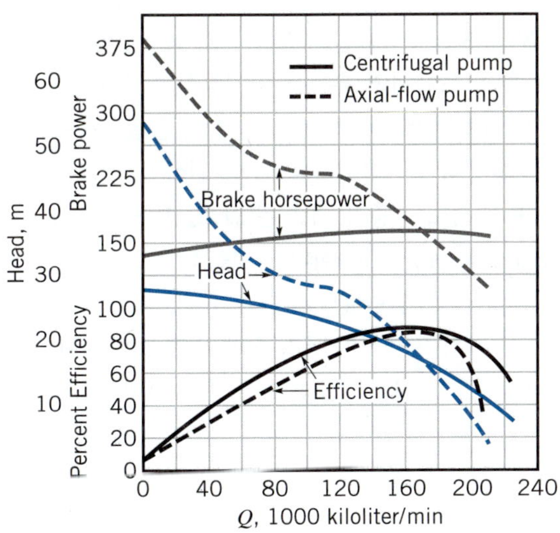

그림 11.17 원심펌프와 축류펌프에 대한 성능특성의 비교, 유량 159 L/min, 수두 5.0 m (출처: Kristal, F. A. and Annett, F. A., Pumps: Types, Selection, Installation, Operation, and Maintenance, McGraw-Hill, New York, 1953.)

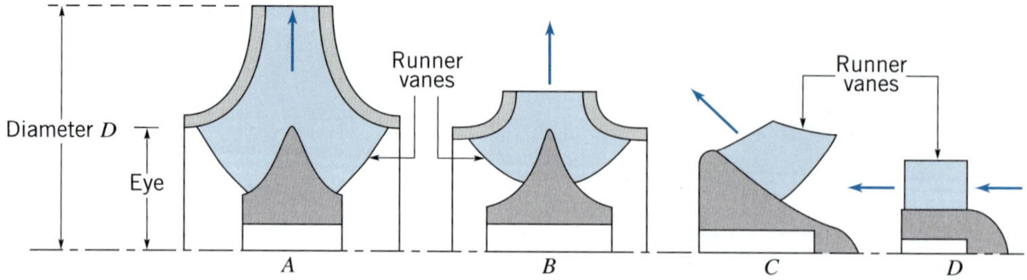

Type	Centrifugal	Centrifugal	Mixed flow	Axial flow
N_s	0.5	0.8	2.3	5
kiloliter/min	9	9	9	9
Head, km	21	15	10	6
Rpm	870	1160	1750	2600
D, cm	48	30	25	18
D_{eye}/D	0.5	0.7	0.9	1.0

그림 11.18 다른 형태의 임펠러들의 비교. 원심펌프에 대한 비속도는 단흡입, 동일한 유량에 대한 것임 (출처: Kristal, F. A. and Annett, F. A., Pumps: Types, Selection, Installation, Operation, and Maintenance, McGraw-Hill, New York, 1953.)

원심펌프에서는 상대적으로 평평한 수두 곡선으로 인해 유량이 상당량 변한다고 하더라도 수두는 조금만 변할 것이다. 추가적으로 그림 11.17로부터 설계용량 이외에서도 축류펌프의 효율은 원심펌프에 비하여 낮다는 걸 알 수 있다. 펌프의 작동특성을 개선하기 위해서 몇몇 펌프는 가변날개로 만들어지기도 한다.

원심펌프와 축류펌프의 특성들은 펌프를 시동하는 방법에도 중요한 차이를 만든다. 원심 펌프는 유동이 없을 때 펌프가 더 적은 동력을 필요로 하기 때문에, 시스템을 닫아둔 채 시작해야 한다. 반면에 축류펌프는 유동이 없을 때 동력이 튀는 걸 방지하기 위해 시스템을 완전히 열어 둔 채 시작해야 한다. 원심펌프와 축류펌프의 중간정도의 비속도가 필요한 응용에서는, 비속도 범위 $1.5 < N_s < 3.3$에서 효율적으로 작동하는 혼합류 펌프가 개발되었다. 이름이 의미하듯이, 혼합류 펌프에서의 유동은 반경방향과 축방향 성분 모두를 가지고 있다. 그림 11.18은 동일한 유량에서 작동하는 원심펌프, 혼합류펌프, 축류펌프에 대한 일반적인 데이터를 보여주고 있다. 이 데이터를 보면, 원심펌프에서 혼합류펌프, 그리고 축류펌프로 나아감에 따라, 비속도는 증가, 수두는 감소, 속도는 증가, 임펠러 직경은 감소, 그리고 눈의 직경(eye diameter)은 증가한다는 것을 알 수 있다.

이전 절에서 유도했던 무차원 매개변수들과 스케일링 관계식들은 원심, 혼합류, 축류, 세 가지 모든 형태의 펌프에 적용되는데, 이는 차원 해석이 특정 형태의 펌프에 제한되어 있지 않기 때문이다. 펌프에 대한 추가적인 정보는 참고문헌 4, 7, 9, 11, 12에서 찾아 볼 수 있다.

유체의 넓은 세계

심장 보조 기계 장치

다른 펌프처럼 인간 심장도 다양한 오작동과 문제들을 겪을 수 있다. 인간 심장 기술의 최근 발전들은 수리할 수 없을 정도로 망가진 심장을 가진 사람들에게 도움을 제공해 줄 수 있다. 유망한 기술들 중의 하나는 병든 심장을 보조해 주는 좌심실 보조장치(LVAD)이다. 좌심실 보조장치는 병든 심장을 대체하기 보다는 심장 옆에 설치되어 심장 좌심실의 박동기능을 보조함으로써 심장의 혈관계와 함께 작동한다. (좌심실은 산소를 포함한 혈액을 신체 전체에 공급하며, 심장이 하는 일의 약 80% 정도를 수행한다.) 어떤 좌심실 보조장치는 혈액을 연속적으로 공급하는 원심 또는 축류 펌프이다. 연속형 유동 장치는 맥동이나 심장박동이 없는 환자들의 경우에는 적응이 필요할 수 있다. 인공 심장 기술 발전에도 불구하고, 완전 이식이 가능하고, 조용하고, 신뢰할 수 있는 장치가 개발되어 널리 사용되려면 여전히 수년이 더 지나야 할 것이다.

11.7 터빈

11.2절에서 기술하였던 바와 같이, 터빈은 흐르는 유체로부터 에너지를 추출하는 장치이다. 터빈의 형상은 유체가 회전 방향으로 로터에 토크를 가하는 방식이다. 생성된 축동력은 발전기나 다른 장치들을 구동하는데 이용된다.

다음 절들에서는 수력터빈(작동 유체가 물인 경우)의 작동을 주로 다루고, 가스터빈과 증기터빈(작동유체의 밀도가 입구와 출구에서 크게 다른 경우)에 대해서도 일부 다룰 것이다. 작동 유체가 관계없이, 터빈은 충동터빈(impulse turbine)과 반동터빈(reaction turbine), 크게 두 개의 종류로 분류된다. 이 분류는 유체가 터빈 날개들과 상호작용하는 메커니즘에 기초하고 있다. 충동터빈의 경우, 압력 강하는 모두 고정된 노즐에서 발생하고, 날개에 가해지는 힘은 날개 통로에서는 큰 압력 하강 없이 유체의 방향을 변화시켜서 만들어진다. 예제 5.8과 5.15에서 베인에 작용하는 힘은 충동량에 의해서만 발생한 것이다. 반동터빈에서는 유체-베인 힘의 일부는 유체 방향 변화에서 오고, 일부는 베인에 대해서 유체 가속도에 대한 반작용 힘이다. 반동 날개에서, 압력 하강은 고정된 노즐과 움직이는 베인 모두에서 발생한다. 터빈 날개는 **반동도(degree of reaction(R))**로 특성지어 지는데, 반동도는 움직이는 날개에서의 정압(또는 엔탈피)의 감소량과 고정된 노즐과 움직이는 날개에서의 전체 정압(또는 엔탈피) 감소량의 비로 주어진다. 충동터빈에서는 $R = 0$인 반면, 반동터빈에서는 일반적으로 $0.1 < R < 0.7$이다.

수력터빈의 두가지 기본형은 충동터빈과 반동터빈이다.

그림 11.19에 도시한 Pelton 휠(Pelton wheel)은 충동터빈의 전형적인 예이다. 이 장치에서는 유입하는 유동의 전 수두(압력수두, 속도수두 그리고 높이수두의 합)는 공급노즐의 출구에서 큰 속도수두로 변환된다. 버킷(날개)에서의 압력강하와 버킷을 지나는 유체의 상대 속도의 변화는 무시할 수준이다. 로터를 둘러싸는 공간은 완전히 유체로 채워져 있지는 않다. 토크를 만들어 내는 것은 버킷에 충돌하는 개개의 유체 제트들의 충격량이다.

반면 반동터빈에서는, 로터는 작동 유체로 완전히 채워진 케이싱(또는 볼류트)로 둘러

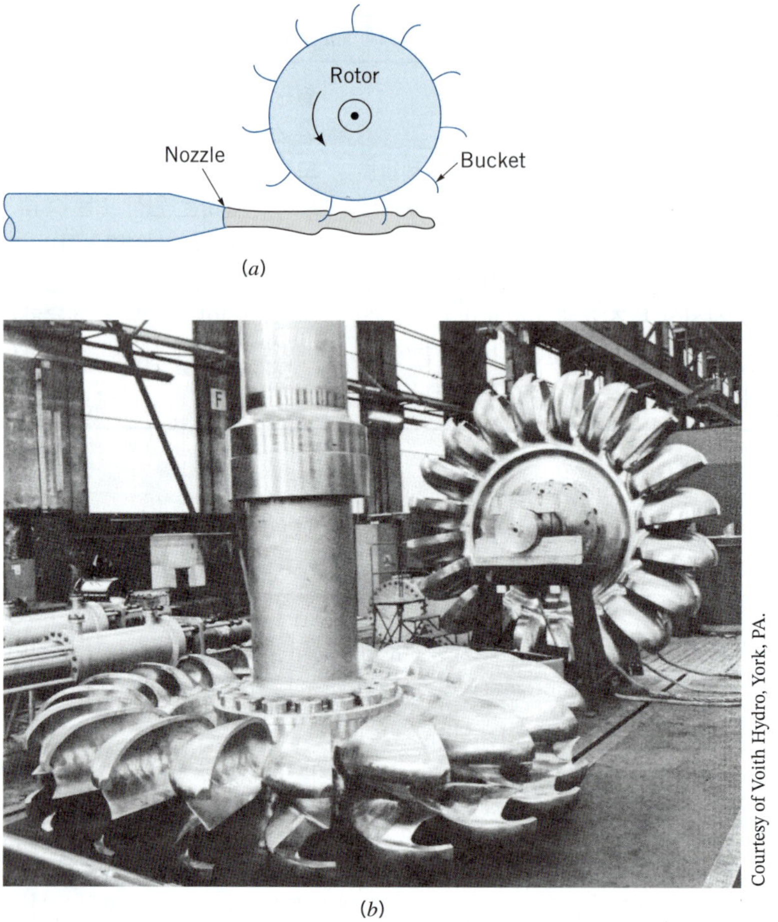

그림 11.19 (a) Pelton 휠 터빈의 개략도, (b) Pelton 휠 터빈의 사진

싸야 있다. 로터를 지나면서 압력 강하와 유체 상대 속도 변화 모두 존재한다. 그림 11.20의 안쪽 방향의 반경류 터빈에서, 안내 베인은 유체를 가속시키는 노즐로 작동하면서, 유체가 로터로 들어갈 때 적절한 방향으로 돌려놓는다. 따라서 압력강하의 일부분은 안내 베인에서 발생하며, 나머지 부분은 로터를 지날 때 발생한다. 비록 지나친 단순화는 많은 오류를 만들어 낼 수도 있지만, 많은 점에서 반동 터빈의 작동은 "거꾸로 흐르는" 펌프와 유사하다.

충동터빈, 반동터빈 모두 11.3절에서 논의하였던 운동량모멘트 식을 가지고 해석할 수 있다. 일반적으로 충동 터빈은 높은 수두, 낮은 유량 장치이며, 반동터빈은 낮은 수두, 높은 유량 장치이다.

11.7.1 충동터빈 (Impulse Turbines)

다양한 형태의 충동 터빈 설계들이 있지만, 아마도 이해하기 가장 쉬운 것은 Pelton 휠(그림 11.21참조)일 것이다. Lester Pelton (1829−1908)은 켈리포니아 금광 채굴 시절의

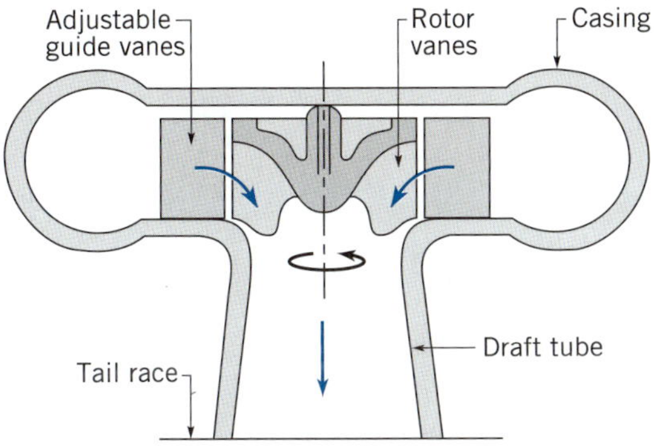

(*a*)

Courtesy of Voith Hydro, York, PA.

(*b*)

그림 11.20 (a) 반동 터빈의 개략도, (b) 반동터빈의 사진

채광기술자였으며, 이 종류의 터빈에서 아직까지 사용되고 있는 많은 특징들을 개발하였다. Pelton 휠은 본질적으로는 개량된 물레방아이다. 한편으로 Pelton 휠은 일반적인 다른 터보기계들과는 다른데, 유동이 축방향 유동도 아니고 반경방향 유동도 아닌, "접선방향 유동"이다. Pelton 휠은 큰 수두(예를 들어 터빈 노즐에서 상당히 높은 곳에 위치한 호수를 수원으로 활용)에서 작동할 때 가장 효율적이며, 수두를 노즐의 출구에서 상대적으로 큰 속도로 변환한다. 이와 같은 터빈을 설계할 때는 물을 터빈으로 이송할 때 파이프 내부에서 발생하는 수두 손실, 노즐의 설계, 로터의 버킷 설계 등을 고려하여야 한다.

그림 11.21에 도시한 바와 같이, 고속의 물 제트는 Pelton 휠 버킷에 충돌한 뒤 방향이 바뀐다. 물은 자유제트(대기압)로 휠을 둘러싸는 검사 체적에 들어오고 나간다. 추가적으

Pelton 휠 터빈은 큰 수두와 낮은 유량에서 가장 효율적으로 작동한다.

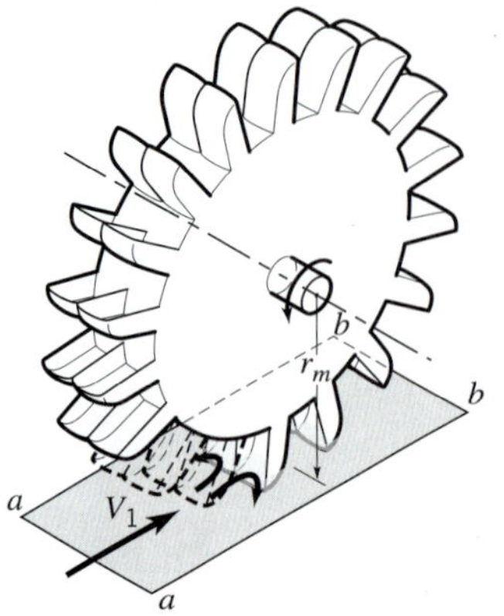

그림 11.21 Pelton 휠 터빈의 세부도

로, 만일 버킷에 타고 있는 사람이 본다면 물이 날개를 지나갈 때(점성효과는 무시한다고 가정), 물의 속도는 변화지 않을 것이다. 즉 상대속도의 크기는 변하지 않지만, 방향은 변한다. 유체 제트 속도 방향의 변화는 로터에 토크를 가하게 되므로, 터빈으로부터 출력을 발생한다.

최대 출력을 얻기 위한 버킷의 최적 형상 설계는 매우 어려운 일이다.

Video

V11.4 Pelton 휠 잔디 스프링클러

이상적으로는 그림 11.22에서처럼 유체는 반경 방향의 속도 성분 없이 검사체적을 들어오고 나간다. 이상적으로 버킷은 상대 속도 벡터를 180°로 돌려야 되지만, 물리적 제약들로 인하여, 날개출구 모서리 각도 β는 180°보다 작다. 따라서 유체는 그림 11.23에 나타낸 바와 같이 축방향의 속도성분을 가지고 날개를 떠나게 된다.

평균반경 r_m에서의 입구 및 출구의 속도삼각형들은 그림 11.24에 도시한 바와 같다고 가정한다. 토크와 동력을 계산하기 위해서는 날개의 입구와 출구에서 절대속도의 접선방향의 성분들을 알아야 한다. 그림 11.24로부터

$$V_{\theta 1} = V_1 = W_1 + U \tag{11.32}$$

그리고

$$V_{\theta 2} = W_2 \cos \beta + U \tag{11.33}$$

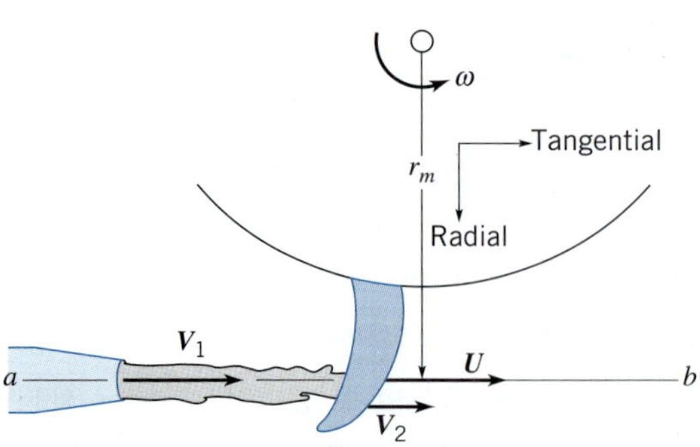

그림 11.22 Pelton 휠 터빈에 대한 이상적인 유체속도

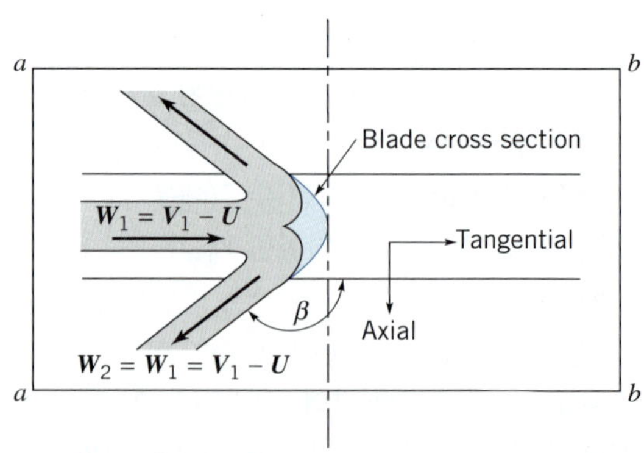

그림 11.23 Pelton 휠에 탄 관찰자가 본 유동 – 상대속도

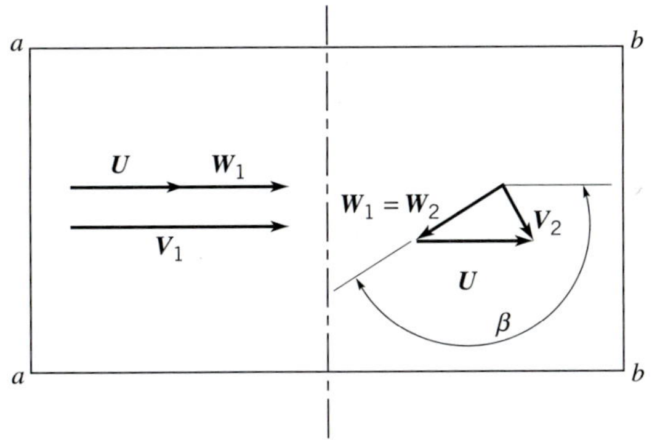

그림 11.24 Pelton 휠 터빈의 입구 및 출구 속도 삼각형

Felton 휠 해석에서, 유체의 상대 속도가 일정하다고 가정한다 (마찰이 없음)

이다. $W_1 = W_2$라고 가정하고, 식 11.32와 11.33을 결합하여 다음의 식을 얻는다.

$$V_{\theta 2} - V_{\theta 1} = (U - V_1)(1 - \cos\beta) \tag{11.34}$$

이와 같은 접선방향의 속도성분의 변화와 식 11.2와 11.4를 결합하면 아래의 식을 얻는다.

$$T_{\text{shaft}} = \dot{m} r_m (U - V_1)(1 - \cos\beta)$$

여기에서 $\dot{m} = \rho Q$은 터빈을 통과하는 질량유량이다. $U = \omega R_m$이므로, 다음의 식이 얻어진다.

$$\dot{W}_{\text{shaft}} = T_{\text{shaft}}\,\omega = \dot{m}U(U - V_1)(1 - \cos\beta) \tag{11.35}$$

이 결과들은 일반적인 실험 결과들과 함께 그림 11.25에 그래프로 나타나 있다. 여기에서 $V_1 > U$이며 (제트는 버킷에 충돌한다), $\dot{W}_{\text{shaft}} < 0$(터빈은 유체로부터 동력을 얻는다)이라는 것을 확인하자.

위의 결과에서 몇 가지 흥미있는 점들을 발견 할 수 있다. 첫째, 동력은 β의 함수이다. 그러나 일반적인 값 $\beta = 165^\circ$ (최적값 180° 가 아니라)는 $1 - \cos 180^\circ = 2$와 비교하여 $1 - \cos 165^\circ = 1.966$이기 때문에 동력에서 약간의 감소(2퍼센트 미만)를 발생시키게 된다. 둘째로, 토크는 휠이 정지될 때($U = 0$) 최대가 되지만, 동력을 얻기 위해서는 힘과 움직임이 모두 필요하기 때문에, 이 조건에서 동력은 0이 된다. 세번째로 동력은 아래 조건에서 최대가 된다.

$$U\big|_{\text{max power}} = \frac{V_1}{2} \tag{11.36}$$

위의 식은 식 11.35를 사용하여 $d\dot{W}_{\text{shaft}}/dU = 0$외 되는 U를 구하면 얻을 수 있다. 여기서 노즐로부터 나오는 유체속도의 절반인 버킷 속도에서 최대동력이 얻어진다. 넷째로 최대속도는 $T_{\text{shaft}} = 0$ (즉, 터빈에 걸리는 부하가 완전히 없어질 때. 만약 발전기와 터빈을 연결하는 축이 파손되고 마찰 토크가 무시될 수 있을 때이다.)에서 발생한다. 이 경우 ($U = \omega R = V_1$) 터빈은 "프리휠링(free wheeling)" 상태이고, 물은 버킷에 어떤 힘도 가하지 않는 채 로터를 통과하게 된다.

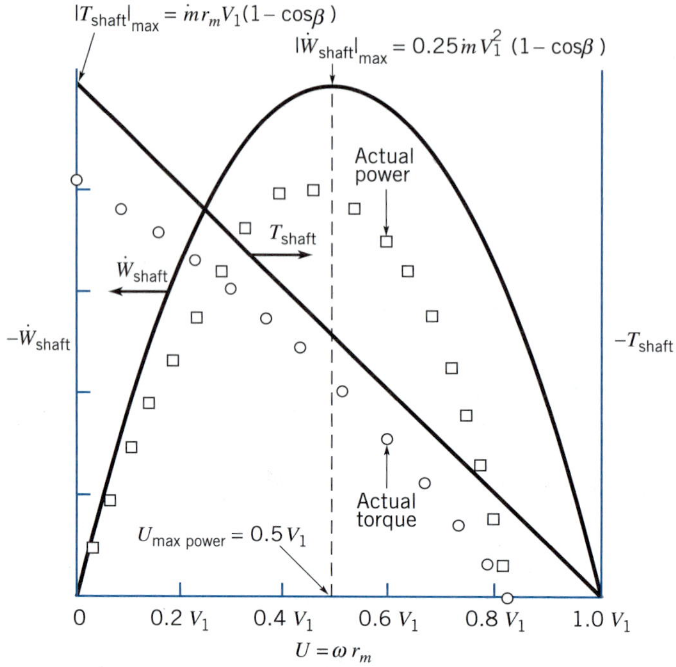

그림 11.25 버킷 속도에 대한 함수로 Pelton 휠 터빈에 대한 일반적인 이론적, 실험적 동력 및 토크

예제 11.5 | Pelton 휠 터빈 특성들

주어진 사항 Pelton 휠을 구동하기 위한 물이 그림 E11.5a에 도시한 바와 같이, 어떤 호수로부터 관을 통하 여 공급된다. 이 경우 관 마찰에 의한 수두 손실은 중요하지만, 부손실은 무시할 수 있다.

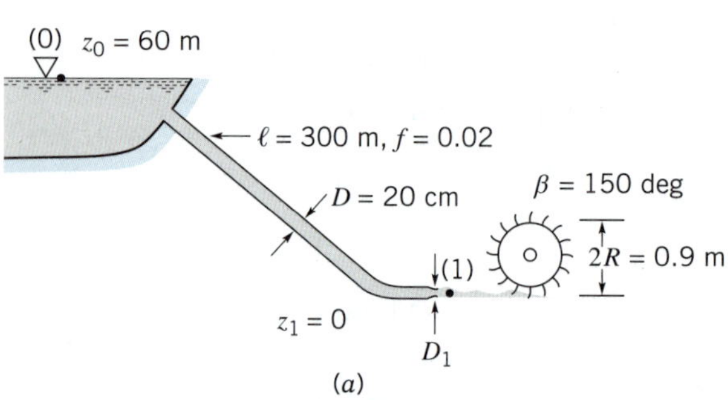

그림 E11.5a

해결과제

(a) 최대 동력 출력을 얻을 수 있는 노즐직경 D_1을 구하시오.

(b) 위의 (a)에서 얻어진 조건에서 최대 동력과 로터의 각속도를 구하시오.

풀이

(a) 식11.35에 의하면, 동력 출력은 유량 $Q = \dot{m}/\rho$과 노즐 출구에서의 제트속도 V_1에 좌우되며, 이 둘은 노즐직경 D_1과 공급 관에서 발생하는 수두손실에 좌우된다. 즉,

$$\dot{W}_{shaft} = \rho Q U (U - V_1)(1 - \cos\beta) \quad (1)$$

이다. 노즐 출구 속도 V_1은 에너지 방정식 식5.83을 호수 표면의 한 점($V_0 = p_0 = 0$)과 노즐 출구($z_1 = p_1 = 0$) 사이에 적용하여 얻을 수 있다.

$$z_0 = \frac{V_1^2}{2g} + h_L \quad (2)$$

여기에서 수두손실은 마찰계수 f에 대해 주어진다(식8.34 참조)

$$h_L = f \frac{\ell}{D} \frac{V^2}{2g}$$

직경이 D인 관 내부의 유체의 속도 V는 연속방정식으로부터 얻어진다.

$$V = \frac{A_1 V_1}{A} = \left(\frac{D_1}{D}\right)^2 V_1$$

여기에서 관 입구와 노즐에서 발생하는 부손실을 무시하였다. 주어진 데이터들을 적용하면 식2는 아래와 같이 된다.

$$z_0 = \left[1 + f\frac{\ell}{D}\left(\frac{D_1}{D}\right)^4\right]\frac{V_1^2}{2g} \tag{3}$$

또는

$$V_1 = \left[\frac{2gz_0}{1 + f\frac{\ell}{D}\left(\frac{D_1}{D}\right)^4}\right]^{1/2}$$
$$= \left[\frac{2(9.8\ \text{m/s}^2)(60\ \text{m})}{1+0.02\left(\frac{300\ \text{m}}{20/100\ \text{m}}\right)\left(\frac{D_1}{20/100}\right)^4}\right]^{1/2} \tag{4}$$
$$= \frac{34.3}{\sqrt{1+18750\ D_1^4}}$$

이다. 여기에서 D_1의 단위는 m이다.

식1과 4를 결합하고, 유량 $Q = \pi D_1^2 V_1/4$을 이용하면, 다음과 같이 D_1과 U의 함수로 동력을 얻을 수 있다.

$$\dot{W}_{\text{shaft}} = \frac{5.02\times10^4\ UD_1^2}{\sqrt{1+18750\ D_1^4}}\left[U - \frac{113.5}{\sqrt{1+152\ D_1^4}}\right] \tag{5}$$

위의 식에서 U의 단위는 m/s이며, $\dot{W}_{\text{shaft}}$의 단위는 N·m/s이다. 위의 결과들을 여러 D_1값에 대하여 속도 U의 함수로 그림 E11.5b에 나타내었다.

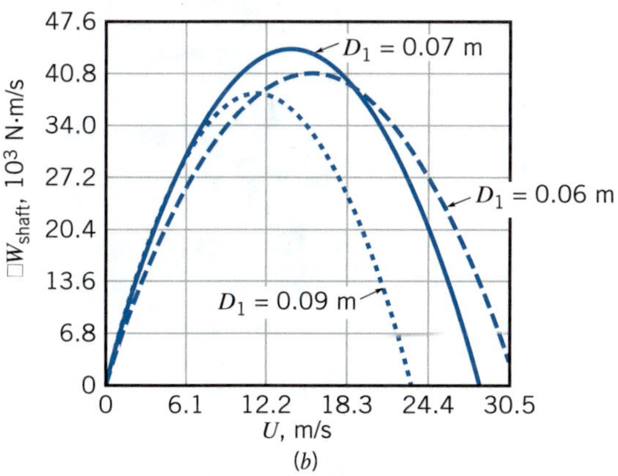

(b)

그림 E11.5b

식 11.36에서 알 수 있는 바와 같이, 최대동력(U에 따른 변화와 관련하여)은 $U = V_1/2$에서 발생하며, 식 4와 5를 함께 사용하면 아래 식을 얻는다.

$$\dot{W}_{\text{shaft}} = -\frac{15\times10^6\ D_1^2}{(1+18750\ D_1^4)^{3/2}} \tag{6}$$

또 가능한 최대동력은 $d\dot{W}_{\text{shaft}}/dD_1 = 0$일 때 얻어지므로, 식6에 따라 다음 식을 얻는다.

$$\frac{d\dot{W}_{\text{shaft}}}{dD_1} = -15\times10^6\left[\frac{2\ D_1}{(1+18750\ D_1^4)^{3/2}} - \left(\frac{3}{2}\right)\frac{4\times18750\ D_1^5}{(1+18750\ D_1^4)^{5/2}}\right] = 0$$

또는

$$37250\ D_1^4 = 1$$

이다. 따라서, 최대 동력 출력에서의 노즐 지름은 다음과 같다.

$$D_1 = 0.07\ \text{m} \qquad \text{(답)}$$

(b) 상응하는 최대 동력은 식 6으로부터 아래와 같이 결정될 수 있다.

$$\dot{W}_{\text{shaft}} = \frac{15\times10^6(0.07)^2}{[1+18750(0.07)^4]^{3/2}} = -4.2\times10^4\ \text{N}\cdot\text{m/s}$$

최대 동력 조건에서 로터 속도는 아래 식으로부터 얻을 수 있다.

$$U = \omega R = \frac{V_1}{2}$$

여기서 V_1은 식4에서 주어진다. 따라서

$$\omega = \frac{V_1}{2R} = \frac{\dfrac{34.3}{\sqrt{1+18750(0.07)^4}}\text{m/s}}{2\times0.9\ \text{m}} \qquad \text{(답)}$$
$$= 31.6\ \text{rad/s} \times 1\ \text{rev}/2\pi\ \text{rad} \times 60\ \text{s/min}$$
$$= 302\ \text{rpm}$$

보충설명 노즐의 최적 직경이 존재하는 이유는 다음과 같이 설명될 수 있다. 노즐의 직경이 커질수록 유량은 증가하게 되지만, 공급부 내부의 수두손실로 인하여 제트 속도는 작아진다. 또 노즐 직경이 작아질수록 유량은 감소하게 되지만, 제트속도는 증가하게 될 것이다. 동력은 유량과 제트속도의 곱에 좌우되므로 [식1 참조], 최대 동력이 발생하는 최적의 노즐 직경이 존재하게 된다.

위의 결과들은 (이 문제에서 특정 매개변수값들과 관계없이) 일반화될 수 있는데, 식1및 3과 $U = V_1/2$이 되는 조건을 고려하면 아래의 식을 얻는다.

$$\dot{W}_{\text{shaft}\,|\,U=V_1/2} = -\frac{\pi}{16}\rho(1-\cos\beta) \times (2gz_0)^{3/2}D_1^2\Big/\left(1+f\frac{\ell}{D^5}D_1^4\right)^{3/2}$$

$d\dot{W}_{\text{shaft}}/dD_1 = 0$로 놓으면, 최대동력은 다음 조건에서 얻어지게 됨을 보일 수 있다.

$$D_1 = D\Big/\left(2f\frac{\ell}{D}\right)^{1/4}$$

이 결과는 앞서 예제 문제에서 특정한 매개변수들을 가지고 얻은 결과와 동일하다. 최적조건은 오직 마찰계수와 공급관의 직경–길이 비에만 의존한다는 것에 주목하라. 만일 공급관의 마찰이 없거나 관의 길이가 실질적으로 0이 되면 어떤 일이 발생할까?

치과 드릴 터빈은 일반적으로 충동터빈이다.

널리 사용되는(작동 유체는 대부분 공기) 두번째 타입의 충동터빈은 그림 11.26에 나타나 있다. 원주방향으로 배치된 일련의 유체제트는 회전 날개에 충돌하여, Pelton 휠에서와 같이 절대속도의 방향과 크기를 모두를 변화 시킨다. Pelton 휠에서처럼, 입구와 출구(로터의 양단) 압력은 동일하고, 유체가 날개들을 지나갈 때(만약 마찰 효과를 무시한다면) 상대속도의 크기는 변하지 않는다.

Video

V11.5 치과 드릴

일반적인 입구와 출구 속도 삼각형이 그림 11.27에 나타나 있다. 11.2절에서 논의했듯이, 날개를 지나는 동안 유체의 절대 속도가 변하기 위해서는, 날개가 날개 운동 방향의 반대 방향으로 유체를 밀어내야 한다. 유체는 날개의 운동 방향으로 날개를 밀게 되므로, 유체는 날개에 대해 일을 하게 된다(터빈). 이 터빈은 축류형 장치이다.

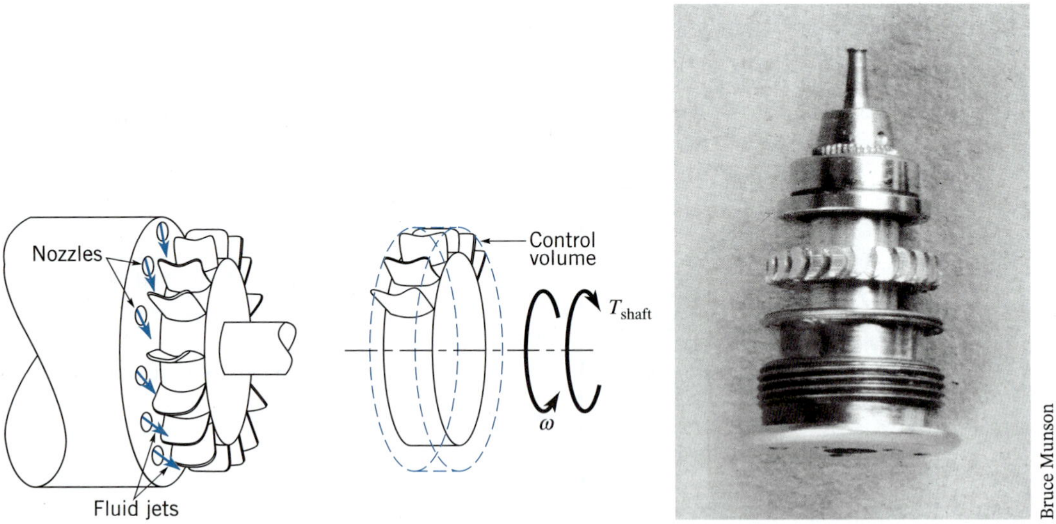

그림 11.26 (a) 일반적으로 공기를 작동유체로 사용하는 멀티노즐, Pelton 휠 형태가 아닌 충동 터빈, (b) 치과 드릴

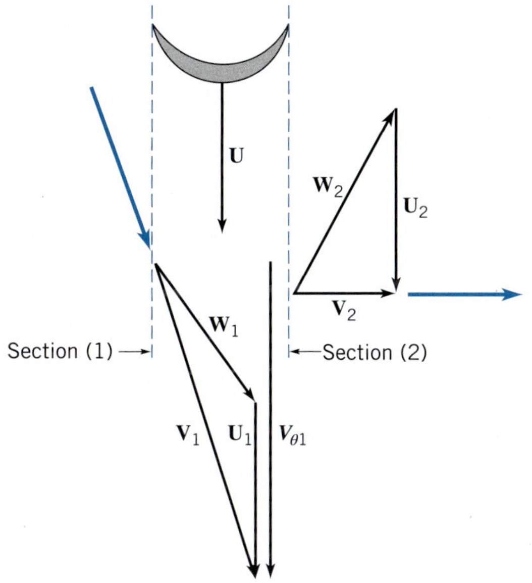

그림 11.27 그림 11.26의 충동 터빈에서의 입구와 출구 속도 삼각형

예제 11.6 | 축류형 충동 터빈 (치과 드릴)

주어진 사항 치과의사가 사용하는 고속 드릴을 구동하기 위해 사용되는 공기 터빈이 그림 11.26에 도시되어 있다(또한 비디오 V11.5 참조). 상류 노즐 구멍으로부터 나오는 공기는 터빈 날개를 도시된 방향으로 움직이도록 한다. 터빈 로터 속도는 300,000 rpm이고, 노즐에서 나오는 속도의 접선 방향 성분은 날개 속도의 2배이며, 로터의 절대 속도의 접선 방향 성분은 0이다. 날개 끝에서의 반지름은 0.43 cm, 날개 밑 부분의 반지름은 0.34 cm이다.

해결과제 터빈을 지나가는 공기의 단위 질량당 축에너지를 계산하시오.

풀이 우리는 터빈 로터와 어떤 순간에 로터 날개 통로 내의 유체를 포함하는 고정된, 변형하지 않는 검사체적을 고려할 것이다 (그림 11.26a). 이 검사체적에 작용하는 유일한 토크는 축 토크이다. 간단하게 우리는 이 문제를 아래와 같이 주어진 산술평균반경 r_m을 이용하여 분석한다.

$$r_m = \frac{1}{2}(r_0 + r_i)$$

로터 입구와 출구에서의 속도 삼각형의 개략이 그림 11.27에 나타나 있다. 식 11.5를 적용하면 아래의 식을 얻는다.

$$w_{\text{shaft}} = -U_1 V_{\theta 1} + U_2 V_{\theta 2} \qquad (1)$$

여기서 w_{shaft}는 터빈을 지나 흘러가는 공기의 단위 질량 당 축에너지이다. 문제에서 $V_{\theta 1} = 2U$, $V_{\theta 2} = 0$이고, 평균반경 날개속도는 다음으로 계산된다.

$$\begin{aligned} U = \omega r_m &= (300{,}000 \text{ rev/min})(1 \text{ min}/60 \text{ s})(2\pi \text{ rad/rev}) \\ &\quad \times (0.43 \text{ cm} + 0.34 \text{ cm})/2(100 \text{ cm/m}) \qquad (2) \\ &= 121 \text{ m/s} \end{aligned}$$

따라서 식(1)은 아래와 같이 된다.

$$\begin{aligned} w_{\text{shaft}} &= -U_1 V_{\theta 1} = -2U^2 = -2(121 \text{ m/s})^2 \\ &= -29300 \text{ m}^2/\text{s}^2 \qquad (\text{답}) \\ &= -29 \text{ kN} \cdot \text{m/kg} \end{aligned}$$

보충설명 터빈을 지나는 공기 1 kg 당, 드릴을 구동하기 위하여 축에서 활용할 수 있는 에너지는 29 kN·m/kg 이다. 그러나 유체마찰로 인하여, 공기가 1kg 당 내 놓는 실제 에너지 양은 축에서 활용할 수 있는 양보다 클 것이다. 이 양이 얼마나 더 클 것인지는 유체와 터빈 날개 사이의 유체역학적 에너지 전달의 효율에 달려 있다. 축동력 $\dot{W}_{\text{shaft}}$는 아래의 식에 의해 주어진다는 것을 상기하자.

$$\dot{W}_{\text{shaft}} = \dot{m}w_{\text{shaft}}$$

따라서, 동력을 결정 하기 위해서는 노즐의 수와 크기에 좌우되는 질량유량 $\dot{m}$를 알아야 한다. 비록 단위 질량당 에너지는 크지만 (29 kN·m/kg), 유량은 작으므로, 동력은 "크지" 않다. 확실히 이 문제에 관여된 속도에서는 압축성이 영향을 미칠 수 있다.

동력을 생산하는 증기 터빈의 첫번째 단계에서 유사한 디자인의 터빈 휠 들이 종종 사용된다. 물론, 휠의 크기와 추출되는 동력의 크기는 이 치과 드릴에서의 값들보다 훨씬 더 크다.

11.7.2 반동터빈(Reaction Turbines)

반동터빈은 높은 유량과 낮은 수두 조건에서 가장 적합하다.

앞 절에서 기술한 바와 같이, 충동터빈은 작은 유량, 높은 수두 조건에서의 운전에 가장 적합(가장 효율적)하다. 반면에 반동터빈은 유량이 크고 더 높은 수두 조건에서 가장 적합하다. 반동터빈에서는 작동유체는 흐르는 유로를 완전히 채우게 된다. 유체가 터빈 로터를 지날때 유체의 각운동량, 압력, 속도는 감소하게 되는데, 즉, 터빈의 로터는 유체로부터 에너지를 얻게 된다.

펌프와 마찬가지로 터빈도 매우 다양한 형태(반경류, 혼합류, 축류)로 제조된다. 전형적인 반경류 및 혼합류 수력터빈은 미국의 공학자 James B. Francis의 이름을 따서 **Francis 터빈**이라고 불린다. 매우 낮은 수두 조건에서 가장 효율적인 터빈의 형태는 축류 또는 프로펠러 터빈이다. 독일의 대학교수였던 Victor Kaplan의 이름을 딴 **Kaplan 터빈**은 조절 가능한 날개들을 가진 효율적인 축류 수력터빈이다. 그림 11.28에는 이 다른 유형의 터빈들의 단면이 나타나 있다.

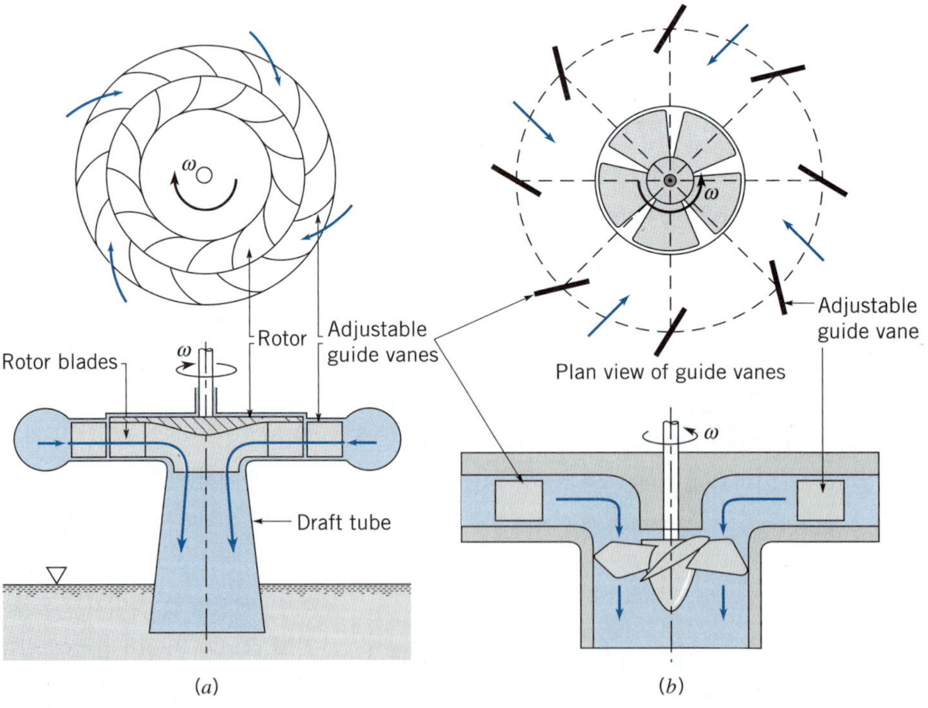

그림 11.28 (a) 전형적인 반경류 Francis 터빈, (b) 전형적인 축류 Kaplan 터빈

그림 11.28a에 나타난 것처럼 반경류 터빈의 회전하는 날개를 지나는 유동은 반경 방향의 주 유동을 가지고 있다. 조절가능한 입구의 안내베인은 물이 접선 방향의 속도를 가지고 로터로 들어가게 만들어 준다. 로터를 나가는 물의 절대 속도는 본질적으로 접선 방향의 성분이 없다. 따라서, 로터가 유체의 원형 모멘텀을 감소시키고, 유체는 회전 방향으로 로터에 토크를 가하게 되며, 로터는 유체로부터 에너지를 추출할 수 있게 된다. 오일러 터보기계 방정식(식 11.2)와 연관된 축동력식(식 11.4)은 11.4절에서 논의된 원심형 펌프에 대해서 유효한 것처럼 이 터빈에 대해서도 동일하게 유효하다.

그림 11.28b에서 도시한 바와 같이, 유체 유동은 위켓 게이트(wicket gates)라고 불리는 입구 안내베인을 통해 흘러가고, 로터에 도달하기 전에 와류(vortex, swirl) 운동을 통해 접선 방향 속도 성분을 가지고 게 된다. 로터를 지나는 유동은 큰 축방향 성분을 포함하고 있다. 입구안내베인과 터빈 날개의 설정 각도를 변화시키는 방식으로 조정하여, 주어진 작동 조건에서 가장 적합한 조합(최적 출력)을 얻을 수 있다. 예를 들어, 활용할 수 있는 작동 수두는 계절에 따라 변할 수 있으며, 로터를 지나는 유량도 변할 수 있다.

펌프와 터빈은 종종 각각의 '역'으로 생각되어진다. 펌프는 유체에 에너지를 더하고, 터빈은 에너지를 빼낸다. 선체 바깥쪽 모터(펌프)의 프로펠러와 Kaplan 터빈의 프로펠러는 어떤 면에서 기하학적으로 유사하지만, 이들은 정반대의 일들을 수행한다. 원심 펌프와 Francis 터빈에 대해서도 유사한 비교를 할 수 있다. 사실 "양수저장" 수력발전소의 몇몇 대형 펌프/터빈들은 전력 수요가 높을 때(낮 시간)는 터빈으로 작동하고 수요가 적을 때(밤 시간)는 아래쪽 저장소로부터 위쪽 저장소로 물을 재공급하는 펌프로 작동한다. 그런데 Pelton 휠 터빈의 "역"이 되는 충동 펌프는 가능할까?

터빈에서 활용가능한 실제 수두 h_a는 터빈에서의 수도 손실 h_L때문에 항상 축일 수두 h_s보다 크다.

펌프에서와 같이 비압축성 유동의 터빈 성능은 적절한 무차원 매개변수들로 표현될 수 있다. 유량계수 $C_Q = Q/\omega D^3$, 수두 계수 $C_H = gh_a/\omega^2 D^2$, 그리고 동력계수 $C_{\mathscr{P}} = \dot{W}_{\text{shaft}}/\rho\omega^3 D^5$는 펌프와 터빈에서 동일하게 정의된다. 한편 터빈 효율 η는 펌프효율의 역수이며, 흐르는 유체에서 활용가능한 동력에 대한 축동력 출력의 비로 정의된다. 또는,

$$\eta = \frac{\dot{W}_{\text{shaft}}}{\rho g Q h_a}$$

이다. 기하학적으로 상사인 터빈들에 대하여, Reynolds 수와 표면조도의 영향을 무시하면, 무차원 매개변수들 사이의 관계식은 식 11.23, 11.24, 11.25에 의해 함수적으로 주어진다. 즉,

$$C_H = \phi_1(C_Q), \qquad C_{\mathscr{P}} = \phi_2(C_Q), \quad \text{and} \quad \eta = \phi_3(C_Q)$$

이다. 여기에서 ϕ_1, ϕ_2 그리고 ϕ_3는 연관된 터빈의 종류에 좌우된다. 또한, 터빈효율 η는 $\eta = C_{\mathscr{P}}/C_H C_Q$에 의하여 다른 계수들과 연관된다.

위에서 알 수 있는 바와 같이, 어떤 주어진 응용에 활용 가능한 다양한 종류의 터빈이 설계 공학자에게 주어져 있다. 상세한 설계 업무를 진행하기에 앞서 어떤 종류의 터빈이 주어진 일에 가장 적합한지(즉, 가장 효율적인지) 결정하는 것이 필요하다. 펌프와 마찬가지로, 비속도의 사용은 이 정보를 얻는데 도움이 될 수 있다. 수력 터빈의 경우, 유량계

수와 동력계수로부터 로터 직경 D를 소거하면, 다음과 같이 동력비속도를 얻을 수 있다.

$$N_s' = \frac{\omega\sqrt{\dot{W}_{\text{shaft}}/\rho}}{(gh_a)^{5/4}}$$

우리는 무차원은 아니지만 더 자주 사용되는 아래의 동력 비속도의 정의를 사용한다.

$$N_{sd}' = \frac{\omega\,(\text{rpm})\sqrt{\dot{W}_{\text{shaft}}\,(\text{kW})}}{[h_a\,(\text{m})]^{5/4}} \tag{11.37}$$

비속도는 어떤 종류의 터빈 형상(축류부터 반경류까지)이 가장 효율적으로 작동할지 근사화 하는데 사용될 수 있다.

즉, 비속도 N'_{sd}는 rpm 단위의 각속도 ω, kW 단위의 축동력 $\dot{W}_{\text{shaft}}$ 그리고 m 단위의 활용할 수 있는 실제수두 h_a를 가지고 계산된다. 유량 Q는 N'_{sd}에 나타나지 않음에 유의하라. 이는 터빈에 있어서 종속 변수이다. 비속도의 함수로 나타낸 최적 터빈 효율(대형 터빈에 대한)이 그림 11.29에 나타나 있다. 또한 대표적인 로터와 케이싱 단면적도 함께 나타나 있다. 충동터빈은 낮은 비속도, 즉 수두가 크고 유량이 작은 조건에서 작동할 때 가장 좋다는 것에 주목하자. 다른 끝에 있는 것은 축류 터빈으로, 이들은 수두가 작고 유량이 클 때 가장 효율적이다. 중간 정도의 비속도 에서는, 반경류 또는 혼합류 터빈이 가장 좋은 성능을 제공한다.

그림 11.29에 보여진 자료는 터빈의 종류를 선정하기 위한 안내 정도의 의미만 있다. 주어진 터빈의 실제터빈효율은 터빈의 상세 설계에 크게 좌우된다. 효율적인 터빈을 선정하기 위해서는 상당한 양의 해석, 실험, 그리고 경험이 필요하다. 그러나 그림 11.29의

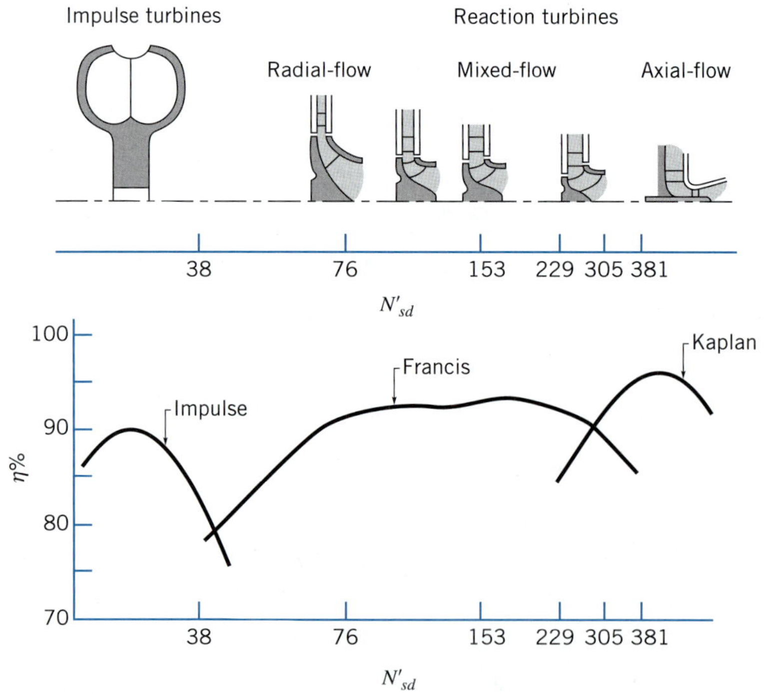

그림 11.29 비속도의 함수로 나타낸 일반적인 터빈 단면과 최대 효율

자료는 대표적인 것만을 나타낸 것으로, 어 많은 부가적인 정보는 참고문헌에서 찾을 수 있다.

유체의 넓은 세계

수력터빈에서의 공동현상(cavitation)에 의한 손상

수력 펌프에서는 낮은 흡입압력으로 인하여 공동현상이 발생할 가능성이 있다. 터빈의 경우 이와 같은 문제에 명백하게 취약해 보이지 않더라도, 공동현상에 의한 손상은 수력터빈에서도 발생할 수 있다. 날개 표면 위에서의 액체의 국부적인 가속은 유체 기화 또는 공동현상을 일으킬 정도로 낮은 국소 압력을 발생시킬 수 있다. 유체 경로를 더 따라가면, 유체는 급격히 감속되어 국소 압력의 증가를 가져올 수 있는데, 이로 인해 공동 현상으로 인한 기포들이 붕괴되면서 재료 침식의 형태로 날개 표면의 손상이나 흡출관에 손상을 가할 수 있다. 시간이 지남에 따라서, 이 침식은 상당한 비용이 소요되는 수리나 교체가 필요할 정도로 심각해 질 수 있다.

예제 11.7 | 비속도를 사용한 터빈 종류 선정

주어진 사항 수력터빈은 6 rev/s의 각속도, 0.28 m^3/s의 유량, 그리고 6 m의 수두 조건에서 작동한다.

해결과제 어떤 종류의 터빈을 선정해야 되는가? 설명하여라.

풀이 사용할 가장 효율적인 터빈 종류는 비속도 N'_{sd}를 계산하고, 그림 11.29의 정보를 사용함으로써 얻을 수 있다. 그림 11.29에 나타나 있는 차원을 가진 비속도를 사용하기 위해서, 우리는 주어진 데이터를 적절한 단위로 변환하여야 한다. 로터 속도의 경우

$$\omega = 6\ \text{rev/s} \times 60\ \text{s/min} = 360\ \text{rpm}$$

이다. 축 동력을 계산하기 위해서, 우리는 활용가능한 모든 수두가 동력으로 변환된다고 가정하고 이 양에 가정한 효율(94%)을 곱한다.

$$\dot{W}_{\text{shaft}} = \gamma Q z \eta = (9800\ \text{N/m}^3)(0.28\ \text{m}^3/\text{s})\left[\frac{6\ \text{m}\ (0.94)}{1\ \text{N}\cdot\text{m/s}\cdot\text{W}}\right]$$
$$\dot{W}_{\text{shaft}} = 15.5\ \text{kW}$$

그러므로, 이 터빈에 대해서

$$N'_{sd} = \frac{\omega\sqrt{\dot{W}_{\text{shaft}}}}{(h_a)^{5/4}} = \frac{(360\ \text{rpm})\sqrt{15.5\ \text{kW}}}{(6\ \text{m})^{5/4}} = 151$$

이 된다. 그림 11.29의 정보에 따르면 혼합류 Francis 터빈이 아마도 가장 높은 효율을 제공해 줄 것이며, 가정한 효율인 0.94는 적절하다. (답)

보충설명 만약 이 응용에 Pelton 휠을 사용하고자 하면 무슨 일이 발생할까? 6 m 수두만 가지고 얻을 수 있는 (점성 효과를 무시) 최대 제트 속도는 다음과 같다.

$$V_1 = \sqrt{2gz} = \sqrt{2 \times 9.8\ \text{m/s}^2 \times 6\ \text{m}} = 10.8\ \text{m/s}$$

식 11.36에 의해 보인 것처럼, Pelton 휠의 최대 효율에서 제트 속도는 이상적으로 날개 속도의 두배이다. 따라서 $V_1 = 2\omega R$, 또는 휠 직경 $D = 2R$은

$$D = \frac{V_1}{\omega} = \frac{10.8\ \text{m/s}}{(6\ \text{rev/s} \times 2\pi\ \text{rad/rev})} = 0.29\ \text{m}$$

이다. 속도 $V_1 = 10.8$ m/s에서 유량 $Q = 0.28\ \text{m}^3/\text{s}$를 얻기 위해서, 제트 직경 d는 다음의 식에 의해서 주어져야 한다.

$$Q = \frac{\pi}{4} d_1^2 V_1$$

또는

$$d_1 = \left[\frac{4Q}{\pi V_1}\right]^{1/2} = \left[\frac{4(0.28\ \text{m}^3/\text{s})}{\pi(10.8\ \text{m/s})}\right]^{1/2} = 0.18\ \text{m}$$

노즐 직경 $d_1 = 0.18$ m를 통해서 물을 공급받는 $D = 0.29$ m인 직경을 가진 Pelton 휠은 실용적인 설계가 아니다. 일반

적으로 $d_1 \ll D$이다 (그림 11.19 참조). 여러 개의 제트를 사용하여 제트 직경을 줄이는 것이 가능할 수 있다. 하지만, 8개 제트를 가지고도 여전히 제트 지름은 0.06 m이며, 이는 여전히 너무 커서(휠 직경과 비교하여) 비실용적이다. 그러므로 위의 계산들은 Pelton 휠은 이 응용에 실용적이지 않다는, 그림 11.29에서 제시된 결과들을 뒷받침해준다. 만약 유량이 훨씬 더 적다면, 비속도는 Pelton 휠을 사용해야 되는 범위(혼합류의 반동 터빈과 비교하여)까지 줄어들 수 있다.

터빈 속도를 임의로 정한 것처럼 보일 수 있지만 그렇지 않다. 대부분의 대형 수력 터빈들은 발전기를 돌리기 때문에, 회전 속도는 발전기의 자석 극들의 숫자와 요구되는 주파수(북미의 경우 60 Hz, 유럽의 경우 50 Hz)에 의해 결정된다.

11.8 팬 (Fans)

팬은 공기나 기체, 증기를 이동시키는데 사용된다.

이동시키려는 유체가 공기 또는 다른 기체나 증기일 때, 흔히 팬이 사용된다. 팬의 종류들은 데스크탑 컴퓨터를 냉각시키는데 사용하는 작은 팬에서부터 대형 빌딩의 환기, 발전소의 화석 연료로 생성된 증기 발전기를 위한 기계적 통풍 생성 등 많은 산업용 응용분야에 사용되는 대형 팬에 이르기까지 다양하다. 팬은 일반적으로 상대적으로 작은 회전 속도(수백에서 수천 rpm)에서 작동하며, 큰 체적(백 만 m^3/hr 이상)의 기체를 운반시킬 수 있다. 비록 관심 유체가 기체일지라도, 팬을 지나는 기체 밀도의 밀도는 대체로 7%를 넘지 않으며, 이는 공기에서 압력으로 대략적으로 단지 7 kPa 정도의 압력 변화에 해당된다(참고문헌 13). 따라서, 팬을 다루는 데 있어서, 기체 밀도는 일정하다고 가정하며, 유동 해석은 비압축성 유동 개념에 기반한다. 연관된 낮은 압력으로 인해, 팬은 흔히 경량의 판금으로 만들어진다. 팬은 또한 시스템 내에 위치에 따라서 **송풍기(blowers)**, **증압기(boosters)**, **배기기(exhausters)**라고도 불린다. 즉, 송풍기는 시스템 입구에 위치하여 있으며, 배기기는 시스템 출구, 그리고 증압기는 시스템 내부의 어떤 중간 지점에 위치하고 있다. 팬으로 가능한 것보다 더 큰 기체 밀도 및 압력의 변화를 만들어 내는데 사용하는 터보기계들은 **압축기(compressors)**라고 부른다(11.9.1절 참조).

펌프에서와 같이, 팬 설계형상은 혼합류, 축류(프로펠러) 팬들과 원심형(반경류) 팬들을 포함하며, 팬 성능 해석은 앞서 펌프에서 기술한 방법과 아주 유사하다. 원심형과 축류형 팬에서의 일반적인 성능 곡선 형태는 그림 11.17에서 원심형, 축류 펌프에서의 것들과 아주 유사하다. 그러나, 펌프에서 가장 일반적으로 사용되는 수두 상승이 아니라 팬 성능은 정압(static) 또는 전압(total) 증가로 종종 나타낸다. 팬 성능을 측정하는 데 있어 가장 흔히 사용되는 팬 정압 상승값은 출구 정압과 입구 전압의 차이로 주어지는 하이브리드 값이다.

11.9 압축성 유동 터보기계

압축성 유동 터보기계는 많은 면에서 이 장 전반부에서 서술한 비압축성 유동 펌프 및 터빈과 유사하다. 주요한 차이는 유체(기체 또는 증기) 밀도 변화가 압축성 유동 기계의 입구에서 출구까지 상당하게 변한다는 것이다. 이런 추가적인 특성은 때때로 흥미로운 결과(예: 충격파)나, 이점(예: 큰 압력 변화), 복잡한 문제(예: 날개 냉각)를 가져온다. 이 장 초반의 그림 11.1은 자동차 터보차져에서 사용되는 일반적인 원심형 터보 압축기를 보여준다. 엔진에서 나오는 배기 가스가 터빈을 구동하고, 터빈은 압축기에 동력을 공급하여 더 많은 공기가 엔진으로 유입될 수 있게 해 준다.

Video
V11.6 압축단계에서의 유동

압축성 유체 터보기계을 심도 깊게 이해하기 위해서는 앞서 제공된 기초적인 에너지(11.2절) 및 각 운동량(11.3절)에 대한 고려 뿐 아니라 다양한 열역학 개념을 숙달해야 한다. 관심있는 독자들은 추가적인 정보를 위해 관련된 훌륭한 참고문헌들(예, 참고문헌 1–4, 14–16) 중 일부를 읽어 볼 것을 권장한다.

11장 요약

이 장에서는 터보기계 유동의 다양한 측면들을 고려한다. 각 운동량 변화와 축 토크 사이의 관계는 터보펌프와 터빈이 어떻게 작동하는지 이해하는데 있어 핵심이다.

유체가 펌프 또는 터빈을 통해 흐를 때 유체의 각운동량의 축방향 성분의 변화와 연관된 축 토크는 입구와 출구의 속도 삼각형 선도로 기술된다. 속도 선도는 우리가 절대 속도, 상대 속도, 날개 속도 사이의 관계들을 이해할 수 있게 도와 준다.

원심형 펌프의 성능 특성이 기술된다. 표준 무차원 펌프 매개변수들, 상사법칙, 그리고 비속도의 개념이 펌프 해석을 위해 제시된다. 적합한 펌프 작동 및 선정을 위해서 펌프 성능 곡선과 시스템 곡선을 사용하는 방법이 제시된다. 축류형과 혼합류 펌프에 대한 간략히 논의된다.

아래의 체크리스트는 이 장을 위한 학습 방법을 제공한다. 전체 장의 학습을 완료하였을 때, 다음을 할 수 있어야만 한다.

- 아래의 표기된 용어들의 의미를 적고, 관련된 개념들 각각을 설명한다. 이 용어들은 특별히 중요하며, 교재에서는 굵은 검은 글씨체로 표시되어 있다.
- 주어진 펌프나 터빈 형상에서 들어오고 나가는 유동에 대한 적절한 속도삼각형을 그린다.
- 어떤 원심펌프의 형상에 대하여, 실제 축 토크, 실제 축 동력 그리고 이상적인 펌프 수두 증가를 계산한다.
- 어떤 주어진 시스템에 대하여, 펌프성능곡선과 시스템 곡선을 사용하여 펌프의 성능을 예측한다.
- 스케일링 법칙을 이용하여 같은 종류의 펌프 또는 팬에 대한 성능 예측을 바탕으로, 또 다른 펌프 또는 팬에 대한 성능 특성을 예측한다.
- 비속도를 사용하여 주어진 조건에서 반경류 펌프, 혼합류 펌프 또는 축류펌프가 가장 적합한지 결정한다.
- 충동터빈을 통해 흐르는 유동에 대해서 실제 축 토크와 실제 축 동력을 계산한다.
- 특정 반동터빈에 대하여 실제 축 토크와 축 동력을 계산한다.
- 비속도를 사용하여 어떤 주어진 상황에서 충동터빈 또는 반동터빈 중 어느 것이 더 적합한지 결정한다.

주요 방정식

속도 벡터합	$\mathbf{V} = \mathbf{W} + \mathbf{U}$	(11.1)
축토크	$T_{\text{shaft}} = -\dot{m}_1(r_1 V_{\theta 1}) + \dot{m}_2(r_2 V_{\theta 2})$	(11.2)
축동력	$\dot{W}_{\text{shaft}} = T_{\text{shaft}}\,\omega$	(11.3)
축동력	$\dot{W}_{\text{shaft}} = -\dot{m}_1(U_1 V_{\theta 1}) + \dot{m}_2(U_2 V_{\theta 2})$	(11.4)
축일	$w_{\text{shaft}} = \dfrac{\dot{W}_{\text{shaft}}}{\rho Q} = U_2 V_{\theta 2} - U_1 V_{\theta 1}$	(11.9)
펌프의 이상적인 수두 상승	$h_i = \dfrac{1}{g}\,(U_2 V_{\theta 2} - U_1 V_{\theta 1})$	(11.10)
펌프의 실제 수두 상승	$h_a = \dfrac{p_2 - p_1}{\gamma} + z_2 - z_1 + \dfrac{V_2^2 - V_1^2}{2g}$	(11.15)
펌프의 상사관계식	$\dfrac{gh_a}{\omega^2 D^2} = \phi_1\left(\dfrac{Q}{\omega D^3}\right)$	(11.23)
펌프의 상사관계식	$\dfrac{\dot{W}_{\text{shaft}}}{\rho\omega^3 D^5} = \phi_1\left(\dfrac{Q}{\omega D^3}\right)$	(11.24)
펌프의 상사관계식	$\eta = \phi_3\left(\dfrac{Q}{\omega D^3}\right)$	(11.25)
펌프의 스케일링 법칙	$\left(\dfrac{Q}{\omega D^3}\right)_1 = \left(\dfrac{Q}{\omega D^3}\right)_2$	(11.26)
펌프의 스케일링 법칙	$\left(\dfrac{gh_a}{\omega^2 D^2}\right)_1 = \left(\dfrac{gh_a}{\omega^2 D^2}\right)_2$	(11.27)
펌프의 스케일링 법칙	$\left(\dfrac{\dot{W}_{\text{shaft}}}{\rho\omega^3 D^5}\right)_1 = \left(\dfrac{\dot{W}_{\text{shaft}}}{\rho\omega^3 D^5}\right)_2$	(11.28)
펌프의 스케일링 법칙	$\eta_1 = \eta_2$	(11.29)
비속도 (펌프)	$N_{sd} = \dfrac{\omega\,(\text{rpm})\sqrt{Q\,(\text{gpm})}}{[h_a(\text{ft})]^{3/4}}$	(11.31)
비속도 (터빈)	$N'_{sd} = \dfrac{\omega\,(\text{rpm})\sqrt{\dot{W}_{\text{shaft}}\,(\text{kW})}}{[h_a\,(\text{m})]^{5/4}}$	(11.37)

참고문헌

1. Cumpsty, N. A., *Jet Propulsion*, 2nd Ed., Cambridge University Press, Cambridge, UK, 2003.
2. Saravanamuttoo, H. I. H., Rogers, G. F. C., and Cohen, H., *Gas Turbine Theory*, 5th Ed., Prentice-Hall, Saddle River, NJ, 2001.
3. Wilson, D. G., and Korakianitis, T., *The Design of High-Efficiency Turbomachinery and Gas Turbines*, 2nd Ed., Prentice-Hall, Saddle River, NJ, 1998.
4. Stepanoff, H. J., *Centrifugal and Axial Flow Pumps*, 2nd Ed., Wiley, New York, 1957.
5. Wislicenus, G. F., *Preliminary Design of Turbopumps and Related Machinery*, NASA Reference Publication 1170, 1986.
6. Neumann, B., *The Interaction Between Geometry and Performance of a Centrifugal Pump*, Mechanical Engineering Publications Limited, London, 1991.
7. Garay, P. N., *Pump Application Desk Book*, Fairmont Press, Lilburn, GA, 1990.
8. Rouse, H., *Elementary Mechanics of Fluids*, Wiley, New York, 1946. References 529
9. Kittredge, C. P., "Estimating the Efficiency of Prototype Pumps From Model Tests," ASME Paper 67-WA-FE6, 1967.
10. Hydraulic Institute, *Hydraulic Institute Standards*, 14th Ed., Hydraulic Institute, Cleveland, OH, 1983.
11. Kristal, F. A., and Annett, F. A., *Pumps: Types, Selection, Installation, Operation, and Maintenance*, McGraw-Hill, New York, 1953.
12. Karassick, I. J., et al., *Pump Handbook*, 3rd Ed., McGraw-Hill, New York, 2000.
13. Stepanoff, A. J., *Turboblowers*, Wiley, New York, 1955.
14. Cumpsty, N. A., *Compressor Aerodynamics*, Longman Scientific & Technical, Essex, UK, and Wiley, New York, 1989.
15. Johnson, I. A., and Bullock, R. D., eds., *Aerodynamic Design of Axial-Flow Compressors*, NASA SP-36, National Aeronautics and Space Administration, Washington, D.C., 1965.
16. Glassman, A. J., ed., *Turbine Design and Application*, Vol. 3, NASA SP-290, National Aeronautics and Space Administration, Washington, D.C., 1975.

연습문제 (QUESTIONS AND PROBLEMS)

C 프로그래밍이 가능한 계산기 또는 컴퓨터를 사용하여 풀 수 있는 문제

O 비판적 사고가 필요한 개방형 문제. 이러한 문제는 필요한 입력 데이터를 제공하기 위해 다양한 가정이 필요하다. 이러한 문제에 대한 고유한 답은 없다.

주: 문제에 대한 설명에 필요한 유체 물성치 값이 명시되지 않은 경우, 표 1.4-1.8 및 부록의 표에 있는 값을 사용하라.

11.1절 서론, 11.2절 에너지에 대한 기본적인 고찰

11.1.1 공기(비압축성이라고 가정)가 그림 P11.1.1의 로터를 통해 흘러가며, 이 때 절대 속도의 크기는 15 m/s에서 25 m/s으로 증가한다. 측정결과 입구에서의 절대 속도는 보여진 방향과 같다. 만약 유체가 로터에 어떤 토크도 가하지 않는다고 할 때, 출구에서의 절대 속도의 방향을 결정하여라? 회전은 시계방향(CW)인가 시계반대방향(CCW)인가? 이 장치는 펌프인가 터빈인가?

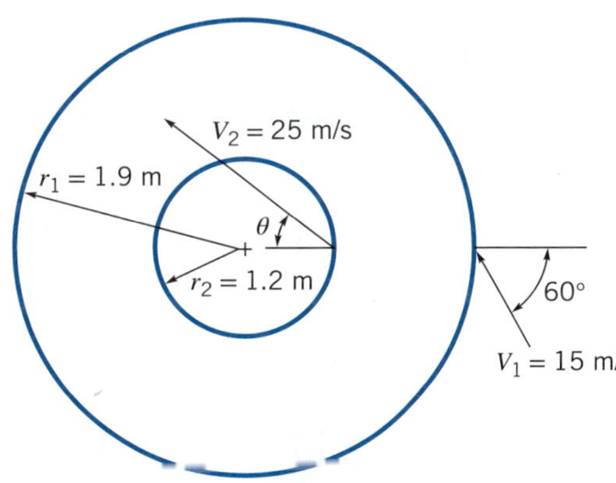

그림 P11.1.1

11.1.2 그림 P11.1.2에서 절대 속도가 표시된 바와 같을 때 터보기계에서 측정된 축 토크는 −60 N·m이다. 질량 유량을 결정하라. 만약 축 동력의 크기가 1800 N·m/s일 때 각

속도는 얼마인가? 이 장치는 펌프인가 터빈인가? 설명하여라.

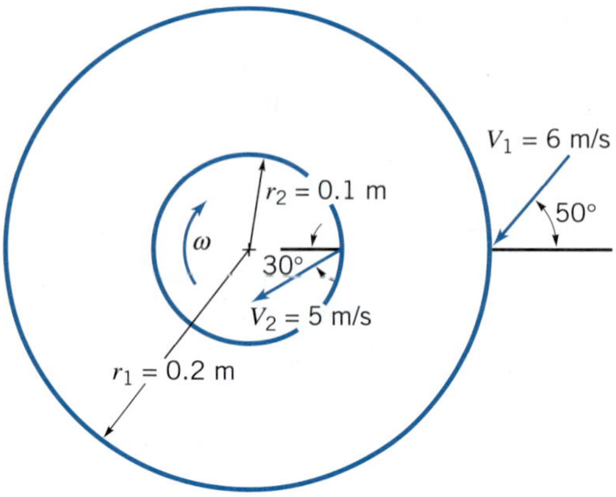

그림 P11.1.2

11.1.3 그림 P11.1.3에서 회전하는 매니폴드 위의 슬릿으로부터 수평의 균일한 3 mm 두께의 물 시트가 분출되고 있다. 암(arm)에 대한 상대 속도는 각 슬릿을 따라서 3 m/s로 일정하다. 매니폴드를 고정시키는데 필요한 토크를 결정하라. 만약 저항 토크가 무시할 정도라고 하면 매니폴드의 각속도는 얼마가 될 것인가?

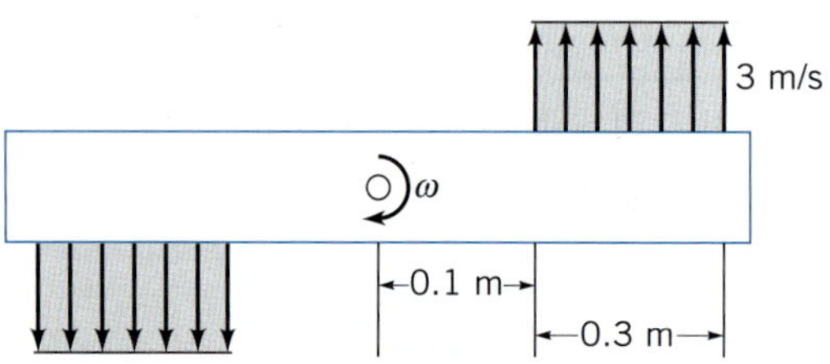

그림 P11.1.3

11.1.4 그림 P11.1.4에 축류형 터보기계 로터를 통과하는 유동에 대해서 산술 평균 반지름 위치에서의 상류[단면 (1)] 및 하류[단면 (2)] 속도 삼각형에 나타나 있다. 단면 (1)과 (2)에서의 축방향 속도 성분은 15 m/s 이다. (a) 각각의 속도 벡터를 적절히 표시하여라. 절대 속도로 **V**, 상대 속도로 **W**, 날개 속도로 **U**를 사용하여라. (b) 터빈인가 팬인가? (c) 단위 질량 당 일을 계산하라. (d) 타당한 날개 단면을 그려라. 실제 날개 출구 각도는 15°보다 작거나 클 필요가 있을까? 왜 인가?

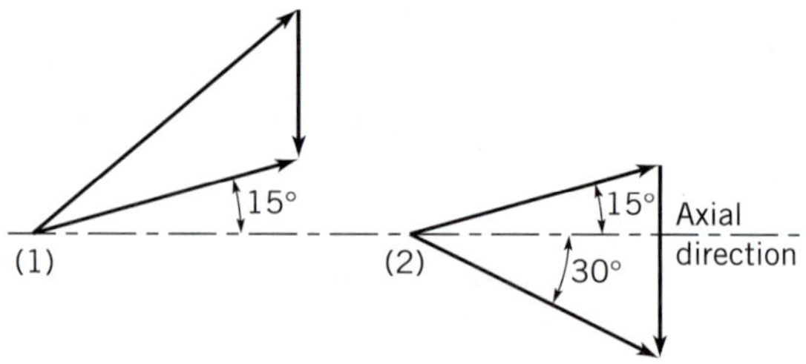

그림 P11.1.4

11.4절 원심 펌프

11.4.1절 이론적인 고찰

11.4.1 그림 P11.4.1에 그려진 원심 펌프를 떠나는 물의 반경방향 속도 성분은 14 m/s이다. 펌프 출구에서의 절대 속도의 크기는 28 m/s이다. 유체는 펌프 로터를 반경방향으로 들어온다. 펌프를 통해 흐르는 단위 질량 당 필요한 축일을 계산하여라.

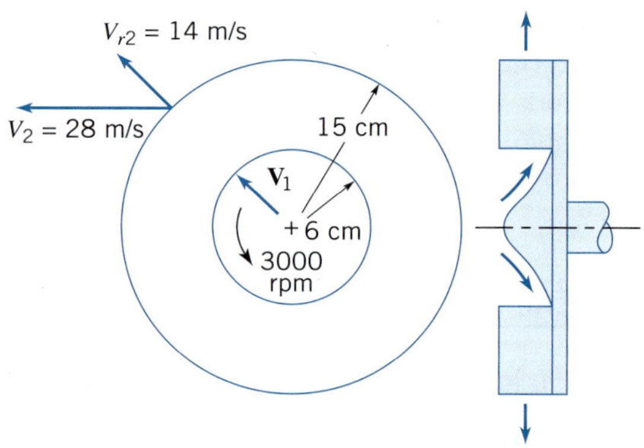

그림 P11.4.1

11.4.2 그림 P11.4.2에서 물이 반경 방향으로 절대 속도 $V_1 = 10$ m/s를 가지고 원심 펌프로 들어간 뒤, 반경 반향으로 각도 $\phi_2 = 60°$를 가지고 절대 속도 V_2로 나간다. 임펠러 폭(종이에 수직방향)은 $b = 0.125$ m, $R_1 = 0.125$ m, 그리고 $R_2 = 0.35$ m 이다. 마찰 손실이 없다고 할 때 펌프를 구동하기 위해 필요한 입력 토크 T를 구하라.

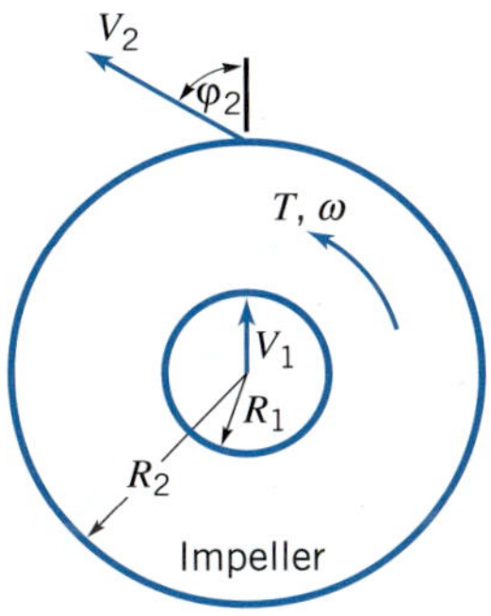

그림 P11.4.2

11.4.3 원심 펌프 임펠러가 그림 P11.4.3에 나타난 방향으로 1200 rpm으로 회전하고 있다. 유동은 회전 축에 평행하게 들어와서 반경 방향에 30° 각도를 가지고 나간다. 출구 절대 속도 V_2는 28 m/s이다. (a) 임펠러 출구 유동을 위한 속도 삼각형을 그려라. (b) 만약 유체가 물이라고 할 때 임펠러를 돌리는 데 필요한 토크를 계산하여라. 축이 부러지면 임펠러 회전 속도는 얼마가 될 것인가?

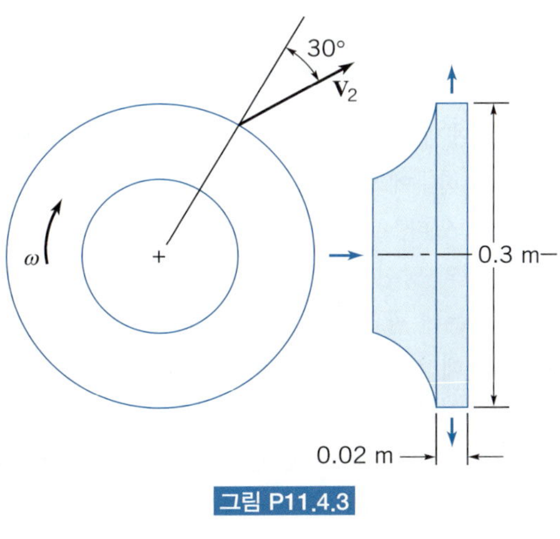

그림 P11.4.3

11.4.4 원심 반경류 물 펌프는 그림 P11.4.4에 보여진 치수를 가지고 있다. 체적 유량은 0.007 m^3/s이고 입구 절대 속도는 반경방향으로 바깥쪽을 향하고 있다. 임펠러의 각속도는 960 rpm 이다. 임펠러에 고정된 좌표계에서 본 출구 속도는 날개 끝단에서의 베인에 접한다고 가정할 수 있다. 수력 효율은 82%이고 기계적 효율은 96%이다. 펌프를 구동하는데 필요한 동력을 계산하여라.

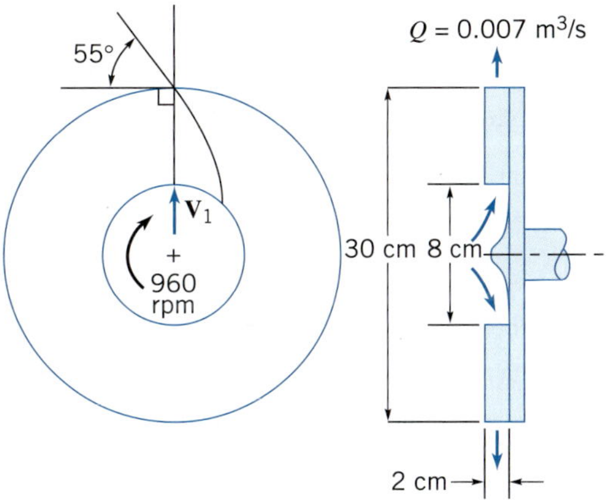

그림 P11.4.4

11.4.2절 펌프 성능 특성

11.4.5 원심 펌프로 물을 보내고 있는데, 펌프에서의 측정 결과는 15 liter/s 유량에 대해서 필요한 입력 동력이 4.5 kW임을 보여 준다. 펌프 효율이 62%일 때 물의 실제 수두 상승은 얼마인가?

11.4.6 특정 원심 펌프의 성능 특성은 그림 11.8에서 보여진 것과 유사한 실험 셋업으로부터 결정된다. 펌프를 통해 흐르는 액체($SG = 0.9$)의 유량이 7.5 liter/s일 때, (1)에서의 계기 압력은 95 mm의 수은주의 높이의 진공압을 지시하고 있고, (2)에서의 계기 압력은 80 kPa의 압력을 지시하고 있다. 입구에서의 관의 직경은 110 mm이고 출구에서의 직경은 55 mm 이다. 만약 $z_2 - z_1 = 0.5$ m일 경우, 펌프 양단에서의 실제 수두 상승은 얼마인가? 펌프 모터 동력 요구량을 어떻게 계산하였는지 설명하여라.

11.4.3절 시스템 특성, 펌프–시스템 매칭, 펌프 선정

11.4.7 수두–용량 관계가 식 $h_a = 180 - 6.10 \times 10^{-4}Q^2$ (h_a는 m 단위, Q는 m^3/s 단위)으로 주어지는 원심 펌프가 그림 11.11에 보여진 것과 유사한 시스템에서 사용하고자 한다. $z_2 - z_1 = 15$ m 조건에서, 만약 동일한 직경의 파이프의 총 길이가 183 m이고 유체가 물이라고 할 때 예상되는 유량은 얼마인가? 파이프 직경이 10 cm이고 마찰 계수는 0.02라고 가정하여라. 모든 부손실은 무시하라.

11.4.8 예제 11.3에 보여진 특성을 가진 원심 펌프가 20 cm 지름, 30 m 길이의 파이프를 통해 두 개의 큰 열린 탱크 사이의 물을 운반하는데 사용된다. 파이프라인에는 4개의 표준 (regular) 90° 엘보우(elbow), 체크밸브(check valve), 그리고 완전히 열려진 글로브 밸브(globe valve)가 있다. 다른 부손실은 무시할 정도이다. 파이프의 30 m 영역에서 $f = 0.02$ 마찰 계수를 가정하여라. 만약 정지수두(두개의 탱크 사이의 유체 표면의 높이 차이)가 9 m일 때, 기대 유량은 얼마인가? 이 펌프가 좋은 선택이라고 생각하는가? 설명하여라.

11.4.9 그림 P11.4.9(a)에서 보여진 바와 같이 화학 처리 공장에서 액체가 0.1 m 지름의 수직 파이프를 통해서 하나의 열린 탱크로부터 다른 열ㄹ힌 탱크로 공급된다. 밸브가 파이프에 위치하고 있고, 밸브 세팅의 함수로 밸브의 부손실 계수가 그림 P11.4.9(b)에 나타나 있다. 펌프 수두–용량 관계식은 식 $h_a = 52.0 - 1.10 \times 10^3 Q^2$($h_a$는 m 단위, Q는 m^3/s 단위)에 의해 주어진다. 파이프에 대해서 마찰 계수 $f = 0.02$를 가정하고, 밸브를 제외한 모든 부손실들은 무시할 수 있다. 두 개의 탱크에서의 유체 수위는 일정하게 유지된다고 가정할 수 있다. (a) 밸브가 완전히 열려 있을 때의 유량을 결정하여라. (b) 유량을 50% 줄이기 위해 필요한 밸브 셋팅(열린 퍼센트)를 결정하여라.

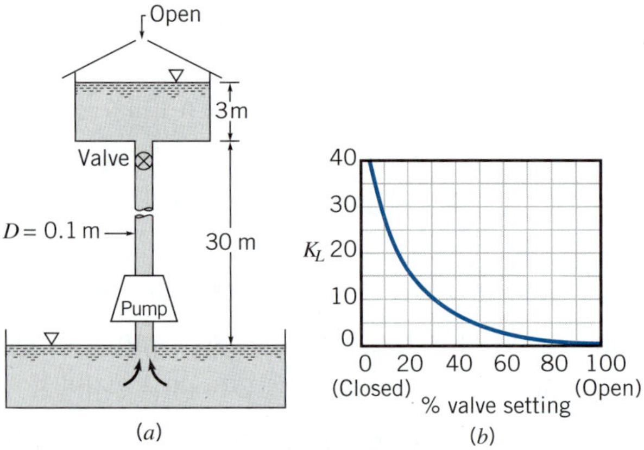

그림 P11.4.9

11.4.10 그림 P11.4.10에서 펌프 두 개가 파이프 시스템을 통해 물을 공급하는데 직렬로 연결되어 작동하고 있다. 10 ℃ 물과 연결이 나사 형태일 때 파이프 시스템을 지나는 유량을 결정하여라. 두 개의 펌프에 들어가는 총 동력 입력값을 찾아라.

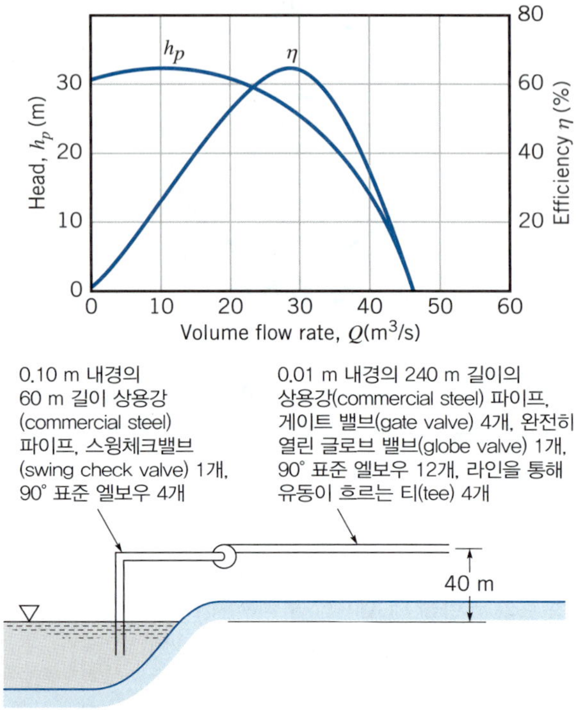

그림 P11.4.10

11.4.11 ⓞ 예제 11.3에서 기술된 두 개의 탱크 사이로 일년에 365일, 하루에 한번 두 시간 동안 펌프를 작동하여 물을 이송하고 있다. 두 개의 탱크의 물의 수위는 일정하게 유지된다. 만약 당신 도시에 이 설비가 있다고 할 때 펌프를 작동시키는데 필요한 연간 전력 비용을 계산하라. 펌프를 구동하는데 사용되는 모터의 효율에 대해서는 타당한 값을 정하여 적용해야 할 것이다. 노화로 인해, 시스템의 전반적인 저항은 시간이 지남에 따라 증가할 것으로 예측할 수 있다. 만약 그림 E11.3c의 작동점이 유량이 63 liter/s로 줄어드는 점으로 바뀐다면, 펌프의 새로운 연간 작동 비용은 얼마인가? 전력 비용은 동일하다고 가정하라.

11.5절 무차원 매개변수와 상사법칙

11.5.1 1200 rpm의 속도로 작동할 때, 물 4.1 m^3/s의 유량에서 200 m의 수두 증가를 공급할 수 있도록 1 m의 임펠러 직경의 원심 펌프를 제작하고자 한다. 이 펌프의 특성을 연구하기 위하여, 1/5 스케일의 기하학적으로 상사 모델을 동일한 속도에서 실험실에서 테스트하고자 한다. 필요한

모델 유량과 수두 증가를 결정하여라. 모델과 원형 모두 동일한 효율(따라서 동일한 유량 계수)을 가지고 작동한다고 가정하라.

11.5.2 덕트에서 작동하고 있는 원심 팬은 아래의 무차원 매개변수를 가지고 있다.

$$C_Q = \frac{Q}{\omega D^3} \quad \text{and} \quad C_H = \frac{\Delta p}{\rho \omega^2 D^2}$$

여기서 C_Q는 유동 계수, C_H는 수두 계수, Q는 체적 유량, ω는 팬 속도, D는 팬 직경, ρ는 유체 밀도, Δp는 팬 압력 증가이다. 그림 P11.5.2는 팬 속도 $\omega_{15} = 1500$ rpm에 대해서 차원이 있는 형태로 이 팬의 성능 곡선을 보여주고 있다. $\omega_{30} = 3000$ rpm과 $\omega_{15} = 1500$ rpm에서 점 1, 3, 5에 상응하는 팬 작동점(Q와 Δp)을 찾아라. 1500 rpm과 3000 rpm 사이는 상사라고 가정하여라.

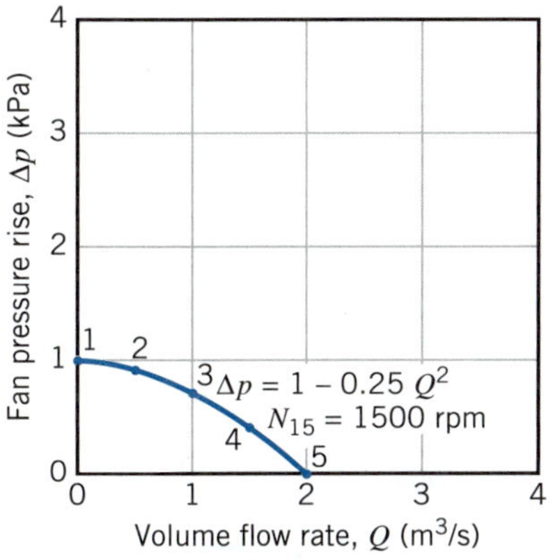

그림 P11.5.2

11.5.3 원형 팬은 6 m 지름, 100 kPa의 입구 압력, 21°C의 입구 온도, 90 rpm의 속도를 가지고 있다. 1/10 스케일의 모델 팬은 동일한 입구 압력 및 온도와, 1 kW 입구 동력, 0.1 m^3/s 유량, 1800 rpm의 속도를 가지고 있다. 원형 팬의 상응하는 입구 동력과 유량을 찾아라. Reynolds 수 영향은 무시하여라.

11.5.4 특정 응용에서, 펌프는 1200 rpm으로 작동할 때 90 m 수두에 대응하여 0.3 m^3/s의 유량을 이송하는 것이 요구된다. 어떤 종류의 펌프를 추천할 것인가?

11.5.5 축류 펌프가 300 rpm에서 작동하여 20°C의 윤활유를 공급하고 있다. 15°C의 물을 공급하는 1/5 크기의 기하학적으로 상사인 펌프가 더 큰 펌프를 모델링하기 위해 사용된다. 작은 펌프는 얼마나 빨리 작동해야 하는가? 결과의 정확성에 대해 논의하여라.

11.6절 축류 펌프와 혼합류 펌프

11.6.1 특정 축류 펌프는 $N_s = 5.0$의 비속도를 가지고 있다. 만약 펌프가 4.5 m의 수두에 대응하여 작동할 때 190 liter/s의 유량을 이송할 것으로 기대된다면, 펌프는 어떤 속도(rpm)에서 작동해야 하는가? 펌프 임펠러를 스케치하여라(정면과 측면).

11.6.2 특정 펌프가 20 m의 수두에 대항하여 60 rad/s의 속도로 작동할 때, 3 m^3/s의 용량을 가진다고 알려져 있다. 그림 11.15의 정보에 기초하여, 반경류, 혼합류, 축류 펌프 중 어떤 것을 추천하는가? 펌프 임펠러를 스케치하라(정면과 측면).

11.6.3 파이프라인의 시스템 저항은 $\Delta p_{sys} = 2.0Q^2$로 주어지는데, 여기서 Δp_{sys}는 파이프 시스템을 통해 유량 Q을 전달하는 데 요구되는 펌프의 압력 증가량이다. 펌프의 압력 증가–유동 특성은 $\Delta p_p = 30.0 - 3.0Q^2$로 주어진다. 두 개 모두 곡선에서 Δp은 kPa 단위이고, Q는 m^3/s 단위이다. 만약 이 펌프를 이 파이프 시스템에 사용하고 펌프의 전체 효율이 90%라고 할 때 펌프 입력 동력을 계산하여라.

11.6.4 그림 11.16의 축류형 펌프는 1.5 m 물의 수두 증가에 대해서 0.3 m^3/s의 물을 이송하도록 설계된다. 필요한 모터 동력과 연속적으로 이 유량을 얻기 위해 필요한 $U_2V_{\theta 2}$을 계산하여라. 펌프를 이 파이프에서 수직으로 놓을 때 관련된 주의사항들에 대해 논하라.

11.6.5 프로펠러에 의해 구동되는 항공기가 속도 $V_1 = 321$ km/h (89 m/s)로 운항하고 있다. 프로펠러 직경은 3 m이고 3000 rpm으로 회전한다. 그림 P11.6.5는 1 m 반지름에서 프로펠러의 짧은 단면에 대한 프로펠러 단면 현상과 속도 삼각형을 보여주고 있다. 출구 상대 속도는 W_2는 출구에서 프로펠러에 접해서 $\beta_1' = \beta_2 = 50°$라고 가정한다. 공기가 프로펠러 위를 지날 때 밀도는 일정하나, 프로펠러의 이 짧은 단면과 상호작용하는 질량 유량에 대한 유량 면적은 프로펠러의 상류와 하류(입구와 출구)에서 같다(즉 $A_1 = A_2$)고 가정한다. U, W_2, V_2, α를 구해서 프로펠러 하류에서의 속도 삼각형을 만들어라.

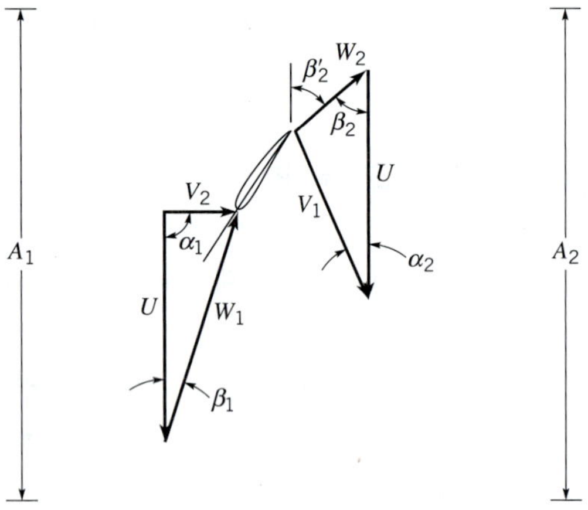

그림 P11.6.5

11.8절 터빈 (또한 11.3절 참조)

11.8.1 유동이 안쪽으로 향하는 반경류 터빈은 노즐 각 α_1이 60°, 입구 로터 끝 속도 U_1이 9 m/s이다. 로터 입구와 출구 지름비는 2.0이다. 속도의 반경 방향 성분은 로터를 통과하면서 6 m/s로 일정하게 유지되며, 면 (2)에서 로터를 떠나는 유동은 각 운동량을 가지고 있지 않다. 만약 유체가 물이고 로터 사이의 정체 압력의 감소량이 110 kPa일 때, 로터 사이의 활용할 수 있는 에너지의 손실과 효율을 결정하여라.

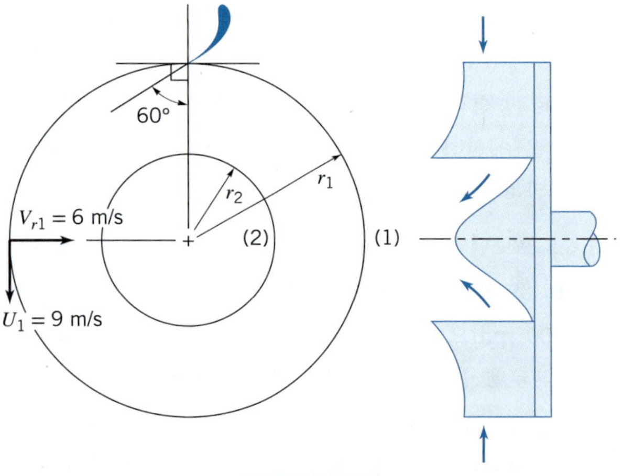

그림 P11.8.1

11.8.2 그림 P11.8.2에서 수력터빈의 마찰이 없는 축소 정지 노즐은 입구 압력 $p_0 = 480$ kPa, 무시할 수 있는 입구 속도 V_0, 출구 압력 $p_1 = 110$ kPa을 가지고 있다. 속도 V_1은 축류 터빈을 구동하는데 사용되는데, 여기에서 회전속도 185.7 rpm, 바깥 반지름 $R = 1.20$ m, 날개 높이 $h = 0.40$ m이다. 속도 V_1, V_2와 α_1, α_2에 대하여 터빈으로 전달되는 동력을 결정하라. 유동 입구와 출구 면적에서 속도는 균일하다고 가정하고, 날개 중간높이($r = 1.00$ m)에서의 평균 날개 속도와 20°C 물 온도를 사용하여라.

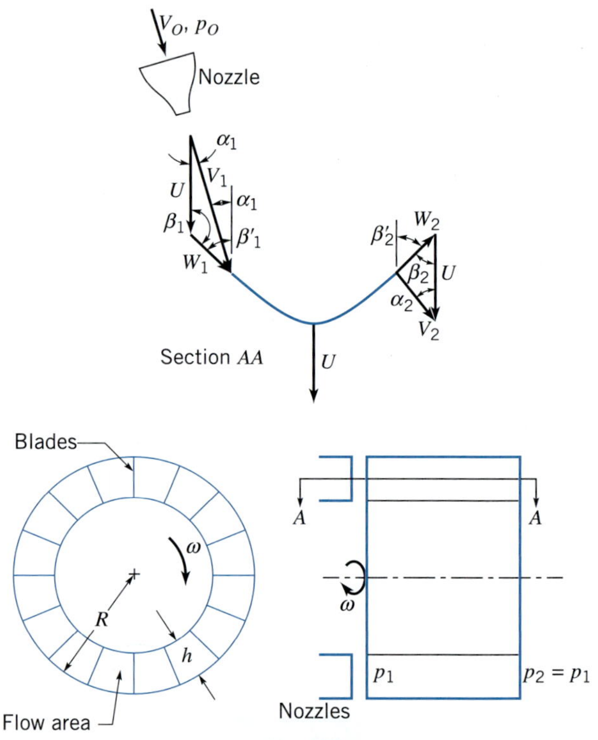

그림 P11.8.2

11.8.3 수력 터빈 휠이 그림 P11.8.3에서 보이는 방향으로 100 rpm으로 회전하고 있다. 날개의 안쪽 반지름 r_2은 30 cm이고, 바깥 반지름 r_1은 60 cm이다. 터빈 로터에서의 절대속도벡터는 접선 방향과 20° 각도를 이루고 있다. 입구 날개 각도는 접선 방향에 대하여 60°이며, 날개 출구 각도는 120°이다. 유량은 0.3 m^3/s 이다. 입구와 출구에서 로터 날개 표면에 접하는 유동에 대하여, 적합한 일정 날개 높이 b와 대응하는 로터 축에서 가용한 동력을 결정하여라. 축 동력은 유체가 잃어버리는 동력보다 큰가 작은가? 설명하여라.

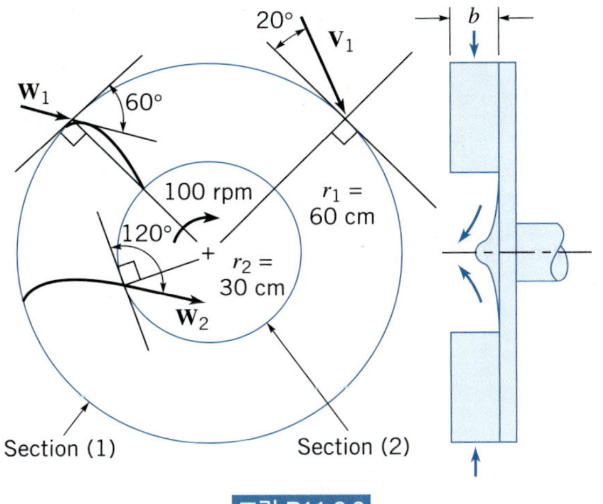

그림 P11.8.3

11.8.4 그림 P11.8.4는 축류 수력터빈 단(stage)의 산술 평균 반지름 날개 단면의 스케치를 보여준다. 로터 속도는 1500 rpm이다. (a) 로터 열을 들어오고 나가는 유동에 대하여 속도 삼각형을 그리고 표시하여라. 절대 속도로 **V**, 상대 속도로 **W**, 날개 속도로 **U**를 사용하여라. 표시된 날개 각도에서 유동이 각각의 날개 열을 들어오고 나간다고 가정하여라. (b) 축에 전달된 질량 당 일을 계산하여라.

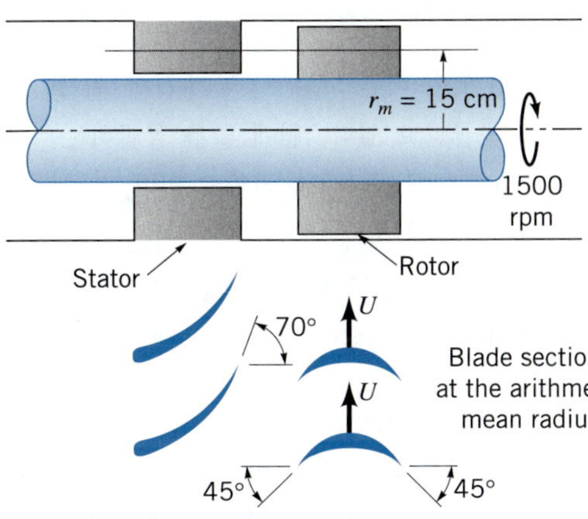

그림 P11.8.4

11.8.5 그림 11.8.5는 마찰 손실이 $h_{L1-2} = 4.0Q^2$(h_{L1-2}: 단위 m, Q : 난위 m^3/s)인 파이프 시스템을 보여주고 있다. 터빈 성능 특성은 $h_t = 20 + 12.0Q$에 의해서 주어지며, 여기서 h_t는 m 단위의 터빈 수두이며 Q의 단위는 m^3/s 이다. 유량 Q를 구하라.

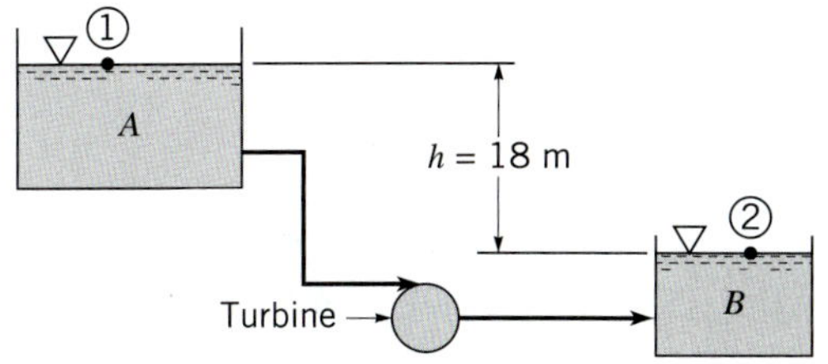

그림 P11.8.5

11.8.6 Video 비디오 V11.4와 그림 P11.8.6에서 작은 Pelton 휠이 진동하는 잔디 스프링쿨러를 구동하는데 사용되고 있다. 터빈의 산술평균반지름은 2.5 cm이고, 날개의 출구각도는 날개 이동 방향에 대해서 135°이다. 물은 15 m/s의 속도로 5 mm 지름의 단일 노즐을 통해서 공급된다. 유량과 발생하는 최대 토크, 이 터빈에 의해 발생하는 최대 동력을 결정하여라.

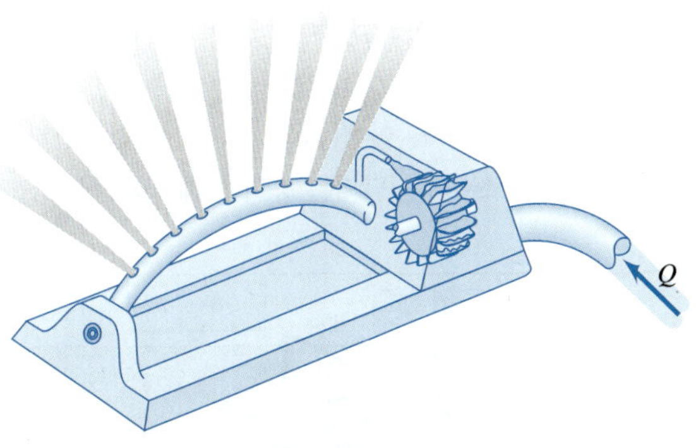

그림 P11.8.6

11.8.7 풍차는 $V_1 = 38$ km/h (10.5 m/s) 접근속도와 30 m의 날개 직경을 가지고 있다. 날개는 15 rpm으로 회전한다. 그림 P11.8.7은 날개 단면적 형상과 $r = 8$ m 반지름 위치에서 날개 짧은면에서의 속도 삼각형을 보여주고 있다. 출구 상대 속도 W_2는 출구에서 날개의 접하며, 따라서 $\beta_2 = \beta_2' = 30°$이다. 날개 위를 흐를때 공기 밀도는 일정하다. 날개의 이 짧은 면과 상호작용하는 질량 유량이 유동 면적은 날개의 상류와 하류에서 같다(즉, $A_1 = A_2$). U, W_2, V_2, α_2를 구해서 날개 하류에서의 속도 삼각형을 구하라.

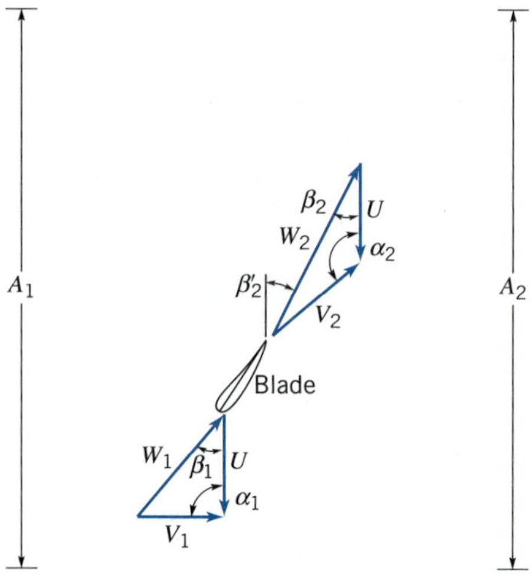

그림 P11.8.7

11.8.8 그림 P11.8.8의 단일 단, 축류터보기계에서 9 m^3/s 체적유량의 물이 흐르고 있다 로터는 6000 rpm으로 회전한다 단을 통과하는 환형 유로의 내부와 외부 반지름은 각각 0.46 m, 0.61 m이며, $\beta_2 = 60°$이다. 로터 열을 들어오는 유동과 스테이터 열을 나가는 유동은 정지된 케이싱에서 봤을때 축방향이다. 이 장치는 터빈이가 펌프인가? 유체로 또는 유체로부터 전달되는 동력을 계산하여라.

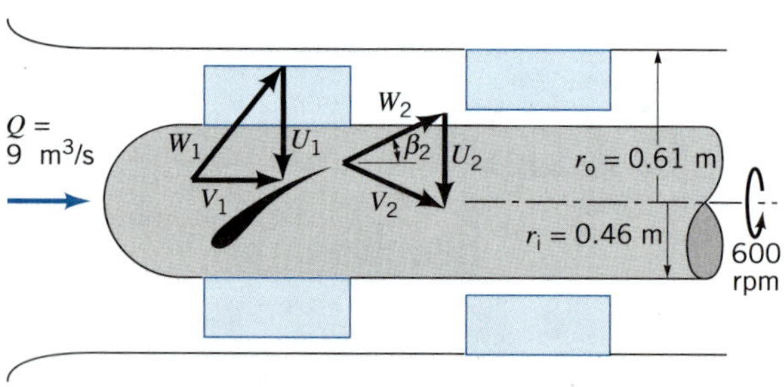

그림 P11.8.8

11.8.9 Video 예제 11.6에서 논의되고 비디오 V11.5에서 보여진 것과 같은 치과의사 드릴의 공기 터빈에 대하여, 회전 속도 350,000 rpm과 연관된 평균 날개 속도를 계산하여라. 이 터빈을 돌리기 위해 필요한 공기 압력을 계산하여라.

11.8.10 그림 P11.8.10에서 Pelton 휠 터빈을 위해 수원으로부터 수로를 통해 물이 흐르고 있다. 수로와 제어밸브 등에 대한 유효 마찰 계수는 0.032이고, 제트의 지름은 0.20 m이다. 최대 출력을 결정하여라.

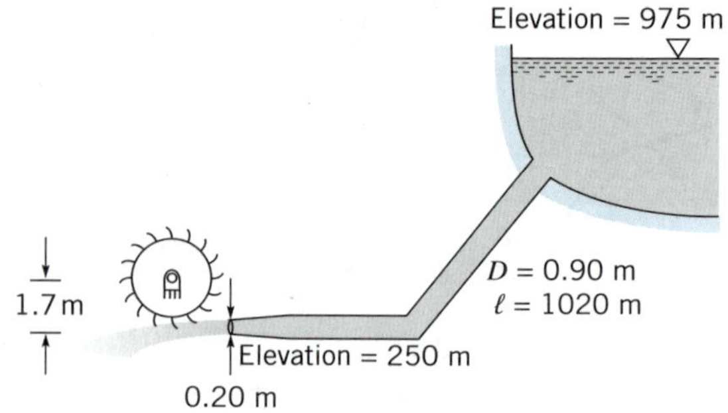

그림 P11.8.10

11.8.11 Pelton 휠은 지름이 2 m이며 180 rpm으로 회전할 때 500 kW를 발생시킨다. 날개에 대해서 물이 가하는 평균 힘은 얼마인가? 터빈의 최대 효율로 작동한다고 가정했을때, 노즐로부터 나오는 물의 제트의 속도와 질량유량을 결정하여라.

11.8.12 Pelton 휠을 구동하기 위한 물이 길이 ℓ, 지름 D, 마찰 계수 f를 가지는 수로를 통해 공급되고 있다. 수로에서의 유동과 관련된 유일한 손실이 파이프 마찰이라고 할 때, 터빈의 최대 출력은 노즐 직경 D_1이 $D_1 = D/(2f\ell/D)^{1/4}$일 때 발생한다는 것을 보여라.

11.8.13 Pelton 휠은 터빈으로부터 높이 H에 위치한 호수로부터 물을 공급받고 있다. 휠에 물을 공급하는 수로는 길이 ℓ, 지름 D, 마찰 계수 f를 가지고 있다. 부손실은 무시할 수 있다. 터빈에 의해 발생하는 동력은 노즐 출구에서의 속도 수두가 $2H/3$일 때 최대임을 보여라. 주: 문제 11.8.12의 결과를 유용할 수 있다.

11.8.14 물이 그림 11.22에서의 Pelton 휠 터빈을 통해 흐르고 있다. 단순화를 위해 물의 방향에 날개에 의해 180° 돌려진다고 가정한다. 에너지 식(식 5.82)에 기초하여 최대 출력은 터빈을 나가는 유체의 절대 속도가 0일때 발생함을 보여라.

11.8.15 1 m 지름의 Pelton 휠이 300 rpm으로 회전한다. 다음 수두 중 어느것이 이 터빈에 가장 적합할 것인가? (a) 2 (b) 5 (c) 40 (d) 70 (d) 140. 설명하여라.

11.8.16 그림 P11.8.16의 흡출관은 종종 Kaplan 터빈과 Francis 터빈의 출구에 설치된다. 왜 이런 흡출관들이 유리한지 설명하여라.

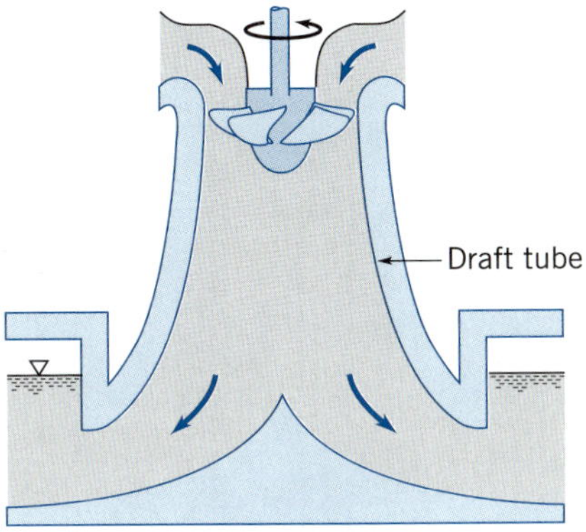

그림 P11.8.16

11.8.17 21 m 수두와 60 rpm의 각속도에서 작동할 때 22 MW를 생산하도록 터빈을 설계하려고 한다. 어떤 종류의 터빈이 이 목적에 가장 적합한가? 필요한 유량을 추정하여라.

11.8.18 터빈을 1750 rpm으로 작동시키는데 28 bar의 물을 이용할 수 있다. 터빈이 대략 150 kW의 출력을 가져야 된다고 했을 때 어떤 종류의 터빈을 사용할 것을 제안하는가?

11.8.19 수두 15 m, 각속도 100 rpm에서 37 MW를 생산하기를 원한다. 만약 비속도가 (a) 50, (b) 100이라고 할 때, 몇개의 터빈이 필요할 것인가?

11.8.20 Ⓒ 그림 P11.8.20의 작은 Francis 터빈에 대한 시험데이터가 아래 표에 주어져 있다. 시험은 터빈의 상류에서 일정한 10 m 수두에서 실시되었다. 터빈 출력 축의 Prony 브레이크를 조절하여 다양한 각속도를 얻었고, 브레이크 암에 걸리는 힘 F를 기록하였다. 주어진 데이터를 사용하여 각속도의 함수로 토크와 터빈 효율 곡선을 그려라.

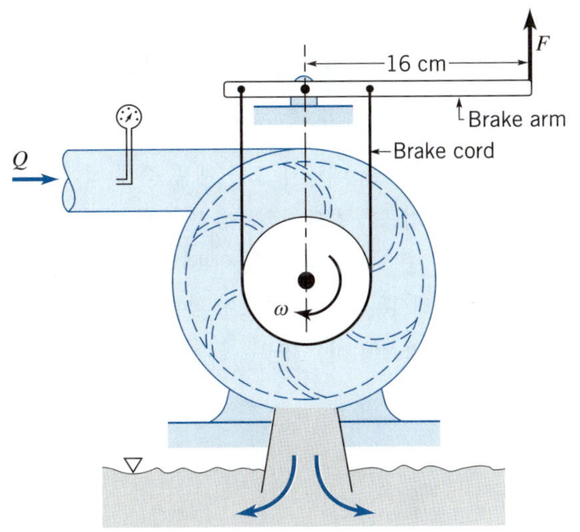

ω (rpm)	Q (m^3/s)	F (N)
0	0.004	11.7
1000	0.004	10.5
1500	0.004	10
1870	0.0035	8.5
2170	0.003	6.5
2350	0.0026	4
2580	0.0022	1.5
2710	0.002	0.5

그림 P11.8.20

평생학습문제

11.1 LL 가스 터빈 엔진 압축기와 관련된 주요한 미 해결된 유체역학 문제들이 무엇이라고 생각하는가? 고압과 저압의 가스 터빈 엔진에서는? 제트 엔진 팬에서는?

11.2 LL 특정한 날을 골라라(어떤 날도 괜찮다). 그 날 동안 하나 또는 그 이상의 터보기계들이 작동하여 당신의 삶을 더 낫게, 쉽게, 또는 더 편안하게 해 주는 적어도 10개의 다른 예들을 적어라(만약 기계가 용광로의 팬과 같이 대체로 연속적으로 작동하면, 한번만 적어라). 각각의 경우에, 기계의 종류(예. 축류 팬)를 기록하여라. 모르는 경우, 가능한 한 추측하라. 그리고, 각각의 기계에서 유량과, 압력 변화, 동력 입력 값, 출력 값을 추정하여라.

11.3 LL 다음 분류의 터보기계들이 얻을 수 있는 현재 효율은 얼마인가? (a) 풍력터빈; (b) 수력터빈; (c) 발전소 증기 터빈; (d) 항공기 가스 터빈 엔진; (e) 천연가스 관 압축기; (f) 가정용 진공청소기 송풍기; (g) 노트북 컴퓨터 냉각

팬; (h) 관개용 펌프; (i) 치과의사 드릴 공기터빈. 이 장치들을 개선하기 위해서는 무엇을 해야 하는가?

11.4 LL 온라인으로 검색해서 최소 10개의 다른 펌프 제조사를 찾아라. 각각에 대해서 그들 제품 중에 적어도 3개의 다른 종류의 펌프를 선택하라. 이 펌프에 대한 성능 곡선을 찾고 이들 중 5개에 대해서는 비속도, 그리고 5개의 다른 펌프에 대해서는 흡입 비속도를 추정하여라. 이 펌프들은 그림 11.15와 일치하는가?

APPENDIX A
전산유체역학

A.1 서론

디지털 컴퓨터를 사용한 수치적 방법은 다양한 유체 유동의 문제를 해결하는 데 일반적으로 사용된다. 6장에서 설명했듯이 뉴턴 유체의 흐름을 지배하는 미분 방정식[Navier-Stokes 방정식(Eq. 6.120)]은 수년 전에 도출되었지만, 이에 대한 해석적 해는 부분적인 특별한 유동 조건에서만 알려져 있다. 그러나 고속 디지털 컴퓨터의 등장으로 다양한 상황에서 이러한 방정식(및 기타 유체 역학)에 대한 근사적인 수치 해를 얻을 수 있게 되었다.

계산 유체 역학(CFD)은 편미분 방정식을 편미분 방정식을 근사하는 이산화된 대수 방정식으로 대체하는 것을 포함한다. 그런 다음 이러한 방정식을 수치적으로 해를 구하여 공간 및/또는 시간의 이산점에서 유동장 값을 얻을 수 있다. Navier-Stokes 방정식은 유체 연속체의 유동장 어디에서나 유효하기 때문에, 이러한 방정식에 대한 해석적 해는 유동의 무한한 수의 격자점 (유동장의 미세 검사 체적으로 나눈 각 꼭짓점)에 대한 해를 제공한다. 그러나 해석적 해는 제한된 수의 단순화된 유동 기하학에 대해서만 사용할 수 있다. 이 한계를 극복하기 위해, 지배 방정식을 이산화 하여 컴퓨터가 해결할 수 있도록 대수적 형태로 입력할 수 있다. CFD 시뮬레이션은 해석이 이루어지는 미세 검사체적의 격자 또는 메시를 구성하는 이산점에서만 관련 유동 변수를 확인할 수 있다(자세한 내용은 나중에 논의됨). 비 격자 점 (격자와 격자 사이의 위치 등) 위치에서 값을 얻기 위해 보간 방식이 사용된다.

CFD는 수치 실험으로 생각할 수 있다. 일반적인 유체 실험에서는 실험 모델을 구축하고, 그 모델과 상호작용하는 흐름의 측정값을 획득한 후 그 결과를 분석한다. CFD에서는 모델의 구축을 지배 방정식의 차분화와 수치 알고리즘의 개발로 대체할 수 있다. 측정값을 얻는 과정은 흐름 상호작용을 시뮬레이션하기 위해 컴퓨터에서 알고리즘을 실행하는 것으로 대비하여 생각할 수 있다. 당연히 결과 분석은 두 기술 모두에 공통점이 있다.

CFD는 유체 역학 연구의 하위 분야로 분류될 수 있다. 그러나 CFD 주제에 대한 철저한 범위는 이 교과서의 범위를 훨씬 벗어난다는 점을 상기시킨다. 이 부록에서는 CFD에서 더 중요한 주제 중 일부를 강조하지만 간략한 소개로만 목적을 두고 있다. 주제에는 지배 방정식의 이산화, 격자 생성, 경계 조건, CFD의 적용 및 몇 가지 대표적인 예시가 포함되어 소개된다.

A.2 이산화 과정

이산화 과정은 편미분 방정식 대체할 일련의 대수 방정식(흐름 영역의 이산점을 기반으로 함)을 개발하는 것을 포함한다. 지배 미분 방정식의 수치적 해에 사용할 수 있는 다양한 이산화 기법 중에서 다음 세 가지 유형이 가장 일반적이다 : (1) 유한 차분법, (2) 유한 요소(또는 유한 부피)법, (3) 경계 요소법. 이러한 각 방법에서 연속 유동장(즉, 공간과 시간의 함수로서의 속도 또는 압력)은 주어진 위치에서 이산(연속적이지 않은) 값으로 대표된다. 이 기법을 통해 미분 방정식은 컴퓨터에서 해결할 수 있는 일련의 대수 방정식으로 대체되어 우리가 원하는 해를 제공할 수 있게 된다.

유한 요소(또는 **유한 체적**) 방법의 경우, 유동장은 작은 유체 요소 집합(유동이 2차원인 경우 일반적으로 삼각형 영역 또는 유동이 3차원인 경우 작은 부피 요소)으로 나누어진다. 보존 방정식(즉, 질량, 운동량 및 에너지 보존)은 각 요소에 적합한 형태로 작성되며, 유동장에 대한 결과 대수 방정식 집합은 수치적으로 해결된다. 요소의 수, 크기 및 모양은 부분적으로 당면한 문제의 특정 유동 기하학 및 유동 조건에 의해 결정되며 요소의 수가 증가함에 따라(복잡한 경계를 가진 유동에 필요한 경우) 해결해야 하는 동시에 해석되어야 할 대수 방정식의 수가 급격히 증가한다. 오늘날 CFD 학자들 사이에서는 특히 복잡한 3차원 기하학의 경우 100만 개 이상의 그리드 셀을 채택해야만 하는 문제가 흔하지 않다. 이 방법에 대한 추가 정보는 참고 문헌 1과 참고 문헌 2에서 확인할 수 있다.

경계 요소 방법의 경우, 유동장의 경계(유한 요소 방법처럼 전체 유동장이 아닌)를 이산 세그먼트로 나누고(참고문헌 3), 소스, 싱크, 더블릿, 소용돌이와 같은 적절한 특이점을 이러한 경계 요소에 분포시킨다(참고문헌 3). 특이점의 강도와 유형은 경계 요소에서 유동의 적절한 경계 조건을 얻기 위해 선택되며 경계에 있지 않은 유동장 내의 점들에 대해서는 경계의 다양한 특이점의 기여를 더하여 유동을 계산하게 된다. 이 방법의 세부 사항은 수학적으로 다소 정교하지만, (특정 문제에 따라) 유한 요소 방법보다 계산 시간과 공간이 덜 필요할 수 있다. 에어포일을 통과하는 2차원 유동에 대한 일반적인 경계 요소와 관련된 특이점(vortices)은 그림 A.1에서 확인할 수 있다. 공기역학에서 이러한 경계 요소 방법의 사용은 종종 각 요소가 에어포일 표면에서 패널 역할을 한다는 사실을 인식하여 **패널 방법**이라고 불린다(참고문헌 4).

계산 유체 역학을 위한 **유한 차분 방법**은 이전의 세 가지 방법 중에서 가장 쉽게 이해되고 널리 사용된 방법일 것으로 예측된다. 이 방법에서는 흐름 영역을 격자점 집합으로 분

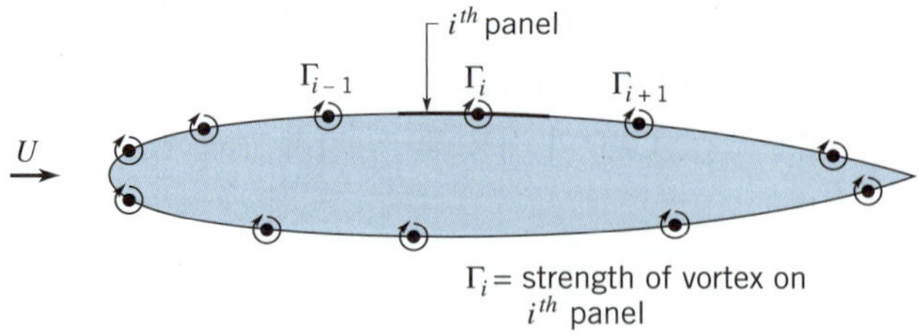

그림 A.1 에어포일을 통과하는 흐름을 위한 패널 방법

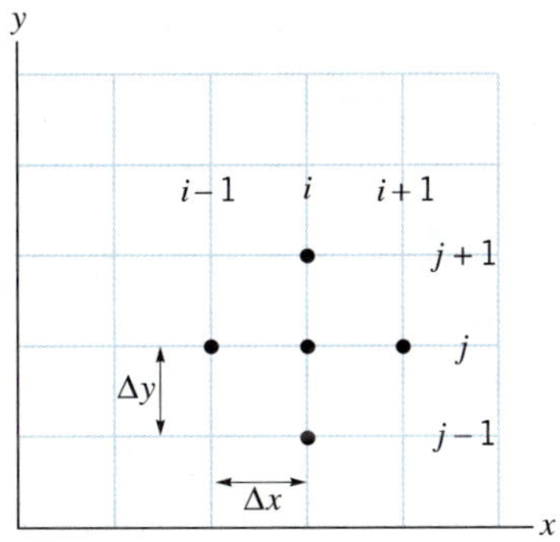

그림 A.2 정규 격자계

해하고 연속 함수(속도, 압력 등)를 격자점에서 계산된 이 함수들의 이산 값으로 근사화할 수 있으며 이를 통해 함수의 미분은 로컬 격자점에서의 함수 값을 격자 간격으로 나눈 값으로 나누어 대수식의 결과 값으로 근사화 된다. 편미분 방정식 (유체역학의 거의 모든 지배방정식의 형태)을 대수 방정식으로 변환하는 표준 방법은 테일러급수 전개를 사용한다(참고문헌 5 참조). 예를 들어, 그림 A.2에 나타난 것처럼 표준 직사각형 격자가 흐름 영역에 적용된다고 가정해 보면 이 격자망은 $x-y$ 공간에서 다섯 개의 격자점을 보여주며, 중심점은 i, j로 표시된다. 이 인덱스 표기법은 위치를 나타내기 위해 변수의 첨자로 사용된다. 예를 들어, $u_{i+1,\,j}$는 중심점 i, j의 오른쪽 첫 번째 점에서의 속도의 u 성분을 표시한다. i 방향과 j 방향의 격자 간격은 Δx와 Δy로 각각 주어진다.

i, j 격자점에서 $\partial u/\partial x$와 같은 일차 미분 항에 대한 대수적 근사를 찾으려면 $i+1$에서 u에 대해 작성된 테일러급수 전개를 고려하여 결정할 수 있다.

$$u_{i+1,j} = u_{i,j} + \underline{\left(\frac{\partial u}{\partial x}\right)_{i,j}\frac{\Delta x}{1!}} + \left(\frac{\partial^2 u}{\partial x^2}\right)_{i,j}\frac{(\Delta x)^2}{2!} + \left(\frac{\partial^3 u}{\partial x^3}\right)_{i,j}\frac{(\Delta x)^3}{3!} + \ldots \qquad \text{(A.1)}$$

위의 방정식에서 밑줄 친 항을 풀면 다음과 같은 결과가 도출된다.

$$\left(\frac{\partial u}{\partial x}\right)_{i,j} = \frac{u_{i+1,j} - u_{i,j}}{\Delta x} + O(\Delta x) \qquad \text{(A.2)}$$

여기서 $0(\Delta x)$은 Δx, $(\Delta x)^2$ 등에 비례하는 고차 항을 포함한다. 방정식 A.2는 $i+1, j$ 및 i, j의 값과 x 방향의 격자 간격을 사용하여 1차 도함수를 근사하는 순방향 미분 방정식을 나타내며 $\partial u/\partial x$ 항을 풀 때, 방정식 A.1에서는 2차 및 3차 도함수와 같은 고차 항을 무시하였다. 이 과정을 테일러급수 전개의 **절단**이라고 한다. 절단된 가장 낮은 차수의 항에는 $(\Delta x)^2$가 포함된다. 1차 도함수 항에는 Δx가 포함되어 있다. 1차 도함수를 풀 때, 오른쪽의 모든 항을 Δx로 나누었고 따라서 $O(\Delta x)$ 항은 이 방정식이 테일러급수에서 무시된 항들로 인해 "오더(Δx)" 수준의 오차를 가지고 있음을 의미하며, 이를 절단 오차라고 한다. 따라서 상류차분의 정확도를 1차 정확도라고 한다.

따라서, 우리는 편미분을 인접한 격자점에서 변수의 값을 포함하는 대수적 표현으로 변환할 수 있다. 테일러급수 전개를 사용하여 이산 대수 방정식을 얻는 이 방법을 유한 차분법이라고 한다. 유사한 절차를 사용하여 첫 번째 미분의 역차분과 중심차분 표현이라는 근사치를 개발할 수 있다. 중심차분은 왼쪽 점과 오른쪽 점(즉, $i-l, j$와 $i+l, j$)을 모두 사용하며 2차 정확도를 갖는다. 또한, 유한 차분 방정식은 다른 공간 방향(즉, $\partial u/\partial y$)과 Navier–Stokes 방정식에 포함된 2차 미분($\partial^2 u/\partial y^2$)에 대해서도 전개할 수 있다. (자세한 내용은 참고문헌 5 참조)

이 방법을 지배 방정식의 모든 항에 적용하면 미분 방정식을 격자점의 물리 변수(즉, $u_{i,j}$, $p_{i,j}$ for $i = 1,2,3\ldots$ 및 $j = 1,2,3\ldots$ 등)를 포함하는 대수 방정식 집합으로 변환할 수 있다. 그런 다음 이 방정식 집합은 적절한 수치 기법으로 해결된다. 사용되는 격자점의 수가 많을수록 해결해야 하는 방정식의 수가 많아진다.

CFD 수강 학생들은 방정식을 지배하는 연속체의 이산화가 원래의 편미분 방정식에 대한 근사치인 대수 방정식을 사용해야 한다는 것을 인식하고 있어야한다. 이 근사치와 함께 어느 정도의 **오류**가 발생한다. 미분을 표현하는 데 사용되는 테일러급수 전개가 어느 합리적인 시점에서 "절단"되고 고차 항이 무시되기 때문에 이러한 유형의 오류를 절단 오류라고 한다. 절단 오류는 Δx와 Δy를 작게 만들어 격자를 정밀하게 할 때 0이 되는 경향이 있으므로 그리드 정밀도는 이러한 유형의 오류를 줄이는 한 가지 방법이다. 피할 수 없는 또 다른 유형의 수치 해석에서의 오류는 소위 반올림 오류이다. 이러한 유형의 오류는 컴퓨터가 메모리에 유지할 수 있는 자릿수에 제한이 있기 때문이다. 공학도들은 해 도출 과정의 초기 단계에서 값을 방정식에 대입하면 컴퓨터에서 반올림 오류를 발생시킬 수 있다. 다행히도 대부분의 CFD 경우 알고리즘이 제대로 설정되면 반올림 오류는 보통 무시할 수 있을 정도로 미미하다.

A.3 격자

유한 차분법을 사용한 CFD 계산은 유동 영역의 이산 지점에서 유동장을 제공하게 되고 이러한 이산 지점의 배열을 **그리드** 또는 **메시**라 한다. 주어진 문제에 대해 개발된 그리드 유형은 해의 정확도를 포함한 수치 해석에 상당한 영향을 미칠 수 있다. 그리드는 지오메트리를 정확하게 표현해야 한다. 왜냐하면 이 표현의 오류가 솔루션에 큰 영향을 미칠 수 있기 때문이다.

그리드는 관련 흐름 물리학을 포착할 수 있는 충분한 그리드 해상도를 가져야 하며, 그렇지 않으면 손실이 발생된다. 이 특정 요구 사항은 문제에 따라 달라진다. 예를 들어, 흐름 필드에 소규모 구조가 있는 경우 그리드 해상도가 이러한 구조를 포착하기에 충분해야 한다. 일반적으로 고체 표면 근처의 경계층과 같이 큰 기울기가 예상되는 그리드 포인트의 수(즉, 더 미세한 메시를 사용)를 늘려야 한다. 시간 해상도도 마찬가지이다. 비정상 흐름에 사용되는 시간 단계인 Δt는 조사 중인 흐름 특징의 가장 작은 시간 척도보다 작아야 한다.

일반적으로 그리드 유형은 그리드 포인트가 이웃과 체계적으로 연결되는 패턴이 존재하는지 여부에 따라 구조화된 그리드와 비 **구조화된 그리드**의 두 가지 범주로 나뉜다. 이

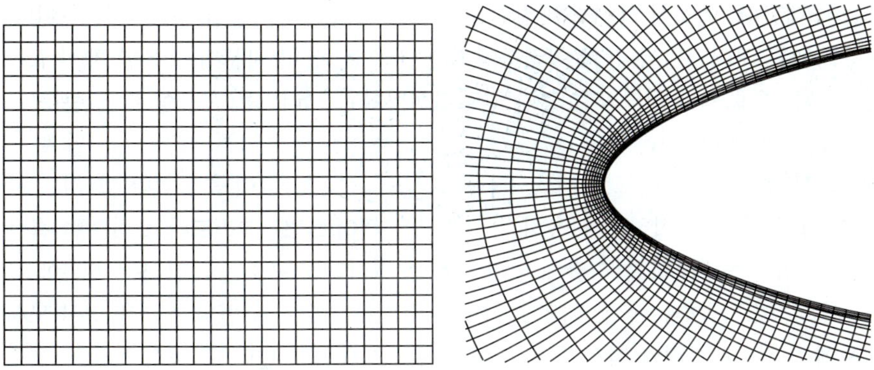

(a) (b)

그림 A.3 격자 구조. (a) 사각 격자계 (b) 포물선 형태 물체 주위의 격자계

름에서 알 수 있듯이 구조화된 그리드는 메시 레이아웃에 대해 수학적으로 정의할 수 있는 일종의 규칙적이고 일관된 구조를 가지고 있다. 가장 단순한 구조화된 그리드는 그림 A.3a에 표시된 것처럼 균일한 직사각형 그리드이다. 그러나 구조화된 그리드는 직사각형 기하학에 국한되지 않는다. 그림 A.3b는 포물면을 감싸고 있는 구조화된 그리드를 보여주며 그리드 포인트는 경계층 영역에서 발견되는 가파른 흐름 기울기를 포착하는 데 도움이 되도록 표면 근처에 밀도 있게 집중화되어 있다(즉, 표면에서 멀어질수록 정상 방향의 그리드 간격이 증가함). 이러한 유형의 가변 그리드 간격은 그리드 해상도를 높일 필요가 있는 모든 곳에서 사용되며 **그리드 스트레칭**이라고 한다.

비정형 그리드의 경우 그리드 셀 배열이 불규칙하고 시스템적인 패턴이 없다. 그리드 셀 지오메트리는 일반적으로 2차원 문제의 경우 다양한 크기의 삼각형으로 구성되며 3차원 그리드의 경우 사면체로 구성된다. 비정형 그리드의 예는 그림 A.4에 나와 있다. 비정형 그리드와 달리 비정형 그리드의 경우 각 그리드 셀과 인접 셀에 대한 연결 정보가 별도로 표시된다. 이는 컴퓨터 코드 복잡성을 증가시킬 뿐만 아니라 상당한 컴퓨터 저장 요

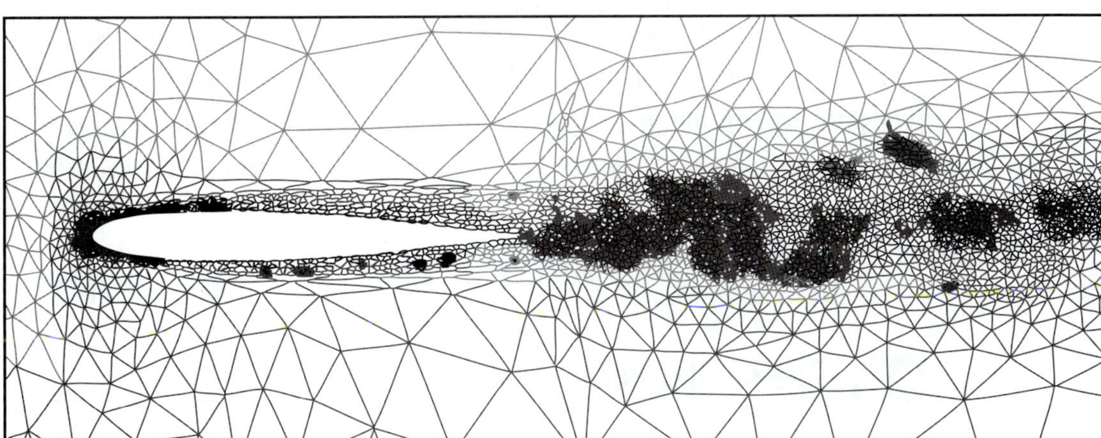

(From CFD Laboratory, Concordia University, Montreal, Canada. Used by permission.)

그림 A.4 받음각이 1.5인 NACA 0012 주변의 점성 유동(Re=10,000, Ma=0.755)의 해석을 위한 비등방성 적응 격자계

구 사항을 초래한다. 비정형 그리드의 장점은 복잡한 기하학에 적용할 수 있다는 것이다. 여기서 정형화된 그리드는 심각한 어려움이 있는데 이는 유한 차분법은 유한 체적(또는 유한 요소) 방법으로서의 정형화된 그리드나 비정형화된 그리드를 사용할 수 있는 구조화된 그리드로 제한되기 때문이다.

다른 그리드에는 하이브리드 그리드, 이동 그리드, 적응형 그리드가 있다. 그리드 요소(직각, 삼각형 등)를 조합하여 사용하는 그리드를 **하이브리드 그리드**라고 하며 이름에서 알 수 있듯이 **이동 그리드**는 시간에 따라 변하는 기하학적 구조를 포함하는 흐름에 유용하다. 예를 들어 박동하는 심장 내의 흐름이나 펄럭이는 날개 주변의 흐름을 전산 모사하는 경우에는 지오메트리와 함께 움직이는 메시가 필요하게 된다. 적응형 그리드의 특성은 시뮬레이션 중에 문자 그대로 적응할 수 있는 능력에 있다. 이러한 유형의 그리드의 경우, CFD 코드가 수렴된 솔루션에 도달하려고 할 때 그리드는 고유량 그래디언트의 재영역에 추가적인 그리드 자원을 배치하도록 스스로 적응한다. 이러한 그리드는 새로운 문제가 발생하고 사용자가 고유량 그래디언트로 인해 그리드를 어디에서 미세하게 촘촘히 배치해야할지 잘 모를 때 특히 유용하다.

A.4 경계 조건

동일한 지배 방정식인 나비에-스토크스 방정식(Eq. 6.120)은 모든 비압축성 뉴턴 유체 흐름 문제에 유용하다. 따라서 모든 유형의 문제에 대해 동일한 방정식을 풀면 서로 다른 흐름 기하학을 포함하는 다양한 유형의 흐름에 대해 어떻게 다른 해를 얻을 수 있을까? 그 해답은 문제의 **경계 조건**에 있다. 경계 조건은 지배 방정식이 서로 다른 흐름 필드(예: 자동차를 통과하는 흐름과 달리는 사람을 통과하는 흐름)를 구분하고 주어진 흐름 기하학에 고유한 해를 생성할 수 있게 해준다.

CFD 시뮬레이션이 잘 설정된 문제이며 물리적 문제를 정확하게 표현할 수 있도록 올바른 경계 조건을 지정하는 것이 중요하다. 잘 정의되지 않은 경계 조건은 궁극적으로 솔루션의 정확성에 영향을 미칠 수 있다. 점성 흐름 시뮬레이션에 사용되는 가장 일반적인 단일 경계 조건 중 하나는 섹션 1.6에서 설명한 것처럼 점착 조건이다. 따라서 예를 들어, 2차원 외부 또는 내부 흐름의 경우, 속도(u 및 v)의 x 및 y 성분이 정지 벽에서 0으로 설정되었음을 만족하면 미끄럼 방지 조건이 충족된다. 적절하게 지정되어야 하는 다른 경계 조건에는 입구, 출구, 원거리, 벽 기울기 등이 포함된다. 문제에 대한 올바른 물리적 경계 조건을 선택하는 것뿐만 아니라 이 경계 조건을 수치 시뮬레이션에 올바르게 구현하는 것도 중요하다.

A.5 기본적 대표 예제

유한 차분 기법의 매우 간단한 일차원 예제는 다음 예제에서 제시된다.

예제 A.1 | 탱크로부터 유출 유동

주어진 사항 어떤 점성 오일이 그림 EA.1a에 표시된 것처럼 크고 개방된 탱크와 길고 작은 직경의 파이프를 통해 흐른다. 시간 $t = 0$일 때 유체 깊이는 H이다.

해결과제 유한 차분 기법을 사용하여 시간에 따른 액체 깊이($h = h(t)$)를 구한다. 이 결과를 지배 방정식의 정확한 해와 비교해 본다.

풀이 주어진 조건의 문제의 유동이 불안정한 흐름이지만(즉, 기름의 깊이가 클수록 탱크에서 더 빨리 흐른다), 우리는 그 흐름이 "준정상적"이라고 가정하고 다음과 같은 시간에 무관한 정상 유동 방정식을 적용한다.

방정식 6.145에 나타난 바와 같이, 직경 D의 원형 파이프에서 일정한 층류 흐름에 대한 평균 속도 V는 다음과 같이 주어진다.

$$V = \frac{D^2 \Delta p}{32\mu\ell} \tag{1}$$

여기서 Δp는 길이 ℓ에 대한 압력 강하이다. 이 문제에서 탱크 바닥(파이프 입구)의 압력은 γh이고 파이프 출구의 압력은 0입니다. 따라서 $\Delta p = \gamma h$ 및 방정식 1은 다음과 같다.

$$V = \frac{D^2 \gamma h}{32\mu\ell} \tag{2}$$

질량 보존을 위해서는 탱크의 유량($Q = \pi D^2 V/4$가 탱크 내 오일 깊이의 변화율(dh/dt)과 관련이 있어야 한다.

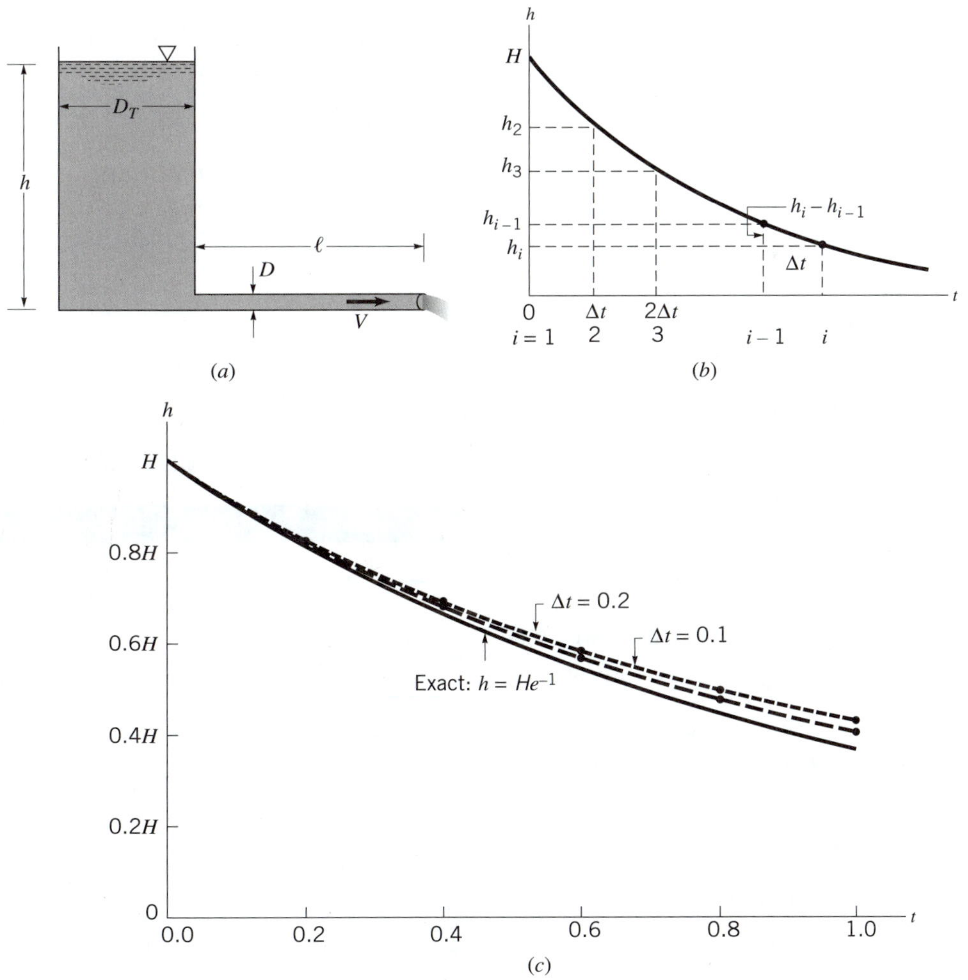

그림 EA.1

$$Q = -\frac{\pi}{4}D_T^2\frac{dh}{dt}$$

여기서 D_T는 탱크 직경이다. 따라서,

$$\frac{\pi}{4}D^2V = -\frac{\pi}{4}D_T^2\frac{dh}{dt}$$

$$V = -\left(\frac{D_T}{D}\right)^2\frac{dh}{dt} \tag{3}$$

방정식 2와 3을 결합화여 다음의 식을 얻는다.

$$\frac{D^2\gamma h}{32\mu\ell} = -\left(\frac{D_T}{D}\right)^2\frac{dh}{dt}$$

$$\frac{dh}{dt} = -Ch$$

여기서 $C = \gamma D^4/32\mu\ell D_T^2$은 상수이다. 계산의 단순화를 위해 $C = 1$이라 가정하면,

$$\frac{dh}{dt} = -h \quad \text{with} \quad h = H \text{ at } t = 0 \tag{4}$$

방정식 4의 정확한 해는 변수 분리 후 적분하여 결정할 수 있다.

$$h = He^{-t}$$

그러나 이 해가 결정되지 않았다고 가정해 보면, 다음과 같은 유한 차분 기법을 사용하여 근사 해를 구할 수 있다.

그림 EA.1b에 나타난 바와 같이, 우리는 임의의 시간에서 이산점(노드 또는 그리드 점)을 선택하고, h의 시간 미분으로부터 h의 근사값을 구할 수 있다.

$$\left.\frac{dh}{dt}\right|_{t=t_i} \approx \frac{h_i - h_{i-1}}{\Delta t} \tag{6}$$

여기서 Δt는 시간 축의 서로 다른 노드 지점 사이의 시간 단계이며 h_t와 h_{t-1}는 노드 i와 $i-1$에서 h의 근사값이다. 방정식 6은 dh/dt에 대한 후방 차분 근사라고 하며 원하는 Δt값을 자유롭게 선택할 수 있다. (노드를 동일한 Δt 거리에 배치할 필요는 없지만, 종종 그렇게 하는 것이 편리하다.) 지배 방정식(Eq. 4)이 상미분 방정식이기 때문에 그림 EA.1b 의 "그리드"는 그림 EA.2b와 같이 2차원 그리드(편미분 방정식에 대해 발생하는)가 아닌 1차원이다.

따라서 $i = 2, 3, 4, \ldots$의 각 값에 대해 지배 방정식인 방정식 4를 다음과 같이 근사할 수 있다.

$$\frac{h_i - h_{i-1}}{\Delta t} = -h_i$$

$$h_i = \frac{h_{i-1}}{(1+\Delta t)} \tag{7}$$

$i = 1$일 때는 존재하지 않는 h를 포함하기 때문에 식 7을 사용할 수 없다. 대신 초기 조건 (식 4)을 사용하면,

$$h_1 = H$$

결과는 시간 $t_1 = 0,\ t_2 = \Delta t, \ldots, t_N = (N-1)\Delta t$에서의 N개의 h 근사값이 된다.

$$\begin{aligned} h_1 &= H \\ h_2 &= h_1/(1+\Delta t) \\ h_3 &= h_2/(1+\Delta t) \\ &\vdots \\ h_N &= h_{N-1}/(1+\Delta t) \end{aligned}$$

대부분의 문제에서 해당 방정식은 방금 주어진 방정식보다 더 복잡하며, 컴퓨터를 사용하여 h를 구할 수 있다. 이 문제의 해는 단순하거나

$$\begin{aligned} h_2 &= H/(1+\Delta t) \\ h_3 &= H/(1+\Delta t)^2 \\ &\vdots \end{aligned}$$

또는 일반적으로

$$h_i = H/(1+\Delta t)^{i-1}$$

$0 < f < 1$의 결과는 그림 EA.1c 에 나와 있다. $t = 1$의 깊이에 대한 표의 값은 다음 표에 나와 있다.

Δt	i for $t = 1$	h_i for $t = 1$
0.2	6	0.4019H
0.1	11	0.3855H
0.01	101	0.3697H
0.001	1001	0.3681H
Exact (Eq. 5)	—	0.3678H

근사 결과는 방정식 5에 의해 제시된 정확한 해와 상당히 유리하게 비교되는 것으로 보인다. $\Delta t \to 0$의 극한에서 도함수에 대한 유한 차분의 근사값이 도함수의 실제 정의에 접근하기 때문에 유한 차분의 수렴 결과가 시간 간격이 감소함에 따라 정확한 결과에 더 근접할 것으로 예상된다(Eq.6).

대부분의 CFD 문제들 지배하는 지배방정식은 대부분 편미분 방정식이다. 이 해석에 유리한 유한차분 해석 방법을 포함하여 다음 예시에 관련된 몇 가지 개념을 설명하고자 한다.

예제 A.2 | 원통 주변의 유동

주어진 사항 그림 EA.2a와 같이 원형 실린더를 통과하는 비점성 정상 유동 유체의 비압축성 흐름을 고려하라. 이 흐름에 대한 스트림 함수 ψ은 아래의 라플라스 방정식에 의해 지배된다(6.5절 참조).

$$\frac{\partial^2\psi}{\partial x^2} + \frac{\partial^2\psi}{\partial y^2} = 0 \tag{1}$$

해결과제 이 문제를 해결하는 데 사용할 수 있는 간단한 유한 차분 기법을 설명하시오.

정확한 분석 솔루션은 섹션 6.6.2에 나와 있다.

풀이 첫 번째 단계는 유동 영역을 정의하고 유한 차분 방식에 적합한 그리드를 설정하는 것이다. 유동장은 실린더의 위, 아래와 앞, 뒤 모두에서 대칭을 이룰 것으로 예상되므로 그림 EA.2b에 표시된 것처럼 전체 유동 영역의 4분의 1만을 고려한다. 실린더에서 충분히 멀리 떨어진 상한과 오른쪽

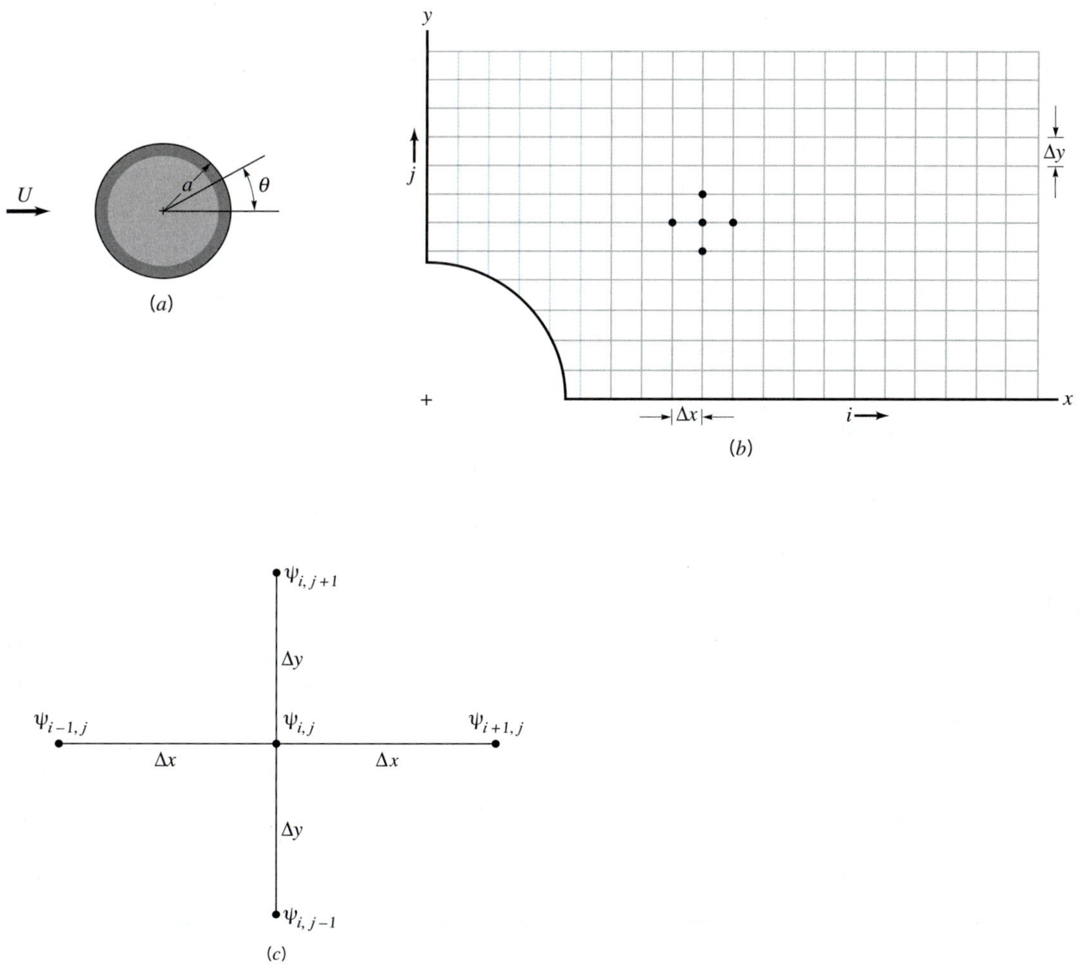

그림 EA.2

경계를 찾아 이러한 위치에서 유동이 본질적으로 균일할 것으로 예상하고 경계 조건을 부여한다. 이러한 경계가 물체로부터 얼마나 멀리 떨어져 있어야 하는지 항상 명확하지는 않다. 실제 유동이 균일하지 않은 위치에 인위적이고 균일한 유동 조건을 부과했기 때문에 얻은 솔루션은 부정확할 것입니다. 이러한 경계가 물체로부터 필요 이상으로 멀면 유동 영역이 필요 이상으로 커지고 과도한 컴퓨터 시간과 저장이 필요합니다. 이러한 문제를 해결하는 데 있어 경험은 매우 귀중하게 작용한다!

흐름 영역이 선택되면 이 영역에 적절한 격자가 구성된다. (그림 EA.2h 참조). 문제의 해결을 위해 다양한 격자 구조를 사용할 수 있다. 격자가 너무 성글면 수치 솔루션이 실제 흐름 필드의 미세한 구조를 포착하지 못할 수 있다. 격자가 너무 미세하면 과도한 컴퓨터 시간과 저장이 필요할 수 있다. 적절한 격자를 형성하는 데 상당한 노력이 기울여진다(참고문헌 6). 그림 EA.2d에 표시된 것처럼 x와 y 방향으로 균일하게 간격을 둔 격자를 고려하였다.

방정식 6.105에 나타난 바와 같이, 식 1의 정확한 해(데카르트좌표 x, y가 아닌 극좌표 r, θ의 항으로)는 $\psi = Ur(1 - a^2/r^2)\sin\theta$이다. 유한 차분 해석에서의 해는 유한한 개수의 위치 (격자점 i, j에서의 x_i, y_j의 위치)에서 이 유동 함수 값으로서 근사적으로 결정된다.

유량 함수의 도함수는 다음과 같이 근사할 수 있다:

$$\frac{\partial\psi}{\partial x} \approx \frac{1}{\Delta x} = (\psi_{i+1,j} - \psi_{i,j})$$

$$\frac{\partial\psi}{\partial y} \approx \frac{1}{\Delta y} = (\psi_{i,j+1} - \psi_{i,j})$$

이 특정 근사치를 전방 차분 근사 모사라고 한다. 다른 방정식의 차분화도 가능하다. 유사한 추론을 통해 유량함수의 2차 도함수를 다음과 같이 쓸 수 있다:

$$\frac{\partial^2\psi}{\partial x^2} \approx \frac{1}{(\Delta x)^2}(\psi_{i+1,j} - 2\psi_{i,j} + \psi_{i-1,j}) \tag{2}$$

$$\frac{\partial^2\psi}{\partial y^2} \approx \frac{1}{(\Delta y)^2}(\psi_{i,j+1} - 2\psi_{i,j} + \psi_{i,j-1}) \tag{3}$$

따라서 식 1, 2, 3을 결합하면 다음이 얻어 진다.

$$\frac{\partial^2\psi}{\partial x^2} + \frac{\partial^2\psi}{\partial y^2} \approx \frac{1}{(\Delta x)^2}(\psi_{i+1,j} + \psi_{i-1,j}) + \frac{1}{(\Delta y)^2}(\psi_{i,j+1} + \psi_{i,j-1}) - 2\left(\frac{1}{(\Delta x)^2} + \frac{1}{(\Delta y)^2}\right)\psi_{i,j} = 0 \tag{4}$$

식4는 x_i, y_j의 위치에서 아래와 같이 주어진다.

$$\psi_{i,j} = \frac{1}{2[(\Delta x)^2 + (\Delta y)^2]}[(\Delta y)^2(\psi_{i+1,j} + \psi_{i-1,j}) + (\Delta x)^2(\psi_{i,j+1} + \psi_{i,j-1})] \tag{5}$$

$\psi_{i,j}$의 값은 관심 지점의 양쪽과 위아래에 있는 인접한 격자점에서 유량함수의 값에 따라 달라진다는 점에 유의해야한다.(식 5 및 그림 EA.2c 참조).

문제를 해결하기 위해서는 (정확히 또는 유한 차분 기법에 의해) 유동 영역의 경계에 위치한 점들에 대한 경계 조건을 지정해야 한다. (섹션 6.6.3 참조). 예를 들어, 우리는 유동 영역의 하부 경계에서 $\psi = 0$이고 (그림 EA.2b 참조)를, $\psi = C$인 상수를 도메인의 상부 경계에서 지정할 수 있습니다. 유동 영역의 내부 영역에 대한 적절한 경계 조건도 지정할 수 있다. 따라서 경계 방정식 5 내부의 점들에 대해서는 유효하며, 경계점들에 대해서는 유사한 방정식이나 지정된 $\psi_{i,j}$값이 유효하다. 그 결과는 모든 격자점에 대해 동일한 수의 방정식과 미지수, $\psi_{i,j}$이 되는 해석이 가능한 상태가 된다. 이 문제에 대해 이 방정식들은 $\psi_{i,j}$에 대한 선형 대수 방정식 집합을 나타내며, 이 방정식의 해는 유동장의 이산 격자점에서 유량 함수의 유한 차분 근사를 제공한다. 격자점 사이의 값을 보간하고 $\psi_{i,j}$ = 상수의 점들을 "연결"하여 유선(상수 ψ의 선)을 얻을 수 있다. 속도장은 방정식 6.74에 따른 유량 함수의 도함수로부터 얻을 수 있다.

$$u = \frac{\partial\psi}{\partial y} \approx \frac{1}{\Delta y} = (\psi_{i,j+1} - \psi_{i,j})$$

$$v = -\frac{\partial\psi}{\partial x} \approx -\frac{1}{\Delta x} = (\psi_{i+1,j} - \psi_{i,j})$$

유한 차분 기법에 대한 자세한 내용은 이 주제에 대한 표준 참조(참고문헌 5, 7, 8)에서 확인할 수 있다. 또한 섹션 A6에서 완전히 해결된 점성 흐름의 전산 유체역학 문제를 완전히 해결한 부분도 참조할 수 있다.

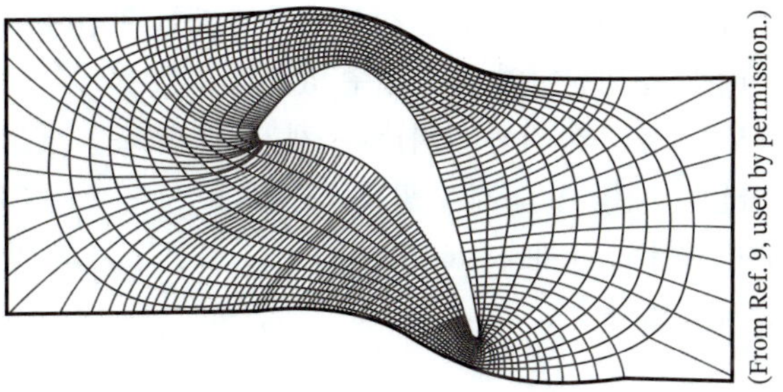

그림 A.5 터빈 날개 주변에 구성된 유한 격자계

앞서 언급한 두 가지 예는 지배 방정식이 너무 복잡하지 않기 때문에 다소 간단하다. 더 복잡하고 비선형적인 나비에-스토크스 방정식(Eq. 6.148)의 유한 차분 해는 훨씬 더 많은 노력과 통찰력, 더 크고 빠른 컴퓨터가 필요하다. 더 복잡한 흐름인 터빈 블레이드를 통과하는 흐름에 대한 일반적인 유한 차분 그리드는 그림 A.5에 나와 있다. 메시는 유동 변수의 큰 기울기가 예상되는 영역(즉, 블레이드의 앞쪽 및 뒤쪽 가장자리 근처)에서 훨씬 더 조밀하고 블레이드에서 멀어질수록 성글다는 점에 확인할 수 있다.

A.6 방법론

일반적으로 대부분의 CFD 응용 프로그램은 동일한 기본 접근 방식을 취한다. 문제 복잡성, 가용 컴퓨터 리소스, 가용 CFD 전문 지식, 상용 CFD 패키지가 사용되는지 또는 문제별 CFD 알고리즘이 개발되었는지 여부 등의 차이점이 있다. 오늘날의 시장에는 다양한 문제를 해결하기 위해 사용할 수 있는 상용 CFD 코드가 많이 있다. 그러나 연구 환경과 같이 특정 유체 흐름 문제를 철저히 조사하는 것이 목적이라면 장기적으로 문제별 알고리즘을 개발하는 데 시간이 걸리는 것이 가장 효율적일 수 있다. 대부분의 CFD 응용 프로그램에 공통적으로 적용되는 특징은 그림 A.6에 나와 있는 흐름도에 요약할 수 있

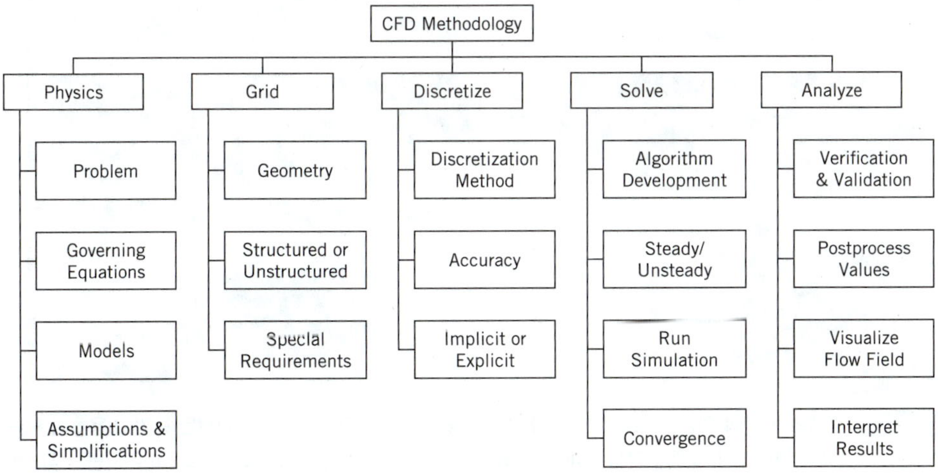

그림 A.6 전산유체역학적 해석의 일반적인 방법론

다. 흐름도에 요약된 단계를 사용하여 얻은 점성 흐름에 대한 완전하고 상세한 CFD 솔루션은 전문 도서 웹 사이트를 방문하여 참조할 수 있다.

알고리즘 개발 상자 (흐름도의 기능 상자)는 자체 CFD 코드를 개발할 때만 필요하다. 상용 CFD 코드를 사용할 때는 이 단계가 필요하지 않다. 이 차트는 CFD에 대한 일반화된 방법론을 나타내며 흐름도 단계에는 CFD에 대한 간략한 소개의 범위를 벗어난 더 복잡한 구성 요소가 숨겨져 있다.

A.7 전산유체역학의 활용

CFD 초기 단계에서는 주로 항공우주 산업에 의해 연구 개발이 주도되었다. 오늘날 CFD는 여전히 연구 도구로 사용되고 있지만, 산업에서도 설계 도구로 자리 잡고 있다. 현재, 자동차, 산업용, HVAC, 해군, 토목, 화학, 생물학 등 CFD를 적어도 일부 활용하는 다양한 산업이 있다. 산업계에서는 유체 역학의 실험 및 이론적 작업을 보완하는 추가 엔지니어링 도구로 CFD를 사용하고 있다.

A.7.1 전산유체역학의 장점

CFD를 유체 흐름 시뮬레이션에 사용하면 많은 장점이 있다. 가장 중요한 장점 중 하나는

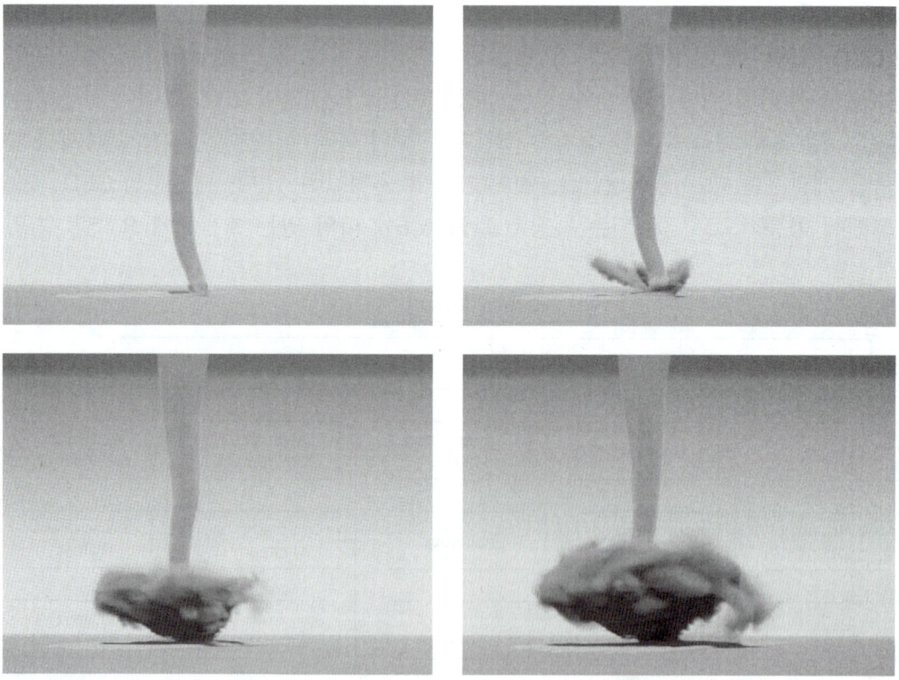

(Photographs courtesy of Dr. David Lewellen, Ref. 10, and Paul Lewellen, West Virginia University.)

그림 A.7 잔해의 시각적 외관을 보여주는 대형 에디 시뮬레이션의 결과와 시뮬레이션된 중간 소용돌이 F3–F4 토네이도의 깔때기 구름. 깔때기 구름은 초당 15m로 이동하며 잔해 필드와 마주치면서 지표면에서 직경 1mm의 "모래"를 채취하고 있는 모습을 보이고 있다.

엔지니어링 설계에 소요되는 시간과 비용을 절감할 수 있다는 점이다. 과거에는 새로운 엔지니어링 설계를 고안하는 것이 설계를 마무리하기 전에 여러 시제품을 제작하고 테스트하는 시행착오 방식이었다. CFD를 사용하면 실제 시제품을 제작하기 전에 유체 흐름을 다루는 많은 문제를 해결할 수 있다. 이는 시간과 비용을 크게 절감하는 것으로 받아들여진다. CFD는 실험 테스트를 대체하기 위한 것이 아니라 함께 작동하기 위한 것임을 유의해야 한다. 실험 테스트는 항상 엔지니어링 설계의 필수 구성 요소가 될 것이다. 다른 장점으로는 (1) 실험적으로 테스트하기 어려운 영역에서 흐름 정보를 얻을 수 있는 CFD의 능력, (2) 실제 흐름 조건을 모사할 수 있는 능력, (3) 새로운 설계에 대해 더 짧은 시간 내에 대규모 변수 해석을 수행하는 능력, (4) 복잡한 흐름 현상의 시각화를 향상시키는 능력 등이 있다.

CFD의 장점에 대한 좋은 예는 그림 A.7에 나와 있다. 연구자들은 "대규모 와(eddy) 시뮬레이션 또는 LES라는 CFD 접근 방식을 사용하여 토네이도가 파편 필드에 부딪혀 모래 크기의 입자를 집어 들기 시작할 때의 유체 역학을 시뮬레이션하고 있다. 이 연구의 동기는 파편 입자가 존재할 때 유체 역학에 유의미한 차이가 있는지 조사하는 것이다. 역사적으로 토네이도 전반에 걸쳐 포괄적인 실험 데이터를 얻는 것이 어려웠기 때문에 CFD는 이러한 흐름에 관련된 복잡한 유체 역학을 밝히는 데 도움을 주고 있다.

A.7.2 전산유체역학의 유의 사항

초기 CFD 학생이 이해해야 할 핵심 사항 중 하나는 흐름 시뮬레이션을 수행할 때 컴퓨터를 "마법의 블랙박스"로 취급하면 안 된다는 점이다. CFD 시뮬레이션을 위한 완전한 수렴 솔루션을 얻는 것은 꽤 가능하지만, 그렇다고 해서 결과가 물리적으로 정확하다는 보장은 없다. 그렇기 때문에 흐름 물리의 원리와 모델링 방법을 잘 이해하는 것이 중요하다. 개념이 아무리 단순하더라도 모든 수치 기법(이전에 논의된 기법 포함)에는 숨겨진 미묘한 점과 잠재적인 문제가 많이 포함되어 있다. 예를 들어, 더 촘촘한 격자가 더 정확한 수치 해법을 보장하는 것이 합리적일 수 있다. 이는 사실일 수 있지만(예: 예제 A.1), 항상 그렇게 간단하지는 않으며 다양한 안정성 또는 수렴 문제가 발생할 수 있다. 이러한 경우 얻은 수치 해법이 불합리한 진동을 나타내거나 수치 결과가 불합리한(그리고 잘못된) 결과로 "발산"될 수 있다.

A.7.3 검증과 확인

시뮬레이션의 검증 및 확인은 CFD 프로세스에서 중요한 단계이다. 이는 특히 비물리적인 수렴 솔루션을 가질 수 있기 때문에 CFD에 필수적인 요구 사항이다. 그림 A.8은 정지 상태에서 갑작스레 시작된 직후 주어진 유동 영역에서 원형 실린더를 통과하는 점성 흐름의 유선들을 나타낸다. 그림의 아래쪽 절반은 유한 차분 계산 결과를 나타내고, 그림의 위쪽 절반은 동일한 흐름 상황에 대한 실험에서 얻은 사진을 보인다. 수치적 및 실험 결과가 상당히 잘 일치한다는 것은 분명하다. 모든 CFD 시뮬레이션에는 솔루션에 대한 신뢰를 얻기 전에 수행해야 하는 여러 수준의 테스트가 있다. 가장 중요한 검증은 격자계

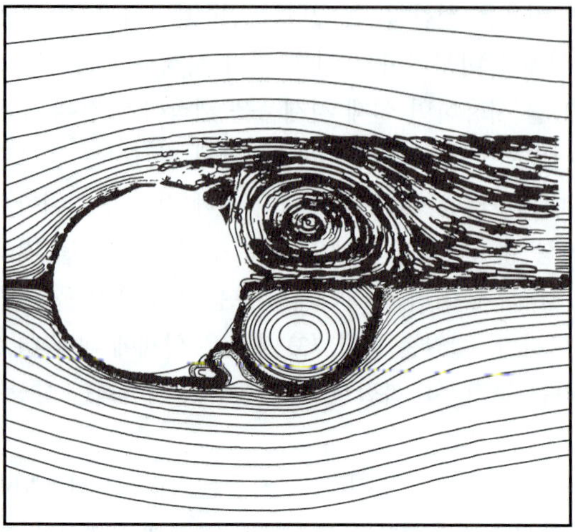

(From Ref. 9, used by permission.)
(From Ref. 9, used by permission.)

그림 A.8 흐름이 갑작스레 시작된 후 짧은 시간에 원형 실린더를 통과하는 흐름을 유선들로 보인다. 위쪽 절반은 흐름 시각화 실험에서 얻은 사진이고 아래쪽 절반은 유한 차분의 해석값에서 나온 것이다.

수렴 테스트이다. 가장 간단한 형태로 그리드의 추가 배치(즉, 그리드 포인트 수 증가)가 최종 솔루션을 변경하지 않는다는 것을 증명하는 것으로 구성된다. 이를 달성하면 그 솔루션을 격자계 독립 솔루션이라고 한다. 조사가 필요한 다른 검증 요소로는 수렴 기준의 적합성, 시간 단계가 문제의 시간 규모에 적합한지 여부, 적어도 기준 사례에 대해 기존 데이터와 CFD 솔루션을 비교하는 것 등이 있다. 과거 많은 문제에서 검증된 상용 CFD 코드를 사용하는 경우에도 CFD 실무자는 그리드 의존성 테스트와 같은 측정을 통해 결과를 검증해야만 한다.

요약

CFD에는 다양한 수치 체계, 격자 기반 기술 기법 등이 있다. 이들은 모두 장단점을 가지고 있다. 유체 운동의 지배 방정식에 대한 대략적인 수치 해를 얻기 위해서는 많은 주의가 필요하다. 이 과정은 흔히 듣는 컴퓨터가 알아서 잘 하도록 하는 것만큼 간단하지 않다. CFD는 도구이므로 의미 있는 결과를 도출하기 위해 적절하게 사용해야 한다는 점을 기억해야 한다. 컴퓨터와 수치 해석을 결합하여 유체 흐름 문제를 해결하는 일반적인 계산 유체 역학 분야는 고급 유체 역학에서 매우 중요한 주제 분야이다. 지난 몇 년 동안 비교적 많은 진전이 있었지만 아직 해야 할 일이 많이 남아 있다. 독자들은 이용 가능한 문헌을 참고하시기를 권장한다.

참고문헌

1. Baker, A. J., Finite Element Computational Fluid Mechanics, McGraw-Hill, New York, 1983.
2. Carey, G. F., and Oden, J. T., Finite Elements: Fluid Mechanics, Prentice-Hall, Englewood Cliffs, N.J., 1986.
3. Brebbia, C. A., and Dominguez, J., Boundary Elements: An Introductory Course, McGraw-Hill, New York, 1989.
4. Moran, J., An Introduction to Theoretical and Computational Aerodynamics, Wiley, New York, 1984.
5. Anderson, J. D., Computational Fluid Dynamics: The Basics with Applications, McGraw-Hill, New York, 1995.
6. Thompson, J. F., Warsi, Z. U. A., and Mastin, C. W., Numerical Grid Generation: Foundations and Applications, North-Holland, New York, 1985.
7. Peyret, R., and Taylor, T. D., Computational Methods for Fluid Flow, Springer-Verlag, New York, 1983.
8. Tannehill, J. C., Anderson, D. A., and Pletcher, R. H., Computational Fluid Mechanics and Heat Transfer, Second Edition, Taylor and Francis, Washington, D.C., 1997.
9. Hall, E. J., and Pletcher, R. H., Simulation of Time Dependent, Compressible Viscous Flow Using Central and Upwind-Biased Finite-Difference Techniques, Technical Report HTL-52, CFD-22, College of Engineering, Iowa State University, 1990.
10. Lewellen, D. C., Gong, B., and Lewellen, W. S., Effects of Debris on Near-Surface Tornado Dynamics, 22nd Conference on Severe Local Storms, Paper 15.5, American Meteorological Society, 2004.

APPENDIX B

유체의 물성

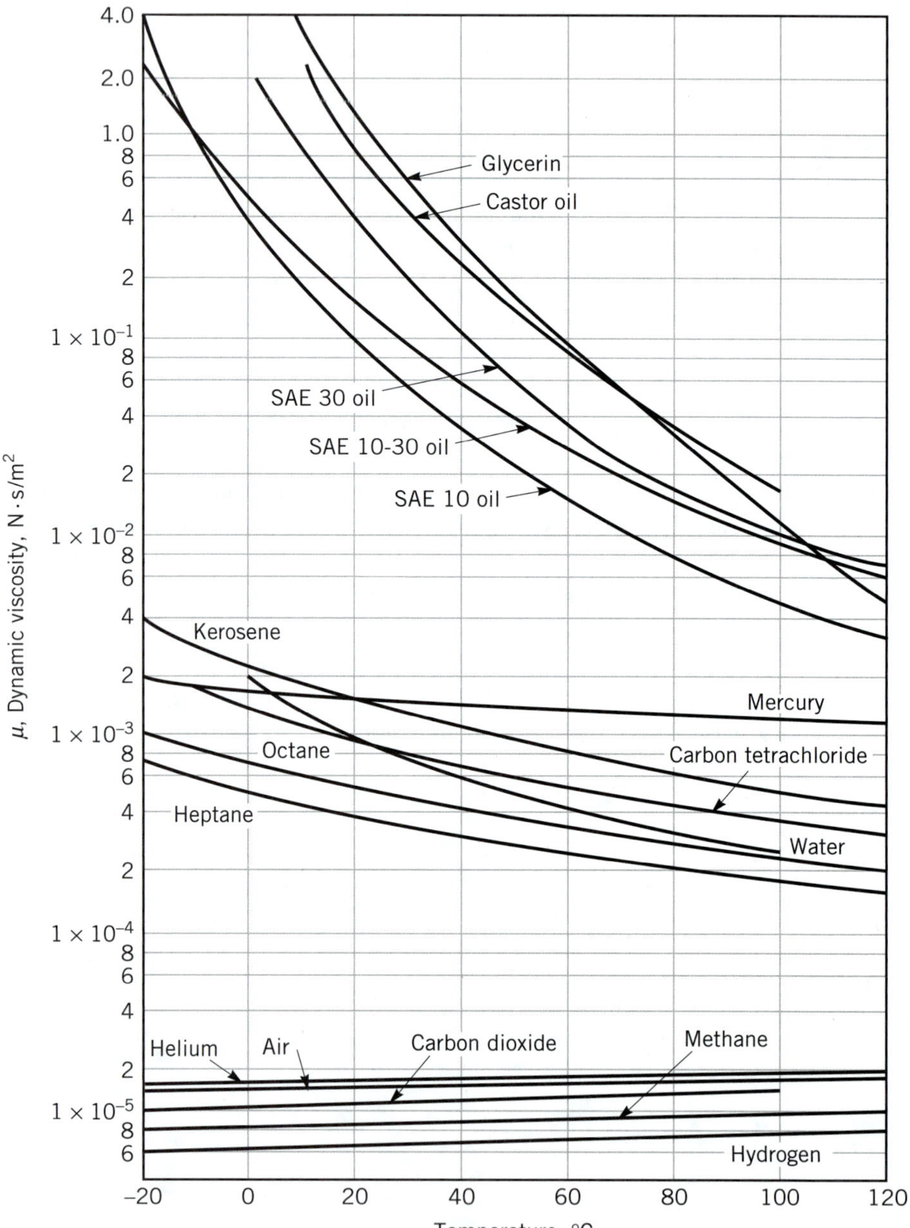

그림 B.1 통상 유체의 온도에 따른 절대 점성 계수의 변화 모습. lb와 ft를 사용하는 영미 단위계에서 N과 m를 사용하는 국제 단위계로의 변환은 0.02089를 곱하여 사용하며 본 자료는 Wiley출판사에서 1985년 발간한 R. W. Fox와 A. T. McDonald의 저서인 Introduction to Fluid Mechanics (3판)에서 인용하였다.

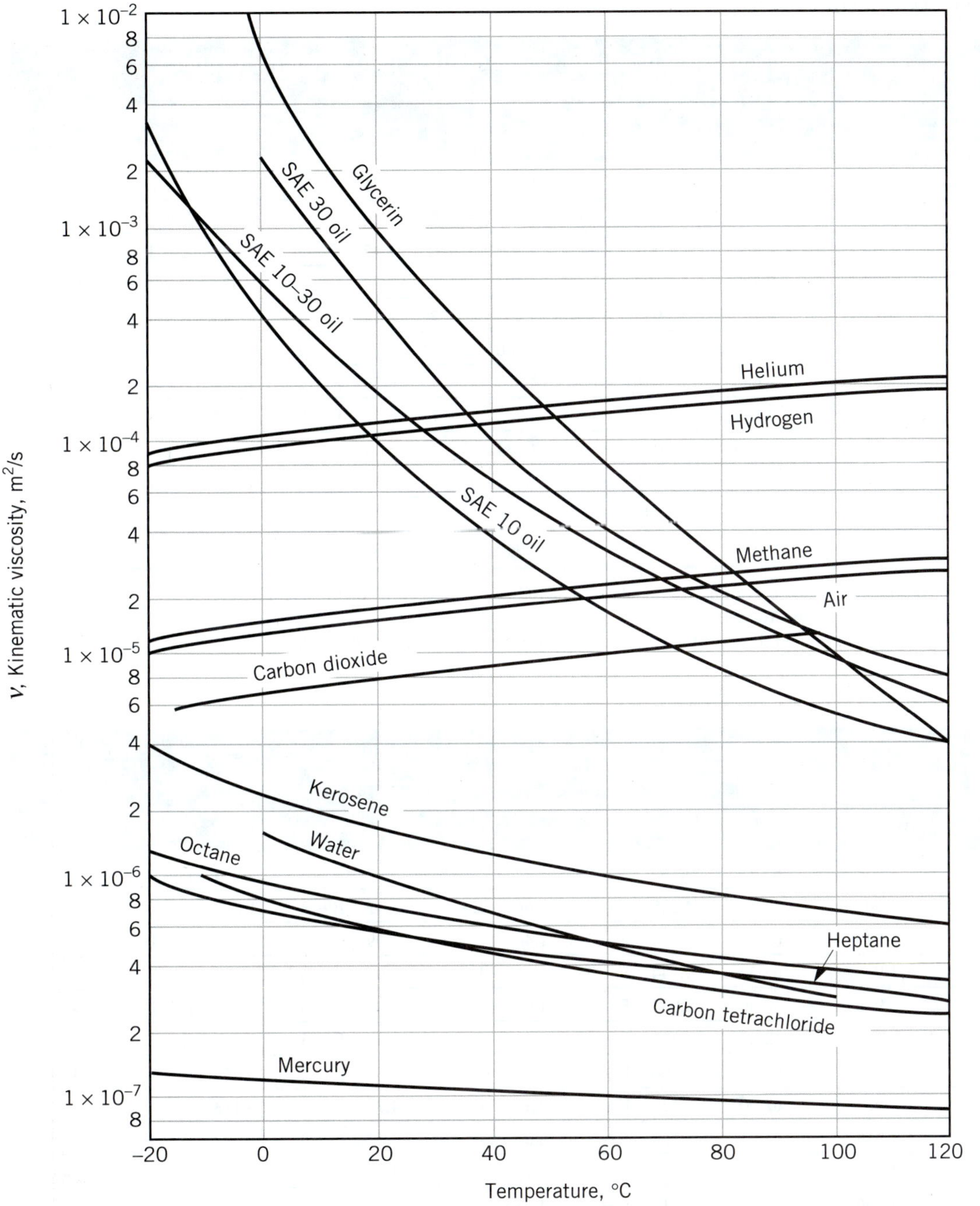

그림 B.2 통상 유체의 온도에 따른 동점성 계수의 변화 모습. lb와 ft를 사용하는 영미 단위계에서 N과 m를 사용하는 국제 단위계로의 변환은 10.76를 곱하여 사용하며 본 자료는 Wiley출판사에서 1985년 발간한 R. W. Fox와 A. T. McDonald의 저서인 Introduction to Fluid Mechanics (3판)에서 인용하였다.

표 B.1 물의 주요 물성 (SI단위계)

Temperature (°C)	Density, ρ (kg/m³)	Specific Weight[a], γ (kN/m³)	Dynamic Viscosity, μ (N · s/m²)	Kinematic Viscosity, ν (m²/s)	Surface Tension, σ (N/m)	Vapor Pressure, p_v [N/m²(abs)]	Speed of Sound, c (m/s)
0	999.9	9.806	1.787 E − 3	1.787 E − 6	7.56 E − 2	6.105 E + 2	1403
5	1000.0	9.807	1.519 E − 3	1.519 E − 6	7.49 E − 2	8.722 E + 2	1427
10	999.7	9.804	1.307 E − 3	1.307 E − 6	7.42 E − 2	1.228 E + 3	1447
20	998.2	9.789	1.002 E − 3	1.004 E − 6	7.28 E − 2	2.338 E + 3	1481
30	995.7	9.765	7.975 E − 4	8.009 E − 7	7.12 E − 2	4.243 E + 3	1507
40	992.2	9.731	6.529 E − 4	6.580 E − 7	6.96 E − 2	7.376 E + 3	1526
50	988.1	9.690	5.468 E − 4	5.534 E − 7	6.79 E − 2	1.233 E + 4	1541
60	983.2	9.642	4.665 E − 4	4.745 E − 7	6.62 E − 2	1.992 E + 4	1552
70	977.8	9.589	4.042 E − 4	4.134 E − 7	6.44 E − 2	3.116 E + 4	1555
80	971.8	9.530	3.547 E − 4	3.650 E − 7	6.26 E − 2	4.734 E + 4	1555
90	965.3	9.467	3.147 E − 4	3.260 E − 7	6.08 E − 2	7.010 E + 4	1550
100	958.4	9.399	2.818 E − 4	2.940 E − 7	5.89 E − 2	1.013 E + 5	1543

Sources: Data from *Handbook of Chemistry and Physics*, 69th Ed., CRC Press, 1988; R. D. Blevins, Applied Fluid Dynamics Handbook, Van Nostrand Reinhold Co., Inc., New York, 1984.

[a]Density and specific weight are related through the equation $\gamma = \rho g$. For this table, $g = 9.807$ m/s².

표 B.2 물의 주요 물성 (영미 단위계)

Temperature (°F)	Density, ρ (slugs/ft³)[a]	Specific Weight[b], γ (lb/ft³)	Dynamic Viscosity, μ (lb · s/ft²)	Kinematic Viscosity, ν (ft²/s)	Surface Tension[c], σ (lb/ft)	Vapor Pressure, p_v [lb/in.²(abs)]	Speed of Sound, c (ft/s)
32	1.940	62.42	3.732 E − 5	1.924 E − 5	5.18 E − 3	8.854 E − 2	4603
40	1.940	62.43	3.228 E − 5	1.664 E − 5	5.13 E − 3	1.217 E − 1	4672
50	1.940	62.41	2.730 E − 5	1.407 E − 5	5.09 E − 3	1.781 E − 1	4748
60	1.938	62.37	2.344 E − 5	1.210 E − 5	5.03 E − 3	2.563 E − 1	4814
70	1.936	62.30	2.037 E − 5	1.052 E − 5	4.97 E − 3	3.631 E − 1	4871
80	1.934	62.22	1.791 E − 5	9.262 E − 6	4.91 E − 3	5.069 E − 1	4819
90	1.931	62.11	1.500 E − 5	8.233 E − 6	4.86 E − 3	6.979 E − 1	4960
100	1.927	62.00	1.423 E − 5	7.383 E − 6	4.79 E − 3	9.493 E − 1	4995
120	1.918	61.71	1.164 E − 5	6.067 E − 6	4.67 E − 3	1.692 E + 0	5049
140	1.908	61.38	9.743 E − 6	5.106 E − 6	4.53 E − 3	2.888 E + 0	5091
160	1.896	61.00	8.315 E − 6	4.385 E − 6	4.40 E − 3	4.736 E + 0	5101
180	1.883	60.58	7.207 E − 6	3.827 E − 6	4.26 E − 3	7.507 E + 0	5195
200	1.869	60.12	6.342 E − 6	3.393 E − 6	4.12 E − 3	1.152 E + 1	5089
212	1.860	59.83	5.886 E − 6	3.165 E − 6	4.04 E − 3	1.469 E + 1	5062

Sources: Data from *Handbook of Chemistry and Physics*, 69th Ed., CRC Press, 1988; R. D. Blevins, Applied Fluid Dynamics Handbook, Van Nostrand Reinhold Co., Inc., New York, 1984.

[a]To obtain EE units (lbm/ft³) multiply by 32.174.

[b]Density and specific weight are related through the equation $\gamma = \rho g$. For this table, $g = 32.174$ ft/s².

[c]In contact with air.

표 B.3 대기압 조건에서의 표준 대기의 물성 (SI단위계)

Temperature (°C)	Density, ρ (kg/m³)	Specific Weight[a], γ (N/m³)	Dynamic Viscosity, μ (N · s/m²)	Kinematic Viscosity, ν (m²/s)	Specific Heat Ratio, k (—)	Speed of Sound, c (m/s)
−40	1.514	14.85	1.57 E − 5	1.04 E − 5	1.401	306.2
−20	1.395	13.68	1.63 E − 5	1.17 E − 5	1.401	319.1
0	1.292	12.67	1.71 E − 5	1.32 E − 5	1.401	331.4
5	1.269	12.45	1.73 E − 5	1.36 E − 5	1.401	334.4
10	1.247	12.23	1.76 E − 5	1.41 E − 5	1.401	337.4
15	1.225	12.01	1.80 E − 5	1.47 E − 5	1.401	340.4
20	1.204	11.81	1.82 E − 5	1.51 E − 5	1.401	343.3
25	1.184	11.61	1.85 E − 5	1.56 E − 5	1.401	346.3
30	1.165	11.43	1.86 E − 5	1.60 E − 5	1.400	349.1
40	1.127	11.05	1.87 E − 5	1.66 E − 5	1.400	354.7
50	1.109	10.88	1.95 E − 5	1.76 E − 5	1.400	360.3
60	1.060	10.40	1.97 E − 5	1.86 E − 5	1.399	365.7
70	1.029	10.09	2.03 E − 5	1.97 E − 5	1.399	371.2
80	0.9996	9.803	2.07 E − 5	2.07 E − 5	1.399	376.6
90	0.9721	9.533	2.14 E − 5	2.20 E − 5	1.398	381.7
100	0.9461	9.278	2.17 E − 5	2.29 E − 5	1.397	386.9
200	0.7461	7.317	2.53 E − 5	3.39 E − 5	1.390	434.5
300	0.6159	6.040	2.98 E − 5	4.84 E − 5	1.379	476.3
400	0.5243	5.142	3.32 E − 5	6.34 E − 5	1.368	514.1
500	0.4565	4.477	3.64 E − 5	7.97 E − 5	1.357	548.8
1000	0.2772	2.719	5.04 E − 5	1.82 E − 4	1.321	694.8

Source: Data from R. D. Blevins, *Applied Fluid Dynamics Handbook*, Van Nostrand Reinhold Co., Inc., New York, 1984.

[a]Density and specific weight are related through the equation $\gamma = \rho g$. For this table $g = 9.807$ m/s².

표 B.4 대기압 조건에서의 표준 대기의 물성 (영미 단위계)

Temperature (°C)	Density, ρ (kg/m³)	Specific Weight[a], γ (N/m³)	Dynamic Viscosity, μ (N · s/m²)	Kinematic Viscosity, ν (m²/s)	Specific Heat Ratio, k (—)	Speed of Sound, c (m/s)
−40	1.514	14.85	1.57 E − 5	1.04 E − 5	1.401	306.2
−20	1.395	13.68	1.63 E − 5	1.17 E − 5	1.401	319.1
0	1.292	12.67	1.71 E − 5	1.32 E − 5	1.401	331.4
5	1.269	12.45	1.73 E − 5	1.36 E − 5	1.401	334.4
10	1.247	12.23	1.76 E − 5	1.41 E − 5	1.401	337.4
15	1.225	12.01	1.80 E − 5	1.47 E − 5	1.401	340.4
20	1.204	11.81	1.82 E − 5	1.51 E − 5	1.401	343.3
25	1.184	11.61	1.85 E − 5	1.56 E − 5	1.401	346.3
30	1.165	11.43	1.86 E − 5	1.60 E − 5	1.400	349.1
40	1.127	11.05	1.87 E − 5	1.66 E − 5	1.400	354.7
50	1.109	10.88	1.95 E − 5	1.76 E − 5	1.400	360.3
60	1.060	10.40	1.97 E − 5	1.86 E − 5	1.399	365.7
70	1.029	10.09	2.03 E − 5	1.97 E − 5	1.399	371.2
80	0.9996	9.803	2.07 E − 5	2.07 E − 5	1.399	376.6
90	0.9721	9.533	2.14 E − 5	2.20 E − 5	1.398	381.7
100	0.9461	9.278	2.17 E − 5	2.29 E − 5	1.397	386.9
200	0.7461	7.317	2.53 E − 5	3.39 E − 5	1.390	434.5
300	0.6159	6.040	2.98 E − 5	4.84 E − 5	1.379	476.3
400	0.5243	5.142	3.32 E − 5	6.34 E − 5	1.368	514.1
500	0.4565	4.477	3.64 E − 5	7.97 E − 5	1.357	548.8
1000	0.2772	2.719	5.04 E − 5	1.82 E − 4	1.321	694.8

Source: Data from R. D. Blevins, *Applied Fluid Dynamics Handbook*, Van Nostrand Reinhold Co., Inc., New York, 1984.

[a]Density and specific weight are related through the equation $\gamma = \rho g$. For this table $g = 9.807$ m/s².

APPENDIX C

미국 표준 대기의 물성

표 C.1 대기압 조건에서의 미국표준 대기의 물성 (SI단위계)

Altitude (m)	Temperature (°C)	Acceleration of Gravity, g (m/s²)	Pressure, p [N/m²(abs)]		Density, ρ (kg/m³)		Dynamic Viscosity, μ (N · s/m²)	
−1,000	21.50	9.810	1.139	E + 5	1.347	E + 0	1.821	E − 5
0	15.00	9.807	1.013	E + 5	1.225	E + 0	1.789	E − 5
1,000	8.50	9.804	8.988	E + 4	1.112	E + 0	1.758	E − 5
2,000	2.00	9.801	7.950	E + 4	1.007	E + 0	1.726	E − 5
3,000	−4.49	9.797	7.012	E + 4	9.093	E − 1	1.694	E − 5
4,000	−10.98	9.794	6.166	E + 4	8.194	E − 1	1.661	E − 5
5,000	−17.47	9.791	5.405	E + 4	7.364	E − 1	1.628	E − 5
6,000	−23.96	9.788	4.722	E + 4	6.601	E − 1	1.595	E − 5
7,000	−30.45	9.785	4.111	E + 4	5.900	E − 1	1.561	E − 5
8,000	−36.94	9.782	3.565	E + 4	5.258	E − 1	1.527	E − 5
9,000	−43.42	9.779	3.080	E + 4	4.671	E − 1	1.493	E − 5
10,000	−49.90	9.776	2.650	E + 4	4.135	E − 1	1.458	E − 5
15,000	−56.50	9.761	1.211	E + 4	1.948	E − 1	1.422	E − 5
20,000	−56.50	9.745	5.529	E + 3	8.891	E − 2	1.422	E − 5
25,000	−51.60	9.730	2.549	E + 3	4.008	E − 2	1.448	E − 5
30,000	−46.64	9.715	1.197	E + 3	1.841	E − 2	1.475	E − 5
40,000	−22.80	9.684	2.871	E + 2	3.996	E − 3	1.601	E − 5
50,000	−2.50	9.654	7.978	E + 1	1.027	E − 3	1.704	E − 5
60,000	−26.13	9.624	2.196	E + 1	3.097	E − 4	1.584	E − 5
70,000	−53.57	9.594	5.221	E + 0	8.283	E − 5	1.438	E − 5
80,000	−74.51	9.564	1.052	E + 0	1.846	E − 5	1.321	E − 5

Source: Data abridged from *U.S. Standard Atmosphere, 1976*, U.S. Government Printing Office, Washington, D.C.

표 C.2 대기압 조건에서의 미국표준 대기의 물성 (영미 단위계)

Altitude (ft)	Temperature (°F)	Acceleration of Gravity, g (ft/s²)	Pressure, p [lb/in.²(abs)]	Density, ρ (slugs/ft³)[a]		Dynamic Viscosity, μ (lb · s/ft²)	
−5,000	76.84	32.189	17.554	2.745	E − 3	3.836	E − 7
0	59.00	32.174	14.696	2.377	E − 3	3.737	E − 7
5,000	41.17	32.159	12.228	2.048	E − 3	3.637	E − 7
10,000	23.36	32.143	10.108	1.756	E − 3	3.534	E − 7
15,000	5.55	32.128	8.297	1.496	E − 3	3.430	E − 7
20,000	−12.26	32.112	6.759	1.267	E − 3	3.324	E − 7
25,000	−30.05	32.097	5.461	1.066	E − 3	3.217	E − 7
30,000	−47.83	32.082	4.373	8.907	E − 4	3.107	E − 7
35,000	−65.61	32.066	3.468	7.382	E − 4	2.995	E − 7
40,000	−69.70	32.051	2.730	5.873	E − 4	2.969	E − 7
45,000	−69.70	32.036	2.149	4.623	E − 4	2.969	E − 7
50,000	−69.70	32.020	1.692	3.639	E − 4	2.969	E − 7
60,000	−69.70	31.990	1.049	2.256	E − 4	2.969	E − 7
70,000	−67.42	31.959	0.651	1.392	E − 4	2.984	E − 7
80,000	−61.98	31.929	0.406	8.571	E − 5	3.018	E − 7
90,000	−56.54	31.897	0.255	5.610	E − 5	3.052	E − 7
100,000	−51.10	31.868	0.162	3.318	E − 5	3.087	E − 7
150,000	19.40	31.717	0.020	3.658	E − 6	3.511	E − 7
200,000	−19.78	31.566	0.003	5.328	E − 7	3.279	E − 7
250,000	−88.77	31.415	0.000	6.458	E − 8	2.846	E − 7

Source: Data abridged from *U.S. Standard Atmosphere, 1976*, U.S. Government Printing Office, Washington, D.C.

[a]To obtain EE units (lbm/ft³), multiply by 32.174.

APPENDIX D

k = 1.4인 이상유체의 압축성 유동 함수

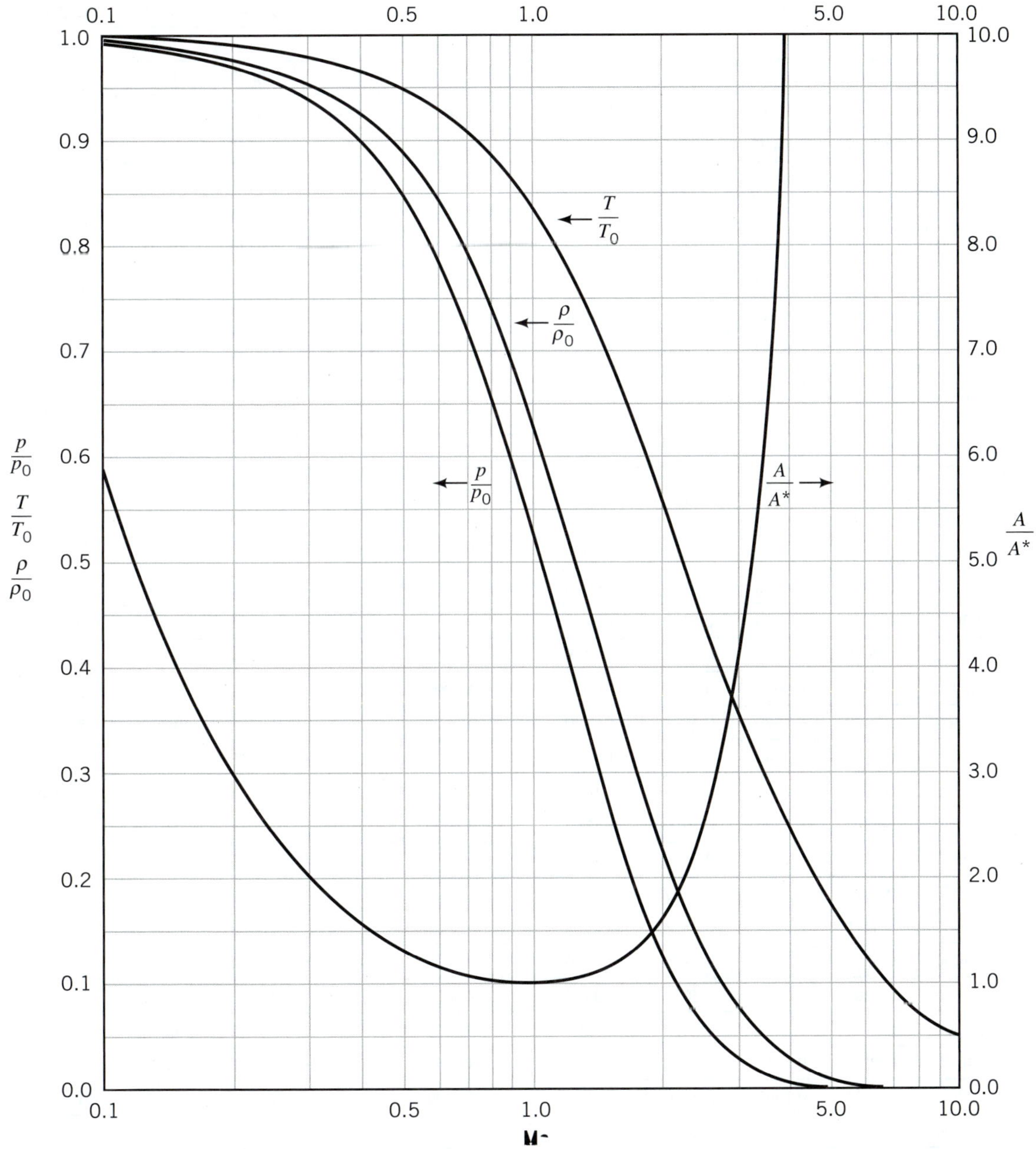

그림 D.1 k = 1.4인 이상유체의 등엔트로피 유동 (Dr. Bruce A. Reichert 제공)

표 D.1 k = 1.4인 이상유체의 등엔트로피 유동 함수

Ma	T/T_0	p/p_0	ρ/ρ_0	A/A^*	Ma	T/T_0	p/p_0	ρ/ρ_0	A/A^*
0.0000	1.0000	1.0000	1.0000	∞	2.0500	0.5433	0.1182	0.2176	1.7600
0.0500	0.9995	0.9983	0.9988	11.5914	2.1000	0.5313	0.1094	0.2058	1.8369
0.1000	0.9980	0.9930	0.9950	5.8218	2.1500	0.5196	0.1011	0.1946	1.9185
0.1500	0.9955	0.9844	0.9888	3.9103	2.2000	0.5081	0.0935	0.1841	2.0050
0.2000	0.9921	0.9725	0.9803	2.9635	2.2500	0.4969	0.0865	0.1740	2.0964
0.2500	0.9877	0.9575	0.9694	2.4027	2.3000	0.4859	0.0800	0.1646	2.1931
0.3000	0.9823	0.9395	0.9564	2.0351	2.3500	0.4752	0.0740	0.1556	2.2953
0.3500	0.9761	0.9188	0.9413	1.7780	2.4000	0.4647	0.0684	0.1472	2.4031
0.4000	0.9690	0.8956	0.9243	1.5901	2.4500	0.4544	0.0633	0.1392	2.5168
0.4500	0.9611	0.8703	0.9055	1.4487	2.5000	0.4444	0.0585	0.1317	2.6367
0.5000	0.9524	0.8430	0.8852	1.3398	2.5500	0.4347	0.0542	0.1246	2.7630
0.5500	0.9430	0.8142	0.8634	1.2549	2.6000	0.4252	0.0501	0.1179	2.8960
0.6000	0.9328	0.7840	0.8405	1.1882	2.6500	0.4159	0.0464	0.1115	3.0359
0.6500	0.9221	0.7528	0.8164	1.1356	2.7000	0.4068	0.0430	0.1056	3.1830
0.7000	0.9107	0.7209	0.7916	1.0944	2.7500	0.3980	0.0398	0.0999	3.3377
0.7500	0.8989	0.6886	0.7660	1.0624	2.8000	0.3894	0.0368	0.0946	3.5001
0.8000	0.8865	0.6560	0.7400	1.0382	2.8500	0.3810	0.0341	0.0896	3.6707
0.8500	0.8737	0.6235	0.7136	1.0207	2.9000	0.3729	0.0317	0.0849	3.8498
0.9000	0.8606	0.5913	0.6870	1.0089	2.9500	0.3649	0.0293	0.0804	4.0376
0.9500	0.8471	0.5595	0.6604	1.0021	3.0000	0.3571	0.0272	0.0762	4.2346
1.0000	0.8333	0.5283	0.6339	1.0000	3.1000	0.3422	0.0234	0.0685	4.6573
1.0500	0.8193	0.4979	0.6077	1.0020	3.2000	0.3281	0.0202	0.0617	5.1210
1.1000	0.8052	0.4684	0.5817	1.0079	3.3000	0.3147	0.0175	0.0555	5.6286
1.1500	0.7908	0.4398	0.5562	1.0175	3.4000	0.3019	0.0151	0.0501	6.1837
1.2000	0.7764	0.4124	0.5311	1.0304	3.5000	0.2899	0.0131	0.0452	6.7896
1.2500	0.7619	0.3861	0.5067	1.0468	3.6000	0.2784	0.0114	0.0409	7.4501
1.3000	0.7474	0.3609	0.4829	1.0663	3.7000	0.2675	0.0099	0.0370	8.1691
1.3500	0.7329	0.3370	0.4598	1.0890	3.8000	0.2572	0.0086	0.0335	8.9506
1.4000	0.7184	0.3142	0.4374	1.1149	3.9000	0.2474	0.0075	0.0304	9.7990
1.4500	0.7040	0.2927	0.4158	1.1440	4.0000	0.2381	0.0066	0.0277	10.7188
1.5000	0.6897	0.2724	0.3950	1.1762	4.5000	0.1980	0.0035	0.0174	16.5622
1.5500	0.6754	0.2533	0.3750	1.2116	5.0000	0.1667	0.0019	0.0113	25.0000
1.6000	0.6614	0.2353	0.3557	1.2502	5.5000	0.1418	0.0011	0.0076	36.8690
1.6500	0.6475	0.2184	0.3373	1.2922	6.0000	0.1220	0.0006	0.0052	53.1798
1.7000	0.6337	0.2026	0.3197	1.3376	6.5000	0.1058	0.0004	0.0036	75.1343
1.7500	0.6202	0.1878	0.3029	1.3865	7.0000	0.0926	0.0002	0.0026	104.1429
1.8000	0.6068	0.1740	0.2868	1.4390	7.5000	0.0816	0.0002	0.0019	141.8415
1.8500	0.5936	0.1612	0.2715	1.4952	8.0000	0.0725	0.0001	0.0014	190.1094
1.9000	0.5807	0.1492	0.2570	1.5553	8.5000	0.0647	0.0001	0.0011	251.0862
1.9500	0.5680	0.1381	0.2432	1.6193	9.0000	0.0581	0.0000	0.0008	327.1893
2.0000	0.5556	0.1278	0.2300	1.6875	10.0000	0.0476	0.0000	0.0005	535.9375

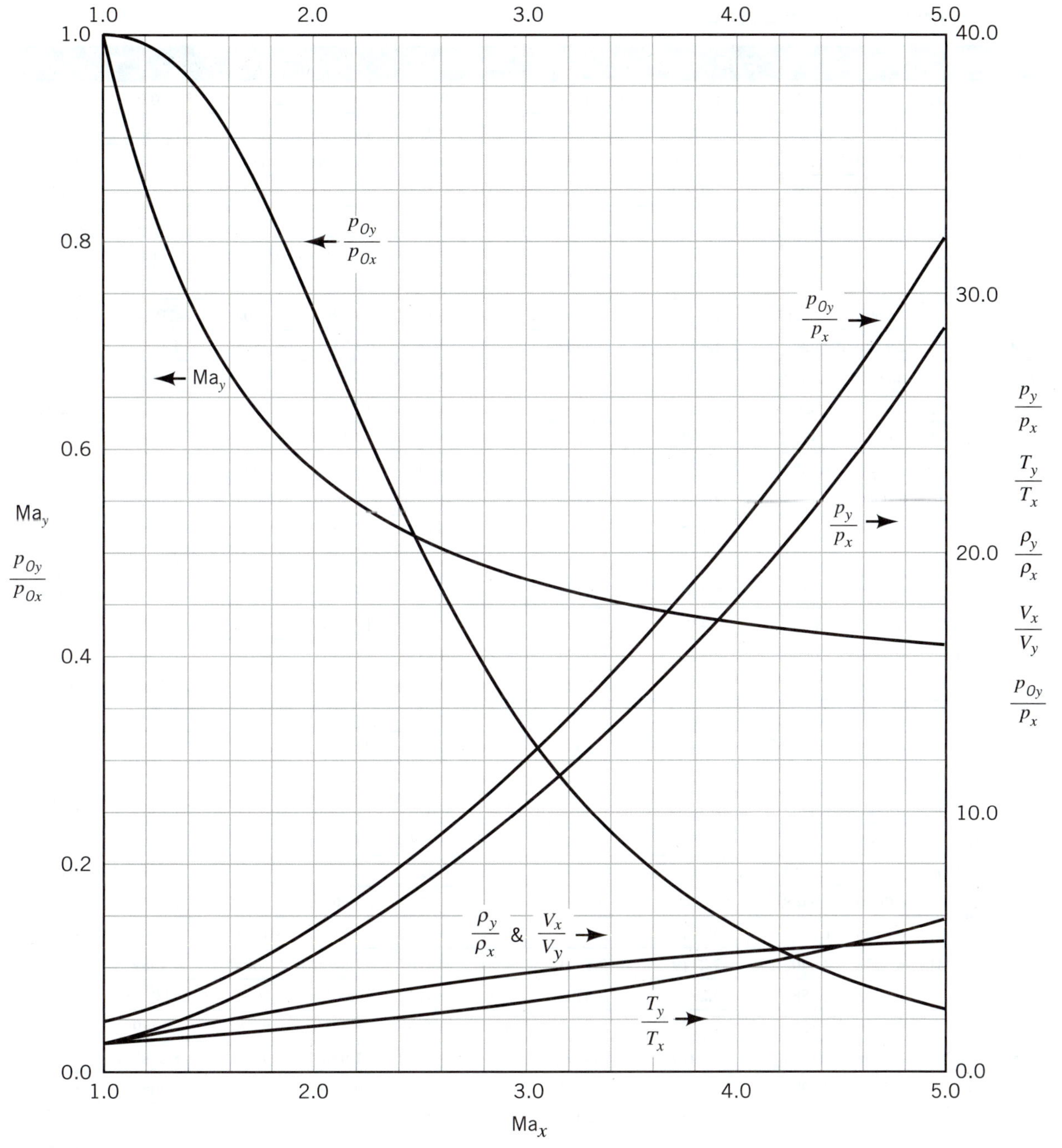

그림 D.S k = 1.4인 이상유체의 수직 충격파 유동 (Dr. Bruce A. Reichert 제공)

표 D.S $k = 1.4$인 이상유체의 수직 충격파 함수

Ma_x	Ma_y	p_y/p_x	T_y/T_x	$\rho_y/\rho_x = V_x/V_y$	p_{0y}/p_{0x}	Ma_x	Ma_y	p_y/p_x	T_y/T_x	$\rho_y/\rho_x = V_x/V_y$	p_{0y}/p_{0x}
1.00	1.0000	1.0000	1.0000	1.0000	1.0000	3.05	0.4723	10.6863	2.7383	3.9025	0.3145
1.05	0.9531	1.1196	1.0328	1.0840	0.9999	3.10	0.4695	11.0450	2.7986	3.9466	0.3012
1.10	0.9118	1.2450	1.0649	1.1691	0.9989	3.15	0.4669	11.4096	2.8598	3.9896	0.2885
1.15	0.8750	1.3763	1.0966	1.2550	0.9967	3.20	0.4643	11.7800	2.9220	4.0315	0.2762
1.20	0.8422	1.5133	1.1280	1.3416	0.9928	3.25	0.4619	12.1563	2.9851	4.0723	0.2645
1.25	0.8126	1.6563	1.1594	1.4286	0.9871	3.30	0.4596	12.5383	3.0492	4.1120	0.2533
1.30	0.7860	1.8050	1.1909	1.5157	0.9794	3.35	0.4573	12.9263	3.1142	4.1507	0.2425
1.35	0.7618	1.9596	1.2226	1.6028	0.9697	3.40	0.4552	13.3200	3.1802	4.1884	0.2322
1.40	0.7397	2.1200	1.2547	1.6897	0.9582	3.45	0.4531	13.7196	3.2472	4.2251	0.2224
1.45	0.7196	2.2863	1.2872	1.7761	0.9448	3.50	0.4512	14.1250	3.3151	4.2609	0.2129
1.50	0.7011	2.4583	1.3202	1.8621	0.9298	3.55	0.4492	14.5363	3.3839	4.2957	0.2039
1.55	0.6841	2.6363	1.3538	1.9473	0.9132	3.60	0.4474	14.9533	3.4537	4.3296	0.1953
1.60	0.6684	2.8200	1.3880	2.0317	0.8952	3.65	0.4456	15.3763	3.5245	4.3627	0.1871
1.65	0.6540	3.0096	1.4228	2.1152	0.8760	3.70	0.4439	15.8050	3.5962	4.3949	0.1792
1.70	0.6405	3.2050	1.4583	2.1977	0.8557	3.75	0.4423	16.2396	3.6689	4.4262	0.1717
1.75	0.6281	3.4063	1.4946	2.2791	0.8346	3.80	0.4407	16.6800	3.7426	4.4568	0.1645
1.80	0.6165	3.6133	1.5316	2.3592	0.8127	3.85	0.4392	17.1263	3.8172	4.4866	0.1576
1.85	0.6057	3.8263	1.5693	2.4381	0.7902	3.90	0.4377	17.5783	3.8928	4.5156	0.1510
1.90	0.5956	4.0450	1.6079	2.5157	0.7674	3.95	0.4363	18.0363	3.9694	4.5439	0.1448
1.95	0.5862	4.2696	1.6473	2.5919	0.7442	4.00	0.4350	18.5000	4.0469	4.5714	0.1388
2.00	0.5774	4.5000	1.6875	2.6667	0.7209	4.10	0.4324	19.4450	4.2048	4.6245	0.1276
2.05	0.5691	4.7363	1.7285	2.7400	0.6975	4.20	0.4299	20.4133	4.3666	4.6749	0.1173
2.10	0.5613	4.9783	1.7705	2.8119	0.6742	4.30	0.4277	21.4050	4.5322	4.7229	0.1080
2.15	0.5540	5.2263	1.8132	2.8823	0.6511	4.40	0.4255	22.4200	4.7017	4.7685	0.0995
2.20	0.5471	5.4800	1.8569	2.9512	0.6281	4.50	0.4236	23.4583	4.8751	4.8119	0.0917
2.25	0.5406	5.7396	1.9014	3.0186	0.6055	4.60	0.4217	24.5200	5.0523	4.8532	0.0846
2.30	0.5344	6.0050	1.9468	3.0845	0.5833	4.70	0.4199	25.6050	5.2334	4.8926	0.0781
2.35	0.5286	6.2763	1.9931	3.1490	0.5615	4.80	0.4183	26.7133	5.4184	4.9301	0.0721
2.40	0.5231	6.5533	2.0403	3.2119	0.5401	4.90	0.4167	27.8450	5.6073	4.9659	0.0667
2.45	0.5179	6.8363	2.0885	3.2733	0.5193	5.00	0.4152	29.0000	5.8000	5.0000	0.0617
2.50	0.5130	7.1250	2.1375	3.3333	0.4990	5.50	0.4090	35.1250	6.8218	5.1489	0.0424
2.55	0.5083	7.4196	2.1875	3.3919	0.4793	6.00	0.4042	41.8333	7.9406	5.2683	0.0297
2.60	0.5039	7.7200	2.2383	3.4490	0.4601	6.50	0.4004	49.1250	9.1564	5.3651	0.0211
2.65	0.4996	8.0262	2.2902	3.5047	0.4416	7.00	0.3974	57.0000	10.4694	5.4444	0.0154
2.70	0.4956	8.3383	2.3429	3.5590	0.4236	7.50	0.3949	65.4583	11.8795	5.5102	0.0113
2.75	0.4918	8.6562	2.3966	3.6119	0.4062	8.00	0.3929	74.5000	13.3867	5.5652	0.0085
2.80	0.4882	8.9800	2.4512	3.6636	0.3895	8.50	0.3912	84.1250	14.9911	5.6117	0.0064
2.85	0.4847	9.3096	2.5067	3.7139	0.3733	9.00	0.3898	94.3333	16.6927	5.6512	0.0050
2.90	0.4814	9.6450	2.5632	3.7629	0.3577	9.50	0.3886	105.1250	18.4915	5.6850	0.0039
2.95	0.4782	9.9862	2.6206	3.8106	0.3428	10.00	0.3876	116.5000	20.3875	5.7143	0.0030
3.00	0.4752	10.3333	2.6790	3.8571	0.3283	∞	0.3780	∞	∞	6.0000	0.0000

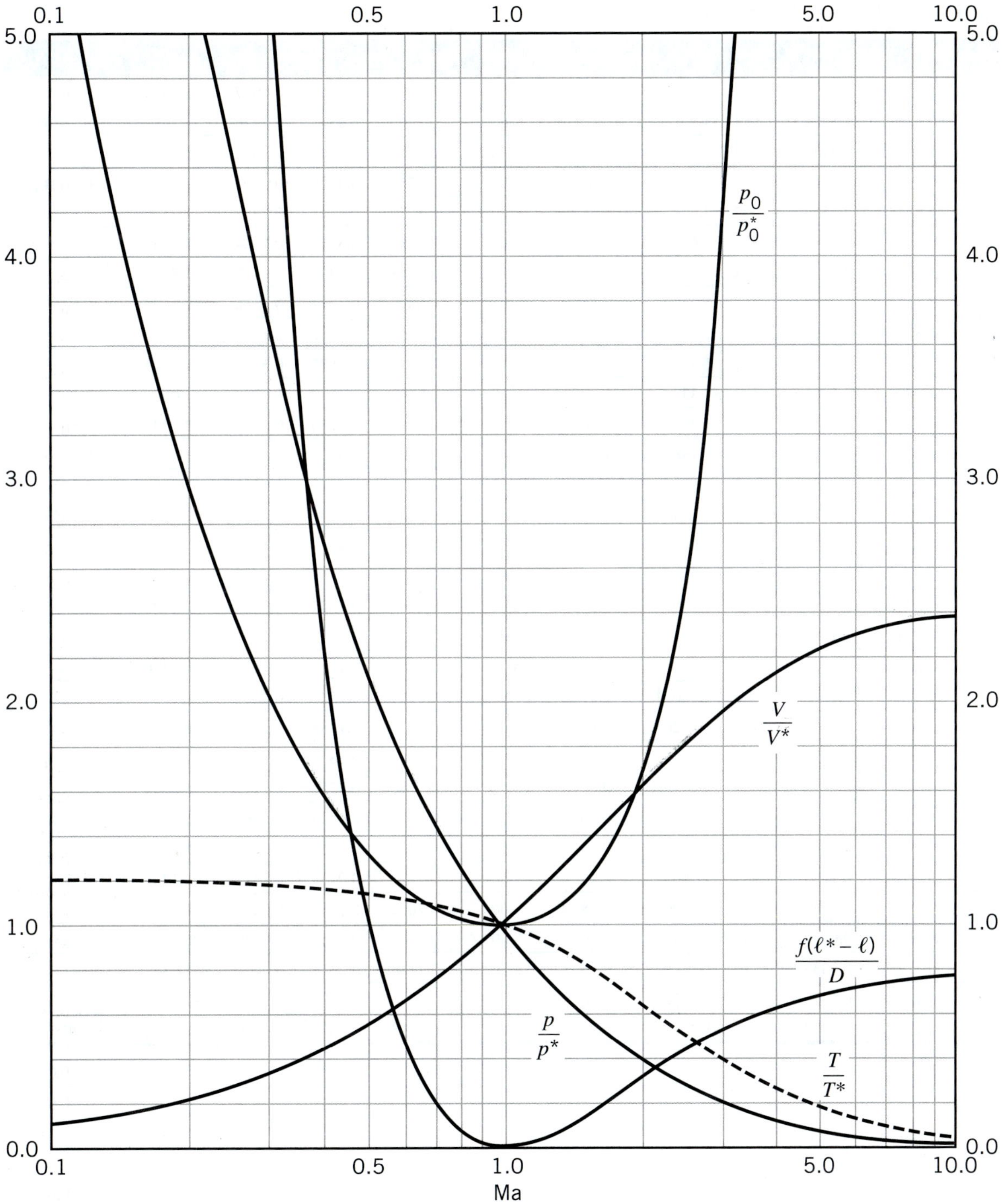

그림 D.F k = 1.4인 이상유체의 Fanno 유동 (Dr. Bruce A. Reichert 제공)

표 D.F k = 1.4인 이상유체의 Fanno 유동 함수

Ma	$f(\ell^*-\ell)/D$	p/p^*	T/T^*	p_0/p_0^*	$\rho/\rho^* = V^*/V$	Ma	$f(\ell^*-\ell)/D$	p/p^*	T/T^*	p_0/p_0^*	$\rho/\rho^* = V^*/V$
0.00	∞	∞	1.2000	∞	∞	1.60	0.1724	0.5568	0.7937	1.2502	0.7016
0.05	280.0203	21.9034	1.1994	11.5914	18.2620	1.65	0.1902	0.5342	0.7770	1.2922	0.6876
0.10	66.9216	10.9435	1.1976	5.8218	9.1378	1.70	0.2078	0.5130	0.7605	1.3376	0.6745
0.15	27.9320	7.2866	1.1946	3.9103	6.0995	1.75	0.2250	0.4929	0.7442	1.3865	0.6624
0.20	14.5333	5.4554	1.1905	2.9635	4.5826	1.80	0.2419	0.4741	0.7282	1.4390	0.6511
0.25	8.4834	4.3546	1.1852	2.4027	3.6742	1.85	0.2583	0.4562	0.7124	1.4952	0.6404
0.30	5.2993	3.6191	1.1788	2.0351	3.0702	1.90	0.2743	0.4394	0.6969	1.5553	0.6305
0.35	3.4525	3.0922	1.1713	1.7780	2.6400	1.95	0.2899	0.4234	0.6816	1.6193	0.6211
0.40	2.3085	2.6958	1.1628	1.5901	2.3184	2.00	0.3050	0.4082	0.6667	1.6875	0.6124
0.45	1.5664	2.3865	1.1533	1.4487	2.0693	2.10	0.3339	0.3802	0.6376	1.8369	0.5963
0.50	1.0691	2.1381	1.1429	1.3398	1.8708	2.20	0.3609	0.3549	0.6098	2.0050	0.5821
0.55	0.7281	1.9341	1.1315	1.2549	1.7092	2.30	0.3862	0.3320	0.5831	2.1931	0.5694
0.60	0.4908	1.7634	1.1194	1.1882	1.5753	2.40	0.4099	0.3111	0.5576	2.4031	0.5580
0.65	0.3246	1.6183	1.1065	1.1356	1.4626	2.50	0.4320	0.2921	0.5333	2.6367	0.5477
0.70	0.2081	1.4935	1.0929	1.0944	1.3665	2.60	0.4526	0.2747	0.5102	2.8960	0.5385
0.75	0.1273	1.3848	1.0787	1.0624	1.2838	2.70	0.4718	0.2588	0.4882	3.1830	0.5301
0.80	0.0723	1.2893	1.0638	1.0382	1.2119	2.80	0.4898	0.2441	0.4673	3.5001	0.5225
0.85	0.0363	1.2047	1.0485	1.0207	1.1489	2.90	0.5065	0.2307	0.4474	3.8498	0.5155
0.90	0.0145	1.1291	1.0327	1.0089	1.0934	3.00	0.5222	0.2182	0.4286	4.2346	0.5092
0.95	0.0033	1.0613	1.0165	1.0021	1.0440	3.50	0.5864	0.1685	0.3478	6.7896	0.4845
1.00	0.0000	1.0000	1.0000	1.0000	1.0000	4.00	0.6331	0.1336	0.2857	10.7188	0.4677
1.05	0.0027	0.9443	0.9832	1.0020	0.9605	4.50	0.6676	0.1083	0.2376	16.5622	0.4559
1.10	0.0099	0.8936	0.9662	1.0079	0.9249	5.00	0.6938	0.0894	0.2000	25.0000	0.4472
1.15	0.0205	0.8471	0.9490	1.0175	0.8926	5.50	0.7140	0.0750	0.1702	36.8690	0.4407
1.20	0.0336	0.8044	0.9317	1.0304	0.8633	6.00	0.7299	0.0638	0.1463	53.1798	0.4357
1.25	0.0486	0.7649	0.9143	1.0468	0.8367	6.50	0.7425	0.0548	0.1270	75.1343	0.4317
1.30	0.0648	0.7285	0.8969	1.0663	0.8123	7.00	0.7528	0.0476	0.1111	104.1429	0.4286
1.35	0.0820	0.6947	0.8794	1.0890	0.7899	7.50	0.7612	0.0417	0.0980	141.8415	0.4260
1.40	0.0997	0.6632	0.8621	1.1149	0.7693	8.00	0.7682	0.0369	0.0870	190.1094	0.4239
1.45	0.1178	0.6339	0.8448	1.1440	0.7503	8.50	0.7740	0.0328	0.0777	251.0862	0.4221
1.50	0.1361	0.6065	0.8276	1.1762	0.7328	9.00	0.7790	0.0293	0.0698	327.1893	0.4207
1.55	0.1543	0.5808	0.8105	1.2116	0.7166	∞	0.8215	0.0000	0.0000	∞	0.4082

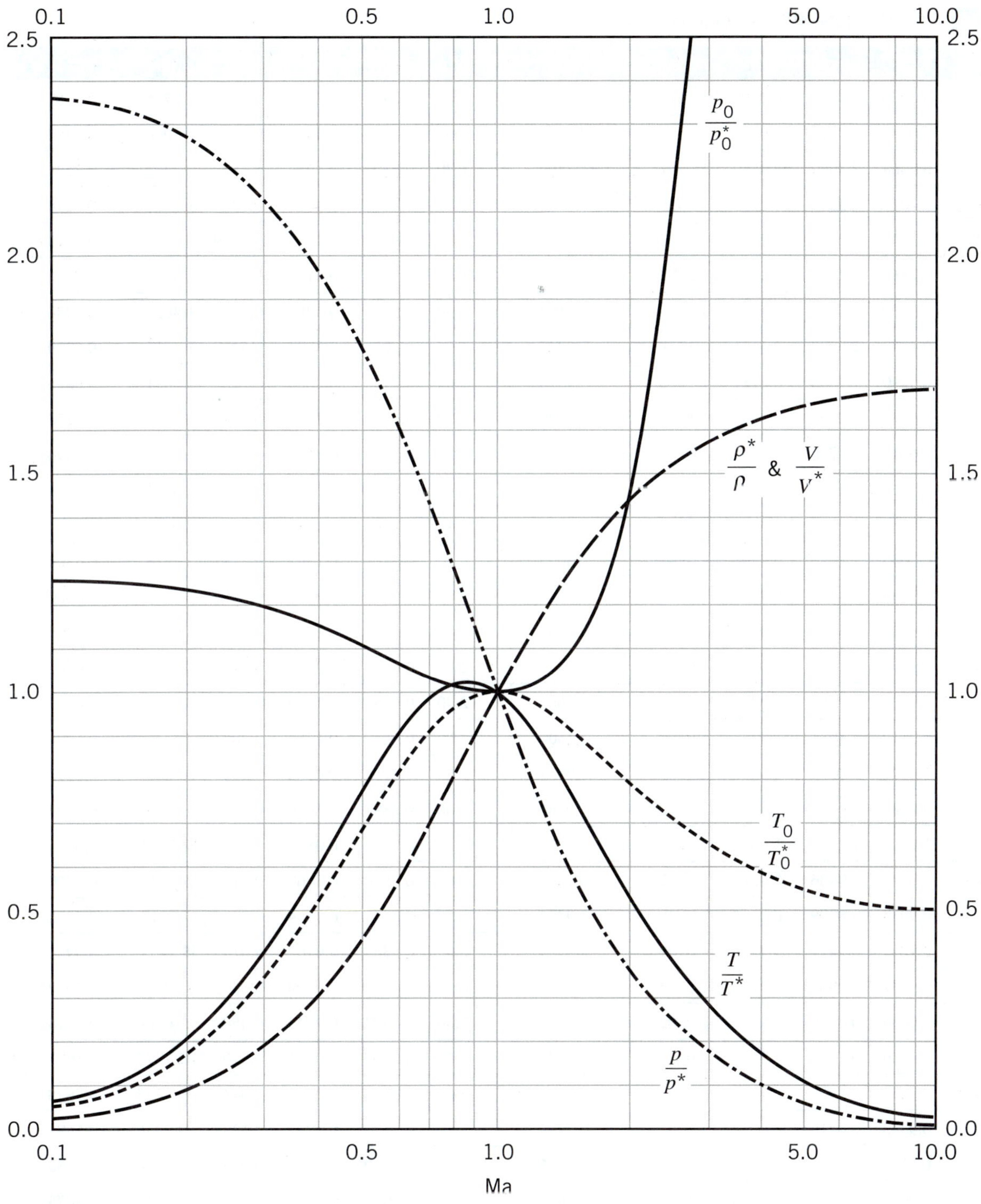

그림 D.R k = 1.4인 이상유체의 Rayleigh 유동 (Dr. Bruce A. Reichert 제공)

표 D.R k = 1.4인 이상유체의 Rayleigh 유동 함수

Ma	T_0/T_0^*	p/p^*	T/T^*	p_0/p_0^*	$\rho/\rho^* = V^*/V$	Ma	T_0/T_0^*	p/p^*	T/T^*	p_0/p_0^*	$\rho/\rho^* = V^*/V$
0.00	0.0000	2.4000	0.0000	1.2679	∞	1.60	0.8842	0.5236	0.7017	1.1756	0.7461
0.05	0.0119	2.3916	0.0143	1.2657	167.2500	1.65	0.8718	0.4988	0.6774	1.2066	0.7364
0.10	0.0468	2.3669	0.0560	1.2591	42.2500	1.70	0.8597	0.4756	0.6538	1.2402	0.7275
0.15	0.1020	2.3267	0.1218	1.2486	19.1019	1.75	0.8478	0.4539	0.6310	1.2767	0.7194
0.20	0.1736	2.2727	0.2066	1.2346	11.0000	1.80	0.8363	0.4335	0.6089	1.3159	0.7119
0.25	0.2568	2.2069	0.3044	1.2177	7.2500	1.85	0.8250	0.4144	0.5877	1.3581	0.7051
0.30	0.3469	2.1314	0.4089	1.1985	5.2130	1.90	0.8141	0.3964	0.5673	1.4033	0.6988
0.35	0.4389	2.0487	0.5141	1.1779	3.9847	1.95	0.8036	0.3795	0.5477	1.4516	0.6929
0.40	0.5290	1.9608	0.6151	1.1566	3.1875	2.00	0.7934	0.3636	0.5289	1.5031	0.6875
0.45	0.6139	1.8699	0.7080	1.1351	2.6409	2.10	0.7741	0.3345	0.4936	1.6162	0.6778
0.50	0.6914	1.7778	0.7901	1.1141	2.2500	2.20	0.7561	0.3086	0.4611	1.7434	0.6694
0.55	0.7599	1.6860	0.8599	1.0940	1.9607	2.30	0.7395	0.2855	0.4312	1.8860	0.6621
0.60	0.8189	1.5957	0.9167	1.0753	1.7407	2.40	0.7242	0.2648	0.4038	2.0451	0.6557
0.65	0.8683	1.5080	0.9608	1.0582	1.5695	2.50	0.7101	0.2462	0.3787	2.2218	0.6500
0.70	0.9085	1.4235	0.9929	1.0431	1.4337	2.60	0.6970	0.2294	0.3556	2.4177	0.6450
0.75	0.9401	1.3427	1.0140	1.0301	1.3241	2.70	0.6849	0.2142	0.3344	2.6343	0.6405
0.80	0.9639	1.2658	1.0255	1.0193	1.2344	2.80	0.6738	0.2004	0.3149	2.8731	0.6365
0.84515	0.9796	1.2000	1.0286	1.0116	1.1667	2.90	0.6635	0.1879	0.2969	3.1359	0.6329
0.85	0.9810	1.1931	1.0285	1.0109	1.1600	3.00	0.6540	0.1765	0.2803	3.4245	0.6296
0.90	0.9921	1.1246	1.0245	1.0049	1.0977	3.50	0.6158	0.1322	0.2142	5.3280	0.6173
0.95	0.9981	1.0603	1.0146	1.0012	1.0450	4.00	0.5891	0.1026	0.1683	8.2268	0.6094
1.00	1.0000	1.0000	1.0000	1.0000	1.0000	4.50	0.5698	0.0818	0.1354	12.5023	0.6039
1.05	0.9984	0.9436	0.9816	1.0012	0.9613	5.00	0.5556	0.0667	0.1111	18.6339	0.6000
1.10	0.9939	0.8909	0.9603	1.0049	0.9277	5.50	0.5447	0.0554	0.0927	27.2113	0.5971
1.15	0.9872	0.8417	0.9369	1.0109	0.8984	6.00	0.5363	0.0467	0.0785	38.9459	0.5949
1.20	0.9787	0.7958	0.9118	1.0194	0.8727	6.50	0.5297	0.0399	0.0673	54.6830	0.5932
1.25	0.9689	0.7529	0.8858	1.0303	0.8500	7.00	0.5244	0.0345	0.0583	75.4138	0.5918
1.30	0.9580	0.7130	0.8592	1.0437	0.8299	7.50	0.5200	0.0301	0.0509	102.2875	0.5907
1.35	0.9464	0.6758	0.8323	1.0594	0.8120	8.00	0.5165	0.0265	0.0449	136.6235	0.5898
1.40	0.9343	0.6410	0.8054	1.0777	0.7959	8.50	0.5135	0.0235	0.0399	179.9236	0.5891
1.45	0.9218	0.6086	0.7787	1.0983	0.7815	9.00	0.5110	0.0210	0.0356	233.8840	0.5885
1.50	0.9093	0.5783	0.7525	1.1215	0.7685	10	0.5070	0.0170	0.0290	381.6149	0.5875
1.55	0.8967	0.5500	0.7268	1.1473	0.7568	∞	∞	0.0000	0.0000	∞	0.5833

APPENDIX E

단위 변환용 종합표

표 E.1 시간 환산 계수

Hour (hr)	Minute (min)	Second (s)	
	$60\,\frac{min}{hr}$	$3600\,\frac{s}{hr}$	Hour (hr)
		$60\,\frac{s}{min}$	Minute (min)
			Second (s)

표 E.2 길이 환산 계수

	Angstrom (Å)	Micron (μ)	mil	Millimeter (mm)	Centimeter (cm)	Inch (in.)	Foot (ft)	Yard (yd)	Meter (m)	Fathom (fath)	Rod (rd)	Statute mile (mi)	Int'l nautical mile (mi)
Angstrom (Å)													
Micron (μ)	$10^4\,\frac{Å}{\mu}$												
mil	$2.54E5\,\frac{Å}{mil}$	$25.4\,\frac{\mu}{mil}$											
Millimeter (mm)	$1.0E7\,\frac{Å}{mm}$	$1000\,\frac{\mu}{mm}$	$39.37\,\frac{mil}{mm}$										
Centimeter (cm)	$1.0E8\,\frac{Å}{cm}$	$1.0E4\,\frac{\mu}{cm}$	$393.7\,\frac{mil}{cm}$	$10\,\frac{mm}{cm}$									
Inch (in.)	$2.54E8\,\frac{Å}{in.}$	$2.54E4\,\frac{\mu}{in.}$	$1000\,\frac{mil}{in.}$	$25.4\,\frac{mm}{in.}$	$2.54\,\frac{cm}{in.}$								
Foot (ft)	$3.048E9\,\frac{Å}{ft}$	$3.048E5\,\frac{\mu}{ft}$	$1.2E5\,\frac{mil}{ft}$	$304.8\,\frac{mm}{ft}$	$30.48\,\frac{cm}{ft}$	$12\,\frac{in.}{ft}$							
Yard (yd)	$9.144E9\,\frac{Å}{yd}$	$9.144E5\,\frac{\mu}{yd}$	$3.6E5\,\frac{mil}{yd}$	$914.4\,\frac{mm}{yd}$	$9.144\,\frac{cm}{yd}$	$36\,\frac{in.}{yd}$	$3\,\frac{ft}{yd}$						
Meter (m)	$1.0E10\,\frac{Å}{m}$	$1.0E6\,\frac{\mu}{m}$	$2.54E5\,\frac{mil}{m}$	$1000\,\frac{mm}{m}$	$100\,\frac{cm}{m}$	$39.37\,\frac{in.}{m}$	$3.281\,\frac{ft}{m}$	$1.094\,\frac{yd}{m}$					
Fathom (fath)	$1.829E10\,\frac{Å}{fath}$	$1.829E6\,\frac{\mu}{fath}$	$7.2E4\,\frac{mil}{fath}$	$1.829E3\,\frac{mm}{fath}$	$182.9\,\frac{cm}{fath}$	$72\,\frac{in.}{fath}$	$6\,\frac{ft}{fath}$	$2\,\frac{yd}{fath}$	$1.829\,\frac{m}{fath}$				
Rod (rd)	$5.029E10\,\frac{Å}{rd}$	$5.029E6\,\frac{\mu}{rd}$	$1.98E5\,\frac{mil}{rd}$	$5029\,\frac{mm}{rd}$	$502.9\,\frac{cm}{rd}$	$198\,\frac{in.}{rd}$	$16.5\,\frac{ft}{rd}$	$5.5\,\frac{yd}{rd}$	$5.029\,\frac{m}{rd}$	$2.75\,\frac{fath}{rd}$			
Statute mile (mi)	$1.609E13\,\frac{Å}{mi}$	$1.609E9\,\frac{\mu}{mi}$	$6.336E7\,\frac{mil}{mi}$	$1.609E6\,\frac{mm}{mi}$	$1.609E5\,\frac{cm}{mi}$	$6.336E4\,\frac{in.}{mi}$	$5280\,\frac{ft}{mi}$	$1760\,\frac{yd}{mi}$	$1609\,\frac{m}{mi}$	$879.7\,\frac{fath}{mi}$	$320\,\frac{rd}{mi}$		
Int'l nautical mile (mi)	$1.852E13\,\frac{Å}{mi}$	$1.852E9\,\frac{\mu}{mi}$	$7.291E7\,\frac{mil}{mi}$	$1.852E6\,\frac{mm}{mi}$	$1.852E5\,\frac{cm}{mi}$	$7.291E4\,\frac{in.}{mi}$	$6076.12\,\frac{ft}{mi}$	$2026\,\frac{yd}{mi}$	$1852\,\frac{m}{mi}$	$1012\,\frac{fath}{mi}$	$368.3\,\frac{rd}{mi}$	$1.151\,\frac{st\ mi}{I.N.\ mi}$	

예제 : 450.0 mil을 cm로 바꾸어라.

풀이 : 행에서 작은 단위인 mil을 택하고 열에서 큰 단위인 cm를 택하면 그 교차점에서 변환 계수를 찾을 수 있다.

$$450.0\ mil\left(\frac{cm}{393.7\ mil}\right) = 1.143\ cm.$$

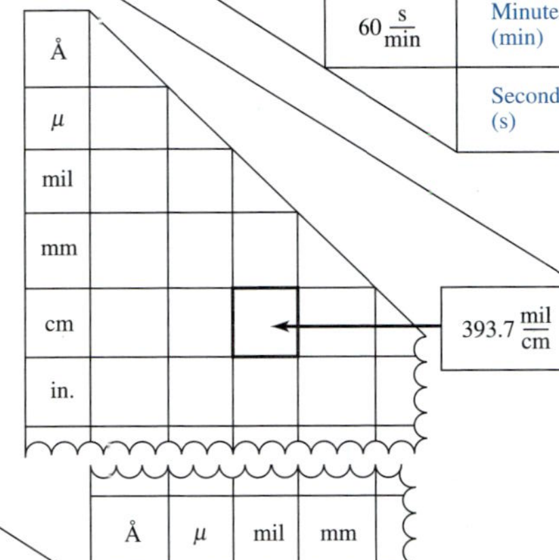

표 E.3 면적 환산 계수

	Square statute mile (mi^2)	Acre	Square meter (m^2)	Square yard (yd^2)	Square foot (ft^2)	Square inch (in^2)	Square centimeter (cm^2)
Square statute mile (mi^2)		$640\ \frac{acre}{mi^2}$	$2.589E6\ \frac{m^2}{mi^2}$	$3.098E6\ \frac{yd^2}{mi^2}$	$2.788E7\ \frac{ft^2}{mi^2}$	$4.014E9\ \frac{in^2}{mi^2}$	$2.589E10\ \frac{cm^2}{mi^2}$
Acre			$4047\ \frac{m^2}{acre}$	$4840\ \frac{yd^2}{acre}$	$4.356E4\ \frac{ft^2}{acre}$	$6.272E6\ \frac{in^2}{acre}$	$4.047E7\ \frac{cm^2}{acre}$
Square meter (m^2)				$1.196\ \frac{yd^2}{m^2}$	$10.76\ \frac{ft^2}{m^2}$	$1550\ \frac{in^2}{m^2}$	$1.0E4\ \frac{cm^2}{m^2}$
Square yard (yd^2)					$9\ \frac{ft^2}{yd^2}$	$1296\ \frac{in^2}{yd^2}$	$8361\ \frac{cm^2}{yd^2}$
Square foot (ft^2)						$144\ \frac{in^2}{ft^2}$	$929.0\ \frac{cm^2}{ft^2}$
Square inch (in^2)							$6.452\ \frac{cm^2}{in^2}$
Square centimeter (cm^2)							

	Milliliter (ml) (cubic centimeter)	Cubic inch (in^3)	U.S. fluid ounce (fl oz)	U.S. liquid quart (qt)	Liter (L)	U.S. liquid gallon (gal)	Cubic foot (ft^3)	Cubic yard (yd^3)	Cubic meter (m^3)	Cubic statute mile (mi^3)
Milliliter (ml) (cubic centimeter)										
Cubic inch (in^3)	$16.39\ \frac{mil}{in^3}$									
U.S. fluid ounce (fl oz)	$29.574\ \frac{mil}{fl\ oz}$	$1.805\ \frac{in^3}{fl\ oz}$								
U.S. fluid quart (qt)	$946.4\ \frac{ml}{qt}$	$57.75\ \frac{in^3}{qt}$	$32\ \frac{fl\ oz}{qt}$							
Liter (L)	$1000\ \frac{ml}{L}$	$61.02\ \frac{in^3}{L}$	$33.81\ \frac{fl\ oz}{L}$	$1.057\ \frac{qt}{L}$						
U.S. liquid gallon (gal)	$3785.4\ \frac{ml}{gal}$	$231\ \frac{in^3}{gal}$	$128\ \frac{fl\ oz}{gal}$	$4\ \frac{qt}{gal}$	$3.7854\ \frac{L}{gal}$					
Cubic foot (ft^3)	$2.83E4\ \frac{ml}{ft^3}$	$1728\ \frac{in^3}{ft^3}$	$957.5\ \frac{fl\ oz}{ft^3}$	$29.92\ \frac{qt}{ft^3}$	$28.3\ \frac{L}{ft^3}$	$7.48\ \frac{gal}{ft^3}$				
Cubic yard (yd^3)	$7.646E5\ \frac{ml}{yd^3}$	$4.666E4\ \frac{in^3}{yd^3}$	$2.585E4\ \frac{fl\ oz}{yd^3}$	$807.9\ \frac{qt}{yd^3}$	$764.6\ \frac{L}{yd^3}$	$202.0\ \frac{gal}{yd^3}$	$27\ \frac{ft^3}{yd^3}$			
Cubic meter (m^3)	$1.0E6\ \frac{ml}{m^3}$	$6.102E4\ \frac{in^3}{m^3}$	$3.381E4\ \frac{fl\ oz}{m^3}$	$1.057E3\ \frac{qt}{m^3}$	$1000\ \frac{L}{m^3}$	$264.2\ \frac{gal}{m^3}$	$35.31\ \frac{ft^3}{m^3}$	$1.308\ \frac{yd^3}{m^3}$		
Cubic statute mile (mi^3)	$4.166E15\ \frac{ml}{mi^3}$	$2.544E14\ \frac{in^3}{mi^3}$	$1.409E14\ \frac{fl\ oz}{mi^3}$	$4.404E11\ \frac{qt}{mi^3}$	$4.166E12\ \frac{L}{mi^3}$	$1.101E12\ \frac{gal}{mi^3}$	$1.472E11\ \frac{ft^3}{mi^3}$	$5.452E9\ \frac{yd^3}{mi^3}$	$4.166E9\ \frac{m^3}{mi^3}$	

표 E.4 부피 환산 계수

표 E.5 질량 환산 계수

Slug	Kilogram (kg)	Pound (lbm) (avdp.)	Ounce (oz) (avdp.)	Gram (g)	Grain (gr)	
	$14.594\ \frac{kg}{slug}$	$32.174\ \frac{lbm}{slug}$	$514.8\ \frac{oz}{slug}$	$1.459E4\ \frac{g}{slug}$	$2.252E5\ \frac{gr}{slug}$	Slug
		$2.2046\ \frac{lbm}{kg}$	$35.27\ \frac{oz}{kg}$	$1000\ \frac{g}{kg}$	$1.543E4\ \frac{gr}{kg}$	Kilogram (kg)
			$16\ \frac{oz}{lbm}$	$453.6\ \frac{g}{lbm}$	$7000\ \frac{gr}{lbm}$	Pound (lbm) (avdp.)
				$28.35\ \frac{g}{oz}$	$437.5\ \frac{gr}{oz}$	Ounce (oz) (avdp.)
					$15.43\ \frac{gr}{g}$	Gram (g)
						Grain (gr)

Dyne							
Poundal (pdl)	$1.383E4\ \frac{dyne}{pdl}$						
Newton (N)	$E5\ \frac{dyne}{N}$	$7.233\ \frac{pdl}{N}$					
Pound (lb) (avdp.)	$4.448E5\ \frac{dyne}{lb}$	$32.174\ \frac{pdl}{lb}$	$4.448\ \frac{N}{lb}$				
Short ton	$8.896E3\ \frac{dyne}{s\ ton}$	$6.435E4\ \frac{pdl}{s\ ton}$	$8896\ \frac{N}{s\ ton}$	$2000\ \frac{lb}{s\ ton}$			
Metric ton	$9.807E3\ \frac{dyne}{m\ ton}$	$7.094E4\ \frac{pdl}{m\ ton}$	$9808\ \frac{N}{m\ ton}$	$2205\ \frac{lb}{m\ ton}$	$1.102\ \frac{s\ ton}{m\ ton}$		
Long ton	$9.964E3\ \frac{dyne}{l\ ton}$	$7.207E4\ \frac{pdl}{l\ ton}$	$9964\ \frac{N}{l\ ton}$	$2240\ \frac{lb}{l\ ton}$	$1.12\ \frac{s\ ton}{l\ ton}$	$1.016\ \frac{m\ ton}{l\ ton}$	
	Dyne	Poundal (pdl)	Newton (N)	Pound (lb) (avdp.)	Short ton	Metric ton	Long ton

표 E.6 힘 환산 계수

표 E.7 압력 환산 계수

	atm	Bar	psi	in. Hg (32 °F)	ft H_2O (39.2 °F)	in. H_2O (39.2 °F)	mm Hg (0 °C)	Torr	Pascal $\left(\frac{N}{m^2}\right)$	$\frac{dyne}{cm^2}$
atm		1.0132 $\frac{bar}{atm}$	14.696 $\frac{psi}{atm}$	29.92 $\frac{in.\ Hg}{atm}$	33.90 $\frac{ft\ H_2O}{atm}$	406.8 $\frac{in.\ H_2O}{atm}$	760 $\frac{mm\ Hg}{atm}$	760 $\frac{Torr}{atm}$	1 013E5 $\frac{Pa}{atm}$	1.032E6 $\frac{dyne/cm^2}{atm}$
Bar			14.504 $\frac{psi}{bar}$	29.53 $\frac{in.\ Hg}{bar}$	33.46 $\frac{ft\ H_2O}{bar}$	401.5 $\frac{in.\ H_2O}{bar}$	750.1 $\frac{mm\ Hg}{bar}$	750.1 $\frac{Torr}{bar}$	1.0E5 $\frac{Pa}{bar}$	1.0E6 $\frac{dyne/cm^2}{bar}$
psi				2.036 $\frac{in.\ Hg}{psi}$	2.307 $\frac{ft\ H_2O}{psi}$	27.68 $\frac{in.\ H_2O}{psi}$	51.71 $\frac{mm\ Hg}{psi}$	51.71 $\frac{Torr}{psi}$	6.895E3 $\frac{Pa}{psi}$	6.895E4 $\frac{dyne/cm^2}{psi}$
in. Hg (32 °F)					1.133 $\frac{ft\ H_2O}{in.\ Hg}$	13.60 $\frac{in.\ H_2O}{in.\ Hg}$	25.4 $\frac{mm\ Hg}{in.\ Hg}$	25.4 $\frac{Torr}{in.\ Hg}$	3386 $\frac{Pa}{in.\ Hg}$	3.386E4 $\frac{dyne/cm^2}{in.\ Hg}$
ft H_2O (39.2 °F)						12 $\frac{in.\ H_2O}{ft\ H_2O}$	22.42 $\frac{mm\ Hg}{ft\ H_2O}$	304.8 $\frac{Torr}{ft\ H_2O}$	2989 $\frac{Pa}{ft\ H_2O}$	2.989E4 $\frac{dyne/cm^2}{ft\ H_2O}$
in. H_2O (39.2 °F)							1.868 $\frac{mm\ Hg}{in.\ H_2O}$	1868 $\frac{Torr}{in.\ H_2O}$	249.1 $\frac{Pa}{in.\ H_2O}$	2491 $\frac{dyne/cm^2}{in.\ H_2O}$
mm Hg (0 °C)								1.00 $\frac{Torr}{mm\ Hg}$	133.3 $\frac{Pa}{mm\ Hg}$	1333 $\frac{dyne/cm^2}{mm\ Hg}$
Torr									1.00 $\frac{Pa}{Torr}$	1000 $\frac{dyne/cm^2}{Torr}$
Pascal $\left(\frac{N}{m^2}\right)$										10 $\frac{dyne/cm^2}{Pa}$
$\frac{dyne}{cm^2}$										

	$\frac{ft}{min}$ (fpm)	$\frac{cm}{s}$	$\frac{m}{min}$	$\frac{in.}{s}$	$\frac{km}{hr}$	$\frac{ft}{s}$ (fps)	$\frac{statute\ mile}{hr}$ (mph)	Knots	$\frac{m}{s}$
$\frac{ft}{min}$ (fpm)									
$\frac{cm}{s}$	1.969 $\frac{fpm}{cm/s}$								
$\frac{m}{min}$	3.281 $\frac{fpm}{m/min}$	1.667 $\frac{cm/s}{m/min}$							
$\frac{in.}{s}$	5 $\frac{fpm}{in./s}$	2.54 $\frac{cm/s}{in./s}$	1.524 $\frac{m/min}{in./s}$						
$\frac{km}{hr}$	54.68 $\frac{fpm}{km/hr}$	27.78 $\frac{cm/s}{km/hr}$	16.67 $\frac{m/min}{km/hr}$	10.94 $\frac{in./s}{km/hr}$					
$\frac{ft}{s}$ (fps)	60 $\frac{fpm}{fps}$	30.48 $\frac{cm/s}{fps}$	18.29 $\frac{m/min}{fps}$	12 $\frac{in./s}{fps}$	1.097 $\frac{km/hr}{fps}$				
$\frac{statute\ mile}{hr}$ (mph)	88 $\frac{fpm}{mph}$	44.7 $\frac{cm/s}{mph}$	26.82 $\frac{m/min}{mph}$	17.6 $\frac{in./s}{mph}$	1.609 $\frac{km/hr}{mph}$	1.47 $\frac{fps}{mph}$			
Knots	101.3 $\frac{fpm}{knot}$	51.44 $\frac{cm/s}{knot}$	30.87 $\frac{m/min}{knot}$	20.26 $\frac{in./s}{knot}$	1.852 $\frac{km/hr}{knot}$	1.688 $\frac{fps}{knot}$	1.151 $\frac{mph}{knot}$		
$\frac{m}{s}$	196.9 $\frac{fpm}{m/s}$	100 $\frac{cm/s}{m/s}$	60 $\frac{m/min}{m/s}$	39.37 $\frac{in./s}{m/s}$	3.6 $\frac{km/hr}{m/s}$	3.281 $\frac{fps}{m/s}$	2.237 $\frac{mph}{m/s}$	1.944 $\frac{knot}{m/s}$	

표 E.8 속도환산 계수

표 E.9 절대 점성 환산 계수

	$\frac{lb\cdot s}{in.^2}$	$\frac{lb\cdot s}{ft^2}$	$\frac{lbm}{in.\cdot s}$	$\frac{lbm}{ft\cdot s}$	$\frac{N\cdot s}{m^2}$	$\frac{kg}{m\cdot s}$	Poise $\left(\frac{g}{cm\cdot s}\right)$	Centipoise
$\frac{lb\cdot s}{in.^2}$		$144\ \frac{lb\cdot s/ft^2}{lb\cdot s/in^2}$	$386.1\ \frac{lbm/in.\cdot s}{lb\cdot s/in^2}$	$4633\ \frac{lbm/ft\cdot s}{lb\cdot s/in^2}$	$6895\ \frac{N\cdot s/m^2}{lb\cdot s/in^2}$	$6895\ \frac{kg/m\cdot s}{lb\cdot s/in^2}$	$6.895E4\ \frac{poise}{lb\cdot s/in^2}$	$6.895E6\ \frac{centipoise}{lb\cdot s/in^2}$
$\frac{lb\cdot s}{ft^2}$			$2.681\ \frac{lbm/in.\cdot s}{lb\cdot s/ft^2}$	$32.174\ \frac{lbm/ft\cdot s}{lb\cdot s/ft^2}$	$47.88\ \frac{N\cdot s/m^2}{lb\cdot s/ft^2}$	$47.88\ \frac{kg/m\cdot s}{lb\cdot s/ft^2}$	$478.8\ \frac{poise}{lb\cdot s/ft^2}$	$4.788E4\ \frac{centipoise}{lb\cdot s/ft^2}$
$\frac{lbm}{in.\cdot s}$				$12\ \frac{lbm/ft\cdot s}{lbm/in.\cdot s}$	$17.86\ \frac{N\cdot s/m^2}{lbm/in.\cdot s}$	$17.86\ \frac{kg/m\cdot s}{lbm/in.\cdot s}$	$178.6\ \frac{poise}{lbm/in.\cdot s}$	$1.786E4\ \frac{centipoise}{lbm/in.\cdot s}$
$\frac{lbm}{ft.\cdot s}$					$1.488\ \frac{N\cdot s/m^2}{lbm/ft\cdot s}$	$1.488\ \frac{kg/m\cdot s}{lbm/ft\cdot s}$	$14.88\ \frac{poise}{lbm/ft\cdot s}$	$1488\ \frac{centipoise}{lbm/ft\cdot s}$
$\frac{N\cdot s}{m^2}$						$1\ \frac{kg/m\cdot s}{N\cdot s/m^2}$	$10\ \frac{poise}{N\cdot s/m^2}$	$1000\ \frac{centipoise}{N\cdot s/m^2}$
$\frac{kg}{m\cdot s}$							$10\ \frac{poise}{kg/m\cdot s}$	$1000\ \frac{centipoise}{kg/m\cdot s}$
Poise $\left(\frac{g}{cm\cdot s}\right)$								$100\ \frac{centipoise}{poise}$
Centipoise								

표 E.10 동점성 계수 환산 계수

	Centistoke	Stoke (cm^2/s)	$\frac{in.^2}{s}$	$\frac{ft^2}{s}$	$\frac{m^2}{s}$
Centistoke					
Stoke (cm^2/s)	$100\ \frac{centistoke}{stoke}$				
$\frac{in.^2}{s}$	$645.2\ \frac{centistoke}{in.^2/s}$	$6.452\ \frac{stoke}{in.^2/s}$			
$\frac{ft^2}{s}$	$9.29E4\ \frac{centistoke}{ft^2/s}$	$929\ \frac{stoke}{ft^2/s}$	$144\ \frac{in^2/s}{ft^2/s}$		
$\frac{m^2}{s}$	$1.0E6\ \frac{centistoke}{m^2/s}$	$10{,}000\ \frac{stoke}{m^2/s}$	$929\ \frac{in.^2/s}{m^2/s}$	$10.76\ \frac{ft^2/s}{m^2/s}$	

표 E.11 온도 환산 계수

Convert from	To	
Celsius (°C)	Fahrenheit (°F)	$T_F = 1.8\ T_C + 32°$
Fahrenheit (°F)	Celsius (°C)	$T_C = (5/9)\ T_F - 32°$
Rankine (°R)	Kelvin (K)	$T_K = (0.5556)\ T_R$
Kelvin (K)	Rankine (°R)	$T_R = (1.8)\ T_K$
Celsius (°C)	Kelvin (K)	$T_K = T_C + 273.15$
Fahrenheit (°F)	Rankine (°R)	$T_R = T_F + 459.67$

표 E.12 체적 유량 환산 계수

	$\frac{m^3}{s}$	$\frac{ft^3}{s}$	$\frac{Liter}{s}$	$\frac{ft^3}{min}$	$\frac{gal}{min}$ (gpm)	$\frac{cm^3}{s}$
$\frac{m^3}{s}$		35.61 $\frac{ft^3/s}{m^3/s}$	1000 $\frac{L/s}{m^3/s}$	2119 $\frac{ft^3/min}{m^3/s}$	15,850 $\frac{gpm}{m^3/s}$	60E6 $\frac{cm^3/s}{m^3/s}$
$\frac{ft^3}{s}$			28.32 $\frac{L/s}{ft^3/s}$	60 $\frac{ft^3/min}{ft^3/s}$	449 $\frac{gpm}{ft^3/s}$	2.832E4 $\frac{cm^3/s}{ft^3/s}$
$\frac{Liter}{s}$				2.119 $\frac{ft^3/min}{L/s}$	15.85 $\frac{gpm}{L/s}$	1000 $\frac{cm^3/s}{L/s}$
$\frac{ft^3}{min}$					7.481 $\frac{gpm}{ft^3/min}$	471.9 $\frac{cm^3/s}{ft^3/min}$
$\frac{gal}{min}$ (gpm)						63.09 $\frac{cm^3/s}{gpm}$
$\frac{cm^3}{s}$						

	$\frac{ft \cdot lb}{min}$	$\frac{g \cdot cal}{min}$	$\frac{Btu}{hr}$	Watt (W)	$\frac{ft \cdot lb}{s}$	$\frac{g \cdot cal}{s}$	$\frac{Btu}{min}$	Horsepower (hp)	Kilowatt (kW)	$\frac{Btu}{s}$
$\frac{ft \cdot lb}{min}$										
$\frac{g \cdot cal}{min}$	3.086 $\frac{ft \cdot lb/min}{g \cdot cal/min}$									
$\frac{Btu}{hr}$	12.96 $\frac{ft \cdot lb/min}{Btu/hr}$	4.20 $\frac{g \cdot cal/min}{Btu/hr}$								
Watt (W)	44.25 $\frac{ft \cdot lb/min}{W}$	14.34 $\frac{g \cdot cal/min}{W}$	3.4134 $\frac{Btu/hr}{W}$							
$\frac{ft \cdot lb}{s}$	60 $\frac{ft \cdot lb/min}{ft \cdot lb/s}$	19.44 $\frac{g \cdot cal/min}{ft \cdot lb/s}$	4.629 $\frac{Btu/hr}{ft \cdot lb/s}$	1.356 $\frac{W}{ft \cdot lb/s}$						
$\frac{g \cdot cal}{s}$	185.2 $\frac{ft \cdot lb/min}{g \cdot cal/s}$	60 $\frac{g \cdot cal/min}{gm \cdot cal/s}$	14.29 $\frac{Btu/hr}{g \cdot cal/s}$	4.184 $\frac{W}{g \cdot cal/s}$	3.086 $\frac{ft \cdot lb/s}{g \cdot cal/s}$					
$\frac{Btu}{min}$	778 $\frac{ft \cdot lb/min}{Btu/min}$	252.0 $\frac{g \cdot cal/min}{Btu/min}$	60 $\frac{Btu/hr}{Btu/min}$	$\frac{17.57\ W}{Btu/min}$	12.96 $\frac{ft \cdot lb/s}{Btu/min}$	4.200 $\frac{g \cdot cal/s}{Btu/min}$				
Horsepower (hp)	3.3E4 $\frac{ft \cdot lb/min}{hp}$	1.069E4 $\frac{g \cdot cal/min}{hp}$	2542 $\frac{Btu/hr}{hp}$	745.7 $\frac{W}{hp}$	550 $\frac{ft \cdot lb/s}{hp}$	6.416E5 $\frac{g \cdot cal/s}{hp}$	42.44 $\frac{Btu/min}{hp}$			
Kilowatt (kW)	4.425E4 $\frac{ft \cdot lb/min}{kW}$	1.432E4 $\frac{g \cdot cal/min}{kW}$	3413.4 $\frac{Btu/hr}{kW}$	1000 $\frac{W}{kW}$	737.6 $\frac{ft \cdot lb/s}{kW}$	238.7 $\frac{g \cdot cal/s}{kW}$	56.83 $\frac{Btu/min}{kW}$	1.341 $\frac{hp}{kW}$		
$\frac{Btu}{s}$	4.666E4 $\frac{ft \cdot lb/min}{Btu/s}$	1.512E4 $\frac{g \cdot cal/min}{Btu/s}$	3600 $\frac{Btu/hr}{Btu/s}$	1054 $\frac{W}{Btu/s}$	778 $\frac{ft \cdot lb/s}{Btu/s}$	252.0 $\frac{g \cdot cal/s}{Btu/s}$	60 $\frac{Btu/min}{Btu/s}$	1.414 $\frac{hp}{Btu/s}$	1.054 $\frac{kW}{Btu/s}$	

표 E.13 동력 환산 계수

표 E.14 에너지 환산 계수

	kWh	hp·hr	kcal	ft^3·atm	Btu	Liter·atm	g·cal	ft·lb	Joule (J) (N·m)	in.·lb	ft·poundal	erg (dyne·cm)
kWh		1.341 hp·hr/kWh	860.6 kcal/kWh	1255 ft^3·atm/kWh	3414 Btu/kWh	3.553E4 liter·atm/kWh	8.606E5 g·cal/kWh	2.655E6 ft·lb/kWh	3.6E6 J/kWh	3.186E7 in.·lb/kWh	8.543E7 ft·poundal/kWh	3.6E13 erg/kWh
hp·hr			641.6 kcal/hp·hr	935.9 ft^3·atm/hp·hr	2546 Btu/hp·hr	2.649E4 liter·atm/hp·hr	6.416E5 g·cal/hp·hr	1.98E6 ft·lb/hp·hr	2.685E6 J/hp·hr	2.376E7 in.·lb/hp·hr	6.370E7 ft·poundal/hp·hr	2.684E13 erg/hp·hr
kcal				1.459 ft^3·atm/kcal	3.966 Btu/kcal	41.29 liter·atm/kcal	1000 g·cal/kcal	3086 ft·lb/kcal	4184 J/kcal	3.703E4 in.·lb/kcal	9.929E4 ft·poundal/kcal	4.184E10 erg/kcal
ft^3·atm					2.721 Btu/ft^3·atm	28.32 liter·atm/ft^3·atm	6855 g·cal/ft^3·atm	2116 ft·lb/ft^3·atm	2869 J/ft^3·atm	2.539E4 in.·lb/ft^3·atm	6.809E4 ft·poundal/ft^3·atm	1.0133E9 erg/ft^3·atm
Btu						10.41 liter·atm/Btu	252.0 g·cal/Btu	778 ft·lb/Btu	1054 J/Btu	9332 in.·lb/Btu	25020 ft·poundal/Btu	1.054E10 erg/Btu
Liter·atm							24.2 g·cal/liter·atm	74.74 ft·lb/liter·atm	101.3 J/liter·atm	896.8 in.·lb/liter·atm	2405 ft·poundal/liter·atm	3.578E7 erg/liter·atm
g·cal								3.086 ft·lb/g·cal	4.184 J/g·cal	37.03 in.·lb/g·cal	99.29 ft·poundal/g·cal	4.184E7 erg/g·cal
ft·lb									1.356 J/ft·lb	12 in.·lb/ft·lb	32.174 ft·poundal/ft·lb	1.356E7 erg/ft·lb
Joule (J) (N·m)										8.850 in.·lb/J	23.73 ft·poundal/J	1.0E7 erg/J
in.·lb											2.681 ft·poundal/in.·lb	1.130 erg/in.·lb
ft·poundal												4.214E5 erg/ft·poundal
erg (dyne·cm)												

	erg/g	ft·lb/slug	Joule/kg	ft·lb/lbm	Btu/slug	Btu/lbm	g·cal/g	kcal/kg
erg/g								
ft·lb/slug	929.4 erg/g / ft·lb/slug							
Joule/kg	1.0E4 erg/g / J/kg	10.76 ft·lb/slug / J/kg						
ft·lb/lbm	2.989E4 erg/g / ft·lb/lbm	32.174 ft·lb/slug / ft·lb/lbm	2.990 J/kg / ft·lb/lbm					
Btu/slug	7.224E5 erg/g / Btu/slug	778 ft·lb/lbm / Btu/slug	72.23 J/kg / Btu/slug	24.17 ft·lb/lbm / Btu/slug				
Btu/lbm	2.324E7 erg/g / Btu/lbm	2.5020E4 ft·lb/slug / Btu/lbm	2324 J/kg / Btu/lbm	778 ft·lb/lbm / Btu/lbm	32.174 Btu/slug / Btu/lbm			
g·cal/g	4.184E7 erg/g / g·cal/g	4.504E4 ft·lb/slug / g·cal/g	4184 J/kg / g·cal/g	1400 ft·lb/slug / g·cal/g	57.90 Btu/slug / g·cal/g	1.800 Btu/lbm / g·cal/g		
kcal/kg	4.184E7 erg/g / kcal/kg	4.504E4 ft·lb/slug / kcal/kg	4184 J/kg / kcal/kg	1400 ft·lb/lbm / kcal/kg	57.90 Btu/slug / kcal/kg	1.800 Btu/lbm / kcal/kg	1.0 g·cal/g / kcal/kg	

표 E.15 비에너지 환산 계수

APPENDIX F

해답

Ch.1 서론

1.2.1 무차원

1.2.2 $[\mathrm{Ma}] = \dfrac{\left(\dfrac{T}{L}\right)}{\sqrt{\dfrac{L^2}{T^2}}}$이므로 무차원이다.

1.2.3 (a) 부피 $= L^3$, (b) 가속도 $= LT^{-2}$,
(c) 질량 $= M = FL^{-1}T^{-2}$, (d) 관성모멘트 $= L^4$,
(e) 일 $= FL = ML^2T^{-2}$

1.2.4 (a) 각속도 $= T^{-1}$, (b) 에너지 $= FL = ML^2T^{-2}$,
(c) 관성모멘트 $= L^4$,
(d) 동력 $= FLT^{-1} = ML^2T^{-3}$,
(e) 압력 $= FL^{-2} = ML^{-1}T^{-2}$

1.2.5 (a) 주파수 $= T^{-1}$,
(b) 응력 $= FL^{-2} = ML^{-1}T^{-2}$,
(c) 변형율 = 무차원,
(d) 토크 $= FL = ML^2T^{-2}$,
(e) 일 $= FL = ML^2T^{-2}$

1.2.6 (a) LT^{-2}, (b) T^{-2}, (c) L^2T^{-2}

1.2.7 (a) LT^{-2}, (b) 응력 $= FL^{-2}$, (c) ML^2T^{-2},
(d) L^3 (e) ML^2T^{-2}

1.2.8 (a) L^2T^{-1}, (b) $M^2L^{-3}T^{-3}$, (c) 무차원

1.2.9 (a) FL^{-1}, (b) FL^{-3}, (c) FL

1.2.10 (a) L^4T^{-2}, (b) 무차원, (c) L^4T^{-3}, (d) L^{-2}

1.2.11 $\dot{m}v = \dfrac{M}{T}\dfrac{L}{T}MLT^{-2}$ = 힘

1.2.12 $\dfrac{\mathrm{mm\ H_2O\ mm^{1.22}}}{\mathrm{m}}$

1.2.13 무차원이다. 따라서 주어진 방정식이 재차 방정식이 가능해진다.

1.2.14
$$\frac{\partial p}{\partial x} = \frac{\mathrm{N/m^2}}{\mathrm{m}} = \frac{N}{L^3}$$
$$\mu\frac{\partial^2 u}{\partial y^2} = (NT/L^2)\left(\frac{L}{T}/L^2\right) = N/L^3$$

1.2.15 두 상수 모두 무차원이다.

1.2.16 $a = 1/2$, $b = -1/2$

1.2.17 무차원이 아니다.

1.2.18 $\mu VD = \dfrac{M}{LT}\dfrac{L}{T}L = MLT^{-2}$ = 힘

1.2.20 (a) 4.32 mm/s, (b) 70.2 kg, (c) 13.4 N,
(d) 22.3 m/s, (e) 1.12 $\mathrm{N \cdot s/m^2}$

1.2.21 (a) $6.47\times10^5\ \mathrm{m^2}$, (b) $56.8\times10^{-2}\ \mathrm{m^3}$,
(c) 3.86×10^5 m, (d) 5.90×10^4 W, (e) 289 K

1.2.22 (a) $7.57\times10^{-2}\ \mathrm{m^3/s}$, (b) 4540 liter/min,
(c) 2.67 $\mathrm{ft^3/s}$

1.2.23 49,700 $\mathrm{ft^2/(s^2\cdot {}^\circ R)}$

1.2.24 5가지 가능한 예로, (가속도×시간)/속도,
주파수×시간, 속도 제곱/(길이×가속도),
힘×시간/운동량, (밀도×속도×길이)/동점성계수

1.2.25 $\dfrac{V}{\sqrt{gl}} = \dfrac{\mathrm{m/s}}{\sqrt{\mathrm{m\times m/s^2}}}$ = 무차원

1.4.2 0.250 $\mathrm{m^3}$

1.4.3 952.44 $\mathrm{kg/m^3}$

1.4.4 (a) 0.240 $\mathrm{m^3}$, (b) 4.4×10^5 lb

1.4.6 비중 = 0.775, 비중량 = 7.60 $\mathrm{kN/m^3}$

1.4.7 1130 $\mathrm{kg/m^3}$

1.4.8 밀도 = 1150 $\mathrm{kg/m^3}$, 비중량 = 11.3 $\mathrm{kN/m^3}$

1.4.9 밀도 = 996 $\mathrm{kg/m^3}$, 비중량 = 9770 $\mathrm{N/m^3}$,
비중 = 0.996

1.4.10 밀도 = 991.5 $\mathrm{kg/m^3}$

1.4.11 밀도 = 335 $\mathrm{kg/m^3}$, 비중량 = 3290 $\mathrm{N/m^3}$,
비중 = 0.335

1.5.1 64 ℃

1.5.2 (a) 0.0214 $\mathrm{kg/m^3}$
(b) 1.22 $\mathrm{kg/m^3}$이므로 그 비는 1.75%

1.5.3 0.0185 kg, 273 kPa

1.5.4 1.26 $\mathrm{m^3}$

1.5.5 680.3 kPa

1.5.6 58 kPa

1.5.7

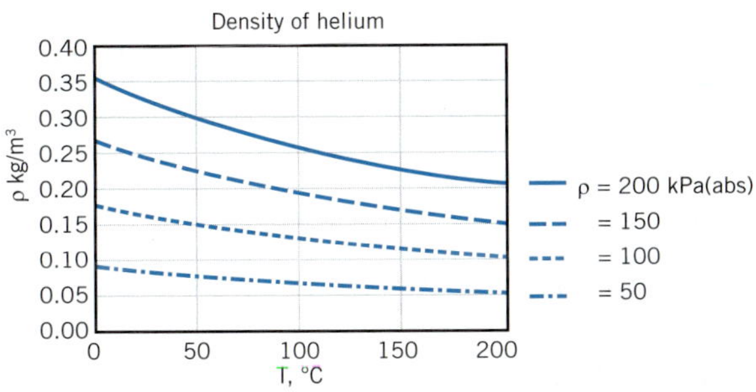

헬륨의 밀도 변화도

1.6.2 893 l/s

1.6.3 점성계수 $= 0.6\ \mathrm{N \cdot s/m^2} = 1.3 \times 10^{-2}\ \mathrm{lb \cdot s/ft^2}$

1.6.4 $0.727\ \mathrm{N \cdot s/m^2}$

1.6.5 31.0% 크다.

1.6.6 $5 \times 10^{-5}\ \mathrm{N \cdot s/m^2}$ 또는 $10.4 \times 10^{-7}\ \mathrm{lb \cdot s/ft^2}$

1.6.7 0.277

1.6.8 0.139

1.6.9 0.0000205

1.6.10 15,000(물), 752(공기)

1.6.11 179

1.6.12 10도 조건에서의 계산 값 $(1.765 \times 10^{-5}\ \mathrm{N \cdot s/m^2})$, 90도 조건에서의 계산 값 $(2.13 \times 10^{-5}\ \mathrm{N \cdot s/m^2})$, 표에서의 값 $= 2.14 \times 10^{-5}\ \mathrm{N \cdot s/m^2}$

1.6.13 $C = 1.43 \times 10^{-6}\ \mathrm{kg/(m \cdot s \cdot K^{2/3})}$

1.6.14 50도에서의 점성계수는 $5.76 \times 10^{-4}\ \mathrm{N \cdot s/m^2}$

1.6.15 $0.300\ \mathrm{N \cdot s/m^2}$

1.6.16 생략

1.6.17 철판이 왼쪽으로 0.201 m/s로 움직인다.

1.6.18 파워 법칙을 따르므로 비뉴턴이다.

1.6.19 3.5×10^{-5} m

1.6.20 286 N

1.6.21 377 N

1.6.22 아래로 0.0014 m/s로 움직인다.

1.6.23 0.0883 m/s

1.6.24 4.48×10^{-2} Pa (유동 방향)

1.6.25 2.14×10^{-3} N (water), 5.92×10^{-4} N (gasoline), 2.87 N (glycerine)

1.6.26 $0.016\ \mathrm{N \cdot m}$

1.6.28 30도에서 $7.975 \times 10^{-4}\ \mathrm{N \cdot s/m^2}$
40도에서 $6.529 \times 10^{-4}\ \mathrm{N \cdot s/m^2}$

1.7.2 3.37×10^9 Pa

1.7.3 14.47 MPa

1.7.4 28.544 Mpa

1.7.5 $0.0163\ \mathrm{m^3}$ 감소

1.7.6 공기 : 343 m/s, 헬륨 : 1010 m/s, 천연 가스 : 446 m/s

1.7.7 719.5 kPa(g), 820.8 kPa(abs)

1.7.8 1172.4 kPa

1.7.9 밀도는 $2.88\ \mathrm{kg/m^3}$

1.7.10 밀도 : $2.19\ \mathrm{kg/m^3}$, 온도 : 425 K

1.7.11 23개

1.7.12 $1.52\ \mathrm{kg/m^3}$

1.7.13 1.52×10^4

1.7.14 그렇다.

1.7.15 1.06

1.7.16 $9.5\ \mathrm{m^2}$

1.7.17 248 K

1.7.18 −0.141

1.8.1 3000 m

1.8.2 32.7 kPa

1.8.3 5.86 kPa

1.8.4 13 kPa

1.8.5 4.52 psia

1.8.6 0.842 psi(abs)

1.9.2 0.060 N/m

1.9.3 538 Pa

1.9.4 12.2 Pa

1.9.5 5.97×10^{-2} N/m

1.9.6 187 Pa

1.9.7 $\theta = 24.5^\circ$, 1보다 큰 sin값이 나오므로 뜰 수 없다.

1.9.8 생략

1.9.9 3.0 mm

1.9.10 7.49 mm

Ch.2 유체 정역학

2.3.2 111 MPa gage

2.3.3 45.277 kPa

2.3.4 120 mmHg → $p = 16.0$ kPa
60 mmHg → 9.31 kPa

2.3.5 비중 = 1.53

2.3.6 98.1 kPa

2.3.7 10.4 m

2.3.8 114 Mpa

2.3.9 $h = \frac{(h_{min} + h_{max})}{2}$

2.3.10 $p_{bolt} = 101 \times 10^3$ Pa

2.3.11 생략

2.3.13 70.3 kPa

2.3.14 1 m

2.3.15 (a) 58.8 kPa, (b) dir 3.5배

2.4.1 464 m

2.4.2 807 kPa

2.4.3 62.9%

2.4.4 (a) 59.4 kPa (abs), (b) 49.8 kPa (abs)
(C) 60.8 kPa (abs)

2.4.5 생략

2.4.6 $p = 12.1$ kPa, density $= 0.195$ kg/m^3

2.4.7 $a = 1309$ m

2.5.1 0.746 m

2.5.2 $\Delta z = 532$ m

2.5.3 132.85 kPa

2.5.4 530.72 kPa(abs)

2.6.2 $p_{gas} = 1471.5$ Pa gage $= 152.4$ mm Water gage

2.6.3 102 kPa $= 99.75$ kPa(abs)

2.6.4 증기압 포함시 (a) $h_{mercury} = 0.759$ m
(b) $h_{water} = 10.1$ m
(C) $h_{alchol} = 12.3$ m
증기압 배제시 (a) $h_{mercury} = 0.759$ m
(b) $h_{water} = 10.3$ m
(C) $h_{alchol} = 13.0$ m

2.6.5 (a) 5.52 m, (b) 60 kPa, (C) 149.6 kPa

2.6.6 26.1

2.6.7 2 cm

2.6.8 32 kPa

2.6.9 $P_A = 103.162$ kPa, $P_B = 103.16$ kPa,
$P_C = 106.6$ kPa

2.6.10 $P_B = 103$ kPa, $h = 230$ mm

2.6.12 3.2%

2.6.13 $z = 1.2$ m, $h = 0.63$ m

2.6.14 $P_B = 3.84$ kPa

2.6.15 0.374 m

2.6.16 생략

2.6.17 (a) Pgage $= 26.9$ kPa, (b) $h = 0.202$ m

2.6.18 $\Delta h = 0.040$ m

2.6.19 $\gamma = 1315$ kg/m^3

2.6.20 (a) $h_1 = h_2$, (b) $h_1 - h_2 = h$

2.6.21 생략

2.6.22 $h = 0.449$ m

2.6.23 $h = 6.56$ m

2.6.24 SAE10 윤활유

2.6.25 $\Delta h = 0.100$ m

2.6.26 4%

2.6.27 $P_A - P_B = 1720$ Pa

2.6.28 $\theta = 27.8^\circ$

2.6.29 0.0212 m

2.6.30 1.26 kPa

2.6.31 $A_1/A_2 = 11.7$

2.6.32 아니다.

2.6.33 생략

2.8.2 159.3 kN

2.8.3 피스톤은 20톤의 힘을 감당할 수 없다.

2.8.4 $p = 0.416\,\theta$

2.8.5 생략

2.8.6 $h = 1.3$ m Aq.

2.8.7 $p = 889$ N

2.8.8 $W = 1315$ kg

2.8.9 $F = 644.6$ kg

2.8.10 $W = 149$ kN

2.8.11 $F_B = 14{,}400$ N

2.8.12 $F_{req} = 1111.6$ kg

2.8.13 $\sum M = \rho_w ghb\left(\frac{l^2}{2} - \frac{h^2}{6}\right)$

2.8.14 $h > \sqrt{3}l$이면 열린다.

2.8.15 $F_{net} = 25.4$ kg

2.8.16 $p_1 = 107$ kPa

2.8.17 $W_s = 309$ kg

2.8.18 $h = 7.11$ m, 합력이 0이어도,
모멘트의 합은 0이 아니다.

2.8.19 $F_1 = 370$ kg, $F_2 = 9267.6$ kg

2.8.20 $F_B = 9720$ kg, $F_c = 32602$ kg

2.8.21 $T = 614.3$ kg

2.8.22 $(F_R)_r = 1060$ kN, $(F_R)_{sc} = 1010$ kN,
$M = 1.37 \times 10^6$ N·m

2.8.23 $F_B = \gamma(\pi/4)\,R^3$

2.8.25 압력 중심은 밀도에 무관하다.

2.8.26 $F_{net} = 0.91 \times 10^7$ kg (오른쪽 방향)

2.8.27 $F_{HV} = 0.7 \times 10^7$ kg, $x_p = 8.14$ m

2.8.28 $y_p = 20.3$ m, $F_T = 15015$ kg, $y_p' = 7.4$ m
2.8.29 288272.2 kg
2.8.30 미끄러지지 않는다.
2.8.31 $F_{HH} = 105337.5$ kg, $y_p = 17.7$ m, $F_{HV} = 20355$ kg, $x_p = 1.3$ m, $F_{TH} = 216$ kg, $x_p = 0.5$ m
2.8.32 미끄러지지 않는다.
2.8.33 $F_H = 98$ kN, $h = 1.00$ m
2.8.34 아랫방향 수직력 = 98,1000 N, 작용점의 위치는 수문의 좌측으로 1 m
2.8.35 (a) $h = 16.2$ m, (b) $h = 13.5$ m
2.8.36 $F_A = 800$ kg
2.8.37 $h = 1.54$ m
2.8.38 (a) $\sin\phi = \frac{5}{12}\sin\theta$, (b) 생략
2.8.39 3.55 m
2.8.40 $d = 0.990$ m
2.8.41 1.04 m
2.8.42 $h = 0.56$ m
2.8.43 $C = 14$ m·kg
2.8.44 (a) 3.46×10^{11} N, (b) 54.1 N/person
2.9.2 수평력 = 340 kg (오른쪽), 수직력 = 56.5 kg (아랫쪽)
2.9.3 수직력의 크기와 작용덤은 같으나, 그 방향은 반대이다.
2.9.4 1.26×10^9 kg
2.9.5 650 kg, 2,375 kg
2.9.6 8910 kg
2.9.7 (a) Fcap = 13.8 kg, Fside = 267.2 kg, (C) p = 1.962 kPa
2.9.8 (a) 3.98 MPa, (b) $\tau = 35.35$ MPa, (C) $a = -7.04$ m/s^2
2.9.9 합력 = 3526 Mkg, 123.7 m(댐 바닥에서 상향)
2.9.10 117 kN (하향)
2.9.11 W = 64.4 kN
2.9.12 $M_A = 407$ kg · m
2.9.13 $F_z = 0$, $F_x = 0.84\times10^9$ kg, $z = 0$
2.9.14 $F_y = 10900$ kg(up), $\bar{x} = 0.64$ m
2.9.15 $F_H = 12300$ N, $y_p = 0.167$ m, $F_V = 82300$ N, $\bar{x} = 0.525$ D
2.9.16 $F_H = 1460$ kg (→), $F_V = 382$ kg (↓)
2.9.17 상향힘 15320 kg
2.9.18 485 N
2.9.19 $F_B = 1.17$ R (b), $F_B = 0.875$ R (c)
2.10.2 89.5%
2.10.3 8.8 m^2
2.10.4 237 kg
2.10.5 (a) 350625 kg, (b) 140250 kg
2.10.6 W = 1.35×10^6 kg
2.10.7 25480 kg
2.10.9 생략
2.10.10 2155 m
2.10.11 58 kg
2.10.12 공기 공간 부피 = 0.0003 m^3, 가스 부피 공간 = 0.0023 m^3
2.10.13 안정적인 부력 조건이다.
2.10.14 0.12 m (표면 위)
2.10.15 $F + 2910$ N (upward), 작용점 = A의 우측 1.86 m 떨어진 점
2.10.16 0.05 m^2
2.10.17 1170 m^3
2.11.1 (a) 3300 Pa, (b) 255.75 N(하향)
2.11.2 생략

Ch.3 유체운동학

3.1.2 $V = \dfrac{V_0(V_0 + \nabla V)}{V_0 + \nabla V_0 e^{-a(V_0 \Delta V)t}}$
3.1.3 $V = 4\sqrt{2}x^2$ m/s, $\theta = 45°$
3.1.4 $x = (y/2)+(y^2/4)$
3.1.5 생략
3.1.6 $\alpha = 45$도
3.1.7 $V = V_f(1-\exp^{-0.010025x})$
3.1.8 $x = -2$, $y = 2$
3.1.9 $x^2+y^2 = C$
3.1.10 $y = e^{\left(\frac{1}{2}x^2 - x\right)} - 1$
3.1.11 생략
3.1.12 $xy = C$
3.1.13 $x = -h(v_0/u_0)\ln(1-(y/h))$
3.1.15 $r = k_4 e^{k\theta}$
3.1.16 $V = 10$ m/s, x = −0.490 m
3.1.17 유동은 1차원이다.
3.1.18 정상 2차원 유동이다.

3.1.20 (a) 1차원 (b) 1차원 (C) 1차원 (d) 1차원 (e) 3차원 (f) 2차원 (g) 3차원

3.2.1 $a_x = x\left(a - \frac{3b}{x^2y^2}\right)\left(a + \frac{b}{x^2y^2}\right)$

$a_y = y\left(a - \frac{3b}{x^2y^2}\right)\left(a + \frac{b}{x^2y^2}\right)$

3.2.2 $\frac{\partial V}{\partial t} = 0.90 \text{ m/s}^2,\ V\frac{\partial V}{\partial x} = 0.024 \text{ m/s}^2$

정상 상태에서 $\frac{\partial V}{\partial t} = 0$

3.2.3 $a = -8\hat{\mathbf{j}}\frac{\text{m}}{\text{s}^2}\ (t = 1 \text{ s}),\ a = -2.0\hat{\mathbf{j}}\frac{\text{m}}{\text{s}^2}\ (t = 2 \text{ s})$

$a = -0.08\hat{\mathbf{j}}\frac{\text{m}}{\text{s}^2}\ (t = 10 \text{ s})$

3.2.4 (a) 4 m/s^2, 2 m/s^2 (b) 감속이다.

3.2.5 $a_x = \frac{4xy^2(y^2-3x^2)}{(x^2+y^2)^5} - \frac{2xz(x^2-3y^2)(x^2-y^2)}{(x^2+y^2)^5} - \frac{2xy^2}{(x^2+y^2)^3}$

$a_y = \frac{4x^2yz^2(x^2-3y^2)}{(x^2+y^2)^5} + \frac{2yz(x^2-y^2)(y^2-3x^2)}{(x^2+y^2)^5} + \frac{y(x^2-y^2)}{(x^2+y^2)^3}$

$a_z = \frac{(x^2-y^2)^2 z}{(x^2+y^2)^4}$

3.2.6 $0.2(1+x/5)$ m/s^2

3.2.7 가속이 결론된다.

3.2.8 $a_x = -5.22 \times 10^9$ g

3.2.11 $c = 0.490$ 1/s

3.2.12 (a) $u = x/3$ (b) $u = 2.1/t$ (c) $u\frac{\partial u}{\partial t} = \frac{x}{t^2}$

(d) a = 0 (e) 생략

3.2.13 $V = V_0 e^{\frac{V_0 t}{l}},\ a_x = \frac{V_0^2}{l}e^{\frac{V_0 t}{l}}$

3.2.14 $a_x = -10.4$ m/s^2

3.2.15 (a) $-0.09\exp(-0.5t)$

(b) $V = -0.5(0.18\exp(-0.5t))$

(C) $a_s = 0.25s$ m/s

3.2.16 $a_x = (225x+150)$ m/s^2

3.2.17, 18 생략

3.2.19 $a_x = 8ae^{-bx}\omega\cos(\omega t) - 8b\sin(\omega t)(1 + ae^{-bt}\sin(\omega t))$

3.2.20 (a) $a_n = 6.54\ h = 6.54[1.2+3(1-\cos\theta)]$ m/s^2,

(b) $a_n = [19.6\sin(\beta+20°)+3.9)]$ m/s^2

3.2.21 2.43 m/s

3.2.22 75 m/s^2

3.2.23 $a_n = 7440$ m/s^2, $a_s = 8860$ m/s^2

3.2.24 $a_n = K^2/r^3$ m/s^2, $a_s = 0$ m/s^2

3.2.25 (a) $a1/a2 = 1.118$

3.2.26 $a_s = 3$ m/s^2, $a_n = 1.5t^2$ m/s^2, $t = 2$ s,

a의 크기는 6.7 m/s^2

3.2.27 $a_n = 3.13 \times 10^{-5}$ m/s^2, $a_s = 2.0 \times 10^{-3}$ m/s^2

3.2.28 $r = 0.3$ m, $a_s = -67.5$ m/s^2,

$r = 0.6$ m, $a_s = 8.44$ m/s^2,

$r = 0.9$ m, $a_s = 5.5$ m/s^2

3.2.29 $r = 0.15$ m, $a_s = 7677$ m/s^2,

$r = 0.6$ m, $a_s = 7.5$ m/s^2

3.2.30 (a) 압력은 시간에 무관

(b) 물질 미분에 의한 가속도는 600 N/m^{2}s

(c) 압력은 상수

3.2.31 $\frac{DT}{Dt} = -28.4\frac{°\text{C}}{s}$ at $x = 0,\ t = 0$

$\frac{DT}{Dt} = -25.1\frac{°\text{C}}{s}$ at $x = 4$ m, $t = 0$

3.2.32 (a)1.39 ℃/hr

(b) $u = 0$면, 0.6825 ℃/hr,

$u = 37$ km/hr이면, −5.55 ℃/hr

3.2.33 $\frac{\partial p}{\partial t} = \left(17.5\frac{\text{kPa}}{\text{s}}\right)_{\substack{t=2.0\text{ s}\\x=10\text{ m}}}$

$V\frac{\partial p}{\partial x} = \left(-1.80\frac{\text{kPa}}{\text{s}}\right)_{\substack{t=2.0\text{ s}\\x=10\text{ m}}}$

3.4.2 3.7 m^3/s

3.4.3 생략

3.4.4 생략

3.4.5 (a)전단응력 = 0, (b) 유량 = $(2/3)V_0hb$

3.4.6 $\frac{d\rho}{dt} \approx -135.2$ kg/m^{3}s

3.4.7 체적의 시간변화율 = 0.004 m^3/s

3.4.8~9 생략

3.4.10 99.63 N

Ch.4 기초 유체동역학 – Bernoulli 방정식

4.2.2 13.7 m/s

4.2.3 212.55 kPa

4.2.4 −60.0 kPa/m

4.2.5 37.97 m/s

4.2.6 상류를 따른 압력기울기는 −21.81 kPa/m,
하류를 따른 압력기울기는 −2.19 kPa/m

4.2.7 생략

4.2.8 (1) $\dfrac{\partial p}{\partial s} = -2\rho a^2 V_0^2\left[1-\left(\dfrac{a}{x}\right)^2\right]\dfrac{1}{x^3}$

$$p = p_0 + \rho V_0^2\left[\left(\frac{a}{x}\right)^2 - \frac{1}{2}\left(\frac{a}{x}\right)^4\right]$$

$$p_{x=-a} = p_0 + \frac{1}{2}\rho V_0^2$$

(2) $p_2 = p_0 + \dfrac{1}{2}\rho V_0^2$

4.2.9 $gz = -\dfrac{E_V}{\rho} + \dfrac{V^2}{2} = C$

4.3.2 $-183\ \mathrm{kg/m^3}$

4.3.3 $p_1 = 50$ kPa, $p_2 = 21.99$ kPa, $p_3 = -10.11$ kPa

4.3.4 생략

4.3.5 $\dfrac{dp}{dr} = \dfrac{9810\ \mathrm{N/m^3}[0.25\ \mathrm{m/s}]}{0.075\ \mathrm{m}}$

$$= 32.7\ \mathrm{kN/m^2s^2} = \boxed{32.7\ \mathrm{kPa/m}}$$

$$\frac{dp}{dr} = \frac{11.9\ \mathrm{N/m^3}[90\ \mathrm{m/s}]^2}{90\ \mathrm{m}} = \boxed{11.9\ \mathrm{Pa/m}}$$

4.3.6 생략

4.5.2 $p_2 = -12.465$ kPa

4.5.4 (a) $p_3 = -3.58$ kPa (b) $p_2 = 4.27$ kPa

4.5.5 $V_a = 3.8$ m/s, $V_b = 106.75$ m/s,
$V_c = 85.9$ m/s, $V_d = 68.5$ m/s

4.5.6 3.21 Pa

4.5.8 (a) 444.7 Pa (b) 6100 Pa (c) $V_1 = 105$ m/s

4.5.9 6.93 cm

4.5.10 Ma = 0.059

4.5.11 78 m/s

4.5.13 (a) −305 Pa (b) 244 Pa

4.5.14 46.5 m/s

4.6.1 5.1 m/s

4.6.3 2.5 m

4.6.4 $V_1 = \sqrt{-32.67}$

4.6.5 6.3 m/s

4.6.7 13.8 m

4.6.8 (a)번 그림이 올바른 속도 분포이다.

4.6.9 56 kPa

4.6.10 1.14 kN

4.6.12 $p_1 = 852$ Pa

4.6.13 $Q = 0.009\ \mathrm{m^3/min}$

4.6.14 $\gamma Q = 9.5$ kg/s

4.6.15 $p_1 = 219$ kPa

4.6.16 $Q = 0.00036\ \mathrm{m^3/s}$

4.6.17 9.1 m

4.6.18 $Q = 12236\ \mathrm{cm^3/s}$

4.6.19 $h_B = 0.624$ m

4.6.20 $h = 1$ m, $V_B = V_A = 1.2$ m/s, $P_B = 23.7$ kPa

4.6.21 (a) $h = 0.068$ m (b) 448 Pa

4.6.22 $Q_i = 20.5\ \mathrm{m^3/s}$, $V_1 = 35.5$ m/s, $V_2 = 32.2$ m/s

4.6.23 $p_1 = 1472.8$ Pa

4.6.24 $p_i = 95.1$ kPa

4.6.25 $p_i = 95.1$ kPa

4.6.26 $\dot{m} = 4.6$ kg/s, $z_3 - z_2 = 4.6$ m

4.6.27 (a) 12.2 m (b) 12.68 m (c) 39.2 kPa

4.6.28 $H = 0.95$ m

4.6.29 $0.0156\ \mathrm{m^3/s}$

4.6.30 생략

4.6.32 $V = \sqrt{V_0^2 - 2gz}$

$$A = \frac{A_0 V_0}{\sqrt{V_0^2 - 2gz}}$$

4.6.33 $A_2/A_1 = 1.81$

4.6.34 $D = \dfrac{D_1}{\left[1 - \dfrac{\pi^2 g D_1^4 z}{8Q^2}\right]^{1/4}}$

4.6.35 $Q = 2.54 \times 10^{-4}\ \mathrm{m^3/s}$

4.6.36 $h = 0.95$ m

4.6.37 29.4 kPa

4.6.38 $p_2 = 23$ kPa, $p_3 = 552$ Pa

4.6.39 $p_2 = 14.7$ kPa, $p_3 = -8830$ Pa

4.6.40 (a) 1.27 m (b) 11.25 m, −26.3 kPa

4.6.41 (a) $0.18\ \mathrm{m^3/s}$ (b) 763.5 kPa

4.6.42 $p_2 = 135.4$ kPa

4.6.43 $Q = 0.005\ \mathrm{m^3/s}$

4.6.44 $H = 3.21$ m
4.6.45 (a) $Q = 1.06 \times 10^{-3}$ m^3/s
(b) $Q = 3.02 \times 10^{-3}$ m^3/s
(c) $Q = 0.118$ m^3/s
4.6.46 $h = 0.4$ m
4.6.47 $\Delta p = 29.5$ kPa
4.6.48 $P_2 = -57$ kPa
4.6.49 $h = 0.146$ m
4.6.50 $Q = 0.0351$ m^3/s, $p_1 = 0$
4.6.51 $h = 0.574$ m
4.6.52 $D = 0.0035$ m
4.6.53 $Q = 0.11$ m^3/s
4.6.54 $\dfrac{H}{H_0} = \dfrac{1}{\sqrt{1+\left(\dfrac{2\gamma_{water} d_{\max}}{\rho V_0^2}\right)\dfrac{x}{L}}}$
4.6.55 생략
4.6.56 0.0132 m^3/s
4.6.57 3.24 m^3/s
4.6.58 0.06 m
4.6.59 $h = 0.06$ m
4.6.60 4개의 홀 추가가 요구 됨
4.6.61 $p_1 = 36.9$ kPa
4.6.62 88.2 kPa
4.6.63 $Q = 0.0373$ m^3/s
4.6.64 $H = 6.49$ m
4.6.65 (a) $Q = 0.0909$ m^3/s
(b) $h = 4.56$ m
4.6.66 $Q = 0.0034$ m^3/s
4.6.67 $h = 2.32$ m
4.6.68 $h = 0.13$ m
4.6.69 $Q = 0.0098$ m^3/s
4.6.70 $R_0 = 0.444$ m, $h = 1.2$ m
4.6.71 36.5 s
4.6.72 10.7 s
4.6.73 생략
4.6.75 3.41
4.6.76 174 s
4.6.77 생략
4.6.78 404.5 kPa
4.6.79 $p_2 = 119$ kPa, $p_3 = 136$ kPa
4.6.80 $p_2 = 252$ kPa, $p_3 = 114$ kpa
4.6.81 $p_3 = 55.5$ kPa, $Q_4 = 0.117$ m^3/s
4.6.82 $Q = 9.1 \times 10^{-3}$ m^3/s, $p_1 = 57.9$ kPa
4.6.83 0.7 m/s
4.6.84 $p_2 = -0.49$ Pa
4.6.85 $h = 0.076$ m, $W = 44.5$ kN이면, $Q = 88.17$ m^3/s
$h = 0.05$ m이면, $Q = 58$ m^3/s
$h = 0.076$ m, $W = 22.25$ kN이면, $Q = 62.3$ m^3/s
4.6.86 2.00×10^{-4} m^3/s, $H = 0.129$ m
4.6.87 $p_1 = 155$ Pa
4.6.88 98.9 kPa
4.6.89 $d = 0.038$ m
4.6.90 생략
4.6.91 생략
4.6.92 $h_2 = 0.188$ m 또는 1.34 m
4.6.93 $Q = 0.174$ m^3/s
4.6.95 $p_1 - p_2 = 3.43$ kPa
4.6.96 $Q = 6.10 \times 10^{-3}$ m^3/s
4.6.97 $Q = 8.68 \times 10^{-3}$ m^3/s
4.6.98 $d = 26$ mm
4.6.99 $Q_t = 3.46\ Q_0$
4.6.100 $g = 1.73$ m^2/s
4.6.101 $Q = 4.14$ m^3/s
4.7.1 운동 에너지 차이 = 6.51 m,
압력 에너지 차이 = −9.59 m
4.7.2 생략
4.7.3 생략

Ch.5 유한 검사체적 해석

5.1.1 교과서 본문 참조
5.1.3 4.9 m/s
5.1.4 50.9 kg/s
5.1.6 0.04 m
5.1.7 $Q = 0.024$ m^3/s
5.1.8 느려진다.
5.1.9 314 m/s
5.1.10 0.95 m
5.1.11 0.013 m/min.
5.1.12 1 kg/hr, 31 kg/hr
5.1.13 0.194 kg/m^3
5.1.14 849 kg/m^3
5.1.15 1.21
5.1.16 $Q_2 = 150$ liter/sec
5.1.17 1.02 m/s

5.1.18 $V_n = 15.3$ m/s, $V_b = 18.8$ m/s
5.1.19 (a) 0.711 (b) 0.791 (c) 0.838 (d) 0.866
5.1.20 2.11 m/s
5.1.21 $Q = 0.25\ \text{m}^3/\text{s}$, $V = 1.20$ m/s
5.1.22 $V_1 = 0.0111$ m/s, $U_0 = 1.97$ m/s
5.1.23 (a) 증가한다.
(b) 밀도 변화율 = $0.124\ \text{kg/m}^3$–s
5.1.24 11분
5.1.26 2.009 cm
5.2.1 $F_x = 4180$ N, $F_y = 5720$ N
5.2.3 $F_x = 1170$ kN, $F_y = 1600$ kN
5.2.4 $Q = 0.7\ \text{m}^3/\text{s}$, $F_{Ay} = 37256$ N
5.2.5 106 N
5.2.6 1743 N
5.2.8 $R_x = 12$ N
5.2.9 $F = 121.2$ kN (왼쪽)
5.2.10 (a) 6.26 m/s
(b) $T_a = 392$ N
(c) $V_2 = 10.8$ m/s, $T_b = 675$ N
5.2.11 $R_x = 8340$ N
5.2.12 $F_x = 728$ N (왼쪽), $F_y = 877$ N (위쪽)
5.2.13 $F_x = 693$ kN (오른쪽), $F_y = 298$ kN (날개쪽)
5.2.14 $F_x = 28388$ N
5.2.15 $F_{A,x} = 79476$ N
5.2.16 $h = 0.82$ m
5.2.17 $Q = 0.64\ \text{m}^3/\text{s}$
5.2.18 $\Delta p = 503$ Pa
5.2.19 1.82 kN
5.2.20 $F_2 = W_2 + 61.8$ N
5.2.21 $F = 24.7$ kN
5.2.22 $V_f = 3.24$ m/s
5.2.23 $V = 2.12$ m/s
5.2.24 $T = 368 \sim 493$ N–m
5.2.25 $R_x = 19253$ N/m
5.2.26 $D = 0$, $V_1 = V_3 = (2gh)^{1/2}$
5.2.27 $F_x = 16092$ N
5.2.28 $R_x = 6.47$ N
5.2.29 $F_{A,x} = 193$ N
5.2.30 $F_{A,y} = 66.6$ N
5.2.31 $R_x = 74.3$ N
5.2.32 $R_x = 220$ N
5.2.33 $p_1 - p_2 = \rho l \dfrac{\partial u}{\partial t}$
5.2.34 1.07 배
5.2.36 (a) $F_A = 483$ N, (b) $F_A = 391$ N
5.2.37 $Q = 0.59\ \text{m}^3/\text{s}$
5.2.38 (a) 생략 (b) 1048 N
5.2.39 $R_{\text{thrust}} = \dfrac{\ln\left[\tan^2\left(\dfrac{\theta}{2}\right)+1\right]}{\tan^2\left(\dfrac{\theta}{2}\right)}$
5.2.40 $F_x = 31085$ N
5.2.41 $\sin\theta = \dfrac{h}{H_1 - h}$
5.2.42 $Q = 0.02\ \text{m}^3/\text{s}$
5.2.43 $F_y = 78.5$ kN
5.2.44 $F_{A,x} = 2916$ N
5.2.46 $F_x = 8740$ N
5.2.47 생략
5.2.48 (a) $T_{\text{shaft}} = 231$ N·m, $\omega = 185$ rad/sec
(b) $T_{\text{shaft}} = 200$ N·m, $\omega = 160$ rad/sec
(c) $T_{\text{shaft}} = 116$ N·m, $\omega = 92.5$ rad/sec
5.2.49 $\dot{W}_s = 51.0$ MW, $\beta_1 = 133.3$도,
$W_1 = 15.94$ m/s
5.2.50 16.8 N
5.2.51 77.7 N·m/kg
5.3.2 1.88×10^3 N·m/s
5.3.3 $Q = 0.042\ \text{m}^3/\text{s}$
5.3.4 0.5 m, 가정한 유동의 방향이 옳다.
5.3.5 $K = 4.66$
5.3.6 생략
5.3.8 $Q = 0.052\ \text{m}^3/\text{s}$
5.3.9 효율 = 0.799
5.3.10 1.78 kW
5.3.11 1240 W
5.3.12 8200 W
5.3.13 (a) $h_L = 2.58$ m, (b) $R_x = 110$ N
5.3.14 펌프 손실 = $g(h_2 - h_1)^3/4h_1h_2$
5.3.15 (a) $p_1 - p_2 = 237$
(b) 손실 = 8.5 N–m/kg
(c) $R_x = 33.4$ N (유동 반대 방향)
5.3.16~17 생략

5.3.18 $a = \dfrac{dV_x}{dt} = \dfrac{2\rho_0 gAh}{m_0\rho_0 A(h_0 - h)}$

5.3.19 $\theta = 17.2$ 도, $V_3 = 4.29$ m/s,
손실율 $= 558$ N·m/s

5.3.20 손실 $= \dfrac{p_1 - p_2}{\rho} - 0.06\dfrac{V_1^2}{2} + g(z_1 - z_2)$

5.3.21 $n = 1$이면, $\alpha_n = 2.70$
$n = 9$이면, $\alpha_n = 2.0$

5.3.22 $\alpha = 0.7$

5.3.23 (a) 435 N·m/kg, (b) 3.61 N·m/kg

Ch.6 유체유동의 미분적 해석

6.1.1 1.73 m/s^2

6.1.2 $a_x = x$
$a_y = 2x^2z + x^2yz$
$a_z = x^2z^2 + y^2z$

6.1.3 $\vec{\omega} = 0.75i$ rad/s

6.1.4 0

6.1.5 비회전 유동장이다.

6.1.6 $0,\ -\dfrac{y}{\mu}\left(\dfrac{dp}{dx}\right),\ \dfrac{y}{\mu}\left(\dfrac{dp}{dx}\right),\ h\left(\dfrac{dp}{dx}\right)$

6.1.7 $u = -\dfrac{3}{2}x^2 - \dfrac{x^2}{3}f(x)$

6.1.8 (a) 0 (b) $-U/(2b)$ (c) $-U/b$ (d) $U/2b$

6.1.9 $\dot{\gamma} = \dfrac{r_0\omega}{r_0 - r_i}$

6.1.10 국소 가속도 $= 0.90$ m/s^2,
대류 가속도 $= 0.024$ m/s^2,
총 가속도 $= 0.924$ m/s^2

6.2.1 비회전유동이고 질량 보존이 만족된다.

6.2.2 $a + e = 0$

6.2.3 질량 보존이 만족되지 않는다.

6.2.4 $$v = 5\pi U_0\left[0.01\pi^2 x\cos\left(\frac{\pi y}{0.1\sqrt{x}}\right) + 0.1\pi\sqrt{xy^2}\sin\left(\frac{\pi y}{0.1\sqrt{x}}\right)\right] + C(x)$$

6.2.5 (a) $x = 0$, $y = 0$, (b) 정체점이 없음

6.2.6 회전 유동임

6.2.7 (a) $V_r = V\sin\theta$, $V\theta = V\cos\theta$
(b) $\psi = -Vr\cos\theta + C$

6.2.8 $v = -\dfrac{y^2}{2x} + f(x)$

6.2.9 (a) $v = -2y$ (b) 0.13 m/s

6.2.10 (a) $y = \pm\sqrt{3}x$
(b) $Q = -1$ m^3/s

6.2.11 생략

6.2.12 (a) $\psi = 2xy$, (b) $q = 2x_iy_i$

6.3.1 $19.6y - 100$ [kPa]

6.4.1 생략

6.4.2 (a) $\psi = U(0.866y - 0.500x)$ (b) $\dfrac{\partial\rho}{\partial y} = -r$

6.4.3 30 kPa

6.4.4 (a) 만족된다. (b) $\phi = 2(x+y)+c$ (c) 0

6.4.5 80.1 kPa

6.4.6 $p = -\dfrac{\rho V_0^2}{4}\left[\cosh\left(\dfrac{2x}{L}\right)\cosh\left(\dfrac{2y}{L}\right)\right] + c$

6.4.7 (a) $\psi = -\dfrac{Kr^2}{2} + c$, (b) 아니오.

6.4.8 $\dfrac{\partial p}{\partial x} = Ax = 4k^2x$

6.4.9 -7.10 kPa

6.4.10 $\psi = 5x^2y - \dfrac{5}{3}y^3 + c$

6.5.1 $r_A = 28.1$ m

6.5.2 0.95 m

6.5.3 $\Gamma = 86.1$ m^2/s

6.5.4 $H = 0.08$ m

6.5.5 (a) 벽을 관통하는 유체는 없다.
(b) $V_w = \dfrac{m}{\pi}\left(\dfrac{y}{\ell^2 + y^2}\right)$
(c) $p_w = p_0 - \dfrac{\rho m^2}{2\pi^2}\left(\dfrac{y}{\ell^2 + y^2}\right)^2$

6.5.6 $\Gamma = 0$

6.5.7 $r_B = 32.2$ km이면, $V_B = 36$ m/s,
$r_B = 48.3$ km이면, $V_B = 24$ m/s,
$r_B = 64.4$ km이면, $V_B = 18$ m/s

6.5.8 유량함수와 속도 포텐셜 모두 라플라스 방정식을 만족하지 않는다.

6.5.9 $\phi(r) = -\dfrac{500}{3\pi}\ln R$

6.5.10 순환은 0

6.5.11 순환은 Γ

6.6.1 $\psi = Ur\sin\theta - \frac{\Gamma}{2\pi}\ln\frac{r}{4}$

6.6.2 $\nabla p = 0.703\,\rho V^2$

6.6.3 (a) $\Gamma = 3.5\pi\ m^2/s$ (b) 생략
(c) $V_r = 3.33$ m/s, $V_\theta = 11.67$ m/s

6.6.4 7.08×10^{-4} m/s

6.6.5 $\theta = 30$도 또는 120도

6.6.6 (a) $p_s = p_0 + \frac{1}{2}\rho U^2(1-4\sin^2\theta)$
(b) $\frac{3r}{2a}\left(1-\frac{a^2}{r^2}\right)\sin\theta = 1$

6.6.7 $C = \sqrt{\frac{2}{3}}$

6.6.8 $\frac{V}{U} = 1.02 = 1 + \left(\frac{a}{y}\right)^2 \Rightarrow \boxed{\frac{y}{a} = 7.07}$

6.6.9 $p - p_\infty = 18.53\left[1 - 4\sin^2\left(\frac{\pi}{2}\right)\right] = 18.53(-3)$

6.6.10 $P_{max} = 101{,}760$ Pa, $P_{min} = 99{,}202$ Pa

6.6.11 (a) $\Gamma = 0$, (b) $\Gamma = -4\pi Ua$

6.6.12 (a) 2140 N, (b) 6420 N

6.6.13 58.4 m

6.6.14 각속도는 55.56 rad/sec (반시계 방향)

6.8.1 98.73×10^{-4} Pa

6.8.2 7.8 Pa

6.8.3 $\frac{\partial p}{\partial x} = 2\mu - 2\rho x^2$

6.8.4 $\frac{u}{U_0} = 1 - erf\left(\frac{y}{2\sqrt{\nu t}}\right)$

6.9.1 (a) 포물선 유속 분포가 가능하다.
(b) 44.8 Pa/m

6.9.2 32.4 Pa−s/m, 0.23 m/s

6.9.3 $u = \frac{\rho g \sin(\theta h^2)}{\mu}\left[\frac{y}{h} - \frac{1}{2}\left(\frac{y}{h}\right)^2\right]$

$Q = \frac{\rho g \sin(\theta h^3)}{3\mu}$

6.9.4 24

6.9.5 $u = V_z = \frac{1}{2\mu}\frac{dp}{dr}(z^2 - zh),\ L = \frac{3\pi\mu w_0 R^4}{2h^3}$

6.9.6 $u = -\frac{1}{2\mu}\frac{dp_0}{dx}z(2Z - z)$

6.9.7 $\frac{\partial p}{\partial y} = -\frac{3\mu V}{h^2} - \rho g$

6.9.8 $g = \int_0^h \frac{g}{\mu}\sin\alpha\left(hy - \frac{y^2}{2}\right)dy = \frac{gh^3 \sin}{3\mu}$

6.9.9 $\frac{y}{b} = \frac{1}{3}$

6.9.10 410 N · m

6.9.11 0.011 m

6.9.12 $\mu_F = 0.306$

6.9.13 0.355 N · m

6.9.14 (a) $T = \frac{2\pi r_0^3 \mu\omega t}{r_0 - r_i}$ (b) $\gamma = -U/b$

6.9.15 0.252 m/s

6.9.17 $V_\theta = R^2\omega/r$

6.9.18 64

6.9.19 Re = 22

6.9.20 $z_1 - z_2 = \frac{128\nu lQ}{\pi g D^4}$

6.9.21 생략

6.10.1 생략

Ch.7 차원해석, 상사법칙 및 모형

7.1.1 (a) $\rho = FL^{-4}T^2$, $p = FL^{-2}$, $\gamma = FL^{-3}$,
$\sigma = FL^{-1}$, $\mu = FL^{-2}T$
(b) $\rho = ML^{-3}$, $p = ML^{-1}T^{-2}$, $\gamma = ML^{-2}T^{-2}$,
$\sigma = MT^{-2}$, $\mu = ML^{-1}T^{-1}$

7.1.2 $1/L$

7.1.3 생략

7.1.4 101000

7.1.5 웨버 수 = 29.3, 프라우드 수 = 4.08

7.1.6 (a) 103 m/s, (b) 444 m/s

7.3.1 $\frac{\dot{W}}{\mu V G^2}$, 또는 $G\sqrt{\frac{\mu V}{\dot{W}}}$
여기서 V는 체적

7.3.2 (a) 압력차는 절반으로 감소
(b) 압력차는 2배 증가

7.3.3 유속은 관 직경의 함수이므로 독립변수로 취급될 수 없다.

7.3.4 $\omega\sqrt{\frac{\ell}{g}}=\phi\left(\frac{h}{\ell}\right)$

7.3.5 $\frac{H}{d}=\phi\left(\frac{\rho_a}{\rho},\frac{\ell}{d},\frac{gd}{V^2}\right)$

7.3.6 $\frac{\Delta p}{D^2\rho\omega^2}=\phi\left(\frac{Q}{D^3\omega}\right)$

7.3.7 $\frac{\delta}{d}=\phi\left(\frac{\ell}{d},\frac{\rho V^2}{E},\frac{\mu V}{Ed}\right)$

7.3.8 $\frac{h}{\ell}=\phi\left(\frac{\sigma}{\ell^2 g\rho}\right)$

7.3.9 $\frac{\omega b}{V}=\phi\left(\frac{h}{b},\frac{k}{b^3V^2\rho}\right)$

7.3.10 토크는 4배 증가한다.

7.3.11 $c=\sqrt{C\frac{p}{\rho}}$

7.3.12 질량과 진동 주파수는 반비례한다.

7.3.14 4개의 무차원 수는 $\frac{H}{P},\ \frac{L}{P},\ \frac{gP^5}{Q^2},\ \frac{\mu P}{\rho Q}$ 이다.

7.3.15 5개의 무차원 수는

$N,\ \frac{f}{\omega},\ \frac{\omega}{H},\ \frac{T}{\rho\omega^2H^5},\ \frac{\rho(\omega H)^2}{\mu}$이다.

7.3.16 $\Pi_1=\frac{\dot{W}}{\rho\omega^3D^5},\ \Pi_2=\frac{Q}{\omega D^3},\ \Pi_3=\frac{\mu}{\rho\omega D^2}$

7.3.17 레이놀드 수

7.3.18 $\frac{\gamma_l}{\gamma_v},\ \frac{\gamma_\ell d^2}{\sigma},\ \frac{\mu V}{\sigma}$

7.3.19 $\frac{Q}{A^{5/4}\sqrt{g}}=\phi\left(\frac{e}{\sqrt{A}},S_o\right)$

7.5.1 $t\sqrt{\frac{g}{d}}=\phi\left(\frac{\forall}{d^3},\frac{\rho\sqrt{g}d^{3/2}}{\mu}\right)$

7.5.2 $c\sqrt{\frac{\rho}{E}}=\phi\left(\frac{h}{D}\right)$

7.5.3 (a) $VD\sqrt{\frac{\rho}{W}}=\phi\left(\frac{b}{d},\frac{d}{D}\right)$

(b) $V=\sqrt{\frac{2Wb}{\pi\rho dD^2}}$

(c) $V=\phi\left(\frac{d}{D}\right)$

7.5.4 $\frac{\mathscr{D}}{\rho V^2\ell_1^2}=\phi\left(\frac{V}{c},\frac{\ell_i}{\ell_1}\right)$

7.5.5 $\Pi_1=\mathrm{Re}$

$\Pi_2=Fr$

$\Pi_3=\frac{V}{ND}$

$\Pi_4=\frac{F}{\rho N^2D^4}$

7.6.1 G는 Re수의 제곱에 비례한다.

7.6.2 $\frac{\rho V^2\ell}{\sigma}$

7.6.3 $\mathrm{Fr}=\frac{V}{\sqrt{g\ell}}$

7.6.4 생략

7.6.5 $\frac{d}{D}=\phi(\mathrm{Re},\mathrm{We})$

7.7.1 생략

7.7.2 $C_p=\frac{6387}{\mathrm{Re}}$, Re수가 300~2000까지만 유효하다.

7.7.3 (a) $\frac{H}{b}=\phi\left(\frac{h}{b},\frac{\ell}{b}\right)$, (b) $\frac{H}{b}=0.0833\left(\frac{h}{b}\right)^{-1.00}$

7.7.4 (a) $\frac{t\gamma D}{\mu}=\phi\left(\frac{\ell}{D}\right)$, (b) $t=1.36\mu$

7.7.5 생략

7.7.6 691 kN (7.5 m/s 속도에서),

1300 kN (12 m/s 속도에서)

7.7.7 0.0497 N

7.8.1 0.00139 m/s

7.8.2 50 rpm

7.8.3 0.294 m/s

7.8.4 129 m/s

7.8.5 9.49 m/s

7.8.6 1681.67 m/s

7.8.7 1170 km/hr

7.8.8 (a) 2 m/s, (b) 2.43

7.8.9 0.125 (점성비), 0.0625 (응력 비)

7.8.10 생략

7.8.11 (a) 49.9 mm, (b) 3.95 kPa

7.8.12 50.2 kPa

7.8.13 같은 유체가 사용될 수 없다.

7.8.14 (a) 레이놀드 수를 일치시킨다.

(b) 속도비 = 0.707

7.8.15 (a) $\frac{\Delta p}{\rho c^2} = \phi\left(\frac{E}{\rho c^2 d^3}\right)$, (b) $d_m = 0.16$ km

7.8.16 (a) $\boxed{\frac{D\Delta p_\ell}{\rho V_0^2} = \frac{D_m \Delta p_{\ell m}}{\rho_m V_{0m}^2}}$

(b) 160 rad/sec

7.8.17 $D = 138.3$ N

7.8.18 160 km/hr ~ 746.66 km/hr

7.8.19 0.0647 ~ 0.0971

7.8.20 $D = 1.26$ N

7.8.21 11.0 m/s

7.8.22 0.736 mm

7.8.23 625.9 km/hr

7.8.24 fd/V

7.8.25 $Q_m = 2.84\ \mathrm{m^3/hr}$

7.9.1 $\Delta p = 1.9197$ bar

7.9.2 (a) 불가능하다. (b) 0.062 m

7.9.3 (a) $\frac{nD}{V} = \phi\left(\frac{VD}{\nu}\right)$

(b) 가능하다. (c) Re = 4011

7.9.4 (a) $\frac{R}{E_i b^2} = \phi\left(\frac{b}{d}, \frac{V^2}{gd}, \frac{\rho_i V^2}{E_i}\right)$,

(b) 0.481 m, (c) 불가능 하다.

7.9.5 (a) $\frac{V}{U}, \frac{VD}{\nu}, \frac{V^2}{gD}, \frac{\rho - \rho_s}{\rho}$ (b) 불가능 하다.

7.9.6 $V_2 = 0.455$ m/s

7.9.7 회전수 = 330 rpm, 추력 = 91827 N,

인가 토크 = 417,396 N·m

7.9.8 4070 W

Ch.8 관 내부 점성 유동

8.1.2 난류 유동이다.

8.1.3 층류 입구 길이 = 0.1325 m,

난류 입구 길이 = 0.89 m

8.1.4 1.02 m

8.1.5 5.33 m

8.1.6 $Q = 4.95$ V

8.1.7 $\tau = 8.8$ Pa

8.1.8 (a) 89,300 (b) 8.93×10^{-8}

8.2.1 $Q = 1.26 \times 10^{-3}\ \mathrm{m^3/s}$

8.2.2 $Q = 7.42 \times 10^{-3}\ \mathrm{m^3/s}$

8.2.3 (a) −1181.07 Pa (b) −10991.07 Pa

(c) 8628.9 Pa

8.2.4 7.18 Pa, 2.825 Pa, 0 Pa

8.2.5 28.5 Pa, 11.44 Pa, 0 Pa

8.2.6 (b)에서 (a)로의 하향 유동

8.2.7 0.354 D

8.2.8 3.43 m

8.2.9 (1) 3.39 Pa, (2) 119.5 Pa

8.2.10 생략

8.2.11 0.6 m/s

8.2.12 (a) $4.15 \times 10^{-3}\ \mathrm{m^3/s}$

(b) $1.23 \times 10^{-3}\ \mathrm{m^3/s}$, 층류이다.

8.2.13 18.5 m

8.2.14 Re = 472

8.2.15 $D_d = 1868$

8.2.16 Re = 480, 층류이다.

8.2.17 $D < 1.90$ mm

8.2.18 Re(tube) = 195, Re(needle) = 391

8.3.1 난류이다.

8.3.2 $r = 0.707\ R$

8.3.3 $u/V_e = 0.750\ R$

8.4.1 유동은 B에서 A로 흐르며 손실 저감을 위해 파이프의 직경은 커야 한다.

8.4.2 마찰계수는 약 0.04이므로 유동은 층류이다.

8.4.3 생략

8.4.4 0.649 Pa/m

8.4.5 생략

8.4.6 평균 마찰 계수 = 0.0159

8.4.7 생략

8.4.8 3700 Pa/m

8.4.9 $f = 0.0404$

8.4.10 (a) 1499 Pa, (b) 42701 Pa

8.4.11 $h_{max} = 19.6$ m

8.4.12 손실비 = 21.0

8.4.13 0.004 m

8.4.14 $\theta = 4.44$ (하향흐름에 경사됨)

8.4.15 생략

8.4.16 상대거칠기 0.00001~0.01의 범위에서 Re수가 1만에서 천만 사이이면 Swamee와 Jain의 식은 Colebrook의 식과 허용할 만한 범위 내에서 일치한다.

8.4.17 상대거칠기 0.00001~0.01의 범위에서 Re수가 1만에서 천만 사이이면 Haaland의 식은

Colebrook의 식과 허용할 만한 범위 내에서 일치한다.

8.4.18 상대거칠기 0.00001~0.01의 범위에서 Re수가 1만에서 천만 사이이면 처칠의 식은 Colebrook의 식과 허용할 만한 범위 내에서 일치한다.

8.4.19 (a) 0.1667 m, (b) 1.11 m, (c) 0.28 m

8.4.20 26 m

8.4.21 $K_L = 9.00$

8.4.22 $p_1 - p_2 = 133$ kPa

8.4.23 $K_L = 5.68$

8.4.24 $K_L = 27.7$

8.4.25 $K_L = 0.177$

8.4.26 10.35 Pa

8.4.27 $n = 9$

8.4.28 종횡비가 4.0 일 때 가장 마찰 손실이 크다.

8.4.29 1.54 kPa

8.4.30 3.59 kPa

8.4.31 59.0 kPa/m

8.4.32 $W = 4106$ watt

8.5.1 39.5 Pa

8.5.2 (a) 44.16 m (b) 44.85 m

8.5.3 (a) 41.525 m (b) 41.54 m

8.5.4 308.28 m

8.5.5 25.56 m

8.5.6 최소 파이프 직경이 156.36 mm이므로 0.1 m의 직경 파이프는 사용해서는 안된다.

8.5.7 5111 Pa

8.5.8 50.0 m

8.5.9 18.2 kW

8.5.10 $p_2 - p_1 = 1087$ kPa

8.5.11 155 kW

8.5.12 100297.8 kW

8.5.13

Q (m^3/min)	Re	f	Available head, h_t (m)
0	0	0.0198	330
141.58	1.755×10^6	0.0197	329.7
283.16	3.51×10^6	0.0197	328.5
424.75	5.265×10^6	0.0197	326.7
566.34	7.02×10^6	0.0197	324

8.5.14 3.84 m

8.5.15 $p_2 - p_1 = 252.35$ kPa

8.5.16 0.0084 m

8.5.17 생략

8.5.18 $(p_1)_{150} = (1.563 p_1)_{3.4} = 1.563(344.74 \text{ kPa})$
$= 538.65 \text{ kPa}$

8.5.19 379 kW

8.5.20 $p_a - p_d = 15.16$ Pa

8.5.21 (a) $Q = 2.08$ m^3/s 또는 14.4 m^3/s
(b) 유동이 발생할 수 없다.

8.5.22 5.46×10^{-4} m^3/s

8.5.23 88.5 N

8.5.24 $Q = 0.00167$ m^3/s

8.5.25 $Q = 0.0289$ m^3/s

8.5.26 $t = 90.5$ sec

8.5.27 $Q = 0.0081$ m^3/s

8.5.28 동력 = 113.55 kW

8.5.29 $Q = 7.28 \times 10^{-6}$ m^3/s

8.5.30 1.78 m/s

8.5.31~32 생략

8.5.33 $t = 483$ hr

8.5.34 75.2 min

8.5.35 $D = 0.0246$ m

8.5.36 $D = 0.135$ m

8.5.37 $D = 0.926$ m

8.5.38 $D = 0.17$ m

8.5.39 $D = 0.15$ m

8.5.40 $Q = 9.84 \times 10^{-3}$ m^3/s

8.5.41 $h = 0.0313$ m

8.5.42 $D = 0.0445$ m

8.5.43 (a) 직경이 2배되면 유량은 16배 증가
(b) 직경이 2배되면 유량은 5.66배 증가

8.5.44 $D = 0.235$ m

8.5.45 180.3 m

8.5.46 0.967

8.5.47 $\dfrac{\rho_3}{\rho_0} = \dfrac{p_3}{p_0} = 0.967$ (거의 비압축성 유동)

8.5.49 $l = 0.8$ m

8.5.50 $D = 0.2$ m

8.5.51 $\Delta p = 871.03$ kPa

8.5.52 $Q = 0.0180$ m^3/s

8.5.53 생략

8.5.54 $Q_2 = 0.0143$ m^3/s

8.5.55 (a) 0.548, (b) 1.52

8.6.1 $\Delta p = 20.6$ kPa, $h = 2.1$ m

8.6.2 $Q = 0.0026\ \mathrm{m^3/s}$

8.6.3 $d = 0.0325$ m

8.6.4 (a) $p_1 - p_2 = 67.3$ kPa, (b) $p_1 - p_2 = 64.8$ kPa

8.6.5 $p_1 - p_2 = 323.4$ kPa

8.6.6 $p_2 = 411.9$ kPa

8.6.7 $0.013\ \mathrm{m^3/s}$

8.6.8 $V = 2.12$ m/s, $Q = 0.0157\ \mathrm{m^3/s}$

8.6.9 $Q = 0.0221\ \mathrm{m^3/s}$

Ch.9 물체 주위의 유동

9.1.1 항력 = 411.75 N, 양력 = 0

9.1.2 (a) 평균전단 응력 $= 0.06(1/2)(\rho)U^2$

(b) $C_d = 2.40$

9.1.3 항력 = 0.560 kN, 양력 = 3.45 kN

9.1.4 $D = 5.43$ kN

9.1.5 $D = 0.299$ kN

9.1.6 $C_D = 0.142$

9.1.7 생략

9.1.9

Object	D (m)	U (m/s)
Twig	6×10^{-3}	2.5×10^{-4}
Hair	1×10^{-4}	0.148
Smokestack	1.8	8.22×10^{-6}

9.1.10 (a) Re = 263, 경계층 문제로 해석하기엔 레이놀드 수가 작다.

(b) $\mathrm{Re} = 4.81\times10^6$이므로 경계층 문제로 해석 가능

9.2.1 $x_{cr} = 1.12$ m, $\delta(\mathrm{m}) = 7.92\times10^{-3}$

9.2.2 $\delta = 0.0105\sqrt{x}$

9.2.3 0.00718 m/s

9.2.5 생략

9.2.6 생략

9.2.7 $x = 3$ m : $\delta = 0.0130$ m, $\tau_w = 0.716\ \mathrm{N/m^2}$,

$x = 6$ m : $\delta = 0.0183$ m, $\tau_w = 0.0506\ \mathrm{N/m^2}$

9.2.8 (a) 8.28 m/s, (b) 9.21 m/s

9.2.9 $\frac{1}{2}\rho u^2 = 443.7\left(\frac{y}{110}\right)^{0.56}$

9.2.10 (a) $x_{cr} = 0.053$ m, (b) $x_{cr} = 0.041$ m

9.2.12 (a) 생략 (b) $\delta = x\sqrt{\frac{30}{\mathrm{Re}_x}}$

9.2.13 생략

9.2.14 $\Theta = \frac{1}{\rho U^2}\int_0^x \tau_w\, dx$

9.3.2 $\mathscr{D}_1/\mathscr{D}_2 = 0.707$

9.3.3 답을 하기에는 정보가 부족하다.

9.3.4 $\mathscr{D}_w = 815\mathscr{D}_a$

9.3.5 $\mathscr{D} = 220.5$ N

9.3.6 $C_D = 1.84$

9.3.7 $D = 13.59$ m

9.3.8 $\mathscr{D} = 6490$ N

9.3.9 $U_0 = 26.67$ m/s

9.3.10 $C_D = 0.593$

9.3.11 $C_D = 0.10$

9.3.12 $D = 212$ N

9.3.13 (a) 1303 W (b) 3900 W (c) 생략

9.3.14 해수면 : $U = 1.10\times10^{-7}$ m/s,

5000 m 상공에서 : 1.20×10^{-7} m/s.

9.3.15 $\frac{\mathscr{D}_{\text{parallel}}}{\mathscr{D}_{\text{normal}}} = \frac{C_{D_{\text{parallel}}}}{C_{D_{\text{normal}}}} = \frac{\frac{13.6}{\mathrm{Re}}}{\frac{20.4}{\mathrm{Re}}} = 0.667$

9.3.16 $\mathscr{D}_{fa} = 2.0\mathscr{D}_{fb}$

9.3.17 $\mathscr{D} = 0.00296$ N

9.3.19 추가 동력 = 8.44 kW

9.3.20

U(m/s)	Drag force(N)
1	4.50
2	16.78
3	35.98
4	61.71
5	93.69
6	131.74
7	175.70
8	225.47

9.3.21 $\mathscr{D} = 536.88$ kN

9.3.22 $M = 208.45\ \mathrm{N\cdot m}$

9.3.23 7.9 N

9.3.24 2.8초

9.3.25 $\gamma_{\text{in}} = 9.95\ \mathrm{N/m^3}$

9.3.26 생략

9.3.27 $\dfrac{(1+u)}{(u-1)}=\dfrac{11}{9}e^{6.54t},\ u=\dfrac{U}{U_f}$

9.3.28 (a) $V = 171.55$ m/s (b) $U = 36.4$ m/s (c) $U = 4.17$ m/s

9.3.29 생략

9.3.30 $C_D = 1.5,\ F_p = 498$ N

9.3.31 $U \simeq 23.47$ m/s

9.3.32 $M_a = 294.93$ N-m

9.3.33 (a) 7080 N·m, (b) 8950 N-m

9.3.35 13.46 m/s

9.3.37 생략

9.3.38 $\mathscr{D} = 1523$ N

9.3.39 17.12 m/s

9.3.40 (a) 동력 차이 = 1833.54 W (b) 31.97 W

9.3.41 감소된 동력 = 41.774 kW

9.3.42 20.92 m/litres

9.3.43 20.36 kN-m

9.3.44 (a) 69.7 m/s, (b) 36.46 m/s

9.3.45 (a) $U = 0.288$ m/s, (b) $U = 9.2$ m/s

9.3.46 97 sec

9.3.47 (a) 2.44 m/s, (b) 2.13 m/s

9.3.48 생략

9.3.49 5.31 m/s

9.3.50 $\mathscr{D} = 180$ N

9.3.51 (a) 88 km/hr, $\mathscr{D} = 5.9$ N (b) 880 km/hr, $\mathscr{D} = 590$ N

9.3.53 7220 m/s^2

9.3.54 10.4 m/s

9.3.55 $Q = 0.129\ m^3/s$

9.3.56 $\mathscr{D} = 8.871$ kN

9.3.57 $\mathscr{D} = 387$ N

9.3.58 (a) 53.5 kW (b) 4.46 kW (c) 생략 (d) 42.0 kW

9.3.59 7.57×10^{-5} hp

9.3.61 4%

9.3.62 12.68 m/s

9.3.63 6.67 m/s

9.4.1 $b = 1.146$ m

9.4.2 $C_D = 0.032,\ C_L = 0.089$

9.4.3 $C_L = 0.288$

9.4.4 46.5 kW

9.4.5 22.75%

9.4.6 $U_{10,000\text{ m}} = 1.72U_{해수면}$

9.4.7 생략

9.4.8 0.327

9.4.9 0.206

9.4.10 146 mph

9.4.11 $\tan\theta = C_D/C_L$

9.4.12 3.2 km/hr

9.4.13 무동력 비행 거리 = 1.35×10^5 m

9.4.14 생략

9.4.15 58.45 m/s

9.4.16 5.72 % 증가

9.4.17 생략

9.4.18 28.4 %

9.4.19 2.60 %

Ch.10 개수로 유동

10.2.1 25 m/s

10.2.2 유동은 임계조건 이하 이다.

10.2.3 3.44 m

10.2.4 개수로 유속은 유체 깊이를 관계식에 포함하고 있지 않으므로

10.2.5 (a) 5.81 m/s^2 (b) 1.54 m/s (c) $c = 0$

10.2.6 1.72 m

10.2.7 아음속이다.

10.2.8 2.8 m/s

10.2.9 생략

10.2.10 616 km/hr

10.3.1 $y = 0.560$ m와 $y = 0.173$ m

10.3.2 $y = 2.45$ m와 0.388 m

10.3.3 $y_2 = 0.54$ m, $z_2 = 0.6$ m

10.3.4 생략

10.3.5 $y_2 = 0.56$ m

10.3.6 $y_2 = 10.1$ m

10.3.7 $Q = 55.24\ m^3/s$

10.3.8 생략

10.3.9 $y_2 = 1$ m 또는 $y_2 = 1.40$ m

10.3.10 $h = 0.124$ m

10.3.11 $\dfrac{dy}{dx}=\dfrac{-\left(\dfrac{dh}{dx}\right)}{\left(1-\left(\dfrac{V^2}{gy}\right)\right)}$

10.3.12 0.64 m, 2.51 m/s

10.3.14 $y_2 = 1.775$ m
10.4.1 $n = 0.0126$
10.4.2 5.14 N/m^2
10.4.3 $n = \dfrac{3\nu k}{gy^{4/3}S^{1/2}}$
10.4.4 1.58 m
10.4.5 $n = 0.0247$
10.4.6 $n = 0.052$, $F = 0.10$, 유동은 subcritical이다.
10.4.7 $Q = 2.61$ m^3/s
10.4.8 23.7% 감소
10.4.9 $Q = 1373$ m^3/s
10.4.10 $L = 2.59$ m
10.4.11 $Q = 9.31$ m^3/s
10.4.12 $V < 0.75$ m/s이므로 스코울링이 발생하지 않는다.
10.4.13 $Q = 11.7$ m^3/s
10.4.14 빗물 0.05 m/hr를 이송한다.
10.4.15 $q = 1.33 \times 10^{-5}$ m^2/sec, Re = 53 (층류)
10.4.16 $q = 17.8$ m^2/sec, $y_n = 18.1$ m
10.4.17 18.2 m^3/s
10.4.18 유량 비는 2.09
10.4.19 $Q = 1148$ m^3/s
10.4.20 1.52 m
10.4.21 $D = 0.841$ m
10.4.22 $y = 0.75$ m
10.4.23 $b = 8.32$ m, $S_0 = 0.00156$
10.4.24 $b = 0$ 이상, $S_0 = 0.00194$
10.4.25 Fr = 0.76
10.4.26 생략
10.4.27 $D = 1.12$ m
10.4.28 $y_n = 65.1$ m
10.4.29 $y = 1.57$ m
10.4.30 폭이 3.05 m인 체널이 요구 됨
10.4.31 $b = 2.21$ m
10.4.32 $S_0 = 0.000816$
10.4.33 0.0262 m (1 km 당)
10.4.34 $S_0 = 0.000280$
10.4.35 $S_0 = 0.000121$
10.4.36 $S_0 = 0.000090$
10.4.37 $S_0 = 0.0136$
10.4.38 $h = 0.0475$ m
10.7.1 1.68 m
10.7.2 $y_2 = 0.203$ m
10.7.3 5.42 m/s, 401 kW
10.7.4 $Q = 845$ m^3/s
10.7.5 수력 점프가 발생
10.7.7 $y_1 = 0.652$ m, $y_2 = 2.61$ m
10.7.8 $h = 0.0378$ m
10.7.9 자료는 수력 점프 개념과 일맥상통 한다.
10.7.10 $P_w = 1.43$ m
10.7.11 $Q = 0.116$ m^3/s
10.7.12 생략
10.7.13 $y_{min} = 0.333$ m
10.7.14 $U_u = \pm 0.00023$ m^3/s (5.23%)
10.7.15 $R_h = 0.12$ m
10.7.16 생략
10.7.17 $V_2 = 4.57$ m/s, $y_2 = 0.34$ m, $Fr_2 = 2.5$

Ch.11 터보기계

11.1.2 89.7 kg/sec, 286 rpm
11.1.3 4.05 N · m, 1.705 rev/sec
11.1.4 160.3 J/kg
11.4.1 1404.2 J/kg
11.4.2 2120 N · m
11.4.3 960 N · m
11.4.4 2.16 hp
11.4.5 18.96 m
11.4.6 $h_a = 11.5$ m
11.4.7 $Q = 7 \times 10^{-4}$ m^3/sec
11.4.8 0.11 m^3/s
11.4.9 (a) $Q = 0.0529$ m^3/s (b) 13% 개방
11.4.10 Re = $(9.72 \times 10^6$ sec/m$^3)Q$, $Q = 0.023$ m^3/s, $\dot{W}_{shaft} = 22.6$ kW
11.5.1 평균 유량 = 0.0328m^3/s, 수두 증가 = 8/00 m
11.5.2 1점에서 (유량, 수두 상승) : 0 m^3/s, 4.0 kPa,
2점에서 (유량, 수두 상승) : 2.0 m^3/s, 3.0 kPa,
3점에서 (유량, 수두 상승) : 4.0 m^3/s, 0 kPa,
11.5.3 12.5 kW, 5 m^3/s
11.5.4 원심형이다.
11.5.5 575 rpm
11.6.1 1880 rpm
11.6.2 비속도 = 1.98
11.6.3 32.7 kW
11.6.4 5.52 kW, 18.4 m^2/s^2
11.6.5 $U = 314.16$ m/s, $W_2 = 116.2$ m/s,

$V_2 = 255.5$ m/s, $\alpha_2 = 22.91^\circ$

11.8.1 -15.6 N·m/kg

11.8.2 $V_1 = 27.5$ m/s, $V_2 = 27.5\ (\sin\alpha_1/\sin\alpha_2)$,
$\dot{W}_s = -37.0\ \text{MW} \sin\alpha_1'(\sin\alpha_1 \cot\alpha_2 - \cos\alpha_1)$

11.8.3 $\dot{W}_{\text{shaft}} = -15.26$ kW/s

11.8.4 (a) $W_1 = W_2$
(b) $W_1 = 19$ m/s, $W_{\text{shaft}} = -633.15$ J/kg

11.8.5 $Q = -0.177\ \text{m}^3/\text{s}$

11.8.6 $Q = 0.0003\ \text{m}^3/\text{s}$

11.8.7 $U = 12.567$ m/s, $W_2 = 21$ m/s, $V_2 = 11.9$ m/s,
$\alpha_2 = 118.2^\circ$

11.8.8 816 kW pump

11.8.9 23 lb/in^2

11.8.10 $\dot{W}_{\text{shaft}} = -23{,}200$ kw

11.8.11 $F = 26{,}600$ N, $V_1 = 37.6$ m/s, $\dot{m} = 707$ kg/s

11.8.12 $D_1 = \dfrac{1}{\left(2f\dfrac{\ell}{D^5}\right)^{1/4}} = \dfrac{D}{\left(2f\dfrac{\ell}{D}\right)^{1/2}}$

11.8.13 $\dfrac{V_1^2}{2g} = \dfrac{2}{3}H$

11.8.14 V_2와 h_L이 모두 0일 때 발생한다.

11.8.15 70 m

11.8.16 생략

11.8.17 0.1068 m^3/s

11.8.18 임펄스 터빈에 해당 됨

11.8.19 (a) 약 170개의 터빈
(b) 약 43개의 터빈

11.8.20

ω (rpm)	T (N · m)	n
0	1.894	0
1000	1.728	0.506
1500	1.598	0.701
1870	1.38	0.783
2170	1.073	0.745
2350	0.630	0.593
2580	0.242	0.308
2710	0.064	0.096

INDEX

찾아보기

ㄴ

ㄴ

ㄷ

ㅁ

ㅂ

ㅊ

ㅌ

ㅍ

ㅎ

영문